ABHANDLUNGEN DER AKADEMIE
DER WISSENSCHAFTEN DER DDR

Abteilung
Mathematik,
Naturwissenschaften,
Technik

N 1
1979

CHRONOBIOLOGIE - CHRONOMEDIZIN

Deutsch-Sowjetisches Symposium
über Chronobiologie und Chronomedizin
in Halle/Saale vom 10.-15. Juli 1978

Akademie-Verlag · Berlin

ABHANDLUNGEN
DER AKADEMIE DER WISSENSCHAFTEN DER DDR
Abteilung Mathematik – Naturwissenschaften – Technik

Jahrgang 1979 · Nr. 1 N

Vorträge des
Deutsch-Sowjetischen Symposiums

CHRONOBIOLOGIE – CHRONOMEDIZIN

veranstaltet durch die
Gesellschaft für physikalische und mathematische Biologie der DDR
und die Martin-Luther-Universität Halle-Wittenberg
vom 10.–15. Juli 1978 in Halle/Saale

Herausgegeben von
J. Schuh, K. Hecht und J. A. Romanow

AKADEMIE-VERLAG · BERLIN 1981

Herausgegeben im Auftrage des Präsidenten
der Akademie der Wissenschaften der DDR
von Vizepräsident Prof. Dr. Heinrich Scheel

Für diese Abhandlung stand eine nicht in allen Teilen TGL-gerechte Offset-Reproduktionsvorlage zur Verfügung, die aus Gründen der Aktualität nicht nochmals überarbeitet werden konnte.

Erschienen im Akademie-Verlag, DDR-1080 Berlin, Leipziger Straße 3—4

Lizenznummer: 202 · 100/495/81
Umschlag: Rolf Kunze
Gesamtherstellung: VEB Druckerei „Thomas Müntzer", 5820 Bad Langensalza
Bestellnummer: 762 800 6 (2001/79/1 N) · LSV 1395
Printed in GDR
DDR 198,— M

Inhaltsverzeichnis

Chronomedizin

Chronopharmakologie

Philosophische Aspekte

Einführung

J. Schuh

Seit 1975 ist es nun das dritte Mal, daß sich in Halle Wissenschaftler verschiedener Fachgebiete treffen, um Forschungsergebnisse und Gedanken zur chronobiologischen Thematik vorzustellen. In diesem Jahre haben wir zum ersten Male Gelegenheit, in einer gemeinsamen Veranstaltung von Wissenschaftlern der UdSSR und der DDR unseren Gedankenaustausch zu pflegen, und wir sind sehr glücklich, eine Delegation namhafter sowjetischer Wissenschaftler bei uns zu begrüßen. Ich darf gleichzeitig unseren Dank den beteiligten Ministerien beider Länder aussprechen, dem Ministerium für Hoch- und Fachschulwesen, dem Ministerium für Gesundheitswesen sowie den Akademien der Wissenschaften der DDR und der UdSSR, die das Zustandekommen unseres Symposiums so förderlich unterstützten.

Das Konzept der Chronobiologie, die Dimension der Zeit in der Biologie, verstanden als Raum-Zeit-Union, fasziniert als biologisches Grundlagenproblem weltweit eine ständig wachsende Zahl von Natur- und Gesellschaftswissenschaftlern.

Die Erforschung der zeitlich-rhythmischen Struktur der Lebensvorgänge und ihrer ursächlichen Bedingtheit, von der molekularen bis zur bio-sozialen Ebene, öffnet einen weiteren Zugang für das Verständnis der Organisation und Funktion komplexer biologischer Systeme. Sie setzt uns in die Lage, zu vorhersagbarer Variabilität biologischer Prozesse in ihren Relationen zu relevanten Umweltfaktoren, zu Prognose und Einflußnahme über das Verhalten biologischer Systeme zu gelangen.

Von der heute noch kaum zu überschauenden Tragweite dieses Grundproblems der Biologie und seiner Bedeutung für alle biologischen Bereiche ausgehend, ist es wohl auch verständlich, daß zu unserem Symposium ein breiter Themenkreis behandelt wird. Es entspricht auch der Absicht, zu neuer Anregung und Verbreitung des noch keinesfalls allgemein bekannten Wissensstandes der Chronobiologie beizutragen.

Die Chronobiologie schreitet aus der notwendigen Phase der Deskription rhythmischer Phänomene zur kausal-analytischen und konstruktiven. Während unseres Symposiums werden wir in zahlreichen Vorträgen Kenntnis davon nehmen, welche praktischen Ergebnisse in der klinischen Medizin bereits erreicht wurden und welch grundsätzlich neue Ansatzpunkte sich für Diagnose und Therapie ergeben. Auch welche Notwendigkeit und Möglichkeit dadurch vor uns steht, hohes Leistungsvermögen des Menschen zu sichern und zu bewahren, indem wir die biologischen Rhythmen mit den rhythmischen Vorgängen der Ökosphäre und der vom Menschen geschaffenen Arbeitsumwelt in harmonischer Zeitordnung halten. Das gilt in gleichem Maße für die Optimierung hohen Leistungsvermögens in der Tier- und Pflanzenproduktion unter industriemäßigen Bedingungen, wie für die Bewahrung stabiler, produktiver Ökosysteme.

Methodik – Methodologie

KARL-MARX-UNIVERSITÄT LEIPZIG - Bereich Medizin
CARL-LUDWIG-INSTITUT für Physiologie, Leipzig

Rhythmen in Biologie und Medizin

H.Drischel

Jeder, der einmal Gelegenheit hatte, in einem modernen Düsenflugzeug nach Japan oder Amerika zu fliegen, d.h. einen raschen Übergang von einer Zeitzone in eine extrem andere vorzunehmen, wird die Rolle und Bedeutung eines biologischen Rhythmus - nämlich des 24-Stundenrhythmus - auf eindringliche, aber nicht gerade angenehme Weise am eigenen Körper erfahren haben. Man benötigt in der Regel - und das zeigen Erfahrungen z.B. des Gewandhausorchesters, von Sportler- oder Wissenschaftlerdelegationen - drei bis fünf Tage oder länger, um die Körperfunktionen an den dort herrschenden Umweltrhythmus anzupassen. Bei der Ankunft in den USA sagt uns zwar die Uhr, daß es erst Nachmittag ist, aber unser Körper widerspricht und behauptet, es sei schon später Abend. Man tut gut, wichtige Entschlüsse und Entscheidungen sowie sportliche oder geistige Höchstleistungen nicht gerade auf Zeitpunkte zu verlegen, zu denen bei uns in der Heimat Nacht herrschen würde. Für Raumflüge ergeben sich naturgemäß noch kompliziertere Probleme. Die 24-Stundenperiodik ist wohl der wichtigste und auffälligste, aber nicht der einzige biologische Rhythmus; vielmehr existiert ein ganzes Spektrum biologischer Erscheinungen, die einen breiten Frequenzbereich überstreichen. Die biologische und medizinische Forschung ist aber erst in jüngerer Zeit, und zwar gerade am Beispiel der 24-Stundenperiodik, auf biologische Rhythmen überhaupt aufmerksam geworden, obwohl bereits früher Ärzte und Forscher wie z.B. HUFELAND (1762-1836) deren Auswirkungen große Bedeutung beigemessen haben.

So schrieb HUFELAND in seiner "Makrobiotik" u.a.: "Die 24-stündige Periodik, welche durch die regelmäßige Umdrehung unseres Erdkörpers auch allen seinen Bewohnern mitgeteilt wird, zeichnet sich besonders in der physischen Ökonomie des Menschen aus. In allen Krankheiten äußert sich diese regelmäßige Periode, und alle andren so wunderbar pünktlichen Termine in unserer physischen Geschichte werden im Grunde durch diese einzelne 24-stündige Periode bestimmt. Sie ist gleichsam die Einheit der Natur-Chronologie."

Die biologische Rhythmusforschung ist eine noch recht junge Wissensdisziplin - sie ist kaum älter als 40 Jahre. Nachdem der Schwede FORSGREN 1928 nachweisen konnte, daß 24-Stundenrhythmen im Stoffwechsel des Körpers, z.B. der Glykogenspeicherung der Leber und Gallenproduktion, existieren, wendete sich das allgemeine Interesse solchen Fragen zu. Um diesen Forscher bildete sich - zuerst in Schweden - ein an diesen Problemen interessierter Kreis von Wissenschaftlern, der schließlich im Jahre 1937 die "International Society for Biological Rhythm" gründete. Diese Gemeinschaft hatte es nicht ganz leicht, sich als ernst zu nehmende Forschungsdisziplin innerhalb der traditionellen Wissenschaften zu etablieren; zu tief war die Skepsis besonders der medizinischen Welt, die zunächst nicht zugeben wollte, daß die Rhythmen nicht eine Ausnahme, sondern vielmehr die Regel im Bereiche der körperlichen Funktionen darstellen. Heutzutage ist die biologische Rhythmusforschung ein "salonfähiges", legitimes und anerkanntes Arbeitsgebiet in Biologie und Medizin geworden. Das junge Wissensgebiet hat neuerdings die übergreifende Bezeichnung "Chronobiologie" erhalten, worunter nicht nur periodische Erscheinungen, sondern auch aperiodische verstanden werden wie z.B. das Altern des Menschen. Rhythmen spielen sowohl im Tier- wie im Pflanzenreich eine bedeutende Rolle; wir werden uns in unseren Ausführungen aber vorwiegend auf den Menschen konzentrieren.

Die Schwierigkeiten, welche - wie anfangs erwähnt - der Stress einer raschen interkontinentalen Ortsveränderung in West-Ost-, noch stärker in Ost-West-Richtung, mit sich bringt, wenn es gilt, die dabei auftretenden neurovegetativen Adaptationsaufgaben zu überwinden, sind recht eindrucksvoll; dies betrifft vor allem den Schlaf-Wach-Rhythmus und die damit zusammenhängenden Erscheinungen. Die langsameren Reisen früherer Zeiten waren in dieser Hinsicht ohne Zweifel wesentlich physiologischer. Ähnliche Probleme bestehen bei der in modernen gesellschaftlichen Produktionsverhältnissen sowohl im Kapitalismus wie im Sozialismus notwendigen Schichtarbeit; nicht alle Menschen eignen sich gleich gut für einen Schichtwechsel, der meist in zu kurzen Zeitabständen (z.B. einer Woche) vorgenommen wird; ältere Menschen, aber andererseits auch Jugendliche, passen sich erfahrungsgemäß schlechter an. Vegetativ und neurotisch Gefährdete, Diabetiker und Geschwürspatienten sollten von Arbeiten in Nachtschicht dispensiert werden. Verschiedenste moderne Schemata für die zeitliche Ordnung des Schichtwechsels haben diese Probleme nicht grundsätzlich beseitigen können; so wird zwar z.B. die 12-Stunden-Wechselschicht in unserer chemischen Industrie den gesundheitlichen Forderungen besser gerecht, weil nicht mehrere Nachtarbeitsschichten aufeinanderfolgen. Vielversprechend, weil physiologischer, erscheint eine gleitende Arbeitszeitgestaltung mit Rücksichtnahme auf die Hauptaktivitätsphasen der einzelnen Menschen (es gibt Früh- und Spät-Typen), die außerdem der immer schwieriger werdenden Bewältigung von Verkehrsproblemen in Ballungsgebieten zugute käme. Wissenschaftlich sind diese Verhältnisse leider noch nicht ausreichend untersucht; so wären z.B. Tests zur Erkennung der verschiedenen Aktivitätstypen erforderlich. Der Arzt benötigt ferner zur Bewertung von Laborbefunden sogenannte <u>Normalwerte</u>. Nun variieren praktisch alle physiologischen Parameter des Menschen im Laufe des Tages ganz beträchtlich; für viele Werte kennen wir zwar im Prinzip diese Schwankungen und berücksichtigen sie. Was wir benötigen, wären aber exakte Tagesdiagramme mit graphisch-statistischer Darstellung und Festlegung der Normalwerte sowie ihrer Streuungsbreite; diese besitzen wir großenteils noch nicht. Eine medizinische Studie, welche den Einfluß irgendeines Faktors auf einen bestimmten Wert nachweisen will, kann in ihren Ergebnissen irreführend und wertlos sein, wenn tageszeitliche Besonderheiten nicht berücksichtigt werden. Man versucht in der Klinik seit einiger Zeit, diesem Dilemma zu entgehen, indem man bestimmte Untersuchungen stets zur gleichen Tageszeit vornimmt; so wird z.B. die Grundumsatzbestimmung beim Menschen immer am frühen Vormittag durchgeführt.

Aber auch für das physiologische <u>Tierexperiment</u> gilt mit ASCHOFF, daß es keinen Versuch gibt, bei dem die Tagesperiodik des Versuchstieres nicht eine wesentliche Rolle spielt. Voraussetzung für die Vergleichbarkeit und Reproduzierbarkeit der experimentellen Ergebnisse ist außer einer Homogenität des Tiermaterials, das unter standardisierten Umweltbedingungen gehalten wird, die Berücksichtigung einer gleichen Tages- und Jahreszeit. Frösche zeigen z.B. im Sommer und Winter gänzlich andere Werte und Verhaltensweisen. Wir experimentieren ferner gern an den Labortieren Ratte und Maus, berücksichtigen dabei aber nicht immer, daß es sich bei ihnen um nachtaktive Tiere handelt, die wir am Tage - also außerhalb ihrer Aktivitätsphase - untersuchen.

Für die <u>Diagnose</u>, vor allem die Frühdiagnose mancher Erkrankungen des Menschen (insbesondere neurovegetativer Funktionsstörungen), wäre die Aufzeichnung und Interpretation biologischer Rhythmen eine wesentliche, noch wenig erforschte Hilfe. Die Rhythmen gehören - wie die Regulationen, mit denen sie eng verwandt sind - zu den intimen, außerordentlich empfindlich reagierenden Prozessen des Organismus und sind deshalb bereits bei Beginn einer Krankheit affiziert, sei es mit vergrößerter oder verminderter Amplitude, Verschiebung der Phasenlage oder Änderung der Frequenz. Weiter ist hinsichtlich der Durchführung einer <u>Therapie</u> bekannt, daß die Ansprechbarkeit, Empfindlichkeit oder Reagibilität des Körpers für Behandlungsmaßnahmen - physikalische (z.B. Schwitzprozeduren), pharmakologische u.a. - im Laufe des Tages stark wechselt; am empfindlichsten reagiert der Organismus gegenüber bestimmten Eingriffen morgens gegen 3-4 Uhr und nachmittags zwischen 15 und 18 Uhr, wenn die gesamten vegetativen Regulationen in ihrer sympathisch-parasympathischen Balance umgeschaltet werden. Um 3-4 Uhr morgens ist z.B. die Insulinempfindlichkeit am größten; es ist die gleiche Zeit, zu welcher Asthma- und Herzattacken drohen; Tod und Geburt scheinen zu diesem Zeitpunkt am häufigsten zu sein.

Auch die Reaktionen des Körpers auf Medikamente sind offensichtlich durch die Tageszeit bedingt, zu der man das Mittel gibt; hier erlebt der Arzt nicht selten Überraschungen, die seinen teilweise schematisierten Erfahrungen zu widersprechen scheinen. Auch die sogenannte "Ausgangswert-Regel" von WILDER spielt dabei eine wichtige Rolle; sie besagt, daß z.B. bei stark parasympathisch betonter Ausgangssituation der vegetativen Balance eine in sympathische Richtung zielende Maßnahme wesentlich stärker beantwortet wird als sonst. Der alte Verschreibungsbrauch vieler Ärzte, ein Mittel täglich zwei- oder dreimal einnehmen zu lassen, sollte gewisse Differenzierungen im Hinblick auf die Tageszeit erfahren; auch bei sogenannten Depot-Medikamenten wird man dies berücksichtigen müssen. Dies sind nur einige wenige Aspekte der Rhythmusforschung, die aber deutlich beweisen, daß es sich heute kein Arzt mehr leisten kann, die rhythmischen Veränderungen fast aller Körperfunktionen zu ignorieren; das Wissen darum ist leider noch nicht überall verbreitet.

Alle Regeln der Sprachwissenschaft mißachtend, hat der amerikanische Chronobiologe HALBERG zur Bezeichnung der 24-Stunden-Periodik das wenig schöne Adjektiv "circadian" - entsprechend dem lateinischen "circum diem"(annähernd ein Tag) - geprägt; man bedient sich auch im deutschen Sprachgebrauch des Ausdrucks "zirkadianer" oder "zirkadischer" Rhythmus; ebenso gebräuchlich ist die Benennung "diurnaler" Rhythmus. Es gibt aber auch kürzere oder längere Periodendauern als den des 24-stündigen Tages; sie heißen "infradiane" Rhythmen bzw. "ultradiane". Eine andere Einteilung nach SOLLBERGER bevorzugt die Benennung "Mikrorhythmen"(ca. 200 pro s bis etwa 1 pro h), "Makrorhythmen" (1 pro h bis etwa 1 pro Woche) und "langfristige Rhythmen" (1 pro Woche, pro Monat, pro Jahr, Jahre, Jahrhunderte).

Damit sind wir beim Spektrum der biologischen Rhythmen (Abb. 1) angelangt, das wir in Anlehnung an HILDEBRANDT darbieten. Die in Organismen feststellbaren biologischen Rhythmen bilden ein Band mit einer kürzesten Periodendauer von Bruchteilen einer Sekunde und einer längsten von vielen Jahren. Um diese weit unterschiedlichen Zyklendauern in einem einheitlichen Diagramm unterbringen zu können, wurde auf der Abszissenachse eine logarithmische Skala verwendet.

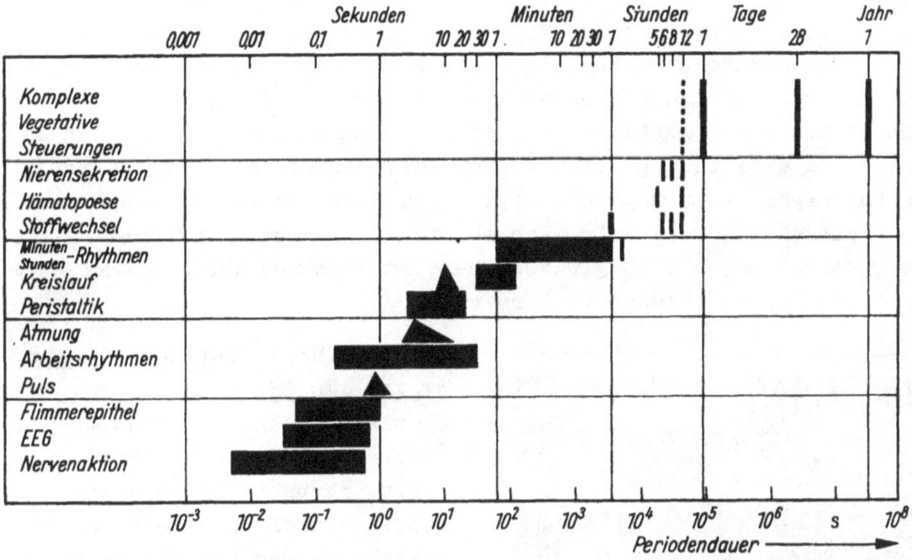

Abb. 1: Spektrum der biologischen Rhythmen. Abszisse: Periodendauern (unten) bzw. Frequenzen (oben) für verschiedene rhythmische Funktionen des Menschen (logarithmischer Maßstab). Nach G.HILDEBRANDT

Am kurzwelligen Ende (links, schnellste Rhythmen) finden sich bioelektrische Erscheinungen, die spezialisierte Strukturen (Nervenfasern, Ganglienzellen, Muskelzellen) betreffen und für die nervale Informationsübermittlung innerhalb des Nervensystems von größter Bedeutung sind (frequenzmodulierter Pulskode als Sprache des Nervensystems). Es folgen Herz- und Atemrhythmus als lebenswichtige periodische Prozesse des kardiorespiratorischen Systems sowie Leistungen der Motorik (Schreitbewegungen, rhythmische Arbeitsprozesse usw.). Das Funktionsfeld der glatten, unwillkürlichen Muskulatur in Blutgefäßen, dem Magen-Darm-Kanal usw. umfaßt Periodendauern zwischen 10s - 1min; ferner sind für viele, auch psychische Funktionen Rhythmen im Minutenbereich kennzeichnend. In der Größenordnung von Stunden, insbesondere 6, 8, 12 h, finden sich Rhythmen des Stoffwechsels und der Niere und leiten über zum globalen 24-Stunden-Rhythmus, dem sich praktisch kein physiologischer Parameter des Organismus entziehen kann. Noch komplexere vegetativ-hormonale Steuerungen finden sich im Menstruationszyklus und im Gang der Jahreszeiten.

Jeder der Rhythmen des biologischen Spektrums dürfte seine spezifische Bedeutung für das haben, was wir evolutionäre Adaptation an die Umwelt nennen können. Aber nur für 4 von ihnen gewinnt dieser Begriff eine besondere und leicht einsehbare Bedeutung, da diese Rhythmen entsprechende geophysikalische Korrelate besitzen. Es sind die Gezeiten- oder circatidalen Rhythmen bei Meeresküstentieren, die diurnalen, 24-Stunden- oder circadianen Rhythmen, die Mond- oder circalunaren Rhythmen bei manchen marinen Lebewesen und die Jahres- oder circ-annualen Rhythmen. Beim Menstruations- oder Ovarial-Zyklus der Frau handelt es sich nicht um eine lunargesteuerte Periodik. Es erscheint im Rahmen meines Vortrages nicht möglich, alle diese Rhythmen im weitgespannten Spektrum einzeln zu behandeln. Ich möchte mich deshalb auf drei Beispiele beschränken, die in gewissem Maße unterschiedliche Kategorien von rhythmischen Phänomenen verkörpern.

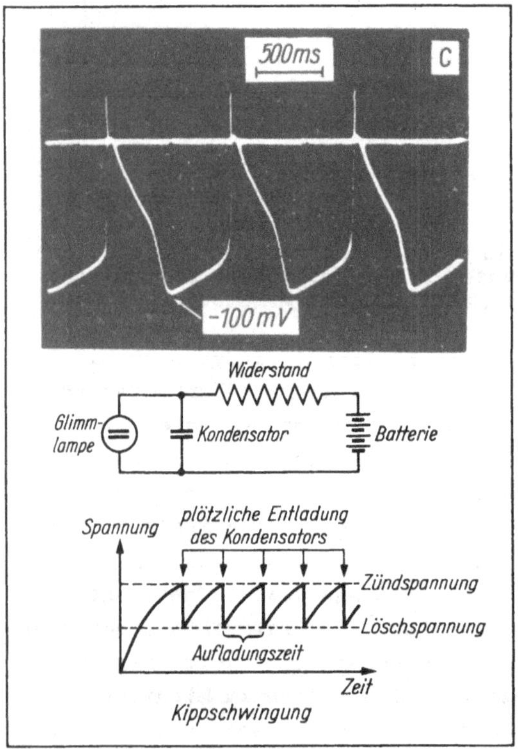

Abb. 2(oben): Aktionspotentiale einzelner PURKINJE-Fasern des Herzens; Spontanaktivität, von einem Schrittmacherareal registriert.
(unten): Elektronisches Modell für die Herzautomatie (Kippschwingungsmodell). Nach B.VAN DER POL

Beispiel Nr.1: Das Reizleitungssystem des Säugetierherzens, spezifisch umgewandeltes Muskelgewebe, welches die Fähigkeit besitzt, rhythmische Erregungen zu bilden und diese an die Arbeitsmuskulatur des Herzens weiterzuleiten. Man kann die Ursachen für die automatische Tätigkeit des Herzens, die auch bei Entfernung desselben aus dem Körper prinzipiell erhalten bleibt, studieren, indem man mit einer Mikroelektrode in eine Zelle des Reizleitungsgewebes einsticht und die elektrischen Potentialänderungen registriert. Man erhält folgendes Bild (Abb. 2 oben): Nach Ablauf einer vorhergegangenen Erregung bleibt das basale Ruhepotential der Zelle nicht konstant, sondern erleidet ein langsames Absinken der Ladung (in der Abbildung Anstieg der Kurve nach Marke -100 mV), die sogen. "Vordepolarisation"; diese erfolgt spontan, d.h. ohne erkennbare äußere Ursachen, und entspricht der "lokalen Antwort" der Nervenfaser -

sie wird nicht fortgeleitet. Erreicht diese langsame Vordepolarisation nun eine kritische Schwelle, so wird plötzlich ein steil ansteigender Erregungsprozeß ausgeklinkt, das Aktionspotential, welches fortgeleitet wird und die Erregung schließlich auf die Herzmuskelfasern überträgt. Den elektrischen Vorgängen liegen transmembranale Ionenbewegungen zugrunde, auf die hier nicht näher eingegangen werden soll. Ihre Beeinflussung z.B. durch Temperatur, aber auch durch Freisetzung von Transmittersubstanzen des vegetativen Nervensystems, Acetylcholin bzw. Adrenalin und Noradrenalin sowie die Ionenzusammensetzung verändert die Steilheit (Geschwindigkeit) der spontanen langsamen Vordepolarisation, und das kritische Potential wird nach einer entsprechend kürzeren oder längeren Zeit erreicht. Je schneller die Vordepolarisation abläuft, umso kürzer die Zeit zwischen zwei Aktionspotentialen, umso höher die Herzfrequenz, und umgekehrt. Es ist noch ungeklärt, welche Eigenschaften der Membran der Zellen des Reizleitungsgewebes die Fähigkeit zur Automatie bedingen; jedoch ist die Vorstellung naheliegend, daß eine kontinuierlich freiwerdende Energie auf irgendeine Weise ein labiles Kippsystem jeweils bis zur Erreichung und Überschreitung einer Gleichgewichtslage auflädt; der Kippschwingungscharakter dieses Prozesses liegt auf der Hand.

Es nimmt nicht wunder, daß gerade für diesen Automatiemechanismus der Erregungsentstehung im Herzmuskel einfaches elektronisches Modell von VAN DER POL vorgeschlagen wurde, welches aus einem Kondensator besteht, der langsam über einen Widerstand durch eine Batterie aufgeladen wird und sich dann plötzlich entlädt, wenn die Spannung groß genug ist, um ihn über eine Glimmlampe kurzzuschließen, die dann kurz aufleuchtet. Das Zeitbild der Spannungsschwankungen (im unteren Teil der Abb. 2 dargestellt) entspricht einer "Sägezahn-Kurve", die zwischen Lösch- und Zündspannung hin und her schwankt (Kippschwingungen).

Kein Geringerer als der Altmeister der deutschen Physiologie, Albrecht BETHE, hat sich im Alter von 80 Jahren diesen Problemen gewidmet und durch Koppelung zweier Glimmstreckenkreise komplizierte Abweichungen der Herz- und Atmungsrhythmen - wie LUCIANIsche, WENCKEBACHsche Perioden, Alternans, CHEYNES-STOKES-Rhythmen - an diesem Modell demonstrieren können.

Beispiel Nr. 2: Hier handelt es sich um langwellige Rhythmen, wie sie bei Variation und Fluktuation der Anzahl von Individuen zu beobachten sind, die in ökologischen Gemeinschaften miteinander leben. Bekannt sind die theoretisch-mathematischen Untersuchungen von VOLTERRA, und besonders interessant sind die sogen. Räuber-Beute-

<u>Verhältnisse.</u> In Abb. 3 oben sind - abgeleitet aus den VOLTERRAschen Differentialgleichungen - die theoretisch zu erwartende Variation der Individuenzahl der Räuber (N_1) sowie der Individuenzahl der Beutetiere (N_2) als Funktion der Zeit in einer gemischten Population von Räubern und Beutetieren dargestellt. Es ist ersichtlich, daß jeweils einer Zunahme der Beute-Population (N_2) mit Phasenverzug eine ebensolche Zunahme der Räuber (N_1) folgt; letztere nehmen in ihrer Zahl wieder ab, sobald die Beutetiere aussterben. Es ergeben sich regelmäßige Zyklen, die sich mathematisch berechnen lassen.

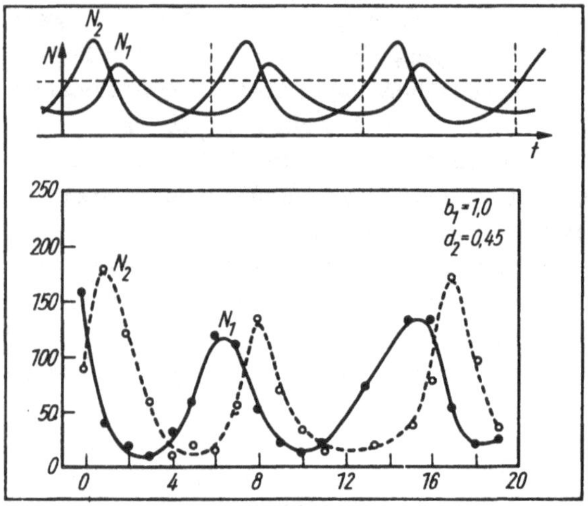

Abb. 3 (oben): Variationen der Individuenzahlen N_1 (Räuber) und N_2 (Beute) als Funktion der Zeit in einer gemischten Population von Räubern und Beutetieren. Nach VOLTERRA

(unten): Fluktuationen in der Populationsdichte von Paramaecium aurelia (N_2), die sich von Saccharomyces exiguus (N_1) ernähren. Abszisse: Tage; Ordinate: Anzahl der Individuen. Nach U.D'ANCONA

In Abb. 3 unten sind die realen, tatsächlich beobachteten Verhältnisse in einer gemischten Population von Paramaecium aurelia (N_2 = hier umgekehrt; Räuber), die sich von Saccharomyces exiguus (N_1 = hier Beute) ernähren, wiedergegeben. Man erkennt, daß die empirischen Daten mit ihren rhythmischen Abfolgen den VOLTERRAschen Voraussagen in hervorragender Weise entsprechen.

Schließlich das dritte Beispiel; bei welchem wir seiner Bedeutung wegen etwas länger verweilen wollen: der diurnale oder <u>24-Stunden- Rhythmus</u>. In Abb. 4 finden sich - von RENSING aus der neueren Literatur zusammengestellt - einige typische Verlaufskurven von Körperfunktionen des Menschen. Dabei handelt es sich um statische Werte, die mehr oder minder oft während des Ablaufs von 24 Stunden gemessen wurden. Wir wollen hier nicht auf Einzelheiten eingehen; es kann gesagt werden, daß der Katalog der Tagesverläufe der Körperfunktionen immer vollständiger wird, nicht zuletzt, weil uns heute durch die Methode des Radio-Immuno-Assays auch die Hormonverlaufskurven zugänglich geworden sind. Bei der Analyse solcher Kurven ergibt sich, daß diese - je nach Funktion - gegensinnig verlaufen können. Im ganzen lassen sich die Kurvenverläufe verschiedener Funktionen leidlich mit dem Konzept einer sympathischbetonten, d.h. leistungsorientierten ergotropen Tagesphase und einer parasympathisch-trophotrop bestimmten Nachtphase in Einklang bringen. Im Verlaufe der Nacht findet sich meist ein ausgeprägtes Minimum bei den Funktionen, die mit Aktivitätserhöhung verknüpft sind, ein Maximum für die Erholungsfunktionen. Es gibt ferner monomodale oder bimodale Tagesverläufe, d.h. solche mit einem oder mit zwei Maxima. Interessant ist, daß es ausgesprochen bimodale, d.h. zweigipflige Verläufe auch in unserer geophysikalischen Umwelt gibt.

Wichtiger noch als die Kenntnis der Veränderungen der statischen Werte im Verlaufe des diurnalen Rhythmus ist aber für den Arzt das Wissen um das <u>Antwortverhalten des Körpers</u> auf bestimmte Reize, seine Ansprechbarkeit auf Umwelteinflüsse und therapeutische Maßnahmen, seine Empfindlichkeit gegenüber fördernden als auch schädlichen Faktoren, kurzum die Dynamik vergleichbarer Prozeßabläufe zu den verschiedenen Tageszeiten.

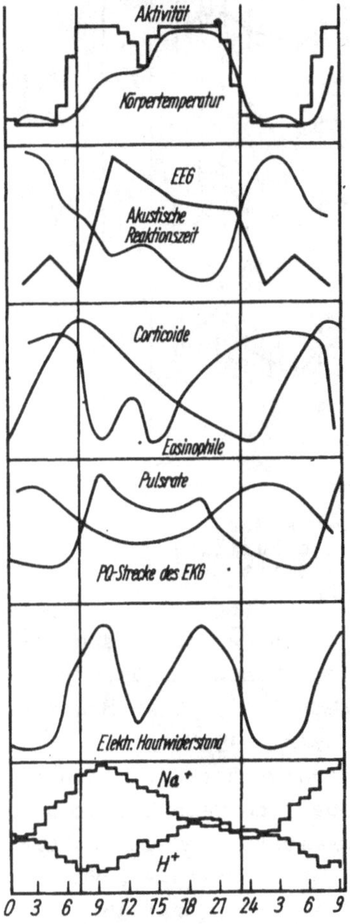

Abb. 4: Zusammenstellung des 24-Stunden-Rhythmus einiger Körperfunktionen des Menschen. Nach L.RENSING

Als nur ein Beispiel für die veränderte Reflexkinetik bringen wir Ergebnisse eigener Untersuchungen: Den Tagesgang von Kenndaten des Lichtreflexes der menschlichen Pupille nach einem kurzen Lichtblitz zeigt Abb. 5. Beachten Sie bitte nur die unteren Verlaufskurven für die Gesamtreflexzeit! Sie zeigt einen Tagesgang, der sich gut in übliche tagesperiodische Kurven anderer Funktionen und der sympathisch-parasympathischen Balance einordnen läßt, mit einem Maximum zwischen 24 und 3 Uhr nachts und einem Minimum gegen 15 Uhr. Eine Inversion findet bei Tagesschlaf und nächtlichem Wachsein (Abb. rechts) nicht statt.

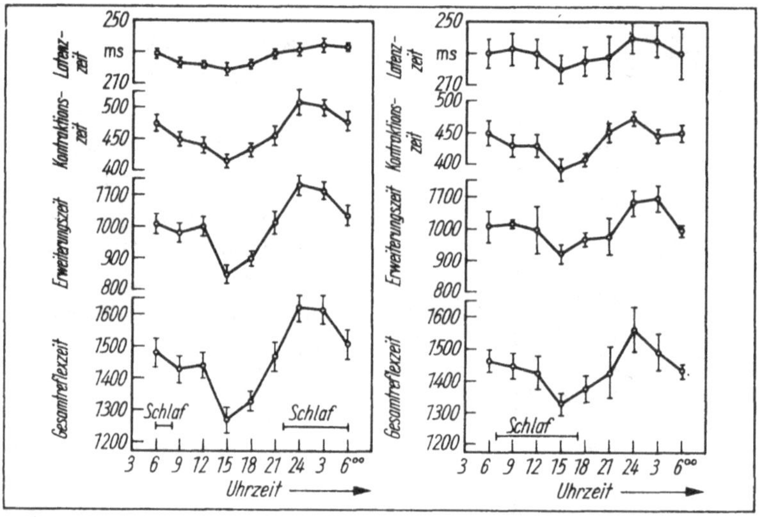

Abb. 5: 24-Stunden-Rhythmik der Kinetik des Lichtreflexes der menschlichen Pupille; Impulsantwort auf einen Lichtblitz von 0,01 s Dauer. Nach N.TIEDT

Besonders wichtig ist natürlich die Frage nach dem Tagesgang der psychophysiologischen Leistungsfähigkeit des Menschen. Bekannt sind die Berechnungen von BJERNER und SWENSSON (1953) an Beobachtungen in einem schwedischen Gaswerk von 1912 - 1932 über insgesamt 175.000 Stunden. Es wurden 62.000 Fehler analysiert, die sich bei stündlichen Ablesungen (Abb. 6 oben) an verschiedenen Meßinstrumenten ergeben hatten. Auf der Ordinate sind die Totalanzahlen der Ablesefehler gegen die Tageszeit abgetragen. Resultat: Hohes Maximum bei 3 Uhr nachts, kleiner Gipfel bei 15 Uhr; diese Bewegungen sind vom Beginn der drei jeweiligen Schichten (senkrechte Pfeile) völlig unabhängig. Es handelt sich also bei den Ablesefehlern um eine Größe, die einen weitgehend unveränder-

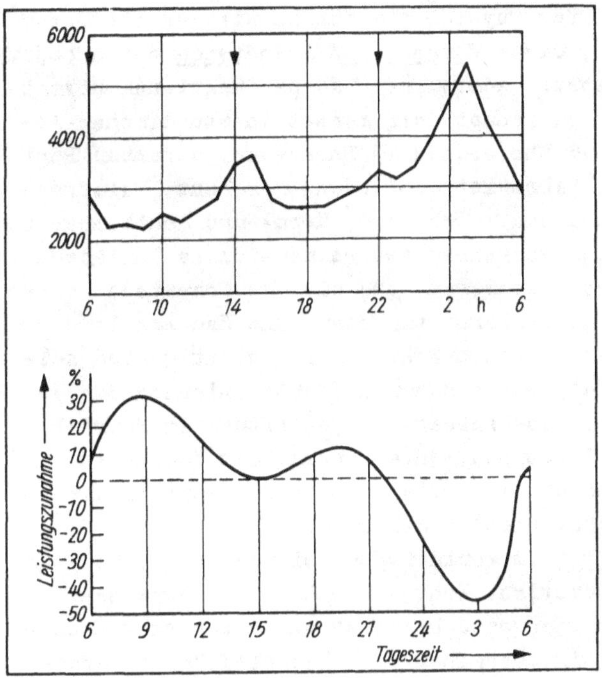

Abb. 6 (oben): Tageszeitliche Verteilung von 62.000 Ablesefehlern in einem schwedischen Gaswerk in den Jahren 1912 - 1932 (175.000 Stunden). Nach B.BJERNER

(unten): GRAFsche Tageskurve der psychophysiologischen Leistungsbereitschaft.

lichen, endogen diurnalen Rhythmus aufweist. Auf Grund solcher und ähnlicher Untersuchungen hat GRAF die bekannte, zwar idealisierte, aber wohl als gesichert zu betrachtende doppelgipflige <u>Kurve der physiologischen Leistungsbereitschaft</u> über den 24-Stundentag angegeben (Abb. 6 unten). Man sieht einen Leistungsanstieg, ein "Warmlaufen" am Vormittag, den bekannten Leistungsabfall zwischen 14 und 15 Uhr, eine nochmalige geringere Leistungszunahme am Nachmittag und ab etwa 21 Uhr einen Leistungsabfall bis gegen 3 Uhr nachts. Von da ab kommt es ziemlich rasch wieder zu einem Anstieg bis gegen 9 Uhr morgens.

Interessant sind darüber hinaus die <u>individuellen Unterschiede</u> in dieser Aktivitätsperiodik, die sogen. "Früh"- und "Abendtypen". Die Frühtypen erwachen morgens ziemlich frühzeitig und ausgeschlafen, haben bereits am Vormittag ihre "gute" Phase, kommen am Nachmittag noch einmal auf Touren, werden aber relativ früh müde und gehen gegen 22 - 23 Uhr schlafen. Die Spättypen kommen schlecht aus dem Bett, brauchen lange Zeit zum Warmlaufen am Vormittag und erreichen abends ihre "beste" Phase; sie können bis 24 oder 1 Uhr aufbleiben und arbeiten. Ein englisches Sprichwort empfiehlt: "Early to bed and early to rise, this is the way to become healthy, wealthy and wise." Und HUFELAND stellt fest: "Es ist zuverlässig nicht einerlei, 7 Stunden am Tag oder 7 Stunden des nachts zu schlafen, und 2 Stunden abends vor Mitternacht durchschlafen sind für den Körper mehr wert als 4 Stunden am Tag." Beide Autoren waren augenscheinlich Frühtypen.

Am CARL-LUDWIG-INSTITUT für Physiologie führen wir zurzeit Untersuchungen durch mit dem Ziel, diese Morgen- und Abendtypen durch objektive Bestimmung einiger vegetativ gesteuerter Körperfunktionen klassifizieren und diagnostizieren zu können. Wir messen in stündlichem Abstand von 7 Uhr morgens bis 18 Uhr abends 17 Parameter, darunter Pupillogramm, Elektrokardiogramm, Vibrationsempfindung der Haut, Pulsfrequenz, Blutdruck, elektrischen Hautwiderstand, Kern- und Hauttemperatur. Durch aufwendige mathematische Verfahren (mehrdimensionale Varianzanalyse, Diskriminanzanalyse und Faktorenanalyse mittels Computer) konnte die Anzahl der aussagekräftigsten Parameter sowie die Häufigkeit der Zeitpunkte der Untersuchungen eingeschränkt werden. Wichtig sind solche Beobachtungen insofern, als erstens durch Identifizierung der Früh- und Spättypen eine gleitende Arbeitszeitgestaltung im Betrieb ermöglicht und zweitens den Frühtypen - die Nachtarbeit besonders schlecht vertragen und gesundheitlich gefährdet sind - empfohlen werden kann, eine solche möglichst nicht auszuführen.

Die veränderte Reagibilität im Verlaufe des diurnalen Rhythmus gegenüber Pharmaka, Giften, Narkotika, Röntgenstrahlen und Hormonen läßt sich besonders exakt im Tierversuch, meist an Ratten oder Mäusen, nachweisen; man geht dabei folgendermaßen vor: Die gleiche Dosierung bzw. Überdosierung wird unterschiedlichen Tiergruppen zu verschiedenen Tageszeiten appliziert und die Überlebensrate bzw. Mortalität in diesen Gruppen bestimmt.

Hier nur wenige Beispiele: Nikotin, um 14 Uhr gegeben (es ist zu berücksichtigen, daß es sich um nachtaktive Versuchstiere handelt), wirkt auf Mäuse minimal, um 18 Uhr verabfolgt, ruft es hingegen eine maximale Sterblichkeit hervor. Die gleiche Menge Alkohol per os führte bei Anwendung am Morgen zu hohen Sterblichkeitsraten (etwa 90%), während sie abends nur geringen Einfluß ausübte (Sterblichkeitsrate etwa 10%). In Experimenten an Mäusen konnte gezeigt werden, daß leukämieinjizierte Tiere nach einer zu allen Zeiten gleichstarken Bestrahlung unter Umständen starben; wenn aber die Strahlungsrate zu ungleichen Teilen gegeben wurde, einmal in geringerer Menge während der maximalen Strahlungsempfindlichkeit und in großer Menge während der minimalen Strahlungsempfindlichkeit, blieben die Tiere am Leben. Bei einer Bestrahlungsdosis von 200 Röntgen gegen 21 Uhr starben die Tiere nach wenigen Tagen, dagegen lebten um 9 Uhr bestrahlte noch nach mehr als 100 Tagen. Besondere Bedeutung gewinnt diese Empfindlichkeit gegen Noxeneinfluß bei der Geschwulstbekämpfung. Es erscheint möglich, bei geeigneter Wahl der Behandlungszeiten (Bestrahlung, Pharmaka, Hyperthermie u.a.) zu optimalen therapeutischen Ergebnissen zu gelangen.

Anhand des vorgestellten Spektrums biologischer Rhythmen lassen sich phänomenologisch jeweils für den hochfrequenten und den niederfrequenten Bereich gewisse "Regeln" angeben, die aber keine strenge und durchgehende Gültigkeit beanspruchen.

Mikro-Rhythmen (am hochfrequenten Ende):

- verlaufen spontan, haben offenbar endogene Ursachen, werden nicht besonders von außen beeinflußt;
- sie sind ausgesprochen temperaturempfindlich (hoher Q_{10}, 2-3);
- hochfrequente Rhythmen sind in erster Linie durch Variabilität ihrer Frequenz gekennzeichnet (z.B. Aktionspotentiale der Nervenfaser, des Sinusknotens am Herzen); ihre Amplitude bleibt oft konstant;
- sie lassen sich in theoretischer Hinsicht am besten mit Kippschwingungen vergleichen.

Makro-Rhythmen (am niederfrequenten Ende):
sind demgegenüber gekennzeichnet durch

- im allgemeinen äußere Ursache vorhanden (exogenes Korrelat), z.B. Jahreszyklen;
- meist temperaturunabhängig;
- Periodendauer bzw. Frequenz meist ziemlich konstant; Amplitude kann variieren;
- theoretisch am besten mit Pendelschwingern vergleichbar (ziemlich reine Sinusform).

Mathematische Formulierungen und Modelle gestatten eine gute formale Approximation experimenteller Daten, vermögen aber über die zugrundeliegenden Mechanismen meist nur wenig auszusagen. Immerhin haben sie einen gewissen Erkenntniswert. Eine bemerkenswerte Unifizierung selbsterregter Schwingungen ist von WEVER, einem Mitarbeiter von ASCHOFF, versucht worden. WEVER geht davon aus, daß jeder reale Oszillator beim Schwingen Dämpfung überwinden muß, die ihm während jeder Periode einen Teil seiner Schwingungsenergie entzieht; damit die Schwingung ungedämpft fortbestehen kann, muß dem Oszillator dieser Energieanteil von außen wieder zugeführt werden. Folgerichtig wird in demjenigen Betrag an Energie, der zwischen dem Oszillatorsystem und der Umwelt ausgetauscht wird, eine wesentliche Kennzeichnung der Art der selbsterregten Schwingungen gesehen. Ist dieser Betrag klein, so bedeutet das eine geringe Reibung und eine geringe Energiezufuhr von außen. Die resultierende Oszillation gleicht einer Pendelschwingung. Ein großer Betrag an Energieaustausch hingegen bedeutet, daß das System den größten Teil seiner Schwingungsenergie während einer Periode verliert; dieser muß in entsprechendem Umfang aus der Umgebung ersetzt werden; es resultiert eine Kippschwingung.

Im folgenden ist die nichtlineare Schwingungsgleichung von VAN DER POL (1940) aufgeführt; auch die meisten biologischen Oszillatoren sind nichtlineare Systeme. In der 2. und 3. Zeile stehen die Modifikationen der VAN DER POLschen Gleichung nach WEVER (1964).

VAN DER POL:

(1) $\ddot{y}+\varepsilon(y^2-1)\dot{y}+y = 0$

MODIFIKATIONEN NACH WEVER:

(2) $\ddot{y}+\varepsilon(y^2-1)\dot{y}+y = x$

(3) $\ddot{y}+\varepsilon(y^2-4y+3)\dot{y}+y+ky^2+ly^3 = x$

In diesen Gleichungen ist ε ein Maß dafür, welcher Bruchteil der Schwingungsenergie während jeder Periode mit der Umwelt ausgetauscht wird. Ist ε viel kleiner als 1, so ist dieser Energieaustausch vernachlässigbar klein (Pendelschwingung); ist ε viel größer als 1, so entsteht eine Relaxations- oder Kippschwingung mit stark nichtlinearen Eigenschaften und einem verzögerten, unter Umständen rechteckförmigen Verlauf. y bedeutet die rhythmische biologische Variable und x den sie steuernden Umweltfaktor. x wird auch als "Schwingungsgleichwert" bezeichnet, das ist der Wert, um den die Lösungsfunktion der Gleichung schwingt; er muß nicht 0, sondern kann ordinatenverschoben sein. Der 2. Term auf der linken Seite der Differentialgleichung enthält eine Nichtlinearität, die die Selbsterregung beschreibt, der 3. Term eine nichtlineare Rückstellkraft.

WEVER hat diese Gleichungen auf einem Digitalcomputer gelöst; eines seiner Ergebnisse zeigt Abb. 7. Es wurde hier sowohl der Wert für ε (horizontal) als auch der Gleichwert x (senkrecht) stufenweise geändert. ε = 0,1 ergibt eine Pendelschwingung, bei der die Nichtlinearität der Dämpfung zu vernachlässigen ist; ε = 10 zeigt eine Kippschwingung mit stark verformtem Verlauf, und ε = 1 entspricht einer Mittelstellung. Bei den Kippschwingungen (rechte Reihe, ε = 10) wird die Frequenz in wesentlich stärkerem Ausmaß durch den Gleich-

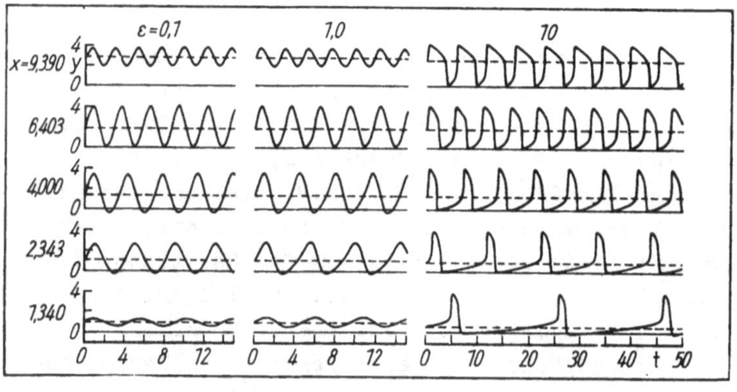

Abb. 7: Lösungen der WEVERschen Gleichung (s.o. 3) für ε = 0,1, 1,0 und 10,0 und verschiedene Gleichwerte x. Nach R. WEVER

wert geändert als bei Pendelschwingungen (links). Auf die frappante Ähnlichkeit der Kippschwingungen unten rechts mit elektrischen Potentialschwankungen im Reizleitungssystem des Herzens (s.o.) sowie der Frequenzmodulation an der Nervenfaser sei besonders hingewiesen.

Die Lehre von den biologischen Rhythmen hat in jüngerer Zeit enge Beziehungen zur Kybernetik und Systemtheorie gewonnen. Der menschliche Organismus enthält zur Gewährleistung seiner Betriebsfunktionen und der Konstanz des inneren Milieus eine große Anzahl von Regelkreisen, die nach dem Prinzip der "negativen Rückkopplung" funktionieren. Wie sich ein solches System bei Zunahme bzw. Abnahme seiner Dämpfung im Vergleich zur Norm verhält, zeigt das Schema der Abb. 8.

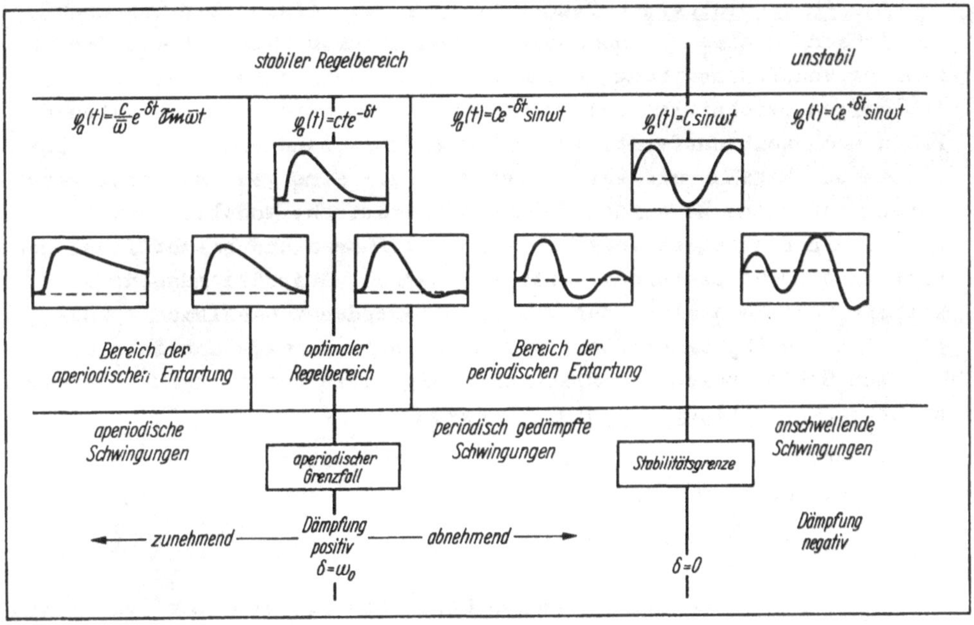

Abb. 8: Die Kurvenform des Ausschwingvorganges von linearen Systemen zweiter Ordnung in Abhängigkeit von der Systemdämpfung. Nach H.DRISCHEL

Als "stabil" bezeichnet man ein Regelsystem dann, wenn es nach einer Auslenkung des Gleichgewichts zu abklingenden Schwingungsvorgängen in ihm kommt. Diese können einphasisch, "aperiodisch" sein (nach links) oder aber mehrphasisch, "periodisch gedämpft" (nach rechts von dem theoretisch optimalen aperiodischen Grenzfall, schraffierter Bereich). Wird die Dämpfung immer geringer, so gelangen wir in das Gebiet stark oszillierender Ausschwingvorgänge und, wenn die Dämpfung zu 0 wird (senkrechte, stark ausgezogene Linie halb rechts), bleiben die angestoßenen Schwingungen als Daueroszillation bestehen: Das System schwingt "ungedämpft" und kommt nicht zur Ruhe, es ist als Regelsystem unbrauchbar und zu einem Oszillator geworden. Der Arzt beobachtet solche ungedämpften und sogar aufklingenden Schwingungen (ganz rechts) bei pathologischen Entgleisungen der Regelvorgänge im Körper und nennt sie seit altersher "Circulus vitiosus", (der fehlerhafte Kreis).

So gesehen erscheint der Unterschied zwischen schwingungsfähigen biologischen Reglern einerseits und selbsterregten Biooszillatoren andererseits recht klein; die beiden wichtigen biologischen Phänomene, Rhythmizität und Homöostase, erscheinen nur als verschiedene Aspekte eines allgemeinen Prinzips im Bereiche des Lebendigen.

Die Chronobiologie befindet sich als Wissenschaft heute noch weitgehend in einem phänomenologischen Stadium. Sie ist mit der Erfassung und Beschreibung rhythmischer Erscheinungen im Bereiche des Lebendigen beschäftigt und von einer lückenlosen Kenntnis solcher Daten noch weit entfernt. Im Verlaufe ihrer Bemühungen konnten aber bestimmte "Regeln" aufgestellt werden, die eine gewisse Verallgemeinerung zulassen. Es wurden ferner mathematische Modelle entworfen, die zu einer formalen Vereinheitlichung führen und beachtlichen heuristischen Wert besitzen. Wohin wir jedoch vorstoßen müssen, das ist die kausale Analyse der zugrundeliegenden Mechanismen – und hier ist die Rhythmusforschung noch relativ schwach entwickelt.

Zum Schluß seien nur stichwortartig kurze Anmerkungen zu einigen wichtigen anstehenden Problemen gemacht:

- Vordringlich ist die Frage zu klären, ob es sich bei einem bestimmten Biorhythmus

    a) um ein rein endogenes,
    b) um ein rein exogenes oder
    c) um ein endogenes Geschehen mit exogener Synchronisation

handelt. Soweit das den 24-Stunden-Rhythmus betrifft, neigen die meisten Forscher der letzten Ansicht zu.

- Es gibt eine Hierarchie elementarer Schwingungssysteme: Rhythmische Prozesse an biologischen Membranen, Rhythmen in rein chemischen Systemen, schwingungsfähige enzymgesteuerte Systeme (am bekanntesten ist das gut untersuchte Beispiel der Glykolyse), Rhythmen der Gen-Aktivität, der RNA- und Proteinsynthese, der Zellteilungstätigkeit, der Hormonproduktion usw. Es muß geprüft werden, wie diese elementaren "biologischen Uhren" mit den Makrorhythmen zusammenhängen.

- Durch äußere "Zeitgeber" erfolgt eine Frequenz- bzw. Phasensynchronisation endogener Rhythmen. Starke Zeitgeber sind Licht-Dunkel-Wechsel und Temperaturperiodik. Die Rolle subtiler Zeitgeber wie Luftdruck, erdmagnetische Felder, Schwerkraft usw. muß genauer abgeklärt werden; dies ist u.a. wichtig für die Raumfahrt; ferner muß die Bedeutung sozialer Zeitgeber untersucht werden (Tagesregime in Krankenhäusern und Kurorten, sozialer Kontakt im allgemeinen).

- Im Organismus haben wir es mit einer Vielzahl von Oszillatoren zu tun; ihr Zusammenspiel und ihre Wechselwirkung, ihre relative und absolute Koordination, ihre Koppelung und interne Synchronisation, die Mitnahme durch Schrittmacher usw. sind wichtige Faktoren für die Medizin.

- Es darf davon ausgegangen werden, daß die erkennbaren biologischen Rhythmen als Ergebnis der Evolution und Selektion erblich fixierte Zeitmuster darstellen, die an die statistisch häufigsten Bedingungen der geophysikalischen Umwelt optimal adaptiert sind.

Es ist zu erwarten, daß die interdisziplinäre Zusammenarbeit von Biologen, Physiologen, Medizinern, Psychologen, Geophysikern usw. noch viel Interessantes und praktisch Bedeutsames auf dem Gebiete der biologischen Rhythmen zutagefördern wird.

Zusammenfassung

Die biologische Rhythmusforschung ist noch eine recht junge wissenschaftliche Disziplin. Ihr Interesse beschränkt sich nicht nur auf den circadianen (diurnalen) Rhythmus des Tag- und Nachtwechsels, der zwar medizinisch und leistungsphysiologisch besonders wichtig ist, sondern umfaßt ein breites Periodenspektrum vom Millisekundenbereich bis zu vielen Jahren. Als Beispiele seien herausgegriffen:
Die automatische Erregungsbildung im Reizleitungssystem des Herzens (Kippschwingung), Rhythmen in der Populationsdynamik (ökonomische Systeme) und der 24-Stunden-Rhythmus.
Hinsichtlich der diurnalen Periodik ist nicht nur der Zeitgang spezifischer biologischer Parameter, sondern vor allem die Reagibilität und Dynamik der organischen Systeme (ihre Ansprechbarkeit) von großer Bedeutung; dies gilt sowohl für Diagnostik wie für Therapie.
Die Mikrorhythmen (kurzwelliges Ende des Spektrums) verlaufen spontan, ohne Korrelat aus der Umwelt, sind ausge-

sprochen temperaturabhängig und ihrem Charakter nach am besten mit Kippschwingungen zu vergleichen. Demgegenüber besitzen die langwelligen Makrorhythmen ein äußeres Korrelat (exogene Ursachen, geophysikalische Zeitgeber usw.); sie sind ausgesprochen temperaturunabhängig und am ehesten mit Pendelschwingungen zu vergleichen.
Obwohl sich die Chronobiologie noch weitgehend in einem phänomenologischen Stadium befindet, lassen sich einige theoretische Ansätze über die den biologischen Rhythmen zugrunde liegenden Mechanismen angeben: 1. Versuche zu einer einheitlichen mathematischen Erfassung und Modellierung biologischer Rhythmen (VAN DER POL, WEVER), 2. Beziehungen zwischen biologischen Oszillatoren und kybernetischen Systemen und 3. Herleitung der beobachtbaren Makrorhythmen aus elementaren, biochemischen und biophysikalischen Prozessen. Es werden besonders die praxisbezogenen Aspekten herausgestellt.

Резюме

Исследования биоритмов - довольно молодая научная дисциплина. Её интересы не ограничиваются циркадными ритмами, соответствующими смене дня и ночи и, несомненно, особо важными в медицине и физиологии труда и спорта, но распространяются на широкий спектр периодов в диапазонах от миллисекунд до многих лет. Приведем на выбор несколько примеров:

Автоматическое возбуждение проводящей системы сердца (релаксационные колебания), ритмы в динамике популяций (экономические системы) и суточные ритмы. Что касается суточной периодики, то здесь большое значение имеют не только изменения во времени отдельных биологических параметров, но и, в первую очередь, реактивность и динамика органических систем (их способность отвечать на воздействия). Это относится и к диагностике, и к терапии.

Микроритмы (коротковольновой край спектра) происходят спонтанно, без соответствующих коррелятов во внешней среде и отчетливо зависят от температуры. По своему характеру они сравнимы с релаксационными колебаниями. Напротив, длинноволновые макроритмы имеют внешние корреляты (экзогенные причины, геофизический водитель ритма и т.п.) и в значительной степени независимы от температуры. Лучше всего их можно сравнить с колебаниями маятника.

Хотя хронобиология пока находится, в основном, в стадии феноменологии, уже возможно сформулировать некоторые теоретические посылки о механизмах, лежащих в основе биологических ритмов: I. Попытки единого математического описания и моделирования биологических ритмов (VAN DER POL, WEVER), 2. Взаимосвязь между биологическими генераторами колебаний и кибернетическими системами и 3. Обоснование наблюдаемых макроритмов через элементарные биохимические и биофизические процессы. Основное внимание будет уделено аспектам, имеющим практическое значение.

Summary

Studies into biological rhythms are of quite recent origin as discipline of science. Their emphasis is not confined to the circadian (diurnal) day-night rhythm, with all its importance to medicine and performance physiology, but a wide spectrum of periods is involved, from milliseconds to many years. Here are some examples: automatic buildup of excitation in the conduction system of the heart (relaxation oscillation), rhythms in populations dynamics (economic systems), and the 24-hour rhythm.

In the context of temporal order, both the reactivity and dynamics of a given organic system (responsiveness) are of even greater relevance to diurnal periodicity than merely the time course of specific biological parameters. This conclusion applies to both diagnosis and therapy.

The microrythms (short-wave end of spectrum) are spontaneous and without any correlation with the environment. They strongly depend on temperature and may be best compared with relaxation oscillations. Long-wave macrorhythms, on the other hand, are correlated with the exterior (exogenous causes, geophysical timers, etc.). They are strongly independent of temperature and may be best compared with pendular oscillations.

While chronobiology as such still is very much in a phase of mere phenomenology, certain theoretical propositions can be made on the mechanisms underlying biological rhythms: 1. There have been attempts for a unitised mathematical formulation of biological rhythms and the construction of models for them (Van der Pol, Wever). 2. Correlations have been established between biological oscillators, on the one hand, and cybernetic systems, on the other. 3. Observable macrorhythms have been derived from elementary biochemical and biophysical processes. Particular reference is made in this paper to more practice-related aspects of the problem.

Literatur kann beim Verfasser angefordert werden.

Gesundheitsministerium der RfSSR, Informationszentrum

Allgemeine Fragen zur Systemanalyse der zeitlichen Organisation von Systemen

GASPARJAN, S.A.

Die Zeit ist eine der Grundkategorien der Philosophie. Die "Materie" ist die Mutter dieser Kategorien, die Energie - die Maßeinheit für ihre Bewegung, die Information - das Maß für die Ordnung der Materie in Raum und Zeit. Die Zeit, welche als Maß der relativen Geschwindigkeit der Bewegungsprozesse der Materie fungiert, drückt gleichzeitig die Irreversibilität der Bewegung aus.

Die Geschichte der Menschheit ist Ausdruck der Zeitkompensation im Prozeß der fortschreitenden Entwicklung. Während in der biologischen Evolution Raum und Zeit nur als Feld und stochastische Richtung der Selbstorganisationsprozesse von lebender Materie auftreten, wird die Zeit im sozialen Milieu zu einer zielgerichteten Funktion des Systems und die Wirklichkeit der Menschen zu einem bewußten Kampf für die Geschwindigkeitserhöhung der Prozesse zur geordneten Gestaltung der Welt in Übereinstimmung mit den Modellen der erstrebten Zukunft, d.h. sie ist Maß für die Geschwindigkeit des aktiven sozialen Prozesses mit negativer Enthropie.

Arbeitsproduktivität, Effektivität, Qualität und vieles andere - alle diese Begriffe sind auf diese oder andere Art mit dem Zeitbegriff verbunden. Gerade deshalb ist das Problem der zeitlichen Organisation von Systemen nicht nur bei Untersuchungen biologischer Probleme interessant.

Gegenstand der biologischen Wissenschaft ist die Erforschung der Organisation der Grundprozesse der Entwicklung und des Verhaltens biologischer Systeme. Ein Zweig dieser alten Wissenschaft - die Chronobiologie - begann sich mit der Untersuchung der zeitlichen Organisation biologischer Systeme zu beschäftigen. Außerdem sind rhythmische Prozesse jeder beliebigen Form der Materiaorganisation eigen, d.h. alle Klassen von materiellen Systemen natürlichen und künstlichen Ursprungs werden durch rhythmische Prozesse charakterisiert.

Zeitcharakteristika biologischer Systeme weisen zum gegenwärtigen Zeitpunkt ihrer Entwicklung 2 Aspekte in ihrer Beziehung zur materiellen Welt, die die Umgebung oder das äußere Milieu dieser Systeme bildet, auf. Einerseits unterliegen sie dem Einfluß der zeitlichen Organisation historisch vorhergehender Systeme (kosmisches System, Sonnensystem), andererseits aber dem Einfluß lebender Systeme der neuen Evolutionsepoche - dem sozialen Milieu. Während mit ersterem System das Verhältnis einen einseitigen Charakter hat, der durch die Adaptation biologischer Systeme an kosmische Rhythmen geprägt wird, so ist das Verhältnis zu den jüngeren Systemen komplizierter, mit Wechselwirkungen auf der Grundlage von Direktbeziehungen und Rückkopplungen (Abb. 1).

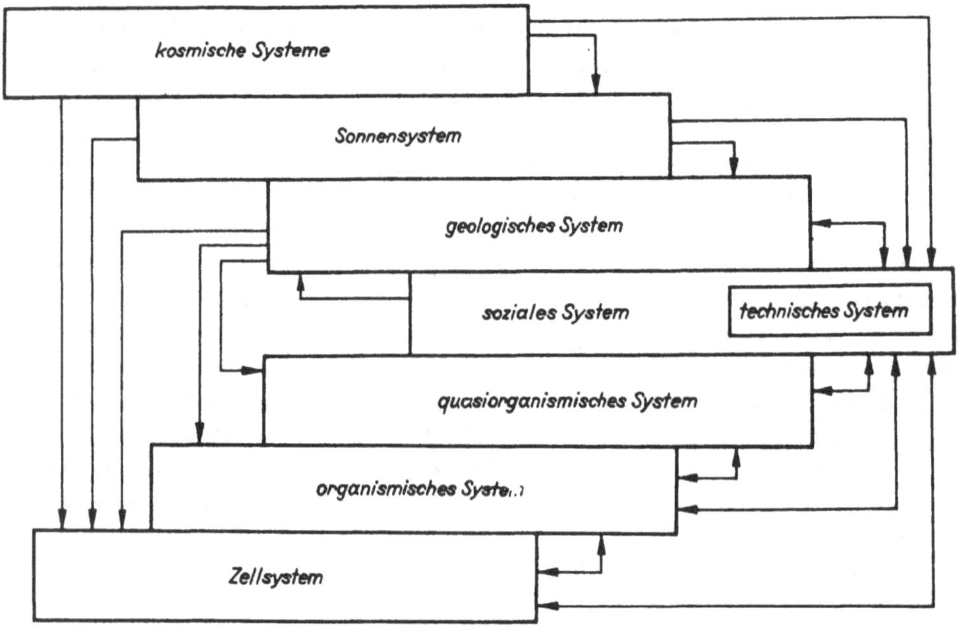

Abb. 1

Um die rhythmischen Prozesse, welche allen lebenden Systemen eigen sind, in ihrer gesamten Tiefe zu verstehen und um dieses Wissen konstruktiv für die verschiedenen menschlichen Tätigkeitsarten ausnutzen zu können, fordert ein systematisches Herangehen an die Erforschung der Wechselbeziehungen der zeitlichen Organisation von Systemen verschiedener Art.

Eine solche Fragestellung setzt jedoch das Vorhandensein der entsprechenden Richtungen sowohl in den Grundlagenwissenschaften als auch in den Zweigwissenschaften (Chronoastronomie, Chronogeologie, Chronobiologie, Chronophysiologie, Chronopsychologie, Chronohygiene, Chronomedizin, Chronopharmakologie usw.) voraus. Ein solcher Prozeß steht nicht im Widerspruch zur zweiseitigen Entwicklungstendenz der Wissenschaft, d.h. einerseits der folgerichtigen Differenzierung, die auf das tiefere Erforschung der feinen Verhaltensmechanismen der sich selbstorganisierenden Materie gerichtet ist, und andererseits das Erscheinen von Theorie und Wissenschaft, welche die allgemeinen Gesetzmäßigkeiten der Entwicklung und des Verhaltens verschiedener materieller Systeme verallgemeinern.

Deshalb haben wir das Recht, über die Schaffung und das Errichten einer allgemeinen Systemtheorie, einer Theorie der zeitlichen Organisation von Systemen, als Teil der materialistischen Philosophie zu sprechen (Abb. 2).

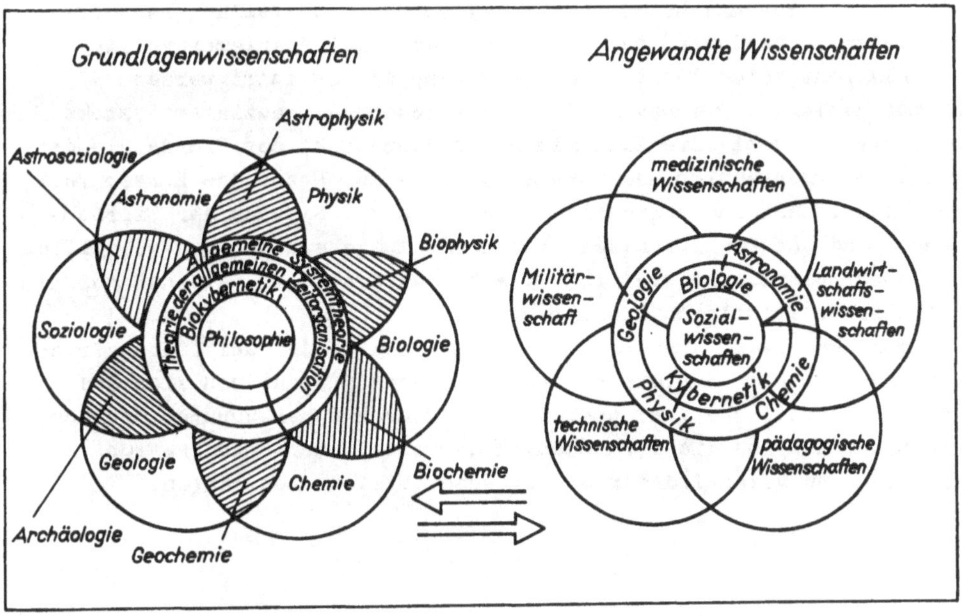

Abb. 2

Um auf das Grundthema des Vortrages, welcher der Begründung der Notwendigkeit von Untersuchungen der Beziehungen der zeitlichen Organisation verschiedener Systeme gilt, zurückzukommen, muß zunächst ihre Klassifizierung erwähnt werden. Das von uns vorgeschlagene Klassifizierungsprinzip basiert auf einem System-Evolutionsherangehen:

jedes System, das aus einer Einheit von Elementen besteht, ist seinerseits ein Element des Systems der nächstfolgenden Evolutionshierarchie. (Abb. 1). So sind organische Moleküle Elemente des Zellsystems, das Zellsystem ist Element des Organismussystems, der Organismus ist Element des Quasiorganismussystems, Elemente des sozialen Systems sind Quasiorganismensysteme mit der zweifellos großen Bedeutung der Quasiorganismussysteme der menschlichen Population.

Die Erfahrung bei der komplizierten Lösung der modernen ökologischen Probleme lehrt uns die Notwendigkeit, das soziale System als Sammelpunkt aller lebenden Systeme bei führender Bedeutung des Menschen mit seinem System der sozial-produktiven und gesellschaftlich-politischen Beziehung zu sehen.

Das folgende Klassifizierungsprinzip der Zell-, Organismus- und Quasiorganismussysteme geht aus ihrer strukturell-funktionellen Vielfalt hervor und betrachtet folglich die Unterteilung nach Artmerkmalen. Außerdem können die Arten der Quasiorganismussysteme (Populationssysteme) natürlich in 3 Gruppen vereinigt werden: Mikroorganismen, Pflanzen, Tiere. Was jedoch die sozialen Systeme betrifft, so soll ihre Einteilung vom Standpunkt der Hierarchie der sozialen Organisation das Herausstellen einer Ebene der ganzen Welt, des staatlichen und regionalen (Zweigniveaus) Niveaus der Einrichtungen und das Familienniveau beachten. Ausgehend von den gestellten Aufgaben betrachten wir nicht die Klassifikationen, die auf sozialpolitischen Prinzipien basiert.

Abgesehen davon, daß die Zeitcharakteristika der zeitlichen Organisation sozialer Systeme von verschiedenen Niveaus von sich aus großes theoretisches und praktisches Interesse hervorrufen, werden wir hauptsächlich die Verbindungen der zeitlichen Organisation sozialer und verschiedener biologischer Systeme betrachten.

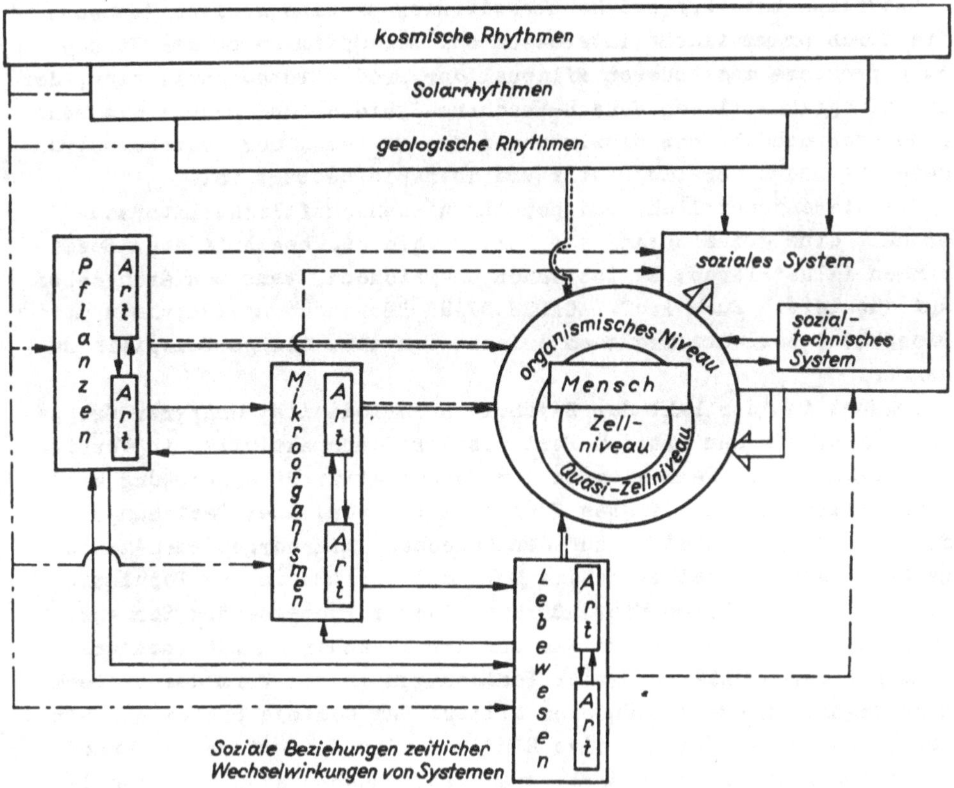

Abb. 3

Die Wechselbeziehungen der zeitlichen Organisation von Systemen, welche auf Abb. 3 dargestellt sind, kann man in 7 Gruppen zusammenfassen. Zur ersten Gruppe gehören die Wechselbeziehungen der Rhythmik kosmischer Systeme mit der Rhythmik biologischer Systeme von beliebigem Niveau. Zur zweiten Gruppe gehören die Beziehungen rhythmischer Prozesse zwischen biologischen Systemen. Die dritte Gruppe bilden Wechselbeziehungen zwischen der Biorhythmik des Menschen und der Biorhythmik biologischer Systeme. Die vierte Gruppe - das sind die Beziehungen der kosmischen Rhythmen mit den Rhythmen des Menschen.
Zur 5. und 6. Gruppe muß man die Beziehungen der Rhythmen zwischen biologischen und sozialen Systemen und zwischen sozialen und kosmischen Systemen zählen. Die siebente Gruppe bilden bilaterale Beziehungen der Biorhythmik des Menschen und der Rhythmik des sozialen Systems, wobei die Rhythmik komplizierter technischer Systeme, in denen der Mensch als Operateur auftritt, mit einbezogen sind.

Natürlich hat eine solche Klassifizierung eine gewisse Tendenz, die durch pragmatische Interessen bei der Optimierung der Steuerungsprozesse des äußeren Milieus, der Produktionsorganisation, der Schaffung künstlicher Mensch-Maschine-Systeme, dem Schutz des Menschen vor schädlichen Einwirkungen des Milieus, der Auswahl begründeter Methoden der Diagnostik und Therapie bedingt ist.

Die wissenschaftliche und populär-wissenschaftliche Literatur enthält eine große Anzahl von Fakten, die die beschriebenen Beziehungen illustrieren. Es ist schon ausreichend, wenn man sich dabei auf das letzte Buch Prof. AGADSHANJANS "Lebenskorn" (Rhythmen der Biosphäre) bezieht. Trotzdem erlaube ich mir, einige Beispiele zu nennen.

Bekannt ist der Fakt der 2-jährigen Periodizität schwerer Grippe-Pandemien, die man mit den Perioden der Sonnenaktivität in Verbindung bringt. Die Realisierung der Sonnenaktivitätseinwirkung wird über Beziehungen der ersten Gruppe (auf Viren) über Beziehungen der dritten Gruppe mittelbar auf den Menschen (Mikroorganismen-Mensch) gewährleistet. Dabei steht die Morbiditätsgröße in der Population mit dem unmittelbaren Einfluß rhythmischer Prozesse des Sonnensystems und geologischer Systeme auf den Menschen in Zusammenhang, d.h. mit der Realisierung der Beziehungen in der Form des Dreiecks Mikroorganismus-Mensch-äußeres Milieu. Das soziale System als Einheit, das ernsthafte negative Einflüsse der Epidemienachwirkungen auf seine Funktionen erfährt, erschließt Mechanismen des gesellschaftlichen Schutzes. Mit Hilfe der EDV kann man zur Zeit den wellenförmigen Charakter des Grippeepidemieverlaufs in einem konkreten Territorium vorhersagen. Dies ermöglicht die richtige Verteilung der Ressourcen des Gesundheitswesens und anderer einbezogener Ressourcen (Ärzte, Transport, Medikamente) während des Kampfes mit der Epidemie.

Analog dazu verläuft der mittelbare Einfluß periodischer Schwingungsprozesse auf das soziale System in den Beziehungen: Pflanzen-Tiere (Vermehrung der Infektionsüberbringer) - Mensch - soziales System.

Nicht weniger wichtig ist die Erforschung unmittelbarer Verbindungen verschiedener Systemarten, z.B. der Einfluß der Periodik der Sonnenaktivität auf Herzinfarkterkrankungen einerseits und der Einfluß der sozialen Rhythmik (planmäßige Quartals- und Jahresperioden) auf die gleiche Krankheit andererseits.

Die Erforschung der Periodik vegetativer Prozesse verschiedener Arten von Kulturpflanzen und Haustieren ermöglichte es, die zeitliche Organisation ihres Züchtungsprozesses an diese Periodik zu adaptieren. Zur Zeit arbeitet auf einem Territorium der UdSSR ein automatisiertes Steuerungsystem zur Rindtierzüchtung. Die Tiere (Kühe) leben in verschiedenen Gruppen mit unterschiedlicher Stallhaltung und Fütterung. Der Übergang der Tiere aus einer Gruppe in die andere erfolgt in Abhängigkeit von der Jahreszeit, der Trächtigkeit, dem Kalben usw. Der Beschluß wird auf der Grundlage von Empfehlungen durch die EDV und nachfolgender Untersuchungen durch den Tierarzt gefaßt.

Zur Zeit werden automatische Steuerungssysteme für den Pflanzenwuchs erarbeitet. In diesem Falle erhält man die Information über die periodische Veränderung der Feuchtigkeitsbedürfnisse, über die Intensität der Beleuchtung von auf den Pflanzen fixierten Sendern. Diese Information wird in der EDV in Steuerungssignale für das Bewässerungs- und Beleuchtungssystem bei künstlicher Züchtung umgewandelt. Somit wird auf der Grundlage positiver und negativer Rückkopplung die Biorhythmik der Pflanzen mit der Rhythmik technischer Systeme synchronisiert. Es entsteht ein biotechnisches System, die vollkommenste Art der zielgerichteten Adaptation des sozialen Systems an die Pflanzenbiorhythmik.

Als Beispiel für die direkte Verbindung periodischer Prozesse können auch die Beziehungen Pflanzen-Mensch dienen, welche sich auf biologischem Niveau durch die Prozesse der periodischen Sensibilisierung (Allergie) zeigen und auf sozialem Niveau in der Periodizität der Ernährungsstruktur.

Alles das, was schon gesagt wurde, gestattet uns, vom Standpunkt der Systemanalyse 3 Typen von Verbindungen der zeitlichen Organisation von Systemen zu unterscheiden, welche man bei der Durchführung der Untersuchung des konkreten Systems (Objekt) beachten muß:

- Zeitcharakteristika der Eigenorganisation des entsprechenden Systems
- direkte Zeitbeziehungen periodischer Prozesse des gegebenen Systems mit anderen Systemen
- mittelbare Zeitbeziehungen zu anderen Systemen.

Wir wissen dabei, daß bei der Untersuchung von Zeitorganisationsbeziehungen der Erforschung von Zeitcharakteristika konkreter Systeme und der in ihnen basierenden Mechanismen die größte Bedeutung zukommt. Ohne Untersuchungen von Biorhythmen auf zellulärer Ebene, deren Mechanismen durch molekulare Prozesse bedingt sind (fermentatives Steuerungsniveau), ohne Untersuchung der Rolle des Hormonsystems für die zeitliche Organisation lebender Systeme, ohne das Erschließen der im ZNS verlaufenden Prozesse, die eine gleichmäßige Adaptation der Tiere und des Menschen in der Zeit an rhythmische Prozesse des Menschen in der Zeit an rhythmische Prozesse des Lebensmilieus gewährleisten, können wir kein Instrument für ein zielgerichtetes Steuern dieser Prozesse bekommen. Gerade deshalb muß die große soziale Bedeutung der Chronobiologie und Chronophysiologie für die Lösung fundamentaler Probleme der zeitlichen Organisation lebender Systeme hervorgehoben werden.

Außerdem muß die Erforschung der Beziehungen der zeitlichen Systemorganisation Gegenstand der Forschung sozialer und technischer Wissenschaften werden, da die Schwingungsprozesse im Verhalten sozialer Systeme mit ihren Tages-, Monats-, Saison- und Mehrjahresrhythmen untersucht werden müssen. Dies bezieht sich sowohl auf die Planung und Organisation der Produktion und die Organisation des Transportes als auch auf alle Arten der Versorgung der Bevölkerung (Handel, Kultur, Gesundheitswesen usw). Die von uns durchgeführten Untersuchungen zeigten z.B. bedeutende periodische saisonale und wöchentliche Schwankungen der Inanspruchnahme von medizinischer Betreuung und der Zahl der stationären Aufnahmen.

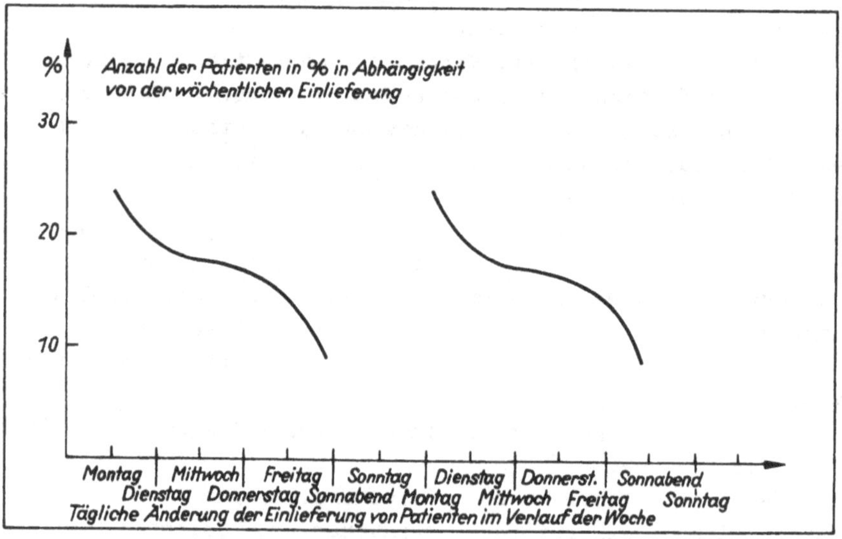

Abb. 4

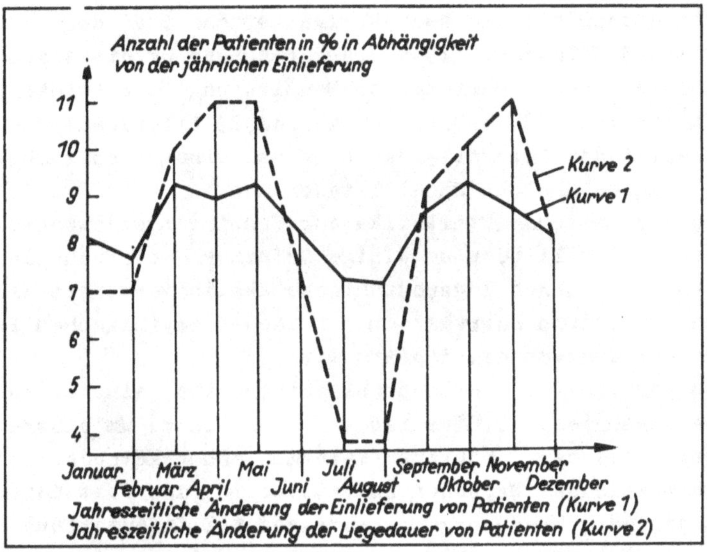

Abb. 5

Nicht weniger wichtig ist die Rolle der medizinischen Demographie bei Untersuchungen von Bevölkerungsbewegungen, einschließlich Geburten, Letalität, Morbidität. So kann man mit Hilfe der Analyse der Kinderletalität in verschiedenen Ländern eine periodische Stabilität oder einen Anstieg der Kindersterblichkeit feststellen.

Nur unter Ausnutzung von Angaben verschiedener Wissenschaften kann man zu einer vertieften Systemanalyse der zeitlichen Systemorganisation mit Anwendung der Forschungsergebnisse in verschiedenen Gebieten der sozialen Technologie übergehen. Um jedoch eine vergleichende Beurteilung der zeitlichen Organisation verschiedenster Systeme von lebender und toter Natur vorzunehmen und um Vergleichskurven der Amplituden der Schwingungsprozesse zu zeichnen, muß unserer Meinung nach die Lösung eines wichtigen Problems gefordert werden - die Einführung einer einheitlichen Zeitskala.

Da die cirkadianen Rhythmen für die Zeitorganisation biologischer und sozialer Systeme führend sind, ist es unserer Meinung nach sinnvoll, eine eine dezimale Zeitskala mit den Erdentagen als Meßeinheit vorzuschlagen:

Mikrotage	= 10^{-6}	Tage	=	0,86	Sekunden
Millitage	= 10^{-3}	Tage	=	1,44	Minuten
Tage	= 1	Tag	=	24	Stunden
Kilostunden	= 10^{3}	Tage	=	2.74	Jahre
Megatage	= 10^{6}	Tage	=	27.4	Jahrhunderte.

Nach dieser Skala entspricht die zweijährige Periodizität der erhöhten Sonnenaktivität 4 Kilotagen (4000 Erdumdrehungen um die eigene Achse); die mittlere Lebenserwartung der Bevölkerung 26 entwickelter Industriestaaten der Welt (80 Jahre) ist gleich 29 Kilotagen; die mittlere Periodizität des Zigarettenrauchens bei einem Verbrauch von 30 Zigaretten am Tag entspricht 28 Millitagen usw.

Beim Vergleich der Zeitcharakteristika von Schwingungsprozessen, die sich in ihren Zeitamplituden um einige Ordnungen unterscheiden, können für das Kurvenzeichnen logarhythmische Skalen verwendet werden, wodurch das Finden von Korrelationen zwischen rhythmischen Prozessen verschiedener Systeme erleichtert wird.

Das Finden von Korrelationen erlaubt es seinerseits, eine Reihe von Problemen herauszustellen. Hier ist auch der Platz, um einerseits die Notwendigkeit der Ausnutzung mathematischer Methoden und andererseits kybernetischer Methoden zu betonen, da die Zeitcharakteristika eines periodischen Übergangsprozesses bei Informationssteuerungsmechanismen auftreten können, wobei sie diese entweder hemmen oder erregen (negative oder positive Rückkopplung). Als Beispiel kann die Synchronisation des technischen Systems beim künstlichen Blutkreislauf mit dem Herzrhythmus des Patienten auf der Grundlage EKG-Signale im realen Zeitmaßstab dienen.

Forschungsergebnisse aus dem Institut für Pädiatrie und Kinderchirurgie kann man ebenfalls aufführen. Untersuchungen über den Einfluß cirkadianer Gesetzmäßigkeiten der Tagesexkretion der im Urin untersuchten Substanzen und der 24-Stunden-Nierenfunktion in den 3-Stunden-Urinportionen, bei pyelonephritkranken Kindern mit Hilfe der Korrelationsanalyse gab den Autoren die Möglichkeit, optimale Zeiten für Urinentnahmen zur Differentialdiagnose zu finden und Prognosekriterien auf der Grundlage von Kreiskorrelationsgrammen zu erarbeiten.

Der entsprechende Sektor des Korrelationsgrammes widerspiegelt die paarweise Korrelationsdynamik zwischen der Diurese und der Konzentration der untersuchten Substanzen im Urin.

Somit diktiert die untersuchte Rhythmik des Prozesses die Untersuchungszeiten der Patienten und gibt somit den Rhythmuß der technologischen Tätigkeit des sozialen Systems (Einrichtungen des Gesundheitswesens) an. Das gleiche kann man von den vielen Angaben über den unterschiedlichen Charakter und die Stärke des Einflusses von Medikamenten in Abhängigkeit von der Tageszeit und der Periodizität der Präparatapplikation sagen.

Die Erforschung der Rhythmen lebender Systeme und der Zeitbeziehungen in der Organisation der verschiedensten Systeme hat im Endeffekt ihre Verhaltensprognose und Steuerung zum Ziel, wobei die Wirkung auf die Synchronisation oder Desynchronisation gerichtet ist.

Bei der Anwendung von Chemo- und Radiotherapie gegen Tumorerkrankungen streben wir danach, die Mitoseprozesse in der Zellpopulation der Geschwülste zu synchronisieren. Bei der Steuerung des Straßenverkehrs stellen wir das Ampelsystem so ein (grüne Welle), um Elemente des Transportstromes zu desynchronisieren.

Desynchronisationsprozesse lebender Systeme haben eine große Bedeutung, da sie die nötige Vielfalt der Zeitorganisation schaffen, was seinerseits die Überlebensrate des Systems, seine Beständigkeit und seinen Freiheitsgrad bezüglich der Schwankungen des Milieus erhöht. Desynchronisationsprozesse rufen großes Interesse hervor, da sie offensichtlich die Geschwindigkeit der individuellen "Uhren" der Individuen einer Art, welche auf molekularer Ebene ralisiert werden, widerspiegeln. Hypothetisch kann man annehmen, daß gerade damit das Problem der unterschiedlichen Lebensdauer,der unterschiedlichen Zeitdauer des Menstruationszyklus (von 17 bis 31 Tagen) und der zeitlichen Streuung der Länge der Inkubationsperiode bei verschiedenen Infektionskrankheiten in Zusammenhang steht.

So oder auch auf andere Art, unserer Meinung nach verdient diese Problematik ernsthafte Aufmerksamkeit.

Abschließend gestatten Sie mir, die Hoffnung auszudrücken, daß die Erforschung der Probleme der zeitlichen Systemorganisation Vertretern verschiedener Wissenschaften in absehbarer Zukunft reale Voraussetzungen für eine breite Anwendung der untersuchten Mechanismen rhythmischer Prozesse in ihren konkreten Gebieten der sozialen Technologie gibt.

Zusammenfassung

Der Vortrag ist der Analyse der Wechselbeziehungen der zeitlichen Organisation verschiedener Systeme mit dem Ziel gewidmet, die bedeutendsten Zusammenhänge herauszufinden, deren weitere Untersuchung es gestattet, die Effektivität des Funktionierens sozialer Systeme zu erhöhen.

Auf der Grundlage des evolutionär-hierarchischen Prinzips wird eine Klassifizierung der Systeme vorgeschlagen, deren zeitliche Organisation untersucht und deren Wechselbeziehungen analysiert werden.

Es wurden Versuche zur Analyse der wesentlichen Zusammenhänge der zeitlichen Organisation innerhalb der Klasse der lebenden Systeme, einschließlich der sozialen, dargelegt, deren Erforschung soziale Probleme der Produktions- und Arbeitsorganisation sowie des Umwelt- und Gesundheitsschutzes lösen hilft.

Mit dem Ziel der vergleichenden Beurteilung der zeitlichen Organisation verschiedenster Systeme der belebten und unbelebten Natur sowie des Aufbaus von vergleichbaren zeitlichen Grafiken der Amplituden von Schwingungsprozessen schlägt der Autor eine dezimale Zeitskala vor, deren Maßeinheit die Periode der Erdrotation (Tage) ist.

Резюме

Доклад посвящен анализу взаимосвязей временной организации различных систем с целью выделения наиболее значимых связей, последующее изучение которых позволит повысить эффективность функционирования социальных систем.

На основе эволюционно-иерархического принципа предлагается классификация систем, подлежащих исследованию их временной организации и анализируются взаимосвязи.

Излагаются попытки анализа существенных связей временной организации внутри класса живых систем, включая социальные системы, исследование которых поможет решать социальные проблемы организации производства, организации труда, охраны окружающей среды и здоровья человека.

В целях сравнительной оценки временной организации самых различных систем живой и неживой природы и построения соразмерных временных графиков амплитуд колебательных процессов автором предлагается десятичная временная шкала, единицей измерения в которой является период оборота Земли вокруг своей оси (сутки).

Summary

Reported in this paper is an analysis of correlations between time patterns of various systems, with the view to identifying major relationships which should be further studied to achieve more effective functionality of social systems.

Classification of systems is proposed by evolutionary and hoerarchic principles. Their temporal organisation is studied, and the correlations between them are analysed.

Attempts to analyse important time-organisation relationships between living systems are described, with reference being made also to social systems, since their elucidation might be conducive to the solution of social problems relating to production, job organisation, protection of the environment, and health care.

A decimal time scale is proposed with the earth rotation period (day) as graduation unit for comparative assessment of the temporal organisation of most various systems of the living and non-living nature as well as for an assessment of comparable time graphs of oscillation amplitudes.

Literatur kann beim Verfasser angefordert werden.

Martin-Luther-Universität Halle-Wittenberg
Anatomisches Institut des Bereichs Medizin der MLU, Halle/S., DDR

Biomathematische und statistische Aspekte der Zeitreihenanalyse im Rahmen chronobiologischer Untersuchungen biorhythmischer Erscheinungen

J. PEIL

Einleitung

Aus der Palette der "allgemeinen und theoretischen Aspekte der Chronobiologie und Chronomedizin", die Gegenstand des Themenkomplexes I dieser Tagung sind, soll in diesem Vortrag zu einigen allgemeinen methodischen Aspekten Stellung genommen werden, die mit der biomathematischen Bearbeitung und statistischen Auswertung von Meßreihen verbunden sind. Es wird nicht auf mathematische, numerische oder gar verfahrenstechnische Einzelheiten spezieller und bewährter Verfahren oder neuer Ansätze eingegangen; daher wird nicht in erster Linie der Mathematiker angesprochen, der Zeitreihenanalyse betreibt, vielmehr wende ich mich an den Biologen, der mit chronobiologischen Problemen befaßt ist und dabei mit Zeitreihenanalysen konfrontiert wird. Die Qualität der Antworten auf chronobiologische Fragestellungen hängt wesentlich auch von der Qualität der Zusammenarbeit zwischen Biologen und Mathematiker ab.

Trotz unverkennbarer Fortschritte bei der mathematisch-theoretischen Durchdringung biologischer Fachbereiche sind Mängel und Lücken in der erwähnten Zusammenarbeit ebenso unverkennbar. Indem in diesem Vortrag der methodische Rahmen dargestellt wird, in den die diversen Möglichkeiten, Ansätze und Verfahren der Zeitreihenanalyse eingebettet sind, möchte ich versuchen, diese Lücken mit schließen zu helfen. Mit einer solchen Standortbestimmung soll ein Verständnis gewissermaßen für die "Semantik" der biomathematischen und statistischen Hilfsmittel erzielt werden, die bei der Beschreibung und Modellierung biorhythmischer Phänomene eingesetzt werden können. (Der konkrete Einsatz eines speziellen Verfahrens verlangt dann natürlich noch die Kenntnis seiner "Syntax").

2. Zeitreihenanalyse

Unter dem Begriff "Zeitreihe" ist eine geordnete Folge von Meßwerten zu verstehen, wobei die Zeit also diejenige Größe ist, die die Ordnung, d. h. die Aufeinanderfolge, der Werte festlegt. Ein Teil der Aufgabenstellungen bei solchen "dynamischen" Untersuchungen besteht gerade darin, die Änderung der Ausprägung eines Merkmals mit der Zeit zu erfassen. Bei "statischen" Untersuchungen hingegen spielt im Hinblick auf die Erkenntnisse, die gewonnen werden sollen, das zeitliche Nacheinander der Meßwerterhebung keine Rolle. Wenn an biologischen Objekten die Werte des zu untersuchenden Merkmals - in der Sprache der Statistik: die Realisationen einer Zufallsgröße - festgestellt werden und z. B. der Stichprobenmittelwert als ein (Lage-)Charakteristikum berechnet wird, ist bei statischen Untersuchungen die Reihenfolge der Stichprobenwerte ersichtlich ohne Belang.

Die Gesamtheit der Meßwerte, die die Zeitreihe bilden, soll mit

$$y(t,z)$$

symbolisiert werden; t bezeichnet die Zeit und z soll zum Ausdruck bringen, daß - wie bei statischen Merkmalen - die Ausprägung des konkreten Zahlenwertes mit durch den Zufall bedingt ist. Eine gerade den biologischen Bereich charakterisierende Erscheinungsform des Zufalls wird global mit dem Begriff "biologische Variabilität" bezeichnet.

Die Zeitreihen, mit denen wir es in der Praxis - zumindest nach einer ersten Datenverarbeitungsstufe - in überwiegendem Maße zu tun haben, sind im doppelten Sinne endlich: sie überstreichen einen endlichen Zeitbereich, und sie bestehen in diesem endlichen Zeitbereich aus einer endlichen Anzahl N von Daten. Die einzelnen Zeitreihenelemente bzw. diskreten Zeitpunkte werden durch einen Index i voneinander unterschieden

$$y(t_i,z) \quad \text{bzw.} \quad y_i \qquad \begin{array}{l} i=1,\ldots,N \quad \text{oder} \\ i=0,\ldots,N-1 \end{array}$$

2.1. Zeitreihenkomponenten

Unter Zeitreihenanalyse verstehen wir die Versuche, die in der Folge der Meßwerte y_i enthaltenen deterministischen und zufälligen Anteile voneinander zu trennen und beide Komponenten mit mathematischen Mitteln qualitativ und quantitativ zu beschreiben. Allgemein ausgedrückt versuchen wir bei der Analyse einer Zeitreihe die den Vorgang bestimmende Gesetzmäßigkeit[1] zu erfassen und selbst den Zufall mit wahrscheinlichkeitstheoretischen Mitteln handhabbar zu machen.

Die angedeutete, wünschenswerte Zerlegung der Zeitreihe in deterministische und reine Zufallskomponente sei mit

$$y(t,z) = \mu(t) + \eta(t,z) \qquad (1)$$

1) Die deterministische Komponente, ist sie als Funktion der Zeit dargestellt, kann allerdings nur ein indirekter Ausdruck für die Gesetzmäßigkeit sein, die den gemessenen Vorgang beherrscht.

symbolisiert; $\mu(t)$ bezeichnet die nicht vom Zufall abhängige, deterministische Komponente, η ist der rein zufällige Anteil.

Im allgemeinen identifiziert man die deterministische Komponente $\mu(t)$ mit dem visuell mehr oder weniger deutlich sichtbaren mittleren Verlauf in der graphischen Darstellung der Meßwertefolge. (In der Sprache derer, die ökonomische Zeitreihen analysieren, wird dieser mittlere Verlauf auch als Trend bezeichnet.)

Im Zusammenhang insbesondere mit biorhythmischen Erscheinungen ist eine weitere Spezifizierung der deterministischen Komponente in der folgenden Weise angezeigt:

$$\mu(t) = m(t) + \sum_{j=1}^{K} s_j(t,T_j) \qquad (2)$$

m(t) ist die eigentliche Trendfunktion (Null, eine andere Konstante ungleich Null bzw. eine stetige Funktion mit im allgemeinen bestimmten asymptotischen Eigenschaften für große Werte von t). Die s_j stellen periodische Komponenten mit der Periode T_j dar (Schwingungskomponenten):

$$s_j(t+T_j) = s_j(t). \qquad (3)$$

Spielt - vom theoretischen Hintergrund der jeweiligen Fragestellung her, oder wegen ihrer geringen anteilmäßigen Stärke in der Zeitreihe - die zufällige Komponente eine untergeordnete Rolle, liegt bei der Analyse der Zeitreihe das Hauptaugenmerk i. a. auf der Erfassung und mathematischen Beschreibung des systematischen Anteils (dies soll, abkürzend für das folgende, als Extremsituation I bezeichnet werden). Die statistische Charakterisierung des zufälligen Anteils η steht im Vordergrund (Extremsituation II), wenn dem äußeren Erscheinungsbild nach die Regellosigkeit das überragende Moment zu sein scheint und man das mathematische Modell eines stochastischen Prozesses zur Beschreibung heranziehen will, um im Zufall (statistische) Gesetzmäßigkeiten zu ermitteln.

Die Analyse biorhythmischer Vorgänge ist dieser Einteilung entsprechend inhaltlich zum größeren Teil dem ersten Aufgabenkomplex zuzuordnen, d. h. es sollen Schwingungskomponenten analysiert und durch analytische Ausdrücke, durch Schwingungsparameter und deren Werte im konkreten Fall charakterisiert werden. Allerdings bedient man sich hierbei durchaus auch der mathematischen Mittel, die zur Behandlung von η entwickelt worden sind (Stichworte: Autokorrelogramm; Berechnung von Power-Spektren, deren Peaks die Periodenlängen von Schwingungskomponenten anzeigen).

2.2. Trennung von systematischer und zufälliger Komponente

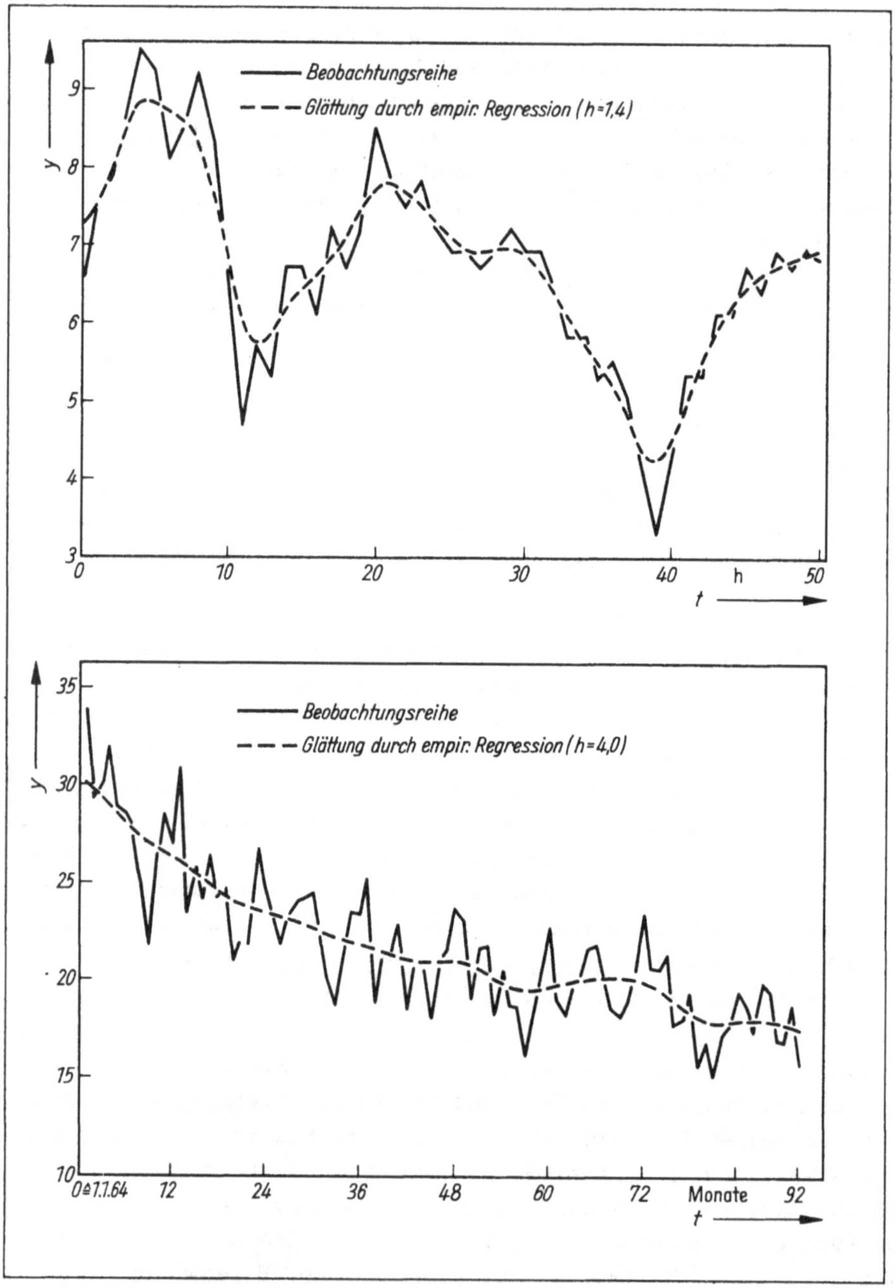

Abb. 1: Beispiele für die quantitative Erfassung der systematischen Komponente in Zeitreihen durch empirische Regression (Abb. entnommen aus PEIL und SCHMERLING /4/; daselbst auch Erklärungen der Bedeutung des sog. Bandbreitenparameters h).

2.2.1. Empirische Regression

Um das Anliegen der Trennung von deterministischer und zufälliger Komponente zu verdeutlichen, soll die erste auch als systematischer Anteil, die zweite als regellos schwankender Anteil der Zeitreihe benannt werden. Eine Trennung kann, zumindest zu einem gewissen Grad, unter Ausnutzung dieser beiden Eigenschaften - "systematisch" zum einen, "regellos schwankend" zum anderen - bereits mit einfachsten Mitteln erfolgen: Da die systematische Komponente $\mu(t)$ eine relativ glatte Kurve darstellt, werden sich die zu einem herausgegriffenen μ_i benachbarten Werte μ_{i-1} und μ_{i+1} nicht sehr von μ_i unterscheiden. Gänzlich anders ist das mit der zufälligen, dem mittleren Verlauf überlagerten Komponente η, wegen der Regellosigkeit können sich η_{i-1}, η_i, η_{i+1} in ihren Werten beträchtlich unterscheiden. Bei der Bildung von Mittelwerten an der Stelle t_i aus y_i und seinen benachbarten Werten wird sich also die zufällige Komponente "herausmitteln", d. h. gegenüber dem Mittelwert der systematischen Komponente an dieser Stelle einen relativ kleineren als den ursprünglichen Anteil ausmachen[1].

Eine spezielle Art der Berechnung von Mittelwertverläufen stellt die empirische Regression dar, die wir dazu benutzen, um im geschilderten Sinne - durch Ersetzung der primären Werte der Zeitreihe durch die empirischen Regressionswerte - die systematische Komponente herauszuarbeiten. Abb. 1 zeigt 2 Beispiele, weitere Beispiele für die Anwendung der empirischen Regression zur Trenderfassung und -eliminierung sind in PEIL /1/ zu finden.

Wegen der theoretischen Fundierung der empirischen Regression, mathematisch-numerischer Einzelheiten dieser Verfahren und der rechentechnischen Realisierungsmöglichkeiten sei auf die Literatur verwiesen (SCHMERLING und PEIL /2/, PEIL und SCHMERLING /3,4/). Dem Nachteil, daß durch die empirische Regression für die systematische Komponente keine in Form eines analytischen Ausdrucks komprimierte mathematische Beschreibung geliefert wird, steht der Vorteil gegenüber, daß lediglich das Vorliegen einer stetigen Zufallsgröße gefordert werden muß und keinerlei Voraussetzungen und Annahmen über Verteilungseigenschaften der zufälligen Komponente und über Verlauf bzw. Form der systematischen Komponente in die primäre Zeitreihe getragen werden.

Die empirische Regression wurde an den Anfang der Aufzählung mathematischer Mittel und Verfahren zur Zeitreihenanalyse gestellt, weil sie sowohl zur Herausarbeitung der systematischen Konponente als auch zur weiteren Behandlung der zufälligen Komponente Verwendung findet.

---

1) Bekanntlich ist die Streuung von Mittelwerten kleiner als die Streuung der Einzelwerte, die in die Berechnung des jeweiligen Mittelwertes eingingen.

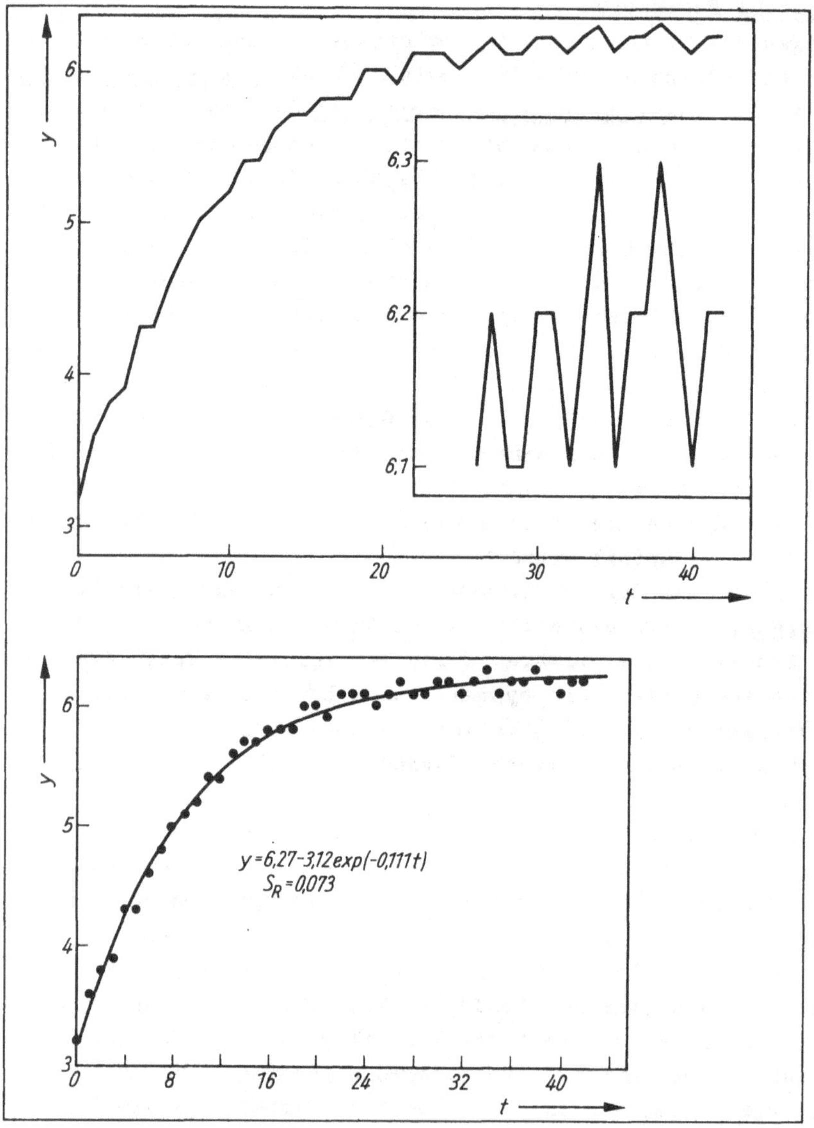

Abb. 2: Zeitreihe eines Sättigungsprozesses (oben) (oben rechtes Teilbild ordinatenmaßstabsvergrößerte Darstellung der etwa im Sättigungsbereich angesiedelten Meßwerte, t-Skala wie darunter). Unten: Beschreibung des zeitlichen Ablaufs durch eine eingliedrige Exponentialfunktion, deren Parameterwerte mittels nichtlinearer Regressionsrechnung (nach der Methode der Kleinsten Quadrate) ermittelt wurden; s_R: Reststandardabweichung zwischen berechneten und gemessenen Werten.

Im Zusammenhang mit letzterem, bei der Trendeliminierung also, tritt der erwähnte Nachteil, keinen analytischen Ausdruck für die systematische Komponente in den Händen zu haben, überhaupt nicht in Erscheinung.

2.2.2. Nichtlineare Regression

Die numerischen Verfahren der nichtlinearen Regression bzw. Approximation dienen in erster Linie der mathematischen Beschreibung der systematischen Komponente; wie im Zusammenhang mit dem Stichwort Extremsituation I geschildert, hat der zufällige Anteil in den jeweiligen Zeitreihen geringe anteilmäßige Stärke (z. B. wenn es sich bereits um Mittelwertverläufe handelt) oder er spielt im Hinblick auf die zugrundeliegende Fragestellung nur eine untergeordnete Rolle.

Dem von uns ausgearbeiteten ALGOL-Rechenprogramm, das Interessenten in anwendungsbereiter Form zur Verfügung steht (PEIL /5/), liegt der GAUSS-NEWTON-Iterationsalgorithmus zugrunde (siehe PEIL /6/). Durch Berücksichtigung verschiedener numerischer Versionen dieses Algorithmus wurde ein ALGOL-Programmsystem erhalten, mit dem ein breites Spektrum von Approximationsaufgaben linearer und nichtlinearer Art behandelt werden kann. (Mit der einfachsten Version dieses Programms rechneten wir mit gutem Erfolg bereits seit 1963, vgl. PEIL /7/).

Im oberen Teil der Abb. 2 ist eine Folge von Meßwerten[1] - es handelt sich um Konzentrationsmessungen einer chemischen Reaktion, die im Verlaufe der Zeit einem Sättigungszustand zustrebt - dargestellt, bei der als erstes der mittlere Verlauf, die systematische Komponente also, ins Auge fällt. Der zufällige Anteil ist der systematischen Komponente nur als gewissermaßen vernachlässigbares Übel aufgeprägt (Extremsituation I). Zwar wurden - wie in allen hier gezeigten Zeitreihen - die Meßpunkte durch einen Polygonzug miteinander verbunden[2], aber man ist schon beim Zeichnen versucht, eigentlich eine glatte Kurve durch den Punkteverlauf zu ziehen. Selbst bei der ordinatenmaßstabsvergrößerten Darstellung der letzten 15 der insgesamt 42 Meßwerte - die etwa im Sättigungsbereich des Vorgangs liegen - hat man das Gefühl, daß die dem Sättigungsniveau überlagerten Schwankungen nur eine Nebenrolle spielen. Der zur Zeitreihenanalyse beschrittene Weg war diesem Tatbestand angepaßt: Zur Erfassung und Beschreibung der systematischen Komponente wurde eine 3-parametrige e-Funktion angesetzt und die Werte der Parameter mit dem erwähnten Verfahren zur nichtlinearen Approximation nach der Methode der Kleinsten Quadrate bestimmt, Abb. 2 unten. Hier, wie in ähnlichen Fällen, beschränken sich Betrachtungen, die die zufällige Komponente betreffen, auf die empirische Feststellung, ob Reststreuung (bzw. Reststandardabweichung) genügend klein sind und ob systematische Abweichungen zwischen der berechneten und der gemessenen Punktefolge auftreten (vgl. Abb. 2 unten).

Die in Abb. 3 gezeigten zwei Beispiele von Zeitreihen stammen aus Untersuchungen von Wachstumsprozessen (LEHMANN et al. /9/, HELWIN et al. /10/). Im oberen Teilbild stellen die Punkte zeitlich äquidistant gewonnene Meßergebnisse an unterschiedlichen Pflanzenindividuen dar, die Kreise sind die Mittelwerte der Einzelmessungen zu den jeweiligen

1) Aus der Literatur entnommen, s. THIELE /8/.
2) die gemessenen Punkte sitzen also an den Ecken

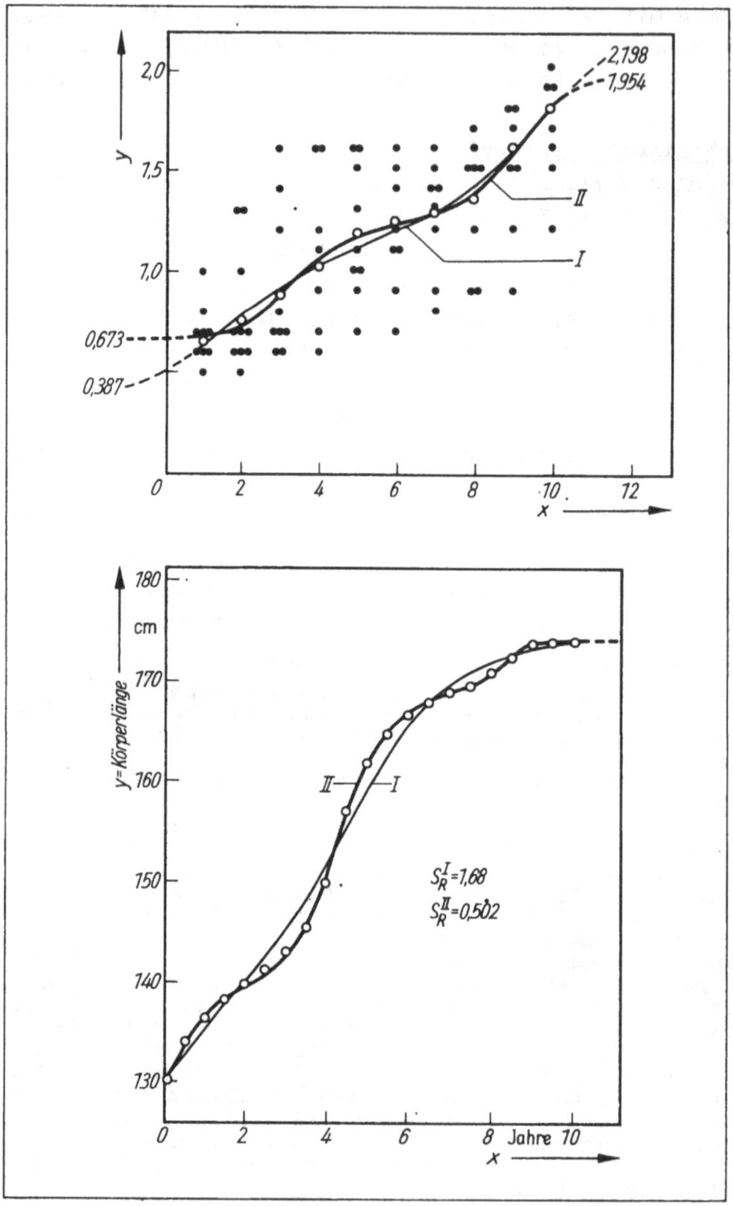

Abb. 3: Meßwerte von Wachstumsvorgängen als Zeitreihenbeispiele. Oben: Pflanzenwachstum, Einzelmessungen; unten: Körperlänge, Einzelmessungen (vgl. Text). Mathematische Beschreibung durch die verallgemeinerte logistische Wachstumsfunktion (alle Kurvenzüge sind berechnet; die Zahlen im oberen Teilbild geben die Werte der Asymptoten an, vgl. PEIL /11,13/).

Zeitpunkten. Wegen der relativ großen Streuung der Einzelmeßwerte vermittelt die graphische Darstellung hier eher das Bild einer "Punktewolke". Dennoch ist unter den geschilderten Prämissen die biomathematische Auswertung, die in der Anpassung der Parameter der sog. verallgemeinerten logistischen Wachstumsfunktion (siehe PEIL /11,12,13/) an die Meßwerte-Punktewolke bestand, eine Zeitreihenanalyse. Ihre Aufgabe war die qualitative und vor allem quantitative Beschreibung der systematischen Komponente der Zeitreihe durch einen analytischen Ausdruck, der wiederum als Grundlage für anzustellende Vergleiche dient (LEHMANN et al. /9/).

Ähnlich gelagert war die Zielstellung bei der in Abb. 3 unten gezeichneten Zeitreihe, die die Meßwerte der Körperlänge eines menschlichen Individuums - und zwar eines Zwillings eines Zwillingspaares - darstellen. Es sollte, erstens, für Vergleichszwecke eine möglichst gute und analytisch geschlossene quantitative Beschreibung des Meßwerteverlaufs ermittelt werden (in diesem Falle wiederum mittels der verallgemeinerten logistischen Funktion; die gezeichnete dicke Kurve ist die berechnete!), und zweitens sollte eventuell eine biologisch motivierte und interpretierbare mathematische Modellierung des Körperlängenwachstumsprozesses des Menschen versucht werden[1]. Es interessierte dabei nicht die Separierung von eventuellen Schwingungskomponenten, die dem Wachstumsprozeß überlagert sind, d. h. also, daß gar nicht eine weitergehende Spezifizierung des systematischen Anteils im oben erwähnten Sinne beabsichtigt war.

In all den als Beispiele hier gebrachten Fällen kam zur Durchführung der nichtlinearen Approximationen das erwähnte ALGOL-Programmsystem (PEIL /5/) zum Einsatz.

2.2.3. Schwingungsanalyse

Im Rahmen biorhythmischer Untersuchungen haben Zeitreihenanalysen oftmals die spezielle Gestalt von Schwingungsanalysen, d. h. es sind die Anzahl K der periodischen Komponenten im deterministischen Anteil der Zeitreihe zu bestimmen - vgl. (2), und es sind die Werte der individuellen Parameter der einzelnen periodischen Anteile (z. B. die T_j in (2)) zu ermitteln.

Aus mathematischer Sicht besteht zwischen dieser Aufgabenstellung und den zuvor angeführten kein Unterschied, man wird nunmehr lediglich einen zeitlich periodischen Funktionsausdruck wählen - beispielsweise eine trigonometrische Funktion bzw. eine Summe aus trigonometrischen Funktionen - und man kann die Bestimmung der Werte der linear oder nichtlinear in einem solchen Ansatz vorkommenden Parameter mit dem gleichen, bereits mehrfach erwähnten numerischen Verfahren zur nichtlinearen Approximation versuchen.

In Hinsicht auf die numerische Durchführung der Anpassung der Parameter des Modells der "verborgenen Periodizitäten" (engl.: hidden periodicities), wie (2) in der Form (4) genannt wird, an Meßwertverläufe zeigen unsere Erfahrungen allerdings, daß das unmodifizierte

---

1) Durch Zerlegung des gesamten Prozesses in einzelne Wachstumsschübe und durch deren mathematische Beschreibung mittels Funktionsausdrücken mit geeigneten asymptotischen Eigenschaften (vgl. HELWIN und PEIL /14/, HELWIN et al. /10/).

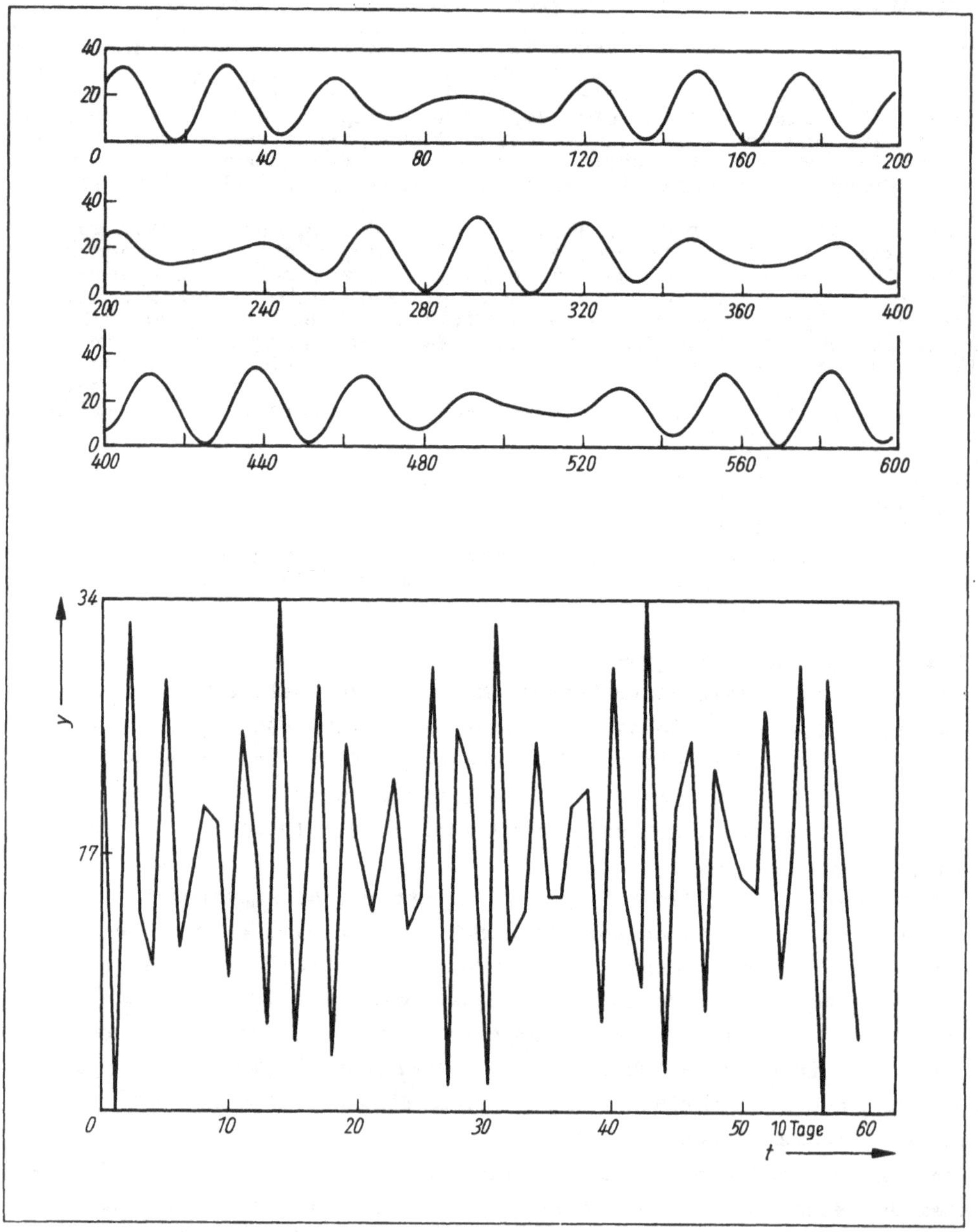

Abb. 4: Zeitreihe eines aus 2 harmonischen Schwingungen unterschiedlicher Amplitudenstärke aufgebauten periodischen Prozesses mit extrem niedrigem zufälligem Anteil. Oben: Aus der Literatur entnommene Original-Meßwertefolge; unten: nur jeder 10. Wert der im oberen Teilbild gezeichneten Zeitreihe fand Verwendung.

GAUSS-NEWTON-Verfahren - ebenso wie allgemein alle jene Programme, denen Gradientenverfahren zugrundeliegen - häufig versagt. Eine abwechselnde, iterative Behandlung der linearen Parameter[1] und der nichtlinearen[2] getrennt - diese Möglichkeit ist im ALGOL-Programm-System (PEIL /5/) eingearbeitet - erhöht die Erfolgschancen.

In diesem Punkt, d. h. bei der Frage der Konvergenz des Anpassungsalgorithmus, spielen Probleme der Modellwahl, der Güte von Startwerten für die nichtlinearen Parameter und die jeweilige anteilmäßige Stärke der Zufallskomponente in der Zeitreihe eine wesentliche Rolle.

In Abb. 4 ist oben eine aus 600 (zeit-)gleichabständigen Werten bestehende Zeitreihe gezeigt, die schon deshalb zur Extremsituation I zu zählen ist - wenn auch jetzt unter der Überschrift "Schwingungsanalyse" - weil eine Zufallskomponente in dieser Zeitreihe, wenn überhaupt, dann nur gänzlich unbedeutend ins Spiel kommt. Dieses Beispiel diente schon Generationen von Periodogrammforschern als Demonstrationsobjekt (s. z.B. WHITTAKER und ROBINSON /15/). Auch ich habe verschiedene, ausgearbeitete numerische Verfahren zur Periodenlängenbestimmung an dieser Zeitreihe getestet (z. B. PEIL /16/), allerdings habe ich aus rechentechnischen Gründen die Meßwertefolge insofern verkürzt, als bei diesen Rechnungen nur jeder 10. Wert der Originalreihe Verwendung fand. Die so "komprimierte" Zeitreihe ist in Abb. 4 unten gezeigt; und dieses Bild ist schon deshalb lehrreich, als es demonstriert, daß selbst bei solchen, von zufälligen Einflüssen wenig "verfälschten" Meßwerten die systematischen Schwankungskomponenten bei der graphischen Darstellung der Zeitreihe nicht auf den ersten Blick erkennbar sein müssen.

Zeitreihen, wie die in Abb. 4, stellen eine seltene Ausnahme dar. Im chronobiologischen Bereich, bei der Untersuchung natürlicher Systeme, wird man diese Art Zeitreihen wohl kaum antreffen, dort werden, wie mehrfach schon gesagt, Zufallsschwankungen das charakteristische Bild sein. Je stärker der zufällige Anteil ist, um so länger möchten die Zeitreihen sein, um im Zufall eine (statistische) Gesetzmäßigkeit erkennen zu können.

In Abb. 5 ist oben noch einmal die Zeitreihe gezeichnet, die bereits in Abb. 1 im Zusammenhang mit der empirischen Regression gezeigt worden war. Die systematische Komponente ist auch ohne empirische Regression zu erkennen - aber ohne diese auf objektive Art und Weise nicht zu eliminieren. Das Bestimmende in dieser Meßwertefolge ist aber die anscheinende Regellosigkeit. Mit 92 Werten ist es eine sehr kurze Zeitreihe, immerhin wurde aber der Versuch unternommen, sie mittels Berechnung des Autokorrelogramms und der spektralen Verteilungsdichte im Hinblick auf eventuell vorhandene deterministische Schwingungsanteile zu analysieren. In der spektralen Verteilungsdichte dominiert der durch die Trendkomponente bedingte Peak bei $\nu=0$ und überschattet damit gewissermaßen den Teil des Spektrums, der Aussagen über das Vorhandensein von Schwingungskomponenten liefert.

Wesentlich aussagekräftigere Ergebnisse bekommt man nach Eliminierung des systematischen (Trend-)Anteils aus der Zeitreihe, Abb. 6. Im Autokorrelogramm ist jetzt überzeugend deutlich die Periodizität der Zeitreihe widergespiegelt und der ausgeprägte Peak im Power-Spektrum, der nicht mehr bei $\nu=0$, sondern jetzt bei $\nu=10$ liegt, zeigt den Fre-

1) der Amplituden (als Vorfaktoren) der Schwingungskomponenten, vgl. (4).
2) Periodenlängen (Kreisfrequenzen) und eventuell Phasen, vgl. (4).

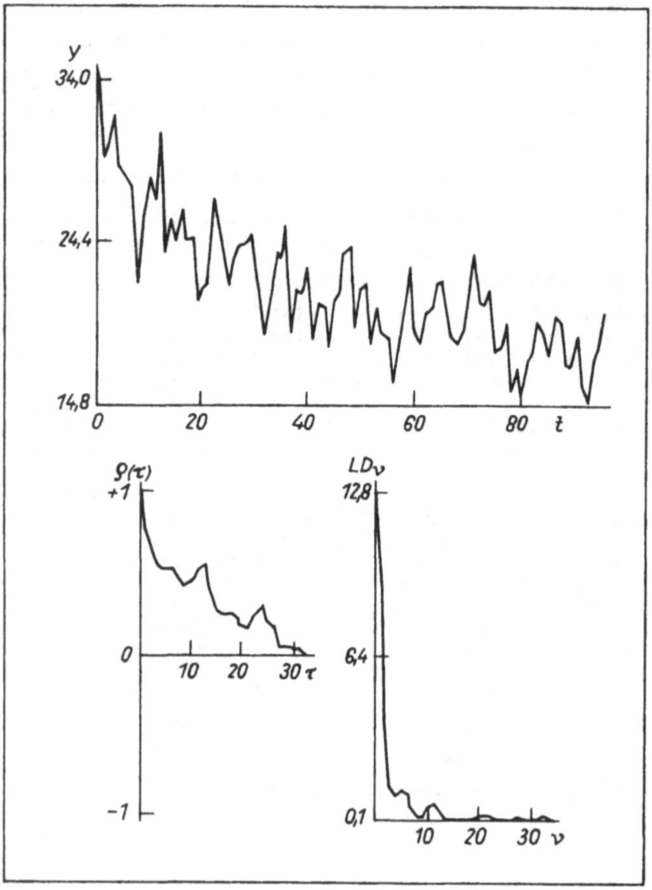

Abb. 5: Zeitreihe mit deutlichem systematischem Trendanteil, oben; unten links Autokorrelogramm und unten rechts spektrale Leistungsdichte (Power-Spektrum) dieser nichtstationären Zeitreihe.

quenzwert der Schwingungskomponente an, mit der zu einem wesentlichen Teil die Form des determinierten rhythmischen Ablaufs in der Zeitreihe erfaßt wird.

Da eine solche Power-Spektralanalyse impliziert, daß die Schwingungsform - die Form des rhythmischen Ablaufs - durch trigonometrische Funktionen erfaßt wird,

$$s_j = A_j \sin(\omega_j t + \varphi_j) \qquad (\omega_j = 2\pi\nu_j = 2\pi/T_j) \qquad (j=1,\ldots,K) \qquad (4)$$

ist es logisch kein Bruch, bei Bedarf die im Leistungsdichtespektrum angezeigten Frequenzwerte $\nu_j^{(sp)}$ (bzw. $\omega_j^{(sp)}$ oder $T_j^{(sp)}$) als Anfangswerte für die nichtlinearen Parameter ω_j (in (4)) einer iterativen Verbesserung zugrundezulegen, also das in 2.2.2. erwähnte Programmsystem

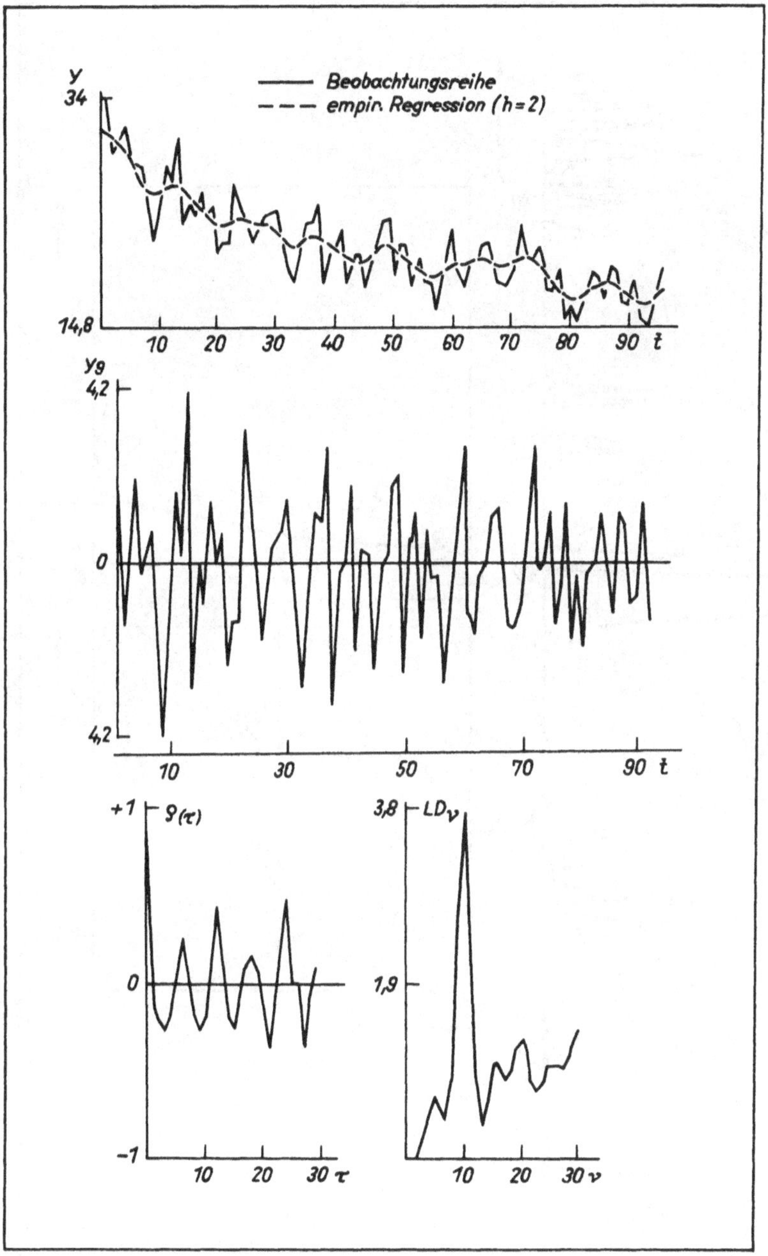

Abb. 6: Oben: Zeitreihe wie in Abb. 5 oben.
Mitte: trendeliminierte Sekundär-Zeitreihe y_g.
Unten links Autokorrelogramm und rechts Power-Spektrum der trendbereinigten Zeitreihe.

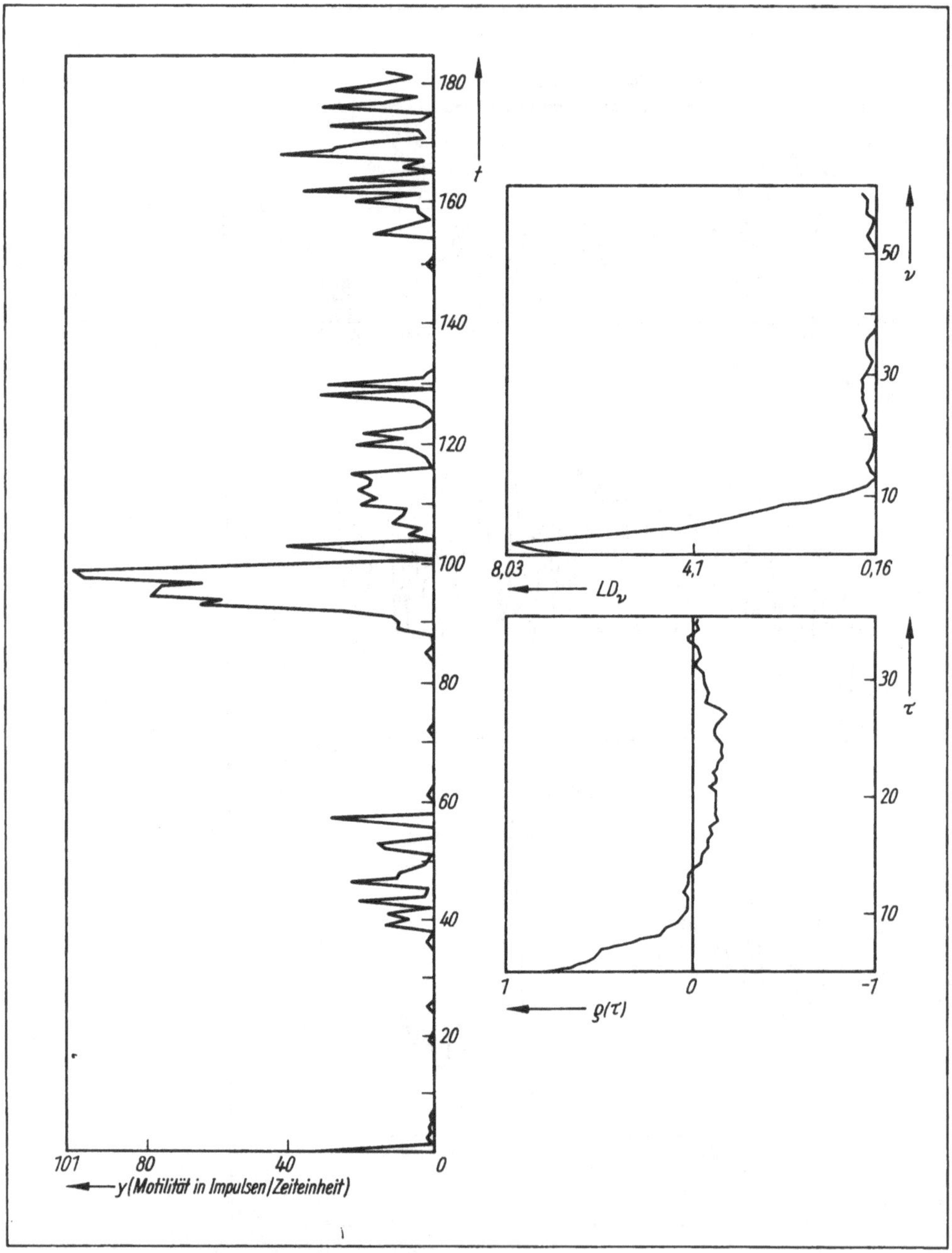

Abb. 7: Zeitreihenbeispiel (oben) mit Autokorrelogramm (unten links) und Power-Spektrum (unten rechts) als Realisation des (nichtstationären?) stochastischen Prozesses "Motilität Neugeborener" (vgl. PEIL et al. /17/).

zur nichtlinearen least-squares-Approximation anzuschließen.

In Abb. 7 ist als letztes Beispiel einer Zeitreihe ein Fall gezeigt, der der Extremsituation II nahekommt: Die bestimmende Komponente ist hier das scheinbar regellose Auf und Ab. Die Punkte stellen Meßwerte der Bewegungsaktivität Neugeborener dar, die im Rahmen von Motilitätsuntersuchungen an Neugeborenen registriert worden waren [1]. Die Berechnung von Autokorrelogrammen und Leistungsdichtespektren diente hier dazu, allgemeinere Aussagen über die Art des stochastischen Prozesses machen zu können, als dessen Realisationen die Zeitreihen aufgefaßt werden (siehe auch PEIL et al. /17/).

3. Zeitreihenanalyse und mathematische Modellwahl

Unter "Modellwahl" sei im hier gegebenen Zusammenhang lediglich die Auswahl eines mathematischen Modells, also die Auswahl derjenigen Funktionenklasse bzw. desjenigen Funktionensystems gemeint, auf dessen Basis die mathematische Beschreibung erfolgen soll. Den Teil der Zeitreihenanalyse, der mit der Erfassung der systematischen Komponente in einer Zeitreihe zu tun hat, kann allgemein als die Aufgabenstellung formuliert werden, eine unbekannte und durch Meßwerte nur an diskreten Zeitstellen gegebene Funktion der Zeit durch analytische Funktionsausdrücke zu beschreiben.

Diese Funktionsausdrücke wiederum sind aus dem Fundus der mathematischen Funktionen nach bestimmten, den Gegebenheiten möglichst gut Rechnung tragenden, zumeist empirischen Gesichtspunkten auszuwählen. Bei der in 2.2.3. beschriebenen Schwingungsanalyse war die Klasse der trigonometrischen Funktionen (vgl. (4)) zugrundegelegt worden. Es soll hier aber betont werden, daß die Verwendung dieser Funktionenklasse nur eine Möglichkeit darstellt, die sich zu einer quantitativen Beschreibung periodischer Abläufe anbietet.

Um die Voraussetzungen bzw. Annahmen über die Schwingungsform zu erläutern, die bei der Wahl eines bestimmten Funktionensystems mit zeitlich-periodischen Elementen zur Beschreibung rhythmischer Vorgänge in die Analyse getragen werden, sind in Abb. 8 zwei Beispiele [2] rhythmischer Abläufe gezeigt, die unterschiedliche Formen aufweisen. Dennoch fand in beiden Fällen das vollständige, orthogonale System der trigonometrischen Funktionen zur quantitativen Beschreibung des rhythmischen Vorgangs Verwendung, und zwar erfolgte auf der Grundlage durchgeführter FOURIER-Analysen die Approximation des gegebenen anharmonischen Verlaufs durch FOURIER-Teilsummen.

Die Periodizität des in Abb. 8 oben als starke Linie gezeichneten rhythmischen Vorgangs - Antwort eines Tiefpasses auf eine Pulsfolge - ist durch die regelmäßige Abfolge der Rechteckimpulse bedingt. Die gestrichelte Kurve ist die aus der Summe der ersten 3 FOURIER-Glieder

1) Kinderklinik des Bereichs Medizin der MLU Halle
2) entnommen aus VARJU /18/.

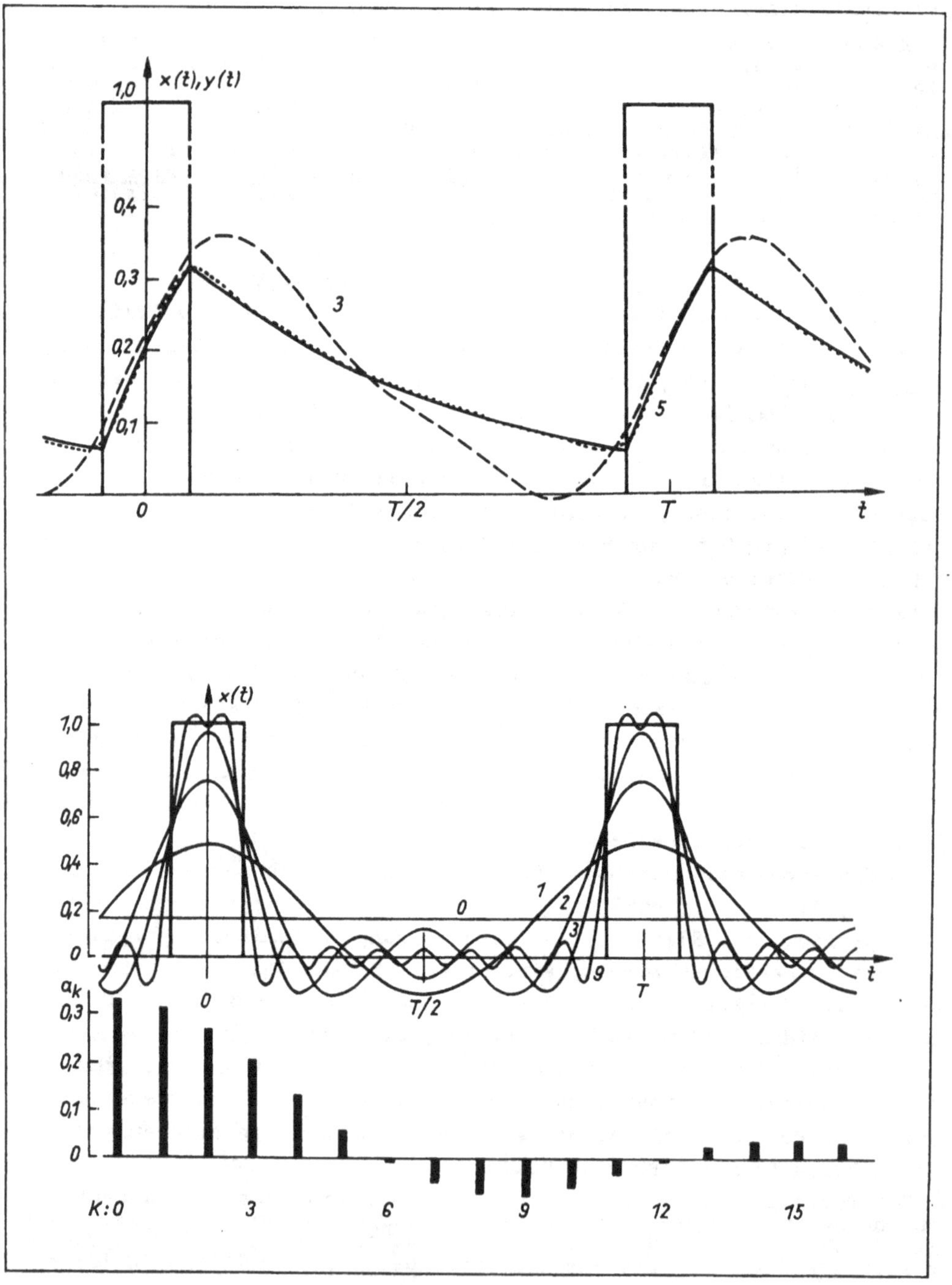

Abb. 8: Beispiele periodischer Vorgänge und ihrer Beschreibung durch Teilsummen (harmonischer) FOURIER-Glieder (Erklärung s. Text).

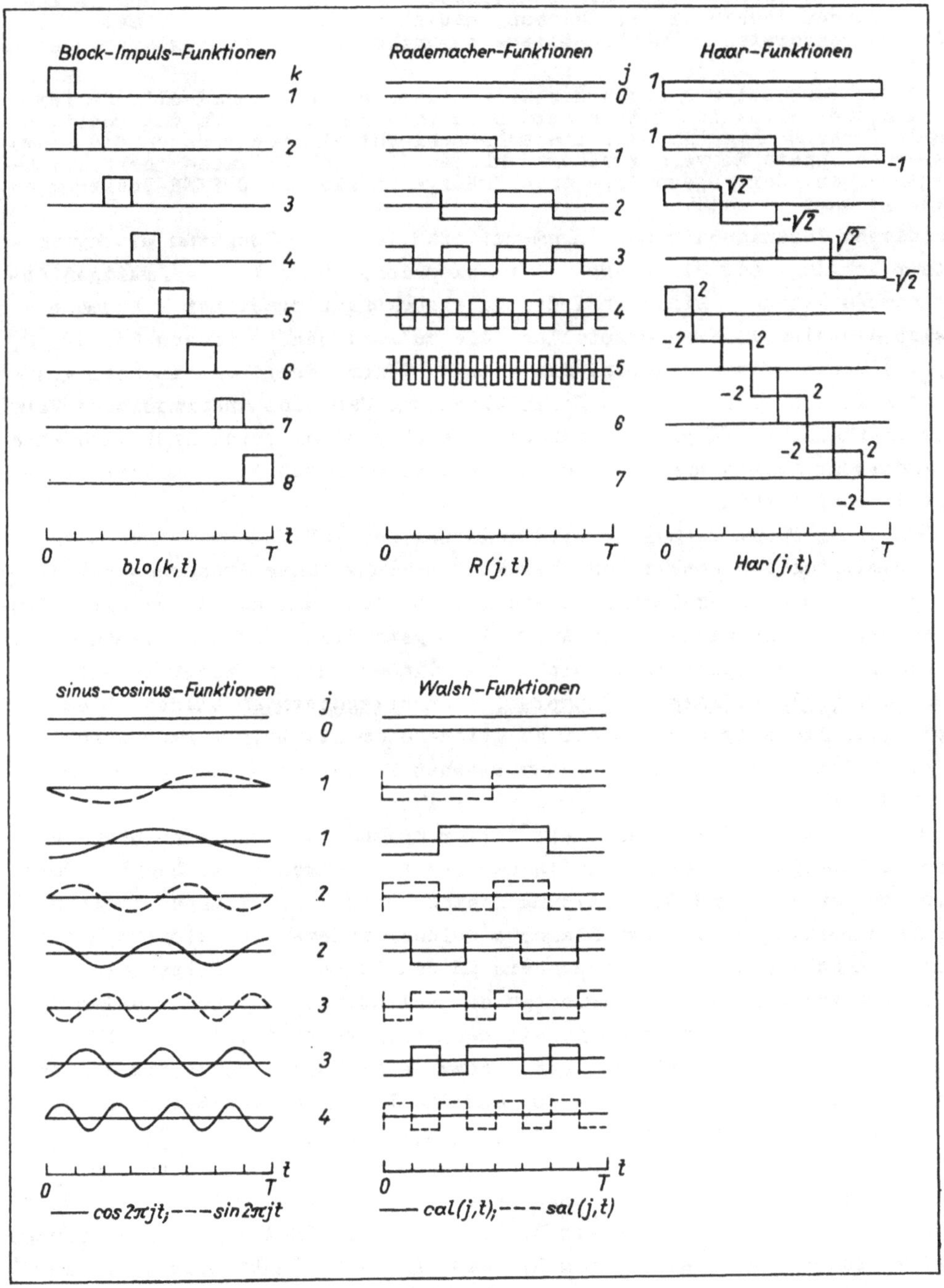

Abb. 9: Elemente orthogonaler Funktionensysteme zur Analyse und komponentenmäßigen Beschreibung periodischer Zeitreihen.

bestehende Approximation, der punktierte Kurvenzug, der mit dem zu beschreibenden innerhalb der Zeichengenauigkeit fast übereinstimmt, ist die aus den ersten 5 FOURIER-Gliedern synthetisierte approximierende Teilsumme.

Eine der Beschreibung durch die trigonometrischen FOURIER-Glieder fernerliegende Situation ist in Abb. 8 unten dargestellt: Um den kantigen Verlauf der Rechteckimpulsfolge mehr schlecht als recht durch die stärker gezeichnete Kurve anzunähern, müssen 16 FOURIER-Glieder berücksichtigt werden, deren jeweilige anteilmäßige Stärke im FOURIER-Spektrum angezeigt wird.

In diesem Zusammenhang sei angemerkt, daß im Power-Spektrum biorhythmischer Vorgänge oftmals Peaks unterschiedlicher Höhe in regelmäßigen Abständen angeordnet sind - bei der Untersuchung circadianer Phänomene beispielsweise an Frequenzstellen, die zu Periodenlängen von 24, 12, 8, 6, ... Stunden etwa gehören. Ein solcher Befund zeigt an, in Analogie zu den in Abb. 8 gebrachten Beispielfällen, daß eine anharmonische Form des rhythmischen Vorgangs vorliegt, die eben nicht durch lediglich eine harmonische Schwingungskomponente (in mehr oder weniger formaler Weise) erfaßt werden kann.

Bei einer FOURIER-Analyse wird (wie bei der FOURIER-Transformation und damit bei der spektralen Charakterisierung eines Prozesses durch Berechnung des Power-Spektrums einer Zeitreihe) aus der Menge der trigonometrischen Funktionen eine Auswahl so getroffen, daß als Elemente nur diejenigen Funktionen Berücksichtigung finden, die in ihrer Gesamtheit ein sog. vollständiges, orthonormales Funktionensystem bilden. Diese Orthogonalitätseigenschaft der Funktionenelemente bringt ganz wesentliche Erleichterungen bei der numerischen Durchführung der Approximation mit sich.

Diese vorteilhafte Eigenschaft der Orthogonalität besitzen aber auch andere Funktionenklassen, die in den letzten Jahren in wachsendem Umfang zur Analyse und Beschreibung rhythmischer Erscheinungen herangezogen wurden. Abb. 9 zeigt Elemente solcher anderer Funktionensysteme, wobei in Abb. 9 unten die besonders in den Vordergrund getretenen WALSH-Funktionen einigen Elementen des vollständigen orthonormalen Systems der trigonometrischen Funktionen gegenübergestellt sind. Nähere Erklärungen zum RADEMACHER-, HAAR- oder WALSH-Funktionensystem können hier nicht gegeben werden, es muß auf die Literatur verwiesen werden (z.B. BEAUCHAMP /19/, HARMUTH /20/, BÄUMLER /21/).

Abb.10 veranschaulicht die beiden theoretischen Extremsituationen - die Realität ist dazwischen angesiedelt - bei der Verwendung des trigonometrischen Funktionensystems einerseits (FOURIER-Analyse, Berechnung des Frequenzspektrums) und des Systems der WALSH-Funktionen andererseits (WALSH-Analyse, Berechnung eines Sequenzspektrums): Im oberen Teilbild ist die Charakterisierung eines sinusoidalen rhythmischen Ab-

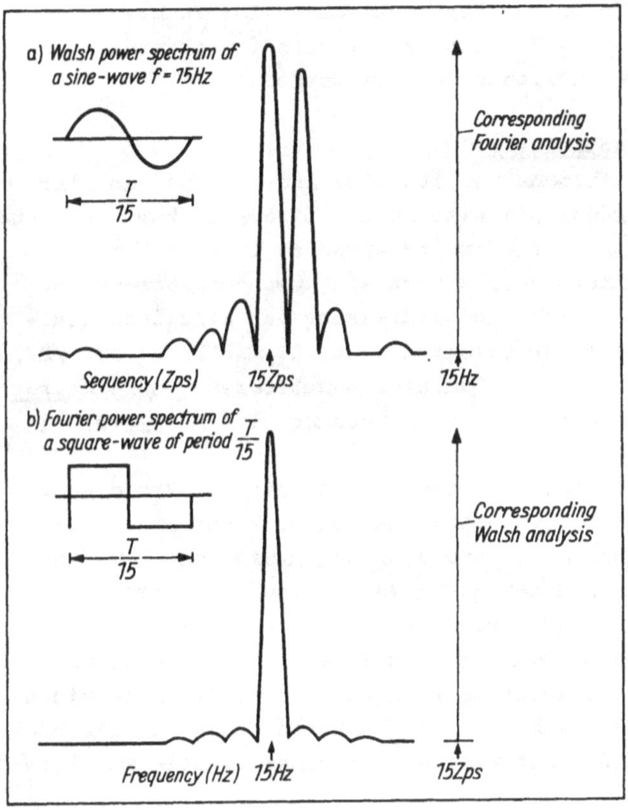

Abb.10: Vergleich von FOURIER-Spektralanalyse für zwei periodische Vorgänge (oben: harmonische Schwingung, unten: Rechteckschwingung) unterschiedlicher Gestalt. (aus BEAUCHAMP /19/)

laufs mittels WALSH-Sequenzspektrum (Mitte) und der in diesem Fall adäquaten FOURIER-Analyse (FOURIER-Frequenzspektrum rechts) demonstriert; im unteren Teilbild sind diese beiden Analysearten auf einen periodischen Vorgang mit rechteckiger Wellenform angewandt. Im letzteren Fall ist die Beschreibung durch WALSH-Funktionen, im Sequenzbereich also anstelle des Frequenzbereichs der FOURIER-Analyse, die angemessene mathematische Beschreibungsart.

Übertragen auf die in Abb. 8 dargestellten Beispiele wäre eine WALSH-Zeitreihenanalyse für den im unteren Teil der Abb. 8 gezeigten Fall wohl die den Gegebenheiten angepaßte Analyse.

Ohne hier ins Detail gehen zu können, sollte der Eindruck vermittelt werden, daß die Modellwahl im geschilderten Sinne einen ganz wesentlichen Einfluß auf Güte und Interpretierbarkeit der jeweils errechneten Ergebnisse im Zuge einer biomathematischen Auswertung hat. M. a. W.: Es muß das mathematische Beschreibungsmittel den jeweiligen äußerlich sichtbaren Tatbeständen - falls nicht sogar theoretische Hinweise vorliegen, die aus der Kenntnis des "inneren Mechanismus" des konkreten

Vorgangs erwachsen - entsprechen gewählt werden. Mit den erwähnten orthogonalen Funktionensystemen zur Rhythmusanalyse ist auch von der mathematisch-methodischen Seite her die Palette der (zweckentsprechend) einsetzbaren Hilfsmittel wesentlich erweitert worden.

4. Biomathematik und Chronobiologie

Für die Praxis der Zeitreihenanalyse ist eine ganze Reihe numerischer Verfahren ausgearbeitet worden. Sie sind in der Literatur bzw. zu einem Teil in Programmbibliotheken zu finden und entweder in einer problemorientierten Sprache formuliert oder stehen als anwendungsbereite Rechenprogramme zur Verfügung. Eine Zusammenfassung der einzelnen Algorithmen - Ansätze hierfür gibt es bereits (s. z. B. MARTIN et al. /22/) - zu einem im Dialogbetrieb mit dem Computer benutzbaren Programmpaket könnte für die chronobiologische Rhythmusforschung eine außerordentliche Hilfe bedeuten.

Von gewissen rechentechnischen Voraussetzungen, die bei Verfolgung dieser Zielstellung erfüllt sein müssen, abgesehen, kommt in dieser Problematik die sachlich gegebene, innere Abhängigkeit zwischen Biomathematik[1)] im allgemeinen und der quantitativ ausgerichteten bzw. orientierten Chronobiologie und Chronomedizin zum Ausdruck, die als relativ junge Disziplinen auch nach einer theoretischen Fundierung streben. Ich möchte damit zum Ausdruck bringen, daß m. E. entscheidende Fortschritte in der Entwicklung der methodischen Basis für die biorhythmische Analyse eng an die Entwicklung der Biomathematik im allgemeinen geknüpft ist.

Die in dieser Arbeit erwähnten Verfahren und Rechenprogramme wurden im Rahmen des von der MLU Halle getragenen Forschungsauftrages "Biomathematische Modellierung" be- bzw. erarbeitet.

Literatur

/1/ PEIL, J.: Anwendung der Verfahren der empirischen Regression zur Trendbeseitigung und Datenaufbereitung in nichtstationären Zeitreihen. Poster 1 des Symp. "Chronobiologie und Chronomedizin '78". Halle/S., Juli 1978, (Beitrag im Symp.berichtsband)

/2/ SCHMERLING, S. und J. PEIL: Zur Schätzung der Regression aus Beobachtungswerten stetiger Zufallsgrößen. Biom. J. 19 (1977), 291-301

/3/ PEIL, J. und S. SCHMERLING: Ein ALGOL-Programm zur Berechnung von empirischen Regressionen. Gegenbaurs morph. Jahrb., Leipzig 123 (1977), 538-555

/4/ PEIL, J. und S. SCHMERLING: Verfahren der empirischen Regression und Anwendungsmöglichkeiten. Wiss. Z. Univ. Halle, math. nat. R., 27 (1978), 35-45

/5/ PEIL, J.: Ein ALGOL-Programm zur nichtlinearen Regression - Programminformation über ein biomathematisches Verfahren. Depot-Artikel Nr. 505/75 der Wiss. Z. Univ. Halle; Depot-Information in: Wiss. Z. Univ. Halle, math. nat. R., 24 (1975), 77-78

/6/ PEIL, J.: Ein Verfahren zur nichtlinearen Approximation und seine Anwendung auf verschiedene naturwissenschaftliche, technische und medizinische Probleme. Nova Acta Leopold., NF, 35 (1970), Nr. 195

/7/ PEIL, J.: Ein ZRA1-Rechenprogramm zur Anpassung von Dampfdruckkurven an Meßwerte des Gesamtdampfdruckes binärer Nichtelektrolytmischungen. Programm des Rechenzentrums der MLU Halle, 1963/64 (unveröffentlicht).

/8/ THIELE, H.: Zur Glättung von Beobachtungsreihen mit Spline-Funktionen. Biom. Z. 17 (1975), 415-430

/9/ LEHMANN, H., L. SENF und J. PEIL: Untersuchungen zur wachstumsbeeinflussenden Wirkung von Abscisinsäure und eines Abscisinsäure-Glucoseesters. Z. Biochem. Physiol. Pflanzen, (im Druck).

/10/ HELWIN H., J. PEIL und P. BERGMANN: Quantitativ-mathematische Auswertung von Wachstumsuntersuchungen unter dem Gesichtspunkt genetisch bzw. exogen beeinflußter Variabilität. Wiss. Z. TU Dresden, Sonderausgabe 150-Jahr-Feier TU Dresden, (im Druck).

/11/ PEIL, J.: Ein ALGOL-Programm zur Anpassung der verallgemeinerten logistischen (Wachstums-)Funktion an Meßwertverläufe - Programminformation über ein biomathematisches Verfahren. Depot-Artikel Nr. 505/78 der Wiss. Z. Univ. Halle; Depot-Information in: Wiss. Z. Univ. Halle, math. nat. R., 27 (1978), 85-86

/12/ PEIL, J.: Das Logistische Wachstumsgesetz und seine Erweiterungen. Gegenbaurs morph. Jahrb., Leipzig 124 (1978), 524-545

/13/ PEIL, J.: Numerische und rechentechnische Probleme und Möglichkeiten der Anpassung der verallgemeinerten logistischen (Wachstums-)Funktion an Meßwertverläufe. Gegenbaurs morph. Jahrb., Leipzig 124 (1978), (im Druck)

/14/ HELWIN, H. und J. PEIL: Phänomenologisch-mathematische Modellierung des Körperlängenwachstums des Menschen durch Zerlegung in Wachstumsschübe und deren quantitativ-analytische Effassung.

Gegenbaurs morph. Jahrb., Leipzig 123 (1977), 641-655

/15/ WHITTAKER, E. und G. ROBINSON: The calculus of observation 4th ed. 10th reprint, Blackie & Son Ltd. London/Glasgow 1965

/16/ PEIL, J.: Mathematisch-numerische Verfahren zur Analyse von Schwingungsvorgängen. Nova Acta Leopold., NF, 46 (1977) Nr.225, "Die Zeit und das Leben", S. 495-524

/17/ PEIL, J., U. SITKA und W. RUMLER: Versuche der Motilitätsklassifizierung Neugeborener mittels statistischer und biomathematischer Verfahren der Zeitreihenanalyse. Poster 2 des Symp. "Chronobiologie und Chronomedizin '78", Halle/S., Juli 1978. (Beitrag im Symp.berichtsband).

/18/ VARJU, D.: Systemtheorie für Biologen und Mediziner. Springer Verlag Berlin/Heidelberg/New York 1977

/19/ BEAUCHAMP, K.G.: Walsh Functions and their applications. Academic Press London/New York/San Francisco 1976

/20/ HARMUTH, H.F.: Sequency Theory - Foundations and Applications. Academic Press New York/San Francisco/London 1977

/21/ BÄUMLER, H.: Walsh-Spektralanalyse stochastischer Prozesse unter besonderer Berücksichtigung der Analyse der elektrischen Aktivität des Gehirns. Math.-nat. Dissertation A, Humboldt-Universität Berlin 1978

/22/ MARTIN, W., U. KIPRY und K. BRINKMANN: TIMESDIA - Ein interaktives Programm zur Analyse periodischer Zeitreihen. EDV Med. Biol. 8 (1977), 90-94

/23/ PEIL, J.: Was ist Biomathematik? - Versuch einer inhaltlichen Konkretisierung. Inform.blatt Ges. phys. math. Biol. DDR, Nr. 6/75 (1975), 4-12

Anschrift des Verfassers:
Dr. rer. nat. habil. Jürgen Peil
Anatomisches Institut des
Bereichs Medizin der MLU Halle
DDR-402 Halle
Große Steinstr. 52

Zusammenfassung

Die Lebensprozesse, die Gegenstand chronobiologischer Untersuchungen sind, kann man hinsichtlich ihrer globalen Zeitmuster als rhythmisch konstante, rhythmisch asymptotische und rhythmisch katastrophische Abläufe in der Zeit charakterisieren. Dieser Klassifizierung liegt die dynamische Betrachtungsweise in einem übergeordneten biokybernetischen Rahmen zugrunde.

Kann der zu untersuchende biologische Prozeß durch ein Merkmal quantitativer Art erfaßt werden, ist es Aufgabe biomathematischer Verfahren, aus dem zeitlichen Verlauf der gemessenen Realisationen des Merkmals weitere quantitative und qualitative Charakteristika mit hohem Informationswert herauszuarbeiten. Diese bilden einerseits eine objektive Basis für Vergleiche von Zeitreihen untereinander, zum anderen können sie gegebenenfalls als mathematische Modelle oder als Teile solcher Modelle gesetzmäßige Zusammenhänge zum Ausdruck bringen. Aufgabe statistischer Hilfsmittel ist es, in den gemessenen oder in den berechneten Charakteristika den durch die biologische Variabilität bzw. durch andere zufällige Einflüsse bedingten zufälligen Anteil gegenüber dem "gesetzmäßigen" zu bestimmen.

Zur quantitativen Charakterisierung rhythmisch ablaufender Lebensprozesse hat sich die Power-Spektralanalyse bewährt. Mathematisch bedeutet diese die Beschreibung des gemessenen Vorgangs unter Zugrundelegung des vollständigen, orthogonalen Systems der trigonometrischen Funktionen. Die Gegenüberstellung der Verwendung dieses Funktionensystems und der des ebenfalls vollständigen, orthogonalen Systems der WALSH-Funktionen verdeutlicht die implizierten qualitativen Annahmen, die mit der Berechnung der quantitativen Maßzahlen der jeweiligen Spektren gemacht werden.

Unter den Gesichtspunkten der biomathematischen Modellierung bzw. der formalen quantitativen mathematischen Beschreibung werden desweiteren die allgemeinen Aufgabenstellungen der Rhythmus- und der Schwingungsanalyse im engeren Sinne besprochen.

Резюме

Жизненные процессы, являющиеся объектом хронобиологических иследований, можно, по отношению к своим глобальным временным образцам, характеризовать как ритмично-постоянные, ритмично-асимптотические и ритмично- катастрофические процессы по времени.

Если исследуемый биологический процесс является как-нибудь измеримым, то выработка дальнейших качественных характеристических величин с высокой степенью информации из полученных при реализации данных, является задачей биоматематических методов. Эти величины, с одной стороны, дают реальную возможность сравнить временные ряды между собой, с другой стороны, они, как математические модели (или часть таковых), могут выразить закономерные связи. Задача статистических средств состоит в установлении доли случайностей измеримых или вычитаемых характеристических величин, вызываемой биологической переменчивостью или другими случайными влияниями.
Спектральный степенный анализ проявил себя надёжным для количественной характеристики ритмически проходящих жизненных процессов. Математически он означает описание измеренного процесса на основе полной ортогональной системы тригонометрических функций. Противопоставление применения этой системы функций к применению такой же полной ортогональной системы функций Уолша показывает включенные качественные предположения, которые были сделаны при вычислении количественных величин измерения соответственных спектров.
В разрезе биоматематического моделирования или формального количественного математического описания обсуждаются кроме того общие постановки задач анализа ритма и колебания в узком смысле.

Summary

Within chronobiological research the biomathematical time series analysis has to do a separation of the systematical and of the random components, and has to give further a qualitative and quantitative description of these both components. By examples the most frequent problem situations are demonstrated occuring in the practice of such a generally understood time series analysis. The mathematical methods and the various mathematical means in form of numerical procedures or computer programs will be presented. The problem of mathematical modelling of biorhythmical phenomena in form of oscillatory components is mentioned. Especially the use of the orthogonal HAAR- and WALSH-function systems (WALSH-sequency analysis by WALSH transforms) is stressed in addition to the traditional use of the complete orthonormal system of trigonometric functions (FOURIER-frequency analysis by FOURIER transform). There is pointed to the inherent connections between chronobiological research on the one hand and of the biomathematical-methodological basis on the other which are stimulating each other.

Martin-Luther-Universität Halle-Wittenberg
Anatomisches Institut des Bereiches Medizin der MLU, Halle/S.,DDR

Anwendung der Verfahren der empirischen Regression zur Trendbeseitigung und Datenaufbereitung in nichtstationären Zeitserien

J. PEIL

"... Aber im stillen Gemach entwirft bedeutende Zirkel
Sinnend der Weise, beschleicht forschend den schaffenden Geist,
... Sucht das vertraute Gesetz in des Zufalls grausenden Wundern,
Sucht den ruhenden Pol in der Erscheinungen Flucht.
Körper und Stimme leiht die Schrift dem stummen Gedanken,
... Da zerrinnt vor dem wundernden Blick der Nebel des Wahns,
Und die Gebilde der Nacht weichen dem tagenden Licht. ..."
(Fr. SCHILLER, "Der Spaziergang")

1. Einleitung

Chronobiologische Untersuchungen bedürfen der biomathematischen Auswertung, um quantitative Charakteristika auf möglichst objektive Art herauszuarbeiten und weitergehenden experimentellen wie theoretischen Betrachtungen zur Verfügung zu stellen. Da zur Erfassung biorhythmischer Phänomene in der Regel eine größere Anzahl von Meßwerten vorhanden sein muß, ist zumeist die Auswertung mit rechentechnischen Hilfsmitteln angezeigt. Im Hinblick auf eine solche Auswertung muß bereits die Datenaufbereitung, so wie anschließend die eigentlichen biomathematischen Verfahren, dem Ziel der Trennung von systematischer und zufälliger Komponente in der Meßwertefolge (Zeitreihe) dienen. Das in diesem Beitrag vorgestellte Verfahren der empirischen Regression leistet im zu beschreibenden Sinne sowohl eine Aufbereitung der Primärdatenserie, als auch kann es zur parameterfreien quantitativen Beschreibung des systematischen Anteils der Zeitreihe herangezogen werden.

2. Verfahren der empirischen Regression

Unter Regression der zufälligen Veränderlichen Y in bezug auf die zufällige Veränderliche X wird in der üblichen Weise der bedingte Erwartungswert von Y verstanden:

$$\bar{y}(x) := E(Y | X=x) \qquad (1)$$

Dieser Erwartungswert ist eine Funktion der nichtzufälligen Variablen

x. Diese Funktion kann man als mathematisches Modell[1] für die deterministische (systematische) Komponente des Zusammenhangs zwischen den Zufallsgrößen X und Y auffassen.

Unter Verwendung der Dichtefunktion f der zweidimensionalen stetigen Zufallsgröße - mit den Komponenten X und Y - läßt sich der bedingte Erwartungswert unter den bekannten Voraussetzungen in der Form

$$E(Y|X=x) = \left[\int_{-\infty}^{+\infty} y \cdot f(x,y)dy \right] / f_X(x) \tag{2}$$

schreiben, $f_X(x)$ bezeichnet die Marginaldichte, (1) gilt für alle x mit $f_X(x) > 0$, (2) für ein beliebiges, aber festes x, ebenfalls unter der eben angeführten Voraussetzung.

Bei praktischen Problemen ist die gemeinsame Dichtefunktion der beiden Zufallsgrößen in den allermeisten Fällen nicht bekannt. Man hilft sich, indem man eine aus den gemessenen Wertepaaren (x_i, y_i) (i=1,..., n) - den Realisationen der zweidimensionalen Zufallsvariablen - eine Schätzung der Dichtefunktion ermittelt. Die verschiedenen Verfahren der empirischen Regression unterscheiden sich darin, welche Stichproben-Schätzfunktion Verwendung findet. Für das hier zur Anwendung kommende Verfahren wurde

$$\hat{f}_2(x,y) = \frac{1}{n} \frac{1}{2 \cdot \pi \cdot H \cdot K} \sum_{i=1}^{n} \exp\left\{ -\frac{1}{2}\left(\frac{x-x_i}{H}\right)^2 - \frac{1}{2}\left(\frac{y-y_i}{K}\right)^2 \right\} \tag{3}$$

angesetzt (vgl. SCHMERLING und PEIL /1/), was zur Berechnungsformel

$$\hat{y}_2(x) = \frac{\sum_i y_i \cdot \exp\left\{ -\frac{1}{2}\left(\frac{x-x_i}{H}\right)^2 \right\}}{\sum_i \exp\left\{ -\frac{1}{2}\left(\frac{x-x_i}{H}\right)^2 \right\}} \tag{4}$$

für eine spezielle empirische Regression führt.
(H und K in (3) bzw. H in (4) sind sog. Bandbreitenparameter, vgl. SCHMERLING und PEIL /1/).

Ein anwendungsbereites ALGOL-Rechenprogramm ist in PEIL und SCHMERLING /2/ mitgeteilt worden, Anwendungen dieser empirischen Regression auf morphometrische und zytophotometrische Probleme sind in PEIL et al. /3/ zu finden, (siehe auch PEIL und SCHMERLING /4/).

1) Der Begriff "mathematisches Modell" soll hier nicht diskutiert werden. Wir wollen diese Bezeichnung verwenden, obwohl kein analytischer Ausdruck für den funktionalen Zusammenhang - für die systematische Komponente der Zeitreihe - angesetzt wird.

3. Trend und Trendeliminierung

3.1. Stationäre Zeitreihen

Stationarität eines stochastischen Prozesses X(t) bedeutet, daß sich die gemeinsame Verteilungsfunktion der Zufallsgrößen X_t mit der Zeit nicht ändert. Bei der Charakterisierung einer Verteilungsfunktion durch ihre Momente findet Stationarität unter anderem in der Eigenschaft

$$E(X(t)) = E(X(0)) = c \qquad (-\infty < t < +\infty) \qquad (5)$$

Ausdruck, d. h. der Erwartungswert ist eine Konstante. (Zur ausführlichen Darstellung dieser Sachverhalte vgl. z. B. KOOPMANS /5/).

Der Begriff der Stationarität wird auch auf die Zeitreihe - als der Realisation des stochastischen Prozesses - übertragen und (5) bedeutet, daß sukzessive aus den einzelnen Meßwerten gebildete Mittelwerte (im statistischen Sinne) gleich sind, die Zeitreihe also aus Werten besteht, die im wesentlichen um ein konstantes Niveau herum schwanken.

Um zur Beschreibung des zufälligen Anteils einer Zeitreihe das Modell des "stationären stochastischen Prozesses" (und z. B. seiner spektralen Darstellung) heranziehen zu können, sollte daher ein in der primären Zeitreihe vorhandener Trend - verschiedene Arten (nicht)linearer Trends sind im Schemabild der Abb. 1 gezeigt - beseitigt werden.[1,2]

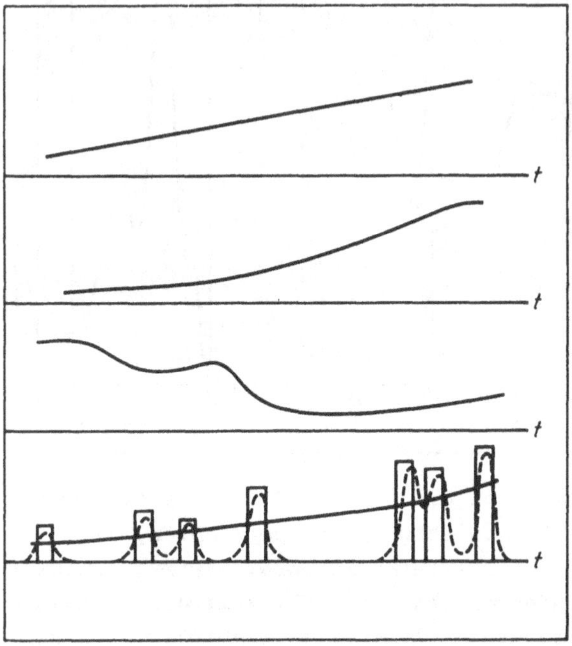

Abb. 1: Schemabild einiger Formen von Trendverläufen (linearer Trend, Sättigungs-, Abklingvorgänge mit oder ohne überlagerte Schwingungsanteile als Beispiele nichtlinearer Trends). Unteres Teilbild: Bezeichnung als Trend und damit Anwendung üblicher Trendmodelle erscheint fraglich.

Fußnoten 1 und 2 dieser Seite siehe auf der nächsten Seite

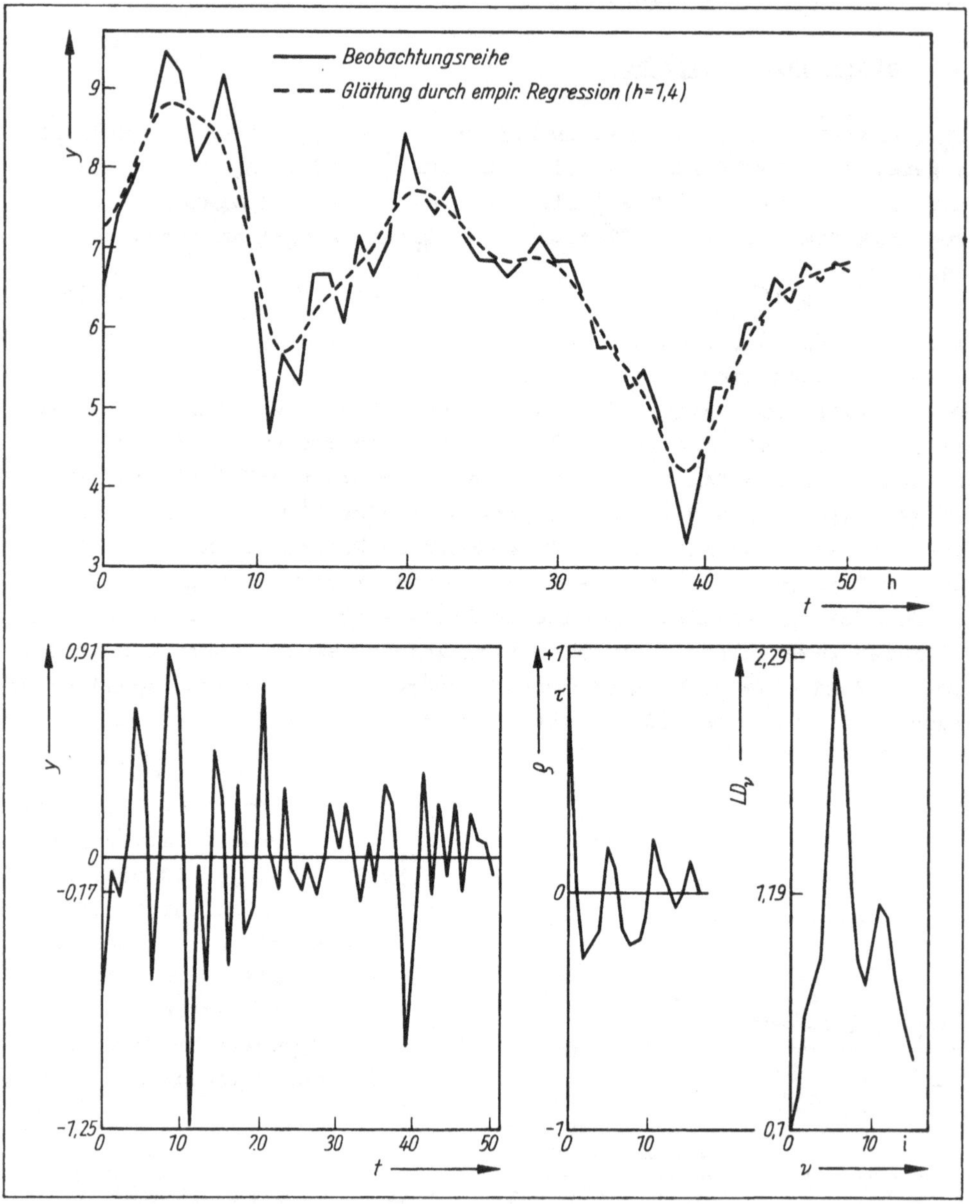

Abb. 2: Beispiel einer nur 52 Meßwerte umfassenden Zeitreihe mit deutlich sichtbaren systematischen Schwingungskomponenten, die, oberes Teilbild, durch die empirische Regressionskurve erfaßt werden. Unten links trendbereinigte Sekundär-Zeitreihe; unten rechts Rhythmus- bzw. Frequenzanalyse mittels Autokorrelogramm bzw. Power-Spektrum.

3.2. Quantitative Erfassung des Trend

Um einen Trend aus einer Zeitreihe zu eliminieren, muß er zumindest quantitativ erfaßt sein. Zu diesem Zweck kann man einen analytischen Funktionsausdruck wählen oder durch ein (numerisches) Glättungsverfahren die Zufallsschwankungen verringern und damit den Trend als den "mittleren Verlauf" der Zeitreihe herausschälen. Im ersten Falle besteht die Gefahr, infolge eines nicht adäquaten analytischen Ausdrucks - zumeist werden Potenzpolynome[3] in t angesetzt, vorwiegend 1. Grades (linearer Trend), zuweilen auch 2. oder 3. Grades (der Einfachheit der Rechnungen wegen) - bei Eliminierung des Trend systematische Fehler in die "trendbereinigte" Zeitreihe zu projizieren. Im zweiten Falle können Schwingungsartefakte erzeugt werden (wie das bei Berechnung von gleitenden Mittelwerten z. B. hinlänglich bekannt ist).

Zwischen den beiden Möglichkeiten - analytischer Ansatz oder modellfreies Verfahren (empirische Regression) - ist der neuerdings ebenfalls in der Literatur zu findende Vorschlag angesiedelt, Spline-Funktionen für die Trendbeschreibung zu verwenden (z. B. THIELE /7/).

Wir setzen als numerisches Glättungsverfahren - welches also andererseits die quantitative Erfassung des Trends und damit seine Eliminierung erlaubt - das in 2. skizzierte Verfahren der empirischen Regression ein.

In Abb. 2 ist oben die Zeitreihe - die einzelnen Meßpunkte sind durch einen Polygonenzug miteinander verbunden - und die empirische Regressionskurve nach (4) gezeichnet. Der Trend fällt, der Form seines Zeitverlaufs nach, etwa in die in Abb. 1 im 3. Teilbild von oben angedeutete Klasse. Abb. 2 zeigt unten links die mittels empirischer Regression durch Trendeliminierung aufbereitete Zeitreihe, die dann einer Schwingungsanalyse (PEIL /6/) (Berechnung von Autokorrelogramm und Power-Spektrum zur näherungsweisen Bestimmung der Frequenzwerte harmonischer Schwingungen) unterzogen wurde, Teilbilder unten Mitte und rechts. Erst nach dieser Trendbeseitigung treten rhythmische Komponenten in der demonstrierten Deutlichkeit hervor.

3.3. Glättung bzw. Filterung

Die Prozedur der Glättung einer Zeitreihe und der anschließenden Eliminierung des geglätteten Verlaufs aus der primären Zeitreihe findet, aus

1) Auch wenn die spektrale Zerlegung im Hinblick auf eine Schwingungsanalyse zur Aufdeckung "verborgener Periodizitäten", durchgeführt wird, stören die systematischen Trendanteile, vgl. Abb. 2,3,4.
2) Es sei noch einmal betont, daß (5) nur einen Gesichtspunkt der Eigenschaft "stationär" darstellt.
3) Gegebenenfalls, insbesondere wenn das Hauptaugenmerk der Zeitreihenanalyse auf der Beschreibung der systematischen Komponente liegt, werden auch subtilere nichtlineare analytische Ausdrücke angesetzt (vgl. z. B. PEIL /6/).

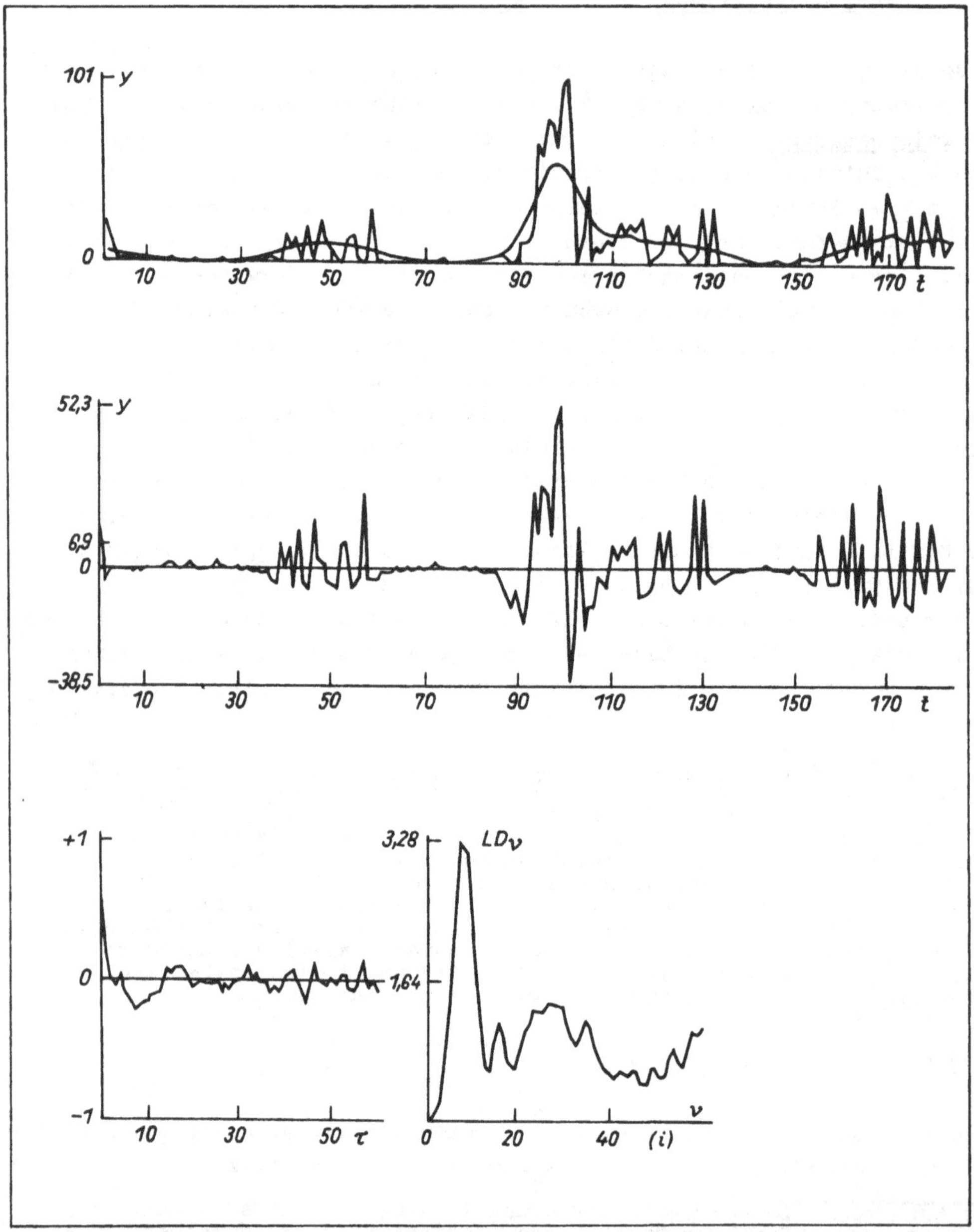

Abb. 3: Zeitreihenbeispiel oben (183 Meßwerte; Motilität Neugeborener, s. PEIL et al.); Mitte: Zeitreihe nach Eliminierung des durch empirische Regression (H=4) erfaßten mittleren Verlaufs (Trend?), unten Autokorrelogramm (links) und Power-Spektrum (rechts) der Sekundärzeitreihe

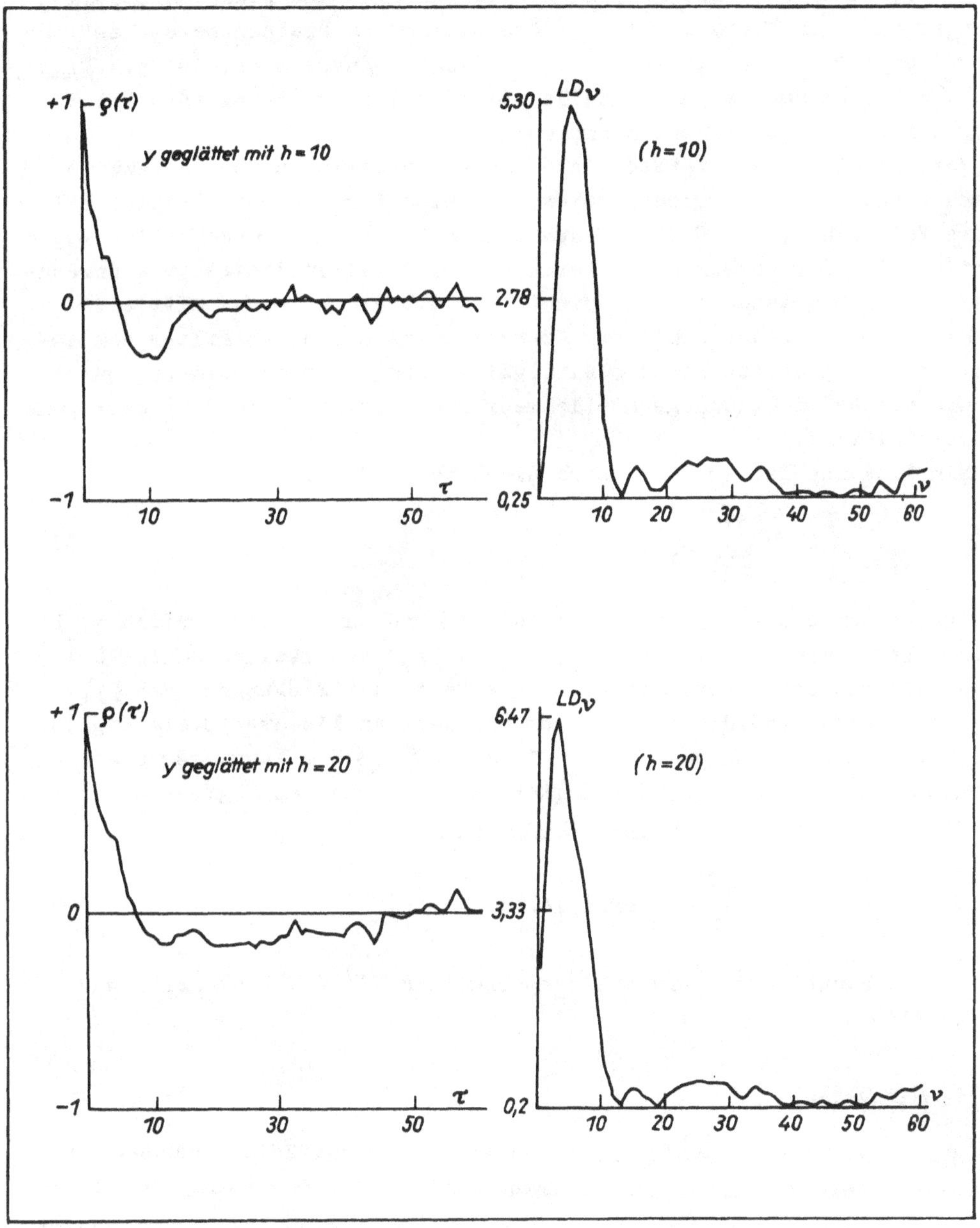

Abb. 4: Autokorrelogramme (links) und Power-Spektren (rechts) für unterschiedliche, aus der Primär-Zeitreihe der Abb. 3 oben abgeleitete Sekundär-Zeitreihen (oben H=10, unten H=20 als Werte des Bandbreitenparameters für die empirische Regression, vgl. (4)).

dem Frequenzbereich gesehen, ihre bezeichnungs- und bedeutungsmäßige Entsprechung in "Herausfiltern eines bestimmten Frequenzbereiches". Unter diesem Blickwinkel stellt die empirische Regression also ein Filter dar, das bestimmungsgemäß Anteile mit niedriger Frequenz (den Trend) aus der Zeitreihe herausfiltern soll.

Vergleicht man die verschiedenen Power-Spektren in Abb. 4 jeweils rechts und in Abb. 3 rechts unten, die sich für ein und dieselbe primäre Zeitreihe (Abb. 3 oben) nach Eliminierung von Trendanteilen - die mittels (5) für verschiedene Werte des Bandbreitenparameters H berechnet wurden - ergeben hatten, sieht man, daß die Bereiche mittlerer und höherer Frequenzen bis hin zur Grenzfrequenz durch das Filter der empirischen Regression nicht beeinflußt wurden, während niederfrequente (harmonische) Schwingungsanteile mehr oder weniger verändert oder ganz beseitigt sind.

Ein lineares Filter kann durch die lineare Beziehung

$$z_t = \sum_{\tau=r}^{s} g_\tau y_{t-\tau} \tag{6}$$

zwischen den Größen z_t an seinem Ausgang und den Eingangsgrößen y_t beschrieben werden. Die Menge $\{g_r, g_{r+1}, \ldots, g_s\}$ von reellen Zahlen ist ein Satz von Gewichten, mit denen die Menge der Eingangsgrößen $\{y_t\}$ beladen werden und die so nach der angegebenen linearen Beziehung (6) nach Durchgang durch das Filter die Menge $\{z_t\}$ der Ausgangsgrößen ergeben. Die Gewichte g_i des Filters der empirischen Regression nach (4) und damit auch die Übertragungsfunktion

$$G(\omega) = \sum_{\tau=r}^{s} g_\tau \cdot \exp(-i\omega\tau) \tag{7}$$

ist eine Funktion des Bandbreitenparameters H[1] (s. SCHMERLING und PEIL /1/).

4. Diskussion

Die in den Abb. 2 bis 4 gezeigten Beispiele von Zeitreihenanalysen demonstrieren die prinzipielle Brauchbarkeit der Anwendung von Verfah-

1) Der Wert von H bestimmt die Anzahl von Gewichten, die einen merklichen Beitrag bei der Bildung der Ausgangsgrößen leisten. Theoretisch ist bei der verwendeten Schätzung der Dichtefunktion die Anzahl der Gewichte unendlich, dies erfährt aber durch die angegebene lineare Beziehung (6) infolge der endlichen Länge der Zeitreihe eine Einschränkung. Von Randgebieten abgesehen, ist die praktisch realisierte Anzahl von Gewichten nach Festlegung des Wertes von H im gesamten t-Bereich konstant.

ren der empirischen Regression zur quantitativen Trenderfassung und -eliminierung. Durch Eliminierung des Trend wird ein wesentlich höherer Informationswert von Autokorrelogramm und Powerspektrum hinsichtlich der rhythmisch-periodischen Struktur der Zeitreihe erzielt. Ein heuristisches Element bei dieser Vorgehensweise stellt noch die Festlegung des Zahlenwertes des Bandbreitenparameters der empirischen Regression dar, was bezüglich der gewünschten Filtereigenschaft optimiert werden könnte. (Für das in Abb. 3,4 gezeigte Beispiel hat die Trendeliminierung mittels empirischer Regression für H=4 die sichtlich besten Ergebnisse gebracht).

Es können allerdings auch Änderungen im niedrigfrequenten Bereich des Spektrums auftreten, die eine ausgeprägte Abhängigkeit vom Wert des Bandbreitenparameters zeigen und wahrscheinlich Artefakte darstellen (Im Beispiel der Abb. 3,4 angedeutet). Eine solche Erscheinung kann auch durch eine sachlich nicht begründete Trendeliminierung hervorgerufen werden[1]. Weitere Untersuchungen, die theoretische Basis der empirischen Regression betreffend, und insbesondere numerische Untersuchungen der Filtereigenschaften der empirischen Regression lassen Hinweise zur Erklärung dieser Phänomene erwarten.

Diese Arbeit wurde im Rahmen des von der MLU Halle getragenen Forschungsauftrages "Biomathematische Modellierung" durchgeführt.

Literatur

/1/ SCHMERLING, S. und J. PEIL: Zur Schätzung der Regression aus Beobachtungswerten stetiger Zufallsgrößen. Biom. J. 19 (1977), 291-301

/2/ PEIL, J. und S. SCHMERLING: Ein ALGOL-Programm zur Berechnung von empirischen Regressionen. Gegenbaurs morph. Jahrb., Leipzig 123 (1977), 538-555

/3/ PEIL, J., R. BLUME und S. SCHMERLING: Biostatistische und biomathematische Auswertung morphometrischer Daten, dargestellt am Beispiel des Zusammenhangs zwischen Axondurchmesser und Markscheidendicke. I. Erste Datenauswertungsstufe: Empirische Regression. Gegenbaurs morph. Jahrb. 123 (1977), 193-207

/4/ PEIL, J. und S. SCHMERLING: Verfahren der empirischen Regression und Anwendungsmöglichkeiten. Wiss. Z. Univ. Halle, math. nat. R., 27 (1978), 35-45

1) vgl. die im Zusammenhang mit dem untersten Teilbild der Abb. 1 gemachten Bemerkungen

/5/ KOOPMANS, L.H.: The Spectral Analysis of Time Series. Wiley and Son, Academic Press New York 1974

/6/ PEIL, J.: Biomathematische und statistische Aspekte der Zeitreihenanalyse im Rahmen chronobiologischer Untersuchungen biorhythmischer Erscheinungen. Vortrag Symp. "Chronobiologie und Chronomedizin '78, Halle/S., Juli 1978 (Beitrag im Symp.berichtsband).

/7/ THIELE, H.: Zur Glättung von Beobachtungsreihen mit Spline-Funktionen. Biom. Z. 17 (1975), 415-430

/8/ PEIL, J., U. SITKA und W. RUMLER: Versuche der Motilitätsklassifizierung Neugeborener mit Hilfe biostatistischer und biomathematischer Verfahren der Zeitreihenanalyse. Poster 2 des Symp. "Chronobiologie und Chronomedizin '78", Halle/S., Juli 1978 (Beitrag im Symp.berichtsband).

Anschrift des Verfassers:

Dr.rer.nat.habil. Jürgen Peil
Anatomisches Institut der MLU Halle
DDR-402 Halle
Große Steinstraße 52

Zusammenfassung

Verfahren der empirischen Regression wurden ausgearbeitet, um eine ansatzunspezifische, gewissermaßen parameterfreie Regressionsanalyse durchführen zu können (PEIL und SCHMERLING 1977).
Der sich bei der Ausführung einer solchen Regressionsanalyse als Erwartungswert des gemessenen, unbekannten Zusammenhangs zwischen zwei Zufallsgrößen ergebende mittlere Verlauf durch eine Punktewolke kann im Prozeß der Datenaufbereitung von Zeitreihen - obwohl die eine Variable, die Zeit, keine zufällige Veränderliche ist - zur Eliminierung eines etwa vorhandenen Trends herangezogen werden. Dieser mittlere Verlauf erfaßt eine deterministische Komponente der Zeitreihe.
Der Vorteil der Verfahren der empirischen Regression gegenüber Regressionsansätzen mit analytischen Ausdrücken (z.B. Potenzpolynome) besteht darin, daß wegen der ansatzunspezifischen Art der Ermittlung der deterministischen Komponente keine durch fehlende

"Modelladäquatheit" erzeugten systematischen Fehler bei der Trendbeseitigung in die Zeitreihe projiziert werden. Allerdings setzt die Durchführung einer empirischen Regression die Festlegung eines Zahlenwertes für den sogenannten Breitbandparameter voraus, wofür wiederum nur heuristische Hinweise gegeben werden können. Da dieser Wert den Glättungseffekt wesentlich beeinflußt, muß er so festgelegt werden, daß zwar die globale deterministische Komponente (Trend) erfaßt, eventuelle Schwingungsanteile aber - die ebenfalls deterministischen Charakters sind - nicht verzerrt werden.
Nach Beseitigung des Trends kann die weitere Analyse der Zeitreihe mit den Verfahren zur Schwingungs- bzw. Rhythmusanalyse durchgeführt werden, oder aber der zufällige Anteil wird durch Berechnung der spektralen Leistungsdichte (Power-Spektrum) beschrieben.

Резюме

Методы эмпирической регрессии были разработаны для того, чтобы провести начально-неспецифический, так сказать непараметрический анализ регрессии (Паил, Шмерлинг, 1977). Из такого анализа регрессии как математическое ожидание измеренной незнакомой связи между двумя случайными величинами полученная средняя линия через точечное облако может в процессе обработки данных временных рядов несмотря на то, что одна переменная, время, не является случайной, употребляться для устранения имеющегося тренда. Эта средняя линия охватывает детерминастическую компоненту временного ряда.
Преимущество методов эмпирической регрессии перед подходами регрессии с аналитическими выражениями (например, многочлены) состоит в том, что из-за начально-неспецифического способа вычисления детерминистической компоненты систематические ошибки, вызываемые отсутствием адекватности модели, не вносятся во временный ряд при устранении тренда. Правда, проведение эмпирической регрессии требует предварительного установления величины, так называемого параметра ширмныполосы "пропускания", для которого с другой стороны можно дать только эвриатические советы. Так как эта величина имеет весомое значение для эффекта сглаживания, её надо установить так, чтобы с одной стороны охватывать глобальную, детерминистическую компоненту, а с другой стороны не исказить возможные доли колебаний, которые носят тоже детерминистический характер.
После устранения тренда можно дальше проводить анализ временно-

го ряда методами анализа колебания или ритма, или случайную долю описывают путём вычисления степенного спектра.

Summary

The qualified use of procedures of empirical regression for separation of systematical and random components in (nonstationary) time series and for a model-free description of the trend component is shown. Advantages and positive as well as negative effects will be discussed which may be expected or which can be seen at the analysed examples of time series in the course of trend elimination on the basis of an empirical regression.

Martin-Luther-Universität Halle-Wittenberg
Anatomisches Institut und Kinderklinik des Bereichs Medizin der MLU Halle, Halle/S., DDR

Versuche der Motilitätsklassifizierung Neugeborener mit Hilfe biostatistischer und biomathematischer Verfahren der Zeitreihenanalyse [1,2]

J.PEIL, U. SITKA und W. RUMLER

1. Aufgabenstellung

Die Bewegungsaktivität (Motilität) Neugeborener wird als stochastischer Vorgang aufgefaßt, als Vorgang also, in dem zufällige Einflüsse und Komponenten - wie z.B. die biologische Variabilität - eine bestimmende Rolle für die konkrete Ausprägung des Vorgangs spielen. Die Messung der Motilität über einen festgelegten Zeitbereich T hinweg ergibt Zeitreihen. Die einzelnen Zahlenwerte der Zeitreihen stellen als von der Meßeinrichtung registrierte Anzahl von Impulsen während einer vorgegebenen Zeiteinheit Δt ein Maß für die Bewegungsaktivität des jeweiligen Neugeborenen in dieser Zeit Δt dar. Die Folge der Meßwerte beinhaltet eventuell regelmäßige, aber auch regellose Veränderungen der Motilität während des Untersuchungszeitraums T.

Aufgabe einer mathematischen Auswertung dieser aus longitudinalen Daten bestehenden Zeitreihen ist es, quantitative Kenngrößen zur übersichtlichen und informativen Charakterisierung des Merkmals "Motilität" bzw. seiner zeitlichen Veränderung herauszuarbeiten. Solche informationskomprimierten Größen sollten gegebenenfalls dazu dienen, eine Klassifizierung der beobachteten Vorgänge vorzunehmen, mit dem weiteren Ziel einer eventuellen Diagnostizierung des Zustands des Neugeborenen aufgrund seiner registrierten Motilität.

2. Biomathematische Methodik

Zur biomathematischen Bearbeitung der Zeitreihen wurden zwei Wege eingeschlagen. Zum einen wurden direkte statistische Kenngrößen im Zeitbe-

---

1) Der mathematisch-methodische Teil dieser Arbeit wurde mit dankenswerter Unterstützung durch den Forschungsauftrag "Biomathematische Modellierung"der Martin-Luther-Universität durchgeführt.
2) Die Berechnung der Autokorrelogramme und der Power-Spektren erfolgte mit einem ALGOL-Programm (TS3T, M.ORLICK, ORZ der MLU Halle).

reich, wie Mittelwerte und Streuungen der Impulsanzahlen für vorgebbare Teilintervalle des Registrierungszeitraums berechnet und Impulshistogramme aus den Primärdaten ermittelt. Zum anderen wurde der gemessene zeitliche Verlauf in den Frequenzbereich transformiert, was in der Gestalt von Power-Spektren indirekte quantitative (und qualitative) Charakteristika durch die Aufteilung der Gesamtvarianz um die mittlere Motilität auf die durch die diskrete FOURIER-Transformation festgelegten Frequenzwerte liefert. Die Kenngrößen im Zeitbereich wurden also durch Kenngrößen im Frequenzbereich ergänzt.

Um zu einer Klassifizierung zu kommen, müßten die ermittelten quantitativen Kenngrößen mit einem der statistischen Trenn- und Klassifizierungsverfahren (Cluster-, Diskriminanz-, Varianzanalyse) weiter bearbeitet werden (s. z.B. MEYER et al. /1/). Wir haben uns vorerst damit begnügt, eine experimentell vorgegebene Klasseneinteilung der untersuchten Individuen zugrundezulegen und die ermittelten Kenngrößen daraufhin zu untersuchen, inwieweit sie als Klassenrepräsentanten geeignet sind. Die vorgelegte Studie trägt also zunächst rein explorativen Charakter.

2.1. Rechenprogramm zur Ermittlung von Kenngrößen im Zeitbereich

Die Berechnung der unten angeführten statistischen Größen wird mittels eines in ALGOL formulierten Rechenprogramms (PEIL /2/) durchgeführt. Die Bearbeitung der Zeitreihe, die N Angaben umfaßt, geschieht in zwei Schritten:

1. Berechnung von Mittelwerten und Streuungen:
   Um die dynamische Struktur zu erfassen, kann das gesamte, die N gleichabständig gewonnenen Werte umfassende Registrierungs-Zeitintervall in maximal NMW gleichgroße, aufeinanderfolgende (sich nicht überlappende) Teilintervalle aufgeteilt werden. Nach Festlegung des Zahlenwertes für NMW werden vom Programm automatisch NMW Aufteilungen dergestalt vorgenommen, daß bei der i-ten Aufteilung i Teilintervalle zugrundegelegt werden, i=1,2,...,NMW. Bei jedem Aufteilungsschritt werden für jedes Teilintervall der Mittelwert der im jeweiligen Teilintervall liegenden Meßwerte, ihre Streuung, Standardabweichung und (rein formal) die Standardabweichung des Mittelwertes berechnet. Hinzu kommen noch für die i-te Aufteilung (i>1) der jeweils größte und der kleinste der i Mittelwerte.
   (Anmerkung: Die Mittelwerte für die einzelnen Teilintervalle erlauben nur eine ungefähre Einschätzung, wie sich das mittlere Niveau innerhalb des Restrierungszeitraums verändert hat. Für statistische Aussagen, etwa mit dem t-Test oder mit dem approximativen t-Test, über signifikante Unterschiede zwischen den zu Teilintervallen ge-

hörenden Mittelwerten fehlt die Grundlage. - Die Histogramme, Beispiele sind in Abb.1 dargestellt, zeigen, daß die Meßwerte auch nicht annähernd normalverteilt sind. Zudem kann Unabhängigkeit zwischen den Teilintervallstichproben nicht von vornherein als gegeben angenommen werden (longitudinale Daten!).

2. Empirische Verteilungscharakteristika

Als empirische Verteilungscharakteristika werden die relativen Häufigkeiten und die Summenhäufigkeiten berechnet. Dazu wird das Variationsintervall des Merkmals in (die vorgebbare Anzahl von) NKL gleichgroße Klassen eingeteilt. Wir haben in der Regel 12 Klassen zugrundegelegt. (Die ausgezählten relativen Häufigkeiten und die kumulierten relativen Häufigkeiten für die einzelnen Klassen werden zusätzlich zu ihrer Tabellierung als Säulendiagramme auf dem Rechenprotokoll ausgegeben.

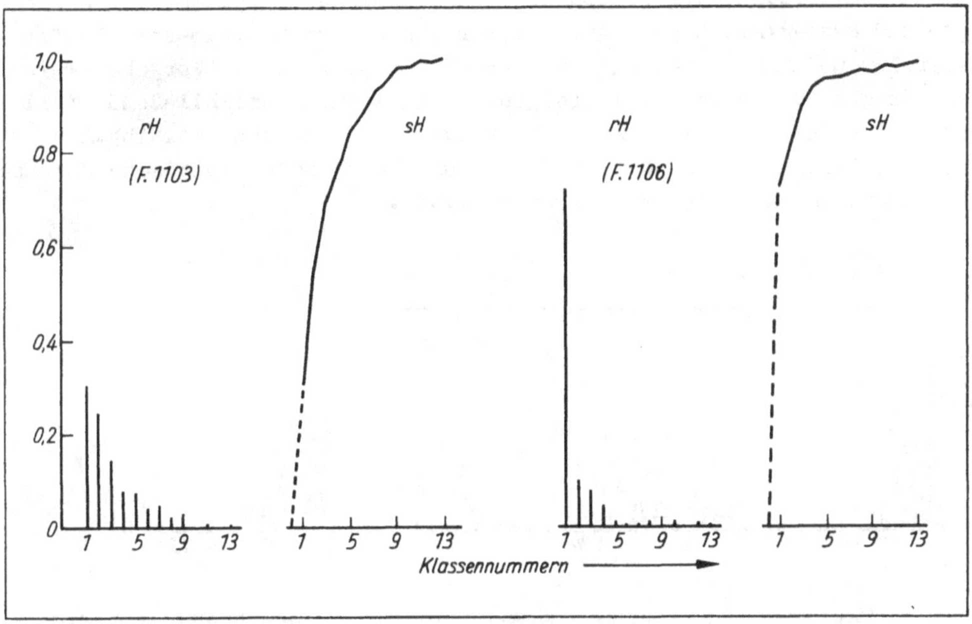

Abb. 1: Gegenüberstellung der empirischen Verteilungen (relative Häufigkeiten, jeweils linkes Teilbild, rH, kumulierte relative Häufigkeiten sH, jeweils rechtes Teilbild) für zwei aus einer Serie ausgewählte Zeitreihen der Motilitätsregistrierungen.

Auch die Säulendiagramme der relativen und der kumulierten relativen Häufigkeiten erlauben zunächst nur qualitative Vergleiche zwischen verschiedenen Zeitserien. Es lassen sich hier allerdings mit dem χ^2-Test auch statistische Vergleiche daraufhin anstellen, ob je zwei der empirischen Verteilungen ein und derselben Grundgesamtheit entstammen. Zuvor sollte aber auf visuellem Wege eine Einschätzung gewonnen werden, in welcher Richtung solche Vergleiche erfolgversprechend sind.

Immerhin leistet die Berechnung von Mittelwertfolgen für Teilintervalle, anschaulicher noch die Erstellung der Histogramme, eine höchst erwünschte und notwendige Informationskomprimierung. Diese Feststellung besagt, daß in diesen abgeleiteten Kenngrößen charakteristische Erscheinungsformen der Zeitreihen deutlicher hervortreten.

Eine weitere Möglichkeit der Herausarbeitung eines Charakteristikums für die Zeitreihe besteht im Zeitbereich in der Berechnung von empirischen Regressionslinien (vgl. PEIL /3/). Die empirische Regressionskurve kann als quantitative Erfassung der systematischen Komponente interpretiert werden (vgl. PEIL /4/). Gerade das ist es aber auch, wonach wir im vorstehenden Zusammenhang suchen. Es sei bemerkt, daß die Verfahren der empirischen Regression in gewissem Sinne lediglich eine elegantere und aussagekräftigere Art der Berechnung von Mittelwertverläufen darstellt und somit engstens mit der oben beschriebenen Vorgehensweise der Berechnung von Mittelwertfolgen für aneinander anschließende Teilintervalle des Registrierungszeitintervalls korrespondiert. Abb.2 zeigt eine der Zeitreihen der Motilität und die berechnete empirische Regressionskurve (gewichteter Mittelwertverlauf).

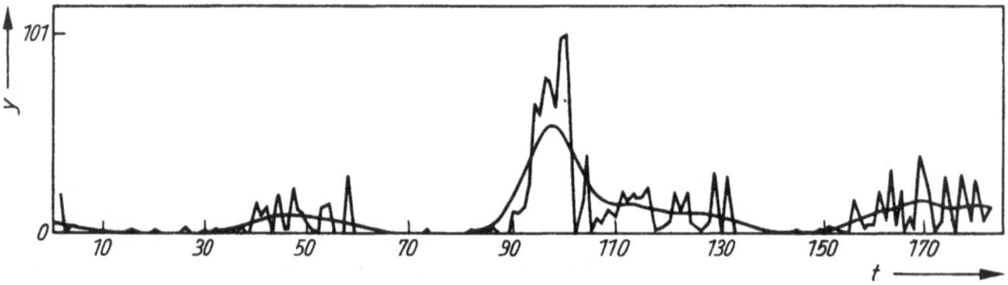

Abb. 2: Motilitäts-Zeitreihe als Beispiel, nebst berechneter empirischer Regressionskurve.

2.2. Charakteristika im Frequenzbereich

Um rhythmisch-periodische Strukturen der Zeitreihe herauszuarbeiten, wurden Autokorrelogramme (Beispiele in Abb.3, linke Teilbilder) berechnet. Die spektrale Zerlegung des Prozesses erfolgte mit den üblichen numerischen Verfahren (diskrete FOURIER-Transformation, spektrale Verteilungsdichte (Power-Spektrum), Beispiele in Abb.3, rechte Teilbilder)[1]. Desweiteren wurden die Zeitreihen einer direkten harmonischen Schwingungsanalyse unterzogen, die in der Lage ist, die Zusammensetzung der systematischen Komponente einer Zeitreihe aus harmonischen Schwingungen zu überprüfen (s.PEIL /5,6/).

3. Diskussion

Bereits die visuelle Inspektion der graphischen Darstellungen der Zeitreihen (vom Computer vor der Bearbeitung geplottet) offenbarte eine große Vielgestaltigkeit selbst innerhalb der Zeitreihen, die vorerst als zu einer Gruppe gehörend eingestuft worden waren. Die Berechnung der in 2.1. erwähnten statistischen Größen ergab, daß ebenfalls die Mittelwertfolgen - so wie auch die Gesamtmittelwerte selbst - für die Teilintervalle der jeweiligen Aufteilung der Zeitreihe eine beträchtliche Variabilität aufweisen.

Der gleiche Tatbestand ist auch an den Autokorrelogrammen und den Power-Spektren abzulesen. Die Zeitreihe "D6" beispielsweise (Abb.3, obere Teilbilder) besitzt eine deutliche systematische Komponente, worauf der relativ langsame und langgestreckte Abfall der Werte des Autokorrelationskoeffizienten für zunehmende Werte von τ hinweist. Damit übereinstimmend überwiegt im Power-Spektrum der Peak bei $\nu=0$. Eine Eliminierung (z.B. mittels empirischer Regression) dieser Trendkomponente erscheint angezeigt. Die Zeitreihe "D10" hingegen zeigt in ihrem Autokorrelogramm (Abb.3 unten links) bei $\tau\approx 0$ den für unsystematisch-regellose Verläufe (keine Autokorrelation!) typischen steilen Abfall auf Werte, die um die Nullinie herum pendeln. Im Power-Spektrum treten demgemäß höherfrequente Anteile stärker hervor (d.h. die Gesamtvarianz ist nicht mehr zum wesentlichen Teil auf langperiodische Komponenten verteilt).

Die starke "interindividuelle Variabilität" der Powerspektren der Zeitreihen spiegelt sich deutlich auch in der Zusammenfassung der Einzelspektren zu einem (Klassen-)Mittelwertspektrum wider (Abb.4). Eine solche Zusammenfassung ist möglich, da die Folge der Frequenzstellen ν_i im Powerspektrum, für die die einzelnen Power-Amplituden berechnet wurden, in allen Einzelspektren die gleiche ist. Bei der Zusammenfassung der Einzelspektren einer Gruppe zum Mittelwertspektrum resultiert die Formenvielfalt der Einzelspektren in einem recht flachen Verlauf im Bereich mitt-

---

1) Das Programm TS3T führt die Berechnung des Autokorrelogramms und des Powerspektrums als der FOURIER-Cosinus-Transformierten des PARZEN-gewichteten Autokorrelogramms durch. (Der Stutzungspunkt wurde in der Regel um N/3 liegend festgelegt).

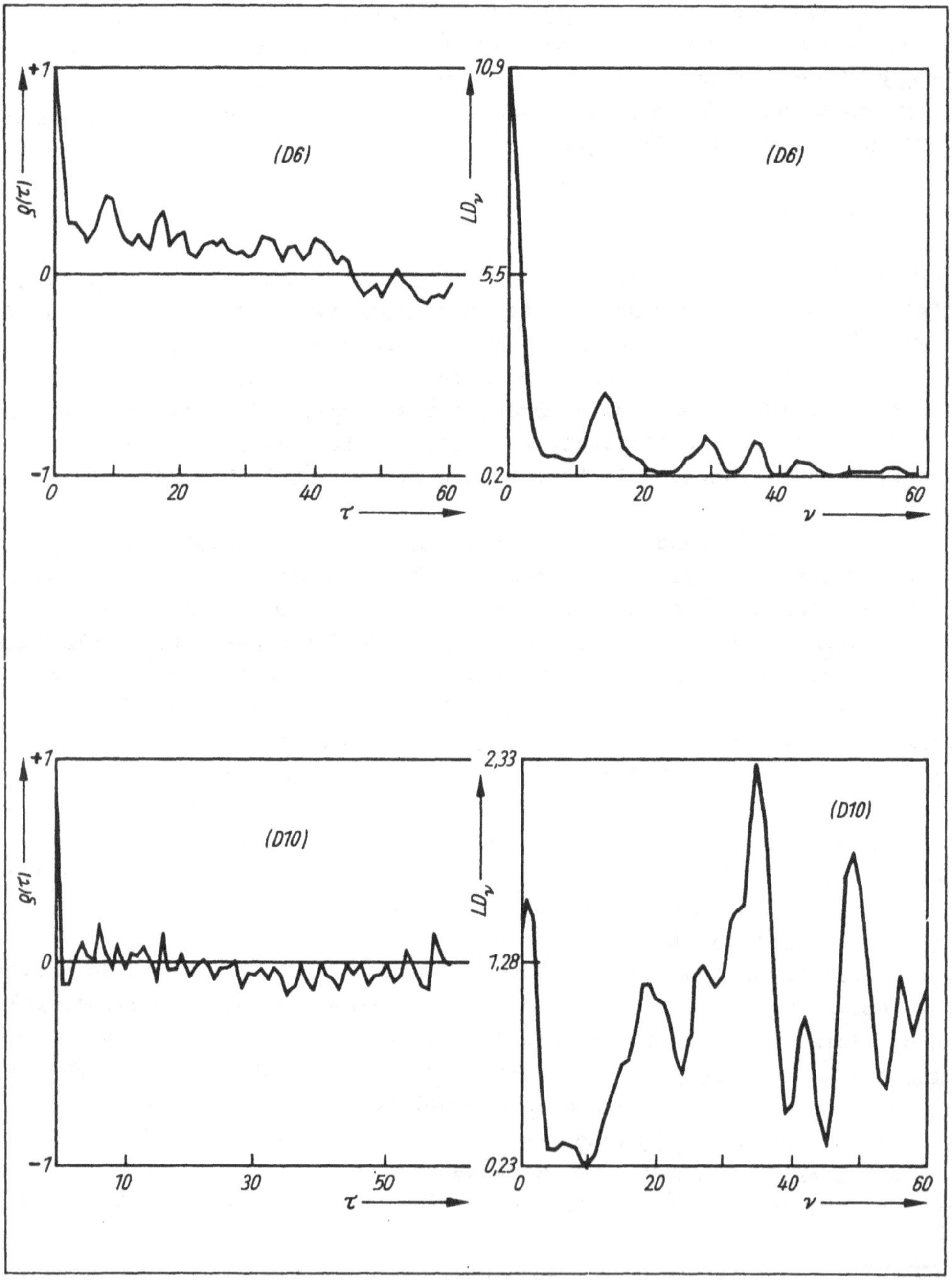

Abb. 3: Autokorrelogramme (links) und Powerspektren (rechts) für zwei als Beispiele ausgewählte Fälle der Zeitreihengruppe "D" der Motilität Neugeborener.

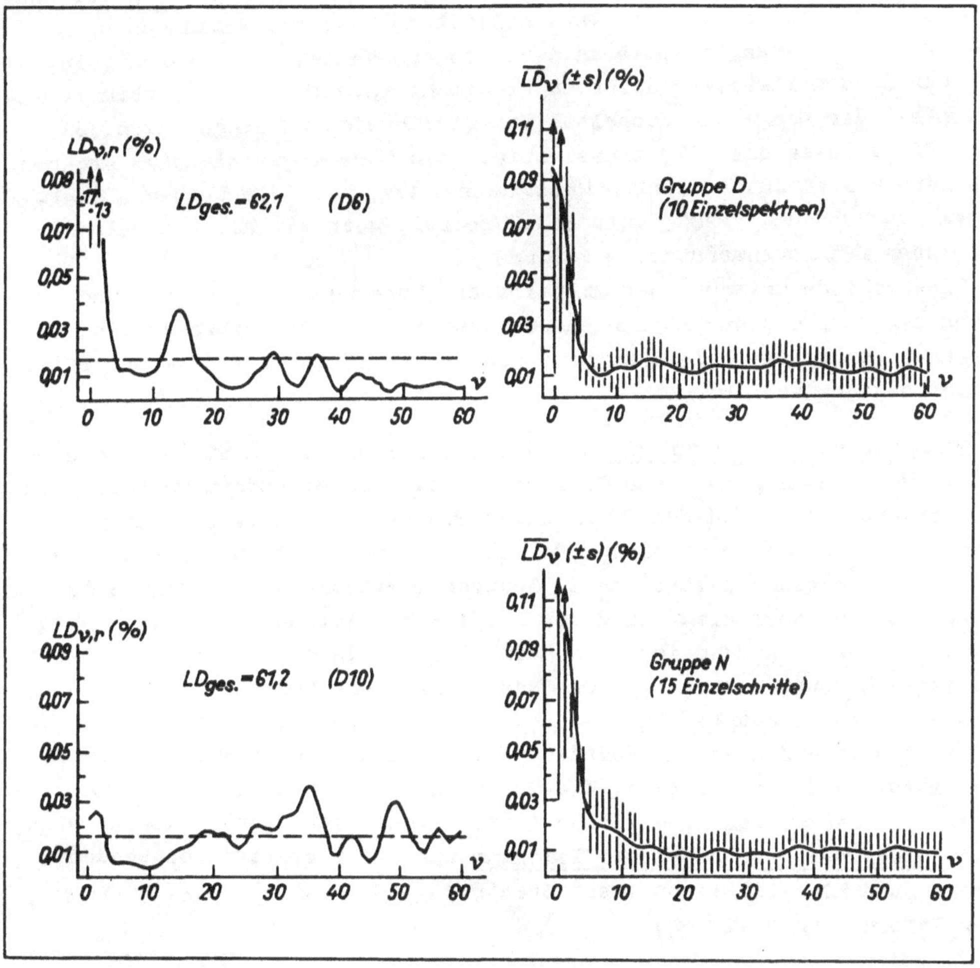

Abb. 4: Auf die Gesamtleistung normierte Powerspektren zweier als Beispiele herausgegriffener Zeitreihen (vgl. Abb.3), links, und rechts die auf den Gesamtmittelwert der Leistung normierten Mittelwertspektren der Versuchsgruppen "D" und "N"

lerer und größerer ν-Werte ohne hervorstechende Berge und Täler. In Abb.4 sind (in allen Teilabbildungen) die prozentualen Leistungsanteile (an der jeweiligen Gesamtleistung) an den Frequenzstellen ν_i gezeichnet. Um eine Vorstellung von der Variabilität der aus den Einzelspektren stammenden Leistungsanteile an den Frequenzstellen ν_i zu vermitteln, wurden in den Mittelwertspektren um die Mittelwerte herum vertikale Linien mit der Länge der doppelten Standardabweichung eingetragen, die auf diese Weise das Bild eines empirischen Streuungsschlauches ergeben. (Außerdem sind in den linken Teilbildern der Abb.4 die beiden Einzelspektren "D6" und "D10", vgl. Abb.3 rechts, noch einmal, diesmal im gleichen Ordinatenmaßstab, gezeichnet).

Unterschiede zwischen den Mittelwertspektren der Gruppen "N" und "D" können kaum festgestellt werden. Unterschiede in den Mittelwerten der Gesamtleistung der beiden Gruppen konnten - mit dem t-Test - ebenfalls nicht nachgewiesen werden.

Eine <u>sekundäre Klassifizierung</u> der Zeitreihen in dem Sinne, daß eventuell vorhandene gemeinsame Charakteristika hervorgehoben werden, kann auf objektive Art und Weise nur durch Einsatz der in 2. erwähnten statistischen Verfahren erfolgen. Bei einer "ungeschickten" Zusammenfassung der einzelnen Zeitreihen zu Gruppen überdeckt die Formenvielfalt (die also durchaus nicht Ausdruck zufälliger Einflüsse zu sein braucht) solche klassenrepräsentierenden Merkmale. Die in dieser Arbeit vorgeschlagenen methodischen Wege der Herausarbeitung von Kenngrößen dienen zum einen dazu, <u>quantitative Größen</u> einem statistischen Trenn- und Klassifizierungsverfahren zur Verfügung zu stellen. Zum anderen können die qualitativen Einschätzungen, die aufgrund der Autokorrelogramme und Powerspektren vorgenommen werden (vgl. obige Diskussion), die für eine <u>Festlegung der Anfangs-Klassifizierung</u> für die iterativ arbeitenden Trenn- und Klassifizierungsverfahren (vgl. MEYER et al. /1/) notwendigen Informationen liefern.

<u>Literatur</u>

/1/ MEYER, W., Th.SCHLEGEL, J.LÄUTER, S.BOCKLISCH, B.STRAUBE und W.SEIFERT: Anwendung frequenzspezifischer Analysemethoden auf Zeitreihen zur Typbestimmung. Poster 3 des Symp. "Chronobiologie und Chronomedizin '78", Halle/S. Juli 1978

/2/ PEIL, J.: ALGOL-Rechenprogramm SZTS zur Ermittlung statistischer Kenngrößen im Zeitbereich für Zeitreihen. Unveröffentlicht.

/3/ PEIL, J.: Anwendung der Verfahren der empirischen Regression zur Trendbeseitigung und Datenaufbereitung in nichtstationären

Zeitreihen. Poster 1 des Symp. "Chronobiologie und Chronomedizin '78". Halle/S., Juli 1978, (Beitrag im Symp.berichtsband)

/4/ PEIL, J.: Biomathematische und statistische Aspekte der Zeitreihenanalyse im Rahmen chronobiologischer Untersuchungen biorhythmischer Erscheinungen. Vortrag Symp. "Chronobiologie und Chronomedizin '78". Halle/S., Juli 1978 (Beitrag im Symp.berichtsband)

/5/ PEIL, J.: Über ein numerisches Verfahren der Zerlegung biorhythmischer Vorgänge in harmonische Schwingungskomponenten. Gegenbaurs morph. Jahrb., Leipzig 123 (1977), 287-310

/6/ PEIL, J.: Ein ALGOL-Programm zur Schwingungsanalyse - Programminformation über ein biomathematisches Verfahren. Depot-Artikel 503/78 der Wiss.Z.Univ.Halle; Depot-Information in: Wiss.Z.Univ.Halle, math.nat.R. 27 (1978), 39-40

Zusammenfassung

Die Bewegungsaktivität Neugeborener wird als stochastischer Vorgang aufgefaßt, die Messung der Motilität über einen bestimmten Zeitbereich T hinweg ergibt Zeitreihen als Realisationen dieses stochastischen Prozesses. Die einzelnen Zahlenwerte der Zeitreihen stellen als von der Meßeinrichtung registrierte Anzahl von Impulsen während einer vorgegebenen Zeiteinheit Δt ein Maß für die Bewegungsaktivität des jeweiligen Neugeborenen während dieser Zeit Δt dar.
Aufgabe der mathematischen Auswertung dieser aus longitudinalen Daten bestehenden Zeitreihen ist es, quantitative Kenngrößen zur übersichtlichen und informativen Charakterisierung des Merkmals "Motilität" bzw. seiner zeitlichen Veränderung herauszuarbeiten und gegebenenfalls zu einer Klassifizierung der Bewegungsaktivität zu kommen, mit dem weiteren Ziel einer eventuellen Diagnostizierung des Zustands des Neugeborenen aufgrund seiner Motilität.

Zur biomathematischen Bearbeitung der Zeitreihen wurden zwei Wege eingeschlagen. Zum einen wurden direkte statistische Kenngrößen wie Mittelwerte und Streuungen der Impulsanzahlen für vorgebbare Teilintervalle des Registrierungszeitraums berechnet und Impulshistogramme aus den Primärdaten ermittelt. Zum anderen wurde der gemessene zeitliche Verlauf in den Frequenzbereich transformiert, was in der Gestalt von Power-Spektren indirekte quantitative (und qualitative) Charakteristika durch die Aufteilung der Gesamtvarianz um die mittlere Motilität auf die durch die diskrete

FOURIER-Transformation festgelegten Frequenzwerte liefert. Die mittels in ALGOL formulierten Rechenprogrammen durchgeführten Analysen lassen den Einsatz eines Verfahrens zur Trendbeseitigung in den primären Zeitreihen angeraten erscheinen. Die berechneten direkten oder indirekten Kenngrößen können als Grundlage für eine Klassifizierung mit Hilfe eines statistischen Trenn- und Klassifizierungsverfahrens (Clusteranalyse) dienen.

Резюме

Активность движения новорождённых принимают за стохастический процесс. Из измерения подвижности на определённом протяжении времени T получают временные ряды, которые являются реализациями этого стохастического процесса. Каждое числовое значение временных рядов есть, зарегистрированное прибором, число импульсов за время Δt и является мерой активности движения новорождённого за это время Δt. Задачей математического подсчёта этих последовательно полученных данных, состоящих из временных рядов, является выработка количественных величин для ясной и информационной характеризации признака "подвижности" или его временного изменения и, если это возможно, классификация активности движения с целью возможности диагнозирования состояния новорождённого на основе его подвижности.
Для биоматематической обработки временных рядов выбрано два пути. По одному пути вычислены непосредственные статистические характеристические величины (как математическое ожидание, дисперсия) числа импульсов для частичных интервалов времени регистрации и установлены импульсные чистограммы из первичных данных. По другому пути трансформировали измеренный временный ход в область частоты, что даёт непрямые количественные (и качественные) характеристики в виде степенного спектра, путём разделения общей дисперсии вокруг средней подвижности на значения частоты, которые были получены с помощью дискретной трансформации Фурье. Из проведённых анализов, сделанных с помощью программ на ALGOLe видно, что необходимо применение метода извлечения тренда в начальных временных рядах. Вычисленные прямые и непрямые характеристики могут служить основой для классификации с помощью статистического метода, разделения и классификации (анализ "кластера").

Summary

Possibilities are shown for evaluation of quantitative and qualitative characteristics in the time- and in the frequency domain of time series which are thought as realizations of the stochastic process "postnatal motility of human beings". Such characteristics should serve as basis for statistical procedures for separation and classification.

Anwendung frequenzspezifischer Analysemethoden auf Zeitreihen zur Typenbestimmung

MEYER, W., Th. SCHLEGEL, J. LÄUTER, S. BOCKLISCH, B. STRAUBE und W. SEIFERT

1. Einleitung

Die vorgestellte Methodik soll zur Analyse und Typisierung der dynamischen Eigenschaften von Zeitreihen dienen, die in biomedizinischen Versuchsserien gemessen wurden. Angestrebt werden:
- Informationsgewinnung zur Bildung qualitativer biomedizinischer Hypothesen,
- Bestimmung typencharakterisierender Merkmale
- Aufbau eines Klassifikators zur Einordnung und Vorhersage.

2. Methodik und Material

Die geringen a-priori-Kenntnisse der in den Zeitreihen wirksamen determinierten und zufälligen Gesetzmäßigkeiten veranlassen, die Methodik unter folgenden Gesichtspunkten aufzubauen:
1. Aufspaltung der Zeitreihen in hochfrequente und trendähnliche Komponenten und deren frequenzspezifische Untersuchung.
2. Verwendung eines möglichst umfangreichen Merkmalssatzes, aus dem die Typisierung höchstwahrscheinlich unwesentliche Merkmale eliminiert.

Methodische Grundschritte beider Untersuchungskomponenten sind:
1. Frequenztrennung in hochfrequente und Trendanteile
2. Bildung der Modellserie
3. Stützmodellwahl
4. Stützmerkmalswahl
5. Grobuntersuchung der Ähnlichkeitsstruktur
6. Clusteranalyse
7. Bestimmung der Stützposition
8. Iterative Modellvariation und Klassifikation
9. Typdarstellung mit umfangsoptimalem Merkmalssatz.

Die Analyse trendähnlicher Komponenten wird an der Verlaufstypisierung von Blutdruckverläufen einer Versuchsserie mit spontan hypertonen Ratten dargestellt, (23 Tiere mit jeweils 24 Meßwerten des diastolischen Blutdrucks) während am Beispiel der rhythmischen Verläufe des bedingten lokomotorischen Abwehrreflexes zentralnervale Zustandsänderungen voneinander abgegrenzt werden.

Teil 1: Analyse der Trendanteile von Zeitreihen - Verlaufstypisierung von Blutdruckverläufen

1. Trendnäherung

Das Grundproblem der Verlaufstypisierung von Zeitreihen, d.h. der Typisierung der dynamischen Eigenschaften biologischer Experimente besteht darin, daß

1. der Biologe durch die Verlaufstypisierung erkenntn möchte, ob und in welchen spektralen Komponenten gesetzmäßige Wirkungen seiner Experimente auftreten, daß aber
2. die Gruppierung und Typisierung mit Zeitreihenmodellen von real gemessenen Merkmalsausprägungen erfolgt, in denen sich determinierte und stochastische Anteile überlagern.

Eine Lösungsstrategie ohne biologische a-priori-Informationen kann nur von folgenden heuristischen Voraussetzungen ausgehen:

1. Gesetzmäßigkeiten deuten sich (unter hinreichenden Stichprobenvoraussetzungen) durch ihre wiederholte Wirkung in den verschiedenen Zeitreihen (Realisierungen) eines Experiments an und schlagen sich in einer bestimmten Ähnlichkeitsstruktur der Zeitreihen nieder.
2. Die Wirkung von Gesetzmäßigkeiten prägt sich im Trend am stärksten aus.

Unter diesen Voraussetzungen können Ausgangspunkt und Richtung der Methodik einer Verlaufstypisierung folgendermaßen formuliert werden: Von der Gruppierung trendnaher Zeitreihenmodelle ausgehend, wird solange zu "trendaufweichenden" Modellen (Modelle, die einen wachsenden Anteil von niedrigfrequenten Schwingungen berücksichtigen) übergegangen, bis die aus der Gruppierung folgende Ähnlichkeitsstruktur der Zeitreihenmodelle eines Experiments zusammenbricht. Das letzte Zeitreihenmodell, bei dem die Ähnlichkeitsstruktur noch stabil bleibt, wird als Optimum zwischen den Ähnlichkeitsvoraussetzungen einer Gruppierung (Typisierungsforderung) und dem Spektralbereich möglicher gesetzmäßiger Wirkungen (Adäquatheitsforderung) betrachtet und der Typisierung zugrundegelegt.

2. Bildung der Modellserie

Die Modellfolge j wird durch eine Folge von N_j- Punkte - Glättungsverfahren nach SAVITZKY/GOLAY /10/ aufgebaut. Punktezahl und Iterationszahl bestimmen die Filtereigenschaften des Verfahrens. Zeitreihenmodelle, die durch Mehrpunkte-Glättungsverfahren abnehmender Punktezahl erzeugt werden, berücksichtigen zunehmend höherfrequente Anteile der Originalzeitreihe. Die Berechnung der Modellmerkmale erfolgt nach der Beziehung

$$x_{i,MODELL\,j} = \frac{1}{K_j} * \sum_{k=-N_j}^{+N_j} C_{kj} * x_{i+k,ORIGINAL}$$

Die Wichtungen K_j und C_{kj} sind durch das N_j - Punkte- Glättungsverfahren bestimmt. /10/.

Merkmalsfortsetzung:

am Intervallanfang: $x_{-n} = 2 * x_0 - x_n$

$n = \frac{1}{2}(N_j - 1)$

am Intervallende: $x_{N+n} = x_{N-n}$

Die Zeitreihenmodelle werden in der nachstehenden Reihenfolge erzeugt:

N_j-Punkte-Glättung der Originalzeitreihe	21	19	17	15	13	11	9	7	5
Nummer des Zeitreihenmodells	1	2	3	4	5	6	7	8	9

Die Abbildung 1 zeigt die für ein Versuchstier erzeugten Zeitreihenmodelle.

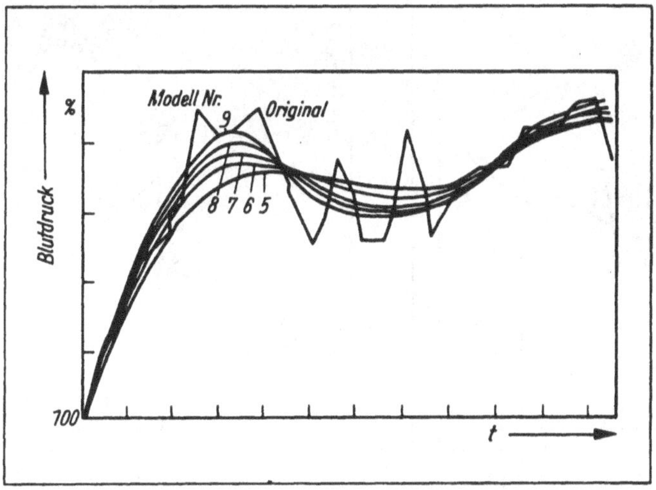

3. Stützmodellwahl

Die Stützmodelle der Zeitreihen eines Experiments dienen zum Aufbau der Ähnlichkeitsstruktur. Im Stützmodell soll die erwartete Wirkung von Gesetzmäßigkeiten am ausgeprägtesten enthalten sein. Unter den formulierten Voraussetzungen kommt dafür das trendnächste Modell in Frage. Als Stützmodell wird das aus der $\frac{N}{2}$ - Punkte-Glättung hervorgehende Modell verwendet, um die Trendverfälschung durch Merkmalserweiterung einzuschränken. Für das Demonstrationsbeispiel (N= 24 Merkmale) kommt Modell 5 (13-Punkte-Glättung) in Frage.

5. Grobuntersuchung der Ähnlichkeitsstruktur

Diese Untersuchung soll Anfangsinformationen für die Clusteranalyse ermitteln und als Prüfkriterium der Clusterergebnisse dienen:

1. Mittels linearer Regression werden Grobmodelle der Zeitreihen gebildet. Jedes Grobmodell trägt in zwei Merkmalen eine Niveau- und Richtungsinformation. (Abb. 2)
2. Die grafische Darstellung der Zeitreihen als Punkte im 2-dimensionalen Merkmalsraum ermöglicht eine visuelle Einschätzung der Ähnlichkeitsstruktur: Zusammenhang der Objekte, ungefähre Klassenzahl (Typenzahl), Klassenzugehörigkeit der Objekte, Hybridverläufe, Ausreißer. (Abb. 3)
3. Die visuelle Einschätzung von Datenstruktur und Testergebnissen mit Clusteralgorithmen unterschiedlicher Strategie /7, 8/.

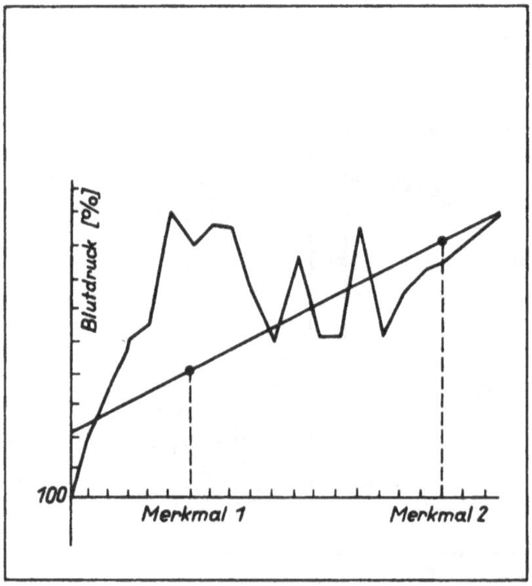

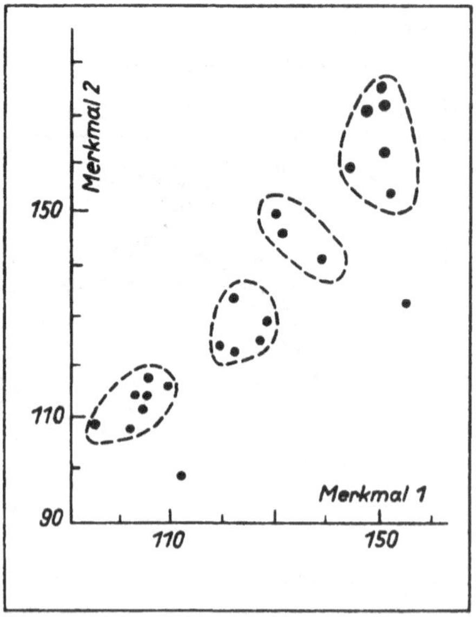

6. Clusteranalyse

6.1. Clusteralgorithmus

Die Gruppierung der Zeitreihenmodelle erfolgt mit der unscharfen Modifikation der iterierten Minimal-Distanz-Partitionierung nach SPÄTH /4/ und entspricht dem FUZZY ISODATA-Verfahren von DUNN /9/. Die iterierte Minimal-Distanz-Partionierung ordnet solange die Objekte zwischen Klassen um, bis das Varianzkriterium ein lokales Minimum erreicht.

6.1.1. Unscharfe Klassenzugehörigkeit

Der Begriff der unscharfen Klassenzugehörigkeit wurde von ZADEH mit seiner Konzeption der unscharfen Mengen ("fuzzy sets") eingeführt. Unscharfe Klassenzugehörigkeit bedeutet, daß alle Objekte einer Grundmenge, gewichtet mit dem Grad ihrer Ausprägung des Klassenmerkmals, zu einer Klasse gehören. Die unscharfe Klassenzugehörigkeit erweitert die charakteristische Funktion einer Klasse über eine Objektmenge von den Werten "o"= nicht zu Klasse gehörig und "1"= zu Klasse gehörig auf alle Werte $y \in [0,1]$ = partiell zur Klasse gehörig.

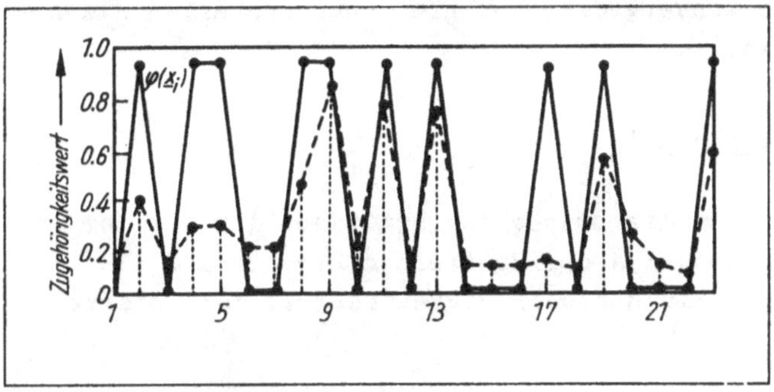

Abb. 4: Werteverlauf der unscharfen Klassenzugehörigkeit (durchgezogen)
Werteverlauf der charakteristischen Funktion (gestrichelt)

Die unscharfe Klassenzugehörigkeit führt bei der Clusteranalyse zu unscharfen Partitionen, weil alle Objekte - graduell natürlich unterschiedlich - allen Klassen einer Partition angehören.

6.1.2. Iterierte Minimal-Distanz-Partionierung mit unscharfer Klassenzugehörigkeit

Klassenzugehörigkeit

1. Startschätzung der Klassenzahl und scharfer/unscharfer Klassenzugehörigkeitsmatrix der Objekte (nach Grobstrukturuntersuchung)
2. Klassenschwerpunktberechnung der unscharfen Klassen:

$$\underline{m}_K = \frac{\sum_{i=1}^{N} \varphi_K(\underline{x}_i)^2 * \underline{x}_i}{\sum_{j=1}^{L} \varphi_j(\underline{x}_i)^2}$$

3. Klassenzugehörigkeitskorrektur (=Objektumordnung im scharfen Verfahren)

$$\varphi_K(\underline{x}_i) = \frac{\frac{1}{\|\underline{x}_i - \underline{m}_K\|^2}}{\sum_{j=1}^{L} \frac{1}{\|\underline{x}_i - \underline{m}_j\|^2}}$$

4. Wenn $\max_{K,i} |\varphi_K^{NEU}(\underline{x}_i) - \varphi_K^{ALT}(\underline{x}_i)| \leq \varepsilon \approx 10^{-3}$: Stop+Berechnung des Varianzkriteriums + Rückkehr zu 1 mit neuen Schätzungen aus dem Suchbereich, sonst Rückkehr zu 2.
5. Geeignetste Klassenzahl L^*:
   a) L^* liefert Minimum des Varianzkriteriums
   b) Startschätzungen konvergieren zur gleichen unscharfen Klassenzugehörigkeitsmatrix.

7. Bestimmung der Stützpartition

Als Stützpartition dient die unscharfe Partition, die aus der Clusteranalyse des Stützmodells der Zeitreihen hervorgeht. Sie wird durch die unscharfe Klassenzugehörigkeitsmatrix der Objekte beschrieben:

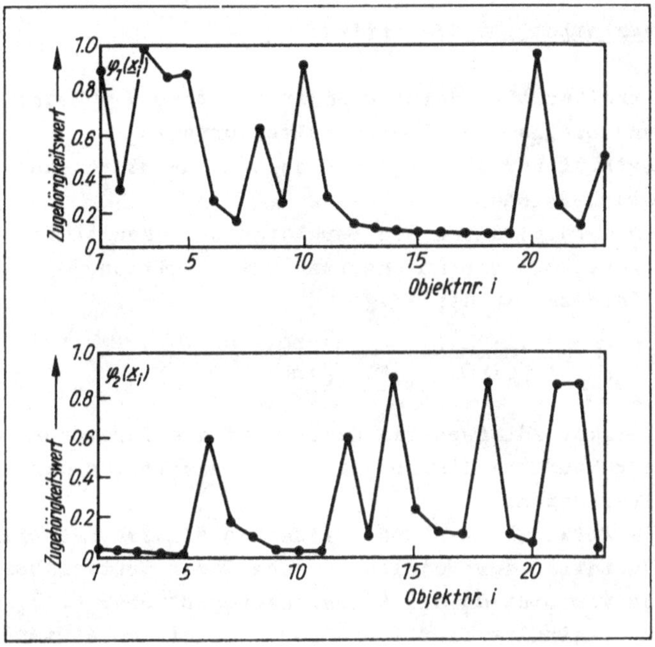

Abb. 5: Verläufe der unscharfen Klassenzugehörigkeiten zu den Klassen 1 u. 2 der Stützpartition, L = 4 Klassen

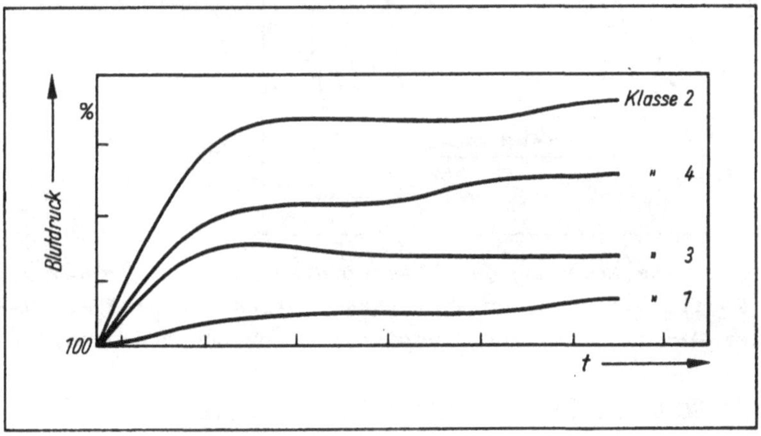

Abb. 6: Klassenmittelpunktsverläufe der Stützpartition

8. Iterative Modellvariation und Klassifikation

1. Die gebildete Zeitreihenmodellserie wird in Richtung der Modelle wachsender Frequenzanteile der Clusteranalyse unterzogen.
2. Als Startschätzungen dienen die in der Grobstrukturuntersuchung gefundenen Parameterbereiche.
3. Die Klassifikation erfolgt durch den Vergleich der resultierenden unscharfen Partitionen mit der unscharfen Stützpartition.
4. Relativ große Differenzen in der Folge

   $$\Delta_j = \sum_{k=1}^{L} \sum_{i=1}^{N} \left| \varphi_k^{\text{STÜTZMODELL}}(\underline{x}_i) - \varphi_k^{\text{MODELL } j}(\underline{x}_i) \right|$$

   der Klassenzugehörigkeitsdifferenzen deuten auf die Zerstörung der Ähnlichkeitsstruktur und dienen als Abbruchskriterium der iterativen Modellvariation.

Abbildung 7 zeigt die Entwicklung eines unscharfen Klassenzugehörigkeitsverlaufes bei Variation der Modellserie des Demonstrationsbeispiels. Die Variation vom Stützmodell 5 (durchgezogen) über 6, 7, 8, (gestrichelt), 9 zum Originalverlauf (punktiert) zeigt im letzten

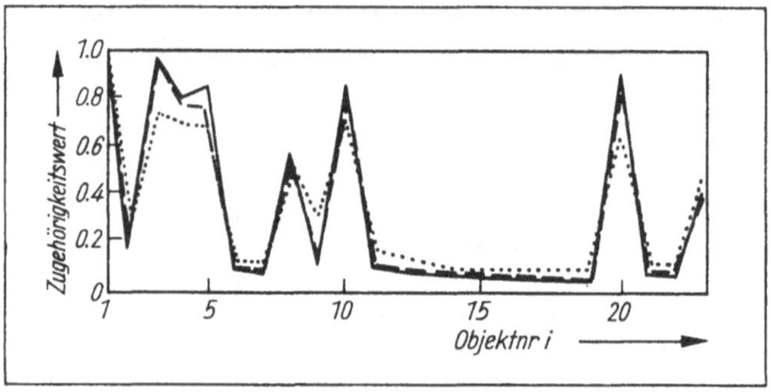

Schritt die stärkste Änderung der Klassenzugehörigkeit. Modell 9, als letztes Modell mit stabiler Ähnlichkeitsstruktur, wird als umfangsoptimaler Merkmalssatz zur Typendarstellung herangezogen.

9. Typendarellung mit umfangsoptimalem Merkmalssatz

1. Die Zeitbereichsdarstellung der Klassenmittelpunktsverläufe als "Prototypen" der unscharfen Klassen: Abb. 8
2. Die Darstellung von Klassen"grenz"verläufen, d.h. Verläufen mit vorgegebenem Klassenzugehörigkeitswert, die Auskunft über die Klassenausdehnung im Merkmalsraum geben. (aus Platzgründen entfallen)

3. Die Darstellung von "Mischtypen", d.h. von Objekten, die an keiner Klasse mit hoher Zugehörigkeit beteiligt sind. Sie sind entweder in der Stichprobe unterrepräsentierte Vertreter anderer Klassen oder echte Hybride. (Abb. 9)
4. Die Darstellung der unscharfen Klassenzugehörigkeitsverläufe: vgl. Abb. 5

Die unscharfe Behandlung des Typisierungsproblems bietet dem Biologen umfangreichere Informationen über gesetzmäßige Wirkungen in seinen Experimenten, als die traditionelle "scharfe" Klassifikation. Insbesondere die Möglichkeit, die "Typausprägung" der Objekte anhand ihres Klassenzugehörigkeitswerts einzuschätzen und Mischtypen zu erkennen, eröffnet zusätzliche Interpretationsmöglichkeiten.

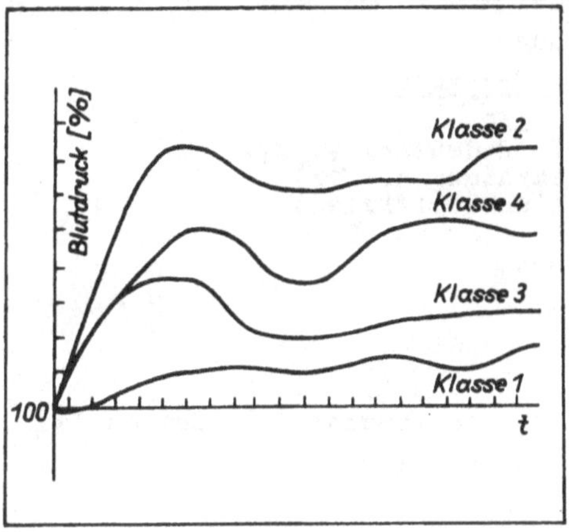

Abb. 8

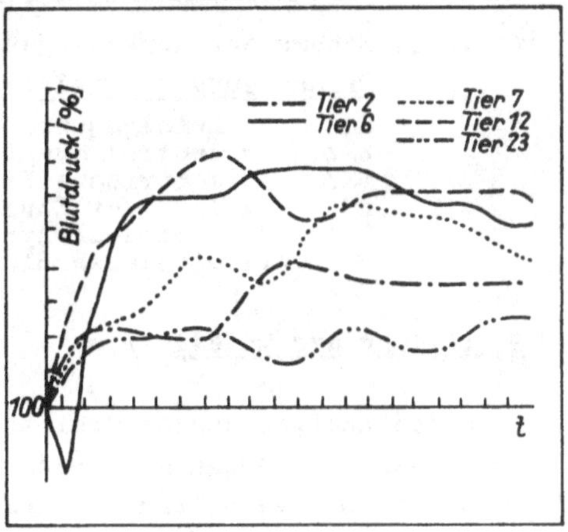

Abb. 9

Teil 2: Analyse hochfrequenter Anteile in Zeitreihen
Klassifizierung zentralnervaler Zustände

1. Frequenztrennung

In Abb. 10 ist das Schema der Merkmalsgewinnung dargestellt. Im ersten Schritt werden durch die polynomiale Regression das mittlere Niveau der periodischen Verläufe (0. Ordnung), das Trendverhalten (1. Ordnung) und die Stationarität des Signals (3. Ordnung) untersucht und die Merkmalsgewinnung vorbereitet.

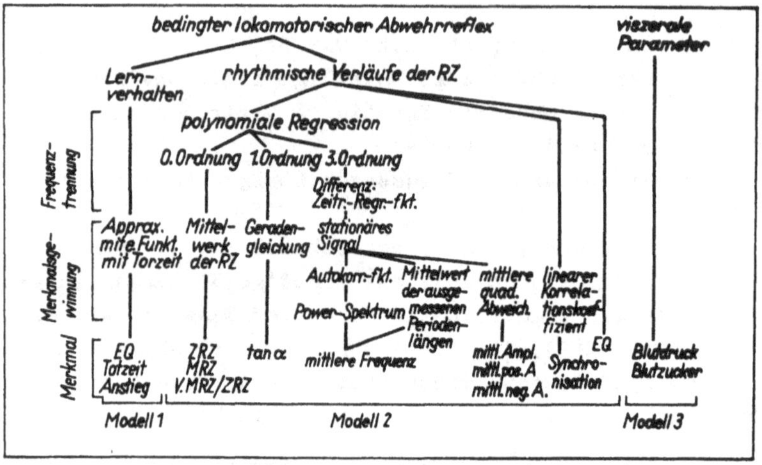

Abb. 10: Schema der Merkmalsgewinnung

Erläuterung verwendeter Abkürzungen:

EQ : Erfolgsquote des BLAR
ZRZ : zentralnervale RZ (Bedeutung s. /1/)
MRZ : motorische RZ (Bedeutung s. /1/)
r : linearer Korrelationskoeffizient
T : Periodenlänge
Blutdr.: mittlerer Blutdruck

2. Bildung der Modellserie

In die Analyse wurden drei Modelle, die verschiedene Seiten des Verhaltens des Organismus beschreiben, einbezogen.

Modell 1: Lernverhalten des Organismus

Modell 2: Rhythmische Verläufe der Reaktionszeiten (RZ) des bedingten lokomotorischen Abwehrreflexes (BLAR) und zwar
- die rhythmischen Komponenten
- der Trend.

Modell 3: Viszerale Parameter

3. Stützmodellwahl

Anhaltspunkte für eine grobe Einteilung der biologischen Wirksamkeit verschiedener Umweltbedingungen können von Merkmalen aller Modelle abgeleitet werden. Die folgende Tabelle zeigt dazu wesentliche Tendenzen.

Modell	Merkmal	Umweltbedingung normal	trainierend	belastend leicht	stark
1	EQ	1	1	erniedrigt	stark erniedrigt
	Anstieg	normal	steil	flacher	sehr flach
2	ZRZ	0,65s	erniedrigt	erhöht	erhöht
	MRZ	1,15s	erniedrigt	erhöht	erniedrigt
	MRZ/ZRZ	1,8	1,8	1,6	1
	r	0,85	0,9	0,6	0
	T	5-6min	7min	3-4min	-
	EQ	1	1	0,95	0,8
3	Blutdr.	normal	normal	normal	erhöht

4. Stützmerkmalswahl

Für die Bestimmung einer guten Stützpartion werden Stützmerkmale mit hohem Informationsgehalt und möglichst bekannten statistischen Eigenschaften benötigt. Obwohl die Berechnung der Mittelwerte der RZ wegen nicht normalverteilter Werte und variabler Verteilungstypen inadäquat ist, zeigen die Erfahrungen, daß diese trotzdem eine Grobeinschätzung der untersuchten Prozesse zulassen. Modell 2 wurde deshalb als Stützmodell und die Mittelwerte der RZ als Stützmerkmale verwendet.

5. Grobuntersuchung der Ähnlichkeitsstruktur

Das Korrelogramm der mittleren RZ zeigt die grobe Ähnlichkeitsstruktur anhand beider Merkmale. (Abb. 11)

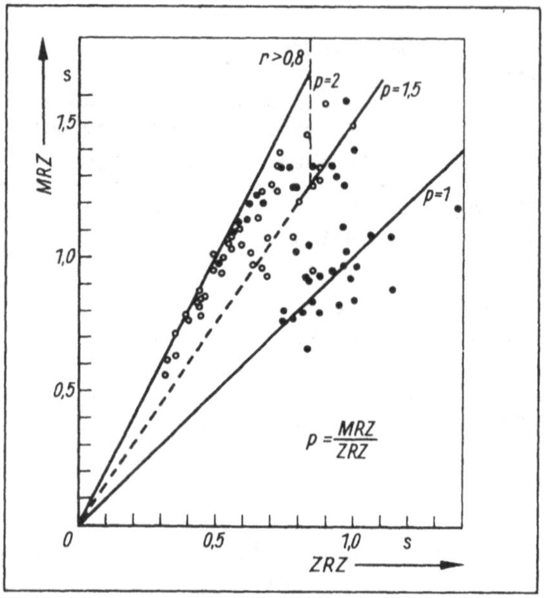

Abb. 11: Korrelogramm der mittleren RZ

6. Clusteranalyse

Die Stützpartition wurde mit einem hierarchischen agglomerativen Algorithmus ermittelt /3,4/. Dieser Algorithmus faßt schrittweise ähnliche Objekte zusammen. Ausgehend von N Klassen (entsprechend der Anzahl zu klassifizierender Objekte n) liefert er einen Graph über die Zugehörigkeit der Objekte zu den sich bildenden Klassen bis zu dem Schritt, bei dem alle Objekte in eine Klasse fallen. Zwischen diesen beiden extremen Partitionen muß eine günstige Partition nach bestimmten Kriterien ausgewählt werden. Diese Kriterien wurden heuristisch festgelegt:

- jede Klasse ist mit mindestens drei Objekten belegt.
- benachbarte Häufungsgebiete von Objekten dürfen nicht miteinander verschmelzen.
- wesentliche Komponenten der erreichten Partition müssen über mehrere Schritte stabil bleiben.

7. Bestimmung der Stützpartition

Die in Abb. 12 dargestellte Partition genügt oben formulierten Bedingungen und wird somit als Ausgangspunkt der weiteren Schritte benutzt.

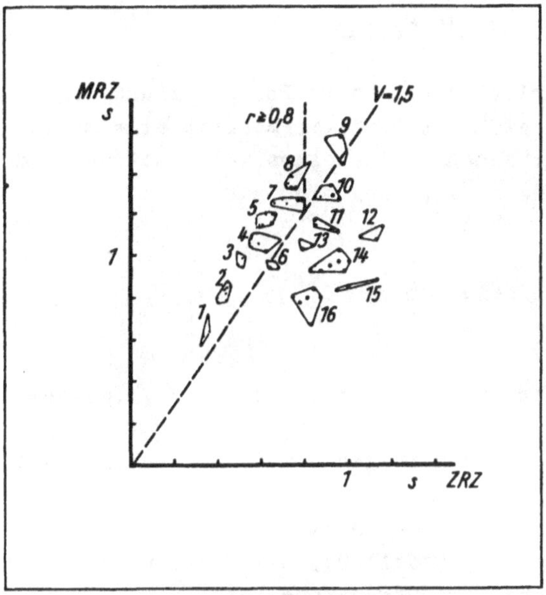

Abb. 12: Gewählte Stützpartition

8. Modellvariation und Klassifikation

Aufbauend auf die als optimal erachtete Stützpartition wurden unter Verwendung neuer bzw. erweiterter Merkmalssätze nochmals Clusteranalysen mit oben genanntem Algorithmus durchgeführt, die allerdings keine biologisch sinnvoll interpretierbare Partitionen lieferten. Diese Ergebnisse bestätigen, daß die Mittelwerte der RZ (ZRZ, MRZ)

- die Objekte entsprechend den Umweltbedingungen am besten zu trennen vermögen,
- eine noch feinere sinnvolle Einteilung innerhalb der groben Ähnlichkeitsstruktur möglich ist.

Die Tatsache, daß die Merkmals- und Modellvariation bei der Clusteranalyse keine sinnvollen Partitionen erbrachten, ist als ein Hinweis darauf zu werten, daß die verschiedenen Modelle und Merkmale unterschiedlichen Trends (vor allem unter stark belastenden Umweltbedingungen) gehorchen und daß die Ähnlichkeit der Objekte unter extremen Bedingungen nicht sehr hoch ist. Daraus konnten Ansätze gefunden werden, das Verhalten der drei Modelle auf neue Art zu interpretieren.

9. Typdarstellung mit umfangsoptimalem Merkmalssatz

Unter Verwendung der Stützpartition als beste Partition und des gesamten Merkmalssatzes schloß sich als nächster Schritt eine multivariate Diskriminanzanalyse zur Konstruktion eines informations- und aufwandsoptimalen Merkmalssatzes an /5/, der sich aus

- den Mittelwerten der RZ (ZRZ, MRZ),
- ihrem Quotienten MRZ/ZRZ,
- dem linearen Korrelationskoeffizienten r
- der Erfolgsquote EQ (des Modells 2)

zusammensetzt.

Die biologische Interpretation dieser Merkmale ist in /1/ Posterbeitrag 3o) beschrieben.

Die wesentlichen Erkenntnisse können folgendermaßen zusammengefaßt werden:

- Von den betrachteten Modellen erweist sich das, welches die biorhythmische Komponente beschreibt (Modell 2), am effektivsten und aussagekräftigsten entsprechend der Aufgabenstellung.
- Innerhalb dieses Modells scheinen die Erregungsverhältnisse im ZNS entscheidend zu sein (mittlere RZ, Quotient).
- Nicht so sehr die Frequenz sondern der Synchronisationsstatus der rhythmischen Komponenten trägt bei unseren Untersuchungen zur Zustandsbeschreibung entscheidend bei.
- Mit einfachen Merkmalen ist eine Bewertung zukünftiger Experimente möglich, d.h., Stützpartition und optimaler Merkmalssatz werden als Klassifikator benutzt (eine Anwendung sieht /1/).

Literatur

/1/ SCHLEGEL, Th., K. HECHT, G. DÖRNER und M. POPPEI: Posterbeitrag auf dem Symposium Chronobiologie und Chronomedizin, Halle 1978

/2/ SCHLEGEL, Th.: Die mathematische Analyse von Minutenrhythmen zentralnervaler informationsverarbeitender Prozesse als Methode zur Beurteilung der Wirkung exogener und endogener Faktoren an der Ratte. Diss. Berlin 1978

/3/ MÜLLER, W. und J. LÄUTER: Programm CLUS des Zentralinstituts für Herz- und Kreislauf-Regulationsforschung der AdW der DDR

/4/ SPÄTH, H.: Cluster-Analyse-Algorithmen zur Objektklassifizierung und Datenreduktion. München-Wien 1975

/5/ AHRENS, H. und J. LÄUTER: Mehrdimensionale Varianzanalyse. Berlin 1974

/6/ ZADEH, L.A.: Outline of a New Approach to the Analysis of Complex Systems and Decision Processes, IDEE-Trans., vol SMC 3, Jan. 1973

/7/ BOCKLISCH, St.F.: Verfahren der unscharfen Systemidentifikation mit Grobmodellen. 21. IWK, TH Ilmenau

/8/ STRAUBE, B.: Ein Verfahren zur nichtparametrischen Clusterung, unveröffentlicht

/9/ DUNN, I.C.: A Fuzzy Relative of the ISODATA Process and its Use in Detecting Compact and Well-Separated Clusters, J. Cyb. 3, 3, 1974

/10/ SAVITZKY, GOLAY: Smothing and Differentation of Data by simplified Least Squares Procedures, Analytical Chemistry Vol. 36, No. 8, 1964

Zusammenfassung

Die Arbeit untersucht Möglichkeiten der Analyse und Typisierung dynamischer Eigenschaften von Zeitreihen, die auf biomedizinischen Versuchsserien von Minutenrhythmen zentralnervaler Prozesse und von Blutdruckverläufen unter Wirkung exogener und endogener Faktoren an Ratten gewonnen wurden. Dabei stehen folgende Aufgaben:

- Informationsgewinnung zur Bildung qualitativer biomedizinischer Hypothesen
- Bestimmung typcharakterisierender Merkmale, als Grundlage einer effektiven Versuchsplanung und -durchführung

Die angewandten Methoden berücksichtigen einige häufig auftretende Eigenschaften biologischer Zeitreihen:

- unbekanntes Rausch-Nutzsignalverhältnis
- geringer Stichprobenumfang bei hoher Merkmalszahl und teilweise korrelierten Merkmalen
- kein gleichhäufiges Auftreten und unbekannte Anzahl der Typen in der Stichprobe

Die Analyse und Typisierung wird in folgenden Schriften durchgeführt:

- Aufspaltung der Zeitreihe in trendähnliche und Schwingungsanteile (Spline- bzw. Punkte-Glättung, polynomiale Regression)
- Clusteranalyse mit Merkmalvariation

- Bestimmung typcharakterisierender Merkmale (Diskriminanzanalyse)
- Klassenkonstruktion und Klassendarstellung

Резюме

Исследовались возможности анализа и типизации динамических свойств рядов времени, полученных в сериях биомедицинских исследований минутных ритмов центрально-нервальных процессов и изменений кровяного давления у крыс в условиях воздействия на них экзогенных и ендогенных факторов.
Решнию подлежали следующие задачи:
- подборка информации для создания качественных биомедицинских гипотез
- определение характеризующих тип признаков - основы еффективного планирования и проведения экспериментов.

Применённые ~~методы у~~читывали некоторые часто наблюдаемые свойства биологическых рядов времени:
- неизвестное соотношение шума к полезному сигналу
- небольшое количество проб при большом числе признаков и частично коррелированных признаках
- неравномерность частоты проявленний и неизвестность типов при взятии проб.

Анализ и типизация производились по следующим этапам:
- разбивание рядов времени на группы колебаний с одинаковым трендом /сглаживание отклонений или точек, полиномиальная регрессия/
- кластер-анализ с вариацией признаков
- определение характеризующих тип признаков /дискриминационный анализ/
- составление и описание классов.

Summary

Studies were conducted into possibilities for analysis and type classification of dynamic properties and time series which had been obtained from biomedical experiments on minute rhythms of central nervous processes and on blood pressures under the impact of exogenic and endogenic factors . Rats were used as test animals. The following problems had to be tackled:

(a) Collection of data from which to establish qualitative biomedical hypotheses;

(b) Definition of type-characterising features as a basis for effective experimental planning and implementation.

Some frequently occurring properties of biological time series were taken into consideration for the methods used:

(a) Unknown ratio of noise to effective signal;

(b) Low number of random samples with high number of characteristics, some of them correlated;

(c) No regular occurrence and unknown number of types in one random sample.

Analysis and type classification are described in greater detail in the following publications:

(a) Separation of time series into trend-like and oscillatory components (spline or point smoothening, polynomial regression);

(b) Cluster analysis with feature variation;

(c) Definition of type-characterising features (discriminance analysis);

(d) Construction and representation of classes.

Abteilung für Psychophysiologie der Sektion Psychologie an der Humboldt-Universität Berlin

Oszillationen - ein Merkmal dissipativer Strukturen und organismischer Ordnungsbildung

R. SINZ

1. Ubiquität des Phänomens Rhythmik

Welchen Stellenwert haben Rhythmen für das Leben?
Sind sie Randerscheinungen, zufällige Fluktuationen im Sinne der Statistik, die ein stabiles System eben noch toleriert?
Wie entstehen diese Rhythmen?
Rechtfertigt ihre Untersuchung eine neue Wissenschaft und hat diese auch Bedeutung für praktische Belange?

Das sind mögliche Fragen, die sich wohl alle Symposiumsteilnehmer einmal gestellt haben. Es sind Fragen, die mit der Beobachtung zyklischer Vorgänge und mit dem Bewußtwerden der Dimension "Zeit" in der Lebewelt auftauchen.

In der Tat, Rhythmik beherrscht unser Leben. Jahresrhythmisch be- und entlauben sich in unseren Breiten die Laubbäume, ziehen und kommen die Zugvögel; tagesrhythmisch gehen wir schlafen und erwachen wir, steigt und fällt die Körpertemperatur; vierstündlich vermeldet der Säugling in seinen ersten Erdentagen sein Nahrungsbedürfnis, aller 1½ Stunden erleben wir nachts eine Aktivschlafphase mit gehäufter Traumaktivität und raschen Augenbewegungen, und einmal pro Sekunde schlägt unser Herz, während gleichzeitig 10 elektrische Potentialwellen das Gehirn erregen.

Kein Bestandteil unseres Körpers, keine Funktionsgröße, die nicht rhythmisch moduliert würde. Atmen, Laufen, Schlafen, Essen verlaufen nach zeitlichen Regularitäten(und wenn wir diese nicht einhalten, resultieren funktionelle Störungen, die z.B. bei Flugpersonal mit Flügen über mehrere Zeitzonen und entsprechenden Verschiebungen der Ortszeit gegen die sich erst über Tage umstellende innere Uhr zu pathologischen Manifestationen führen können). Das einzig Konstante an uns sind die Zyklen, die zwischen Geburt und Tod die Dynamik unseres Lebens bestimmen. Keiner ist nach Wochen noch derselbe: Es ist eine Folge von Wiedergeburten nach zeitlich streng koordiniertem "Produktionsplan".

Nicht die Homöostase an sich ist das Bemerkenswerte - eine konstante Temperatur von 37°C kann auch ein Thermostat aufrechterhalten - nein, erstaunlich ist die Konstanz trotz ständiger Fluktuationen: Wir wandeln uns und bleiben doch die gleichen, auch wenn kein Baustein mehr derselbe ist. Statt von Homöostase sollten wir daher lieber von Homöorhese oder dynamischer multioszillatorischer Funktionsordnung sprechen.

Ohne rhythmische Zeitstrukturen gäbe es weder ein geordnetes räumliches noch zeitliches Nach- und Nebeneinander: Statt rhythmischer Atmung wäre Ersticken an angereicherter Kohlensäure, die Nahrung würde uns ohne Peristaltik, Segmentations- und Pendelbewegungen des Magen-Darm-Kanals im Halse stecken bleiben und verstopfen, und käme sie ins Blut, würde sie uns vergiften, wenn nicht die Enzyme der Leber und Niere zeitgerecht in Funktion träten. Würde der Rhythmus des Sinusknotens nicht das Herz zur zeitlich koordinierten Kontraktion anregen, könnte das Blut nicht zirkulieren, und ohne Synchronisation der neuronalen Rhythmen wäre das Gehirn eine amorphe Zellmasse, unfähig, einen chronobiologischen Gedanken zu produzieren. Statt der ständig uns erneuernden Zellteilungen nach zeitlich exaktem "Fahrplan" der Replikations- und Syntheseschritte bestände eine metabolische Anarchie, eine unaufhaltsame Tendenz zum Chaos, dem im Sinne des 2. Hauptsatzes der Thermodynamik wahrscheinlichsten Zustand.

2. Endogene multioszillatorische Funktionsordnung

Dies ist offensichtlich nicht der Fall. Im Gegenteil: alle diese Oszillatoren tendieren über Phasensteuerung (Mitnahme) zur Frequenzkoordination, in deren Ergebnis sich Zeitstrukturen ausbilden. Derartige Zeitstrukturen finden wir in der arterhaltenden zeitlichen Abstimmung von tierischen und pflanzlichen Lebensgemeinschaften (chrono-synökologische Strukturen), in den Aktivitätsmustern einzelner Lebewesen und auf den Organisationsebenen des Organismus.

Die quantitative Detailanalyse in einem engeren Frequenzbereich zeigt, daß jede Funktionsgröße durch mehrere Oszillatoren, also multioszillatorisch moduliert wird und sowohl zwischen den Modulationsrhythmen einer Funktionsgröße als auch zwischen denen verschiedener Funktionen Tendenzen zur ganzzahligen Koordination bestehen.

Abb. 1 zeigt die Zeitreihe der über mehrere Tage bei einer Gruppe von Schafen gemessenen Bewegungsaktivität, in der Mitte die Autokorrelationsfunktion mit einem deutlich ausgeprägten 24-Stunden-Rhythmus und darunter das zugehörige Leistungsspektrum mit ganzzahlig abgestimmten Frequenzgipfeln im Ultradian-Frequenzbereich.

Abb. 2 läßt eine analoge Zeitstruktur der multioszillatorischen Modulation im Sekunden- und Minutenbereich für die Herzfrequenz erkennen.

Das statistische Ergebnis einer solchen Mikroanalyse mehrerer physiologischer und psychophysiologischer Funktionsrhythmen mit Perioden im Sekunden- und Minutenbereich zeigt Abb. 3.

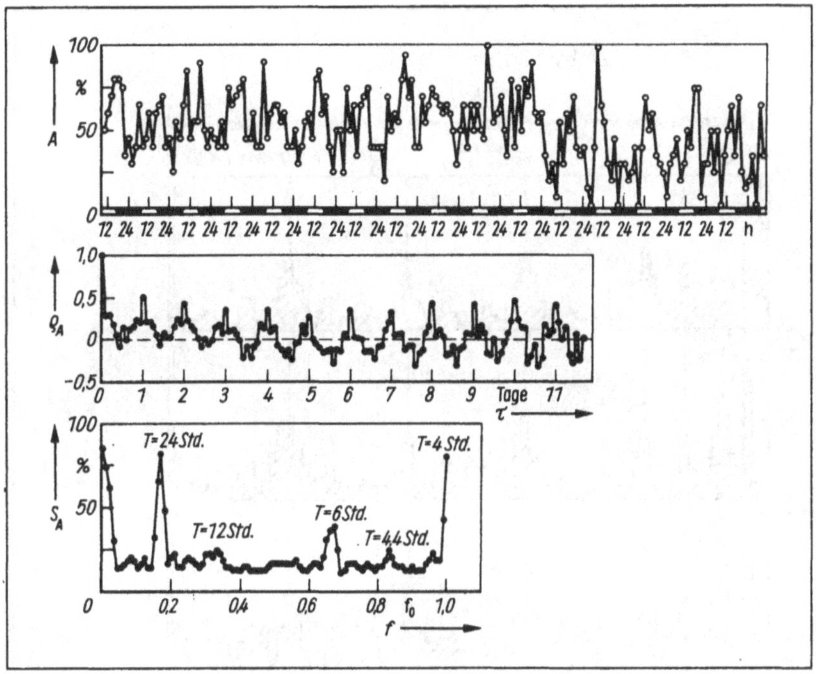

Abb. 1: Circadianrhythmik und harmonische Ultradianrhythmen der Aktivität

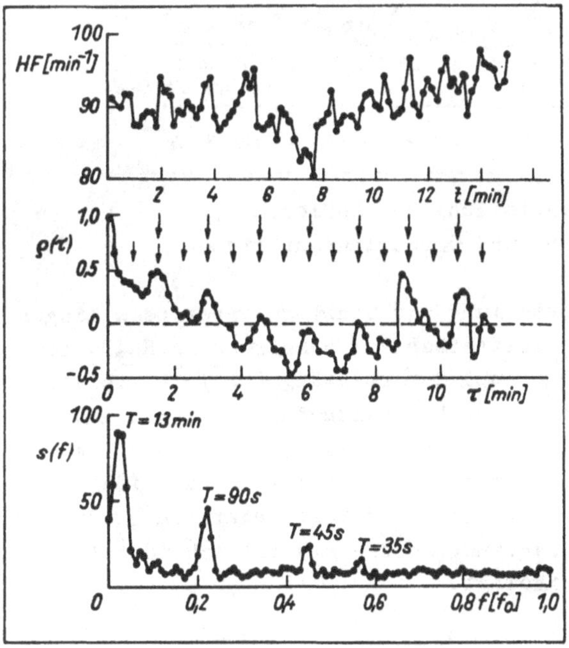

Abb. 2: Zeitreihe, Autokorrelationsfunktion und Leistungsspektrum der Herzfrequenz

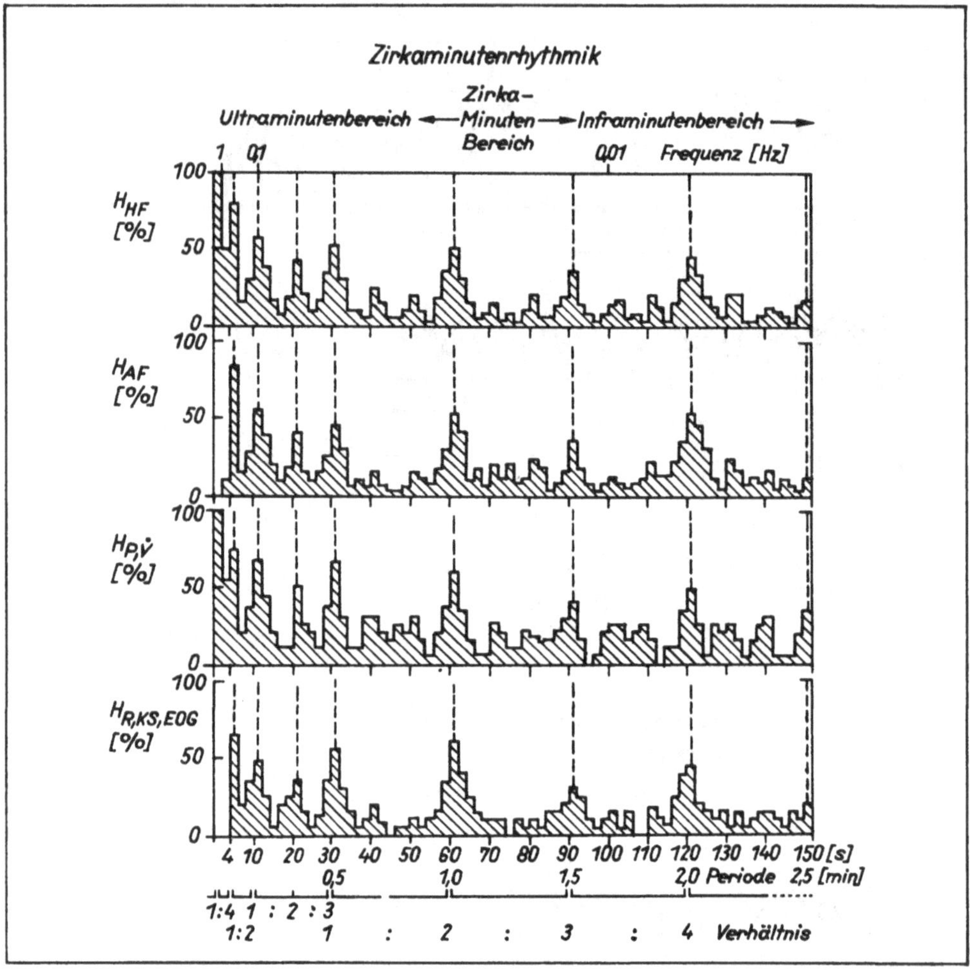

Abb. 3: Häufigkeitsverteilung von Perioden der Circasekunden- und Circaminutenrhythmen

Dieser relativen Häufigkeitsverteilung von Schwingungsperioden liegen etwa 900 Leistungsspektren von Zeitreihen der Herzfrequenz(H_{HF}), der Atemfrequenz (H_{AF}), von Blutdruck und Durchblutung ($H_{P,\dot{V}}$) sowie von sensomotorischen Reaktionszeiten (R), Kurzzeitgedächtnis (KS) und sakkadischen Augenbewegungen zugrunde (EOG). Man erkennt, daß die Häufigkeitsmaxima der Modulationsfrequenzen innerhalb und zwischen den Funktionen ganzzahlige Verhältnisse oder Zeitstrukturen bilden. Diese sind auch über größere Frequenzbereiche statistisch feststellbar, wie das folgende Schema nahelegt.

Schema 1

Schema hierarchischer Zeitstrukturen

Alpha-Rhythmus Pupillenunruhe Mikrovibr. Flimmerepith.	Theta-Rhythmus	Delta-Rhythmus PGO-Wellen Darmpot.	Gleichsp.-Potential	TMH-Blutdruckwellen	ubiquitäre Modulation Rhythm. metabol. Oszill.
10 Hz	5 Hz	1 Hz	0,2 Hz	0,1 Hz	min

2 : 1 5 : 1 5 : 1 2 : 1. 6 : 1

REM-Schlaf-Zyklen	Nahrungsverlangen (Säugling)	Aktivitäts- Temperatur- Stoffwechsel- Rhythmen Rhythmen Rhythmen			
~1,5 h	4 h	8 h	12 h	24 h	~14 d

5 : 2 2 : 1 2 : 3 2 : 1 14 : 1

Frequenzverhältnisse

Wie kommt es zu solchen Zeitstrukturen?

Antwort: Durch Kopplung oder Mitnahme von Oszillatoren auf der Basis einer Vermaschung von relevanten Regelsystemen.

Kopplung, Mitnahme oder Synchronisation von Rhythmen erfolgen sowohl intern - also zwischen Oszillatoren des Organismus - als auch extern zwischen Oszillatoren des Organismus und Zyklen der Umwelt.

Abb. 4 zeigt korrespondierende Frequenzbänder biologischer und geophysikalischer Oszillatoren als Ergebnis evolutionärer Anpassung organismischer Zeitstrukturen an Umweltperiodizitäten.

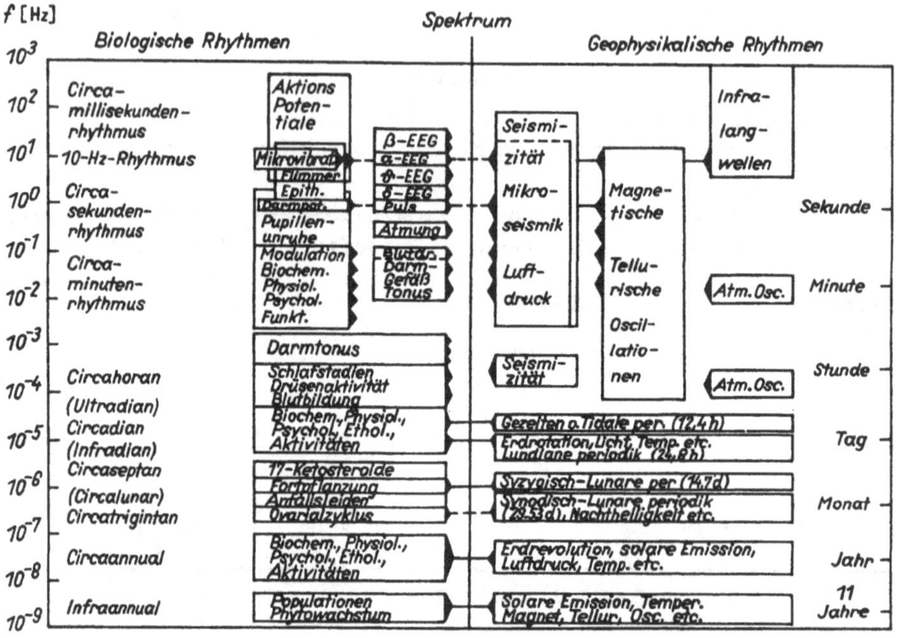

Abb. 4: Das Spektrum biologischer und geophysikalischer Zyklen; durchgezogene Linien weisen auf Phasensteuerung mit Synchronisation hin, gestrichelte auf mögliche Kopplungsbeziehungen

Die Korrespondenz in Raum und Zeit repräsentiert sich in hochgeordneten Funktionsstrukturen, die zeitliche Relationen, wie sie sich aus der relativen Bewegung unseres Planeten im Sonnensystem ergeben, einschließen. Die aus der Erdbahn um die Sonne (Revolution), aus der Rotation der Erde um ihre eigene Achse und dem Mondumlauf um die Erde sich ergebenden Bewegungsbeziehungen, die eine Reihe organismuswirksamer Umweltparameter (wie Lichtintensität, Temperatur, elektromagnetische Felder usw.) periodisch variieren, bilden zusammen mit kurz- und langwelligeren terrestrischen und extraterrestrischen Einflüssen die Rahmenzeitstruktur für die zeitliche Organisation der lebenden Materie auf der Erde.

Heißt das, daß die von geophysikalischen Rhythmen gesteuerten organismischen Rhythmen exogen hervorgerufen werden?

Man nahm lange Zeit an, daß der Lichteinfluß über Sehbahn und Zirbeldrüse die 24-Stunden-Rhythmik der Schlaf-Wach-Aktivität hervorrufen würde. Schon DESCARTES vermutete (vgl. Abb. 5), daß die Information über unsere Umwelt von den Augen über die Stränge ins Gehirn zur Zirbeldrüse im Zwischenhirndach weitergeleitet wird, die entsprechende

Botschaften zu den Muskeln vermittelt.

Abb. 5: Holzschnitt aus dem Jahre 1686; er demonstriert den Reflexbogen nach DESCARTES

Reicht diese Konzeption eines einfachen Reflexbogens aus, um rhythmisches Verhalten zu erklären?
Anders gefragt: Ist der zeitgerechte Abflug der Vögel aus tropischen Ländern reflektorisch zu beschreiben? Woher wissen die Zugvögel in tropischen Ländern, wann bei uns Frühling wird? Woher weiß der Mauersegler im Hochsommer und bei gedecktem Tisch, daß er abzufliegen und der junge Hamster, daß er für den Winter vorzusorgen hat, wenn nicht durch circannuale Instinktregulation?

Die Plausibilitätserklärung legt biologische Uhren nahe. Was ist sonst das Zeitnormal, wenn nicht eine innere Uhr, mit der Bienen und viele andere Lebewesen unter Verrechnung der Relativbewegung der Sonne die Futterquelle orten oder Zugvögel die Richtung navigieren? Oder denken wir an unsere Fähigkeit, die Tageszeit oder ein beliebiges Zeitintervall zu schätzen. Solche Zeitrelationen sind nur zu bestimmen, wenn sie an Zeiteinheiten einer inneren Uhr abgeglichen werden können, die ihrerseits mit objektiven Zeitgebern synchronisiert und damit umweltadäquat ist.

Gibt es eine Möglichkeit, die Existenz der physiologischen Uhr, also selbsterregter, endogener Rhythmen experimentell nachzuweisen?
Antwort: Durch Abschirmung aller Zeitgebereinflüsse.
Versuche in isolierten Bunkern, die auch elektromagnetische Felder

abschirmen, erbrachten den Nachweis, daß die Schlaf-Wach-Aktivitätsrhythmik, die Rhythmen der Körpertemperatur, der Exkretion und psychologischer Funktionen aufrechterhalten bleiben, und zwar mit von 24 Stunden abweichenden, also circadianen Perioden.

Hier erkennen wir die wichtige Funktion der Organismus-Umwelt-Synchronisation: Durch Zyklen der natürlichen Umwelt werden organismische Rhythmen synchronisiert. Das Ergebnis ist eine frequenzstabilisierte multioszillatorische Funktionsordnung, die über interne Koordination funktionsgerechtePhasen- und Frequenzbeziehungen aufrechterhält. Damit erweist sich der Organismus in seiner Frequenzstruktur als ein zeitliches Abbild der seit Jahrmilliarden auf unserem Planeten herrschenden Periodizitäten, die sich im Evolutionsprozeß in den Erbanlagen inkorporiert haben.

3. Thermodynamik und Oszillationen

Die spontanaktive multioszillatorische Funktionsordnung ist mit Reflexologie im Sinne DESCARTES, die das mechanistische Denken über Jahrhunderte und bis in unsere Tage bestimmte, nicht zu vereinbaren.

Die Regelungstheorie hilft uns weiter beim Verständnis von Homöostase und zielgerichtetem Verhalten. Wie sich jedoch selbstaufrechterhaltende Schwingungen und Regelung mit dem 2. Hauptsatz der Thermodynamik vereinbaren lassen, dies haben wir erst in den letzten Jahren zu verstehen gelernt.

Im Rahmen der durch die klassische Thermodynamik und linearen Regelungstheorie hervorgebrachten Denkweise ergeben sich Probleme beim Verständnis geordneter räumlicher und zeitlicher Strukturen im allgemeinen und organismischer Oszillationen im besonderen. Traditionell bedingte Einwände beziehen sich daher einmal auf die Funktion der Oszillationen bei der Aufrechterhaltung von Lebensprozessen und weiter auf die thermodynamische Begründbarkeit derartiger strukturbildender Vorgänge:

1. Einwand: Biorhythmen entstünden als zufällige Schwankungen, da ja schon das BOLTZMANNsche Prinzip, das die thermodynamische Zustandsgröße Entropie mit dem statistischen Begriff der thermodynamischen Wahrscheinlichkeit verbindet, Schwankungen nicht ausschließt. Die Fluktuationen weichen zwar vom Optimalprinzip der Evolution ab, würden aber eben noch toleriert.

2. Ein anderer Einwand basiert auf der Theorie linearer Regelsysteme, für die kontinuierliche Schwingungen bekanntlich ein Instabilitätsmerkmal darstellen.

3. Dieser Einwand geht von einer Inkompatibilität der Oszillationen mit dem 2. Hauptsatz der Thermodynamik aus.

Die klassische Thermodynamik und Statistik sind in ihrem Gültigkeitsbereich auf geschlossene, isolierte Systeme beschränkt. Mit den für diese Systeme gefundenen inneren Gesetzmäßigkeiten sind natürlich "selbsterregte Oszillationen" und "Funktionsordnungen" nicht kompatibel. Für sie wird eine konsequente Erweiterung der Betrachtungsweise auf die Thermodynamik offener Systeme notwendig.

Die klassische Thermodynamik war für isolierte Systeme entwickelt worden, für Gleichgewichtsstrukturen - z.B. Kristalle -, die mit ihrer Umgebung weder Masse, Energie noch Information austauschen. Sie führte u.a. zur Erkenntnis, daß sich isolierte Systeme einem Zustand maximaler Entropie nähern, in dem Schwingungen nicht mehr auftreten.

Identifizieren wir Entropie mit Unordnung, so ist zu sehen, daß sich ein isoliertes System nur in Richtung größerer Unordnung bewegen kann. Da zwischen dem SHANNONschen Informationsbegriff und der BOLTZMANNschen Entropie eine Komplementarität besteht und für die organismische Selbstorganisation gerade der Entropie-Abbau bzw. die Informationserzeugung relevant ist, versagt auch die klassische Informationstheorie, worauf schon BRILLOUIN hinwies.

Auf der Grundlage der linearen Regelungstheorie und der klassischen Thermodynamik sind also Oszillationen als stabile Eigenschaften organismischen Systemverhaltens nicht zu verstehen. Die Restriktionen in diesen theoretischen Ansätzen sind offensichtlich weder geeignet, dem besonderen Verhalten von Nichtgleichgewichtsprozessen gerecht zu werden noch die Bildung und Aufrechterhaltung von geordneten Strukturen zu beschreiben.

Eine Analyse organismischen Verhaltens führt zu der Einsicht, daß es sich hierbei um offene Systeme handelt, die mit ihrer Umgebung im Stoff-, Energie- und Informationsaustausch stehen, und um irreversible Prozesse, die mit hoher Geschwindigkeit ablaufen können.
Dabei müssen wir die Gleichung für den Wärmedurchgang durch ein offenes System durch den Term für den Entropiefluß d_eS/dt ergänzen:

$$\frac{dS}{dt} = \frac{d_eS}{dt} + \frac{d_iS}{dt}$$

Gesamtänderung der Entropie des offenen Systems	Entropie-Ein- und Ausstrom	Entropie-Erzeugung im Inneren des offenen Systems

Für ein offenes System gestattet die Gegenläufigkeit von d_eS/dt und d_iS/dt unter gewissen Bedingungen einen höheren Ordnungsgrad, eine Entropieabnahme.

Im stationären Zustand gilt: $\frac{d_iS}{dt} = - \frac{d_eS}{dt}$

Voraussetzung ist eine ständige Zufuhr freier Energie in das offene

System (es"nährt" sich mit Negentropie, wie es SCHRÖDINGER ausdrückte).

Oszillatorische Vorgänge, die auf Grund kooperativer Struktureigenschaften (z.B. allosterischer Enzyme) und durch das Zusammenwirken mehrerer Rückkopplungsschritte entstehen, sind also thermodynamisch an offene Systeme und den Einstrom von Negentropie gebunden. Man muß diese Vorgänge als Nichtgleichgewichtsprozesse verstehen, und es ist notwendig, sie im Rahmen einer Thermodynamik offener Systeme zu behandeln.

4. Oszillationen - ein Merkmal dissipativer Strukturen

Aus der Entropiebilanz bei der obigen Betrachtung des Wärmedurchgangs durch ein offenes System geht die thermodynamische Möglichkeit der Bildung und Aufrechterhaltung sogenannter dissipativer Strukturen hervor. Dabei sind dissipative Strukturen Nichtgleichgewichtsstrukturen, die zu ihrer Bildung und Aufrechterhaltung eine ständig erhöhte Energiedissipation in ein offenes System hinein bzw. durch ein solches hindurch voraussetzen (Glukose, ATP usw.).

Spontane Ordnungsbildung ist demnach an folgende Bedingungen gebunden:

1. Offenheit des thermodynamischen Systems,
2. überkritischer Abstand vom Gleichgewichtszustand,
3. Nichtlinearität des dynamischen Verhaltens und als Konsequenz:
4. Kooperativität der Mikroprozesse (feed back).

In den letzten Jahren haben PRIGOGINE (1) und seine Schule eine Theorie dissipativer Strukturen entwickelt, die genau durch diese Merkmale gekennzeichnet sind, und über eine Thermodynamik irreversibler Prozesse eine allgemeine Thermodynamik geschaffen, die Gleichgewichtsstrukturen als einen Spezialfall einschließt.

Eines der prominenten dynamischen Merkmale dieser Systeme ist das Auftreten von selbsterregten Schwingungen beim Überschreiten "kritischer" Werte der Negentropie-Zuflußrate. Zur mathematischen Beschreibung des Systemverhaltens kann ein gekoppeltes System von mindestens zwei nichtlinearen Differentialgleichungen 1. Ordnung mit periodischen Lösungen verwendet werden (Differentialgleichungssystem nach LOTKA und VOLTERRA). Für ein einfaches Zweikomponentensystem mit nichtlinearen Funktionen f_1 und f_2 (2 Freiheitsgraden) lauten die Gleichungen wie folgt:

$$\frac{dX_1}{dt} = f_1(X_1, X_2); \qquad \frac{dX_2}{dt} = f_2(X_1, X_2),$$

wobei $X_1(t)$ und $X_2(t)$ die zeitabhängigen Größen sind. Diese können chemische Substratkonzentrationen, physiologische oder Populationsgrößen darstellen:

Dissipative Strukturen auf unterschiedlichen Organisationsebenen

Physikalische Ebene: Bernard-"Zellen"

Physiko-chemische Ebene: Theorells Nervenmodell, Ostwald-Lillie`sches Eisendrahtsystem in HNO_3, Liesegang-Ringe, Marangoni-Instabilität (Rollzellenbildung an Grenzflächen: 1-Hz-Zweiparameteroszillationen)

Chemische Ebene: Bray-Reaktion (H_2O + KJO_3), Belousov-Žabotinskij-Reaktion (Malonsäure, Kaliumbromat, Cer.)

Metabolische Ebene (Sekunden-, Minutenrhythmen): Glykolytische, mitochondriale Oszillationen C-AMP-Ca^{++}-Regelkreisoszillationen in Pacemakerzellen

Epigenetische Ebene (Ultradian-, Circadianrhythmen): mRNS-Enzym-Konzentrationsoszillationen durch Induktion und Repression am genetischen Substrat

Zellebene: Aggregation bei Protozoen (Amöbe: Dictyostelium discoideum)

Gewebe-Organ-Ebene: Rhythmogenese der Atmung (exspirator.-inspirator. Neuronensystem)

Organismus-Populations-Ebene: Räuber-Beute-Ökosystem

Die Lösungen für den stationären Zustand, die sog. singulären Punkte, sind: $f_1(X_1^o, X_2^o) = 0 \qquad f_2(X_1^o, X_2^o) = 0$

Durch Eliminierung der Zeit aus den Ausgangsgleichungen gewinnt man die Gleichung der Trajektorien im Phasenraum, der von X_1 und X_2 aufgespannt wird:

$$\frac{dX_2}{dX_1} = \frac{f_2(X_1, X_2)}{f_1(X_1, X_2)}$$

Der Trajektorienverlauf in Nähe der singulären Punkte kennzeichnet das Stabilitätsverhalten.

5. Isomorphie der Differentialgleichungen oszillatorischer dissipativer Strukturen auf unterschiedlichen Systemebenen

5.1. Biochemische Organisationsebene

Als Beispiel sei die Enzymsyntheseregulation über einen positiven und negativen Rückkopplungskreis (Induktion und Repression) beim Darmbakterium Escherichia coli betrachtet. Die Strukturgene SG_1 und SG_2 bilden über Transkription die gemeinsame mRNS $x_{1,2}$ für die Synthese der ß-Galaktosidase y_1 und Galaktosidpermease y_2, die am endoplasmatischen Ribosom R vollzogen wird (Abb. 6a). Die Funktion von y_2 besteht darin, den aktiven Transport von Laktose m_1 durch die Zellwand W in die Zelle Z zu beschleunigen; y_1 erzeugt über eine Transgalaktosidation den Metaboliten m_1', der als Induktor über eine positive Rückkopplung auf die mRNS-Synthese den Prozeß autokatalytisch verstärkt. Vermittels einer zweiten Rückkopplungsschleife erfolgt die allosterische Repression der mRNS- und Enzymsynthese. Dies soll der Einfachheit halber in unserem Modell die Glukose m_2 selbst bewirken, die zusammen mit Galaktose entsteht.

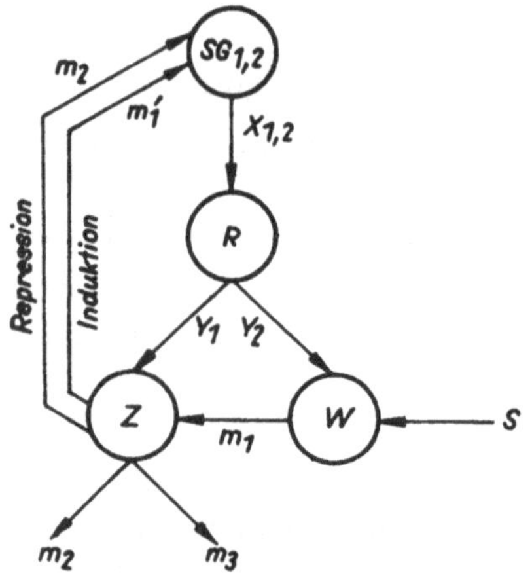

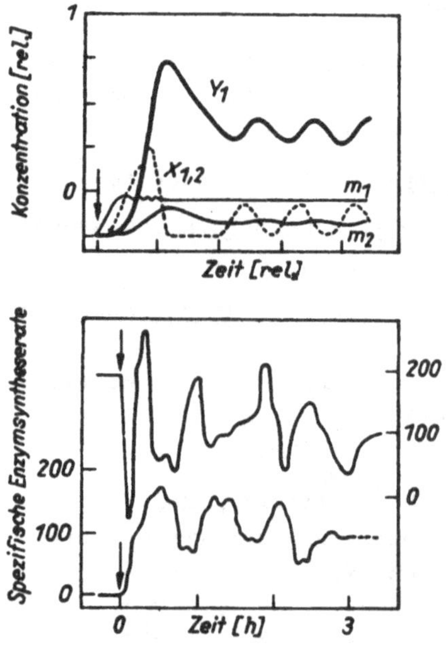

Abb. 6a: Strukturschema der Proteinsynthese

Abb. 6b: Enzymsyntheseschwankungen (unten) und Simulation auf dem Analogrechner (nach KNORRE (2))

Der Induktion bzw. Autokatalyse folgt somit die Repression über allosterische Proteinschalter am genetischen Material.
Das Modell wird durch folgenden Satz von Differentialgleichungen beschrieben:

$$\frac{dy_1}{dt} = \alpha_1 x - \beta_1; \quad \frac{dy_2}{dt} = \alpha_2 x - \beta_2$$

$$\frac{dx}{dt} = \frac{a m_1'}{1 + c_3 m_2} - b;$$

$$\frac{dm_1}{dt} = c_1 s y_2 - c_2 m_1 y_1; \quad \frac{dm_2}{dt} = c_2 m_1 y_1 - c_4 m_2$$

$$m_1 = c_5 m_1$$

$$\alpha_1, \beta_1, \alpha_2, \beta_2, a, b, c_1, c_2, c_3, c_4, c_5 = \text{const.}$$

Hierbei repräsentieren $\alpha_1 x$ und $\alpha_2 x$ die Proteinsynthesegeschwindigkeit, β_1 und β_2 die Abbaugeschwindigkeit, die als konstant angesehen wird; b bezeichnet eine Zerfallskonstante, während a und c zusammengesetzte Konstanten der mRNS-Synthese sowie der Induktion und Repression sind.

Die periodischen Lösungen der Modellgleichung 2. Ordnung stehen für Konzentrationsschwankungen der Enzyme und mRNS, die in der Zelle durch Verzögerungszeiten für die Regulationsschritte bzw. Nichtlinearitäten der Signalübertragung verursacht werden. Experimentelle Untersuchungen des Zeitverlaufes der Geschwindigkeit der ß-Galaktosidasesynthese stimmen mit den am Analogrechner simulierten Oszillationen überein (KNORRE (2)).

5.2. Zelluläre Ebene: Amöbenaggregation

Chemotaktisch angefachte Instabilitäten und Oszillationen im Dichtegradient von Amöben können zu Organisationsformen höherer Ordnung führen, die als neue vielkernige Individuen imponieren. Etwa 100 Amöben aggregieren zu einem beweglichen Plasmodium, dem "Schleimmolch", der sich in einen multizellulären Fußteil, Stiel und Kopfteil differenziert (vgl. Abb. 7). Die im Zentrum der Amöbensammlung befindliche Amöbenzelle sondert A k r a s i n ab, das mit zyklischem AMP identisch ist. Die Aggregation erfolgt in einem oszillatorischen Prozeß, der durch zwei Gleichungen beschrieben werden kann (KELLER und SEGEL (3), PRIGOGINE (4)).

Chemotaktische Entwicklungsgleichung für $\alpha(r,t)$:

$$\frac{\partial \alpha}{\partial t} = -\nabla \cdot (D_1 \nabla \varrho) + \nabla \cdot (D_2 \nabla \alpha)$$

wobei ϱ die Dichte von Akrasin, D_1 der chemotaktische Koeffizient und D_2 der Diffusionskoeffizient ist.

Zusätzlich zur Chemotaxis besteht eine enzymatische Reaktion;

der"Schleimmolch" setzt in das Medium ein Enzym frei, die Akrasinase (η), welche das Akrasin zerstört:

$$\frac{\delta \varrho}{\delta t} = - k\,(\varrho)\varrho \; + \alpha f\,(\varrho) + D_{\varrho} \nabla_{\varrho}^{2},$$

wobei D_{ϱ} den Diffusionskoeffizienten des Akrasins darstellt:

$k\,(\varrho) = (\eta_0 k_2 k)/(1 + k_{\varrho})$; $k = k_1/(k_{-1} + k_2)$ und $\alpha f(\varrho)$ ist die Menge des von der Amöbe produzierten Akrasins. Eine Zunahme in der Produktionsrate des Akrasins (der Term ∇_{ϱ}^{2}) bzw. seiner Konzentration im Medium trägt zur Destabilisierung des homogenen Zustandes bei.
Die Dichte-Schwankungen in der Amöbenverteilung zerstören die einheitliche Konfiguration und führen das System schließlich zu einer neuen inhomogenen Verteilung.

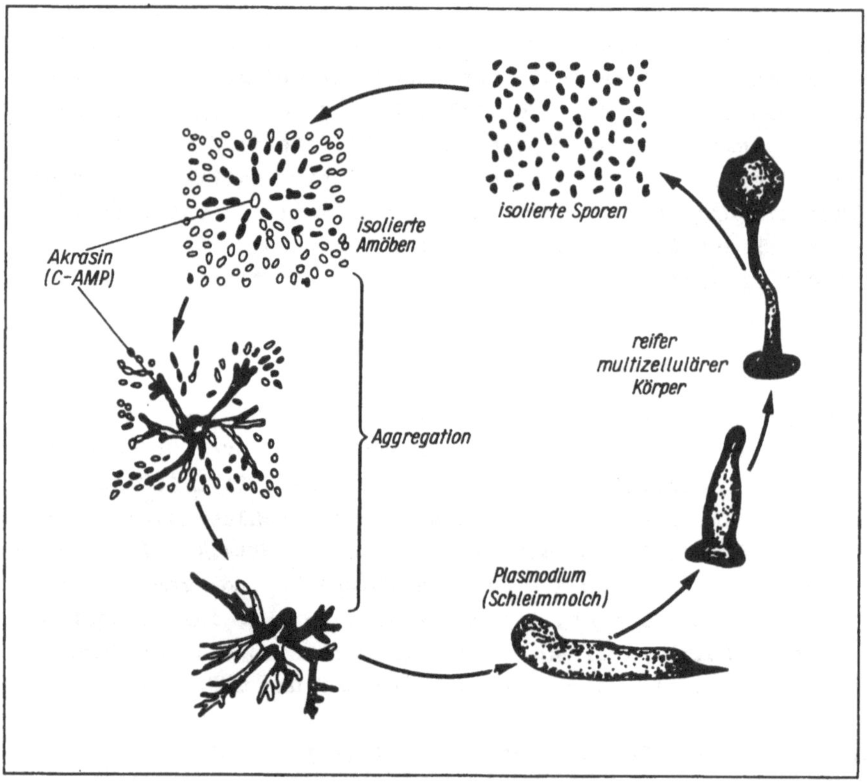

Abb. 7: Lebenszyklus des"Schleimmolches"

5.3. Physiologische Ebene: Atemrhythmus

Die wechselseitige Hemmung zwischen inspiratorischen und exspiratorischen Neuronenpopulationen im Hirnstamm ist für den Wechsel der Atemphasen verantwortlich.
Bezeichnen wir entsprechend dem Gleichungssystem von VOLTERRA den Aktivierungszustand der inspiratorischen Neuronen mit X = X(t) und den Aktivierungszustand der exspiratorischen Neuronen mit Y = Y(t), dann verhält sich die autonome Aktivierungsrate der inspiratorischen Neuronen gemäß

$$\frac{dX}{dt} = aX$$

und die der exspiratorischen entsprechend

$$\frac{dY}{dt} = -cY \; .$$

Die durch das inspiratorische System bedingte Bahnung des exspiratorischen Systems erfolgt nach der Beziehung Y = dXY, und die durch das exspiratorische System erzwungene Hemmung des inspiratorischen verhält sich gemäß X = -bXY (Abb. 8).

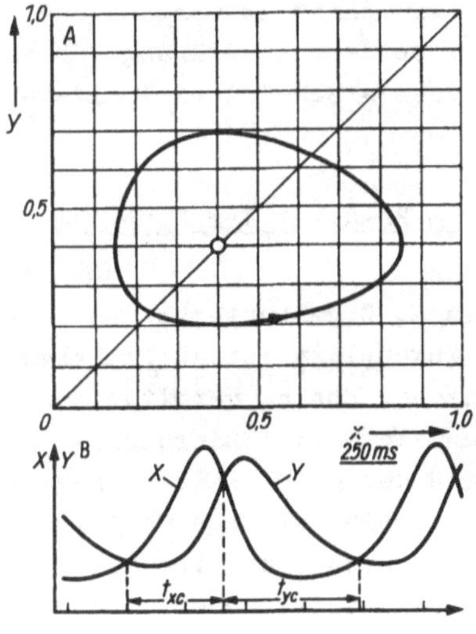

Abb. 8 A und B: Lösungen x und y der Lotka-Volterra-Gleichung, dargestellt in der Phasenebene A und als Funktion der Zeit B. Als Inspirationsphase am Modell wurde definiert die Phase, wo x > y ist und mit t_{xc} bezeichnet. Als Exspirationsphase am Modell wurde die Phase definiert, wo y > x ist und mit t_{yc} bezeichnet. Werte der Parameter: a=8, b=20, c=4, d=10; Anfangsbedingungen x_0=0,4; y_0=0,2. Oszillographenverstärkung für x(t) und y(t) in B sind nicht exakt identisch. Die Werte für t_{xc} und t_{yc} wurden jedoch nicht graphisch, sondern laufend digital ermittelt (Auflösung 1 ms) (nach LÜSCHER, H.-R., K. GREEFF und Ch. HESS (5))

5.4. Populationsebene: Räuber-Beute-Ökosystem

Betrachten wir die Populationsdichte einer Beute X_1 mit einer Geburtenrate k_1, welche in Abwesenheit eines Räubers zu einer Dichte N zunehmen würde, und die Populationsdichte des Räubers Y mit einer Sterberate a. Die Wechselwirkung zwischen beiden ist durch s_1X_1Y charakterisiert:

$$\frac{dX}{dt} = k_1X_1(N-X_1) - s_1X_1Y \; ; \quad \frac{dY}{dt} = -aY + s_1X_1Y.$$

Dies führt zu dem stabilen Zustand: $X_1^o = a/s_1$; $Y_1^o = k_1(N-a/s_1)$.
Die Darstellung ergibt zwei phasenverschobene Oszillationen für die Populationsdichten von Beute und Räuber. Die biologische Bedeutung stabiler Grenzzyklen in Populationen besteht wahrscheinlich in der Wiederherstellungskraft dieser Systeme gegenüber Mutationen und anderen Störungen und in der Potenz, über Instabilitäten einen Evolutionsschritt in Richtung höherer Ordnung zu tun. So spielen Oszillationen eine entscheidende Rolle für die Selbstorganisation in der Evolution, vom Hyperzyklus der Makromoleküle (EIGEN und SCHUSTER) bis hin zur Ausbildung stabiler Sozietäten (PRIGOGINE). Zeitliche und räumliche periodische Strukturen resultieren aus einer Instabilität, die von angefachten Fluktuationen ausgeht und sich jenseits einer Stabilitätsgrenze im Zustand höherer Ordnung stabilisiert.

Auf die eingangs erwähnten Einwände können wir daher antworten, daß Oszillationen nicht Unordnung repräsentieren, sondern zu Ordnung führen. Und dieses Prinzip - Ordnung durch Oszillationen - scheint ein universelles zu sein.

6. Die organismische Funktionsordnung im Resultat der Kopplung von Oszillationen

Die Koordination von Zellen, Geweben, Organen, Organsystemen und sogar Organismen erfolgt letztlich über die Ankopplung intrazellulärer Oszillatoren auf metabolischer und epigenetischer Ebene, vermittelt durch Hormone, Peptide, Transmitter, Ionen und Potentialänderungen. Als ein wichtiger intrazellulärer Mediator muß der C-AMP-Kalzium-Regelkreis mit negativer Rückkopplung gelten, der kontinuierliche Oszillationen generiert, die chronotrope (Phasen-, Frequenz-) und inotrope (Amplituden-)-Wirkungen von interzellulären Botenstoffen über eine Änderung der Adenylatzyklase- und Phosphodiesterase-Aktivität bzw. Kalziumtransportgeschwindigkeit bewirken (RAPP und BERRIDGE (6)).
Die theoretische Analyse hat gezeigt, daß eine hinreichende Bedingung für die periodische Lösung entsprechender Differentialgleichungen besteht, wobei das Verhalten selbsterregter Schwingungen mit phasenabhängigen Phasenverschiebungen durch Hormon- oder ionale Impulse mit Response-

kurven und Synchronisationseffekten charakteristisch ist.
Es gibt nun mehrere Möglichkeiten für die Kopplung biochemischer Oszillatoren mit der Zellmembran und der Erzeugung regelmäßiger Potentialoszillationen, die ihrerseits über Pacemakerzellen im Herzen, im Atem- und Kreislaufzentrum und in anderen Teilen des Nervensystems zur interzellulären Organsynchronisation führen können.

Eine polygraphische Registrierung verschiedener physiologischer Funktionen und ihre Autokorrelation demonstriert die Tendenz zur ganzzahligen Frequenzabstimmung zwischen Circaminutenrhythmen (Abb. 9).

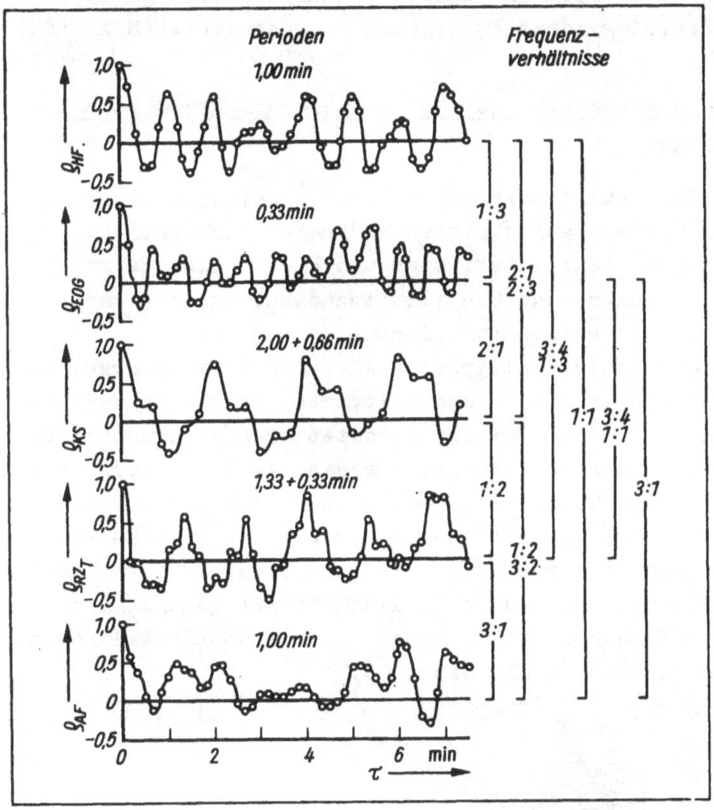

Abb. 9: Auf Grund einer Verkopplung aller 5 simultan registrierten autokorrelationsanalytisch ermittelten Circaminutenrhythmen, der Herz- und Atemfrequenz (HF,AF), der Augenbewegungen im Elektrookulogramm (EOG) und der Kurzspeicherleistung (KS) und Reaktionszeit (RZ)

$$KG = \frac{10 \text{ mögl. Frequenzsynchronisationen}}{10 \text{ real. Frequenzsynchronisationen}} = 100\%$$

Ermittelt man nach bestimmten Kriterien, über die wir schon anderenorts referierten, den minutenrhythmischen Kopplungsgrad, dann erweist er sich als ein Indikator des aktuellen Koordinationsstatus zwischen physiologischen Funktionsrhythmen (SINZ (7)). Mit seiner Hilfe konnten psychische Beanspruchungswirkungen und neurotische Störungen der multioszillatorischen Funktionsordnung quantitativ diagnostiziert und an Außerkriterien des skalierten Befindensurteils validiert werden (SINZ (8)).

Ein Basisproblem der meisten Neurosen, insbesondere aber der Informationsneurose (CHANANASCHWILI), ist eine destabilisierte multioszillatorische Funktionsordnung, die sich in einer verminderten Koordinations- und Regelgüte psychophysiologischer Funktionen repräsentiert (SINZ (8)).

7. Abschließende Bermerkungen zur Herausforderung der Chronopsychophysiologie

Wir haben gefunden, daß Oszillationen auf den verschiedenen Organisationsstufen lebender Systeme auf gleichen Merkmalen dissipativer Strukturen, vergleichbaren Nichtlinearitäten und Rückkopplungsstrukturen beruhen. Höhere Ordnungs- und Stabilitätszustände werden durch Oszillationen vermittelt und aufrechterhalten.

Die hierarchische Koordination multipler zellulärer Oszillatoren, die anstelle einer unitären "inneren Uhr" das Zeitverhalten und Zeiterleben des Menschen bestimmen, ist eines der erregendsten Probleme gegenwärtiger chronopsychophysiologischer Forschung. Für eine Vielzahl selbsterregter Oszillatoren sprechen Oszillatorfrequenzen über ein Spektrum von 10 Größenordnungen, Oszillationen isolierter Zellen, ihre unterschiedlichen Mitnahmeeigenschaften, ihre funktionsgerechten Phasenabstimmungen (z.B. circadiane Organisation), die Existenz ganzzahliger neben nichtganzzahligen Frequenzverhältnissen und die Kopplungsdynamik im Sinne relativer Koordination (vgl. Abb. 10).

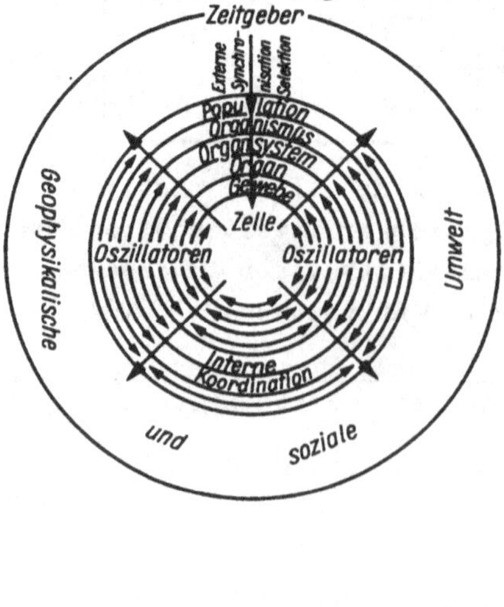

Abb. 10: Schema interner und externer Koordination

Aus den isomorphen Differentialgleichungen dissipativer Strukturen von der biochemischen bis zur kognitiven Ebene geht die Bedeutung oszillatorischen Verhaltens für die Evolution geordneter Lebensprozesse hervor. Die Chronopsychophysiologie als der Wissenschaftszweig, der das Zeitverhalten geistiger und emotionaler Prozesse auf Zeitstrukturen neurophysiologischer Prozesse zurückführt, erweist sich damit als eine konsequente Anwendung der jüngst entdeckten Gesetzmäßigkeiten der irreversiblen Thermodynamik und dissipativer Strukturen auf jene Bereiche, die am längsten Refugium des anthropomorphen psycho-physischen Dualismus waren. Der hohe Abstimmungsgrad sequentieller und simultaner Informationsverarbeitungsprozesse als Grundlage geordneter geistiger Tätigkeit basiert auf dem ökonomischen und zuverlässigen System koordinierter neuronaler Oszillatoren.

Dies ist das Anliegen der Chronopsychophysiologie: Die Ableitung von Gesetzmäßigkeiten über zeitliche Merkmale hirnphysiologischer Funktionen und ihre Nutzung zur Optimierung von geistigen und Verhaltensleistungen. Sie schließt aber noch einen anderen wichtigen Aspekt ein: Der Mensch gerät durch die Begleiterscheinungen moderner Technik in die Situation, die über Jahrmillionen gewachsene Harmonie zwischen der Natur und ihren kosmischen Zyklen, die sich aus der Relativbewegung von Sonne, Mond und Erde ergeben, zu stören und die geordnete Folge natürlicher Synchronisatoren durch eine Reihe widernatürlicher Stressoren zu ersetzen.
Unphysiologische Zeitgeber wie Lärm, Arbeitsstreß, unregelmäßige Nahrungsaufnahme sind Ursachen interner Koordinationsstörungen, spätes Fernsehen und Schichtarbeit legen die Wach- und Schlafphasen willkürlich in variable Phasen des natürlichen Tag-Nacht-Rhythmus. Die damit verbundene Zeitgeberdissoziation stört nicht nur die zeitliche Mensch-Umwelt-Abstimmung, sondern auch die Zeitordnung innerer Funktionsabläufe. Wenn z.B. der Schlaf-Wach-Aktivitätszyklus von den an die Erddrehung gekoppelten geophysikalischen Periodizitäten dissoziiert, ist auch die 90-Minuten-Ultradianrhythmik des Aktivschlafes gestört, was zu einer Minderung von kognitiven und Gedächtnisleistungen führt.

Nun, keiner wird auf Annehmlichkeiten der Zivilisation verzichten wollen und die Ausnutzung von Produktionskapazitäten gebietet weitere Schichtarbeit. Die Chronopsychophysiologie ist jedoch aufgerufen, Ursachen und Funktion der Zeitstrukturen zu verstehen und Bedingungen ihrer Normalisierung abzuleiten. Wir sollten nicht nur die Technik und Umwelt, wir müssen uns selbst und unser gestörtes Verhalten zu beiden in den Griff bekommen. Hier spannen sich die Aufgaben von der Ableitung geeigneter frequenter rotierender Schichtsysteme und chronomedizinischer Maßnahmen bis hin zu gesellschaftspolitischen Konsequenzen, die im Verantwortungsbereich höchster staatlicher Organe liegen.

Literaturverzeichnis

(1) PRIGOGINE,J: Thermodynamics of irreversible processes, 3d ed. New York: Wiley-Interscience 1967.

(2) KNORRE,W.A.: Oscillations in the epigenetic system: biophysical model of the ß-galactosidase control system. In: Biological and Biochemical Oscillators (CHANCE,B. et al., eds.), pp. 449-457. Academic Press, New York 1973.

(3) KELLER,E. u. L.A.V.SEGEL: Initiation of slime mold aggregation viewed as an Instability. J.Theor.Biol. 26, 399 (1970).

(4) PRIGOGINE,J.: Order through fluctuation: Self-Organization and social system. In: Evolution and Consciousness (JANTSCH,E. u. C.H.WARRINGTON, eds.), pp. 93-133. Addison-Wesley Publ.Comp., London 1976.

(5) LÜSCHER,H.-R, K.GREEFF u. Ch.HESS: Die Rhythmogenese der Atmung beschrieben mit Hilfe des Lotka-Volterra-Modells: Experimente und Simulation. Biol.Cybernetics 26, 81-91 (1977).

(6) RAPP,P.E.,M.J.BERRIDGE: Oscillations in Calcium-Cyclic AMP control loops form the basis of pacemaker activity and other high frequency biological rhythms. J. theor. Biol. 66, 497-525 (1977).

(7) SINZ,R.: Tagesgang und Indikationswert des minutenrhythmischen Kopplungsgrades - ein Ansatz zur Systemanalyse der multioszillatorischen Funktionsordnung. Nova Acta Leopoldina 46,655-671 (1977).

(8) SINZ,R.: Zeitstrukturen und organismische Regulation. Akademie-Verlag, Berlin 1978.

Zusammenfassung

Im Rahmen der durch die klassische Thermodynamik und lineare Regelungstheorie hervorgebrachten Denkweise ergeben sich Probleme beim Verständnis sogenannter dissipativer Strukturen im allgemeinen und organismischer Oszillationen im besoderen. Diese traditionell bedingten Einwände beziehen sich einmal auf die funktion der Oszillationen bei der Aufrechterhaltung von Lebensprozessen und weiter auf die thermodynamische Begründbarkeit derartiger strukturbildender Vorgänge.

In den letzten Jahren haben theoretische Untersuchungen zur Thermodynamik offener Systeme und experimentelle Analysen von ganz unterschiedlichen Nichtgleichgewichtssystemen nahegelegt, daß Oszillationen als allgemeine Eigenschaften dissipativer Strukturen eine fundamentale Bedeutung für die Entstehung von Ordnung im allgemeinen und der multioszillatorischen Funktionsordnung des Organismus im besonderen zukommt.

Es wird der Versuch unternommen, auf der Grundlage der Theorie dissipativer Strukturen die Notwendigkeit oszillatorischer Vorgänge als systemimmanente Eigenschaft biochemischer, physiologischer, psychologischer und sogar sozialer Systeme und Populationen zu begründen und zu belegen.

Eine geschlossene Theorie organismischer Zeitstrukturen, ihrer internen Kopplungen und externen Koordination zu Umweltperiodizitäten beruht auf der Isomorphie der zugehörigen nichtlinearen Differentialgleichungen.

Резюме

В рамках, обусловленных классической термодинамикой и прямой регуляционной теорией, возникают трудности при понимании так называемых диссипативных структур и в частности организменных осциляций. Такие традиционные возражения относятся, с одной стороны, к функции осциляций при поддержке жизненных процессов и, с другой стороны, к возможности термодинамически обосновать такие образующие структуру процессы.

В последние годы проводились теоретические исследования термодинамики открытых систем и экспериментальные анализы различных неравновесных систем. По этим исследованиям кажется вероятным, что осциляции как общее свойство диссипативных структур, имеют основное значение для возникновения порядка вообще и особенно для многоосциляционного функционального порядка организма.

Делается попытка обосновать и доказать на основе теории диссипативных структур необходимость осциляционных процессов биохимических, физиологических, психологических и даже социальных систем и популяций.

Замкнутая теория организменных временных структур, их внутренных взаимосвязей и координации с периодичностями окружающей среды основана на изоморфии соответствующих нелинейных дифференциальных уравнений.

Summary

The school of thought that has emerged from classical thermodynamics and from the linear control theory has caused problems in understanding socalled dissipative structures, in general, and organismic oscillations, in particular. Those traditional objections were relating to the functions of oscillations in maintaining processes of life as well as to the possibility to offer a thermodynamic explanation for such structure-forming processes.

Theoretical studies conducted into the thermodynamics of open systems in recent years as well as experimental analyses of quite different systems of non-equilibrium have been conducive to the assumption that oscillations, as general properties of dissipative structures, are of fundamental importance to the generation of order, in general, and to the development of the multi-oscillatory functional order in the organism, in particular.

Reference is made to the theory of dissipative structures in an attempt to explain and verify the need for oscillatory processes as inherent properties of biochemical, physiological, psychological, and even social systems and populations.

One coherent theory of organismic time structures, their internal interconnections and external coordination with environmental periodicities is based on the isomorphism of the pertaining non-linear differential equations.

Karl-Marx-Universität Leipzig
Carl-Ludwig-Institut für Physiologie

Feinstruktur-Spektralanalyse von Biorhythmen im Sekunden-Minuten-Bereich

J. STEBEL

In früheren Arbeiten hatten wir - offensichtlich gesetzmäßige - Schwankungen im menschlichen Kurzzeitgedächtnis (Kurzspeicher) gefunden. Durch die Länge der Abfrageintervalle (meist 3o s) bedingt konnten allerdings lediglich Aussagen über Periodizitäten ab 1 Minute getroffen werden, da nach dem Abtasttheorem mindestens zwei Punkte einer (Sinus-) Welle erfaßt werden müssen. Der Gipfel in der Häufigkeitsverteilung der aufgefundenen Perioden lag bei etwa 13o s.

Ähnliche Phänomene zeigten sich bei späteren Untersuchungen in Reaktionszeiten auf Licht- oder Tonsignale, wobei die Intervalle zwischen den Signalen immer mehr verkürzt wurden, um auch höherfrequente Komponenten mit einbeziehen zu können. Diese den obersten Regionen des Zentralnervensystems anzulastenden zyklischen Schwankungen gaben zu der Frage Anlaß, ob auch dem Vegetativum streng untergeordnete Funktionen des Organismus periodische Komponenten aufweisen und diese zwischen einzelnen Variablen (wenigstens statistisch gesehen) übereinstimmen, d.h. ein gleichartiges Perioden- bzw. Frequenz-Spektrum bilden. Darüber hinaus war zu prüfen, inwieweit die Vigilanz der Versuchsperson eine Rolle spielt, geistige Ruhe oder Belastung irgendwelcher Art regelmäßige Perioden hervorrufen bzw. vorhandene unterdrücken und die Periodendauer durch solche Faktoren veränderlich ist. Zur Klärung dieser Fragestellungen war ein möglichst langer Zeitabschnitt aufzunehmen und dieser detailliert zu analysieren, um ein relativ breites Spektrum zu erfassen, denn es war zunächst unklar, welcher Teil des Spektrums besonders ins Auge zu fassen ist, ob die früher aufgefundenen (2-) Minutenrhythmen wirklich eine dominierende Rolle spielen. Außerdem waren Überlagerungen zyklischer Prozesse zu erwarten.

Als eine ausgesprochen vegetativ beeinflußte Variable bot sich die Herzfrequenz an, wobei die relativ hohe Durchschnittsfrequenz mit einer Zyklusdauer um o,8 s Analysen von Modulationsperioden bis 1,6 s herab zulassen. Die zweite zu untersuchende Variable, die Atemfrequenz, gestattet Perioden ab 4 s aufwärts aufzusuchen, falls die Atmung nicht extrem verlangsamt ist, wie z.B. in sehr entspanntem Zustand. Dieselbe untere Grenze konnte in den meisten Fällen für unwillkürliche horizontale Augenbewegungen angenommen werden, wobei nicht die Modulation eines ohnehin zyklischen Prozesses sondern die einzelnen Auslenkungen selbst das dritte Untersuchungsobjekt bildeten, deren Folge als auch die Amplitude für die Auswertung berücksichtigt wurden.

Die Untersuchungsdauer haben wir auf 16 Minuten festgelegt, was für den Probanden ohne sichtbare Ermüdungserscheinungen zumutbar ist, wie zahlreiche Vorversuche ergaben. Auswerteintervalle von 16 s lieferten für diese Dauer 6o Werte zur Berechnung einer Autokorrelationsfunktion, aus der Perioden von 32 bis etwa 18o s herausgelesen werden konnten. Weitere Korrelationsfunktionen mit kürzeren Summationsintervallen (2, 4, 8 s und im Falle der Herzfrequenz außerdem o,8 s) brachten Aussagen über Zyklen ab 4, 8, 16 s (bzw. 1,6 s), so daß insgesamt die Aufstellung eines Periodenspektrums von 4 bis 18o s (bzw. 1,6 bis 18o s für die Herzfrequenz) möglich war. Für einen Versuch mit den drei Variablen waren demnach 13 Korrelationsfunktionen zu berechnen. Da - wie frühere Detailuntersuchungen zeigten - eine Periodizität eine Kontinuität aufweist, die in gewissem Zusammenhang mit der Periodendauer steht, und dann verschwindet oder in eine andere Frequenz umschlägt, genügten für die kürzeren Abtast-Abschnitte der Zeitreihe Ausschnitte der (Gesamt-) Untersuchungsdauer (z.B. für 2 s-Intervalle 2 Minuten). Abbildung 2 zeigt schematisch eine Superposition von 4 Sinusschwingungen, oder umgekehrt: ein auf den ersten Blick "zufällig" schwankender Prozeß kann sich bei genauerer Analyse als durch periodische Komponenten aufgebaut erweisen. Die 6,4 s-Periode läßt sich mit einer Integrationsdauer von 2 Minuten (2 s-Abtastintervalle) ermitteln, während für die Teil-Schwingung mit der Periode von 64 s die gesamte Untersuchungszeit von 16 Minuten als Integrationsdauer dienen muß, um eine genügende Anzahl von Schwingungen zur möglichst genauen Bestimmung der Periodendauer zur Verfügung zu haben.

In der Verteilung der Häufigkeiten der insgesamt gefundenen Perioden sind Gipfel und Lücken vorhanden, die bei allen drei Variablen weitgehend übereinstimmen (Abb.3) und demnach in der Gesamtsumme (unterer Teil der Abbildung) noch deutlicher sichtbar werden. Der Abszissenraster entspricht in den einzelnen

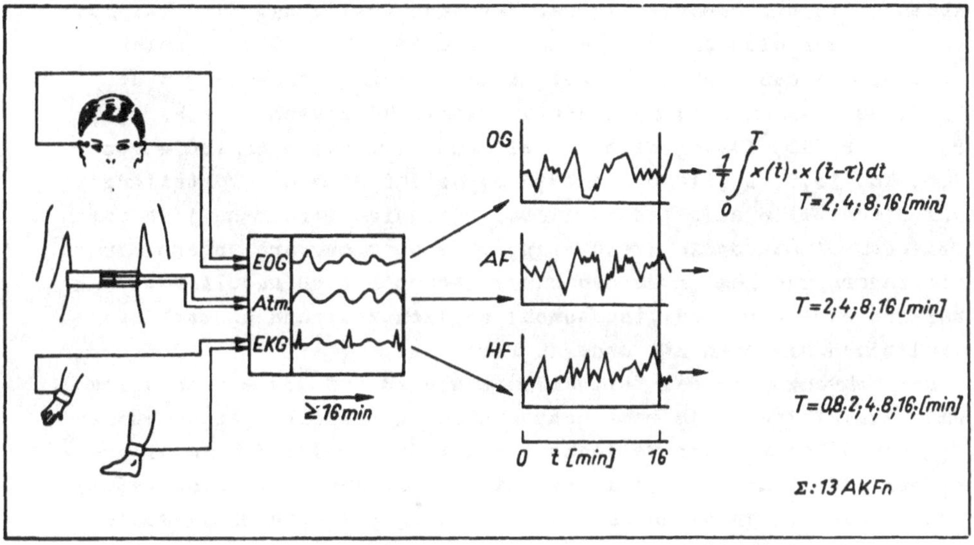

ABB. 1: Schema des Arbeitsganges: Ableitung des Elektro-Okulogramms, der Atmung und des EKG; Ermittlung der Zeitreihen (OG=Okulogramm, AF=Atemfrequenz, HF=Herzfrequenz); Berechnung der Autokorrelationsfunktionen (AKFn).

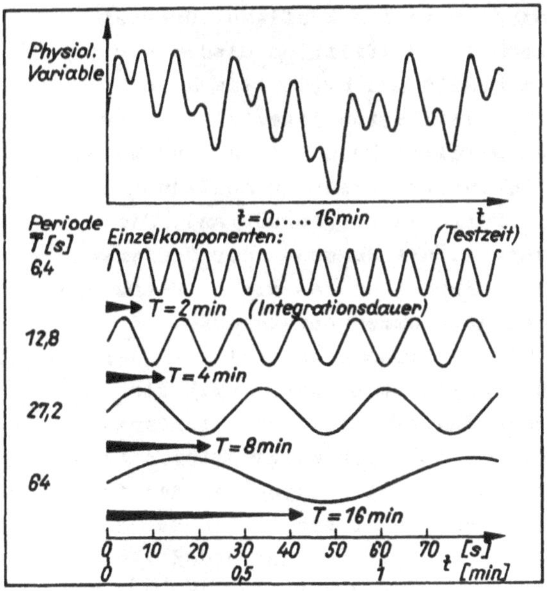

ABB. 2: Schematische Darstellung einer Superposition: Die Pfeile zeigen die günstigste Integrationsdauer T der Korrelationsfunktion zur Erkennung der einzelnen Komponenten mit den Perioden T̃.

Abschnitten der Genauigkeit der Periodenbestimmung. Eine Periode von 9 s kann also beispielsweise von 8,75 s oder 9,25 s unterschieden werden. Bei der Suche nach inneren Zusammenhängen des Spektrums lassen sich harmonische Vielfache erkennen, z.B. 4,5, 9, 18, 36, 72, 144 s, weiter Vielfache bzw. Subharmonische von 7,5, 1o, 1o,8, 12, 12,5 und 13,5 s, so daß sich die Verteilung auf diese Weise aufgliedern ließe. Offensichtlich kann jede der Perioden einmal dominierend sein, eine oder mehrere andere können überlagern und gemeinsam den biologischen Prozeß modulieren. Dabei ist eine Superposition sowohl möglich zwischen ganzzahligen Vielfachen als auch mit anderen Perioden.

Die Schwankungen der Zeitverläufe wirken auf den ersten Blick umso "zufälliger", je mehr Komponenten superponiert sind, während umgekehrt bei weniger Teilschwingungen die Amplituden im allgemeinen größer und die Perioden leichter zu ermitteln sind.Letzteres scheint im entspannten Zustand (ruhiges Liegen mit geschlossenen Augen) einerseits und im angespannten (Lesen wissenschaftlicher Literatur oder Kopfrechnen) andererseits der Fall zu sein. Hier dominieren Rhythmen mit Perioden um 7,5, 15, 3o, 6o und 9o s, die sich relativ leicht herausfiltern lassen. Im Liegen sind Perioden von 12 bzw. 12,5 s und deren Vielfache kaum festzustellen. Die an einigen markanten Gipfeln in den Häufigkeitsverteilungen der Abbildung 4 eingezeichneten Hilfslinien dienen der besseren Übersicht. Das Spektrum könnte man hypothetisch in 3 Hauptgruppen gliedern, wobei eine Oszillation jeweils in einer von zwei benachbarten Frequenzen erfolgen kann (mit a) und b) bezeichnet; die dünneren Striche im unteren Teil der Abbildung deuten eine nur schwach ausgeprägte Periodengruppierung an). Die Gruppen 4 und 5 ließen sich eventuell als Summen- oder Differenzfrequenzen der Gruppen 3 bzw. 1 erklären, so daß die Existenz von mindestens drei Grundoszillatoren angenommen werden muß.

Diese Phänomene und mutmaßlichen Zusammenhänge sollen in der tabellarischen Abbildung 5 noch präzisiert werden, zumal die Höhe der Säulen in Abb. 4 zwischen den verschiedenen Vigilanzzuständen durch die unterschiedliche Zahl der ausgewerteten Versuche nicht unmittelbar vergleichbar ist. Ausgehend von den fünf hypothetisch angenommenen Periodengruppen stehen in den Rechtecken die Anzahl der ermittelten Periodizitäten auf einen Versuch bezogen, wobei die Zahl neben den Kästchen die Periode $\tilde{T}$ [s] angibt. Ganz rechts ist die Summe für die jeweilige Zeile, daneben die durchschnittliche Häufigkeit pro Versuch angegeben, woraus sich

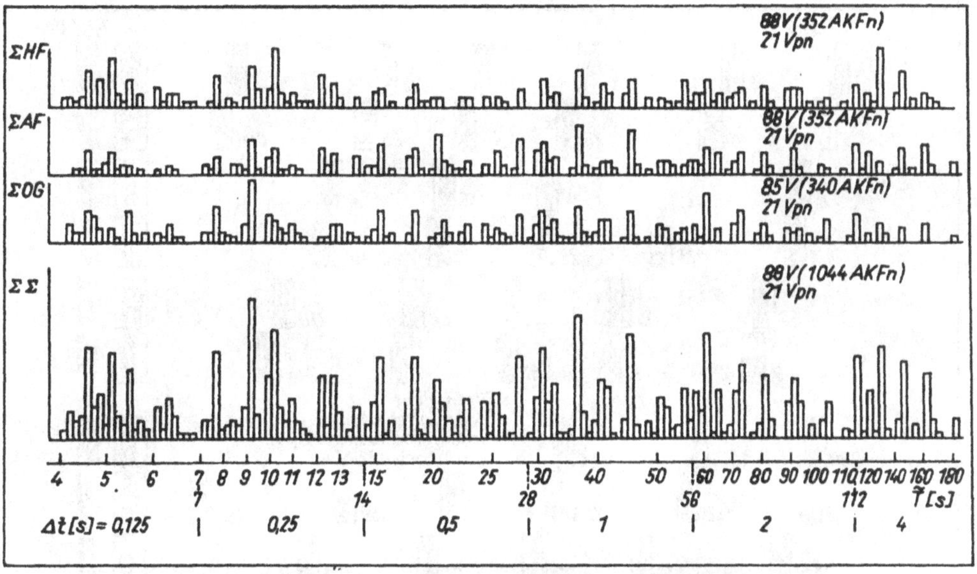

ABB. 3: Häufigkeit der Periodizitäten in Herzfrequenz, Atemfrequenz und horizontalen Augenbewegungen. Δt= Trennschärfe (Raster) der Perioden T̃; V= Anzahl der Versuche, Vpn= Versuchspersonen, AKFn= berechnete Korrelationsfunktionen.

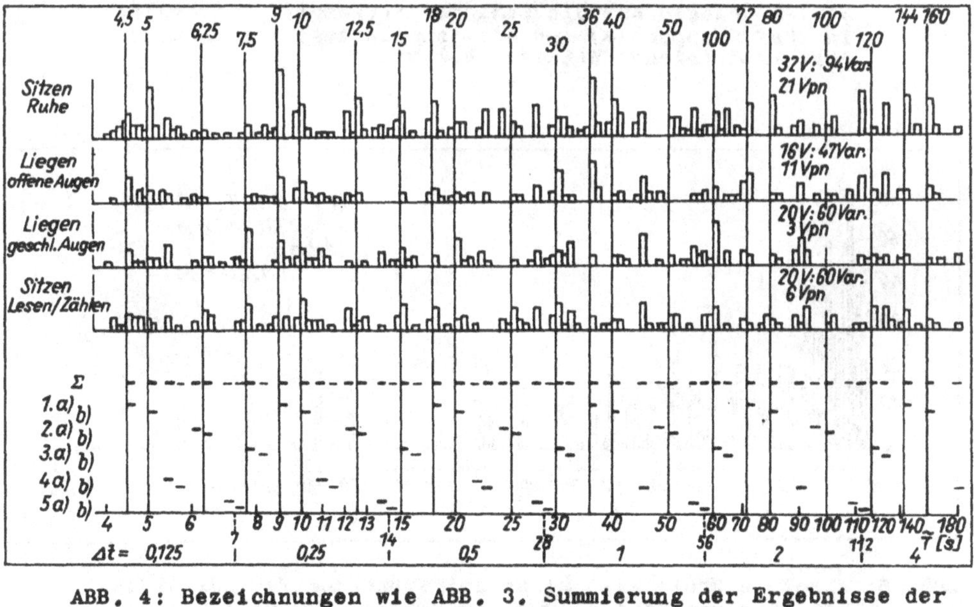

ABB. 4: Bezeichnungen wie ABB. 3. Summierung der Ergebnisse der drei Variablen (Var.), Trennung nach Versuchsbedingungen; Σ = Andeutung von Gipfeln in der Periodenverteilung, darunter: Aufspaltung in 5 hypothetische Gruppen von Vielfachen.

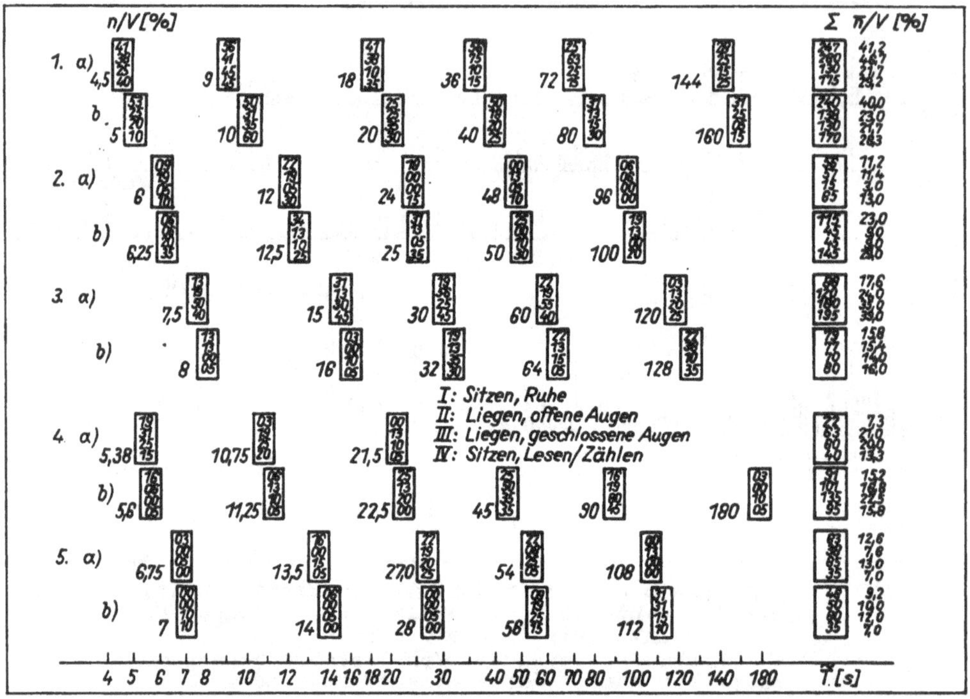

ABB. 5: Relative Größe der Gipfel (Häufigkeiten in den einzelnen Säulen bezogen auf die Zahl der Versuche), aufgegliedert in fünf Gruppen; a) und b): jeweils zwei benachbarte "Spektrallinien". Weiteres s.Text.

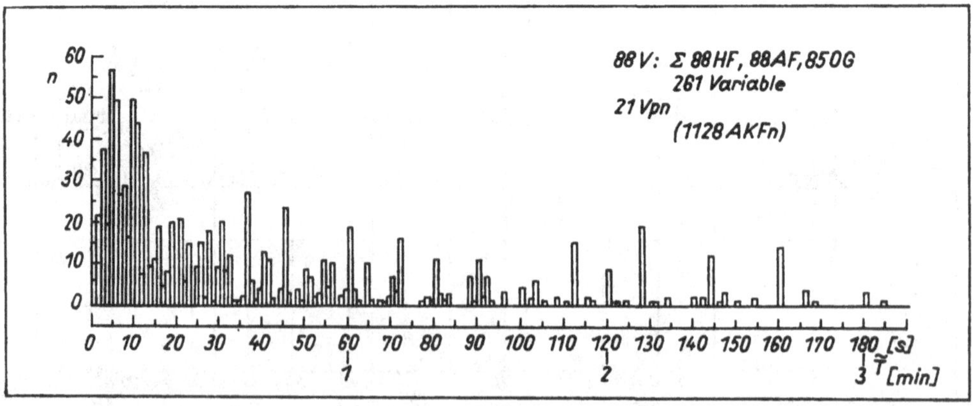

ABB. 6: Absolute Häufigkeit aller aufgefundenen Periodizitäten mit linearer Darstellung der Periodendauern (Abszisse). T̄ < 4 s nur in Herzfrequenz ermittelt.

folgendes abzeichnet: Gruppe 1 ist ausgeprägt im ruhigen Sitzen oder Liegen mit optischer Wahrnehmung der Umgebung, also im nicht völlig entspannten Zustand, Gruppe 2 ist im Liegen nur minimal vorhanden (augenfällig in 2 b), während Gruppe 3 besonders in den extremen Versuchsbedingungen - geistige Anspannung oder Entspannung hervortritt. In die Gruppe 3 ist sehr wahrscheinlich der 9o s-Rhythmus einzubeziehen, der die letzteren Aussagen sehr bekräftigen würde, also eine gewisse Gleichsinnigkeit des ergotropen und trophotropen Zustandes unter biorhythmischen Aspekten (mit der Einschränkung der lediglich getesteten "geistigen Belastung").

Die Perioden-Gruppierungen sind ein erster Versuch zur Erklärung des Spektrums. Durch weitere Erkenntnisse werden sich sicherlich Veränderungen (insbesondere der Gruppen 4 und 5) ergeben.

Eine zusammenfassende Übersicht aller ermittelten Periodizitäten zeigt mit linearer Abszisse Abb. 6. Zu beachten ist neben den Hauptgipfeln bei 4-5 und 9-1o s, daß unter 4 s nur die Herzfrequenz einen Beitrag zum Spektrum lieferte, die kürzeren Perioden also wahrscheinlich absolut dominieren würden.

Zusammenfassung

Schwankungen von Herzfrequenz, Atemfrequenz und unwillkürlichen Augenbewegungen des Menschen wurden im Hinblick auf periodische Anteile untersucht. Es sollte herausgefunden werden, inwieweit gesetzmäßige Zyklen vorhanden sind, ob Vorzugsperioden auftreten, und diese eventuell bei den drei (zufällig) gewählten physiologischen Variablen übereinstimmen. Durch ein spezielles Verfahren konnten solche Rhythmen mit Perioden im Bereich von einigen Sekunden bis Minuten nachgewiesen werden.

Zur Klärung der (Frequenz-) Stabilität und zur Aufdeckung von Besonderheiten der Periodizitäten wurden die Versuchspersonen in verschiedenen Vigilanzzuständen und bei unterschiedlicher geistiger Beanspruchung getestet. In den Ergebnissen deuten sich einige Unterschiede an, jedoch nicht zwischen den drei Variablen. Die Differenzen bestehen lediglich in der statistischen Verteilung im Periodenspektrum - d.h. Bevorzugung bzw. Unterdrückung von einzelnen Frequenzen und deren Vielfachen -, ohne den Grundcharakter des Gesamtspektrums zu verändern.

Diese Arbeit soll die Feinstruktur von Biorhythmen in einem Periodenbereich von drei Zehnerpotenzen analysieren und damit einige beitragende Aufschlüsse über einen bisher relativ wenig erforschten Spektralbereich liefern.

Резюме

Колебания частоты сокращений сердца, частоты дыхания и непроизвольных движений глаз человека исследовались на предмет периодических компонентов. Задача заключалась в том, чтобы выяснить, в какой степени проявляются закономерные циклы, имеются ли предпочитаемые периоды и существует ли согласование последних в колебаниях трёх (случайно) выбранных физиологических величин. Используя специальную методику нам удалось выявить такие ритмы с периодами в диапазоне от нескольких секунд до нескольких минут.

Для выяснения стабильности (по частоте) и изучения особенностей периодичностей испытуемые обследовались при различных уровнях бодрствования и умственного напряжения. Результаты указывают на определённые различия, но не между тремя физиологическими переменными. Различия выявляются, в частности, в статистическом распределении периодов спектра, т.е. в предпочтении или подавлении отдельных частот и их гармонических составляющих без изменения основного характера спектра в целом.

Работа даёт сведения о биоритмах, периоды которых отличаются в пределах трёх порядков, и позволяет сделать определённые заключения о до сих пор мало изученном спектральном диапазоне.

Summary

The oscillations of heart rate, respiratory rate and involuntary eye movements in man are investigated in consideration of periodic components. The aim was to find out whether exist regular cycles, and whether there are preference periods which eventually agree in the three physiological variables above mentioned. Such rhythms with periods in the range of some seconds up to minutes could be demonstrated by using a special procedure.

The subjects were tested under various conditions and different mental loads in order to clear up the stability (of frequency) and to discover particularities of the cycles. The results indicate some differences produced by the conditions - but there are no differences concerning the three variables -, these exist only in the statistical distribution of spectrum of periods, i.e. preference respectively suppression of single frequencies and their multiples, without changing the fundamental character of the whole spectrum.

This paper will analyse the fine structure of biorhythms in a range of periods of three tenth powers and will contribute to a spectral range which is investigated relatively little up to now.

Moskauer Staatliche Universität
Biologische Fakultät, Lehrstuhl für Entomologie, Moskau

Modell der 24-Stunden-Rhythmik

V. B. ČERNYŠEV

Unser Modell basiert auf folgenden Voraussetzungen: Der natürliche Rhythmus eines beliebigen irdischen Organismus hat eine Periode, die gleich oder sehr nahe 24 Stunden ist. Die Abweichungen der Rhythmusperiode von 24 Stunden entstehen bei gleichbleibenden Bedingungen von Beleuchtung und Temperatur als Ergebnis der Entstellung des Rhythmus durch diese unnatürlichen konstanten Bedingungen. Als Beweise dafür dienen: die Bewahrung des strengen 24-Stunden-Rhythmus in den Kammern der freien Wahl der Bedingungen, wo das Objekt von einer Hälfte in die andere geht, sich selbst die Bedingungen des Tagesrhythmus schaffend (ČERNYŠEV u. ZOTOV /1/); die Verringerung der Lebensfähigkeit bei Nicht-24-Stunden-Lichtregimen, bei ständiger Beleuchtung oder bei ständiger Dunkelheit (PITTENDRIGH u. MINIS /2/); die größte Fähigkeit der Rhythmusperiode zur Thermokompensation bei der Annäherung der Rhythmusperiode an 24 Stunden (PITTENDRIGH /3/).

Die Rhythmusperiode (τ) teilt sich bedingt in 2 Intervalle: die Zeit der Aktivität (α) und die Ruhezeit (ϱ). Am Ende sowohl der Zeit der Aktivität als auch der Ruhezeit beginnt die Bereitschaft zum Übergang in einen alternativen Zustand, d.h. es beginnt die Zeit der potentiellen Bereitschaft (ZPB). ZPB beginnt in dem Moment, wenn der Signalstimulus eine Reaktion (und eine Phasenverschiebung) hervorrufen kann und hört bei einer solch hohen Bereitschaft auf, bei der die Reaktion auch ohne Stimulus eintritt (ČERNYŠEV /4/).

Die Signale, die das Eintreten von Aktivität und Ruhe begünstigen, sind einander entgegengesetzt. Deshalb beginnt die Aktivität bei gleichbleibenden Bedingungen, die für die Aktivität günstig sind, mit dem Moment des Eintretens der ZPB am Ende der Ruhe und ist beendet am Schluß der ZPB, dem entsprechenden Übergang von der Aktivität zur Ruhe. Unter den Bedingungen, die günstig für die Ruhe sind, ist es umgekehrt, die Zeit der Ruhe ist auf Kosten beider ZPB maximal ausgedehnt, und die Zeit der Aktivität ist zusammengedrängt. Wenn beide ZPB in ihrer Dauer gleich sind, so bleibt die Rhythmusperiode unverändert. Allerdings sind in der Regel die ZPB nicht gleich, und die Rhythmusperiode weicht unter gleichbleibenden Bedingungen von den natürlichen

24 Stunden ab.

Methode

Das analoge Elektronenmodell (ČERNYŠEV /5/) besteht aus einem Oszillator, der einen spontanen Rhythmus imitiert, und Blöcken, die lichtempfindlich sind und die Parameter des Oszillators verändern. Als Oszillator wurde ein niederfrequenter Multivibrator verwendet, der aus 2 symmetrischen Regelkreisen bestand, von denen sich jeder abwechselnd auf- und entlud.

Wir nahmen das Zeitintervall, in dessen Verlauf die Ladung an einem der Regelkreise anlag, für die Zeit der Ruhe des tagaktiven Tieres an und das Intervall, in dessen Verlauf die Ladung fehlte, für die Zeit der Aktivität. Für nachtaktive Tiere ist dieses Verhältnis umgekehrt.

An jedem Regelkreis des Multivibrators waren Fotowiderstände angeschlossen, die wesentlich die Zeit veränderten, in deren Verlauf sich die Ladung in den Regelkreisen abwechselte. Ein Widerstand war so angeschlossen, daß bei Licht die Ladung des Regelkreises länger als gewöhnlich anlag (Abendregulator), der andere so, daß es bei Licht in dem Regelkreis schnell zu einem Spannungsabfall kam (Morgenregulator). Auf diese Weise erhöhte sich bei stärker werdender Beleuchtung die Aktivität der tagaktiven Tiere und verringerte sich die Aktivität der Nachtaktiven. Dabei förderte das Einschalten des Lichtes zu einer bestimmten Zeit das "Erwachen" des tagaktiven Tieres und den Übergang zum Schlaf des Nachtaktiven. Das Ausschalten des Lichtes führte zu den entgegengesetzten Effekten.

Mit Hilfe von Wechselstromwiderständen und Lichtfiltern verschiedener Dichte konnte man die Empfindlichkeit jedes Regelkreises ändern. Wir postulierten, daß auf Grund der unterschiedlichen Empfindlichkeiten der morgendlichen und abendlichen ZPB bei den Tieren mit verschiedener Ökologie die Verschiedenartigkeit der Parameter der circadianen Rhythmen entsteht.

Ergebnisse und Diskussion

Bei der Veränderung des Niveaus der ständigen Beleuchtung sind die Veränderungen der Aktivitäts- und Ruhezeit immer entgegengesetzt gerichtet. Deshalb kompensieren sie sich in gewissem Maße gegenseitig, und die Periode verändert sich weniger mit der Beleuchtung. In Abhängigkeit von der Empfindlichkeit der morgendlichen und abendlichen

ZPB gelingt es mit dem Modell, alle real vorkommenden Varianten der circadianen Rhythmenveränderungen zu erhalten, sowohl die der Aschoff'schen Regel (ASCHOFF /6/) folgenden, als auch die dieser entgegengesetzten. Bei der Einwirkung einer einmaligen Beleuchtung verschiedener Dauer auf das Modell hängt die Phasenverschiebung von dem Zeitpunkt der Einwirkung der Beleuchtung ab. Es zeigte sich, daß die von uns erhaltene Phasenkurve sehr ähnlich der realen Phasenkurve des Schlupfrhythmus der Imagines von Drosophila aus den Puppen ist (PITTENDRIGH u. MINIS /7/). Der Rhythmus des Modells kann vollständig nur dann synchronisiert werden, wenn der Rhythmus der Beleuchtung eine ähnliche Frequenz hat. Sowohl bei höheren als auch bei niedrigeren Frequenzen kommt es zu keiner Synchronisation, wobei sich der Rhythmus verfälscht (abklingt). Bei noch höher frequenten Regimen, bei denen die Periode ungefähr das n-Vielfache des Ausgangsrhythmus beträgt, kommt es auch zu einer Synchronisation, und die Periode des Rhythmus entspricht einem bestimmten ganzzahligen Vielfachen der Lichtcyclen. So ein bestimmter Frequenzbereich des Lichtregimes, der in der Lage ist, den Rhythmus zu synchronisieren, wurde sehr oft bei Versuchen mit verschiedenen Tieren beobachtet. So eine gut bekannte Synchronisation mit höheren Frequenzen, die sich beträchtlich von der Eigenfrequenz des Rhythmus bei dem Objekt unterscheiden, nennt man Demultiplikationen (LAMPRECHT u. WEBER /8/; LOHMANN /9/).

Es wurde weiterhin die synchronisierende Wirkung von Lichtregimen konstanter Dauer, aber unterschiedlicher Zeitdauer der Hell- und Dunkelphasen untersucht. Der Rhythmus des Modells paßte sich fast an alle derartigen Regime an. Hierbei beobachtete man eine Phasenverschiebung des Rhythmus bezüglich des Lichtcyclus, die sehr ähnlich der für den Drosophilarhythmus beschriebenen war (PITTENDRIGH u. MINIS /7/).

Das Modell gestattete es auch, die Synchronisation des Rhythmus mit symmetrischen Lichtregimen mit einem charakteristischen "Phasensprung" des Rhythmus bei Veränderung des Abstandes zwischen den Lichtimpulsen zu zeigen.

Abschließend gibt dieses Modell die Möglichkeit, das Anhalten des rhythmischen Prozesses bei langandauernder starker Beleuchtung zu demonstrieren. Diese Erscheinung ist den Experimentatoren bekannt (PITTENDRIGH /10/; TRUMAN /11/).

Unser Modell gestattet es, alle grundlegenden Eigenschaften von Rhythmen in einen Zusammenhang zu bringen. Diese wurden von PITTENDRIGH /12/ in seiner Theorie der Rhythmenregulation postuliert. Außerdem ermöglicht das Modell, die Erscheinungen der circadianen Organisation, die nicht von PITTENDRIGH beachtet wurden, und die, die der Regel von ASCHOFF sowohl entsprechen als auch widersprechen, zu erklären. Die Theorie von PITTENDRIGH kann die Parameter des circadianen

Rhythmus unter gleichbleibenden Bedingungen nicht voraussagen. Der Grund dafür liegt an den nach unserer Meinung falschen Vorstellungen über den Rhythmus bei gleichbleibenden Bedingungen, der die Ausgangsgrundlage für jeglichen Rhythmus ist. Wir gingen vom entgegengesetzten Gesichtspunkt aus, indem wir den 24-Stunden-Rhythmus als Grundlage annahmen und alle Abweichungen von ihm als Resultat der entstellenden Einwirkung von unnatürlichen konstanten Bedingungen betrachteten.

Entsprechend schlagen wir vor, den Terminus "Tagesrhythmus" nur für 24-Stunden-Rhythmen und den Terminus "circadian" nur für Rhythmen zu verwenden, deren Periode von 24 Stunden unter dem Einfluß gleichbleibender Bedingungen abweicht. Die Tagesrhythmen kann man sowohl in der Natur als auch im Labor beobachten; die circadianen Rhythmen jedoch nur im Labor als spezifische Artefakte des Experimentes. Das Modell erlaubt es, eine Reihe von Vermutungen anzustellen, die die Arbeit der biologischen Uhren betreffen. Von dem Modell ausgehend, kann man auf keinen Fall annehmen, daß der Tagesrhythmus auf der Grundlage höherer Frequenzen durch Teilung dieser entstanden sein könnte. Die Arbeit des Modells basiert auf 2 sich abwechselnden, antagonistischen Prozessen: der Aufladung und der Entladung. Zusammen stellen diese beiden Prozesse ein Abbild des Oszillators dar.

Die erstaunliche Beständigkeit der Rhythmusperiode im Verhältnis zu den äußeren Einwirkungen und Veränderungen des Organismus selbst - ist ein Beispiel für die Homöostasis. In Übereinstimmung mit unserem Modell hat die eigenartige Kompensation der Periode unter dem Einfluß von Dauerlicht unterschiedlicher Intensität ihren Platz . Tatsächlich sind die Veränderungen, welche die Summe der Rhythmusperiode, die Aktivitäts- und Ruhezeit darstellen, ähnlich in ihrer Größe und entgegengesetzt nach ihrem Vorzeichen. Man kann annehmen, daß eine ähnliche Kompensation bei den Einwirkungen verschiedener Temperaturniveaus und generell bei verschiedenen Zuständen des Körpers stattfindet.

Literatur

/1/ ČERNYŠEV, V. B. u. ZOTOV, V. A.: Žurn. obšč. biol. 36 (1975) 441

/2/ PITTENDRIGH, C. S. u. D. H. MINIS: Proc. Nat. Acad. Sci. USA 69 (1972) 1537

/3/ PITTENDRIGH, C. S.: In: The molecular basis of circadian rhythms. Dahlem Konferenzen (1975) 11

/4/ ČERNYŠEV, V. B.: Žurn. obšč. biol. 34 (1973) 284

/5/ ČERNYŠEV, V. B.: Žurn. obšč. biol. 39 (1978) 433

/6/ ASCHOFF, J.: In: Cold Spring Harbor Symp. on quant. Biol. 5 (1960) 11
/7/ PITTENDRIGH, C. S. u. D. H. MINIS: Amer. Naturalist 98 (1964) 261
/8/ LAMPRECHT, G. u. F. WEBER: J. Insect Physiol. 19 (1973) 1579
/9/ LOHMANN, M.: Z. vergl. Physiol. 55 (1967) 307
/10/ PITTENDRIGH, C. S.: Z. Pflanzenphysiol. 54 (1966) 275
/11/ TRUMAN, J. W.: Proc. Nat. Acad. Sci. USA 68 (1971) 595
/12/ PITTENDRIGH, C. S.: In: Cold Spring Harbor Symp. on quant. Biol. 25 (1960)
/13/ ČERNYŠEV, V. B. u. V. M. AFONINA: Žurn. obšč. biol. 36 (1975) 859.

Zusammenfassung

Der genaue 24 h-Rhythmus geht unter dem Einfluß unnatürlicher konstanter Licht- und Temperaturbedingungen in einen circadianen Rhythmus über. Dazu können folgende Beweise angeführt werden:

a) Die Periodendauer beträgt immer 24 h, wenn sich das Insekt in einer Alternativkammer befindet, deren eine Hälfte beleuchtet, die andere abgedunkelt ist. Die Insekten wechseln selbständig von einer Hälfte in die andere und schaffen sich somit einen Bedingungsrhythmus. Unter dem Einfluß aufgezwungener konstanter Bedingungen weicht die Periodendauer jedoch von der Ausgangsgröße (24 h) ab.

b) Die Lebensdauer der Insekten jedoch verringert sich sowohl bei konstanter Beleuchtung als auch bei ständiger Dunkelheit. Deshalb kann ständige Dunkelheit nicht als neutraler Photowert für Rhythmusbeobachtungen betrachtet werden.

Die Rhythmusperiode (τ) teilt sich in eine aktive Phase (α) und eine Ruhephase (ρ). Am Ende jeder Phase entsteht die Bereitschaft zum Überwechseln.

Wir bezeichnen diese Zeitintervalle als "Zeit der potentiellen Bereitschaft" (ZPB). ZPB kann als Spielraum des Rhythmus betrachtet werden, welcher die Möglichkeit des Phasenwechsels und der Phasenverschiebung (Veränderung des Verhältnisses zwischen aktiver Phase und Ruhephase) eröffnet. Auf dieser Grundlage wurde von uns ein elektronisches Analogschema geschaffen. Dieses Modell gestattet die Berechnung der Rhythmusparameter circadianer Rhythmen, die sowohl der ASCHOFF'schen Regel entsprechen als auch entgegenstehen können. Unser Modell erlaubt weiterhin die Berechnung der Rhythmusparameter bei verschiedenen Beleuchtungsbedingungen (Mitnahmebereich Demultiplikation, Phasenresponsekurve, Einfluß von Skelettlichtbedingungen und Phasensprüngen).

Резюме

Точный 24-часовой ритм превращается в циркадный под влиянием неестественных постоянных световых и температурных условий. Доказательством этому служит следующее: а/ период ритма всегда равен 24 часам, если насекомое находится в альтернативной камере, одна половина которой освещена, а другая затемнена. Они переходят с одной половины в другую, и сами себе создают ритм условий. Однако под воздействием принудительных постоянных условий длина периода не равна 24 часам; б/ продолжительность жизни насекомых уменьшается одинаково как при постоянном освещении, так и в постоянной темноте. Таким образом, постоянная темнота не является нейтральным фоном для наблюдения ритма.

Период ритма /τ/ делится на фазу активности /α/ и фазу покоя /ρ/. В конце каждой фазы возникает готовность к переходу. Мы называем эти интервалы времени временем потенциальной готовности /ВПГ/. ВПГ - это "люфт" ритма, который дает возможность сдвигаться фазе ритма и меняться соотношению времени активности и времени покоя.

На основе этих предпосылок нами была создана электронная аналоговая модель. Эта модель ритма позволяет подсчитывать параметры циркадных ритмов как соответствующие правилу Ашоффа, так и противоречащие ему. Наша модель также дает возможность рассчитывать параметры ритмов при различных световых режимах /область захвата, демультипликация, фазовая кривая, влияние скелетных световых режимов и скачок фазы/.

Summary

Precise 24-hour rhythm was found to change into circadian rhythm under the impact of lasting unnatural light and temperature conditions. This is a notion which may be substantiated by the following evidence:

(a) The duration of a period will be 24 hours, whenever an insect is placed in an alternative chamber which is half illuminated and half blacked out. The insect will move independently from one half of the chamber into the other to create its own conditional rhythm. The duration of a period, however, will deviate from the reference variable of 24 hours under the impact of enforced constant conditions.

(b) Both constant illumination and constant darkness will reduce the life-span of the insect. Constant darkness, therefore, cannot be considered a neutral photo value for observations of rhythm.

A rhythmic period consists of an active phase and a rest phase, denoted (τ), (α), and (ρ). Readiness for change is likely to emerge at the end of each phase.

Those time intervals are defined as "time of potential readiness" (ZPB). ZPB may be taken as latitude of rhythm which opens up an opportunity for change of phases and phase shift (alteration of the ratio between active and rest phases). An electronic analogue pattern was invented on that basis. It is a model by which to calculate the parameters of circadian rhythms which can be in key with or in opposition to Aschoff's rule. The model also enables calculation of rhythmic parameters under varying conditions of lighting (drift, demultiplication, phase response curve, skeletal light conditions, and phase shifts).

Medizinische Akademie Magdeburg
Institut für Physiologie

Timing-Analyse - ein Beschreibungsverfahren rhythmenbildender Systeme

H. WARZEL

Die Systemphysiologie strebt durch das quantitative Erfassen im Sinne der Zielfunktion eines biologischen Systems repräsentativ anzusehender Parameter sowie das Erkennen funktionell miteinander gekoppelter Subsysteme eine reproduzierbare Zustandsbeschreibung des untersuchten Systems an. Der durch die Analyse erzielte Erkenntnisgewinn dient dem Nachweis neuer Möglichkeiten einer effektiven und zuverlässigen Steuerung (Beherrschung) solcher Systeme auch im Sinne einer Therapie.

Von besonderer Bedeutung ist hierfür die Kenntnis der zwischen Subsystemen und Elementen bestehenden zeitvarianten Kopplungen, da diese Struktur und Verhalten biologischer Systeme oft mehr bestimmen als die Eigenschaften ihrer Elemente.

Als Ursache für die zeitvarianten Kopplungen werden von einer vorhandenen Rhythmizität evozierte Empfindlichkeitswechsel der Subsysteme gegenüber exogenen Signalen angesehen, wodurch sowohl die Zuverlässigkeit des systeminternen Funktionsablaufs erhöht als auch eine gezielte Einflußnahme möglich wird.

Kenntnis von dem Empfindlichkeitswechsel erhält man aus Antworten der untersuchten Systeme auf Reize, die einen zeitlich definierten aber variablen Bezug zu ausgewählten Zeitpunkten des systeminternen Taktgebers haben, deren Dauer hinreichend klein gegenüber der Rhythmusdauer ist und deren Amplituden das untersuchte System in keinem seiner Elemente übersteuert /1/.

Blutdruckregulationssystem und Timing-Analyse

Am Beispiel des Blutdruckregulationssystems läßt sich die Leistungsfähigkeit dieses analytischen Vorgehens nachweisen. Das kardiovaskuläre System ist durch eine ausgeprägte Rhythmusbildung gekennzeichnet. Kaum eines seiner Elemente läßt die vom Herzen diktierte Rhythmizität nicht erkennen.

Die gültige Lehrmeinung über den Mechanismus der Blutdruckregulation begründet sich im wesentlichen auf dem Presso (Baro)-Rezeptoren-Reflex. Danach wird der Istwert des arteriellen Druckes seinem Sollwert mittels eines Systems nahegebracht, dessen Meßfühler die Pressorezeptoren sind und dessen Stellglieder Herz und glatte Gefäßmuskulatur durch die als

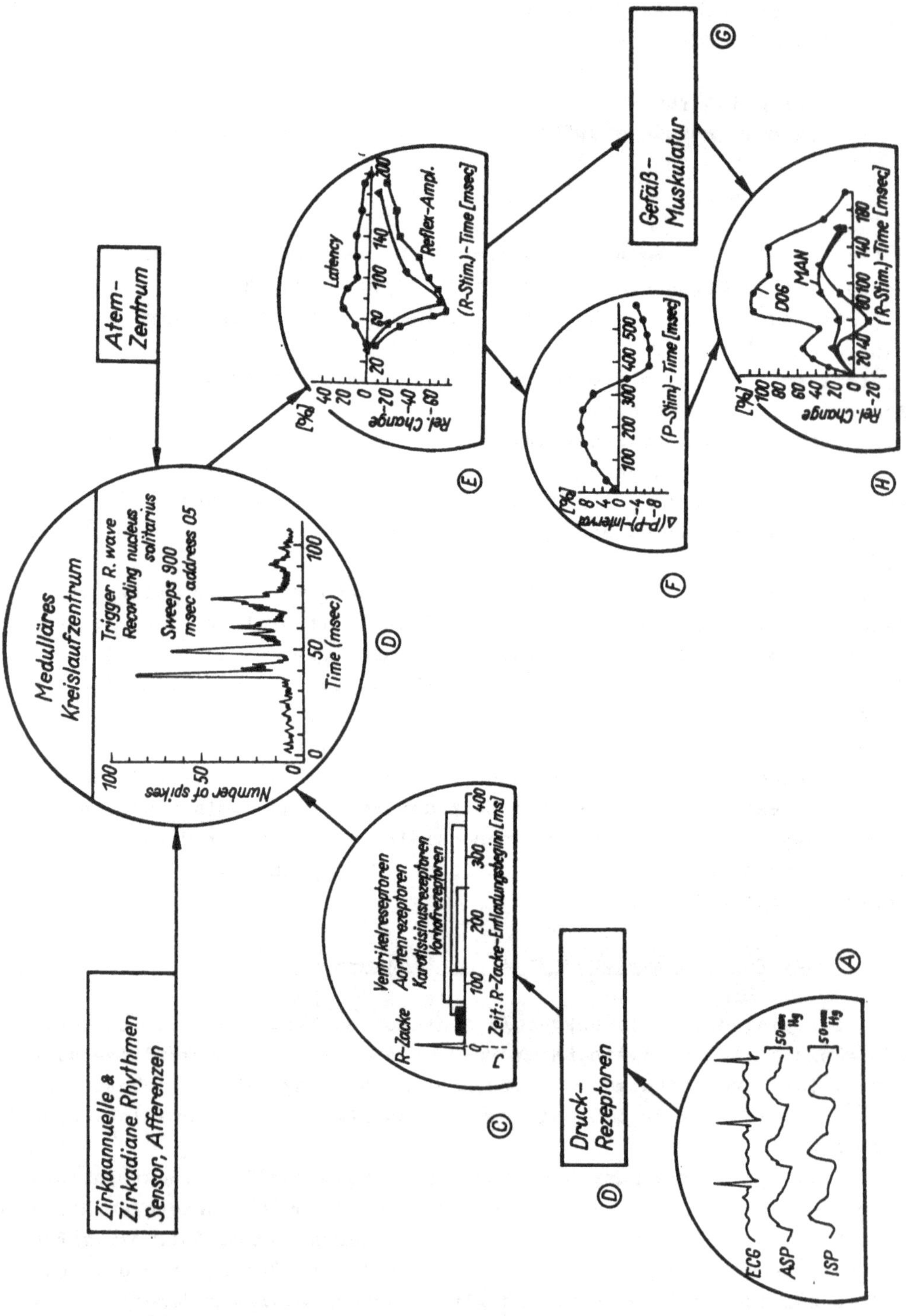
Zirkaannuelle & Zirkadiane Rhythmen Sensor, Afferenzen
Atem-Zentrum
Medulläres Kreislaufzentrum
Trigger R. wave
Recording nucleus solitarius
Sweeps 900
msec address 05
Number of spikes
Time (msec)
D
R-Zacke
Ventrikelrezeptoren
Aortenrezeptoren
Karotissinusrezeptoren
Vorhofrezeptoren
Zeit: R-Zacke-Entladungsbeginn [ms]
C
Druck-Rezeptoren
D
ECG
ASP
ISP
50 mm Hg
A
[%]
Rel. Change
Latency
Reflex-Ampl.
(R-Stim.)-Time [msec]
E
Gefäß-Muskulatur
G
Δ(P-P)-Interval
(P-Stim.)-Time [msec]
F
DOG
MAN
(R-Stim.)-Time [msec]
H

Regler fungierenden medullären Kreislaufzentren neural oder über die Nebennieren humoral innerviert werden /2/.

Es tat dieser Schlüsselstellung der Pressorezeptoren keinen Abbruch als sich zeigte, daß ihre Denervierung zu keinem chronischen Hochdruck führte /3,4/ und beobachtet wurde, daß sich diese Rezeptoren während der Ausbildung einer Hypertonie dem neuen Zustand binnen weniger Stunden anpassen (Resetting) /5/, um auf dem erhöhten Druckniveau ihre Funktion wieder voll zu übernehmen. Nur welche, nach ihrem für Meßfühler so ungewöhnlichen Verhalten? Eine Antwort läßt sich von einer zeitlichen Feinanalyse des funktionellen Geschehens zwischen zwei Herzschlägen ableiten.

Gemäß dem in Abb. 1 dargestellten Schema löst die R-Zacke mittelbar die arterielle Druckwelle aus (A) /6/, die mittels der kardiovaskulären Druckrezeptoren (B) in zeitlich gestaffelte afferente Erregungsmuster transformiert wird (C) /7/. Diese lösen im medullären Kreislaufzentrum einen sehr zeitselektiven Erregungszustand aus /8/, auf den zirkaannuelle und zirkadiane Rhythmen, sensorische Afferenzen sowie das Atemzentrum einwirken (Tab. 1) /9/. Vom medullären Kreislaufzentrum ausgehende burstförmige efferente Signale (E) /1o,11/ gelangen zu den Erfolgsorganen Herz (F) und Gefäßmuskulatur (G), die ihrerseits Einfluß auf die Einstellung des arteriellen Blutdrucks nehmen (H) /7/.

Gegenüber der Herzrhythmusdauer hinreichend kurze, zur R- oder P-Zacke in zeitlich definiertem und variablem Bezug stehende Stimuli in Form von Drucksprüngen /12/ oder einer elektrischen Reizung afferenter drucksensibler Nerven /11/ und zentraler Strukturen /13/ evozieren in

←

Abb. 1: A Zeitliche Verhältnisse zwischen EKG, System-Blutdruck (ASP) und intrasinualem Druck (ISP) /6/

C Zeitliches Auftreten (R-Zacken-bezogen) und Dauer pressorezeptorischer Signale /7/

D Histogramm R-Zacken-synchroner neuronaler Aktivität im Nucleus solitarius /8/

E Relative Änderung der Latenz (●) und Amplitude (▲,■) evozierter sympathischer Aktivität während der Stimulation des Karotissinusnerven (●,■) und des medullären Pressorpunktes (▲) als Funktion des Reizzeitpunktes nach der R-Zacke. Die in den verschiedenen Phasen des Herzzyklus auslösbaren Antworten wurden auf die bei (R-Stimulus)-Zeit gleich Null auftretenden Reaktionen bezogen /11,13/

F Relative Änderung des (P-P)-Intervalls während elektrischer Vagus-Stimulation als Funktion des Reizzeitpunktes nach der P-Zacke. Die in verschiedenen Phasen des Herzzyklus auslösbare Änderung des (P-P)-Intervalls wurde auf die bei (P-Stimulus)-Zeit gleich Null auftretende Reaktion bezogen /15/

H Relative Änderung des Blutdruckabfalls während Karotissinusnerv-Stimulation als Funktion des Reizzeitpunktes nach der R-Zacke. Die in verschiedenen Phasen des Herzzyklus auslösbare Senkung des arteriellen Blutdrucks wurde auf die bei (R-Stimulus)-Zeit gleich Null auftretende Reaktion bezogen /7,14/

efferenten Nerven burstförmige Erregungen, deren Amplitude und Latenzzeit eine Funktion des Reizzeitpunktes innerhalb des Herzzyklus ist (E) /11,13/. Sie lösen weiterhin eine herzzyklusbezogene Senkung des arteriellen Druckes aus (H) /7,14/. Eine kurzzeitige Elektrostimulation parasympathischer Nerven läßt das zyklusabhängige Antwortverhalten des Herzens erkennen (F) /15/.

SITE OF STIMULATION	MAX. RESPONSE TO	INSPIRATION	EXPIRATION	REF.
BARO-RECEPTORS	HEART RATE		X	21,22 23
	EFF. VAGUS ACT.		X	
CAROTIS-SINUS-NERVE	EVOKED SYMP. ACT.	X		11,24
	PERIPH. RESIST.	X ↑	X ↓	
MEDULLARY PRESSOR POINT	EVOKED SYMP. ACT.	X		13

Tab. 1: Atemphasen-bezogenes Antwortverhalten einiger kardiovaskulärer Parameter während Stimulation auf verschiedenen hierarchischen Systemebenen

Die Extremwerte der mittels der künstlichen Reizung ausgelösten Systemreaktionen koinzidieren zeitlich mit der natürlichen Erregung der Pressorezeptoren sowie den durch sie induzierten Entladungsmaxima efferenter Nerven (Abb. 2).

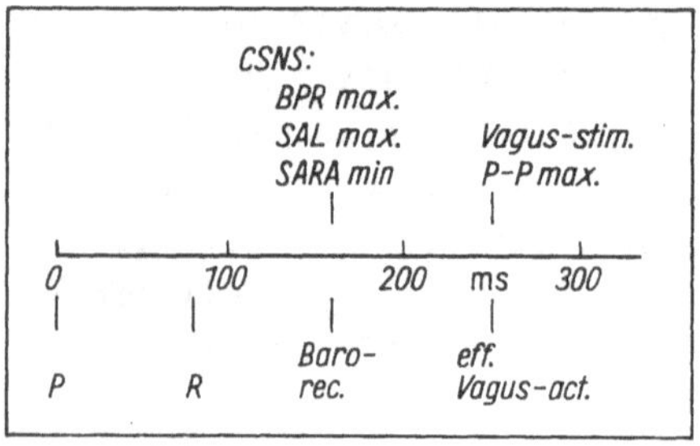

Abb. 2: Schematische Darstellung einiger durch die Herzaktion zu ausgewählten Zeitpunkten ausgelösten afferenten und efferenten Reaktionen im kardiovaskulären System (unterhalb der Zeitachse) sowie die Extremwerte einiger Antworten auf elektrische Reize (oberhalb der Zeitachse). CSNS-Karotissinusnerv-Stimulation; BPR - Blutdrucksenkung; SAL - Latenzzeit d. eff. symp. Antwort; SARA - Amplitude d. evozierten symp. Aktivität; (P-P) - Zeit zwischen zwei aufeinanderfolg. P-Zacken; P,R - Zacken des EKG; Barorec. - Entladungsbeginn d. Pressorezeptoren

Diskussion

Wenn das kardiovaskuläre System sowie seine Elemente ein so ausgeprägtes rhythmusbezogenes Antwortverhalten aufweisen, dann ist zu erwarten, daß die Interpretation dieser Befunde Neues über die Bedeutung des Pressorezeptor-Reflexes auch unter teleologischen Gesichtspunkten ergibt.

Das Vorhandensein von Extremwerten zentraler Erregungszustände, der Latenzzeit und Amplitude efferenter Steuersignale sowie der Empfindlichkeit von Erfolgsorganen muß als wesentliche Voraussetzung für die Stabilisierung des systeminternen Funktionsablaufes angesehen werden, da nicht zu den ausgezeichneten Zeitpunkten innerhalb des Herzzyklus eintreffende Signale weniger wirksam sind. Wenn die Latenzzeit burstförmiger efferenter Signale durch den zentralen Erregungszustand modulierbar ist und diese Signale auf ein Erfolgsorgan (z.B. Herz) treffen, welches selbst eine phasenbezogene Empfindlichkeit ihnen gegenüber besitzt, dann wird die Realisierung des äußerst ökonomischen Steuerprinzips der zyklusbezogenen zeitlichen Verlagerung von Steuersignalen im Herz-Kreislauf-System wahrscheinlich.

Vorausgesetzt, die durch die pressorezeptorischen Afferenzen evozierten burstförmigen efferenten Steuersignale erreichen das Herz nach einem durch den momentanen Zustand des Organismus bestimmten Zeitpunkt (Latenz), dann kann es durch eine Änderung des zentralen Erregungszustandes beispielsweise über eine Belastung oder den Einfluß des Atemzentrums zu einer Verlängerung oder Verkürzung dieser Latenzzeit kommen. Dies wiederum bedeutet eine Verschiebung des Zeitpunktes ihres Eintreffens am Herzen und eine veränderte Wirksamkeit selbst quantitativ gleichwertiger efferenter Aktivitäten (s. Abb.1,F). Auf diese Weise kann sich das Herz kleinen bis mittleren Belastungsänderungen anpassen und der Atemrhythmus Einfluß auf seine Tätigkeit nehmen (resp. Arrhythmie), ohne daß ein Wandel in der integrierten efferenten Aktivität nachweisbar ist. Kommt es in besonderen Fällen durch die Veränderung der Latenzzeit zu einer zeitlichen Koinzidenz zwischen dem Auftreten (sympath.) oder Ausbleiben (parasympath.) der efferenten burstförmigen Steuersignale mit der vulnerablen Phase des Herzens, dann können zentral evozierte Arrhythmien die Folge sein.

Eine Denervierung der sinuaortalen Pressorezeptoren /4/, Hypertonie /16/ (Resetting) und Hypotonie /17/ führen ebenso zur Labilität des arteriellen Druckes und einer Entkopplung afferenter und efferenter Signale des kardiovaskulären Systems wie die Verringerung des dynamischen (D)-Teils der Antwort eines druckgesteuerten Pressorezeptormodells in closed-loop-Experimenten /18/. Da in allen vier Fällen die Verringerung oder der Ausfall pressorezeptorischer Afferenzen qualitativ gleichwertige Auswirkungen hat, wird gefolgert, daß den Meßfühlern des Blutdruckregulationssystems nicht, wie bisher angenommen, schlechthin die Messung des arteriellen Blutdrucks zukommt. Im Sinne der Timing-Analyse fällt ihnen vielmehr die Funktion der systeminternen Konditionierung und Koordination zu. Die nach ihrem Ausfall als Zeichen der Desynchronisation auftretende unspezifische Sensibilisierung gegenüber sensorischen Afferenzen führt zur Instabilität des Blutdruckes /19/. Diesem Prozeß kann beispielsweise im Falle von arterieller Hypertonie durch eine therapeutisch wirksame R-Zacken-synchrone Elektrostimulation des Karotissinusnerven (Baropacing) entgegengewirkt werden /Zsfg. 2o/.

Wie am Beispiel des kardiovaskulären Systems gezeigt, führt das hochgradig integrative Analyseverfahren nicht nur zu Detailerkenntnissen, sondern ermöglicht auch ein besseres Verständnis grundsätzlicher Probleme der Steuerung in großen Systemen.

Literatur

/1/ WARZEL, H.: Proc. IFAC-Symposium on Control Mechanisms in Bio- and Ecosystems, Vol. 4. Leipzig 1977 S. 54

/2/ KEIDEL, W.D. (Hrsg.): Kurzgefaßtes Lehrbuch der Physiologie. Thieme Stuttgart 1967 S. 126

/3/ NOWAK, S.J.G. and I.J. WALKER: New Engl. J. Med. 22o (1939) 269

/4/ COWLEY, A.W., J.F. LIARD and A.C. GUYTON: Circulat. Res. 32 (1973) 564

/5/ McCUBBIN, J.W., I.H. GREEN and I.H. PAGE: Circulat. Res. 4 (1956) 2o5

/6/ JONZON, A., P.A. ÖBERG, G. SEDIN and U. SJÖSTRAND: Acta physiol. scand. 85 (1972) 323

/7/ WARZEL, H. and A. BRATTSTRÖM: Pflügers Arch. 337 (1972) 39

/8/ SCHWABER, J. and N. SCHNEIDERMAN: Am. J. Physiol. 229 (1975) 783

/9/ KOEPCHEN, H.P.: Atmungsregulation, in Gauer, O.H., K. Kramer und R. Jung (Hrsg.): Physiologie des Menschen, Bd. 6. Urban & Schwarzenberg München 1972

/1o/ JEWETT, D.L.: J. Physiol. 175 (1964) 321

/11/ GROAT, W.C. de and P.M. LALLEY: Brain Res. 8o (1974) 17

/12/ ECKBERG, D.L.: J. Physiol. 258 (1976) 769

/13/ GOOTMAN, P.M., M.I. COHEN: in Umbach, W. and H.P. Koepchen (Ed.): Central rhythmic and regulation. Hippokrates Stuttgart 1974 S.195

/14/ ZERBST, E., K.-H. DITTBERNER, R. DAUBE, J. KORSUKEWITZ und R. WAGNER: in Drischel, H. und P. Dettmer (Hrsg.): Biokybernetik V. Fischer Jena 1975 S. 1o5

/15/ LEVY, M.N., P.J. MARTIN, Th. IANO and H. ZIESKE: Circulat. Res. 25 (1969) 3o3

/16/ COWLEY, A.W. and A.C. GUYTON: Circulat. Res. 36 (1975) 536

/17/ TAYLOR, D.G. and G.L. GEBBER: Am. J. Physiol. 228 (1975) 1oo2

/18/ ÖBERG, P.A. and U. SJÖSTRAND: Acta physiol. scand. 75 (1969) 287

/19/ NATHAN, M.A. and D.J. REIS: Circulat. Res. 4o (1977) 72

/2o/ WARZEL, H.: Elektrostimulation gestörter vegetativer Systeme. Fischer Jena 1978

/21/ IRIUCHIJIMA, I. and M. KUMADA: Jap. J. Physiol. 14 (1964) 479

/22/ KOEPCHEN, H.P., P.H. WAGNER und H.D. LUX: Pflügers Arch. ges. Physiol. 273 (1961) 443

/23/ NEIL, E. and J.F. PALMER: J. Physiol. 247 (1975) 16P

/24/ SELLER, H., H.P. KOEPCHEN and P. LANGHORST: Pflügers Arch. ges. Physiol. 283 (1965) R58

Zusammenfassung

Als Ziele der Analyse biologischer Systeme werden vorrangig angesehen: 1. Die Erkennung funktionell miteinander verknüpfter Subsysteme; 2. die reproduzierbare Zustandsbeschreibung mit Hilfe von im Sinne der Zielverwirklichung des Systems repräsentativ anzusehender Parameter; 3. Aufzeigen von Möglichkeiten einer effektiven und zuverlässigen Steuerung.

Das Erreichen dieser Ziele erfordert Analyseverfahren, die Aussagen über die verhaltenprägenden zeitvarianten Kopplungen von Subsystemen zulassen. Dies gelingt, wenn rhythmenbildenden Systemen Testsignale aufgeprägt werden, die einen definierten, aber zeitlich variablen Bezug zu ausgewählten Zuständen des systeminternen Taktgebers haben, deren Dauer hinreichend klein gegenüber der Rhythmusdauer ist und deren Amplitude das untersuchte System nicht übersteuert.

Am Beispiel des kardiovaskulären Systems läßt sich die Leistungsfähigkeit dieses analytischen Vorgehens nachweisen. Da der Reizzeitpunkt ein bedeutsamer Parameter wird, ist die zeitvariante Empfindlichkeit gegenüber exogenen Einflüssen sowie deren Bedeutung für die Systemstabilität erkennbar, darf die Realisierung des bisher nicht beachteten Steuerungsprinzips der zyklusbezogenen zeitlichen Verlagerung von Steuersignalen angenommen werden und lassen sich Aussagen bezüglich der Bedeutung der sinuaortalen Pressorezeptoren für die Koordination und Stabilisierung innerhalb des Blutdruck-Regulationssystems machen.

Резюме

В качестве первоочередных задач анализа биологических систем рассматриваются: 1. выявление функционально между собой связанных субсистем; 2. воспроизводимое описание состояний с помощью параметров, 3. указание возможностей еффективного и надежного управления.

Для достижения этих целей требуются методы анализа, позволяющие делать висказывания о вариантных во времени связях субсистем, характеризующих поведение.

Это удается, если ритмообразующим системам подаются тестирующие сигналы, имеющие дефинированное, но вариабельное по времени отношение к избранным состояниям внутрисистемного датчика такта, продолжительность которых, по сравнению с продолжительностью ритма достаточно мала и если их амплитуда не перегружает исследуемую систему.

Надежность этого метода можно доказать на примере середечно-сосудистой системы. Так как момент раздражения становится значительным параметром выявляется изменчивая во времени чувствительность к внешним влияниям, а так же значение последних для стабильности системы, то допустимы реализация до сих пор остававшегося вне внимания принципа управления-перенесения во времени (внутри цикла) управляющих сигналов, а так же высказывания относительно значения синоаортальных барорецепторов для координации и стабилизации внутри системы регуляции к кровяного давления.

Summary

Analysis of biosystems is considered to entail the following preferable aims: 1. Identification of functionally interlinked subsystems; 2. Reproducible constitutional description by means of parameters to be considered as representative for the purpose of implementing the goal (s) of the particular system; 3. Evidencing of possibilities of efficacious and reliable control.

To attain the above goals, analytical approaches are required that permit meaningful information to be obtained as to behaviour-determining, time-variant interlinks of subsystems. This is achieved by impressing on rhythm-forming systems test signals that (i) have a defined, but time-variable relation to selected states of the system-inherent timer, (ii) the lenght of which is adequately small compared with rhythm duration, and (iii) the amplitude of which does not overload the system under investigation.

Using the cardiovascular system, the performance of this analytical approach can be demonstrated. The time of stimulus application becoming a suggestive parameter, (a) the time-variant sensitivity to exogenous influence and its relevance to stability of the system are revealed, (b) implementation of the previously neglected control mechanism of the cycle-related time shift of control signals may be assumed, and (c) the importance of sinuaortal baroreceptors to coordination and stabilisation within the blood pressure regulation system can be outlined.

Martin-Luther-Universitaet Halle-Wittenberg
Organisations- und Rechenzentrum

Bestimmung von Parametern in nichtlinearen Modellen nach der Methode der kleinsten Quadrate

L. KNAUFF und TH. HENNIG

0. Einleitung

Die Beschreibung von biologischen Systemen durch mathematische Modelle ist eine haeufige Methode bei der Untersuchung von zeitabhaengigen Prozessen. Dabei kann man im Prozess der Modellbildung mehrere Schritte unterscheiden:

a) Wahl des Modelltyps
b) Definition des Grades der Komplexitaet des Modells
c) Berechnung von Werten fuer die unbekannten Modellparameter
d) Ueberpruefung des so vervollstaendigten Modells mit den experimentellen Daten
e) Aenderung des Modells, falls dieses nicht hinreichend gut mit den Daten uebereinstimmt

Im vorliegenden Beitrag wird vor allem der dritte der oben angegebenen Schritte betrachtet. Selbst bei einfachen Modellen fuehrt die Bestimmung von Werten fuer die Modellparameter zwecks Anpassung des Modells an die experimentellen Daten zu einem betraechtlichen Rechenaufwand. Die Auswahl von effektiven numerischen Loesungsverfahren und ihre Implementierung auf einer elektronischen Rechenanlage sind deshalb von grosser Bedeutung.

1. Das mathematische Modell

Das biologische System sei durch folgendes mathematisches Modell beschrieben:

- das zeitabhaengige Verhalten des Systems ist durch eine oder mehrere sog. 'Modellfunktionen' $x_i(t)$ mit einer endlichen Anzahl von Parametern p_j charakterisiert:

$$x_i(t) = x_i(t, p_1, \ldots, p_{mp}) \qquad i=1(1)n. \qquad (1)$$

Die Funktionen $x_i(t)$ sind entweder analytisch vorgegeben oder als Loesung eines parameterbehafteten Systems gewoehnlicher Differentialgleichungen

$$dx(t)/dt = f(x,t,p) \; , \quad x(t_0)=x_0 \qquad (2)$$

zu berechnen. Dabei sind die Anfangsbedingungen $x_0=x(t_0)$ fuer den Zeitpunkt $t=t_0$ vorgegeben oder bei der Modellanpassung mit zu bestimmen.

- Die experimentell gemessenen Funktionen $y_k(t)$ (als 'Messfunktionen' bezeichnet) sind im allgemeinsten Fall eine nichtlineare Funktion der Modellfunktionen:

$$y_k(t) = g_k(x(t,p), q_1, \ldots, q_{mq}) \qquad k=1(1)l. \qquad (3)$$

Die zeitunabhaengigen Parameter q_j sind bekannt oder ebenfalls erst zu bestimmen.

In vielen Faellen ist y(t) eine Linearkombination von x(t):

$$y_k(t) = \sum_{i=1}^{n} q_{ki}\, x_i(t,p) \qquad k=1(1)l \; . \qquad (4)$$

Die Groessen $y_k(t)$ seien zu diskreten Zeitpunkten t_j, $j=1(1)N$ gemessen, Y_{kj} bezeichne den gemessenen Wert fuer $y_k(t_j)$.
Die Modellparameter $p=(p_1, \ldots, p_{mp})^T$, $q=(q \; , \ldots, q_{mq})^T$ und gegebenenfalls die Anfangsbedingungen $x(t_0)$ sind nun so zu bestimmen, dass

$$S(p,q,x_0) = \sum_{k=1}^{l} \sum_{j=1}^{N} w_{kj}^2 \, [Y_{kj} - y_k(t_j)]^2 \qquad (5)$$

minimal wird.

2. Minimierung von S(p,q,x)

Die Minimierung erfolgt ausschliesslich iterativ, d.h. eine vorgegebene Startnaeherung wird sukzessiv verbessert.

2.1. Minimierungsverfahren fuer skalare Funktionen

Als die bekanntesten Minimierungsverfahren fuer eine skalare Funktion $f(z_1,\dots,z_m)$ sind anzufuehren:
- das NEWTON-Verfahren
- der DFP-Algorithmus (DAVIDON-FLETCHER-POWELL)
- der BSF-Algorithmus (BROYDEN-SHANNO-FLETCHER)

Diese Verfahren erfordern bei Anwendung auf die spezielle Funktion S jedoch zumeist einen wesentlich hoeheren Aufwand als die vom GAUSS-NEWTON-Verfahren abgeleiteten Algorithmen.

2.2. Das GAUSS-NEWTON-Verfahren

Beim GAUSS-NEWTON-Verfahren wird die spezielle Gestalt der zu minimisierenden Funktion ausgenutzt. Man schreibt (5) in der Form

$$s(z) = \frac{1}{2} F(z)^T F(z) \qquad (6)$$

mit

$$F(z) = \begin{pmatrix} w_1 [Y_1 - y_1(z)] \\ \dots\dots\dots\dots \\ w_r [Y_r - y_r(z)] \end{pmatrix} \qquad r=l*N$$

Aus dem im allg. nur lokal konvergenten klassischen GAUSS-NEWTON-Verfahren

$$z^{(k+1)} = z^{(k)} - [F_k'^T F_k']^{-1} F_k'^T F_k, \qquad F_k = F(z^{(k)}) \qquad (7)$$

erhaelt man durch Einfuehrung der Parameter λ_k und γ_k das folgende regularisierte GAUSS-NEWTON-Verfahren:

$$z^{(k+1)} = z^{(k)} - \gamma_k d^{(k)} \quad \text{mit}$$

$$d^{(k)} = [(1-\lambda_k)D_k^2 + \lambda_k F_k'^T F_k']^{-1} F_k'^T F_k \qquad (8)$$

D_k = geeignete Diagonalmatrix zur Regularisierung.

Die Parameter λ_k und γ_k werden bei jedem Iterationsschritt so gewaehlt, dass die folgenden Bedingungen erfuellt sind:

a) $H_k = (1-\lambda_k)D_k^2 + \lambda_k F_k'^T F_k'$ ist invertierbar

b) Fuer je zwei aufeinanderfolgende Iterierte $z^{(k)}$ und $z^{(k+1)}$ muss die Ungleichung

$$s(z^{(k+1)}) \leq s(z^{(k)}) - \alpha \cdot \gamma_k \cdot s'(z^{(k)})^T d^{(k)}$$

zur Sicherung eines hinreichend starken Abstiegs erfuellt sein. Die Bedingung a) sichert die Durchfuehrbarkeit des Algorithmus auch bei singulaerer Matrix $F_k'^T F_k'$, durch b) wird die geforderte globale Konvergenz erreicht.

Die Effektivitaet des beschriebenen Verfahrens haengt in entscheidendem Masse von der geeigneten Wahl der Parameter λ_k und γ_k ab. Die Bestimmung dieser Groessen muss im Programm selbst erfolgen, bei gutartigen Problemen muss der Algorithmus von allein zum schnell konvergenten ungedaempften GAUSS-NEWTON-Verfahren uebergehen. In der DDR wurden Untersuchungen zu diesem Problem von SCHWETLICK (TU Dresden) und NAGEL (Halle) angestellt, die auch geeignete Rechenprogramme dazu bereitstellen. Auf der Grundlage dieser Programme wird am ORZ der Martin-Luther-Universitaet an der Erstellung eines allgemeinen Programmsystems zur nichtlinearen Parameterschaetzung gearbeitet.

3. Probleme bei der Durchfuehrung des Algorithmus

Die bei der Anwendung der angegebenen Minimisierungsverfahren wichtigsten auftretenden Probleme seien hier angefuehrt:

a) Integration der DGL (2):

Hierbei stehen folgende Fragen an:

- Auswahl eines geeigneten Integrationsverfahrens, insbesondere zur Behandlung steifer Differentialgleichungen
- Wahl von Schrittweite und Fehlerschranke fuer die Integration

b) Bestimmung einer Startnaeherung fuer die unbekannten Parameter:

Die Guete der Startnaeherung besitzt einen grossen Einfluss auf die Arbeitsweise des Algorithmus. Schlechte Startwerte verursachen im allg. hohe Rechenzeiten oder fuehren sogar u.U. zum Versagen des Verfahrens. Ein vernuenftiger allgemeiner Algorithmus zur Bestimmung einer Startnaeherung fuer ein beliebiges Modell ist nicht moeglich. Fuer spezielle Modelle oder Modellklassen lassen sich allerdings oftmals geeignete Startnaeherungen rechnerisch ermitteln. Im allgemeinen jedoch muessen die Startwerte vom Anwender vorgegeben werden.

c) Zusaetzliche Bedingungen fuer die Parameter:
Uneingeschraenkte Minimierung und Probleme, bei denen das Minimum nicht auf dem Rand des zulaessigen Gebietes liegt, erfordern im allgemeinen keine zusaetzlichen Massnahmen. Bei Vorgabe von allgemeinen Nebenbedingungen ist die Anwendung von Verfahren der nichtlinearen Optimierung notwendig, wegen der sich dabei ergebenden sehr hohen Rechenzeiten wird dies auf Einzelfaelle beschraenkt bleiben muessen.

d) Konvergenz und Berechnung des 'richtigen' Minimums:
Das angegebene Verfahren fuehrt bei erfolgreicher Durchfuehrung des Algorithmus zu einem lokalen Minimum von S. Aussagen bezueglich der Existenz von weiteren, evtl. sogar kleineren Minima von S sind mit Hilfe des Minimierungsverfahrens nicht moeglich. Durch Vorgabe von anderen Startwerten kann versucht werden, ein anderes lokales Minimum zu erreichen.

e) Messwert- und Modelltransformationen:
Bei bedeutenden Groessenordnungsunterschieden in den Messdaten und den Modellgleichungen, bei sehr grossen oder sehr kleinen Werten ist haeufig eine Normierung des Modells durch eine Messwert- und Modelltransformation notwendig. Gerade bei zeitabhaengigen Modellen treten oftmals fuer die unabhaengige Veraenderliche groesse Werte auf, fuer die das Modell nicht mehr berechenbar ist. (Der Wert e^{+200} ist groesser als 10^{85} und auf einer ESER-Anlage nicht mehr darstellbar!). Hier ist zumindest eine Zeittransformation unumgaenglich.

Literatur

/1/ Schwetlick, H.: Numerische Loesung nichtlinearer Aufgaben. In: Wissenschaftl. Haupttagung 1976 der Math. Gesellschaft der DDR, Vortragsauszuege

/2/ Nagel, G. und W. Wolff: Ein Verfahren zur Minimierung einer Quadratsumme nichtlinearer Funktionen. Biometrische Zeitschrift 16 (1974) 431-439

/3/ Hemker, P. W.: Numerical Methods for Differential Equations in System Simulation and in Parameter Estimation. Mathematical Centre, Amsterdam

/4/ Bekey, G. A., M. T. Ung und S. Karuza: Oberservations on some commonly used methods for identification of parameters in linear

systems. SIMULATION, September 1974, S. 69-75
/5/ Berman, H. und M. F. Weiss: Users Manual for SAAM. Bethesda 1971
/6/ Programmpaket ' Nichtlineare Gleichungen'. TU Dresden, Sektion Mathematik, 1977

Zusammenfassung

Es werden Verfahren und Schwierigkeiten bei der Bestimmung von Parametern in allgemeinen nichtlinearen Modellen aufgezeigt. Speziell wird ein regularisiertes global konvergentes Gauss-Newton-Verfahren vorgestellt.

Резюме

Покажутся способы и трудности при определении параметров в общих нелинейных моделях. Поставится специалный регуляризированный способ Гаусс-Нютона.

Summary

Methods and difficulties in parameter estimation in nonlinear models are presented. Especially a regularised global convergent Gauss-Newton method is described.

Akademie der Wissenschaften der DDR
Zentralinstitut für Herz- und Kreislauf-Regulationsforschung, Berlin (Direktor: Prof. Dr. med. R. Baumann)

Zur quantitativen Bestimmung adaptiver Prozesse nach Änderungen des Hell-Dunkel-Regimes

K.TREPTOW

Aufgabenstellung

Solange es eine rhythmologische Forschung gibt, so lange existiert auch das Bestreben, diese Ergebnisse der Forschung in der biowissenschaftlichen Praxis unmittelbar zur Anwendung zu bringen. Unter diesem Aspekt wird in diesem Beitrag eine spezifische Auswertungsmethode für zirkadiane Aktivitätsverläufe vorgestellt, deren Kriterien benutzt werden, die adaptiven bzw. maladaptiven Prozesse im zentralnervalen Leistungsvermögen bei einem Rattenstamm zu beschreiben, der in genetischer Bedingung durch die Pathogenese einer spontanen Hypertonie im frühen Alter charakterisiert ist.

Statistisches Verfahren

Von den makroskopischen und mikroskopischen Analyseverfahren werden viele benutzt, die Existenz biorhythmischer Prozesse nachzuweisen. Zumeist werden sie bei der Auswertung von Longitudinal-Profilen angewendet. Für die Auswertung transversaler Profile, mit denen wir es in unserem Material zu tun haben, wird oftmals das Cosinor-Verfahren von HALBERG /1/ und HALBERG et al. /2/ benutzt, das sich von sinoiden Meßwertreihen auf die charakteristischen Größen Maximumlage und -amplitude, Periodenlänge und Niveau stützt (Rensing /3/).

Im Falle der Untersuchung von tagesperiodisch geregelten motorischen Reaktivitäten in individueller Analyse reichen diese Größen nicht, da mit dem Auftreten von Nebenmaxima und -minima zu rechnen ist, denen gerade im Prozeß der Adaptation eine wesentliche Bedeutung beizumessen ist. Wir haben an anderer Stelle (TREPTOW /4/, TREPTOW et al. /5, 6/) ein Auswerteverfahren vorgeschlagen, das unter Einbeziehung aller stündlich gemessenen Werte der Aktivität ein Adaptationsmaß definiert.

Dieses Maß ist geeignet, den Erfolg adaptiver Leistungen nach einer gesetzten Störung graphisch darzustellen und dessen Dynamik zu beschreiben (TREPTOW /7/). Der Auswertemodus gestattet es jedoch nicht, einen exakten Vergleich von zwei oder mehreren Aktivitätsmustern in ihrem dynamischen Verlauf anzustellen. In diesem Falle kann das statistisch gebräuchliche χ^2-Verfahren helfen, das für diesen Vergleich von Meßwertreihen eine Aussage über die quantitative Übereinstimmungswahrscheinlichkeit nachzuweisen vermag. Wir benutzten die Methode des Vergleichs zweier gleichberechtigter Meßwertreihen, bei der der Bezugswert aus beiden Werten eines Meßwertpaares gewonnen wird nach:

$$\chi^2 = \frac{1}{N \cdot N'} \sum_{i=1}^{N} \frac{(z_i N' - z_i' N)^2}{z_i + z_i'} \qquad \text{(WEBER /8/)}$$

In diesem Vergleich wird sowohl der Abstand, in unserem Falle der Abstand aller 24 Stunden-Meßwertpaare, aufsummiert als auch im Vergleich mit der Verteilung von χ^2 die Angabe der Übereinstimmung in Prozent möglich. Diese Prozentangaben haben wir zur weiteren Auswertung benutzt.

Versuchsmethodik

Als experimentelle Anforderung wurde den Ratten die Aufgabe gestellt, sich von einem Hell-Dunkel-Regime von L:D=12:12, bei dem ursprünglich die Lichtphase zwischen 4 und 16 Uhr lag, an ein Licht-Dunkel-Regime zu adaptieren, das inverse Hell-Dunkel-Verhältnisse aufwies. Die motorische Aktivität der Ratten wurde in Einzelhaltung in drei aufeinanderfolgenden Tagen in stündlichen Intervallen registriert, ohne daß ein Eingriff in die Apparatur vorgenommen wurde. Auf diese Weise wurde die allgemeine, unmittelbar zentralnerval gesteuerte Adaptationsfähigkeit erfaßt, deren Ausdruck die motorische Aktivität in ihrer zirkadianen Ordnung ist.

Zur Untersuchung wurden 18 Tiere des Inzuchtstammes mit spontaner, genetisch bedingter Hypertonie im adulten Alter sowie 30 gleichaltrige Tiere eines hauseigenen Stammes von Albinoratten herangezogen. Verglichen wurde einmal der zirkadiane Verlauf der im Versuch gewonnenen Kurven mit einer Normkurve, zum anderen wurden die drei Verläufe eines jeden Tieres untereinander verglichen und ihre prozentuale Übereinstimmung bestimmt.

Ergebnisse und Diskussion

Aussagemöglichkeit des statistischen Verfahrens

Anhand von einigen charakteristischen Verläufen sollen die Ergebnisse erläutert werden. In der Abbildung 1 ist als geschlossener, durchgezogen dargestellter Verlauf die Normkurve zu sehen. Die Aktivitätswerte werden durch die Länge der Radianten dargestellt. Der Kreis gibt das

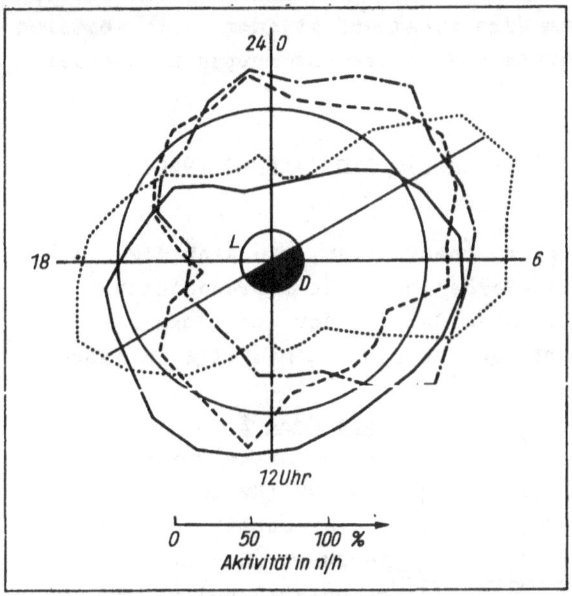

Abbildung 1
Zirkadianer Aktivitätsverlauf einer Ratte an drei aufeinanderfolgenden Tagen (1.=·······, 2.= - - - -, 3.=·–·–·–·) nach einer plötzlichen Invertierung der Licht- und Dunkelphase sowie der Verlauf einer gemittelten Norm (______) ohne Licht-Regimeänderung unter Drehung um 12 Stunden

Niveau, den 24-Stunden-Mittelwert, an. Im Zentrum ist die Lage der Licht- und Dunkelphase mit den Trennungen bei 4 und 16 Uhr markiert. Die Abbildung enthält die Kurven für den ersten bis dritten Versuchstag eines Tieres aus der Kontrollgruppe. Alle Kurven wurden auf das Niveau der Normkurve normiert. Es wurden die folgenden Ergebnisse erzielt:

1. Tag nach Invertierung, $\chi^2 = 22{,}34$ 49,7 % Übereinstimmung
2. Tag nach Invertierung, $\chi^2 = 21{,}53$ 54,7 % Übereinstimmung
3. Tag nach Invertierung, $\chi^2 = 17{,}44$ 77,4 % Übereinstimmung

Würde man die Kurve des dritten Versuchstages bis zur vollständigen Deckung mit der Normkurve drehen, so weist $\chi^2 = 1{,}40$ aus, und es ergibt sich eine Übereinstimmung zu >99,9 %. Das bedeutet, daß 22,5 % Übereinstimmungswahrscheinlichkeit im dritten Versuch noch fehlen, um eine vollständige Adaptation anzuzeigen.

Die Abbildung stellt mit den Veränderungen von Maxima und Minima, in Amplitude und Lage die Dynamik der Adaptation an eine veränderte geophysikalische Bedingung in einer typischen, individuellen Reaktionsweise dar. Wir wissen aus bisherigen Untersuchungen, daß die völlige Umstellung der zur Gruppe der rasch adaptierenden Funktionen gehörenden Aktivitätsmuster binnen 6 bis 8 Tagen erreicht wird, wenn die Phasenverschiebung 8 Stunden beträgt (TREPTOW et al. /5/). Die Aufgabe dieser Darstellung war es, durch Beispiele zu beweisen, daß die Auswertung mittels des χ^2-Testes auch bei unterschiedlichstenKurvenformen alle wesentlichen Kriterien der Veränderbarkeit der zirkadianen Aktivitätsmuster zu einem aussagekräftigen Wert zusammenfaßt, der einer weiteren statistischen Bearbeitung im Maßstabe von Versuchsgruppen zugänglich gemacht werden kann.

<u>Adaptive und maladaptive Prozesse in den Versuchgruppen</u>

Als weitere Aufgabe war die Frage zu beantworten, wie sich diese Anpassung an die neuen Licht-Dunkel-Verhältnisse in repräsentativen Populationen deutlich macht. Wir haben dazu in der Abbildung 2 eine Darstellung gewählt, die die Werte der Versuchsreihenfolge im Wahr-

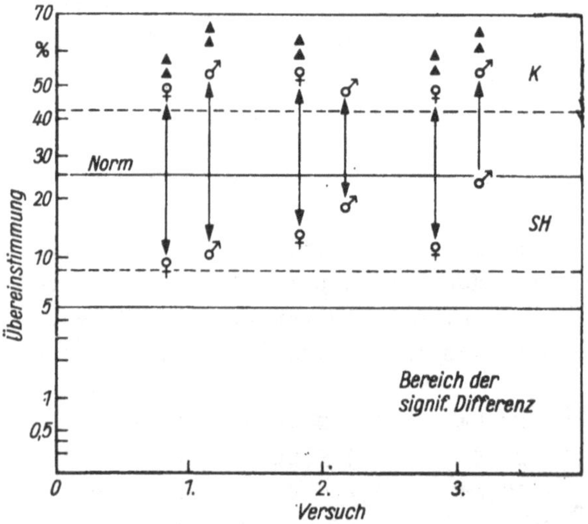

<u>Abbildung 2</u>

Gruppenmittelwerte im χ^2-Test für den 1., 2. und 3. Versuchtag gegenüber dem Normwert (durchgezogene Horizontale) und seinen Bereichsgrenzen (gestrichelte Horizontalen)

SH = spontan hypertone Tiere
K = Kontrollgruppen
▲▲ = Signifikanzen zum Normwert mit 95 % Wahrscheinlichkeit

scheinlichkeitsnetz anordnet. Im Diagramm sind dem Wert der Ausgangsnorm und seinen Bereichsgrenzen die Gruppenmittelwerte gegenübergestellt, die sich aus den Vergleichen des Normmusters mit denen des ersten bis dritten Versuchstages nach der Licht-Regime-Umstellung ergeben. Alle oberhalb der Norm liegenden und in diesem Falle nach Geschlechtern getrennt aufgetragenen Werte gehören zu den Tieren des Stammes, der als normale Versuchsgruppe galt. Die Werte zeigen eine Übereinstimmung, die zwischen 48 und 55 % liegt und bis auf eine Ausnahme in jedem Falle eine Signifikanz zur Ausgangsnorm zeigt. Diese Ergebnisse besagen, daß die geforderte Adaptation - unabhängig vom Geschlecht der Tiere - regulative Prozesse in Gang setzt, die eine gesteigerte Tendenz zur Adaptation in jedem der drei Versuche beweist. Daß es in der Folge der Versuchstage eine zunehmende Adaptation an die neuen Bedingungen im Populationsmaßstab gibt, zeigen die χ^2-Vergleiche der sukzessiven Versuche untereinander. 19 % Übereinstimmung bestehen zwischen dem 1. und 2. Versuchstag, 28 % bereits zwischen dem 2. und 3. Diese Tendenz ist zielgerichtet, da zwischen dem 1. und 3. Versuchstag nur 15 % Übereinstimmungswahrscheinlichkeit gemessen wurden.

Gegenüber der Norm liegen die ermittelten Werte der Übereinstimmung für die spontan hypertonen Tiere unterhalb der Norm, zwischen 1o und 23 %. Bei den männlichen Tieren deutet sich mit den Werten von 11, 19 und 23 % eine allmählich besser werdende Übereinstimmung an. Diese Tendenz wird auch durch die sukzessiven Vergleiche der Versuche untereinander angedeutet, liegt aber auch dort in dem Bereich, der für ein Überwiegen maladaptiver Prozesse spricht.

Im Ergebnis dieser Untersuchungen kann man u.a. auf folgende wesentliche pathophysiologische Resultate verweisen:

1. Die motorische Aktivität ist ein Parameter, der trotz komplizierter koordinativer Integration durch die unmittelbare Widerspiegelung der zentralnervalen Reaktionslage einen Aufschluß über die Qualität der dem ZNS zukommenden Steuerungsfunktion für alle somatischen Funktionen gibt. Diese Funktion ist bei spontan hypertonen Tieren im Zustand der manifesten Erkrankung stark eingeschränkt. Eine Adaptation tritt bei ihnen auf. Sie gewinnt auch von Versuch zu Versuch an Bedeutung, bleibt jedoch stets signifikant hinter der Adaptationsfähigkeit von Kontrolltieren zurück.
2. Wir wissen aus Ergebnissen, die HECHT et al./9/ über die Lernfähigkeit dieser Tiere im bedingt-reflektorischen Abwehrexperiment erhalten haben, daß auch die zentralnervale Informationsverarbeitung behindert ist. Wir können diese Ergebnisse bestätigen, und, da wir mit der bedingt-reflektorischen Nahrungsmethode gearbeitet haben, auf die Unabhängigkeit dieser Leistungsminderung von der negativ oder positiv emotionellen Grundsituation hinweisen.
3. Man muß vermuten, daß diese zentralnervale Leistungsminderung in beiden Funktionen, der Informationsverarbeitung und der Steuerungstätigkeit, der Grund für die mehrfach beschriebene erhöhte Streß-

sensibilität oder ihre Folgeerscheinung bei diesen Tieren ist. Diese Ergebnisse geben uns die Berechtigung, die spontan hypertonen Ratten als tierexperimentelles Analogon zu dem von R. BAUMANN /1o/ beschriebenen Konzept der streßsensiblen Risikopersönlichkeit des Hypertonikers zu betrachten.

Literatur

/ 1/ HALBERG, F.: Ann. Rev. Physiol. 31 (1969) 675

/ 2/ HALBERG, F., Y.T. TONG und E.A. JOHNSON: Circadian system phases. In: H.v. MAYERSBACH (Hrsg.): The Cellular Aspect of Biorhythmus Springer-Verlag, Berlin, Heidelberg, New York 1967 S. 20

/ 3/ RENSING, L.: Biologische Rhythmen und Regulation VEB Gustav Fischer Verlag, Jena 1973 S. 25

/ 4/ TREPTOW, K.: wissenschaft und fortschritt 23 (1973) 294

/ 5/ TREPTOW, K., K. HECHT und M. POPPEI: Der Einfluß von Zeitpunkt- und Zeitdauervariationen auf die zentralnervale Steuerfunktion der spontanen motorischen Aktivität und der Blutdruckregulation. In: Nova Acta Leopoldina 225, Symposium "Die Zeit und das Leben" Barth-Verlag, Leipzig 1977 S. 485

/ 6/ TREPTOW, K., K. HECHT und M. POPPEI: Der Einfluß von systematischen Veränderungen in der Taktgebung des täglichen Licht-Dunkel-Regimes auf die zerebro-viszerale Blutdruckregulation In: G. LASSMANN und F. SEITELBERGER (Hrgb.): Rhythmische Funktionen in biologischen Systemen - Ihre Bedeutung für Theorie und Klinik. Facultas-Verlag, Wien, Bd. II 1977 S. 63

/ 7/ TREPTOW, K.: Acta biol. med. germ. 35 (1976) 951

/ 8/ WEBER, E.: Grundriß der biologischen Statistik. Gustav-Fischer-Verlag, Jena 1956 S. 2o9

/ 9/ HECHT, K., M. Poppei, T. Hecht, J.W. Postnov, V. Moritz und R. Baumann: Acta biol. med. germ. 37/9 (1978)

/1o/ BAUMANN, R.: Dtsch. Ges.wesen 29 (1974) 673

Zusammenfassung

Bei Ratten wird unter spezifischen Hell-Dunkel-Bedingungen (L:D=12:12) die unmittelbar zentralnerval gesteuerte motorische Aktivität in stündlichen Intervallen gemessen. An drei aufeinanderfolgenden Tagen wurden die 24-Stunden-Verlaufscharakteristika unmittelbar nach einem plötzlichen Vertauschen der Hell- und Dunkelphasen aufgezeichnet. Die zirkadianen Aktivitätsmuster wurden mittels eines Chi-Quadrat-Testes mit ungestörten Mustern verglichen. Sie gestatten, quantitative Angaben über die Adaptationsfähigkeit bzw. Maladaptationsfähigkeit zu machen. Die Ergebnisse belegen deutliche maladaptive Prozesse der zentralnervalen Steuerungsaktivität in der Dynamik dieses motorischen Verhaltens beim genetisch bedingten Modell spontan hypertoner Tiere im Vergleich zu einem normotonen Vergleichsstamm.

Резюме

У крыс при специфичных условиях яркости-темноты /я:т=I2:I2/ регистрируется с интервалом в один час спонтанная моторическая активность, управляемая непосредственно центральной нервной системой. В течение трех дней, следующих один за другим, составлялись характеристики на каждые 24 часа непосредственно после внезапных перемен фаз темноты и яркости. Циркадные узоры активности сравнивались по методу Ши-Квадрата с контрольными узорами. Это позволило получить количественные результаты о способности к адаптации или, соответственно, к маладаптации. Результаты свидетельствуют о явственных маладаптивных процессах центральнонервальной активности управления в динамике этого поведения при генетически условной модели спонтанно гипертонических животных по сравнению с нормотонным сравнительным штаммом.

Summary

The centrally controlled motor activity of rats was observed at hourly intervals under a specific light/dark regimen (L:D=12:12). On 3 successive days, the 24-hr characteristics was registered immediately upon sudden change of the light and dark phases. The circadian activity patterns were compared with the undisturbed patterns using a Chi-square test, which allowed quantitative data to be obtained about adaptability and nonadaptability , respectively. The results provide clear evidence for maladaptive processes of the central control activity in the course of this motor behaviour in the genetical model of spontaneously hypertensive animals as compared with a normotonous control strain.

Martin-Luther-Universität Halle-Wittenberg
Organisations- und Rechenzentrum

Probleme bei der rechnergestützten Auswertung von zeitabhängigen Parametern in der Medizin

H.-J. SPECK, H. STÖCK und M. ORLICK

Die im folgenden vorgestellten Forschungsleistungen erfolgen im Auftrag des Forschungsverbandes "Medizinische Diagnostik und Gesundheitsüberwachung". Die Fachgruppe "Informationsverarbeitung im Gesundheitswesen" des Organisations- und Rechenzentrums der MLU bearbeitet die programmtechnische Seite der Forschungsaufgaben. Anhand der Forschungsthemen "Prinzipien der computergestützten Entscheidungsfindung in der Diagnostik", "Rechnergestützte klinische Wirkungsanalyse von Psychopharmaka" und "Funktionsdiagnostik in der Nuklearmedizin" wird die Behandlung des Zeiteinflusses dargestellt. Im Vordergrund unserer Betrachtungen stehen allgemeine Verlaufsuntersuchungen, während die Analyse der biorhythmischen Prozesse z. Zt. vernachlässigt wird.

Grundlage unserer Projekte für den medizinischen Bereich bildet ein standardisiertes Eingabesystem, welches Zeitangaben in Form des Untersuchungs- oder Erfassungsdatums oder einer Untersuchungsnummer enthalten muß. Mit Hilfe dieses Eingabesystems erreichen wir in Zukunft eine einheitliche Eingabe, Strukturierung, Speicherung und Korrektur der medizinischen Daten.

Hauptziel des Anschlußprojektes "Prinzipien der computergestützten Entscheidungsfindung in der Diagnostik am Beispiel von Leber- und Gallenwegserkrankungen"[1] ist es, die wichtigsten anamnestischen, klinischen und klinisch-chemischen Parameter für ein stufenweise ablaufendes Untersuchungsprogramm auszuwählen und eine eindeutige Zuordnung der Parametergrößen zu den Diagnosen herzustellen. Die Dynamik der einzelnen Krankheitsverläufe führt zu Unschärfen in der Klassendefinition. So werden bei manchen Krankheiten verschiedene schwer abgrenzbare Stadien durchlaufen oder aber eine Krankheit befindet sich im Übergangsbereich zu einer anderen - beispielsweise der Übergang von einer akuten zu einer chronischen Lebererkrankung. Zur Zeit ist

[1] Aus dem Forschungsverband für "Medizinische Diagnostik und Gesundheitsüberwachung".

man leider noch nicht in der Lage, alle Einflußgrößen des Diagnosemodells gleichzeitig zu berücksichtigen. Aus diesem Grunde geht man momentan von stationären Modellen aus.

Bei unseren Berechnungen haben wir versucht zur Algorithmenaufstellung eindeutige quasistationäre Klassen zu verwenden. Als Trennverfahren für den stationären Fall wurden bisher Grenzwertverfahren und die lineare Diskriminanzanalyse angewandt /1/.

Die Ergebnisse sollen durch den Einsatz der quadratischen Diskriminanzanalyse, von Clusteranalysen und wahrscheinlichkeitstheoretischen Klassifikationsverfahren verbessert werden.

Im Entscheidungsprogramm werden die Diagnosen nach Wahrscheinlichkeiten geordnet als Entscheidungsvorschlag ausgegeben. Die Bewertung der einzelnen Phasen der akuten Hepatitis ergab sich als weitere Aufgabe der Dateiauswertung. Bestimmte Parameter zeigen nach dem Ausbruch der Krankheit einen zeitabhängigen typischen Verlauf. Wünschenswert wäre es, wenn aus der Parameterkonstellation z. Zt. der Krankenhauseinweisung der Zeitpunkt zu ermitteln wäre, an dem die Normalwerte wieder erreicht werden. Dadurch könnten die Krankenhausverweildauer und die Patientenbelastung gesenkt werden. Dasselbe Ziel wird bei Untersuchungen verfolgt, die über die Prognose des Krankheitszustandes Hinweise geben sollen. Zum Beispiel interessiert die Frage, unter welchen Bedingungen, bei welcher Parameterkombination und in welcher Zeit gehen bestimmte Krankheitszustände zur irreversiblen Leberzirrhose über. Für die mathematische Behandlung der zuletztgenannten Aufgaben werden u. a. die Methoden der Regression Verwendung finden.

Durch die klinische Wirkungsanalyse von Psychopharmaka[1] sollen deren spezifische Anwendungsfälle und Nebenwirkungen bestimmt werden. Das geschieht auch durch Vergleich der klinischen Wirkung mehrerer Pharmaka /2/.

Die Wirkung der bei unseren Untersuchungen getesteten Pharmaka stellt sich erst nach Tagen ein. Um nicht durch das Pharmakon verursachte Zeiteinwirkungen und andere Störungseinflüsse auszuschalten, wird ein "kontrollierter" Versuch durchgeführt. Die exaktesten Aussagen liefert der kontrollierte Individualvergleich, d.h. jedem Individuum der Testgruppe werden die zu vergleichenden Pharmaka nacheinander über einen längeren Zeitraum gegeben.

[1] Mit Unterstützung des Ministeriums für Gesundheitswesen der DDR in Zusammenarbeit mit Prof. Dr. sc. med. G.-E. Kühne und Dr. J.-U. Grünes (Nervenklinik der Medizinischen Akademie Magdeburg)

Der kontrollierte Individualvergleich ist aus klinischen Gründen oftmals nicht durchführbar, deshalb wird bei unseren Untersuchungen der kontrollierte Gruppenvergleich durchgeführt, bei dem die Probandenheterogenität und individuelle Zeittrends nur teilweise ausgeglichen werden. Die Probandenheterogenität wird nachträglich eingeschätzt. Ist sie groß, ist ein Vergleich der Pharmaka nicht möglich.

Bei der Wirkungsanalyse von Psychopharmaka werden vor allem qualitative Merkmale, sowohl alternative als auch skalierte, bewertet. Die Anzahl der Merkmale ist groß, da auch die Nebenwirkungen der Pharmaka erfaßt werden sollen.

Das unmittelbare Ergebnis der Untersuchungen sind Zeitreihen, die die Bewertung eines Merkmals eines Probanden über den Beobachtungszeitraum darstellen. Daraus lassen sich für jede Bewertung Zeitreihen gewinnen, die nur alternative Daten aufweisen. Aus diesen können wiederum Reihen erhalten werden, die die Häufigkeiten der Bewertungen der Merkmale für die gesamte Probandengruppe im Beobachtungszeitraum wiedergeben.

Die Auswertung der zuletzt genannten Reihen ist am einfachsten. Der Vergleich zweier Häufigkeiten erfolgt mit dem Fisher-Yates-Test. Dieser Test wird angewendet, um die Wirkung eines Pharmakons an zwei Untersuchungstagen oder die Wirkung zweier Pharmaka am gleichen Untersuchungstag pro Bewertung eines Merkmals zu vergleichen.

Die Trendschätzung kann mit dem Wilcoxon-Test erfolgen. Dieser Test wird hier verwendet, um die Wirkung eines Pharmakons pro Bewertung eines Merkmals im Beobachtungszeitraum schätzen zu können.

Die Wirkungen zweier Pharmaka pro Bewertung eines Merkmals im Beobachtungszeitraum werden mit dem Wilcoxon-Test und dem Hotelling-Pabst-Test verglichen. Komplexere Auswertungen dieser Häufigkeitsreihen werden nicht vorgenommen.

Der Informationsverlust bei der Auswertung unserer Untersuchungen wäre nicht so groß, wenn die individuellen Bewertungsverläufe der Probanden berücksichtigt würden. Testverfahren, die diese Verläufe berücksichtigen, z. B. die Varianzanalyse für Alternativdaten, können aber bisher nicht angewandt werden. Ursache dafür sind fehlende EDV-Programme und z. T. ungeklärte mathematisch-statistische Voraussetzungen.

Diese Betrachtungen zeigen, daß die komplexe Einschätzung der Wirkung von Psychopharmaka oder der Wirkungsbereich zweier solcher Pharmaka bisher durch Zusammenfassung von Einzelergebnissen vorgenommen werden muß, daß aber eine komplexere mathematisch-statistische Auswertung möglich ist.

Bei der Funktionsdiagnostik in der Nuklearmedizin handelt es sich um kinetische Untersuchungen, die alle auf dem gleichen Prinzip beruhen: Ein Radioindikator wird in den Stoffwechsel eingebracht, durchläuft ein oder mehrere Organe oder Körperteile und wird wieder ausgeschieden. Durch Messungen von außen wird die Aktivität in dem entsprechenden Organ oder Körperteil kontinuierlich über einen gewissen Zeitraum gemessen. Für diese Messungen der Aktivität in bestimmten Organen von der Körperoberfläche her werden Szintillationszähler verwendet, die mit einem Meßwertverarbeitungssystem gekoppelt sind, so daß die Aktivitätsmeßwerte auf Lochband vorliegen.

Es ist die Aufgabe der Datenverarbeitung diese Aktivitätsverlaufsmeßreihen mathematisch und statistisch auszuwerten, um genaue und statistisch gesicherte Aussagen über die Funktionstüchtigkeit der jeweiligen Organe oder Organsysteme geben zu können.

Ein Beispiel für die Funktionsdiagnostik in der Nuklearmedizin ist die Bestimmung der Nierenclearance (Ganzkörperclearance) nach OBERHAUSEN /3/,/4/. Die Nierenclearance für eine bestimmte Substanz ist diejenige Blutplasmamenge, die durch die Nierentätigkeit pro Minute von dieser Substanz befreit wird. Das verabreichte Nukleopharmakon verteilt sich zuerst im ganzen Körper (d.h. im Blutplasma) des Patienten und eine Minute nach der Injizierung des Pharmakons wird die zeitliche Änderung der Aktivität im gesamten Körper unter Ausschluß der Nieren-Blasenregion in Abständen von 40 Sek. über einen Zeitraum von etwa 25 Minuten gemessen. Man erhält damit eine abfallende Aktivitätskurve, deren Abfall proportional der Clearance der Niere ist.

Aus der zeitlichen Abnahme der noch nicht von den Nieren aufgenommenen Aktivität (Aktivitätsabnahme pro min) zu bestimmten Zeitpunkten läßt sich die Clearance bestimmen.

Die Schwierigkeit bei der numerischen Auswertung dieser Aktivitätsverlaufsmeßreihe[1] besteht nun darin, den Abstieg (Ableitung) dieser Kurve zu den bestimmten Zeitpunkten zu berechnen. Alle in der Literatur angegebenen Methoden (z. B. durch Approximation mit einer Parabel zweiter Ordnung von drei Meßpunkten vor und nach der Zeit der Blutentnahme) waren auf Grund der statistischen Schwankungen der Meßreihe unzureichend. Erst mit der nichtlinearen Regression der Meßreihe wurden gute Ergebnisse erzielt. Es wurden mehrere Funktionsansätze

[1] Aus dem Forschungsverband für "Medizinische Diagnostik und Gesundheitsüberwachung" in Zusammenarbeit mit Dr. R. Gabriel (Radiologische Klinik der Martin-Luther-Universität Halle-Wittenberg)

getestet, um die beste Anpassung an die Meßreihe zu finden.

Der exponentielle Ansatz $y=ae^{-bt}+c$ und auch der biexponentielle Ansatz $y=a_1e^{-b_1t}+a_2e^{-b_2t}+c$ zeigten überraschend keine zufriedenstellenden Ergebnisse. Der hyperbolische Ansatz $y=at^{-b}+c$ dagegen brachte den bei weitem besten Angleich an die Meßwerte der Aktivitätsverlaufskurven (Abb.1).

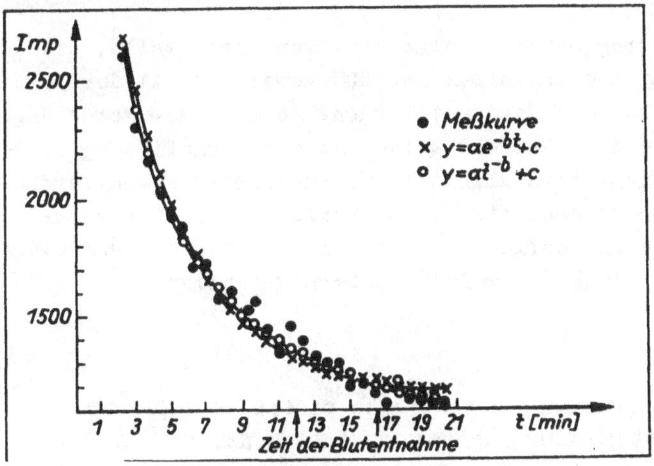

Abb.1: Patientenaktivitätsverlaufskurve für eine tubuläre Ganzkörperclearance mit exponentiellem und hyperbolischem Ausgleich

Die Parameter a, b und c in dem hyperbolischen Ansatz werden mit Hilfe eines regularisierten Gauß-Newton-Verfahrens (R 300-FORTRAN-Programm DRN1) bestimmt.

Über diesen bestimmten hyperbolischen Funktionsangleich läßt sich numerisch dann leicht die Ableitung der Meßreihe zu den bestimmten Zeitpunkten und weiter die Clearance des Patienten bestimmen.

Bisher wurden etwa 300 Patientenmeßreihen ausgewertet, wobei eine Auswertung allgemein eine Rechenzeit von etwa 8-10 Minuten beansprucht.

Literatur

/1/ NILIUS, R., J.E. PETERS, L. NEEF und H.-J. SPECK: Z. med. Labor-Diagn. 18 (1977) 219

/2/ KÜHNE, G.-E. und Mitarbeiter: Psychiat. Neurol. med. Psychol. 30 (1978) 104

/3/ OBERHAUSEN, E.: Bestimmung der Nierenclearance mit dem Ganzkörperzähler. in: Nierenclearance. Güssinger. Symposion 1968. Hrsg. R. Höfer. Schriftenreihe Höchst.
/4/ GABRIEL, R., H. DROBNY, H.-L. KÖLLING und W. PETTERS: Radiobiol. Radiother. 5 (1974) 619

Zusammenfassung

Im vorliegenden Beitrag werden einige Arbeiten vorgestellt, die vom Organisations- und Rechenzentrum der MLU gemeinsam mit den medizinischen Instituten durchgeführt werden. An Hand der Forschungsthemen "Prinzipien der computergestützten Entscheidungsfindung in der Diagnostik", "Rechnergestützte klinische Wirkungsanalyse von Psychopharmaka" und "Funktionsdiagnostik in der Nuklearmedizin" wird gezeigt, welche Probleme und Aufgaben auftreten und welche Lösungswege sich anbieten, um den Einfluß der Zeit zu berücksichtigen.

Резюме

В данном докладе представляются некоторые работы, которые проводятся вместе в Организационном и Вычислительном центре М Л У и в медицинских институтах. Покажется на примере исследователских тем "Принципы нахождения решения с помощью ЭВМ в диагностике", "Клинический анализ действия Психофармакона с помощью ЭВМ" и "Функциональная диагностика ядерной медицины" какие проблемы и задачи возникают и какие пути решения существуют, чтобы учитывать влияние времени.

Summary

An account is given of work carried out at the organisation and computing centre of Martin-Luther-Universität in cooperation with several institutes of medicine. Reference is made to the research projects treated under the headings of "Principles of Computer-Aided Decision Finding in Diagnosis", "Computer-Aided Analysis of Clinical Effects of Psychopharmacological Agents", and "Functional Diagnosis in Nuclear Medicine" to point at problems and possible solutions to take into consideration the effect of time.

Martin-Luther-Universität Halle - Wittenberg
Sektion Biowissenschaften, Wissenschaftsbereich Zoologie, Halle

Ultraschallregistrierung der motorischen Aktivität von Wirbeltieren

E. ROSENFELD, W.-R. GROSSE, J. SCHUH und R. MILLNER

Ultraschallverfahren stellen ein geeignetes Mittel zur Zählung bzw. Messung von Bewegungen dar. Das von uns ausgewählte Meßprinzip stützt sich auf das Resonanzverfahren. Es stellt sich als dynamische Variante des bekannten Ultraschall-Interferometers dar. Zwischen einem ebenen Schallgeber und einem senkrecht dazu stehenden, ebenfalls planen Reflektor bilden sich stehende Wellen aus, wenn der Abstand Sender - Reflektor dem ganzzahligen Vielfachen der halben Schallwellenlänge entspricht. Dieser Resonanzfall kann durch eine geeignete elektronische Meßschaltung zur Anzeige gebracht werden. In der vorliegenden Konzeption geschieht dies mit Hilfe eines zweiten Ultraschallwandlers, der als reziproker Wandler arbeitet und dessen elektronisches Ausgangssignal im Resonanzfall ein Maximum aufweist. Der Schallreflektor wird durch das Versuchstier gebildet; zwischen dem Sendewandler und dem Tier können sich stehende Wellen ausbilden. Bewegungen werden als Folge von Spannungsminima und Spannungsmaxima am Empfangswandler registriert (Abb. 1).

Technische Daten

- Ultraschallerzeugung bzw. -empfang mit Hilfe von Biegeschwingungen
- Frequenz 42 kHz
- Anregungsspannung 10 V
- Registrierung Kaninchen - digital (Ereignisschreiber)
  Mäuse - analog (Kompensationsschreiber)
- elektronische Logikschaltung ermöglicht in Grenzen eine Bewertung der Bewegungsgröße (Kaninchen)

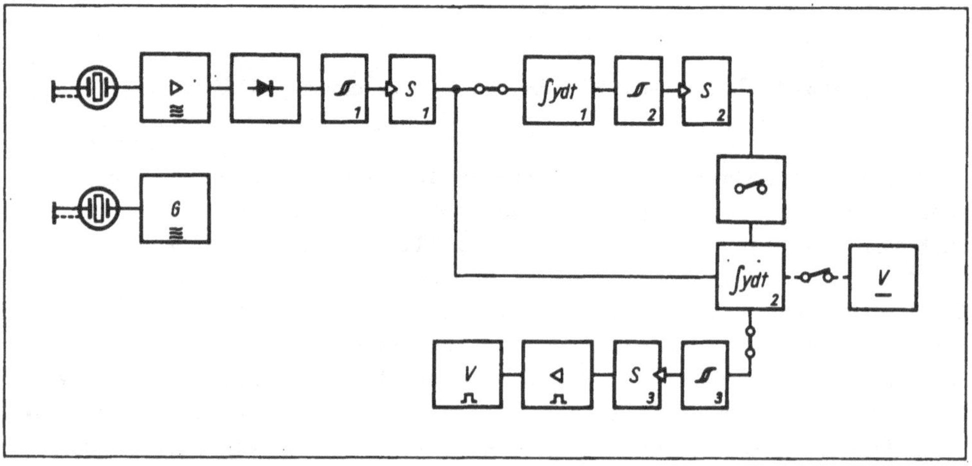

Abb. 1: Blockschaltbild des elektronischen Gerätes zu Erzeugung, Empfang und Auswertung der US-Signale

Motorische Aktivität von Kaninchen im Tagesgang

Die Untersuchung der Lokomotion männlicher Kaninchen, Oryctolagus cuniculus (L.) f. domestica, lassen im LD-Wechsel ein hohes Aktivitätsniveau in der Dunkelzeit und ein kleineres Maximum nach Licht-an erkennen (Abb. 2). Die große Aktivität in der Dunkelphase präsentiert sich in zwei großen Schüben (4 Std. und 8 Std. nach Licht-aus).

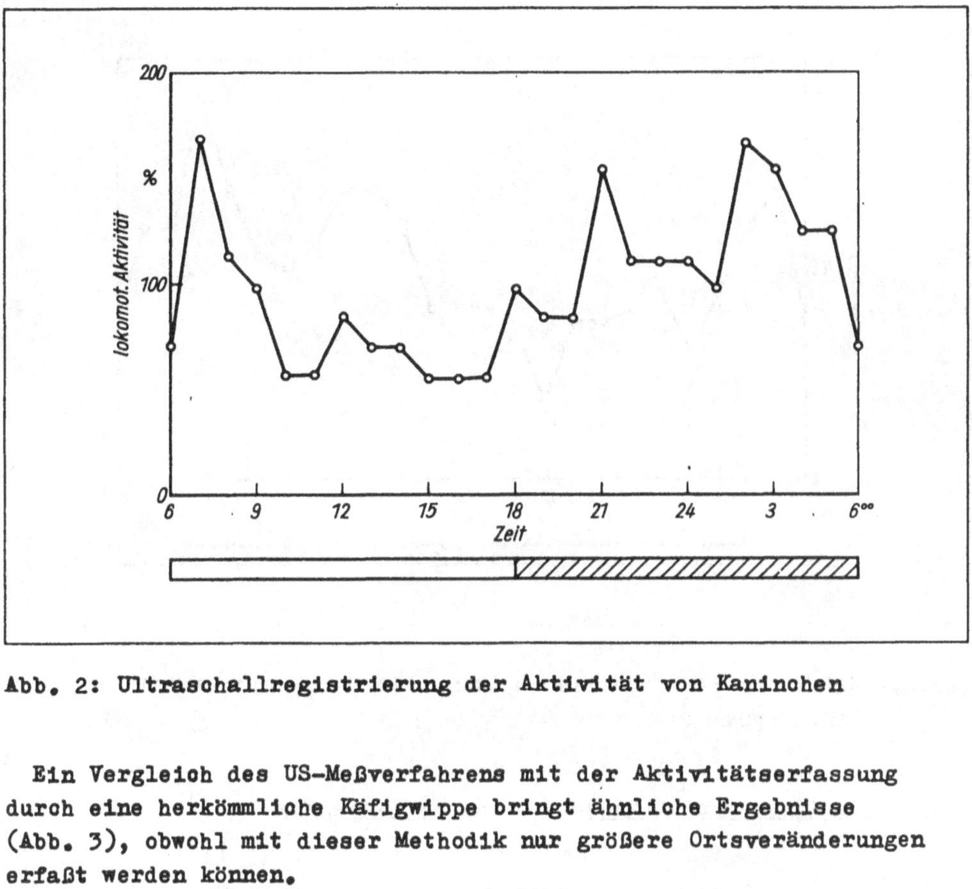

Abb. 2: Ultraschallregistrierung der Aktivität von Kaninchen

Ein Vergleich des US-Meßverfahrens mit der Aktivitätserfassung durch eine herkömmliche Käfigwippe bringt ähnliche Ergebnisse (Abb. 3), obwohl mit dieser Methodik nur größere Ortsveränderungen erfaßt werden können.

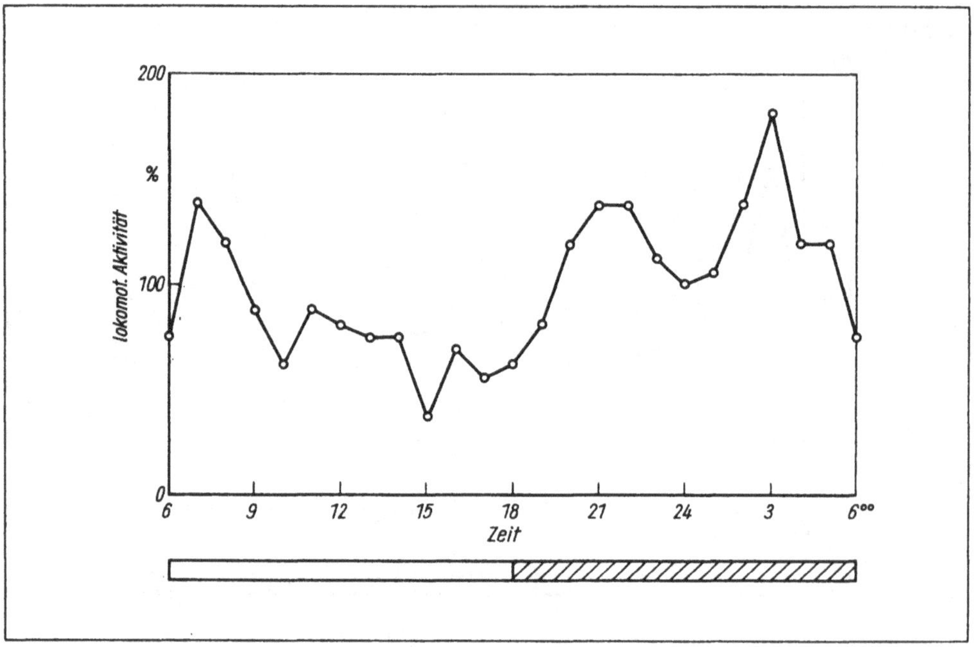

Abb. 3: Erfassung der motorischen Aktivität von Kaninchen mit der Käfigwippe

Lokomotorische Aktivität von Mäusen im Tagesgang

Der Test dieses Gerätes an Weißen Labormäusen (ICR-Stamm, Schönwalde) zeigt ebenfalls das für dunkelaktive Tiere typische Bild. Neben einer hohen Aktivität in der Dunkelzeit haben die Tiere einen Licht-an Effekt mit einem Maximum bei 7 Uhr (Abb. 4).

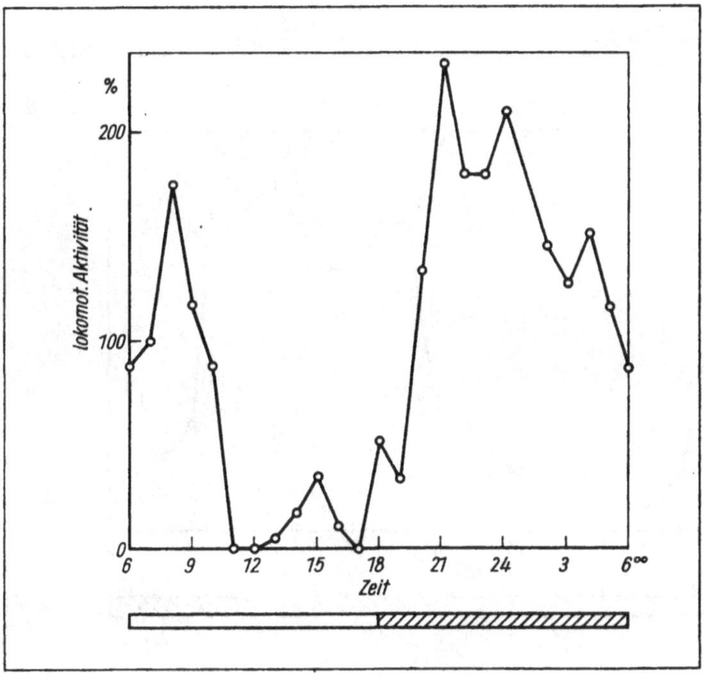

Abb. 4: US-Registrierung der lokomotorischen Aktivität von Weißen Mäusen

Ein Vergleich des US-Meßverfahrens mit der auf Induktivitätsänderungen beruhenden Aktivitätserfassung auf dem Animex (Fa. LKB, Schweden) zeigt einen gleichen Kurvenverlauf (Abb. 5).

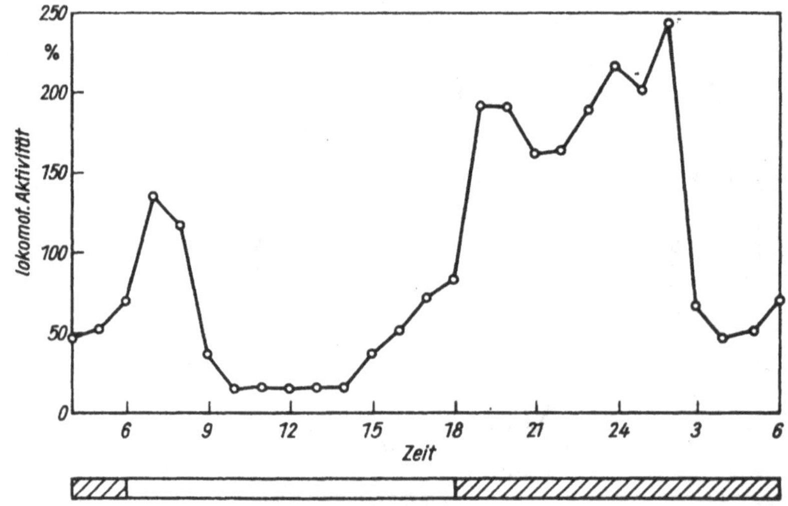

Abb. 5: Animex-Registrierung der lokomotorischen Aktivität von Weißen Mäusen (nach Untersuchungen von Dipl.-Biochem. D. WEINERT, Halle)

Die Weiterentwicklung dieser Methode beinhaltet die Langzeitregistrierung und den Nachweis biologischer Rückwirkungsfreiheit. Ebenso sind weitergehende Untersuchungen anderer Tierarten für die Gesamteinschätzung der Möglichkeiten eines derartigen Meßprinzips von Bedeutung. Weiterhin ergibt sich die Möglichkeit, damit für eine differenzierte funktionelle Charakterisierung und genauere zeitliche Analyse von Bewegungsaktivitäten beizutragen.

Zusammenfassung

Die Erarbeitung kontinuierlicher Meß- und Registrierverfahren stellt eine wesentliche Aufgabe chronobiologischer Forschungen dar. Das von uns entwickelte Meßsystem arbeitet nach dem Ultraschall-Resonanzprinzip. Dabei werden die Bewegungen der Versuchstiere durch die Beeinflussung eines Ultraschallfeldes mit

Hilfe einer entsprechenden Elektronik registriert, wobei die Käfigdimensionen keine limitierende Größe darstellen.

Die Untersuchung der Lokomotion männlicher Kaninchen, Oryctolagus cuniculus (L.) f. domestica, lassen im LD-Wechsel ein hohes Aktivitätsniveau in der Dunkelzeit und ein kleineres Maximum nach Licht-an erkennen. Der Test des Gerätes an Weißen Labormäusen (ICR-Stamm, Schönwalde) zeigt ähnliche chronobiologische Lokomotionskurven. Diese Ergebnisse werden mit anderen Registriermethoden verglichen.

Die Weiterentwicklung dieser Methode beinhaltet die Langzeitregistrierung und den Nachweis biologischer Rückwirkungsfreiheit. Ebenso sind weitergehende Untersuchungen anderer Tierarten für die Gesamteinschätzung der Möglichkeiten eines derartigen Meßprinzips von Bedeutung. Weiterhin ergibt sich die Möglichkeit, damit für eine differenzierte funktionelle Charakterisierung und genauere zeitliche Analyse von Bewegungsaktivitäten beizutragen.

Резюме

Разработка методов для постоянного измерения и регистрации является существенной задачей хронобиологических исследований. Нами созданная измерительная система работает на основе ультразвукового резонанса. При этом регистрируются движения подопытных животных посредством воздействия на ультразвуковое поле с помощью соответствующей электроники, где размеры клетки не являются лимитирующим фактором.

Исследование локомоции мужских кроликов Ory Oryctolagus cuniculus f. domestica при чередовании света с темнотой показало высокий уровень активности во время темноты и более низкий максимум после включения света. Испытание прибора на белых лабораторных мышах (линия ICR, Schönwalde) дало подобные хронобиоло/гические кривые локомоции. Эти результаты сравниваются с другими методами регистрации.

Дальнейшее развитие этого метода заключается в долговременной регистрации и в доказательстве отсутствия обратного биологического воздействия. Также необходимы дальнейшие исследования на других животных для оценки возможностей такого принципа измерения. Появляется возможность вносить вклад в дифференцированную функциональную характеристику и в более точный временный анализ двигательных активностей.

Summary

The preparation and introduction of methods for continuous measurement and recording is essential to chronobiological research. The authors have devised a measuring system based on the ultrasonic resonance principle. The movements of the experimental animals are recorded by acting upon an ultrasonic field for which purpose appropriate electronic hardware is used. Yet, the dimensions of the cage do not constitute a limiting factor.

Studies were conducted into the locomotion of male rabbits (Oryctolagus cuniculus /L./ f. domestica) under conditions of light-darkness variation. Activity levels were high in darkness, and maximum activities were somewhat reduced when light was switched on. Similar chronobiological curves of locomotion were obtained when the measuring instrument was tested on white laboratory mice (ICR strain, Schönwalde). The results are compared with those obtained from different recording techniques.

The method is going to be further developed for long-time recording and for verification of no biological repercussions. An overall assessment of the general importance that may be attributed to such measuring principle will depend also on more tests with more animal species. This will also help improving differentiated functional characterisation and more accurate temporal analysis of locomotor activities.

Chronobiologie

Institut für Physiologie und experimentelle Pathologie des Gebirges der Akademie der Wissenschaften der Kirgisischen SSSR, Frunse

Zirkadiane und ultradiane Komponenten des Tagesrhythmus bei Mensch und Tier

SLONIM, A.D., T.K. ABDYLDABEKOW, A.A. SOROKOW, M.F. TURKMENOW und G.M. TOCHERKOWITSCH

Bei der Bearbeitung der tagesperiodischen (zirkadianen) Schwankungen physiologischer Funktionen bleibt unabhängig von dem umfangreichen vorhandenen Faktenmaterial eine Reihe kardinaler und strittiger Fragen offen. So muß eine Antwort auf die Fragen gegeben werden, in welchem Maße Umweltfaktoren die zirkadiane Organisation der physiologischen Funktionen mitbestimmen und welche physiologischen Mechanismen diese Periodik regulieren? Sowohl die erste, als auch die zweite Frage sind Gegenstand lebhafter Diskussion sowie immer neuer Untersuchungen und Beweisführungen. Die Aufgabe der vorliegenden Publikation ist nicht die deteillierte Beleuchtung der strittigen Diskussionsfragen, sondern die kurze Darlegung einiger, bereits längere Zeit in unserer wissenschaftlichen Literatur zu findenden Anschauungen.

Bereits im Jahre 1960 wurde von uns (BYKOW und SLONIM /6/) die Meinung vertreten, daß der Formierung der Tagesperiodik als solcher, die Fähigkeit regulierender Systeme des Organismus zugrunde liegt, Erregungs- und Hemmungsprozesse zeitlich zu konzentrieren. Die Vorstellung ging aus einem umfangreichen Faktenmaterial, welches in unserem Laboratorium erarbeitet wurde /28, 29, 27, 25, 19, 12/ und davon zeugt, daß bei den verschiedenen Säugetierarten der Charakter der tagesperiodischen Verläufe von Aktivität und Veränderungen physiologischer Funktionen artspezifischen Charakter mit zu verschiedenen Zeitpunkten konzentrierten Aktivitäts- und Ruhemaxima trägt und daß die Parameter physiologischer Reaktionen charakteristische Schwankungen ihrer Amplitude aufweisen, hervor. Damals bereits konnte ausgesagt werden, daß auch äußere Umweltfaktoren in verschiedenem Grad synchronisierende Wirkung auf den Funktionsverlauf verschiedener Tierspezies ausüben können.

Weiterhin wurde der Nachweis über die bedeutende Rolle des "Dämmerungslichtes" im Mechanismus des Abfalls des Gasstoffwechsels bei Affen verschiedenster Arten (hamadrillus, makkakus rhesus, Meerkatzen) /7/ sowie an der großen Meise /18/ in den Abendstunden erbracht.

Diese Fakten wurden von ASCHOFF /30/ bestätigt und erhielten allgemein große Zustimmung in bezug auf den Zeitgeber. Die nächsten Arbeiten ASCHOFFS /31-33/, PITTENDRIGHS /46/ und andererseits die Untersuchungen von BROWN /34-37/ wiesen die Rolle endigener und exogener Faktoren in der Formierung und der Unterstützung der Tagesperiodik bei einer großen Anzahl von Organismen unterschiedlichsten phylogenetischen Niveaus nach. Das große Faktenmaterial, welches aus der Vielzahl von Untersuchungen zur Tagesperiodik hervorging, läßt keinen Zweifel darüber zu, daß die Mechanismen der Aufrechterhaltung der diskret rhythmischen Verteilung von Funktionen im Organismus auf allen Ebenen der physiologischen Integration anzutreffen sind, einschließlich der intrazellulären Mechanismen, der hormonalen Regulation, der kortikal und subkortikal im ZNS ablaufenden Mechanismen. Deshalb ist es auch nicht erstaunlich, daß es noch keine pharmakologischen Präparate gibt, die auf die tagesperiodischen Abläufe der Funktionen von Mensch und Tier ausgleichende Wirkung ausüben /47/. Gegenwärtig kristallisiert sich jedoch immer deutlicher der Standpunkt über die endogene Natur der Tagesperiodik sowie über die Bedeutung einiger Umweltfaktoren und Lebensweisen heraus, die die Biorhythmen mit der den Organismus umgebenden Lebenssphäre zu synchronisieren in der Lage wären. Unmitten der Umweltfaktoren, die den Charakter von Zeitgebern annehmen, sind bei Tieren biötische Faktoren und insbesondere Herdenwechselbeziehungen, die besonders bei Pavianen gut entwickelt sind, von großer Bedeutung. In den Untersuchungen von G.M. TSCHERKOWITSCH /27/ konnte nachgewiesen werden, daß ein invertiertes Beleuchtungs-Fütterungsregime (DL 12 : 12) im Verlaufe von 24 Tagen nicht zu Störungen im Ablauf solcher physiologischer Funktionen wie der Körpertemperatur, der Atmung und der motorischen Aktivität führte, wenn die Tiere in akustischem Kontakt mit der Herde bleiben konnten, die in gewöhnlichem Tagesregime gehalten werden. Die akustische Signalisation erwies sich bei diesen Tieren als mächtiger Taktgeber, was die Annahme gestattete, daß in der natur biologische Signale existieren, die für die Formierung und Aufrechterhaltung der Tagesperiodik keine geringe Bedeutung besitzen als das für Affen beispielsweise die größte Rolle spielende Beleuchtungsregime (29, 6/. Diese Fakten gestatteten den Ansatz einer Reihe von Untersuchungen über die Formierung der Tagesperiodik im Zusammenhang mit der für Affen charakteristischen Herdenstruktur und Beziehungen innerhalb derselben, welche das Zeitregime des Verhaltens der Tiere, einschließlich des Aktivitäts- und Ruherhythmus bestimmen /48, 49/. In diesen Untersuchungen konnte festgestellt werden, daß der Nachtschlaf bei Affen, welche in offenen Voliéren lebten, entsprechend der Rangordnung der Herde eintritt. Dies bezieht sich besonders auf den Zeitpunkt des Einschlafens und des Erwachens.

Es konnte ebenso eine deutliche Abhängigkeit zwischen den hierarchischen Herdenbeziehungen (Rangverhalten) und der Pulsfrequenz festgestellt werden. Diesen Wechselbeziehungen liegt die Dominanz oder die Unterstellung einzelner Herdenmitglieder und der damit im Zusammenhang stehende Grad an emotioneller Anspannung /26/ zugrunde.

Mit speziellen mathematischen Analyseverfahren des biorhythmischen Materials (Kosinor-Analyse, Untersuchung der Spektraldichte) konnte nicht nur die den 24-Stundenrhythmus ausmachende Hauptkomponente beschrieben, sondern auch Komponenten in der rhythmischen Harmonie mit kleiner Amplitudencharakteristik gefunden werden. Unter Anwendung dieser Methoden konnten einige Bedingungen der Formierung der Tagesperiodik und besonders solche gefunden werden, die mit der angeborenen Bedeutung, welche äußere Faktoren für ein Individuum besitzen und die die Rolle der Zeitgeber spielen, in Verbindung stehen und die damit die Verteilung verschiedener Funktionen des Organismus im Verlaufe eines Tag-Nacht-Zyklus gewährleisten.

In Versuchen an einer Gruppe erwachsener Rhesus-Affen, welche in primatologischen Sesseln fixiert waren, konnte eine gut ausgeprägte 24-Stunden-Periodik der Herzfrequenz beobachtet werden. Die Analyse der Spektraldichte schaltete bei ihnen absolut das Vorhandensein von Rhythmen kleinerer Amplitude als 24 Stunden aus. Als eines der Männchen dieser Gruppe mit einer isolierten Gruppe halbwüchsiger männlicher Tiere zusammengesetzt wurde, bei welchen bis zu diesem Moment keine Pulsperiode nachgewiesen worden war, erwies sich, daß bei Fixierung aller Tiere bei dem erwachsenen Männchen der 24-Stundenrhythmus vollständig verschwand und die 8-Stundenperiodik schwach ausgeprägt war. Zur gleichen Zeit zeigten die halbwüchsigen Tiere allmählich einen (früher fehlenden) 24-Stundenrhythmus der Pulsfrequenz. Das erwachsene Tier und die Halbwüchsigen hatten in etwa einen "Austausch" ihrer Funktionscharakteristika unter Einfluß der veränderten Umweltbedingungen vorgenommen, waren sie doch vorher entsprechenden Herdenbedingungen ausgesetzt gewesen, in welchen für den Herdenführer der Schutz der Herde von größter Bedeutung ist und deshalb der Nacht-Schlaf fast vollständig fehlt und die Aktivitäts- und Ruheperioden rund um die Uhr verteilt sind. In diesem Fall besitzt die Beleuchtung als natürlicher Taktgeber unterschiedliche Wertigkeit für den Organismus nicht nur in der Abhängigkeit von seinem Entwicklungsniveau in der Ontogenese, sondern auch in Abhängigkeit von den Herdenbeziehungen. Dies gestattet das Vorhandensein eines deutlich ausgeprägten angeborenen "Zeitgeberprogrammes, Wechselbeziehungen zwischen

Taktgeber und Zeit anzunehmen. Der Organismus-Zeitgeberkomplex ist bei weitem nicht nur ein physikalischer Faktor der Umwelt sondern gleichzeitig auch ein Teilelement derselben, welches die Ätiologie der Aufrechterhaltung der tagesperiodischen, zirkadianen Rhythmik und die sie unterhaltende ultradiane Komponente bestimmt. (Abb. 1)

Die Bearbeitung des ersten Materials der Versuche von O.P. TSCHERBAKOWA /28, 29/, die unter Ausnutzung der Kosinor-Analyse und der Spektralanalyse vorsichging, zeigte, daß bei der Formierung des Tagesrhythmus der Atemfrequenz sowie der Körpertemperatur bei einem LD-Regime von 6 : 6 die Daten prinzipielle Unterschiede zu denen eines Regimes DL 6 : 6. Im ersten Falle (Abb. 2) wird sowohl die 24-Stunden-, als auch die 12-Stundenharmonie umgestellt, was im Verlaufe von 12 aufeinanderfolgenden Tagen signifikant nachweisbar war. Beim DL-Regime erlischt der 24-Stundenbestandteil bereits am 9. Versuchstage und es bleibt nur die durch das Beleuchtungsregime unterstützte 12-Stundenkomponente erhalten. Folglich wirken die künstlichen Beleuchtungsregime LD 6 : 6 und DL 6 : 6 als Synchronisatoren durchaus nicht gleichwertig.

Diese Tatsachen gestatten die Annahme, daß neben einem Oszillator mit 24-Stundenperiodik im Organismus Oszillatoren mit kurzer Wellenlänge, im nachgewiesenen Falle mit einer zwölfstündigen, existieren. Es müssen also auch Oszillatoren mit noch kürzeren Periodizitäten in Erscheinung treten können.

Im Sinne dieser Annahme sprechen Ergebnisse über die Unmöglichkeit beispielsweise eine 16-stündige Periodik der Pulsfrequenz zu erzielen (ALJAKRINSKI 1977; STEPANOWA 1972, 1977) Außerdem gibt es Grundlagen zur Annahme, daß sich der Organismus kürzere Periodizitäten, etwa 6- bzw. 8stündige, sehr wohl aneignen kann /3, 44/.

Das Vorhandensein angeborener Elemente der Formierung der 24-Stundenperiodik bei höheren Lebewesen, z.B. bei Affen, richtet die Aufmerksamkeit der Forscher auf die Untersuchung derselben Merkmale beim Menschen. Jedoch beim Menschen neben den Zeitgebern, welche den Charakter biologischer Signale tragen, Signale aus der sozialen Sphäre, die mit der Lebensweise in der Gesellschaft sowohl als auch mit dem Arbeitsprozeß eng verknüpft sind, von ausschlaggebender Bedeutung.

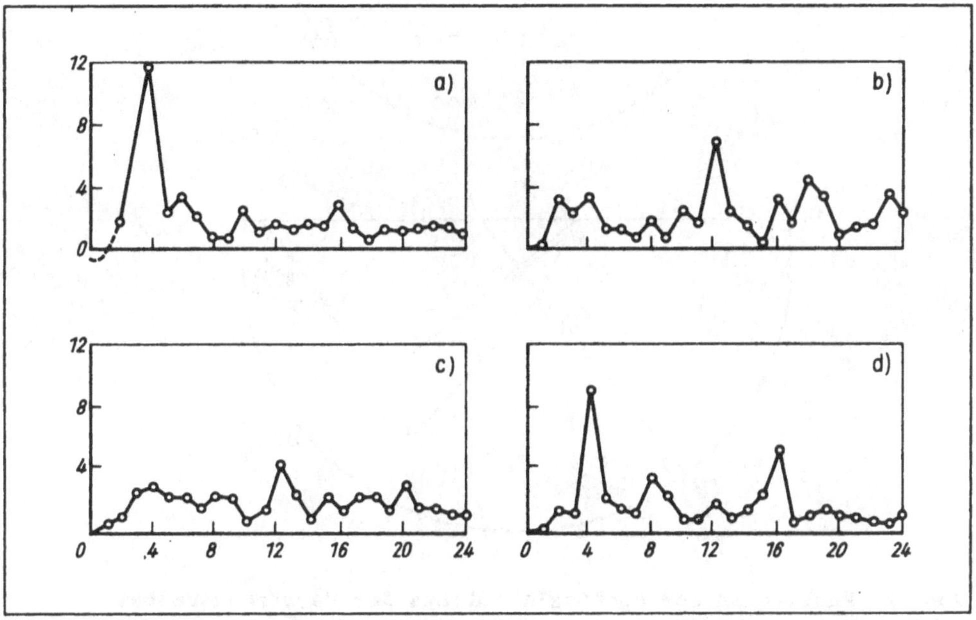

Abb. 1: **Kosinor-Analyse des 24-Stundenrhythmus der Körpertemperatur bei Affen bei Beleuchtungsregime LD 6 : 6 (a) und DL 6 : 6 (b). Mit römischen Ziffern sind die Zentren von Ellipsen bezeichnet, welche den Wahrscheinlichkeiten in den an den verschiedenen Tagen durchgeführten Versuchen entsprachen (2 Tage Versuchsruhe, 3.Tag-Versuch!). Die kompliziert gewundenen Geraden entsprechen dem Umbau der 24-Stunden-Komponente; die gestrichelten - dem der 12-Stundenkomponente.**

Das Problem des Einflusses biologischer und sozialer Faktoren auf die zirkadianen Rhythmen physiologischer Funktionen beim Menschen ist durch eine Vielzahl von Untersuchungen in den letzten 60 - 70 Jahren mehr als andere beleuchtet worden. Beginnend mit dem ersten Forscher, LINDHARDT, der 1913 bereits mit Untersuchungen in der Antarktin erste Ergebnisse zu diesem Problem beisteuerte und endend mit Experimenten, die in den letzten Jahren unter Anwendung der Methode der Isolierung in Laboratorien und Spezialkammern durchgeführt wurden,/1, 2, 3, 20, 21, 22, 23, 24, 33, 45/ waren es be_

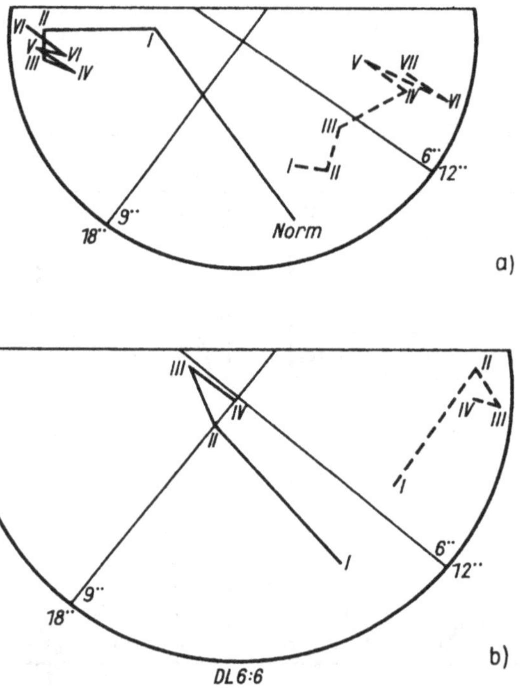

Abb. 2: Funktionen der spektralen Dichte der Herzfrequenz bei Makakus-Rhesus, a) bei einem Männchen in einer Gruppe männl. Tiere; b) bei einem Männchen in einer Gruppe halbwüchsiger Tiere; c) bei einem halbwüchsigen Tier in einer Gruppe Halbwüchsiger; d) bei einem Männchen in einer Gruppe erwachsener männlicher Tiere. Ordinale - normierte Funktion der spektralen Dichte; Abszisse - Frequenzmeßpunkte, anhand derer die Funktion der spektralen Dichte beurteilt wurde. Die Frequenz 4 entspricht der 24-Stunden-Periodik; die Frequenz mit der Zahl 12 entspricht der 8-Stunden-Periodik.

sonders F. HALBERG und seine Mitarbeiter /42,43/, die dieser Problematik in globalem Maßstab ihre Aufmerksamkeit zuwandten und zwar sowohl unter Berücksichtigung zeitlicher als auch klimatischer Faktoren. Großangelegte Studien in dieser Richtung wurden auch bei kontinentalen Ortsveränderungen am Menschen (bes. Interkontinentalflüge) ausgeführt (Sammelband: MATJUCHIN, DEMIN, JEWZICHENRITSCH /13/. Insgesamt konnte bisher festgestellt werden, daß der Faktor der Urbanisierung bei der Untersuchung der zirkadianen Rhythmik des Menschen eine große Rolle spielt. Letztere erhöht die Bedeutung sozialer Faktoren, zu denen auch der der bisher nicht untersuchten Problematik von Arbeitsgruppen, Kollektiven etc., gehört, indem sie den Einfluß von Faktoren aus der natürlichen Umwelt des Menschen (Beleuchtungsregime, Schichtarbeitsverteilung, Glättung meteorologischer und saisonbedingter Einflüsse) einengt. In diesem Plan ist die Untersuchung der in den Dörfern lebenden Bevölkerungskreise von größten Interesse, da hier, neben den einwirkenden sozialen Faktoren in hohem Maße der Einfluß von natürlichen Umweltfaktoren, besonders bei der im Freien ausgeführten Arbeit, erhalten bleibt. Eine der Möglichkeiten der Gegenüberstellung der Wechselbeziehungen zwischen sozialen und Umweltfaktoren in der Formierung und Aufrechterhaltung der Tagesperiodik ist die Saisondynamik verschiedener Funktionen. Die auf diesem Gebiet erhaltenen Fakten sind besonders anschaulich im hohen Norden, wo Polarnacht und Polartag einen großen Einfluß auf den Charakter der zirkadianen Abläufe im menschlichen Organismus /8, 9/ ausüben.

In mittleren Breiten ist diese Frage nur wenig untersucht, obwohl auch hier Verschiebungen der natürlichen Faktoren "Beleuchtung" und "Temperatur" ausreichend deutlich sind. Bei der Untersuchung der Saisondynamik der zirkadianen Beziehungen sind einige Parameter von besonderer Wichtigkeit, wie z.B. das allgemeine Funktionsniveau, die zirkadiane Amplitude ihrer Schwankungen und die Akrophase. In Untersuchungen von T.A. ABDYLDABEKOW und M.T. TURKMENOW in Mittelasien (Kirgisien) konnte nachgewiesen werden, daß die Saisonveränderungen des Niveaus physiologischer Funktionen besonders die Pulsfrequenz und die Körpertemperatur betreffen. (Abb. 3)

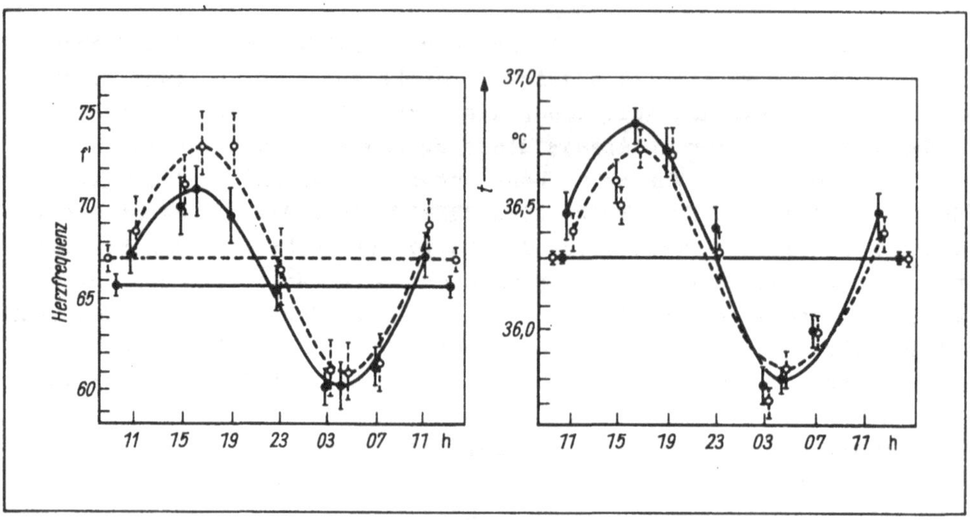

Abb. 3: Mittlere Jahresrhythmik der 24-Stundenperiodik der Herzfrequenz (links) und der Körpertemperatur (rechts) von Flachlandbewohnern (durchgezogene Kurve) und von Gebirgsbewohnern (gestrichelte Kurve)

Die zirkadianen Veränderungen der physiologischen Funktionen sind im Verlaufe eines Jahres relativ geringen Störungen unterworfen, was besonders die Akrophasen betrifft. In den Sommermonaten wird lediglich durch den stärkeren Beleuchtungseinfluß eine unbedeutende Verschiebung der Akrophase in frühere Tagesstunden beobachtet. Zusätzlich konnte bei Mittelgebirgsbewohnern (Höhe - 700 m über dem Meeresspiegel) in den Frühjahrs- und Sommermonaten eine deutlich ausgeprägte 12-Stunden-Periodizität des Blutdruckes registriert werden. Dies kann mit der Verteilung landwirtschaftlicher Arbeiten bei den Bauern der entsprechenden Gegenden zusammenhängen, bei denen in den Herbst- und Wintermonaten derselbe Parameter eine 24-Stunden-Periodik erkennen läßt. Es ist hierbei wichtig zu wissen, daß die Höhe über dem Meeresspiegel selbst und die mit ihr auftretende Hypoxie und Hypoxämie keinen bemerkenswerten Einfluß auf die zirkadiane Organisation physiologischer Funktionen des Menschen haben. Dies betrifft besonders die Phasencharakteristik der Biorhythmen. Die absoluten Parameter einiger Funktionen jedoch, z.B. die Pulsfrequenz, sind in den Bergen deutlich höher als im Vorgebirgsraum. (Abb. 3)

Die beschriebenen Besonderheiten der zirkadienan Rhythmen des Menschen, der in dörflichen Gegenden wohnt, lassen die Schlußfolgerungen zu, daß das Regime der Produktionsarbeit den Charakter der zirkadianen Beziehungen der Funktionen bestimmt und daß folglich die Signale der sozialen Sphäre der führende Zeitgeber sogar dann ist, wenn der Mensch in der Natur, weit entfernt von großen Industriezentren lebt und arbeitet.

Im gegenwärtigen Moment wird nicht bezweifelt, daß verschiedene Tätigkeiten des Menschen, einschließlich der Protionsarbeit als Synchronisatoren für den 24-Stunden-Rhythmus anzusehen sind. /16, 3/ Jedoch beeinflussen verschiedene Tätigkeitsformen sowie der Charakter der Produktionsarbeit die zirkadiane und ultradiane Komponente des 24-Stunden-Rhythmus nicht in gleicher Weise. Dies ist besonders deutlich bei der Gegenüberstellung von Tätigkeiten mit verschiedenem Anteil nervaler, emotioneller und muskulärer Komponenten. Als Beispiel hierfür können einige Arten von Produktionsarbeiten dienen, die von A.D. SLONIM und O.S. RUTTENBURG /16/ in Leningrad erforscht wurden. Hierbei erbrachten die Untersuchungen einer leichten produktiven Tätigkeit bei Montagearbeiterinnen für elektrische Lampen sowie der Geistesarbeit (Arbeiter eines Konstruktionsbüros) besonders anschauliche Ergebnisse. /4/ Aus der Abb. 4 wird deutlich, daß die Akrophase des Rhythmus der Körpertemperatur dieser beiden erwähnten Tätigkeitsgruppen gleich sind. Die Akrophasen des 12-Stunden-Rhythmus beobachtet man bei den Montagearbeiterinnen um 10 und um 22 Uhr, bei den Angestellten des Konstruktionsbüros hingegen um 7 und um 19 Uhr. Bei Probanden mit emotionell belastender Arbeit - z.B. Mitarbeitern des Fernsehstudiums - unterscheiden sich die Temperaturrhythmen in ihren Akrophasen sowohl in der 24-Stunden-, als auch in der 12-Stundenperiodizität. Bei körperlicher Schwerstarbeit - z.B. Eisenbahnarbeiter, Gleisbauer etc. - ist die 12-Stunden-Komponente durch eine hohe Amplitude charakterisiert, die Akrophase fällt jedoch mit der von Montagearbeiterinnen, welche eine leichte körperliche Arbeit ausüben, faktisch zusammen.

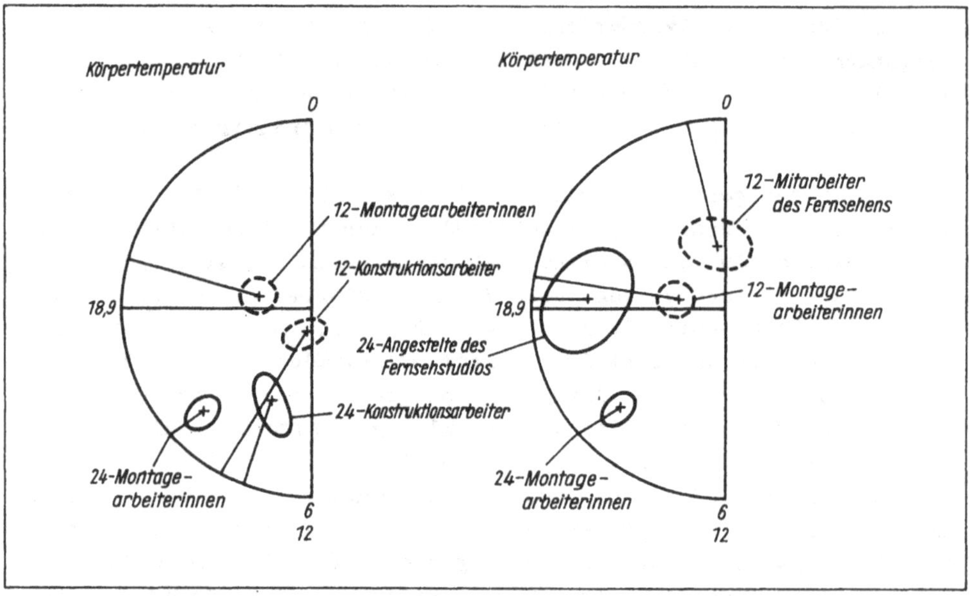

Abb. 4: Resultate der Kosinor-Analyse der 24-Stunden-Rhythmik der Körpertemperatur bei unterschiedlichen Arbeiten.
Links: Angestellte eines Konstruktionsbüros und Montagearbeiterinnen;
Rechts: Mitarbeiter des Fernsehstudiums und Montagearbeiterinnen.
Durchgezogene Linien: 24-Stunden-Kosinor-Funktionen
Gestrichelte Linien: 12-Stunden-Kosinor-Funktionen

Es wurden unter dem Einfluß verschiedener Faktoren der äußeren Umwelt auch Veränderungen der Rhythmus-Amplituden beobachtet. So traten bei Weberinnen und Montagearbeiterinnen die Akrophasen zur gleichen Zeit auf, aber die Amplituden unterschieden sich voneinander, bei ersteren lagen sie bei 0,23° und bei den letzteren um 0,39°. Im ersteren Falle spielte wahrscheinlich die Umgebungstemperatur in den Websälen eine Rolle.

So kann also zusammenfassend festgestellt werden, daß der Charakter der produktiven Tätigkeit gemeinsam mit Faktoren der äußeren Umwelt einen Einfluß auf die Tag-Nacht-Rhythmik ausüben, indem sie sowohl Veränderungen der Phase, als auch der Amplitude hervorrufen können. Die Bedeutung des komplizierten Komplexes der Tätigkeit als Synchronisator kann anhand von Gegenüberstellungen der Untersuchungsresultate, welche in der Arbeitszeit erzielt wurden, mit solchen, die außerhalb derselben registriert werden konnten, bestätigt werden.

Es zeigte sich, daß bei Eisenbahnarbeitern die Akrophasen der Körpertemperatur des 24-Stundenbestandteiles der Rhythmik an Arbeitstagen 14,35' und an freien Tagen 16,50 ' betrug, während sie sich bei Angestellten des Konstruktionsbüros faktisch nicht unterschieden. Auch in der 12.Stundenkomponente gab es bei Transportarbeitern an Arbeits- und an freien Tagen keine Unterschiede. Bei Angestellten des Konstruktionsbüros war die 12-Stunden-Komponente an Arbeitstagen faktisch nicht vorhanden (Abb. 4)

Es kann angenommen werden, daß die Verschiebung der Akrophase der Körpertemperatur in frühere Tagesstunden bei Ausführung schwerer körperlicher Arbeit als Zeichen der Konzentration erhöhter Wärmeproduktion im Normalverlauf der 24-Stundenkurve, zu werten ist. Diese Fakten korrelieren mit Untersuchungen am Menschen /38 - 41/ zur Erforschung des Einflusses der Schichtarbeit auf die Stabilisierung der Biorhythmen.

Die Frage über die physiologische Bedeutung der ultradianen Rhythmen und ebenso die Frage über deren Herkunft bleiben nach wie vor unbeantwortet.

Angaben über die Ontogenese der Tagesperiodik /27, 14/ zeugen davon, daß die rhythmischen Schwankungen der Körperfunktionen sich in frühen Stadien der Entwicklung formieren und den Saugvorgang bei Neugeborenen widerspiegeln können. Die ultradianen Rhythmen sind auch in späteren Entwicklungsetappen und Jugendlichen gut ausgebildet /4, 5, 15, 16, 17/. Bis heute bleibt jedoch ungeklärt, in welchem Maße die Entstehung ultradianer Rhythmen zu Formveränderungen von 24-Stunden-Verlaufskurven bei Ermüdung oder emotioneller Anspannung des Organismus, ganz zu schweigen von pathologischen Zuständen, führen können. Diese Fragen können nur durch spezielle Untersuchung der Ultradianperiodik in der Evolution des Menschen und hochentwickelter Lebewesen geklärt werden.

Literatur

/1/ Aljakrinskii, B.S.: Kosm. Biol. i Med. 2 (1971) 53

/2/ Aljakrinskii, B.S.: Kosm. Biol. i Med. 6 (1972) 32

/3/ Aljakrinskii, B.S.: Kosm. Biol. i aviokosm.Med. 11 (1977) 3

/4/ Birjukowitsch, A.A.: Pediatria 6 (1972) 27

/5/ Birjukowitsch, A.A.: Gigenia i Sanitaria 5 (1972) 40

/6/ Bykow, K.M. und A.D. Slonim: Untersuchungen der komplizierten bedingt-reflektorischen Tätigkeit bei Tieren und Menschen unter natürlichen Lebensbedingungen. Verlag der Akademie der Wissensch. d. UdSSR Moskau-Leningrad 1960 (russ.)

/7/ Iwanow, K.P., A.R. Makarowa und A.A. Tufatschewa: Der Einfluß der Beleuchtungsintensität auf den Gasstoffwechsel bei Affen. in: "Versuch der Untersuchung der Regulation physiologischer Funktionen"(1953) S. 94 (russ.)

/8/ Kandor, I.S.: Gigiena i Sanitaria 5 (1958) 7

/9/ Kandor, I.S.: Abriß der Physiologie und Hygiene des Menschen im hohen Norden. Medizina, Moskau (1968) S. 280 (russ.)

/10/ Litzow, A.N.: Kosm. Biol. i Med. 4 (1969) S. 59

/11/ Litzow, A.N.: Kosm. Biol. i Med. 1 (1971) 44

/12/ Maiselis, R.M. und O.S. Ruttenburg: Tagesrhythmus der Aktivität und physiologischen Funktionen und der Arbeitsfähigkeit des Menschen bei Regime mit raschem Wechsel zwischen Schlaf und Wachsein bei Ratten. in: "Versuch der Untersuchung der Periodizität der Veränderung physiologischer Funktionen". Verlag der Akad. d. Med. Wiss. d. UdSSR (1949) S. 131 (russ.)

/13/ Matjuchin, V.A., D.V. Demin und A.V. Jewzichewitsch: Biorhythmologie bei Translokation des Menschen. Nauka, Sibir. Abtlg., Nowosibirsk (1976) S. 104 (russ.)

/14/ Moissejewa, N.I.: Einige Methodologische Aspekte der Untersuchung des Zeitbegriffes in der Biologie. in: "Methodologische Fragen der theoretischen Medizin". red. Bearb.: N.P. Bechterewa, Verlag Medizina Leningrad (1975) S. 87 (russ.)

/15/ Ruttenburg, S.P.: Fiziol. Zurn. CSSR 52,7 (1966) 855

/16/ Ruttenburg, S.Θ. und A.D. Slonim: Zirkadiane Rhythmen physiologischer Funktionen und der Arbeit des Menschen. Ilim, Frunse (1976) S. 188 (russ.)

/17/ Ruttenburg, S./. und M.G. Zibina: Physiologische Fundamentierung des Arbeitsrhythmus von Jugendlichen in Gewerbeschulen. in: "Arbeiten der wiss. Tagung des Leningrader Institutes für Arbeit und Berufskrankheiten in Auswertung der 1955 erzielten Ergebnisse". (1955) 96

/18/ Segal, A.N.: Motorische Aktivität und Gasstoffwechsel der großen Meise bei Änderung des Beleuchtungsregimes. Vortrag der Akad. d. Wiss. d. UdSSR, 5 (1956) (russ.)

/19/ Slonim, A.D. und G.I. Tscherkowitsch: Zur Rolle typologischer Besonderheiten des Nervensystems in der Formierung des 24-Stundenrhythmus physiologischer Funktionen bei Affen. Konferenz über die Fragen der Rolle des Types des Nervensystems bei Wechsel kompensatorischer und wiederherstellender Reaktionen des Organismus, ref. Vortrag, Kiew (1959) S. 84 (russ.)

/20/ Stepanowa, S.I.: Kosm. Biol. i Med. 3 (1972 a) 65
/21/ Stepanowa, S.I.: Kosm. Biol. i Med. 2 (1972 b) 81
/22/ Stepanowa, S.I.: Kosm. Biol. i Med. 2 (1973) 68
/23/ Stepanowa, S.I.: Kosm. Biol. i aviokosm. Med. (1975) 70
/24/ Stepanowa, S.I.: Aktuelle Probleme der kosmischen Biorhythmologie. Probl. kosm. Biol., Moskau Band 23 (1977) (russ.)
/25/ Filatowa, L.G.: Zum 24-Stunden-Regime bei Nagern und Insektenfressern sowie zum Versuch seiner experimentellen Erforschung in: Sammelband "Versuch der Untersuchung periodischer Veränderungen phýsiologischer Funktionen im Organismus." Moskau (1949) S. 116 (russ.)
/26/ Fufatschewa, A.A.: Fiziol. Zurn. SSSR (1977) S. 16
/27/ Tscherkowitsch, G.M.: Akustischer Analysator und die Rolle von Herdenbeziehungen in der 24-Stundenperiodik ohysiologischer Funktionen bei Affen. in: "Versuch der Untersuchung der Regulation physiologischer Funktionen". Verlag der Akad.d.Wiss.d. UdSSR, Moskau-Leningrad 2. Aufl. (1953) S. 187 (russ.)
/28/ Schtscherbakowa, O.P.: Bjull. exp. Biol. i Med. 4 (1937) 335

/29/ Schtscherbakowa, O.P.: Versuch der Erforschung periodischer Veränderungen physiologischer Funktionen des Organismus. Moskau (1949) S. 42 (russ.)
/30/ Aschoff, J.: Exogenous and endogenous components in circadian rhythms. Cold Spring Harbor Simposia on Quantitative Biology, 26 (1960) 11
/31/ Aschoff, J.: Comparative Physiology. Diurnal Rhythms. Ann. Rev. Physiol., 25, (1963) 581
/32/ Aschoff, J.: Circadian Rhythms in Man. Science, V. 148 (1965) 1427
/33/ Aschoff, J., E. Pöppel und Wever, R.: Pflügers Arch., Bd. 306 (1969) 58
/34/ Brown, F.A.: A Mified Theory for Biological Rhythms. in: Circadian Clocks. Amsterdan (1965) 231
/35/ Brown, F.A.: "Endogenous" Biorhythmicity Rewiewed with New Evidence. Scientia, 53 (1968) 1
/36/ Brown, F.A.: A Hypothesis for Extrinsie Timing of Circadian Rhythms. Can J. Botany, 47 (1969) 287
/37/ Brown, F.A.: Biological Clocks: Endogenous Cycles Synchronized by Subtle Geophysical Rhythms. in: Biosystems, 8, 67. North Holland Publ. Comp. Amsterdam. 1976

/38/ Colquhoum W.P., M.Y.F. Blake, R.S. Edwards: Experimental Studies of Shift Work. II Stabilized 8-Hour Shift-Systems. Ergonomics, 12, (1969)

/39/ Colquhoum W.P., M.Y.F. Blake, R.S. Edwards: Experimental Studies of Shift Work. I. A Comparison of "Rotating" and "Stabilized" 4-Hour Shift-Systems. Ergonomics, II, (1967) 437

/40/ Colquhoun W.P., M.Y.F. Blake, R.S. Edwards: Experimental Studies of Shift Work. III. Stabilized 12-Hour Shift-Systems. Ergonomics, 12, (1969) 865

/41/ Conroy R.T.W.L. a. Y.N. Mills: Circadian Rhythms. London (1970) 236

/42/ Halberg,F., A.Reinberg: Rhythmes Circadiens et Rhythmes de Basse Frequences en Physiologie Humaine. J.de Physiol. (Paris), 59(1967) 117

/43/ Halberg, F., I. Reinhardt, F.G. Barter, C. Delea, R. Gordon: Aggrement in Eind Point from Circadian Rhythmometry on Healthy Human Beings Living on Different Continents. Experientia (1969) 107

/44/ Kovit, B.: Man in Orbit. Space Aeronautics, 1964, 41, N. 6, 76

/45/ Lewis, P.R. and M.C. Lobban: The Effects of Prolohged Period of Life on Abnormal Time Routines upon Excretory Rhythms in Human Subject. Quart. J. Exp. Physiol. 42, (1957) 356

/46/ Pittendrigh C.S.: On the Mechanism of Entrainment a Circadian Rhythm by Light Cycles. in: Circadian Clocks. (1965) 277. North Holland Publ. Comp., Amsterdam

/47/ Siegel, P.V., S.I. Gerathewohl and S.R. Mohler: Time-Zone-Effect. Science, 164 (1969) 1249

/48/ Slonim, A.D., O.P. Stscherbakowa: Beobachtungen über den Nachtschlaf bei Affen. in: Studien über Periodische Veränderungen Physiologischer Funktionen des Organismus, S. 155-165. Akademie-Verlag, Berlin 1954

/49/ Stscherbakowa, O.P.: Experimentelle Untersuchungen über 24-Stunden-Rhythmus physiologischer Funktionen bei Affen. In: "Studien über periodische Funktionen des Organismus. Akademie-Verlag, Berlin (1954) 40-61.

Zusammenfassung

Spezielle Methoden der mathematischen Analyse (Cosinor-Analyse, Berechnung der Spektraldichtefunktionen) ermöglichen, aus dem biorhythmischen Gesamtprozeß nicht nur eine circadiane Komponente, sondern auch ihre harmonischen Komponenten auszuweisen. Die Bedeutung dieser Harmonischen für die Ausprägung des Rhythmus wurde bei der Bearbeitung der Experimentalangaben von O.P. TSHTSHERBAKOWA (1949) gezeigt, in welchen der Einfluß spezieller Licht- und Ernährungsregime (L : D = 6 : 6; D:L=6 : 6) untersucht wurde. Es konnte herausgestellt werden, daß bei einem Regime von D : L = 6 : 6, zum Unterschied von einem L : D = 6 : 6-Regime, die circadiane Komponente schon am sechsten Experimentaltag statistisch unbedeutend wird und nur eine harmonische von 12 h ausgeprägt ist. Das bedeutet, daß der "astronomische Tag" bei L : D = 6 : 6 seinen Einfluß behält und den Circadianrhythmus erhält (SLONIM, SOROKIN, 1975). Die Untersuchungen der Pulsfrequenz bei erwachsenen und halbwüchsigen Affen haben aber gezeigt, daß die Harmonischen der 24 h-Periodik sowohl angeboren als auch aufgezwungen sein können (SLONIM, SOROKIN, TSHERKOWITSCH, 1978). Die gleichmäßige Intensitätsverteilung aller Harmonischen (die 8-stündige überwiegt), die typisch für die in einer Gruppe gehaltenen halbwüchsigen Affen ist, ändert sich plötzlich, wenn man ein erwachsenes Männchen in dieser Gruppe unterbringt. Bei den halbwüchsigen Affen in dieser Gruppe waren nur die Harmonischen zur 24 h-Periodik deutlich, während bei dem erwachsenen Männchen, das bis dahin einen 24- h-Rhythmus hatte, jetzt nur eine 8 h-Periodik vorhanden war. Dies ist wahrscheinlich mit der biologischen Funktion des Männchens, das seine Herde beschützt, verbunden.

Das Vorhandensein von 12 h-Komponenten konnte auch beim Menschen unter dem Einfluß von natürlichen und künstlichen Umgebungsfaktoren wie Jahreszeiten und Arbeitstätigkeit demonstriert werden. Bei gesunden Landbewohnern Kirgisiens (geringe Höhe) ergaben die Untersuchungen des maximalen Blutdruckes im Frühling und Sommer eine deutliche 12 h-Komponente des diurnalen Rhythmus, während im Herbst und Winter eine 24 h-Periodizität beobachtet wurde (ABDYLDABEKOW, 1975).

Die Form der tagesrhythmischen Kurve wird von der Arbeitstätigkeit des Menschen beeinflußt. Dabei verändern sich nicht nur die Akrophasen, sondern auch die Amplituden der physiologischen Werte, insbesonders der Rhythmus der Körpertemperatur (RUTTENBURG 1964; RUTTENBURG, SLONIM 1876; ASCHOFF 1970). Während schwerer körperlicher Arbeit hat die 12 h-Komponente eine größere Amplitude als während leichter körperlicher Arbeit, doch fallen die Akrophasen der 12- und 24 h-Komponenten zusammen. Während geistiger (emotioneller) Arbeit unterschieden sich die Akrophasen im Vergleich zu verschiedenen körperlichen Arbeiten. Das betrifft sowohl die 24 h- als auch die 12 h-Rhythmuskomponenten. Auch die Verteilung von 12 h- und 24 h-Rhythmuskomponenten an Arbeits- und Ruhetagen ist verschieden. Gleiche Akrophasen mit der 24 h-Komponente stellen sich bei schwerer körperlicher Arbeit

am Arbeitstag um 14.35 Uhr und am Ruhetag um 16.50 Uhr ein. Während geistiger Arbeit finden sich keine Unterschiede in der Lage der Akrophasen an Arbeits- und Ruhetagen, doch tritt an Ruhetagen die 12 h-Komponente zurück.

Der Vergleich der vorgelegten Befunde erlaubt, eine Hypothese über die unterschiedliche Wirkung der abiotischen und biotischen Faktoren der Umwelt als Zeitgeber des 24 h-Rhythmus und seiner Komponenten sowie die Bedeutung dieser Faktoren für die Ausbildung von circadianen und ultradianen Komponenten beim Menschen aufzustellen.

Резюме

Специальные методы математического анализа (КОСИНОР-анализ, построение функций спектральной плотности) позволяют выделить из биоритмологического материала не только 24-часовую составляющую, но и ее гармоники. Значение таких гормоник в усвоении ритма было ясно показано при обработке экспериментального материала. О.П.Щербаковой (1949) с изучением влияния специальных режимов освещения и питания 6:6 6:6. Оказалось, что при режиме 6:6 в отличие от режима 6:6 24-часовая составляющая уже на 6-е сутки эксперимента становится статистически незначимой и фиксируется только 12-часовая гармоника. Следовательно, "астрономический день" продолжает для режима 6:6 оказывать свое влияние, поддерживая 24-часовой ритм. (Слоним,Сорокин,1975). Однако, как врожденный, так и навязанный характер 24 и 12-часовых гармоник подтверждается исследованиями частоты пульса у взрослых обезьян и подростков (Слоним,Сорокин, Черкович, 1978). Характерное для содержащихся в группе подростков равномерное распределение интенсивности по всем гармоникам (с преобладанием 8-ми часовой) резко изменяется при помещении взрослого самца в группу подростков. У подростков в такой группе четко выявляется лишь 24-часовая гармоника, а у самца, имевшего до этого 24-часовой ритм, выявляется лишь 8-часовая гармоника, что, видимо, связано с биологической функцией самца, охраняющего стадо.

Наличие 12-часовых составляющих было показано и у человека как под влиянием природных, так и искусственных факторов среды - сезонов года и трудовой деятельности. У здоровых сельских жителей (малые высоты) Киргизии в весенне-летний период исследования максимального кровяного давления выявляет четкую 12-часовую составляющую суточного ритма, тогда как в осенне-зимний сезон достоверно выявляется 24-часовая периодика (Абдылдабеков, 1975).

Трудовая деятельность человека оказывает влияние на форму суточной кривой. При этом изменяются как акрофазы, так и амплитуды ритмов физиологических параметров, в частности, ритма температуры тела. (Руттенбург, 1964; Руттенбург,Слоним, 1976; Ашофф, 1970). Для тяжелого физического труда 12-часовая составляющая отличается большей амплитудой по сравнению с легким физическим трудом, но акрофазы 12 и 24-часовых составляющих совпадают. Для умственного (эмоционального) труда характерны отличия в акрофазах по сравнению с различными видами физического труда. Это касается как 24, так и 12-часовых составляющих суточного ритма. Наблюдаются различия в распределении 12 и 24 составляющих ритма температуры тела и рабочие и нерабочие дни. Для тяжелого физического труда акрофазы 24-часовой составляющей в рабочие дни равны 14 час. 35 мин., а в нерабочие 16 часов 50 минут; для умственного труда различий в акрофазе в рабочие и нерабочие дни не наблюдается, но наблюдается исчезновение 12-часовой составляющей в нерабочие дни.

Изложенные факты и сопоставления позволяют выдвинуть гипотезу о разном значении абиотических и биотических факторов среды в качестве суточного ритма и его составляющих, а также значимости этих факторов в формировании циркадных и ультрадных составляющих у человека.

Summary

Specialised methods of mathematical analysis (cosinor analysis and calculation of spectral density functions) may be used to derive from an overall biorhythmic process not only one circadian component but their harmonic components, as well. The importance of those harmonic components to the formation of rhythm was shown in the context of O.P. Chcherbakova's experimental data (1949) obtained from studies into the effects of controlled light and nutritional regimes (L : D = 6; D : L = 6). The circadian component in a regime of D : L = 6 : 6 was found to differ from a regime of L : D = 6 : 6, in that it declined to statistical insignificance on the sixth day of experimentation. Only a harmonic component of twelve hours was pronounced. With L : D = 6 : 6, the "astronomic day", consequently, retained its influence and assumed circadian rhythm (Slonin, Sorokin, 1975). However, pulse rate values recorded from adult and pre-adult monkeys have shown that the harmonic components of the 24-hour periodicity can be congenital as well as acquired (Slonin, Sorokin, Cherkqvich, 1978). The regular distribution of intensities of all harmonic components (with the eight-hour component being predominant) is typical of pre-adult monkey in a group but changed abruptly, as soon as an adult male is added to the group. The harmonic components of 24-hour periodicity had been clearly pronounced among the pre-adult monkeys of the group, while the adult male that had a 24-hour rhythm before, suddenly assumed eight-hour periodicity. Such change may be attributable with some probability to the male's biological function of protecting the herd.

The presence of twelve-hour components was recordable also from man under the impact of natural or artificial environmental factors, such as seasons and activity. A twelve-hour component of diurnal rhythm was clearly recorded, in spring and summer, from the maximum blood pressures of clinically intact rural people in Kirgisia (low altitude), while 24-hour periodicity was recorded in autumn and winter (Abdyldabekov, 1975).

In man, the curve shape of the diurnal rhythm is affected by activity, with variation not only of acrophases but also of amplitudes of physiological parameters, such as the rhythm of body temperature (Ruttenburg, 1964; Ruttenburg, Slonin, 1876; Aschoff, 1970). The amplitude of the twelve-hour component in a person who did heavy physical work was higher than that in a proband exposed to moderate activity, but the acrophases of the twelve-hour and 24-hour components coincided. The acrophases during intellectual or emotional activity differed from those which accompanied physical activities. This applied to both the 24-hour and twelve-hour rhythmic components. The distribution of twelve-hour and 24-hour rhythmic components on workdays different from that on days of rest. With the proband at heavy physical work, the acrophases of the 24-hour component were identical on a workday, 2.35 p.m. and on a day of rest, 4.50 p.m.. The acrophases of workdays did not differ from those on days of rest, when the proband was involved in brainwork, but the twelve-hour component declined clearly on days of rest.

A comparison of the above findings may be helpful in establishing a working hypothesis on the differentiated action of abiotic and biotic factors of the environment as timers for the 24-hour rhythm and for its components. It may be possible, as well, to elucidate the importance of those factors to the development of circadian and ultradian components in man.

Martin-Luther-Universität Halle-Wittenberg
Sektion Biowissenschaften, WB Zoologie

Circadiane und ultradiane Rhythmen in ihrem Verhältnis zu Adaptation und Systemstabilität

J. SCHUH

Der tierische Organismus darf in seiner zeitlich-funktionellen Ordnungsstruktur als ein Multioszillatorsystem verstanden werden, in welchem rhythmische Prozesse eines breiten Frequenzspektrums eine wesentliche Bedingung für die Gewährleistung der Koordination von Ereignissen, der Informationsverarbeitung, der Zeitmessung, der Stabilität von Systemen und der Adaptation an geophysikalische Umweltperiodizitäten darstellen.

Dabei besteht in den hierarchisch geordneten Frequenzklassen auf den verschiedenen Funktions- und Systemebenen des Organismus die Tendenz zur Einstellung ganzzahliger Frequenzverhältnisse, die bei tagesrhythmischen Prozessen zur 24-h Periodik in harmonischen Kopplungsverhältnissen stehen und eine stabile zeitliche Funktionsordnung indizieren. Dieser komplexe Aufbau eines rhythmischen Gesamtprozesses wirft hinsichtlich seiner internen und externen Generierung, seiner funktionellen Differenziertheit, seines schwingungstheoretischen Verhaltens und seiner biologischen Relevanz noch Fragen auf, die der weiteren Untersuchung bedürfen. Es ergeben sich daraus sowohl Anforderungen an das Erfassen und die Darstellung rhythmischer Prozesse als auch an die Untersuchung und Beurteilung der internen Kopplungsverhältnisse der rhythmischen Komponenten und ihrer Beeinflussung sowie ihrer biologischen Bedeutung. Heute sind wir bei den meisten biologischen Funktionen in der Lage, bedingt durch methodischen und apparativen Fortschritt, kontinuierlich und rückwirkungsfrei Zeitserien biologischer Meßwerte zu erfassen, die es gestatten, ihre Zeitstruktur zu analysieren. Mit Hilfe mathematischer Verfahren der Zeitreihenanalyse können die rhythmischen Komponenten im Gesamtschwingungsprozeß von überlagerten Störungen selektiert und ihre spektralen Leistungsanteile (Poweramplituden) sowie die Lage ihrer Akrophasen bestimmt werden. Da viele dieser Verfahren auf der FOURIER-Analyse basieren, wobei vorausgesetzt wird, daß sinusförmige, harmonische Schwingungen den Gesamtprozeß aufbauen, geht nicht notwendigerweise hervor, daß diese harmonischen Schwingungen biologisch tatsächlich existieren und relevant sind. Eine Zusammenschau mit den biologischen Meßwertkurven ist deshalb unerläßlich.

An Untersuchungen der lokomotorischen Aktivität und der Freßaktivität von Kaninchen (Oryctolagus cuniculus, form. dom.) soll versucht werden, einige Beziehungen zwischen circadianen und ultradianen Rhythmen herauszustellen. Die erhobenen Zeitserien von Meßwerten wurden als Mittelwertschronogramme dargestellt und mit Hilfe eines mathematischen Verfahrens, auf der Grundlage der Auto- und Kreuzkorrelationsfunktion wurden die den Gesamtprozeß aufbauenden Partialschwingungen und die Lage ihrer Akrophasen berechnet (1). Dabei ergibt sich, daß die rhythmischen Tagesmuster durch den Anteil circadianer und ultradianer Rhythmen und ihrer Phasenbeziehungen charakterisiert sein können (2). Neben unimodalen Mustern der Freßaktivität, die für erwachsene Individien charakteristisch sind, treten vor allem bei jungen Tieren, aber nicht nur bei jungen, bi- und trimodale Muster mit circadianen und ultradianen Komponenten und mit unterschiedlichen Phasenlagen auf (Abb. 1).

Daß die Analysenergebnisse mit den Befunden der Originalmeßwerte übereinstimmen, zeigt in einer Resynthesekurve die Abb. 2. Ihr liegen die errechneten Werte: Frequenzen, Poweramplituden und Phasenverhältnisse zugrunde.

Gehen wir von den Ergebnissen aus, daß circadiane und ultradiane Komponenten den Tagesmustern zugrunde liegen können, sollte das auch beim Verhalten unter unterschiedlichen Beleuchtungs- bzw. Zeitgeberbedingungen sowie bei shift-Experimenten und für die zeitlich-funktionelle Koordination von Ereignissen berücksichtigt werden.

Abb. 3 zeigt das Verhalten der rhythmischen Komponenten der lokomotorischen Aktivität unter verschiedenen Licht-Dunkel-Verhältnissen.

Die circadiane Frequenz verändert ihre Phasenlage zum Zeitgeber entsprechend der ASCHOFF'schen Regel. Das Nebenmaximum am Morgen,

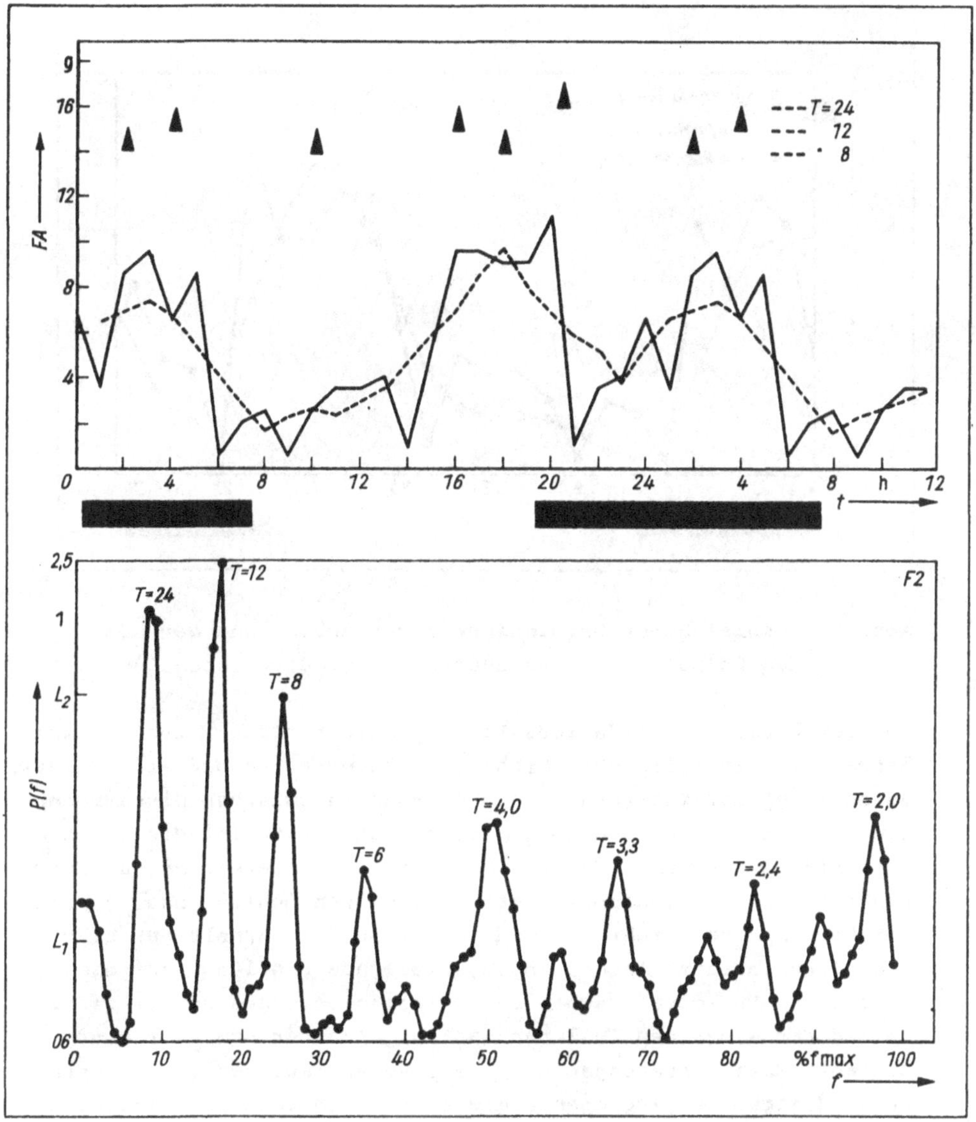

Abb. 1: Tagesmuster und Frequenzspektrum der Freßaktivität eines Kaninchen über 10 Tagesperioden. Schwarze Dreiecke: Lage der errechneten Akrophasen. (----) geglättete Originalkurve

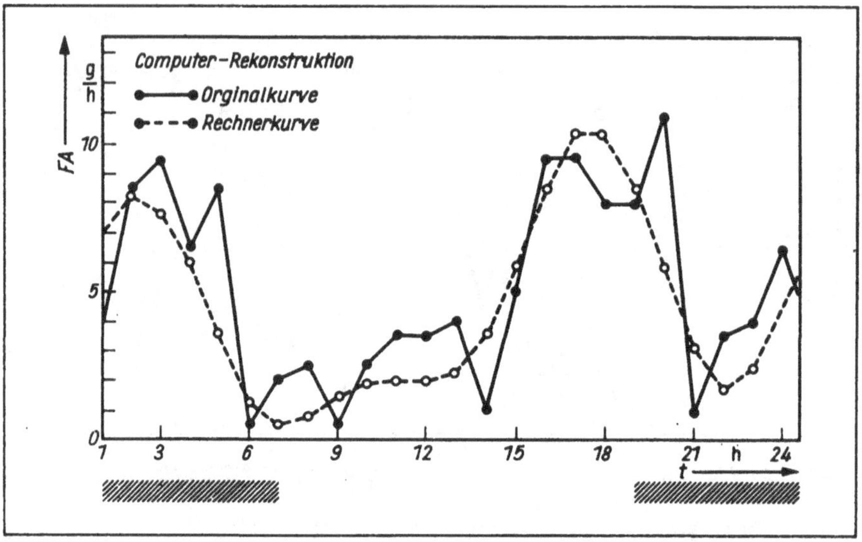

Abb. 2: Vergleich der Originalkurve von Abb. 1 und der aus den Computerdaten rekonstruierten Kurve (nach 1).

das durch ultradiane Periodenlängen charakterisiert ist, bleibt stärker an den Zeitpunkt "Licht an" gebunden, so daß es zu einer Veränderung der internen Phasenbeziehungen zwischen ultradianen und circadianen Periodenlängen kommt. Das bestätigt die schon oft gemachte Beobachtung, daß das Morgenmaximum stärker an den Zeitpunkt "Licht an" gekoppelt ist und legt den Schluß nahe, daß die Teilkomponenten "Licht an" und "Licht aus" innerhalb der Licht-Dunkel-Periodizität eines Tages, steuernde Einflüsse auf die circadiane Periodik ausüben und unterschiedliches reaktives Verhalten der einzelnen Teilkomponenten gegenüber dem Zeitgeber besteht. Musteränderungen und Phasenverschiebungen unter verschiedenen Zeitgeberbedingungen erklären sich in unseren Beispielen nicht nur über Veränderungen der Akrophase der Circadianperiode, sie werden auch mitbestimmt und begrenzt von den Dominanz- und Kopplungsverhältnissen der Partialschwingungen zueinander und zum Zeitgeber.

In zwei Versuchsserien mit jeweils 3 Tieren wurden für die lokomotorische Aktivität und für die Freßaktivität die Kopplungsverhältnisse zum Zeitgeber in einem künstlichen 16-Stunden-Tag

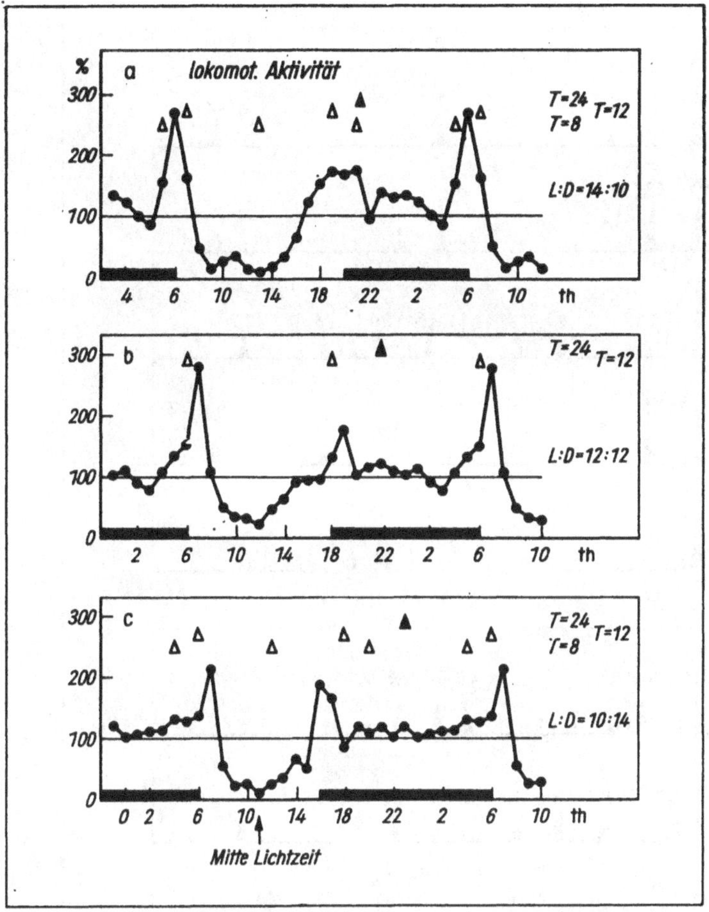

Abb. 3: Tagesmuster der lokomotorischen Aktivität unter verschiedenen L : D-Bedingungen. (Dreiecke: Lage der Akrophasen der errechneten Partialschwingungen.) Mittelwertschronogramm von jeweils 5 Tieren über 10 Tage. L = 250 lx

(L : D = 8 : 8) geprüft. Die Versuche liefen über einen Zeitraum von 40 Tagen. An einem Beispiel der lokomotorischen Aktivität soll das Geschehen zunächst über einen Zeitraum von 30 Tagen demonstriert werden (Abb. 4).

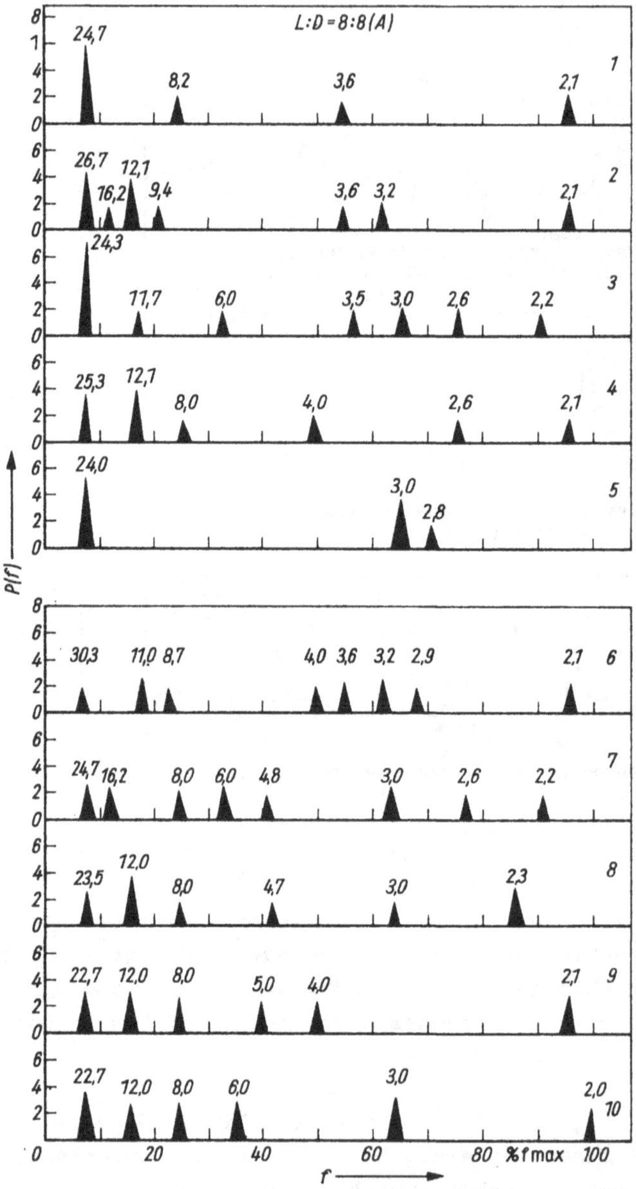

Abb. 4: Frequenzspektrum der lokomotorischen Aktivität eines Kaninchens über 30 Tage in L : D = 8 : 8 : 8

Hierzu wurde für 10 Analysenintervalle von jeweils 3 aufeinanderfolgenden Tagesperioden die Autokorrelationsfunktion, das Leistungsdichtespektrum, die genaue Bestimmung der Mittenfrequenz der Circadianperiode mit Hilfe eines Fensterspektrums und die Bestimmung der Phasenlage der Circadianperiode mittels einer Sinus-Kreuzkorrelation berechnet.

Die Circadianfrequenz reagiert auf die veränderten Zeitgeberbedingungen zunächst mit einer Frequenzerniedrigung. Im Leistungsdichtespektrum ist sie als dominierende Frequenz mit einem hohen Poweranteil ausgewiesen. Es treten vermehrt neben harmonischen ultradianen Periodenlängen unharmonische ultradiane Periodenlängen auf (Abschn. 1 - 4).

Im fünften Analysenabschnitt dominiert wieder eine 24-Stunden-Schwingung neben einer 3-Stunden-Schwingung mit relativ starker Poweramplitude. Im sechsten Analysenabschnitt schwingt die Circadianfrequenz in den infradianen Bereich mit einer Periodenlänge von 30,3 Stunden, daneben treten verstärkt unharmonische ultradiane Frequenzen hervor. Bei insgesamt niedrigen Poweramplituden, woraus auf einen hohen Rauschanteil geschlossen werden darf, ist eine harmonische Frequenzordnung weitgehend verloren gegangen. Die durchschnittliche tägliche Futteraufnahme ist während der Analysenintervalle 2 - 6 mit 120 g ± 30 gegenüber, 195 g ± 40 in den anderen Zeitabschnitten merklich vermindert. Ab dem siebenten Analysenintervall schwingt die Circadianfrequenz wieder in den circadianen Bereich mit einer stetigen Frequenzerhöhung (bis zu = 22,7 Stunden) und zunehmendem Poweranteil ein. Es treten wieder verstärkt harmonische ultradiane Frequenzen auf und führen zu einer Stabilisierung harmonischer ultradianer Frequenzordnung.

In Abb. 5 sind die Veränderungen der Circadianperiode und die Phasenverschiebungen ihrer Akrophase während des Versuchszeitraumes aufgetragen.

Die circadiane Periodenlänge beträgt vor der L : D = 8 : 8-Schaltung = 24,0 Stunden. Unter den neuen Zeitgeberbedingungen verlängert sich die Periodenlänge in unterschiedlich großem Ausmaß in Form eines Schwingungsvorganges und lenkt bis zum Infradianbereich aus, um in eine Periodenverkürzung umzuschlagen. Der Veränderung der Periodenlänge folgt entsprechend eine Verschiebung

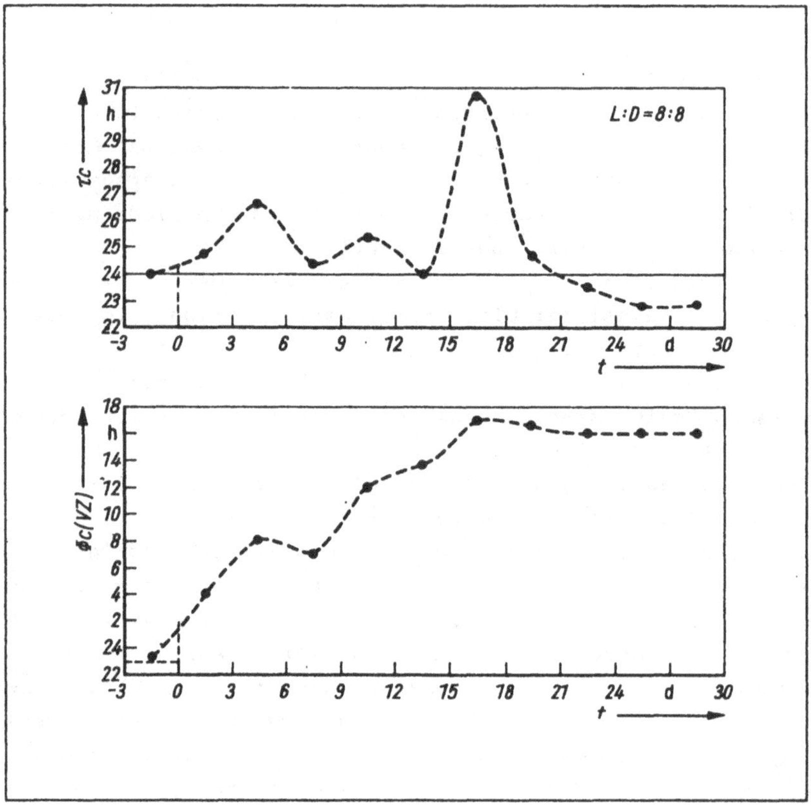

Abb. 5: Veränderungen der circadianen Periodenlänge (Tc) und ihrer Akrophase (Øc) in L : D = 8 : 8 : 8

ihrer Akrophase, wobei nach etwa 21 Tagen eine zeitweilige Stabilisierung der Phasenlage eintritt.

Am 31. Versuchstag wurde nach einer Vororientierung über das Aktivitätsmaximum anhand der Aktogramme ein Lichtregime eines 24-Stundentages von L : D = 12 : 12 geschaltet, mit einer Lichtzeit von 4.00 Uhr bis 16.00 Uhr (Abb. 6).

Innerhalb von 2 Tagen war die Aktivitätsperiodik mit dem neuen Zeitgeber synchronisiert. Die Frequenzanalyse der folgenden 10 Tage weist im Powerspektrum eine dominante 12-h-Schwingung aus. Die ultradianen Frequenzen stehen untereinander und zur Circadianfrequenz in harmonischen Verhältnissen und drücken einen hohen Grad zeitlicher intraparametrischer Kopplung aus.

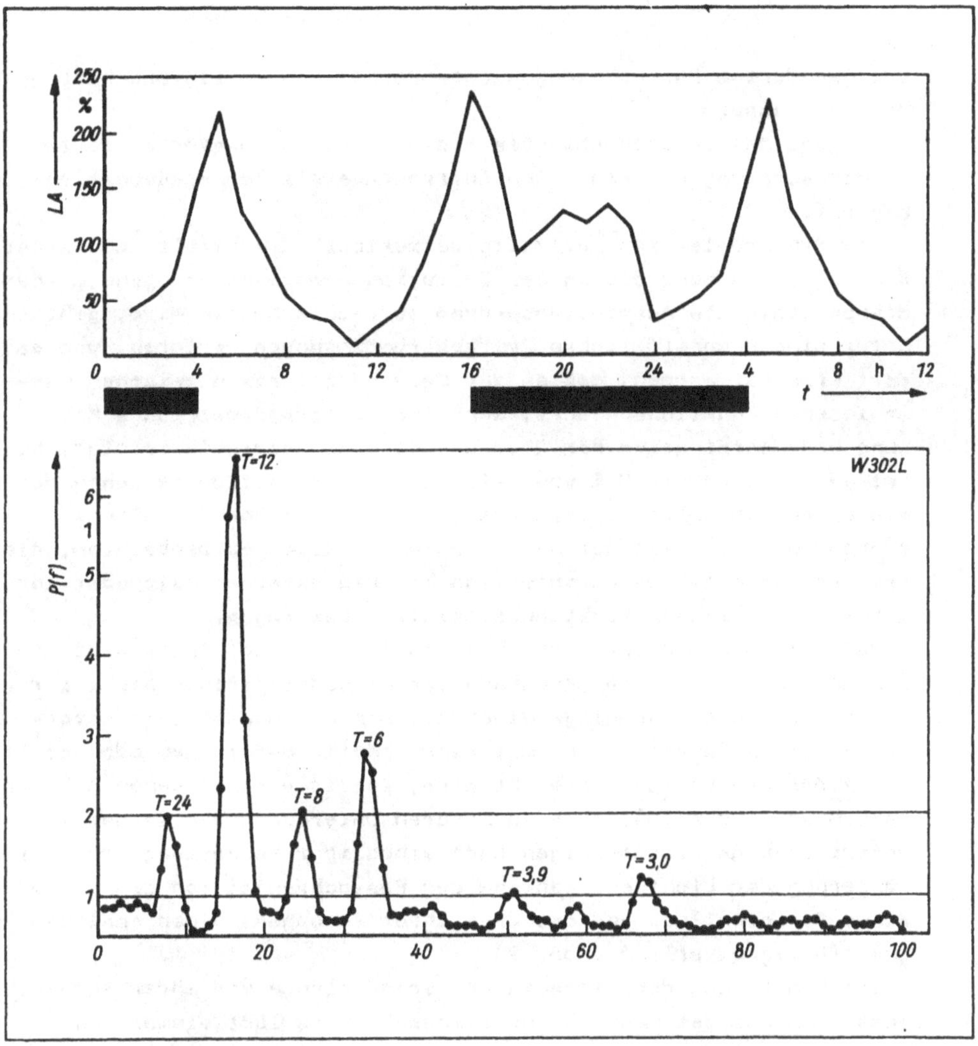

Abb. 6: Tagesmuster und Powerspektrum über 10 Tage nach Zeitgebersynchronisation L : D = 12 : 12; L = 250 Lx

Aus den Versuchen ergibt sich, daß die circadiane Aktivitätsperiode einer stark von 24 Stunden abweichenden Zeitgeberperiodik nicht mehr folgt, sondern in Form eines Schwingungsvorganges hoher Amplitude bis in den Infradianbereich ausschwingt und mit einer folgenden Richtungsänderung durch eine Periodenverkürzung reagiert.

Den geänderten Periodenlängen entsprechen die Phasenverschiebungen der Akrophase.

Während des Versuchsablaufes treten Perioden gestörter zeitlicher Kopplung der einzelnen intraparametrischen Frequenzklassen auf.

Die Synchronisation zur Zeitgeberperiodik der Umwelt des Tieres, die vor allem über die in der Evolution erworbene endogene Circadianperiodik als Adaptationsprozeß aufrechterhalten wird, geht zwar unter diesen unnatürlichen Zeitgeberbedingungen verloren, und es darf erwartet werden, daß es zur Desynchronisation zwischen verschiedenen Funktionen führt, wenn ihre interparametrische Kopplung und Koordination nur über die Circadianperiodik erfolgt. Es ist jedoch auch ein Maß von zeitlicher Koordination zwischen den einzelnen, vor allem ultradianen, in harmonischen Verhältnissen stehenden Frequenzen der untersuchten Funktion zu beobachten, die bei Verlust einer Synchronisation mit dem externen Zeitgeber zur internen zeitlichen Funktionsstabilität beitragen.

Daß auch während der Resynchronisationszeit bei Phasenänderungen des Zeitgebers die Akrophase der Circadianperiode nicht geradlinig ihre neue Phasenlage einnimmt, sondern daß sie mit unterschiedlichen Schritten und mit einem häufig S-förmigen oder schwingungsförmigen Verlauf erreicht wird, ist in verschiedenen Arbeiten berichtet worden (3). Auch in unseren Untersuchungen an der lokomotorischen Aktivität zeigen nach einmaliger Verkürzung oder Verlängerung der Lichtzeit während der Resynchronisation die circadiane Periodenlänge und die Lage ihrer Akrophase einen schwingungsförmigen Verlauf (Abb. 7).

Die Ermittlung der circadianen Periodenlänge und ihrer Akrophase während des Resynchronisationsablaufes läßt einmal den unmittelbaren Zusammenhang zwischen der Größe der Periodenveränderung und der Verschiebung der Akrophase in ihrem zeitlichen Ausmaß deutlich werden, zum anderen wird die direkte Beziehung zwischen Resynchronisationszeit und Periodenlänge aufgedeckt. Danach ergibt sich die Resynchronisationszeit aus der Geschwindigkeit, mit welcher die Akrophase durch den Zeitbetrag der mittleren Verlängerung oder Verkürzung der Periodenlänge nach einem Phasensprung des Zeitgebers verschoben wird. In unseren Beispielen stimmen somit die aufsummierten Periodenlängendifferen-

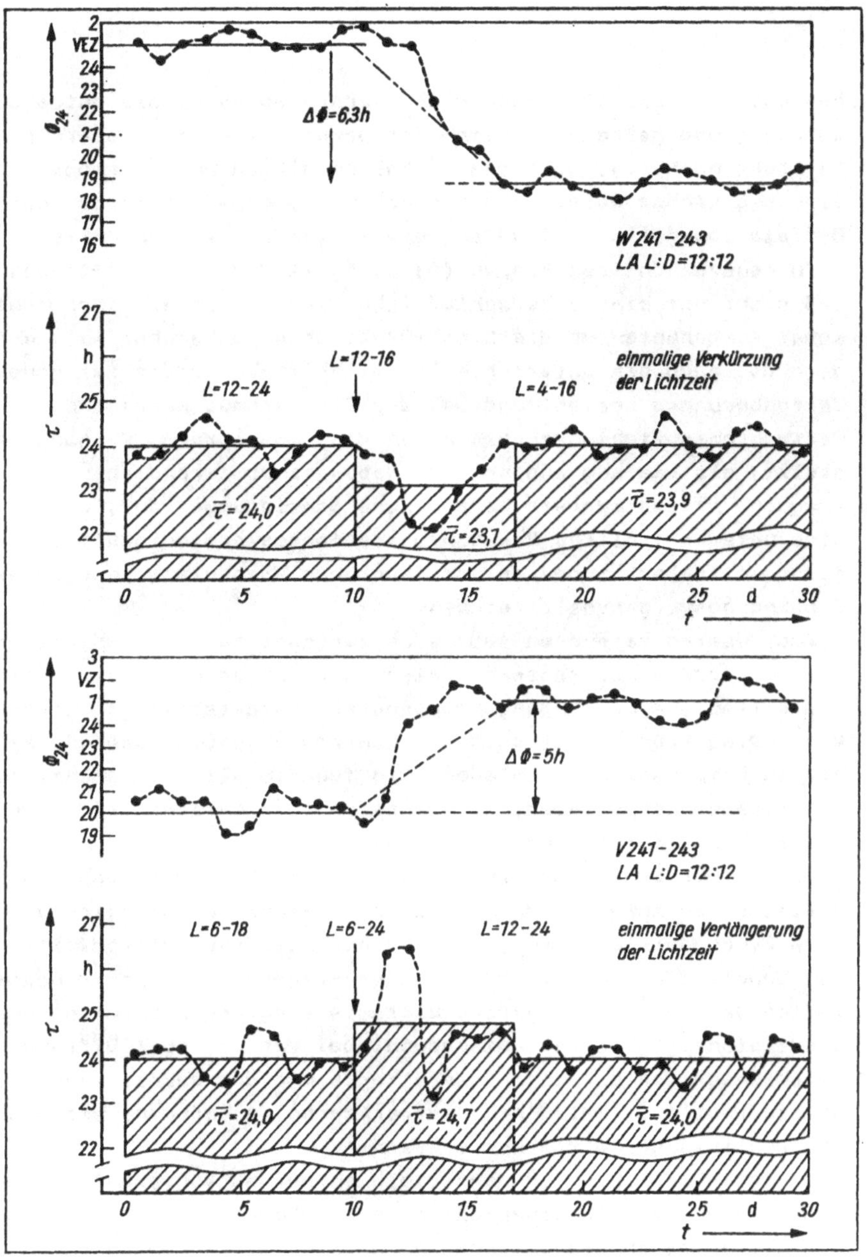

Abb. 7: Veränderungen der circadianen Periodenlängen ( ) und ihrer Akrophade (Ø) nach einmaliger Verkürzung bzw. Verlängerung der Lichtzeit über 30 Tage. Lokomotorische Aktivität

zen und die resultierenden Phasenverschiebungen, die beide unabhängig und getrennt voneinander berechnet wurden, überein (4). Es steht noch aus, auch das Verhalten ultradianer Periodenlängen in gleicher Weise zu untersuchen, da erwartet werden darf, daß sie ebenfalls Einfluß auf die Resynchronisation nehmen.

In neueren Untersuchungen (3; 5; 6) wird darauf verwiesen, daß nicht nur eine unterschiedliche Bindung einzelner rhythmischer Komponenten an die Licht-Dunkelphase erkennbar ist, sondern daß auch ein unterschiedliches shift-Verhalten zur neuen Zeitgeberphase besteht und daß der Biorhythmus während des Resynchronisationsvorganges einen viel komplexeren Vorgang darstellt, als bislang angenommen. Neben einer circadianen Grundfrequenz treten mehrere harmonische Schwingungen auf, die auf eine unterschiedliche Resynchronisationsgeschwindigkeit zum neuen Zeitgeber hindeuten und ihre neue Phasenlage in Form eines Schwingungsvorganges erreichen.

Aus unseren Versuchen läßt sich zunächst feststellen, daß der Gesamtprozeß einer tagesrhythmischen Funktion durch circadiane und ultradiane Schwingungskomponenten charakterisiert werden kann. Dies konnten wir auch für mehrere physiologische Funktionen beim Kaninchen belegen. Die funktionelle Differenzierung ultradianer Komponenten, ihre interne oder externe Generierung, bedarf noch weiterer Untersuchungen.

Die in der Evolution erworbene biologische Circadianperiodik stellt durch ihre interne zeitliche Ereigniskoordination und ihre Synchronisierbarkeit mit geophysikalischen Periodizitäten der Umwelt die ökologisch dominante Frequenz zeitlicher Adaptation dar. Es dürfen jedoch ultradiane Komponenten nicht unberücksichtigt bleiben, die sowohl bei Verlust oder Störung der Synchronisation der Circadianperiodik mit der Umwelt innere Systemstabilität weitgehend aufrechterhalten können, als auch die ökologische Zeitpotenz erweitern.

Weitere Einsichten in den komplexen Aufbau tagesrhythmischer Funktionen, ihre internen und externen Kopplungsverhältnisse und Steuermechanismen, können Ansatzpunkte zur Manipulation von Rhythmen und zur Gewährleistung von Adaptions- und Kompensationsprozessen liefern.

Literatur

/1/ BÖRNERT, D., SCHUH, J., TOMASELLI, G.: Die Analyse biologischer Rhythmen mittels Korrelationsfunktion und Powerspektrum. Biol. Zbl. 94; 3 - 16; 1975

/2/ SCHUH, J., BÖRNERT, D.: Zur Genesis zeitlich-rhythmischer Ordnung im biologischen System - Modelluntersuchungen am Kaninchen. Nova Acta Leopold. N.F. "Die Zeit und das Leben". Nr. 225; Bd. 46; 561 - 572; 1977

/3/ ASCHOFF, J., HOFFMANN, K., POHL, H., WEVER, R.: Reentrainment of circadian rhythms after phase-shift of the Zeitgeber, Chronobiologia, Vol. 2; H. 1; 23 - 78; 1975

/4/ SCHUH, J., BÖRNERT, D.: Zur Untersuchung biorhythmischer Parameter in der Zeit. Chronobiologie 1976; wiss. Beitr. Martin-Luther-Universität Halle-Wittenberg; Edit.: J. Schuh; 40 (P6) 1977

/5/ GODFREY, M.D., HOFFMANN, H., MADDEN, R., PITTENDRIGH, C.S., SKOPIK, S.: Data analysis of biological time series. in: Life Sciences and Space Research VIII. Edit.: W. Vishniac and F.G. Favorite. 215 - 233; North-Holland Publ. Co. 1970

/6/ WINGET, C.M., ROSENBLATT, L.S., DE ROSHITA, C.W., HETHERINGTON, N.W.: Mechanisms of action of light on circadian rhythms in the monkey. in: Life Sciences and Space Research VIII. Edit.: W. Vishniac and F. G. Favorite. 247 - 258; North-Holland Publ. Co. 1970

Zusammenfassung

Der tierische Organismus darf in seiner zeitlich-funktionellen Ordnungsstruktur als ein Multioszillatorsystem verstanden werden, in welchem rhythmische Prozesse eines breiten Frequenzspektrums eine wesentliche Bedingung für die Gewährleistung der Koordination von Ereignissen, der Informationsverarbeitung, der Zeitmessung, der Stabilität von Systemen und der Adaptation an geophysikalische Umweltperiodizitäten darstellen.

Die Zeitmuster von Tagesrhythmen vieler Funktionen lassen sich bei Anwendung entsprechender Registriertechnik und schwingungsanalytischer Verfahren durch circadiane und ultradiane Frequenzen und die Bestimmung ihrer Akrophase charakterisieren.

Die Circadianperiodik nimmt durch die Synchronisationsfähigkeit mit geophysikalischen Umweltperiodizitäten bei Adaptationsprozessen eine dominante Stellung ein, doch dürfen dabei die ultradianen Komponenten, ihre gegenseitigen Kopplungsverhältnisse sowie ihre mögliche Beeinflussung durch Umweltfaktoren nicht unberücksichtigt bleiben.

Bei Verlust der Synchronisation der biologischen Circadianperiodik zur externen 24 h-Periodik des Zeitgebers können ultradiane Rhythmen harmonischer Frequenzordnung innere Systemstabilität weitgehend aufrechterhalten.

Die vorgelegten Befunde werden an Beispielen der lokomotorischen Aktivität von Oryctolagus cuniculus forma dom. L. bei shift-Experimenten und unter verschiedenen Zeitgeberbedingungen diskutiert.

Резюме

Организм животного можно понять в его временно-функциональной структуре как мультиосцилляторную систему,в которой ритмические процессы широкого спектра частот являются существенной предпосылкой для обеспечения координации событий,обработки информаций,измерения времени,стабильности системы и адаптации к геофизическим периодичностям окружающей среды.

Временные картины суточных ритмов многих функций можно,применяя соответствующую регистрационную технику и соответствующие способы для анализа колебаний, охарактеризовать циркадианными и ультрадианными частотами и их акрофазами.

Циркадная периодика занимает доминирующее место при адаптационных процессах в силу ее способности синхронизации с геофизическими периодичностями окружающей среды,но нельзя не учитывать при этом и ультрадианные составляющие,их взаймоотношения а также возможное на них влияние факторов окружающей среды.При потере синхронизации к внешней 24^{x}-часовой периодике датчика времени циркадной периодикой,ультрадианные ритмы,находящиеся в гармонии,могут поддерживать внутренную стабильность системы в значительной мере.Предлагаемые положения обсуждаются на примерах двигательной активности Oryctolagus cuniculus forma domestica L. при экспериментах со сдвигом фазы датчика времени и при разных режимах освещения.

Summary

The temporal-functional structure of the animal organism can be interpreted as a multi-oscillator system in which many frequencies of rhythmic processes constitute a major condition to ensure coordination of events, information processing, time measurement, stability of systems, and adaptation to geophysical periodicities of the environment.

For many functions the time patterns of diurnal rhythms may be characterised by circadian and ultradian frequencies and the determination of their acrophase, if the proper recording techniques are used together with methods of oscillation analysis.

The circadian periodicity may be synchronised with periodicities of the geophysical environment and, therefore, holds a predominant position in adaptation processes. Nevertheless, the ultradian components, their reciprocal coupling relations, and their possible exposure to environmental factors must not be left unconsidered.

Ultradian rhythms of harmonic frequencies can widely retain their inherent system stability, even if there was no longer any synchronisation of the biological circadian periodicity with the external 24-hours periodicity of the timer.

The above findings are discussed by examples relating to the locomotor activity of Oryctolagus cuniculus forma dom. L. in shift-type experiments and under timer conditions.

Chronobiologische Aspekte der saisonalen Einnischung von Arthropoden

H.J. MÜLLER, Jena

Wie alle Vorgänge weisen auch biologische Prozesse eine Zeitdimension auf und können aus der Sicht ihres Zeitverlaufs betrachtet werden. So gesehen ist die gesamte Biologie Chronobiologie. Dieser Aspekt wurde wohl nur deshalb so lange kaum beachtet, weil die Dimension der Zeit überhaupt nur an Veränderungen, an Prozessen wirksam und erkennbar wird - ohne Veränderung keine Zeit - und deshalb den Biologen quasi selbstverständlich war.

Infolge der Rotation der Erdachse und der Schiefe der Ekliptik unterliegt schon der fundamentale Antrieb aller Prozesse auf der Erdoberfläche, die Zustrahlung von Sonnenenergie, rhythmischen Intensitätsänderungen, welche Zeitdimensionen schaffen. Alle Organismen sind direkt oder indirekt auf diesen Energiezufluß angewiesen und müssen an seine Pulsationen angepaßt sein, so daß sich deren Verlauf in den Lebensprozessen widerspiegelt.

Dabei sind die Organismen in zweifacher Weise von Energiezufuhr abhängig: einmal von überwiegend kurzwelliger Strahlung zum Aufbau energiereicher Materie (Biomasse), die über die Nahrungsketten Metabolismus und Entwicklung in Gang hält, und zum anderen durch den Bedarf an Wärme, da alle Lebensprozesse als biochemische Reaktionen nur in bestimmten Temperaturbereichen ablaufen. Die für Wachstum und Entwicklung insgesamt erforderlichen Temperatursummen können nur innerhalb gewisser Temperaturgrenzen, quasi portionsweise, verarbeitet werden.

Die relative Regelmäßigkeit des Tag-Nacht-Wechsels hat - offenbar über Selektionsvorteile - dazu geführt, daß die diurnalen biologischen Vorgänge ihm nicht nur passiv folgen, sondern in den meisten Organismen zu einer entsprechenden erblich fixierten, endogenen, Rhythmik festgeschrieben sind, die bei künstlicher Konstanthaltung des Energieniveaus mit hinreichender Genauigkeit, c i r c a d i a n , selbständig weiterläuft. Auf längere Sicht macht allerdings die fortschreitende Änderung der Tag-Nacht-Relation in der Natur eine fortwährende Korrektur dieser "inneren Uhr" durch exogene Zeitgeber erforderlich.

Die s a i s o n a l e Rhythmik der Energiezufuhr konnte dagegen die Entwicklung einer endogenen, c i r c a n n u e l l e n Rhythmik nur bei langlebigen Organismen begünstigen, die zumindest in ihrer Fortpflanzung mehrere Erdumläufe überhaupt erleben. Für Zugunruhe und Mauser der Vögel hat das z.B. GWINNER /3/ nachweisen können. Es kommt hinzu, daß im saisonalen Bereich die planetarisch bedingte Regelmäßigkeit der Energiezufuhr in den meisten Breiten sekundär durch atmosphärische Prozesse verzerrt und mit so viel Unschärfe belastet wird, daß zumindest bei langlebigen Poikilothermen die exogenen Einflüsse ökologisch entscheidend geblieben sind.

Hier soll nur von der saisonalen Einordnung von Arthropoden, speziell Insekten, die Rede sein, deren Generationsdauer sich nur selten über so viele Jahre erstreckt, daß eine circannuelle Rhythmik überhaupt zu erwarten ist. Als Ausdruck ihrer saisonalen Einnischung wird ihre Phänologie daher in erster Linie von zwei mehr oder weniger verknüpften Eigenschaften bestimmt: von ihrem Voltinismus, d.h. der Generationenzahl pro Jahr, und von der Lage der Dormanzphase, d.h. desjenigen ontogenetischen Stadiums, in dem energetisch ungünstige Perioden (Temperaturextreme, Dürre, Nahrungsmangel) mit herabgesetztem Entwicklungstempo überdauert werden, letzten Endes also von der unterschiedlichen Geschwindigkeit, mit der ihre Ontogenese innerhalb eines Jahres abläuft. Chronobiologisch ist also zu fragen, wie bei den meist kurzlebigen, vielfach sogar polyvoltinen Arthropoden die umweltempfindlichen Entwicklungsphasen ohne Automatismen in günstige Perioden der saisonalen Energiezulieferung sicher genug eingeordnet werden. Der entscheidende Maßstab ist dabei nicht so sehr die Reaktion des Individuums als die Sicherung des Fortbestandes der Population.

Die Erforschung entsprechender Anpassungen hat sich bisher allerdings in überwiegendem Maße auf die inneren, etwa neurobiologischen, endokrinen, ja molekularbiologischen, Folgemechanismen konzentriert, die primären Aspekte der Auslösung und Steuerung durch die Umwelt sowie ihrer populationsbiologischen Konsequenzen jedoch vernachlässigt. Infolgedessen wird häufig auch die Vielfalt der saisonalen Einnischungsmöglichkeiten unterschätzt und mehr oder weniger bewußt nach e i n e m allgemeingültigen Prinzip, z.B. der Diapause, gesucht. Ich möchte deshalb versuchen, einmal die Breite dieser Skala deutlich zu machen. Sie reicht von der einfachen, ursprünglichen Koppelung der Entwicklung an den momentanen Verlauf der energieliefernden Faktoren, letztlich der Wirkung des van't Hoffschen Gesetzes, ohne die Möglichkeit, Nachteilen und Schäden auszuweichen, bis zu adaptiblen Kompromissen zwischen möglichst weitgehender Nutzung der Energiesubstrate einerseits und verläßlicher Sicherung der Populationen bei nur bedingt voraussagbarem Verlauf der Umweltverhältnisse andererseits. Dabei darf jedoch nie vergessen werden, daß die Fitness einer Population niemals nur auf einem Anpassungsmechanismus beruht, insgesamt vielmehr Mängel in einer Beziehung zur Umwelt durch Vorteile in anderen kompensiert sein können, so daß auch primitive und weniger vorteilhaft erscheinende Mechanismen der temporalen Einnischung unter Umständen durchaus erhalten bleiben.

Die zeitliche Ordnung der Entwicklung durch saisonal fixierte Dormanzphasen hat für jede ökologische Ebene Vorteile: ökophysiologisch die sichere Überdauerung pessimaler Umweltperioden, populationsökologisch die Synchronisation der fortpflanzungsfähigen Partner und synökologisch die höchstmögliche Nutzung des Substrats (Habitats) durch die Dormanzstaffelung mehrerer Arten mit ähnlichen Nischenansprüchen (dichte Nischenpackung).

Zunächst sei das zweifellos ursprüngliche und für die temporale Einnischung entscheidende Phänomen der Minderung des Stoffwechsel- und Entwicklungstempos infolge ungünstiger Energieversorgung, die D o r m a n z , betrachtet. Im einfachsten Fall tritt sie zwangsläufig immer, unmittelbar, in dem Maße und so lange ein, wie ein Umgebungsfaktor die Grenzen der entsprechenden artspezifischen Reaktionsnorm unterschreitet. Diese unmittelbare Einschränkung der Entwicklungsgeschwindigkeit durch zu niedere (oder auch zu hohe) Temperatur bezeichnen wir als (thermische) Q u i e s z e n z . Quieszenz kann aber sekundär auch durch andere ungünstig gewordene Umweltfaktoren mitbestimmt oder ausgelöst werden (hygrische, photoperiodische, nutritive Quieszenz). In jedem Fall nimmt die Entwicklung sofort wieder normales Tempo an, wenn der induzierende Faktor in günstige Bereiche zurückkehrt. So kann deshalb Quieszenz wiederholt und praktisch zu jedem Zeitpunkt der Ontogenese eintreten, und zwar prinzipiell bei allen Poikilothermen, auch dann, wenn sie außerdem höher entwickelte Formen der Dormanz aufweisen.

Da die Verschlechterung der Umweltbedingungen gehäuft in einer bestimmten Jahreszeit eintritt, bei uns etwa im Winter, führt schon die Quieszenz zu einer gewissen artspezifischen Einordnung in den Jahresverlauf. Diese ist allerdings zeitlich ebenso ungenau wie ökologisch unsicher, da sie völlig vom lokalen und aktuellen Witterungsverlauf und seinen Exzessen beherrscht wird. Infolgedessen fallen ihr empfindliche Stadien in dem Maße zum Opfer, wie sich die Quieszenz verlängert oder wiederholt. So überstehen bei der Jasside Euscelis incisus allein die weniger empfindlichen älteren Larvenstadien den mitteleuropäischen Winter, in montanen Lagen auch diese nicht immer /12/. Bei temporaler Einnischung durch Quieszenz ist also die Gefährdung der Population selbst bei einer gewissen Resistenz mancher Stadien hoch, ihr Anpassungswert deshalb gering.

Der Quieszenz, als unmittelbarer Folge thermodynamischer Gesetzmäßigkeiten, sind die D i a p a u s e n gegenüberzustellen, bei denen die Bindung an die Umweltvalenzen nicht so eng ist und die Bremsung der Ontogenese mehr oder weniger mittelbar auf biologischer Ebene erreicht wird.

Offensichtlich konnte eine erste Lockerung dadurch erreicht werden, daß die Verschlechterung der Umweltbedingungen zwar noch immer konsekutiv beantwortet wird, das Entwicklungstempo aber erst nach einer gewissen Akkumulation solcher pessimalen Einflüsse gedrosselt wird. Diese von mir als O l i g o p a u s e bezeichnete Form der Dormanz /10, 11/ tritt deshalb meist nur in einem physiologisch ohnehin veränderten und belasteten Stadium der Ontogenese ein, etwa vor der Blastokinese der Embryonen, der Umwandlung zur Puppe, der Reifung der Gonaden; und zwar eben nur dann, wenn der Organismus vorher lange genug suboptimalen Bedingungen unterlag. Dabei ist die Dauer der Oligopause weitgehend von Intensität und Dauer der vorherigen Verschlechterung abhängig. Umgekehrt erfolgt ihre Aufhebung (Termination) um so früher und leichter, je eher der induzierende Faktor wieder in entwicklungsfördernde Bereiche zurückkehrt. So wird die Präpuppenphase der Florfliegen Chrysopa oculata /17/ und Ch.nigricornis /21/ durch Kurztag um so früher und länger angehalten, je länger schon während der Larvalzeit Kurztag wirkte und je später wieder Langtag einsetzt. Während mancher Oligopausen scheint aber eine allmähliche Akkomodation an die ungünstigen Verhältnisse stattzufinden, so daß die Entwicklung, wenn auch verzögert und unter Verlusten, doch schließlich auch unter diesen weiterläuft.

Schon durch die Oligopause wird ein artspezifisches phänologisches Muster erzeugt, indem auf eine mehr oder weniger lange Reihe von Subitangenerationen bei günstigen Bedingungen eine folgt, die verschlechterte Bedingungen konsekutiv in einem bestimmten Entwicklungsstadium in Dormanz überdauert.

Bei den echten Diapausen, den E u d i a p a u s e n , ist diese Entwicklung insofern fortgeführt, als für Induktion und Termination der Dormanz verschiedene Faktoren, getrennt, eingesetzt werden. Die Diapause-Auslösung erfolgt z.B. beim Landkärtchenfalter, Araschnia levana, durch Tageslängen unter einem kritischen Schwellenwert (Kurztag < L16:D8) während der Raupenzeit /5, 6/. Die so induzierte Puppendormanz kann aber nicht wieder photoperiodisch, etwa durch Langtag oberhalb der kritischen Photoperiode, aufgehoben werden, sondern erfordert eine gewisse Summe niederer Temperaturen. Es ist das zweifellos eine artspezifisch verankerte, jedoch nur potentielle Fähigkeit, niedere Temperaturen (etwa des Winterhalbjahres) mit gedrosseltem Energiehaushalt zu überstehen. Diese endogene Verschiebung der

Temperatur-Potenzamplitude auf ein niederes Niveau wird nämlich nur in Gang gesetzt, wenn vorher ein Signal die herannahende Notwendigkeit dazu ankündigt. Dafür ist aber die exakt arbeitende, weil rein planetarisch bedingte Tageslänge weit besser geeignet als der vom Witterungsverlauf beeinflußte und infolgedessen unzuverlässige jahreszeitliche Temperaturgang. Diese photoperiodische Umsteuerung des Stoffwechsels auf Sparbetrieb kann zudem - infolge ihrer energetischen Unerheblichkeit - so frühzeitig erfolgen, daß noch im optimalen thermalen Energieniveau Reserven angelegt werden können. So muß bei vielen Embryonaldiapausen das für ihre Induktion erforderliche photoperiodische Signal bereits während der Oogenese, also auf das Ovar der Mutter, einwirken. Infolgedessen produzieren z.B. die ♀♀ der Spornzikade Muellerianella brevipennis im Mittsommer, unter Langtag, Eier mit Subitanentwicklung, später dann zukünftige Diapause-Eier; doch kann das im Experiment durch Vertauschen der Photoperioden umgekehrt werden /23/.

Autökologisch ist es daher verständlich, daß der photoperiodische Schwellenwert, der über Diapause- oder Nondiapause-Entwicklung entscheidet, in gemäßigten Breiten meist nicht weit unterhalb der Tageslänge der Sommersonnenwende, im Mittel zwischen L16:D8 und L17:D7, liegt. DANILEVSKIJ /2/ hat als erster verständlich gemacht, daß innerhalb großer Artareale die kritische Photoperiode deshalb populationsspezifisch festgelegt ist, weil sie eine positive Korrelation zur geographischen Breite aufweisen muß.

Die Eudiapausen haben somit prospektiven Charakter, da sie bereits lange vor der Verschlechterung der Umweltbedingungen zumindest induziert werden; und zwar irreversibel. Hinsichtlich der Induktion sind sie zwar fakultativ, verlaufen danach aber in der betroffenen Generation nach einem endogen verankerten Programm obligatorisch ab. Dieses Programm macht bestimmte, in gemäßigten Breiten gesenkte, Temperaturbereiche erforderlich, bevor das normale Entwicklungstempo wieder aufgenommen werden kann. Zwar ist u.a. von SAUNDERS /19, 20/ nachgewiesen, daß bei der Induktion die sog. innere Uhr zur Zählung einer endogen festgelegten Anzahl von Photoperioden erforderlich ist, von einer circannuellen Rhythmik kann aber keine Rede sein. Hängt es doch allein von den unter Langtagbedingungen erreichten Temperatursummen ab, wie viele Subitangenerationen lokal in dem einen oder dem anderen Jahre gebildet werden können, bevor eine diapausierende eingeschaltet werden muß. Als erste hat das KOMAROVA bereits 1949 am Traubenwickler, Polychrosis botrana, nachgewiesen /4/.

Im Extremfall, wenn nämlich die photoperiodisch sensible Entwicklungsphase in jedem Jahre unter diapauseinduzierende Bedingungen gerät, weil die Temperatursumme regelmäßig zu gering bleibt, entsteht - scheinbar obligatorisch - Monovoltinismus, häufig allerdings mit einer partiell induzierten zweiten und dann natürlich subitanen Generation, die aber später den Witterungsunbilden zum Opfer fällt. Selbst viele in gemäßigten Breiten regelmäßig bivoltine Arten, wie z.B. Araschnia levana, können den Eindruck einer circannuellen Rhythmik erwecken, obwohl auch bei ihnen meist eine dritte Generation im Ansatz nachweisbar ist. Inzwischen ist aber hier, wie in der überwiegenden Mehrzahl ähnlicher Fälle, experimentell nachgewiesen worden, daß sich durch Langtag praktisch beliebig viele Subitangenerationen nacheinander erzeugen lassen: bei Araschnia unter Labortemperaturen 8 pro Jahr /8/ und bei Aphis fabae seit 1948 bisher über 1300 virginopare Generationen (MÜLLER, unveröffentlicht).

In der Evolution der Insekten ist aber zur Sicherung des Monovoltinismus in Gebieten, wo die Temperatursummen zu einer weiteren Generation nie oder doch nur mit erheblichem Risiko ausreichen, ein anderer, quasi umgekehrter Weg beschritten worden, der sich praktisch obligatorisch auswirkt. Hierbei wird nun geradezu ein Wechsel der Umweltparameter erforderlich, weil eine zeitweilige Senkung der Potenzamplitude für Temperatur und/oder Photoperiode endogen an das Entwicklungsstadium gebunden ist, das infolge des lokalen Klimas automatisch entweder selbst unter die energiearme Periode des Jahres fällt oder dieser sensible Folgestadien ausliefern würde. Wie ich bei den Zikaden Stenocranus minutus und Mocydia crocea gezeigt habe /7, 13/, können die Ovarien der ♀♀ bei Fortbestehen der für die larvale Entwicklung optimalen Langtagbedingungen niemals reifen. Erst nach mehrwöchiger Einwirkung von Kurztag bzw. niederen Temperaturen vermögen sie später Eier zu erzeugen. Ich habe Diapausen, die durch einen solchen obligatorischen Wechsel des Potenzbereichs gegenüber entscheidenden Umweltfaktoren gekennzeichnet sind und also keines induzierenden Signals bedürfen, als P a r a p a u s e n bezeichnet /10, 11/. Sie sind inzwischen häufig, z.B. bei vielen Carabiden durch THIELE /22/ und seine Mitarbeiter, aufgefunden worden.

Es liegt nahe, hier eine endogen verankerte circannuelle Rhythmik zu vermuten, welche die gesamte Ontogenese der Art durch ein endogenes Programm so in den saisonalen Ablauf des Jahres einfügt, daß ihre aufeinanderfolgenden Phasen mit Sicherheit auf die jeweils erforderlichen und förderlichen Umweltverhältnisse treffen. Das würde freilich in gemäßigten Breiten weitgehende Unabhängigkeit von den Wechselfällen des Witterungsverlaufs, insbesondere des unterschiedlichen Wärmeangebots, voraussetzen und ist deshalb bei Poikilothermen nicht sehr wahrscheinlich. Tatsächlich konnte auch ein solches Programm in den bisher geprüften Fällen nicht nachgewiesen werden. Bietet man nämlich die für Eireifung und Eiablage bei den erwähnten Zikaden /7, 13/ erforderliche Kurztagperiode statt den jungen Imagines bereits den Larven, so vermögen die aus ihnen hervorgehenden jungen ♀♀ auch im Langtag alsbald ohne Dormanz Eier abzulegen. Die Ovarialparapause tritt dann praktisch gar nicht ein, und es können im Labor unschwer drei Generationen pro Jahr erzeugt werden. Bei thermisch bedingten Parapausen ist allerdings eine solche vollständige Umgehung der Dormanz nicht möglich, sondern nur eine gewisse Verkürzung, indem das gesenkte Temperaturniveau geboten wird, sobald die Ontogenese in die Phase eintritt, die es benötigt. Auch Parapausen können daher im Prinzip nur mit Einschränkungen als obligatorisch angesehen werden, obwohl sie im Freien praktisch stets so wirken. Sie zeigen aber, wie ein genetisch festgelegtes circannuelles Ontogeneseprogramm entstehen könnte. Aber selbst in nicht von zyklonaler Witterung beeinflußten Arealen dürften exogene Zeitgeber ökologisch stets eine bedeutendere Rolle spielen, etwa bei der Markierung von Beginn und Ende der Regenzeiten, der Monsunperioden usw.

Neben allfälliger Quieszenz können bei einer Art mehrere Diapausen (ev. verschiedener Form) sowohl sukzedan wie simultan auftreten. Bei dem Eulenfalter Euxoa sibirica folgt einer Ovarialparapause im Sommer eine Eudiapause der Embryonen im Winter /16/. Die gleiche Dormanzfolge verhindert bei der Schaumzikade, Philaenus spumarius, die Eiablage in Dürreperioden des Mittsommers und Junglarvenschlupf noch im Herbst /24/, und bei Euscelis incisus kompensiert eine Eidiapause sehr geringer Penetranz die verlustreich arbeitende Quieszenz /9/. Dagegen können Puparien von Aleurochiton complanatus simultan sowohl Eudiapausen wie Oligopausen entwickeln, je nach dem Witterungsverlauf jedoch in wechselndem Anteil /1/.

Ich möchte nun auf die populationsbiologischen Aspekte der saisonalen Einnischung eingehen. Es war lange Zeit nicht völlig verständlich, warum die Dormanzreaktion in der Regel nicht die gesamte Population erfaßt. Die photoperiodischen Wirkungs-(response-)Kurven verlaufen nämlich im allgemeinen sigmoidal, und fast stets reagiert selbst unter extremen Nondormanzbedingungen (etwa Langtag) ein - wenn auch meist geringer - Prozentsatz der Population mit Dormanz bzw. umgekehrt. Erst kürzlich hat SAUER /18/ an der Skorpionsfliege Panorpa vulgaris exakt nachweisen können, daß sich darin ein genetischer Polymorphismus ausdrückt, der hohen adaptiven Wert hat. Er beruht auf feinen, genotypisch bedingten Unterschieden in der Lage der kritischen Photoperiode. Bei potentiell polyvoltinen Arten entwickelt sich daher der früh und leicht, d.h. schon bei noch kürzeren Photophasen mit Nondormanz reagierende Teil der Population auch in ungünstigeren Jahren oder Lagen zu einer Subitangeneration, selbst auf die Gefahr hin, daß diese infolge eines nicht voraussagbaren Wärmesummendefizits zugrunde geht, bevor sie Nachkommen erzeugen kann, während der spät reagierende Teil dann noch in Dormanz geht und so die Gesamtpopulation vor dem völligen Untergang bewahrt. Hier besitzt also sogar eine temporale Aufspaltung der Population in wenigstens zwei Linien den Selektionsvorteil, daß das Substrat wenigstens teilweise genutzt werden kann, ohne die Sicherheit der Population aufs Spiel setzen zu müssen. Lokal arbeitet die Selektion in der Population dann nur auf einen Mittelwert der kritischen Photoperiode hin, dessen Streuung einen ökologischen Puffer darstellt.

Ökologisch mindestens ebenso bedeutsam ist die stadiale Synchronisation der Populationen. Infolge (1.) der Variabilität des individuellen Entwicklungstempos, (2.) der Überlappung der Generationen bei polyvoltinen Arten sowie (3.) langer Reproduktionsperioden neigen fast alle Arthropoden zu einer raschen zeitlichen Auffächerung der individuellen Ontogenesen. Zwar leben dann alle Stadien nebeneinander, im einzelnen aber in so verminderter Dichte, daß für fortpflanzungsbereite Partner die Chance zur Begegnung stark reduziert sein kann. Vorübergehende, durch Dormanz bedingte Hemmung der Entwicklungsgeschwindigkeit wirkt einer solchen Aufsplitterung nach dem Scheren- oder dem Flaschenhalsprinzip entgegen. Das erste arbeitet, vor allem bei Quieszenz, synchronisierend durch die - für die Population allerdings verlustreiche - Ausschaltung aller (weniger resistenten) Stadien bis auf eins. Das zweite bewirkt bei Diapausen die Synchronisation dadurch wesentlich schonender, daß das Entwicklungstempo aller Individuen bei Erreichen eines ontogenetisch fixierten Dormanzstadiums, aber nur dann, zwangsläufig so stark erniedrigt wird, daß in der Ontogenese weit vorgeschossene ebenso wie zurückgebliebene Individuen genauso zu gleicher Höhe auflaufen wie Kraftfahrzeuge unterschiedlicher Entfernung und Geschwindigkeit vor einer geschlossenen Bahnschranke.

Ein besonders eindrucksvolles Beispiel bildet die Sandwattmücke, Clunio marinus, bei der Imaginalschlupf, Begattung und Eiablage der gesamten Population streng mit der Zeit des Springniedrigwasserstandes synchronisiert sein müssen, der nur alle 15 Tage eintritt. Grob wird das durch endogene semilunare und circadiane Rhythmen für Verpuppung und Imaginalschlupf bewirkt. NEUMANN /15/ hat gezeigt, daß diese Zeitmeßvorgänge an den europäischen Atlantikküsten regional aber von verschiedenen Zeitgebern gesteuert werden: im Südwesten vom

Mondlicht, im Nordwesten von der Turbulenz der Gezeitenströme und nur in der Arktis nach dem Sanduhrprinzip, wobei lokal im einzelnen genetisch differenzierte Zeitrassen entwickelt sind. Die Evolution sehr verschiedener Dormanzformen selbst bei nächstverwandten Taxa wird so gut vorstellbar.

Bei synökologischer Betrachtung der saisonalen Einnischung der Arthropoden ergibt sich innerhalb gleicher Taxa wie auch ähnlicher Lebensformen eine Vielfalt von Möglichkeiten. Sie beruht zweifellos darauf, daß der entscheidende Mechanismus, die Dormanz, phylogenetisch eine späte, noch in völligem Fluß befindliche Erscheinung ist. Sie traf bei ihrer Herausbildung die einzelnen Taxa in ganz verschiedener phylogenetischer Situation, d.h. mit einem bereits fixierten Anpassungsmuster gegenüber anderen Umweltforderungen. Das synchronisierende und saisonal ordnende Dormanzstadium konnte sich infolgedessen selbst bei den Arten einer Gattung in verschiedenen ontogenetischen Stadien entwickeln: als Ovarial-, als frühe oder als späte Embryonal-, als Larval- oder als Puppendiapause. So finden sich bei den Zikaden in mitteleuropäischen Biozönosen nebeneinander Ei-, Larval- und Imaginalüberwinterer sowohl bei monovoltinen wie bei potentiell poly-, d.h. hier praktisch bivoltinen Arten. Durch Kombination ergeben sich daraus sechs verschiedene Phänologietypen, deren Entwicklungsablauf eine konstante saisonale Staffelung aufweist.

Dabei hat sich für die einzelnen Phänologietypen offensichtlich in der Regel eine bestimmte Dormanzform entwickelt. Bei den Zikaden wird nach MÜLLER u. WITSACK /14/ die Phänologie des Monovoltinismus temporal durch Parapausen fixiert, und zwar bei den Eiüberwinterern vorwiegend durch eine thermisch, bei den Imaginalüberwinterern durch eine photoperiodisch beherrschte Parapause. Während für die bivoltinen Eiüberwinterer verständlicherweise fakultative Embryonaldiapausen verantwortlich sind, scheinen bei bivoltinen Larvalüberwinterern Quieszenz oder schwach entwickelte Oligopausen die zeitliche Einordnung hinreichend zu garantieren.

Innerhalb einer Biozönose ergibt schon diese grobe, dormanzgesteuerte Aufteilung auf verschiedene Phänologietypen eine strenge temporale Staffelung der verschiedenen Arten. Sie verhindert, daß artverschiedene Populationen gleicher Lebensformentypen der Ernährung, etwa alle Phytophagen, die Biomasse der Produzenten gleichzeitig beanspruchen und überbelasten können, wenn sie beim Übergang von ihrem larvalen Wachstums- zum imaginalen Reproduktionsstadium die sog. Maturitätsphase erreichen. Gemessen an den Maturitätsgipfeln beginnt in einer thüringischen Rasenkatena die Zikadensaison im April/Mai mit der ersten Generation der bivoltinen Larvalüberwinterer. Ihr folgt im Juni/Juli die der bivoltinen Eiüberwinterer und erst im Juli/August die der bivoltinen Imaginalüberwinterer. Dazwischen schiebt sich im Juli das Maximum der monovoltinen Larvalüberwinterer. Diesem folgt aber im Juli/August bereits die zweite Generation der bivoltinen Larvalüberwinterer, bevor kurz danach die monovoltinen Ei- und im August die monovoltinen Imaginalüberwinterer ihre Maturitätsgipfel erreichen. Im Spätsommer und Herbst beschließen dann die zweiten Generationen der bivoltinen Ei- und Imaginalüberwinterer den Phänologiekalender.

Wenn auch in den Einzelbiotopen, je nach dem verfügbaren Muster an Phänologietypen, insbesondere quantitative Differenzierungen hinsichtlich der Höhe der Maturitätsgipfel bestehen, so bleibt doch ihre Sequenz auch bei unterschiedlichem Witterungsverlauf von Jahr zu Jahr unverändert. Das ist offensichtlich die Folge der artspezifisch für die Entwicklung erforderlichen Temperatursummen. Diese verursachen zudem innerhalb der Phänologietypen eine weitere Untergliederung der saisonalen Artensequenz. Greift man nämlich auf der mittleren Temperatursummenkurve einer Landschaftseinheit überschlagsweise die Temperatursummen ab, die von Beginn der Saison (grob vereinfachend mit dem Jahresbeginn gleichgesetzt) von den einzelnen Phänologietypen bis zur Erreichung ihrer Maturität gebraucht werden, so ergeben sich für diese nicht nur - in der vorgeführten Reihenfolge ansteigende - Pauschalwerte, sondern darüber hinaus feinere artspezifische Unterschiede. Diese lassen sich besonders zwischen den Maturitätsgipfeln der ersten und zweiten Generation von Bivoltinen relativ sicher ermitteln und, sofern mehrjährige Beobachtungsreihen vorliegen, auch statistisch sichern. So sind bei den Zikaden der thüringischen Halbtrockenrasen unter den bivoltinen Eiüberwinterern früh, mittel und spät erscheinende Arten zu erkennen, die sich anscheinend durch geringfügige Differenzen in ihren Wärmesummenansprüchen unterscheiden, indem sie bis zum Maturitätsgipfel der ersten Generation im Mittel 1300, 1400 bzw. 1500 Tagesgrade, d.h. 165, 175 bzw. 185 Tage, benötigten und 2500, 2600 bzw. 2700 Tagesgrade, d.h. im Mittel 240, 250 bzw. 270 Tage, bis zu jenem der zweiten. Für die zweite, dormanzfreie Generation werden also in jedem Falle 1200 Tagesgrade benötigt. Da das natürlich für die erste Generation, die in Embryonaldormanz überwintert, eigentlich auch gelten müßte, entsteht die Staffelung offensichtlich infolge des artspezifisch unterschiedlichen Temperatursummenbedarfs während der Diapause-Entwicklung, so daß die Postdiapause-Entwicklung im Frühjahr artspezifisch zu verschiedenen Zeitpunkten einsetzt.

Selbst wenn man vielleicht vermuten darf, daß die Summierung relativ kleiner Temperaturbeträge zu artspezifischen Temperatursummen auf einer endogenen (circadianen) Rhythmik beruht oder doch von ihr mitbestimmt wird, so läßt sich die s a i s o n a l e Einnischung der geprüften Arthropoden selbst ohne Annahme einer inneren circannuellen Rhythmik verstehen, allein auf der Basis ihrer endogen verankerten Reaktionsnorm, insbesondere ihres Temperatursummenbedarfs und ihrer artspezifischen Fähigkeit zu Dormanzreaktionen im Zusammenspiel mit den (historischen und aktuellen) Mustern der Umweltvalenzen, die ihre Phänologie primär prägen.

Literatur

/1/ BÄHRMANN, R.: Zool.Jb.Syst. 101 (1974) 269
/2/ DANILEVSKIJ, A.S.: Nachrbl.Leningr.Univ.,Biol.4 (1957) 93
/3/ GWINNER, E.: Naturwiss. 64 (1977) 44
/4/ KOMAROVA, O.S.: Dokl.Akad.Nauk.SSSR 68 (1949) 789
/5/ MÜLLER, H.J.: Naturwiss. 42 (1955) 134
/6/ MÜLLER, H.J.: Naturwiss. 43 (1956) 503
/7/ MÜLLER, H.J.: Beitr.Ent. 7 (1957) 203
/8/ MÜLLER, H.J.: Umschau in Wiss.u.Techn. 59 (1959) 36
/9/ MÜLLER, H.J.: Z.angew.Ent. 48 (1961) 233
/10/ MÜLLER, H.J.: Zool.Anz.Suppl.29 (1966) 192
/11/ MÜLLER, H.J.: Nova Acta Leopoldina, N.F.35, Nr.191 (1970) 7
/12/ MÜLLER, H.J.: Tagungsber.Akad.Landwirtschaftswiss.DDR, Nr.121 (1972) 81
/13/ MÜLLER, H.J.: Zool.Jb.Physiol. 80 (1976) 231
/14/ MÜLLER, H.J., und W.WITSACK: Abschlußbericht, Friedrich-Schiller-Univ.Jena (1977) (unveröff.)
/15/ NEUMANN, D.: Verh.Dtsch.Zool.Ges.,G.Fischer Verlag Stuttgart, (1976) 9
/16/ OKU,T., T.CHIBA, O.SAITO and T.KOBAYASHI: Kontyu 40 (1972) 265
/17/ PROPP, G.D., M.J.TAUBER and C.A.TAUBER: J.Insect Physiol. 15 (1969) 1749
/18/ SAUER, K.P.: Zool.Jb.Syst. 104 (1977) 489
/19/ SAUNDERS, D.S.: J.Insect Physiol. 17 (1971) 801
/20/ SAUNDERS, D.S.: J.Insect Physiol. 20 (1974) 77
/21/ TAUBER, M.J., and C.A.TAUBER: Ent.exp.appl. 15 (1972) 105
/22/ THIELE, H.-U.: Zool.Jb.Syst. 98 (1971) 341
/23/ WITSACK, W.: Zool.Jb.Syst. 98 (1971) 316
/24/ WITSACK, W.: Zool.Jb.Syst. 100 (1973) 301

Anschrift des Verfassers: Prof.em.Dr.H.J.MÜLLER, DDR - 69 Jena, Prof.-Ibrahim-Str. 16

Zusammenfassung

Für die einzelnen Entwicklungsstadien der meisten Arthropoden ist das Angebot der Umweltvalenzen im Verlaufe eines Jahres unterschiedlich günstig. Zuverlässige saisonale Einnischung wird nur erreicht, wenn die Ontogenesen so in den Ablauf der Jahreszeiten eingepaßt sind, daß empfindliche (stenopotente) Stadien in Zeiten für sie optimaler Umweltbedingungen und weniger anspruchsvolle (eurypotente) in Perioden eingeschränkter Energiezufuhr fallen. Dies wird durch zeitweilige Bremsung des Entwicklungstempos, die sog. Dormanz, erreicht. Im ursprünglichen Falle der engen Bindung desselben an die Energiezufuhr werden Mangelzeiten nur von resistenteren Stadien überstanden (Quieszenz). - Fähigkeit zur Akkomodation an pessimale Valenzbereiche bei dafür prädestinierteren Stadien (Eier, Puppen) ergibt verzögert eintretende Entwicklungshemmung (Oligopause), die bei Rückkehr des bewirkenden Faktors in optimale Bereiche wieder aufgehoben, jedoch auch im pessimalen schließlich überwunden wird. - Bei vielen Monovoltinen ist die Potenzamplitude während einer bestimmten Ontogenesephase endogen so gesenkt, daß ihre Entwicklung obligatorisch so lange gehemmt wird, wie der betreffende Faktor noch in einem höheren Valenzbereich bleibt (Parapause). - Die beste Anpassung ist bei jenen Polyvoltinen erreicht, bei denen die Umstellung des Metabolismus auf Sparbetrieb erst dann, und nur dann, ausgelöst wird, wenn eine ungünstige Periode zu erwarten ist. Solche fakultativen Diapausen erfordern allerdings ein Signal, das die Ungunst zwar ankündigt, selbst aber daran unbeteiligt ist. Fast stets wird dafür eine kritische Tageslänge (mit energetisch noch günstiger Photophase) benutzt. - Neben der Überwindung ungünstiger Zeiten ergibt die Dormanz als ökologische Vorteile 1. die Synchronisation der individuellen Ontogenesen der Population sowie 2. die Nutzung der Zeit als Nischendimension für mehrere Arten sonst gleichen Lebensformentyps innerhalb eines Ökosystems durch unterschiedliche saisonale Einordnung ihrer Dormanzen. Die Vielfalt der temporalen Einpassungen wird durch das Auftreten simultaner und sukzessiver Dormanzen sowie andere genetisch bedingte Polymorphismen weiter erhöht.

Резюме

В течение года валентность окружающей среды по разному влияет на различные стадии развития большинства членистоногих. Надёжная сезонная экономическая ниша имеет место лишь в том случае, если онтогенезы так соотносятся с временами года, что чувствительные (стенопотентные) фазы совпадают с периодами с наиболее оптимальными условиями внешней среды, а менее чувствительные (эврипотентные) с периодами с ограниченным поступлением энергии. Это достигается за счёт временного торможения скорости развития, так называемой дорманции. В первоначальном случае тесной связи её с поступлением энергии выдерживаются периоды недостаточности лишь на ресистентных стадиях (квиесценция). Способность к аккомодации к неблагоприятным валентностям окружающий среды на предрасположенных к этому стадиях (яйца, куколки) приводит к запаздывающему торможению развития (олигопауза), которое снимается при возвращении действующего фактора в оптимальные области, которое, однако, также преодолевается через определенное время и в неблагоприятной области. - Для многих моновольтинов амплитуда потенции в течение определённой фазы онтогенеза эндогенно уменьшается насткольно, что их развитие обязательно тормозится, пока соответствующий фактор остаётся в более высокой валентной области (парапауза). - Наилучшее приспособление достигается у тех поливольтинов, у которых перестройка метаболизма на экономный режим вызывается лишь тогда и только тогда, когда ожидается неблагоприятный период. Такие факультативные диапаузы, однако, требуют сигнала, предвещающего наступление невзгоды, но не причастного к ней. Почти всегда в качестве сигнала используется критическая длина дня с всё ещё энергетически выгодной фотофазой. - Наряду с преодолением неблагоприятных периодов дормация приводит к следующим экологическим преимуществам I. синхронизация индивидуальных онтогенезов популяции 2. использование времени в качестве размерности экологической ниши для некоторых видов с аналогичным типом жизненной формы, существующих в одной и той же экологической системе, поскольку для них наблюдается различное распределение дорманций. Многообразие временной приуроченности ещё увеличивается за счёт наличия одновременных или последовательных дорманций, а также других генетически обусловленных полиморфизмов.

Summary

The environmental values offered in the course of one year are not equally useful to all developmental phases undergone by the majority of arthropods. Safe seasonal niche effects will not be achieved unless the ontogeneses are brought into pace with seasons to the effect that highly vulnerable (stenopotent) stages fall into periods of optimum environmental conditions, while less vulnerable (eurypotent) stages come to coincide with periods of reduced energy supply. This may be achieved by temporary deceleration of development, socalled dormancy. If, in the original case, stages depend strongly on energy supply, periods of shortage will be survived only by those with stronger resistance (quiescence).

Those capable of accommodation to unfavourable conditions (eggs, pupas) will undergo slowly developing inhibition of development (oligopause) which is lifted as soon as the acting factor returns to optimum conditions but gradually overcome even under unfavourable conditions.

The phase of ontogenesis may be strongly endogenically depressed with its potency amplitude in a number of monovoltins, with its development being inhibited as long as the active factor still rests at a higher valency level (parapause).

Best accommodation is recordable from those polyvoltins in which the metabolism is not reduced to retention level unless an unfavourable period is imminent. Such facultative diapauses, however, depend on a signal which does well announce the unfavourable condition but is /not/ involved itself. One critical day length (with energetically more favourable photophase) will be used to that end in almost all instances.

Dormancy does not only help to pass through unfavourable periods, but it is likely to yield, on top of it, the following ecological benefits:

(a) Synchronisation of ontogeneses of individuals in a given population;

(b) Utilisation of time as a niche dimension for several species of an otherwise identical type of life forms within one and the same ecosystem by differentiated seasonal timing of their dormancies.

The variety of temporal accommodations is further enlarged by the occurrence of both simultaneous and successive dormancies as well as by additional genetically conditioned polymorphisms.

Humboldt-Universität zu Berlin
Sektion Biologie, Bereich Verhaltenswissenschaften

Zeitmuster des Verhaltens im Evolutionsaspekt

G. TEMBROCK

Verhalten steuert und regelt auf der Grundlage des Informationswechsels die Organismus-Umwelt-Beziehungen:
- Stoff- und Energiewechsel
- Gen-Verteilung in der Population
- Informations-Verteilung in der Population
- Allgemeine Adaptation.

Verhalten verwirklicht sich im Output-Vektor als eine Ereignisfolge oder als verhaltenswirksame Eigenschaft des Organismus. Wir können daher unterscheiden:

a) Motorische Verhaltensereignisse
  - Punktereignisse
  - Kurzzeitereignisse (<5 s)
  - Langzeitereignisse (5-10 s)
  - quasistationäre Ereignisse (oberhalb der Grenze der Speicherfähigkeit des Immediatgedächtnisses).

b) Konstitutionelle Verhaltenseigenschaften
  - phasisch
  - permanent.

Motorische Verhaltensereignisse setzen sich gewöhnlich aus Verhaltenselementen zusammen, wobei ein Punktereignis einem Verhaltenselement entspricht. Dieses wird sofort nach Erreichen der Maximalamplitude abgebrochen (beendet). Verhaltenselemente lassen sich analog zu den Lautelementen (die ja nur einen Sonderfall darstellen), aber mit anderer Zeitbasis hinsichtlich ihrer zeitlichen Dauer etwa wie folgt unterteilen:
- Punktereignisse
- Kurzelemente (bis etwa 1 s)
- Langelemente (etwa 1 bis 2 s)
- Dehnungselemente (über 2 s).

Dehnungselemente könnten daher mit Kurzzeit-, Langzeit- bzw. quasi-

stationären Verhaltensereignissen identisch sein; gewöhnlich entstehen diese jedoch durch Wiederholung kurzer Elemente; sie sind homotyp, wenn das Verhaltensereignis (als Sequenz) nur durch Wiederholung eines Elementtyps zustandekommt, heterotyp, wenn mehr als ein Typ von Elementen daran beteiligt sind. Korrekt wäre es dabei, zwei prinzipielle Möglichkeiten der Elementtypen abzuleiten:
Zeittypen: Elemente, die sich durch ihre Dauer unterscheiden, sonst aber gleich sind; Strukturtypen: Elemente, die sich auf Grund der beteiligten Muskel, bzw. Funktionseinheiten unterscheiden (z. B. Ohrbewegung, Lippenbewegung, Vibrissenbewegung usw.). Es lassen sich demnach Heterochronie und Heteromorphie unterscheiden. Bei Wiederholungen liegt die Periodendauer im allgemeinen zwischen 10^{-1} und 10^{1} s. Diese Zeitmuster werden durch interne neurale Prozesse determiniert. Unter chronobiologischen Gesichtspunkten muß die Analyse derartiger Verhaltenssequenzen folgende Grundaspekte berücksichtigen:

- Element-Statistik: Zeitdauer der Verhaltenselemente
- Intervall-Statistik: Zeitdauer der Intervalle zwischen den Elementen
- Perioden-Statistik: Zeitdauer zwischen phasengleichen Zuständen (z. B. Anfang einer Elementarbewegung bzw. eines Verhaltenselementes)
- Strukturanalyse: Erfassung höherer Ordnungs-Prinzipien motorischer Verhaltensereignisse.

Für diese Strukturen kann auch der Begriff "Verhaltensereignis" nicht mehr angewandt werden, sie sind eher eine Folge verschiedener Verhaltensereignisse, wie etwa bei komplexen Balzmustern. Dagegen zeigt eine Winkerkrabbe der Gattung Goniopsis Winkschläge, die nach 0,63 bis 0,75 s ihre volle Amplitude erreichen (Kurzelemente) und als Serien von 3 bis 6 Winkschlägen auftreten; nimmt man die Zeit hinzu, die benötigt wird, bis die Schere wieder in die Ausgangslage gelangt ist, dann kann eine solche Serie insgesamt als Langzeitereignis aufgefaßt werden. Durch Reihung von Serien (analog den Strophen, die zu einem Gesang gereiht werden) kann ein quasistationäres Verhaltensereignis entstehen.

Der adaptive Wert derartiger Verhaltensereignisse liegt in der Anpassung an generelle biologische Mechanismen der Zeichen- und Mustererkennung; sie fallen in den Bereich des Immediatgedächtnisses (Gegenwartsgedächtnis), das Ereignisfolgen von einer Dauer bis zu etwa 15 s simultan verarbeiten und damit als Ganzes informationell nutzen kann. Die "Totzeit" (Latenzzeit) liegt daher auf der Empfängerseite für solche Ereignisse deutlich höher als für nicht-sequentielle Punkt- oder Kurzzeitereignisse bzw. quasistationäre Vorgänge ohne innere Zeitgliederung. So konnte MASPHUHL /1/ bei Angebot biogener Schallereignisse bei Meerschweinchen (Cavia aperea) einen signifikanten Unterschied feststellen: Bei arhythmischen Lautattrappen findet (gemessen über die Herzfrequenz) sofort (noch während des Reizes) eine Systemverstellung statt, während bei rhythmischen Folgen (Purren) nur poststimulativ statistisch signifikante Reaktionsunterschiede (in Abhängigkeit von der Lautstärke) nachweisbar waren, wobei alle Abweichungen von der biogenen Periodizität zu einer Abschwächung der Reaktion führten.

Der Grenzwert wird durch die Rezeptoreigenschaften bestimmt, die biogene Zeitstruktur ist das Ergebnis eines (freien) Zustandsverhaltens des Biosystems.

Wir möchten die bisherigen Feststellungen kurz zusammenfassen, weil sich aus ihnen Parameter für eine Analyse der evolutiven Mechanismen ableiten:

1. Verhalten im Output-Vektor besteht aus motorischen und konstitutionellen Eigenschaften und Prozessen in Biosystemen.
2. Diese Verhaltenselemente und Verhaltensereignisse können auf Grund struktureller und/oder zeitlicher Eigenschaften klassifiziert werden.
3. Die zeitlichen Eigenschaften des Verhaltens betreffen (a) die Dauer eines definierten Ereignisses, (b) die Frequenz sich wiederholender Verhaltensabläufe und (c) die Struktur komplexer Zeitmuster.

Bezieht man die Umwelt in diesen Kontext mit ein, dann sind zwei weitere Aspekte hinzuzufügen:

4. Verhalten realisiert sich an bestimmten Orten (Raumansprüche).
5. Verhalten realisiert sich zu bestimmten (kosmischen) Zeiten (Zeitansprüche). Diese Zeiten werden dem Organismus durch "Zeitgeber" vermittelt, deren Eigenschaften durch die quantitativen Umweltansprüche determiniert sind, die bedingen, daß der Organismus zu einer bestimmten Zeit an einem bestimmten Ort sein muß (Stoffwechselansprüche, Partneransprüche, Sozialansprüche). Die Ziele dieser Ansprüche liegen also außerhalb des Organismus in seiner (externen) Umwelt und werden in ihren Eigenschaften durch diese vorgegeben, Dabei ist allerdings zu unterscheiden zwischen den Umweltstrukturen ohne Eigenverhalten (abiotische Faktoren, aber auch Pflanzen), sowie solchen mit Eigenverhalten. Im ersten Fall kann der tierische Organismus diese nur wenig oder gar nicht beeinflussen, sondern nur zwischen ihnen auswählen. Im zweiten Fall besteht meist ein Informationsfluß in beiden Richtungen, der zu einer wechselseitigen Verhaltensbeeinflussung führt. Dieser Informationsfluß kann Eigenschaften eines Zeitgebers annehmen, wenn der jeweils als "Umwelt" fungierende Partner in seinem Verhalten zugleich an andere externe Zeitgeber gebunden ist, etwa

als Beutetier in seinen tageszeitlichen Bewegungsphasen.

Da die verhaltensbiologisch relevanten kosmischen Zeitgeber Periodenlängen von 24 Stunden oder darüber aufweisen (soweit wir gegenwärtig wissen), kann ihre Wirkung vor allem bei solchen Verhaltensereignissen ansetzen, die über längere Zeit einen quasistationären Zustand aufweisen oder konstitutionell sind. Diese können externe Störereignisse durch Servomechanismen als erwartete (bzw. innerhalb der Toleranzgrenzen liegende) Sollwertabweichungen durch entsprechende (phasenspezifische) Gegensteuerung kompensieren; das muß bei einer vorgegebenen Periodik der Störeinwirkungen zu entsprechenden periodischen Gegensteuerungen führen. Beispiele hierfür wären Haarwechsel oder Mauser, phasische Farbänderungen als Umgebungsanpassungen, im Falle der Reproduktion auch als phasische konstitutionelle Sexualsignale.

Der Verhaltensaspekt evolutiv wirksamer Zeitmuster erfordert noch die Analyse eines weiteren Grundphänomens: Die Optimierung von Verhaltensabläufen mit Zielfunktionen über verfügbare, oft mit Alternativen realisierbare Verhaltensstrategien. Wir nennen diesen Typ des Informationswechsels zwischen Organismus und Umwelt motiviertes Verhalten. Die Strategie verläuft nach dem folgenden Grundprinzip:

1. Orientiertes Verhalten (Suchphase): Optimierung der Umweltparameter
2. Orientiertes Verhalten: Optimierung der Variablen
3. Beendendes Verhalten: Optimierung der Gesamtstrategie über die Bewertung
4. Refraktärperiode.

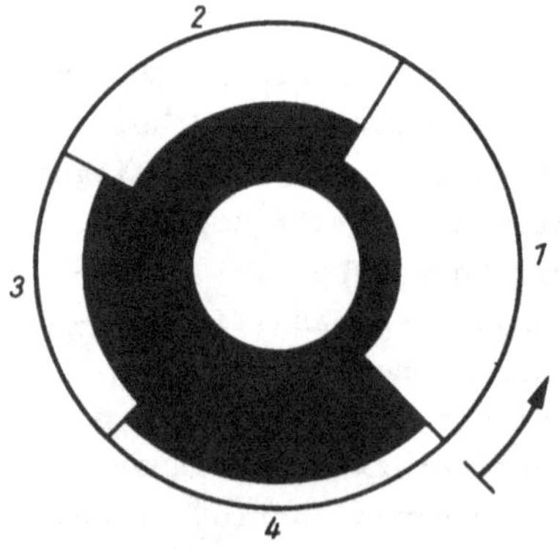

Abb. 1: Zyklogramm motivierten Verhaltens. (Schwarz= intern determinierter Anteil.)

Der Zyklus kann in Abhängigkeit von den physiologischen Grundlagen der Zielfunktionen (z. B. Stoffwechsel) sich über Stunden erstrecken. Das bringt ihn in die Nähe der 24-Stunden-Periodik; daraus kann sich ein adaptiver Druck entwickeln, eine bestimmte Phasenbeziehung bzw. ein Perioden-Verhältnis (1:4, 1:3, 1:2, 1:1) herzustellen, wobei zusätzlich beispielsweise Temperatur- und/oder Lichtwirkungen auf die physiologischen Vorgänge des Stoffwechsels als Selektionsfaktoren wirksam werden können, ebenso aber auch das zeitliche Auftreten der Nahrung. Fortpflanzungszyklen, die auch eine Jungenaufzucht einschließen, haben sich vielfach in ihren Refraktärperioden an den Jahreszyklus angepaßt, besonders in Klimazonen mit starker Ausprägung von Jahreszeiten; hier wurden die Photoperioden zu einem wichtigen Zeitgeber oder auch physiologischen Induktor.

Aus diesen Überlegungen kann abgeleitet werden, daß die Wahrscheinlichkeit einer Phasenkopplung biogener Perioden mit der Periodendauer zunimmt. Gleichwohl gibt es Beispiele von umweltangepaßten Zeitmustern bestimmter Bewegungsfolgen, besonders im Kontext des Schutzverhaltens. Hier sei an die schwingenden Bewegungen bestimmter Gespenstheuschrekken (Phasmida) erinnert, deren Bewegungsrhythmus dem Schwanken etwa gleichgroßer Blätter bei leicht bewegter Luft entspricht.

Wir kehren noch einmal zu dem "Vierphasen-Modell" des motivierten Verhaltens zurück. Wenn wir davon ausgehen, daß die Wahrscheinlichkeit einer Beeinflussung durch die Umwelt von der jeweiligen Optimierungsstrategie der einzelnen Phasen bestimmt wird (Abb.1), dann wäre daraus die Hypothese abzuleiten, daß die Phase 1 (orientierendes Verhalten = Appetenzverhalten I) die empfindlichste sein müßte; hier geht es ja um die Optimierung der Umweltparameter. Die Hypothese lautet daher: Die Wahrscheinlichkeit, über Einbau einer Zeitgeber-Wirkung eine Phasenbeziehung zur kosmischen Zeit im Verhalten herzustellen, ist in der Phase des Appetenzverhaltens I am größten. Das könnte in Konsequenz bedeuten, wenn man in der Tierproduktion Lichtregime und Futterregime koppeln möchte, um eine optimale Futteraufnahme und -verwertung zu gewährleisten, daß man mit einem Lichtwechsel eine bestimmte Zeit vor der Fütterung einsetzt, und zwar jene Zeit, bei der diese Tierart (bei DD oder LL) mit Fütterung als einzigem Zeitgeber vor der Fütterung mit der "Unruhe" (Suchphase) beginnt.

An dieser Stelle ist ein weiterer Hinweis auf eine grundsätzliche Klassifizierung der Organismus-Umwelt-Beziehungen erforderlich. Wenn Organismen ihre Informationen über Umweltparameter durch aktive Informationsbildung beziehen, durch eine Informations-Aggregation, bei welcher sie selbst die Bedeutung der empfangenen Zeichen festlegen, sprechen wir von "Gebrauchshandlungen", wobei der für diese Informationsaggregation erforderliche Output gemeint ist. Werden die Signale dagegen sendeseitig mit Bedeutung belegt, die vom Empfänger auch gleichsinnig entschlüsselt wird (Nachrichten-Übertragung), dann bezeichnen wir das dabei eingesetzte sendeseitige Verhalten als "Signalhandlung". Signalhandlungen resultieren aus den Partneransprüchen, Gebrauchshandlungen aus den Raum-, Zeit-, Stoffwechsel- und Schutzansprüchen. Unter chronobiologischen Aspekten folgern daraus zwei prinzipiell verschiedene Optimierungs-Strategien:

a) Gebrauchshandlungen optimieren den motivierten Verhaltenszyklus über die relevante Umwelt, deren Bedeutung der Empfänger der Informationen festlegt. Entsprechend liegt der adaptive Prozeß auf der Seite des Empfängers. Daraus resultiert im Sinne von SCHMALHAUSEN /2/ die "verändernde Selektion". Wir haben daher in diesem Kontext einen besonders hohen Anteil der Bindung interner Zeitmuster an die kosmische Zeit über entsprechende externe Zeitgeber zu erwarten.

b) Signalhandlungen sind eine Komponente der Nachrichtenübertragung zwischen Organismen mit gleichem Grundalphabet. Sender und Empfänger müssen sich wechselseitig anpassen; die Rezeptormechanismen und das Immediatgedächtnis (s.o.) optimieren auf der Grundlage der Zeichen- und Mustererkennung die Zeitmuster auf Frequenzen, die systeminhärent und geeignet sind, interne Zustände abzubilden. Sie liegen in einem Bereich, für den es in der abiotischen Umwelt kaum Entsprechungen gibt. Damit fördern sie im Sinne von SCHMALHAUSEN /2/ die "stabilisierende Selektion". Sie können nur mittelbar durch die Funktionen, die über die Nachrichtenübertragung realisiert werden (Fortpflanzung, Jungenaufzucht), über externe Zeitgeber synchronisiert werden, dann aber nicht in der Zeitstruktur der Informationsübertragung, sondern in der zeitlichen Ordnung innerhalb des Gesamtverhaltens und damit der Steuerung und Regelung der Organismus-Umwelt-Beziehungen.

Hieraus resultiert jedoch das Postulat, daß der Grad der Strukturiertheit einer Population (bzw. Sozialstruktur) auf der Grundlage dieser Zeitstrukturen der Informationsübertragung die Sensivität gegenüber externen Zeitgebern erhöhen kann. Tatsächlich fanden ROPER und RYON /3/ bei Caniden eine größere Wirkung externer Zeitgeber bei stabileren sozialen Strukturen, wobei soziale Zeitgeber diese Stabilisierung fördern.

Es gibt aber noch einen anderen Funktionsaspekt der systeminhärenten Zeitmuster. Periodische Vorgänge im Organismus "quanteln" die Zeit; FRAISSE /4/, TREISMAN /5/ und DIMOND /6/ leiten daraus einen internen Standard ab, der es erlaubt, das Kontinuum des sensorischen Inputs in Zeiteinheiten zu unterteilen; dadurch wird auch ein zeitgekoppeltes Lernen ermöglicht, und die kürzlich von HORTER /7/ vorgelegte Untersuchung an Ratten weist den Anwendungszeitraum als lernbare Größe nach (operantes Lernen: das Drücken eines Hebels nur in einem bestimmten Zeitraum anzuwenden). Das legt den Gedanken nahe, die Zeitquantelung (Periodisierung) von Verhaltensereignissen auch unter dem Aspekt der Adaptation an bereits bestehende sensorische Zeitstandards zu interpretieren.

Der Evolutions-Aspekt in der Chronobiologie erfordert nach den vorstehenden Ausführungen eine spezielle Untersuchung der chronobiologischen Parameter der verändernden Selektion. Geht man davon aus, daß in diesem Kontext dem Stoff- und Energiewechsel der höchste Funktionswert zukommt, dann bietet sich die Überlegung an, daßbei den heterotrophen Organismen die Fähigkeit zur Ortveränderung (Lokomotion) primär unter den Erfordernissen der Optimierung des Nahrungserwerbs entwickelt wurde. Die "Essentials" für diese Strategie sind die folgenden:

- Identifikation
- Bewertung (positiv - negativ)
- Zuwendung (affiner Status)
- Abwendung (diffuger Status), und zum Vollzug dieser beider Statusformen:
  - . Richtungsbestimmung (Taxis)
  - . Entfernungsbestimmung (Elasis).

Auf dieser Grundlage entstanden in Abhängigkeit von den strukturellen und physiologischen Eigenschaften der Organismen in ihrer weiteren Evolution anpassungsfähige Verhaltensmuster, die als motiviertes Verhalten dem bereits beschriebenen Zyklus (Abb. 2) unterworfen waren. Dieser erfuhr (nach der obigen Hypothese) in der orientierenden Phase eine Adaptation an die im Nahfeld wirksamen Zeitprozesse. Ein typisches Beispiel hierfür liefern die Befunde von WIMSATT /8/ an Vampiren (Desmodus) als hochgradige Nahrungsspezialisten: Ihre Aktivität beginnt nach Einbruch der Dunkelheit und währt etwa 2 Stunden, wobei gewöhnlich nur eine Nahrungsaufnahme in 24 Stunden erfolgt. Bei der Schabe Periplaneta deckt sich der Rhythmus der Nahrungsaufnahme weitgehend mit der gesamten lokomotorischen Aktivität (LIPTON und SUTHERLAND /9/), so daß für beide der gleiche Kontrollmechanismus postuliert wird.

Während in diesem Kontext der Organismus-Umwelt-Beziehungen der affine Status die Bereitschaft der Synchronisation mit externen Perioden über Zeitgeber fördert, handelt es sich bei den Schutzansprüchen um den diffugen Status, unabhängig davon, daß Orte für die Endhandlung attraktiv wirken. Gleichwohl können dieselben Zeitgeber, doch mit anderen Phasenbeziehungen genutzt werden, beispielsweise der Hell-Dunkel-Wechsel. Dann stellt sich jedoch die Frage nach der Hierarchie der Umweltansprüche. Dominieren die Nahrungsansprüche, dann muß der Organismus für die Ruhephase (Refraktärperiode) geeignete Bedingungen suchen, die den Schutzansprüchen entsprechen. Andererseits werden aber bei zahlreichen Tierarten gerade während der lokomotorischen Phase der Nahrungssuche die Schutzansprüche erhöht, da Feindbegegnungen eine höhere Wahrscheinlichkeit haben. Dieser Funktionsdruck kann dann dominierend werden, wenn Nahrung zu allen Tageszeiten verfügbar ist (bei vielen Pflanzenfressern). Dabei wird wieder die Hierarchie der beteiligten Rezeptoren bedeutsam; Arten, die bei der Nahrungssuche unbedingt auf ihr Auge angewiesen sind, können nicht in absolute Dunkelheit ausweichen. Gleichwohl hat der Feinddruck (die Jagd) bei Reh und Wildschwein zu einer Phasenverschiebung der lokomotorischen Aktivität geführt und sie zu "Nachttieren" gemacht. Tierarten, die im Jahresgang zeitweilig wenig oder keine Nahrung aufnehmen, meist im Rahmen des Fortpflanzungsverhaltens, können unter diesen Bedingungen ein verändertes Zeitmuster ihrer Bewegungsphasen zeigen. Hier muß die Möglichkeit erwogen werden, daß die Zeitgeber-Hierarchie verändert wird und bisher latente zu aktuellen Zeitgebern werden. Es können aber auch Phasenverschiebungen auftreten, weil die veränderten Umweltanforderungen (Partneranforderungen) ein synchronisierendes visuelles Kontaktsystem erfordern, das nur in der Hellzeit realisiert werden kann, so daß vorher dunkelaktive Arten in dieser Phase wesentliche Abschnitte ihrer Aktivitäten (Motorik) in die Hellzeit verlegen müssen (Beispiel: Rotfuchs, Vulpes vulpes, während der Ranzzeit (vgl. TEMBROCK /10/).

Als Beispiel für ein Schutzverhalten mit tagesrhythmischem Verlauf kann die von uns untersuchte Stridulation des Eichenbockkäfers (Cerambyx cerdo) gelten (TEMBROCK /11/). Diese Zirpgeräusche werden von einer Schrilleiste am Mesothorax, die sich unter einer Schrillkante am Prothorax schiebt, erzeugt; der Käfer vollführt dabei "nickende" Bewegungen, die durch mechanische Einwirkungen (z. B. Anheben, Festhalten) ausgelöst werden. Die Bereitschaft dazu ist einem circadianen Rhythmus unterworfen, wobei ihre täglichen Schwankungen weitgehend parallel zur allgemeinen motorischen Aktivität verlaufen, beide also vermutlich von einem Koordinationszentrum gesteuert werden. Dieser Rhythmus bezieht sich auf die Anzahl der pro Zeiteinheit geäußerten Silben, die Amplitude und die Struktur des Lautmusters. Das Maximum fällt in die Abend- und ersten Nachtstunden. Nach 8 Tagen DD ergab sich für 11 Käfer folgendes Bild:

Zeit	Anzahl d. stridul. Käfer	Anzahl d. Silben in 2 sec.	Mittlere Amplituden	Amplitude, x Silbenzahl, auf 11 Messungen bezogen
14^{00}	2	8	0,33 cm	0,29
20^{30}	5	26	0,64 cm	1,54

Das Circadianmuster blieb demnach unter Dauerdunkel erhalten.

Auch das orientierte Verhalten kann Phasenbeziehungen, die im orientierenden Verhalten zu äußeren Zeitgebern hergestellt werden, nutzen. Das wird besonders bei komplexen Orientierungsleistungen wirksam, bei denen astronomische Orientierungshilfen verwendet werden (Sonne, Mond, Sterne). Hier können tages-, lunar- und jahresperiodische Zyklen die Bezugswerte liefern, wobei speziell systeminhärente Zyklen mit einer Periodendauer von etwa 24 Stunden zur Verrechnung eingesetzt werden, speziell für die Richtungsorientierung, vielleicht auch für die Entfernungsorientierung. Damit kann die Zeitbestimmung zu einer essentiellen Orientierungshilfe werden.

Danach lassen sich die evolutiv wirksamen Anpassungsmechanismen, die über Zeitmuster im Verhalten wirksam werden, vielleicht wie folgt zusammenfassen:

1. Raumansprüche
   - individueller und kollektiver Raumanspruch (topographisch)
   - individuelle und kollektive Randbedingungen (z. B. Temperatur, Licht, Boden- und Luftfeuchtigkeit)
2. Leistungsansprüche
   - Nährstoffe (und Äquivalente für den Wasserhaushalt)
   - Mittel für die Ortsveränderungen (passiv - aktiv)
3. Schutzansprüche
   - auf Grund von Störgrößen der Raumansprüche
   - auf Grund von Störgrößen der Leistungsansprüche.

Als Resultante dieser Ansprüche erfolgt eine dynamische Ennidation, die Erschließung ökologischer Nischen. Da alle genannten Umweltbedingungen auch eine zeitliche Dimension haben, gewinnen endogene Zeitmuster, die zu diesen eine Beziehung aufweisen, einen Evolutionswert. Das gilt natürlich auch für die zwischenorganismischen Beziehungen, wenn einer der Partner bereits ein bestimmtes durch äußere Zeitgeber, fixiertes Zeitmuster seines Verhaltens aufweist. Erinnert sei in diesem Zusammenhang an Blühzeiten für blütenbesuchende Insekten, an Aktivitätszeiten von Beutetieren oder von Arten, die als Konkurrenten oder andere Störfaktoren wirksam werden oder von Arten, die bei der Phoresie als Transportmittel zur Ortsveränderung dienen. Konkurrenzsituationen oder der Fall der "competition" zwischen verschiedenen Populationen kann ebenfalls zu chronobiologischen Adaptationen führen, wie es HOVANITZ /12/ bei dem Schmetterling Colias eurytheme nachgewiesen hat. Diese bilden zwei Formen aus, die sich durch ihre Pigmentierung stark unterscheiden und bei gleichen ökologischen Ansprüchen ein unterschiedliches Tagesmuster ihrer motorischen Aktivität ausgebildet haben, das zu einer "zeitlichen Vikarianz" geführt hat, die man der bekannten räumlichen gegenüberstellen kann. So hat auch KIKUCHI /13/ bei den Fliegen Eristalomyia tenax und E. cerealis, von denen die erste dominant ist, eine circadiane Vikarianz des Blütenbesuches nachgewiesen. PITTENDRIGH /14/ fand bei Drosophila pseudobscura ein Maximum des Schlüpfens um 6^{00}, bei D. persimilis um 8 Uhr. Man kann die Hypothese aufstellen, daß die sog. "Vogeluhr", also der unterschiedliche Gesangsbeginn in der Morgendämmerung, bei Arten im gleichen Biotop eine chronobiologische Ennidation darstellt, es werden im Interesse der Signalwirkung "akustische Nischen" gesucht, so daß sich die morgentlichen Maxima der Gesangsaktivität in einem Biotop nicht überdecken; dabei liegt offenbar zusätzlich eine Präferenz für diese Tageszeit vor, weil die geringe Luftbewegung und die hohe relative Luftfeuchtigkeit optimale Bedingungen für die akustische Informationsübertragung bieten.

Die Luftfeuchtigkeit ist neben anderen Faktoren auch für die beiden Stechmückenarten Anopheles homunculus und A. bellator ein Adaptationsfaktor; unterschiedliche Präferenda führen auch hier zu differenzierenden Tagesmustern der Aktivität.

CLOUDSLEY-THOMPSON /15/ hat auf einen weiteren ökologischen Aspekt hingewiesen, der besonders diurnale Rhythmen determinieren kann. Er unterscheidet bei terrestrischen Arthropoden zwei Typen:

a) Formen, die in trockener Luft schnellen Wasserverlust erleiden, weil ihnen eine cuticulare Wachsschicht fehlt; hierher gehören besonders Isopoden, Diplopoden und Chilopoden, die daher überwiegend dunkelaktiv sind und eine niedrige Vorzugstemperatur aufweisen;

b) Formen mit einer epicuticularen Wachsschicht, die relativ unabhängig gegenüber Schwankungen der relativen Luftfeuchtigkeit sind. Hierher gehören die meisten Insekten und viele Spinnentiere, bei denen daher andere Adaptationsmechanismen die zeitliche Verteilung ihrer motorischen Aktivitäten bestimmen können, und die vielleicht primär hellaktiv waren und erst durch Feinddruck (Vögel) oder andere Faktoren in die Dunkelzeit "ausgewichen" sind.

So können ökologische Ketten rhythmischer Abhängigkeiten entstehen, die aber noch wenig untersucht und im einzelnen analysiert sind. Der ökologischen Nahrungskette kommt in diesem Kontext eine vorrangige Bedeutung zu. Auch Temperatureinflüsse können dabei wirksam werden. So ist Microtus californicus ein Nachttier; in höheren Lagen, in denen sehr kalte Nächte auftreten, ist sie jedoch tagaktiv. Auch bei unseren einheimischen Microtinen sind derartige Umstellungen zwischen Sommer und Winter bekannt.

Aus der stammesgeschichtlichen Sicht heraus lassen sich diese Befunde unter zwei prinzipiellen Fragestellungen betrachten:

1) Wie haben sich an die Umwelt angepaßte Biorhythmen phylogenetisch entwickelt?
2) Welche Bedeutung haben derartige Rhythmen als Evolutionsfaktoren?

Über die stammesgeschichtliche Entwicklung derartiger Rhythmen im Verhaltensbereich liegen bislang keine gezielten Untersuchungen vor; Fossilbelege können hierzu keine Auskunft geben, wenn man von Ausnahmebedingungen absieht: Es könnte bestimmte Fossilisationsprozesse geben, die an Tageszeiten oder andere meteorologische Perioden gebunden sind, etwa das Harzen bestimmter Bäume. Andererseits wäre eine Homologie-Forschung denkbar, wenn man von artspezifischen Zeitmustern bestimmter motorischer Abläufe ausgeht; allerdings sind auch hier Homologien zu erwarten, da sie bei vielen Arten ähnlich sind. Hier wären artspezifische Periodogramme für verschiedene Verhaltensfunktionen erforderlich, um die notwendige Trennschärfe zu erhalten. Bei den phylogenetischen Betrachtungen ist zu berücksichtigen, daß sich im Verlauf der Erdgeschichte die Taglänge verändert hat. Die Phylogenie eines Verhaltens wird entscheidend von seinem Anpassungswert bzw. seinem Beitrag zur Gen-Selektion bestimmt. Tagesrhythmen, die den Hell-Dunkel-Wechsel als Zeitgeber haben, werden in ihrer Phasenbeziehung zu diesen Zeitgebern fraglos in erheblichem Umfang durch Umweltfaktoren beeinflußt. So sind die mesozoischen Säugetiere vorwiegend dunkelaktiv gewesen, was aus ihrer sensorischen Ausstattung und dem Hirnbau erschlossen werden kann, da die konkurrierenden Reptilien überwiegend hellaktiv sind und in dieser Epoche alle wesentlichen ökologischen Nischen und Lebensräume "besetzt" hatten. Diese Bedingungen veränderten sich im Verlauf der Kreidezeit grundlegend, wobei zahlreiche Reptilgruppen ausstarben und die große Entfaltung der Säugetiere einsetzte.

Zeitmuster des Verhaltens können als Evolutionsfaktor auf verschiedene Weise wirksam werden. So können motorische Tagesrhythmen Reproduktionsschranken bilden und als Isolationsmechanismus die Speziation fördern. Crepusculare (dämmerungsaktive) Arten können Populationen bilden, deren Maximum in den Morgenstunden liegt und solche, deren Hauptaktivität in die Abenddämmerung fällt. Nach FLINDT und HEMMER /16/ ist die Bastardierung zwischen Kreuz- und Wechselkröte (Bufo calamita und B. viridis) deshalb so selten, weil sich die Tagesmuster der motorischen Aktivität stark unterscheiden; andere Isolationsmechanismen wurden nicht nachgewiesen.

Die künftige Forschung wird bei der Analyse der Organismus-Umwelt-Beziehungen gerade auf dem Gebiet der Chronobiologie ganz sicher noch zahlreiche Sachverhalte aufdecken, die den hohen Stellenwert dieser Eigenschaft lebender Systeme in der Evolution ausweisen.

Litératur

/1/ MASPFUHL, B.: Biol. Zbl. 97 (1978) 307
/2/ SCHMALHAUSEN, I.I.: Factors of Evolution, Blakiston, Philadelphia 1949
/3/ ROPER, T.J.; J. RYON: J. Zool. Lond. 182 (1977) 177
/4/ FRAISSE, P.: The Psychology of Time. New York 1963
/5/ TREISMAN, M.: Psychol. Monogr. 77 (1963)
/6/ DIMOND, S.J.: Psychol. Bull. 62 (1964) 348
/7/ HORTER, M.: Zeitschr. Tierpsychol. 45 (1977) 256
/8/ WIMSATT, W.A.: J. Mammal. 50 (1969) 233
/9/ LIPTON, G.R., D.J. DUTHERLAND: J. Insect Physiol. 16 (1970) 1555
/10/ TEMBROCK, G.: Zool. Jb. Allg. Zool. Physiol. 68 (1958) 297
/11/ TEMBROCK, G.: Zool. Beitr. 5 (1960) 419
/12/ HOVANITZ, W.: Genetics 29 (1944) 1
/13/ KIKUCHI, T.: Sci. Tohoku Univ. IV. Biology 31 (1965) 275
/14/ PITTENDRIGH, C.: Adaptations, natural selection, and behavior. in: ROE, A. and G.G. SIMPSON (Edit.): Behavior and Evolution. New Haven Yale Univ. Press. 1958, 390
/15/ CLOUDSLEY-THOMPSON, J.L.: Rhythmic Activity in Animal Physiology and Behaviour. New York Academic Press 1961
/16/ FLINDT, R., H. HEMMER: Verh. dt. Zool. Ges. (1969) 283

Zusammenfassung

Verhalten steuert und regelt auf der Grundlage des Informationswechsels die Organismus-Umwelt-Beziehungen, primär den Energie- und Stoffwechsel, darüberhinaus die allgemeine Adaptation, die vor allem auf der Grundlage der (individuellen) Informationsspeicherung realisiert wird. Damit vollzieht sich Verhalten als Ereignisfolge. Dabei lassen sich unterscheiden:

a) motorische Verhaltensereignisse:"Punktereignisse", Kurzzeitereignisse (< 5s), Langzeitereignisse (5-10s), quasistationäre Ereignisse (oberhalb der Grenze der Speicherdauer im Immediatgedächtnis),

b) konstitutionelle Verhalteneigenschaften:Phasisch, permanent.

Motorische Verhaltensereignisse können durch Wiederholung quasi-stationär werden; die Periodendauer liegt dann im allgemeinen zwischen 10^{-1} und 10^{1}s. Diese Zeitmuster werden vorwiegend durch interne Prozesse im Nervensystem determiniert. Ihr adaptiver Wert liegt darin, daß sie in den Bereich der Arbeitszeit des Immediatgedächtnisses fallen, das Ereignisfolgen von etwa bis zu 15 s Dauer simultan verarbeiten und damit als Ganzes informationell nutzen kann. Die "Totzeit" (Latenzzeit) liegt daher auf der Empfänger-Seite für solche Ereignisse deutlicher höher als für nicht-sequentielle Punkt- oder Kurzzeitereignisse bzw. quasistationäre Vorgänge ohne interne Zeitgliederung. Der Grenzwert wird durch Rezeptoreigenschaften bestimmt, die Zeitstruktur jedoch durch ein (freies) Zustandsverhalten des Systems. Anders liegen die Zusammenhänge bei den quasistationären sowie den konstitutionellen Verhaltensprozessen und -eigenschaften. Sie können externe Störereignisse mit Zeitmuster durch Servomechanismen als erwartete Sollwertabweichungen durch entsprechende (phasenspezifische) Gegensteuerung kompensieren. Der Komplexgrad derartiger Umwelt-adaptierter Zeitmuster wird weitgehend durch die Umweltansprüche und die verfügbaren Verhaltensstrukturen für ihre Realisierung bestimmt.

Резюме

Поведение управляет и регулирует на основе смены информаций отношения организм-окружающая среда, первично обмен энергии и обмен веществ, вторично общую адаптацию, которая в основном осуществляется/индивидуально/ накоплением информаций. При этом поведение представляется как последовательность актов. При этом различают:

а/ моторные акты поведения:" точечные акты", кратковременные акты/< 5сек./, долговременные акты/ 5-I0сек./,как-бы постоянные акты/ выше предела продолжительности запоминания в иммедиатной памяти/,

б/ конституционные свойства поведения: фазовые, постоянные.

Моторные акты поведения могут стать благодаря повторениям как-бы постоянными, период продолжения их находится как правило между $I0^{-I}$и $I0^{I}$ сек. Эти временные вариации в основном детерминируются внутренними процессами в нервной системе. Их адаптивное значение в том, что они находятся в области рабочего интервала иммедиатной памяти, которая может одновременно обрабатывать акты длительностью примерно до I5 сек. и тем самым может их целиком использовать для информации. " Мёртвое время"/ латентное/ для таких актов у принимающей стороны явно выше, чем латентное время для не последовательных точечных или кратковременных актов или как-бы постоянных актов без внутреннего расчленения времени. Предельное значение их определяется рецепторными свойствами, временная структура однако/свободным/ состоянием поведения системы. Совсем другие взаимосвязи встречаются у как-бы постоянных и у конституционных процессов и свойств поведения. Они могут внешние помехи с временной вариацией компенсировать соответствующим /фазовоспецифическим/ антиуправлением. Степень сложности таких адаптированных средой временных вариаций в сильной степени определяется требованиями окружающей среды и структурами поведения.

Summary

Behaviour is the system to control and regulate, on the basis of changing information, organism-environment relations, including energy conversion and metabolism, as well as general adaptation which takes place primarily on the basis of (individual) information storage. Behaviour, hence, is a sequence of events. The following differentiation is possible, in that context:

(a) There are events of locomotor behaviour, relating to "concentric events", short-time events (less than five seconds), long-time events (between five and ten seconds), and quasi-stationary events (beyond the limit of possible storage in immediate memory).

(b) There are properties of constitutional behaviour, phasic or permanent. Events of locomotor behaviour may grow quasi-stationary by repetition. The duration of one period then will be, generally, between 10^{-1} and 10^{1} seconds. These are time patterns which are determined primarily by internal processes in the nervous system. They actually coincide with the "working hours" of the immediate memory which is capable of simultaneous processing of event sequences up to about 15 seconds in duration and, consequently, can be used in their totality for information. This is where their adaptive value lies. The recipient's "dead time" (latency) for such events, therefore, is significantly higher than that for non-sequential concentric or short-time events or quasi-stationary processes without any further subdivision into smaller time components. The limit value depends on receptor properties, whereas the time structure is determined by the given (free) conditional behaviour of the whole system. Different relationships and implications apply to quasi-stationary as well as to constitutional processes and properties of behaviour. They poseess adequate (phase-specific) counter-control to offset external time-related interference events by means of servo-mechanisms and as expected deviations from desired values. The complexity of such environment-adapted time patterns depends widely for their own implementation on environment-borne reauirements as well as on the behaviour structures available.

Ministerium für Gesundheitswesen der UdSSR
Medizinisches Institut, Tjumen

Chronobiologische Aspekte der Ontogenese einiger Vertebrata und des Menschen

GUBIN, G.D. und A.M. DUROV

Einer der Wege bei der Erkennung der Periodizitätsmechanismen und bei der Erforschung der Rolle endigener und exogener Faktoren für die Entwicklung der 24-Stunden-Rhythmik in biologischen Systemen sind Untersuchungen des Biorhythmus im Prozeß der individuellen Entwicklung des Organismus auf verschiedenem Organisationsniveau (Organismus, Organ, Gewebe, Zelle). Es gibt jedoch nur wenig Veröffentlichungen über die Entwicklung der Rhythmen in der Ontogenese, sowohl in der prä- als auch in der postnatalen Periode /1 - 4/.

A. Chronobiologische Aspekte der Ontogenese einiger Vertebrate

In den Stoffwechselprozessen des Organismus spielt die Leber der Vertebrata eine große Rolle. In der vorliegenden Arbeit wird die Dynamik eines Parameterkomplexes des intrazellulären Hepatozytenstoffwechsels einiger Wirbeltiere im Verlaufe des Tages in verschiedenen Etappen der Ontogenese untersucht. (Hühner-Embrionen am 11. und 19. Tag der Entwicklung, Küken im Alter von 24 Stunden, 10, 60 und 80 Tagen, Mäuse-Embryonen von 16 - 17 Tagen, neugeborene Mäuse im Alter von 3 und 7 Tagen und 1 und 6 Monaten). Die Tiere wurden unter natürlichen Lichtverhältnissen gehalten, bei gleichbleibender Zimmertemperatur (20°C - 22°C). Die Dekapitation wurde zu verschiedenen Tageszeiten alle 4 - 6 Stunden durchgeführt. Es wurden morphometrische, zytochemische und zytospektrophotometrische Untersuchungsmethoden angewandt.

Im Prozeß der Ontogenese wird in der Leber der untersuchten Wirbeltiere das Entstehen eines 24-Stunden Rhythmus für alle untersuchten Stoffwechselparameter (Zellgröße, Größe ihrer Kerne, Veränderung der Variationskurve der Kernvolumen, Kern-Zytoplasmaverhältnisse, Gehalt an RNS, Gesamteiweißgehalt, Glykogen, neutrale Fette) untersucht. (Tab. I)

Klasse der Wirbeltiere und ihr Vertreter	Tages-schwankungen %	Schwankungen der Kerngrößen der Hepatozyten	Tagesamplitude des Kern-Zytoplasmaverhältnisses	Tagesschwankungen des RNK-Gehaltes	Tagesschwankungen des Glykogengehaltes
1.Kl.Vögel (Hühner)					
Pränatale Periode.					
a)11.Tag der embryonalen Entwicklung	7 %	15%(p 0.05)	7 %	5%(p 0.05)	18% (p 0.05)
b)19.Tag der embryonalen Entwicklung	16 %	10%(p 0.002)	10 %	20%(p 0.001)	50% (p 0.001)
Postnatale Periode					
c)24-Stunden	7 %	23%(p 0.002)	15 %	28%(p 0.001)	114% (p 0.001)
d)10 Tage	26 %		20%	28%(p 0.001)	130% (p 0.001)
e)60 Tage	26 %	50%(p 0.001)	32 %		
f)80 Tage	64 %	32%(p 0.001)	17 %	57%(p 0.001)	etwa 700 %
2.Kl.Säugetiere (Mäuse)					
a)Embryonen	3 %	9%(p 0.95)	7 %	2%(p 0.05)	14% (p 0.05)
b)24 Stunden	3 %	5%(p 0.95)	2 %	7%(p 0.05)	0%
c) 7 Tage	3 %	5%(p 0.95)	4 %	0%	0%
d) 2 Wochen	4 %	11%(p 0.1)	4 %	-	-
e) 3 Wochen u.1Monat	23 %	28%(p 0.001)	27 %	36%(p 0.001)	19% (p 0.001)
f) 6 Monate	30 %	49%(p 0.001)	37 %	64%(p 0.001)	134% (p 0.001)

Tab.: Die Veränderung der Tagesamplitude einiger Parameter des intrazellulären Stoffwechsels der Hepatozyten von Hühnern und Mäusen im Prozeß ihrer Ontogenese bei Anwendung der Zyto-, Kario- und Zytospektrofotometrie

Das Entstehen des 24-Stunden-Rhythmus des intrazellulären Stoffwechsels der Hepatozyten von Küken vollzieht sich in der embryonalen Periode des Lebens. In den ersten 10 Tagen des postnatalen Lebens der Hühner entwickelt sich der 24-Stunden-Rhythmus der untersuchten Parameter des intrazellulären Metabolismus der Hepatozyten, welcher auch für die erwachsenen Vögel charakteristisch ist. Erst in der 3. - 4. Woche der postnatalen Entwicklung beginnt sich der 24-Stunden-Rhythmus der Stoffwechselparameter der Mäusehepatozyten herauszubilden. Das Entstehen des zirkadianen Rhythmus fällt zeitlich mit der anatomisch-physiologischen Formierung der Leber zusammen. Am 19. Inkubationstag von Küken ähnelt ihr Leberparenchym in seiner Struktur sehr dem der schon geschlüpften Küken. Bei Mäusen hat die Leber erst im Alter der Tiere von etwa einem Monat eine ausgeprägte Balkenstruktur und unterscheidet sich morphologisch nicht von der Leber geschlechtsreifer Tiere.

Die frühzeitige Formierung der 24-Stunden-Rhythmik der Stoffwechselprozesse in der Kükenleber ist offensichtlich durch den frühen Beginn der ontogenetischen Reife von neugeborenen Küken bedingt. Das ausgeschlüpfte Küken ist ein selbständig lebender Organismus, beweglich, aktiv sich die Nahrung beschaffend, während die neugeborene Maus völlig hilflos für eine selbständige Existenz ist. Die Tagesamplitude der Zellgröße und der Hepatozytenkerngröße entwickelt sich im Ontogeneseprozeß der Hühner und Mäuse in völliger Übereinstimmung mit der Entwicklung der 24-Stunden-Amplitude aller anderen untersuchten Stoffwechselparameter. Dieser Parallelismus zwischen der ontogenetischen Entwicklung der 24-Stunden-Amplitude der Zell- und Kerngrößenveränderungen und der Intensität der Stoffwechselprozesse der Hepatozyten zeigt vor allem, daß die Veränderung der Zell- und Kerngröße der Hepatozyten der Wirbeltiere durch die unterschiedliche funktionelle Aktivität der Zellen bedingt ist. Es ist wahrscheinlich, daß in der Zeit der größten funktionellen Aktivität der Zellen (5.00 - 6.00 Uhr für Küken und 15.00 - 21.00 Uhr für Mäuse) ihre Zellkerne am aktivsten die Verbindung mit dem Zytoplasma gewährleisten. Dies zeigt sich vor allem in dem unter Energieverbrauch verlaufendem Transport von den im Kern synthetisierten und für anabolische Prozesse benötigten Stoffen aus dem Kern in das Zytoplasma. Der 24-Stunden-Rhythmus des Leberstoffwechsels ist eine Widerspiegelung des 24-Stunden-Rhythmus der Lebensprozesse auf dem Niveau des Gesamtorganismus und natürlich vor allem eine Widerspiegelung solcher integrativer Zustandsformen der Lebenstätigkeit wie Ruhe und Aktivität. Je kontrastreicher der 24-Stunden-Rhythmus "Aktivität-Ruhe" oder, anders ausgedrückt, Wachzustand-Schlaf ausgebildet ist, umso deutlicher zeigt sich dies auch in den Rhythmen des Zellmetabolismus, konkret in den Leberzellen von Küken und Mäusen im Prozeß ihres individuellen Lebens.

B. Einige chronobiologische Aspekte der Ontogenese des Menschen

Unter den Bedingungen des wissenschaftlich-technischen Fortschrittes steigt die Aktualität des Problems der Adaptation des Menschen an die sich ändernden Faktoren des äußeren Milieus und der Produktion. Die Erkennung des Wesens der Adaptation und des Adaptationsprozesses muß über die Untersuchung der Gesundheitsnormative gehen, über die Erforschung der Parameter der physiologischen Norm. Die Benutzung des Begriffes "Gesundheit" darf nicht abstrakt geschehen, nicht losgelöst von den konkreten ökologischen Bedingungen. Folglich erfordert die Erarbeitung von Gesundheitsnormativen mediko-biologische Untersuchungen gesunder Menschen im konkreten geographischen und Produktionsmilieu. Chronobiologische Untersuchungen sind bei der Erarbeitung von Normativen der Gesundheit des Menschen die effektivsten, informativsten und integrativsten. Die Untersuchung der zirkadianen Organisation lebender Systeme mit dem Ziel der Erforschung von Gesundheitsnormativen fordert ein ontogenetisches Herangehen, d.h. die Analyse verschiedener Altersgruppen. Biorhythmologische Untersuchungen am Menschen rufen spezifische Schwierigkeiten hervor, und deshalb hat die Auswahl solcher Untersuchungsmethoden, die einerseits einen hohen Informationsgehalt besitzen und andererseits Einfachheit und mehrfaches Erhalten der interessierenden Proben gewährleisten, große Bedeutung. In diesem Sinne ruft der Speichel des Menschen großes Interesse hervor. Die Exkretion der Elektrolyten in den Speichel, vor allem Natrium und Kalium, wird zum großen Teil durch neurohumorale Mechanismen gewährleistet. Die Verringerung der Natriumexkretion und des Natrium-Kalium-Koeffizienten zeugt von der starken Aktivierung des sympatho-adrenalen Systems. In der Literatur gibt es Angaben über den 24-Stunden-Rhythmus der Elektrolytenexkretion in den Speichel bei Erwachsenen /1/. Es gibt jedoch keine Untersuchungen zur Klärung dieser Frage in verschiedenen Altersgruppen gesunder Personen. In der Arbeit wird die Aufgabe gestellt, die zeitliche Organisation der Natrium- und Kaliumexkretion in den Speichel während der Ontogenese zu untersuchen.

Die Untersuchungen wurden in der Frühjahrsperiode an männlichen Personen folgender Altersgruppen durchgeführt:
I. frühe Kindheit - 2 Jahre; II. Vorschulalter - 3,4,5, 6 Jahre; III. Schulalter - 7 Jahre; IV. Ende des jugendlichen Alters und Beginn des Erwachsenenalters - 18 - 23 Jahre; V. Ende des bejahreten Alters und Beginn des Greisenalters - 70 - 77 Jahre.

Insgesamt wurden 127 Personen untersucht. Der nichtstimulierte gemischte Speichel wurde im Laufe des Tages 6 mal (um 3.00, 7.00, 11.00, 15.00, 19.00 und 23.00 Uhr) gesammelt und mit Hilfe der Flammenfotometrie sein Natrium- und Kaliumgehalt bestimmt.

Die gesammelte Information wurde mit Hilfe der EDV nach dem "Kosinor-Programm" und mit den gebräuchlichen mathematischen Methoden verarbeitet.

Die Struktur der zirkadianen zeitlichen Organisation der Natrium- und Kaliumexkretion in den Speichel ist von solcher Art, daß es in verschiedenen Altersperioden sowohl allgemeine als auch entsprechend für jede Altersgruppe ganz konkrete Charakteristika gibt. Die allgemeinbiologische Gesetzmäßigkeit drückt sich in der Erhöhung der Exkretion von Natrium und Kalium über das durchschnittliche Tagesniveau in der Nacht und den frühen Morgenstunden und seiner Verringerung am Tage aus. Es ist interessant, daß die Exkretionsdynamik von Natrium und Kalium in den Speichel im allgemeinen synchron verläuft, mit Ausnahme des Zeitpunktes um 15.00 Uhr bei einigen Altersgruppen. Eine sehr geringe Oszillation um das mittlere Tagesniveau der Elektrolytenexkretion in den Speichel wird in der Periode der frühen Kindheit zu allen Tageszeiten festgestellt. Im Vorschul- und Erwachsenen- und Greisenalter werden zwei Maxima für Natrium (morgens und um 15.00 Uhr) und bei Vorschulkindern für Kalium (morgens und um 15.00 Uhr) registriert. Im Erwachsenenalter werden je ein Maximum für Kalium und Natrium in der späten Nacht oder den frühen Morgenstunden bemerkt.

Die Verarbeitung des Materials nach der Kosinor-Methode zeigte das Entstehen der Akrophase für die Exkretion von Natrium und Kalium in den Speichel. (Tab. 2)

Das erhaltene Material ist informativ für die Beurteilung des Zustandes des sympato-adrenalen Systems im Verlaufe des Tages bei Personen verschiedener Altersgruppen der Tjumen-Region in der Frühjahrssaison. Sie dienten als zusätzliche Kriterien für die Beurteilung verschiedener Arbeits- und Erholungsbedingungen bei der Schichtarbeit in Bohrlöchern des Tjumener Nordens (am Polarkreis, hinter dem Polarkreis, am mittleren Ob).

Alter	Natrium			Kalium		
	Mittelwerte ul ...	Amplitude	Akrophase in Std.		Amplitude	Akrophase in Std.
1. Periode der frühen Kindheit (2 Jahre)	7,36 ± 0.87	Kein Rhythmus		25,3 ± 1,0	2,7	21.40 18.40 - 00.40
2. Vorschulalter						
3-4 Jahre	9,13 ± 0.94	Kein Rhythmus		23,7 ± 1.1	3.03	12.40 10.40 - 14.30
5 Jahre	8.32 ± 0.67	Kein Rhythmus		20.7 ± 0.8	1.64	14.30 12.40 - 18.20
6 Jahre	8.22 ± 0.55	Kein Rhythmus		25.1 ± 0.7	2.34	10.00 07.20 - 12.40
3. Schulalter 7 Jahre	9.94 ± 0.65	3.11	03.15 01.20-05.00	26.9 ± 0.6	1.89	05.40 03.00 - 08.40
4. Erwachsenenalter 20 - 25 Jahre	8.00 ± 1.88	2.02	04.00 02.40-08.00	23.0 ± 3.4	1.6	05.00 02.00 - 13.00
5. Greisenalter 70 - 77 Jahre	10,7 ± 0,8	2.5	00.46 22.40 - 05.30	32.5 ± 1.7	1.7	00.40 22.00 - 04.15

Tab. 2: Tagesrhythmus der Elektrolytkonzentration im Speichel bei verschiedenen Altersgruppen

Literatur

/1/ Bashenova, A.F.: Cirkadnye ritmy korticosteroidov i elektrolytov u celoveka v rasmye sesony goda. Autoref. Kand diss. Leningrad 1977

/2/ Petren, T. and A. Sollberger: Developmental Rythms. Proceedings of the 8th International Congress of anatomy. Wiesbaden 1965.

/3/ Seckel, M.D. and K.M. Kato: Arch. Path. 25 (1938) 347

/4/ Sollberger, A.: Biological rhythm research. New York 1965

Zusammenfassung

Zelluläre Tagesrhythmen in der Ontogenese von Hepatocyten (Zellgröße, Kerngröße, Kern-Cytoplasma-Beziehungen, Doppelkerne, Polyploide, RNS-Reaktion, "Summareiweiße", Glykogene, Neutralfette, Gewebeatmung) wurden bei verschiedenen Wirbeltieren (Hühner, Mäuse, Ratten, Kaninchen) mit den Methoden der Dytologie, Cytochemie, Biochemie, Cytospektrophotometrie und weiterer mathematischer Stoffbearbeitung untersucht. Bei den Vertretern verschiedener Klassen von Wirbeltieren ist die Formierungsspezifik der circadianen Biorhythmen entdeckt worden. Bei Hühnern wurden die ersten Merkmale des Tagesrhythmus des Hepatocytenmetabolismus am Ende der Embryonalentwicklung von Kühen festgestellt. Die Entwicklung des Tagesrhythmus des im Innern der Zellen verlaufenden Stoffwechsels in der Leber der Küken, der den erwachsenen Vögeln eigen ist, geschieht in den ersten zahn Tagen des postnatalen Lebens. In der Leber von Mäuseembryonen sowie in den ersten Tagen des postnatalen Lebens von Mäusen, Ratten und Kaninchen wurden die gesetzmäßigen Schwankungen der Metabolismusmerkmale im Laufe des Tages nicht festgestellt. Der Tagesrhythmus der Merkmale des Leberstoffwechsels in den Hepatocyten wird bei den untersuchten Säugetieren erst in der 3. oder 4. Woche des postnatalen Lebens festgestellt.

Durch die Methode der Flammenphotometrie und der Bearbeitung der Daten nach dem Cosinor-Verfahren wurden die Entwicklung und die Struktur der Tagesrhythmik in der Ontogenese des Menschen bei verschiedenen Altersgruppen (von 2 - 80 Jahren) an der Exkretion der Elektrolyten (Natrium und Kalium) des Speichels, die den Zustand des sympathoadrenalen Systems widerspiegeln, gezeigt. Die erhaltenen Angaben über die circadiane Struktur der Exkretion der Speichelelektrolyte wurden als zusätzliche Tests für die Bewertung des Niveaus des biorhythmischen Spannungszustandes bei den Arbeitern der Bohrbrigaden, die in verschiedenen Arbeitsregimen im Norden des Tjumener Gebiets arbeiten, benutzt.

Резюме

Методами цитологии, цитохимии, цитоспектрофотометрии с широкой математической обработкой материала изучено становление в онтогенезе на клеточном уровне суточной биоритмики ряда показателей обмена веществ гепатоцитов /размеры клеток, их ядер, ядерно-цитоплазменное отношение, двуядерность, полиплоидия, реакция на РНК, "суммарные" белки, гликоген, нейтральный жир, тканевое дыхание/ различных позвоночных /куры, мыши, крысы, кролики/. У представителей разных классов позвоночных обнаружена специфика формирования циркадных биоритмов. У кур первые признаки суточного ритма метаболизма гепатоцитов отмечаются в конце эмбрионального развития цыплят. Становление суточного ритма внутриклеточного обмена веществ в печени цыплят, свойственного взрослым птицам, происходит в первые 10 дней постнатальной жизни. В печени млекопитающих: эмбрионов мышей и в первые дни постнатальной жизни мышей, крыс и кроликов не установлено закономерных колебаний показателей метаболизма в течение суток. Суточный ритм показателей внутрипеченочного обмена веществ в гепатоцитах изученных млекопитающих устанавливается только на 3–4 неделе постнатальной жизни.

Методом пламенной фотометрии с обработкой материала по программе "Косинор" показаны становление и структура суточной ритмики в онтогенезе человека в различных возрастных группах /от 2 до 80 лет/ экскреции электролитов /натрия и калия/ слюны, отражающих состояние симпатоадреналовой системы. Полученные данные по циркадной структуре экскреции электролитов слюны использованы в качестве дополнительного теста оценки уровня биоритмологического напряжения у рабочих буровых бригад, работающих в различных режимах труда на севере Тюменской области.

Summary

Dytological, cytochemical, biochemical, cytospectrophometric, and other methods of mathematical substance analysis were used to study cellular diurnal rhythms in the ontogenesis of hepatocytes (cell size, nucleus size, nucleus-cytoplasma ratio, double nuclei, polyploids, RNA response, "summary proteins", glycogens, neutral fats, tissue respiration) in various vertebrates (chicken, mouse, rat, rabbit). The specificity by which circadian biorhythms are formed has been disclosed for various vertebrate species. The first characteristics relating to the diurnal rhythm of hepatocyte metabolism of chicken were found to show towards the end of embryonic development. The diurnal rhythm of intracellular metabolism in chicken liver, a typical characteristic of adult birds, was found to develop over the first ten days of postnatal life. Regular metabolic variation in the course of one day was not recordable from the liver of murine embryos nor, in the first days of postnatal life, from mouse, rat, and rabbit. The diurnal rhythm of the characteristics of liver metabolism in hepatocytes was established from the above mammals only in the third or fourth week of postnatal life.

Flame photometry was used, and data were processed by the Cosinor method to elucidate both the evolution and structure of diurnal rhythmicity in the ontogenesis of man, probands being selected from various age groups (between two and 80 years old). Salivary excretion of electrolytes (sodium and potassium), which reflects the condition of the sympathico-adrenal system, was used as criterion for assessment. The data obtained about the circadian setup of salivary electrolyte excretion were used for additional and complementary information on biorhythmic tension in the organism of drilling workers employed under differentiated conditions in the north of the Tyumen area.

Akademie der Wissenschaften der UdSSR
Institut für evolutionäre Morphologie und Ökologie der Tiere, Moskau

Tagesrhythmen der Mitosen in Geweben wildlebender Säuger

G. V. KUZNECOV

Eine Vielzahl von Arbeiten, die der Untersuchung der Tagesperiodik der Mitosen in Geweben von Säugern gewidmet sind, wurden in der Hauptsache an weißen Mäusen, weißen Ratten und Meerschweinchen durchgeführt. Wildlebende Säugetiere sind ungenügend untersucht.

Wildlebende Tiere haben im Vergleich zu Labortieren , die sich in einem völlig anderen ökologischen Milieu befinden, ihre Besonderheiten bezüglich des Verhaltens und des Ablaufs physiologischer Prozesse. Damit im Zusammenhang ist die Untersuchung des Tagesrhythmus der Mitosen in Geweben wildlebender Tiere von großem Interesse für das Verständnis der Rolle der zellulären Prozesse bei der Adaptation dieser oder jener Art an die Umwelt (KUZNECOV /1/).

Von uns wurden die Tagesänderungen der mitotischen Aktivität des Corneaepithels bei nachtaktiven (Waldmaus - Apodemus sylvaticus, Gelbhalsmaus - A. flavicollis), tagaktiven (Zwergziesel - Citellus pygmaeus) und Arten mit ganztägiger Aktivität (Rötelmaus - Clethrionomys glareolus, Microtus schelkovnikovi) untersucht. Die Tötung der Tiere erfolgte mittels Dekapitation aller drei Stunden im Verlaufe eines Tages in der Natur. Einzelheiten der Methode sind in der Arbeit KUZNECOV /1/ beschrieben.

Der Tagesrhythmus der mitotischen Aktivität hatte bei den untersuchten Arten unterschiedlichen Charakter (siehe Tabellen 1, 2). Aus den Tabellen 1 und 2 ist ersichtlich, daß niedrige mitotische Aktivität im Corneaepithel bei Weibchen und Männchen der Wald- sowie Gelbhalsmäuse nachts auftritt, d. h. in der Zeit der größten Bewegungsaktivität der Mäuse. Umgekehrt wird am Tage, in der Ruhephase, bei den genannten Mäusearten hohe mitotische Aktivität beobachtet.

Bei der Rötelmaus hat die Änderung der mitotischen Aktivität polyphasischen Charakter; es treten zwei Maxima und zwei Minima der Mitosen im Verlaufe eines Tages auf. Für die Microtus schelkovnikovi wurden andere Ergebnisse erhalten (siehe Tabellen 1 und 2). Beim Zwergziesel wurde die größte Zahl der Mitosen in den Nachtstunden gefunden, wo der mitotische Index 10,7 ± 2,6 % betrug. Tags, wenn die Ziesel aktiv sind, tritt ein niedriger mitotischer Index auf (0,6 ± 2 %) (KUZNECOV /2/).

Das gleiche wird bei Hausmäusen (Mus musculus) gefunden, wo der niedrigste mitotische Index im Corneaepithel in der Dunkelzeit auftritt (0,04 %), d. h. wenn die Mäuse aktiv sind. Hohe mitotische Aktivität findet man morgens und tagsüber, mit einem Maximum der Mitosen um 8.00 Uhr (13,3 ± 1,5 %) (DOBROCHOTOV /3/).

Bei der Rhombomys opimus, die tagaktiv ist, hat die Kurve des Tagesrhythmus der Zellteilung im Corneaepithel einen vielgipfligen Verlauf. Der größte mitotische Index tritt um 3.00 Uhr auf (2,10 ± 0,16 %) (POPOVA /4/). Interessante Daten wurden zur mitotischen Aktivität des Cornea- und des Darmepithels von Fledermäusen (am Beispiel der Plecotus auritus) (SAZANOV /5/) erhalten, bei denen unter natürlichen Bedingungen während der Aktivitätsperiode (im Sommer) die größte mitotische Aktivität zum Zeitpunkt der Verminderung der funktionellen Aktivität des Organismus beobachtet wird. Damit wurde für fast alle untersuchten Arten eine umgekehrte Abhängigkeit zwischen lokomotorischer und mitotischer Aktivität aufgestellt. Wir nehmen an, daß die lokomotorische Aktivität als Integration vieler Funktionen des Organismus einer der wichtigen Faktoren ist, die den Mitoserhythmus dieses oder jenes Gewebes regulieren.

Die mitotische Aktivität hängt nicht nur von der lokomotorischen Aktivität, sondern auch von anderen Faktoren ab (funktionelle Aktivität dieses oder jenes Organs, Alter, Lichteinwirkung, Temperatur usw.). Es ist bekannt, daß sich die mitotische Aktivität in verschiedenen Geweben von Säugetieren in Abhängigkeit von ihrem Alter und vom Stoffwechselniveau ändert. So vermindert sich bei der nördlichen Rötelmaus (Clethrionomys rutilus) der mitotische Index stark in der Periode der winterlichen Wachstumspause und noch mehr nach der Beendigung des Wachstums des Organismus (AMSTISLAVSKAJA /6/). Es ist wichtig, daß bei den Wühlmäusen in der Periode der geschlechtlichen Reifung der größere mitotische Index bei den Frühjahrsgenerationen im Vergleich zu den Herbstgenerationen auftritt, was mit einem hohen Stoffwechselniveau und großer Wachstumsenergie der Wühlmäuse aus Frühjahrsgenerationen zusammenhängt. Somit gestattet die Untersuchung altersabhängiger Veränderungen der Aktivität des Organismus unter Heranziehung des zytologischen Parameters, den Wachstumsprozeß und die physiologische Regeneration auf dem Gewebsniveau zu beurteilen (AMSTISLAVSKAJA /6/).

Das zytologische Herangehen gestattet es, diese oder jene ökologischen Erscheinungen tiefgründiger zu erforschen und in ihnen einen neuen ökologischen Inhalt zu sehen. Andererseits bereichert die Ökologie die zytologischen Untersuchungsmethoden von Tieren.

Tabelle 1: **Tagesänderungen der mitotischen Aktivität im Corneaepithel von weiblichen Mäusen und Wühlmäusen**

Zeitpunkt der Fixation, Tageszeit	Waldmaus		Gelbhalsmaus		Rötelmaus		Microtus schelkovnikovi	
	Zahl d. Tiere	Mitotischer Index (%)	Zahl d. Tiere	Mitotischer Index (%)	Zahl d. Tiere	Mitotischer Index (%)	Zahl d. Tiere	Mitotischer Index (%)
2	17	0,3 ± 0,1	14	0,20 ± 0,07	6	1,2 ± 0,4	7	6,6 ± 0,7
5	10	0,2 ± 0,7	11	0,40 ± 0,14	9	10,1 ± 1,2	6	10,0 ± 1,0
8	10	3,3 ± 0,6	9	5,9 ± 2,0	11	9,1 ± 0,6	10	4,8 ± 0,7
11	-	-	8	20,6 ± 1,7	12	13,2 ± 2,2	3	2,8 ± 0,8
14	-	-	9	17,6 ± 1,8	10	8,0 ± 1,4	3	2,3 ± 1,8
17	1	3,0	11	12,1 ± 2,6	14	2,9 ± 0,7	3	2,0 ± 0,6
20	5	0,4 ± 0,1	11	1,9 ± 0,3	10	4,2 ± 1,1	12	0,4 ± 0,1
23	15	0,5 ± 0,2	11	0,11 ± 0,05	10	4,4 ± 1,4	7	2,0 ± 0,8

Tabelle 2: Tagesänderungen der mitotischen Aktivität im Corneaepithel von männlichen Mäusen und Wühlmäusen

Zeitpunkt der Fixation, Tageszeit	Waldmaus		Gelbhalsmaus		Rötelmaus		Microtus schelkovnikovi	
	Zahl d. Tiere	Mitotischer Index (%)	Zahl d. Tiere	Mitotischer Index (%)	Zahl d. Tiere	Mitotischer Index (%)	Zahl d. Tiere	Mitotischer Index (%)
2	16	0,2 ± 0,1	11	0,05 ± 0,02	10	3,9 ± 1,3	3	6,1 ± 3,1
5	7	4,5 ± 1,4	16	0,7 ± 0,3	8	13,4 ± 2,4	6	7,4 ± 1,9
8	5	6,3 ± 4,1	10	2,2 ± 0,4	10	7,6 ± 1,2	9	4,9 ± 0,9
11	6	6,3 ± 1,7	13	15,9 ± 3,7	10	15,1 ± 1,8	3	6,0 ± 1,3
14	10	10,4 ± 2,1	10	21,6 ± 2,6	12	2,8 ± 0,6	-	-
17	1	2,1	10	8,3 ± 1,3	11	10,9 ± 2,4	4	0,7 ± 0,4
20	10	0,5 ± 0,1	16	2,4 ± 0,7	10	1,2 ± 0,3	8	0,9 ± 0,2
23	15	0,03± 0,002	12	0,03 ± 0,002	12	3,6 ± 0,7	4	1,8 ± 0,6

Literatur

/1/ KUZNECOV, G.V.: DAN AN SSSR 191, 2 (1970) 461
/2/ KUZNECOV, G.V.: Die Mitose als Parameter der täglichen Aktivität (russ.) in: Mlekopitajuščie. Evolucija, kardiologija Faunistika, Sistematika. Novosibirsk 1969 S. 151
/3/ DOBROCHOTOV, V.N., KUZNECOV, G.V. und LEBEDEV, D.B.: DAN AN SSSR 205, 1 (1972) 216
/4/ POPOVA, M.F., ILATOVSKAJA, L.V. und BUTJAKOVA: DAN AN SSSR 218, 3 (1974) 693
/5/ SAZANOV, L.I.: Učenye zapiski LPGI imeni A.I. Gercena 143 (1958) 335
/6/ AMSTISLAVSKAJA, T.S.: Ekologija 1974, 4.

Zusammenfassung

Die Erforschung des Tagesrhythmus der Zellteilung als einem Prozeß, der eng mit vielen biochemischen und physiologischen Vorgängen im Organismus verbunden ist, bietet die Möglichkeit einer gründlicheren Analyse des Tagesrhythmus der Aktivität verschiedener Lebensformen der Säugetiere. Wir zeigen, daß der Charakter des Tagesrhythmus der Mitoseaktivität der Gewebe dieser oder jener Art von Nagetieren durch die Besonderheiten ihrer Ökologie, insbesondere durch den Tagesrhythmus der lokomotorischen Aktivität, bedingt ist. So wurde beim tagaktiven Citellus pygmaeus die größte Zahl von Mitosen in den Nachtstunden beobachtet und die kleinste am Tage während seiner Aktivität. Bei den Nachttieren Apodemus sylvaticus und A. flavicollis wird die größte Zahl der Mitosen am Tage beobachtet, d.h. während der Ruhepause.
Bei Clethrionomys glareolus, die zu verschiedenen Tageszeiten aktiv ist, wird hohe und niedrige Mitoseaktivität sowohl bei Tage als auch bei Nacht beobachtet, d.h. sie hat polyphasischen Charakter. Tagesänderungen der Mitoseaktivität wurden bei Rhombomys, Chiroptera u.a. Säugetieren beschrieben. Man kann schlußfolgern, daß dank der negativen Korrelation der Bewegungsaktivität und des Mitoseablaufs in verschiedenen Geweben der Säuger die Zellregenerierung in jenen Stunden des Tages erfolgt, in denen die funktionelle Gewebsbelastung am kleinsten ist. Diesen Grundsatz kann man auf die tageszeitlichen Änderungen anderer Parameter (Blutzucker, Gasstoffwechsel u.a.) übertragen. Der tägliche Rhythmus verschiedener Funktionen ist auf die Sicherung und Gewährleistung der optimalen Phasenkoordination der physiolo-

gischen Prozesse des Organismus gerichtet und ist für die Erhaltung seines energetischen Gleichgewichtes unerläßlich.

Резюме

Изучение суточного ритма клеточного деления как процесса, тесно связанного со многими биохимическими и физиологическими процессами организма, дает возможность проводить более глубокий анализ суточного ритма активности различных жизненных форм млекопитающих. Нами показано, что характер суточного ритма митотической активности тканей того или иного вида грызунов обусловлен особенностями его экологии, в том числе суточным ритмом двигательной активности. Так, у дневного вида, малого суслика, наибольшее число митозов обнаружено в ночные часы суток, а наименьшее - днем, во время их активности. У ночных видов (лесной и желтогорной мышей) наибольшее число митозов наблюдается днем, т.е. во время фазы покоя. У рыжей полевки, активной в различные часы суток, высокая и низкая митотическая активность отмечается как днем, так и ночью, т.е. носит полифазный характер. Суточные изменения митотической активности описаны у песчанок, летучих мышей и других млекопитающих. Можно заключить, что благодаря обратной зависимости между двигательной активностью и митотическим режимом, в различных тканях млекопитающих, обеспечивается самообновление тканей в те часы суток, когда функциональная нагрузка в тканях наименьшая. Это положение можно распространить на суточные изменения других показателей (сахар в крови, уровень газообмена и др.). Суточные ритмы различных функций направлены на обеспечение и поддержание оптимальной последовательности фаз протекания физиологических процессов в организме, что необходимо для сохранения его энергетического баланса.

Summary

The diurnal rhythm of cell division is a process which is closely associated to a variety of biochemical an physiological processes in the organism. Closer studies into that rhythm, therefore, may provide clues for deeper and more profound analysis of diurnal rhythms underlaying various forms of mammalian life. The authors have found the diurnal rhythms of tissue mitosis in certain rodent species to depend on peculiarities of ecology, primarily on the diurnal rhythm underlying the locomotor activity of the animals concerned. In diurnal Citellus pygmaeus mitotic activity was at its highest during the night and at its lowest on daytime, during activity. In Apodemus sylvaticus and A. flavicollis, two nocturnal animals, the highest number of mitoses was recorded on daytime, that is during rest.

Clethrionomys glareolus is a species that is active at various times of the day, with high and low mitotic activities /recordable/ being/on daytime and during the night, mitosis being of polyphasic nature. Daily variation of mitosis activity has been described for Rhombomys, Chiroptera, and other mammals. The conclusion is that, owing to the negative correlation that exists between locomotor activity and mitosis, cell regeneration in various mammalian tissues takes place in those hours of the day during which functional stress and demand on the tissue is smallest. The same principle can be applied to diurnal variation of different parameters, such as glucose and gas metabolism. Daily rhythm of various functions is aimed at ensuring optimum phase coordination of physiological processes in the organism, and it is indispensable to the energetic equilibrium and its preservation.

Karl-Marx-Universität Leipzig
Sektion Tierproduktion und Veterinärmedizin
Fachgruppe Allgemeine Tierzucht

Chronobiologische Aspekte der Tierproduktion

E. PORZIG

Das Interesse an der zeitlichen Struktur biologischer Systeme in der Tierproduktion ist eng mit der Einführung neuer Produktionsmethoden verbunden, denn die Dynamik der gesamten Lebensabläufe gewinnt unter den neuen Umweltbedingungen, Technologien und Arbeitsverfahren eine besondere Wertigkeit.

Was führte zur industriemäßig betriebenen Tierproduktion?
Der Bedarf der Bevölkerung an hochwertigen, eiweißreichen Nahrungsmitteln stieg in den vergangenen Jahren ständig an. Lag z.B. der Pro-Kopf-Verbrauch an Fleisch und Fleischerzeugnissen im Jahre 1960 noch bei 55,0 kg, so erhöhte er sich 1977 auf 80,7 kg. Im gleichen Zeitraum stieg der Verbrauch an Eiern von 197 Stück auf 269 Stück pro Kopf. Eine Bedarfsdeckung war nur durch den Übergang von den herkömmlichen Produktionsverfahren zu industriemäßigen Produktionsmethoden möglich.

Was heißt industriemäßige Tierproduktion?
Darunter ist eine hohe Konzentration von landwirtschaftlichen Nutztieren in einer Produktionseinheit bei gleichzeitiger Einführung neuer Technologien und Arbeitsverfahren zu verstehen. Hohe Erträge sind mit einem geringen Futteraufwand zu erreichen, ein optimaler Gesundheitszustand und stabile Fortpflanzungsleistungen sind zu garantieren, der Arbeitsaufwand pro Produktionseinheit ist niedrig zu halten und durch Einführung neuer Technologien ist neben einer Arbeitserleichterung auch eine Einsparung von Arbeitskräften anzustreben. Die Anlagen sind mit einem relativ geringen Einsatz von Investitionen zu errichten. Das sind einige ökonomische Forderungen, die beim Bau moderner Anlagen zu berücksichtigen sind. Zwangsläufig führte dieses zu Überlegungen, z.B. sparsamer Materialeinsatz und optimale Raumausnutzung. Damit deutet sich an, daß bauliche Forderungen und arbeitsorganisatorische Maßnahmen nicht immer mit den tierischen Bedürfnissen in Übereinstimmung gebracht wurden. Es seien an dieser Stelle nur andeutungsweise die veränderten Raumbeziehungen, fütterungstechnischen Abläufe und bei Rindern das durch das Laufstallsystem bedingte Sozialverhalten genannt.
Zeitlich nahezu gleich mit der Einführung neuer Produktionmethoden vollzog sich noch eine Veränderung, die zur richtigen Einschätzung der Tier-Umwelt-Wechselbeziehungen erwähnt werden muß. Gemeint ist die Herauszüchtung hochleistungsfähiger Genotypen mit zum Teil einseitiger

Nutzungsrichtung.

Beide Veränderungen in der Tierproduktion verliefen und verlaufen deshalb nicht ganz problemlos. Das ist verständlich, denn einerseits binden wir die Leistungsfähigkeit der neuen Genotypen und damit die Leistungsausschöpfung ausschließlich an eine zum Teil neugeartete künstliche Umwelt. Auf der anderen Seite bedingt die Neuzüchtung von Hochleistungstieren landwirtschaftliche Nutztiere mit unbekannten Verhaltensausprüchen und schwer einschätzbarer Reaktionsfähigkeit.
Das Verhalten der neuen Genotypen ist uns kaum bekannt, da die eingekreuzten Rassen aus anderen Ländern kommen und an eine anders strukturierte Umwelt angepaßt sind. Stellvertretend für alle sollen nur die Rassen Jersey und Holstein Frisian im Kreuzungsprogramm der Milchproduktion, Piétrain, Hampshire und Estnische Bacon in der Schweinemast sowie das Nordkaukasische Fleischschaf, Lincoln und Corriedale in der Schafproduktion genannt werden.
Überprüft man nun nach Jahren erfolgreicher züchterischer Arbeit den gegenwärtigen Stand in der Tierproduktion, so kann man einschätzen, daß der in den letzten Jahren vollzogene genetische Fortschritt in den erreichten Produktionsergebnissen nicht deutlich genug zum Ausdruck kommt. Obwohl, das sei noch einmal betonend hervorgehoben, der volkswirtschaftliche Nutzen - ausgedrückt in einem höheren staatlichen Aufkommen bei geringem Einsatz an gesellschaftlicher Arbeit je Erzeugniseinheit - auf der Hand liegt.

		1960	1976
Schlachtvieh (Lebendmasse)	kt	1 089,5	2 254,0
Milch (3,5 % Fett)	kt	4 878,3	7 658,1
Eier	Mio Stck.	2 176,3	4 361,4

Tab. 1: Staatliches Aufkommen ausgewählter tierischer Erzeugnisse

Gegenwärtig und für die Zukunft gilt es unter Einbeziehung der dafür in Frage kommenden Wissenschaftsdisziplinen, die Leistungsausschöpfung aller landwirtschaftlichen Nutztiere zu erhöhen. Hier kommt der Chronobiologie eine besondere Bedeutung zu.
Die modernen Produktionsanlagen führten und führen zu einschneidenden Umweltveränderungen für das Tier. Es soll nachfolgend aufgezeigt werden, wo eine Abstimmung zwischen baulicher Forderung und tierischen

Bedürfnissen fehlte und welche zeitlichen Aspekte des Verhaltens bei der Projektierung und Realisierung vernachlässigt wurden.

Die sehr ernst zu nehmende Forderung nach Materialeinsparung zog zwangsläufig bei der Planung und Projektierung die Frage nach großen Tiergruppen und nach der Haltung von vielen Tieren auf engstem Raum nach sich. Damit sollte einmal Material für die Buchtenabtrennung und bebaute Raumfläche eingespart und zum anderen pro Stallplatz eine hohe Auslastung erreicht werden. Die Raumbeschränkung stand und steht andererseits im Widerspruch zu den Bedürfnissen der Tiere. So wirkten sich große Gruppen leistungshemmend aus, was von GLÖS /1/ bei Kälbern, LIPPMANN und JEROCH /2/ bei Jungrindern, EWBANK und BRYANT /3/ bei Mastschweinen sowie SCHEIBE und HENNIGS /4/ bei Mastbullen nachgewiesen wurde. Die Untersuchungen von SCHEIBE /5/ an Mastlämmern lassen unter derartiger Raumbeschränkung bezüglich des Aktivitätsrhythmus einen Desynchronisationseffekt erkennen.

Der ökonomische Zwang zu hoher Stallplatzauslastung führte in der Rinderhaltung neben großen Gruppen und hoher Besatzdichte außerdem zu einer zusätzlichen Überbelegung der Buchten. So werden z.B. bis zu 20 % Kühe mehr in der Gruppe gehalten, als dafür Liege- und Freßplätze vorhanden sind. Hier liegt eine Fehleinschätzung tierischen Verhaltens vor, denn das Argument, die Kühe liegen und fressen nicht alle zur gleichen Zeit, ist nicht stichhaltig. Mit der Überbelegung ist für viele Gruppenmitglieder ein typisch zeitlich geordneter Ablauf von Aktivität und Ruhe nicht möglich, denn es steht zur gleichen Zeit nicht für jedes Tier ein Liege- und Freßplatz zur Verfügung.

Im Streben nach Materialeinsparung wurde eine weitere Haltungsvariante eingeführt. Während in der konventionellen Milchkuhhaltung jedem Tier ein Freßplatz zur Verfügung stand, gibt es in neu entwickelten Stallsystemen ein Tier-Freßplatz-Verhältnis von 2 oder 3 zu 1. Dieses weite Tier-Freßplatz-Verhältnis führte zu veränderten Bedingungen während der Futteraufnahme. Wie bei der konventionellen Milchkuhhaltung, stehen auch hier jeder Kuh die zwei üblichen Hauptmahlzeiten zur Verfügung; aber unmittelbar nach der Rückkehr vom Melken besteht dann nur für jede zweite oder dritte Kuh die Möglichkeit zur Futteraufnahme. Dadurch sind für einige Tiere neben den zwei Hauptmaxima in der Futteraufnahme mehrere Nebenmaxima gegeben. Diese Möglichkeit zur mehrmaligen Futteraufnahme ist aber zeitlich für das Individuum nicht geregelt. Sie erfolgt spontan und ist sehr stark von der sozialen Spannung in der Gruppe abhängig. Die Futteraufnahme schwankt von Tag zu Tag; sie ist unregelmäßig. Wir finden demnach innerhalb der Gruppe Kühe, deren zeitlicher Verhaltensablauf durch große geschlossene Aktivitätsperioden gekennzeichnet ist. Diesen stehen aber Kühe mit vielen kurzen Perioden gegenüber. Nach ZEEB und ZIMMERMANN-MÜLLER /6/ sollen dies rangniedere Kühe

sein. Ihre Aktivitätsperioden liegen außerhalb der Aktivitätszeit dominanter Milchkühe. Da die bereits erwähnte Überbelegung auch bei einem weiten Tier-Freßplatz-Verhältnis durchgeführt wird, erhöht sich der relative Anteil an Kühen mit einem unausgeglichenen Zeitverhalten.
An dieser Stelle sei eine kritische Anmerkung erlaubt. SCHEIBE und HENNIGS /4/ berechneten bei Mastbullen einen engen Zusammenhang zwischen langen geschlossenen Ruhe- und Freßperioden und der Mastleistung. Bereits 1966 haben wir in eigenen Untersuchungen bei Milchkühen im Laufstall ein an den sozialen Rang gebundenes Verhalten während der Futteraufnahme nachgewiesen.
Aus Darstellung 1 ist dieses ranggebundene Verhalten bezüglich der Anzahl der Freßperioden bei einem Tier-Freßplatz-Verhältnis von 1 : 1 deutlich zu erkennen.

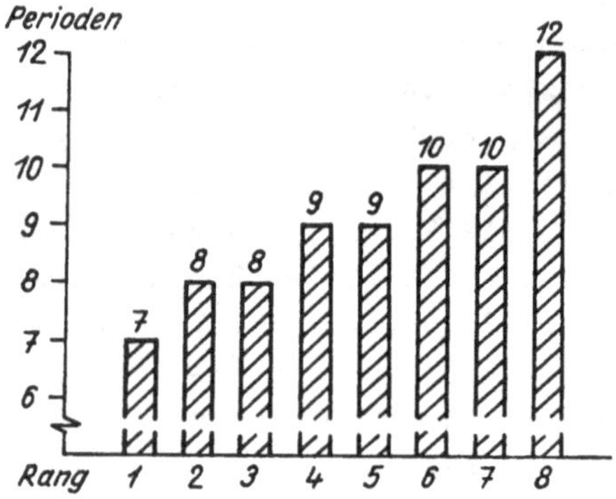

Darst. 1: Anzahl der Freßperioden pro Rang (Durchschnitt)

Sind die Ergebnisse von SCHEIBE und HENNIGS auch für Milchkühe zutreffend, dann müßten ranghohe Milchkühe auf Grund ihrer langen gleichmäßigen Aktivitätsperioden Kühe mit hohen Milchleistungen sein. Das ist aber nicht der Fall. Demzufolge besteht hier ein vom erzeugten Produkt abhängiger Zusammenhang. Damit gewinnt die Bedeutung des rhythmischen Verlaufs während der Futteraufnahme eine neue Wertigkeit. Eine Wertigkeit, die es sich lohnt, zu untersuchen.

Nimmt man den Hinweis von SAINT-GIRONS /7/ noch hinzu - wonach rangtiefe Individuen einen unregelmäßigen von der Gruppe abweichenden Rhythmus haben, der in Verbindung mit schwacher Leistung steht - so scheint die Frage nach dem Zeitverhalten unter den Bedingungen verschiedener Stallsysteme überprüfungswert. Hierbei denke ich besonders an einen

Vergleich zwischen Anbinde- und Laufstallhaltung, denn in der Anbindehaltung erzielen wir Höchstleistungen. Es steht die Frage: Wie ist in der Anbindehaltung der Rhythmus von rangniederen Kühen und wie hoch ist ihre Milchleistung? Spielen hier genetische Effekte eine dominante Rolle?
Das rhythmische Verhalten während der Futteraufnahme in seiner Bedeutung für die Leistungsausschöpfung wird noch interessanter, wenn man der Frage der Häufigkeit von Mahlzeiten nachgeht. Eine Frage, die gegenwärtig sehr oft gestellt wird, weil scheinbar die Nahrungsmotivation bei Rindern und Schweinen unbefriedigend ausgeprägt ist. Man denkt dabei an eine Erhöhung der üblichen 2 Hauptmahlzeiten auf 3, 4 oder mehr. Die wenigen vorliegenden Untersuchungsergebnisse sind jedoch widersprüchlich (CAMPBELL und MERILAN /8/). Vielleicht lassen sich aus Untersuchungen mit anderer Fragestellung Hinweise zur Freßperiodik entnehmen. So berechnete SÜSS /9/ z.B. bei der Fangboxenhaltung die höchste Zahl von Freßintervallen (17,22) im Vergleich mit anderen Laufstallsystemen (11,96). Die verzehrte Futtermenge ist aber hier trotz vieler Freßintervalle höher als z.B. bei den Tieren in den Vergleichsställen mit weniger Freßperioden. Besteht hier ein Widerspruch zur Forderung nach langen Perioden? Ich glaube, hierzu lohnen sich tiefgründige Untersuchungen. Es scheint aber schon jetzt augenfällig, die Frage ist nicht so einfach zu lösen, denn mehrere Umweltfaktoren, wie z.B. das Stallsystem, nehmen spezifischen Einfluß auf das Verhalten.

In Verbindung mit der Fütterung ist noch eine Entwicklungstendenz in der Schweineproduktion würdig, diskutiert zu werden. Ich meine die Automatenfütterung bei Ferkeln und Mastschweinen. Hier liegt die bauliche Zielstellung vor, neben der Materialeinsparung noch die Fütterungstechnologie zu vereinfachen. Unter Voraussetzung dieser ad libitum-Fütterung entfällt die tägliche zweimalige Futtergabe. Dadurch fehlt der so wichtige Zeitgeber "Fütterung". Die bei der Trogfütterung üblichen Perioden der Hauptaktivität bei der Nahrungsaufnahme, die durch den Zeitpunkt der Fütterung bestimmt werden, gehen so verloren. Eine Kopplung von Zeitgebern mit endogenem Rhythmus ist nicht mehr möglich. Das Verhalten während der Futteraufnahme wird dann mehr von der Spontanfrequenz bestimmt. Von einer geordneten rhythmischen Funktionsabstimmung physiologischer Prozesse mit der äußeren Zeitgeberperiodik kann dann wohl nicht mehr gesprochen werden. Nach GRAUVOGEL /10/ hat aber das Fehlen der zeitlichen Orientierung negative Folgen für die Futterverwertung. Gerade der Futteraufwand ist ökonomisch so interessant, denn der Kostenanteil des Futters an den Gesamtkosten zur Erzeugung von einer dt Fleisch beträgt ungefähr 40 bis 50 %. Chronobiologische Untersuchungen können hier zu einer erheblichen Kosteneinsparung beitragen.

Die Folgen des unbeschränkten Zugangs zum Futter auf das Zeitverhalten

von Milchkühen im Vergleich mit zweimaliger Fütterung sollen nicht unerwähnt bleiben.
Die Darstellung 2 zeigt den unrhythmischen Verlauf der Nahrungsaufnahme im Stallsystem 3 (Laufstall mit unbeschränktem Zugang zum Futter) im Vergleich zum Stallsystem 1 (Laufboxen) und 4 (Sperrboxenhaltung). Bei beiden Systemen erfolgt täglich eine zweimalige Fütterung. Die Unterschiede im zeitlichen Verhalten während der Futteraufnahme zwischen Stallsystemen mit und ohne Zeitgeber sind hier offensichtlich. Im Stallsystem 3 mit dem zeitlosen Verhalten verzehrten die Kühe am wenigsten und erbrachten eine geringere Leistung.

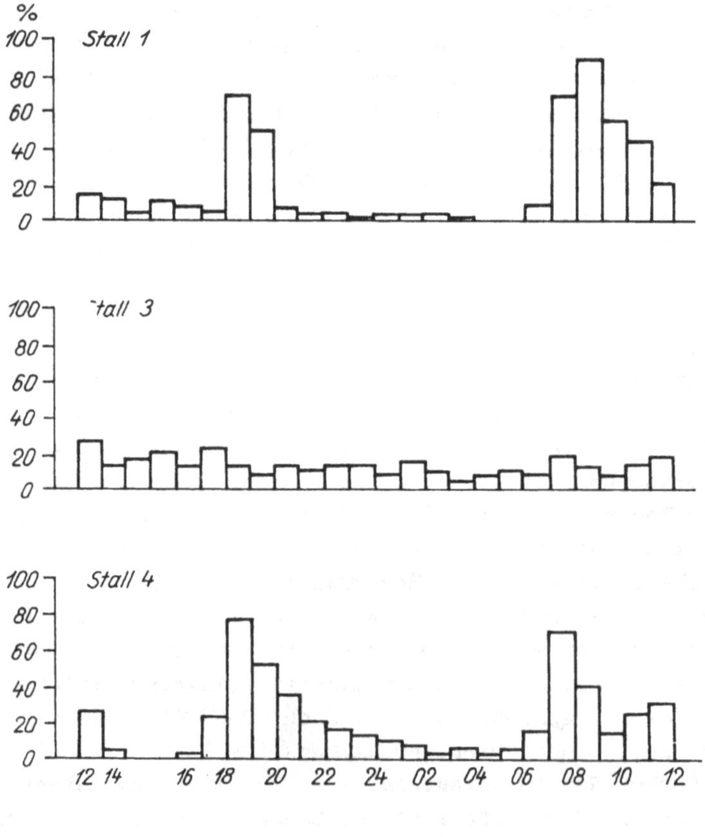

Darst. 2: Freßzeiten im Tagesablauf
(SÜSS /9/)

Die Käfighaltung ist eine moderne Form zur Produktion von Ferkeln. Die jungen Tiere werden ab 3. Lebenswoche im engen Käfig auf Spaltenboden bewegungsarm aufgezogen. Damit wird der in diesem Lebensabschnitt stark motivierte Erkundungsdrang, das Explorieren und Distanzieren sowie die Spielaktivität nahezu eingeschränkt. Hypertrophe Verhaltensweisen, wie Zungenmassage, Massage der Futterröhre und Beknappern am Bauch bis zu Hautverletzungen sind die Folgen.
Noch nachteiliger bezüglich der Bewegungsfreiheit ist die Haltung von SPF-Jungschweinen. Diese werden schon in den ersten 5 Lebenswochen isoliert in Einzelkäfigen gehalten. Setzt sich die Produktion von SPF-Jungschweinen in der Praxis durch, dann stellt sich die Frage nach dem Beginn des diurnalen Rhythmus bei der Isolation und welche Folgen sich daraus für das Verhalten im adulten Lebensstadium ergeben könnten. Gleiches trifft für Kälber zu. Diese Frage scheint berechtigt, wenn man nach den Ursachen des abnormalen Verhaltens, wie Schwanzbeißen bei Schweinen und Milchsaugen bei Rindern sucht.

Die einschneidenste Veränderung in der Technologie bei der Einführung industriemäßiger Produktionsmethoden vollzog sich in der Rinderhaltung, hier besonders bei der Haltung von Mastbullen und Milchkühen; in diesen Produktionszweigen kam es zum Übergang von der Einzelhaltung zur Gruppenhaltung. Damit rückte in diesen Anlagen das Sozialverhalten in den Vordergrund, was bisher bei der Anbindehaltung in seinem negativen und auch positiven Einfluß auf die Produktionsleistung bedeutungslos war. In den Milchviehanlagen gibt es nun Erscheinungen, deren auslösender Faktor und deren Wirkung auf die Ökonomie der Anlage wir kennen, aber es fehlt uns der tiefere Einblick in die vermaschten Zusammenhänge. Ich meine das wiederholte Umstellen von Milchkühen aus dem Repro- in den Produktionsstall und innerhalb des Produktionsstalles von einer Gruppe in eine andere, bzw. die Umstellung von einem Stallabteil in ein anderes. Diese Palette von Umstellungen beginnt bereits bei den Kälbern. So vom K_1-Bereich in den K_2-Bereich und danach in die Färsenaufzuchtstation, um anschließend in die Milchviehanlage überführt zu werden. Sicherlich sind in der Praxis derartige Umstellungen z.T. nicht vermeidbar. Innerhalb der Milchviehanlage sind jedoch Umstellungen häufig Folge von Erkrankungen und schlechter Fruchtbarkeit. Allen Umstellungen ist aber gemein, sie erfolgen zeitlich unregelmäßig und spontan. Sie führen kurzfristig ohne Vorbereitung zu plötzlichen Änderungen in der Futter- und Melkzeit. Bei Verlängerung oder Verkürzung der Zwischenmelkzeit können aber negative Folgen für den laktationsphysiologischen Funktionskomplex der intramammären Milchspeicherung eintreten. Die so verursachten Milchverluste - so ist vorläufigen Untersuchungen zu entnehmen - betragen pro Kuh und Jahr annähernd 260 kg Milch. Sind z.B. 50 % der Kühe einer 2000er Milchviehanlage davon betroffen, dann ergibt

sich für die Anlage in einem Jahr ein Verlust von 260 000 kg Milch = 218 400 Mark.
Im Zusammenhang mit diesen Zeitverschiebungen von Zeitgebern erhebt sich die Frage, welche Rhythmusveränderungen sind eigentlich den Tieren zumutbar und wie lange benötigt ein Tier zum Einpendeln in den neuen Rhythmus von Futter- und Melkzeit? Zu welcher Tageszeit reagieren die Tiere am empfindlichsten? Die gleiche Frage stellt sich auch beim Transport der Kälber von einer Produktionsanlage in die andere.
Die Gesunderhaltung der Tierbestände ist für die Rentabilität der Produktionsanlagen von großer Bedeutung. In Verbindung mit der industriemäßigen Tierproduktion müssen auch hier im Rahmen der Prophylaxe und Metaphylaxe neue Wege beschritten und neue Methoden entwickelt werden, um die Applikation von Arzneimitteln rationell zu gestalten. So kann z.B. die Impfstoffverabreichung mit Aerosolen oder über das Futter bzw. Wasser erfolgen. Welche Methode zur Anwendung kommt, sollte vom Zeitpunkt des Einsatzes mit optimalen Erfolg abhängig gemacht werden. Gleiches trifft auch für die lokale oder parentale Immunisierung zu. Es stellt sich demnach auch in der Tierproduktion die Frage nach dem günstigsten Zeitpunkt des Einsatzes von Pharmaka.

Die gegenwärtige Situation in der Tierproduktion erlaubt folgende allgemeine Schlußfolgerung:
Die Herauszüchtung von hochleistungsfähigen Genotypen und die Einführung industriemäßiger Produktionsverfahren in der Tierproduktion verlangen neue Erkenntnisse zur optimalen Umweltgestaltung. Das genetische Leistungspotential ist voll auszuschöpfen, die Rentabilität der Produktionsanlagen ist zu sichern. Dazu bedarf es auch der Kenntnisse des Verhaltens von landwirtschaftlichen Nutztieren zu ihrer Umwelt. Das aktive Verhalten der Tiere und ihre Reaktion auf die verschiedenen Umwelteinflüsse wird aber erst dann verständig, wenn wir auch über die zeitlichen Abläufe im Organismus und zwischen den Organismen unterrichtet sind. Für die Tierproduktion ist besonders die regulierende und steuernde Funktion von Zeitgebern bei den unterschiedlichsten Altersklassen von besonderem Interesse. Es geht uns darum, zu wissen, welche Ereignisse in der Umwelt der Tiere haben Zeitgeberfunktion und wie kann einer unzureichenden Zeitgeberfunktion entgegengewirkt werden. Wie groß ist der "Mitnahmebereich" von Zeitgebern? Dabei sollten wir uns nicht so sehr auf den Licht-Dunkel-Rhythmus konzentrieren, sondern auf Zeitgeber, die im Bereich technologischer Prozesse und im Arbeitsablauf liegen. Es geht uns um den Toleranzbereich organischer Verknüpfungen und um den Bereich, in dem tierische Leistungen negativ oder auch positiv beeinflußt werden.
Chronobiologische Untersuchungen tragen außerdem zum besseren Einschätzen von technologischen Prozessen, der Produktionsraumgestaltung und

von sozialen Belastungssituationen auf Verhalten und Leistung bei. Sie sind unentbehrlich für eine Steigerung der Reproduktion, des ökonomischen Einsatzes von Pharmaka und für ein frühzeitiges Erkennen von pathologischen Zuständen sowie Verhaltensstörungen. Zur optimalen Umweltgestaltung sind weiterhin Kenntnisse über den Ontogeneserhythmus und Vergleichswerte zwischen den verschiedenen Genotypen sowie individuelle Unterschiede unbedingt erforderlich. Chronobiologische Untersuchungen dürfen aber nicht dazu dienen, Versuchsergebnisse, die mit anderen Methoden leichter und schneller erarbeitet wurden, nur in ihrer Richtigkeit zu bestätigen. Sie müssen zu neuen Erkenntnissen führen; dazu benötigen wir umfangreiche Grundlagenuntersuchungen, selbst wenn sie an anderen Tierarten gewonnen werden.

Literatur

/2/ LIPPMANN, E. und K. JEROCH: Zur Haltung weiblicher Jungrinder auf Spaltenboden. Wiss.Zschr.d.KMU Leipzig, Math.-nat.wiss.Rh.20 (1971)

/3/ EWBANK, R.: Social behaviour and intensive animal production. Vetè-rin.Rec. 85 (1969) 183

/6/ ZEEB, K. und M. ZIMMERMANN-MÜLLER: Sozialstruktur und Aktivitäten bei Milchkühen. Tierzüchter 23 (1971) 251

/7/ SAINT-GIRONS, M.C.: Le rythme circadien de l'activité chez les mammiferes holarctiques. Memoires Mus.Nat.Histor.Nat., Ser.A, 40 (1966) 7

/8/ CAMPBELL, J.R. and C.P. MERILAN: Effects of frequency of feeding on production characteristics and feed utilization in lactating dairy cows. J.Dairy Sci. 44 (1961) 664

/10/ GRAUVOGEL, A.: Angewandte Ethologie beim Hausschwein. Dtsch.Tierärztl.Wschr. 77 (1970) 126

/1/ Glös, W.: Untersuchungen über technologische und ökonomische Fragen in der Kälber- und Jungrinderproduktion der Landwirtschaftlichen Produktionsgenossenschaft "Fortschritt" Nassau/Erzgebirge in Kooperation mit Niederungskreisen. Meißen, Diss. 1970

/4/ Scheibe, G. und J. Hennigs: Verhaltensuntersuchungen an Mastbullen in Gruppenhaltung auf Vollspaltenboden. Rostock, Diss. 1972

/5/ Scheibe, K.-M.: Untersuchungen zur Tier-Umwelt-Beziehung bei Schafen (Ovis aries) unter besonderer Berücksichtigung methodologischer und biorhythmischer Aspekte. Berlin, Diss. 1973

/9/ Süss, M.: Beitrag zum Verhalten von Milchkühen in Freßboxenställen und herkömmlichen Laufställen. Wien, Diss. 1973

Zusammenfassung

Die Herauszüchtung von hochleistungsfähigen Genotypen und die Einführung industriemäßiger Produktionsverfahren in der Tierproduktion verlangen neue Erkenntnisse zur optimalen Umweltgestaltung. Das genetische Leistungspotential ist voll auszuschöpfen, um die Rentabilität der Produktionsanlagen zu sichern. Dazu bedarf es auch der Kenntnisse des Verhaltens von Nutztieren zu ihrer Umwelt. Das aktive Verhalten der Tiere und ihre Reaktion auf die verschiedenen Umwelteinflüsse wird aber erst dann verständig, wenn wir auch über die zeitlichen Abläufe im Organismus und zwischen den Organismen unterrichtet sind. Für die Tierproduktion ist die regulierende und steuernde Funktion von Zeitgebern von besonderem Interesse.
Chronobiologische Untersuchungen tragen zur besseren Einschätzung von technologischen Prozessen, der Produktionsraumgestaltung und von sozialen Belastungssituationen auf Verhalten und Leistung bei. Sie sind unentbehrlich für eine Steigerung der Reproduktion, des ökonomischen Einsatzes von Pharmaka und für ein frühzeitiges Erkennen von Krankheiten und Verhaltensstörungen. Zur optimalen Umweltgestaltung sind Kenntnisse über die Ontogeneserhythmen und Vergleichswerte zwischen den verschiedenen Genotypen erforderlich.

Резюме

Выращивание высокопродуктивных генотипов и введение индустриальных способов производства в животноводство требуют новых познаний оптимального преобразования окружающей среды. Необходимо полностью использовать генетический производительный потенциал, чтобы обеспечить рентабельность производственных сооружений. В этих целях необходимы также знания поведения сельскохозяйственных животных в их окружающей среде. Активное поведение животных и их реакция на различные воздействия окружающей среды становятся лишь вполнеясными, если мы осведомлены о протекающих в организме и между отдельными организмами процессах. Для животноводства особый интерес представляет собой регулирующая и управляющая функция распределения времени.

Хронобиологические исследования способствуют лучшей оценке технологических процессов, созданию производственных помещений и социальному положению нагрузки по отношению их поведения и производительности. Они необходимы в целях повышения воспроизводства, экономического применения медикаментов, в целях раннего распознавания заболеваний и нарушения правильного отношения к окружающему. Для оптимального преобразования окружающей среды необходимы знания онтогенетического ритма и сравнительные данные о различных генотипах.

Summary

The success of all efforts undertaken for the purpose of breeding and culturing top-performance genotypes and introducing industrialised processes in livestock production is found to depend greatly on an optimum design of the environment and on new insights into the problem. The genetic performance potential must be used to capacity, if farming productivity is to be optimised. Necessary, in that context, is more knowledge on the attitude and response of farm animals to their environment. Yet, the active behaviour of animals and their response to various environmental effects will not be properly understood until more information is acquired on both intra-organic and inter-organic time-related processes. The regulating and controlling functions of timers are of particular interest to all involved in livestock production.

Chronobiological studies were found to contribute to more adequate assessment of technological processes, production spaces, and situations of social stress and their effects upon animal behaviour and performance. They have proved to be essential in many respects, including higher reproduction, high-economy use of pharmaceutic substances, and early detection of diseases and disorders of behaviour. Action for optimum environment will depend strongly on knowledge about ontogenetic rhythms and values resulting from comparison between different genotypes.

Martin-Luther-Universität Halle - Wittenberg
Sektion Biowissenschaften, Wissenschaftsbereich Zoologie, Halle

Zur biorhythmischen und adaptiven Funktion der Nebennierenrinde von Oryctolagus cuniculus (L.) f. domestica

M. JECHE und J. SCHUH

Die circadiane Organisation der Nebennierenrindenfunktion und die Reaktion der Rinde in Belastungssituationen stehen in kausalem Zusammenhang und müssen in diesem analysiert werden. Durch externe Stimulation kann der Biorhythmus der adrenokortikalen Hormonproduktion ebenso verändert oder maskiert werden, wie die Dynamik der Rindenreaktion nach Belastung (vgl. Adaptationssyndrom nach Selye) von diesem Biorhythmus bzw. tageszeitlichen Sensibilitätsänderungen überlagert sein kann. Die Gesetzmäßigkeit der rhythmischen adrenokortikalen Funktionsordnung ist durch den Nachweis von Kortikosteroid-Mustern bei verschiedenen Wirbeltierarten belegt (vgl. u.a. ADER /1/; DUNN, SCHEVING und MILLET /2/; MACADAM und EBERHART /3/; McNATTY, CASHMORE und YOUNG /4/; MIGEON, C.J., A.B. FRENCH, L.T. SAMUELS und J.Z. BOWERS /5/; VERNIKOS-DANELLIS, WINGET und HETHERINGTON /6/; ZOLOVICK, UPSON und ELEFTHERIOU /7/).

Beim Kaninchen ist das Tagesmuster der Glukokortikoide (Plasma-11-OHCS, Bestimmung modifiziert nach HUBL, GARTEN und BÜCHNER /8/, L/D = 12/12, L 6 - 18 Uhr) durch ein Hauptmaximum in der zweiten Hälfte der Lichtzeit und ein Nebenmaximum um L_{an} gekennzeichnet (JECHE /9/ und /10/, Abb. 1). Es ähnelt damit denjenigen bislang untersuchter dunkelaktiver Nager, wobei die Akrophasen jedoch stärker in die Lichtzeit phasenverschoben sind. Das Muster der Leukozyten verhält sich nach GATTERMANN /11/, abgesehen vom L_{an}-Maximum invers zum 11-OHCS-Muster (Abb. 1). Der makroskopische Vergleich des Verlaufs der Muster von lokomotorischer und adrenokortikaler Aktivität (Abb. 1) deutet zumindest für die Verhältnisse in der zweiten Hälfte der Lichtzeit eine der Aktivitätsphase vorausgehende Aktivierung der Nebennieren und damit eine prospektive physiologische Einstellung des Organismus auf die Aktivitätsphase an. Im Power-Spektrum weist das Muster der Plasma-11-OHCS neben der Circadianfrequenz (T_o= 24 Stunden) noch harmonische ultradiane Rhythmen auf (T_{12} = 12 Stunden, T_8 = 8 Stunden). Der Anteil der Poweramplituden im Leistungsdichtespektrum verhält sich wie $T_o:T_{12}:T_8$ = 8,87:2,83:2,86. Die rechnerisch ermittelte Akrophase (Referenzpunkt 0,00 Uhr) der Circadianperiode liegt bei 14.00 Uhr, der 12-Stunden-

Periode bei 12.00 Uhr und der 8-Stunden-Periode bei 6.30 Uhr (SCHUH /12/, vgl. auch Abb. 1).

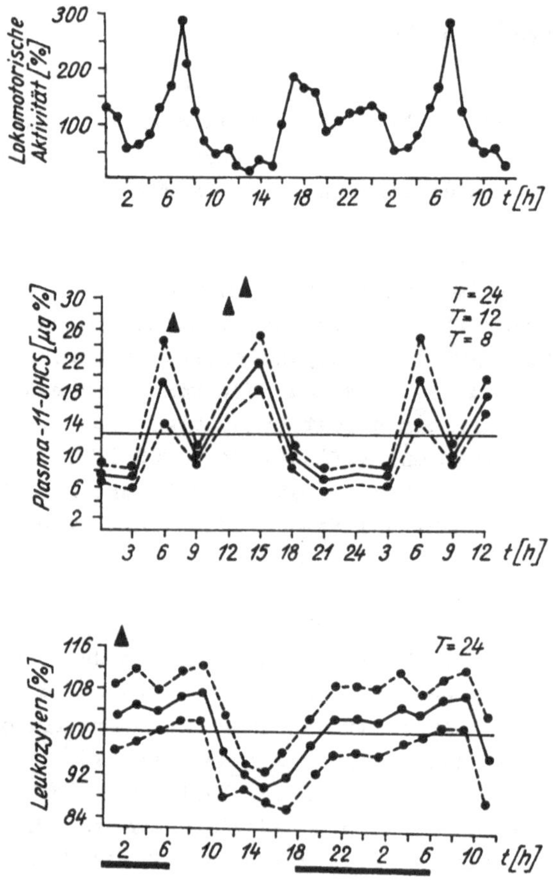

Abb. 1: Tagesmuster der lokomotorischen Aktivität, der Plasma-11-Hydroxykortikosteroide und der Leukozyten im Blut des Kaninchens (Muster der Leukozyten nach GATTERMANN /11/, schwarze Dreiecke = Lage der Akrophasen)

Der Nachweis ultradianer Partialschwingungen ist außer den daraus ableitbaren Hinweisen zur Steuerung der Nebennierenrinden-Rhythmik bedeutsam für die Analyse von Adaptationsprozessen sowohl im Hinblick auf veränderte Zeitgeberbedingungen wie extreme Umweltsituationen.

Die Reaktion der Nebennierenrinde wurde bislang bei unterschiedlichen Belastungsformen an verschiedenen Arten geprüft. Die Existenz eines Biorhythmus fand dabei nur teilweise Berücksichtigung. Nach SCHÜLKE und LYHS /13/ trat bei Schweinen während dreistündiger Hitzebelastung (35°C) nach 30 Minuten ein meßbarer Anstieg des Spiegels der Plasma-Kortikosteroide auf, der nach 150 Minuten sein Maximum erreichte und bereits vor Ende der Belastung wieder abfiel. Schweine, die ein tägliches Laufpensum absolvierten, hatten nach BOSSOW, LYHS und SCHÜLKE /14/ eine etwa doppelt so hohe Plasma-Kortikosteroid-Konzentration wie bewegungsarm gehaltene Tiere. Die Autoren schließen daraus auf eine größere Adaptationskapazität der trainierten Tiere. PLAUT und GROTA /15/ fanden bei dreiminütiger externer Stimulation einzeln und in Vierergruppen gehaltener Ratten im Minimum wie im Maximum des 24-Stunden-Rhythmus nach 15 Minuten erhöhte Plasma-Kortikosteron-Werte, die jedoch nur bei den Gruppentieren nach 30 Minuten wieder deutlich abgefallen waren. Nach McNATTY und YOUNG /16/ fehlte bei Schafen am Tag 2/3 nach dem Umsetzen in eine neue Umgebung das für die morgendlichen Lichtstunden charakteristische Hauptmaximum der Rindenaktivität. Am Tag 8/9 war es deutlich höher als an den Tagen 15/16 und 21/22, deren Werte denen adaptierter Schafe entsprachen.

Enge Zusammenhänge bestehen zwischen artspezifischem Sozialverhalten und adrenokortikaler Stimulierung, wobei physische (motorische) wie psychische (sensorische) Komponenten interindividueller Wechselbeziehungen wirksam sind. Nach CHRISTIAN /17/ nimmt bei Nagern etwa proportional mit dem Logarithmus der Populationsgröße das Nebennierengewicht bzw. die adrenokortikale Belastung zu. GÄRTNER und BONATH /18/ fanden jedoch, daß männliche Ratten aus Gruppen von 9 bzw. 12 - 18 Individuen weniger belastet sind als solche aus kleineren oder größeren Gruppen. Weiterhin kann neben anderen Unterschieden das relative Nebennierengewicht des Rangtiefsten bis zu 50 % geringer sein als das des Ranghöchsten. In Gruppen männlicher Mäuse ist dagegen das relative Nebennierengewicht der alpha-Tiere am geringsten (GÄRTNER /19/), bzw. besitzen dominante Männchen gegenüber untergeordneten Tieren niedrigere Plasma-Kortikosteron-Werte (LOUCH und HIGGINBOTHAM /20/).

Die Reaktion der Nebennierenrinde des Kaninchens wurde bei unterschiedlich langer exogener Hypo- bzw. Hyperthermie (-3°C bzw. 40°C) und bei sozialer Belastung (Zusetzen adulter Männchen zu Territoriumstieren) untersucht. Die Versuche endeten stets eine Stunde nach L_{aus}.

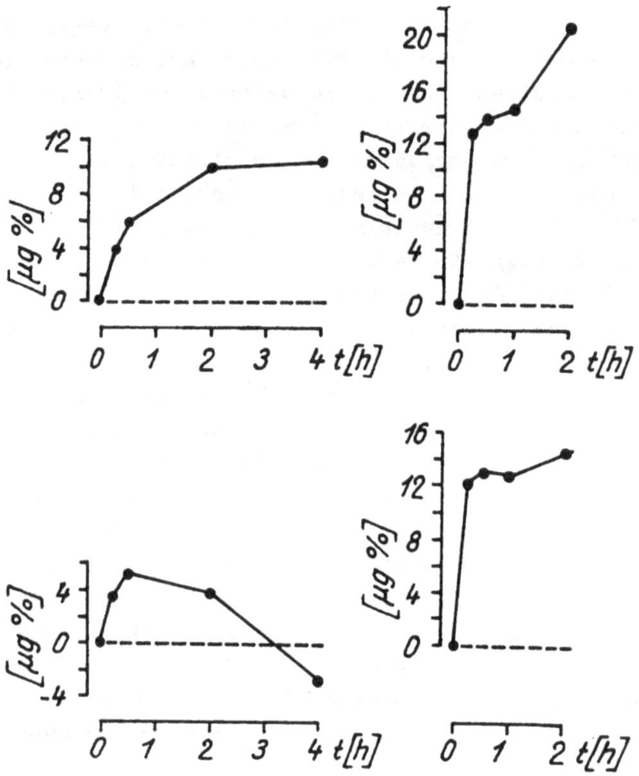

Abb. 2: Einfluß exogener Hypo- und Hyperthermie auf die 11-OHCS-Konzentration des Plasmas; obere Darstellung - Differenz zu den Kontrollen bei Beendigung des Versuchs; untere Darstellung - Differenz zu den Kontrollen bei Belastungsbeginn

Sie koinzidieren damit zeitlich weitgehend mit einem Zeitraum, der durch beträchtliche biorhythmische Aktivitätsunterschiede gekennzeichnet ist (Verminderung des Plasma-11-OHCS-Spiegels).

Beurteilt man die Rindenreaktion bei unterschiedlicher Dauer der verschiedenen Belastungsformen durch Vergleich mit den Werten der Kontrollen zum Zeitpunkt der Beendigung, ergibt sich der in den oberen Graphiken von Abb. 2 und 3 dargestellte Verlauf. Danach erhöhen sich die Plasma-11-OHCS-Werte bei der Kälteexposition bis zur Dauer von 2 Stunden, um danach weitgehend konstant zu bleiben. Der Anstieg bei der Hitzeeinwirkung ist wesentlich stärker, wobei sich der Kortikosteroid-Gehalt innerhalb des gesamten Zeitraumes von 2 Stunden erhöht und keine Adaptation nachweisbar ist. Nach zwei Stunden und 15 Minuten kollabierten zwei Versuchstiere, wodurch das Erreichen einer Belastbarkeitsgrenze verdeutlicht wird.

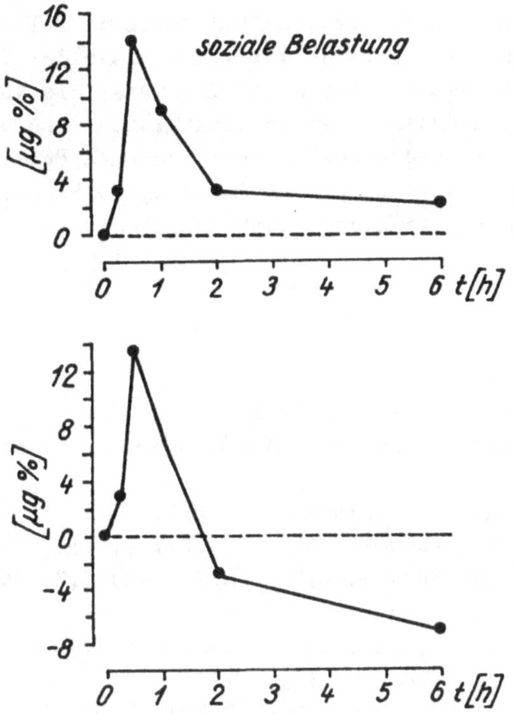

Abb. 3: Einfluß sozialer Belastung auf die Plasma-11-OHCS-Konzentration (obere und untere Darstellung entsprechend Abb. 2)

Beim paarweisen Zusammensetzen hatten die unterlegenen (zugesetzten) Tiere nach 30 Minuten signifikant erhöhte Plasma-11-OHCS-Werte, die jedoch nach zwei Stunden wieder deutlich abgefallen waren und somit hierbei keine anhaltende adrenokortikale Stimulierung vorliegt. Bei größeren Versuchstieren bzw. landwirtschaftlichen Nutztieren ist die Nebennierenrindenfunktion vielfach durch Verfolgungsuntersuchungen vor Beginn, in bestimmten Zeitabständen während und nach einer Belastung geprüft worden. Verwendet man bei den durchgeführten Versuchen zur Analyse der Rindenreaktion die (graphisch aus dem Muster ermittelten)

Plasma-11-OHCS-Werte vor Beginn der Belastung, ergibt sich der in den unteren Graphiken der Abb. 2 und 3 dargestellte Verlauf der adrenokortikalen Hormonproduktion. Danach würden bei der Hypothermie die 11-OHCS-Werte nur im Verlaufe der ersten 30 Minuten ansteigen, um danach wieder abzufallen. Nach 4 Stunden lägen sie unter den Ausgangswerten. Bei der Hyperthermie würde sich die Hormonproduktion nach einem starken Anstieg in den ersten 15 Minuten im folgenden nur noch geringfügig erhöhen. Bei sozialer Belastung fiele der Plasma-11-OHCS-Gehalt nach anfänglichem Anstieg ebenfalls unter die Ausgangswerte.

Die sich ergebenden Unterschiede verdeutlichen, daß bei dem gegebenen Versuchsansatz besonders bei länger dauernden Belastungsversuchen die Vernachlässigung der circadianen Änderung zu Fehleinschätzungen des Verlaufs oder Auftretens von Adaptationsreaktionen führen kann.

Literatur

/1/ ADER, R.: Science 163 (1969) 1225

/2/ DUNN, J., L. SCHEVING and P. WINGET: Amer. J. Physiol. 223 (1972) 402

/3/ MACADAM, W.R. and R.J. EBERHART: J. Dair. Sci. 55 (1972) 1792

/4/ McNATTY, K.P., A. CASHMORE and M. YOUNG: J. Endocr. 54 (1972) 361

/5/ MIGEON, C.J., A.B. FRENCH, L.T. SAMUELS and J.Z. BOWERS: Amer. J. Physiol. 182 (1955) 462

/6/ VERNIKOS-DANELLIS, J.C.M., C.M. WINGET and N.W. HETHERINGTON: Life Science and Space Research VIII (1970) 240

/7/ ZOLOVICK, A., D.W. UPSON and B.E. ELEFTHERION: J. Endocr. 35 (1966) 249

/8/ HUBL, W., C.C. GARTEN und M. BÜCHNER: Acta biol. med. germ. 22 (1969) 473

/9/ JECHE, M.: Dissertation, Halle 1976

/10/ JECHE, M.: Kongreß- und Tagungsberichte der Martin-Luther-Universität Halle - Wittenberg (Chronobiologie '76), Wissenschaftliche Beiträge 1977 / 40 (P 6)

/11/ GATTERMANN, R.: Dissertation, Halle 1976

/12/ SCHUH, J.: Dissertation B, Halle 1977

/13/ SCHÜLKE, B. und L. LYHS: Med. Hefte, Vet. med. 25 (1970) 523

/14/ BOSSOW, G., L. LYHS und B. SCHÜLKE: Med. Hefte, Vet. med. 26 (1971) 660

/15/ PLAUT, S.M. and L.J. GROTA: Neuroendocrinology 7 (1971) 348

/16/ McNATTY, K.P. and A. YOUNG: J. Endocr. 56 (1973) 329

/17/ CHRISTIAN, J.J.: Amer. J. Physiol. 182 (1955) 292

/18/ GÄRTNER, K. und K. BONATH: Endokrinologie 58 (1971) 129
/19/ GÄRTNER, K.: Dtsch. tierärztl. Wschr. 75 (1968) 45, 97
/20/ LOUCH, D. und M. HIGGINBOTHAM: Gen. comp. Endocr. 8 (1967) 440

Zusammenfassung

Die Plasma-Konzentration der unkonjugierten 11-Hydroxykortikosteroide (= Glukokortikoide) des Kaninchens (Oryctolagus cuniculus f. domestica) ist durch ein Hauptmaximum in der zweiten Hälfte der Lichtzeit, das vor dem Hauptmaximum der lokomotorischen Aktivität einsetzt, und ein Nebenmaximum um L_{an} gekennzeichnet. Tageszeitliche Änderung und extern ausgelöste Stimulation können sich dabei überlagern. Für das weitere Verständnis von Adaptationserscheinungen stellt die Berücksichtigung biorhythmischer Gesetzmäßigkeiten eine wesentliche Grundlage dar.

Резюме

Концентрация II-гидроксикортикостероидов /=глюкокортикоиды/ в плазме крови кролика /Oryctolagus cuniculus f. domestica/ имеет главный максимум во второй половине дня, который начинается раньше чем главный максимум двигательной активности, и побочный максимум, который совпадает со временем включения света. При этом могут накладываться суточные изменения и внешная стимуляция. Учёт биоритмических закономерностей является существенной предпосылкой для полного понимания адаптационных процессов.

Summary

The level of plasma-11-hydroxycorticosteroids of rabbits (Oryctolagus cuniculus f. domestica) has it's main peak concentration in the second part of lighttime and another peak occurring about at light on. The main peak of corticoids is found before the beginning of the main phase of locomotor activity. The corticoid pattern consists besides the circadian of ultradian components. Diurnal variation and increased hormonal production caused by external factors can be superimposed. Advantages in our knowledge of adaptation can be expected considering the results of biorhythmics.

Pädagogische Hochschule "WOLFGANG RATKE" Köthen
Wissenschaftsbereich Zoologie, (Leiter: Doz. Dr. H. RUNDE)

Circadiane Veränderungen hämatologischer und klinisch-chemischer Parameter des Goldhamsters, Mesocricetus auratus WATERHOUSE 1839

R. GATTERMANN *

Wie fast alle Lebensäußerungen, so unterliegen auch die hämatologischen und klinisch-chemischen Parameter der Säugetiere biorhythmischen Veränderungen.
Ausführlichere biorhythmische Untersuchungen und Phasenkarten, die z.B. für die Grundlagenforschung und Veterinärmedizin von Bedeutung sein können, liegen bisher nur für das Rind (HAGEMEISTER u. UNSHELM /4/, UNSHELM /9, 10/), das Miniaturschwein (TUMBLESSON u.a. /8/) und das Hauskaninchen (GATTERMANN /2, 3/) vor.
Um einen Teil dieser Lücke zu schließen, wurden beim Goldhamster die circadianen Veränderungen des Hämatokrit, des Hämoglobingehalts, der Leukozytenzahl, des Blutglukosespiegels und des Proteinspektrums erfaßt.

Material und Methoden

Die untersuchten 156 (79,77) männlichen und weiblichen Goldhamster (Mesocricetus auratus WATERHOUSE 1839) eines institutseigenen Auszuchtstammes waren zu zweit in "Standardkäfigen für die Rattenhaltung" untergebracht. Sie erhielten pelletiertes Futter und Wasser ad libitum.
Schaltuhren gewährleisteten ein L:D = 12:12 (100:5 Lux). Die Temperatur betrug 24 ±1 °C, und die relative Luftfeuchte schwankte zwischen 61 ... 73 %.

---

* Für die sorgfältige technische Assistenz danke ich Frau G. WINKLER und Herrn S. LEUTERITZ.

Zur Zeit der Untersuchungen waren die Goldhamster 12 bis 14 Wochen alt.
Für die Blutentnahme wurden im Abstand von drei Stunden immer vier Tiere dekapitiert, und das mit EDTA versetzte Vollblut sofort aufgearbeitet.
Die Bestimmung des Hämatokrit erfolgte nach der Mikromethode, die des Hämoglobingehalts nach der Hämiglobinzyanidmethode, die der Blutglukose nach der o-Toluidin-Methode und die Zählung der Leukozyten unter Verwendung der NEUBAUER-Zählkammer /1, 7/.
Für die elektrophoretische Trennung der Plasmaproteine wurden Azetat-Elektrophorese-Folien eingesetzt /5/.

Ergebnisse und Diskussion

Alle untersuchten Parameter lassen circadiane Veränderungen erkennen.
Die 24-h-Muster des Hämatokrit und Hämoglobingehalts (Abb. 1) sind identisch. Die Maxima liegen in der Lichtzeit und die gestreckten Minima in der Dunkelzeit. Die Schwingungsbreiten (Differenzen zwischen Maxima u. Minima) betragen 4,8 % (50,0 u. 45,2 %) und 1,0 g /100 ml (14,4 u. 13,4 g/100 ml). Der Unterschied ist aber nur beim Hämatokrit gesichert ($p < 0{,}001$).
Entsprechende Muster konnten auch für andere Säuger nachgewiesen werden (Lit. GATTERMANN /2/).

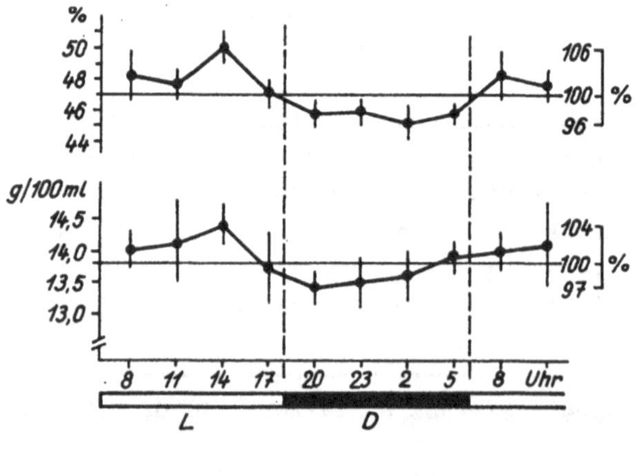

Abb. 1: Circadiane Veränderungen des Hämatokrit (oben) und des Hämoglobingehalts (unten).
Mittelwertskurven mit 95%-Konfidenzbereich

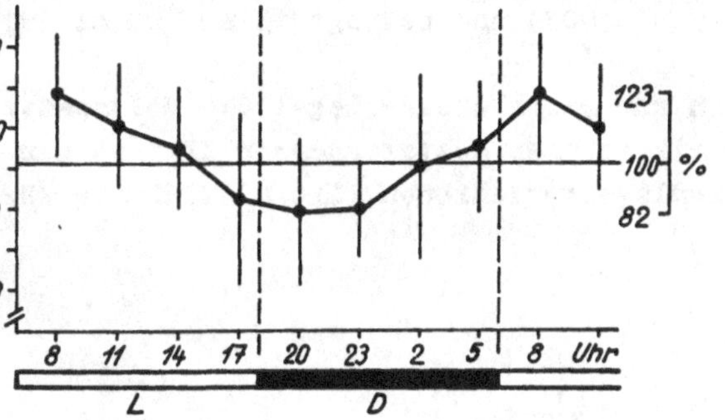

Abb. 2: 24-h-Muster der Leukozytenzahl.
Mittelwertskurve mit 95%-Konfidenzbereich

Das circadiane Muster der Leukozytenzahl (Abb. 2) ist unimodal mit einem Maximum in der ersten Hälfte der Lichtzeit, der motorischen Ruhezeit des Goldhamsters, und einem Minimum in der ersten Hälfte der Dunkelzeit, der Aktivitätszeit.
Die gesicherte ($p < 0,001$) Schwingungsbreite beträgt 1 500 Leukozyten pro µl.
Analoge circadiane Veränderungen beschreibt RATHS /6/ für den Feldhamster (Cricetus cricetus L.).

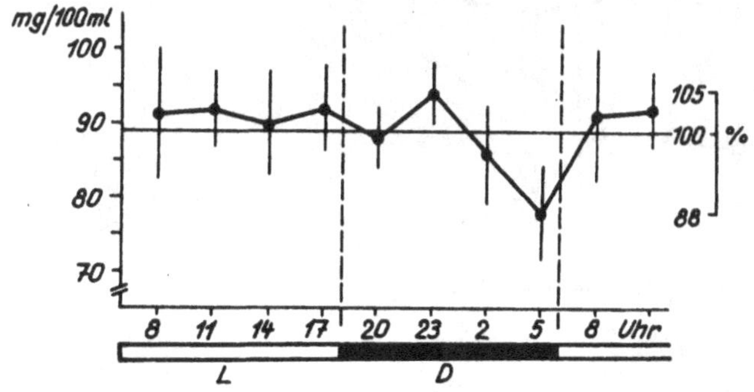

Abb. 3: Circadian-Muster des Blutglukosespiegels.
Mittelwertskurve mit 95%-Konfidenzbereich

Der Blutglukosespiegel (Abb. 3) bleibt vom Beginn der Lichtzeit bis zur Mitte der Dunkelzeit ± konstant. Ein Minimum tritt in der zweiten Hälfte der Dunkelzeit, zum Ende der motorischen Aktivitätszeit, auf. Der Abfall ist signifikant ($p = 0{,}003$) und beträgt 13 mg/100 ml (91 u. 78 mg/100 ml).

Biorhythmische Untersuchungen zum Blutglukosespiegel des Goldhamsters sind uns nicht bekannt. Die circadianen Muster andrer Kleinsäuger sind z.T. in der Gestalt und Phasenlage verschieden (Lit. GATTERMANN /2/).

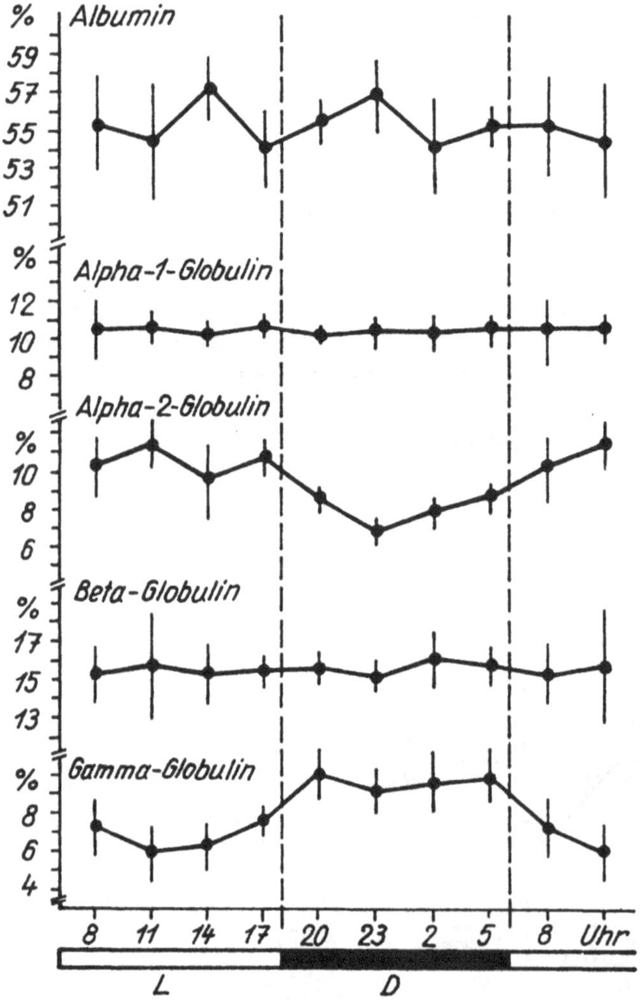

Abb. 4: Circadiane Veränderungen der Proteinfraktionen.
Mittelwertskurven mit 95%-Konfidenzbereich

Von den Proteinfraktionen (Albumin, α_1- , α_2- , β- und γ-Globuline) lassen nur die α_2- und γ-Globuline biorhythmische Veränderungen erkennen (Abb. 4). Die anderen Bestandteile bleiben innerhalb von 24 h ± konstant.

Die Muster der beiden sich verändernden Fraktionen sind gegeneinander um 180 ° phasenverschoben. So steigt während der Lichtzeit der α_2-Globulinspiegel und sinkt der γ-Globulinspiegel. In der Dunkelzeit, der Zeit der verstärkten Nahrungsaufnahme und lokomotorischen Aktivität des Goldhamsters, steigt der γ-Globulinspiegel und sinkt der α_2-Globulinspiegel. Die statistisch gesicherten Schwingungsbreiten betragen für die α_2-Globuline 4,6% (11,4 u. 6,8 %, p = 0,001) und für die γ-Globuline 4,1 % (10,1 u. 6,0 %, p = 0,002).

Abb. 5 zeigt das resultierende Proteinspektrum des Goldhamsters für die Licht- und Dunkelzeit. Die circadianen Veränderungen sind gering und beeinflussen nur die beiden genannten Fraktionen.

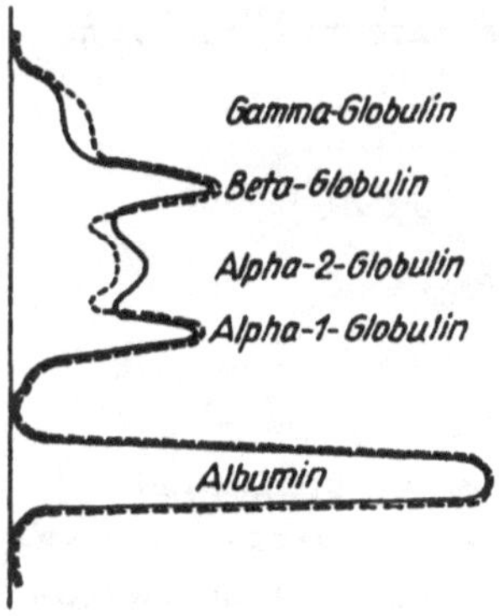

Abb. 5: Typische Proteinspektren des Goldhamsters für die Licht- (——) und Dunkelzeit (----).

Literatur

/1/ CHRISTOPH, H.J. u. H. MEYER: Arbeitsmethoden des Laboratoriums in der Veterinärmedizin. Hirzel Verlag Leipzig 1971.

/2/ GATTERMANN, R.: Zool. Jahrb. 82 (1978): 234 ... 243.

/3/ GATTERMANN, R.: Zool. Jahrb. 82 (1978): 352 ... 358.

/4/ HAGEMEISTER, H. u. J. UNSHELM: Zbl. Vet. Med. 17 (1970): 13 ...26.

/5/ MANTEL: Zbl. Pharm. 116 (1977): 1311 ... 1323.

/6/ RATHS, P.: Z. Biol. 106 (1954): 109 ... 123.
/7/ STOBBE, H.: Untersuchungen von Blut und Knochenmark. Verlag Volk u. Gesundheit Berlin 1974.
/8/ TUMBLESSON, M.E., T.M. BADGER, P.C. BAKER u. D.P. HUTCHESON: J. Anim. Sci. 35 (1972): 48 ... 50.
/9/ UNSHELM, J.: Zbl. Vet. Med. 15 (1968): 664 ... 672.
/10/ UNSHELM. J.: Zbl. Vet. Med. 16 (1969): 145 ... 153.

Zusammenfassung

An insgesamt 156 (79,77) männlichen und weiblichen Goldhamstern (Mesocricetus auratus WATERHOUSE 1839) wurde geprüft, ob die Parameter Hämatokrit, Hämoglobingehalt, Leukozytenzahl, Blutglukosespiegel und Proteinspektrum biorhythmischen Veränderungen unterliegen.
Für alle untersuchten Größen konnten circadiane Muster nachgewiesen werden. Die Differenzen zwischen den Maxima und Minima sind mit Ausnahme des Hämoglobingehalts signifikant ($p < 0{,}005$).

Резюме

На I56 /79,77/ самцах и самках вида золотого хомяка Mesocricetus auratus WATERHOUSE 1839 было изучено, подлежат ли биоритмическим изменениям параметры гематокрита, содержания гемоглобина, число лейкоцитов, уровня сахара в крови и протеинового спектра.

Животные в возрасте от I2 до I4 недель были помещены вдвоём, они получили стандартное питание и воду ad libitum , С : Т = I2 : I2.

Для всех изученных параметров были установлены регулярные знаменательные /$p < 0{,}05$/ циркадные изменения, исключая содержание гемоглобина.

С длительностью влияния света, моментом малейшей моторной /двигательной/ активности, совпадают более или менее длинные максимумы гематокрита, содержания гемоглобина, числа лейкоцидов и уровня сахара в крови. Минимумы появляются в различные моменты во время темноты.

Из протеиновых фракций /альбумин, α_I- , α_2- , β- и γ-глобулины/ колеблются лишь α_2- и γ-глобулины. У обоих ритмов фазы сдвигаются по отношению друг к другу на I80 ^{o}.

Под влиянием света уровень α_2-глобулина поднимается, а уровень γ-глобулина снижается, под влиянием темноты снижается уровень α_2-глобулина и поднимается уровень γ-глобулина.

Summary

Experiments were conducted with 79 male and 77 female hamsters (Mesocricetus auratus Waterhouse, 1839) for the purpose of finding out whether or not haematocrit, haemoglobin, leucocyte count, blood glucose level, and protein spectrum were subject to biorhythmic variation. Circadian patterns were established for each of the above parameters. Differences between maximum and minimum values were significant, except for haemoglobin ($p < 0.005$).

Dr. ROLF GATTERMANN, Pädagogische Hochschule Köthen, 437 Köthen, Lohmannstr. 23

Humboldt-Universität zu Berlin
Sektion Biologie

Zeitmuster der akustischen Kommunikation bei sieben europäischen Spechtarten

D. WALLSCHLÄGER und H. ZABKA

Einleitung

Vögel verwenden neben stimmlichen Signalen (Gesang usw.) auch instrumentelle Signale zur akustischen Verständigung. Sehr auffallend sind in dieser Hinsicht die mit Hilfe des Schnabels an resonierenden Gegenständen erzeugten Klopf- und Trommelsignale der Spechte, die es selbst dem sperlingsgroßen Kleinspecht gestatten Signale zu erzeugen, die mehr als 500 m weit erkennbar sind. Wahrscheinlich sind diese Signale aus bei der Nahrungssuche entstehenden Geräuschen ritualisiert worden, die sich zu Trommelwirbeln mit konstanter Zeitstruktur verdichten können (BLUME /2/; RUGE /3/; TEMBROCK /4/). Die vorliegende Untersuchung beschäftigt sich vorwiegend mit folgenden funktionellen Aspekten des Trommelns: Arterkennung, Geschlechtserkennung und Paarsynchronisation. Bisherige Untersuchungen beschränken sich meist auf allgemein-verbale Beschreibungen des Trommelns. Ansätz genauerer Analysen finden sich in Arbeiten von RUGE /3/ und TILGNER (zit. nach /2/), die geschlechtsspezifische Unterschiede der Länge von Trommelwirbeln bei Blut- bzw. Buntspecht beschreiben.

Material und Methoden

Die Trommelsignale folgender europäischer Spechtarten wurden untersucht: Blütspecht (Dendrocopos syriacus HEMPR. & EHRENB.), Buntspecht (D. major L.), Mittelspecht (D. medius L.), Weißrückenspecht (D. leucotus BECHST.), Kleinspecht (D. minor L.), Schwarzspecht (Dryocopus martius L.) und Grauspecht (Picus canus GMEL.). Schon vorliegendes Material von Grünspecht und Dreizehenspecht soll vorerst unberücksichtigt bleiben.

Eine Folge von Trommelschlägen bildet einen "Wirbel". Die Wirbel sind durch Pausen voneinander getrennt und bilden eine Sequenz. Grundlage des analysierten Materials bilden Aufzeichnungen aus dem

Bioakustischen Archiv des Bereiches Verhaltenswissenschaften der Humboldt-Universität und Aufnahmen der Autoren. Dankenswerterweise stellten uns die Herren Dr. SCHUBERT (Bergen/Rügen), Dr. SIMKIN und Dr. ZVONOV (beide Moskau) Aufnahmen zur Verfügung. Die Aufnahmen wurden vorwiegend mit Tonbandgeräten der Typen NAGRA und UHER und Mikrophonen in einem 6o-cm-Parabolreflektor angefertigt. Die Zeitmuster der Wirbel analysierten wir auf dem Sonagraphen 6o61 B (Kay Electric Co.) und vermaßen sie anschließend mit dem Stechzirkel. Wirbelfolgen wurden auf dem Schnellschreiber TSS-1o1 (VEB Meßgerätewerk Zwönitz) aufgezeichnet. Im Forst Berlin-Buch wurden Attrappenversuche mit künstlich modifizierten Wirbeln und Wirbelsequenzen durchgeführt.

Ergebnisse und Diskussion

1. Anzahl der Schläge pro Trommelwirbel

Die untersuchten Spechtarten unterscheiden sich nur zum Teil hinsichtlich der Anzahl der Schläge pro Wirbel. In Tabelle 1 bedeuten $\bar{x}$ die mittlere Anzahl der Schläge und s die dazugehörige Streuung. Die Matrix zeigt das Ergebnis des t-Test (+ bedeutet, daß sich beide Arten in diesem Merkmal signifikant voneinander unterscheiden; p=5 %). Für den Mittelspecht wurden wegen des geringen Materials (zwei Individien) keine Vergleiche durchgeführt.

Tabelle 1

Nr.	Art	$\bar{x}$	s	1	2	3	4	5	6	7
1	Blutspecht	2o,9	4,3	-	+		+	+	+	-
2	Buntspecht	12,7	4,o	+	-		+	+	+	+
3	Mittelspecht	29,8	5,o							
4	Weißrückenspecht	29,8	5,o	+	+		-	-	-	-
5	Kleinspecht	26,2	5,9	+	+		-	-	+	-
6	Schwarzspecht	31,1	9,1	+	+		-	+	-	-
7	Grauspecht	26,3	4,6	-	+		-	-	-	-
	Summe			4	5		2	3	3	1

Auch wenn sich der Buntspecht hinsichtlich dieses Merkmals von allen anderen Arten unterscheidet, ist bei ihm die Variabilität der Trommellänge sehr hoch (V=31,5 %).

Genauere Untersuchungen zeigen eine geographische Variabilität

(WALLSCHLÄGER und ZVONOV /in Vorb./), jahreszeitliche Veränderungen und eine geschlechtsspezifische Abhängigkeit der Wirbellänge. Nach TILGNER (zit. nach /2/) trommeln verpaarte Buntspechtweibchen kürzer als die dazugehörigen Männchen, und die Trommelwirbel beider werden im Verlaufe der Brutsaison deutlich kürzer. Vorliegende Daten aus dem Gebiet von Moskau (UdSSR) zeigen ein umgekehrtes Bild. Hier werden die Wirbel von März bis Mai länger (WALLSCHLÄGER /in Vorb./).

Systematische Untersuchungen zur Variabilität der Trommellänge auch bei anderen Arten stehen noch aus.

2. Die Zeitstruktur der einzelnen Trommelwirbel

Die untersuchten Arten unterscheiden sich durch das Zeitmuster der Wirbel voneinander. Die Streuung des Zeitmusters innerhalb der Arten ist gering. So liegt der Variabilitätskoeffizient von Schwarz-, Bunt- und Kleinspecht für entsprechend fünf, zehn und acht Individuen jeweils bei etwa 4,5 %. Noch geringer ist die Variationsbreite bei einem Individuum. TEMBROCK /4/ gibt für einen Buntspecht 2,8 % an.

Bei den europäischen Buntspechten lassen sich zwei Zeitmustertypen unterscheiden:

a) Wirbel mit relativ konstanter Schlagfolgefrequenz (Abb. 1).

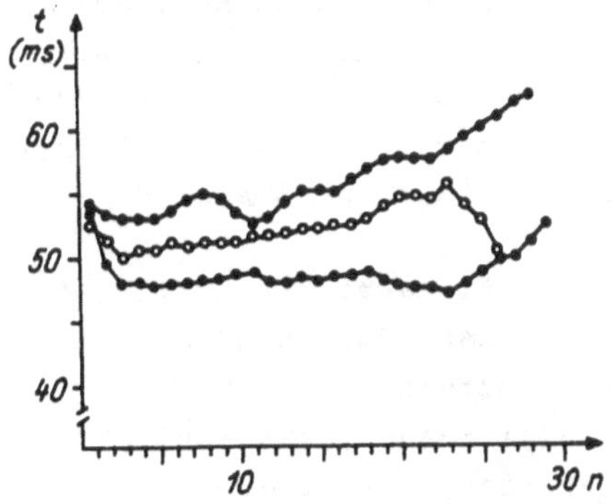

Abb. 1: Intervalle zwischen den Schlägen des Trommelwirbels bei Mittelspecht (oben) Kleinspecht (unten) Grauspecht (Mitte)

b) Wirbel mit ansteigender Schlagfolgefrequenz (Abb. 2).

Die Zeitmuster des zweiten Typs lassen sich durch Potenzfunktionen darstellen. Hierbei ist x die laufende Nummer des diskreten Zeitintervalls zwischen zwei Trommelschlägen (x=1, 2, 3 ....) und y die Zeitdauer des betreffenden Intervalls in ms. Es zeigt sich, daß die Regressionsfunktion der nahe verwandten Arten Bunt- und Blutspecht sehr ähnlich sind ($y=65,1o\ x^{-o,193}$, r=o,983 und $y=74,55\ x^{-o,247}$, r=o,969; kein signifikanter Unterschied). Das Zeitmuster beim Weißrückenspecht ist vergleichbar (ähnlicher Exponent = ähnliche Beschleunigung des Trommelrhythmus), aber insgesamt langsamer ($y = 92{,}00\ x^{-0{,}209}$, $r=0{,}984$). Das Zeitmuster der Wirbel des Schwarzspechts ist von den anderen Arten deutlich verschieden ($y=72{,}85x^{-0{,}09}$, $r=0{,}975$).

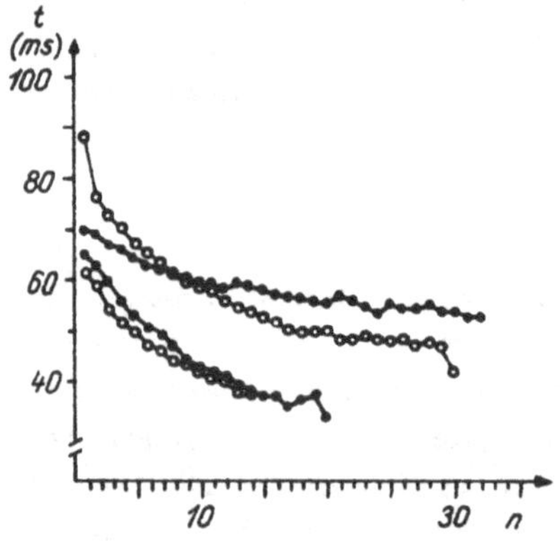

Abb. 2: Intervalle zwischen den Schlägen des Trommelwirbels bei Buntspecht (unten o) Blutspecht (unten •) Weißrückenspecht (oben o) Schwarzspecht (oben •)

3. Die Trommelwirbelfolgefrequenz

Spechte erzeugen mehr oder weniger regelmäßig mehrere Trommelwirbel hintereinander, beim Buntspecht sind 4o bis 5o Wirbel in einer Folge nicht selten, beim Kleinspecht können es noch wesentlich mehr sein. Dabei kann ein Tier allein Wirbelfolgen trommeln oder es entstehen Duette mit anderen Tieren (in der Regel Artgenossen). Solche Duette können sowohl zwischen gleichgeschlechtlichen Tieren (bei der Revierbildung und -verteidigung) und zwischen Geschlechtspartnern (Paarsynchronisation) auftreten.

Es gibt verschiedene Hinweise, daß beim Buntspecht die zeitliche Aufeinanderfolge der Trommelwirbel der duettierenden Partner für den Grad der Paarbindung von entscheidender Bedeutung ist:

a) In Attrappenversuchen konnte festgestellt werden, daß Buntspechte auf fremdes Trommeln reagieren. Sie brechen ihre eigenen Wirbel in den meisten Fällen sofort ab, wenn die Attrappe erklingt. Das ist ein Hinweis auf die besondere Bedeutung gleichzeitigen Trommelns (Reiz-Reaktions-Prinzip).

b) In einem Attrappenversuch näherte sich das im Revier ansässige Männchen, zeigte mehrfach mit dem Kopf in die Bruthöhle und klopfte. Danach flog es zum Trommelast und begann zu trommeln. Dabei drückte sich die hohe Erregung des Vogels in häufigem Putzen und Umherblicken in gestreckter, waagerechter Körperhaltung aus (vergleiche auch BLUME /1/).

c) Duettartiges Wechseltrommeln kann zur Herausbildung von Suprazeichen führen. Solche hochritualisierten Signale konnten in der Moskauer Population nachgewiesen werden (WALLSCHLÄGER /in Vorb./). Dabei beginnt stets das Weibchen mit dem Trommeln und das Männchen fällt nach wenigen Schlägen ein.

d) Attrappenversuche mit verschiedenen Trommelwirbelfolgefrequenzen zwischen 5 und 15 s ergaben eine lineare Abhängigkeit der mittleren Folgefrequenz der Versuchstiere von der Folgefrequenz der Attrappe ($y=0{,}1257x - 1{,}766$, $r=0{,}717$). Die hohe Signifikanz ($p=0{,}01$) weist auf einen Synchronisationsmechanismus hin.

e) Abbildung 3 zeigt eine Zeitanalyse verschiedener Antworten eines Buntspechtweibchens auf Attrappenvorspiel. Die Reaktionszeiten

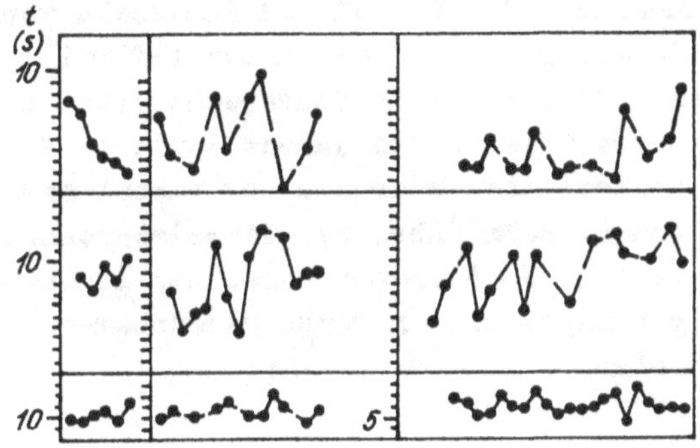

Abb. 3: Analyse des Zeitmusters der Antwort eines Buntspechtweibches auf arteigene Trommelattrappen.
unten: Attrappenrhythmus
Mitte: Antwortrhythmus
oben: Antwortzeiten

deuten eine Regelschwingung an. Die Zielgröße scheint das Erreichen eines Übereinandertreffens des eigenen Wirbels und der Attrappe zu sein. Da jedoch unter natürlichen Bedingungen die autonome Wirbelfolgefrequenz kaum oder nur selten konstant sein dürfte, bedarf die Herausbildung der unter c) beschriebenen Supraphonation besonderer Voraussetzungen, die möglicherweise durch die Populationsdichte bestimmt werden.

Alle beschriebenen Phänomene der akustischen Kommunikation bei verschiedenen Spechtarten deuten auf ein relativ einfaches System der Kodierung von Art- und Individualinformation mit Hilfe diskreter akustischer Signale unter der Ausnutzung der Veränderung von Zeitmustern hin. Weitere vertiefende Untersuchungen sollen zur Klärung der Problematik beitragen.

Literatur

/1/ BLUME, D.: Ausdrucksformen unserer Vögel. A. Ziemsen Verlag Wittenberg Lutherstadt 1973 S.24

/2/ BLUME, D.: Die Buntspechte. A. Ziemsen Verlag Wittenberg Lutherstadt 1977 S. 76

/3/ RUGE, K.: J. Orn. 111 (197o) 412

/4/ TEMBROCK, G.: Biol. Zbl. 96 (1977) 641

Zusammenfassungen

Bei sieben europäischen Spechtarten wurden Anzahl der Schläge pro Trommelwirbel, Zeitstruktur innerhalb der Wirbel und innerhalb von Wirbelsequenzen untersucht. Die Arten unterscheiden nur teilweise durch die Schlagzahl pro Wirbel (Tab. 1). Beim Buntspecht gibt es eine geographische, geschlechtsspezifische und jahreszeitliche Variabilität der Schlagzahl. Der Zeitverlauf innerhalb der Wirbel kann konstant (Abb. 1) oder beschleunigt sein (Abb. 2). Wirbelsequenzen können duettartig eingesetzt werden. In Attrappenversuchen ergaben sich Hinweise zur Entstehung von Suprazeichen durch gemeinsames Trommeln von Weibchen und Männchen.

Резюме

Производилось анализ барабанной дроби 7 европейских видов дятля. Виды отличаются только частично в числе ударов внутри дроби (таб.I) У Большого пестрого дятла существует географическая, половая и сезонная изменчивость числа ударов. Временная структура дроби или постоянная или темп увеличивается (рис. I и 2). В опытах со звуковыми ловушками мы получили указания на возникновение антифональных сигналов, которые были найдены в Подмосковной популяции Большого пестрого дятла.

Summary

Seven species of European woodpeckers are the subject of Drumming analysis (number of beats per roll, time structure within the rolls and between the rolls of a sequence). The rolls differ only partly the on from the other (tab. 1). The drumming of Great Spotted Woodpecker varys on influence in geographical occurence, sex and breeding cycle. Time intervalls within the rolls can be constant (fig.1) or accelereted (fig.2). In playback experiments references to the origin of supraphonation between females and males of the Great Spotted Woodpecker were founded.

Humboldt-Universität
Sektion Biologie, Bereich Verhaltenswissenschaften, Berlin

Chronobiologische Untersuchungen an Fischen unter fischereiwirtschaftlichen Aspekten

R. SIEGMUND

Einleitung

Die fischereibiologische Forschung der vergangenen Jahre erhielt ihre Hauptanregungen aus dem Bestreben, die Fischbestände natürlicher und künstlicher Gewässer optimal zu nutzen. Die Frage nach den kausalen Zusammenhängen innerhalb des komplexen Gefüges aus biogenen und abiogenen Umweltparametern, denen der Fisch im Biotop ausgesetzt ist, verlangt die experimentelle Systematisierung der im Freilanduntersuchungen aufgetretenen Probleme.

Gezielte chronobiologische Untersuchungen an Fischen und die Anwendung dieser Erkenntnisse begannen erst Anfang der sechziger Jahre (vgl. SWIFT/1/).

Neben der von uns an Süßwasserfischen nachgewiesenen circadianen und circannualen Rhythmik der lokomotorischen Aktivität (SIEGMUND u. WOLFF /2/) interessierte es, inwieweit die Herzfrequenz mit der Schwimmaktivität korreliert und wie diese Parameter durch die Wassertemperatur beeinflußt werden können.

Untersuchungen zur Temperaturabhängigkeit biorhythmischer Verhaltensparameter wurden an Fischen vor allem methodischer Probleme wegen noch wenig durchgeführt, obwohl damit sowohl fischereibiologische als auch ökologische Fragestellungen berührt werden.

Material und Methoden

Für die Versuche wurden ausschließlich einsömmrige Karpfen (Cyprinus carpio) mit einer Masse von 50 - 70 g aus Teichanlagen der Binnenfischerei verwendet. Alle Untersuchungen führten wir in einem schallgedämpften Raum durch, in dem sich 3 Versuchsaquarien befinden, mit einem künstlichen Licht-Dunkel-Wechsel von 8 Stunden Licht und 16 Stunden Dunkelzeit. Die Fische wurden einzeln und in Gruppen (Gruppenstärke n = 5) untersucht. Die aktuelle Wassertemperatur konnte mit ± 0,5 °C geregelt und aufgezeichnet werden. Temperaturgradienten traten nicht auf, weil durch die intensive Belüftung eine Wasserzirkulation erfolgte. Die Sauerstoffkonzentration (Messung nach Winkler) war bei den unterschiedlichen Temperaturen annähernd konstant. Für die Herzfrequenzanalysen wurden Silberelektroden so in den Visceralraum der Fische implantiert, daß die Ableitungsdrähte (Durchmesser 0,1 mm) sowohl vor der Rückenflosse als auch vor dem Brustgürtel fixiert werden können.

Die fast kompensierbare Zugkraft der verdrillbaren Ableitungsdrähte ist durch ein Hebelsystem nahezu ortsunabhängig, so daß die Fische sich in ihren Becken ungehindert bewegen können. Für die Registrierung des EKG und der kontinuierlichen Schwimmaktivität verwendeten wir die von SIEGMUND und VOGEL /3/ beschriebene Anlage. Das Verhalten der Fische konnte über einen Fernsehmonitor beobachtet werden.

Ergebnisse

In Abb. 1 a, b sind die Herzfrequenz und Aktivität im Tagesverlauf dargestellt; von zunächst in Gruppen und anschließend einzeln untersuchten Tieren. Alle Versuche weisen die Zeitgeberwirkung des Lichtes deutlich aus. Nach Licht-an bzw. Licht-aus treten die stärksten Änderungen der Aktivität und der Herzfrequenz auf.

Fütterung zwischen 14.00 und 15.00 Uhr bedingt einen zusätzlichen Gipfel, sowohl im Zeitmuster der Herzfrequenz als auch in der Schwimmaktivität. Ein deutlicher Zusammenhang zwischen diesen Größen ist festzustellen. Starke Lokomotion wird meist von entsprechender Erhöhung der Herzfrequenz begleitet. Es besteht eine Korrelation zwischen beiden Parametern mit einem Korrelationskoeffizienten von $r = 0{,}94$, $t = 12{,}92$.

Die Daten sind mit einer Irrtumswahrscheinlichkeit $\alpha = 0{,}1$ % signifikant.

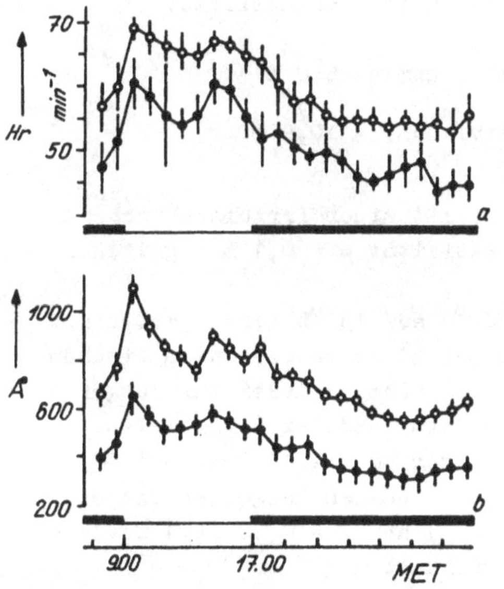

Abb. 1 Circadiane Muster der Herzfrequenz (r) und Schwimmaktivität (A) vom Karpfen (Cyprinus carpio l.) in Einzel- und Gruppenhälterung (n = 3) von Ende April/Mai; (L D 8:16; 55:0 Lux)

a) Zeitmusteranalysen der Herzfrequenz

Hf (Gruppe)	vom 20. - 27. April
Hf (Individuum)	vom 4. - 15. Mai

b) Zeitmusteranalysen der Schwimmaktivität

A (Gruppe)	vom 20. - 27. April
A (Individuum)	vom 4. - 15. Mai

(Jeder Stundenwert resultiert aus 10-Minuten-druckerwerten; eingezeichnet ist die Standardabweichung s)

Trotz verschiedener Hälterung ergaben sich bei 4 Wochen Versuchsdauer keine signifikanten Unterschiede im Zeitmuster. Die Herzfrequenz und Schwimmaktivität verringerte sich bei den isolierten Fischen. Alle weiteren Versuchsbedingungen blieben konstant. In der Gruppenhälterung liegen im Mittel die Herzfrequenz um 17 % und die Schwimmaktivität um 69 % höher, als bei Einzelhaltung.

Weitere Unterschiede ergeben sich in der Variabilität:

V_{Hf} (Gruppe) = 4,2 % und V_{Hf} (Individuum) = 6,0 %

V_A (Gruppe) = 4,9 % und V_A (Individuum) = 10,9 %

Die Daten sind für die Herzfrequenz mit einer Irrtumswahrscheinlichkeit von α = 1 % und für die Aktivität α = 0,1 % signifikant (t - Test).

Bei Abkühlung des Wassers von 20 °C auf 15 °C verringerten sich Herzfrequenz und Schwimmaktivität bei allen untersuchten Fischen (n = 87) um ca. 40 %. Beide Parameter nahmen wieder ihr Ausgangsniveau ein, nachdem die Wassertemperatur anstieg (vgl. Beispiel Abb. 2). Bei Wassertemperaturänderungen um + 5 °C bzw. - 5 °C konnte eine positive Korrelation zwischen den Meßgrößen mit einem Korrelationskoeffizienten r = 0,92 (a.) und r = 0,72 (b.) festgestellt werden. Die Daten sind signifikant mit t_a = 41 und t_b = 18 für α = 0,1 %.

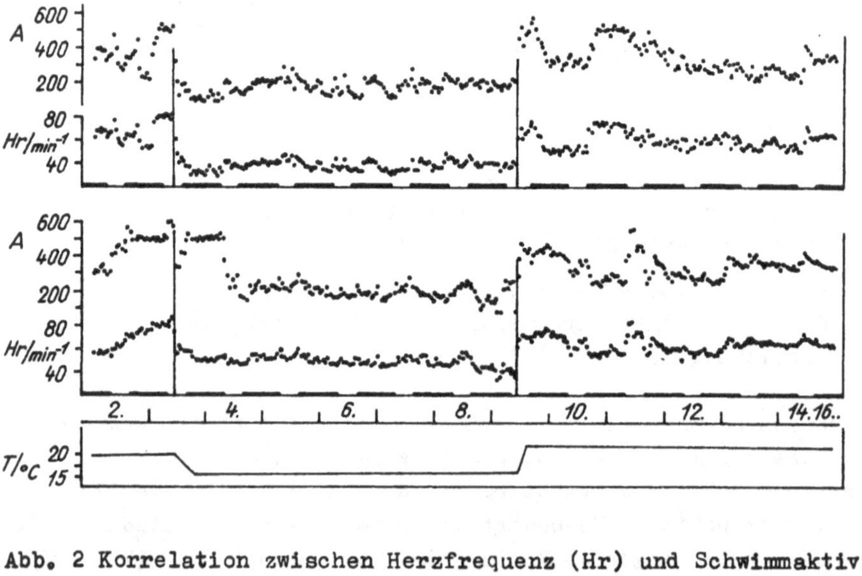

Abb. 2 Korrelation zwischen Herzfrequenz (Hr) und Schwimmaktivität (A) und Wassertemperatur (T) zweier Fische (Cyprinus carpio l.) vom Juni. Lichtregime 9 - 17 Uhr (L D 8:16; 55:0 Lux).

Der synchronisierende Einfluß des Licht-Dunkel-Wechsels blieb bei dem größten Teil der Fische trotz unterschiedlicher Temperaturen und Änderung der Wassertemperaturen erhalten (vgl. Abb. 3 a).

Individuelle Unterschiede zeigten sich jedoch bei der biorhythmischen Analyse von Einzelfischen. Hier können deutliche Transients auftreten, wie zeitweilige Erhöhung der Schwimmaktivität trotz Wassertemperaturerniedrigung und schlechtere Futteraufnahme. Diese Systeminstabilität drückt sich z. Teil nur im Circadian-Muster von Herzfrequenz und lokomotorischer Aktivität aus, die signifikante positive Korrelation zwischen Herzfrequenz und Aktivität bleibt erhalten (vgl. Abb. 3 b).

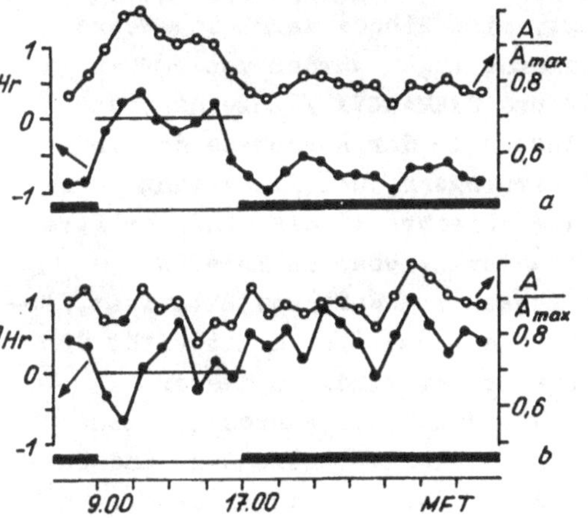

Abb. 3 Zeitmusteranalysen der Herzfrequenz und Schwimmaktivität vom 11. - 14. 6. nach Temperatursprüngen (vgl. Abb. 2).

a) Fisch I (vgl. Abb. 2 a)
Korrelationskoeffizient $r = 0,95$ $t = 14,95$ $\alpha = 0,1$ %

b) Fisch III (vgl. Abb. 2 b)
Korrelationskoeffizient $r = 0,82$ $t = 6,72$ $\alpha = 0,1$ %

Zum Vergleich der Untersuchungsergebnisse wurden die Herzfrequenzmittelwerte der Lichtphase (Hf^L) berechnet, auf die Abzisse transformiert ($Hf - Hf^L$) und die Werte normiert

$$\frac{(Hf - Hf^L)}{Hf_{max}}.$$

Fische mit starker interner Desynchronisation benötigen somit längere Adaptationszeiten an neue Umweltbedingungen (z. B. Temperatur).

In weiteren Experimenten wurde der Einfluß von Lichtreizen (Dauer

3 Sekunden) auf die Herzfrequenz in Abhängigkeit von der Wassertemperatur untersucht. Nur bei Wassertemperaturen von (20± 1)°C stellten wir in allen Versuchen signifikante reizbedingte Antworten der Herzfrequenz (Decelerationen) fest. Die Antwortreaktion nimmt mit hoher (20°C, 30°C) und mit tiefer Wassertemperatur (15°C, 10°C) deutlich ab (vgl. SIEGMUND /4/).

Diskussion

Während für homoitherme Tiere nachgewiesen wurde, daß die Herzfrequenz in der Aktivitätsphase ansteigt, sind Fische vergleichsweise wenig untersucht worden. Herzfrequenzänderungen wurden von NOMURA /5/ an Forellen festgestellt. TITKOV /6/ und KARMANOVA /7/ zeigen, daß sich beim Zwergwels (Ictalurus nebulosus) in der Ruhephase Schwimmaktivität, Herz- und Kiemenfrequenz verringern, und die Atmung unregelmäßiger wird. Sie schlagen vor, die "Fischruhe" als einfache Form des Schlafes zu klassifizieren. Zeitmusteranalysen an Karpfen (Cyprinus carpio) ergaben ebenfalls Phasen von Ruhe und Aktivität, wobei die Maxima bzw. Minima von Herzfrequenz und Schwimmaktivität den Licht- und Dunkelstunden regelhaft zugeordnet sind. In dieser circadianen Periodik gibt es jedoch auch deutliche jahreszeitliche Unterschiede (vgl. KNEIS u. SIEGMUND /8/). Nur unregelmäßige und ausreichende Fütterung hat keinen Einfluß auf das Aktivitätsmuster.

In unseren Experimenten an Einzelfischen ist die Fütterung als ein maßgebender Zeitgeber zu betrachten (siehe dazu auch WARTHOLD). Dafür spricht, daß sich sowohl im Zeitmuster der Schwimmaktivität als auch der Herzfrequenz ein "Fütterungsgipfel" zeigt. Alle untersuchten Karpfen, die Futter aufnahmen, erhöhten die Herzfrequenz, wobei die Intensitäten der Futteraufnahme und der Herzratenänderung von der Wassertemperatur abhängen. Als poikilotherme Tiere besitzen die Fische eine von der Umgebungstemperatur abhängige Körpertemperatur. Fische sind jedoch in der Lage, innerhalb eines Temperaturspektrums eine "Vorzugstemperatur" auszuwählen ("behavioural thermoregulation").

Die Verhaltensforschung hat den Zusammenhang zwischen Verhaltensziel und Randbedingungen (z. B. Temperatur) lange Zeit etwas vernachlässigt, obwohl gerade solche Faktoren für anwendungsorientierte Untersuchungen eine erhebliche Rolle spielen (TEMBROCK /9/).
Die Änderungen der Herzrate auf Lichtimpulse stimmen mit den Ergebnissen von SCHMEING-ENGBERDING /10/ zur Bestimmung der Vorzugstemperatur beim Karpfen gut überein. Die räumliche Verteilung von Fischen

in einem durch Kühlwasser aus thermischen Kraftwerken erwärmten Gewässer kann allein von der Vorzugstemperatur der jeweiligen Arten, die jahreszeitlich variieren, abhängen (ZAHN /11/).

Intensive Zucht und Haltung von Fischen im künstlich erwärmten Wasser, in dafür speziell geschaffenen Anlagen, stellt ein entwicklungsfähiges Gebiet der modernen Aquakultur dar. Unsere Ergebnisse verifizieren die Hypothese, daß chronobiologische Analysen sowohl von Verhaltensparametern als auch von physiologischen Meßgrößen sich gut zur Diagnose von Instabilitäten an Individuen und Fischgruppen eignen und zur Frühindikation von Hälterungsstörungen und Erkrankungen oder bei der Verfahrenstechnik für eine industrielle Fischproduktion herangezogen werden können.

Literatur

/1/ SWIFT, D.R.: Activity cycles in the brown trout (Salmo trutta l.) II Fisch feeding naturally. J. Res. Bd. Canada 21 (1964) S. 133 - 138

/2/ SIEGMUND, R. und D.L. WOLFF: Laboruntersuchungen und Freiwasserbeobachtungen zur Schwimmaktivität einheimischer Süßwasserfische. Zeitschr. f. Fischereiforschung, wiss. Schriftenreihe 11 (1973) S. 107 - 116

/3/ SIEGMUND, R. und J. VOGEL: The dependence of heart and locomotor activity on water temperature in the carp. Experientia 33 (1977) 1607 - 1609

/4/ SIEGMUND, R.: Effect of environmental parameters on discret behavioural events with respect to their temporal structure in fish. IFAC Symposium on Control Mechanismes in Bio and Ecosystems. 5 (1977) S. 68 - 72

/5/ NOMURA, S.: et al Applications of back black cardiotelemeter for fishes. I. Heart rate and cardiac reflex in fishes during unrestrained swimming. Bull. Jap. Soc. Scient. Fish. 38 (1972) S. 1105 - 1117

/6/ TITKOV, E.S.: Osobennosti sutočnoj periodiki bodrstvovanija i pokoja u karlikovogo somika Ictalurus nebulosus. Žurnal ėvoljucionnoj biochimii i fiziologii XII. 4 (1976) S. 335 - 340

/7/ KARMANOVA, I.G.: Evoljucija SNA Etapy formirovanie cikla "bodrstvovanie - SON" v rjadu pozvonoinych. Izdatel'stvo "Nauka" Leningradsko otdelenie (1977) S. 172

/8/ KNEIS, P. und R. SIEGMUND: Heart rate and locomotor activity in fish. Experientia 32 (1976) S. 475 - 475

/9/ TEMBROCK, G.: Angewandte Verhaltensforschung. Wiss. u. Fortschritt 26 (1976) S. 321 - 327

/10/ ENGBERDING-SCHMEING, F.: Die Vorzugstemperaturen einiger Knochenfische und ihre physiologische Bedeutung. Z. Fisch. N.F. 2 (1953) S. 125 - 155

/11/ ZAHN, M.: Jahreszeitliche Veränderungen der Vorzugstemperaturen von Schollen (Pleunronectes platessa l.) und Bitterling (Rhodeus sericeus Pall.) Verh. dt Zool.Ges. München (1963) S. 562 - 580

Zusammenfassung

Mit Hilfe von Herzfrequenz- und Schwimmaktivitätsanalysen ist der Tagesrhythmus von einzeln und in Gruppen gehälterten Fischen untersucht worden sowie die Wirkung unterschiedlicher Temperaturen auf das Verhalten von Karpfen (Cyprinus carpio L.).

Herzfrequenz, Schwimmaktivität und Wassertemperatur sind in Langzeitversuchen positiv korreliert. Auch in Versuchen mit Temperatursprüngen verlaufen Herzfrequenz und Aktivität mit dem Licht-Dunkel-Wechsel synchron und zeigen einen Tagesrhythmus. Die Antwortreaktion auf Lichtsignale, gemessen über die Herzfrequenz, ist am größten bei 20$\pm$ 1)°C und mit der Vorzugstemperatur für den Karpfen gut korreliert. Die Bedeutung chronobiologischer Untersuchungen für die industrielle Fischproduktion wird diskutiert.

Резюме

Локомоторная активность и частота сердечных сокращений у рыб являются хорошо измеримыми величинами и используются нами для разрешения различных вопросов в биометрических анализах. За последнее время рыболовное хозяйство проявляет особый интерес к анализу поведения рыб в зависимости от температуры, т.к. в охлаждающих водах электростанций можно разводить быстрорастущие и высококачественные породы рыб. Такой способ содержания и интенсивного разведения рыб ставит перед нами самая перспективная область современной Аквакультуры, что даёт возможность связать использование энергии отходов промышленности с производством нужного и всё в большей степени требующегося белка. Одновременное учитывание сердечного ритма, активности плавания и температуры тела рыб, а также воздействие экзогенных раздражителей явились предметами наших исследований. Наряду с найденным у рыб дневным и годовым ритмом частоты сокращений сердца, плавательной активностью и температурой тела была найдена положительная корреляция между частотой сердечных сокращений, плавательной активностью и температурой воды. Также в опытах с температурными скачками было показано, что сердечная деятельность и плавательная активность протекают синхронно при смене свет - темнота, т.е. наблюдается дневная ритмика. Ответная реакция на световое раздражение, измеренная по сердечной деятельности карпа (Cyprinus carpio L.), достигает самого большого значѐния при $20^{o}C \pm 1^{o}C$ и хорошо коррелирует с предпочитаемой температурой.

Summary

The effect of different temperatures on the behaviour of carps was examined using heart-rate and swimming activity analyses. Heart-rate, swimming activity and water temperature exhibit a positive correlation during-longterm experiments. In experiments involving changes of heart-rate and swimming activity are also synchronous with light-dark variations and exhibit a daily rhythm. Responses to light signals measured via the heart-rate attain a maximum at $(20 \pm 1)^{o}C$ and correlate well with the carps' preferred temperature.

Humboldt-Universität
Sektion Biologie, Bereich Verhaltenswissenschaften, Berlin

Bioindikative Überwachung eines Nutzfischbestandes durch die Kontrolle tagesrhythmischer Verhaltensprozesse

R. WARTHOLD

Einleitung

Die im Bereich Verhaltenswissenschaften im Rahmen der Grundlagenforschung zur Optimierung der industriemäßigen Fischproduktion durchgeführten Untersuchungen sollen die Frage beantworten helfen, ob die Wirkung leistungsbestimmender Umweltfaktoren im Verhalten erkennbar ist.

Alle im Organismus-Umwelt-System ablaufenden Stoff- und Informationswechselvorgänge sind raumzeitlich organisiert und nur auf der Grundlage des Verhaltens existent (TEMBROCK /1/). Das äußere Erscheinungsbild dieses Sachverhaltes ist eine geordnete Aufeinanderfolge von Prozessen, wobei die Lokomotion als globales Element eine gemeinsame Endstrecke für viele spezielle Verhaltensweisen darstellt und rhythmisch durch verschiedene Funktionskreise des Verhaltens angesprochen wird. HERING /2/ hat auf die bioindikative Funktion der Lokomotion hingewiesen.

Mit der Zeitmusteranalyse der Schwimmaktivität von Cyprinus carpio L. wird eine Methode vorgestellt, die es ermöglicht, den Zustand eines Nutztierbestandes zu charakterisieren und die Reaktion auf definierte Umweltbedingungen zu beurteilen.

Material und Methoden

Als Meßgröße diente der Verlauf der lokomotorischen Aktivität im Tagesgang, wobei die Abwandlung des Rhythmusgrundmusters durch die Faktoren Fütterung und Besatzdichte getestet wurde.

In den Versuchen boten wir 4 K_1-Gruppen gleichzeitig, bzw. nacheinander variierte Tagesmuster der Fütterung an. Nachdem alle Gruppen zunächst aus je 22 Fischen bestanden, wurde diese Zahl später im Bereich von 22 - 1 Exemplar verändert. Es lag eine Fischmasse von 4,23 - 15,98 kg/m^3 Wasser vor. Während die Wassertemperatur 20°C betrug, wurde das Lichtregime LD 12:12 eingestellt. Aktivitätsmessung und Meßwerterfassung erfolgten durch elektromechanische Taster und elektromechanische Zähler (HERING /2/).

Ergebnisse

Auf das Angebot definierter Fütterungs- und Beleuchtungsbedingungen reagiern alle Karpfengruppen mit der Bildung stabiler Grundmuster des Tagesrhythmus der lokomotorischen Aktivität. Die Rhythmen sind deutlich mit dem Lichtregime synchronisiert und verfügen über Maxima, die in der mit den Fütterungen verbundenen Hellzeit liegen (Abb. 1). Als allgemeines Merkmal aller Tagesrhythmen sind die Vorfütterungsaktivitätsgipfel zu nennen. Jedem Gipfel folgt eine durch die Fütterung induzierte Abnahme der Lokomotionsrate. Dunkelheit kann die Erhöhung der Schwimmaktivität verhindern. Variable Tagesfütterungszahlen verursachen unterscheidbare Aktivitätsmuster. Bei 1-, 2- und 3 maliger Fütterung entspricht die Anzahl deutlich getrennter Vorfütterungsmaxima der Tagesfütterungszahl. Demgegenüber fällt die Trennung bei 8 Fütterungen weg. Hier wird vielmehr ein ständig hohes Bewegungsniveau aufrechterhalten. Die Lokomotionsrate erfährt bei allen 4 Fütterungsvarianten im Verlauf der Hellzeit eine Senkung. Nachts streuen die Meßdaten (teilweise signifikant; t-Test) stärker als am Tag. Für die Strukturierung der Aktivitätsgrundmuster benötigen die Karpfen einen bestimmten Zeitraum, wobei die Anpassung an komplexe Fütterungsmuster länger dauert. Die Stabilität der Rhythmen verringert sich mit der Abwandlung gewohnter Umweltbedingungen. Ehemals angebotene Verhältnisse können die Wirkung aktueller Umweltparameter überlagern.

Mit den Graphiken der Abb. 2 werden die Resultate von Versuchen vorgestellt, bei denen eine konstante Tagesfütterungszahl mit der Variation von Besatzdichte und Gruppenstärke verbunden ist. Vergleichsweise haben nur die mittelgroßen Gruppen (7-10 Ex.) den Tagesfütterungsmustern angepaßte und stabile Aktivitätsrhythmen ausgebildet. Bei einem mittlerem Tageszuwachs von 1,25 % und einem mittlerem Futterquotienten von 2,45 kommt dieser Gruppe auch das beste Leistungsvermögen zu. Die individuenreicheren (0,08%; 33,36) und -ärmeren (0,65%; 5,19) Gruppen sind schlechter gewachsen und konnten das Futter weniger gut verwerten.

Diskussion

Im Verlauf der Phylogenese sind auf der Basis mannigfaltiger Anpassungsprozesse komplexe Organismus-Umwelt-Systeme entstanden, in denen die Organismen unter optimalen Umweltbedingungen ein Leistungsoptimum erreichen. Die raumzeitliche Ordnung der Interaktion zwischen Organismus und Umwelt wird in der rhythmischen Organisation tierischen Verhaltens sichtbar und basiert unter anderem auf der regelmäßigen Wiederkehr definierter Umweltereignisse.

Unter entsprechenden Bedingungen können Tiergruppen auch in einer vom Menschen geschaffenen künstlichen Umwelt stabile Verhaltensrhythmen ausbilden. Das Zustandekommen der Aktivitätsmuster der untersuchten Karpfen läßt sich mit dem von COLGAN /3/ veröffentlichtem Modell des Nahrungsaufnahmeverhaltens von Fischen erklären und wurde von uns bereits diskutiert (WARTHOLD /4/).

In die Interaktion zwischen Karpfengruppe und Umwelt störend eingreifende Ereignisse beeinflussen die Stabilität der Aktivitätsrhythmen und mindern das Leistungsvermögen der Fische. Eine für die Bedingungen der Versuchsanlage offenbar zu hohe Besatzdichte beeinträchtigt den Gruppenstatus und führt zu schlechtem Wachstum. Wird die Gruppenstärke durch Entnahme von Mitgliedern variiert, so tritt anfangs ein ähnlicher Effekt auf. Nach SCHNEIDER /5/ verursacht dieser Vorgang eine abweichende Reaktion gegenüber der neuen Umwelt und modifiziert den Gruppenstatus ebenfalls (z. B. fehlende Schutzfunktion der Gruppe). Stabile Lokomotionsrhythmen werten wir als den Ausdruck ungestörter Verhältnisse im Karpfenbestand. Die Korrelation zwischen stabilen Grundmustern des Tagesrhythmus der Schwimmaktivität und einem besserem Wachstum deutet an, daß ein hohes Leistungsvermögen an ungestörte Verhältnisse im Nutztierbestand gebunden ist. Von PORZIG /6/ durchgeführte Untersuchungen lassen eine Übertragung dieser Aussage auch auf landwirtschaftliche Nutztiere als begründet erscheinen.

Der Kontrolle des Verhaltens mittels chronobiologischer Methoden kommt sowohl in der industriemäßigen Fischproduktion, als auch in der landwirtschaftlichen Tierproduktion für die Überwachung von Nutztierbeständen eine bioindikative Funktion zu.

Literatur

/1/ TEMBROCK, G.: Verhalten und Evolution.
in: Johst, V. (Hrsg): Biologische Verhaltensforschung am Menschen. Akademie-Verlag Berlin 1976

/2/ HERING, G.: Verhaltensuntersuchungen für die industriemäßige Fischproduktion unter Berücksichtigung der lokomotorischen Aktivität von jungen Aalen (Anguilla anguilla L.). Dissertation, Humboldt-Universität, Berlin 1976.
- : Bioindikation durch Zeitreihenanalyse: Aktivitätsmessung an industriemäßig gehaltenen Jungaalen. Chronobiologie '76, KTB der MLU Halle-Wittenberg (1977), 313-323.

/3/ COLGAN, P.: Motivational analysis of fish feeding.
Behaviour 45 (1973), 36-66

/4/ WARTHOLD, R.: Veränderungen der Schwimmaktivität beim Karpfen (Cyprinus carpio L.) durch das Zeitmuster der Fütterung. Chronobiologie '76, KTB der MLU Halle-Wittenberg (1977), 301-312.

/5/ SCHNEIDER, R.: Untersuchungen zum Einfluß der Schwarmgröße auf die Schwimmaktivität am Karpfen (Cyprinus carpio L.). Diplomarbeit, Humboldt-Universität, Berlin 1975.

/6/ PORZIG, E.: Stand der Ergebnisse ethologischer Untersuchungen beim Schwein. Monatshefte für Veterinärmedizin 31 (1976), 181-185
- : Untersuchungen zur Gruppen- und Einzeltierumstellung von Milchkühen in industriemäßig produzierenden Laufstallungen. Monatshefte für Veterinärmedizin 32 (1977), 7-11.

Zusammenfassung

Karpfengruppen (Cyprinus carpio L.) zeigen unter definierten Umweltbedingungen stabile Tagesrhythmen der lokomotorischen Aktivität. Stabile Rhythmen korrelieren mit besserem Wachstum. Exogene Störgrößen verringern die Rhythmusstabilität und das Leistungsvermögen. Die Kontrolle von Aktivitätsrhythmen ermöglicht eine bioindikative Überwachung.

Резюме

Группы карпа показывают под влиянием определённых внешнихусловии стабильные циркадианные ритмы локомоционной активности. Стабильные ритмы связанны с увеличением роста. Внешние помехи нарушают стабильность ритмики и рост. Контроль ритмов активности разрешает биоиндикацию в производственных условиях.

Summary

Groups of carp (Cyprinus carpio L.) show stable daily rhythms of locomotion under definite environmental conditions. There is a correlation between stable rhythms and a better growth. External troubles decrease the stability of rhythms and the productivity of carp. The supervision of rhythms allows a bioindicativ control.

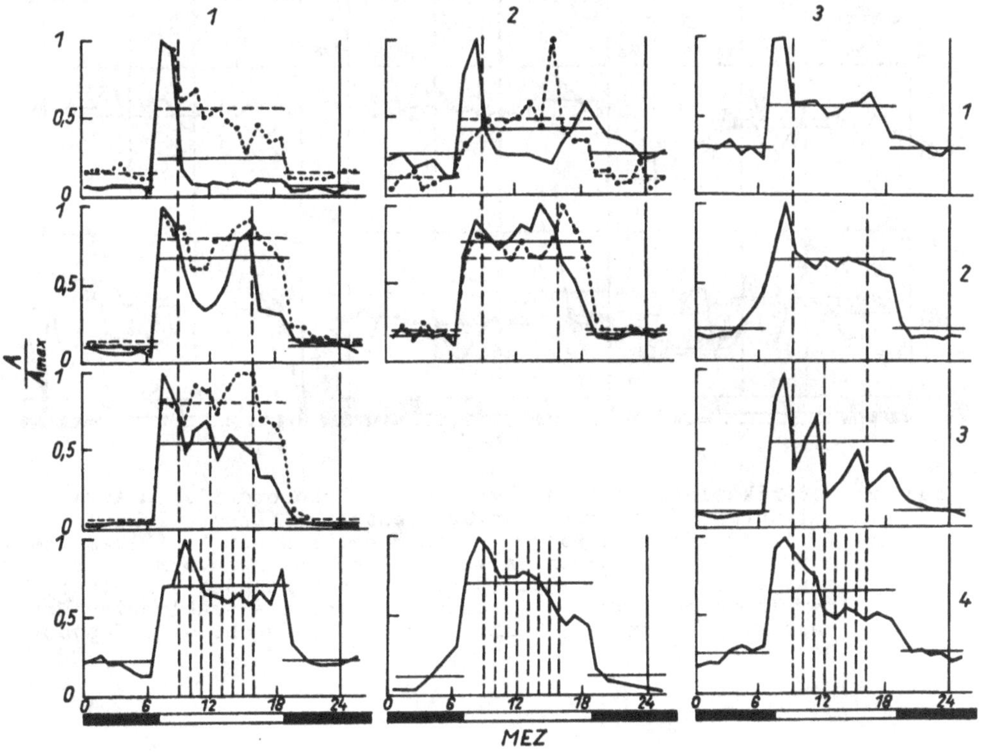

Abb. 1: Modifikation des Tagesrhythmus der lokomotorischen Aktivität durch die Fütterungszahl.
LD 12:12. Senkrechte, unterbrochene Linie - Fütterungstermin. Durchgezogener Kurvenzug - stabilisierter Rhythmus. Punktierter Kurvenzug - Anpassungsphase (Dauer in Tagen: 1/1 7, 2/1 1, 1/2 20, 2/2 11, 1/3 30). Waagerechte, durchzogene Linie - Niveau des stabilisierten Rhythmus (getrennt für Hell- und Dunkelphase). Waagerechte, unterbrochene Linie - Niveau der Anpassungsphase. Spalte 1 - Februar. Spalte 2 - März. Spalte 3 - April, bei 2 und 3 Wiederholungen mit vertauschten Gruppen. Zeilen von oben nach unten: 1-, 2-, 3- und 8-malige Fütterung.

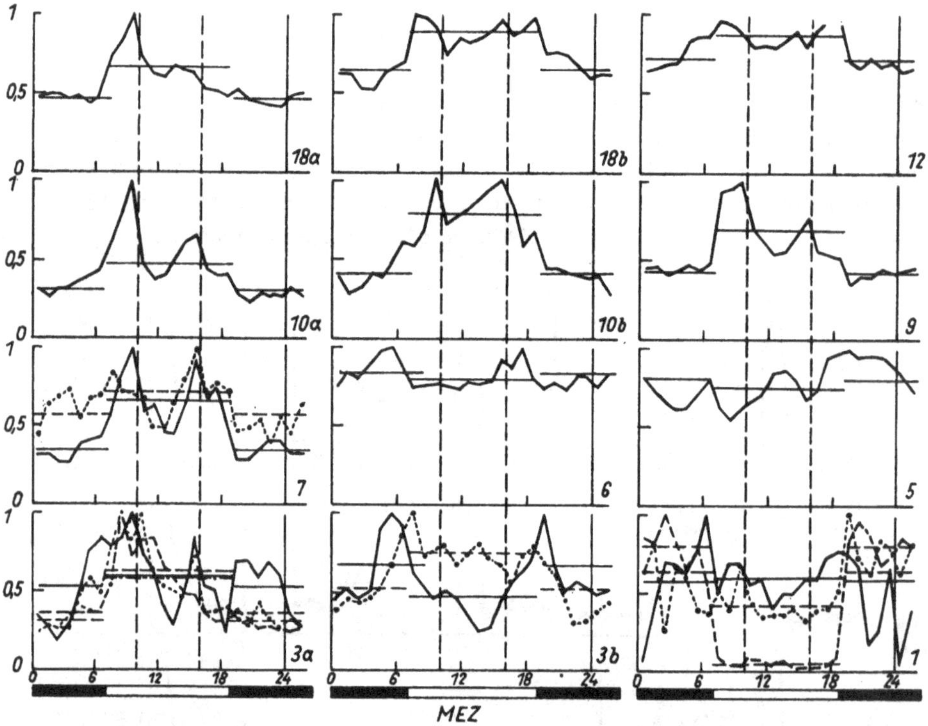

Abb. 2: Modifikation des Tagesrhythmus der lokomotorischen Aktivität durch Veränderung der Gruppenstärke (Besatzdichte).
LD 12:12. Verminderung der Gruppenstärke von 18 (links oben) auf 1 Tier (rechts unten). Dauer der Anpassungsphase in Tagen: 7 Ex. 10, 3(a) Ex. 18 (1. Anpassungsphase - gestrichelter Kurvenzug) und 8 (2. Anpassungsphase - punktierter Kurvenzug, 3(b) Ex. 10, 1 Ex. 11 und 8. Versuchszeit: September - Dezember.

Institut für Hochseefischerei und Fischverarbeitung Rostock

Chronobiologische Aspekte in der Fischproduktion

G.HERING und S. JENNERICH

Zusammenfassung

I. Methoden und Erkenntnisse der Chronobiologie besitzen für die Fischproduktion in vierfacher Hinsicht Bedeutung:

1. Quantifizierung und Kausalanalyse des Wachstumsprozesses
2. Berücksichtigung bzw. Nutzung der Circadianperiodik bei der Verfahrenstechnik für eine industrielle Fischproduktion
3. Frühindikation von Haltungsstörungen und Erkrankungen bei der industriellen Fischproduktion
4. Beeinflussung der Jahresrhythmik.

Der vorliegende Beitrag berührt Probleme zu 2) und 4).

II. Circadianperiodik phytoplanktonfiltrierender Cypriniden:

Die Mehrzahl unserer Binnen- und Küstengewässer ist durch Abwässer verschiedenster Herkunft "überdüngt" (hoch eutroph), daraus folgt eine sehr intensive Phytoplanktonproduktion. Die einheimischen Fischnährtiere und Fische können sich auf diese Situation nicht einstellen, trotz "Überdüngung" sinkt der Ertrag. Die Einbürgerung phytoplanktonfiltrierender Cypriniden (Marmorkarpfen, Aristichthys nobilis; Silberkarpfen, Hypophthalmichthys molitrix) ermöglicht eine direkte Umsetzung der Phytoplanktonproduktion in Eiweiß für die menschliche Ernährung. Voraussetzung ist die ständige Produktion der entsprechenden Satzfischmengen unter industriellen Bedingungen. Dabei interessiert ein Zeitmuster der Fütterung, das hohe Zuwachsleistungen sichert. Es wurden deshalb Aktivitätsregistrierungen an rinnengehälterten Marmor- und Silberkarpfen (je 7-11 Monate alt) durchgeführt. Die Tiere sind tagaktiv.

III. Gezielte Beeinflussung der Jahresrhythmik adulter Forellen:

Die Produktion von speisefischgroßen Regenborgenforellen (Salmo gairdneri) erfordert unter natürlichen klimatischen Bedingungen in Europa 2 Jahre. Die Nutzung erwärmter Kraftwerks-Kühlwässer (zur Produktion von Setzlingen) gestattet es, den Produktionszyklus auf ca. 11 Monate zu verkürzen. Voraussetzung ist die Verfügbarkeit von Forellenbrut im Herbst. Durch eine gezielte Modifikation der Umweltparameter Licht und Temperatur ist es möglich, die Laichreife von üblicherweise im Frühjahr laichenden Regenbogenforellen in den Herbst vorzuverlegen.

Резюме

I. Методы и познания хронобиологии имеют при разведении рыбы большое значение с различных точек зрения:
1) Количественное определение и основной анализ процесса роста
2) Учет и/или использование циркадиан-периодики в опытах для промышленного выращивания рыбы
3) Ранняя индикация отклонения в поведении и заболеваний при промышленном выращивании рыбы
4) Направленное изменение годового цикла.
Настоящий доклад затрагивает проблемы 2) и 4).

II. Циркадиан-периодика карповых, питающихся фитопланктоном: Большая часть наших внутренних и прибрежных водоемов сильно "переудобрена" (высоко эутроф) вследствие сточных вод различного происхождения; следствием этого является интенсивный рост фитопланктона. Отечественные рыбоядные и рыбы не могут приспособиться к этой ситуации, несмотря на "переудобрение" уловы снижаются. Заселение питающихся фитопланктоном карповыми (мраморный карп, Aristichthys nobilis; серебристый карп, Hypophthalmichthys molitrix) дает возможность непосредственному превращению фитопланктона в белок для человеческой пищи. Предпосылкой является постоянное наличие соответствующего количества молоди в условиях промышленного разведения. При этом особо интересен режим кормления, который обеспечивает высокий рост. Поэтому проводилась регистрация активности мраморного и серебристого карпа, содержащихся в каналах (возраст по 7-II месяцев). Рыбы днем активны.

III. Направленное изменение годового цикла взрослой форели: Для выращивания крупной пищевой радужной форели (Salmo gairdneri) необходимо в естественных климатических условиях Европы 2 года. Использование подогретой воды от электростанций (для выращивания молоди) позволяет сократить цикл роста до ок.11 месяцев. Предпосылкой является наличие мальков осенью. Вследствие целенаправленной модификации параметров окружающей среды - света и температуры появилась возможность нерестовую зрелость с обычног времени для радужной форели - весны сдвинуть на осень.

Summary

Methods and findings in the context of chronobiology are in many respects important to fish production, particularly under the following aspects:

(a) Quantification and causal analysis of the growth process;

(b) Consideration or utilisation of circadian periodicity in process engineering for industrialised fish production;

(c) Early signalling of diseases and other problems likely to affect industrialised fish production;

(d) Control over annual rhythm.

In this paper reference will be made to Items (b) and (d).

Circadian periodicity of phytoplankton filtrating Cyprinidae:

The majority of this country's inland and coastal waters has grown highly eutropic due to "over-fertilisation" by sewage of most various origins. Highly intensive phytoplankton production is the result. Both the animals used for fish feeding and the fish proper are unable to get adapted to that situation, and yields are declining despite "over-Fertilisation". Introduction of phytoplankton filtrating Cyprinidae, such as suckers, minnows, and loaches (Aristichthys nobilis and Hypophthalmichthys molitrix), will be conducive to direct conversion of phytoplankton to protein for human nutrition. Permanent production of settled fish in sufficient quantity under industrialised conditions is a major condition that has to be satisfied. Feeding has to be based on a time pattern by which high growth rates are secured. Therefore, activities were recorded from carps, aged between seven and eleven months and kept in ditches. They were animals with diurnal activity.

Systematic control over annual rhythm of adult trout:

Under the natural climatic conditions of Europe, the production of rainbow trout to food fish size (Salmo gairdneri) takes two years. The production cycle may be reduced to about eleven months by using warmed up cooling water from power stations (for fry production). That, however, depends on the availability of trout fry in autumn. Systematic modification of certain environmental parameters, such as light and temperature, may help to bring forward spawning maturity of rainbow trout from spring to autumn the year before.

Pädagogische Hochschule Erfurt-Mühlhausen
Bereich Zoologie der Sektion Chemie/Biologie, Mühlhausen

Zeitstrukturen in Verhaltensprogrammen

K. MEISSNER

Einleitung

Die Nahrungsaufnahme von Fischen ist unter natürlichen Bedingungen bei stets wechselnder Beutedichte ein diskontinuierlicher Prozeß. Er wird u.a. von der motorischen Aktivität der Konsumenten und ihrer Bereitschaft zur Nahrungsaufnahme als auch von der Größe, Verteilung und Eigenaktivität der Beute beeinflußt (SIEGMUND /1/, MILINSKI /2/). Die zur Entwicklung erforderliche Nahrungsmenge ist nicht regelmäßig verfügbar; nach verschieden langen Karenzzeiten wird der Magen bei maximalem Futterangebot in kurzer Zeit gefüllt. Lebende tierische Nahrung erbeuten die Fische dabei artspezifisch mit vielen Taxien, Schwimmstößen und Schnappbewegungen.

Die Schnappaktivität von adulten Makropoden und Kampffischen nach Lebendfutter (Daphnia spec.) wurde unter definierten Bedingungen ermittelt und auf die zeitliche und numerische Ordnung hin untersucht.

Die motorische Aktivität der Larven des Chilopoden Lithobius forficatus besteht aus Lokomotionsschüben und Putzaktivitäten (MEISSNER /3/). Im Gegensatz zu Punktereignissen mit konstanter Dauer (z.B. Beuteschnappen bei Fischen) variiert hier neben der Intervall-Länge auch die Dauer der Aktionen. Zur Ermittlung der Gesetzmäßigkeiten werden die Ereignisfolgen in äquidistanten und nicht-äquidistanten Zeiteinheiten abgebildet. Die Untersuchung ist damit ein Beitrag zur quantitativen Feinanalyse von Kurzzeitprozessen in Ethosystemen (KAISER und LEHMANN /4/, LEHMANN /5/, LEHMANN et al. /6/, MEISSNER /7,8,9/, NELSON /1o/, SCHLEIDT /11/, TEMBROCK /12/, THIMM /13/, THIMM et al. /14/, WOLFFGRAMM /15/.

Material und Methoden

Bei Einzelhaltung der Fische unter 22 ±1 °C Wassertemperatur und Lichtwerten von 12o bis 18o Lux sorgte eine Belüftungsanlage für eine mäßige und kontinuierliche Umwälzung des Wassers. Die Beutetiere von 1,o bis 2,o mm Länge wurden nach wenigstens 5 Tagen ohne Nahrung hinter einer undurchsichtigen Trennwand "im Überschuß" zugegeben. Mit dem Entfernen der Wand begann die Registrierung aller Schnapper (einschließlich seltener Fehlschnapper und Schnappwiederholungen unmittelbar nach dem Ausspucken eines Beutetieres). Der Versuch wurde beendet, wenn das Intervall nach der letzten Schnappbewegung größer als 6oo s war.

Die Lithobius-Larven (3. Stadium) wurden einzeln in Filmdosen mit feuchten Gipsböden gehalten. Die Temperatur betrug 25 ±1 °C, in der Hellphase (6 bis 18 Uhr) lag der Lichtwert zwischen 12o und 18o Lux. Die Aktivitätsregistrierung dauerte wenigstens 2 Stunden an und lieferte Zeit-Ausschnitte aus der Gesamtmotorik.

Nichtsequentielle Analysen

Die Verteilung der Intervalle zwischen einander folgenden Beuteschnappern von Betta ist multimodal (Abb. 1A), eine theoretische Verteilung kann ihr bisher nicht zugeordnet werden.

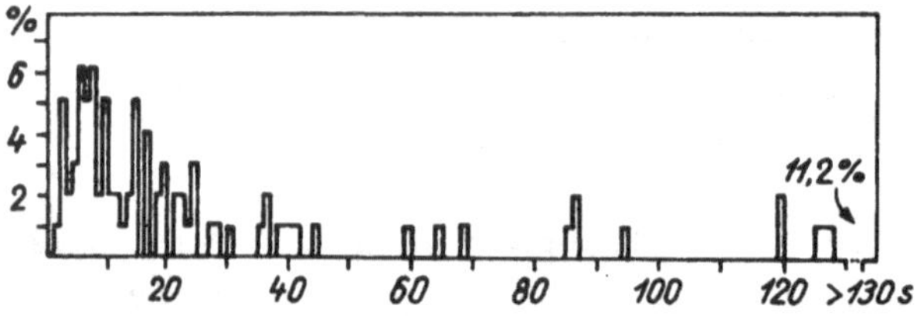

Abb. 1A

Bei Lithobius-Larven läßt sich auf Grund der zeitlichen Variabilität von Pausen- und Aktivitätsdaten das Histogramm z.B. für die Zeitdauer von motorischen Aktionen (1), für die Dauer der Intervalle (2), die Dauer der Perioden vom Beginn einer vorausgehenden Aktion bis zum Beginn des nächsten Verhaltensmusters (3) sowie bis zum Beginn desselben Verhaltensmusters (4) aufstellen.

Wie Abb. 1B angibt, dauern die Lokomotionsschübe kurz nach der Exuviation bis ca. 4o s an. Innerhalb dieses Bereiches werden Zeitwerte bevorzugt, die in 3s-Einheiten gequantelt sind (3, 6, 9,..., 27s). Etwa in 1o % aller Fälle folgen den Lokomotionsschüben ohne jede Pause sofort Putzaktionen. Die Lokomotionspausen, gemessen vom Ende einer Lokomotionsserie bis zum Beginn der nächsten Aktion (= Putzen oder Lokomotion), unterliegen wie die Aktivitätsschübe im Bereich von 3 bis 3o s einer 3s-Quantelung. Dabei liegen aber die größten Häufigkeitsanteile in kürzeren Zeitbereichen.

Während bisher die Dauer der Ereignisse Lokomotion und Lokomotionspause

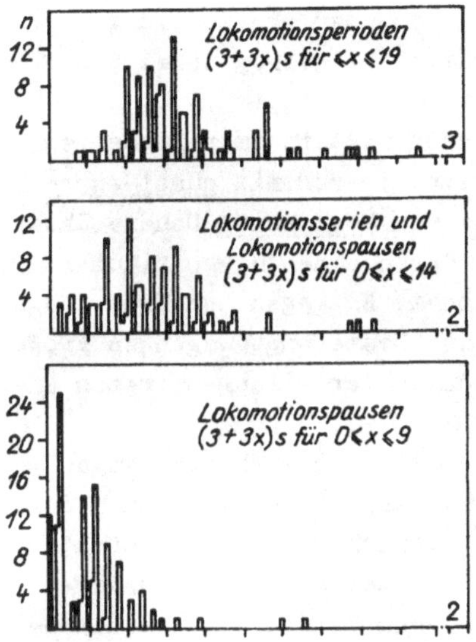

unabhängig von ihrer zeitlichen Zuordnung im Verhalten dargestellt ist, zeigt das Histogramm nun die Zeitwerte der Aktionen und Pausen in ihrer originalen Sequenz. Ohne jegliche Verschiebung der bevorzugten Zeitwerte hat die multimodale Verteilung ihre Gipfel bei 3 s und deren Vielfachen bis 45 s.

Wird nun außerdem die Dauer des Putzverhaltens in die nichtsequentielle Analyse der Perioden einbezogen (d.h. eine Periode reicht vom Beginn der Lokomotion bis zum Beginn der nächsten Lokomotionsserie unter Einschluß von Intervallen und Putzaktivitäten), dann sind die Zeitwerte von 21 bis 57 s wiederum beim Vielfachen von 3 s am häufigsten vertreten. Daraus kann der Schluß gezogen werden, daß die Putzaktivität keinen verändernden Einfluß auf die Zeitparameter der Lokomotionsperioden hat. Da sowohl Laufserien als auch Lokomotionspausen für sich der 3s-Quantelung unterliegen und beide gekoppelt ebenfalls der Beziehung $(3 + 3x)s$ für $0 \leq x \leq 14$ folgen, funktioniert in beiden Systemen derselbe Oszillator oder die Ereignisse werden von verschiedenen Oszillatoren im selben Takt angeregt und vermessen.

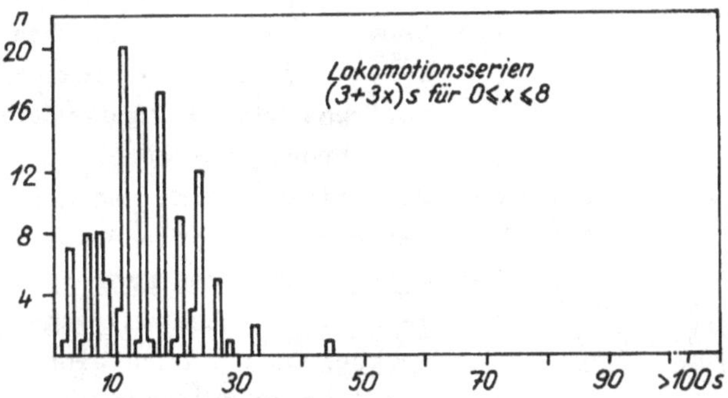

Abb. 1B
Nichtsequentielle Histogramme der Intervalle bei Betta 1 (A) sowie der Aktivitätszeiten, Intervalle und Perioden bei einer Lithobius-Larve

Sequentielle Analysen

Chronologische Folgen mit äquidistanten Zeitklassen

Nach mehrtägigem Beuteentzug begann die Schnappaktivität mit hoher Frequenz. Über die Zeit nahmen die Intervalle bei wechselnder Länge generell zu und das Verhaltensprogramm wurde autonom nach 8o bis 2o1 min abgeschlossen. Weiter vorhandene Beutetiere wurden danach gelegentlich fixiert aber nicht aufgenommen. Die Anzahl der Schnapper pro Handlungsverlaud lag zwischen 95 und 835, die mittlere Aktivität betrug dabei bis 4,17 Schnapper . s^{-1}.

Abb. 2A zeigt das Chronogramm der Schnappaktivität in 1min-Einheiten. Beuteschnappen ist hier ein astationärer Kurzzeitprozeß mit quasi-exponentieller Verteilung einer Verhaltenseinheit von konstanter Dauer. Ihre Häufigkeitsverteilung ist in allen Versuchen durch einen diskontinuierlichen Abfall der Aktivitätswerte gekennzeichnet. Entgegen den Erwartungswerten ist auch zu späterer Zeit die Anzahl der Beutefangbewegungen größer als in früheren Zeiteinheiten. Diese multimodalen Verteilungen treten unter konstanten exogenen Bedingungen auf.

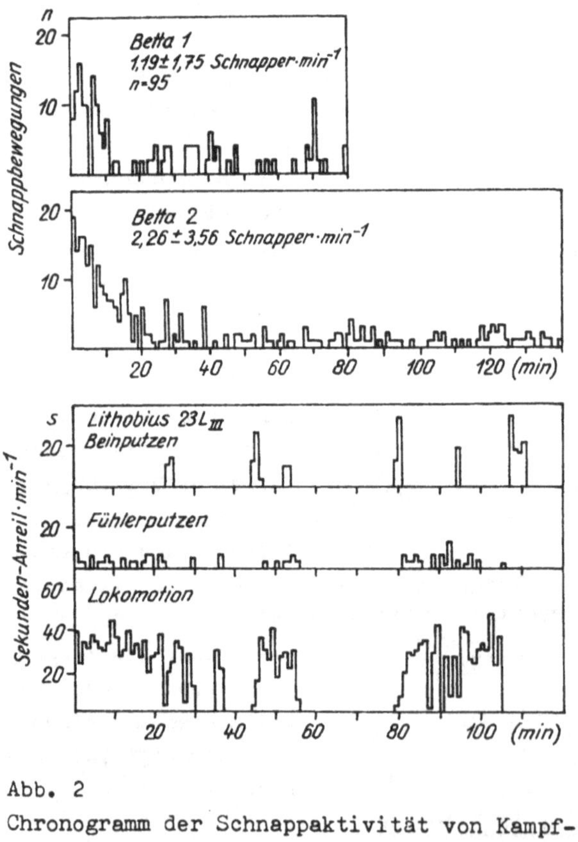

Abb. 2
Chronogramm der Schnappaktivität von Kampffischen (A) und der motorischen Aktivität einer Lithobius-Larve (B)

Im Vergleich zum exogen ausgelösten Verhalten der Fische sind die Laufaktivität sowie das Fühler- und Beinputzen der Lithobius-Larven durch Aktivitätsschübe gekennzeichnet. Dabei ist die Putzaktivität vorzugsweise an das lokomotorische System angekoppelt. Das Chronogramm (Abb. 2B) demonstriert einen astationären Kurzzeitprozeß mit burst-Verteilung mehrerer Verhaltenseinheiten wechselnder Dauer. Auch hier kommt es zu multimodalen Verteilungen im Handlungsverlauf, das Verhalten ist offensichtlich rhythmisch-periodisch organisiert.

Chronologische Folgen mit nicht-äquidistanten Zeitklassen

Im Gegensatz zu solchen "momentanen" oder Punktereignissen wie Schnappbewegungen und Rammstößen bei Fischen dauern die Lokomotionsschübe und Putzhandlungen der untersuchten Chilopodenlarven verschieden lange an. Bei Zusammenfassung dieser Werte in äquidistanten Zeiteinheiten (z.B. 1min-Klassen) werden die singulären motorischen Aktionen außerordentlich häufig auf mehrere benachbarte Zeitklassen verteilt und ebenso auch verschiedene Aktionen in einer Zeitklasse zusammengefaßt. Eine solche additive bzw. subtraktive Quantelung verfälscht die originalen Zeitwerte motorischer Ausgänge für die Feinanalyse von Kurzzeitprozessen. Deshalb wird die Sequenz der Intervalle oder Einzelereignisse in einem Numerogramm dargestellt, in dem jeweils benachbarte Daten quasi-temporär in in der Folge 1 bis n angeordnet sind.

Sowohl für die Intervalle zwischen den Schnappbewegungen als auch für die Lokomotions- und Putzperioden lassen sich damit deutlich die (im Chronogramm maskierten) rhythmisch-periodischen Komponenten demonstrieren.

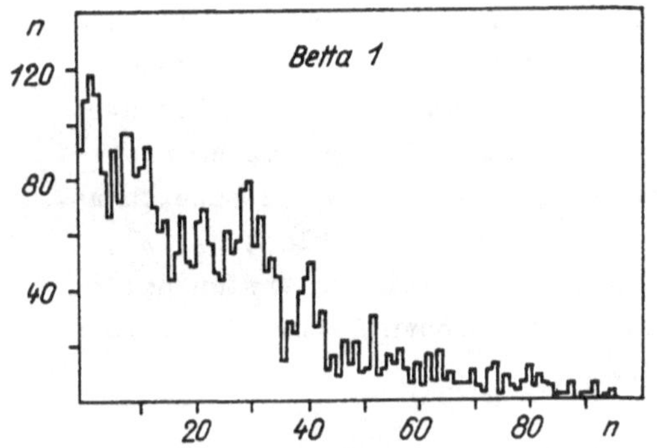

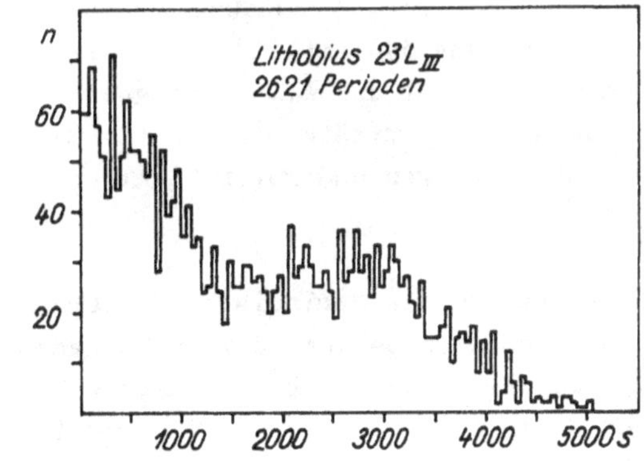

Abb. 3
Superpositions-Histogramme für alle Schnappbewegungen jeder Zeiteinheit im Beutefang von Betta 1 (A) und für alle Putzperioden einer Chilopodenlarve (B)

Chronologische Folgen als Superposition

Besonders deutlich wird die Existenz periodischer Vorgänge in Superpositions-Histogrammen. Abb. 3A enthält z.B. durch Überlagerung alle Schnappbewegungen in allen überhaupt möglichen Zeiteinheiten von 1 min (8o mal bei 8o min Aktivität) bis 8o min (1 mal bei 8o min Aktivität). Abb. 3B gibt den Kurvenverlauf für eine Lithobius-Larve wieder, wenn alle

Putzperioden (vom Beginn einer Putztätigkeit bis zum Beginn der jeweils nächsten) zum Superpositions-Histogramm überlagert werden (längste Periode bei 5.000 s).

Diskussion

Die quantitative Auswertung der vorliegenden Daten stochastischer Prozesse läßt neben den Zufallskomponenten reale systematische Komponenten hervorheben. Der Nachweis von Perioden und die Ermittlung von Periodenlängen objektivieren dabei die Beschreibung der untersuchten Verhaltenssysteme.

Obwohl Schwingungsvorgänge Prozesse mit stetigen Zeitwerten sind, werden sie bei der Datengewinnung und Zeitklassenbildung diskretisiert. Die Zeitreihe besteht dann aus variablen Meßwerten, die sequentiell zu äquidistanten oder auch nicht-äquidistanten Zeitpunkten ermittelt werden.

Im stochastischen Prozeß Y (n, z) ist Y eine zufällige Funktion des Parameters n, n bezeichnet dabei die sequentiellen Ereignisse zu nicht-äquidistanten Zeitpunkten. Die Zufallsabhängigkeit ist mit z bezeichnet. Damit ergibt sich für jeden Wert n_i eine zufällige Variable Y n_i (z), die in den quantitativen Meßwerten des originalen Zeitmusters enthalten ist. Entsprechend gilt für Y (t, z), daß t die sequentiellen Ereignisse in äquidistanten Zeitintervallen erfaßt.

Die Schnappaktivität der Fische nach Beute ist wie die Grabaktivität der Kröte Pelobates fuscus (MEISSNER /7, 8, 9/) ein astationärer Prozeß, dessen Parameter sich zeitabhängig verändern. Aus den Amplitudenverteilungen in den Superpositions-Histogrammen für Betta und Lithobius geht hervor, daß wenigstens je zwei verschiedene Periodizitäten in den erfaßten Vorgängen enthalten sind. Korrelationsrechnungen und Power-Spektrum werden weitere Einzelheiten zeigen.

Das Auftreten spezifischer Periodenlängen und die periodische Wiederkehr von Verhaltenseinheiten sind grundlegende Kennzeichen der infradianen Rhythmen in Ethoprogrammen. Die Prüfung der Periodik in nichtsequentiellen und sequentiellen Histogrammen (Sequenz-Histogramme 1.Ordnung, Superpositions-Histogramme) zeigt, daß in Handlungsverläufen eine Zeitperiodik und/oder eine Ereignisperiodik enthalten sein können, die unabhängig von niederfrequenten (z.B. circadianen) Periodizitäten auftreten (MEISSNER /7, 8, 9/, TODT /16/, TODT und WOLFFGRAMM /17/, WOLFFGRAMM und THIMM /18/).

Literatur

/1/ SIEGMUND, R.: Biol.Zbl.88 (1969) S.295
/2/ MILINSKI, M.: Z.Tierpsychol.43 (1977) S.311
/3/ MEISSNER, K.: Biol.Zbl.97 (1978) S.265
/4/ KAISER, H. und U. LEHMANN: J.comp.Physiol.96 (1975) S.1
/5/ LEHMANN, U.: Verh.Dtsch.Zool.Ges. (1975) S.15o
/6/ LEHMANN, U., D. NEUMANN und H. KAISER: J.comp.Physiol.91 (1974) S.187
/7/ MEISSNER, K.: Wiss.Z.Humboldt-Univ.Berlin, Math.-Nat.R.21 (1972) S.427
/8/ MEISSNER, K.: IFAC-Symp.Control Mechanisms Leipzig (1977) V S.59
/9/ MEISSNER, K.: Nova Acta Leopoldina N.F.225/46 (1977) S.621
/1o/ NELSON, K.: Behaviour 24 (1965) S.9o
/11/ SCHLEIDT, W.M.: Z.Tierpsychol.21 (1964) S.235
/12/ TEMBROCK, G.: Biol.Zbl.96 (1977) S.641
/13/ THIMM, F.: J.comp.Physiol.84 (1973) S.311
/14/ THIMM, F., A. CLAUSEN, D. TODT und J. WOLFFGRAMM: J.comp.Physiol.93 (1974) S.55
/15/ WOLFFGRAMM, J.: J.comp.Physiol.85 (1973) S.65
/16/ TODT, D.: Nova Acta Leopoldina N.F.225/46 (1977) S.6o7
/17/ TODT, D. und J. WOLFFGRAMM: Biol.Cybernetics 17 (1975) S.1o9
/18/ WOLFFGRAMM, J. und F. THIMM: Biol.Cybernetics 21 (1976) S.61

Zusammenfassung

Das autonom beendete Verhaltensprogramm "Beuteschnappen" ist beim Kampffisch Betta splendens ein astationärer Kurzzeitprozeß mit quasi-exponentieller Verteilung e i n e r Verhaltenseinheit. Sowohl im Chronogramm mit äquidistanten Klassen (Zeitfolgen) als auch im Numerogramm mit nicht-äquidistanten Klassen (Ereignisfolgen) sind rhythmisch-periodische Komponenten enthalten.

Lokomotion, Fühlerputzen und Beinputzen der 3. Larven von Lithobius forficatus treten als Aktivitätsschübe (bursts) auf. Alle drei Verhaltensmuster wechseln in ihrer Dauer und kommen zeitlich korreliert vor. Lauf- und Putzaktivität sind rhythmisch-periodisch organisiert. Die Lokomotion ist ein periodischer Prozeß, der im Bereich $0 \leq x \leq 19$ einer $(3 + 3x)$-Sekunden-Rhythmik entspricht.

Die Zusammenfassung unterschiedlich lang dauernder Ereignisse in einer Zeiteinheit oder ihre Aufteilung auf mehrere Zeiteinheiten verändert die Parameter der originalen motorischen Ausgänge für eine Feinanalyse von Kurzzeitprozessen.

Резюме

Самостоятельно законченный поведенческая программа " хватка добычи" у рыбы Betta splendens является нестационарным кратковременным процессом с показательным распределением о д н о й певеденческой единицы. Как в состав хромограммы с равнопромежуточными классами времени, так и в состав нумерограммы с неравнопромежуточными классами (сериями происшествий) входят ритмически-периодические компоненты.

Передвижение, чистка щупалец и ног личинок третьей стадии Lithobius forficatus представляются как бэрсты (порывы) активности. Все три образцы поведения изменяются относительно своей продолжительности и встречаются коррелативными по времени. Активности чистки и передвижения организованы ритмически-периодически. Передвижение представляет собой периодический процесс, который отвечает ритмике (3 + 3x) секунд в области $0 \leqslant x \leqslant 19$. Объединение происшествий разной продолжительности в одну единицу времени или их распределение на некоторые единицы времени изменяет параметры оригинальных двигательных действий для тонкого анализа кратковременных процессов.

Summary

The autonomously terminated behaviour programme "prey catching" of Betta splendens, a predatory fish, is an astationary short-time process with quasi-exponential distribution of one behaviour unit. Rhythmic-periodic components are contained in both the chronogram with equidistant classes (time sequences) and the numerogram with non-equidistant classes (event sequences).

Locomotion, tentacle cleaning, and leg cleaning of third larvae of Lithobius forficatus occur as activity bursts. All the three behaviour patterns undergo variation in time and may be correlated in time. Walking and cleaning activities are organised in rhythmicity and periodicity. Locomotion is a periodic process which takes place in a (3 + 3x)-second rhythm between $0 \leqslant x \leqslant 19$.

If long-lasting events are put into one single time unit, the parameters of original locomotor outputs for refined analysis of short-time processes will differ from those following distribution of the same events among several time units.

Gesundheitsministerium der RfSSR
2. Staatliches Moskauer Medizinisches Pirogov-Institut

Die mathematische Analyse der zeitlichen Organisation der Tyreozytenteilung bei Ratten

STEPANOVA, L.I., A.B. STEPANOV, V.N. AKIMOV

Bekanntlich ist das System der Zellreproduktion zeitlich organisiert. Die Wiederholbarkeit der Vorgänge in ihm sind aber nur ungenügend erforscht. Die vorliegende Arbeit wurde mit dem Ziel durchgeführt, die Charakteristika der rhythmischen Veränderungen IM, MI und IMJ im Schilddrüsenepithel bei Ratten im Verlauf von 3 Tagen herauszuarbeiten.

Im Versuch wurden 125 männliche Albinoratten eines nichtlinientreuen Stammes im Alter von 45 - 55 Tagen benutzt. Die Tiere lebten unter Standardbedingungen der Lichtverhältnisse (L : D = 12 : 12, Licht von 8.oo - 20.oo Uhr). Wasser und Nahrung erhielten sie unbegrenzt. (Monat: Januar) 1 Stunde vor der Dekapitation wurde intraperitoneal H^3-Timidin (spezifische Aktivität 4,8 C/mM) in der Dose von 0,6 MKK/g Körpergewicht appliziert.

Die Analyse der experimentellen Ergebnisse nach 3 Parametern bestand aus mehreren Bearbeitungsetappen.

I. Etappe

Eine gewöhnliche statistische Analyse, in Form der Berechnung der Mittelwerte des gemessenen Parameters und die Mittelwertsfehler. Die Signifikanzgrenze zwischen benachbarten maximalen und minimalen Werten im Rhythmus wurde durch das Student-Kriterium bestimmt.

II. Etappe

Bestimmung des Leistungsspektrums der untersuchten Schwingungen mit gemittelten Parametern:

$$E = \frac{a_n^2 + b_n^2}{2}$$

wobei a_n, b_n -Koeffizienten der Fourier-Reihe sind.

III. Etappe

Untersuchung der Stabilität eines bestimmten Spektrums. Mit Hilfe der Methode nach Monte-Karlo wurden die Prozesse mit der Dispersion, welche der mittleren Fehlergröße entspricht, und der mathematischen Erwartung, welche dem mittleren Wert gleichzusetzen ist, herausgestellt. Als Ergebnis der Analyse fanden wir 3 feststehende Grundperioden, die wir aus der Berechnung der 2. Etappe erhielten.

IV. Etappe

Die Kosinor-Analyse wurde für jede Periode gesondert durchgeführt /2/. Beim Zeichnen der Fehlerellipsen wurden die Resultate der III. Etappe der Berechnung verarbeitet. Die Berechnung der Ellipsenparameter erfolgte in Übereinstimmung mit der Arbeit von EMELJANOV /1/.

Im Resultat von Untersuchungen der Parameter der Zellproliferation der Schilddrüse junger Ratten im Verlauf von 3 Tagen wurden Umstellungen der IM- und MI-Rhythmen gefunden, welche auf Abb. 1 dargestellt sind.

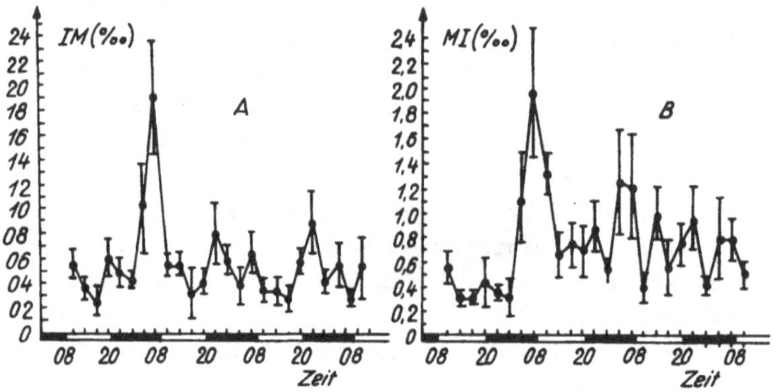

Abb. 1:

Die rhythmischen Veränderungen der Zahl der DNS-synthetisierenden Zellen /A/ haben am ersten Tag einen monophasischen Charakter mit einem Maximum um 7.oo Uhr, am zweiten Tag einen diphasischen (Maximum um 22.oo Uhr und um 7.oo Uhr)und am 3. Tag wieder einen monophasischen Charakter, aber mit einer Verschiebung der aktiven Phase des Rhythmus im Vergleich zum ersten Tag auf 22.oo Uhr. Der Rhythmus der Mitoseaktivität /B/ stellt sich langsamer als der IM-Rhythmus um. So ist er am ersten Tag monophasisch (Maximum um 7.oo Uhr), am zweiten Tag diphasisch (Maximum um 22.oo und 7.oo Uhr), am dritten Tag geht er in einen dreiphasischen Rhythmus mit Maxima um 13,oo, 22.oo und um 4.oo - 7.oo Uhr über.

Die Dynamik der Veränderungen des IMJ unterscheidet sich von denen der IM und MI (Abb. 2)

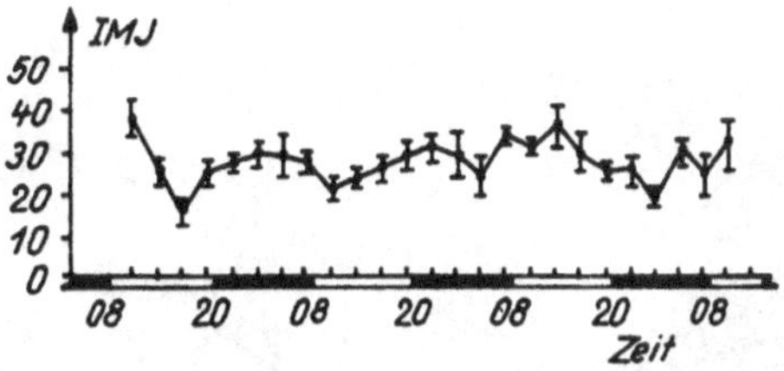

Abb. 2

Die aktive Phase des Rhythmus der Kernmarkierungsintensität liegt um 10.oo und um 1.oo Uhr des ersten Tages, um 22.oo und 7.oo Uhr des zweiten Tages und um 4.oo Uhr des dritten Tages.
Es wurde kein Zusammenhang zwischen dem Auftreten der Maxima des IMJ-Rhythmus und der Veränderungen der Hell-Dunkel-Periode beobachtet.

Die mathematische Analyse der Schwingungen von IM, MI und IMJ der Tyreozyten zeigte, daß es 3 Hauptperioden gibt - 24-, 18- und 12-stündige. (Abb. 3)

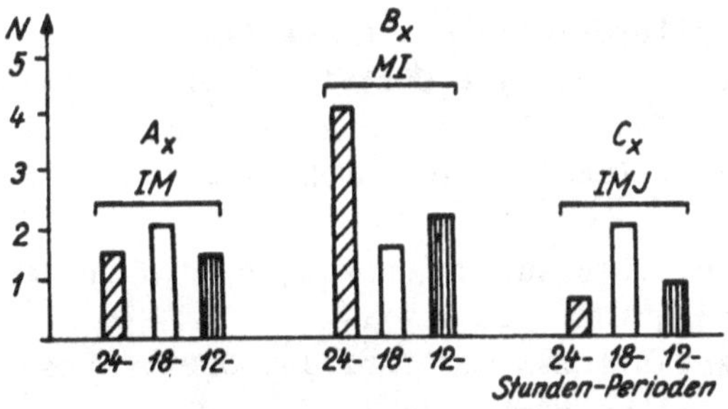

Abb. 3

Im IM-Rhythmus (A) sind die 24-, 18- und 12-stündigen Perioden gleichermaßen vertreten, während in den MI-Schwankungen /B/ die 24-Stunden-Periode überwiegt. Hieraus kann man schlußfolgern, daß vor dem Eintritt der Zellen in die Mitose ein synchronisierender Mechanismus mit einer 24-Stunden-Periode auf sie einwirkt. Im IMJ-Rhythmus (C) überwiegt die 18-Stunden-Periode. Da die 18-Stunden-Periode mit exogenen Zeitgebern der Zellproliferation nicht in Zusammenhang steht, ist diese Periode wahrscheinlich endigener Natur und widerspiegelt den Charakter der rhythmischen Veränderungen der Prozesse, die für den Einbau des H^2-Timidins in die DNS verantwortlich sind.

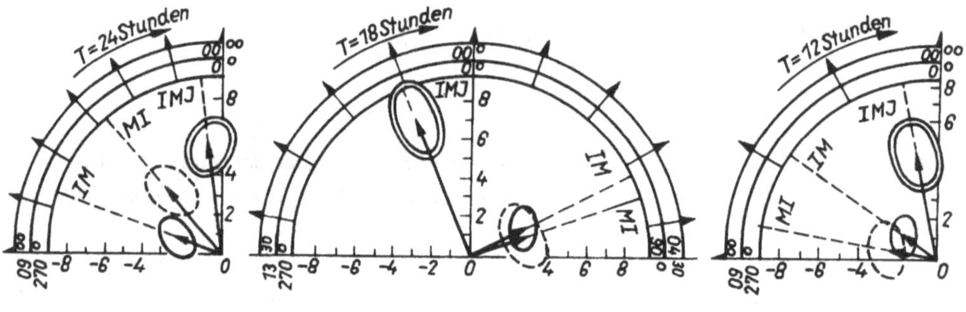

Abb. 4

Die Resultate der Kosinor_Analyse zeigen, daß die Akrophase des IM-Rhythmus entweder der Akrophase des MJ-Rhythmus vorausgeht (T = 24 Stunden), mit ihr übereinstimmt (T = 18 Stunden) oder sich verspätet (T = 12 Stunden), in allen Fällen sind sie aber miteinander verbunden. Dies weist darauf hin, daß der IM-Rhythmus die Formierung des MI-Rhythmus (T = 24 Stunden) bestimmt und daß die Umstellungen der Phasen in diesen Rhythmen möglicherweise mit einer 24-Stunden-Periodizität gewährleistet wird. Die Zeit des Eintritts der Akrophase des IMJ-Rhythmus steht in allen 3 Fällen in keinem Zusammenhang mit den Zeiten der IM- und MJ-Rhythmen. Dies beweist noch einmal die Unabhängigkeit dieses Rhythmus.

Die Resultate der durchgeführten Untersuchungen zeigen, daß in den Epithelzellen der Schilddrüse junger Ratten:

1. eine Umstellung der 24-Stunden-Rhythmen der Zahl der DNS-synthesierenden und sich teilenden Zellen stattfindet;
2. der Rhythmus der Zahl der DNS-synthesierenden Zellen die Formierung des Rhythmus der Zahl der sich teilenden Zellen bestimmt;
3. vor dem Eintritt der Zellen in die Teilung auf sie ein synchronisierender Mechanismus mit einer 24-Stunden-Periodizität wirkt;
4. die rhythmischen Veränderungen der Kernmarkierungsintensität mit Veränderungen der Hell-Dunkel-Periode nicht in Zusammenhang stehen und daß sie im allgemeinen eine 18-Stunden-Periode haben;
5. bei der Formierung der rhythmischen Veränderungen der Zahl der DNS-synthesierenden und sich teilenden Zellen eine wichtige Rolle die Prozesse spielen, die während der Phase der DNS-Synthese mit einer 18-Stunden-Periodizität stattfinden.

Literatur

1. Emeljanov, I.P.: Formy Kolebanij v bioritmologie, isd. "Nauka", Nowosibirsk, 1976
2. Halberg, F.: Chronotiologie Kiberneticeskij Sbornik, 9, 1972, 189

Zusammenfassung

Es wurde gezeigt, daß die Zellreproduktion eine zeitliche Organisation besitzt. Jedoch ist die Reproduzierbarkeit der Ereignisse im System der Zellproliferation ungenügend untersucht. Die vorgelegte Arbeit wurde mit dem Ziel des Herausfindens von rhythmischen Veränderungen der Anzahl der DNS-synthetisierenden Zellen (IM), der Zahl der sich teilenden Zellen (MI) und der Intensität des Einschlusses von H^3-Thymidin in die Kerne der Thyreozyten von Ratten (IMJ) im Verlaufe von drei Tagen durchgeführt. Zum Versuch gelangten unter standardisierten Bedingungen gehaltene junge Ratten. Die Signifikanz der rhythmischen Veränderungen von MI, IM und IMJ wurde mit Hilfe des einseitigen Student-Tests überprüft. Für die Berechnung verdeckter Schwingungsperioden analysierten wir die Autokorrelationsfunktionen unter Ausnutzung der Fourierreihe und der Leistungsdichtespektren.

Es wurde festgestellt, daß bei den Tieren der untersuchten Altersstufe Phasenveränderungen der Zellteilungsrhythmen vorsichgehen. Die mathematische Analyse der Schwankungen der proliferativen Aktivität ergab drei Grundperioden (12, 18, 24 h), deren Verhältnis bei den Veränderungen jedes Parameters unterschiedlich ist. Die Periode der IMJ-Änderung beträgt 18 h, bei den Schwankungen von MI und IM sind die Poweranteile der einzelnen Perioden ungefähr gleich. Es wird eine Schlußfolgerung über den Einfluß der Intensitätsprozesse der DNS-Synthese auf die Formierung des Rhythmus der Zahl der DNS-synthetisierenden und der sich teilenden Zellen getroffen. Für jede der Perioden wurden Ellipsen der Amplituden- und Phasenstreuung konstruiert.

Резюме

Показано, что клеточная репродукция обладает временной организацией. Однако, повторяемость событий в системе клеточной пролиферации изучена недостаточно. Настоящая работа проведена с целью выявления ритмических изменений числа клеток, синтезирующих ДНК (ИМ), числа делящихся клеток (МИ) и интенсивности включения H^3-тимидина в ядра тиреоцитов крыс (ИМЯ) на протяжении трех суток. В эксперименте использованы молодые крысы, содержавшиеся в стандартизированных условиях.

Достоверность подъемов ритмических изменений ИМ, МИ и ИМЯ проверяли с помощью одностороннего критерия Стьюдента. Для вычисления скрытых периодов колебаний анализировали оценки автокорреляционных функций, используя при этом ряд Фурье и спектры мощностей автокорреляционных функций.

Установлено, что у животных исследуемого возраста наблюдаются фазовые перестройки ритмов клеточного деления. Математический анализ колебаний пролиферативной активности выявил наличие в них трех основных периодов (12-, 18- и 24-час.), соотношения которых в изменениях каждого показателя неодинаковы. Период изменений ИМЯ равен 18 часам, а в колебаниях ИМ и МИ мощности выделенных периодов примерно одинаковы. Делается вывод о влиянии процессов интенсивности синтеза ДНК на формирование ритмов числа ДНК-синтезирующих и делящихся клеток. Для каждого из периодов построены эллипсы рассеяния амплитуд и фаз.

Summary

Cell reproduction was shown to be organised in terms of time. However, insufficient studies so far have been conducted into the reproducibility of events in the system of cellular proliferation. The work described in this paper was undertaken with the view to disclosing rhythmic variations regarding the number of DNA-synthetising cells, the number of dividing cells, and the intensity of H^3-thymidine incorporation in the nuclei of rat thyreocytes over three days. Young rats were used in the experiment under standardised conditions. The significance in rhythmic variation for the three above parameters was verified by means of the unilateral Student test. Concealed oscillation periods were calculated by an analysis of the auto-correlation functions, with advantage having been taken of both Fourier's series and performance density spectra.

The rhythms of cell division were found to undergo phase variations in the animals of the age group tested.

Mathematical analysis was applied to the variations of the proliferative activity and gave three basic periods (twelve, 18, and 24 hours). The ratios between them differed for each of the parameters studied. The period of H^3-thymidine incorporation in the nuclei of rat thyreocytes was 18 hours. The power rates of all periods were almost the same with variations in the numbers of DNA-synthetising and dividing cells. A conclusion was drawn regarding the intensity processes of DNA synthesis and their impact on the formation of the rhythm of the number of DNA-synthetising and dividing cells. Ellipses of amplitude and phase scatters were constructed for each of the periods.

Karl-Marx-Universität Leipzig
Physiologisch-Chemisches Institut

Oszillationen in in-vitro-Enzymsystemen

W. SCHELLENBERGER und K. ESCHRICH

Einleitung

Periodische Änderungen von Metabolitkonzentrationen oder Membranpotentialen wurden an einer Vielzahl biologischer Objekte, sowohl an intakten Organismen als auch an isolierten funktionellen Substrukturen, beobachtet. Besonders eingehend sind die oszillatorischen Zustände der Glykolyse in Hefe- und Muskelzellen untersucht worden /1/. Die experimentellen Befunde sprechen dafür, daß dem Enzym Phosphofruktokinase eine Schlüsselstellung bei der Erzeugung und Kontrolle der Oszillationen zukommt. Aus diesem Grunde ist dieses Enzym zentraler Bestandteil der meisten Modelle glykolytischer Oszillationen.

Bis auf wenige Ausnahmen stützen sich diese Modelle auf stark vereinfachte Reaktionsschemata und eignen sich so zur Diskussion grundlegender Eigenschaften metabolischer Systeme, nicht aber zur Interpretation experimenteller Ergebnisse. Die große Anzahl unterschiedlicher Modellvorstellungen, die zu äquivalenten Ergebnissen führen, zeigt zudem eine gewisse Willkür bei der Modellbildung auf /2/, /4/.

In dieser Arbeit sollen dynamische Eigenschaften von in-vitro-Systemen, die aus wenigen gereinigten Enzymen rekonstituiert wurden, untersucht werden. Im Vergleich zu Experimenten mit Zellen oder Zellextrakten wird dadurch die experimentelle Situation wesentlich vereinfacht und eine adäquate mathematische Beschreibung möglich. Im Folgenden wird die Aufmerksamkeit auf die theoretische Analyse minimaler Systeme, die das Enzym Phosphofruktokinase aus Hefe enthalten und die Fähigkeit zu ungedämpften Oszillationen vom Grenzzyklus-Typ aufweisen, gerichtet.

Material und Methoden

Eine von Ultrafiltermembranen umgebene Reaktionskammer (Volumen = 2.2 ml) enthält die Enzyme in homogener Verteilung (Abb. 1) Durch den Reaktionsraum wird ein Strom von Flüssigkeit gepreßt, dessen Stärke durch die Zeit, in der eine dem Reaktionskammervolumen entsprechende

Flüssigkeitsmenge durch das System gepumpt wird (τ = 60 min), charakterisiert werden kann. Durch den Flüssigkeitsstrom werden Substrate in die Reaktionskammer injiziert und ein Ausstrom von Metaboliten aus dem Reaktionsraum wird verwirklicht. Die Influx- und Effluxgeschwindigkeiten der Metaboliten sind proportional zu deren Konzentration im Inputmedium $[X]^{\times}$ und in der Reaktionskammer $[X]$.

$$v_{INFLUX,X} = [X]^{\times} / \tau \quad ; \quad v_{EFFLUX,X} = [X] / \tau \qquad (1)$$

Der Zustand des Systems wird durch die Metabolitkonzentrationen in der Reaktionskammer bestimmt und kann durch eine Messung der Metabolitkonzentrationen im Ultrafiltrat experimentell ermittelt werden. Die Konzentrationen der im Reaktionsraum wirkenden Enzyme sowie die Influxkonzentrationen der Substrate sind experimentell variierbare Kontrollparameter des Systems.

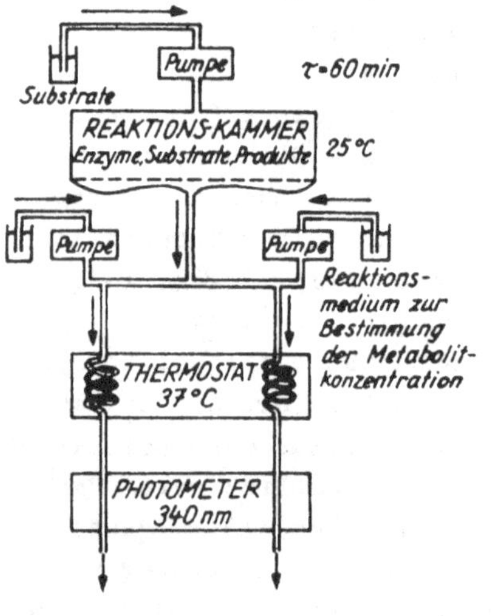

Abb. 1: Schematische Darstellung des experimentellen Systems, auf das sich die Modellbildung bezieht.

Enzyme: Phosphofruktokinase (E.C. 2.7.1.11) aus Hefe ist ein allosterisches Enzym. Es zeigt eine sigmoidale Kinetik in Bezug auf das Substrat Fruktose 6-Phosphat (F6P), während das zweite Substrat ATP zugleich Inhibitor des Enzyms ist. ADP ist ein schwacher, AMP ein potenter Aktivator der Hefe-Phosphofruktokinase. Das Enzym wurde kinetisch von FREYER untersucht, die Ergebnisse können im Rahmen eines erweiterten MONOD-Modells /3/ interpretiert werden.

Pyruvatkinase (E.C. 2.7.1.40) aus Kaninchenmuskel kann kinetisch in Bezug auf die Wirkung der Substrate ADP und Phosphoenolpyruvat (PEP) und der Inhibitoren ATP und Pyruvat (PYR) durch eine CLELAND-Gleichung beschrieben werden /5/.

Phosphoglukoseisomerase (E.C. 5.3.1.9) und Adenylatkinase (E.C. 2.7.4.3) werden im Rahmen dieser Untersuchungen im Überschuß verwendet, so daß nur die entsprechenden Gleichgewichtskonstanten wirksam werden /6/.

$$q_{PGI} = [G6P] \;/\; [F6P] \qquad (2)$$

$$q_{AK} = [ADP]^2 \;/\; ([ATP] \cdot [AMP]) \qquad (3)$$

<u>Mathematische Analyse:</u> Die dynamischen Eigenschaften der Modelle werden durch ein System von Differentialgleichungen für die Metabolitkonzentrationen beschrieben. Diese Gleichungen enthalten Anteile, die vom Ein- und Ausstrom der Metabolite herrühren sowie solche, die die Umwandlung der Metabolite durch die enzymkatalysierten Prozesse berücksichtigen.

Ein Teil der Differentialgleichungen kann durch algebraische Gleichungen ersetzt werden, die das Auftreten von Erhaltungsgrößen widerspiegeln /7/. Die Anzahl der essentiellen Differentialgleichungen kann zudem durch die Berücksichtigung der Zeithierarchie der Reaktionen verringert werden /8/. Das Stabilitätsverhalten der stationären Lösungen wurde mit Hilfe der Eigenwerte untersucht /4/.

Alle Geschwindigkeiten werden in Internationalen Einheiten der Enzymaktivität (U) angegeben, so daß die Zeiteinheit der Modelle die Minute ist.

<u>Ergebnisse und Diskussion</u>

Das einfachste dynamische Modell enthält nur das Enzym Phosphofruktokinase. Die mathematische Analyse zeigt, daß in diesem System keine Oszillationen auftreten können. Dies folgt aus der Struktur des Modells und ist unabhängig von den kinetischen Eigenschaften der Phosphofruktokinase.

Wenn Phosphofruktokinase und Pyruvatkinase im Reaktionsraum zusammenwirken wird ein Teil des durch die Phosphofruktokinase gebildeten ADP durch die Pyruvatkinase rephosphoryliert. In diesem Modell können verschiedene dynamische Strukturen auftreten. Wenn Phosphofruktokinase aus Hefe als zentrales Enzym wirkt, treten jedoch nur stabile stationäre Zustände auf, so daß keine Oszillationen möglich sind. Dies hängt damit zusammen, daß die destabilisierende Aktivierung der Phosphofruktokinase durch das Reaktionsprodukt ADP schwach ist und durch stabilisierende Prozesse, wie die Fruktose 6-Phosphat Aktivierung der Phosphofruktokinase unterdrückt wird.

Die stabilisierende Wirkung der Fruktose 6-Phosphat Aktivierung der Phosphofruktokinase kann durch die Integration der Phosphoglukoseisomerase veringert werden. Der Einfluß der Phosphoglukoseisomerase ist jedoch nicht stark genug, so daß auch in einem um dieses Enzym erweiterten Modellsystem keine instabilen Zustände auftreten.

Eine bedeutende Destabilisierung wird durch den Einsatz der Adenylatkinase erreicht. Durch dieses Enzym wird die sehr starke Aktivierung der Hefe-Phosphofruktokinase durch AMP in das System eingebracht.

In der Abb. 2 ist der Reaktionsgraph des minimalen Systems, in dem instabile Zustände auftreten, angegeben.

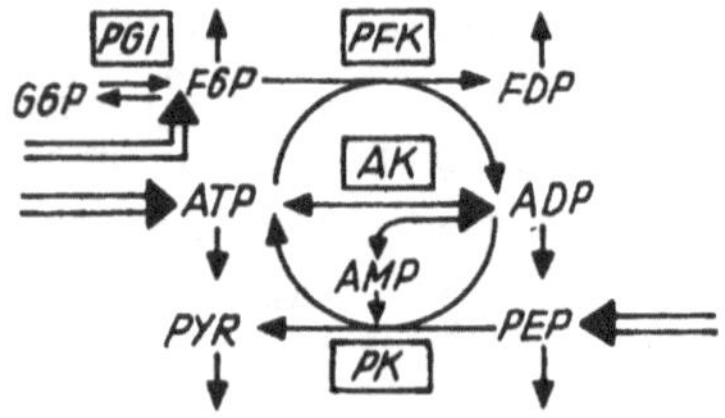

Abb. 2: Reaktionsschema eines offenen in vitro Enzymsystems, in dem Phosphofruktokinase, Pyruvatkinase, Phosphoglukoseisomerase und Adenylatkinase zusammenwirken

Neben der Phosphofruktokinase und der Pyruvatkinase wirken hier die Adenylatkinase und die Phosphoglukoseisomerase.

Das Modellsystem wird durch die Differentialgleichungen (4) - (8)

$$\frac{d}{dt}[F6P] = ([F6P]^{\times} - [F6P]) / \tau - v_{PFK} - v_{PGI} \quad (4)$$

$$\frac{d}{dt}[G6P] = -[G6P] / \tau + v_{PGI} \quad (5)$$

$$\frac{d}{dt}[ATP] = ([ATP]^{\times} - [ATP])/\tau - v_{PFK} + v_{PK} - v_{AK} \qquad (6)$$

$$\frac{d}{dt}[AMP] = -[AMP]/\tau - v_{AK} \qquad (7)$$

$$\frac{d}{dt}[PEP] = ([PEP]^{\times} - [PEP])/\tau - v_{PK} \qquad (8)$$

und die algebraischen Gleichungen (9) - (11) beschrieben.

$$[F6P] + [G6P] + [FDP] = [F6P]^{\times} \qquad (9)$$

$$[ATP] + [ADP] + [AMP] = [ATP]^{\times} \qquad (10)$$

$$[PEP] + [PYR] = [PEP]^{\times} \qquad (11)$$

Der Einsatz großer Konzentrationen der Adenylatkinase und der Phosphoglukoseisomerase führt zur Äquilibrierung sowohl der Adeninnukleotide als auch der Hexosemonophosphate.

Unter diesen Bedingungen kann die Zeithierarchie zu einer Reduktion der essentiellen Variablen des Systems ausgenützt werden (TICHONOV-Theorem /8/).

Aus den Gleichungen (3) und (4) erhält man die Differentialgleichung (12), die zusammen mit der Gleichgewichtsbedingung (1) die Dynamik der Hexosemonophosphate beschreibt.

$$\frac{d}{dt}[F6P] = ([F6P]^{\times}/(1+q_{PGI}) - [F6P])/\tau - v_{PFK}/(1+q_{PGI}) \qquad (12)$$

Die Gleichungen (5) und (6) können durch die Differentialgleichung (13) und Gleichung (2) ersetzt werden.

$$\frac{d}{dt}[ATP] = \frac{([ATP]^{\times} - ([ATP] - [AMP]))/\tau - v_{PFK} + v_{PK}}{\left(1 - \frac{d[AMP]}{d[ATP]}\right)} \qquad (13)$$

Aus den Differentialgleichungen (7), (11) und (12) erhält man eine neue Variable [S] ,

$$[S] = [ATP] - [AMP] + [PEP] - [F6P] \cdot (1+q_{PGI}) \quad (14)$$

die durch eine lineare Differentialgleichung beschrieben wird.

$$\frac{d}{dt} [S] = ([S]^{\times} - [S]) / \tau \quad (15)$$

Die Gleichung (15) kann zusammen mit den Gleichungen (12) und (13) zur Charakterisierung des dynamischen Zustandes des Systems herangezogen werden. Die nichtlineare Dynamik ist so auf einen zweidimensionalen Unterraum der Metabolitkonzentrationen beschränkt. Wenn Anfangskonzentrationen für die Metabolite verwendet werden, die die Bedingung $[S] = [S]^{\times}$ erfüllen, vollzieht sich die Bewegung in diesem zweidimensionalen Unterraum. Der Zustand des Systems ist dann durch die Messung der Konzentration nur zweier Metabolite bestimmt.

Aus den Differentialgleichungen erhält man die stationären Zustände des Systems und durch eine Analyse der Eigenwerte, Aussagen über deren Stabilität und Multiplizität. In dem untersuchten Modellsystem treten neben eindeutigen und stabilen stationären Zuständen eindeutige instabile Zustände, die mit Bewegungsformen vom Grenzzyklus-Typ verbunden sind,auf. Daneben gibt es in einem kleinen Bereich von Kontrollparametern multiple Zustände.

In den Abbildungen 3 und 4 sind die Regionen im Raum der Kontrollparameter, in denen ungedämpfte Oszillationen auftreten, dargestellt. Die mit einer Verringerung der Influxkonzentration von Phosphoenolpyruvat verbundene Verkleinerung dieser Bereiche resultiert aus dem Auftreten dreifacher stationärer Zustände (stabil, instabil, Stabil).

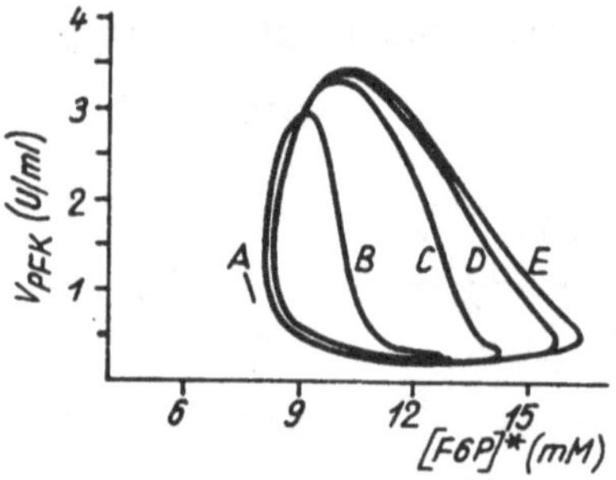

Abb. 3: Bereiche, in denen ungedämpfte Oszillationen auftreten
$[ATP]^{\times} = 3$ mM ; $V_{PK} = 0.5$ U/ml
A), B), C), D), E): $[PEP]^{\times} = 6, 9, 12, 5, 18$ mM

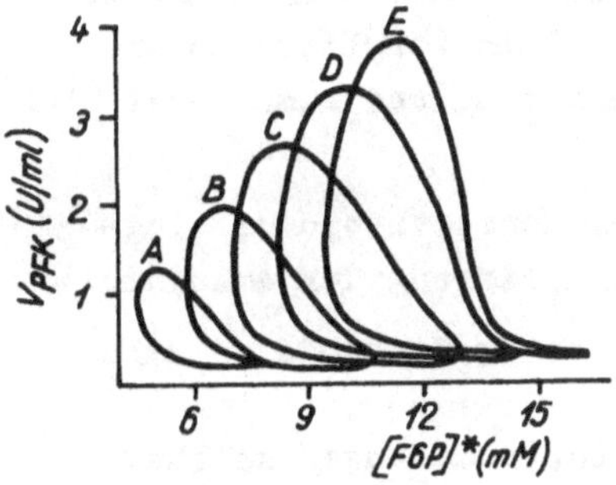

Abb. 4: Bereiche, in denen ungedämpfte Oszillationen auftreten
$[ATP]^{\times} = 3$ mM ; $[PEP]^{\times} = 12$ mM ;
A), B), C), D), E): $V_{PK} = 0.25, 0.5, 1.0, 2.0, 4.0$ U/ml

Form, Amplitude und Frequenz der Oszillationen werden wesentlich durch die Kontrollparameter bestimmt.
In der Abbildung 5 ist ein Beispiel ungedämpfter Oszillationen dargestellt.

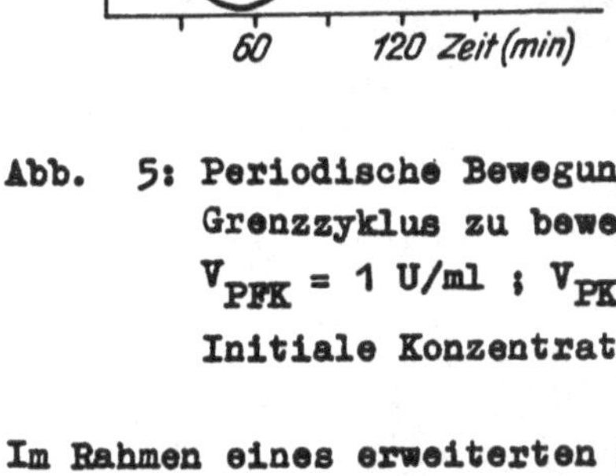

Abb. 5: Periodische Bewegungen von Metaboliten, die sich auf einen Grenzzyklus zu bewegen. $[ATP]^{\times} = 12$ mM ; $[F6P]^{\times} = [PEP]^{\times} = 12$ mM
$V_{PFK} = 1$ U/ml ; $V_{PK} = 0.5$ U/ml
Initiale Konzentrationen der Metabolite führen zu $[S] = [S]^{\times}$

Im Rahmen eines erweiterten Modells haben wir untersucht unter welchen Bedingungen die der Anwendung des TICHONOV-Theorems /8/ zu Grunde liegende Annahme eines Überschusses der Adenylatkinase und der Phosphoglukoseisomerase erfüllt ist und welche Konsequenzen nicht exzessive Konzentrationen dieser Enzyme für das dynamische Verhalten haben. Phosphoglukoseisomerase vermag schon in geringen Konzentrationen ($V_{PGI} \approx 2 \cdot V_{PFK}$) ein Gleichgewicht zwischen Fruktose 6-Phosphat und Glukose 6-Phosphat zu erzwingen. Die Größe der Bereiche in denen ungedämpfte Oszillationen auftreten wächst dabei im Vergleich zu exzessiven Konzentrationen dieses Enzyms zunächst an und nimmt erst dann deutlich ab, wenn $V_{PGI} < V_{PFK}$ ist.

Adenylatkinase muß dagegen in relativ großen Konzentrationen eingesetzt werden, ($V_{AK} > 5 \cdot V_{PFK}$) um eine Äquilibrierung der Adeninnukleotide zu erreichen und das Auftreten instabiler Zustände zu erlauben.

Zur Zeit arbeiten wir an experimentellen Untersuchungen solcher Systeme.

Literatur

/1/ GOLDBETER, A. and S.R. CAPLAN: Ann. Rev. Biophys. Bioeng. 5 (1976) 449-476

/2/ CHANCE, B., PYE, E.K., GHOSH, A.K. and HESS, B.: Biological and Biochemical Oscillators, Academic Press New York (1973)

/3/ FREYER, R., K. ESCHRICH and W. SCHELLENBERGER: stud. biophys. 57 (1976) 123-128

/4/ HEINRICH, R., S.M. RAPOPORT and T.A. RAPOPORT: Prog. Biophys. Molec. Biol. 32 (1977) 1-82

/5/ AINSWORTH, S. and N. MACFARLANE: Biochem. J. 131 (1973) 233-236

/6/ BARMAN, Th.E.: ENZYME Handbook. Springer-Verlag Berlin, Heidelberg, New York (1969) Vol. 1, S. 448, Vol. 2, S. 837

/7/ SCHELLENBERGER, W., K. ESCHRICH and E. HOFMANN: Acta biol. med. german. in press

/8/ TICHONOV, A.N.: Math. Sb. 22 (1948) 193

Zusammenfassung

Das dynamische Verhalten offener Mehrenzymsysteme, die die Hefe-Phosphofruktokinase als zentralen Bestandteil enthalten, wurde untersucht. Die entwickelten mathematischen Modelle beziehen sich auf Experimente mit einer von Ultrafiltermembranen umschlossenen Reaktionskammer. Das Auftreten interessanter dynamischer Phänomene, wie ungedämpfte Oszillationen oder Schalter-Verhalten, erfordert das Zusammenwirken der Enzyme Phosphofruktokinase, Pyruvatkinase, Phosphoglukoseisomerase und Adenylatkinase.

Резюме

Исследовалось динамическое поведение многоферментных систем, у которых дрожевая фосфофруктокиназа является главной составной частью.
Разработанные математические модели опирались на эксперименты с реационной камерой, окруженной мембраной с ультрафильтром.
Появление интересных динамических феноменов, таких как автоколебания и гистререзисные переходы между альтернативыми стационарными состояниями, нуждаются в совместном действии ферментов фосфофруктокиназы, пируваткиназы, фосфоглюкозоизомеразы и аденилаткиназы.

Summary

The dynamic behaviour of reconstituted open enzyme systems containing phosphofructokinase from yeast have been investigated theoretically. The approach points to an experimental realization based on an enzyme containing reaction chamber being bounded by ultrafilter membranes. The analysis indicates that the cooperation of phosphofructokinase, pyruvate kinase, phosphoglucose isomerase, and adenylate kinase leeds to the occurence of unique stable, unique unstable and multiple stationary states. In a broad region of experimentally adjustable control parameters oscillations from limit cycle type are predicted.

2. Moskauer Staatliches Medizinisches N. I. Pirogov - Institut
Medizinisch-biologische Fakultät
Lehrstuhl für Biologie und Genetik, Moskau

Biologische Rhythmen und hormonelle Regulierung der Metamorphose bei Amphibien

M. A. BADRETDINOV

Basierend auf neuesten Ergebnissen der Chronobiologie, kann man bestärken, daß die Erscheinungen der biologischen Rhythmik zu den Hauptcharakteristika lebender Système zählen. Das bedeutet, daß jeder beliebige Prozeß nicht nur im Raum, sondern auch in der Zeit verwirklicht wird. Wie eine Vielzahl von Arbeiten zeigt, sind die biologischen Rhythmen eng mit den Gesetzmäßigkeiten der Regulation der Funktionen des Organismus verbunden. Trotzdem muß man bemerken, daß sich die chronobiologischen Vorstellungen noch unzureichend in den Untersuchungen verschiedener Fragen der ontogenetischen Entwicklung der Tiere widerspiegeln.

In der letzten Zeit wurde eine Reihe von Arbeiten veröffentlicht, die von der Existenz biologischer Rhythmen der Sensibilität des Organismus gegenüber Faktoren, die auf die embryonale und postembryonale Entwicklung Einfluß haben, zeugen. So hemmt nach Angaben von BREAUX, MEIER /1/ Prolaktin stark die Metamorphose der Kaulquappen von R. pipiens am Anfang der Lichtphase des Tages. Diese Ergebnisse wurden durch JOSEPH /2/ bestätigt, der bekanntgab, daß die Applikation von Prolaktin in die Kaulquappen R. pipiens in der Mitte oder am Ende der Fotoperiode keinen Einfluß auf den Ablauf der Metamorphose hat. Die Applikation von Prolaktin bei Larven von Molchen am Morgen hemmt bedeutend stärker ihre Metamorphose als die Applikation des Hormons am Tage, was von KOPSCH /3/ erkannt wurde. Die Ergebnisse dieser Arbeiten zeigen somit die Abhängigkeit der Metamorphosehemmung bei den Amphibienlarven durch Prolaktin vom Zeitpunkt seiner Anwendung im Tagesverlauf. Wir fanden in der Literatur keine Angaben über die Wirkung von Schilddrüsenhormonen auf die Metamorphose bei einer Anwendung zu verschiedenen Tageszeiten, obwohl bekannt ist, daß diese Hormone starke Stimulatoren und Regulatoren der Amphibienmetamorphose sind (BELKIN /4/, BLJACHER /5/, VOJTKEVIC /6/, ALLEN /7/, ETKIN /8/, /9/, LICHT, COHEN, BERN /10/, WOLFF /11/).

Die Aufgabe dieser Arbeit war es, den Wirkungscharakter des Prolaktins und Thyroxins auf die Metamorphose der Larven von Rana temporaria in Abhängigkeit von der Tageszeit zu untersuchen. Als Untersuchungsobjekte dienten uns Kaulquappen des Grasfrosches vom 23. bis 29. Stadium der Metamorphose nach KOLLROS /12/. Die Experimente setzten sich aus 4 Serien zusammen.

Die 1. Serie waren Kontrolltiere (45 Larven), die in dechloriertem Wasser gehalten wurden. Die 2. Serie waren Kontrolltiere (135 Larven), die sich täglich 6 Stunden in einem Wasser befanden, dem Lauge zugesetzt wurde. Die 3. Serie waren Kaulquappen (130 Larven), die sich täglich 6 Stunden in Wasser mit Prolaktin befanden. Die 4. Serie waren Kaulquappen (160 Larven), die sich täglich 6 Stunden in Wasser mit Thyroxin aufhielten.

In der 1. Serie wurde das Wasser alle 2 Tage gewechselt. Die Tiere der 2. - 4. Serien waren in 4 Gruppen geteilt. Die Kaulquappen der 1. Gruppe in jeder Serie befanden sich im Wasser mit Lauge, Prolaktin oder Thyroxin von 6^{00} bis 12^{00}, der 2. Gruppe von 12^{00} bis 18^{00}, der 3. Gruppe von 18^{00} bis 24^{00} und der 4. Gruppe von 24^{00} bis 6^{00}, die restliche Zeit des Tages befanden sie sich in dechloriertem Leitungswasser.

Die verwendeten Konzentrationen lauten wie folgt: Lauge $2 \cdot 10^{-6}$ N, Rinderprolaktin $2 \cdot 10^{-7}$ g/l, Thyroxin $2 \cdot 10^{-7}$ g/l. Die Larven wurden bei der Temperatur der angrenzenden Luft 20 - 23 °C gehalten, die Wassertemperatur betrug 20 - 21 °C, das Verhältnis Licht : Dunkel - 14:10, Licht von 8^{00} bis 22^{00}. Die Lichtstärke betrug 350 - 400 Lux. Den Verlauf der Metamorphose bei den Larven der 1. Serie registrierten wir visuell nach den Veränderungen der morphologischen Merkmale 2 mal am Tage (alle 12 Stunden) und bei den 2., 3. und 4. Serien 4 mal am Tage (alle 6 Stunden). Über die Dynamik der Metamorphose urteilten wir, indem wir die mittlere Zeit berechneten, die sich die Kaulquappen jeder Gruppe in den einzelnen Entwicklungsstadien befanden. Diese Stadien wurden nach einer Methode festgelegt, die speziell für diese Ziele von uns ausgearbeitet worden waren.

Die Untersuchungsergebnisse sind in den Abbildungen 1 (a, b, c, d) dargestellt. Daraus ist ersichtlich, daß die Kaulquappen der 1. Serie das 29. Stadium am 27. Tag vom Beginn des Experiments an beenden. Es zeigte sich, daß die Tiere, die sich zu verschiedenen Tageszeiten im Wasser mit Lauge (2. Serie) befanden, Unterschiede in ihrer Entwicklung in Abhängigkeit davon aufweisen, zu welcher Tageszeit sie sich in diesem Medium befanden. Am schnellsten verlief die Metamorphose bei den Larven dieser Serie bei der 2. und 4. Gruppe des Experimentes (34 bzw. 37 Tage nach Beginn des Versuches). Am langsamsten verlief sie in der 1. und 3. Gruppe (45 bzw. 54 Tage nach Beginn des Versuches).

Es wurde festgestellt, daß in der 2. und 3. Gruppe der 3. Serie des

Experimentes, wo die Tiere in einem Medium mit Prolaktin gehalten wurden, sich der Verlauf der Metamorphose im Vergleich mit den Kontrollen nicht grundlegend veränderte (2. Serie).

Die größte metamorphosehemmende Wirkung des Prolaktins wurde in der 4. Tiergruppe beobachtet, welche sich von 24^{00} bis 6^{00} im Hormon befand, d.h. am Ende der dunklen Phase des Tages. Im Gegensatz dazu beobachtete man bei den Tieren der 1. Gruppe, die sich im Medium mit Prolaktin von 6^{00} - 12^{00} befanden, eine Stimulation der Metamorphose. Die Tiere erreichten das 29. Entwicklungsstadium 12 Tage früher als die Kontrollen. Somit wurde festgestellt, daß in Abhängigkeit von dem Zeitpunkt der Anwendung des Prolaktins im Tagesverlauf das Hormon die Amphibienmetamorphose entweder hemmen, beschleunigen oder gar nicht verändern kann.

Die Dynamik der Metamorphose bei den Kontroll- und Versuchslarven von Rana temporaria ist in der Zeichnung 1 (a, b, c, d) dargestellt.

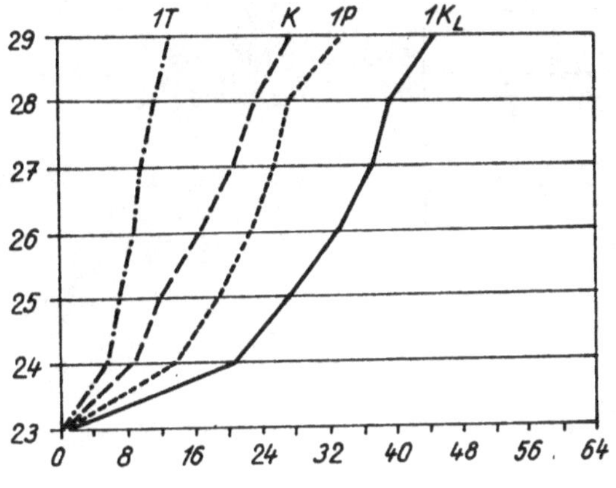

Abb. 1a

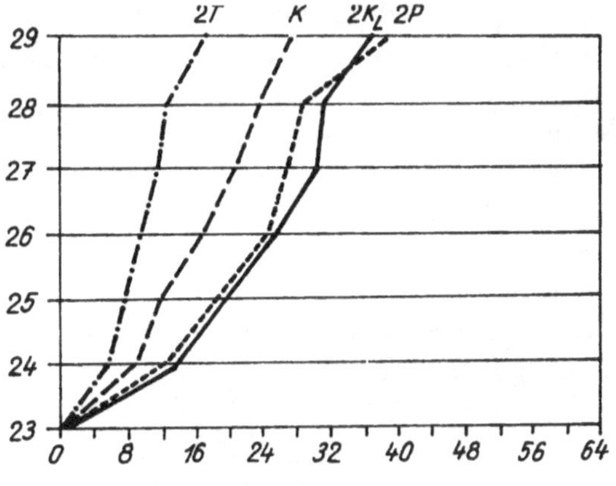

Abb. 1b

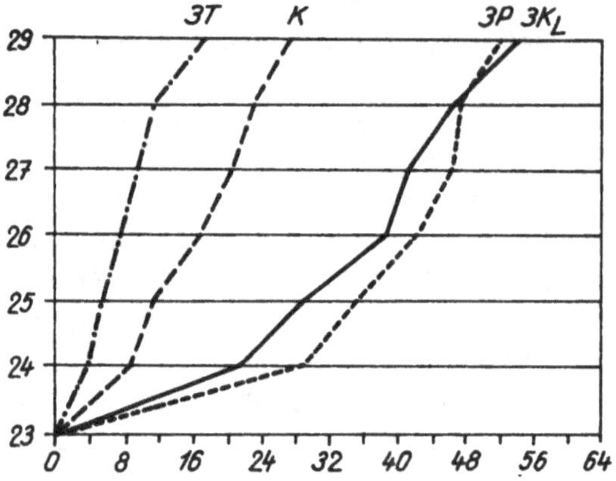

Abb. 1c

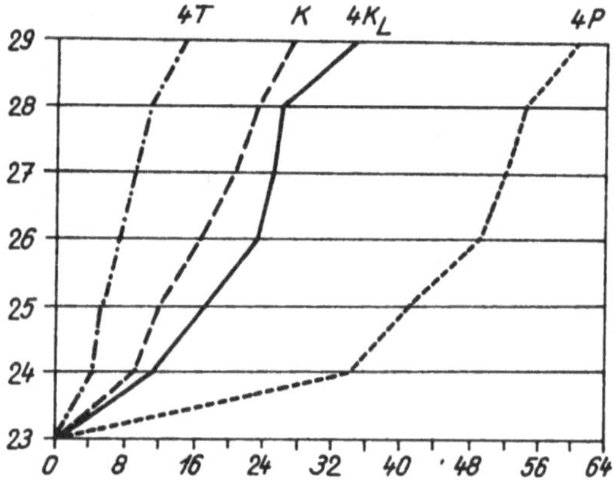

Abb. 1d

a) - 1. Gruppe (Einwirkung von 6^{00} - 12^{00})
b) - 2. Gruppe (Einwirkung von 12^{00} - 18^{00})
c) - 3. Gruppe (Einwirkung von 18^{00} - 24^{00})
d) - 4. Gruppe (Einwirkung von 24^{00} - 6^{00})
K - Kontrolle (dechloriertes Leitungswasser)
K_L - Kontrolle (Wasser + Lauge)
P - "Prolaktin"-Gruppen
T - "Thyroxin"-Gruppen
Auf der Ordinate - Entwicklungsstadien nach F. KOPSCH
Auf der Abszisse - Zeit in Tagen

Auch bei den Kaulquappen, die sich zu verschiedenen Zeiten im Medium mit Thyroxin (4. Serie) befanden, konnten bestimmte Unterschiede im Verlauf der Metamorphose festgestellt werden, obwohl sie weniger deutlich als in den Versuchen mit Prolaktin ausgeprägt sind. Wie aus der Abbildung 1 (a, b, c, d) ersichtlich ist, stimuliert Thyroxin am stärksten die Metamorphose der Kaulquappen aus der 1. und 3. Gruppe; sie erreichten das 29. Entwicklungsstadium entsprechend um 32 und 37 Tage früher als die Kontrolltiere der 2. Serie.

Die Kaulquappen der 2. und 4. Gruppen übertrafen in ihrer Entwicklung die Kontrollarven entsprechend um 20 und 30 Tage. Daraus folgt, daß die stimulierende Wirkung des Thyroxins auf die Amphibienmetamorphose am stärksten bei seiner Anwendung am Anfang und am Ende der hellen Periode des Tages ausgeprägt ist.

Die angeführten Ergebnisse über den Wirkungscharakter der Hormone Prolaktin und Thyroxin in Abhängigkeit von der Tageszeit weisen auf die wichtige Rolle der biologischen Rhythmen des Organismus in den Prozessen seiner ontogenetischen Entwicklung hin. Die Untersuchung der Fragen der hormonellen Regulation der Amphibienmetamorphose unter Berücksichtigung der biologischen Rhythmen eröffnet neue Möglichkeiten und Perspektiven zum besseren Verständnis der Bedeutung der Hormone bei der Verwirklichung der Metamorphose.

Literatur

/1/ BREAUX, C. B., A. H. MEIER: Amer. Midland natur. 85, I (1971) 267

/2/ JOSEPH, M.: Circadian systems in the hormonal regulation of amphibian metamorphosis. In: Cronobiology. Stuttgart, Tokyo 1974 S. 142

/3/ KOPSCH, F.: Die Entwicklung des braunen Grasfrosches Rana fusca Roesel. Georg Thieme Verlag Stuttgart 1952

/4/ BELKIN, R. I.: Trudy instituta eksperim. morfogeneza. Moskau 5 (1936) 9

/5/ BLJACHER, L. Ja.: Trudy labor. eksperim. biologii Mosk. Zooparka. Moskau 4 (1928) 125

/6/ VOJTKEVIČ, A. A.: Trudy instituta eksperim. morfogeneza. Moskau 5 (1936) 243

/7/ ALLEN, B. M.: Biol. Rev. Cambrige Philos. Soc. 13 (1938) 1

/8/ ETKIN, W.: Science 139 (1963) 810

/9/ ETKIN, W.: Hormonal control of amphibian metamorphosis. In: Metamorphosis. A problem in developmental biology. N.Y. 1968 313

/10/ LICHT, P., D. C. COHEN, H. A. BERN: Gen. a Comp. Endocrinol 18, 2 (1972) 391
/11/ WOLFF, E. C. and J. WOLF: Mechanism of action of thyroid hormones. In: Pitt-Rivers, R. and Trotter, W.R. (eds.) The Thyroid Gland. Washington D.C., Butterworth, Inc. I 1964 237
/12/ KOLLROS, J. J.: Amer. Zool. I (1961) 107

Zusammenfassung

Die Rolle der biologischen Rhythmen in der Regulation von Entwicklungsprozessen des Organismus ist ungenügend untersucht. Zugleich kann man unter Berücksichtigung dieser Tatsache annehmen, daß praktisch für alle biologischen Prozesse Rhythmizität charakteristisch ist, somit die biologischen Rhythmen auch für die Wachstums- und Entwicklungsprozesse des Organismus eine große Bedeutung haben.

Wir untersuchten die Gesetzmäßigkeiten der Entwicklung der Larven von Rana temporaria, die dem Einfluß von Tyroxin und Prolaktin zu verschiedenen Tageszeiten ausgesetzt wurden (L:D = 14 : 10, Licht von 8.00 - 22.00 Uhr). Es wurde festgestellt, daß die Metamorphose der Amphibien derjenigen Gruppe am schnellsten verlief, die von 6.00 - 12.00 Uhr in dem Medium mit Thyroxin gehalten wurden. Die Einwirkung von Prolaktin hemmte die Metamorphose der Amphibien am stärksten von 24.00 - 6.00 Uhr, wogegen eine Haltung der Tiere in einem Medium mit Prolaktin von 6.00 - 12.00 Uhr zu einer Stimulierung der Metamorphose führte.
Die erhaltenen Daten zeigen somit, daß die hormonale Regulation der Entwicklung der Amphibien über Gesetzmäßigkeiten biologischer Rhythmen realisiert wird.

Резюме

Роль биологических ритмов в регуляции процессов развития организма исследована недостаточно. Вместе с тем, учитывая то, что практически все биологические процессы характеризуются ритмичностью, можно предположить, что биологические ритмы имеют большое значение и для процессов роста и развития организмов.

Нами изучались закономерности личиночного развития у Rana temporaria, которые испытывали действие гормонов тироксина и пролактина в разное время суток /С:Т-14:10, свет с 8 до 22 час./. Установлено, что метаморфоз амфибий наиболее быстро протекал в группе животных, которые содержались в среде с тироксином от 6 до 12 час. суток. Воздействие пролактином от 24 до 6 часов суток наиболее сильно тормозило метаморфоз амфибий. Напротив, содержание животных в среде с пролактином от 6 до 12 час. суток приводило к стимуляции метаморфоза.

Таким образом, полученные данные свидетельствуют о том, что гормональная регуляция развития амфибий осуществляется через закономерности биологических ритмов.

Summary

The role played by biological rhythms in the regulation of organic development processes has been inadequately studied. With due consideration of this shortcoming, it may be assumed that rhythmicity is characteristic of all biological processes. Hence, the biological rhythms are believed to be of the greatest relevance to the processes of organic growth and development.

An attempt was made to study the laws underlying the development of Rana temporaria larvae exposed to the action of thyroxin and prolactin at various times of the day. The light-to-darkness ratio was 14 to 10, with light being provided between 8 a.m. and 10 p.m.. The highest rate of metamorphosis was recorded from the group of amphibians which had been kept in a medium with thyroxin, between 6 a.m. and noon. Action of prolactin inhibited metamorphosis of the amphibians most strongly between midnight and 6 a.m., but animals kept in a prolactin medium between 6 a.m. and noon had their metamorphosis stimulated.

The above data show that the development of amphibians is hormonally regulated through laws of biological rhythms.

Moskauer Staatliche Universität
Biologische Fakultät, Moskau

Die Untersuchung periodischer Prozesse in den Pigmentzellen von Kaulquappen schwanzloser Amphibien

V. A. GOLIČENKOV, O. V. BURLAKOVA, I. F. GOLIČENKOVA, Z. A. SOKOLOVA, S. M. STARODUBOV

Einführung

Es ist bekannt, daß die Larven schwanzloser Amphibien im Tagesrhythmus ihre Färbung ändern: nachts werden die Tiere heller und am Tage dunkler (BOGENSCHÜTZ /1/). Die grundlegende Rolle bei der Änderung der Färbung der Amphibien kommt den Hautmelanophoren zu. Die Aggregation der Pigmentgranula im Zentrum dieser Zellen führt zur Aufhellung und die Dispersion des Pigmentes über das ganze Zytoplasma der Zellen zum Dunkelwerden der Tiere. Es wird angenommen, daß die Aggregation des Pigmentes durch das Epiphysenhormon Melatonin hervorgerufen wird und die Dispersion durch ein melanozytenstimulierendes Hormon (MSH), das von der Hypophyse ausgeschieden wird (GOLIČENKOVA /2/). Vor kurzem wurde entdeckt, daß die Epiphyse nicht die einzige Melatoninquelle ist. Dieses Hormon wurde in bedeutenden Mengen in den Augen von Amphibienlarven gefunden (BAKER, HOFF /3/). In Verbindung damit nahmen wir uns die Untersuchung der Rolle von Epiphyse und Augen bei der Regulation des Tagesrhythmus der Amphibienlarven vor. Außerdem werden in der folgenden Arbeit die Resultate von Untersuchungen des Tagesrhythmus der Pigmentverlagerung bei einem anderen Typ von Pigmentzellen der Amphibien - dem Pigmentepithel des Auges - dargestellt.

Material und Methoden

In den Versuchen wurden Kaulquappen von Rana temporaria verwendet. Für die Untersuchung der Rolle von Epiphyse und Augen in den Tagesprozessen wurden 2 Experimentserien durchgeführt. In der ersten Serie zogen wir die Tiere vor einem grauen Hintergrund bis zum 21. Stadium der Entwicklung nach KOPSCH /4/ auf und teilten sie in eine Kontrollgruppe und 3 Versuchsgruppen, in denen bei den Kaulquappen entsprechend die Augen, die Epiphyse bzw. die Epiphyse und die Augen gleichzeitig entfernt wurden. Nach einer Woche im 22. Stadium wurden 6 Stück der operierten und der Kontrolltiere um 18, 24, 6, 12 und 18 Uhr in Brodskii-Lösung fixiert. Danach fertigten wir flächige Präparate von Haut und Hornhaut an, färbten sie mit alaunhaltigem Matoxilin nach Karatschi; danach bestimmten wir den Zustand des Pigmentes in den Hautmelanophoren und die Anzahl der sich teilenden Zellen im vorderen Epithel der Hornhaut. In der zweiten Serie verwendeten wir 2 Gruppen von Tieren, die vom 17. Entwicklungsstadium an vor dunklem bzw. hellem Hintergrund aufgezogen wurden. Im 22. Entwicklungsstadium wurden bei der Hälfte der Tiere aus jeder Gruppe die Epiphysen entfernt, die andere Hälfte diente als Kontrolle. Nach einer Woche, im 24. Entwicklungsstadium, wurden die Tiere fixiert. Die Zeit der Fixierung und die nachfolgenden Operationen waren die gleichen wie in der ersten Versuchsserie. Zur Bestimmung der Charakteristik sich teilender Hautmelanophoren waren lebende Melanophoren beobachtet worden. Bei den Kaulquappen wurde im 19. - 20. Stadium aus der "Wange" ein Stück Haut herausgeschnitten und in eine durchsichtige Kammer mit Medium Nr. 199 (1 : 0,5 mit Aqua dest. verdünnt) gebracht; im Verlauf einiger Stunden führten wir eine mikroskopische Beobachtung durch und fotografierten die Zellen.

Für die Untersuchung der periodischen Prozesse in den Zellen des Pigmentepithels bei den Kaulquappen entfernten wir die Augen, fixierten sie in Karnua-Lösung und betteten sie in Paraffin ein, fertigten Schnitte von 5 - 6 µm an, färbten mit Hämatoxilin nach Karatschi und bestimmten den Grad der Pigmentdispersion.

Ergebnisse und Diskussion

Die Zellen des Pigmentepithels des Auges differenzieren sich morphologisch im 19. Stadium. Wie von uns gezeigt wird, funktionieren sie jedoch noch nicht. In diesem Stadium beobachtet man im Dauerlicht oder Dauerdunkel nur unbedeutende und nichtperiodische Veränderungen des Grades der Pigmentdispersion. Bei Veränderung der Lichtbedingungen erfolgt in den Zellen keine Migration des Pigmentes. Eine Reaktion der Zellen des Retina-Epithels auf eine Änderung der Lichtbedingungen - maximale Dispersion des Pigmentes bei Licht, teilweise Aggregation im Dunkeln - erfolgt erst im 22. Entwicklungsstadium.

Man muß bemerken, daß die Hautmelanophoren bei den Kaulquappen des Grasfrosches im 17. Stadium erscheinen und man sofort die Fähigkeit der Pigmentbewegung bei Veränderungen der Lichtbedingungen oder bei hormonellen Einwirkungen erkennen kann.

Wenn die Kaulquappen (24. Stadium) bei ständiger Dunkelheit gehalten wurden, konnte man circadiane Schwingungen der Pigmentverteilung sowohl in den Hautmelanophoren als auch in den Zellen des Pigmentepithels des Auges feststellen. Am Tage befand sich das Pigment hauptsächlich im dispergierten und nachts im aggretierten Zustand. Die Schwingungsperiode des Pigmentzustandes betrug bei den Hautmelanophoren 24 Stunden $< T \leq$ 28 Stunden (die Fixierung der Tiere erfolgte alle 4 Stunden), und bei den Zellen des Pigmentepithels des Auges 26 Stunden $\leq T <$ 28 Stunden (die Fixierung der Tiere erfolgte alle 2 Stunden).

Im 22. Stadium, unter den Bedingungen einer natürlichen Beleuchtung, beobachtet man bei den Kaulquappen einen Tagesrhythmus bei der Zellteilung des Hornhautepithels. Die Teilungsintensität betrug um 18, 24, 6, 12 und 18 Uhr entsprechend 7,0 ± 1,1 ‰, 6,5 ± 1,2 ‰, 7,6 ± 1,0 ‰, 4,1 ± 0,5 ‰, 7,4 ± 0,8 ‰. Das Pigment der Hautmelanophoren verschiedener Körperteile der Kaulquappe (Rücken, Seite, "Wange", Schwanzflosse) befand sich nur alle 24 Stunden im aggregierten Zustand. Zu allen anderen untersuchten Zeitpunkten des Tages war für das Pigment der Dispersionszustand charakteristisch. Die Entfernung der Augen brachte keine grundlegenden Änderungen im Charakter der Tagesschwankung des Pigmentzustandes in den Melanophoren und der Zellteilung des Hornhautepithels. Aber die Entfernung der Epiphyse oder der Epiphyse zusammen mit den Augen führte zum Erlöschen dieser Schwingungen. Dabei blieb das Pigment der Hautmelanophoren ganztägig im dispergierten Zustand. Nach den Ergebnissen WAKAHARAs /5/ führt die Entfernung der Epiphyse bei den Kaulquappen des Krallenfrosches ebenfalls zum Erlöschen des Tagesrhythmus der Zellteilung der Schwanzflosse. Das Verschwinden der Tagesschwingung der Pigmentverteilung in den Melanophoren und bei der Zellteilung ist offensichtlich mit dem Verschwinden des Melatonins (das durch die Epiphyse ausgeschieden wird) aus dem Körper verbunden. Die melanophoraggregierende Eigenschaft des Melatonins ist gut bekannt (GOLIČENKOVA /2/). Außerdem zeigte sich, daß Melatonin fähig ist, auf die mitotische Aktivität einer großen Zahl von Objekten einzuwirken (BENERJEE /6/). Es ist möglich, daß gerade Melatonin einer der Hauptregulatoren der biologischen Rhythmen bei den Tieren ist (MAKAROV u. KISELEV /7/).

Ein besonderes Anliegen stellte die Erforschung des Einflusses der Entfernung der Epiphyse auf den Charakter der Teilung der Hautmelanophoren dar. Allerdings ist das Erkennen der Chromosomen in den Melanophoren nur nach der Entfärbung des Melanins möglich, was die Arbeit sehr erschwert. In Verbindung damit beschlossen wir, den Teilungsprozeß der Hautmelanophoren zu erkennen und zu beschreiben, um Kriterien zu finden, die das Erkennen sich teilender Pigmentzellen nach äußeren Merkmalen ermöglichen. Es wurde festgestellt, daß man sich teilende Hautmelanophoren ungefähr 1 Stunde vor der Zytokinese erkennen kann, wenn die Zelle eine sehr dunkle Farbe und eine polydendrite Form annimmt und die Fähigkeit zur Pigmentverlagerung als Antwort auf Hormone oder Veränderungen des Lichtregimes verliert (STARODUBOV u. GOLIČENKOV /8/).

Bei Kaulquappen des 22. Stadiums, die vor dunklem und hellem Hintergrund aufgewachsen sind, beobachtet man ebenso eine genaue rägliche Veränderung der Pigmentverteilung in den Hautmelanophoren aller Körperteile: am Tage ist das Pigment vollständig dispergiert, aber nach 24 Stunden aggregiert, wobei eine vollständige Aggregation nur bei den Tieren erfolgt, die vor hellem Hintergrund aufgezogen wurden. Im 24. Stadium verhalten sich die Hautmelanophoren des Rumpfes der Kaulquappen ebenso wie im 22. Stadium, jedoch das Pigment der Hautmelanophoren der Schwanzflosse bleibt ständig dispergiert. Es ist möglich, daß dies in Verbindung mit dem bevorstehenden (zur Zeit der Resorbtion des Schwanzes) Tod dieser Zellen steht. Die Entfernung der Epiphyse bei den Tieren im 24. Stadium, die vor dunklem Hintergrund aufgezogen wurden, zeigte den gleichen Effekt auf die Hautmelanophoren wie auch bei den Kaulquappen des 22. Stadiums, die vor grauem Hintergrund aufgewachsen sind. In beiden Fällen wurde eine maximale und beständige Pigmentdispersion festgestellt. Jedoch hatte die Entfernung der Epiphyse bei den Tieren, die vor hellem Hintergrund gehalten wurden, keinen Einfluß auf die tägliche Änderung der Pigmentverteilung. Diesen Fakt kann man damit erklären, daß bei diesen Tieren die Augen nachts einen melaninaggregierenden Stoff ausscheiden, wobei es sich um Melatonin handeln könnte. Diese Annahme wird durch die Erkenntnisse über die unmittelbare Beteiligung der Augen bei der Pigmentaggregation in den Melanophoren durch Ausscheidung eines melaninaggregierenden Stoffes gestützt (GOLICENKOV u. KARTASOVA /9/, GOLICENKOV, VASIL'EV, KARTASOVA, SUVOROV u. VIGDORCIK /10).

Literatur

/1/ BOGENSCHÜTZ, H.: Z. vergl. Physiol. 50 (1965) 598

/2/ GOLIČENKOVA, I. F.: Uspechi sovrem. biol. 73 (1972) 411

/3/ BAKER, P. C., K. M. HOFF: Comp. Biochem. Physiol. 39a (1971) 879

/4/ KOPSCH, F.: Die Entwicklung des braunen Grasfrosches Rana Fusca Roesel. Stuttgart 1952

/5/ WAKAHARA, M.: Neuroendocrinology 9 (1972) 267

/6/ BENERJEE, S., L. MARGULIS: Exp. Cell. Res. 78 (1973) 314
/7/ MAKAROV, A.Ju. u. N.N. KISELEV: Uspechi fiziol. nauk 6 (1975) 65
/8/ STARODUBOV, V.A. u. V.A. GOLIČENKOV: Dokl. AN SSSR 239 (1978) 211
/9/ GOLIČENKOV, V.A. u. G.D. KARTAŠOVA: Dokl. AN SSSR 210 (1973) 701
/10/ GOLIČENKOV, V.A., S.V. VASIL'EV, G.D. KARTAŠOVA, N.N. SUVOROV u. M.M. VIGDORČIK: Vestnik MGU, ser. Biologija 3 (1974) 72

Zusammenfassung

Kaulquappen von Rana temporaria L. (22 - 24 entwicklungsstadien nach KOPSCH) unter natürlichen Beleuchtungsbedingungen zeigen einen 24 h-Rhythmus in der Verschiebung des Pigments durch Zellen des Pigmentepithels des Auges und durch dermale Melanophoren. Tagsüber ist eine Dispersion des Pigments zu beobachten, nachts eine Aggregation.
Außerdem wurde unter diesen Bedingungen ein 24 h-Rhythmus der Teilung der Hornhautepithelzellen beobachtet. Die chirurgische Extirpation des Pineal-Komplexes führte zu einem Verschwinden sowohl des Rhythmus' der Pigmentverschiebung bei den dermalen Melanophoren als auch des Rhythmus' der Zellteilung der Hornhautepithelzellen (die Pigmentverschiebung in den Epithelzellen der Retina wurde in diesem Falle nicht untersucht). Der Tagesrhythmus der Pigmentverschiebung durch die dermalen Melanophoren trat nach Umsetzen der operierten Versuchstiere auf eine helle Unterlage erneut auf.
Eine ununterbrochene Beleuchtung der Versuchstiere führte zu einer konstanten Dispersion des Pigments sowohl in den Pigmentzellen des Auges als auch in den dermalen Melanophoren.
In der Dunkelheit traten circadiane Schwankungen in der Pigmentverteilung mit einer Periode von 26 h $\leq$ T $<$ 28 h (Fixierung der Präparate nach 2 h) bei den Epithelpigmentzellen des Auges und 24 h $<$ T $\leq$ 28 h (Fixierung nach 4 h) bei den dermalen Melanophoren auf.
Vitale Beobachtungen der dermalen Melanophoren gestatteten, den Teilungsprozeß dieser Zellen zu beschreiben und Kriterien zu finden, die es erlaubten, die sich teilende Melanophore ungefähr 1 h vor der Zytotomie zu finden.

Dies macht den Übergang zur Untersuchung der zeitlichen Gesetzmäßigkeiten in der Untersuchung der Teilung der dermalen Melanophoren möglich.

Резюме

При содержании головастиков Rana temporaria L./22-24 стадии развития по Копшу/ в естественных условиях освещения наблюдали суточный ритм в перемещении пигмента клетками пигментного эпителия глаза и дермальными меланофорами: днем происходила дисперсия пигмента, ночью - его агрегация. Кроме того, в этих условиях отмечен суточный ритм делений клеток роговичного эпителия. Хирургическое удаление пинеального комплекса приводило к исчезновению как ритма перемещения пигмента у дермальных меланофоров, так и ритма делений клеток роговичного эпителия /состояние пигмента в клетках ретинального эпителия в этом случае не изучали/. Суточный ритм перемещения пигмента дермальными меланофорами восстанавливался после помещения оперированных животных на светлый фон.

Непрерывное освещение животных приводило к постоянной дисперсии пигмента как в клетках пигментного эпителия глаза, так и в дермальных меланофорах.

При содержании головастиков в темноте выявили циркадные колебания в перемещении пигмента с периодом 26 час $\leq T < 28$ час /фиксация животных через 2 часа/ у клеток пигментального эпителия глаза и период 24 час $< T \leq 28$ час /фиксация через 4 часа/ у дермальных меланофоров.

Прижизненное наблюдение дермальных меланофоров позволило описать процесс деления этих клеток и найти критерии, позволяющие обнаруживать делящиеся меланофоры примерно за 1 час до цитотомии. Это дает возможность перейти к изучению временных закономерностей в интенсивности деления дермальных меланофоров.

Summary

Pigment shifting through cells of the ophthalmic pigment epithelium and through dermal melanophores in tadpole of Rana temporaria L. (22 to 24 developmental stages, according to Kopsch) is based on a 24-hour rhythm under conditions of natural lighting. Pigment is dispersed on daytime and aggregated over night. Also observed under the same conditions was a 24-hour rhythm of cell division in the corneal epithelium. Pinealectomy led to disappearance of the rhythms of both pigment shift through dermal melanophores and cell division in the corneal epithelium. (Pigment shifting in the epithelial cells of the retina was not studied in this context.) The diurnal rhythm of pigment shifting through dermal melanophores reappeard when, after surgery, the experimental animals were moved to a bright-coloured substrate.

Uninterrupted illumination of the experimental animals led to constant pigment dispersion both through the pigment cells of the eye and the dermal melanophores. In darkness, circadian variations occurred to pigment distribution, the periods being 26 hours ≪ die < 28 hours (preparations fixed after two hours) or 24 hours < die ≪ 28 hours (preparations fixed after four hours).

In-vivo observation of the dermal melanophores enabled description of this cell division process and elucidation of criteria by which dividing melanophores could be detected roughly one hour before cytotomy.

All this has helped to begin to study the temporal laws underlying cell division in dermal melanophores.

Martin-Luther-Universität Halle - Wittenberg
Sektion Biowissenschaften, Wissenschaftsbereich Zoologie, Halle

Lichtsteuerung der Flugaktivität bei Calliphora erythrocephala (Meig.) (Insecta, Diptera)

W.-R. GROSSE

Das Verhältnis des Tieres zu seiner Umwelt beruht auf seinen genetisch fixierten morphologisch-physiologischen Besonderheiten, die in artspezifisch unterschiedlicher Breite, je nach ökologischer Potenz, von der Umwelt beeinflußt werden können. Dabei ist stets die Umwelt als Komplex biotischer und abiotischer Faktoren zu sehen,und dementsprechend sind die Reaktionen und Verhaltensweisen der Tiere auch zu interpretieren. Zur Analyse dieser Gegebenheiten ist es aber unerläßlich, diese Parameter einzeln zu untersuchen und Teilaussagen zu treffen. Dabei kommt dem Licht als einem wichtigen, tagesperiodisch und im Jahresgang wechselnden Steuerfaktor eine besondere Bedeutung zu.

Methodik

Der Fang der Fliegen, Calliphora erythrocephala (Meig.), erfolgte mit einer zeitfraktionierten Köderfalle, bei der als Köder Frischfleisch zum Einsatz kam. Die Materialfraktionierung verlief im 2-Stunden-Rhythmus. Simultan dazu wurden die Klimafaktoren Temperatur, Beleuchtungsstärke und relative Luftfeuchte im Tagesgang registriert.

Die Laboruntersuchungen wurden unter konstanten Verhältnissen im Klimaschrank durchgeführt (75 % relative Luftfeuchte, 25°C Temperatur, 250 Lux Beleuchtungsstärke). Die Erfassung der Aktivität erfolgte im Flugaktographen mit 2 Infrarotlichtschranken. Die Tiere waren vor Versuchsbeginn adaptiert. Ein Sechskanal-Ereignis-Schreiber hielt die Ergebnisse stündlich fest.

Ergebnisse

Freilanduntersuchungen zur Flugaktivität

Zur Charakterisierung der Verhältnisse unter Freilandbedingungen sollen 2 Beispiele dienen. Die adulten Fliegen haben im Langtag zwei typische Maxima der Flugaktivität (Abb. 1).

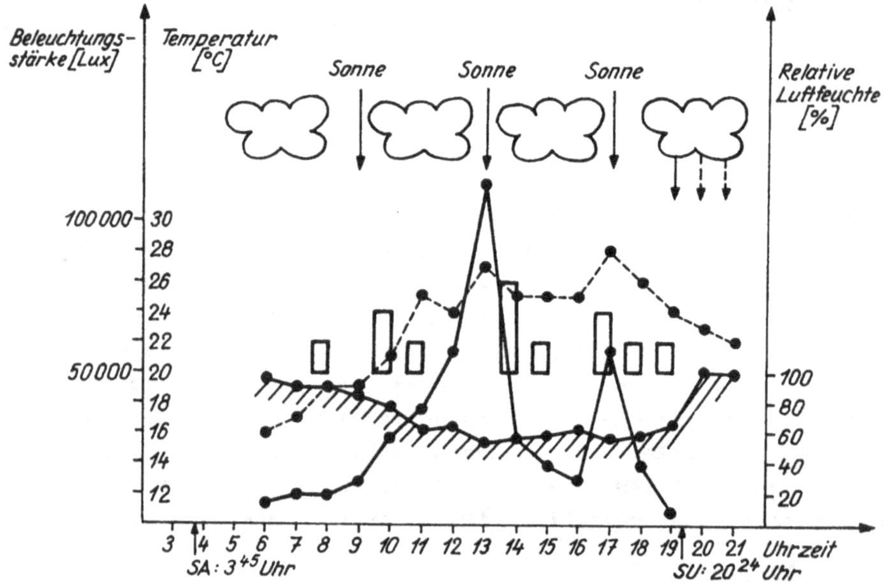

Abb. 1: Flugaktivität von Calliphora am 6.7.1977

——— Beleuchtung
- - - Temperatur
//// Luftfeuchte
▯ Flugaktivität am 6.7.77

Diese beiden Maxima liegen vormittags (9 - 10 Uhr) und nachmittags (16 - 17 Uhr). In der Zwischenzeit sind die Tiere relativ inaktiv und zu dieser Zeit oft an Schattenplätzen oder Futterquellen anzutreffen. Dabei spielen die Temperatur, sofern sie über 18 °C liegt, und die Luftfeuchtigkeit nur eine untergeordnete Rolle. Die wechselnden Beleuchtungsverhältnisse am 6.7.1977 (Abb. 1) verdeutlichen das am besten. So wurde durch kurzzeitige Sonneneinstrahlung ein weiteres Maximum der Flugaktivität erzeugt (13 - 14 Uhr). Das ist sonst für Calliphora bei Langtagverhältnissen nicht typisch. Würden die Ergebnisse zu einem Monatsmittelwert zusammengefaßt, wären diese kurzzeitigen spontanen Ereignisse statistisch geglättet worden. Eine Lichtsteuerung der Flugaktivität zeigt auch das Bild vom Kurztag (Abb. 2) vom 23.9.1977.

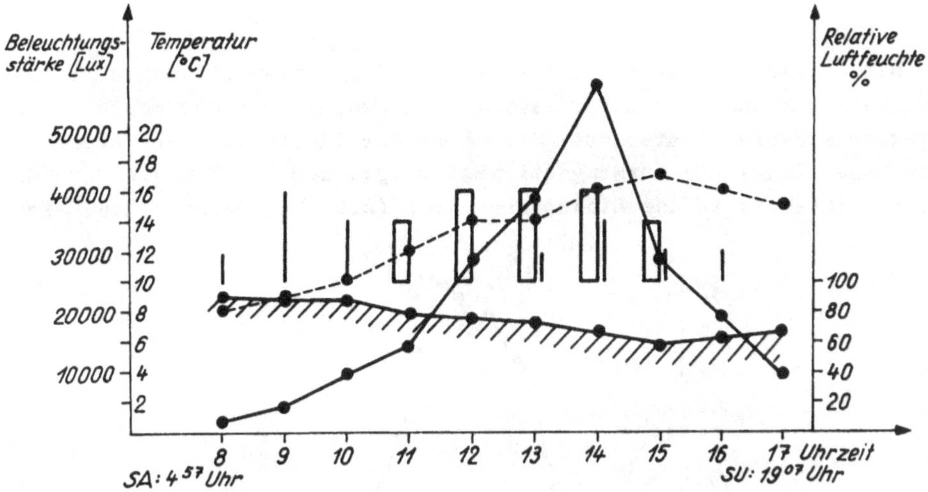

Abb. 2: Flugaktivität von Calliphora am 23.9.77
—— Beleuchtung ▯ Flugaktivität am 23.9.77
--- Temperatur | Flugaktivität September 76
//// Luftfeuchte

Zu diesem Zeitpunkt beginnt die Flugaktivität bereits bei durchschnittlich 12 °C und hat zwischen 12 und 14 Uhr ihr Maximum. Der Vergleich mit dem Monatsmittel vom September 1976 zeigt, daß hier 2 Maxima vorhanden waren (9 und 14 Uhr). Im Jahr 1976 waren im September die Temperaturen höher, so daß sich die Aktivität der Fliegen über den Tag erstrecken konnte. Im September 1977 dagegen lagen die Morgentemperaturen zu niedrig, so daß sich wahrscheinlich nur ein Flugmaximum (12 - 14 Uhr) zeigte.

Derartige Aussagen lassen sich aber nur am konkreten Beispiel machen,

Monatsmittelwerte verwischen dabei zu stark die natürlichen, vom Klima besonders beeinflußten Verhältnisse.

Laboruntersuchungen zur Flugaktivität

Die Vergleichsuntersuchungen zur Freilandaktivität wurden im Lichtschrankenaktographen unter definierten Bedingungen durchgeführt. Als variable Größe diente dabei die Länge der Lichtzeit. Der Vergleich zwischen Lang- und Kurztagaktivität zeigt, daß die Fliegen ihre Hauptaktivitätszeit in der Lichtphase haben (Abb. 3). Dabei deutet sich im

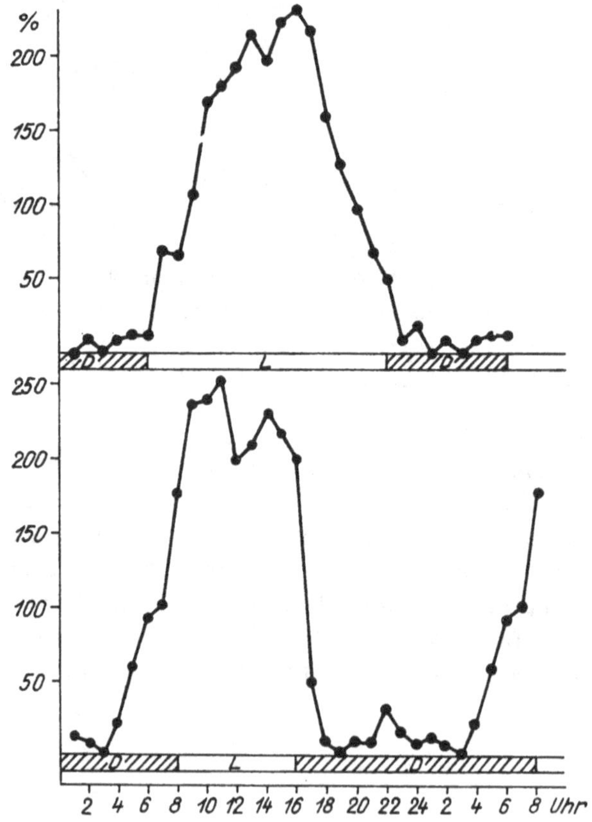

Abb. 3: Aktivität unter definierten Bedingungen im Klimaschrank
oben: Langtag (16 : 8)
unten: Kurztag (8 : 16)

Langtag eine zweigipflige Kurve an, die Maxima liegen um 12 und 16 Uhr. Im Kurztag ist die Gesamtaktivität etwa gleich, die Maxima liegen um 11 und 16 Uhr, jedoch beschränkt sich die Aktivität auf die 8 Stunden Lichtzeit. In der Dunkelphase ist fast keine Aktivität erkennbar. Unter Kurztagsbedingungen ist der Aktivitätsanstieg kurz vor "Licht an" besonders deutlich. Das weist auf eine stabile endogene Komponente in der lokomotorischen Aktivität bei Calliphora hin. Weitergehende "Shift"-Versuche zeigen die gute Anpassungsfähigkeit der Tiere in Bezug auf Lage und Verlauf der Lichtphase.

Ein Vergleich der Laboruntersuchungen mit den Verhältnissen im Freiland ist nicht direkt möglich, da hier stets viele Komponenten der Umweltbedingungen ineinandergreifen, wobei wahrscheinlich das Licht den wichtigsten, steuernden Faktor darstellt.

Zusammenfassung

Mit Hilfe einer zeitfraktionierten Fliegenfalle wurde die Flugaktivität von Calliphora erythrocephala (Meig.) unter Freilandbedingungen im Jahresgang erfaßt und die Verhältnisse am Beispiel der Monate Juli und September dargelegt. Das Licht war dabei ein wesentlicher Steuerfaktor der Aktivität. Vergleichende Laboruntersuchungen mit einem Infrarot-Lichtschranken-Aktographen zeigten die Wirkung der Tageslänge auf die lokomotorische Aktivität.

Резюме

В рамках исследований биоценозов значительную роль как управляющие компоненты для активности отдельных видов играют факторы окружающей среды.
Изучение летательной активности у Calliphora erythrocephala (Meig.) (Diptera) с помощью фракционированной по времени ловушки для диптеров показывает сезонные и суточные различия. Условия освещения определяют значительно ход летательной активности в течение дня. Среднемесячная активность в сентябре 1976 г. имеет максимумы в 9 часов и в 14 часов. Изменение летательной активности, видное из суточной диаграммы 23-его сентября 1977 г. имеет только один максимум в 14 часов.

Параллельные исследования в лаборатории с помощью актографа, работающего на основе инфракрасных световых барьеров, подтверждают управление локомоторной активности Calliphora светом. При постоянном свете разлагается общая активность в долговременном опыте в среднем на четырёхчасовые партии активности. При прямоугольнообразном чередовании света с темнотой (LD , свет с 10 до 22 часов) более высокий уровень активности в световом периоде является типичным для Calliphora , который начинается с максимумом при включении света. После того уменьшается активность и достигает только за 4 часа до выключения света своего максимума.

В лабораторных опытах ярко выражались параллели к полевым ловлям, причём свет выступает как лимитирующий фактор.

Summary

By a special trap for time divided capture the flight activity of Calliphora erythrocephala (Meig.) was studied under field conditions in the course of seasons. The results obtained for July and September were analyzed. Light conditions and natural photoperiod respectively were ascertained as the most important factor influencing activity. The regulation of locomotor activity could be demonstrated by testing the species under laboratory conditions with the help of an infrared-lightbar-actograph.

Martin-Luther-Universität Halle - Wittenberg
Sektion Biowissenschaften, Wissenschaftsbereich Zoologie, Halle

Proteinspektrum und Proteinrhythmus in der Hämolymphe des dritten Larvenstadiums von Calliphora erythrocephala (Meig.) (Insecta, Diptera)

W.-R. GROSSE, H. HILBIG und D. DAHLHEIM

Einleitung

Im dritten Larvenstadium (L3) von Calliphora sind die Hämolymphproteine,entwicklungsphysiologisch bedingt, bedeutenden Veränderungen unterworfen. Dabei stehen Fragen des Proteinaufbaus, der Proteinumwandlung und der Einlagerung im Fettkörper im Vordergrund. Die Zusammensetzung und die Eigenschaften der Proteine sind dabei wesentlichen Veränderungen unterworfen. Eine zentrale Rolle im Eiweißstoffwechsel des L3 spielt dabei das Calliphorin, das am Ende des L3 60 % der gesamten löslichen Eiweiße in der Larvenhämolymphe beträgt. Dieses Eiweiß ist der Hauptlieferant der Materialien, die für die Synthese des Proteins adulter Tiere benötigt werden.

Material und Methoden

Die Zucht der Larven und die Gewinnung der Hämolymphe erfolgte in der von GROSSE /1/ beschriebenen Form.

Bei der zur Anwendung gebrachten Polyacrylamidgelelektrophorese wurde mit 7 %igem Gel Nr. 1a gearbeitet. Der Gesamtproteingehalt ist unter Verwendung von Folin-Reagens bestimmt worden.

Für die qualitative Auswertung der Versuchsergebnisse erfolgte das Ausmessen der Bandenbreiten auf dem Lichtkasten und das Zeichnen der Gele. Die Reproduzierbarkeit der Ergebnisse wurde mit 10 Parallelen bei einem Larvenalter von 96 Std. überprüft. Die Ergebnisse zeigen weniger als 10 % Abweichung.

Ergebnisse

Die Veränderung des Eiweißgehaltes löslicher Proteine in der Hämolymphe zeigt die Tabelle.

Entwicklungsphase	Zeit nach dem Schlupf (Tage/Std.)	Gewicht (mg)	Proteinkonz. (Prot./100 ml)
Larve (Fraßphase)	2/48	60	546
" "	3/72	88	534
Larve (Wanderphase)	4/96	90	1789
" "	5/120	78	722
Larve (Präpuppe)	6/144	65	484

In der Fraßphase steigt die Eiweißkonzentration kontinuierlich an, erreicht im ersten Drittel der Wanderphase (bei 96 h) ihr Maximum und fällt gegen Ende der Wanderphase ab. Hier zeigen sich deutliche Parallelen zum Körperfrischgewicht.

Die elektrophoretische Trennung der Plasmaproteine bringt in der Larvalentwicklung drei dominierende Gruppen von Proteinen (A, B und C nach KINNEAR und THOMSON /2/).

Wie aus Abb. 1 zu entnehmen ist, gibt es im L3 von Calliphora kein einheitliches Bild der Proteinzusammensetzung. Die entwicklungsbedingten Schwankungen sind am Protein C im Alter von 44 - 72 Std. am deutlichsten zu sehen. In dieser Zeit entsteht dieses Protein und profiliert sich in der weiteren Entwicklung zum bestimmenden Eiweiß der Hämolymphe (Calliphorin nach MUNN et al. /3/). In der Wanderphase ist es relativ unverändert und wird erst zur Pupariumbildung in der Präpuppenphase wieder abgebaut (deutlich der nicht trennbare Bereich bei 156 Std.). Das Protein A baut sich bis 72 Std. (wo die Larve das Futter verläßt) auf. Es ist dann bis zur Verpuppung unverändert anzutreffen und in seinen elektrophoretischen Eigenschaften relativ konstant (abgesehen von zwei Untereinheiten, die in unterschiedlichem Maße variabel sind). Das Protein B zeigt das uneinheitlichste Bild. Es scheint quantitativ und auch qualitativ (zumindest in seinen elektrophoretischen Eigenschaften) stark zu schwanken. Das bezieht sich besonders auf die Wanderphase der Larven. In der Fraß- und in der Präpuppenphase setzt es sich gleichmäßig aus zwei Untereinheiten zusammen.

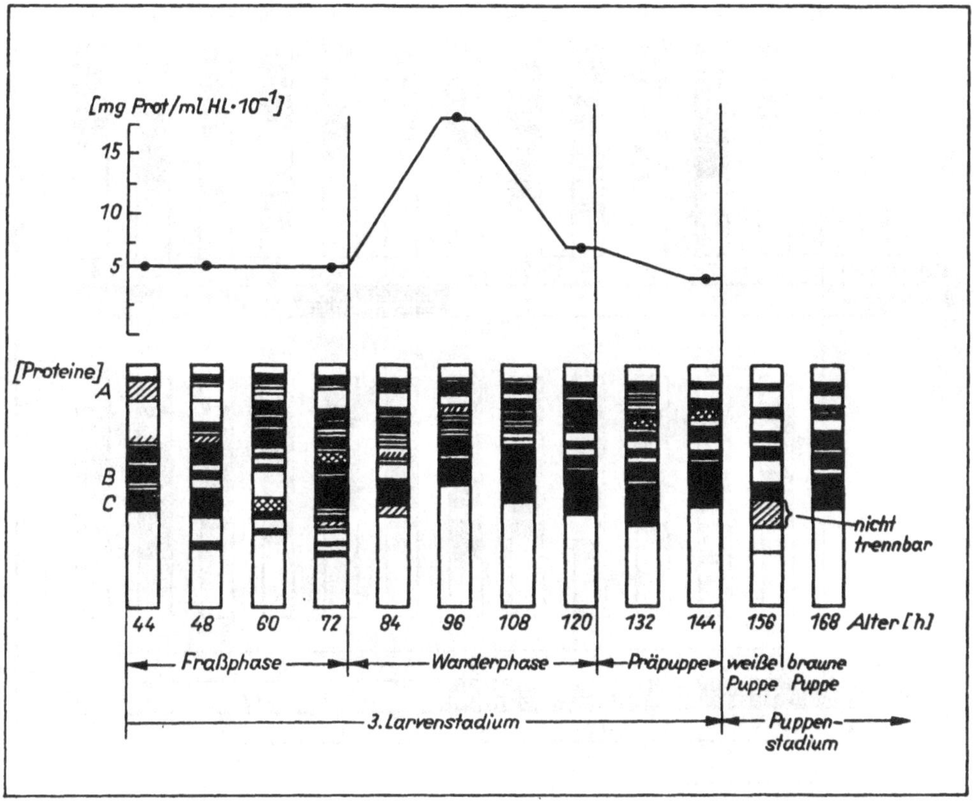

Abb. 1: Proteingehalt und Proteinspektrum der Hämolymphe im L3 von Calliphora erythrocephala (Meig.)
sehr dunkle Färbung — Färbung, gut abgegrenzt im Gel
dunkle Färbung — Färbung, diffus im Gel

Der eventuelle Einfluß der Photoperiode auf das Proteinmuster und seine tageszeitliche Änderung wurde im Larvenalter von 96 - 120 Std. untersucht (Aufzucht im Licht-Dunkel-Verhältnis 12 : 12 Std.). Das Protein C (Calliphorin) stellt dabei die Hauptmasse des Gesamtproteins (> 50 %). Seine Mobilität scheint gegen Ende jeder Beleuchtungsphase am größten zu sein. In der Dunkelphase treten teilweise deutlich sichtbare Post-Calliphorinbanden auf. Die Prä-Calliphorinbanden (Protein A, B_1 und B_2) variieren sehr stark und unterliegen unter Berücksichtigung von Trennungsartefakten keinem Lichteinfluß. Endogene, entwicklungsphysiologisch bedingte Mechanismen des Proteinstoffwechsels erscheinen in der Larve von Calliphora erythrocephala damit weitgehend

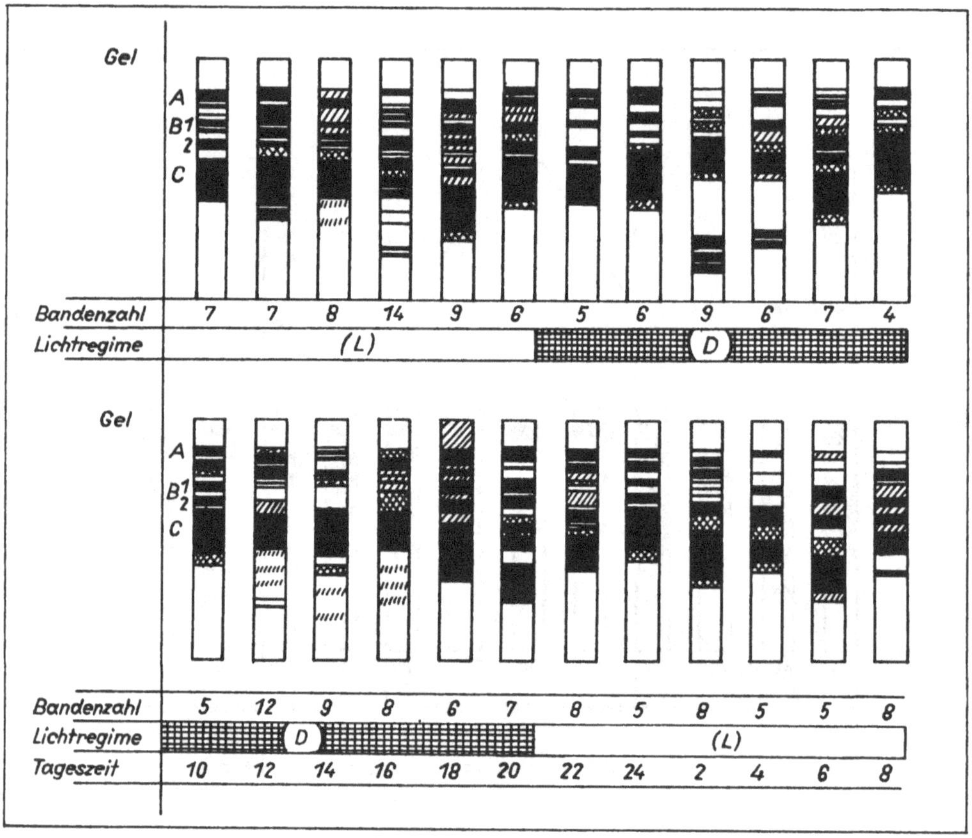

Abb. 2: Proteinspektrum der Hämolymphe von Calliphora bei unterschiedlichen Licht-Dunkel-Zeiten

Photoperiode-unabhängig.

Diskussion

Die Hämolymphproteine von Calliphora werden in der Larvenphase in charakteristischer Weise angereichert und umgewandelt. Dabei ergeben sich deutliche Parallelen zum Verhalten anderer Organe des larvalen Organismus (DAHLHELM /4/). Die Entwicklung des Fettkörpers, des wichtigsten Stoffwechsel- und Speicherorgans der Larve, zeigt mit 96 Std. den Beginn seiner verstärkten Eiweißeinlagerung und Granulation (DAHLHELM /5/). Diese Tendenzen zeigen auch die Hämolymphproteine von 96 bis 144 Std. Hier scheint es sich um typische Tendenzen der Larvalentwicklung zu handeln. Die Veränderungen der Proportionen der Proteine A, B und C in der Larvalentwicklung und während der Metamorphose reflektieren die spezifischen Unterschiede in ihrer Synthese, Freisetzung und in ihrem Verbrauch. Dabei ist nach MARTIN et al. /6/ Protein A ein Lipoprotein, das in der Gesamtentwicklung von Calliphora eine bedeutende Rolle spielt und mit Protein B zusammen bei C. stygia (F.) 12 % des larvalen und 89 % des adulten Hämolymphanteiles beträgt (KINNEAR und THOMSON /2/). Die gleichen Autoren haben Protein B als Glycoprotein, das identisch mit Protein II bei MUNN et al. /7/ ist, identifiziert. Das Protein C, Calliphorin, ist das dominierende Eiweiß in der Larvalentwicklung. Es scheint mit Fett- und mit Kohlehydratanteilen konjugiert zu sein. Auf der Suche nach metallischen Liganden wurde im Calciumspiegel ein Unterschied von 0,18 % im Protein B zu 0,005 % im Protein C gefunden (KINNEAR und THOMSON /2/). In der Phase der Verpuppung findet bereits eine Verminderung des Calliphorins statt (typisch die Lyse bei 156 Std.). In einem Alter von 168 Std. sind nur noch 60 % der Protein C - Menge vorhanden, die ursprünglich in der Larvalentwicklung aufgebaut wurde.

Literatur

/1/ GROSSE, W.-R.: Biorhythmische Untersuchungen zur Stoffwechselphysiologie des 3. Larvenstadiums der Schmeißfliege Calliphora erythrocephala (Meig.) (Diptera, Calliphoridae). Dissertation Halle 1973

/2/ KINNEAR, J.F. u. J.A. THOMSON: Insect Biochem. 5 (1975) 531

/3/ MUNN, E.A., A. FEINSTEIN und G.D. GREVILLE: Biochem. J. 124 (1971) 367

/4/ DAHLHEIM, D.: Biol. Zbl. 92 (1973) 41

/5/ DAHLHEIM, D.: Biol. Zbl. 86 (1967) 273

/6/ MARTIN, M.D., J.F. KINNEAR, J.A. THOMSON: Aust. J. biol. Sci. 22 (1969) 935

/7/ MUNN, E.A., G.M. PRICE und G.D. GREVILLE: J. insect Physiol. 15 (1969) 1601

Zusammenfassung

Mit Hilfe der Polyacryamidgelelektrophorese wurde das Proteinspektrum der Hämolymphe von Calliphora erythrocephala (Meig.) (Diptera, Calliphoridae) untersucht. Die Entwicklung des Körpergewichtes und der Proteinkonzentration in der Hämolymphe konnte parallel dazu betrachtet werden. Die elektrophoretische Trennung der Eiweiße zeigte deutlich drei dominierende Eiweiße, die sich in charakteristischer Form im L3 von Calliphora verändern. Aus den Proteinmustern geht der Aufbau der Eiweiße in der Fraßphase und die Umwandlung in der Wanderphase hervor, womit die Rolle der Hämolymphe in der Larvalentwicklung charakterisiert wird. Beziehungen zu anderen Organen und stoffwechselphysiologischen Vorgängen im Insektenorganismus werden diskutiert.

Резюме

Электрофоретическим разделением на полиакриламидных гелях можно выделить у Calliphora erythrocephala (Meig.) 3 устойчивых белковых фракций, которые изменяются в 3/ей личиночной стадии, включительно прекуколки.

Возможное влияние фотопериода на протеиновый спектр и его суточное изменение было изучено у личинок возраста от 96 до 120 часов. (выращивание при световом режиме L:D=12:12) Протеин С (калифорин) при этом составляет основную массу общего протеина (>50%). Его мобильность кажется самой большой к концу каждого светового периода. В темновом периоде появляются частично четко видимые полосы после калифорина. Полосы до калифорина (протеины A, B_I и B_2) варирируют очень сильно и, при учёте артефактов при разделении, не подлежат влиянию света. Это подтверждается средним числом полос (LD 7,4; DL 7,5).

Эндогенные, физиологией разнития обусловленные механизмы обмена протеинов в личинке Calliphora erythrocephala показываются этим почти независимы от фотопериода.

Summary

The haemolymph protein spectrum of calliphora erythrocephala (Meig.) (Diptera, Calliphoridae) was investigated by polyacrylamidgel electrophorese. The development of body weight and of the protein concentration in the haemolymph could be examined parallely. Clearly three major proteins changing characteristically in L3 of Calliphora could be pointed out by electrophoretic separations. The protein synthesis in the phase of food-intake and the changes in the phase of wandering indicating the role of haemolymph in the larval development can be proved be means of protein spectra. Correlations to other organs and physiological events in the insect body are discussed.

Martin-Luther-Universität Halle - Wittenberg
Sektion Biowissenschaften, Wissenschaftsbereich Zoologie, Halle

Zur Aktivitätsrhythmik der Protease und Aminopeptidase in der Haemolymphe des dritten Larvenstadiums von Calliphora erythrocephala (Meig.) (Diptera, Insecta)

H. HILBIG, W.-R. GROSSE und D. DAHLHEIM

Einleitung

Im Zusammenhang mit dem Studium des Reservestoffwechsels und der Larvalentwicklung von Calliphora erythrocephala (Meig.) bot sich eine Untersuchung proteolytischer Enzyme an, da sowohl in larvalen Organen als auch in äußerlichen Verhaltensparametern der Eiweißstoffwechsel erheblichen äußeren und inneren Einflüssen und Veränderungen unterworfen ist.

Material und Methoden

Die Aktivität der Protesen wurde in einem Substrat-Puffer-Gemisch gemessen, das bei Spaltung des Substrates (Azokasein)*) eine kolorimetrisch faßbare Azokaseinkomponente freisetzt.

Zur Bestimmung der Aminopeptidaseaktivität diente L-Alanin-4-(phenylazo)-phenylamidhydrochlorid als Substrat und Tris-HCl-Puffer mit Kobaltchloridzusatz als Aktivator.

Der Gesamteiweißgehalt der Hämolymphe ist unter Verwendung von Folin-Reagens bestimmt worden.

Ergebnisse

Die spezifische Aktivität der Proteasen in der Hämolymphe fällt im

*)Wir danken Herrn Dr. J. Langner aus dem Physiologisch-chemischen Institut der Universität Halle für die Bereitstellung des Substrates.

ersten Teil des L3 bedeutend ab und erreicht bei 96 Std. ihren tiefsten Punkt (s. Abb. 1). In dieser Zeit nimmt die Larve noch Futter auf und verdaut bis 96 Std., so daß Darm und Kropf leer werden. In der Wander- und Präpuppenphase (96 Std. bis 144 Std.) steigt die Enzymaktivität wieder an. Sie erreicht aber nicht wieder das Aktivitätsniveau wie zu Beginn des L3.

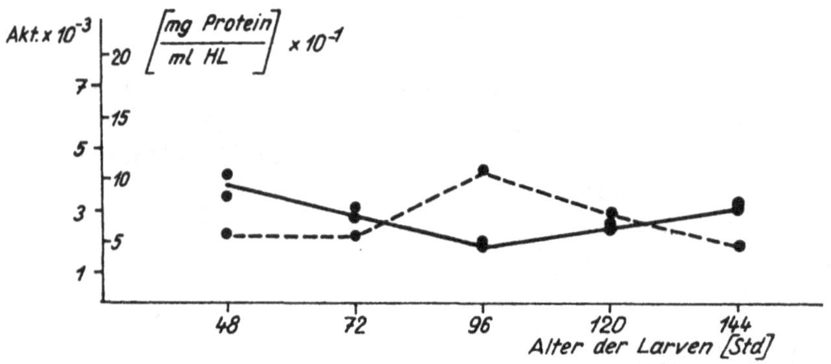

Abb. 1: Die Proteasenaktivität (durchgezogene Linie) und der Gesamtproteingehalt (gestrichelte Linie) während der Larvalentwicklung von Calliphora erythrocephala (Meig.)

Zur Bestimmung der Tagesperiodik wurde zunächst die Enzymaktivität der Hämolymphe von Larven getestet, die unter konstanten Lichtbedingungen aufwuchsen. Dabei waren vier Maxima der Aktivität zu erkennen (s. Abb. 2). Eine Untersuchung im Licht-Dunkel-Wechsel (LD) 12:12 Std. zeigte, daß zu Beginn jeder Lichtphase ein Maximum der Enzymaktivität liegt, dem ein Minimum folgt. Dadurch entsteht ein bimodales Muster der tagesperiodischen Enzymaktivität. Das zweite Maximum ist um 50 % kleiner als das erste. Die Maxima liegen 10 - 12 Std. auseinander. Eine Invertierung der Lichtbedingungen bringt keine Umkehr der Lage der Maxima oder Minima im Tagesgang (s. Abb. 2, unten). In Größe und Lage sind die charakteristischen Punkte beider Kurven nahezu gleich. Allerdings ist ein Inversionsnachweis bei einem bimodalen Rhythmus schwierig.

Eine direkte Zuordnung der Kurven des LD und DL zum Aktivitätsverlauf im LL ist nicht möglich.

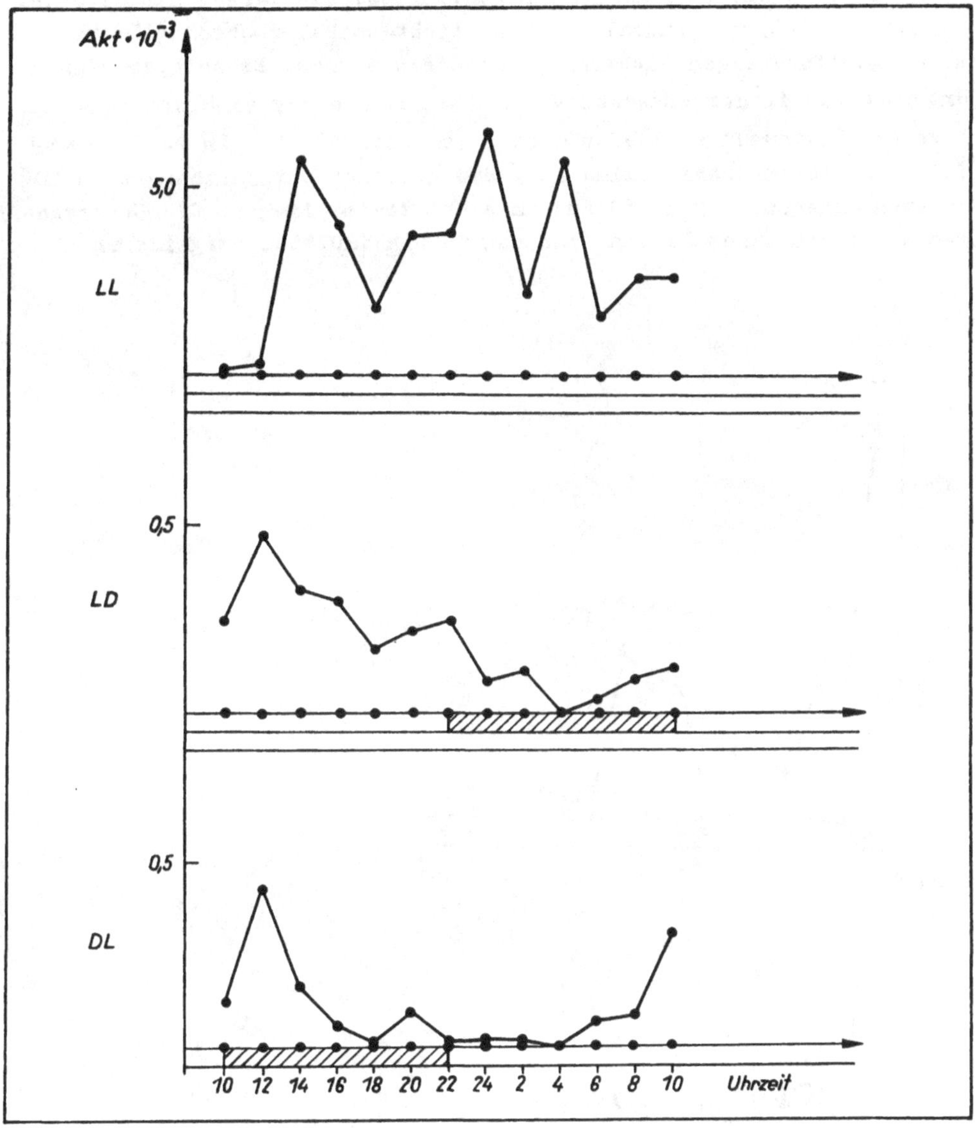

Abb. 2: Proteasenaktivität der Hämolymphe von Calliphora erythrocephala (Meig.) im Tagesgang bei verschiedenen Licht-Dunkel-Bedingungen

Um den Lichteinfluß auf die Alanin-Aminopeptidaseaktivität zu testen, wurden tagesperiodische Untersuchungen durchgeführt. Dabei kamen zwei Versuchsserien in den Test, wobei die Larven einmal unter Dauerlicht (LL) und einmal in einem Licht-Dunkel-Wechsel (LD) mit einer zwölfstündigen Lichtzeit aufgezogen wurden. Es zeigten sich Unterschiede in der Enzymaktivität der HL, die auf eine endogene Anlage des Rhythmus' schließen lassen (s. Abb. 3, LL). Im 24-Stunden-Zeitraum traten sechs Maxima auf. Die gleichen Untersuchungen im LD zeigten dagegen, daß um 10 und um 4 Uhr Maxima liegen. Die Untersuchungen wurden in einem Larvenalter von 96 bis 120 Std. vorgenommen.

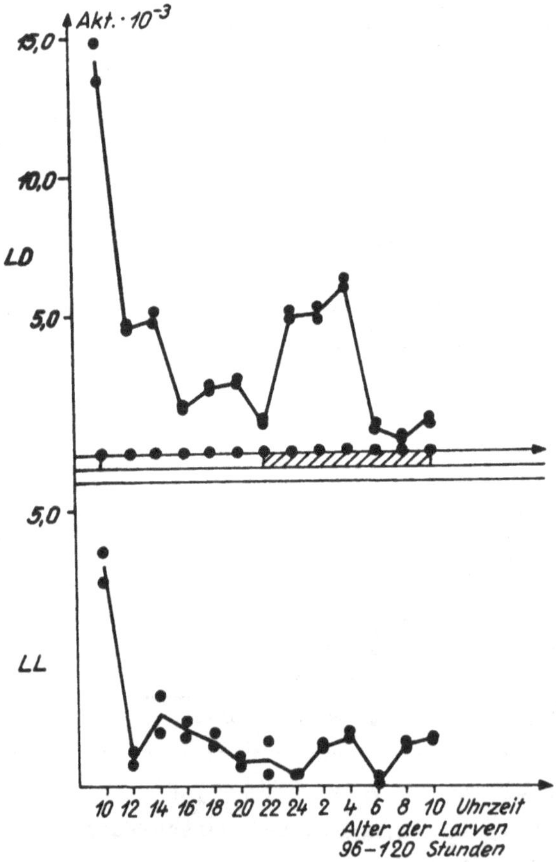

Abb. 3: Alanin-Aminopeptidaseaktivität der Hämolymphe von Calliphora erythrocephala (Meig.) unter verschiedenen Licht-Dunkel-Bedingungen

Diskussion

In der Vergangenheit stand die Untersuchung proteolytischer Enzyme in der Postembryonalentwicklung der Insekten besonders eng im Zusammenhang mit Nahrungsaufnahme und Verdauung. Auch für Calliphora erythrocephala (Meig.) lassen sich derartige Korrelationen nachweisen. Der Verlauf der Fraßaktivität der Larven zu Beginn des L3 zeigt eine deutlich abfallende Tendenz, nach einem Larvenalter von 72 Std. wird keine Nahrung mehr aufgenommen. Diese Entwicklung zeichnet sich in den Abbildungen ab. Den direkten Zusammenhang zwischen Nahrungsaufnahme und Darmproteasenaktivität konnten JANDA und KRIEG /1/ nachweisen, wobei für Galleria mellonella ein Aktivitätsanstieg proteolytischer Enzyme beim Fraß gefunden wurde.

Es erschien ratsam, den Tagesgang der proteolytischen Enzyme zu verfolgen, da bei anderen Parametern des larvalen Stoffwechsels bedeutende tagesperiodische Änderungen auftraten. Dabei zeigte sich, daß die Larven, die unter Dauerlicht gehalten wurden, einen durchschnittlich sechsstündigen Rhythmus der Proteaseaktivität in der Hämolymphe haben. Das ist für viele Stoffwechselrhythmen typisch. Unter steuernden Lichtbedingungen LD und DL ordnet sich der Rhythmus der Enzymaktivität so in den Tagesgang ein, daß zu Beginn jeder Lichtphase jeweils ein Maximum liegt. So entsteht ein typisch bimodaler Kurvenverlauf, der auch für die Alanin-Aminopeptidaseaktivität gefunden wurde. Hier befindet sich das Maximum in der Dunkelphase und das Minimum in der Lichtphase bei einem L:D = 12:12. Dieser Lichtrhythmus scheint eine optimale Ausbildung der Phasen der genannten Enzymaktivität in der Hämolymphe zu gewährleisten, wie ein Vergleich mit Dauerlichtversuchen zeigte. Das Gesamtniveau der Enzymaktivität im LL ist wesentlich niedriger (nur 30 % der Aktivität des LD). Dabei entfällt wahrscheinlich die synchronisierende Wirkung des Licht-Dunkel-Wechsels. Das trifft zumindest auf den Gesamtkomplex proteolytisch wirkender Enzyme zu.Ein genauer Vergleich der Lagen der Maxima im LD zum LL zeigte, daß unter konstanten Lichtbedingungen ebenfalls zu gleichen Zeitpunkten Maxima angelegt sind, die nur in einer durchgehenden Amplitudenerniedrigung nicht so auffällig sind.

Literatur

/1/ JANDA, V. und P. KRIEG: Z. vergl. Physiol. 64 (1969) 288

Zusammenfassung

Es wurde untersucht, inwieweit der Aktivitätsrhythmus der an der Histolyse beteiligten proteolytischen Enzyme Protease und Alanin-Aminopeptidase photoperiodischen Zeitgebereinflüssen unterliegt. Die Aktivität der Proteasen verläuft in der Larvalentwicklung invers zum Proteingehalt der Hämolymphe. Die Charakterisierung der Proteasenaktivität unter steuernden Lichtbedingungen im Larvenalter von 96 bis 120 Std. zeigt den gleichförmigen Verlauf der Aktivitätskurven im Dauerlicht (DL). Auch für die Alanin-Aminopeptidase verlaufen die Kurven im LL und LD parallel. Die Lage der Maxima ist fast identisch.

Aus den Untersuchungen kann geschlossen werden, daß die Aktivität proteolytischer Enzyme in der Hämolymphe im wesentlichen einer endogenen Steuerung unterliegt und vom Umweltfaktor Licht weitgehend unbeeinflußbar ist.

Summary

Исследования к содержанию протеина в гемолимфе 3-ей личиночной стадии (L III) Calliphora показывают, что имеются значительные обусловленные развитием колебания. В LIII они являются прежде всего следствием гистолитических процессов, которые в подготовке к кукольной фазе начинаются уже в этой личиночной стадии.

В настоящей работе было исследовано, во сколько ритм активности участвующих в гистолизе протеолитических энзимов протеаза и аланин - аминопептидаза (AAP) подлежит фотопериодическим влияниям датчиков времени.

Ход кривой активности протеазы является инверсным по сравнению с содержанием протеина в гемолимфе.

В возрасте от 96 до I20 часов ход кривой активности протеазы одинаковый как при постоянном свете, так и при чередовании света и темноты (L:D =I2 : I2) и его инверсии (DL) . Тоже для AAP ход кривых в LL и в LD параллелен. Положение максимумов почти идентично.

На основе исследований можно сделать вывод, что активность протеолитических энзимов гемолимфа в основном подлежит эндогенному управлению и что свет как фактор среды на неё в лучшем случае незначительно влияет.

Summary

Methodical, developmental and biorhythmic aspects had the majority at investication on haemolymph proteolytic activity of the third larval instar of Calliphora erythrocephala (Meig.).

The haemolymph protease activity decreases during the first part of the L3 correlated with a decrease of food intake. At the larval age of 96 h the enzyme activity is minimised, increasing subsequantly inverse to the protein concentration of haemolymph. The increasing protease activity results from the metabolism of larval proteins. The changes of protease activity in the praepupal phase have on average periodes of six hours. A bimodal non inverting activity rhythm appears by L-D-change.

Martin-Luther-Universität Halle - Wittenberg
Sektion Biowissenschaften, Wissenschaftsbereich Zoologie, Halle

Zur Aktivitätsrhythmik der sauren Phosphatase im dritten Larvenstadium von Calliphora erythrocephala MEIG.

D. DAHLHELM, H. HILBIG und W.-R. GROSSE

Die Larven von Calliphora erythrocephala zeigen, wie holometabole Insekten allgemein, bereits in der Vorbereitungsphase auf die Verpuppung typische histolytische Veränderungen in Organbereichen, die dem teilweisen Abbau unterliegen, oder im Fettkörper, in dem die Speicherung der bei der Histolyse freigesetzten Proteine erfolgt (DAHLHELM /1/). Diese Prozesse setzen im dritten Larvenstadium nach dem Verlassen des Futters und der anschließenden Entleerung des Darmes im Alter von 93 Stunden (bei 23°C Zuchttemperatur) ein (JANSKY et al. /2/). Sie sind für die larvale Entwicklungsphase vor der Verpuppung charakteristisch. Sie werden nach SASS und KOVACS /3/ an Mamestra brassicae durch das Zusammenspiel des Juvenilhormons und des Ecdysons gesteuert. Ecdyson fördert das Auftreten von Autophagie- und Heterophagie-Vakuolen, JH wirkt entgegengesetzt. Das Absinken des JH-Titers in der Ruhelarve und der Anstieg des Ecdysontiters in der praepupalen Phase sind danach die Ursache für die organspezifischen katabolen Prozesse (BÖHM /4/). Zelluläre Autophagie und Heterophagie erfolgen durch die Lysosomen (TESSENOW /5/).

Bei der vorgelegten Untersuchung der Aktivitätsrhythmik eines wesentlichen lysosomalen Enzyms, der sauren Phosphatase, wird der Versuch unternommen, die zeitliche Organisation der histolytischen Prozesse und ihre eventuelle photoperiodische Beeinflußbarkeit zu untersuchen.

Material und Methode

Larven von Calliphora erythrocephala wurden vom Schlupf an bei 23°C unter den Lichtregimen LL, L:D = 12:12 und D:L = 12:12 gehalten.

Im Alter von 96 bis 120 Stunden wurden im Zeitraster von 2 Stunden Larven entnommen, zur Haemolymphgewinnung ausgeblutet und anschließend zur Gewinnung des Fettkörpers seziert. Zur Herstellung der Haemolymphproben und Fettkörperhomogenate wurden Gruppen von 5 bis 20 Larven jeder Altersstufe eingesetzt. Die Aktivität wurde mit dem Fermognost-

Farbtest "Saure Phosphatasen" des VEB Feinchemie Sebnitz bestimmt, die Eiweißbestimmung erfolgte nach Lowry.

Die durch Mehrfachbestimmung erhaltenen Aktivitätswerte des Tagesrasters wurden in einer gleitenden Mittelwertskurve erfaßt und in %-Abweichung vom Tagesmittel dargestellt.

Ergebnisse und Schlußfolgerungen

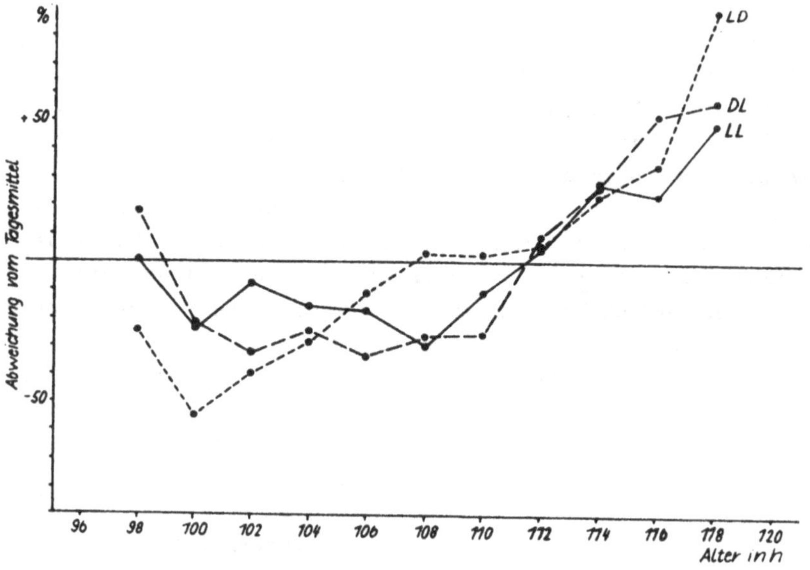

Abb. 1: Haemolymphe: Aktivität der sauren Phosphatase in %-Abweichung vom Tagesmittel

Die Aktivität der sauren Phosphatase nimmt in ihrem Absolutwert im Verlaufe des untersuchten Zeitraumes (dritter Tag der L3) zu. Die vorliegenden Befunde lassen über die gesamte Entwicklung des dritten Larvenstadiums, die vier Tage umfaßt, noch keine vollständige Aussage zum Verlauf der Phosphatase-Aktivitätskurve zu.

Abb. 1 und 2 zeigen jedoch an, daß das Muster der proteolytischen Aktivität, das für die Larvalentwicklung von Calliphora erythrocephala charakteristisch ist, keiner photoperiodischen Beeinflußbarkeit unter-

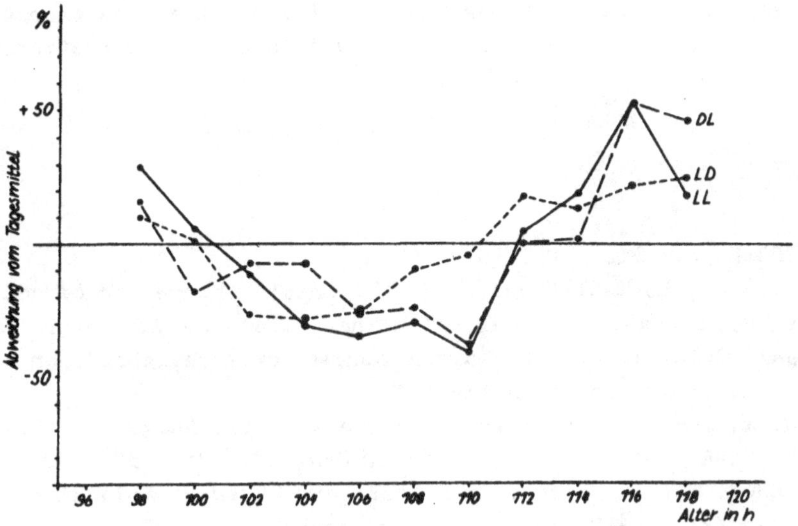

Abb. 2: Fettkörper: Aktivität der sauren Phosphatase in %-Abweichung vom Tagesmittel

liegt.

Diese Befunde sprechen dafür, daß das ontogenetische Programm der außerordentlich schnellen Larvalentwicklung von Calliphora erythrocephala unabhängig von photoperiodischen Zeitgebern abläuft. Sie stimmen überein mit anderen Befunden, die an den Zellkernen der neurosekretorischen Zellen (siehe Beitrag STUBBE und DAHLHELM im vorliegenden Band) und des Fettkörpers dieses Versuchsobjektes gewonnen wurden (DAHLHELM et al. /6/), und mit den Ergebnissen zur Aktivität weiterer proteolytischer Enzyme, über die wir auf dieser Tagung berichten (siehe Beiträge GROSSE, HILBIG und DAHLHELM, HILBIG, GROSSE und DAHLHELM im vorliegenden Band).

Summary

The activity of the Acid Phosphatases of haemolymph and fat body in the L III of Calliphora erythrocephala was studied on the 5th day of larval development under various photoperiodic conditions. There was not found an influence of photoperiod on the patterns of the encymatic activity. The proteolytic or histolytic processes in the larval development of Calliphora erythrocephala are following a pure endogenous ontogenetic programme. This was also found in other observations by the same object.

Literatur

/1/ DAHLHEIM, D.: Biol. Zbl. 92 (1973) 41

/2/ JANSKY, A., B. MARTIN und B. REICH: Untersuchungen zu circadianen Kerngrößenschwankungen der Fettkörperzellen von Calliphora erythrocephala MEIG. im dritten Larvenstadium unter verschiedenen Lichtregimen. Diplomarbeit, Halle 1976

/3/ SASS, M. and J. KOVACS: Acta Biol. Acad. Sci. Hung. 26 (1975) 189

/4/ BÖHM, G.-A.: Mitt. Dtsch. Entomol. Ges. 27 (1968) 52

/5/ TESSENOW, W.: Lysosomen. in: BIELKA, H. (Hrsg.): Molekulare Biologie der Zelle, VEB Fischer Verlag Jena 1973 S. 405

/6/ DAHLHEIM, D., A. SCHNITTER, S. GLÄNZEL, A. JANSKY, B. MARTIN und B. REICH: Kerngrößenoscillationen der Neurosekretorischen Zellen und der Fettkörperzellen bei der Larve des dritten Stadiums von Calliphora erythrocephala MEIG. unter verschiedenen Lichtregimes. in: SCHUH, J. (Hrsg.): Chronobiologie '76, Martin-Luther-Universität Halle - Wittenberg, Wissenschaftliche Beiträge 1977/40 (P 6) Halle (Saale) 1977 S. 113

Zusammenfassung

Es werden erste Ergebnisse von Untersuchungen zur Aktivitätsrhythmik der sauren Phosphatase in der L III von Calliphora erythrocephala mitgeteilt. Untersucht wurde die circadiane Aktivität der sauren Phosphatase am 5. Tag der Larvalentwicklung, an dem sich die Larve in der Phase des Beginns der Histolyse larvaler Organe und der Speicherung der Proteine im Fettkörper befindet. Zur Untersuchung gelangten Fettkörper und Haemolymphe.

Die Ergebnisse werden in Bezug auf die Bedeutung der Photoperiode (LL, LD = 12:12 und DL = 12:12) als Zeitgeber eines rapide ablaufenden ontogenetischen Prozesses diskutiert. Dabei wird sichtbar, daß in der Larvalentwicklung von Calliphora erythrocephala bei einer Zuchttemperatur von 23°C das endogene Zeitmuster weitgehend unabhängig vom exogenen Lichteinfluß ist.

Резюме

Представляются первые результаты исследования ритмики активности кислой фосфатазы в третьей личиночной стадии (LIII) Calliphora erythrocephala Была исследована циркадная активность кислой фосфатазы в 5-ый день личиночного развития, в который личинка находится в фазе начинающегося гистолиза личиночных органов и накопления протеинов в жировом тельце. Исследовались жировое тельце и гемолимфа.
Результаты обсуждаются в отношении значения фотопериода (постоянный свет - LL , чередование света и темноты - L:D = 12:12 u D:L = 12:12 как датчика времени для быстро протекающего онтогенетического процесса. При этом видно, что в личиночном развитии Calliphora erythrocephala при температуре 23° C ендогенная временная картина является почти независимой от эксогенного влияния света.

Summary

Reported in this paper are preliminary results obtained from studies into the rhythmicity of acid phosphatase activity in the third larval stage of Calliphora erythrocephala. The circadian activity of acid phosphatase was tested on the fifth day of larval development, when larvae were in the phase of incipient histolysis of larval organs and protein storage in the lipoid. Both lipoids and haemolymph were tested.

The results are discussed with regard to the importance of the photo period (LL, LD = 12 : 12 and DL = 12 : 12) as a timer in a high-speed ontogenetic process. It is shown that when Calliphora erythrocephala larvae develop in a culturing temperature of 23°C the endogenic time pattern is widely independent of exogenic light effects.

Martin-Luther-Universität Halle - Wittenberg
Sektion Biowissenschaften, Wissenschaftsbereich Zoologie, Halle

Biorhythmische Untersuchungen zur Neurosekretion in der Larve von Calliphora erythrocephala MEIGEN (Diptera)

A. STUBBE und D. DAHLHELM

Die Kerngrößen-Oszillationen der neurosekretorischen Zellen (NSZ) als Ausdruck der Aktivitätsrhythmik des endokrinen Regulationssystems sind bei Insekten mehrfach untersucht worden. Neben deutlichen Abhängigkeiten von Zeitgebern, insbesondere der Photoperiodik, wurden dabei auch rein endogene, im genetisch fixierten Entwicklungsprogramm festgelegte Rhythmizitäten gefunden.

Die vorgelegten Ergebnisse beruhen auf Kerngrößenmessungen der NSZ der Pars intercerebralis des 3. Larvenstadiums von Calliphora erythrocephala MEIGEN (Diptera) unter Dauerlichtbedingungen (LL). Die Lokalisation der NSZ erfolgte mit einer Paraldehyd-Fuchsin-Färbung in Material, das in einem dreistündigen Raster gewonnen wurde.

Die Kurve der Zellkerngrößen-Oszillation in Abb. 1/1. zeigt deutlich, daß die Larve von Calliphora erythrocephala ein circadianes Muster aufweist. Dieses Muster ist endogen bedingt, es wird durch die Photoperiode nicht exogen beeinflußt. Die Abb. 1/2. und 1/3. im Vergleich zum DL und LD-Regime lassen dies eindeutig erkennen. Unter verschiedenen Photoperioden und bei Dauerlicht bleibt das bimodale Grundmuster erhalten, auch wenn die Maxima zeitlich etwas verschoben sind. Der circadiane Rhythmus tritt bei Dauerlicht sogar am deutlichsten zutage. Nach jeweils 24 Stunden erscheint das Hauptmaximum. Eine Ausnahme macht der letzte Tag des Larvenstadiums. Mit dem Eintreten in die Verpuppungsphase sind sehr tiefgreifende physiologische Veränderungen verbunden, die die Ursache für diese Abweichung vom Grundmuster sein werden. Die Nebenmaxima rücken im Laufe der Entwicklung von der zweiten immer weiter in die erste Tageshälfte. Insgesamt ist eine Zunahme der mittleren Kerngröße vom ersten bis zum vierten Entwicklungstag zu beobachten. Besonders am ersten Tag liegt die Kerngröße der NSZ unter der der folgenden Tage. Am zweiten und dritten Tag sind die Unterschiede im Tagesmittel etwas geringer. Am letzten Entwicklungstag liegt das Kernniveau im Durchschnitt um etwa 13 FE höher als am ersten.

Mit der Funktion der NSZ und der mit ihnen verbundenen endokrinen

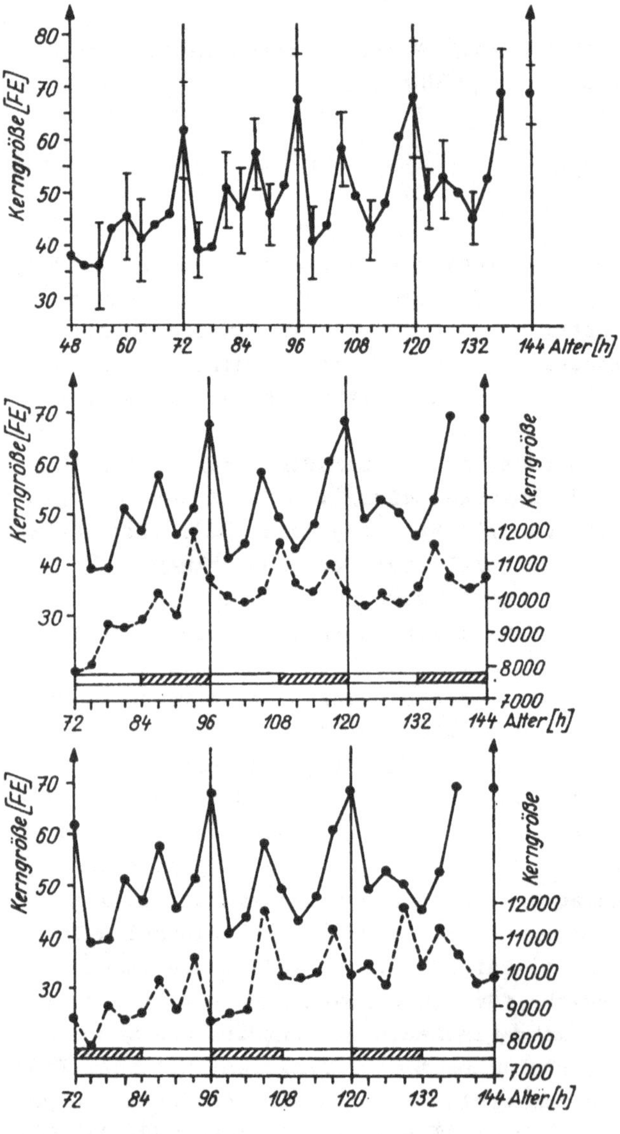

Abb. 1: 1. Kerngrößenschwankungen der NSZ bei LL-Bedingungen
(1 FE = 0,592 μm^2)
2. Vergleich mit Kerngrößenschwankungen im LD
3. Vergleich mit Kerngrößenschwankungen im DL
——— NSZ-Kerngrößen bei LL-Bedingungen

Drüsen sind viele rhythmisch ablaufende Entwicklungserscheinungen und Stoffwechselprozesse verbunden. Auch bei den Calliphora-Larven zeichnen sich hier gewisse Parallelen ab. Im folgenden sollen von den bisher auf circadiane Rhythmik geprüften Parametern die Kerngröße der Fettkörperzellen, der Glykogengehalt des Fettkörpers und die lokomotorische Aktivität der Larven betrachtet werden.

Der Fettkörper (FK) ist das analoge Organ der Insekten zur Vertebratenleber. Seine Funktionen werden hormonell gesteuert, entweder direkt durch die NSZ oder indirekt über die Hormone des Weismannschen Ringes (Corpora cardiaca, Corpora allata, Prothorakaldrüsen). Der Kurvenverlauf in Abb. 2/1. zeigt an, daß die Fettkörperkerne ein dem Muster der Kerne der NSZ ähnliches, bimodales Oszillationsverhalten aufweisen. Unter LD- und DL-Bedingungen konnten JANSKY, MARTIN und REICH /1/ das gleiche beobachten. Danach liegt ein stabiler endogener Rhythmus vor. RENSING /2/ fand bei Drosophila unter LD-Bedingungen eine gute Übereinstimmung zwischen NSZ und Fettkörperzellen. Auch dort lag ein bimodales Muster vor. Während bei Drosophila die Maxima zeitlich übereinanderfallen, ist das bei Calliphora nicht der Fall. Hier ist das Muster zwischen NSZ und Fettkörper phasenverschoben. Hinzu kommt, daß mit Beginn der Bildung von Proteingranulationen eine Verkleinerung der Kerne einhergeht. Aus der Ähnlichkeit der Muster läßt sich nicht unbedingt auf eine direkte Beeinflussung des Fettkörpers durch die NSZ schließen.

Beim Vergleich von Glykogen-Stoffwechsel- (relativer Glykogengehalt, Abb. 2/2. nach GROSSE /3/) und NSZ-Rhythmik fällt die gute Übereinstimmung am 2. und 3. Entwicklungstag auf. Falls der ebenfalls endogene Rhythmus des Glykogen-Metabolismus im Fettkörper der Kontrolle der NSZ unterliegt, scheint durch diesen Befund eine direkte kurzzeitige Wirkung des Neurosekretes auszuscheiden. Es wäre eine Verzögerung durch die Steuerung über die neuroendokrinen Drüsen möglich. Zu diesem Ergebnis kommt auch GLÄNZEL /4/ bei seinen Ausführungen zum LD und DL.

Nach den Untersuchungsergebnissen von GROSSE /3/ an Calliphoralarven ist, ausgehend von der endogenen Rhythmik, eine Abhängigkeit der Lokomotion von dem gebotenen Lichtzyklus durchaus zu vertreten, denn es gelang beim Wechsel von LD zu DL eine Inversion der Aktivitätskurve. Allerdings liegt bei den Larven auf Grund des genetisch fixierten Entwicklungsprogrammes negative Phototaxis vor, so daß bestimmte Abweichungen vom endogenen Rhythmus möglich sein könnten. Unter konstanten Lichtbedingungen (DD und LL) wird der endogen bedingte bimodale Rhythmus deutlich. Vergleicht man die Kurvenbilder der NSZ-Kerngrößen und der lokomotorischen Aktivität (Abb. 2/3.), so wird eine starke Ähnlichkeit der Kurvenformen sichtbar. Es ist deutlich erkennbar, daß unter konstanten Bedingungen (LL) der endogene Grundrhythmus, der für das bimodale Muster verantwortlich ist, vollständig zum Tragen kommt. Eine

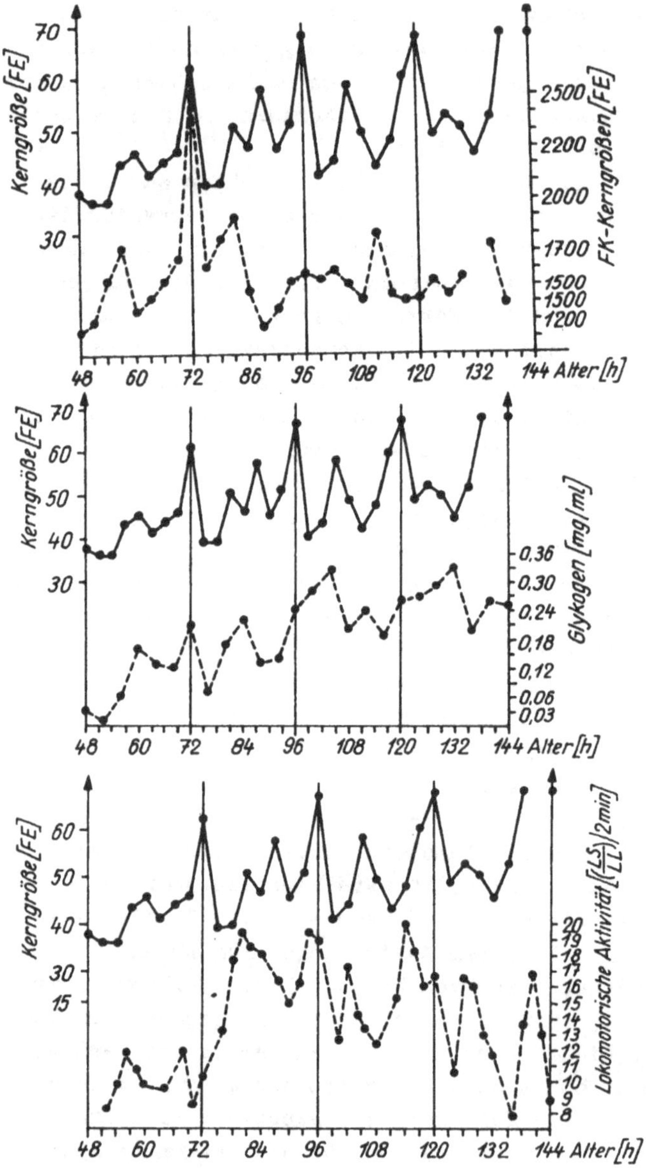

Abb. 2: 1. NSZ und Fettkörperzellkerngrößen unter LL
2. NSZ und relativer Glykogengehalt des Fettkörpers
3. NSZ und lokomotorische Aktivität (LS = Laufstrecke
LL = Larvenlänge)

——— NSZ-Kerngrößenschwankungen

ähnliche Erklärung des Zusammenhanges zwischen Neurosekretion und lokomotorischer Aktivität, wie sie CYMBOROWSKI /5/ gibt (Neurohormone wirken über die Inhibierung aktivitätsbestimmender Hirnzentren), wäre vielleicht denkbar, wenn man in Betracht zieht, daß die Kurven so phasenverschoben sind, daß einem Minimum der Neurosekretion stets ein Maximum der lokomotorischen Aktivität folgt.

Literatur

/1/ JANSKY, A., B. MARTIN und B. REICH: Diplomarbeit am Wissenschaftsbereich Zoologie der Martin-Luther-Universität Halle - Wittenberg, 1976

/2/ RENSING, L.: Zool. Jb.Physiol. 71 (1965) 595

/3/ GROSSE, W.-R.: Biorhythmische Untersuchungen zur Stoffwechselphysiologie des 3. Larvenstadiums der Schmeißfliege Calliphora erythrocephala MEIGEN. Dissertation zur Promotion A am Wissenschaftsbereich Zoologie der Martin-Luther-Universität Halle - Wittenberg, 1973

/4/ GLÄNZEL, ST.: Untersuchungen zur Morphologie des Nervensystems und der circadianen Rhythmik der NSZ des 3. Larvenstadiums der Schmeißfliege Calliphora erythrocephala MEIGEN. Diplomarbeit am Wissenschaftsbereich Zoologie der Martin-Luther-Universität Halle - Wittenberg, 1974

/5/ CYMBOROWSKI, B.: Zoologica Poloniae 20, Fasciculus 1 (1970) 103.

Zusammenfassung

Die Kerngrößen-Oszillationen der Neurosekretorischen Zellen als Ausdruck der Aktivitätsrhythmik des endokrinen Regulationssystems sind bei Insekten mehrfach untersucht worden. Neben deutlichen Abhängigkeiten von Zeitgebern, insbesondere der Photoperiodik, wurden dabei auch rein endogene, im genetisch fixierten Entwicklungsprogramm festgelegte Rhythmizitäten gefunden.

Die vorgelegten Ergebnisse beruhen auf Kerngrößenmessungen der NSZ der Pars intercerebralis des 3. Larvenstadiums von Calliphora erythrocephala Meig. (Diptera) unter Dauerlicht-Bedingungen (LL). Die Lokalisation der NSZ erfolgte mit einer Paraldehyd-Fuchsin-Färbung in Material, das in einem dreistündigen Raster gewonnen wurde.

Die Kurve der Zellkerngrößen-Oszillationen der NSZ zeigt ein circadianes Muster. Dieses Muster ist endogen fixiert, da beim Vergleich mit LD- und DL-Lichtregimen keine Beeinflussung durch die Photoperiode sichtbar wird. Der circadiane Rhythmus ist besonders im LL sehr klar ausgeprägt. Nach jeweils 24 Std. erscheint das Hauptmaximum. Die Nebenmaxima rücken im Verlauf der Entwicklung von der zweiten immer mehr in die erste Tageshälfte. Insgesamt ist eine Zunahme der mittleren Kerngröße im Verlauf des 3. Larvenstadiums zu verzeichnen.
Die Aktivität der neurosekretorischen Steuerelemente der Pars intercerebralis wird im Vergleich zu stoffwechselphysiologischen (Atmung, Reservestoffhaushalt) und Verhaltensparametern (Lokomotion) der Calliphora-Larven diskutiert. Es ist auf Grund der phasenverschobenen Muster eine indirekte neuroendokrine Kontrolle dieser Funktionen zu vermuten.
Die Untersuchungen bestätigen, daß eine Vielzahl von Stoffwechsel-Parametern in der Larvalentwicklung von Calliphora erythrocephala unter normalen Bedingungen einer rein endogenen, von der Photoperiode als Zeitgeber weitgehend unabhängigen Rhythmik unterliegt. Die Muster der Rhythmen ändern sich während der Entwicklung der Larve und sind für bestimmte Entwicklungsabschnitte charakteristisch.

Резюме

Колебания размеров ядер нейросекреторных клеток как выражение ритмики активности эндокринной регуляционной системы были многократно исследованы у насекомых. Помимо ярко выраженных зависимостей от датчиков времени, в частности фотопериодики, были найдены тоже чисто эндогенные, в генетически фиксированной программе развития обоснованные ритмичности.

Представленные результаты базируют на измерениях размеров ядер нейросекреторных клеток Pars intercerebralis 3-ей личиночной стадии Calliphora erythrocephala Meig.(Diptera) при постоянном свете (LL) . Локализация нейросекреторных клеток была проведена паральдегидфуксин-окрашиванием на материале, который был получен через каждые 3 часа.
Кривая колебаний размеров ядер нейросекреторных клеток показывает циркадный ход. Эта кривая эндогенно фиксирована, потому что при сравнении со световыми режимами с чередованием света и темноты (LD и DL) выявляется зависимость от фото-

периода. Циркадный ритм особенно ярко выражается при постоянном свете (LL) . Через каждые 24 часа появляется главный максимум. Побочные максимумы передвигаются в течение развития всё больше из 2-ой в I-ую полонину дня. В целом замечается прирост среднего размера клеток в течение 3-ей личиночной стадии.
Активность нейросекреторных управляющих элементов pars intercerebralis обсуждается в сравнении с параметрами обмена веществ (дыхание, обмен резервных веществ) и поведения (локомоция) личинок Calliphora . На основе передвиженных по фазе кривых можно предполагать посредственный нейроэндокринный контроль этих функций.
Эти исследования подтверждают, что множество параметров обмена веществ в личиночном развитии Calliphora erythrocephala подлежит при нормальных условиях чисто эндогенной, почти независимой от фотопериода как датчика времени, ритмике. Картины ритмов меняются во время развития личинки и характеризуют определённые этапы развития.

Summary

Nuclear size oscillation of neurosecretory cells and its relevance to the activity rhythm of the system of endocrine regulation in insects have been subjects of repeated studies. Earlier examiners found not only unambiguous dependencies on timers, above all photoperiodicity, but as well different rhythmicities which were purely endogenous and laid down in a genetically fixed programme of development.

The results reported in this paper were obtained from nuclear size measurement of the neurosecretory cells of Pars intercerebralis in the third larval stage of Calliphora erythrocephala Meig. (Diptera) under permanent-light conditions. The neurosecretory cells were localised by paraldehyde-fuchsin staining of material obtained by three hours of screening.

The curve of nuclear size oscillations of the neurosecretory cells echibited a circadian pattern. The pattern must have been endogenically fixed, since no photoperiod effect was visible when light-darkness and darkness-light regimes were compared. The circadian rhythm was most clearly pronounced in permanent light. The principal maximum was reached after 24 hours. Secondary maxima moved gradually from the second to the first half of the day, in the course of development. Mean nuclear size, as a whole, increased during the third larval stage.

The activity of the neurosecretory control elements of Pars intercerebralis is discussed in comparison to metabolico-physiological parameters, such as respiration and reserve balance, as well as to behaviour aspects of Calliphora larvae, such as locomotion. Indirect neuro-endocrine control of those functions may be assumed because of the phase-shifted patterns.

The above studies and experiments are likely to support the assumption that in larval development of Calliphora erythrocephala under normal conditions there is a great number of metabolic parameters based on purely endogenous rhythm, widely independent of photoperiodicity as timer. The patterns of those rhythms are likely to undergo change in the course of larval development, each of them being characteristic of a certain evolutionary phase.

Martin-Luther-Universität Halle - Wittenberg
Sektion Biowissenschaften, Wissenschaftsbereich Zoologie, Halle

Variabilität der Zeitstruktur des Eiablageverhaltens von Arctia caja L. (Lep., Arctiidae)

N. GROSSER und J. SCHUH

Die vielfach auftretende Variabilität bestimmter morphologischer Merkmale im Zusammenhang mit prägenden oder beeinflussenden Umweltfaktorenträgt zur Anpassung und Weiterentwicklung der betreffenden Art bei. Das gleiche gilt für abweichende physiologische Merkmale. Es gibt verschiedene Hinweise darauf, daß eine zeitliche Abweichung in den Verhaltensparametern zur Anpassung der Art an extreme Umweltbedingungen oder starke Konkurrenzbeziehungen ebenso beitragen kann. Ein allzu festes Zeitschema bestimmter biologischer Grundfunktionen wäre genau so negativ für die Anpassungsfähigkeit einer Art wie fehlende morphologische und physiologische Variabilität.

In einer Reihe von Versuchen wurde die Variabilität der Zeitstruktur des Eiablageverhaltens von Arctia caja L. untersucht. Im 24-Stunden-Tag mit einem Licht-Dunkel-Wechsel von 18/6 h erfolgte bei konstanter Temperatur und Luftfeuchtigkeit ein 2-stündliches Auszählen der abgelegten Eier pro Weibchen. Die untersuchten Tiere wurden für die Dauer des Versuches, den natürlichen Bedingungen entsprechend, einzeln in mit Papier ausgekleideten Bechergläsern gehalten. Die Entnahme bzw. das Auszählen der Eier erfolgte ohne wesentliche Störungen. Insgesamt wurden 71 Weibchen zur Auswertung herangezogen.

Die Summenkurve der Eiablage (Abb. 1) weist in ihrer zeitlichen Gliederung ein deutliches Maximum in den ersten beiden Stunden der Dunkelphase auf.

In der langen Lichtphase werden nur etwa 16 % der Eier abgelegt, 84 % entfallen auf die Dunkelphase. Die Summenkurve in Abb. 1 resultiert aus der Addition grafischer Darstellungen von verschiedenen Eiablagetypen.

Der mit 56 % aller Tiere am häufigsten vertretene Typ ist der monophasische mit der ausschließlichen Eiablage in der Dunkelphase (Abb. 2 links oben). Dabei sind die ersten beiden Stunden stark bevorzugt. 36 % aller ablegenden Weibchen haben zwei Eiablagemaxima, ein größeres in der Dunkelphase - entsprechend dem Verhalten der Weibchen des oben erwähnten monophasischen Typs - und ein zweites, meist kleineres, in der Lichtphase, deutlich getrennt vom Maximum der Dunkelphase (Abb. 2 rechts oben).

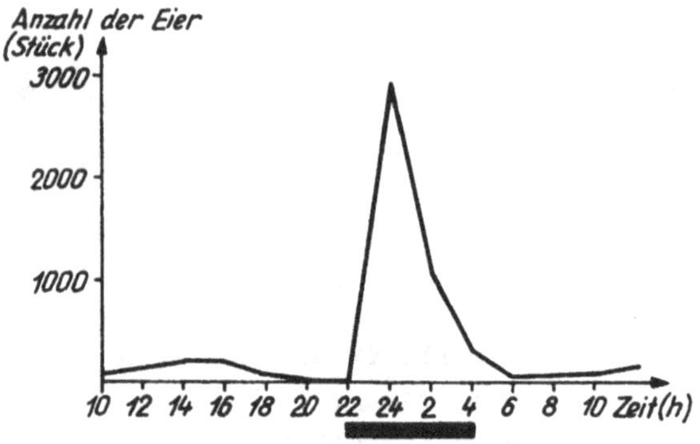

Abb. 1: Summenkurve der Eiablage von Arctia caja L. im L/D = 18/6

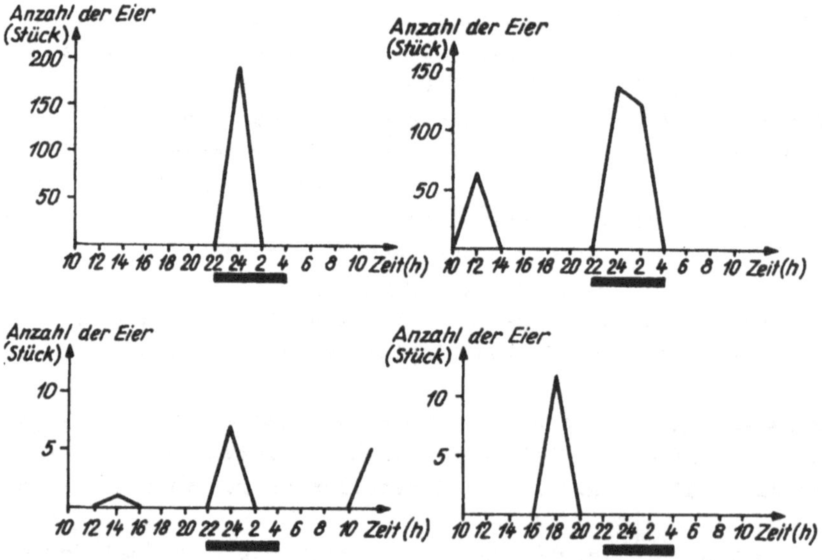

Abb. 2: Beispiel für verschiedene Eiablagetypen

links oben	monophasischer Typ I
rechts oben	biphasischer Typ
links unten	unregelmäßiger Typ
rechts unten	monophasischer Typ II

Dieser zweite Typ soll hier als biphasischer Typ dem ersten, monophasischen, gegenüberstehen. Nur 6,5 % der untersuchten Weibchen zeigten ein unregelmäßiges Muster (Abb. 2 links unten). Dabei tritt aber immer Eiablageaktivität in der Dunkelphase auf.

Ein letzter Typ, da nur 1,5 % der Population betreffend, ist der monophasische Typ mit Maximum und ausschließlicher Eiablage in der Lichtphase (Abb. 2 rechts unten).

Die angeführten Eiablagetypen bei Arctia caja und ihre prozentuale Häufigkeit geben ein gutes Bild der Variabilität der Zeitstruktur des Eiablageverhaltens.

Im Zusammenhang mit der Verteilung der Eiablage über den 24-Stunden-Tag ergibt sich die Frage nach der ökologisch günstigsten Zeit für die Eiablage. Dies ist zweifellos die Zeit der Dunkelphase. Unter Freilandbedingungen herrschen in dieser Periode eine hohe Luftfeuchte, niedrige Temperatur und ein geringerer Feinddruck. Eine Austrocknung der frisch gelegten und noch nicht ausgehärteten Eier und Störungen während der Eiablage sind damit weitestgehend herabgesetzt.

Viele Insektenarten scheinen diesem Eiablagetyp mit bevorzugter Ablage in der Dunkelphase anzugehören. EIDMANN /1/ stellte dieses Verhalten bei Carausius morosus Br. fest. RENSING u. HARDELAND /2/ fanden für Drosophila im L/D = 12/12 ein Maximum der Eiablage kurz nach Beginn der Dunkelzeit, ein kleineres Maximum etwa gegen Mittag. Dies entspricht weitgehend dem von A. caja-Weibchen gezeigten Verhalten. Auch Haemaphysalis longicornis und Ixodes persulcatus (Ixodidae) legen ihre Eier größtenteils in der Dunkelphase ab (FUJISAKI, KITAOKA und MORII /3/). GROSSE /4/ bringt mit Calliphora erythrocephala Meig. ein Beispiel für die ausschließliche Eiablage in der Lichtzeit.

Dennoch werden 16 % der Eier von den A. caja-Weibchen außerhalb dieser Zeit abgelegt. Es ist anzunehmen, daß dieses Verhalten eine Adaptation an extreme Umweltbedingungen darstellt und im Falle einer Katastrophe für die Population in der normalen Eiablagezeit ein Überleben durch die in ihrem Verhalten abweichenden Tiere gesichert ist. Die Variabilität der Zeitstruktur so grundlegender Lebensprozesse wie der Eiablage als Teil des Reproduktionsprozesses trägt also genauso zur Anpassung an wechselnde Umweltbedingungen bei wie die morphologische oder physiologische Modifikation. In der Evolution werden solche Arten, die einen hohen Prozentsatz von Individuen mit vom Populationsdurchschnitt abweichenden Merkmalen in morphologischer, physiologischer oder verhaltensbiologischer Hinsicht besitzen, immer gewisse Vorteile gegenüber Arten mit geringerer Plastizität haben.

Literatur

/1/ EIDMANN, H.: Z. vgl. Physiol. 38 (1956) 370
/2/ RENSING u. HARDELAND: Nachr. Akad. Wiss. Göttingen 10 (1967) 115
/3/ FUJISAKI, K., S. KITAOKA u. T. MORII: Nat. Inst. anim. Hlth. Quart. (Tokyo) 13 (1973) 8
/4/ GROSSE, W.-R.: Chronobiologie '76 - Kongreß- und Tagungsberichte der Martin-Luther-Universität Halle (1977) 164

Zusammenfassung

In 5 Versuchsserien wurden an Populationen von A. caja (71 Weibchen) im 24-Stunden-Tag mit einem Licht-Dunkel-Wechsel von 18/6 bei konstanter Temperatur und Luftfeuchtigkeit die Zeitstruktur des Eiablageverhaltens registriert (2-stündliches Auszählen der abgelegten Eier).

Die Summenkurve der Eiablage weist in ihrer zeitlichen Gliederung ein deutliches Maximum in den ersten beiden Stunden der Dunkelphase auf. In der Lichtphase werden nur 16 % der Eier abgelegt. 56 % aller Tiere legen nur in der Dunkelphase ihre Eier ab, sie repräsentieren einen monophasischen Eiablagetyp. Bei insgesamt 36 % aller Tiere existiert ein zweites, meist kleineres Eiablagemaximum in der Lichtphase. 6,5 % aller Tiere zeigen kein regelmäßiges Muster der Eiablage, und nur 1,5 % der im Versuch befindlichen Weibchen legten ausschließlich während der Lichtzeit ab. Die Eiablage in der Dunkelphase darf als eine zeitliche Adaptation an ökologisch optimale Entwicklungsbedingungen angesehen werden.

Jedoch ist in der Population eine erhebliche Variabilität der Eiablage im Zeitverhalten sichtbar.

Darauf basiert eine breite Anpassungspotenz der Art an wechselnde Umweltbedingungen, womit sich die Überlebenschancen der Art vergrößern.

Die zeitliche Variabilität im Verhalten einer Art stellt im gleichen Maße wie die morphologische Variabilität innerhalb einer Population eine Adaptationspotenz dar und spielt eine große Rolle bei der Betrachtung der Ökologie der Art.

Резюме

В 5 опытных сериях была регистрирована временная структура откладывания яиц на популяциях A. caja (7I самка) при 24-часовом дне

с чередованием света с темнотой I8:6 и постоянных температуре и влажности воздуха (подсчёт откладываемых яиц через каждые 2 часа). Суммарная кривая откладывания яиц в зависимости от времени имеет чёткий максимум в первых 2 часах темнового периода. В световом периоде откладываются всего лишь I6% яиц. 56% всех животных откладывают свои яйца только в темновом периоде, они представляют монофазный тип откладывания яиц. У 36% всех животных имеется 2-ой в большинстве случаев более низкий максимум в световом периоде. 6,5% всех животных не показывают регулярной картины откладывания яиц и только I,5% находящихся под опытом самок откладывали во время светового периода. Откладывание яиц в темновом периоде можно рассматривать как временную адаптацию к экологически оптимальным условиям для развития.
Но в популяции видна значительная изменчивость откладывания яиц во времени. На этом основана широкая приспособительная потенция вида к изменяющимся условиям.окружающей среды, посредством чего увеличиваются шансы выжить.
Временная изменчивость в поведении одного вида представляет собой в той же мере как и морфологическая изменчивость внутри одной популяции приспособительная потенция и играет большую роль при рассмотрении экологии вида.

Summary

The time structure of ovipositional behaviour was investigated in populations of A. caja (71 females) in 5 series under light conditions of L/D = 18/6 at constant temperature and humidity (samples were taken at 2-hour intervalls). The resulting sum curve shows in its time structure a remarkable maximum during the first 2 hours of scotophase. In photophase only 16 % of the eggs are oviposited. 56 % of the investigated animals oviposit only at scotophase, they represent a monophasic ovipositional type. 36 % of all animals show a second, generally smaller ovipositional maximum in the photophase. 6,5 % have no regular ovipositional maximum in the photophase. 6,5 % have no regular ovipositional behaviour. Only 1,5 % of the investigated A. caja - females oviposited only at photophase.

Oviposition at scotophase could be said to be a time-related adaptation to the ecologically best developmental conditions.

However, there is an important variability of the time structure in oviposition. This is the basis for a broad adaptational potency of a species to changing environmental conditions, related to an increase in survival of the species.

The variability in time structure in the behaviour of a species represents an adaptational potency in the same manner as the morphological variability of a population and is of great importance in the discussion of the ecology of this species.

Martin-Luther-Universität Halle - Wittenberg
Sektion Biowissenschaften, Wissenschaftsbereich Zoologie, Halle

Aktivitätsrhythmen und Zeitstrukturen im Reproduktionsprozeß bei Solitärbienen (Apoidea; Hymenoptera)

M. DORN, N. BENECKE und D. WEBER

Solitärbienen werden in jüngster Zeit verstärkt als Bestäuber für spezielle Kulturen in der Saatgutproduktion und im Obstbau eingesetzt (FREE /1/; BOHART /2/). Neben der inzwischen weltweit als Luzernebestäuber genutzten Blattschneiderbiene Megachile pazifica PZ. gilt dies vor allem für Osmia cornifrons RAD.) und O. lignaria SAY., die in Japan bzw. in den USA bereits seit längerer Zeit in größerem Umfang im Obstbau verwendet werden (MAETA und KITAMURA /3/; TORCHIO /4/). CHANSIGAUD /5/ setzte in Frankreich versuchsweise Andrena carantonica PER. zur Apfelbestäubung ein. Von besonderem Interesse ist die Nutzung von Solitärbienen als Bestäuber in geschlossenen Räumen. Verfasser führten mit dieser Zielstellung seit mehreren Jahren Untersuchungen an ausgewählten Vertretern der heimischen Solitärbienenfauna durch (DORN, BENECKE, WEBER /6/) und konnten in diesem Zusammenhang aufschlußreiche Daten zur Circadianrhythmik des Blütenbesuchs und zum Zeitmuster der Anlage von Brutzellen bei Anthophora acervorum (L.), A. quadrimaculata (PZ.), Osmia rufa (L.) und Anthidium manicatum (L.) ermitteln.

Die Effektivität eines gelenkten Einsatzes von Solitärbienen hängt in hohem Maße von ihrer täglichen Flugdauer und der Intensität des Blütenbesuches ab. Unter der täglichen Flugdauer sei hier die tageszeitliche Ausdehnung des Blütenbesuchs der weiblichen Tiere einer Solitärbienenpopulation verstanden. Sie differiert insbesondere bei den Arten unserer autochthonen Frühjahrsfauna recht erheblich und weist eine charakteristische Staffelung sowohl im Beginn als auch im Abschluß auf. Die höchsten Werte wurden bei Anthophora acervorum (L.) festgestellt, die eine tägliche Flugzeit bis zu 17 Stunden erreicht. Während diese Art bei günstigen Witterungsbedingungen bereits vor 4 Uhr mit dem Blütenbesuch beginnt, erscheint die Mehrzahl der heimischen Arten erst drei bis vier Stunden später und erreicht nur eine tägliche Flugdauer von 9 bis 11 Stunden. Die Intensität des Blütenbesuchs soll unter populationsökologischer Sicht durch die Anzahl blütenbesuchender Weibchen und die von ihnen pro Zeiteinheit beflogenen Blüten ausgedrückt werden. Dauer und Intensität des Blütenbesuchs zeigen artspezifische Muster. In beiden Fällen wirken Temperatur und Lichtintensität als primäre Zeitgeber, und zwar innerhalb artlich unterschiedlicher Meßbereiche negativ korreliert. Der Einfluß der Nektarsekretion von Futterpflanzen als Zeitgeber wurde bei diesen Untersuchungen durch die Einbeziehung einer möglichst großen Zahl verschiedener Vorzugspflanzen weitgehend eliminiert. Nach den bisherigen Beobachtungen zeigt die Intensitätskurve des täglichen Blütenbesuchs, gemessen an der Anzahl blütenbesuchender Weibchen pro Zeiteinheit, zwei Grundmuster:

1. Die Schwingung verläuft bimodal. Die Aktivitätsmaxima liegen vor und nach den Maxima von Lichtintensität und Lufttemperatur. Der Vormittagsgipfel zeigt in der Regel höhere Werte. Dieses Grundmuster wurde bei Anthophora acervorum (L.) und A. quadrimaculata (PZ.) festgestellt (Abb. 1).
2. Die Schwingung verläuft unimodal. Das Aktivitätsmaximum fällt annähernd mit dem Maximum der Lichtintensität zusammen. Ein derartiger Verlauf der Aktivitätskurve wurde bei Megachile ericetorum LEP., Anthidium manicatum (L.), Osmia rufa (L.) aber auch bei Andrena flavipes PZ. (Abb. 2) beobachtet. Bei Megachile pazifica PZ. wurde unter Gewächshausbedingungen ebenfalls ein unimodaler Schwingungsverlauf des Blütenbesuchs ermittelt, dessen Gipfel jedoch dem Temperaturmaximum folgte.

Diese Grundmuster werden in der Regel durch Witterungseinflüsse, d. h. durch Bewölkung, Niederschläge, starke Luftbewegung, aber auch durch extreme Temperaturanstiege in dieser oder jener Form abgewandelt und können schließlich ineinander übergehen.

Auch in der Frequenz des Blütenbesuchs, gemessen an der für 10 aufeinanderfolgende Blütenbesuche benötigten Zeit in sec., unterscheiden sich die untersuchten Arten sehr wesentlich. Dieser Intensitätsfaktor wird jedoch stark durch die Blütenstruktur beeinflußt und ist nur bei isoliert stehenden Blüten berechenbar. Als Beispiel mögen folgende Werte dienen, die unter annähernd gleichen Witterungsbedingungen ermittelt wurden: An Malus domestica BORKH.: Anthophora acervorum (L.) 33,2 sec., Osmia rufa (L.) 32,7 sec., Andrena armata (GMEL.) 160,8 sec.; an Sideritis scordioides L.: Anthophora quadrimaculata (PZ.) 11,4 sec., Anthidium manicatum (L.) 18,5 sec., Megachile ericetorum LEP. 20,5 sec. (n = 20). In Abb. 1 ist die Blütenbesuchsfrequenz von Anthophora acervorum (L.) an Symphytum officinale L. im Tagesverlauf unter Berücksichtigung von Temperatur und Lichtintensität wiedergegeben. Ein vergleichbarer Kurvenverlauf wurde beim Einsatz von Anthophora acervorum (L.) auf Brassica napus L. in Isolierkabinen ermittelt (DORN, BENECKE, WEBER /6/).

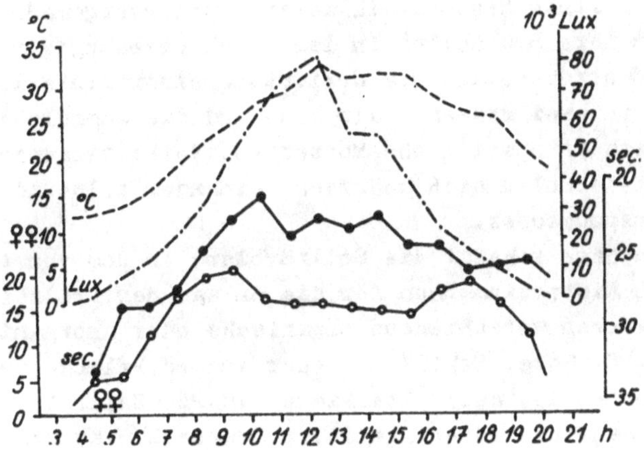

Abb. 1: Tagesverlauf des Blütenbesuches (o——o) und der Blütenbesuchsfrequenz (●——●) von Anthophora acervorum (L.) ♀♀ an Symphytum spp. unter Berücksichtigung der Lufttemperatur und Lichtintensität

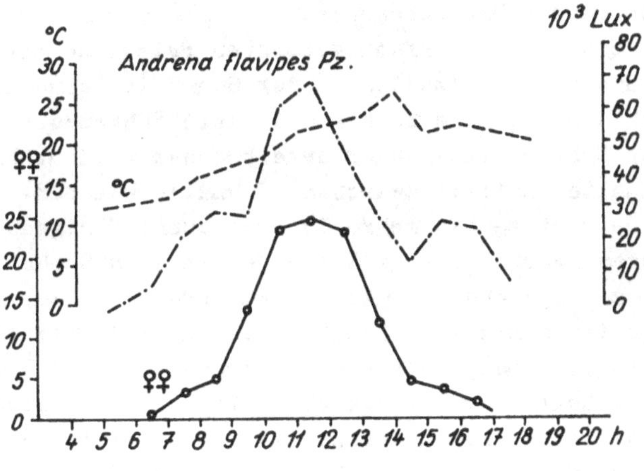

Abb. 2: Tagesverlauf des Blütenbesuches von Andrena flavipes PZ. an 5 verschiedenen Pflanzenarten unter Berücksichtigung von Lufttemperatur und Lichtintensität

Der Blütenbesuch bauender Solitärbienen-Weibchen, nur als solcher ist er für eine wirtschaftliche Nutzung dieser Insekten von Interesse, ist in erster Linie Bestandteil ihrer Brutfürsorgemaßnahmen. Solitärbienen legen ihre Brutzellen in der Regel unabhängig voneinander in getrennten Niströhren an. Die Errichtung einer Brutzelle gliedert sich prinzipiell in zwei Phasen - die Bau- und die Sammelphase. Beide Phasen sind durch artspezifische Muster von Verhaltensweisen charakterisiert und wiederholen sich mehrfach, einander ablösend, im Verlauf des Reproduktionsprozesses.

In der Bauphase schafft die Solitärbiene in dem von ihr aufgesuchten arttypischen Nistmedium Raum für die Anlage der Brutzellen. Dieses Nistmedium können verschiedene organische oder anorganische Substrate sein, wie z. B. Holz, Schilfrohr oder andere Pflanzenteile, sandiger Erdboden, Lehmwände, auch alte Ziegelmauern. Zahlreiche Solitärbienenarten verwenden für die Anlage ihrer Brutzellen außerdem Hilfsstoffe, mit denen sie den Raum der Brutzelle auskleiden oder auch nur die Brutzellen gegeneinander abgrenzen. Megachile-Arten z. B. verwenden hierzu Blattausschnitte, Anthidium-Arten sammeln Pflanzenhaare und Harze für diese Zwecke ein. Die Beschaffenheit und Zugänglichkeit der Nistmedien, vor allem aber derartiger Hilfsstoffe, sind Faktoren, die die Periodenlänge der Bauphase wesentlich beeinflussen. Andere, auf den zeitlichen Ablauf der Bauphase einwirkende Faktoren sind Alter und Gesundheitszustand der Biene sowie die zur eigenen Ernährung zwischenzeitlich notwendigen Blütenbesuche.

Bei der hier bereits mehrfach genannten Pelzbiene Anthophora acervorum (L.), die ihre Brutzellen in der Regel in Lehmwänden anlegt, gliedert sich die Bauphase in 6 - 8 längere Röhrenaufenthalte, die von kurzfristigen Nektarsammelflügen unterbrochen werden. Die Dauer der Röhrenaufenthalte variiert zwischen 15 und 40 Minuten, die der Nektarsammelflüge beträgt selten mehr als 6 Minuten. Übrigens dient der gesammelte Nektar zwar in erster Linie der eigenen Ernährung, er wird jedoch auch, mit Speichel vermischt, zum Erweichen des Nistsubstrates verwendet und ist damit gleichzeitig wichtiger Hilfsstoff für die Anlage der Brutzelle. Das Glätten und Inkrustieren der Brutzellwände ist ohne diese Nektarsammelflüge ebenfalls nicht möglich, so daß bei ungünstigen Witterungsbedingungen, die keinen Blütenbesuch gestatten, der Bau der Brutzelle in dieser Phase unterbrochen wird.

Im Folgenden ist ein typischer Ablauf der Anlage einer Brutzelle in einer bereits gegrabenen Niströhre von Anthophora acervorum (L.) dargestellt:

1. Fertigung des Zellbodens, unterbrochen von 2 Nektarsammelflügen — 1^h 05 min.
2. Gestaltung der Seitenwandung und des Zelleinganges, unterbrochen von 2 Nektarsammelflügen — 1^h 00 min.
3. Inkrustieren und Glätten der Zellwände, unterbrochen von 4 Nektarsammelflügen — 1^h 45 min.

Die Bauphase beansprucht nach diesen Untersuchungen einen Zeitraum von 3 Stunden und 50 Minuten. Die Blattschneiderbiene Megachile pazifica PZ. benötigt nach KLOSTERMEYER und GERBER /7/ für die Ausgestaltung einer Brutzelle mit Blattausschnitten durchschnittlich 2 Stunden und 27 Minuten, während Osmia rufa (L.) für die Zellkonstruktion in Schilfhalmen, wo sie lediglich Begrenzungswände aus Mörtel anlegt, nach WEISS /8/ nur ca. 30 Minuten aufwendet.

Während der Sammelphase wird die Brutzelle mit einem jeweils artentsprechenden Pollen-Nektar-Gemisch versorgt. Entfernung der Nektar- und Pollenquellen vom Nistplatz, ihre Ergiebigkeit und der Grad der Ausbeutung, vor allem aber die Faktoren Licht und Temperatur entscheiden maßgeblich über die Periodenlänge der Sammelphase. Anthophora acervorum (L.) stellt allerdings, wie bereits oben ausgeführt, nur geringe Ansprüche an Temperatur und Lichtintensität. Die Sammelphase dieser Art gliedert sich, wie auch bei allen anderen hier behandelten Arten, in relativ lange Pollen-Nektar-Sammelflüge und zumeist kurzfristige Röhrenaufenthalte. Bei Untersuchungen in Folie-Isolierkabinen benötigte Anthophora acervorum (L.) für einen Pollen-Nektar-Sammelflug auf Brassica oleracea L. durchschnittlich 25 - 30 Minuten, für das Deponieren von Pollen und Nektar in der Brutzelle jedoch nur 5 - 10 min. Um die notwendige Menge von 0,5 g Larvennahrung einzutragen, brauchte sie 15 Sammelflüge und damit für die gesamte Sammelphase eine Zeit von 6 Stunden und 40 Minuten. Die Fertigstellung einer Brutzelle dauert somit 10 Stunden und 30 Minuten, was einschließlich der Zeit, die für Flugpausen außerhalb der regulären Bau- und Sammeltätigkeit benötigt wird, etwa der täglichen Flugzeit dieser Art entspricht. Megachile pazifica PZ. benötigt nach KLOSTERMEYER und GERBER /7/ für die Herstellung einer Brutzelle durchschnittlich 7 Stunden und 37 Minuten. Auch diese Zeit kommt der täglichen Flugzeit dieser thermophilen Art nahe.

Wie oben dargestellt, gliedert sich der Reproduktionsprozeß der Solitärbienen in zwei aufeinander folgende und periodisch wiederkehrende Phasen, deren Ablauf von unterschiedlichen exogenen und endogenen Faktoren gesteuert wird.

Der Blütenbesuch resultiert, auch als Leistung der Population gesehen, fast ausschließlich aus Aktivitäten der Sammelphase. Sein artspezifischer Verlauf wird in erster Linie durch die die Sammelphase beeinflussenden Faktoren im Reproduktionsprozeß bestimmt.

Obwohl die Anlage einer Brutzelle in vielen Fällen dem Zeitraum der täglichen Flugaktivität nahekommt, läuft dieser Prozeß in der Regel nicht als Circadianrhythmus ab und bestimmt damit auch zumindest nicht direkt die Ausprägung des Aktivitätsmusters beim Blütenbesuch auf der Basis der Population.

Literatur

/1/ FREE, J. B.: Insect pollination of crops. Academic Press London and New York 1970, 544 S.

/2/ BOHART, G. E.: Ann. rer. ent. 17 (1972) 278

/3/ MAETA, Y. und T. KITAMURA: Bull. Tohoku nat. agr. exp. stat. Morioca 36 (1968) 53

/4/ TORCHIO, P. F.: J. Kansas ent. soc. 49 (1976) 475

/5/ CHANSIGAUD, J.: Apidologia 6 (1975) 341

/6/ DORN, M., BENECKE, N. und D. WEBER: Einsatz von Solitärbienen für eine gezielte Bestäubung landwirtschaftlicher Nutzpflanzen unter Berücksichtigung anthropogener Störgrößen. Unveröff.Forschungsbericht, Halle 1978

/7/ KLOSTERMEYER, E. G. und H. S. GERBER: Ann. ent. soc. am. 62 (1969) 1321

/8/ WEISS, D.: Untersuchungen zum Einsatz einheimischer solitärer Apoidea für die Bestäubung von Nutzpflanzen in der Saatgutproduktion und Pflanzenzüchtung. Diplomarbeit, Halle 1976.

Zusammenfassung

An ausgewählten Beispielen wurden Aktivitätsmuster des Blütenbesuchs und Anlage von Brutzellen bei solitären Apoidea erörtert. Auf der Basis der Population konnten zwei Grundmuster im Circadianrhythmus des Blütenbesuchs ermittelt werden. Die Zeitmuster der Anlage von Brutzellen haben nur indirekten Einfluß auf die Ausprägung des Aktivitätsmusters beim Blütenbesuch der Population.

Резюме

На избранных примерах обсуждаются суточные картины посещения цветов и закладывания выводковых клеток у одиночных Apoidea. На основе популяции были выделены две основных картин циркадного ритма посещения цветов. Временные картины закладывания выводковых клеток имеют лишь косвенное влияние на формирование суточного ритма посещения цветов популяцией.

Summary

Some activity pattern concerning flower visiting and the achievement of brood-cells of some solitary bees are given. Regarding the population two basal pattern of circadian rhythm could be proved. The temporal pattern of building brood-cells is only of mediate influence on flower visiting activity of the population as a whole.

Pädagogische Hochschule " WOLFGANG RATKE " Köthen
Wissenschaftsbereich Zoologie, Forschungsgruppe
Thysanoptera (Leiter: Prof. Dr. habil. G. SCHLIEPHAKE)

Zur circadianen Aktivität des Fransenflüglers Hercinothrips femoralis O. M. REUTER (Thysanoptera, Insecta)

F. KOCH

Viele Arten der Thysanopteren sind Schaderreger an Kulturpflanzen. Um eine erfolgreiche Bekämpfung dieser Arten zu ermöglichen, macht es sich auch erforderlich, ihre Jahres- und 24-h-Rhythmik zu kennen.
Zur Jahresrhythmik von Thysanopteren liegen Untersuchungen von CEDERHOLM /2/ und LEWIS /4/ vor. Weiterhin ermittelte CEDERHOLM /2/ mit Hilfe spezifischer Fangmethoden die circadiane Rhythmik einzelner Thysanopteren-Arten. Laboruntersuchungen sind uns nicht bekannt, sie scheitern z. T. am Fehlen geeigneter Registriermethoden.
In der vorliegenden Arbeit werden eine Registriermethode und erste Ergebnisse zur circadianen Rhythmik vorgelegt.

Material und Methode

Hercinothrips femoralis O. M. REUTER wurde bei einer Temperatur von 26 $\pm$ 1 $^{\circ}$C, einer Luftfeuchte von 55 $\pm$ 5 % sowie einem Lichtregime L:D=12:12 (4000 : $<$ 10 Lux) auf Zantedeschia spec. (Zimmercalla) und Kalanchoë spec. gehalten.
Die Untersuchungen fanden in einer geschlossenen Kammer (50 mm x 50 mm x 3 mm) statt, die noch einmal in vier Abteilungen (24 mm x 24 mm x 3 mm) unterteilt war. In jede Abteilung kamen zehn Tiere und ein kleines Kalanchoë-Blatt (ca. 5 mm ⌀). Die Registrierung erfolgte halbstündlich mit einem Fotoapparat (PENTACON-SUPER mit Motoraufzug und 17-m-Kassette). Für die Auswertung galten alle Tiere als aktiv, die sich nicht auf der Nahrung befanden.
In einer zweiten Versuchsserie wurde das Blatt durch ein künstliches Medium (KOCH /3/) ersetzt. Weiterhin fanden mit inversen Licht-Dunkel-Bedingungen (D:L=12:12) Untersuchungen zur Zeitgeberwirkung

statt. Die Ernährung erfolgte hier wieder am natürlichen Medium. In jedem der drei Versuche wurden 4oo weibliche Tiere getestet. Die statistische Absicherung erfolgte durch den F-Test und den t-Test (CAVALLI-SFORZA /1/).

Ergebnisse und Diskussion

Die Abb. 1 zeigt die circadiane lokomotorische Aktivität von H. femoralis auf natürlichem (unten) und künstlichem Medium (oben). Auf natürlichem Medium war ein Maximum der lokomotorischen Aktivität gegen 14,oo Uhr zu erkennen. Weitere Aktivitäts-Schübe zeichneten sich gegen 1o,oo Uhr, 15,oo Uhr und 16,oo Uhr ab. Während der Dunkelzeit und zu Beginn der Lichtzeit war die lokomotorische Aktivität gering. Diese Zeit kann als Ruhezeit betrachtet werden. Der Anteil der aktiven Tiere blieb mit ca. 5o % relativ niedrig, da ein Großteil der Versuchstiere auch während der Aktivitätszeit das Blatt nicht verließ. CEDERHOLM /2/ gelangte bei seinen Untersuchungen zur circadianen Aktivität von Limothrips cerealium HALIDAY, L. denticornis HALIDAY und Stenothrips graminum UZEL ebenfalls zu der Überzeugung, daß der Anteil der aktiven Tiere einer Population am Tage höher ist als in der Nacht. Als Maß für die Aktivität wählte er die Anzahl der Individuen oder Geschlechter, die sich zu einer bestimmten Tageszeit in der Ährenregion oder den Blattscheiden befanden. Da diese Untersuchungen z. T. während der Zeit der Eiablage, Ende Juni, durchgeführt wurden, und die Eier sehr wahrscheinlich in der Nacht abgelegt werden (PRIESNER /5/), ließen sich Verschiebungen in der Individuen-Dichte der verschiedenen Straten (Vorzugsplätze für die Eiablage) registrieren.

Am künstlichen Medium ergab sich ein phasengleiches Aktivitäts-Maximum. Entsprechend glichen sich auch die einzelnen Aktivitäts-Schübe. Jedoch gelang es hier, im Gegensatz zu Versuch 1, die Zeit der relativen motorischen Ruhe in wirkliche lokomotorische Inaktivität und Saugaktivität zu untergliedern. In der ersten Hälfte der Lichtzeit, als auch in den ersten beiden Stunden der Dunkelzeit nahmen die Tiere verstärkt Nahrung auf, was aus dem Absinken der Aktivitäts-Kurve unter das Niveau zu ersehen ist. Die Ruhezeit charakterisierte sich durch schwache Oszillationen um den Gleichwert. Auffällig ist hier, daß der Anteil der aktiven Tiere kaum unter 6o % abfällt. Dieses Ergebnis resultiert aus der Tatsache, daß hier zwischen aktiven und ruhenden Tieren nicht zu unterscheiden war. Der Unterschied zwischen

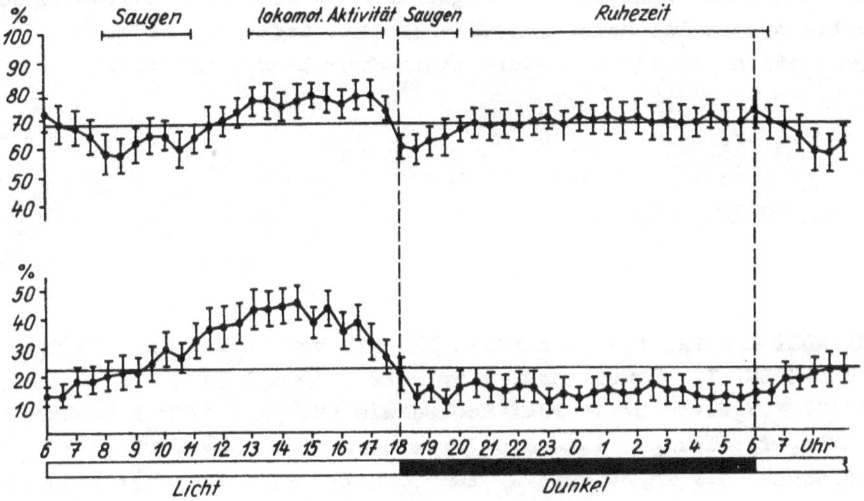

Abb. 1: circadiane Aktivität am natürlichen Medium (unten) und circadiane Aktivität am künstlichen Medium (oben)

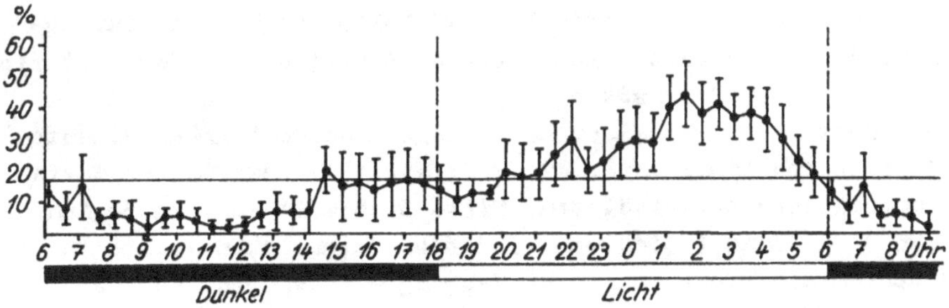

Abb. 2: circadiane Aktivität unter inversen Licht-Dunkel-Bedingungen

dem Aktivitäts-Maximum und dem Aktivitäts-Minimum ist statistisch gesichert ($p < 0,001$).

Aus Versuch 3 (Abb. 2) resultierte, daß ein inverses Lichtregime (D:L=12:12) das 24-h-Muster der motorischen Aktivität invertiert. Zwischen den Licht-Dunkel-Bedingungen und den Dunkel-Licht-Bedingungen ergaben sich keine unterschiedlichen Aktivitäts-Verläufe. Die Synchronisation erfolgt durch die Licht-Dunkel-Periodizität.

Literatur

/1/ CAVALLI-SFORZA, L.: Biometrie. VEB Fischer Verlag Jena 1969 S. 69

/2/ CEDERHOLM, L.: Opusc. ent. suppl. 22 (1963) 74

/3/ KOCH, F.: Wiss. Hefte Päd. Hochschule Köthen (1979) im Druck

/4/ LEWIS, T.: Thrips. Academic Press London and New York 1973 S. 185

/5/ PRIESNER, H.: Thysanoptera. in: SCHULZE, P. (Hrsg.): Biologie der Tiere Deutschlands. 29, Berlin 1923 S. 6

Zusammenfassung

Unter Verwendung einer speziell entwickelten Registriereinrichtung konnte die circadiane lokomotorische Aktivität von Hercinothrips femoralis O. M. REUTER erfaßt werden.
Auf einem künstlichen und einem natürlichen Medium (grüne Pflanze) wurden jeweils 400 Tiere unter einem L:D=12:12 getestet. Das Maximum der lokomotorischen Aktivität trat Mitte Lichtzeit auf. Zu Beginn (Licht-an) und Ende (Licht-aus) der erhöhten lokomotorischen Aktivität nahmen die Tiere verstärkt Nahrung auf. Während der Dunkelzeit ließen sich kaum motorische Aktivitäten nachweisen. Die vergleichenden Untersuchungen auf künstlichem und natürlichem Medium erbrachten keine Unterschiede. Das Aktivitäts-Muster konnte durch inverse Licht-Dunkel-Bedingungen (D:L=12:12) invertiert werden.

Резюме

Применяя особенно развитое регистрационное устройство, можно было охватить циркадную локомоторную активность Hercinothrips femoralis O. M. REUTER.
Были подвергнуты испытанию при условиях С : Т = I2 : I2 каждый раз 400 животных на синтетическом и естественном субстрате /на зелёном растении/. Максимум локомоторной активности падал на середину светового периода. В начале /при включении света/ и в конце /при выключении света/ повышенной локомоторной деятельности животные усилено принимали питание. В периоде темноты почти нельзя было доказать никаких моторных активностей. Сравнительные исследования на синтетическом и естественном субстратах не доказали никакой разницы. Ритм активности можно было подвергнуть инверсии посредством изменения соотношения света – темноты /Т : С = I2 : I2/.

Summary

Using a special method of registration it was possible to investigate the circadian activity pattern of Hercinothrips femoralis O. M. REUTER. Under a light / dark ratio of 12 : 12 h 4oo individuals were tested on natural and synthetic food sources respectively. The peak activity occurred in the middle of lighttime. At the beginning (light on) and at the end (light off) of increased locomotor activity emphasized food intake could be observed. The activity was rather low during darkness. Comparing the results on either natural or synthetic food sources no decisive differences could be stated. The activity pattern could be inverted by shifting lighttime for 12 h.

Dipl. Biol. F. KOCH, Pädagogische Hochschule Köthen
DDR - 437 Köthen, Lohmannstraße 23

Martin-Luther-Universität Halle-Wittenberg
Sektion Biowissenschaften
Wissenschaftsbereich Biochemie, Halle

Chronobiologische Untersuchungen bei Euglena gracilis unter besonderer Berücksichtigung der Dynamik des Aminopeptidasesystems

A. BARTH, R. A. WEIDHASE und K. SENKPIEL

Einleitung

Bereits im Jahre 1975 wurde auf der Grundlage einiger Hinweise aus der Literatur die Frage gestellt, ob es nicht zwei Gruppen von Aminopeptidasen gibt, nämlich solchen, die, wie allgemein bekannt, am Endabbau der Proteine mitwirken und solchen, die an der "Funktionalisierung" der Proteine auf der Posttranslationsebene beteiligt sind BARTH /1/. Ist dies der Fall, so stellt sich die Einordnung der Aminopeptidasen in den als Zyklus darzustellenden Proteinstoffwechsel im Hinblick auf ihre unterschiedliche Funktion allgemein entsprechend Abbildung 1 dar.

Diesem Schema wurde der auf die wesentlichsten Schritte beschränkte Funktionsablauf eines prokaryotischen Systems zugrundegelegt, da die bisher überzeugendsten Indizien für eine derartige Differenzierung der Aminopeptidasen bei Prokaryoten gefunden wurden MATHESON et al. /2/, MATHESON und DICK /3/, PINE /4/, ZUBER und RONCARI /5/, ZUBER /6/, RONCARI und ZUBER /7/, RONCARI et al. /8/, STOLL et al. /9/, BRETSCHER und MARKER /10/, LIVINGSTON und LEDER /11/.

Es ist die Frage, ob es möglich ist, ähnliche, eventuell weiterführende Hinweise für eine solche Funktionsdifferenzierung der Aminopeptidasen auch in einzelligen eukaryotischen Systemen zu erhalten.

In jüngster Zeit mehren sich die Befunde über die Existenz zahlreicher multipler Formen der Aminopeptidasen, die sowohl artspezifisch variieren, organspezifisch verteilt oder auch im Laufe der Individualentwicklung Veränderungen unterworfen sein können KOVACS und BENESOVA /12/, BENESOVA et al. /13/, GUPTA und PAWAR /14/, HASCHEN /15/, REHFELD et al. /16/, PETERS et al. /17/, SMITH und RUTENBERG /18/, METZ et al. /19/, MARX et al. /20/, GRAY und SANTIAGO /21/, BLAICH /22/, NELSON und SCANDALIOS /23/, HOFFMANN und HÜTTERMANN /24/, KESSLER und YARON /25/, WACKER et al. /26/, WARD /27/, LITTLE und BEHAL /28/, SENKPIEL et al. /29-32/, BARTH und HERMANN /33/, NAKAGAWA und TSUJI /34/. Die Aminopeptidasen rücken damit immer stärker in ihrer raum-zeitlichen Strukturierung und Funktionsausprägung in den Blickpunkt des Interesses und es ist an der Zeit, im Sinne einer einheitlichen Betrachtungsweise die Vielfalt ihrer Formen zu diskutieren.

Der allgemeinen Konzeption aus dem Jahre 1975 BARTH /1/ folgend, wendeten wir uns daher dem Studium der Aminopeptidasen in Euglena gracilis zu.

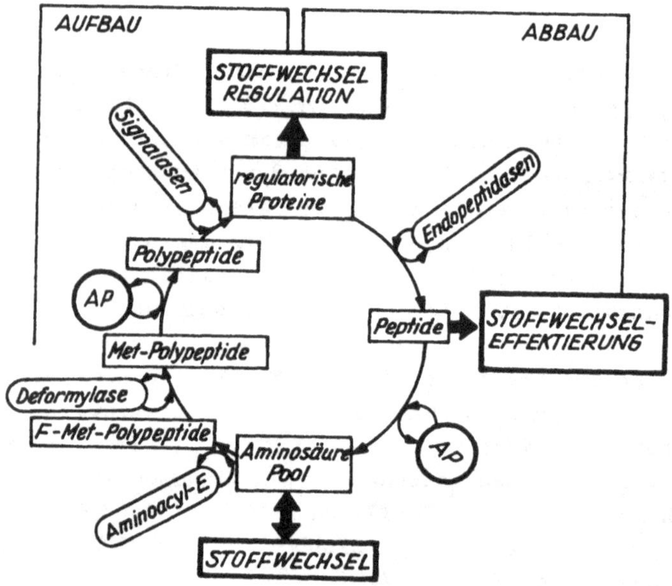

Abb. 1: Allgemeine Darstellung des Proteinstoffwechsels unter Berücksichtigung der möglichen Stellung der Aminopeptidasen
- Grobschema -

Ergebnisse und Diskussion

In einem frischen Rohhomogenat von Euglena gracilis, durch schonenden Ultraschallaufschluß gewonnen, sind zwei hochmolekulare aminopeptidatisch aktive Fraktionen A_1, A_2 disk-gelelektrophoretisch nachweisbar (siehe Abbildung 2).

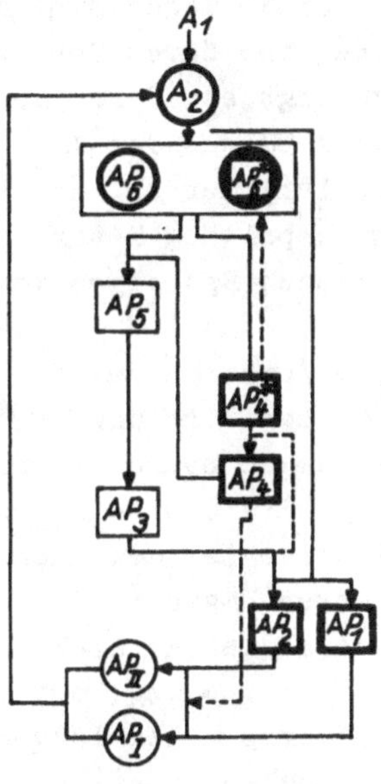

Abb. 2: Multiple Aminopeptidase-Formen in Euglena gracilis

Die Fraktion A_1 bleibt dabei auf dem Sammelgel liegen, während die Fraktion A_2 durch das Sammelgel wandert, jedoch kaum in das 6 %-ige Trenngel eindringt. Es ist anzunehmen, daß A_2 aus A_1 entsteht. Über die Natur der Fraktion A_1 ist nichts bekannt. Die Entscheidung, ob es sich dabei um einen sehr hochmolekularen Aminopeptidasekomplex handelt, ob in diesem auch andere Proteine oder nicht-proteinartige Makromoleküle enthalten sind, oder ob eine Assoziation der Aminopeptidasen an Membranfragmenten vorliegt, erfordert weitere gezielte Untersuchungen. Die Fraktion A_2 wird durch Tris-Magnesium-Kalium-Phosphatpuffer vom pH 7.2 stabilisiert. Wird dieser Puffer durch Magnesiumionen-freien Phosphatpuffer mittels einer Kollodiummembranfiltration ausgetauscht, so zerfällt die hochmolekulare Fraktion A_2 unter Bildung der Aminopeptidase-Form AP_6. Diese wurde isoliert und charakterisiert. AP_6 besitzt ein ungefähres Molekulargewicht von 400 000 Dalton. Gegenüber Aminosäurearylamiden hydrolisiert sie bevorzugt Substrate, die N-terminal Methionin- oder Leucin-Reste besitzen. Das Temperaturoptimum liegt bei 40° C. Aus der AP_6 bildet sich bei der Lagerung bei 4° C in Phosphatpuffer, pH 7.0, innerhalb von 10 Tagen eine neue Aminopeptidase-Form, die AP_4^{*}. Dieser Übergang wird durch Zusatz von Magnesiumionen erheblich verzögert. Auch gelingt es, durch mehrmalige Anionenaustauscherchromatographie an DEAE-A 50 aus der AP_6 die AP_4^{*} zu bilden. Interessant ist, daß bei der Umwandlung der AP_6 zu AP_4^{*} ein Spezifitätswechsel von einer bevorzugten Abspaltung N-terminaler Methionin- oder Leucin-Reste zu einer spezifischen Hydrolyse von N-terminalen Prolinresten bei der AP_4^{*} auftritt.

Im Verlaufe einer etwa 4-wöchigen Aufbewahrung der AP_4 enthaltenden Fraktion in Phosphatpuffer (pH 7.0) zerfällt die AP_4^{*} allmählich, wobei eine neue, spezifisch Prolinarylamide hydrolisierende, Aminopeptidase-Form AP_4 entsteht. Gleichzeitig wird die Aminopeptidase-Form AP_3 nachgewiesen, welche bevorzugt Alaninarylamide, nicht aber Prolinarylamide spaltet. Die AP_4 kann auch unter Umgehung der AP_4^{*}-Bildung aus der AP_6 über eine AP_5 , die ebenfalls disk-gelelektrophoretisch nachweisbar ist, erzeugt werden. Die AP_4 wurde isoliert und partiell charakterisiert. Sie besitzt ein ungefähres Molekulargewicht von 140 000 bis 160 000 Dalton, einen isoelektrischen Punkt von 4.6 und ein Temperaturoptimum von 55° C. Die AP_3 ist in der Lage, in die niedermolekulare, höchstwahrscheinlich monomere Form AP_{II} überzugehen. Sie entsteht auch bei der Behandlung der AP_6 mit EDTA in Phosphatpuffer bei pH 7.2. Eine Reassoziation des Gemisches von AP_I und AP_{II} zur AP_6 gelingt unter Zusatz von Magnesiumionen nach etwa dreitägigem Stehen des Ansatzes bei 4° C. Diese Assoziation verläuft über die Fraktion A_2. Eine Reassoziation der AP_4^{*} zur AP_6 ist ebenfalls experimentell zu verwirklichen. Es ist zu vermuten, daß diese Reassoziation der AP_4^{*} über eine AP_6^{*} erfolgt, denn die AP_6 geht wie berichtet in die AP_4^{*} über, ohne daß bisher eine intermediäre Bildung von AP_6 nachweisbar war, während drei bis vier Wochen gelagertes Euglena-Rohhomogenat neben der AP_4^{*}- und AP_4- auch AP_6^{x}-Aktivität zeigt. Zwischen der AP_6^{*} und der AP_6

könnte ein Gleichgewicht existieren, das zugunsten der AP_6 verschoben ist. Gegenwärtig sind Untersuchungen zur Klärung und Absicherung dieser Sachverhalte in Bearbeitung.

In Euglena-Zellhomogenaten sind eindeutig zwei weitere Aminopeptidase-Formen nachzuweisen, nämlich die AP_1 und die AP_2. Ihre Herkunft ist noch nicht mit Sicherheit bestimmt. Da AP_1 und AP_2 neben der AP_6 im Euglena-Rohhomogenat von vornherein vorhanden sind, könnten diese beiden Formen entweder auf einem Nebenweg entstehen, bei gleichzeitigem intermediären Zerfall von AP_3 und AP_4 oder auch beim Übergang der hochmolekularen Fraktion A_1 in die AP_6, der über die Fraktion A_2 verläuft, gebildet werden. AP_1 und AP_2 besitzen beide ein ungefähres Molekulargewicht von 70 000 Dalton. Sie haben die gleiche Substratspezifität (gegenüber der Hydrolyse von Aminosäure- Dipeptidarylamiden geprüft), unterscheiden sich aber durch ihre isoelektrischen Punkte (AP_1 : IP = 4.8, AP_2 : IP = 5.1). Es handelt sich hier aller Wahrscheinlichkeit nach um zwei "Ladungsisoenzyme". Bevorzugt gespalten werden durch die AP_1 und die AP_2 Arylamide der Aminosäuren Alanin, Glycin sowie Arginin. Im Gegensatz zur AP_6 findet hier kaum eine Hydrolyse von Methioninarylamiden statt. Der Zerfall von AP_1 bzw. AP_2 in die Formen AP_I bzw. AP_{II} kann experimentell durch EDTA-Behandlung realisiert werden.

Die Abbildung 3 gibt einen Überblick über die Lage der Banden der Aminopeptidase-Formen im 6 %-igen Polyacrylamidgel nach der Diskgelelektrophorese (b), einschließlich der Fraktionen A_1 und A_2 (a). Das Sammelgel ist durch Schraffierung gekennzeichnet. Die markierten Aminopeptidase-Formen sind diejenigen, welche in einem Euglena-Rohhomogenat nach mehrtägiger Aufbewahrung bei - 20° C von vornherein disk-gelelektrophoretisch nachgewiesen werden können (bei Aufarbeitung einer photoheterotrophen Kultur am Ende der logarithmischen Wachstumsphase).

Die beschriebenen Untersuchungen machen deutlich, daß in Euglena gracilis höchstwahrscheinlich ein einheitliches komplexes Aminopeptidasesystem existiert, das eine innere Dynamik besitzt und im Zusammenhang mit den dabei erfolgenden Spezifitätsänderungen regulatorische Potenzen aufweist. So gesehen wird das Spiel des Systems von den beiden monomeren Isoenzymen AP_I und AP_{II} in Gang gesetzt. AP_I und AP_{II} sind mit hoher Wahrscheinlichkeit genetisch kontrolliert. Damit wären nur zwei Messenger notwendig, um das gesamte Aminopeptidasesystem zu beherrschen. Dies ist sinnvoll. Wir hoffen, durch Molekulargewichtsabschätzungen aller multiplen Aminopeptidase-Formen und durch immunologische Untersuchungen in nächster Zeit weitere Kenntnisse über die Natur der Zusammenhänge dieser multiplen Enzym-Formen zu erlangen.

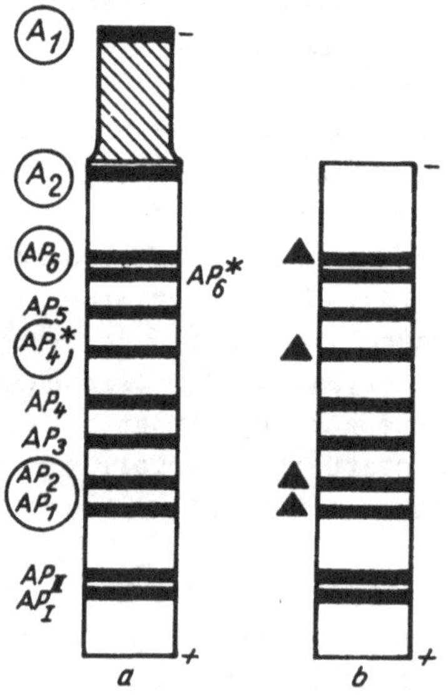

Abb. 3: Aminopeptidase-Spektrum von Euglena gracilis - in vitro - SENKPIEL et al. /31/

Die eingangs gestellte Frage, ob es hinsichtlich ihrer physiologischen Funktion zwei Gruppen von Aminopeptidasen gibt, ist durch die dargelegten in vitro Untersuchungen nicht zu beantworten. Wohl aber ist das Interesse an dieser Problemstellung gestiegen, denn sollte es ein Zufall sein, daß auf der hochmolekularen Seite des Systems eine Methioninspezifität sich ausprägt, daß die AP_6 aus Euglena gracilis im Molekulargewicht und in der Substratspezifität Ähnlichkeiten mit der ribosomalen Aminopeptidase aus E. coli zeigt MATHESON et al. /2/, daß die relativ breite Substratspezifität auf der niedermolekularen Seite des Systems einhergeht mit dem weitgehenden Verlust an dieser

Methioninspezifität und daß der interessante, teilweise reversible Übergang der hochmolekularen in die niedermolekularen Formen erfolgt, indem hochspezifische Aminopeptidasen mittleren Molekulargewichts durchlaufen werden.

Untersuchungen an isolierten Systemen auf subzellulärer und molekularer Ebene stellen dann einen wertvollen und unter Umständen auch unumgänglichen Beitrag zur Aufklärung von biologischen Regulationsphänomenen dar, wenn es gelingt, sie unter Beachtung der objektiven Grenzen ihrer Aussagefähigkeit mit entsprechenden Experimenten in vivo sinnvoll zu koppeln. In Anbetracht dessen wurde daher die Frage gestellt, wie sich die Aktivität der Aminopeptidasen im Verlaufe des Zellzyklus von Euglena gracilis verändert und ob dabei Differenzierungen zwischen den einzelnen Aminopeptidasen bzw. Aminopeptidase-Gruppen zu beobachten sind.

Zur Untersuchung des Zellzyklus wurde Euglena gracilis in axenischer Kultur photoautotroph vermehrt. Die Synchronisation erfolgte durch einen periodischen Licht-Dunkel-Wechsel mit dem Regime von LD 14 : 10, die wirksame Beleuchtungsstärke lag bei 4 500 Lux.

In dem Rohhomogenat photoautotroph kultivierter Euglena-Zellen lassen sich nach etwa 10-tägiger Aufbewahrung bei - 20° C die Aminopeptidasen AP_6, AP_4 sowie AP_2 und AP_1 disk-gelelektrophoretisch nachweisen.

Enzym	Substrat	pH-Wert des Puffers bei der Aktivitätsmessung	S in Mol/l
$AP_1 + AP_2$	Gly-Ala-PAP-amid	8.1	4×10^{-4}
AP_4	Pro-PAP-amid	7.5	2×10^{-4}
AP_6	Met-Met-PAP-amid	7.0	3×10^{-4}

Tabelle 1: Bedingungen zur differenzierten Ermittlung der Aminopeptidasaktivität im Verlaufe des Zellteilungszyklus von Euglena gracilis WEIDHASE et al. /38/

Fußnote: - PAP-amid 4-Phenylazo-phenylamid

Es konnte gezeigt werden, daß das chromogene Substrat Gly-Ala-PAP-amid nahezu ausschließlich von AP_1 und AP_2, das Substrat Pro-PAP-amid von den Proliniminopeptidasen (AP_4^* und AP_4) und das Substrat Met-Met-PAP-amid von der AP_6 jedoch nicht von der AP_4 und so gut wie nicht von den Aminopeptidase-Formen AP_1 und AP_2 hydrolisiert wird SENKPIEL et al. /29 - 32/.

Damit sind die Voraussetzungen für einen weitgehend differenzierten Nachweis der AP_6, AP_4 und der AP_1 und AP_2 auch in einem Rohhomogenat gegeben. Die Bedingungen für eine solche differenzierte Aktivitätsbestimmung sind in der Tabelle 1 zusammengestellt.

Die Synchronisation von Zellpopulationen ist ein wertvolles Hilfsmittel zur Untersuchung des Zellzyklus. Ein spezieller Fall solcher Synchronisationen sind teilungssynchronisierte Systeme, wie sie von COOK und JAMES /35/ sowie von EDMUNDS /36/ für Euglena gracilis beschrieben worden sind. Für die Versuche wurde der Synchronisationsindex nach SCHERBAUM (ENGELBERG /37) bestimmt. Er lag in allen Fällen bei 0.50 ± 0.05.

Die Zeitstruktur der zellspezifischen Aktivität der Aminopeptidasen AP_1 und AP_2 im Rohhomogenat von Euglena gracilis ist in der Abbildung 4 (unten rechts) dargestellt.

Das Chronogramm läßt deutlich eine diurnale Rhythmik erkennen. Minima und Maxima unterscheiden sich signifikant. Die Abschätzung der Phasenlage zeigt, daß das Maximum der zellspezifischen Aktivität etwa in der Mitte der Lichtphase liegt und der Aktivitätsanstieg aus dem Minimum etwa drei Stunden vor dem Wiedereinschalten des Lichtes erfolgt.

Dem Chronogramm von Abbildung 4 (Mitte, rechts) liegt die zellspezifische Aktivitätsveränderung der AP_4 im Verlaufe des Zellzyklus zugrunde. Der Anstieg dieser zellspezifischen Aktivität erstreckt sich über die gesamte Lichtphase, während die Abnahme auf die Dunkelheit beschränkt bleibt.

In der Abbildung 4 (oben rechts) ist die Änderung der zellspezifischen Aktivität der $\hat{AP}_6$ gegen die Zeit aufgetragen. Das Dachsymbol über der Bezeichnung AP_6 soll zum Ausdruck bringen, daß bei den in vivo Versuchen nicht ausgeschlossen werden kann, daß an der Ausprägung der Met-Met-PAP-amid spaltenden Aktivität auch höher aggregierte multiple Formen (MG 400 000 Dalton), also die Fraktionen A_2 und A_1 z. B. beteiligt sind (vgl. dazu auch Abbildung 4, a, b, c (links)). Auch aus diesem Chronogramm läßt sich deutlich eine diurnale Periodizität erkennen:

Das Maximum der zellspezifischen Enzymaktivität liegt wie im Falle der AP_4 zu Beginn der Dunkelphase.

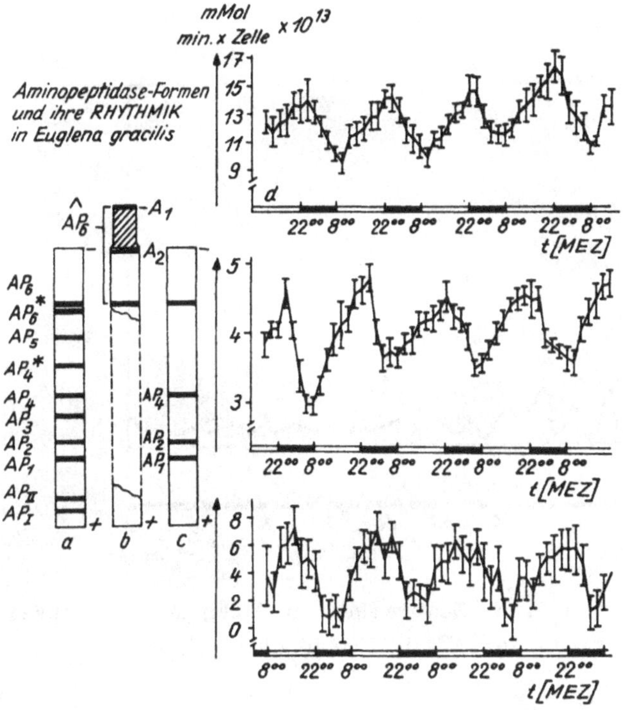

Abb. 4: Aminopeptidase-Formen und ihre Rhythmik in Euglena gracilis WEIDHASE et al. /38/

Die Schwankungen der zellspezifischen Aminopeptidaseaktivitäten wurden der Powerspektrenanalyse unterworfen. Die Abbildung 5 zeigt ein solches "Leistungsdichtespektrum", wie es für den Fall der AP_4 erhalten wurde. Die anderen aus den hier dargestellten Versuchen erhaltenen Zeitreihen ergaben dem von Abbildung 5 sehr ähnliche Powerspektren.

In allen Fällen trat die Dominanz der diurnalen Periodizität klar hervor. Oberschwingungen konnten nicht wahrscheinlich gemacht werden. Damit erst wurde eine Sinuskreuzkorrelation zur Phasenbestimmung sinnvoll, weil interpretierbar.

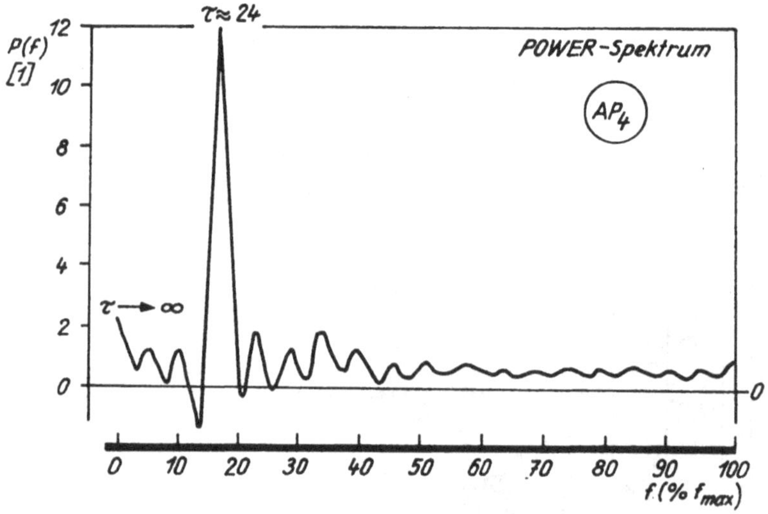

Abb. 5: Powerspektrum einer Zeitreihe von Daten der zellspezifischen Aktivität der AP_4 WEIDHASE et al /38/

Die Periodenlänge lag beim Biorhythmus der AP_1 + AP_2 bei 25.2 Stunden, bei der AP_4 bei 24 Stunden und bei der $\hat{AP}_6$ bei 23.5 Stunden. Durch die Sinuskreuzkorrelation konnten die bereits an den Primärchronogrammen abgeschätzten Phasenbeziehungen bestätigt werden. Demnach liegt das Maximum der zellspezifischen Aktivität der AP_1 + AP_2 gegen 15.30 Uhr MEZ, das der AP_4-Aktivität gegen 21.00 Uhr MEZ und gegen 22.00 Uhr MEZ erreicht die Aktivität der $\hat{AP}_6$ ihren maximalen Wert. Aufgrund des angewendeten Zeitrasters von 120 Minuten liegt der objektive Fehler dieser Phasenangaben bei ± 1 Stunde. In der Tabelle 2 sind diese Ergebnisse zusammengefaßt dargestellt.

Für physiologische Deutungen der Phasendifferenzen zwischen den einzelnen Enzymspezies sind nicht nur die Lage der Maxima interessant, sondern auch der Zeitpunkt des Beginns des Aktivitätsanstiegs. Wird die Tabelle 2 daraufhin betrachtet, so fällt auf, daß der Beginn des Aktivitätsanstiegs der Aminopeptidasen während des Zellzyklus mit dem Molekulargewicht der Enzymspezies zu korrelieren scheint. So beginnt der Anstieg der AP_1 + AP_2 (MG etwa 70 000 Dalton) bereits vor Beendigung der Dunkelperiode, die verstärkte Bereitstellung dieser Enzyme muß also unmittelbar nach Abschluß der Zellteilung einsetzen. Etwa drei Stunden später (unmittelbar zu Beginn der Lichtphase) liegt der Anstiegsbeginn der AP_4 (MG etwa 140 000 bis 160 000 Dalton) und eine signifikante Zunahme der AP_6-Aktivität (AP_6 MG etwa 400 000 Dalton) läßt sich erst weitere zwei Stunden später nachweisen.

Tabelle 2: Ergebnisse der Powerspektrenanalyse und der Sinuskreuzkorrelation (Auswertung der Zeitreihen von Primärdaten der Veränderungen der zellspezifischen Aminopeptidaseaktivitäten in kontinuierlicher Synchronkultur von Euglena gracilis)

Enzym	Periodenlänge der diurnalen Oszillation in Stunden T_c(h)	Energieanteil der diurnalen Periodik am Gesamtprozeß (Power (T_c))	zellspezifische Enzymaktivität (MEZ)	
			Maximum	Anstiegsbeginn
$AP_1 + AP_2$	25.2	7.76	16^{00} Uhr	5^{00} Uhr
AP_4	23.5	11.70	21^{00} Uhr	8^{00} Uhr
AP_6	23.4	10.17	22^{00} Uhr	10^{00} Uhr

Tabelle 2: Ergebnisse der Powerspektrenanalyse und der Sinuskreuzkorrelation WEIDHASE et al. /38/

Durch Diskgelelektrophoresen des Rohhomogenats zu ausgewählten Zeitpunkten des Zellzyklus konnten die genannten Ergebnisse grundsätzlich qualitativ bestätigt werden. Die Abbildung 6 zeigt die Aminopeptidase-Aktivitätsmuster des Rohhomogenats von Euglena gracilis in Abhängigkeit vom Zeitpunkt der Probenahme und von dem eingesetzten Substrat.

Es deutet sich also an, daß aus chronobiologischer Sicht durchaus eine Differenzierung zwischen der AP_6-Aktivität und der Aktivität von AP_1 + AP_2 möglich ist. Inwieweit diese Phänomene mit der eingangs beschriebenen, durch in vitro Versuche nachgewiesenen Dynamik der multiplen Aminopeptidase-Formen in Euglena gracilis unmittelbar zusammenhängen, ist zum gegenwärtigen Zeitpunkt noch nicht zu sagen.

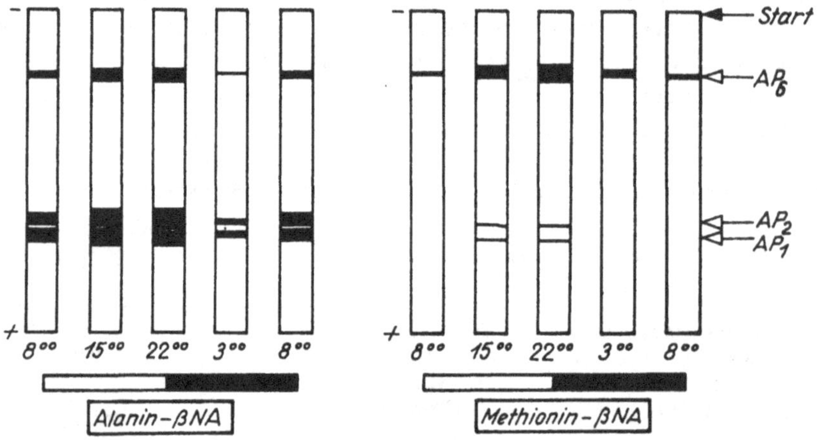

Abb. 6: Aminopeptidasemuster im Rohhomogenat von Euglena gracilis in Abhängigkeit vom Zeitpunkt des Zellzyklus (Spaltung von Alanin-ß-naphthylamid) WEIDHASE et al. /38/

Um weitere Informationen durch voneinander unabhängige Versuchsserien zu erhalten, haben wir den Verlauf der Aminopeptidaseaktivitäten in autotrophen Euglena-Kulturen während einer längeren Periode der Dunkelheit studiert und im Anschluß daran die Frage gestellt: "Was passiert beim Wiedereinschalten des Lichtes, d. h. wie reagiert die Aminopeptidaseaktivität bei den mit dem Wechsel von Hunger zu "Normalernährung" der Zellen verbundenen Stoffwechselumschaltungen"? Wenn es Differenzierungen zwischen den Aminopeptidase-Formen hinsichtlich ihrer Beteiligung einerseits im Rahmen des Proteinkatabolismus, andererseits beim Proteinanabolismus gibt, so müßten sie bei diesen Versuchen deutlich werden.

In der auf der linken Hälfte der Abbildung 7 dargestellten Versuchsserie wurden autotroph kultivierte, durch ein Licht-Dunkel-Regime synchronisierte Euglena-Populationen für 6 bis 7 Tage ununterbrochen der Dunkelheit ausgesetzt. Daran schloß sich wieder ein Licht-Dunkel-

Wechsel an. Die rechte Hälfte der Abbildung 7 demonstriert die Ergebnisse einer Versuchsserie, in der die Euglena-Population analog zum ersten Versuch kultiviert wurde. Der Unterschied besteht darin, daß ihr zu Beginn der Dunkelheit Cycloheximid in einer Konzentration von 4,22 µg/ml zugesetzt wurde.

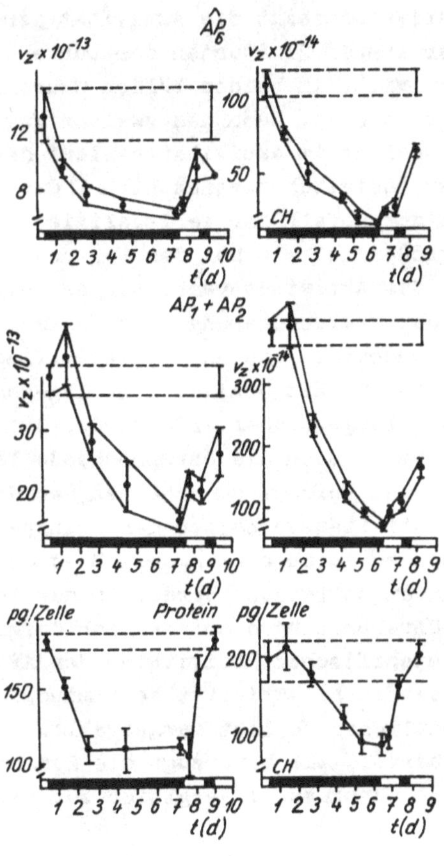

Abb. 7: Zeitliches Verhalten der $\hat{AP}_6$ und $AP_1 + AP_2$ unter Hungerbedingungen und Wiederergrünung WEIDHASE et al. /39/

Alle Aminopeptidaseaktivitäten wurden mit ihren Konfidenzintervallen angegeben. Bei dem nach der LOWRY-Methode ermittelten Proteingehalt pro Zelle ist die Standardabweichung eingezeichnet.

Aus der Abbildung 7 geht hervor, daß der Proteingehalt pro Zelle bei beiden Varianten im Verlaufe der Dunkelperiode stark zurückgeht und erst etwa 12 bis 18 Stunden nach "Licht an" rapide ansteigt, bis zum Erreichen des Ausgangswertes.

In beiden Versuchsvarianten zeigt die Aktivität der AP_1 + AP_2 keine Abnahme im Verlaufe der ersten 24 Stunden der Dunkelheit, während die zellspezifische $\widehat{AP}_6$-Aktivität in beiden Fällen während dieses Zeitraumes deutlich erniedrigt wird. Nach dem zweiten Tag des Dauerdunkel lassen sich kaum Unterschiede im Aktivitätsverlauf der Aminopeptidasen nachweisen. Es ist lediglich festzustellen, daß bei der Variante mit Cycloheximidzusatz der Abfall der zellspezifischen Aminopeptidaseaktivitäten deutlich größer ist als bei dem Versuch ohne Cycloheximid. Interessant ist jedoch das Aktivitätsverhalten der einzelnen Aminopeptidasespezies während der Ergrünungsphase der Euglena-Zellen. Schon in der Abbildung 7 wird angedeutet, daß die zellspezifische Aktivität der AP_6 relativ schnell ansteigt. Sie besitzt eine lag-Phase von etwa 10 Stunden nach "Licht an". Demgegenüber erfolgt der Aktivitätsanstieg bei der AP_1 + AP_2 langsamer, auch die entsprechende lag-Phase ist länger. Um diese interessanten Befunde zu erhärten, wurden die Versuche wiederholt, indem das Aktivitätsverhalten der Aminopeptidasespezies während der Ergrünungsphase durch ein engeres Zeitraster (4-Stunden) bei der Probenahme genauer betrachtet wurde. In der Abbildung 8 sind die Ergebnisse dieser Untersuchungen anschaulich dargestellt. Es werden die relativen zellspezifischen Aktivitäten der AP_6 und der AP_4, bezogen auf die zellspezifische Aktivität der Aminopeptidase-Formen AP_1 + AP_2, in ihrem zeitlichen Verlauf dargestellt. Besonders aus der Abbildung 8 (II) geht hervor, wie bevorzugt die Zunahme der $\widehat{AP}_6$-Aktivität während der Ergrünungsphase im Vergleich zur (AP_1 + AP_2)-Aktivität ist.

Mit der Darstellung der bisherigen Ergebnisse zum Aminopeptidase-System in Euglena gracilis wurde versucht, einen Einblick in die grundsätzliche Problematik zu vermitteln. In diesem Zusammenhang sind abschließend die folgenden Feststellungen notwendig: Es ist im Rahmen dieser Untersuchungen nicht möglich, Aussagen über die tatsächlichen zeitabhängigen Regulationsphänomene der aminopeptidatischen Aktivität (z. B. hervorgerufen durch die zeitabhängige Aktivitätsbeeinflussung durch kompetitive Inhibitoren oder durch Änderungen der physikalisch-chemischen Milieubedingungen der Enzyme in vivo) und die von ihr bewirkten Stoffumsetzungen in der lebenden Zelle zu treffen. Dieser Sachverhalt sei ausdrücklich betont, um Fehlbeurteilungen zu vermeiden. Die saubere, aussagefähige Bestimmung enzymatischer Aktivitäten im lebenden Objekt entzieht sich heute leider noch unserem experimentellen Zugriff. Die Lösung dieses methodisch außerordentlich schwierigen Problems gewinnt zunehmend an Bedeutung.

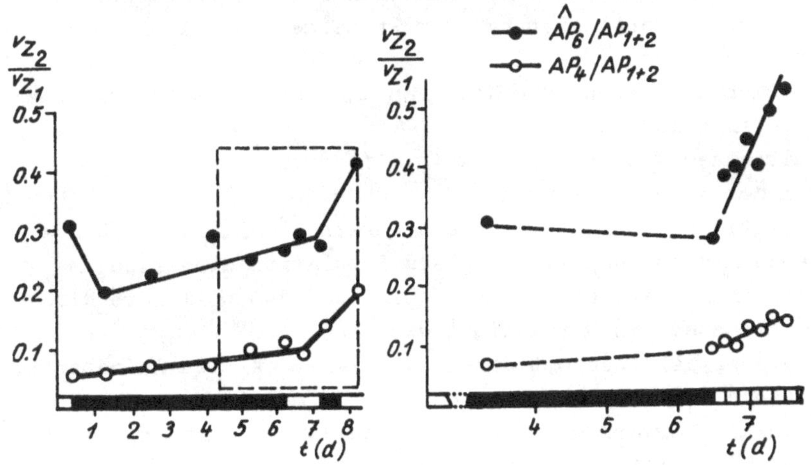

Abb. 8: Unterschiede der zellspezifischen Aminopeptidaseaktivitäten in der Wiederergrünungsphase

In unseren chronobiologischen Experimenten erfolgte die Ermittlung der Enzymaktivität in vitro bei Substratsättigung (unter Verwendung chromogener Substrate). Daher wird die unter den Bedingungen der Zellzerstörung zu erfassende "maximale Aminopeptidaseaktivität" bestimmt. Sie ist proportional der Konzentration des "aktiven" Enzyms im Homogenat. Da es bisher keine Hinweise für eine artifizielle irreversible bzw. zu beachtende nichtkompetitive Effektuierung der Aminopeptidaseaktivität durch Komponenten des Zellhomogenats von Euglena gracilis gibt, ist es gerechtfertigt anzunehmen, daß diese "maximale Aminopeptidaseaktivität" ebenfalls mit der aktuellen zellulären Konzentration des aktiven Enzyms korreliert.

Trotz der aus physiologischer Sicht nicht unwesentlichen Einschränkungen, scheinen uns aus letztgenannten Gründen die Ergebnisse im Sinne der Möglichkeit einer ersten Grobdifferenzierung zwischen den einzelnen Aminopeptidasegruppen bemerkenswert zu sein. Für diese Fragestellung ist übrigens die Verwendung chromogener, unnatürlicher Substrate mit möglichst hoher Affinität zum Enzym und guter Umsatzrate vorteilhaft.

Wir sind von der Beantwortung der eingangs aufgeworfenen Frage, ob die Aminopeptidasen sich neben ihrer Funktion beim Endabbau der Proteine auch an der "Funktionalisierung" der Proteine beteiligen, noch weit entfernt.

Es zeichnen sich aber schon die Konturen dieses Zieles ab, die uns folgendes resümieren lassen:

- Es gibt mit hoher Wahrscheinlichkeit differenzierte physiologische Funktionen der Aminopeptidasen.
- Die Aminopeptidase-Formen zeigen ein unterschiedliches Verhalten nach Veränderung der auf eine Euglena-Population einwirkenden äußeren Faktoren. Dies weist darauf hin, daß das zelluläre Niveau dieser Enzyme spezifisch reguliert wird.
- Im Gegensatz zu den Endopeptidasen existieren bei den Aminopeptidasen Übergänge zwischen enzymatisch aktiven multiplen Formen, die einer Dynamik unterworfen sind. Diese Übergänge können mit einem grundlegenden Spezifitätswechsel verbunden sein, was ihre Bedeutung als regulatorische Phänomene unterstreicht.
- Im Zusammenhang damit tritt die Problematik der schwachen, reversiblen Wechselwirkungen zwischen Makromolekülen bis hin zu den Fragen der regulatorischen Bedeutung von reversiblen Enzym-Membran-Bindungen immer stärker in den Vordergrund.

So gesehen könnten die Aminopeptidasen eine essentielle Bedeutung im Proteinstoffwechsel besitzen, indem sie durch ihre mit Spezifitätsänderungen begleitete Assoziations-Dissoziations-Fähigkeit den katabolischen und den anabolischen Teil des Proteinstoffwechsels regulativ koppeln (Abbildung 9).

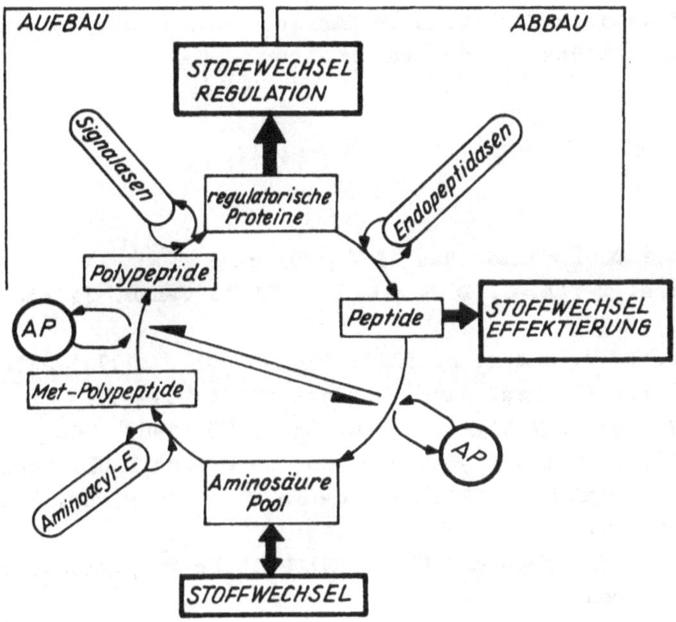

Abb. 9: Möglichkeit der Kopplung zwischen anabolen und katabolen Proteinstoffwechsel durch das Aminopeptidasesystem

Es ist die Frage, ob diese Spezifitätsänderungen in der Zelle sich schon durch einen Wechsel in der Anordung der Untereinheiten innerhalb eines der "großen Komplexe" (etwa im Bereich der A_2-Fraktion) ausprägen können und die Funktionsdifferenzierung "auf engstem Raum" realisiert wird, wobei Übergänge in niedermolekulare "Substrukturen" in Abhängigkeit von dem jeweiligen Organisationszustand eines solchen "großen Komplexes" mehr oder weniger erleichtert werden, oder ob die in der Abbildung 2 skizzierte Dynamik der Aminopeptidase-Formen, d. h. die "Regulation über weite Räume" der eigentliche, entscheidende Prozeß ist.

Es erscheint uns daher in nächster Zukunft erforderlich zu sein, die zeitabhängige Lokalisierung der Aminopeptidasespezies in der Zelle zu ermitteln, sowie zu versuchen, durch elektronenmikroskopische Studien und durch Feinstrukturuntersuchungen mittels der Röntgenkleinwinkelstreuung tiefere Einblicke in die molekulare "Morphologie" der multiplen Aminopeptidase-Formen zu erhalten.

Literatur

/1/ BARTH, A.: Biol. Rundschau 13 (1975) 22
/2/ MATHESON, A. T., A. J. DICK und F. ROLLIN: Canad. J. Biochem. 48 (1970) 1292
/3/ MATHESON, A. T. und A. J. DICK: FEBS-Lett. 6 (1970) 235
/4/ PINE, M. J.: Biochem. biophys. Acta 174 (1969) 359
/5/ ZUBER, H. und G. RONCARI: Angew. Chem. 79 (1967) 906
/6/ ZUBER, H.: Peptides (1969) 310, North-Holland Publ. Comp. (1971)
/7/ RONCARI, G. und H. ZUBER: Methods in Enzymology, Bd. XVI, 544 Acad. Press N. Y. (1971)
/8/ RONCARI, G., E. STOLL und H. ZUBER: Methods Enzymology, Bd. 45, 522 Acad. Press N. Y. (1976)
/9/ STOLL, E., WEDER, H. G. und H. ZUBER: Biochem. biophys. Acta 438 (1976) 212
/10/ BRETSCHER, M. S. und K. A. MARKER: Nature (London) 211 (1966) 380
/11/ LIVINGSTON, D. M. und P. LEDER: Biochemistry 8 (1969) 435
/12/ KOVACS, P. und M. BENESOVA: Biologia (Bratislava) 31 (1976) 423
/13/ BENESOVA, M., P. KOVACS und K. SENKPIEL: Biochem. Physiol. Pflanzen 165 (1974) 173
/14/ GUPTA, V. K. und V. S. PAWAR: Ann. Bot. 38 (1974) 205
/15/ HASCHEN, R. J.: (Hrsg); "Alanin-Aminopeptidasen", Wiss. Beitr. Univ. Halle 1972/4 (R 17)
/16/ REHFELD, N., J. E. PETERS, H. GIESECKE und R. J. HASCHEN: Acta biol. med. germ. 19 (1967) 819
/17/ PETERS, J. E., N. REHFELD, L. BEIER und R. J. HASCHEN: Clin. Chim. Acta 19 (1968) 277
/18/ SMITH, E. E. und A. M. RUTENBERG: Nature (London) 197 (1963) 800
/19/ METZ, G., R. MARX und K.-H. RÖHM: Z. Naturforsch. 32 c (1977) 938
/20/ MARX, R., G. METZ und K.-H. RÖHM: Z. Naturforsch. 32 c (1977) 929

/21/ GRAY, G. M. und N. A. SANTIAGO: J. Biol. Chem. 252 (1977) 4922
/22/ BLAICH, R.: Arch. Microbiol. 88 (1973) 111
/23/ NELSON, M. S. und J. G. SCANDALIOS: J. Exp. Zool. 199 (1977) 257
/24/ HOFFMANN, W. und A. HÜTTERMANN: J. Biol. Chem. 250 (1975) 7420
/25/ KESSLER, E. und A. YARON: Eur. J. Biochem. 63 (1976) 271
/26/ WACKER, H., P. LEHKY, F. VANDERHAEGHE und E. A. STEIN: Biochem. biophys. Acta 429 (1976) 546
/27/ WARD, C. W.: Biochem. biophys. Acta 410 (1975) 361
/28/ LITTLE, G. H. und F. J. BEHAL: Biochem. biophys. Acta 243 (1971) 312
/29/ SENKPIEL, K., I. RICHTER und A. BARTH: Biochem. Physiol. Pflanzen 164 (1973) 72
/30/ SENKPIEL, K., I. RICHTER und A. BARTH: Biochem. Physiol. Pflanzen 166 (1974) 7
/31/ SENKPIEL, K., I. RICHTER und A. BARTH: Biochem. Physiol. Pflanzen 172 (1978) 35
/32/ SENKPIEL, K., I. RICHTER, A. BEITZ und A. BARTH: Biochem. Physiol. Pflanzen 168 (1975) 585
/33/ BARTH, A. und G. HERMANN: Biochem. Physiol. Pflanzen 166 (1974) 23
/34/ NAKAGAWA, S. und H. TSUJI: Clin. Chim. Acta 13 (1966) 155
/35/ COOK, J. R. und T. W. JAMES: Exp. Cell Res. 21 (1960) 583
/36/ EDMUNDS, L. N.: Jr.; "Physiological and metabolic aspects of synchronously dividing cultures of Euglena gracilis (Z) in relation to the problem of circadian rhythms", Ph. D. Dissert. 1964, Princeton University, U. S. A.
/37/ ENGELBERG, J.: "Measurement of degrees of synchrony in cell populations", in: Synchrony in cell division and growth, Ed. E. ZEUTHEN, Interscience Publ. 1964
/38/ WEIDHASE, R. A., KÄRGEL, H.-J., DOBE, H. und BARTH, A.: Biochem. Physiol. Pflanzen 173 (1978) 129 - 138
/39/ WEIDHASE, R. A. und A. BARTH (1978) in Vorbereitung

Zusammenfassung

In Rohhomogenaten von Euglena gracilis können in Abhängigkeit von den experimentellen Bedingungen eine Anzahl multipler Aminopeptidase-Formen nachgewiesen werden. Diese Aminopeptidasen unterscheiden sich u.a. in ihrem Molekulargewicht, ihrem isoelektrischen Punkt und in ihrer primären Spezifität gegenüber chromogenen Substraten. Durch in vitro Versuche konnte für einige Formen der Übergang einer Aminopeptidase in eine andere nachgewiesen werden.
Die Untersuchungen lassen die Schlußfolgerung zu, daß in Euglena gracilis höchstwahrscheinlich ein einheitliches komplexes Aminopeptidasesystem existiert, das regulatorische Potenzen aufweist.
Durch Experimente zum Aktivitätsverhalten der Aminopeptidasen im Verlaufe des Zellteilungszyklus konnte gezeigt werden, daß sich die mit den eingesetzten Methoden erfaßten Aminopeptidasen chronobiologisch differenzieren lassen. Auch durch Untersuchungen an hungernden Zellkulturen ließen sich Unterschiede zwischen den Aminopeptidasen hinsichtlich des Zeitverhaltens nachweisen.
Die unterschiedliche Zeitstruktur der Aminopeptidase-Species stützt die These der differenzierten Funktionen der Aminopeptidasen im physiologischen Geschehen der Zelle.

Резюме

В гомогенатах из клеток Euglena gracilis возможно в зависимости от условий опыта обнаружить наличие множественных молекулярных форм аминопептидаз. Эти аминопептидазы различаются по молекулярным весам, по изоэлектрической точке и по первичной специфичности к хромогенным субстратам. Удалось доказать in vitro у некоторых форм переход одной аминопептидазы в другую. По этим исследованиям можно сделать вывод о том, что по всей вероятности у Euglena gracilis существует единая комплексная система аминопептидаз, играющая роль в регуляции.
Исследовалось изменение активности аминопептидаз во время клеточного цикла. При этом оказалось, что изучаемые данными методами аминопептидазы различаются в их хронобиологическом поведении

Также с помощью исследований культур клеток в условиях голода возможно показать различия между отдельными формами аминопептидаз в их изменении активности по времени.
Различное поведение активности отдельных форм аминопиптидаз по времени поддерживает тезис о дифференцированной функции аминопиптидаз в физиологии клетки.

Summary

A number of multiple aminopeptidase forms was found to be recordable from raw homogenates of Euglena gracilis, depending on the experimental conditions. Those aminopeptidases differed from chromogenic substrates by several parameters, including their molecular weight, isoelectric point, and primary specificity. Transition from one aminopeptidase to another was established for some of the above forms in in-vitro experiments.

The studies so far conducted seem to confirm with great probability the existence in Euglena gracilis of one coherent complex aminopeptidase system with regulatory potentials.

Experiments undertaken to study aminopeptidase activity along with the mitotic cycle revealed the chronobiological differentiability of aminopeptidases measured by the methods used. Differences between aminopeptidases with regard to their time behaviours were established, as well, by studies into fasting cell cultures.

Such differentiated temporal structures of various aminopeptidase species were likely to support the conclusion to differentiated functions of them in cellular physiology.

2. Moskauer Staatliches Medizinisches N. I. Pirogov - Institut
Medizinisch-biologische Fakultät
Lehrstuhl für Biologie und Genetik, Moskau

Über die zeitliche Organisation der Zellreproduktionsprozesse der Hela-Kultur

T. N. IVČENKO

In den letzten Jahren wird der Untersuchung der Organisation von Funktionen biologischer Systeme in Abhängigkeit von der Zeit eine große Aufmerksamkeit gewidmet. Es wurde festgestellt, daß das System der Zellreproduktion durch die zeitliche Organisation charakterisiert wird, d. h. die Gesamtheit der koordinierten und nach der Zeit geordneten physiologischen Prozesse in der Zellpopulation bei ihrer Vorbereitung zur Teilung und bei der Teilung selbst sowie ihre Regulation wird durch inner- und außerhalb des Systems lokalisierte Mechanismen verwirklicht (ROMANOV /1/, /2/).

Allerdings sind die im System lokalisierten Mechanismen der zeitlichen Organisation der Zellreproduktion bisher unzureichend untersucht. In diesem Zusammenhang sind Untersuchungen der Rhythmen der Zellvermehrung in einer Zellkultur, wo die Proliferationsprozesse von seiten des Organismus nicht beeinflußt werden, perspektivreich. Außerdem sind die Literaturangaben über die Rhythmen der Zellteilung in Pflanzen- und Tierkulturen unzureichend und widersprüchlich (ZASKAL'KO /3/, NIKIFOROVA, KATINAS /4/, PORTUGALOV, SUŠKOV, STARIKOVA /5/, FROLOVA, KALLAK /6/, HAYASHI /7/, HUPE, GROPP /8/). Weiterhin erlauben diese Angaben kein Urteil über die Gesetzmäßigkeiten der zeitlichen Organisation von Prozessen der Zellteilung in vitro, weil dafür unbedingt die zeitlichen Veränderungen nicht nur der mitotischen Aktivität, sondern auch anderer Parameter der Zellproliferation, wie etwa die Anzahl der DNS-synthetisierenden Zellen, bekannt sein müssen.

Die Aufgabe dieser Arbeit war es, die zeitlichen Veränderungen der Anzahl der sich teilenden und DNS-synthetisierenden Zellen in der Kultur von Hela-Zellen zu untersuchen.

Material und Methoden

In den Experimenten wurden asynchrone Zellpopulationen der Zellkultur Hela S-3 in der stationären Wachstumsphase (96 Stunden nach dem Umsetzen) verwendet. Die Zellen wuchsen im Dunkeln bei einer Temperatur von 37 °C in Flakons mit Deckgläsern auf. Die Nährlösung bestand aus 45 % Iglscher Lösung, 45 % Lösung Nr. 199 und 10 % Rinderserum. Das Volumen der Flüssigkeit in den Flakons betrug 2 ml und die Anfangsdichte der Zellen beim Übertragen - 5 x 10^4 in 1 ml Lösung.

Als DNS-Vorgänger verwendeten wir H^3-Thymidin (spez. Aktivität 4,1 Curie/mmol in der Konzentration von 1 μ Curie/ml). Das Isotop wurde 30 min. vor der Fixierung zugegeben. Die Zellen wurden mit einem Gemisch aus Äthanol und Eisessigsäure (3 : 1) fixiert. Die Radioautogramme bereiteten wir mit Hilfe einer flüssigen Fotoemulsion des M-Types (NIICHIMFOTO). Die kleinste Markierungsintensität der Zellen betrug 12 Silberkörner auf dem Kern. Wir färbten die Präparate mit Hämatoxilin nach Maier.

Es wurden 3 Versuchsserien angesetzt. In der 1. Serie untersuchten wir die zeitliche Dynamik der Anzahl von Mitosen in der Kultur, in den 2. und 3. Serien - die zeitliche Dynamik der Anzahl von Mitosen und DNS-synthetisierenden Zellen. Die Proben wurden alle 3 Stunden im Verlaufe von 2 Tagen entnommen .

Für die Bestimmung des Mitoseindex (MI) und des Markierungsindex der Zellen (MIZ) der Präparate 5 paralleler Proben von jedem Fixierungszeitpunkt wurden 3000 - 4000 Zellen untersucht. Als Schwingungsperiode wurde das Zeitintervall zwischen MI und MIZ gemessen.

Die Beurteilung der statistischen Signifikanz der Unterschiede der Mittelwerte erfolgte mit Hilfe des t-Tests bei einer Irrtumswahrscheinlichkeit von $p \leq 0,05$.

Ergebnisse und Diskussion

Die Untersuchung der Mitoseaktivität der Zellkultur von Hela im Verlaufe von 2 Tagen (1. Serie) zeigte eine rhythmische Änderung der Mitosezahlen (Abbildung 1). Die Periode dieser Änderungen im Prozeß der Entwicklung der Kultur erwies sich als verschieden und betrug 27 bzw. 9 Stunden. In Verbindung damit, daß beide Rhythmusperioden nicht 24 Stunden betragen, beobachteten wir die Minima und Maxima der mitotischen Aktivität an den einzelnen Tagen zu verschiedenen Stunden.

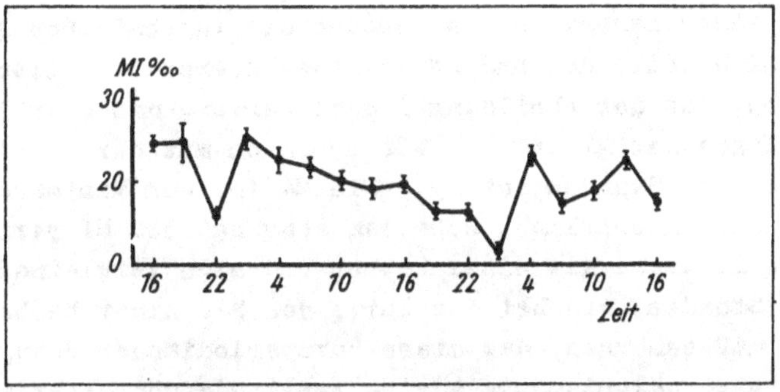

Abb. 1: Die Änderung des Mitoseindex in der Hela-Kultur in Abhängigkeit von der Zeit

In der 2. Versuchsserie beobachteten wir die rhythmische Änderung sowohl der Mitosezahlen, als auch der Anzahl der DNS-synthetisierenden Zellen (Abbildung 2). Die Rhythmusperioden des MI betrugen 18 und 15 Stunden. Die Rhythmusperioden des MIZ betrugen 24 und 12 Stunden. Auf diese Weise sind die Rhythmusperioden des MI und des MIZ nach ihrer Länge ähnlich, außerdem sind die Änderungen des MIZ und des MI ziemlich synchron.

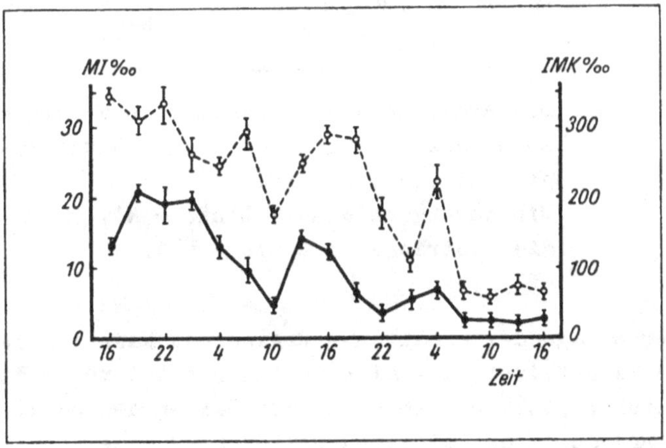

Abb. 2: Die Änderung des Mitoseindex und Markierungsindex der Zellen in der Hela-Kultur in Abhängigkeit von der Zeit.
Die durchgezeichnete Linie - MI,
die gestrichelte Linie - MIZ.

In der 3. Versuchsserie wurden ebenso die rhythmischen Änderungen der Zahlen sich teilender und DNS-synthetisierender Zellen beobachtet (Abbildung 3). Aus der Abbildung 3 geht hervor, daß sich im Verlaufe des ersten Tages der MI und der MIZ synchron mit der Schwingungsperiode ändern, die 15 Stunden beträgt. Die Maxima und Minima dieser Parameter koinzidieren zeitlich. Außerdem schwingt der MI periodisch im Verlaufe des 2. Tages mit einer kurzen und sich verkleinernden Periode von 9 und 6 Stunden, was bei der Kurve des MIZ nicht beobachtet werden konnte. Man muß bemerken, daß diese kurzperiodischen Schwingungen des MI durch eine verhältnismäßig kleine Amplitude charakterisiert sind. Am Ende des Experimentes verringert sich der MI sichtbar.

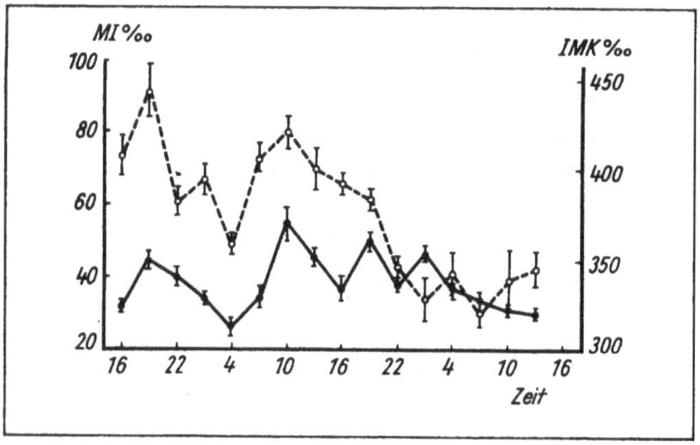

Abb. 3: Die Änderung des Mitoseindex und Markierungsindex der Zellen in der Hela-Kultur in Abhängigkeit von der Zeit.
Die durchgezeichnete Linie - MI,
die gestrichelte Linie - MIZ.

Auf der Grundlage der erhaltenen Ergebnisse kann man feststellen, daß für die Hela-Kultur, die sich in einer stationären Wachstumsphase befindet, eine rhythmische Änderung der Zahlen des Markierungsindex der Zellen und der sich teilenden Zellen über eine Periode, die ungleich 24 Stunden ist, charakterisiert ist. Im Gegensatz dazu wurden Rhythmen mit freien Perioden, deren Länge sich im Prozeß des Wachstums der Kulturen ändert, festgestellt.

Die Synchronisation der Schwingungen der Zahlen der DNS-synthetisierenden und der sich teilenden Zellen in Abhängigkeit von der Zeit weist darauf hin, daß der Rhythmus der mitotischen Aktivität der Hela-Zellen in beachtlichem Maße durch die rhythmischen Änderungen der

Zellzahlen bestimmt wird, die in die Synthesephase des Zyklus eintreten. Davon zeugt auch die Ähnlichkeit der Längen der Rhythmusperioden von MIZ und MI. Auf diese Weise wird die zeitliche Organisation des Zellreproduktionssystems durch einen vorhandenen innerzyklischen Mechanismus charakterisiert, der den Ablauf des Zyklus vor der Synthesephase synchronisiert, was schon früher in Zellsystemen in vivo beobachtet wurde (ROMANOV /2/, ROMANOV, RACHMATULLINA, ZAJKINA /9/).

Literatur

/1/ ROMANOV, Ju. A. in: Sutočnye ritmy fiziologičeskich prozessov organizma. Moskau 1972 S. 48

/2/ ROMANOV, Ju. A. in: Problemy molekuljarnoj i kletočnoj patologii i farmakologii. Moskau 1973 S. 36

/3/ Zaskal'ko N. I.: Bjull. eksp. biol. 55, 5 (1963) 104

/4/ NIKIFOROVA, E.N., KATINAS, G.S.: Arch. anat. 67, 9 (1974) 60

/5/ PORTUGALOV, V.V. SUŠKOV, F.E. und STARIKOVA, V.V.: Bjull. eksp. biol. 66, 9 (1968) 90

/6/ FROLOVA, L.V. und KALLAK, Ch.I.: Citologija 16, 3 (1974) 377

/7/ HAYASHI, T.: Sci. papers Coll. gen. educ. univ. Tokyo 48 (1968) 33

/8/ HUPE, K., GROPP, A.: Zs. Zellforsch. 46 (1957) 67

/9/ ROMANOV, Ju. A., RACHMATULLINA, I.K. und ZAJKINA, M.N. in: Biologija reprodukcii kletok. 2 MOLGMI Moskau 1972 S. 7

Zusammenfassung

Das System der Zellreproduktion wird in vivo durch eine zeitliche Organisation charakterisiert. (Y.A. ROMANOV 1972)
Von großem Interesse ist die Untersuchung der Parameter der zeitlichen Organisation der Zellteilung in vitro.
In der Arbeit wurden Veränderungen der Zahl der sich teilenden und DNS-synthetisierenden Zellen einer HeLa-Kultur in der Zeit untersucht.
Die erhaltenen Resultate weisen darauf hin, daß die Zellvermehrung in der HeLa-Kultur keinen tagesrhythmischen Charakter trägt. Im Gegenteil, es wurden freilaufende Rhythmen gefunden, deren Periodenlänge sich im Prozeß des Wachstums der Kultur verändern.
Außerdem wurde gezeigt, daß die Änderungen der Zahl der

sich teilenden und DNS-synthetisierenden Zellen der Kultur in der Zeit durch eine große Synchronität charakterisiert sind.

Die Existenz von freilaufenden Zellvermehrungszyklen in der HeLa-Kultur ist offensichtlich mit den Dauerdunkelbedingungen und dem Fehlen der synchronisierenden Wirkung eines Zeitgebers, der Photoperiode, verbunden. Das zeugt von der Rhythmizität der Proliferation in der Kultur als einer endogenen Eigenschaft des Zellsystems. Die Änderung der Periodendauer des Zellvermehrungsrhythmus hängt scheinbar von den Wachstums- und Entwicklungsprozessen des gegebenen Zellsystems ab. Die Synchronität der Schwankungen der Zahl der sich teilenden und der DNS-synthetisierenden Zellen in der Zeit weist darauf hin, daß der Rhythmus der Mitoseaktivität der HeLa-Zellen in bedeutendem Maße durch die rhythmischen Änderungen der Menge der Zellen, die in die Synthesephase des Zyklus eintreten, bestimmt wird. Somit ist den Prozessen der Zellteilung sowohl in vitro als auch in vivo zeitliche Organisation eigen.

Резюме

Система репродукции клеток in vivo характеризуется временной организацией (Ю.А.Романов, 1972). Представляет большой интерес изучение параметров временной организации деления клеток in vitro.

В работе исследовали изменения во времени числа делящихся и ДНК-синтезирующих клеток в культуре HeLa.

Полученные результаты указывают на то, что ритмы размножения клеток в культуре HeLa не носят характера суточных ритмов. Напротив, обнаруживаются ритмы со свободным периодом, длина которого в процессе роста культуры изменяется.

Обнаружено также, что изменения во времени числа делящихся и синтезирующих ДНК-клеток в культуре характеризуются большой синхронностью.

Наличие в культуре HeLa ритмов размножения клеток со сводным периодом, очевидно, связано с ее пребыванием в условиях постоянной темноты и отсутствие синхронизирующего действия датчика времени - фотопериодичности. Это свидетельствует о ритмичности пролиферации в культуре как о внутреннем свойстве клеточной системы. Изменения длины периода ритма размножения клеток, по-видимому, зависят от процессов роста и развития данной клеточной системы. Синхронность колебаний во времени числа ДНК-синтезирующих и делящихся клеток указывает на то, что ритм митотической активности клеток культуры HeLa в значительной мере определяется ритмическими изменениями количества клеток, вступающих в синтетическую фазу цикла. Таким образом, процессам деления клеток in vitro как и in vivo свойственна временная организация.

Summary

The system of cellular reproduction in vivo is characterised by temporal organisation (Y.A. Romanov, 1972). Studies into the temporal setup of mitosis in vitro are of particular interest.

Reported in this paper are changes over time in the number of dividing and DNA-synthetising cells of a HeLa culture.

The results so far obtained appear to suggest that cell propagation in a HeLa culture is not bound to any diurnal rhythm. On the contrary, free rhythms were found with period lengths which underwent change in the process of culture growth.

The findings also suggested that the changes over time in the number of dividing and DNA-synthetising cells of the culture were characterised by great synchronicity.

The existence of free-running cycles of cellular reproduction in a HeLa culture obviously was associated with two factors, lasting darkness and the absence of any synchronising action of a timer, the photoperiod. This seems to produce evidence to rhythmicity of intraculture proliferation as an endogenous property of the cellular system. Any alteration in period time of the cellular proliferation rhythm apparently depended on the growth and development processes of the cellular system concerned. The synchronicity of variation over time in the number of dividing and DNA-synthetising cells seemed to suggest that the rhythm of mitotic activity of HeLa cells depended strongly on rhythmic variation of quantity of those cells which entered the synthetic phase of the cycle. Temporal organisation, consequently, must be a principle which has validity for the processes of cell division both in vitro and in vivo.

Pädagogische Hochschule Köthen
Sektion Chemie/Biologie

Biorhythmische Schwankungen in der Volumenentwicklung synchroner Flüssigkeitskulturen der coccalen Grünalge Chlorella vulgaris

H. BÖHM und H.-G. HIEKEL

Einleitung

Seitdem es TAMIYA und Mitarbeitern /1/ gelungen ist, Entwicklung und Wachstum sich vegetativ vermehrender einzelliger Grünalgen weitgehend zu synchronisieren und LORENZEN /2/ mit Hilfe eines art- bzw. stammspezifischen Licht-Dunkel-Wechsels und periodischer Verdünnung vollsynchrone Kulturen erzielt hat, wird diese Verfahrensweise für eine wachsende Zahl von Stämmen und Arten und mit wechselnder Absicht praktiziert. Von Vorteil sind dabei solche Stämme, die unter relativ einfachen Bedingungen dauerhaft zu synchronisieren sind und sich durch eine hohe Synchronisationsschärfe auszeichnen. Letztere ist dadurch gekennzeichnet, daß sich alle Individuen eines Klons in gleicher Front entwickeln und alle definierbaren Stadien eines Zellzyklus möglichst einheitlich durchlaufen. Solche Kulturen bieten dem Experimentator den Vorteil, daß er ihnen sozusagen nach Programm hinsichtlich des Entwicklungsstadiums definiertes Zellmaterial in faktisch unbegrenzten Mengen und beliebig wiederholbar entnehmen kann. Bei uns werden vollsynchrone Flüssigkeitskulturen chlorococcaler Algen im Rahmen eines komplexen Testsystems für Phytoeffektoren als Wirkungsindikatoren genutzt (BÖHM /3/).

Material und Synchronisationsmethode

Als Testorganismus dient der von uns isolierte Stamm A_8 der Species Chlorella vulgaris. Wir kultivieren ihn in einer rein anorganischen Nährlösung. Seine Synchronisation gelingt, wenn Autosporen dieses Stammes im erwähnten Nährmedium bei 37 °C 6 bis 10 Stunden belichtet und danach bis zur 12. Stunde verdunkelt werden. Während der Lichtzeit wird mit CO_2-angereicherter Luft (2 % CO_2), im Dunkeln mit Luft allein begast. Die im Licht schnell heranwachsenden Autosporen entwickeln sich zu reifen Mutterzellen, die schließlich während der Dunkelzeit unter Sprengen ihrer sehr dünnen Zellwand eine Vielzahl von Autosporen freigeben. Synchronisierendes Prinzip ist ausschließlich der Licht-Dunkel-Wechsel, dessen Lichtzeit so bemessen sein muß, daß sie ein hinreichendes Zellwachstum garantiert, das notwendige Voraussetzung für die Sporulation reifer Mutterzellen ist. Diese Sporulation vollzieht sich selbstverständlich auch bei Dauerlicht. Für sie ist Dunkelheit also keine Bedingung! Dauersynchronität ist jedoch ohne eine minimale Dunkelzeit nicht zu realisieren, da die photoautotrophen Zellen einer solchen Kultur nicht alle gleichzeitig sporulieren. Die Dunkelzeit zwingt die zuerst freigegebenen Autosporen auf die letzten zu warten, so daß mit ihrem Abschluß für alle Autosporen einer Kultur gleichzeitig ein neuer autotropher Zellzyklus beginnen kann. Verfährt man so - wobei zu Beginn eines jeden Zellzyklus die Verdünnung der Kultur auf eine Standard-Zellzahl zu ihren Entwicklungsbedingungen gehört - so läßt sich die Synchronität faktisch unbegrenzt erhalten.

Apparative Bedingungen und ihre Grundlagen

Verwendet man für Tests organismische Indikatoren, muß man deren Entwicklungsrhythmik von vornherein in Rechnung stellen und ihren möglichen Einfluß auf das Testergebnis berücksichtigen. Wie notwendig das ist, beweisen unsere Untersuchungen mit Chlorella fusca, var. vacuolata, Stamm 211-8b, dessen unmittelbar nach der Dunkelzeit geerntetes Zellmaterial zwar im Dunkeln längere Zeit deponierbar ist, bei Reaktivierung jedoch mit sehr unterschiedlichen Vermehrungsraten im Folgezyklus reagiert.

Abb. 1 läßt am Beispiel von zwei getrennten Versuchsserien in Abhängigkeit von der Wartezeit frisch produzierter Autosporen im Dunkeln ein Nachschwingen einer offensichtlich vorhandenen endogenen Entwicklungsrhythmik erkennen, welche sich in sehr unterschiedlichen Vermehrungsraten repräsentiert, die nach 12 Stunden Dunkeldeponierung ein Minimum, nach 24 Stunden ein Maximum (BÖHM /4/) erreichen.

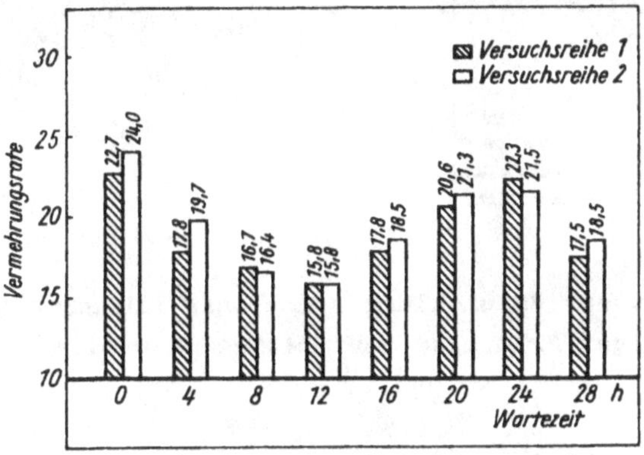

Abb. 1: Von der Wartezeit im Dunkeln beeinflußte Vermehrungsraten synchroner Flüssigkeitskulturen einzelliger Grünalgen der Species Chlorella fusca, Stamm 211-8b

Wir haben deshalb für Chlorella vulgaris geprüft, ob und in welchem Maße der zeitliche Abstand zwischen dem Lichtbeginn eines Licht-Dunkel-Wechsels und dem Beginn der Freisetzung der Autosporen aus den Mutterzellen durch einen endogenen Zeitfaktor bestimmt ist, der nach SOEDER /5/ die wesentlichen Kriterien eines biologischen Zeitmeßsystems nach dem Prinzip der "Physiologischen Uhr" zu erfüllen vermag.

Abb. 2 informiert uns über die experimentelle Antwort auf die Frage, ob der endogene Zeitfaktor der Entwicklungsrhythmik des von uns gewählten Objekts temperaturabhängig ist. Es wurde bei Temperaturen zwischen 26 °C und 40 °C kultiviert, stets bis zum Beginn der Autosporenfreisetzung belichtet, die Entwicklung der Kultur mikroskopisch und mit Hilfe von Absorptionsmessungen bei 680 nm verfolgt.

Wir können feststellen, daß mit steigender Temperatur immer kürzere Belichtungszeiten ausreichen, um den Beginn der Autosporenfreisetzung zu ermöglichen. Auch die Dauer der Autosporenfreisetzung selbst wird offensichtlich von der Temperatur beeinflußt und verkürzt sich bei 38 °C auf eine Stunde. Deshalb ist im vorliegenden Fall eine extreme Temperaturabhängigkeit des Sporulationsbeginns unübersehbar.

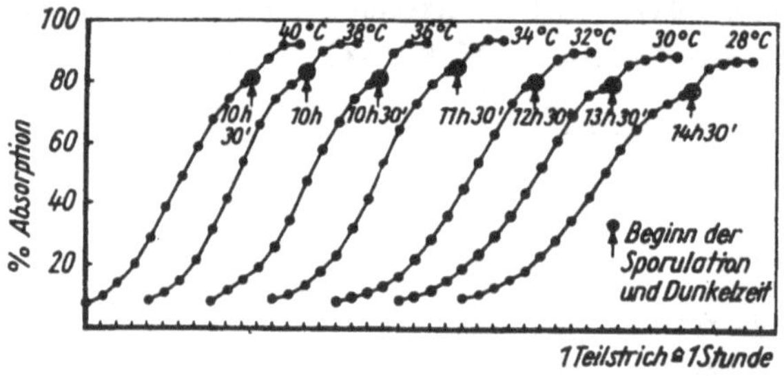

Abb. 2: Temperaturabhängigkeit der Entwicklung synchroner Flüssigkeitskulturen einzelliger Grünalgen der Species Chlorella vulgaris

Gerade dieser Fakt unterstreicht jedoch, daß ein wesentliches Kriterium für das Vorliegen einer Steuerung der endogenen Rhythmik nach dem Prinzip einer "Physiologischen Uhr" fehlt. Das wiederum berechtigt zu der Hoffnung, daß der von uns isolierte Stamm für den ihm zugedachten Zweck besonders geeignet ist. Das gilt auch für die Deponierbarkeit des Stammes im Dunkeln.

Die Abbildungen 3 und 4 beweisen an Hand der elektronisch bewerteten Zellenzahl der Folgezyklen nach Wartezeiten im Dunkeln zwischen 0 und 12 Stunden und mit Hilfe der bei 680 nm ermittelten Absorptionswerte der gleichen Zellsuspensionen, daß die Anzahl der Autosporen und die optische Dichte dieser Suspensionen von der Dunkeldeponierung praktisch unbeeinflußt bleiben. Damit kann das zum Zeitpunkt X geerntete Zellmaterial dieses Stammes ohne Einschränkung 12 Stunden lang für Tests eingesetzt werden. Diese Feststellung gilt jedoch nur, wenn solche Flüssigkeitskulturen vorher über lange Zeiträume unter streng standardisierten Bedingungen kultiviert und subjektive Eingriffe in das Bedingungsgefüge ausgeschlossen werden.
Wir haben deshalb Automaten konstruiert und seit fünf Jahren im Dauerbetrieb, die diese Voraussetzungen erfüllen. Ein solcher Automat vermag mindestens einen Monat völlig wartungsfrei zu arbeiten und liefert alle 12 Stunden eine vollsynchrone Zellsuspension definierter

optischer Dichte, die dann weitere 12 Stunden unter standardisierten Bedingungen abrufbereit deponiert wird.

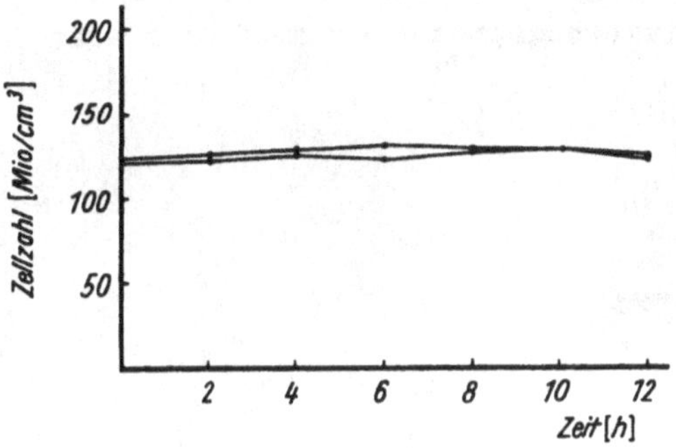

Abb. 3: Einfluß der Dunkeldeponie (0 - 12 Std.) auf die Anzahl der Zellen nachfolgender Zyklen

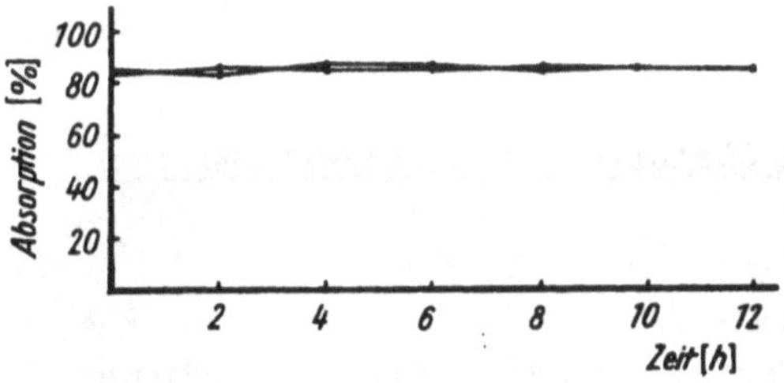

Abb. 4: Einfluß der Dunkeldeponie (0 - 12 Std.) auf die Lichtabsorption von Zellsuspensionen nachfolgender Zyklen

Im Untersuchungszeitraum von sechs Wochen läßt sich eine Reproduzierbarkeit des Produkts dieser Automatik von 98,3 % registrieren. Das wird an ausgewählten Beispielen deutlich. So decken sich in Abbildung 5 die im genannten Zeitraum ermittelten Ergebnisse der Zellzahlbestimmung ausgewählter Entwicklungszyklen vor und nach der Sporulation nahezu völlig, wobei gesagt werden muß, daß insbesondere die Autosporen dieses Stammes wegen ihres geringen Zellvolumens mit den verfügbaren elektronischen Teilchenzählern gerade noch erfaßt werden können. Ein ähnliches Bild bieten die Absorptionswerte solcher Kulturen. Im folgenden wird jedoch deutlich, daß selbst so hochgradig standardisiertes Zellmaterial rhythmischen Schwankungen unterliegt, deren geringe Dimension, ihr Zusammenspiel und ihr spezifischer Charakter im Ergebnis dieses Standardisierungsprozesses überhaupt erst erfaßbar werden.

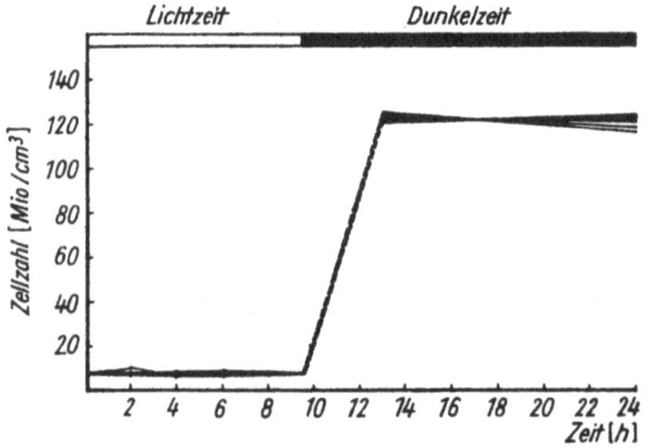

Abb. 5: Ergebnisse der elektronischen Zellzahlbestimmungen an stichprobenartig ausgewählten Entwicklungszyklen des Versuchszeitraumes

Feinoszillationen bei standardisierten Synchronkulturen von Chlorella vulgaris

Die Untersuchungen zur Reproduzierbarkeit der Wachstumsparameter und zur Deponierbarkeit des automatisch angezogenen Zellmaterials führten zu dem Ergebnis, daß es in der Durchmesserentwicklung der in oben dargestellter Weise stereotyp produzierten Synchronkulturen von Chlorella vulgaris mit hoher Wahrscheinlichkeit einen Tagesrhythmus mit einer Periode von 28 Tagen gibt. In beiden Fällen beträgt die maximale Amplitude etwa 0,1 µm und macht damit 1 bis 2,5 % des Zelldurchmessers aus.

Zur Überprüfung der Arbeitsweise der Anzuchtautomatik im wartungsfreien Betrieb über einen Zeitraum von sechs Wochen wurden an verschiedenen Tagen und zu verschiedenen Zykluszeiten Proben entnommen und einer Größenbewertung unterzogen.

Für die absolute Größenbewertung von Mikroalgen verwenden wir das auf dem COULTER-Prinzip beruhende Impulsverfahren. Mit Hilfe modifizierter elektronischer Teilchenzähler vom Typ TUR ZG 1 und einer von uns entwickelten Methode seiner Anwendung und Auswertung erreichen wir eine Reproduzierbarkeit und Genauigkeit der berechneten mittleren Durchmesser von 99 % (HIEKEL /6/, HIEKEL und BÖHM /7/). Das heißt am Beispiel von Chlorella vulgaris, daß wir noch Durchmesserunterschiede von 0,05 - 0,1 µm auf der Basis von Einzelmessungen erfassen können.

Die berechneten mittleren Durchmesser sind die Erwartungswerte der Durchmesserverteilung der Meßproben, die im Falle von Synchronkulturen Normalverteilungen sind. Diese Erwartungswerte entsprechen nur bei kugelförmigen Zellen den mittleren Zelldurchmessern und sind sonst die Durchmesser volumengleicher Kugeln. Das Zellwachstum im Verlauf der Lichtzeit des Entwicklungszyklus läßt sich sehr gut mit Hilfe der Summe von Exponentialfunktionen beschreiben.

Auf der Basis der analysierten Meßproben berechneten wir als wahrscheinlichste Realisation des angegebenen Modells die Gleichung:

$$f\ (x_1,\ x_2) \ = \ 11{,}76 \cdot e^{0{,}0387 \cdot x_2} - 7{,}65. \qquad (1)$$

Die Gleichung (1) liefert die theoretischen Zelldurchmesser in µm in Abhängigkeit von der Zykluszeit x_2 in Stunden ($0 \leq x_2 \leq 9{,}5$) und unabhängig vom Tag x_1 der Probenentnahme ($0 \leq x_1 \leq 28$). Sie beschreibt mit einem mittleren Fehler von $s = 0{,}17$ µm die gemessenen Werte $y_i = y\ (x_1,\ x_2)$.

Die scheinbaren Fehler $v_i = y_i - f\ (x_1,\ x_2)$, in der Größe von - 0,37 bis + 0,24 µm, setzen sich zusammen aus:

(a) Meßfehlern,

(b) Fehlern durch eine mögliche Variabilität der Anzuchtbedingungen,

(c) Fehlern durch eine mögliche Variabilität des Versuchsobjektes.

Um den Einfluß der Fehler nach (a) und der langfristigen Fehler nach (b) und (c) zu verkleinern, wurden die Mittelwerte zu konstanten Zykluszeiten berechnet und entsprechend Gleichung (1) modelliert. Der Verlauf der dabei bestimmten scheinbaren Fehler ist rhythmisch mit einer Periode von 4 Stunden (man vergleiche Abbildung 6) und kann beschrieben werden durch

$$v_2(x_2) = 0,1 \cdot \sin \left(\frac{2\pi}{4} \cdot (x_2 + 1)\right) . \tag{2}$$

Die Berechnung der Mittelwerte der scheinbaren Fehler an konstanten Tagen der Probenentnahme $v = v_1(x_1)$ und ihre graphische Darstellung (Abbildung 7) ließ eine Periode von 28 Tagen vermuten und lieferte

$$v_1(x_1) = 0,13 \cdot \sin\left(\frac{2\pi}{28} (x_1 + 5)\right) . \tag{3}$$

Gestützt auf diese Ergebnisse und ausgehend von den Parametern in den Gleichungen (1), (2) und (3) als Anfangslösungen, wurden die ursprünglich berechneten Durchmesser y_i modelliert durch

$$f_1(x_1, x_2) = f(x_2) + v_1(x_1) + v_2(x_2). \tag{4}$$

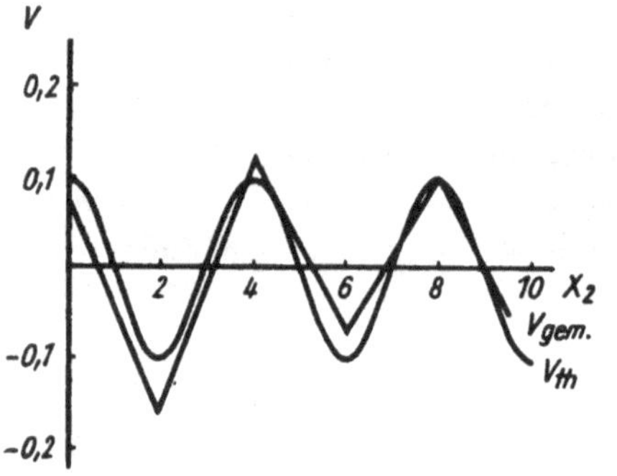

Abb. 6: Rhythmische Schwankungen der Abweichungen von der theoretischen Durchmesserentwicklung im Verlauf eines Tages

Die iterative Verbesserung der Anfangswerte nach Gleichung (4) lieferte für die in den Gleichungen (2) und (3) angegebenen Parameter nur unwesentliche Veränderungen. Durch Berücksichtigung der harmonischen Fehler $v_1(x_1)$ und $v_2(x_2)$ konnte der mittlere Fehler der Approximation der y_i durch Gleichung (4) auf 0,07 µm verkleinert werden. Mit diesem Ergebnis kann die mittlere Reproduzierbarkeit nach unten mit 98,3 % abgeschätzt werden. Sonst liegt dieser Wert bei 96 %.

Unsere Untersuchungen zur Deponierbarkeit des automatisch produzierten Algenmaterials stützten unter Anwendung anderer mathematischer Methoden eindeutig die Hypothese über das Vorliegen eines Tagesrhythmus mit einer Periode von 4 Stunden.

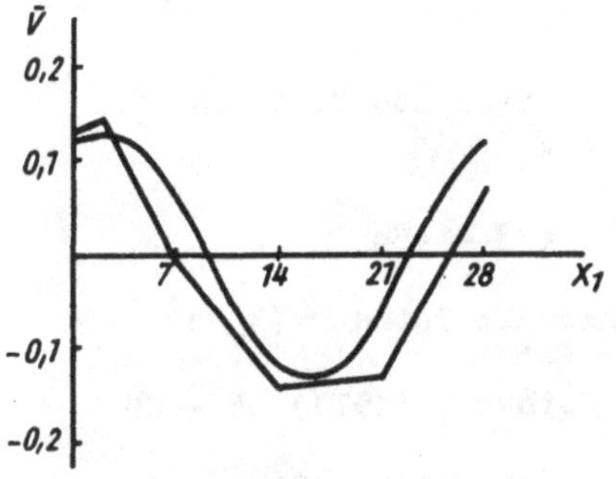

Abb. 7: Rhythmische Schwankungen der mittleren Zelldurchmesser (Tagesmittelwerte) im Verlauf von 28 Tagen

Die hier dargestellten Untersuchungen, die ja andere Ziele verfolgten, erfassen die Rhythmik in der Durchmesserentwicklung nicht vollständig. Zur genaueren Erfassung dieser Rhythmik müßten die Messungen über einen längeren Zeitraum als 28 Tage erfolgen und einige Teilintervalle durch eine dichtere Folge von Meßwerten erfaßt werden. Gewisse Befunde sprechen dafür, daß die Amplituden bei der Tagesrhythmik vom Beginn der Lichtzeit bis zum Ende der Dunkelzeit abnehmen, der Licht-Dunkel-Wechsel also entscheidenden Einfluß hat.

Der Zelldurchmesser ist ein sehr komplexer Parameter.
Es dürfte darum sehr interessant sein, verschiedene Stoffwechselbereiche auf Oszillationen zu untersuchen.

Literatur

/1/ TAMIYA, H., T. IWAMURA, K. SHIBATA, E. HASE und T. NIHEI: Biochim. Biophys. Acta 12 (1953) 23 - 40

/2/ LORENZEN, H.: Flora (Jena) 144 (1957) 473 - 496

/3/ BÖHM, H.: Dissertation (B) Päd. Hochschule Potsdam (1971)

/4/ BÖHM, H.: Wiss. Hefte d. Päd. Inst. Köthen 1 (1971) 85 - 89

/5/ SOEDER, C. J.: Ber. deutsch. Bot. Ges. 79 (1967) 138 - 146

/6/ HIEKEL, H.-G.: Probleme der Größenbewertung von Mikropartikeln mit Hilfe des Impulsverfahrens, Dissertation A MLU Halle (1976)

/7/ HIEKEL, H.-G. und H. BÖHM: Arch. Hydrobiol./Suppl. 51 Algological Studies 19 (1977) 211 - 226

Zusammenfassung

Es werden experimentelle und mathematische Methoden beschrieben, mit deren Hilfe sich Biorhythmen bei Mikroalgen untersuchen lassen.

Wir verwenden für die Lösung vielfältiger Aufgaben synchrone Flüssigkeitskulturen der coccalen Grünalge Chlorella vulgaris BEIJERINCK 1896, Stamm BÖHM und BORNS 1972/1. Diese Algen sind mit Ausnahme der Autosporen nahezu kugelförmig mit Durchmessern zwischen 2,9 und 12,0 µm.
Die Entwicklung ihrer mittleren Zelldurchmesser d im Verlauf der 9.5-stündigen Lichtzeit konnte unter definierten Bedingungen in unserer automatischen Anzuchtanlage über Wochen hinweg beschrieben werden durch:

$d = -1,06 + 5,18 \cdot \exp(0,081 \cdot t) \cdot (1 - 0,043 \cdot \exp(0,118 \cdot t))$.

Die Abweichungen von diesem Verlauf ließen sich zerlegen in Meßfehler und in die Überlagerung zweier Rhythmen mit einer Periode von 4 Stunden bzw. von 28 Tagen bei einer durchschnittlichen Amplitude von 0,1 µm.

Резюме

Описываются экспериментальные и математические методы с помощью которых является возможным исследование биоритмов у микроводорослей.

Для решения разнообразных задач мы используем синхронные культуры на жидкой среде коккальной зеленой водоросли **Chlorella vulgaris** BEIJERINCK 1896, тип BÖHM и BORNS 1972/1. Эти водоросли, за исключением автоспор, имеют шарообразную форму с диаметром от 2,9 до 12,0 µм.

Развитие их средних клеточных диаметров d в течение 9,5-часового светового периода было описано, при определенных условиях в нашем автоматическом устройстве для разведения в течение нескольких недель, при помощи следующего уравнения:

$$d = -1{,}06 + 5{,}18 \cdot \exp(0{,}081 \cdot t) \cdot (1 - 0{,}043 \cdot \exp(0{,}118 \cdot t)).$$

Отклонения от этого изменения во времени можно объяснить ошибками в измерении и напластованием двух ритмов с периодом в 4 часа или в 28 дней при средней амплитуде равной 0,1 µм.

Summary

We describe experimental and mathematical methods with the aid of which biorhythms of microalgas can be examined.

To solve the manifold problems we use synchronous liquid cultures of the chlorococcalic alga chlorella vulgaris BEIJERINCK 1896, strain BÖHM and BORNS 1972/1. These algas with the exception of the autospores are almost spherical with diameters between 2.9 and 12.0 µm.

The development of their medium cell diameter d in the course of the 9.5 hours lasting time of light could be described under defined conditions within our automatical cultivating plant for several hours by:

$$d = -1{,}06 + 5{,}18 \cdot \exp(0{,}081 \cdot t) \cdot (1 - 0{,}043 \cdot \exp(0{,}118 \cdot t)).$$

The divergences from this progress could be devided into instrument errors and into the superimposition of two rhythms in a period of 4 hours respectively of 28 days with a medium amplitude of 0,1 µm.

Technische Universität Dresden
Sektion Forstwirtschaft Tharandt
Bereich Forsteinrichtung und
Forstliche Ertragskunde

Interpretationen zur Periodizität des Durchmesserwachstums von Waldbäumen als Folge der Einwirkungen meteorologischer Elemente

G. WENK und F. FIEDLER

Der Durchmesserzuwachs von Waldbäumen weist von Jahr zu Jahr Schwankungen auf, die beträchtlich vom langjährigen Mittel abweichen. Diese Schwankungen können nicht als zufällige Abweichungen gedeutet werden. Häufig sind Minima und Maxima so gesetzmäßig ausgeprägt, daß der Spezialist erkennen kann, in welchem Jahr die Jahrringe gebildet wurden. Bekanntlich wird diese gesetzmäßige Erscheinung von der Wissenschaft der Jahrringchronologie für die Bestimmung des Alters historischer Gebäude und für die Feststellung von Klimaschwankungen über lange Zeiträume genutzt.

Die Schwankungen des Durchmesserzuwachses lassen eine deutliche Periodizität erkennen (Abb. 1).

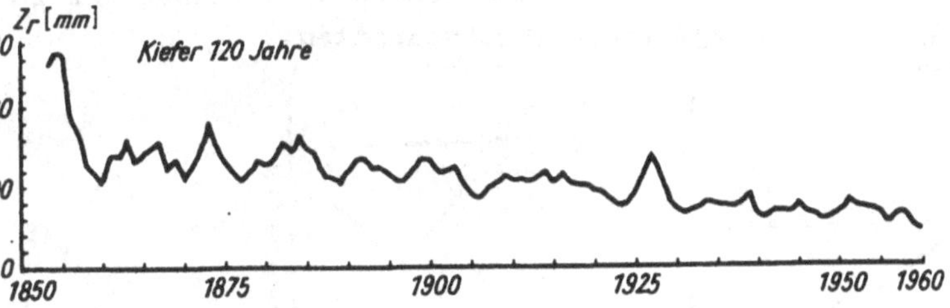

Abbildung 1: Jahrringdiagramm einer 120 Jahre alten Kiefer, Revier Markersbach, Staatlicher Forstwirtschaftsbetrieb Königstein

Schon seit über 100 Jahren versuchen zahlreiche Forstwissenschaftler aus vielen Ländern die Ursachen zu ergründen. Besonders intensiv werden diese Probleme in der SU, den USA und in den skandinavischen Ländern untersucht.

WIEDEMANN /1/ konnte periodische Schwankungen der Witterung nachweisen. Nach einer Häufung von niederschlagsreichen Jahren folgt eine Periode relativ trockener Jahre. In der Tendenz spiegeln sich die

Perioden der Witterungsschwankungen in den jährlichen Durchmesserzuwächsen wider. Sobald aber der Versuch unternommen wird, diese Zusammenhänge zu quantifizieren, zeigen sich eine ganze Reihe zur Zeit noch nicht lösbarer Widersprüche. Einige neue Erkenntnisse konnten in den letzten Jahren gewonnen werden, die nachfolgend mitgeteilt werden.

1. Der Einfluß der Temperaturen des Spätwinters auf den Durchmesserzuwachs

Ungewöhnlich kalte Spätwinter bewirken bedeutende Zuwachsminderungen. In den Jahren 1954 bis 1956 waren drei kalte Spätwinter zu beobachten. In diesen Jahren herrschte bis weit in den März hinein noch strenger Frost. Im Jahre 1956 betrug z.B. im Monat Februar die Monatsmitteltemperatur der Station Grillenburg bei Tharandt - 12,5°C, während das langjährige Mittel nur - 0,8°C beträgt.

In Abbildung 2 ist der jährliche Radialzuwachs über den durchschnittlichen Temperaturen der Monate Januar bis April der Jahre 1953 bis 1957 dargestellt. Ein Zusammenhang ist offensichtlich. Die Wirkung solcher kalter Spätwinter erstreckt sich über große geographische Räume. So geht aus veröffentlichten Werten von ANTANAITIS /2/ hervor, daß in der Litauischen SSR der Zuwachs von Kiefernbeständen auf frischen und nach dem Nährstoffgehalt mittleren Sandböden in den Jahren 1954, 1955 und 1956 nur 93 %, 83 % und 80 % vom langjährigen Durchschnitt betrug. Nach dem kalten Winter des Jahres 1941 betrug der Zuwachs sogar nur 73 % des langjährigen Durchschnittes.

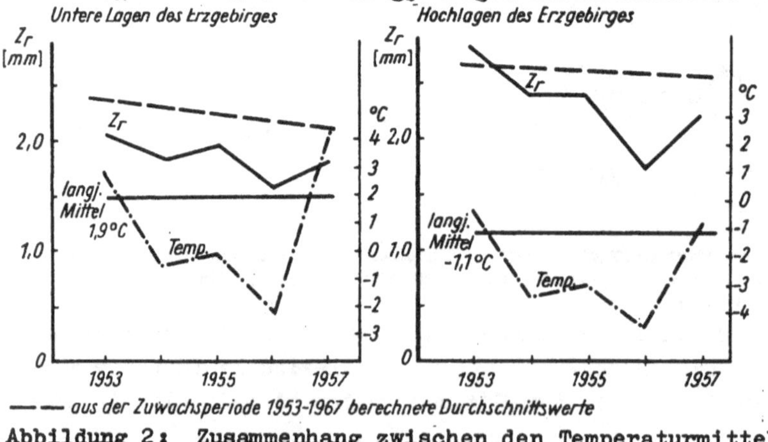

Abbildung 2: Zusammenhang zwischen den Temperaturmittelwerten von Januar bis April und den jährlichen Radialzuwachswerten der Jahre 1953-1957

Fragt man nach der Kausalität des Zusammenhanges, so lassen sich zwei Gründe anführen:

- Kalte Spätwinter haben einen späten Beginn der Vegetationsperiode und damit Verkürzung der Vegetationsperiode zur Folge und
- physiologische Schädigungen der Assimilationsorgane.

Dazu folgendes Beispiel:
Im Jahre 1956 war es Ende Januar relativ warm. Die Tagesmittel der Lufttemperatur lagen in Tharandt bei + 3°C. Innerhalb einer Woche sanken die Tageswerte auf - 20°C ab und erreichten in den ersten Februartagen fast - 30°C. Den extremen Temperaturgegensätzen konnten sich die wintergrünen Bäume nicht so schnell anpassen. Die Folge war, daß in zahlreichen Fichtenbeständen rotbraune Nadeln (Frosttrocknis) zu beobachten waren. Solche Witterungsextreme können für die Forstwirtschaft von weittragender Bedeutung sein. So setzte nach 1956 das sogenannte „Kiefernsterben" ein. Auf ungünstigen Standorten und in Gebieten mit hoher Konzentration von Industrieabgasen setzte ein massenhaftes Absterben von Kiefern ein. Wie wir heute wissen, ist die Ursache auf eine physiologische Schwächung durch die kalten Spätwinter der Jahre 1954 bis 1956 zurückzuführen.

2. Der Einfluß von Trockenjahren auf den Durchmesserzuwachs

Den bisher trockensten Sommer des Jahrhunderts erlebten wir im Jahre 1976. In den Monaten Mai bis August fielen nur 157 mm Niederschläge. Das sind nur 45 % des langjährigen Mittels. Der Durchmesserzuwachs in den Versuchsbeständen des Tharandter Waldes betrug in Abhängigkeit von dem Bodenwasserhaushalt nur 20-70 % des langjährigen Mittels. In weniger extremen Trockenjahren (z.B. 1971) ist der Zusammenhang nicht so offensichtlich.

Abbildung 3 zeigt durchschnittliche Jahrringdiagramme aus den unteren, mittleren und aus den Hochlagen des Erzgebirges. In den Jahren 1953 bis 1958 besteht kein gesicherter Unterschied im Zuwachsgang zwischen den drei verschiedenen Jahrringdiagrammen. 1959 war ein Trockenjahr. Es fielen nur 558 mm Niederschlag im Jahr, während der langjährige Durchschnitt (Station Grillenburg) 816 mm beträgt. Besonders in den Monaten Juni und August lagen die Niederschläge weit unter dem Durchschnitt. Infolge des Trockenjahres setzt eine Differenzierung zwischen den Jahrringdiagrammen ein. In den unteren Lagen sinkt der Zuwachs, in den mittleren bleibt er etwa gleich, in den Hochlagen steigt er noch an. Im Jahre 1960 sinkt der Zuwachs in den unteren Lagen weiter. In den mittleren steigt er an, so daß schon

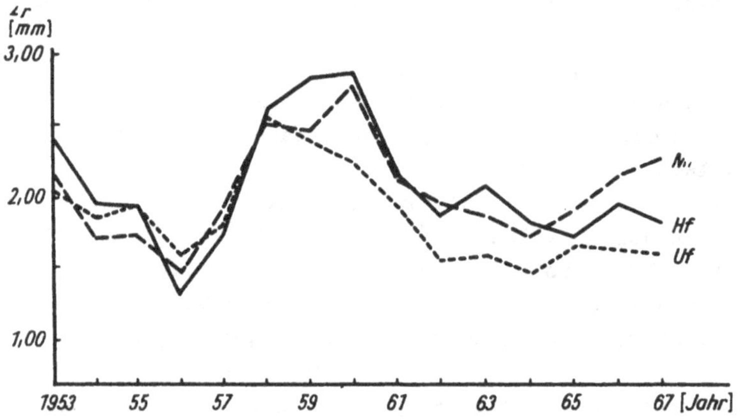

Abbildung 3: Radialzuwachs in verschiedenen Höhenlagen des Erzgebirges (Uf = untere Lagen, Mf = mittlere Lagen, Hf = Hochlagen)

ein Jahr später kein Unterschied im Zuwachs zwischen den mittleren und den Hochlagen besteht. Ab 1962 ist die Zuwachstendenz aller drei Diagramme wieder sehr ähnlich. In den unteren Lagen vollzieht sich aber der Zuwachs auf einem niedrigeren Niveau. In den unteren Lagen ist somit der Zuwachs infolge eines einzelnen Trockenjahres von 1959 bis 1967, also 9 Jahre lang niedriger als in den mittleren und Hochlagen des Erzgebirges. Dieser Unterschied läßt vermuten, daß der Zuwachs des Folgejahres von der Höhe des Zuwachses des vorangegangenen abhängig ist. Nach den Untersuchungen von HOLMSGAARD /3/ ist eine solche Abhängigkeit vorhanden.

3. Einfluß der Sonnenaktivität auf den Durchmesserzuwachs

Die von Sonneneruptionen zur Erde strömenden Korpuskularstrahlen rufen in der Ionosphäre Reaktionen hervor, die auf die Witterung der Erde Einfluß nehmen. HAŠEK /4/ versucht eine Übereinstimmung zwischen Sonnenaktivität und jährlichem Durchmesserzuwachs zu finden. HAŠEK geht bei seinen Untersuchungen davon aus, daß mit den 11jährigen Perioden verstärkter Sonnenaktivität Jahre geringer Niederschlagsmengen einhergehen. Nach BITVINSKAS /5/ wurde von vielen Forschern ein Zusammenhang zwischen Sonnenaktivität und Durchmesserzuwachs nachgewiesen. Danach soll in Zeiten erhöhter Sonnenaktivität der Zuwachs gering sein. Nach BITVINSKAS erhöht sich in Zeiten großer Sonnenaktivität die Amplitude des jährlichen Durchmesserzuwachses. Er stellte für die vergangenen 155 Jahre im Kaunaser Gebiet (Litauische SSR) an alten Kiefern, die auf Böden mit normalem Wasserhaushalt stockten, durchschnittliche periodische Wachstumsschwankungen von 11,1 Jahren fest. Diese Zyklen deckten sich genau mit den durchschnittlichen Zyklen der Sonnenaktivität. Auf Moorböden betrugen die Zyklen aber ungefähr 22 Jahre. Er berechnete Korrelationskoeffizienten mit Werten zwischen 0,81 und 0,98. Nach BITVINSKAS überlagern sich kurzperiodische Rhythmen (2-6 Jahre) mit Rhythmen mittlerer Dauer (10-20 Jahre) und mit langfristigen Perioden (86 Jahre). Dadurch wird die Aufdeckung der Gesetzmäßigkeit des Durchmesserwachstums außerordentlich erschwert.

Es erhebt sich schließlich die Frage, ob zwischen Sonnenaktivität und Durchmesserwachstum ein direkter kausaler Zusammenhang besteht oder ob die Sonnenaktivität periodische Witterungsveränderungen hervorruft, die schließlich die Veränderungen des Durchmesserzuwachses bewirken.

Die Autoren möchten die Zusammenhänge zwischen Durchmesserzuwachs und meteorologischen Elementen so weit quantifizieren, daß es möglich wird, den Einfluß der Witterung auf den jährlichen Durchmesserzuwachs zu eliminieren. Danach wird es sich herausstellen, ob nur eine zufällige Komponente übrigbleibt, oder ob noch weitere exogene oder endogene Rhythmen existieren. Zu diesem Zweck wurden Zuwachsfeinmessungen mit Mikrodendrometern ausgeführt. Dadurch gelingt es besser, die unterschiedliche Wertigkeit des Einflusses von Niederschlag und Temperatur in den einzelnen Monaten auf den Zuwachs zu erfassen.

4. Die unterschiedliche Bedeutung von Temperatur und Niederschlag in den einzelnen Monaten der Vegetationsperiode auf den Durchmesserzuwachs

Seit 1968 werden von den Autoren in einigen Versuchsbeständen des Tharandter Waldes im größeren Umfang Zuwachsfeinmessungen durchgeführt. Mit Mikrodendrometern kann der Zuwachs wöchentlich gemessen werden. Zur Ausschaltung von Fehlern durch Quellung und Schwindung von Rinden- und Kambiumzellen werden jedoch die Auswertungen nur monatsweise vorgenommen.

Die wesentlichen Erkenntnisse sind aus den Abbildungen 4 und 5 und aus den Tabellen 1 bis 3 zu ersehen.

Während in der Regel im Monat April kein meßbarer Zuwachs geleistet wird, ist in Jahren mit überdurchschnittlich warmen Frühjahren ein wesentlicher Zuwachs nachweisbar (1968, 1971). Durch die Verlängerung der Vegetationsperiode erhöht sich der Zuwachs. Im Monat Mai ist für das Wachstum ebenfalls die Temperatur ausschlaggebend, während die

Niederschläge keine wesentliche Rolle spielen, da fast immer die Böden durch die Winterniederschläge genügend durchfeuchtet sind.

Auch im Monat Juni wird das Wachstum noch weitgehend von der Temperatur beeinflußt. In den Monaten Juli und August war in der Beobachtungsperiode die Wärme immer ausreichend, so daß ein Einfluß der Temperatur auf den Zuwachs nicht nachweisbar ist.

Die Bodenwasservorräte sind im Monat Juli, besonders aber im Monat August erschöpft, so daß bei Niederschlagsmangel merkliche Zuwachsminderungen festzustellen sind. Der geringe Zuwachs in den Monaten Juli und August im Jahre 1971 ist eindeutig auf Niederschlagsmangel zurückzuführen, dagegen entspricht der hohe Zuwachs dieser Monate in den Jahren 1968 und 1970 dem reichlichen Niederschlagsangebot (vergl. Tabelle 3 und Abb. 4).

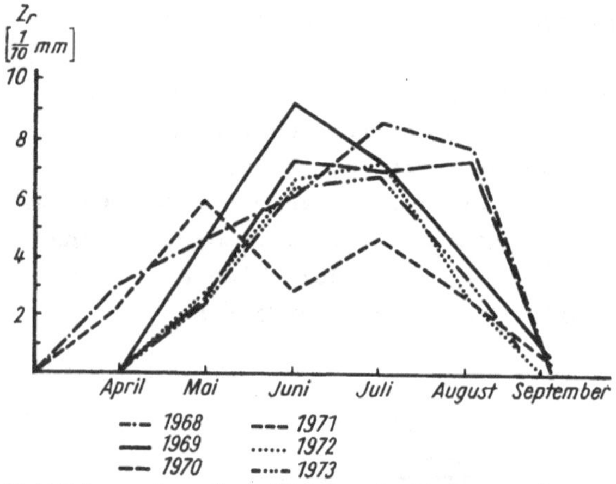

Abbildung 4: Monatliche Radialzuwachswerte des Fichtenbestandes der Abt. 23a1, Revier Tharandt - 1968 bis 1973

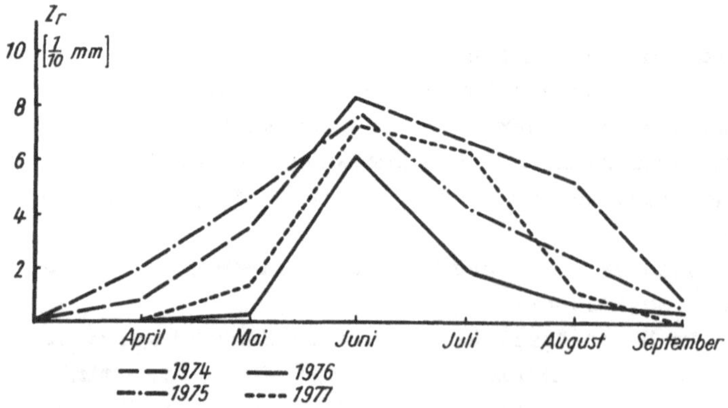

Abbildung 5: Monatliche Radialzuwachswerte des Fichtenbestandes der Abt. 23a1, Revier Tharandt - 1974 bis 1977

Das Jahr 1976 war eines der extremsten Trockenjahre des Jahrhunderts. Infolgedessen wurde der geringste Zuwachs in der Beobachtungsperiode mit nur etwa 45 % vom Durchschnitt geleistet.

An den experimentellen Daten (Tab. 1) lassen sich Nachwirkungen günstiger und ungünstiger Wachstumsbedingungen auf das Folgejahr feststellen. Bei genauerer Durchleuchtung des Materials beschränken sich aber diese Nachwirkungen auf die Monate April, Mai und August.

5. Mathematische Modelle

Zur mathematischen Beschreibung der Zusammenhänge zwischen Zuwachs und Witterung werden gewöhnlich lineare Mehrfachregressionen verwendet. Für Untersuchungen in Schweden verwendete JONSSON /6/ multiple logarithmische Regressionsbeziehungen.

BITVINSKAS /5/ berechnete sogenannte hydrothermische Koeffizienten, die mit den Jahrringindices übereinstimmen sollen. Der hydrothermische Koeffizient wird berechnet in Abhängigkeit von den Niederschlags- und Temperaturverhältnissen des betrachteten Jahres und von den drei zurückliegenden Jahren, wobei unterschiedliche Gewichte verwendet werden.

Die Autoren sind der Auffassung, daß mit diesen mathematischen Modellen die Zusammenhänge zwischen Radialzuwachs und Witterung nicht mit befriedigender Genauigkeit quantifiziert werden können. Mathematische Modelle müssen die unterschiedliche Wirkungsweise der meteorologischen Elemente in den einzelnen Monaten der Vegetationsperiode berücksichtigen.

Es wird ein Modell vorgestellt, das zwar noch verhältnismäßig grob ist, mit dem aber schon eine einigermaßen befriedigende Anpassung an die Meßwerte erreicht wird.

Ausgehend von dem Erfahrungswert, daß bei günstigsten Wachstumsbedingungen etwa 40 % Mehrzuwachs geleistet wird, dient als Grundlage des Modells der Koeffizient mit dem Wert 1,40. Dieser Koeffizient wird ebenfalls nach Erfahrungswerten auf die einzelnen Monate wie folgt aufgeteilt:

April	Mai	Juni	Juli	August	Summe
0,10	0,25	0,45	0,35	0,25	1,40

Diese Koeffizienten werden bei nicht optimalen Wachstumsbedingungen reduziert.

Das Modell berücksichtigt, daß in den Monaten Juli und August die monatliche Durchschnittstemperatur den Zuwachs nicht beeinflußt.

Die Wirkung des Niederschlages auf den Radialzuwachs wird durch folgende Formel berechnet:

$$y_1 = 1 - e^{-0,8\left(\frac{N-40}{40}\right)} \qquad (1)$$

N bezeichnet die Niederschlagssummen des Wachstumsmonates und die des Vormonates. Der Niederschlag des Monats April hat für das Wachstum im gleichen Monat keine Bedeutung. Im Monat Mai ist der Niederschlag nur zu berücksichtigen, wenn die Summe aller Niederschläge von April und Mai weniger als 100 mm beträgt. Dies war nur in den Jahren 1971 und 1976 der Fall.

Der Temperatureinfluß wird durch folgende Formel berechnet:

$$y_2 = 1 - e^{-0,4\,(T-T_o)} \qquad (2)$$

T bedeutet die durchschnittliche Monatstemperatur

T_o nimmt für die Monate April bis Juni unterschiedliche Werte an und zwar:

April	Mai	Juni
5°C	8°C	11°C

Im Monat Juni erweisen sich Temperatur und Niederschlag als wesentlich für den Zuwachs. Zur Zuwachsberechnung im Monat Juni werden die Formeln y_1 und y_2 miteinander mutlipliziert.

Der Einfluß des Vorjahres wird durch den Jahreszuwachswert des Vorjahres berücksichtigt. Für die Monate Juni und Juli wird der Durchschnittswert einer 10jährigen Periode berücksichtigt. Er beträgt für das Beispiel 2,11 mm/Jahr.

Beispiele für die Berechnung:

- Mai 1972

$$z_r = 1,90 \cdot 0,25 \cdot (1-e^{-0,4(10,9\,-\,8)}) = 0,33$$

Die Zahlen bedeuten:

1,90 = Zuwachswert des Jahres 1971 in mm

0,25 = Anteil des Zuwachses im Monat Mai vom jährlichen Zuwachs bei optimalen Wachstumsbedingungen

0,4 = Konstante

10,9 = Durchschnittliche Monatstemperatur im Monat Mai 1972

8 = T_o

- Juni 1973

$$z_r = 2,11 \cdot 0,45 \cdot (1-e^{-0,4(15-11)})\,(1-e^{-0,8\left(\frac{105+117-40}{40}\right)}) = 0,74$$

Es bedeuten:

2,11 = durchschnittlicher Radialzuwachs der Beobachtungsperiode in mm
0,45 = Anteil des Zuwachses im Monat Juni vom jährlichen Zuwachs bei optimalen Wachstumsbedingungen
0,4 = Konstante
15 = Durchschnittstemperatur im Monat Juni 1973
11 = T_o
0,8 = Konstante
105 = Niederschlagssumme im Monat Mai 1973
117 = Niederschlagssumme im Monat Juni 1973
40 = Konstante

In Abbildung 6 sind die Ergebnisse der Berechnung dargestellt.

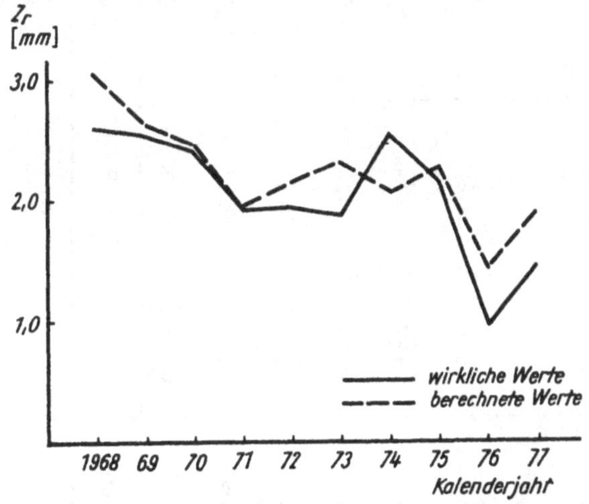

Abbildung 6: Wirkliches und berechnetes Jahrringdiagramm des Fichtenbestandes der Abt. 23a[1] des Tharandter Waldes

Auf Grund der Kenntnis der Meßwerte wird die Vermutung geäußert, daß auch bei Bestimmung der Koeffizienten durch moderne Rechenverfahren keine wesentliche Verbesserung erzielt werden kann. Fortschritte sind nur zu erwarten, wenn die Meßwerteerfassung meteorologischer Elemente verbessert werden kann.

Es scheint aber, daß die jährlichen Radialzuwachsschwankungen fast restlos durch die Veränderlichkeit meteorologischer Elemente erklärt werden können.

Tabelle 1: Monatliche Radialzuwachswerte (in mm) von herrschenden Fichten aus einer Mikrodendrometer-Dauerversuchsfläche, Abt. 23a1 - Revier Tharandt

Jahre	April	Mai	Juni	Juli	August	September	jährliche Zuwachssumme
1968	0,30	0,46	0,61	0,86	0,79	0,01	3,03
1969	-	0,48	0,94	0,74	0,40	0,06	2,62
1970	-	0,26	0,74	0,70	0,74	0,01	2,45
1971	0,23	0,59	0,29	0,47	0,27	0,05	1,90
1972	-	0,26	0,66	0,72	0,28	-	1,92
1973	-	0,24	0,64	0,68	0,32	-	1,88
1974	0,09	0,35	0,83	0,68	0,52	0,07	2,54
1975	0,20	0,46	0,78	0,44	0,25	-	2,13
1976	-	0,02	0,62	0,20	0,07	0,05	0,96
1977	-	0,13	0,74	0,65	0,13	0,01	1,66
Mittel	0,08	0,33	0,68	0,61	0,38	0,03	2,11

Tabelle 2: Monatsmittel der Lufttemperatur (°C), meteorologische Station „Wildacker" bei Tharandt

Monate	I	II	III	IV	V	VI	VII	VIII	IX	X	XI	XII	Jahres-durchschnitt
1968	- 2,1	0,0	3,8	8,4	10,0	15,6	15,3	15,6	12,7	9,9	2,8	- 2,7	7,4
1969	- 0,9	- 3,1	- 0,9	5,8	13,0	14,4	17,9	15,6	13,0	10,5	5,2	- 6,0	7,0
1970	- 3,8	- 2,1	0,0	4,9	10,3	16,2	15,9	15,6	12,4	8,0	5,5	- 0,2	6,9
1971	- 0,4	0,2	0,2	7,7	13,3	13,1	17,6	18,1	11,2	8,6	2,7	3,0	7,9
1972	- 3,8	1,4	5,1	6,2	10,9	14,5	17,7	14,9	10,1	6,0	-	-	-
1973	- 0,6	0,5	3,3	4,3	11,6	15,0	16,4	16,8	13,6	6,7	2,5	- 0,3	7,5
1974	2,6	2,0	5,6	6,9	10,2	13,0	14,6	16,7	13,2	4,7	4,4	3,9	8,2
1975	3,7	0,3	3,1	5,8	11,1	13,9	17,4	17,3	15,3	7,4	1,8	0,7	8,2
1976	- 0,8	- 0,1	- 0,6	5,7	11,6	15,6	18,1	15,0	12,1	8,7	4,1	- 1,6	7,3
1977	- 0,2	2,0	5,5	4,7	11,0	14,9	15,3	15,3	10,9	10,4	4,7	1,1	8,0
langjähriges Mittel	- 0,6	+ 0,1	2,5	6,0	11,3	14,6	16,6	16,1	12,4	8,1	3,7	- 0,2	

Tabelle 3: Monats-Niederschlagssummen (mm); meteorologische Station „Wildacker" bei Tharandt

Monate	I	II	III	IV	V	VI	VII	VIII	IX	X	XI	XII	Summe
1968	99	42	60	44	52	127	70	107	87	83	63	41	875
1969	66	36	69	94	61	112	33	57	12	31	39	27	637
1970	31	108	87	123	104	56	50	172	35	124	86	82	1058
1971	18	78	36	58	31	141	17	47	81	40	88	82	717
1972	26	10	47	53	87	57	92	89	51	46	–	–	–
1973	34	64	43	–	105	117	146	66	21	101	66	58	–
1974	61	69	16	16	138	121	92	55	71	172	78	228	1117
1975	39	28	55	54	73	76	73	55	56	60	49	31	649
1976	177	12	30	32	51	36	32	38	37	36	89	63	633
1977	37	51	65	96	56	143	113	177	83	30	124	60	1035
langjähriges Mittel	58,8	49,8	50,8	63,3	75,8	98,6	71,8	86,1	53,4	72,3	75,8	74,7	

Literaturverzeichnis

/1/ WIEDEMANN, E.: Zuwachsrückgang und Wuchsstockung der Fichte in den mittleren und unteren Höhenlagen der sächsischen Staatsforsten Tharandt. Akad. Buchhandlung W. Laux 1925

/2/ ANTANAITIS, V.: Tekuscij prirost lesov Litvy
Kaunas 1965, 393 S.

/3/ HOLMSGAARD, E.: Arringsanalyser af danske skovtraeer (Jahrring-analysen dänischer Waldbäume).
Übers. aus dem Dänischen; Det forstlige Forsogsvaesen 22 (1955), S. 1-246

/4/ HAŠEK, J.: Die Sonnenaktivität und kritische Perioden im Wachstum der Fichte und Tanne
Acta Universitatis Agriculturae (Brno).
Series C, 41 (1972), S. 295-311

/5/ BITVINSKAS, T.T.: Dendroklimaticeskie issledovanija
Leningrad 1974, 172 S.

/6/ JONSSON, B.: Studier över den ab väderleken ...
Untersuchungen von Variationen der Jahrringbreiten bei Kiefer und Fichte in Abhängigkeit von den Wetterbedingungen in Schweden.
Übers. aus dem Schwedischen; Institutionen för Skogsproduktion, Rapporter och Uppsatser (1969) Nr. 16, 297 S.

Zusammenfassung

Der Durchmesserzuwachs von Waldbäumen weist von Jahr zu Jahr Schwankungen auf, die beträchtlich vom langjährigen Mittel abweichen. Diese Schwankungen können nicht als zufällige Abweichungen gedeutet werden. Häufig sind Minima und Maxima so gesetzmäßig ausgeprägt, daß der Spezialist erkennen kann, in welchem Jahr die Jahrringe gebildet wurden.

Die Autoren (FIEDLER, F.; WENK, G. 1973) arbeiten an der Klärung der genannten Zusammenhänge, damit es möglich wird, den Einfluß der Witterung auf den jährlichen Durchmesserzuwachs zu eliminieren. Danach wird es sich herausstellen, ob nur eine zufällige Komponente übrigbleibt, oder noch weitere exogene (z.B. Sonnenaktivität) oder auch endogene Rhythmen existieren. Zu diesem Zweck wurden in großer Zahl Zuwachsfeinmessungen mit Mikrodendrometern ausgeführt, mit denen der wöchentliche Zuwachs in der Vegetationsperiode ermittelt werden kann. Dadurch gelingt es besser, in den einzelnen Monaten die unterschiedliche Wertigkeit des Einflusses von Niederschlag und Temperatur auf den Zuwachs zu erfassen.

Es wird ein Modell vorgestellt, wonach detailliert für die einzelnen Vegetationsmonate in Abhängigkeit von Temperatur und Niederschlag und unter Berücksichtigung des durchschnittlichen monatlichen Zuwachses für ein konkretes Jahr die monatlichen Zuwachswerte berechnet werden können. Die Summe der Monatszuwächse ergibt den Jahreszuwachs.

Резюме

Прирост по диаметру лесных деревьев из года в год подвергается колебаниям, которые значительно отклоняются от долголетнего среднего значения. Эти колебания не могут быть интерпретированы как случайные отклонения. Часто минимальные и максимальные значения выражены так закономерно, что специалист может определить год, в котором образовались годичные кольца.

Авторы (ФИДЛЕР, Ф., ВЕНК, Г.) занимаются вопросами выяснения этих связей с тем, чтобы создать условия для элиминации влияния погоды на годовой прирост по диаметру. После этого видно будет, остается ли лишь один случайный компонент или существуют ли еще другие экзогенные (напр. солнечная активность) и соответственно также эндогенные ритмы. Для этой цели проводились многочисленные точные измерения прироста микродендрометрами, с помощью которых может измеряться еженедельный прирост в вегетационном периоде. Это способствует улучшению качества оценки различного влияния осадков и температур на прирост в отдельные месяцы.

Представляется модель, позволяющая вычислять месячные значения прироста для конкретного года, а именно отдельно для всех вегетационных месяцев в зависимости от температуры и количества осадков, а также с учетом среднемесячного прироста. Сумма месячных приростов дает годовой прирост.

Summary

The diameter growth of forest trees varies from year to year, the variations deviating considerably from the long-term mean value. These variations cannot be interpreted as random deviations. Minima and maxima are often so naturally pronounced that the specialist can see in which year the annual rings were formed.

The authors (FIEDLER, F.; WENK, G. 1973) are engaged in elucidating the abovementioned correlations in order to make it possible to eliminate the influence of atmospheric conditions on the annual diameter growth. After this it will become obvious whether only one random component is left or whether there will exist still other (e.g. solar activities) or endogenic rhythms. For this purpose numerous precise measurements of increment were carried out with microdendrometers, by which it is possible to measure the weekly increment in the vegetation period. This helps to improve the quality of assessing the different influence of precipitation and temperature on increment.

A model is represented according to which the monthly increment values can be calculated for a specific year and separately for the individual vegetation months depending on temperature and precipitation and taking the average monthly increment into consideration. The sum of the monthly increments is equal to the annual increment.

Chronomedizin

Ministerium für Gesundheitswesen der UdSSR
Lehrstuhl für Biologie und Genetik der Mediko-biologischen Fakultät des II. Moskauer Medizinischen Institutes

Chronobiologie, Chronopharmakologie und Chronomedizin

Ju. A. ROMANOW

Die Entwicklung der Lehre von den biologischen Rhythmen führte in den letzten Jahren zur Entwicklung eines neuen Wissensgebietes der Biologie - der Chronobiologie. Ihre grundlegende Aufgabe ist die Untersuchung der zeitlichen Organisation lebender Systeme verschiedener Regulationsebenen sowie der Gesetzmäßigkeiten der Regulierung und der Bedeutung biologischer Rhythmen in Adaptationsprozessen. Die Chronobiologie, welche gegenwärtig eine der fundamentalen Wissenschaften über das Leben darstellt, besitzt große angewandte medizinische Bedeutung. Bei der Erforschung verschiedenster Systeme des Menschen (des Nervensystems, des Endocrinums, des Ausscheidungssystems, des Blutsystems u.a.) wurden mehr als 150 sich rhythmisch verändernde physiologische Prozesse konstatiert. Die Phasen der Rhythmen dieser Prozesse waren gesetzmäßig in der Zeit verteilt. Dies wies auf die zeitliche Organisation der Lebensfunktionen des Menschen hin.

Eine der wesentlichsten Folgen der Konzeption von der zeitlichen Organisation biologischer Systeme ist die Forderung nach der Analyse des Zustandes dieser Organisation unter Bedingungen der Einwirkung verschiedenster Faktoren auf den Organismus und bei der Entwicklung pathologischer Zustände. Es ist bekannt, daß sich der Charakter biologischer Rhythmen des Menschen bei Erkrankungen erheblich verändern kann. Einen besonderen Stellenwert nehmen hierbei die Störungen der Biorhythmen der Empfindlichkeit von Systemen des Organismus gegenüber der Einwirkung von Pharmaka ein. Die Untersuchung dieser Fragen gestattet, die Wirkungen pharmakologischer Mittel sowie die Prinzipien ihrer Anwendung für die Therapie unter ganz neuen Gesichtspunkten zu beurteilen. Auf der Basis entsprechender Literaturhinweise kann versichert werden, daß die Durchführung therapeutischer Maßnahmen unter Berücksichtigung biologischer Rhythmen des Menschen und ihrer Veränderungen durch Erkrankungen am vollständigsten die Vorstellung des Altertums über die ärztliche Kunst "noli nocere" verwirklicht.

In den letzten Jahren entwickelten sich intensiv solche Zweige in der Erforschung der biologischen Rhythmen des Menschen wie die Chronopharmakologie und die Chronotherapie. Die Chronopharmakologie wird hierbei als Wissenschaft von der Untersuchung der Wirkung pharmakologischer Präparate als Funktion der biologischen Zeit sowie ihres Einflusses auf die Parameter biologischer Rhythmen /33/ determiniert. Die erzielten Resultate auf diesem Gebiet werden zur Optimierung der Pharmakotherapie, die unter Berücksichtigung des Zeitfaktors (Chronotherapie) durchgeführt, herangezogen. So kristallisieren sich in den Gebieten der Chronopharmakologie sowie der Chronomedizin mindestens zwei große Probleme heraus, deren Lösung die Heilung von Krankheiten in erheblichem Maße effektivieren könnten. Das erste Problem besteht in der Klärung des Charakters des Einflusses von Pharmaka in Abhängigkeit von der Applikation in verschiedenen Phasen der biologischen Rhythmen. Das zweite Problem besteht in der Erforschung der Veränderungen von Parametern der rhythmischen Struktur der Funktionen des Organismus, die unter Einwirkung von Pharmaka auftreten können. Die Bearbeitung dieser Probleme muß zu Anweisung über die dynamische Wahl der Dosen von Pharmaka, deren Anwendungszeitpunkte, zu Hinweisen für Kombinationsschemata bei Anwendung mehrerer Chemotherapeutika sowie für die Verhinderung toxischer Effekte führen.

Die experimentelle Untersuchung biologischer Rhythmen der Empfindlichkeit des Organismus gegenüber physiologischen und toxischen Wirkungen von pharmakologischen Mitteln, Hormonen und anderen biologisch aktiven Substanzen ist die unbedingte Voraussetzung zur Begründung verschiedener therapeutischer Verfahren für den Menschen, bei welchen die biologischen Rhythmen seiner Funktionen berücksichtigt werden. Dieser Frage sind in der Literatur bereits eine große Anzahl von Publikationen gewidmet. Es muß hierbei die große Bedeutung der Arbeiten von F. HALBERG und Mitarbeiter /18-25/ hervorgehoben werden, die wesentlich zur Entwicklung dieses Wissensgebietes beitrugen.

Es konnte festgestellt werden, daß der Organismus von Tieren über verschiedene Empfindlichkeitsgrade gegenüber subletalen Dosen verschiedener Substanzen (Mortalitätsquote) in Abhängigkeit von deren Anwendungszeitpunkt innerhalb von 24 Stunden verfügt. Diese Daten konnten bei Untersuchungen von bakteriellen und Virustoxinen, von Adrenalin, Insulin, Metopiron, Oubain, Librium, Metadonhydrochlorid, Zyklophosphan, Zitosinarabinosid und Äthylalkohol ermittelt werden. Dabei wurde gleichzeitig das Verhältnis der "dosis letalis" zur Tageszeit der Aubstanzapplikation bei Tieren beobachtet, die einer Hypoxie und ionisierender Radiation ausgesetzt waren. Die aus diesen Versuchen ermittelten Resultate gestatteten die Formulierung der Vorstellung vom "tempus minoris resistentize" des Organismus /32/. Es zeigte sich gleichzeitig, daß diese Zeit, was die verschiedenen Substanzen betrifft, nicht für alle die gleichen Abschnitte innerhalb von 24 Stunden einnahm (Abb. 1). D.h. die anfänglich von einer Reihe

Autoren /1, 18-21, 30/ geäußerte Meinung über den festen Zusammenhang zwischen letalem Effekt verschiedener Einwirkungen und den Rhythmen der motorischen Aktivität von Versuchstieren sowie den Sekretionsphasen der Nebennieren, konnte nicht aufrechterhalten werden. (Abb. 1) Wir nehmen an, daß die Erklärung der Zeitdynamik der Biorhythmen der Sensibilität des Organismus, vor allem auf der Basis der Analyse des Zustandes, in welchem sich das eine System des Organismus im Verlaufe von 24 Stunden befindet, welches durch eine zu untersuchende Substanz angesprochen wird, zu geben ist. In der Tat konnte durch eine Reihe von Arbeiten eine Abhängigkeit der Höhe des letalen Effektes von Substanzen vom Phasenverlauf physiologischer Prozesse innerhalb eines Tag-Nacht-Zyklus ermittelt werden. Dieser Phasenverlauf bedingt offenbar in hohem Maße die Wirkungsweise verschiedener Faktoren im Organismus. So zeigt zum Beispiel Metopiron den höchsten toxischen Effekt zur Zeit in der die Funktion der Nebennierenrinde /16/ ihren Höhepunkt erreicht. Dies könnte in einen möglichen Zusammenhang mit der spezifischen Wirkung der Substanz auf die Kortikosteroidogenese, welche den Prozeß der Hydroxilierung in der Nebennierenrinde hemmt, gebracht werden. Die Mortalität von Labortieren, denen im Verlaufe von 24 Stunden Äthanol appliziert wurde, korreliert positiv mit dem Rhythmus der Konzentrierung von Alkohol in der Leber und zeigt eine inverse Korrelation an den Rhythmus des Glykogen- und Zuckergehaltes der Leber /2, 3, 6/.

Die Analyse der einschlägigen Literatur zeigte, daß die Dunkelperiode im Verlaufe eines Tag-Nacht-Zyklus offensichtlich als günstigste Zeit für die Einwirkung von Radioaktivität auf Ratten und Mäuse, welche ihre hauptsächliche Lebensaktivität des Nachts zeigen, zu bezeichnen ist. Neben dieser gesteigerten Nachtempfindlichkeit von Ratten und Mäusen gegenüber der Einwirkung von radioaktiven Strahlen und Substanzen, spielen die Zeitpunkte des Wechsels von der Helligkeit zur Dunkelheit und umgekehrt (Abb. 2) eine bestimmte Rolle. Eine ausführlichere Untersuchung des Empfindlichkeitsrhythmus des Organismus gegenüber der Radiation führte zu der Schlußfolgerung über die Abhängigkeit derselben vom Rhythmus der Vermehrung der zellulären Elemente des Blutes und des Magen-Darm-Traktes, als Zellen, die durch Radioaktivität am ehesten angegriffen werden. So wurde die höchste Mortalität bei der Bestrahlung von Ratten in der Mitte der Helligkeitsperiode (11 Uhr) und in der Mitte der Dunkelheitsperiode (20 - 2 Uhr) eines Tag-Nachtzyklus gemessen. Bei Kontrolltieren kam es zum Anstieg der Zahl an DNR-synthetisierenden Zellen im Kryptenepithel des Dünndarmes und zu Mitosen entsprechend um 17 und 5 Uhr sowie um 20 und 8 Uhr. (Abb. 3) Dies bedeutet also, daß es zu einem Sensibilitätsanstieg der Radioaktivitätsempfindlichkeit nach der Steigerung der Zellteilung im Dünndarmepithel kommt /5/. Außerdem wurde von einer Reihe Autoren /4, 34, 35/ eine Abhängigkeit zwischen den Rhythmen des Überlebens der Tiere nach der Bestrahlung und der ungleichmäßigen Fähigkeit der behandelten Tiere zu verschiedenen Tageszeiten Zellkolonien in der Milz zu bilden, gesehen.

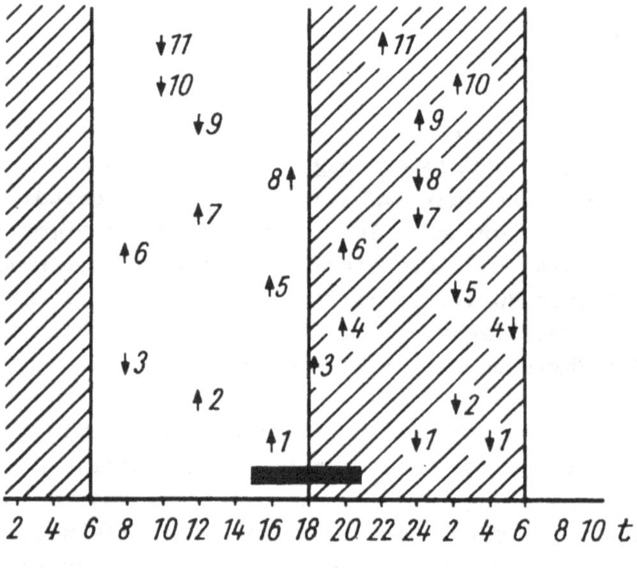

Abb. 1

Biologischer Rhythmus der Sensibilität von Mäusen und Ratten gegenüber subletalen Dosen verschiedener Substanzen und gegenüber anderen Störfaktoren im Vergleich zum 24-Stunden-Rhythmus der Kortikosteroidsekretion beim Wechsel von Dunkelheit und Helligkeit. Das schwarze Rechteck vermerkt die Zeit der maximalen hormonellen Aktivität der Nebennierenrinde. Die gestrichelten Teile der Abbildung entsprechen der Dunkelheitsperiode im Verlaufe von 24 Stunden. - Zeit der gesteigerten Empfindlichkeit; - Zeit der herabgesetzten Empfindlichkeit gegenüber verschiedenen Einwirkungen.

1 - bakterielles u. Virustoxine; 2 - Adrenalen, Insulin; 3 - Metopiron; 4 - Metadon; 5 - Äthanol; 6 - Oubain; 7 - Zyklophosphan; 8 - 2,5 Ionen; 9 - Librium; 10 - Hypoxie; 11 - audiogene Reizung;

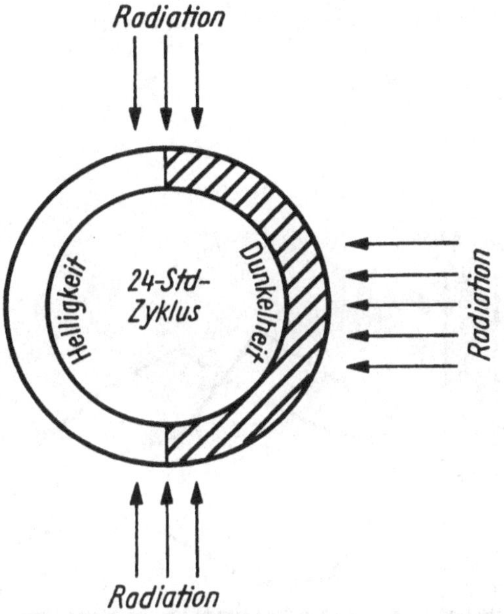

Abb. 2

Biologischer Rhythmus der Empfindlichkeit von Mäusen und Ratten gegenüber radioaktiver Einwirkung

Zweifelsohne ist die Erforschung der chronopharmakologischen Wirkung biologisch aktiver Substanzen gegenüber der Untersuchung zeitabhängiger chronotoxischer Effekte schwieriger. Auf der Grundlage experimenteller Daten über die 24-Stunden-Rhythmen der Sensibilität des Organismus gegenüber der therapeutischen oder toxischen Wirkung von Pharmaka führte HALBERG /17/ den Begriff des therapeutischen Index, welcher dem therapeutischen Effekt direkt proportional und umgekehrt proportional der toxischen Wirkung ist, in das wissenschaftliche Vokabular ein. Er nimmt an, daß die stärkste Steigerung des therapeutischen Index im Falle entgegengesetzter Veränderungen der therapeutischen und der toxischen Wirkung im Verlaufe von 24 Stunden erzielt werden kann, was der Zeit des Anstieges der therapeutischen Wirkung entspricht. Jedoch ist nach unserer Ansicht das Problem der optimalen Anwendung pharmakologischer Substanzen unter Berücksichtigung des Zeitfaktors hiermit nicht erschöpft. Für seine Lösung muß Kenntnis über den Zustand der biologischen Rhythmen der Funktionen des Organismus bestehen, auf welche das applizierte Präparat wirkt und es müssen die Möglichkeit einer zeitlichen Verschiebung der Parameter dieser Rhythmen bei wiederholter Einwirkung der Substanz sowie besonders der Empfindlichkeitsrhythmus des Organismus gegenüber der jeweiligen Einwirkung mitberücksichtigt werden.

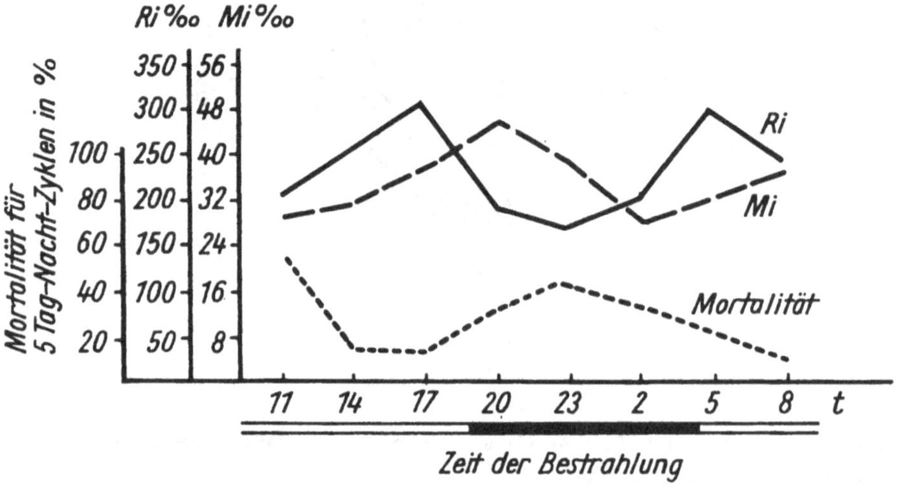

Abb. 3

Tag-Nacht-Rhythmen von DNR synthetisierenden (Ri) und sich teilenden (Mi) Zellen im Kryptenepithel des Dünndarmes sowie der 24-Stunden-Rhythmus der Empfindlichkeit von Wistar-Ratten (Mortalität) gegenüber Radiation.

In unserem Laboratorium /10/ konnte festgestellt werden, daß unabhängig vom im Organismus der Labortiere beständig aufrechterhaltenen hohem Gehalt an Thyroxin (tägliche Applikation im Verlaufe von 6 aufeinanderfolgenden Tagen) die durch dieses Hormon angefachte Stimulierung der Zellteilung im Leberparenchym nur zu bestimmten Tageszeiten (Abb. 4) vorsichgeht. Eine ähnliche Gesetzmäßigkeit haben wir früher auch in anderen Geweben beobachten können (Dünndarmepithel, Zellen des Knochenmarkes), woraus wir schlossen, daß sie das Vorhandensein eines Tag-Nacht-Rhythmus der Empfindlichkeit von Geweben gegenüber der Wirkung von Toxin /7, 8/ widerspiegelt. Dabei wurde die Stimulierung der mittotischen Aktivität nur in bestimmten Phasen des Zellteilungsrhythmus beobachtet. Später wurde die Tagesperiode, in welcher unter den verschiedensten Einwirkungen Veränderungen rhythmisch schwankender Funktionen bemerkt wurden, als "Zeit der potentiellen Bereitschaft" /2, 11/ bezeichnet. Die Klärung der Prozesse, welche dieser Zeit zugrundeliegen, sind für das Verständnis chronobiologischer Gesetzmäßigkeiten der Reaktivität der Systeme des Organismus gegenüber Pharmaka zum Beispiel von äußerster Wichtigkeit. G. LEVY /29/ verwies bei der Betrachtung allgemeiner Prinzipien der Planung einer rationellen Pharmakotherapie auf die große Bedeutung der Deckung des Zeitpunktes der Applikation einer therapeutisch wirksamen Substanz mit der Zeit der Aktivität der Zellrezeptoren und nahm an, daß auch Verteilung und Elimination von Pharmaka rhythmische Variationen besitzen.

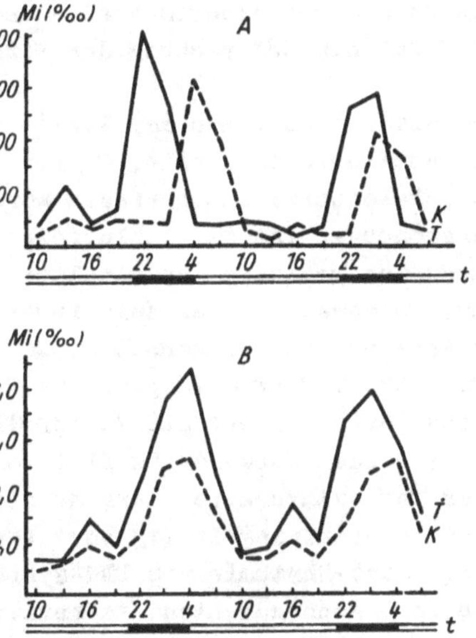

Abb. 4

Veränderungen der 24-Stunden-Rhythmen sich teilender Zellen (Mi) in Leberparenchym und Oesophagusepithel von Ratten unter dem Einfluß von Thyroxin. K - Kontrolle; T - Thyroxin; A - Leber; B - Oesophagus

Obwohl dieses Problem noch längst nicht als geklärt betrachtet werden kann soll gesagt sein, daß die rhythmischen Veränderungen der Empfindlichkeit des Substrates gegenüber der Wirkung von Pharmaka in hohem Maße deren biologische Effektivität bestimmten.

Im Zusammenhang mit den Darlegungen entsteht die Notwendigkeit der Bestimmung des Zeitabschnittes von Funktionen in einem Rhythmus, im Verlaufe dessen diese in stärkstem Maße auf eine Einwirkung reagieren. Ausgehend von den Vorstellungen über die zeitliche Organisation von Funktionen im Organismus haben wir /9/ die Meinung vertreten, daß therapeutische Einwirkungen in erster Linie die Normalisierung von Rhythmen, des durch den pathologischen Prozeß betroffenen Organs sowie die Schaffung einer Dynamik rhythmischer Veränderungen anderer Funktionen des Organismus, anstreben sollten. Die Applikation eines Pharmakons sollte in einer Zeit vorgenommen werden, in welcher das System des Organismus, auf welches das Präparat einwirken soll, ihm gegenüber eine hohe Empfindlichkeit besitzt. Die Berechtigung dieser Behauptung ist gegenwärtig durch experimentelle und klinische Untersuchungen, besonders durch die Erforschung der Wirkung von Hormonen, erwiesen.

Bei Tieren sind biologische Rhythmen der Sensibilität gegenüber einer Reihe von Hormonen (Kortikosteroide, Thyroxin, Adrenalin, Noradrenalin, Insulin, Melatonin) nachgewiesen worden. Wichtiges Ergebnis dieser Untersuchungen ist die Schlußfolgerung, daß die Tageszeiten, die der Periode des gesteigerten Gehaltes an verschiedenen Hormonen im Organismus entsprechen, der Zeit ihrer optimalsten physiologischen Wirkung entsprechen. So konnte z.B. durch in unserem Laboratorium von O.P. SACHARTSCHENKO ausgeführte Versuche eine Abhängigkeit der Wirkung des Thytoxins auf die Zellproliferation vom Rhythmus des Gehaltes an thyreoiden Hormonen im Blut von Ratten ermittelt werden. Bei einmaliger Thyroxinverabreichung an die Tiere in der Zeit des höchsten Blutthyroxinspiegels (13 Uhr) veränderte sich die Phasenstruktur der Tag-Nacht-Rhythmik von DNR-synthetisierenden und sich teilenden Zellen im Oesophagus nicht wesentlich. Wurde das Hormon zum Zeitpunkt seines natürlicherweise niedrigsten Blutspiegels verabfolgt, so führte dies zu ausgeprägten Veränderungen der Rhythmen der Zellproliferation (Abb. 5).

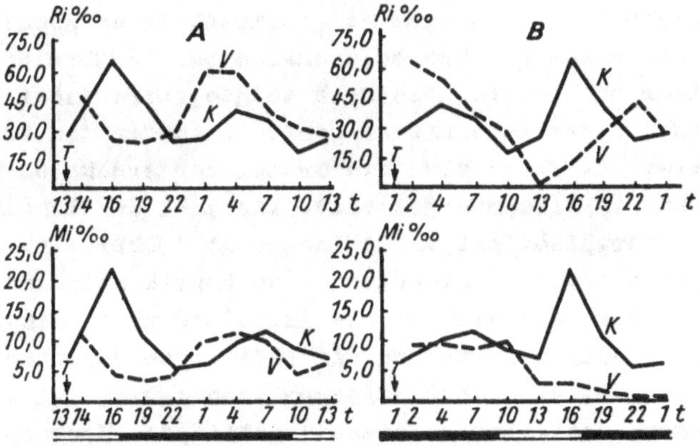

Abb. 5
Veränderungen des Tag-Nacht-Rhythmus von DNR-synthetisierenden (Ri) und sich teilenden Zellen (Mi) im Oesophagusepithel von Ratten nach Thyroxinapplikation. A - Thyroxinverabreichung um 13 Uhr (Maximum des Blutthyroxinspiegels); B - Thyroxinapplikation um 1 Uhr (Minimum des Blutthyroxinspiegels); K - Kontrolle; V - Versuch.

Bei der Untersuchung des 24-Stunden-Rhythmus der Ribosomen der Hepatozyten von Ratten konnte festgestellt werden /14/, daß eine Steigerung des Verhältnisses der gebundenen zu den freien Ribosomen in Hepatozyten normaler Ratten in der Akriphase des Rhythmus der Kortikosteroidsekretion auftritt und außerdem der größte Wirkungseffekt von Kortikosteron auf den ribosomalen Apparat, ausgedrückt in einem Anstieg des Verhältnisses gebundener zu freien Ribosonen, zum Zeitpunkt der natürlichen Sekretionssteigerung der Hormone der Nebennierenrinde, zu beobachten ist. Diese Resultate verweisen auf eine wichtige Gesetzmäßigkeit, welche darin besteht, daß in der Norm die Perioden, in denen es im Verlaufe von 24 Stunden zu einer Produktionssteigerung von Hormonen kommt, zeitlich mit der Steigerung der Empfindlichkeit der Gewebe zu den entsprechenden hormonellen Substanzen zusammenfallen. Anderenfalls wäre eine Realisierung der physiologischen Funktion der Hormone nicht vorstellbar.

Diese Resultate sind nicht nur für experimentelle Untersuchungen, sondern auch für die Anlage von Therapieschemata zum Zwecke der Hormonbehandlung von Bedeutung. So schlugen RAIMONDO und FORSHAM /15/ erstmalig vor, Patienten mit Insuffizienz der Nebennierenrindenfunktion Kortikosteroide in den Morgenstunden zu verabreichen, in welchen es beim Menschen zur natürlichen Produktionssteigerung dieser Hormone innerhalb der 24-Stundenperiodik kommt. Seit dieser Zeit wurde eine Vielzahl weiterer Untersuchungen vorgenommen, deren Resultate die Nützlichkeit eines solchen Therapieschemas bei Verabreichung von Kortikosteroiden nachweisen. Wie sich zeigte, wird dabei nicht die Sekretionsfunktion der Nebennieren gestört, sondern in Fällen eines gestörten Sekretionszyklus wird dieser bei der erwähnten Handhabung der Therapie häufig wiederhergestellt. Die Zahl der Komplikationen sinkt und der Therapieeffekt tritt insgesamt früher ein. Die Effektivität des genannten Therapieschemas für Kortikosteroide ist nicht nur damit verbunden, daß eine wolche Anwendung nicht die ACTH-Ausschüttung der Hypophyse hemmt und das Defizit an Hormonen in den Morgenstunden auffüllt, sie rührt offenbar auch daher, daß der Organismus zur im Schema festgelegten Anwendungszeit des Hormonpräparates besonders empfänglich gegenüber der Wirkung derselben ist. Es kann angenommen werden, daß im Falle der Desynchronisierung des Rhythmus des Gehaltes an kortikosteroiden Hormonen im Organismus, inclusive des durch Applikation von außen künstlich aufrechterhaltenen Hormonblutspiegel sowie der Gewebesensibilität gegenüber den entsprechenden Wirkstoffen durch eine Therapie auf der Basis einer Imitation des natürlichen Tag-Nacht-Rhythmus der hormonellen Aktivität kein effektiver Erfolg erzielt wird und dann müssen andere Therapieschemata angesetzt werden. Es muß folglich berücksichtigt werden, daß die Imitation des normalen Biorhythmus einer Funktion durch die Therapie beim Patienten nur nutzbringend ist, wenn noch keine wesentliche Verschiebung der 24-Stunden-Periodik der Sensibilität des Organismus gegenüber den Chemotherapeutika eingetreten ist und wenn die Organe oder Organsysteme, auf die sich die Wirkung des jeweiligen Präparates richtet, noch in der Lage sind, auf den Rhythmus des jeweiligen Therapieschemas, welches dem biologischen Eigenrhythmus entspricht, zu reagieren.

Die Lösung der Frage chronopharmakologischer Einwirkungen von therapeutischen Präparaten ist nicht nur mit der Erforschung der Empfindlichkeitsrhythmen des Organismus verbunden. Ein dem Organismus zugeführtes Pharmakon verteilt sich in ihm in charakteristischer Weise. Es wirkt nicht nur auf das pathologisch veränderte System des Organismus, sondern auch auf die gesunden Gewebe. Weiterhin wird es durch bestimmte Eliminierungsgesetzmäßigkeiten charakterisiert, womit der Langzeit- oder der Kurzzeiteffekt der therapeutischen Wirkung bekanntlich zusammenhängen. So sollte also die Beurteilung der therapeutischen Wirkung eines Präparates auf der komplexen Untersuchung vieler Parameter erfolgen. In diesem Zusammenhang ist es unser Anliegen die Notwendigkeit allseitiger chronopharmakologischer Untersuchungen, welche alle Seiten des Einflusses und der Kinetik eines Pharmakons im Organismus erfassen, zu unterstreichen.

Wie bekannt, sind die biologischen Rhythmen des Organismus ihrer Natur nach als endogen zu bezeichnen. Sie stehen in engem Zusammenhang mit periodischen Veränderungen einer Reihe von äußeren Umweltfaktoren, der sogenannten Zeitgeber. Unter letzteren sind besonders die Foto-, Thermo- und Baroperiodizitäten sowie Schwankungen des elektromagnetischen Feldes der Erde, der Nahrungsaufnahme sowie für den Menschen auch soziale Faktoren von Interesse. Bedauerlicherweise ist die Rolle von Zeitgebern bei der Lösung chronopharmakologischer und chronomedizinischer Probleme gering untersucht. Nichtsdestoweniger gibt es eine Reihe von Faktoren, die auf Zusammenhänge zwischen den Empfindlichkeitsrhythmen des Organismus gegenüber verschiedensten Einwirkungen und Veränderungen der Fotoperiodizität verweisen. So ist beispielsweise der sedierende Effekt des Pentobarbitals bei Mäusen mit normaler Fotoperiodizität am Tage zu konstatieren. Bei Dauerlichtbehandlung der Tiere verschwanden die tageszeitlichen Unterschiede der Pentobarbitalwirkung /13/. Eine Inversion der Fotoperiodik führte zu einem entsprechenden Umbau der Phasen des Mortalitätsrhythmus bei Mäusen nach Röntgenbestrahlung /27/.

In den letzten Jahren sind Ergebnisse erzielt worden welche von der bedeutenden Rolle des Zeitpunktes der Nahrungsaufnahme für die Stoffwechselprozesse im Organismus zeigen. So führte eine beständige Fütterung von Mäusen um 19 Uhr mit einer 8% Eiweiße enthaltenen Nahrung zu einer täglichen Gewichtszunahme sowie des Eiweißausnutzungskoeffizienten, während eine beständige Nahrungsverabfolgung um 8 Uhr morgens diese Parameter senkte /12/. Bei Ratten, die 1,1 g Eiweiß einmal pro die um 5 Uhr erhielten, wurden ein höheres Körpergewicht und eine höhere Aktivität einer Reihe von Leberfermenten beobachtet als bei Tieren, denen um 17 Uhr Eiweißnahrung ad libitum verabreicht wurde /31/. Eine erhöhte Überlebensquote einzeln gehaltener Mäuse wurde bei viermaliger Nahrungsverabreichung pro Stunde zu Beginn der Dunkelperiode beobachtet. Wurde die Fütterung 4 mal je Stunde zu Beginn der Helligkeitsperiode vorgenommen, so starb die Mehrzahl der in sozialer Isolierung lebenden Tiere /26/. Es konnte festgestellt werden, daß eine Nahrungsverabreichung mit normalem Natriumgehalt zwischen 9 und 17 Uhr bei gesunden Menschen nicht zur Veränderung der normalen Periodik der Reninaktivität, des Aldosteronniveaus im Blutplasma und des Natrium- und Kaliumgehaltes im Urin führte. Wurde jecoch diese Nahrung in der Zeit von 21 bis 5 Uhr verabreicht, so kam es zur Hemmung der Biorhythmik des Renin-Angiotensin-Aldosteronsystems sowie des Urinelektrolytgehaltes.

Auf der Basis der vorgelegten Resultate kann angenommen werden, daß zur erfolgreichen Durchführung chronopharmakologischer Therapieverfahren auch die Regime der äußeren Zeitgeber von tragender Bedeutung sind (Fotoperiodizität, Rhythmen der Nahrungsaufnahme). Dabei ist offensichtlich für den Menschen zusätzlich die Wirkung sozialer Taktgeber zu berücksichtigen, obwohl wir uns diesbezüglich nicht auf Literaturangaben beziehen können.

Es kann also geschlußfolgert werden, daß die Chronopharmakologie und die Chronomedizin neue Möglichkeiten der Effektivitätssteigerung der Pharmakotherapie eröffnen. Diese Art der Therapieverfahren, welche sich auf chronobiologische Gesetzmäßigkeiten stützen, sind als physiologische Heilmaßnahmen zu bezeichnen. Jedoch erfordert die Durchsetzung chronopharmakologischer und chronomedizinischer Prinzipien eine entsprechende Organisierung des labordiagnostischen Dienstes und eine entsprechende Kontrolle auch des Zustandes des Patienten.

Literatur

/ 1/ Agadshanjan, N.A. und A.M. Rafikow: Materialien des Symposiums "Biologische Rhythmen u. Erarbeitung von Arbeits- und Ruheregimen". Moskau (1967) S. 8

/ 2/ Gubin, G.D., A.P. Agenossowa, R.S. Nikodimowa, V.P. Latenkow, N.J. Krylow, T.D. Shurawljowa, O.M. Saroastrow und A.A. Tschesnokow: in: "Zircadiane Rhythmen des Menschen und der Tiere", Frunse (1975) S. 269

/ 3/ Gubin, G.D., V.P. Latenkow, T.D. Shurawljowa und O.M. Saroastrow: Pharmakologia i Toxikologia 2 (1976) S. 233

/ 4/ Drushinin, Ju.P., A. Vazek und T.S. Maljutina: in: "Kosmische Biologie und aviokosmische Medizin". Moskau-Kaluga, 2 (1972) S. 261

/ 5/ Drushinin, Ju.P., Ju.A. Ronamow u. A. Vazek: in: "Funktion des Organismus und Faktoren des kosmischen Fluges". Moskau (1974) S. 139

/ 6/ Latenkow, V.P.: Chronobiologische Analyse des Einflusses akuter und chronischer Alkoholintoxikation auf einige zytochromatische und biochemische Parameter des Lebermetabolismus. Inauguraldissertat., Tjumen (1975)

/ 7/ Romanow, Ju.A.: Zu einigen Fragen der 24-Stunden-Periodizität der Zellteilung und der Wirkung von Hormonen auf die Vermehrung von Zellen. Habilitationsschrift, Moskau (1969)

/ 8/ Romanow, Ju.A., J.K. Rachmatullina und M.N. Saikina: in: Biologische Reproduktion der Zellen. Moskau (1972) 7

/ 9/ Ronamow, Ju.A. und V.P. Rybakow: Materialien des Allunionssymposiums "Biologische Rhythmen und Kompensationsmechanismen gestörter Funktionen". Moskau (1973) S. 146

/10/ Rybakow, V.P. und Ju.A. Romanow: Architektom. Anatomia, Gistologia i Embrilogia 71 (1976) S. 37

/11/ Tschernyschew, V.B.: 24-Rhythmen der Aktivität von Insekten. Habilitationsschrift, Moskau (1977)

/12/ Angelowa, K. und M. Markowa: Gigiena i Sdraveopaswanje 19 (1976) S. 475

/13/ Davis, W.M. Experientia, 18 (1962) S. 235

/14/ Dieminger, L.: Ztschr. Naturforschg. 28 (1973) S. 66

/15/ Di Raimondo, V.C. and P.H. Forsham.:Amer. J. Med. 21 (1956) S. 321

/16/ Ertel, R., F. Ungar u. F. Halberg: Fed. Proc. 22 (1963) S. 211

/17/ Halberg, F.: Chronobiologia 1., suppl.1 (1974) S. 27

/18/ Halberg, F., J.J. Bittner and R.J. Gully: Fed. Proc. 14 (1955 a) S. 67

/19/ Halberg, F., W.W. Spink, P.G. Albrecht and R.J. Gully: J. Clin. Endicrinol. Metabol., 15 (1955 b) S. 887

/20/ Halberg, F., J.J. Bittner, R.J. Gully u. P.G. Albrecht: Proc. Soc. Exp. Biol. Med. 88 (1955 c) S. 169

/21/ Halberg, F., W.W. Spink and J.J. Bittner: Endocrinol. 59 (1956) S. 380

/22/ Halberg, F. and A.N. Stephens: Fed. Proc. 17 (1958) S. 439

/23/ Halberg,F., E. Haus and A.N. Stephens: Fed. Proc. 18 (1959) S. 63

/24/ Halberg,F., E.A. Johnson, B.W. Brown and J.J. Bittner: Proc. Soc. Exp. Biol. Med. 103 (1960) S. 142

/25/ Halberg, F., E. Haus, S.S. Cardoso, L.E. Scheving, I.F.W. Kühl, R. Shiotsuka, G. Rosene, I.E. Pauly, W. Runge, I.F. Spalding, J.K. Lee and R.A. Good: Experientia 29 (1973) S. 909

/26/ Halbert,J. E. Halberg and F. Halberg: Proc. 10-th. Int. Congr. Nutr., Kyoto 1975, Kyoto (1976) S. 139

/27/ Haus, E.: The symposium on the medical implications of chronobiology. New Orlean-Lousiane, (1973) S. 11

Zusammenfassung

Eine der wichtigsten Schlußfolgerungen aus der Konzeption über die zeitliche Organisation biologischer Systeme ist die Notwendigkeit der Analyse des Zustandes dieser Organisation bei der Einwirkung verschiedener Faktoren auf den Organismus bei der Entstehung von pathologischen Veränderungen. Forschungen in dieser Richtung schaffen Voraussetzungen für eine Therapie unter Berücksichtigung der biologischen Rhythmen des Organismus, womit das alte Prinzip der ärztlichen Wissenschaft "nolinocere" am vollständigsten erfüllt wird.

In der Chronopharmakologie und der Chronomedizin, die auf der Grundlage der chronobiologischen Gesetzmäßigkeiten der Lebenstätigkeit des Organismus entstanden, kann man zwei große Probleme hervorheben, deren Lösung die Effektivität der Therapie wesentlich erhöhen würde. Das erste besteht in der Klärung des Charakters der Wirkung von Arzneimitteln in Abhängigkeit von ihrer Anwendung zu diesem oder jenem Zeitpunkt des biologischen Rhythmus. Das zweite bezieht sich auf die Untersuchung von Veränderungen der Parameter der rhythmischen Struktur des Organismus, die bei der Anwendung von Arzneimitteln auftreten. Die Bearbeitung dieser Probleme muß Empfehlungen zu dynamischen Arzneimitteldosen, zu ihrem Applikationszeitpunkt, zu Kombinationsschemata bei der Anwendung von mehreren Präparaten und zur Verhinderung eines toxischen Effektes geben.

Außerdem kann man annehmen, daß die Regimes der Zeitgeber (Photoperiode, Rhythmus der Nahrungsaufnahme, Wirkung sozialer Faktoren u.a.) Bedeutung für den Erfolg der Therapie besitzen. Die Realisierung chronopharmakologischer und chronotherapeutischer Prinzipien erfordert eine ihnen entsprechende Organisation des Labordiagnosedienstes und der Zustandskontrolle des Kranken.

Резюме

Одним из важнейших следствий концепции о временной организации биологических систем является необходимость анализа состояния этой организации при воздействии на организм различными факторами и при развитии в нем патологических изменений. Исследования в этом направлении создают предпосылки для проведения лечения с учетом биологических ритмов организма, когда наиболее полно воплощается древний принцип врачебной науки " nolinocere ".

В хронофармакологии и хрономедицине, возникших на основе хронобиологических закономерностей жизнедеятельности организма, можно выделить две крупные проблемы, решение которых существенно повысило бы эффективность лечения. Первая заключается в выяснении характера действия лекарственных веществ в зависимости от их применения в то или иное время периода биологического ритма. Вторая относится к изучению изменений в параметрах ритмической структуры организма, которые возникают при применении лекарственных средств. Разработка этих проблем должна дать рекомендации о динамических дозах лекарств, времени их введения, схемам комбинации при использовании нескольких лекарственных препаратов и предотвращении токсического эффекта.

Можно также предполагать, что для успешного проведения лечения имеют значение режимы датчиков времени /фотопериодичность, ритм приема пищи, действие социальных факторов и др./.

Осуществление хронофармакологических и хронотерапевтических принципов требует соответствующую им организацию лабораторно-диагностической службы и контроля за состоянием больного человека.

Summary

One of the most important conclusions that should be drawn from the time concept of organisation of biological systems is the demand for careful analysis of that organisation and its condition when exposed to the action of several factors relating to pathogenesis. Studies into this particular aspect may provide better prerequisites for therapeutic action with due consideration of the given organism's biological rhythms, and this would most completely satisfy the traditional principle of the medical profession "nolinocere" (never cause damage).

In chronopharmacology and chronomedicine, which have both grown from the chronobiological laws underlying the life of the organism, emphasis may be laid on two major problems. Solutions for them will greatly add to the effectiveness of any therapy. The first problem concerns the effect of a given medicament, depending on its time-oriented administration at a certain point of the biological rhythm. The second is relating to studies into the rhythmic structure of the organism and changes in its parameters as may be caused by administration of certain medicaments. Thorough treatment of the problems should result in recommendations on dynamic dosage, time of application, principles for combination of several drugs, and prevention of toxicity.

Timer regimes may, as well, be assumed to have relevance to the success of therapy, for example, photoperiods, rhythm of food intake, and the action of social factors. The introduction and use in practice of chronopharmacological and chronotherapeutic princples call for appropriate organisation of laboratory diagnosis and individual monitoring of the patient's condition.

Gesundheitsministerium der RfSSR
2. Staatliches Moskauer Medizinisches Pirogov-Institut
Lehrstuhl für Biologie und Genetik der Mediko-biologischen Fakultät und des Laboratoriums für Chronobiologie

Die zeitliche Organisation der Zellteilung, Richtungen und Methoden ihrer Erforschung

ROMANOV, J.A., S.S. FILIPPOWITSCH

Das Zellreproduktionssystem (Mitose-Zyklus) wird ebenso wie auch andere physiologische Systeme durch eine zeitliche Organisation seiner Funktionen charakterisiert /1/. Die Menge der in der Zeit miteinander abgestimmten Phasen der biologischen Rhythmen verschiedener physiologischer Prozesse, die in der Zellpopulation während der Vorbereitung zur Teilung und bei der Teilung selbst ablaufen, bilden die zeitliche Organisation der Zellreproduktion.

Folgende Forschungsrichtungen sind bei der Untersuchung der zeitlichen Organisation der Zellteilung von aktueller Bedeutung:

1. die Gesetzmäßigkeiten der Verbindung zwischen den einzelnen biologischen Rhythmen der Zellproliferation,
2. die Regulation der zeitlichen Organisation der Zellteilung innerhalb und außerhalb des Systems,
3. der Grenzbereich für die normale Veränderlichkeit der Parameter der zeitlichen Organisation der Zellreproduktion,
4. die Ursachen und Mechanismen der Entstehung von externen und internen Desynchronosen in diesem System,
5. die Rolle der zeitlichen Organisation der Zellreproduktion bei der Gewährleistung der Zell- und Gewebehomeostase, der Adaptationsprozesse, der Bedeutung von ihren Störungen für die Entwicklung von Zell- und Gewebepathologien,
6. die Veränderungen der zeitlichen Organisation der Zellteilung bei der Regeneration, bei pathologischen Schädigungen in den Geweben, bei der Entstehung von Tumoren, unter Einwirkung von Medikamenten und anderen biologisch aktiven Faktoren,
7. die Normalisierung der Zellproliferation durch Manipulationen, die unter Berücksichtigung der biologischen Rhythmen der Zellvermehrung vorgenommen werden,
8. die Mechanismen der Verbindung der zeitlichen Organisation der Zellreproduktion mit den biologischen Rhythmen anderer Zellfunktionen und Funktionen des gesamten Organismus,

Die Erforschung der zeitlichen Organisation der Zellreproduktion ist einer der perspektivreichsten Wege bei der Klärung des Zustandes und der Gesetzmäßigkeiten der Regulation der Zellvermehrung in Systemen in vivo und in vitro. Er gibt die Möglichkeit, zielgerichtet auf die Zellteilung, sowohl in normalen als auch in pathologischen Geweben, z.B. bei Tumoren, einzuwirken.

Die Durchführung dieser Methoden fordert die Anwendung eines breiten Methodenspektrums zur komplexen Beurteilung der biologischen Rhythmen der Zellteilung. Dazu wurde von uns eine graphische Parametermethode der chronobiologischen Analyse der Zellreproduktion erarbeitet, welche es ermöglicht, die einzelnen Parameter der Zellteilungsrhythmen zu bestimmen, die Verbindung zwischen ihnen herzustellen und eine Ganzheitscharakteristik der Veränderungen der Proliferationsprozesse in der Zeit zu geben.

Zusammenfassend kann man diese Methode folgendermaßen beschreiben: Nachdem in der Tiergruppe für jeden Zeitpunkt des Experimentes der Mitoseindex (MI) und der Radioaktivitätsindex (RI) - der Index der DNS-produzierenden Zellen, welche durch Timidin-H^3 markiert sind - berechnet wurden, werden graphisch die Kurven der Veränderungen dieser Indices im Verlaufe von einem, zwei oder mehreren Tagen dargestellt.

Dann bestimmten wir die Tageszeiten mit maximalen (Akrophase) und minimalen Indexwerten, ihre mittleren Tageswerte, die absolute und relative Schwingungsamplitude (AA und OA), den Beginn und das Ende (in Uhrzeit), die Länge-τ (in Stunden) und Lage der Mitte $\frac{\tau}{2}$ (in Uhrzeit) der aktiven und passiven Phase der Rhythmen (AF und PF), den Synchronisationskoeffizienten des Eintritts der Zellen in die Mitose oder in die S-Phase des Mitosezyklus im Tagesverlauf (KS), welcher gleich dem Quotienten aus OA und der Zeit in Stunden ist, die vom Minimum der MI- oder RI-Werte bis zu ihrer Akrophase verstreicht. Bei Ausnutzung der erhaltenen Ergebnisse wird die Verschiebungsgröße (in Stunden) zwischen den Akrophasen und $\frac{\tau}{2}$ der aktiven Phasen der Rhythmen von RI und MI bei Tieren berechnet, die unter gleichen Bedingungen gehalten werden, ebenso wird die Verschiebungsgröße (in Stunden) zwischen den Akrophasen und den $\frac{\tau}{2}$ der aktiven Phasen der Rhythmen von RI und MI bei Versuchstieren im Vergleich mit Kontrolltieren bestimmt. Auf Grundlage der aus Versuchen bekannten oder bedingt angenommenen Werte für die Mitosedauer und der Werte für den Mitoseindex im Tagesverlauf wird der Tagespool der sich teilenden Zellen P_M (Zahl der Zellen, die sich an einem Tag teilen) berechnet, ebenso die Pools der sich teilenden Zellen in der aktiven (P_{MAF}) und passiven (P_{MPF}) Phase des MI-Rhythmus. Wir denken, daß die vorgeschlagene Methode nicht nur für Untersuchungen der Zellteilung, sondern auch für die chronobiologische Analyse anderer physiologischer Prozesse im Organismus angewendet werden kann.

Mit Hilfe der beschriebenen Methode wurden unsere eigenen und aus der Literatur entnommenen Angaben zur Tagesrhythmik der RJ und MJ in den Hepatozyten und der Basalschicht des Oesophagus adulter Ratten und Mäuse verarbeitet.

Ratten

Hepatozyten

Die Akrophase des RJ wird von 4.00 bis 12.00 Uhr beobachtet, $\frac{\tau}{2}$ der aktiven Phase des RI von 2.00 bis 14.00 Uhr, die Akrophase des MI von 2.00 bis 16.00 Uhr, $\frac{\tau}{2}$ der aktiven Phase des MJ von 4.00 bis 16 Uhr. In zwei der 21 Arbeiten wurde im Laufe des Tages ein Mitoserhythmus mit 2 Maxima beschrieben, wobei die Akrophasen in der Zeit von 4.00 - 10.00 Uhr und 19.00 - 24.00 Uhr lagen. Der mittlere Tageswert des RJ schwankte zwischen 3.00 und 18.10 ‰, des MI von 0,07 bis 1,65 ‰. Die relative Schwingungsamplitude des RJ liegt zwischen 5,o und 14,5, des MJ von 4,5 - 373,0, der KS des MJ liegt zwischen 0,53 - 15,7, der KS des RI 0,42 - 1,21.
Die Angaben der einzelnen Beobachtungen von OA und KS der MI sind in Abbildung 1 dargestellt. τ der aktiven Phase von MJ beträgt 5-17 Stunden (Abb. 3).
P_M ist im Durchschnitt gleich 10,74 ‰,
P_{MAF} von P_M - 70 %.

Oesophagusepithel

Es wurde eine Akrophase des RJ in der Zeit von 4.00 bis 9.00 Uhr beobachtet, $\frac{\tau}{2}$ der aktiven Phase des RJ in der Zeit von 3.30 bis 8.30 Uhr, die Akrophase des MJ von 4.00 bis 16.00 Uhr, $\frac{\tau}{2}$ der aktiven Phase des MJ von 4.00 bis 19.00 Uhr. Wir fanden keinen Mitoserhythmus mit 2 Maxima. Der mittlere Tageswert für den RJ variiert von 65,0 bis 94,2 ‰, für den MJ von 4,1 bis 11,2 ‰. Die relative Schwingungsamplitude des RJ ist gleich 1,8 - 6,6, des MJ gleich 2,5 - 21,5, der KS des MJ o,17 - 1,80. Die Ergebnisse der einzelnen Beobachtungen von OA und KS sind in Abb. 2 dargestellt. τ der aktiven Phase des MJ verändert sich von 11 bis 14,30 Stunden (Abb. 3).
P_M ist im Durchschnitt gleich 136,0 ‰,
P_{MAF} von P_M beträgt 71 %.

Mäuse

Hepatozyten

Die Akrophase des RJ wurde von 22.00 - 7.00 Uhr, $\frac{\tau}{2}$ der aktiven

Phase des RJ von 22.30 - 13.00 Uhr, die Akrophase des MJ von 1.00 - 10.00 Uhr, $\frac{\tau}{2}$ der aktiven Phase des MJ von 3.00 - 12.30 Uhr registriert. In zwei von 9 Arbeiten wurde ein Mitoserhythmus mit 2 Maxima beobachtet, wobei die Akrophasen um 5.00 - 6.00 Uhr und um 14.00 auftraten. Die mittlere Tagesgröße für den RJ variiert von 2.00 bis 3.04 ‰, des MJ von 0,08 bis 0,57 ‰.
Die relative Schwingungsamplitude des RJ ist gleich 2,5 - 13,8, des MJ gleich 4,7 - 400,0, der KS des RJ ist 0,40 - 1,50, der KS des MJ 0,39 - 5,20. Die Ergebnisse der einzelnen Arbeiten sind in Abb. 1 dargestellt. τ der aktiven Phase des MJ umfaßt eine Zeitspanne von 7 bis 10 Stunden.
R_M beträgt im Durchschnitt 5,30 ‰,
R_{MAF} von R_M sind 77 %.

Oesophagusepithel

Die Akrophase des RJ wurde von 17.30 bis 1.00 Uhr beobachtet, $\frac{\tau}{2}$ der aktiven Phase des RJ von 19.30 bis 2.30 Uhr, die Akrophase des MJ von 2.00 bis 8.00 Uhr, $\frac{\tau}{2}$ der aktiven Phase des MJ von 2.30 bis 10.00 Uhr. In einer aus 14 Arbeiten wurden 2 Maxima des Mitoserhythmus im Tagesverlauf mit Akrophasen um 6.00 und 14.00 Uhr beobachtet. Der mittlere Tageswert für den RJ liegt zwischen 8,4 und 137,0 ‰, für den MJ zwischen 3,3 und 12,2 ‰. Die relative Schwingungsamplitude des RJ beträgt 21 - 32.0, des MJ 3,8 - 22,4, der KS des RI ist 0,77 - 1,80, der KS des MJ ist 0,62 - 2,00. Die Resultate der einzelnen Arbeiten zu OA und KS des MJ sind in Abb. 2 dargestellt. τ der aktiven Phase des MJ liegt bei 7.30 bis 12.30 Stunden.
R_M ist im Durchschnitt gleich 166,7 ‰,
R_{MAF} von R_M sind 71 %.

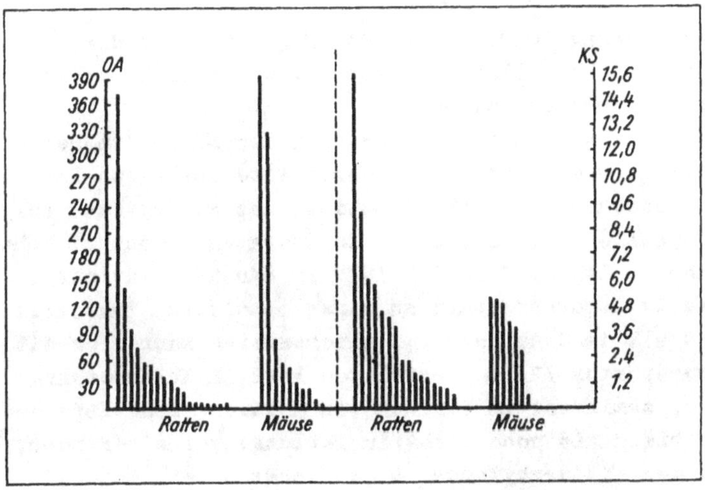

Abb. 1: Die Werte für OA und KS des Mitoserhythmus von Mäuse- und Rattenhepatozyten

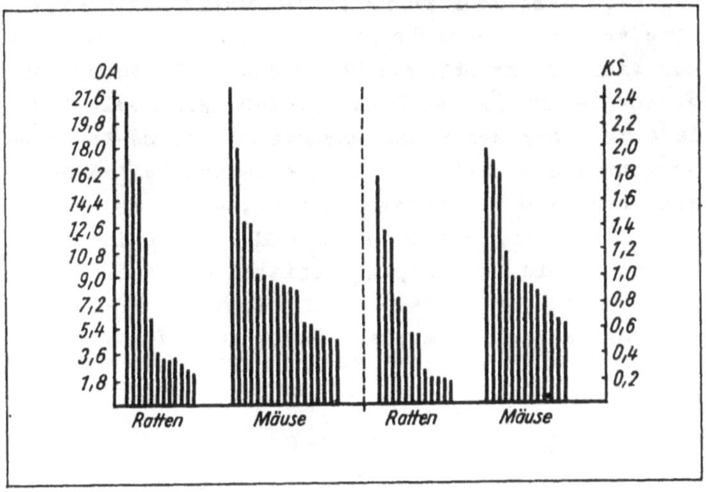

Abb. 2: Die Werte für OA und KS des Mitoserhythmus im Oesophagusepithel von Ratten und Mäusen

Aus den aufgeführten Ergebnissen geht hervor, daß in der zweiten Nachthälfte und der ersten Tageshälfte erhöhte Werte des MJ im Tagesrhythmus der Hepatozyten und der Epithelialzellen des Oesophagus von Ratten und Mäusen beobachtet werden. Die Tagesdynamik des MJ ist somit in beiden Geweben etwa gleich. Die Erhöhung der Zahl der die DNS-synthesierenden Zellen geht der Erhöhung des MJ um einige Stunden voraus. Dazu muß aber gesagt werden, daß der Tagesrhythmus des RJ der Hepathozyten und Epithelzellen des Oesophagus nur in einer geringen Anzahl von Arbeiten untersucht wurde.

Außerdem unterscheiden sich die Tagesrhythmen der MJ in den Hepatozyten und Epithelzellen des Oesophagus durch eine Reihe von Parametern. Dies trifft besonders für die OA und KS des MJ-Rhythmus zu. Die Werte dieser Parameter liegen für die Hepatozyten bedeutend höher als für das Oesophagusepithel. Folglich ist der Synchronisationsprozeß der Zellteilung im Leberparenchym zu einer bestimmten Tageszeit stärker ausgebildet als im Oesophagus. Möglicherweise kann dies mit dem in unserem Laboratorium /2/ aufgestelltem Fakt in Zusammenhang stehen, daß täglich, zumindest im Verlauf von 3 Tagen, neue Hepatozyten, welche sich bis dahin noch nicht im Teilungszyklus befanden, bei der Formierung des Mitoserhythmus in der Leber Anteil haben. Zweitens ist τ der aktiven Phase des MI-Rhythmus im Speiseröhrenepithel durchschnittlich um einige Stunden länger als in den Hepatozyten. Scheinbar müßte dies zu einem relativ größeren Wert von P_{MAF} im Oesophagus im Vergleich zur Leber führen. Die Bestimmung dieses Parameters ermöglichte es jedoch unserer Meinung nach zu zeigen, daß die relative Zahl der sich in der aktiven Phase des MJ-Rhythmus teilenden Zellen im Oesophagus und in der Leber gleich ist. Somit ist trotz der Unterschiede in einer Reihe von Parametern des MJ-Rhythmus dieser Gewebe der prozentuale Anteil der sich teilenden Zellen beider Organe in der aktiven Phase des MJ-Rhythmus gleich, wobei er hoch ist 70 - 70 %. Folglich wird unabhängig von den Besonderheiten des MI-Rhythmus in den Hepatozyten und im Oesophagusepithel der Proliferationsprozeß in diesen Geweben von Ratten und Mäusen täglich zu etwa 75 % durch Teilung der Zellen in der aktiven Phase des MJ-Rhythmus gewährleistet.

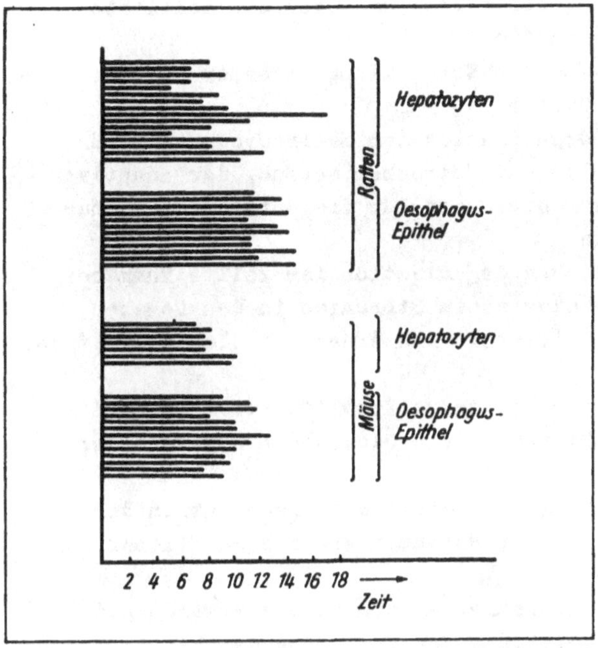

Abb. 3: Die Länge (in Stunden) der aktiven Phase des MJ-Rhythmus in Hepatozyten und im Oesophagusepithel von Ratten und Mäusen

Literatur

/1/ Romanov, Y.A., Im Buch: Sutocnye ritmy fiziologiceskich prozessov Organisma. M. (1972), 48

/2/ Rybakov, V.P., Y.A. Romanov, V.K. Kolchir: Cythologia, 19, (1977), 692

Weitere Literaturangaben können bei den Autoren angefordert werden.

Zusammenfassung

Wie auch die anderen physiologischen Systeme ist die Zellreproduktion (Mitosezyklus) durch zeitliche Organisation charakterisiert (Y.A. ROMANOV 1972). Aktuelle Forschungsrichtungen zur zeitlichen Organisation der Zellteilung sind die Untersuchung:

1. der Gesetzmäßigkeiten der Beziehungen zwischen den einzelnen biologischen Rhythmen der Zellproliferation
2. der endogenen und exogenen Regulation der zeitlichen Organisation der Zellteilung

3. der normalen Variabilitätsgrenzen der Parameter der zeitlichen Organisation der Zellreproduktion
4. der Ursachen und Mechanismen der Entwicklung interner und externer Desynchronosen in diesem System
5. der Rolle der zeitlichen Organisation der Zellreproduktion für die Gewährleistung der Zell- und Gewebshomöostase, der adaptiven Prozesse, der Bedeutung von Störungen für die Entwicklung einer Zell- und Gewebspathologie
6. der Veränderung der zeitlichen Organisation der Zellteilung bei der Regeneration, bei pathologischen Störungen in den Geweben, unter dem Einfluß von Arzneimitteln und anderer biologisch aktiver Faktoren
7. von Methoden zur Normalisierung der Zellproliferation durch Einwirkungen unter Berücksichtigung der biologischen Rhythmen der Zellvermehrung
8. von Mechanismen der Beziehung der zeitlichen Organisation der Zellreproduktion zu biologischen Rhythmen anderer Funktionen der Zellen und des Organismus.

Die Durchführung dieser Untersuchungen erfordert die Anwendung der Methoden der integrativen Beurteilung des Zustandes der biologischen Rhythmen der Zellteilung. Zu diesem Zweck wurde von uns eine graphisch-parametrische Methode zur chronobiologischen Analyse der Zellreproduktion erarbeitet, die es gestattet, einzelne Parameter der Zellteilungsrhythmen zu bestimmen, die Beziehungen zwischen ihnen festzustellen und eine Gesamtcharakteristik der Änderungen der proliferativen Prozesse in der Zeit zu geben.

Резюме

Как и другие физиологические системы, система репродукции клеток /митотический цикл/ характеризуется временной организацией /Ю.А.Романов, 1972/. Актуальными направлениями изучения временной организации деления клеток является исследование:

1/ закономерностей связи между отдельными биологическими ритмами клеточной пролиферации;

2/ внутри- и внесистемной регуляции временной организации клеточного деления;

3/ пределов нормальной изменчивости параметров временной организации репродукции клеток;

4/ причин и механизмов развития в этой системе внутренниго и внешнего десинхронозов;

5/ роли временной организации репродукции клеток в обеспечении клеточного и тканевого гомеостаза, адаптивных процессов, значения нарушений в ней для развития клеточной и тканевой патологии;

6/ изменений временной организации деления клеток при регенерации, патологических нарушениях в тканях, в условиях действия лекарственных веществ и других биологически активных факторов;

7/ способов нормализации клеточной пролиферации воздействиями, применяемыми с учетом биологических ритмов размножения клеток;

8/ механизмов связи временной организации репродукции клеток с биологическими ритмами других клеточных функций и функций организма.

Проведение этих исследований требует применения методов интегративной оценки состояния биологических ритмов деления клеток. С этой целью нами разработан графически-параметрический метод хронобиологического анализа репродукции клеток, позволяющий определить отдельные параметры биоритмов клеточного деления, установить связи между ними и дать целостную характеристику изменений пролиферативных процессов во времени.

Summary

Cell reproduction is to some extent identical with other physiological systems, in that it is characterised by organisation in terms of time (Y.A. Romanov, 1972). At present, studies into mitosis are being undertaken along with the following lines, with emphasis being laid on time:

1. Laws underlying the relationships between certain biological rhythms, on the one hand, and cell proliferation, on the other;

2. Endogenous and exogenous regulation of the time factor in mitosis;

3. Normal variability limits of parameters to restrict the temporal organisation of cell reproduction;

4. Causes and mechanisms for the development of internal and external desynchronoses in the system;

5. Temporal organisation of cell reproduction and its bearings on cellular and tissue homoeostasis, role played by adaptation, and the relevance of disorders to the development of pathological conditions in cells and tissue;

6. Variation in the temporal organisation of cell division under the impact of regeneration, pathological tissue disorders, medication, and other biologically,active factors;

7. Methods for external action to normalise cellular proliferation, in line with its own inherent biological rhythms;

8. Mechanisms of relationship between temporal organisation of cellular reproduction and the biological rhythms of different cellular and organic functions.

Such studies required methods for an integrated assessment of the biological rhythms of cell division. The authors have positively responded to that requirement by drafting a graphic-parametric method for chronobiological analysis of cell reproduction. The method will enable determination of single parameters of mitotic rhythms, assessment of correlations between such parameters, and an overall characterisation of proliferative processes and their changes in time.

Ministerium für Gesundheitswesen der UdSSR
I. Leningrader Medizinisches-Pawlow-Institut

Zur Charakterisierung ultradianer Biorhythmen des Funktionszustandes einiger Gewebe bei adaptiven Reaktionen

G. S. KATINAS

Einleitung

Dem Funktionszustand der Gewebe sind ebenso wie allen Erscheinungen des Lebens in allen Organisationsebenen rhythmische Schwankungen einschließlich circadianer, ultra- und infradianer Komponenten eigen. In verschiedenen Änderungssituationen des Organismus werden die ultradianen Rhythmen (UDR) deutlicher. Es wird die These aufgestellt, daß die ultradianen Rhythmen funktionell, im Verlaufe adaptiver Reaktionen die circadianen Schwankungen modellieren, welche die Systemtätigkeit untereinander verbundener Elemente komplizierter biologischer Strukturen regulieren. Weiterhin wird behauptet, daß die Natur der ultradianen Rhythmen mit Eigenschwingungsprozessen auf der Gewebsebene des Organismus verbunden sind.

Diese Thesen werden durch Beispiele der Veränderung von ultradianen Schwankungen der mitotischen Aktivität sowie durch histophysiologische Merkmale des Zustandes verschiedener Epithelien unter Bedingungen veränderten Hell-Dunkel sowie Ernährungsregimes und im Verlaufe des Altersumbaus des Organismus belegt.

Dem Funktionszustand von Geweben sind ebenso wie allen Äußerungen der Lebenstätigkeit in allen Organisationsebenen rhythmische Schwankungen einschließlich der infradianen, circadianen und ultradianen Komponenten eigen. Die Kompliziertheit der Spektralzusammensetzung hinsichtlich der Anteile circadianer und ultradianer Schwankungen konnte überzeugend durch die universellen Beobachtungen HAMBURGERS /10/ gezeigt werden.

Gegenwärtig sind die circadianen Rhythmen am besten bekannt und die infradianen werden aktiv untersucht. Unter den letzteren verdienen die circatrigintanen und die circaannualen besondere Aufmerksamkeit. Letztere werden auch häufig als "Saisonrhythmen" bezeichnet, was aber nicht als sehr treffend anzusehen ist, da die Saison-Unterschiede der biorhythmischen Schwankungen Ausdruck rhythmischer Veränderungen mit Periodenlängen von etwa einem Jahr sind. In der vorliegenden Arbeit wird das Hauptaugenmerk auf die ultradianen Rhythmen gerichtet sein.

Die Parameter der circadianen Rhythmik sind mit der Veränderung äußerer synchronisierender Einflüsse ebenfalls bestimmten Veränderungen unterworfen. Das Vorhandensein frei verlaufender Rhythmen, ihr Mitgezogenwerden, die Veränderung ihrer Parameter sind entsprechend der ASCHOFF'schen Regel /2/ ebenso wie die Jahresveränderlichkeit der Parameter der circadianen Rhythmen /26/ sowie andere Gesetzmäßigkeiten sehr gut bekannt.

Von der ultradianen Rhythmik mit Perioden von 1-20 Stunden kann dies nicht gesagt werden. Sie sind bedeutend weniger untersucht. Die Natur ihrer Entstehung und die Mechanismen ihrer Regulierung sind bis heute nicht ausreichend klar. Auf dem Gebiet der Erforschung der Ultradian-Rhythmik hat sich bisher jedoch ein großes Faktenmaterial angesammelt. Möglicherweise hängt das mit der komplizierten Organisation an Beobachtungen zusammen, da entsprechend der bekannten Theorie von KOTELNIKOWA-CHANON zur Sichtbarmachung von Rhythmen mit der Periode "T" für den gegebenen Zeitraum nicht weniger als 2 Beobachtungen unbedingte Voraussetzung sind und damit der Arbeitsaufwand solcher Untersuchungen erheblich wächst.

Aber dieses Hindernis ist nicht unüberwindlich. Eine bedeutende Ökonomisierung der Zeit kann ohne Verringerung des Informationsgrades durch Organisation der Beobachtungen nach der Methode "dynamischer Reihen" mit Verteilung jeder Einzelbeobachtung auf einen bestimmten Zeitpunkt erreicht werden. Im Falle von in gleichen Zeitabständen voneinander durchgeführten Beobachtungen kann z. B. die Erforschung der spektralen Zusammensetzung sowie die Verteilungsdichte der Biorhythmen, insbesondere durch Berechnung der Autokorrelationsfunktion /4, 11/ vorgenommen werden.

Universeller ist die Methode der Aproximation der Zeitreihe durch die trigonometrische Kosinusfunktion mit nachfolgender Auswahl der Wellenlängen /12, 14/. Diese Methode gestattet neben der Bestimmung der Parameter der der ihrer Amplitude nach dominierenden Basalperiodik auch andere rhythmische (inclusive ultradiane) Schwankungsanteile sichtbar zu machen, darunter auch solcher, die nicht unbedingt ein Teilbares der allgemeinen Harmonie darstellen. Die Methode der trigonometrischen Approximation besitzt jedoch auch einen wesentlichen Nachteil; der darin besteht, daß die Kurvenform im Prozeßverlauf selbst sehr vergröbert wird. Diese Einschränkung kann durch gleitende Mittelwertsbestimmung überwunden werden, indem die Länge des Glättungsabschnittes um einige Unterteilungen kürzer gewählt wird, als sie der Länge der Grundperiodik entsprechen würde. Dies gestattet die Ermittlung einer Kurvenform sowohl unter Berücksichtigung der circadianen als auch der ultradianen Anteile. Jedoch muß berücksichtigt werden, daß die Glättungsprozedur durch gleitende Mittelwertsbestimmung die Rolle etwa eines Filters spielt, welcher vollständig Bestandteile mit Periodenlängen, die dem Glättungsabschnitt selbst entsprechen, aus dem Gesamtperiodenspektrum herausnimmt und die Amplitude anderer Bestandteile auf verschiedene Weise in Abhängigkeit von den Wechselbeziehungen der Periodengrößen sowie der Länge der Glättungsabschnitte verringert. Die statistische Bearbeitung der Datenreihen wird unter Ausnutzung des unparametrischen Kriteriums von WILKOKSON-MANN-UITNI /14/ vorgenommen.

Durch unser Kollektiv wurden 10 Jahre lang circadiane und ultradiane Rhythmen einer Reihe von Prozessen untersucht und analysiert, welche die Dynamik der Zellvermehrung sowie des funktionellen Zustandes einer Reihe von Geweben charakterisierten.

Zur Rhythmik der mitotischen Aktivität

Von 1968 bis 1970 wurde von KATINAS und SWETIKOWA die Rhythmik der mitotischen Aktivität des Hornhautepithels von Wistarratten /15/ untersucht. Dieses Epithel ist traditionelles Objekt zur Erforschung biologischer Rhythmen der Zellteilung /7,8/. Die Untersuchungen wurden unter Bedingungen der natürlichen Beleuchtung in Leningrad -

in der Serie I im Frühjahr (in der Nähe des Äquinoctiums)
in der Serie II im Sommer (zur Zeit der weißen Nächte)
in der Serie III im Winter (bei frühem Eintritt der Dämmerung)
in der Serie IV in der Zeit des Polartages in Workut

durchgeführt. Dabei unterschieden sich die Parameter des circadianen Anteils der Rhythmik nicht signifikant in der Periodenlänge (24 Stunden), was durch eine kosinusoide Kurve approximiert wurde. Der Kapazitätsanteil der circadianen Rhythmik in verschiedenen Versuchsserien veränderte sich in der Weise, daß das Korrelationsverhältnis

$$\eta = \sqrt{1 - \frac{(\hat{y}_i - \bar{y})^2}{(y_i - \bar{y})^2}} ,$$

unter den Bedingungen der Tag-Nachtgleichheit im Frühjahr maximal war und einem Minimalwert bei verringerter Beleuchtung ($\eta_{I} = 0{,}61$); $\eta_{II} = 0{,}51$; $\eta_{III} = 0{,}32$; $\eta_{IV} = 0{,}46$) zustrebte. Es handelte sich bei den Merkmalen:

y_i - um die Werte der einzelnen Beobachtungen
$\bar{y}$ - um die mittlere Größe der Einzelwerte
$\hat{y}_i$ - um den approximierten Wert der Beobachtungen bei den gleichen Abszissen (Zeitpunkten).

In der Abb. 1 ist die Approximation der erwähnten Prozesse (mitotische Zellaktivität in der Hornhaut der Wistarratte) durch gleitende Mittelwertsbestimmung unter Abrechnung der Minimisierung (Kleinhaltung, Unterdrückung) der höchstfrequenten Spektralanteile mit einer Periodenlänge bis zu 2 Stunden und unter (Vergleich) Auftragen der Kurven auf die Resultate der kosinusoidalen Approximation dargestellt. Der Maßstab der Ordinate ist so gewählt, daß die Amplitude der circadianen Kosinusoide in der Abbildung gleichgroß sind. Durch Vergleich der einzelnen, in den verschiedenen Serien ermittelten Kurven konnte eine nachfolgende Verstärkung der ultradianen Komponenten mit abnehmendem circadianen Korrelationsverhältnis festgestellt werden (Abb. 1). Analoge Beziehungen zeigten sich bei der Untersuchung der Circadianrhythmik der mitotischen Aktivität im Dünndarm- und Rectumepithel an Wistarratten /28, 29/. Nach der Herausfiltrierung der frequentesten Anteile betrug die Anzahl der Kurvenkrümmungen (der Extrema), deren Bereiche sich bei $P < 0{,}05$ in einer Periode unterscheiden ließen, 6 in der Serie I zum Frühjahrsäquinoctium, 16 in der Serie II zur Zeit der weißen Nächte, unter Bedingungen des frühen Dämmerungseintrittes in der Serie III - 14 und unter Polartagbeleuchtung - 12.

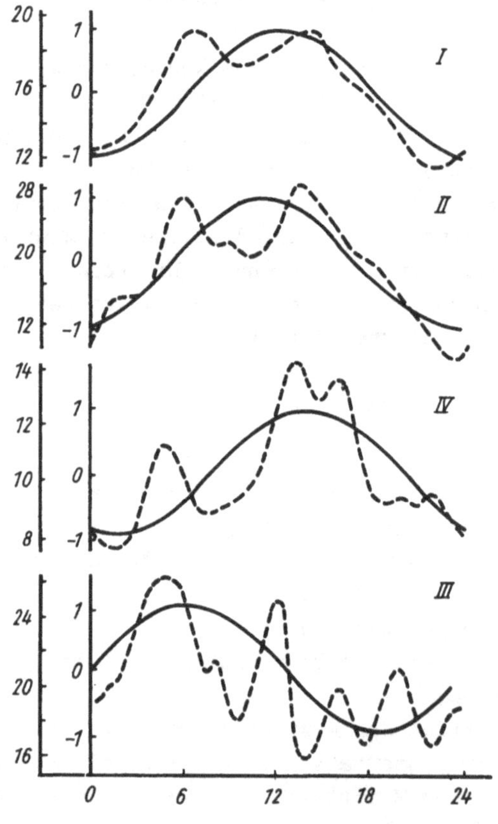

Abb. 1

Die mitotische Aktivität im Hornhautepithel der Wistarratte zu verschiedenen Tageszeiten in Leningrad (Frühjahr - I; Sommer - II; Winter - III; Polartag - IV. Die durchgezogene Linie entspricht der circadianen Komponente, die unterbrochene Linie gibt die Dynamik unter Berücksichtigung der

Ultradianrhythmik wider. Auf der Abszisse ist die Tageszeit (t) angegeben. Die linke Ordinate bezeichnet den mitotischen Koeffizienten (%), die rechte die relative Amplitude (Amplitude der circadianen Komponente ist mit I zugrundegelegt.

Ein Vergleich der Rhythmik der mitotischen Aktivität in den untersuchten Epithelien läßt die Schlußfolgerung zu, daß die Spektralzusammensetzung derselben nicht gleichmäßig ist und im zweiten Falle (gestrichelte Linie in Abb. 1 = Charakterisierung der Dynamik der mitotischen Zellaktivität unter Berücksichtigung der Ultradianrhythmik) Anteile mit deutlich kürzeren Wellenlängen enthält. Für die Prozesse ist einheitlich die Verstärkung der Ultradianrhythmik unter Bedingungen von Hell-Dunkelregimen während derer die Beziehungen der Dauer der Helligkeits- und Dunkelheitsperioden voneinander im Verhältnis 1:1 abweichen.

Eine Veränderung der Dauer der Helligkeit ruft keinen Mitzieheffekt hervor, da in diesem Fall nicht von einer Phasenveränderung des äußeren Synchronisators gesprochen werden kann. Es liegt vielmehr eine Veränderung der Kurvenform der 24-Stundendynamik des synchronisierenden Agens vor. Tatsächlich äußert der Mitziehfaktor zu beliebigen Jahreszeiten seine größte Intensität in der Tagesmitte und seine geringste um Mitternacht, indem nur die Übergangspunkte der Kurve durch das mittlere Niveau des Prozesses verändert werden.

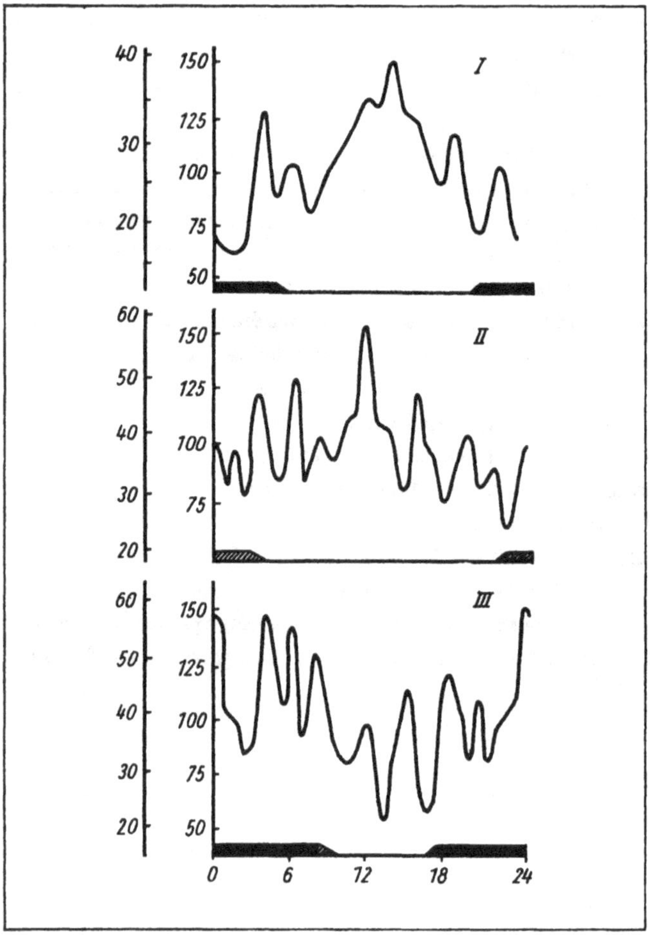

Abb. 2

Mitotische Aktivität der Dünndarmepithelien bei Wistarratten zu verschiedenen Tageszeiten in Leningrad im Frühjahr (I), im Sommer (II) und im Winter (III). Auf der Abszisse Angabe der Tageszeit in Stunden (t). Der schwarze Balken entspricht der Dunkelheit, der gestrichelte der Dämmerung. Die linke Ordinate gibt den mitotischen Koeffizienten an (%), die rechte die relativen Werte (die mittlere Tagesgröße der Werte ist gleich 100 gesetzt).

Deshalb sind Beschleunigungen der Beleuchtungsintensität des Hellwerdens im Sommer und im Winter nicht als gleichwertig zu betrachten, wie dies z. B. im Äquinoctium der Fall ist. Hier beschleunigt sich die Veränderung der Beleuchtungsintensität in der Periode des Sonnenaufganges und des Sonnenunterganges. Eben den letzteren Zeitabschnitten entsprachen die ausgeprägtesten ultradianen Wellen (Abb. 2), was das Auftreten dieser

Rhythmen mit den Prozessen der Beschleunigung der Adaptation des Organismus an das synchronisierende Agens in Zusammenhang zu bringen gestattet. Die erhaltenen Resultate zeigen keine vollkommene Übereinstimmung mit der "Zirkadian-Regel" /2/, da die Verstärkung der hochfrequenten Rhythmik bei Nachttieren nicht nur bei Vergrößerung, sondern auch bei Verkürzung der Dauer der Dunkelperiode auftrat. Diese Beobachtungen stimmen mit KRIPKE et al. /18/ dahingehend überein, daß die Herstellung der Phasenbeziehungen der Rhythmik bei Beleuchtungswechsel eintritt.

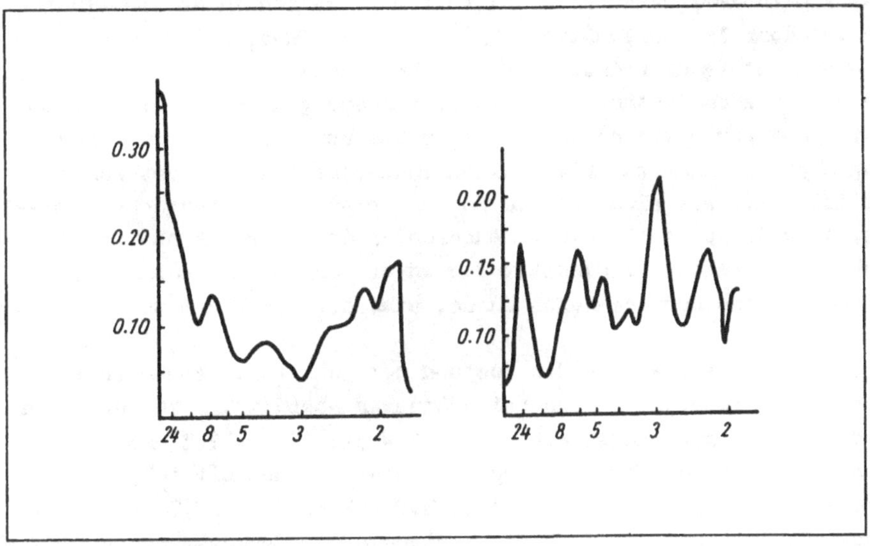

Abb. 3

Die spektrale Dichte (P_s auf der Ordinate) der Veränderungen des Borstensaumes der Erythrozyten bei adäquatem (linkes Diagramm) und invertiertem (rechtes Diagramm) Fütterungsregime von Mäusen des Stammes $C_{57}B$. Die Abszisse gibt die Meßzeitpunkte zu jeweils vollen Stunden (t) an.

Zur Rhythmik histophysiologischer Merkmale

Im Jahre 1972 wurden vom LJASCHKO Versuche durchgeführt, in welchen die Phasenveränderung des Synchronisators (20, 21, 22) berücksichtigt wurde. Die Beobachtungen wurden in Leningrad zur Zeit des Äquinoctiums an 236 Mäusen des Stammes $C_{57}B1$ durchgeführt, welche bei gleichem Beleuchtungsregime gehalten wurden. Die Hälfte der Tiere jedoch wurde um 9^{00} früh und der andere Teil der Tiere wurde abends um 21^{00} gefüttert. Das zweite der beiden Wahlregime war das ökologisch adäquate, da die Mäuse Nachttiere sind. Das invertierte Nahrungsverabreichungsregime wurde bis zu einem Monat vor der Tötung beibehalten. Die Restnahrung wurde 12 Stunden nach Futterverabreichung aus dem Käfig entfernt. Die Tötung der Tiere erfolgte einzeln in gleichem Zeitabständen voneinander innerhalb von insgesamt 5 Tagen.

Es wurden die folgenden morphometrischen Merkmale der Epithelzellen des Dünndarms bestimmt: Anzahl und Stadium der Sekretion der pokalförmigen Enterozyten in drei Ebenen der Zotten, die Höhe der Saumenterozyten und die Beziehung zwischen der Breite der Zonen, welche durch Kerne und durch verschiedene zytoplasmatische Organelle ausgefüllt waren /25/.

Die spektrale Zusammensetzung der Biorhythmen, welche in der Spektrumsdichte der Autokorrelationsfunktion ihren Ausdruck fand, zeigte neben circadianen auch stets ultradiane Anteile. Bei abendlicher Fütterung wiesen die circadianem Rhythmen die stärkste Ausprägung auf, bei morgendlicher Futtergabe waren sie schwächer vertreten und die Ausprägung der ultradianen Rhythmen nahm zu. Die Spektralzusammensetzung selbst wurde damit komplizierter, was sich auch im Kurvenverlauf der untersuchten Prozesse (Abb. 3) widerspiegelt. Die Veränderungen des Spektralgehaltes der Ultradianrhythmik, welche im Resultat der Inversion der Anwendung des Futtersynchronisators hervorgerufen wurde, sind der Tabelle 1 zu entnehmen.

Die Ultradianrhythmen, welche den Zustand der pokalförmigen Enterozyten charakterisieren, gruppierten sich bei adäquater abendlicher Fütterung in 4 Zonen mit Grenzperiodenlängen 8.8 - 4.2, 0 - 3.2, 2.8 - 2.3 und 2.0 - 1.8 Stunden. Bei morgendlicher Futtergabe traten 5 Zonen mit folgenden Grenzbereichen auf: 9.1 - 6.2, 5.9 - 4.0, 3.8 - 2.8, 2.6 - 2.3 und 2.1 - 2.0 Stunden. Die Rhythmen des Funktionszustandes der Saumenterozyten gruppierten sich bei beiden Futterregimen in 6 Zonen, bei adäquater abendlicher Nahrungsverabfolgung jedoch wurden Wellen mit Periodenlängen von 16 Stunden und bei morgendlicher Fütterung solche von 8 Stunden gefunden. Auf eine Anregung der Ultradianrhythmik bei Inversion des Nahrungsregimes kann auch indirekt (1, 16, 17) geschlossen werden, wenn sich unter diesen Bedingungen eine Kurve der mitotischen Aktivität des Kryptenepithels des Dünndarmes mit zwei Maxima entwickelt.

Altersveränderungen der Biorhythmen der Schilddrüse

Von 1973-1976 wurden von BYKOW Untersuchungen zu Altersveränderungen der Schilddrüse am schnellwachsenden Mäusestamm A/Ne in drei Altersgruppen , und zwar vor dem Eintritt der Geschlechtsreife (14.-17. Lebenstag), im geschlechtsreifen Alter (55. - 60. Lebenstag) sowie im Greisenalter (160. - 170. Lebenstag) vorgenommen. Mit stereologischen Methoden wurde die Spektralzusammensetzung der Biorhythmen des follikolären, interfollikulären Epithels sowie des Stromas unter Berücksichtigung der relativen Kolloidmenge gemessen sowie die mittlere Höhe des Follikelepithels und der stereologische Resorbtionsindex (5,6) bestimmt. Bei allen untersuchten Parametern beinhaltete das Spektrum sowohl circaciane als auch ultradiane Anteile, wobei in allen Fällen die circadiane Rhythmik überwog. Mit zunehmendem Alter erhöhte sich dessen Gesamtkapazität. Die ultradianen Komponenten waren im Gegenteil bei jugendlichen Tieren ausgeprägter und ihre Gesamtzusammensetzung war komplizierter in solchen Lebensphasen, in denen Veränderungen verschiedenster Art (bes. Veränderungen seiner hormonellen Balance) im Organismus beschleunigt vorsichgehen (Abb. 4).

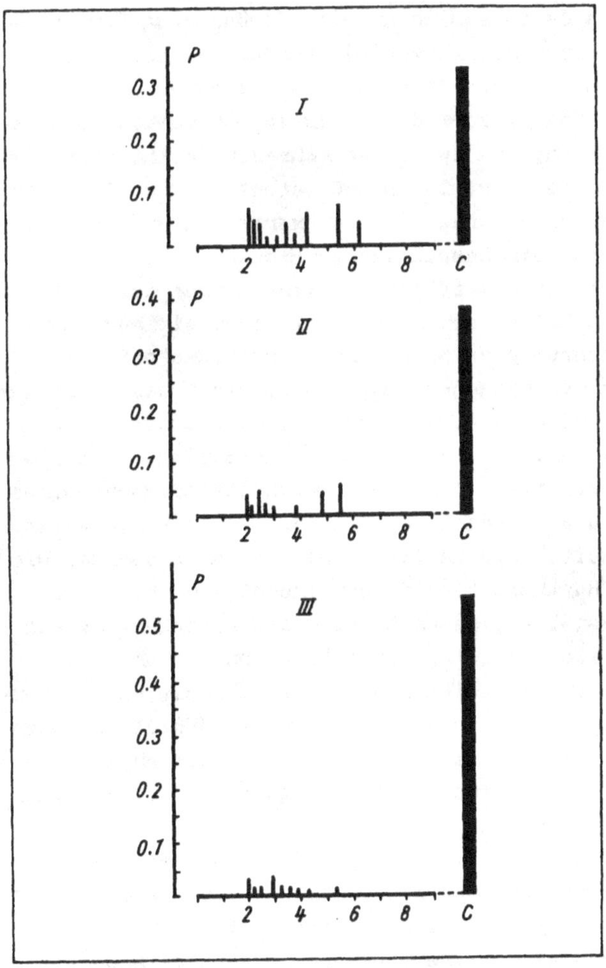

Abb. 4

Spektraldichte (P_s) der verschiedenen Frequenzkomponenten der Biorhythmen von Schilddrüsengewebe bei nichtgeschlechtsreifen (I), geschlechtsreifen (II) und alten (III) Mäusen. Abszisse - Wellenlängen der rhythmischen Anteile in Stunden (t), C - circadiane Komponente, Ordinate - Spektraldichte (P_s)

Diskussion der Resultate

Die dargelegten Beobachtungen zeugen davon, daß im Verlaufe adaptiver Reaktionen des Organismus die Spektralzusammensetzung der Biorhythmen komplizierter wird.

Die funktionelle Bedeutung dieser Erscheinung kann in zweierlei Weise ausgelegt werden. Vor allem handelt es sich um eine Veränderung der Dynamik bestimmter Lebensprozesse im Verlaufe von 24 Stunden, welche eine Zeitverschiebung des Anstieges oder des Abfalles des Kurvenverlaufes nachsichzieht, ohne daß die eingipfelige Form desselben verlorengeht. In anderen Fällen kommt es zur Ausbildung von zwei oder mehrerer Maxima oder die Anzahl der Extrema wird weiter gesteigert (es muß betont werden, daß auch unter gewöhnlichen Bedingungen eine Kurve mehrere Extrema aufweisen kann, d. h. die Rhythmik ist insgesamt ein komplizierter Prozeß).

Zusätzliche Anstiege und Abfälle und selbst die Veränderung der Form der eingipfeligen Kurve können als Mittel zur Erreichung gegenseitiger Übereinstimmung des Verlaufes mehrerer physiologischer Reaktionen bei ihrer Anpassung an neue Bedingungen der exogenen Umwelt bzw. des inneren Milieus (z. B. bei altersbedingter hormoneller Umstellung) dienen. Unter normalen Bedingungen und um so mehr im Verlaufe von Adaptationsreaktionen ist die Beibehaltung der Beziehungen wichtig, wenn durch Intensitätszuwachs eines Prozesses und das nachfolgende Absinken desselben der "Boden vorbereitet wird" für die besten Möglichkeiten der Realisierung anderer Prozesse. Die Einbeziehung der ultradianen Rhythmik kann diesen Prozeß sehr biegsam, beweglich und vollkommener gestalten, deshalb ist die Verstärkung derselben bei adaptiven Reaktionen als physiologisch adäquat anzusehen.

Stellt man sich die Phasen der circadianen Rhythmik bildhaft als Vektorrichtung vielzeigeriger biologischer Uhren vor, so werden die ultradianen Komponenten den circadianen untergeordnet und "vollenden" die rhythmischen Wellen. Damit ermöglichen sie die Systemtätigkeit gegenseitig verbundener Elemente komplizierter biologischer Strukturen /13/.

Die Natur der Ultradianrhythmik ist bisher ungeklärt, es dürfte sich jedoch wohl am ehesten um endogene Rhythmen /30/ handeln, deren Mechanismen gegenwärtig diskutiert werden /31/. Es ist natürlich, daß das Vorhandensein rhythmischer Veränderungen eine allgemeine Eigenschaft sich selbst regulierender Systeme mit inneren positiven und negativen feedbacks ist.

Es darf vermutet werden, daß das Organisationsniveau eines Systems und dessen Kompliziertheit sich in den Parametern der Biorhythmik widerspiegeln, besonders in ihren Periodizitäten. Unter diesem Aspekt kann die circadiane Rhythmik als endogen dem Organ- sowie dem Organsystem-Niveau zugehörig betrachtet werden. Offensichtlich sind Systemen niedrigerer Organisationsform (z. B. Gewebesystem im Verhältnis zum Organsystem, Zellsystem im Vergleich zum Gewebesystem) Schwankungen mit kürzeren Periodendauern eigen, weshalb die Ultradianrhythmik eben gerade bei der Untersuchung solcher Gewebereaktionen so deutlich hervortritt, deren Regulierung in hohem Maße autonom durch eigene, gewebebedingte Mechanismen vorsichgeht (unter den proliferativen Prozessen spielten unter diesen Mechanismen die Chalone eine große Rolle, weshalb sie wahrscheinlich auch als eine der Quellen für die Biorhythmik auf der Gewebeebene anzusehen sind).

Vorläufig verfügen wir jedoch nur über vereinzelte, indirekte Fakten, welche diese Annahme unterstützen. Verringert man nämlich die organismischen Regulationsmechanismen oder schaltete sie gänzlich aus, so verstärkte sich die ultradiane Rhythmik der proliferativen Reaktionen. Es konnte gezeigt werden, daß bei Kultivierung von Epithel der Nierenrinde die mitotische Aktivität wellenförmigen Veränderungen unterlag, wobei die Zeit zwischen zwei benachbarten Maxima bzw. Minima 6-14 Stunden betrug. Eine circadiane Komponente konnte nicht ermittelt werden /24/. Bei der Kultivierung von Zellen des Stammes He La /32/ gelang es ebenfalls nicht, circadiane Rhythmen der mitotischen Aktivität zu finden (nach ultradianen Rhythmen wurde in diesem Falle nicht geforscht). Die dargelegten Fakten stimmen voll mit den Ergebnissen über die Verstärkung der Ultradianrhythmik bei Schwächung der Wechselbeziehungen im Regulationssystem der Circadianrhythmik /19, 23/ überein.

Wie bereits früher erwähnt, wird aus den Untersuchungen nicht nur die physiologisch adaptive Bedeutung der Ultradianrhythmik deutlich, sondern auch ihre Wechselbeziehung zum Organisationsniveau lebender Systeme. Einer der wichtigsten Indikatoren, der die proliferative Aktivität von Geweben charakterisiert, ist das Verhältnis der Anzahl der Prophasen und Metaphasen zur Anzahl der Ana- und Telophasen des Gewebewachstums. Zeitpunkte des Anstieges dieses Merkmals entsprechen der Zeit, in welcher die mitotische Aktivität eine Beschleunigung erfährt. Bei der Untersuchung der Zellvermehrung im Hornhautepithel unter verschiedenen Beleuchtungsbedingungen war in der Rhythmik der ultradiane Anteil der bedeutendste und die Kurven waren bei trigonometrischer Approximation in der Mehrzahl der Fälle Kosinusoiden mit Periodendauern von 4-12 Stunden ähnlich (bei einer Signifikanz von P 0,01). Die circadiane Komponente war in diesen Fällen statistisch nicht signifikant. Nur unter Bedingungen des Äquinoctiums und in der Sommerzeit in Leningrad betrug die Wellenlänge der Biorhythmen 20-24 Stunden.

Rhythmen mit kurzen Perioden können auch Beziehungen zu metabolischen Prozessen /9/ haben, was übereinstimmt mit Beobachtungen des Verlaufes komplizierter biochemischer Reaktionen in vitro /27, 33/. Das Verhältnis der einzelnen Mitosephasen zueinander ist in hohem Maße mit der Organisierung des Metabolismus intrazellulärer Strukturen verbunden.

Die dargelegten Fakten können als Untermauerung der Beziehungen dienen, welche offensichtlich zwischen den Periodenlängen der Biorhythmik und dem Organisationsniveau lebender Systeme bestehen. So sind für das Zellniveau eben gerade Rhythmen von kurzer Periodendauer zu erwarten, was durch Untersuchungen der Dynamik von Stundenrhythmen /3/, welche den frequentesten Anteil der Ultradianrhythmik darstellen, belegt werden kann.

Es ist natürlich, daß die Grundthesen der vorliegenden Arbeit über die adaptive Bedeutung der Ultradianrhythmik und über ihre Beziehung zum Organisationsniveau lebender Systeme weiterer Überprüfung im Verlaufe der weiteren Ansammlung entsprechenden Versuchsmaterials bedürfen. Es wird erwartet, daß die genannten Aspekte auch in der Zukunft Aufmerksamkeit zuteil wird.

Literatur

/1/ Alov, I.A.: Bull. Exp. Biol. Med. 48, 11 (1959) 107

/2/ Aschoff, J. in: Cold Spring Harbor Symp. Quant. Biol. 25 (1960) 11

/3/ Brodsky, V.Y.: Tsitologiya 18 (1976) 397

/4/ Bukreeva, N.N., G.S. Katinas, T.S. Kats, O.G. Lyashko: Arkh. Anat., 72, 2 (1977) 92

/5/ Bykov, V.L. In: Tkanevaya Biologiya, Tartu (1976) 27

/6/ Bykov, V.L., G.S. Katinas: Bull. Exp. Biol. Med. 84 (1977) 602

/7/ Dobrokhotov, V.N.: Vestn. Akad. Med. Nauk SSSR 18, 7 (1963) 50

/8/ Fortuyn van Leiden, D.: Proc. Sec. Sci., Amsterdam 29 (1926) 979

/9/ Goodwin, B.C.: Temporal Organization in Cells. London-New York, Academic Press (1963)

/10/ Halberg, F., M. Engeli, C. Hamburger, D. Hillman: Acta Endocrinol., Suppl. 103 (1965)

/11/ Halberg, F., H. Panofsky: Exp. Med. Surg. 19 (1961) 284

/12/ Halberg, F., Y.L. Tong, E.A. Johnson In: Cellular Aspects of Biorhythms, Berlin-Heidelberg-New York, Springer Verlag (1967) 20

/13/ Katinas, G.S. In: Tkanevaya Biologiya, Tartu (1976) 12

/14/ Katinas, G.S. In: Prizhiznennaya Mikroskopiya Neirona, Leningrad Nauka (1978) 136

/15/ Katinas, G.S., K.M. Svetikova, N.N. Bukreeva, N.B. Brovtsyna In: Vses. S'ezd Anatomov, Gistol. i Embriol., 8th, Tezisy, Tashkent (1974) 178

/16/ Krasil'Nikova, N.V.: Dokl. Akad. Nauk SSSR 142 (1962 A) 1165

/17/ Krasil'Nikova, N.V.: Bull. Exp. Biol. Med. 54, 11 (1962 B) 95

/18/ Kripke, D.F., F. Halberg, T.J. Crowley, V. Pergam: Int. J. Chronobiol. 3 (1976) 193

/19/ Langer, H., L.Z. Rensing: Naturforsch. 27 B (1972) 1117

/20/ Lyashko, O.G. In: Tkanevaya Biologiya, Tartu (1976) 24

/21/ Lyashko, O.G.: Arkh. Anat. 73, 10 (1977) 86

/22/ Lyashko, O.G., Chigrina, L.V., IU.O. Kotovoj, M.O. Kotovoj, G.S. Katinas: Arkh. Anat. 69, 7 (1975) 91

/23/ Moore-Ede, M.C., D.A. Kass, C.A. Fuller, F.M. Sulzman: Proc. Int. Union Physiol. Sci. Int. Congr., 27th Paris (1977) 788

/24/ Nikiforova, E.N., G.S. Katinas: Arkh. Anat. 67, 9 (1974) 60

/25/ Omran Madikh, Grebenshchikova, V.I. In: Vses. Konf. po Elektron. Mikroskopii, 10th, Tezisy Dokl., Tashkent, Moskva 2 (1976) 231

/26/ Rensing, L.: Biologische Rhythmen und Regulation, Jena, Fischer Verlag (1973)

/27/ Sel'kov, E.E. In: Kolebatel'nye Processy v Biologicheskikh i Khimicheskikh Sistemakh, Pushchino-na-Oke 2 (1971) 5

/28/ Svetikova, K.M., G.S. Katinas: Tsitologiya 14 (1972) 438

/29/ Svetikova, K.M., G.S. Katinas: Arkh. Anst. 67, 7 (1974) 62

/30/ Tannenbaum, G., M.J.B. Shaffer: Endocrinol. 98 (1976) 562

/31/ Tyson, J.J., S.G.A. Alivisatos, O. Richter, E. Grun, T. Pavlidis, F.W. Schneider: Life Sci. Res. Rept. 1 (1976) 85

/32/ Zaskal'ko, N.I.: Bull. Exp. Biol. Med. 55, 5 (1963) 104

/33/ Zhabotinskij, A.M.: Kontsentratsionnye Avtokolebaniya, Moskva Nauka (1974)

Die registrierte Größe = Periodenlänge (Zäher = Zeit in Stunden) und seine Spektraldichte (Nenner %)

	bei abendlicher Fütterung	bei morgendlicher Fütterung
Anzahl der pokalförmigen Enterozyten in Stadien der Sekretanhäufung in basalen Zottenanteilen	4.9, 2.8, 2.0 8.4 7.0 12	14, 4.8, 3.8, 2.8, 2.3 9.1 18 14 15 20
Dasselbe Merkmal im mittleren Zottenanteil	6.8, 4.0, 2.6 11 26 9.6	14, 5.3, 3.2, 2.6, 2.1 16 18 22 16 22
Dasselbe Merkmal im appikalen Zottenteil	6.8, 5.2, 4.0, 3.2, 2.6, 2.3 13 13 16 13 12 12	8.4, 3.5, 2.3 19 20 15
Anzahl der pokalförmigen Enterozyten im Stadium der Sekretausschüttung in basalen Zottenanteilen	8.8, 5.9, 3.8, 2.3 10 10 14 14	7.2, 5.0, 2.8, 2.4 13 11 20 23
Dasselbe Merkmal im mittleren Zottenteil	3.7, 2.3 12 15	4.4, 2.9, 2.3 14 19 17
Dasselbe Merkmal im appikalen Zottenteil	15, 4.4, 2.8 14 17 8.6	8.4, 6.2, 4.0, 3.3, 2.4 19 9.1 11 12 27
Höhe der pokalförmigen Enterozyten	4.0 5.5	5.6, 3.5, 2.2 12 9.8 20
Höhe der Basalzone der Mitochondrien der pokalförmigen Enterozyten	7.4, 4.0, 2.8 6.4 5.0 2.9	7.7, 5.0, 3.5, 2.2 9.9 4.1 4.8 13
Kernhöhe der pokalförmigen Enterozyten	8.5, 5.2, 4.0, 3.4, 2.5 6.3 4.6 4.6 5.0 4.4	9.0, 3.6, 2.9, 2.1 20 15 13 28
Höhe der Zone des Plattenkomplexes der pokalförmigen Enterozyten	6.8, 2.6 9.4 6.9	13, 6.8, 3.7, 2.8, 2.2 7.8 7.9 13 19 25
Höhe der appikalen Zone der Mitochondrien der pokalförmigen Enterozyten	4.2, 2.6, 2.3 16 7.4 5.5	11, 5.6, 3.8, 2.8 23 22 8.6 17
Höhe des Borstensaumes	8.0, 4.0, 2.5, 2.2 14 8.4 10 14	6.8, 5.0, 3.8, 3.1, 2.3, 2.2 16 14 12 21 16 13

Tabelle 1 Charakteristik der Ultradianrhythmik des Zustandes des Zottenepithels des Dünndarmes von Mäusen des Stammes C_{57} B 1

Zusammenfassung

Die rhythmischen Schwankungen (circa-, ultra- und infradiane) sind dem funktionellen Zustand der Gewebe, wie auch allen Erscheinungen der Lebenstätigkeit auf jedem Niveau der Lebensorganisation eigen. Wir stellten fest, daß während des Umbaus des Organismus die ultradianen Rhythmen (mit Periodenlängen von 1 - 20 h) ausgeprägter werden.

Der Rhythmus der mitotischen Aktivität im Corneaepithelium von Ratten während der Tagundnachtgleiche in Leningrad ist durch die einfachste spektrale Zusammensetzung charakterisiert, wobei die 24-stündige Komponente dominiert. Nach der Veränderung des Lichtregimes (Juni und Dezember in Leningrad und der Polartag in Workuta) werden die Schwankungen mit 5-8-stündigen Perioden stärker und deutlicher.

Eine zunehmende Komplexität der spektralen Zusammensetzung mit einer Verstärkung der ultradianen Komponenten wurde von O.G. LIASCHKO während der Registrierung morphofunktioneller Indices der Becher- und Saumzellen im Dünndarmepithelium bei Mäusen nach Inversion des Nahrungsregimes beobachtet (das Lichtregime war nicht invertiert).

W.L. BYKOW konnte nachweisen, daß die spektrale Zusammensetzung der Biorhythmen des histophysiologischen Zustandes der Schilddrüse bei Mäusen verschiedenen Alters die maximale Ausprägung ultradianer Rhythmen in der jüngeren Gruppe hatte und daß ihr allmähliches Abklingen nach der Pubertät und in hohem Alter erfolgte.

Резюме

Функциональному состоянию тканей, как и всем проявлениям жизнедеятельности на всех уровнях организации живого, свойственны ритмические колебания, включающие циркадные, ультра- и инфрадианные компоненты. Нами показано, что при различных перестройках организма ультрадианные ритмы (с периодом 1-20 ч) становятся более выраженными.

Ритмика митотической активности эпителия роговицы у крыс в условиях равноденствия в Ленинграде характеризуется наиболее простым спектральным составом, где доминирует 24-часовая составляющая. При изменении светового режима (июнь и декабрь в Ленинграде, а также полярный день в Воркуте) усиливались колебания с периодом 5-8 ч.

Усложнение спектрального состава с усилением ультрадианных составляющих наблюдалось О.Г.Ляшко при регистрации морфофункциональных показателей состояния каемчатых и бокаловидных энтероцитов тонкой кишки у мышей после инверсии пищевого режима (световой режим не инвертировался).

Исследование В.Л.Быковым спектрального состава биоритмов гистофизиологического состояния щитовидной железы у мышей разного возраста выявило наибольшую выраженность ультрадианных ритмов в младшей группе и постепенное их затухание после достижения половой зрелости и в старости.

Summary

Rhythmic variation (circadian, ultradian, and infradian) are characteristic of tissue function and of all phenomena of life at all levels of organisation. The ultradian rhythms were found to become more pronounced during alteration of the organism, with period lengths being between one and 20 hours.

The mitotic activity rhythm in the corneal epithelium of rats was found to have been characterised by most simple spectral composition during equinox in Leningrad, with the 24-hour component predominating. Alteration of the light regime (June and December in Leningrad and the polar day in Vorkuta) was followed by stronger and more clearly pronounced variations, periods being between five and eight hours.

O.G. Liashko, who recorded morphofunctional indices of goblet and border cells in intestinal epithelium of mice following inversion of the feeding regime, but no inversion of the light regime, observed increasing complexity in spectral composition along with growth of the ultradian components.

V.L. Bykov examined mice of different age groups for the spectral composition of biorhythms relating to histophysiological conditions of the thyroid gland. He found that ultradian rhythms reached maximum values in the younger group and faded gradually after puberty and in advanced age.

Ministerium für Gesundheitswesen der UdSSR
Lehrstuhl für Biologie und Genetik der Mediko-Biologischen Fakultät
des 2. Moskauer Staatlichen Medizinischen Pirogiv-Institutes

Zell-Populationsmechanismen des 24-Stunden-Rhythmus der Zellproliferation

RYBAKOV, V.P.

Die Erforschung der Mechanismen des Biorhythmus ist eine Voraussetzung für die Schaffung ihrer Modelle und für die Steuerung der Funktionen des Organismus durch die Rhythmen.

Ziel der vorliegenden Arbeit ist die Darlegung eines möglichen Mechanismus des 24-Stunden-Rhythmus der Zellteilung im Vielzellenorganismus.

Von vielen Autoren ist das Vorhandensein eines 24-Stunden-Rhythmus der Mitosezahl in den Geweben von Tieren gezeigt worden. Es gibt auch ausreichend viele Veröffentlichungen, welche sich mit der Erforschung der Mechanismen dieser Rhythmen beschäftigen. Besonders intensiv wurde dieses Problem in den letzten 20 Jahren bearbeitet, als in der Forschungspraxis gezeigt wurde, daß die Mitose nur die Schlußetappe einer Vielzahl von Vorgängen ist, welche die Zelle zur Teilung bringen. Man spricht daher von einem "Mitose-Zyklus".

Bis zum heutigen Zeitpunkt wurde der Standpunkt vertreten, daß der 24-Stunden-Rhythmus der Zahl der sich teilenden Zellen nicht eine direkte Widerspiegelung der Veränderung der Zeitdauer der Mitose selbst ist /3, 4/, sondern in unmittelbarem Zusammenhang mit der Veränderung der Menge der Zellen, die in den Mitose-Zyklus und im Endeffekt in die Mitose zu verschiedenen Tageszeiten eintreten, steht /6/. Im Zusammenhang damit erhebt sich die Frage nach dem Mechanismus der 24-Stunden-Rhythmik des Überganges der Zellen aus dem ungeteilten Zustand in die Proliferation. Auf der Grundlage einer Reihe von Literaturangaben und eigener Untersuchungen kamen wir zu der Schlußfolgerung, daß dabei den sogenannten Zell-Populationsmechanismen eine wichtige Rolle zukommt. Um die Richtigkeit dieser Aussage zu zeigen, führen wir einige Resultate unserer Untersuchungen auf.

An Mäusen, die im Verlauf von 1,5 Monaten bei gleichbleibenden Lichtverhältnissen (L) gehalten wurden (250 Lux), wurde in einer Serie von Versuchen über 24 - 36 Stunden eine Reihe von Parametern der Zellproliferation untersucht. Die Analyse der erhaltenen Ergebnisse (ein Teil der Ergebnisse ist in Abbildung 1 aufgeführt) führt zu der Schlußfolgerung, daß es bei den Tieren der L-Gruppe einen

Rhythmus der Mitoseaktivität gibt, wobei die Amplitude des Rhythmus bedeutend geringer als bei den Kontrollmäusen (ST-Gruppe) und seine Periode im Vergleich zur Kontrolle etwas verändert sind. Der vorhandene Zell-Proliferationsrhythmus bei unter konstanten Lichtverhältnissen gehaltenen Tieren könnte mit der Erhaltung der Funktionsfähigkeit der sich im Organismus befindlichen Zeitgeber, dabei in erster Linie des endokrinen Systems, in Zusammenhang stehen. Die Angaben über das Vorhandensein eines Hormonrhythmus bei Tieren, die sich unter konstanten Lichtverhältnissen befinden, sind jedoch widersprüchlich und zeugen meist vom Fehlen eines solchen Rhythmus. (s. Zusammenfassung) /1,2/ Für die Klärung der Rolle der Zeitgeber, die sich innerhalb des Organismus befinden, wurden Experimente durchgeführt /5/, in welchen der 24-Stunden-Rhythmus der Mitoseaktivität an Tieren, die im Verlauf von 7 Tagen das den Übergang der Zellen in den Mitosezyklus stimulierende Tyroxin bekamen, untersucht wurde.

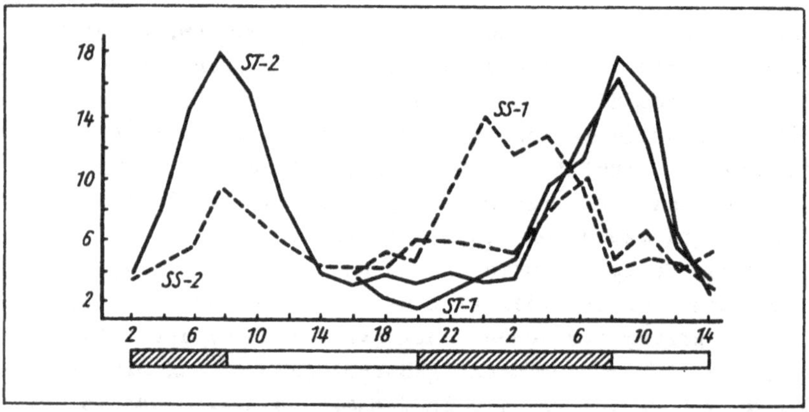

Abbildung 1: Die Veränderung der Mitosezahl in der Basalschicht des Oesophagusepithels bei Mäusen, die entweder unter konstanten Lichtverhältnissen gehalten wurden oder bei einer Lichtperiode von 12:12 Std. Abszisse-Tageszeit, gestrichelter Teil-Dunkelperiode; Ordinate-Mitoseindex (%); durchgezogene Linie-Tiere der ST-Gruppe; unterbrochene Linie-Tiere der L-Gruppe.

Trotz des ständig hohen Hormonspiegels im Organismus wurde eine Erhöhung der Mitosezahl im Vergleich zur Kontrollgruppe nur zu bestimmten Tageszeiten beobachtet (Abb. 2).

Wenn man von den aufgeführten Ergebnissen ausgeht, kann man schlußfolgern, daß sich im Verlaufe des Tages die Kompetenz der Zellen zur Wahrnehmung der die Proliferation stimulierenden Faktoren ändert. Es kann angenommen werden, daß das bestimmende Moment für die Mechanismen des 24-Stunden-Rhythmus der Zellproliferation nicht so sehr der

Gehalt an Stimulatoren der Zellteilung ist (obwohl ihre Rolle ebenfalls groß genug ist), sondern der Zustand der reagierenden Substanz - der Gewebszellen. In diesem Zusammenhang kann man annehmen, daß bei der Formierung des 24-Stunden-Rhythmus der Mitose seinem Zell-Populationsmechanismus eine bestimmte Rolle zukommt.

Obwohl es zum jetzigen Zeitpunkt schwierig ist, eine ausreichend befriedigende Charakteristik der Zell-Populationsmechanismen des 24-Stunden-Rhythmus der Mitosen zu geben, kann man trotzdem einige ihrer Eigenschaften betrachten.

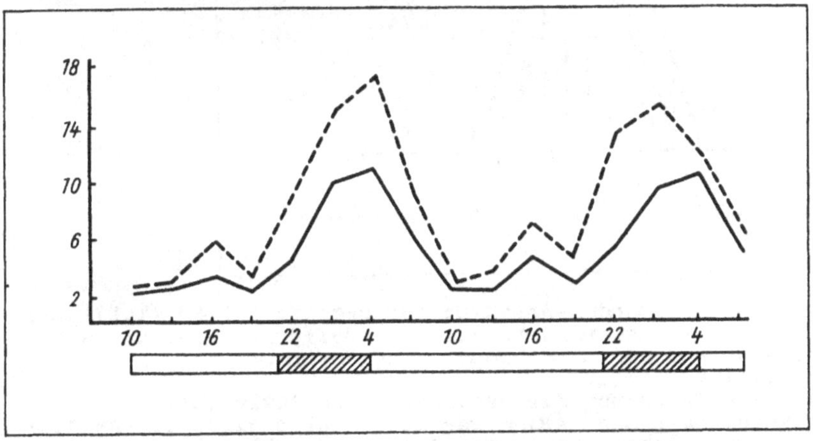

Abb. 2: Die Veränderung der Mitosezahl in der Basalschicht des Oesophagusepithels bei intakten Ratten und bei Ratten, die dem Einfluß von Thyroxin ausgesetzt waren, während zweier Versuchstage.
Abszisse und Ordinate - entsprechen Abb. 1, durchgezogene Linie-Kontrolltiere, gestrichelte Linie-Versuchstiere.

Wie oben gezeigt wurde, ist der 24-Stunden-Rhythmus der proliferativen Aktivität durch den Übergang einer ungleichen Menge von Zellen in den Mitosezyklus zu verschiedenen Tageszeiten bedingt, wodurch im Endeffekt auch der 24-Stunden-Rhythmus der Zellproliferation formiert wird. Davon ausgehend schlagen wir vor, alle Zellen, die sich während eines Tages teilen, in 2 Populationen einzuteilen: in eine synchrone und eine asynchrone Population. Die synchrone Zellpopulation durchläuft den Mitosezyklus im Verlaufe des Tages synchron und bestimmt die Akriphase des Rhythmus. Die Zellen der asynchronen Population treten im Verlaufe des Tages in den Mitosezyklus ohne Synchronisationswellen ein, ihre Mitoseaktivität charakterisiert das sogenannte Basalniveau der Zellproliferation. Der Synchronisationsgrad der Zellpopulation wird durch die Differenz zwischen der Größe der Zellpopulation, die in einer bestimmten Tagesperiodik den Mitosezyklus synchron durchläuft, und der Größe der Zellpopulation, die das Basalniveau der Proliferation in der gleichen Tagesperiodik formiert, bestimmt. (Abb. 3)

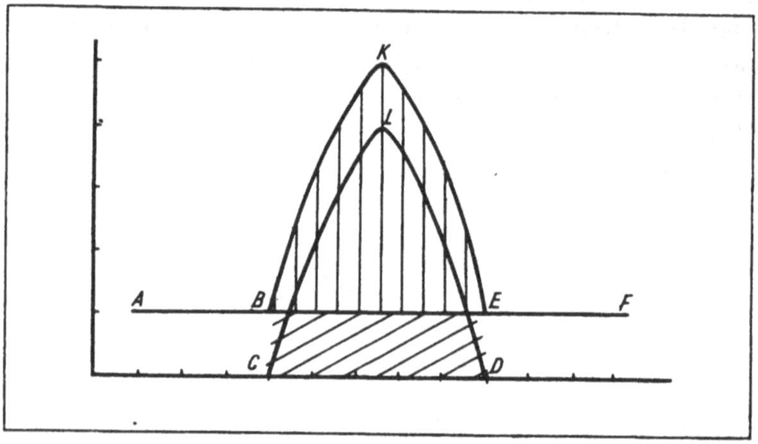

Abb. 3: Schema des 24-Stunden-Rhythmus der proliferativen Aktivität, welches die Wechselwirkung der zwei Zellpopulationen - der synchronen und der asynchronen - demonstriert.
Abszisse - Tageszeit
Ordinate - Parameter der proliferativen Aktivität.
Durchgezogene Linie (AP) - Parameter der proliferativen Aktivität der Zellpopulation, die den Mitosezyklus im Verlaufe des Tages asynchron durchläuft (Basalniveau der Zellproliferation). Punktierte Linie (CLD) - Parameter der proliferativen Aktivität der Zellpopulation, die den Mitosezyklus im Verlaufe des Tages synchron durchläuft. ABKEP - Kurve des 24-Stunden-Rhythmus der proliferativen Aktivität, die durch die Summierung der Parameter der proliferativen Aktivität der synchronen und asynchronen Zellpopulationen gebildet wird. Der Grad der Synchronisation wird durch die Differenz zwischen den verschiedenen gestrichelten Flächen bestimmt.

Das Vorhandensein zweier Populationen von proliferierenden Zellen ist offensichtlich Ausdruck der Existenz von analogen Populationen (synchron - s, asynchron - a) unter den Zellen, die sich an bestimmten Tagen nicht teilen, die aber im Prinzip fähig sind, in den Mitosezyklus einzutreten.

Der Umfang (die Menge der Zellen) der s-Population wird scheinbar nicht in vollem Maße von der Zahl der Zellen bestimmt, die im Verlaufe des Tages in den Mitosezyklus eintreten. Es gibt Gründe dafür anzunehmen, daß die Menge der Zellen, die im Prinzip die Fähigkeit zum Übergang zur Proliferation haben, größer ist als die unter normalen Bedingungen beobachtete. So war die Akrophase des Rhythmus der Mitosezahl für die Versuchstiere bei dem von uns oben diskutierten Experiment zur Untersuchung des 24-Stunden-Rhythmus der Mitoseaktivität bei Tieren, die im Verlaufe von 7 Tagen Tyroxin bekamen, größer als bei den Tieren, die kein Hormon bekommen hatten (Abb. 2). Folglich ist die s-Population heterogen und besteht scheinbar aus einer bestimmten Zahl von Subpopulationen, welche sich voneinander durch den Gradienten der Empfindlichkeit zu den die Proliferation stimulierenden Faktoren unterscheiden.

Das Volumen der s-Population, möglicherweise auch der a-Population, verändert sich im Wachstumsprozeß des Organismus und bei malignem Zellwachstum. So ist im frühen Stadium der Ontogenese und in tumorösen Zellsystemen der Grad der Synchronisation gering. Wenn man von der Vorstellung über das Basalniveau der Zellproliferation ausgeht, kann man schlußfolgern, daß dies mit der geringen Menge von Zellen der s-Population und dem Überwiegen der Zellen der a-Population zusammenhängt. Man kann annehmen, daß das Volumen der s-Population für die Änderungsgeschwindigkeit des Rhythmus der Zellproliferation von Bedeutung ist, ebenso spielt es eine wichtige Rolle in den Regulationsprozessen der Zellvermehrung.

Aus der oben betrachteten Situation des Basalniveaus der Zellproliferation kann man noch eine weitere Schlußfolgerung ziehen, welche die statistische Analyse der Kurven des 24-Stunden-Rhythmus der Mitose betrifft. Von einer Reihe von Autoren wird bei der statistischen Auswahl der Ergebnisse mit dem Ziel des Herausarbeitens der Phasenlage der Rhythmuskurven der Mitosezahl ein Vergleich der mittleren Werte, die auf jeden Zeitpunkt des Versuchs fallen, mit den mittleren Tageswerten (mittlere Werte der Periode) durchgeführt. Bei dieser Methode wird das Phänomen der Synchronisation jedoch nur teilweise genutzt, und zwar nur bei jenem Teil der Kurve, der über den durchschnittlichen Tageswerten liegt. Der Teil der Kurve, deren Werte unter den durchschnittlichen Tageswerten liegt, wird nicht berücksichtigt.

Somit spielt bei den Mechanismen des 24-Stunden-Rhythmus der proliferativen Aktivität die komplizierte Struktur der s-Population, welche aus einer Zahl von Subpopulationen besteht, eine bestimmte Rolle. Die Subpopulationen unterscheiden sich untereinander durch den Gradienten der Empfindlichkeit zu den Stimulatoren der Zellteilung. In diesem Falle ist die rhythmische Veränderung der Menge der Stimulatoren nicht unbedingt notwendig und man kann sich einen solchen Mechanismus der Regulierung des Überganges der Zellen der s-Population in den Mitosezyklus vorstellen, an welchem größtenteils Zell-Populationsmechanismen Anteil haben. Scheinbar sind diese Mechanismen jedoch für ein längeres Erhalten der Rhythmusparameter unzureichend, da sich ohne die über der Population stehenden Kontrollfaktoren (Synchronisatoren) der Rhythmus der Zellproliferation bedeutend verändern kann.

Literatur

/1/ Romanov, I.A., O.P. Sacharcenko, E.A. Kamenezkaja, L.I. Stepanova: Express-informatia "Novosti medizining i medizinska techniki". VNIIM, M. 10/2 (1975)

/2/ Romanov, I.A., B.A. Tabolin, I.N. Kalmykova, E.A. Kamenezkaja, L.I. Stepanova, L.L. Muljarova: Express-informatia "Novosti medizining i medizinska techniki". VNIIM. M. 1975

/3/ Romanov, I.A. und V.P. Rybakov: B. eksp.biol. 70 (1970) 89

/4/ Romanov, I.A. und V.P. Rybakov: B. eksp.biol. 71 (1971) 93

/5/ Rybakov, V.P. und I.A. Romanov: Arch.anat. 71 (1976) 37

/6/ Rybakov, V.P. und I.A. Romanov, V.K. Kolchir: Zitologia 19 (1977) 692

Zusammenfassung

Ausgehend von der unterschiedlichen Intensität des Übergangs der Zellen zur Proliferation zu verschiedenen Tageszeiten wurde das Basalniveau der Zellproliferation einer sich formierenden Zellpopulation (oder -populationen) bestimmt, deren Zellen im Verlaufe eines Tages ständig auf dem gleichen Niveau in den Reproduktionszyklus eintreten, d.h. asynchron. Die Akrophase des Rhythmus wird von einer Population gebildet, die synchron zu einer bestimmten Tageszeit in den Mitosezyklus eintritt. Die Überlagerung dieser zwei hauptsächlichen Subpopulationen formiert den Tagesrhythmus der proliferativen Aktivität.

Aus der These über das Basalniveau der Zellproliferation ergeben sich eine Reihe von Schlußfolgerungen.

1. Die mathematische (statistische) Analyse der tagesrhythmischen Kurven der Zellreproduktion muß die existenz von zwei hauptsächlichen Subpopulationen von Zellen, einer synchronen und einer asynchronen widerspiegeln.
2. Die Zellen, die sich außerhalb des Mitosezyklus befinden, werden in ihrer Fähigkeit zur Proliferation durch eine bestimmte Heterogenität gekennzeichnet.
3. Die sich nicht teilenden (funktionierenden) Zellen durchlaufen im Tagesgang eine Periode, in der ihre Tendenz zur Proliferation

ansteigt.

4. Für eine normale Ausprägung des Tagesrhythmus der Zellproliferation ist eine zeitliche Koordination des Sensibilitätsrhythmus der Zellen gegenüber Synchronisatoren mit dem Rhythmus der Synchronisatoren selbst notwendig. Hierbei wird die Amplitude des Rhythmus sowohl von der Menge der zur Proliferation tendierenden Zellen als auch von der Intensität der Synchronisatorenwirkung beeinflußt.
5. Es wird angenommen, daß die Grundlage des circadianen Rhythmus der Zellproliferation Zellpopulationsmechanismen bilden. Ihre Wechselbeziehung zu externen Synchronisatoren bedingt die Herausbildung des Tagesrhythmus der Zellreproduktion.

Резюме

Исходя из различной интенсивности перехода клеток к пролиферации в разные периоды суток, выделен базальный уровень клеточной пролиферации, формирующийся клеточной популяцией /или популяциями/, клетки которой вступают в цикл репродукции в течение суток постоянно на одном уровне, то есть асинхронно. Акрофаза ритма образуется клеточной популяцией, синхронно входящей в митотический цикл в определенный период суток. Наложение этих двух основных субпопуляций и формирует суточный ритм пролиферативной активности.

Из положения о базальном уровне клеточной пролиферации вытекает ряд следствий. 1. Математический /статистический/ анализ кривых суточного ритма клеточной репродукции должен отражать существование двух основных субпопуляций клеток – синхронной и асинхронной. 2. Клетки, находящиеся вне митотического цикла, по своей способности переходить к пролиферации характеризуются определенной гетерогенностью. 3. Неделящиеся /функционирующие/ клетки в течение суток проходят период, когда их компетентность перейти к пролиферации возрастает. 4. Для нормального проявления суточного ритма клеточной пролиферации необходима временная согласованность ритма чувствительности клеток к восприятию синхронизаторов с ритмом самих синхронизаторов. При этом амплитуда ритма будет зависеть как от количества компетентных клеток, так и от интенсивности действия синхронизаторов. 5. Предполагается, что в основе циркадного ритма клеточной пролиферации лежат клеточно-популяционные механизмы. Их взаимодействие с внешними синхронизаторами обусловливает формирование суточного ритма репродукции клеток.

Summary

The basal level of cell proliferation of cell populations in the process of formation and with cells that enter the reproduction cycle asynchronously, that is always at one and the same level in the course of one day, was determined with reference to conditions under which cell transition to proliferation took place with different intensities at different times of the day. The acrophase of the rhythm was formed by a population which moved into the cycle of mitosis in a synchronous manner at one specified time of the day. The diurnal rhythm of proliferative activity was formed primarily by those two subpopulations and their superimposition.

The following conclusion may be drawn from the concept of the basal level of cell proliferation:

(a) Any mathematico-statistical analysis of a given cell reproduction and the curves of its diurnal rhythm has to reflect the existance of two major sub-populations, one of them being synchronous and the other asynchronous.

(b) Those cells which are outside the mitotic cycle are in a way heterogenous in their capability of proliferation.

(c) The undivided functional cells will undergo a period on each day during which their trend to proliferation is likely to rise.

(d) Any normal buildup of the diurnal rhythm of cell proliferation will depend on temporal coordination of cellular sensibility to synchronisers by the latters' own rhythm. In that context, the amplitude of the rhythm will come under the impact of two factors, the amount of cells tending to proliferation and the intensity of synchroniser action.

(e) Mechanisms of cell population are assumed to form the basis for the circadian rhythm of cell proliferation, and their interaction with external synchronisers is likely to initiate the diurnal rhythm of cellular reproduction.

Gesundheitsministerium der RfSSR,
2. Moskauer Staatliches Medizinisches Pirogov-Institut
Laboratorium für Chronobiologie
(Wissenschaftlicher Leiter: Prof. J.A. Romanov)

Über die Rolle der Glucocorticoide bei der Regulierung des Tagesrhythmus der Zellteilung

MAMONTOV, S.G.

Die Glucokorticoide haben große Bedeutung für die Adaptationsmechanismen des Organismus an die sich verändernden Bedingungen des äußeren Milieus und für die Gewährleistung der Stabilität bei extremen Bedingungen. Die wichtige Rolle dieser Hormone bei der Regulierung physiologischer Funktionen war die Grundlage für ihre breite Anwendung in der klinischen Praxis. Die umfassende Beurteilung ihrer Wirkung bleibt jedoch auch weiterhin ein aktuelles Problem.

Die Zellteilungsregulation ist eines der zentralen Probleme der modernen Biologie und Medizin, da die Zellteilung die strukturelle Homöostase der Gewebe gewährleistet und auch deshalb, weil Störungen der Zellproliferation entweder der Begleiter vieler pathologischer Prozesse oder die Grundlage dafür sind (z.B. malignes Wachstum)/1-3/ In der heutigen Zeit sind die kinetischen Gesetzmäßigkeiten der Zellteilung sehr genau erklärt. Um jedoch die Mechanismen, die den Zellzyklus kontrollieren, zu verstehen, muß man unbedingt den Rhythmus der Zellteilung untersuchen /4-14/. In Übereinstimmung mit der Konzeption der zeitlichen Organisation der Zellteilung, welche von J.A. ROMANOV formuliert wurde /4/, kann man die Reaktion eines Zellreproduktionssystems auf die Einwirkung eines bestimmten regulierenden Faktors nur bei Einbeziehung des Zustandes der rhythmischen Organisiertheit der Zellteilung objektiv charakterisieren.

Ausgehend von dieser Grundlage wurde eine Reihe Parameter der Zellproliferation im Hornhaut- und Zungenepithel von Mäusen und Ratten unter den Bedingungen des Defizits (6 Tage nach einseitiger Adrenalaktomie) und des Überschusses an Glucocorticoiden (nach täglicher Applikation von Hydrocortison in der Konzentration 10 ng/ 100 g Körpergew.(im Verlauf von 6 Tagen) im Tierorganismus untersucht

Nach zweiseitiger Adrenalaktomie ist der Tagesrhythmus der Mitose ähnlich wie bei den inaktiven Tieren. Der Unterschied besteht in der Verringerung der Amplitude der Mitoseindexschwankungen im Verlauf des Tages und in einer gewissen Verlängerung der aktiven Phase des Mitoserhythmus. Annähernd gleiche Resultate für das Hornhautepithel wurden auch von anderen Autoren erhalten /16/.

Bekanntlich ist die Zahl der auf den Präparaten registrierten Mitosefiguren jedoch in bedeutendem Maße von der Mitosegeschwindigkeit abhängig, die Zeitdauer der Mitoseteilung kann sich aber bei Hormonspiegelschwankungen im Blut ändern /3,10/.

Um die Mitoseaktivität objektiv zu registrieren, d.h. die Zahl der Zellen, die in der Zeiteinheit in die Mitose eintreten, wurde in einer Reihe von Experimenten Kolzemid benutzt, welches die Mitose in der Methaphase blockiert. Mit Hilfe von Kolzemid konnte festgestellt werden, daß im Hornhaut- und Zungenepithel adrenalektomierter Tiere sich die Amplitude der k-Mitoseindexschwankungen im Laufe des Tages verringert. Die Adrenalaktomie verhindert den Anstieg der Mitoseaktivität im Rhythmus, welcher bei intakten Ratten beobachtet wird. (Abb. 1) Die Verringerung der Mitoseaktivität wird in der Periode der aktiven Phase des Rhythmus beobachtet und nicht in der Periode der passiven Phase. Durch Summierung der k-Mitoseindexe im Laufe des Tages alle 4 Stunden nach der Kolzemideinwirkung wurde die Gesamtzahl der in 24 Stunden in die Mitose eintretenden Zellen bestimmt. (II) Bei adrenalaktomierten Ratten verringert sich diese Größe im Hornhautepithel um 13,3 % und im Zungenepithel um 25 % im Vergleich zu den Kontrolltieren. Aus diesen Ergebnissen kann man ableiten, daß sich die Zellerneuerungsgeschwindigkeit der Bewebe nach der Adrenalektomie verringert. Die Hormone der Nebennierenrinde sind demnach Faktoren, welche für ein normales Zellvermehrungsniveau verantwortlich sind.

Ein Erscheinungsmerkmal der Übereinstimmung von Rhythmen physiologischer Prozesse, die während der Zellteilung und in der Vorbereitung ablaufen /5/, ist die rhythmische Veränderung der Mitosegeschwindigkeit.

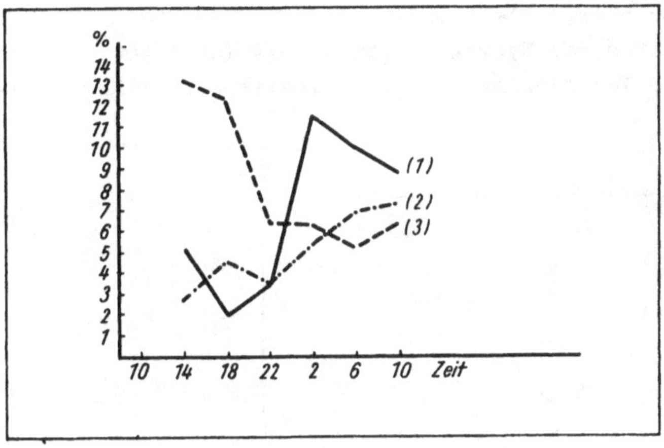

Abb. 1: Der 24-Stunden-Rhythmus der Zahl der k-Mitosen im Zungenepithel von Ratten bei Kontrolltieren (1) nach Adrenalektomie (2) und wiederholter Applikation von Hydrokortison (3). Die Adrenalektomie bedingt eine Verringerung der Amplitude der k-Mitoseindexschwankungen im Laufe des Tages. Bei den Tieren, denen Hydrokortison appliziert wurde, verschiebt sich die Akrophase des Mitoseaktivitätsrhythmus.
Abszisse - Tageszeit, Ordinate - k-Mitoseindex in %.

Für verschiedene Gewebe wurde eine Verringerung der Mitosezeitdauer bei gleichzeitiger Erhöhung der Menge der in die Teilung eintretenden Zellen beschrieben. Außerdem verringert sich die Geschwindigkeit der Mitose zu dem Zeitpunkt, in welchem die Mitoseaktivität abnimmt /2, 8,10/. Nach unseren Ergebnissen verringert sich nach der Adrenalektomie die Amplitude der Mitosezeitdauerschwankungen im Laufe des Tages bedeutend.

Bei der Untersuchung der DNS-Synthese-Aktivität der Gewebe im Verlaufe des Tages wurde gezeigt, daß der Rhythmus der DNS-Synthese im Hornhautepithel von adrenalektomierten Mäusen zwei Maxima hat (Abb.2). Die Störung der Phasenstruktur des DNS-Synthese-Rhythmus bei gleichzeitigem Erhalten des allgemeinen Mitoserhythmuscharakters im Hornhautepithel spricht für die Hypothese /4,6/ über die prinzipielle Möglichkeit der unabhängig voneinander ablaufenden Mechanismen der Zellsynchronisation vor der Phase der DNS-Synthese und der Mitose im Zellzyklus. Gleichzeitig unterscheidet sich der Rhythmus der DNS-Synthese im Zungenepithel nicht von dem der Kontrolltiere. Aus den erhaltenen Resultaten kann man zwei Aussagen treffen: 1. die Hormone der Nebennierenrinde haben Anteil an der Formierung des 24-Stunden-Rhythmus der DNS-Synthese und der Mitose und 2. die Sensibilität des

Zellsynchronisationssystems zu einem Defizit der Glucocorticoide ist für verschiedene Gewebe unterschiedlich.

Die tägliche Applikation von Hydrokortison-Acetat (um 16.00 - 18.00 Uhr) bedingt bedeutende Veränderungen in der Kinetik der Zellproliferation in den Geweben.

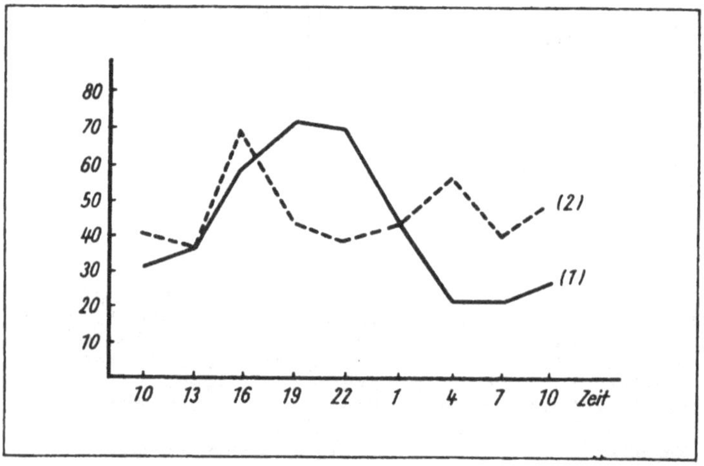

Abb. 2: Der 24-Stunden-Rhythmus der Menge der DNS-synthesierenden Zellen im Hornhautepithel von Mäusen bei Kontrolltieren (1) und nach Adrenalektomie (2). Bei intakten Tieren wird die Akrophase des DNS-Synthese-Rhythmus um 16.00 - 22.00 Uhr beobachtet. Nach der Adrenalaktomie werden im Tagesverlauf 2 Maxima der DNS-Synthese registriert, um 16.00 und um 4.00 Uhr.

Die Mitoseaktivität im Hornhaut- und Zungenepithel von Ratten wächst. Im Vergleich zur Kontrollgruppe wächst die Gesamtzahl der k-Mitosen für einen Tag um 25 %. Der Anteil der DNS-synthesierenden Zellen vergrößert sich von 50 % auf 70 %. Besonders stark erhöht sich die Mitoseaktivität zu der Tagesperiode, welche bei den Kontrolltieren durch die passive Phase des Zellrhythmus charakterisiert wird (Abb.1). Etwa zu dieser Zeit - um 16.00 - 19.00 Uhr - kann man ein Maximum der DNS-Synthese im Hornhaut- und Zungenepithel /1/ und ein Maxima der Glucocorticoidsekretion /9,15/ beobachten. Deshalb kann man annehmen, daß es eine Sensibilitätsphase der sich erneuernden Gewebe zu den Glucocorticoiden in den Abendstunden gibt und daß eine Übereinstimmung zweier Rhythmen vorliegt - der Rhythmus der Glucocorticoidsekretion und der Rhythmus des Eintritts der Zellen in die DNS-Synthese. Es ist nicht ausgeschlossen, daß sich unter den Bedingungen eines erhöhten Glucocorticoidgehaltes im Tierorganismus die Zeitdauer der Mitosezyklusperioden verringert. So verringert sich die Mitosezeit im Rattenhornhautepithel bis zu 0,4 Stunden - einer Zeit, die man bei Kontrolltieren nicht beobachtet. Der Rhythmus der Mitoseaktivität bleibt bei Tieren, welchen Hydrocortison appliziert wurde, erhalten. Die Akrophase verschiebt sich in spätere Stunden und tritt 16 - 20 Stunden nach Applizieren ein. Um die Parameter des Rhythmus der Zellproliferation unter den Bedingungen des Glucocorticoidüberschusses und -defizites vollständiger charakterisieren zu können, werden noch weitere Untersuchungen benötigt. Die erhaltenen Ergebnisse erlauben es aber uns der Meinung anzuschließen, daß die Glucocorticoide die Rolle eines Induktors des Mitoseaktivitätsrhythmus spielen können.

Literatur

/1/ Mamontov, S.G.: B. exp. biol. No.10 (1969), 85
/2/ Mamontov, S.G., L.N. Ivanova: Yytologia, 13 (1971), 51
/3/ Mamontov, S.G., Ivanova, L.N., V.B. Sacharov: B. exp. biolog., No. 4 (1974), 97
/4/ Romanov, J.A.: Nekotorye Voprosy sutocnoj periodicnosti kletocnovo delenia u deistvia hormonov na rasmniskenie kletok. Avtoref. diss. dokt. M. 2 MOLGMI (1969)
/5/ Romanov, J.A.: V Kn. Sutocnye ritmy fisiologiceskich prozessov v organisme. M. 2. MOLGMI (1972), 48
/6/ Romanov, J.A.: V Kn. Regulacia prozessov regeneracii i kletocnovo delenia. M. Nauka (1977), 45
/7/ Romanov, J.A., I.K. Rachmatullina, M.N. Saikina: V kn. Biologia reprodukcii kletok. M. 2 MOLGMI (1972), 7
/8/ Romanov, J.A., V.P. Rybakov: B exp. biol. No. 8 (1970), 89
/9/ Romanov, J.A., V.A. Tabolin, (red.) Biologiceskie ritmy gipotalamo-gipofisarno-nadpocecnikovoi sistemy u shivotnych i celoveka v norme u pri patologii. M. VNIIMI (1975)
/10/ Rybakov, V.P.: V kn. Biologia reprodukcii kletok. M. 2. MOLGMI (1972), 103
/11/ Bertalanffy, F.D.: Labor.Investig., 13,8 (1964), 871
/12/ Cardoso, S.S., J.G. Sowwell, P.J. Goodrum: Chronobiology. Stuttgart-Tokyo (1974), 311
/13/ Cruze, P.G., S.S. Cardoso: Proc.Soc.Exp.Biol.Med., 148 (1975),1146
/14/ Halberg, F.: In: Ann.Rev.Physiol., (1969), 31, 675
/15/ Philippens, K.M.H., H.v.Mayersbach, L.E. Sheving: J.Nutr., 107, (1977), 176
/16/ Sheving, L.E., J.E. Pauly. In: Cellular aspects of biorhythms. N-J (1967), 167

Zusammenfassung

Bei Mäusen und Ratten wurde eine beidseitige Adrenalaktomie durchgeführt und am 6. - 7. Tag nach der Operation im Verlaufe eines Tages der Rhythmus der Mitosen und der Anzahl der DNS-synthetisierenden Zellen untersucht. Es wurde festgestellt, daß bei adrenalaktomierten Tieren eine Zerstörung der Phasenstruktur des Zellvermehrungsrhythmus auftreten kann. Der Rhythmus der Mitosen (Hepatozyten) oder der DNS-Synthese (Hornhautepithelium) wird bimodal. Die aktive Phase des Mitoserhythmus wird verlängert, die Schwingungsamplitude des mitotischen Indexes (Zungenepithel) verkleinert. Aus den erhaltenen Daten folgt die Annahme, daß unabhängige Synchronisationsmechanismen der Zellen in der g_2-Phase und vor der S-Phase des Mitosezyklus existieren. Die Untersuchung des Mitoserhythmus im Hornhaut- und Zungenepithel von Ratten mit Hilfe von Kolzemid zeigte, daß die Adrenalaktomie den morgendlichen Anstieg der mitotischen Aktivität verhindert, der bei den Kontrolltieren beobachtet wurde. Folglich tritt unter den Bedingungen niedrigerer Kortikosteroidkonzentrationen im Organismus eine partielle Desynchronisation des Eintritts der Zellen in die Mitose und die DNS-Synthese auf. Es verringert sich ebenso die allgemeine Anzahl der Zellen (um 13 - 25 %), die pro Tag in die Mitose eintreten, und entsprechend erhöht sich die Zeit der Gewebserneuerung.

Tägliche Hydrokortisongaben im Verlaufe von 6 Tagen führten bei Mäusen und Ratten zu einem Anstieg der mitotischen Aktivität in den Epithelien der Hornhaut, der Zunge und der Speiseröhre. Besonders auffällig erhöht sich die mitotische Aktivität in den Abendstunden, d.h. zu einer Zeit, wo normalerweise die Sekretion der endogenen Kortikosteroide maximal ist. Die erhaltenen Daten zeugen von der Existenz eines Sensibilitätsrhythmus der sich erneuernden Gewebe gegenüber Glukokortikoiden mit der Akrophase in den Abendstunden und von der Koordination zweier Rhythmen - der Glukokortikoidsekretion und des Eintritts der Zellen in die Phase der DNS-Synthese.

Unter den Bedingungen erhöhter Glukokortikoidkonzentrationen bleibt der Rhythmus der mitotischen Aktivität erhalten und die Zeit der Zellerneuerung der untersuchten Gewebe verkürzt sich.

Резюме

У мышей и крыс производили двустороннюю адреналэктомию и на 6-7 день после операции изучали на протяжении суток ритм митозов и числа клеток, синтезирующих ДНК. Установлено, что у адреналэктомированных животных может происходить нарушение фазовой структуры ритма клеточного размножения. Ритм митозов /гепатоциты/ или синтеза ДНК /эпителий роговицы/ становится двухвершинным. Удлиняется активная фаза ритма митозов, снижается амплитуда колебаний митотического индекса /эпителий языка/. Из полученных данных вытекает предположение о существовании независимых механизмов синхронизации клеток в G_2 -периоде и перед S - периодом митотического цикла. Изучение ритма митозов в эпителии роговицы и языка крыс с помощью колцемида показало, что адреналэктомия предотвращает утренний подъем митотической активности, который наблюдается у контрольных животных. Следовательно, в условиях пониженной концентрации кортикостероидов в организме наблюдается частичная десинхронизация вступления клеток в митоз и в синтез ДНК. Уменьшается также на 13-25% общее количество клеток, вступивших в митоз за сутки и соответственно увеличивается время клеточного обновления тканей.

Ежедневные инъекции гидрокортизона животных в течение 6 дней приводят к возрастанию митотической активности в эпителии роговицы, языка и пищевода у крыс и мышей. Особенно значительно повышается митотическая активность в вечерние часы суток, т.е. в период, когда в норме секреция эндогенных кортикостероидов максимальна. Полученные данные могут свидетельствовать о существовании ритма чувствительности обновляющихся тканей к глюкокортикоидам с акрофазой в вечерние часы суток и о согласованности двух ритмов - секреции глюкокортикоидов и вступления клеток в фазу синтеза ДНК.

Ритм митотической активности в условиях повышенной концентрации глюкокортикоидных гормонов сохраняется, время клеточного обновления в изученных тканях уменьшается.

Summary

Collateral adrenalectomy was performed on mice and rats, and the rhythm of mitosis as well as the number of DNA-synthetising cells in the course of one full day were studied on the sixth and seventh days after surgery. It was found that in adrenalectomised animals the phasic structure of the rhythm of cell proliferation may suffer destruction. The rhythm of mitoses (hepatocytes) or of DNA synthesis (corneal epithelium) is likely to assume bimodality. The active phase of the mitotic rhythm will be extended, whereas the oscillation amplitude of the mitotic index (glossal epithelium) will be reduced. The data so far obtained are likely to suggest the existence of independent mechanisms of cellular synchronisation in the g_2-phase and prior to the S-phase of the mitotic cycle. Kolzemid was used to examine the mitotic rhythms in corneal and glossal epithelia of rats, and adrenalectomy was found to prevent the rise in mitotic activity in the early morning hours, as was usually observed in the control animals. Cell entry into mitosis and DNA synthesis, therefore, must be partially desynchronised under conditions in which the corticosteroid concentrations in the organism are low. The general number of cells beginning mitosis on one given day will go down, likewisely, by something between 13 and 25 per cent, which will increase the time required for tissue regeneration.

Daily administration of hydrocortisone over six days to mice and rats led to rises in mitotic activities in the epithelia of the cornea, tongue, and oesophagus. Such rise in mitotic activity was highly conspicuous in evening hours, when, normally, secretion of endogenous corticosteroids reached maximum levels. Those data are likely to produce evidence to the existence of a sensibility rhythm of the regenerating tissue towards glucocorticoids, with its acrophase coming to lie in the evening hours. Also confirmed is the coordination of two rhythms, glucocorticoid secretion and entry of the cells into the phase of DNA synthesis.

The rhythm of mitotic activity is likely to be preserved under the conditions of increased glucocorticoid concentrations, and less time will be required for cell regeneration of the tissues tested.

Gesundheitsministerium der RfSSR
2. Staatliches Moskauer Medizinisches Pirogov-Institut
Lehrstuhl für Biologie und Genetik der Mediko-biologischen Fakultät

Die Abhängigkeit der Wirkung eines Chalone enthaltenden Zellextraktes aus dem Ascitis-Tumor Ehrlich auf die Mitoseaktivität und die DNS-Synthese in diesem Tumor vom Zeitpunkt der Applikation des Extraktes

ANTOCHIN, A.I. und J.A. ROMANOV

In unseren früheren Arbeiten /2, 1/ wurde gezeigt, daß Zellextrakte aus dem Ascitis-Tumor (EHRLICH) auf die Mitoseaktivität und die DNS-Synthese in diesem Tumor eine chaloneähnliche Wirkung ausüben. Ziel der vorliegenden Arbeit war die Untersuchung der Wirkung eines Chalone enthaltenden Zellextraktes aus dem Ascitis-Tumor (EHRLICH) im Zusammenhang mit den Tagesschwankungen des Mitoseindexes (MI), des Radioaktivitätsindexes (RI) und der Intensität der Kernmarkierung (IMJ) in diesem Tumor.

Material und Methoden

Die Experimente wurden an unreinen männlichen Albinomäusen im Alter von 1,5 - 2 Monaten durchgeführt. Den Tieren wurde der diploide Stamm des Ascitis-Tumors (EHRLICH) intraperitoneal durch Injektion von je 0,2 ml der ascitischen Flüssigkeit appliziert. Das Chalone enthaltende Extrakt wurde nach der von uns früher beschriebenen Methode erhalten /2/. Für das Erhalten des Extraktes wurde ein 13-tägiger Tumor benutzt. Die Experimente erfolgten am 5. Wachstumstag des Tumors. Das Extrakt wurde intraperitoneal zu je 1 ml um 12.oo, 16.oo, 20.oo, 4.oo, 8.oo und 12.oo Uhr appliziert. Jeweils 5 Kontroll- und 5 Versuchstiere wurden 4 und 8 Stunden nach jeder Applikation getötet.

Eine Stunde vor dem Töten wurde allen Tieren intraperitoneal Timidin-H^3 in der Dosierung von 1 Mikrocurie je 1 g Gewicht appliziert. Die Ascitis-Flüssigkeit der Tiere wurde gesammelt und autoradiographische Präparate angefertigt. Es wurden MI, RI und IMJ berechnet. Um MI und RI zu erhalten, wurden nicht weniger als 5 000 Zellen auf den Präparaten betrachtet. Diese Parameter sind in promille angegeben. Als IMJ wurde die durchschnittliche Anzahl von Silberkörnchen über 50 Kernen angegeben. Die Signifikanz der erhaltenen Ergebnisse berechneten wir nach dem Kriterium Student-Fischer.

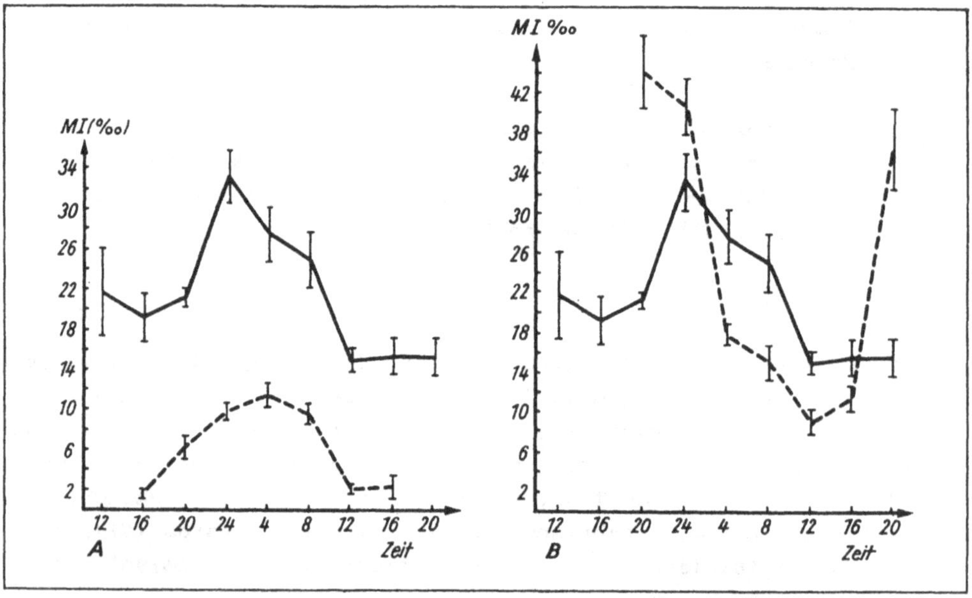

Abb. 1: Der Mitoseindex im Tumor 4 (A) und 8 (B) Stunden nach der Applikation des Extraktes.
Durchgezogene Linie - Kontrollgruppe
Punktierte Linie - Versuchsgruppe

Resultate und Diskussion

Auf Abb. 1 sind die Werte der MI-Schwankungen in der Kontrollgruppe und ihre Werte 4 und 8 Stunden nach jeder Extraktapplikation dargestellt. Bei den Kontrolltieren wird ein deutlicher Rhythmus der Mitoseaktivität mit einem Maximum in den späten Nacht - frühen Morgenstunden (24.oo - 8.oo Uhr) und einem Minimum zu den Tages- und Abendstunden (12.oo - 20.oo Uhr) beobachtet.
Bei Applikation des Extraktes zur Zeit der minimalen Mitoseaktivität (um 12.oo Uhr) wird die größte Verringerung des MI (auf 91,7 %, p 0,001) nach 4 Stunden und ein plötzliches Ansteigen des MI (mehr als auf 100 %, p 0,02) nach 8 Stunden, bedingt durch den stärker synchron verlaufenden Eintritt der Zellen in die Mitose nach Beseitigung des Blockes, beobachtet.

Die inhibierende Wirkung des Extraktes bei seiner Applikation im Maximum der Mitoseaktivität ist weniger stark ausgeprägt, dafür aber anhaltend (nach 8 Stunden ist der MI signifikant niedriger als das Kontrollniveau). Somit hängt die Wirkung des Extraktes auf die Mitoseaktivität davon ab, in welcher Phase des Tagesrhythmus dieses Parameters die Extraktapplikation erfolgt. Dies kann man sowohl durch die Anwesenheit eines 24-Stunden-Rhythmus der Sensibilität der Tumorzellen zu dem Extrakt als auch durch Tagesschwankungen der Konzentration oder Aktivität des Chalons im Extrakt erklären. Die aufgeführten Ergebnisse sprechen von der Möglichkeit der Teilnahme der Chalone bei der Formierung des 24-Stunden-Rhythmus der Mitoseaktivität mittels der Synchronisation der Zellpopulation, welche die Fortbewegung im Mitosezyklus gewährleistet, in der G_2-Phase, zu bestimmten Tageszeiten.

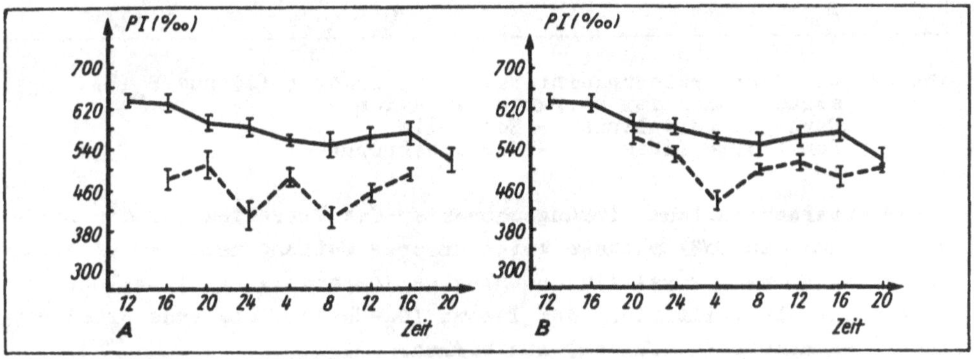

Abb. 2: Der radioaktive Index im Tumor 4 (A) und 8 (B) Stunden nach Applikation des Extraktes.
Durchgezogene Linie - Kontrolle
Punktierte Linie - Versuchstiere

Die in Abb. 2 dargestellten Ergebnisse weisen darauf hin, daß es keinen klar ausgeprägten Rhythmus der Zahl der DNS-synthetisierenden Zellen in der Kontrollgruppe gibt. 4 Stunden nach der Applikation des Extraktes verringert sich der RI auf 28,8 % (p 0,03). Nach 8 Stunden erhöht sich die Zahl der DNS-synthetisierenden Zellen etwas, erreicht aber nicht den Wert der Kontrollgruppe. Das Fehlen jeglicher Gesetzmäßigkeiten der Abhängigkeit der inhibierenden Wirkung des Extraktes von der Tageszeit der Applikation lenkt die Aufmerksamkeit auf sich.

Ähnliche Resultate wurden auch für die Kernmarkierungsintensität erhalten. (Abb. 3)

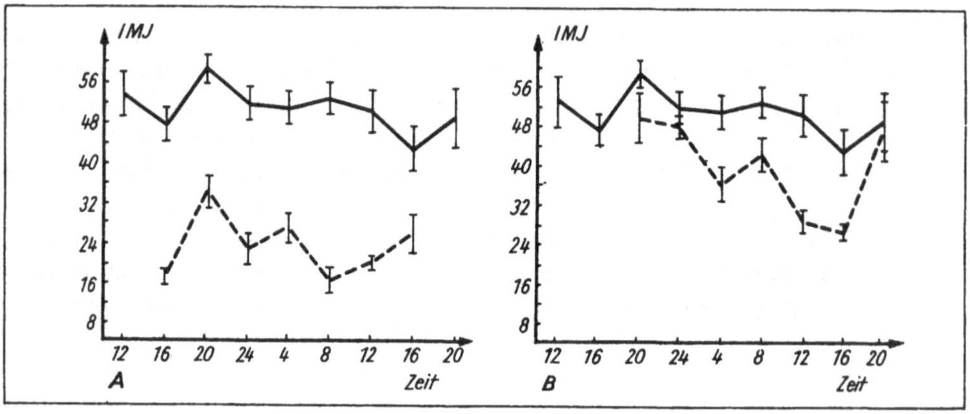

Abb. 3: Die Kernmarkierungsintensität im Tumor 4 (A) und 8 (B) stunden nach der Extraktapplikation
Durchgezogene Linie - Kontrolle
Punktierte Linie - Versuchsgruppe

Der unterschiedliche Wirkungscharakter des Extraktes auf die Zellteilung und die DNS-Synthese weist unserer Meinung nach darauf hin, daß es im Extrakt 2 relativ unabhängige Komponenten gibt, welche einerseits die Zellteilung des Tumors (G_2-Chalon) und andererseits die DNS-Synthese (G_1-Chalon) inhibieren.

Die starke Verringerung der Kernmarkierungsintensität 4 Stunden nach der Applikation des Präparates (durchschnittlich um 53,9 %, p 0,02) zeugt von der Wirkung einer der Extraktkomponenten (wahrscheinlich G_1-Chalon) auf die Prozesse der DNS-Synthese in der S-Phase des Zyklus.

Literatur

1. Antochin, A.I., Baryscheva, B,P., J.A. Romanov, V.P. Rybakov: B. exp. biol. med., 85, (1977), 86
2. Romanov, J.A., V.P. Rybakov, A.I. Antochin, V.P. Baryscheva: B. exp. biol. med., 82, (1976), 1477

Zusammenfassung

1969 wurde von BULLOUCH eine Hypothese über die Beteiligung der Chalone (gewebespezifischer Inhibitoren der Zellreproduktion) an der Herausbildung von Zellteilungsrhythmen formuliert. Bis zum heutigem Zeitpunkt wurde diese Hypothese keiner experimentellen Prüfung unterzogen.

In der vorgelegten Arbeit wurde die Wirkung eines Chalon-haltigen Zellextraktes aus einer Ascites-Ehrlich-Geschwulst (AEG) auf die Mitoseaktivität (MA) und die DNS-Synthese in dieser Geschwulst bei Applikation zu verschiedenen Tageszeiten untersucht.

Es wurde gefunden, daß die Wirkung des Extraktes auf die MA wesentlich vom Zeitpunkt seiner Applikation und vom Niveau der MA in der Geschwulst im Moment der Injektion abhängt. Die maximale Inhibierung wurde bei der Applikation des Extraktes in den Tagstunden (im Minimum der MA im Geschwulst) beobachtet, wobei eine bedeutende Synchronisation der Zellverteilung auftrat. Nachts (im Maximum der MA) war die Wirkung des Extraktes weniger ausgeprägt, jedoch andauernder. Ein synchronisierender Effekt wurde zu dieser Zeit nicht bemerkt. Die Daten gestatten, eine bestimmte Beteiligung des Chalons an der Herausbildung des Tagesrhythmus der Zahl der sich teilenden Zellen im AEG anzunehmen. Für die DNS-Synthese wurde das Fehlen einer gesetzmäßigen Abhängigkeit der inhibierenden Wirkung des Extraktes vom Applikationszeitpunkt aufgezeigt, was evtl. auf bestimmte Weise mit dem Fehlen eines ausgeprägten Rhythmus der Intensität der DNS-Synthese in dieser Geschwulst verbunden ist.

Резюме

В 1969 году г. Буллоу (Bullough ,1969) была высказана гипотеза об участии кейлонов (тканевоспецифических ингибиторов репродукции клеток) в формировании ритмов деления клеток. До настоящего времени эта гипотеза не подвергалась экспериментальной проверке.

В предлагаемой работе исследовалось действие кейлон-содержащего экстракта клеток асцитной опухоли Эрлиха (АОЭ) на митотическую активность (МА) и синтез ДНК в этой опухоли, при введении его в разное время суток.

Было обнаружено, что действие экстракта на МА существенно зависит от времени его введения и от уровня МА в опухоли в момент инъекции экстракта. Максимальный ингибирующий эффект наблюдался при введении экстракта в дневные часы, на минимуме МА в опухоли и сопровождался значительной синхронизацией клеточного деления. В ночное время, на максимуме МА действие экстракта было менее выраженным, однако более продолжительным. Синхронизирующего эффекта в это время не обнаружено. Эти данные позволяют предположить определенное участие кейлона в формировании суточного ритма числа делящихся клеток в АОЭ. Для синтеза ДНК показано отсутствие закономерной зависимости ингибирующего действия экстракта от времени введения, что, возможно, определенным образом связано с отсутствием четкого ритма интенсивности синтеза ДНК в этой опухоли.

Summary

A hypothesis on the participation of chalons (tissue-specific inhibitors of cell reproduction) in the development of mitotic rhythms was formulated by Bullouch, 1969. That hypothesis, however, had not been experimentally verified.

Reported in this paper are studies which have been conducted, in the meantime, into the action of a chalon-containing cell extract from an ascites Ehrlich tumour on both mitotic activity and DNA synthesis in the same tumour, with the extract being applied at various times of the day.

The action of the extract on mitosis was found to depend strongly on both the time of application and the level of intra-tumour mitotic activity at the very moment of injection. Maximum inhibition was achieved by applying the extract on daytime (coinciding with minimum intra-tumour mitotic activity), with major synchronisation in cell distribution occurring in parallel. Extract action was less pronounced during the night hours (when the mitotic activity was at its highest), but the action then achieved was more lasting. No synchronising effect was observed during the night hours. Those data are likely to support the assumption that chalon is involved in the development of the diurnal rhythm with regard to the number of cells under division in an ascites Ehrlich tumour. For DNA synthesis, the inhibitory effect of the extract failed to depend inevitably on the time of application, which might be somewhat attributable to the absence of an unambiguous rhythm of DNA synthesis intensity in the above type of tumour.

2. Moskauer Staatliches Medizinisches Institut "N.I. Pirogov".
Chronobiologisches Laboratorium des wissenschaftlichen Forschungszentrums

24-Stundenrhythmus der Toxizität von Zyklostatika

BERJOSKIN, M.V.

Einführung

Der Erfolg der gegenwärtigen Chronobiologie wird vor allem durch Erkenntnisse der wissenschaftlichen Forschungsarbeit über die Bedeutung biologischer Rhythmen verschiedenster physiologischer Prozesse des Organismus in der Norm und in der Pathologie bestimmt. Einen hervorragenden Platz dabei nehmen Untersuchungen auf dem Gebiet der experimentellen Medizin ein, deren Resultat die Entwicklung eines neuen Fachgebietes, der Chronomedizin, war. Es wird deutlich, daß weitere Fortschritte bei der Optimierung der Diagnostik, der Therapie und der Prophylaxe von Erkrankungen eng mit der Kenntnis über die rhythmische Natur von Funktionen des Organismus abhängen /2, 7, 10/.

Eine der heute aktuellsten Fragen ist die Aufklärung des Zeitfaktors in der Steigerung der Effektivität der Therapie bösartiger Geschwülste. In früheren Untersuchungen von uns /1/ und anderen Autoren /3, 6/ konnte an Tieren gezeigt werden, daß die Applikation von Zytostatika zu verschiedenen Tageszeiten im Zusammenhang mit dem 24-Stundenrhythmus der Zellproliferation im Blastomer unterschiedliche chronotherapeutische Effekte ergab. Auch von anderen Autoren wurde diese unterschiedliche Effektivität in der Therapie von neoplasmatischen Prozessen beim Tier bereits beobachtet, wobei für den Applikationszeitpunkt die unterschiedliche Toxizität der Präparate im Verlaufe von 24 Stunden bestimmend war /4, 8, 11/.

Diese beiden Ansatze für Untersuchungen zusammenzulegen war äußerst anziehend, weshalb wir in der vorliegenden Arbeit den chronotoxischen Effekt des Zyklophosphan, mit welchem wir bereits vorhergehende Experimente durchgeführt hatten /1/ sowie des Vincristin untersuchten.

Material und Methode

Die Versuche wurden an halbwüchsiten, weißen, nicht linientreuen Mäusen männlichen Geschlechts durchgeführt, deren Gewicht zwischen 19 und 24 g schwankte und die unter normalen Beleuchtungsbedingungen gehalten wurden. Wasser und Nahrung waren frei zugängig. Zyklophosphan und Vincristin wurden 4 mal in 24 Stunden, nämlich um 18, um 24, um 6 und um 12 Uhr intraperitoneal verabreicht. Die Ergebnisse wurden von insgesamt drei Versuchsserien mit 1170 Versuchstieren zusammengetragen.

In einer ersten Serie, welche am 24. Juni 1977 durchgeführt wurde, erfolgte die Messung der LD_{50} von Zyklophosphan nach Applikation zu unterschiedlichen Tageszeiten. Dabei erfolgte die Einteilung in 4 Tiergruppen zu je 100 Mäusen. Jede dieser Gruppen umfaßte 10 Untergruppen zu jeweils 10 Tieren. Alle 4 Tiergruppen erhielten 10 Dosen Zyklophosphan (100, 300, 500, 700, 800, 900, 1000, 1100, 1300 und 1500 mg/kg), d.h. für jede Dosis standen jeweils 10 Tiere zur Verfügung. Der ersten Gruppe wurde das Präparat um 18 Uhr, der zweiten um 24 Uhr, der dritten um 6 Uhr und der vierten um 12 Uhr appliziert. Für jeden Applikationszeitpunkt wurde die entsprechende LD_{50} für 24 Stunden ermittelt.

In der zweiten Versuchsserie, welche am 7. April 1978 angesetzt wurde, registrierten wir den chronotoxischen Effekt der mittleren Tagesdosis der LD_{50} von Zyklophosphan (895 mg/kg), welche aus den Ergebnissen der ersten Serie errechnet worden war. Insgesamt wurden für diesen Versuch 360 Tiere genutzt, welche in 4 Gruppen zu je 90 Tieren, denen das Präparat zu den oben erwähnten Zeitpunkten appliziert wurde, unterteilt worden waren.

In einer am 15. Juli 1977 untersuchten dritten Serie verfolgten wir den chronotoxischen Effekt verschiedener Vinkristindosen. Die Tiere waren wie in der ersten Serie in 4 Gruppen zu je 100 Tieren mit ebenfalls 10 Untergruppen zu je 10 Mäusen unterteilt. Diese Tiere erhielten 10 verschiedene Dosen Vinkristin (2, 4, 5, 6, 7, 8, 9, 10, 12 und 15 mg/kg) um 18, 24, 6 und 12 Uhr appliziert.

In allen Versuchsserien wurde der toxische Effekt mittels der Überlebensquote der Tiere festgestellt. Die Materialien wurden statistisch mit dem "U-Kriterium" nach FISCHER bearbeitet.

Resultate

Die Registrierung des Exitus letalis der Tiere wurde in der ersten Serie über einen Gesamtverlauf von 2 Wochen jeweils nach 24 Stunden vorgenommen. Dabei konnte festgestellt werden, daß nach 14 Tagen von insgesamt 400 Mäusen noch 96 lebten. Es zeigte sich, daß die Hauptanzahl Tiere, das waren 58,5 % von allen dem Exitus erlegenen, in den ersten 24 Stunden starben.

Im Zusammenhang damit wurde die Analyse des chronotoxischen Effektes nach den Resultaten vorgenommen, die in den ersten 24 Stunden erzielt wurden.

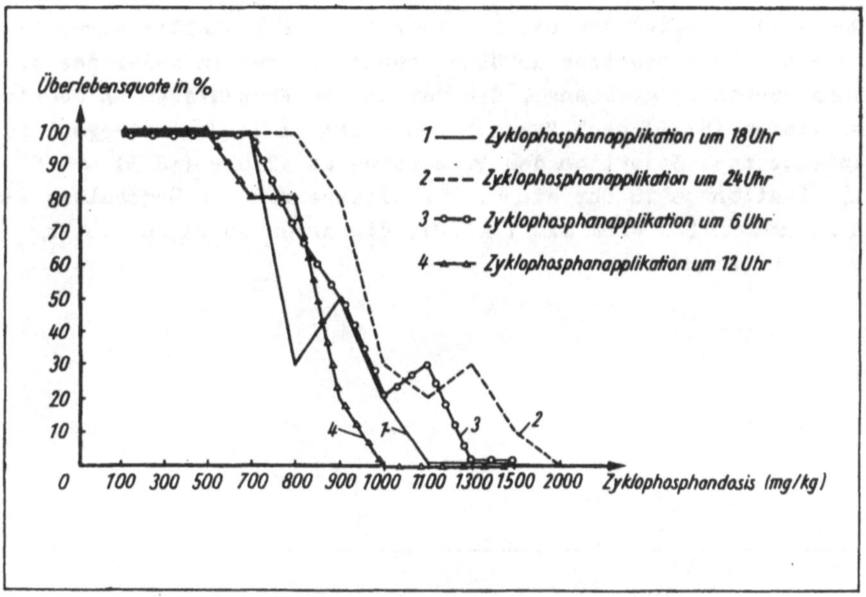

Abb. 1: Prozentsatz der Tiere, welche 24 Stunden nach der zu unterschiedlichen Tageszeiten vorgenommenen Zyklophosphanapplikation überlebten

Wie die Abb. 1 zeigt, hängt der Beginn des Todes der Tiere nach der Zyklophosphanapplikation zu unterschiedlichen Tageszeiten von den verschiedenen Dosen des Präparates ab. So beginnen die Tiere bei Injektion um 12 Uhr der Dosis 700 mg/kg zu sterben. Bei Injektion um 18 Uhr und um 6 Uhr von der Dosis 800 mg/kg und bei Injektion um Mitternacht bei der Dosis 900 mg/kg. Dasselbe kann gesagt werden vom 100 %igen Tod der Tiere, der ebenfalls mit den verschiedenen Tageszeiten korreliert. Bei Zyklophosphaninjektion um 12 Uhr starben bereits alle Tiere der Untergruppe bereits von der Dosis 1000 mg/kg, bei der Injektion um 18 Uhr von der Dosis 1100 mg/kg, um 6 Uhr von der Dosis 1300 mg/kg und um 24 Uhr erst von der Dosis 2000 mg/kg. (In dieser Versuchsserie bestand die zweite Gruppe aus 11 Untergruppen).

Bei der Beurteilung des Kurvencharakters wird deutlich, daß bei Applikation von Zyklophosphan zur Mitternacht der prozentuale Anteil an überlebenden Tieren bei den verschiedenen Dosierungen höher ist, als bei Verabreichung derselben um 18 und um 12 Uhr. In der Abb. 2 ist gezeigt, daß jede Einzeldosis des Zyklophosphan die geringste Todesrate nach Applikation des Präparates um 24 Uhr (mit Ausnahme der Dosis 1100 mg/kg) ergibt. Die in Abb. 4 dargestellte Kurve des summarischen Prozentsatzes an Überlebenden Tieren in jeder der 4. Versuchsgruppen zeigt ebenso, daß der größte Prozentsatz an Überlebenden Tieren (67 %) nach Zyklophosphangabe um 24 Uhr, der geringste Prozentsatz nach Injektion des Präparates um 12 Uhr (48 %) und 50 % bei Applikation um 18 Uhr starb. Die Differenzen der Ergebnisse zwischen 24 und 12 Uhr sind mit $P < 0{,}01$, die zwischen 24 und 18 Uhr mit $P = 0{,}01$ signifikant.

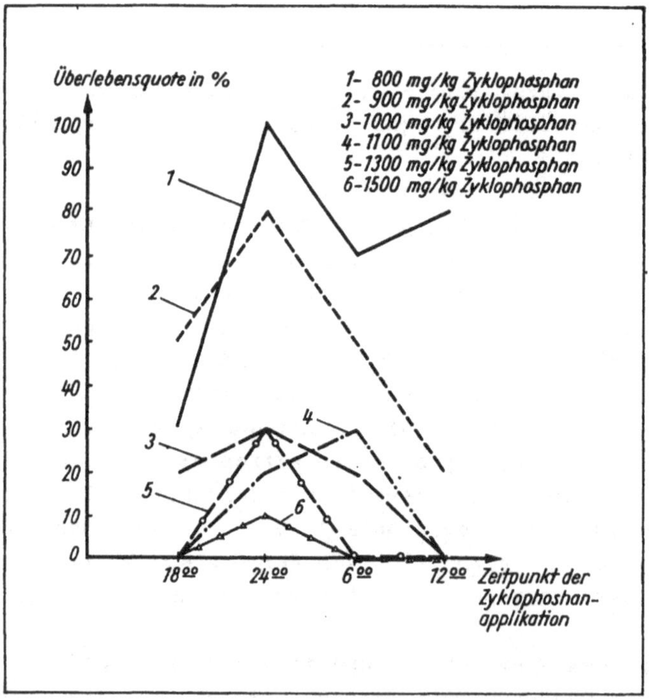

Abb. 2: 24-Stunden-Rhythmus der Toxizität verschiedener Zyklophosphandosen

Für jeden Applikationszeitpunkt von Zyklophosphan wurde eine LD_{50} errechnet. Sie erwies sich für am geringsten bei Verabreichung des Präparates um 18 Uhr bei einer Dosis von 800 mg/kg und um höchsten bei Verabreichung um 24 Uhr in der Dosierung 1000 mg/kg (um 12 Uhr war die LD_{50} = 880 mg/kg und um 6 Uhr betrug sie 900 mg/kg).

Bei der Verallgemeinerung der Resultate der ersten Serie kann geschlußfolgert werden, daß die maximale Resistenz der Versuchstiere gegenüber der toxischen Wirkung des Zyklophosphan bei mitternächtlicher Verabreichung des Präparates nachzuweisen ist.

In der zweiten Versuchsserie waren zwei Aufgaben gestellt worden. Als erstes war an einem großen experimentellen Datenmaterial die Wiederholbarkeit der oben beschriebenen Resultate in einer anderen Jahreszeit zu bestätigen und zweitens sollte geklärt werden, wie sich der toxische Effekt im Verlaufe von 24 Stunden ändert. Mit diesem Ziel wurde Zyklophosphan nur in einer Dosis (mittlere Tages-LD_{50} = 895 mg/kg) appliziert, die Registrierung des Todes der Tiere erfolgte im Verlaufe von 24 Stunden stündlich.

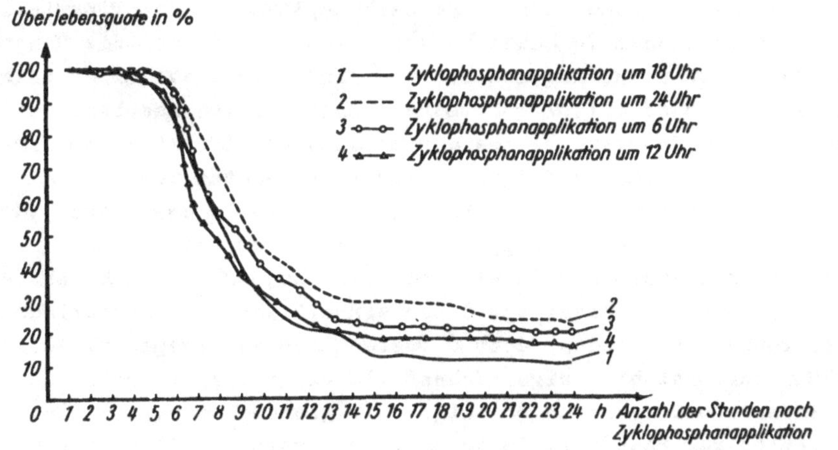

Abb. 3: Resistenz von Mäusen gegenüber Zyklophosphan in der LD_{50} im Verlaufe von 24 Stunden nach Applikation desselben zu unterschiedlichen Tageszeiten.

Wie aus der Abb. 3 ersichtlich ist, wurden die ersten Todesfälle der Tiere 5 Stunden nach Applikation des Zyklophosphan um Mitternacht beobachtet. Bei Verabreichung des Präparates zu früheren Zeitpunkten trat der Tod eher ein. Nach einer Frist von 6 Stunden post injektionem kam es zu signifikanten Unterschieden hinsichtlich der Überlebenden Tiere nach Injektion um 24 Uhr (94 %) und nach Injektion um 18 Uhr (85 %) bei P 0,05. Dieser Unterschied bleibt im weiteren für den Verlauf von 24 Stunden erhalten. Wurde die Applikation des Zyklophosphan um Mitternacht oder am Abend vorgenommen, so betrug die Überlebensquote nach 12 Stunden entsprechend 34 % und 21 % ($P < 0,05$), nach 18 Stunden 28 % und 11 % ($P < 0,001$), nach 24 Stunden 22 % und 10 % ($P < 0,05$). Es muß darauf hingewiesen werden, daß sowohl in der ersten, wie auch in der zweiten Versuchsserie die weitere Beobachtung der Tiere verdeztlichte, daß auch in den anschließenden Tagen diese Verhältnisse erhalten blieben.

Es kann also zusammenfassend gesagt werden, daß Zyklophosphan einen ungleichmäßigen chronotoxischen Effekt ausübt und daß die höchste Resistenz der Tiere gegenüber dem Präparat um 24 Uhr erreicht wird, die geringste jedoch um 18 Uhr. Die Ergebnisse des Registrierung des Todes der Tiere nach Applikation von Vinkristin zu unterschiedlichen Tageszeiten verwiesen darauf, daß die Hauptmenge der Mäuse am 3. Tag stirbt, das sind 62,3 % von allen insgesamt im Versuch ad exitum gekommenen. Damit im Zusammenhang ist zu sagen, daß die Beurteilung des chronotoxischen Effektes von Vinkristin an 3 aufeinanderfolgenden Tagen beobachtet wurde.

Die Analyse der Kurven des prozentualen Anteils der Tiere jeder einzelnen Vinkristin-Dosis gibt bei Applikation des Präparates nicht ein so uniformes Bild wie bei Zyklophosphan. Jedoch kann auch bei diesem Präparat nicht von einem einheitlichen chronotoxischen Effekt gesprochen werden, denn 6 Dosierungen von insgesamt 10 rufen um 6 Uhr verabreicht weniger Todesfälle als bei Applikation um 24 Uhr hervor. Zwei Dosierungen zeigen die gleiche Todesrate. Bei Applikation von noch zwei Doseh um 6 Uhr starb ein Tier mehr als um 24 Uhr, was im Bereich der Fehlerbreite liegt.

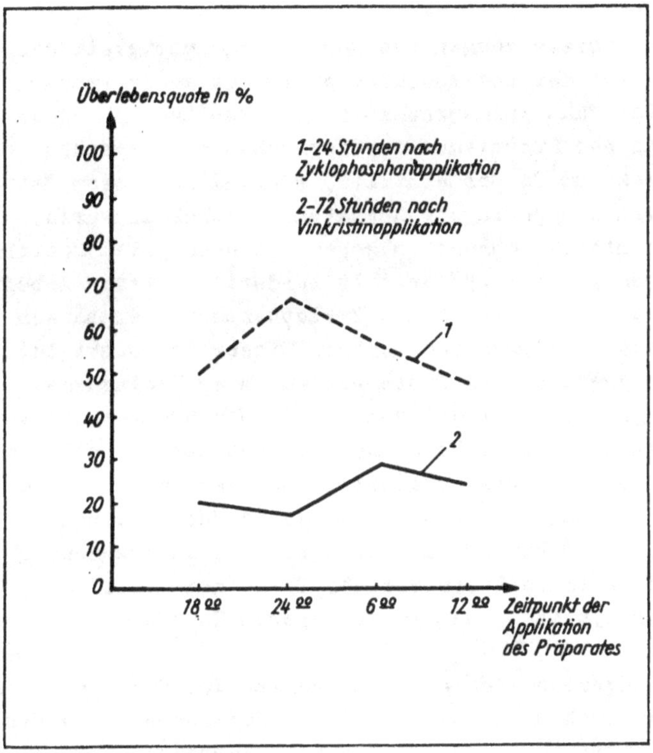

Abb. 4: Summarischer prozentualer Anteil der Überlegenden Mäuse nach Applikation von Zyklophosphan und Vinkristin zu unterschiedlichen Tageszeiten.

Die Kurve des summarischen prozentualen Anteile der Überlebenden Tiere in jeder der 4 Gruppen zeigt (Abb. 4), daß die größte Resistenz gegenüber der toxischen Wirkung von Vinkristin bei Applikation des Präparates um 6 Uhr beobachtet wurde (29 % überlebende Tiere), die geringste um 24 Uhr (17 %). Die Unterschiede zwischen diesen Daten sind mit $P < 0{,}05$ signifikant. Im Zusammenhang damit, daß in dieser Versuchsserie nach 5 Tagen fast alle Versuchstiere starben, konnte die LD_{50} von Vinkristin nicht errechnet werden. Obwohl die bei Vinkristinapplikation erzielten Resultate auch noch weiterer Bestätigung bedürfen kann geschlußfolgert werden, daß die maximale Resistenz der Mäuse gegenüber der toxischen Wirkung des Präparates um 6 Uhr, die minimale um 24 Uhr eintritt.

Besprechung der Ergebnisse

Die dargelegten Ergebnisse zeugen von der Ungleichmäßigkeit des chronotoxischen Effektes der untersuchten zyklostatischen Präparate. Vor allem verdient der Fakt Aufmerksamkeit, daß für Zyklophosphan die höchste Resistenz des Organismus der Versuchstiere gegenüber dessen toxischem Effekt um 24 Uhr eintritt, während zu diesem Zeitpunkt gegen Vinkristin die geringste Resistenz entwickelt wurde.

Unsere Erfahrungen mit Zyklophosphan gehen mit Resultaten konform, die früher von anderen Autoren /9/ erzielt wurden. In dieser Arbeit wurde der geringste toxische Effekt des Zyklophosphans bei Mäusen männlichen Geschlechts um 20 Uhr beobachtet. Dieser Zeitpunkt ist der Beginn der Dunkelperiode (die Tiere wurden unter Bedingungen fixierten Beleuchtungsregimes: Licht von 6 - 18 Uhr; Dunkelheit von 18 - 6 Uhr gehalten). In unseren Versuchen dagegen waren die Tiere normalen Beleuchtungsbedingungen ausgesetzt. Bei der ersten Serie lag die astronomische Sonnenuntergangszeit bei 21 Uhr 19 Minuten und bei der zweiten bei 19 Uhr und 20 Minuten, d.h. in unseren Untersuchungen lag die maximale Resistenz der Tiere gegenüber der toxischen Wirkung von Zyklophosphan in der ersten Hälfte der Dunkelperiode.

Die Erhöhung der Widerstandsfähigkeit zu Beginn der Dunkelperiode bei Nachttieren wurde noch unlängst von vielen Forschern durch eine Verstärkung der Reaktivität des Organismus im Zusammenhang mit einem Anstieg des Steroidhormonspiegels zu dieser Zeit erklärt. Jedoch liegen die Dinge viel komplizierter. Gegenwärtig wird kaum noch jemand die erhöhte Widerstandskraft des Organismus gegenüber der toxischen Wirkung des einen oder anderen Chemotherapeutikums nur mit dem Hormonspiegel des Organismus erklären, obwohl er eine bestimmte Rolle spielt. Jedoch ist mit großer Wahrscheinlichkeit die unterschiedliche Chronotoxizität an die Pharmakodynamik des jeweiligen Präparates und die zirkadiane Rhythmik der verschiedensten, von ihnen angesprochenen funktionellen Systeme gebunden. Dieser Standpunkt stimmt auch mit der entsprechenden, in der einschlägigen Literatur vertretenen Meinung /5/ überein.

Unsere Ausführungen werden auch durch die Experimente mit Vinkristin untermauert, bei welchen die größte antotoxische Resistenz zu Beginn der Lichtperiode zu verzeichnen war (astronomische Sonnenaufgangszeit bei Ansatz der entsprechenden Versuchsserie 4 Uhr, 6 Minuten). In anderen Untersuchungen /11/ konnte gezeigt werden, daß die geringste Toxizität eines anderen Zyklostatikums (Arabinosilzytosin) ebenfalls in die Lichtperiode fällt. Die Fortsetzung der Untersuchungen des chronotoxischen Effektes verschiedener zyklostatischer Präparate in Kombination mit ihren ungleichmäßigen antimitotischen Effekt zu unterschiedlichen Tageszeiten, kann nach unserer Meinung die therapeutische Effektivität der Therapie bösartiger Neubildungen steigern.

Literatur

/1/ Berjoskin, M.V.: Bjull.exp.biol.med. 5 (1971)92
/2/ Berjoskin, M.V.: Express-Informat. VNJJMJ, 8 (1977) 31
/3/ Wassiljewa, V.J./ Bjull,exp.biol.med. 2 (1970) 85
/4/ Lesnaja, N.A. und T.G. Logowa: Bjull,exp.biol.med. 7 (1973) 96
/5/ Romanov, Ju.A.: Medizinskaja Gasjeta 102 (1977) 3
/6/ Charlampowitsch, S.J.: Wopr. onkologii 16/I (1970) 75
/7/ Halberg, F.: Haematologica 60/1 (1975) 1
/8/ Halberg, F., B.D. Gupta, E. Haus et al.: Steps towared a cancer chronopolytherapy. XIV.th. International Congress of Therapeutics, Montpellier (France) (1977) 151
/9/ Haus, E., G. Fernandes, J.F.W. Kühl et al.: Chronobiologia 3 (1974) 270
/10/ Reinberg, A.: Advances in human chronopharmacology. Chronobiologia 2 (1976) 151
/11/ Schelving, L.E., E.R. Burns, J.E. Pauly, F. Halberg and E. Haus: Cancer Research 37 (1977) 3648

Zusammenfassung

Es wurde der Tagesrhythmus der toxischen Wirkung verschiedener Dosen Zyklophosphan (2 Serien) der Vincristin (1 Serie) bei intraperitonealer Applikation um 18,00, 24,00, 6,00 und 12.00 Uhr untersucht. Die Versuche wurden an 1170 weißen sterilisierten männlichen Mäusen durchgeführt, die unter natürlichen Lichtbedingungen und Futter ad lib. gehalten wurden. Die erste Serie mit Zyklophosphan wurde am 24. Juni, die mit Vincristin am 15. Juli 1977 und die zweite Serie mit Zyklophosphan am 7. April 1978 begonnen. Der toxische Effekt wurde anhand des Todes der Versuchstiere bestimmt.

Die größte Resistenz gegenüber dem toxischen Einfluß von Zyklophosphan trat in beiden Serien um 24.00 Uhr auf, die geringste um 18.00 und 12.00 Uhr. Bei der Applikation des Präparates um Mitternacht ist die LD_{50} (im Verlaufe eines Tages) gleich 1000 mg/kg, um 18,00 Uhr gleich 800 mg/kg. Der prozentuale Anteil der überlebenden Tiere nach

Zyklophosphanapplikation um 24.00 und um 18.00 Uhr betrug 6 Stunden nach Injektion 94 bzw. 85 %, nach 12 Stunden 34 bzw. 21 %, nach einem Tage 22 % bzw. 10 %. Zyklophosphan bewirkte den Tod der Tiere innerhalb eines Tages nach Applikation, Vincristin hingegen am dritten. Die größte Resistenz gegenüber der toxischen Wirkung von Vincristin (29 % überlebende Tiere) wurde bei Injektion um 6.00 Uhr gefunden, die geringste (17 % überlebende Tiere) um 24.00 Uhr.

Verschiedene Antigeschwulstpräparate weisen einen unterschiedlichen chronotoxischen Effekt auf, wobei die Akrophase der Toxizität zu verschiedenen Tageszeiten auftreten kann. Ein Teil der Untersuchungen wurde gemeinsam mit L.V. STEPANOVA durchgeführt, wofür ihr der Autor herzlich dankt.

Резюме

Изучался суточный ритм токсического воздействия различных доз циклофосфана (2 серии опытов) и винкристина (1 серия) при внутрибрюшинном их введении в 18, 24, 6 и 12 часов. В опытах использовано 1170 белых бесплодных мышей (самцов), содержащихся при естественном освещении и свободном доступе к корму. Первая серия с циклофосфаном и серия с винкристином поставлены 24 июня и 15 июля 1977 года соответственно. Вторая серия с циклофосфаном поставлена 7 апреля 1978 года. Токсический эффект определялся гибелью подопытных животных.

Наибольшая резистентность к токсическому воздействию циклофосфана в обеих сериях опытов отмечена в 24 часа, наименьшая - в 18 и 12 часов. При инъекции препарата в полночь LD_{50} (за сутки) оказалась равной 1000 мг/кг, а в 18 часов - 800 мг/кг. Процент выживших животных при введении циклофосфана в 24 и в 18 часов составил соответственно: через 6 часов после инъекции - 94% и 85%; через 12 часов - 34% и 21%; через сутки - 22% и 10%. Циклофосфан вызывал гибель животных в первые сутки после введения, тогда как винкристин - в третьи. Наибольшая резистентность к токсическому воздействию винкристина (29% выживших животных) отмечена после инъекции препарата в 6 часов, наименьшая (17% выживших животных) - в 24 часа.

Различные противоопухолевые препараты оказывают неодинаковый хронотоксический эффект, причем акрофаза токсичности может приходиться на различные часы суток.

---

x Часть данных получена совместно с Л.В.Степановой, которой автор выражает свою благодарность.

Summary

The diurnal rhythm of the toxic action of several doses of cyclophosphane (two series)and vincristine (one series) was studied following intraperitoneal applications at 6 p.m., midnight, 6 a.m., and noon. The experiments were performed on 1,170 sterilised white male mice kept under natural lighting conditions and on feed to desire. The first cyclophosphane series was started on June 24th, the vincristine series on July 15th, both 1977, and the second cyclophosphane series on April 7th, 1978. Toxicity was determined by the deaths of the experimental animals.

The strongest resistance to the two cyclophosphane series and their toxic effects was recorded following the midnight application and the lowest in response to the doses given at 6 p.m. and high noon. The LD_{50} (in the course of one day) was 1,000 mg/kg following midnight application and 800 mg/kg in response to the application at 6 p.m.. The percentual survival rates following cyclophosphane applications at midnight and 6 p.m. were 94 or 85 per cent six hours from injection, 34 or 21 per cent twelve hours from injection, and 22 or ten per cent after one full day. Cyclophosphane caused death of the animals within one day from application, but vincristine only on the third day. The strongest resistance to the toxic action of vincristine, with 29 per cent of surviving animals, was observed in response to injection at 6 a.m. and the lowest, with 17 per cent surviving, following midnight application.

Differentiated chronotoxic effects were recorded from different anti-tumour preparations, with toxicity acrophases occurring at different times of the day. Some of the experiments reported in this paper were conducted jointly with L.V. Stepanova for which cooperation a debt of gratitude is extended to her.

Ministerium für Gesundheitswesen der UdSSR
Institut für medikobiologische Probleme, Moskau

Zu Rhythmen physiologischer Funktionen und Problemen der Adaptation

AGADSHANJAN, N.A.

Wenn wir uns der theoretischen Seite des Problemes der Wahrnehmung der Zeit und biologischer Rhythmen zuwenden, müssen wir unterstreichen, daß die Ehre der Ausarbeitung der Grundlagen eines neuen Kapitels der Physiologie der Sinnesorgane mit vollem Recht dem "Vater der rissischen Physiologie", I.M. Ssetschenow, zukommt. Die wesentlichste Seite der Ssetschenowschen Lehre über die Sinnesorgane ist seine Idee von der Wechselbeziehung der Empfindung und Bewegung. In dieser Idee ist der Gedanke des reflektorischen Prinzips in Anwendung auf die Theorie der Empfindung verankert. "Die gesamte unendliche Vielfalt der äußeren Erscheinungsformen der Hirntätigkeit", schreibt Ssetschenow, "läßt sich auf eine einzige Erscheinung zusammenfassen, auf die Muskelbewegung. Ob das Kind beim Erkennen eines Spielzeuges lacht, ob Garibaldi lächelte, als man ihn für seine große Liebe zur Heimat verfolgte, ob ein Mädchen beim ersten Gedanken an die Liebe erzittert, ob Newton Weltgesetze schuf und zu Papier brachte, überall war der basale Faktor die Muskelbewegung".

Einer bestimmten Reihe Bewegungen entspricht im Bewußtsein auch eine Reihe von Gefühlsgesetzen, die, sich im Gedächtnis einprägend, mit den Worten Ssetschenows "eine Reihe Noten bilden, nach welchen, oder besser, unter der Kontrolle derer die entsprechende Bewegungsmelodie gespielt wird."

Zunächst nahm der Forscher an, daß die entscheidendste Rolle in der Wahrnehmung der Zeit das Gehör spiele. In den weiteren Arbeiten Ssetschenows wurden zur ersten Behauptung "das Gehör ist der Analysator der Zeit" viele Vervollkommnung hinzugefügt. Er konnte zeigen, daß Vorstellungen über die Zeit auf der Grundlage optischer, sensibler, motorischer und anderer Wahrnehmungen möglich sind.

Dabei gibt er aber der propriorezeptiven Afferenz den Vorrang, d.h. den Wahrnehmungen, die mit der Motorik verbunden sind. In der Arbeit "Die Elemente der Gedanken" nennt Ssetschenow das "Muskelgefühl" das Wahrnehmungsorgan der Wahrnehmung von räumlichen und zeitlichen Wahrnehmungen. Er unterstreicht dabei, daß das Gehör als ein phantastisches Meßgerät kleinster Zeitabschnitte anzusehen ist, aber dieses kann die Geschwindigkeit nicht messen, weil der Ton als solcher nicht in Bewegungsform existiert, die Geschwindigkeit jedoch ein Attribut der Größe und der Zeit der Fortbewegung. Im Gegenteil, im sich kontrahierenden Muskel sind diese Elemente gemeinsam vertreten und werden real wahrgenommen. Nicht umsonst wird die Zeit in Bewegung gemesssen und die Bewegung in Zeit!

Ein Schritt beim Laufen - das ist gleichzeitig der Maßstab für Zeit und Raum und das "Muskelgefühl", welches jeden Schritt begleitet, wird zum "Meßinstrument bzw. Bruchteilanalysator für Zeit und Raum". Es ist klar, daß der Akt des Laufens auch mit vielen anderen Erscheinungen und Prozessen, z.B. dem der Atmung, der Mitbewegung der Hände usw. verbunden ist.

Interessante Darlegungen über den Zusammenhang zwischen Hörorgan und dem Akt des Laufens stammen von dem berühmten Psychiater V.M. BECHTEREW. Seiner Meinung nach erzielt der Hörrezeptor in der Beurteilung eines Zeitintervalles von 0,5 - 0,7 sec, welches unsere Bewegungstempi im Laufen charakterisiert. Das entspricht ungefähr der Periodik der Herztätigkeit, welche einen Wechsel zwischen Kammer- und Vorhofskontraktionen mit einer Dauer von ca. 0,8 sec. darstellt. Die Bestimmung der Zeit ist nach BECHTEREW ein Resultat der Erfahrung, auf der Basis derer kleine Zeitabstände auf der Grundlage sowohl der Atemexkursionen als auch des Herzschlages gemacht werden. Hierbei wird unser Gehirn an die Messung der Zeit in einem solchen Maße herangeführt, daß wir die geringsten Abstände im Verlaufe eines Tages mit großer Genauigkeit wahrnehmen können. In der Arbeit "Über das Zeitgefühl bei psychisch Kranken" unterstrich BECHTEREW 1903 die Einheit und wechselseitige Bedingtheit elementarer und komplizierter psychischer Störungen.

Die naturwissenschaftliche Begründung der materialistischen Lehre von der Zeit finden wir in den Werken von I.P. PAWLOW. Gerade seine Schule wies nach, daß die Zeit ein genauso objektiver Reiz ist, wie ein optischer, ein akustischer, ein taktiler usw.

Ausgehend von den theoretischen Erwägungen PAWLOW's entwickelten wir die Vorstellung, daß die biologischen Rhythmen im Prozeß der historischen Entwicklung sich nach dem Prinzip des bedingten Reflexes auf exogene Faktoren ausgebildet haben, von Generation zu Generation vererbt wurden und dann langsam einen angeborenen, andogenen, unbedingt-reflektorischen Charakter erhielten. Eine derartige Anpassung ist nützlich wenn man berücksichtigt, daß die Haupterreger biologischer Rhythmen - die Temperatur sowie der Wechsel zwischen Tag und Nacht - unter irdischen Bedingungen im Verlaufe vieler Generationen von Menschenleben keine wesentlichen Veränderungen erfahren haben. Dank des Überganges der bedingt-reflektorischen Mechanismen in unbedingt-reflektorische, bezogen auf die Rhythmusveränderungen ist die Hirnrinde nicht durch zusätzliche Kontroll- und Regulierungsfunktionen über eine Fülle innerer, rhythmisch ablaufender Prozesse überlastet. Sie gestattet so eine sehr rasche und zuverlässige Anpassung an sich verändernde Bedingungen der äußeren Umwelt.

Gegenwärtig, in der Epoche der wissenschaftlich-technischen Revolution, scheint die Entwicklung in umgekehrter Ordnung vorsich zu gehen. Die Biosphäre wird im wahren Sinne des Wortes in die Sphäre der Vernunft - die Noosphäre transformiert. Die Evolution besteht heute nicht darin, daß der Mensch sich ändert, indem er sich an neue Umweltbedingungen anpaßt, sondern darin, daß er selbst, seine grundlegenden biologischen Charakteristika beibehaltend, in globalen Maßstäben seine Lebenssphäre verändert. Vorher jedoch hat die sich verändernde Umwelt dem Menschen folgenschwere Veränderungen aufgeprägt. Mit anderen Worten ruft nun der Mensch selbst in immer stärkerem Maße eine evolutionäre Wandlung der Umwelt hervor und wird damit auch zu einer bestimmenden geologischen Kraft. Wir wissen, daß der Mensch hier durchaus nicht immer vernünftig wirkt. Häufig verändert er seine Umwelt nicht zu seinem Nutzen.

Es muß in Rechnung gestellt werden, daß die Natur und die biologischen Eigenschaften des Menschen, welche sich im Verlaufe von Jahrhunderten entwickelten, sich nicht in solchen Tempi verändern können, mit denen sich die wissenschaftlich-technische Revolution entwickelte. Die Nichtübereinstimmung zwischen diesen beiden zeitlichen Prozessen kann zu grundlegenden funktionellen Umformungen, sogar zur Zerstörung des Organismus, zu Konflikten zwischen der biologischen Struktur des Menschen und der ihn umgebenden ökologischen Sphäre führen.

Ja, die wissenschaftlich-technische Revolution hat für die Menschheit unermeßliches Wohl gebracht. Gegenwärtig verändern sich die traditionellen Möglichkeiten der Anpassung des Organismus, da sich die Veränderungen der Lebenstätigkeit des Menschen an der Grenze der physischen und psychischen Möglichkeiten bewegen. Nun ist die Rede bereits nicht mehr von der Umwelt, sondern von der Ökologie, vom Ökosystem, der harmonischen wechselseitigen Anpassung von Biosphäre und Gesellschaft. Dies ist bereits eine neue, spezifische und bisher die komplizierteste Form der Anpassung, da das Ökosystem nunmehr der Lebensweise aller seiner Bewohner einen bestimmten Stempel aufdrückt.

In der Epoche des wissenschaftlich-technischen Fortschrittes und der stürmischen Entwicklung der Aviation und Kosmonautik wachsen u.a. auch die chronophysiologischen Belastungen für den Menschen. Wenn beispielsweise die adaptiven Veränderungen im Organismus unter Hochgebirgsbedingungen vor allem durch den ungenügenden Sauerstoffgehalt in der Atemluft und unter Hitze durch die hohe Lufttemperatur hervorgerufen werden, so ist die Zeit ein ebensolcher gleichwertiger Anlasser für Anpassungsreaktionen bei Störungen der "biologischen Uhr".

ENGELS schrieb dazu: "Wir wissen zwar was das ist, eine Stunde, ein Meter, aber wir wissen nicht, was Raum und Zeit darstellen." Die Zeit sei ein mächtiger Faktor im täglichen Leben, unterstrich WERNADSKI: "die Zeit ist die Erscheinung der Schöpfung, eines schöpferisch weltweiten Prozesses." Die Zeit, das ist das Gewebe "aus welchem das Leben gewebt ist."

Die physiologische Adaptation ist ein zuverlässiges Niveau der Aktivität und der Wechselbeziehungen zwischen funktionellen Systemen, Organen und Geweben sowie zwischen den Steuerungsmechanismen, welches die normale Lebensfähigkeit des Organismus und der Arbeitsleistungen des Menschen in (u.a. auch in sozialen) Lebensverhältnissen inclusive der Fähigkeit zur Fortpflanzung gesunder Nachfahren
Die Anpassung an eine beliebige neue Umwelt stellt nichts anderes dar, als einen räumlich-zeitlichen Umbau verschiedener funktioneller Systeme des Organismus, der auf die Konstanthaltung des inneren Milieus und auf harmonischere Wechselbeziehungen und Abstimmungen mit der sich ändernden äußeren Lebenssphäre gerichtet ist. Die unter neuen Umweltsituationen zu beobachtenden grundlegenden Änderungen im Lauf der "biologischen Uhr" stellt einen eigenartigen Anlassermechanismus zur Entstehung von Störungen im Austausch von Informationen und Energie dar, was seinerseits zu tiergreifenden Veränderungen im Organismus führen kann. Die Adaptation an eine neue Lebenssphäre wird nicht nur für den Preis bedeutender funktioneller Anpassung physiologischer Systeme des Organismus erkauft, sondern unter bestimmten Bedingungen auch für den Preis bedeutender struktureller Veränderungen des Organismus.

Die Mechanismen der Anpassung selbst benötigen periodisch funktionelle Belastungen. Monotone Verhältnisse, einförmige, beständig gleichbleibende Veränderungen der äußeren Umwelt führen zum "Abtraining" adaptiver Mechanismen und umgekehrt, sich in bestimmten Grenzen ändernde Umweltbedingungen rufen eine ständige Förderung der Mobilisierung lebenswichtiger Funktionen hervor und erweitern damit die funktionellen Reserven adaptiver Mechanismen.

Bei der Untersuchung quantitativer und qualitativer Besonderheiten adaptiver Verschiebungen auf Grund der Einwirkung der verschiedensten Faktoren aus der Umwelt müssen die Folge der Einschaltung der verschiedensten kompensatorischen Reaktionen, ihre Wechselbeziehungen, die Entwicklung dieser Reaktionen in der Zeit, ihre Intensität, die Periode der Nachwirkungen und endlich auch die Erscheinung von Zell-

und Gewebemodifizierungen berücksichtigt werden. Die adaptiven Veränderungen variieren nämlich in Abhängigkeit von der Intensität und Schnelligkeit der Einwirkung der verschiedensten Faktoren auf den Organismus. Als Folge dessen werden die adaptiven Reaktionen reguliert und auf ein neues Niveau eingestellt, zuallererst auf dem Niveau der zeitlichen Koordinierung der Funktion auf dem Niveau des Informationsaustausches. Danach erst treten energetische Stoffwechsel- und strukturelle Veränderungen ein.

Es besteht Grund anzunehmen, daß bei aller Vielfalt von Antwortreaktionen des Organismus auf die verschiedensten Veränderungen des äußeren und inneren Milieus, der Organismus doch über ein einheitliches, universelles Prinzip der Antwortreaktionen verfügt, welches vor allem auf einer ausreichenden Konstanz des Niveaus des Gewebemetabolismus basiert. Da in der Ausführung energetischer Prozesse dem Sauerstoff eine sehr wichtige Rolle zukommt, kann angenommen werden, daß das beliebige, gleichgerichtete Veränderungen des Sauerstoffregimes des Organismus zu einem einheitlichen Endresultat führen werden. Unsere langjährigen Untersuchungen zeigten nämlich, daß Arbeit unter den Bedingungen eines verringerten Sauerstoffpartialdruckes in der Atemluft durch eine Reihe von Veränderungen in physiologischen Funktionen führt, die den Veränderungen der Arbeitsfähigkeit und der Allgemeinresistenz des Organismus zugrundeliegen.

Die physiologische Reaktion jedes funktionellen Systems des Organismus besitzt bereits phylogenetisch spezielle potentielle Grenzen der adaptiven Regulation.

Der Prozeß der Adaptation kann nach dem Charakter der Änderung biologischer Rhythmen, welche die Autoregulation des Organismus begleiten sowie nach dessen verschiedenen Niveaus bei Eintreten der Wechselbeziehungen mit den äußeren Umweltfaktoren berücksichtigt werden.

In Versuchen an Tieren sowie in Untersuchungen am Menschen wurde eine deutliche Abhängigkeit zwischen tagesperiodischen Änderungen der Höhenresistenz, der Höhe des Partialdruckes von Sauerstoff und Kohlendioxyd in der Alvolarluft, dem Elektrolyt- sowie dem Kortikosteroidgehalt im Blut festgestellt.

Von uns wurden die tagesperiodischen Schwankungen der Höhenresistenz unter gewöhnlichen Laboratoriumsbedingungen und ebenso im Verlaufe langzeitiger Adaptation an Höhenklima an Albinoratten und japanischen Wachteln untersucht. Zur Bestimmung der Höhenresistenz erfolgte im Verlaufe von 24 Stunden alle 3 Stunden eine Unterbringung der Versuchstiere in einer Höhe von 12000 m ü.M. sowie die Messung der Reservezeit unter diesen Bedingungen (Zeit des Überlebens).

Gleichzeitig wurde in speziellen Experimenten die Rolle der adrenokortikalen Hormone im Mechanismus der Veränderung der Widerstandsfähigkeit gegenüber Hypoxie zu verschiedenen Tageszeiten untersucht. Die Resultate zeigten, daß die Tiere gegenüber der Hypoxie am widerstandsfähigsten in der Periode von 9 - 12 Uhr waren. In der Zeit vom 12 - 18 Uhr war die Widerstandsfähigkeit etwas herabgesetzt und blieb so zunächst verhältnismäßig stabil. Dann sank sie ab und erreichte ihr Minimum in der Zeit von 0 - 3 Uhr nachts, um danach erneut langsam zu steigen.

Es konnte gezeigt werden, daß, wenn in der Zeit von 9 - 21 Uhr Prednisolon intraperitaneal verabreicht wurde, sich dies nicht wesentlich auf die Überlebenszeit von Albinoratten auswirkte. In der Zeit von 21 bis 9 Uhr verabreicht, steigerte Prednisolon die Widerstandsfähigkeit der Tiere gegenüber akuter Hypoxie (p 0,05). Weiterhin konnten Veränderungen des Kortikosteroidspiegels im Blut von Ratten nachgewiesen werden. Zum Abend sank der Blutkortikoidspiegel ab und erreichts Nachts sein Minimum, d.h. gerade zu der Zeit, wenn bei den Tieren auch die geringste Widerstandsfähigkeit gegenüber Höhenklima zu verzeichnen war.

Die in dieser Versuchsserie ermittelten Resultate gestatten auf eine prinzipiell neue und für Theorie und Praxis der Biologie und Medizin wichtige Gesetzmäßigkeit hinzuweisen, die darin besteht, daß die Widerstandsfähigkeit gegenüber akuter Hypoxie vom Blutkortikoidspiegel abhängig ist. Die Periode minimaler Höhenresistenz fällt mit der Verringerung des Gehaltes des genannten Hormones im Blut zusammen.

Mit anderen Worten, die tageszeitlichen Veränderungen des Kortikosteroidniveaus im Blut sind als ein wichtiger endogener Faktor zu bezeichnen, der die Veränderungen der Widerstandsfähigkeit des Organismus gegenüber Höheneinfluß zu verschiedenen Tageszeiten ermöglicht. Seinerseits wird das Niveau an Kortikosteroiden im Blut einerseits durch die Intensität der Produktion derselben sowie durch die Ausschüttung ins Blut bestimmt und andererseits durch die Geschwindigkeit des Verbrauches dieser Hormone im Organismus.

Von uns wurde ebenso die Überlebensrate japanischer Wachteln zu verschiedenen Tageszeiten bei komplexer Einwirkung von Hypoxie und Hyperkapnie (N.A. AGADSHANJAN, V.F. MISCHTSCHENKO, Ju.V. SCHUOTSCHENKO, S.B. MENINA) bestimmt. Die Resultate zeigten das Vorhandensein einer Tendenz zur Verringerung der Resistenz des Organismus von Tieren zur Nachtzeit. So kam es am Tage bei den untersuchten Vögeln zum Verlust des Reflexes der Aufrechterhaltung der Pose in der 47. Minute der Einwirkung einer anwachsenden Hypoxie und Hyperkapnie, während nachts dieser Verlust in der 45. Minute eintrat. Zum Atemstillstand unter diesen Bedingungen kam es bei den japanischen Wachteln innerhalb 48,9 Minuten, des nachts innerhalb 46,7 Minuten. Dabei fielen nachts der Sauerstoffverbrauch sowie die Ausscheidung von Kohlendioxyd beispielsweise um 10 %. Die Endkonzentration von Sauerstoff in der Hermetischen Kammer betrug im Moment des Atemstillstandes in unseren Versuchen um 7 % am Tage und des nachts um 7,25 %. Die Kohlendioxyd zeigte dementsprechende Tendenzen zur Verringerung um 11,5 % und 11,3 %. Ebenso konnten Saisonabhängigkeiten der Höhenresistenz bei Albinoratten (12000 m über dem Meeresspiegel) nachgewiesen werden. Es ließ sich feststellen, daß die geringste Höhenresistenz zur Winterzeit, in den Monaten Januar und Februar bestand. Die mittlere Überlebenszeit der Versuchstiere in einer Höhe von 12000 Metern lag bei 8,4 Minuten. Im Frühling und im Winter stieg die Höhenresistenz langsam an und erreichte ihr Maximum mit einer Überlebenszeit von 17,4 Minuten im September und im Oktober (N.A. AGADSHANJAN, Ju.W. SCHUOTSCHENKO).

Bekanntlich ist die saisongebundene Veränderung physiologischer Funktionen als Ausdruck der Synchronisation der Biorhythmen der gesamten Lebenstätigkeit des Organismus mit den sich ändernden Umweltbedingungen aufzufassen. Dank dieser Umformung wird die Stabilisierung von Körperfunktionen, wird ein beständiges homöostatisches Gleichgewicht zwischen den Anforderungen an den Organismus und den funktionellen Möglichkeiten ihrer Befriedigung geschaffen. Besonders deutlich ist dieser Prozeß bei Tieren, die Winterschlaf halten und für welche ein starker Abfall der Körpertemperatur, der Intensität des Stoffwechsels, der Wärmeproduktion, des Gasaustausches, des Blutdruckes sowie eine deutliche Verlangsamung der Atem- und Herzfrequenz charakteristisch sind. Es bestand Interesse an der Untersuchung der Saisonunterschiede der Koagulationsbesonderheiten bei hochorganisierten Winterschlaf-Tieren, welche durch eigenartige haematologische Besonderheiten charakterisiert werden. Die Experimente zeigten, daß der aktiven Lebensperiode der Tiere auch die aktivste Phase der Blutgerinnung entsprach. In der Periode der Vorbereitung auf den Winterschlaf konnte eine allmähliche Abnahme der Blutgerinnungsprozesse nachgewiesen werden. Endlich wurde in der Zeit der Hibernation selbst ein rasanter Abfall der Fibrinolyse nachgewiesen. Die Dauer der Blutgerinnung betrug 532 sec., d.h. sie war gegenüber dem aktiven Befinden der Tiere um 230 % verlängert. Diese Materialien zeugen davon, daß die Gerinnungsfähigkeit des Blutes eine der wichtigsten, unmittelbaren Komponenten allgemeiner Anpassungsreaktionen des lebenden Organismus darstellt (N.A. AGADSHANJAN, W.A. ISABAJEWA u.a.).

Die von uns durchgeführten Experimente zeigten weiterhin, daß die tageszeitlichen Schwankungen im Austausch der wichtigsten Atemgase (O_2 u. CO_2) unter den Bedingungen normalen atmosphärischen Druckes darin ihren Ausdruck finden, daß der PO_2 am Tage ansteigt und in den Nachtstunden absinkt, der PCO_2 aber umgekehrt gegen Abend ansteigt. Die Ausschläge der Tagesschwankungen dieser Gase entsprachen etwa 3 mm Hg. In Höhen von 3200 bis 4200 m über dem Meeresspiegel konnten unter Grundumsatzbedingungen durch die Steigerung der Lungenventilation ein Anstieg des PO_2 in der Alveolarluft und ein Absinken des PCO_2 nachgewiesen werden. Es ist von Interesse zu bemerken, daß im Verlaufe der Anpassung des Organismus an das Hochgebirgsklima der Schwankungsbereich der Tagesperiodik von PO_2 und PCO_2 eingeschränkt wird. Weitere Untersuchungen der Tagesdynamik des Gasstoffwechsels und seine Koordinierung mit anderen physiologischen Parametern werden es gestatten neue, objektive Kriterien für die Erforschung adaptiver Veränderungen, die unter den verschiedensten Bedingungen angelassen werden, zu finden.

Es ist nachgewiesen, daß die Adaptation an eine veränderte Gaszusammensetzung in der Umwelt einen komplizierten dynamischen Prozeß darstellt, der in bestimmten Zeitmaßstäben verläuft und welcher die Vielzahl der strukturellen und der Stoffwechselveränderungen widerspiegelt, die in letzter Konsequenz die zielgerichtetste, integrative Regulation verschiedener funktioneller Systeme des Organismus realisiert. Durch zyklische Veränderungen der Gaszusammensetzung der Atmosphäre in hermetischen Kammern sowie durch die Anpassung der Gas_ zusammensetzung an die Erfordernisse des Organismus bei Arbeit und Erholung, kann die allgemeine Reaktivität des Organismus zielgerichtet verändert und die Arbeitsfähigkeit auf hohem Niveau erhalten werden.

In unseren Untersuchungen konnte im einzelnen festgestellt werden, daß die Hypokinese ebensfalls wesentliche Veränderungen der Tagesperiodik physiologischer Parameter hervorruft, z.B. der Herztätigkeit, der Körpertemperatur, der Natriumkonzentration im Speichel, der Diurese, der Geschwindigkeit der renalen Natrium- und Kaliumexkretion. Die Veränderungen fanden ihren Ausdruck in anwachsenden Verschiebungen der zirkadianen Rhythmen hinsichtlich ihrer Phase nach rechts sowie in einer Einschränkung des Schwankungsmaßes. Die Ungleichheit der Veränderungen der Tag-Nacht-Rhythmen führte zu ihrer Phasenentkoppelung (V.N. TSCHERNJAKOWA). Bei Korrektur der hypokinetischen Veränderungen durch eine leichte Hypoxie, konnten im wesentlichen die Rhythmen der Herztätigkeit und der Körpertemperatur stabilisiert werden, was durch Ausbleiben der Phasenverschiebungen und Einhaltung der Ausgangsgrößen der Schwankungsbreite charakterisiert war. Der prophylaktische Effekt korrigierender Mittel war unter Bedingungen der Hypokinese am deutlichsten bei einer Kombination von aktiver Gaszusammensetzung der Atmosphäre und sportlicher Betätigung am ausgeprägtesten.

Im Resultat eines 49-tägigen Bett-Regimes mit antiorthostatischer Neigung des Kopfendes um 4,5°, kam es bei den Probanden der Versuchsgruppe zur Verschiebung der Maxima der Herzfrequenz sowie der Körpertemperatur in der 24-Stunden-Periodik um 8 Stunden nach rechts, d.h. von 15 auf 23 Uhr (Abb. 1, I). Auch das Ausmaß der Tagesschwankungen der Herzfrequenz fiel im Mittel um 22 % ab, die der Körpertemperatur auf 52,5 %. Zum Ende der Einwirkung stieg das Niveau der Schwankungen der Herzfrequenz im Mittelwert um 9,9 Schläge/Min. und das Niveau der Körpertemperatur fiel um 0,16°C.

Zur Prophylaxe der bei Hypokinese eintretenden Störungen wurde eine mittelstarke Hypoxie in Kombination mit physischer Belastung (Abb. 1, II und III) angewendet. Bei Aktivierung des menschlichen Organismus mit Hilfe dieser Mittel waren die Veränderungen der genannten Parameter weniger ausgeprägt und traten in der Regel später auf. In Einzelfällen kam es sogar zu einer gast vollständigen Korrektur der Störungen.

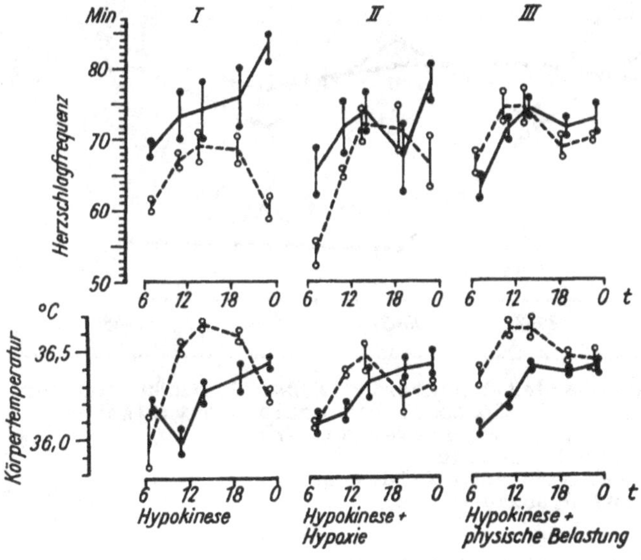

Abb. 1: Dynamik der Tagesschwankungen der Herzfrequenz und der Körpertemperatur in der Wachperiode zu Beginn (gestrichelte Linien) und am Ende (durchgezogene Linien) einer 49 Tage dauernden Hypokinese. In der Grafik sind Mittelwerte dargestellt und die mittlere Streuung (vertikale Linien). Die römischen Ziffern bezeichnen die Experimentfolge.

In der Abb. 2 ist die Dynamik des Ausmaßes der tagesperiodischen Schwankungen der Natriumkonzentration im Speichel bei antiorthostatischer Hypokinese ohne Korrektur (1), bei Hypokinese in Kombination mit physischer Belastung (2) und mit Hypoxie (3) dargestellt. Der Abfall der Kurve 1 zeugt von der Abflachung der Tagesperiodik unter den Bedingungen der Hypokinese. Anwendung prophylaktischer Maßnahmen (Kurven 2 und 3) verhinderte die Entwicklung der soeben geschilderten Störungen. Folglich ermöglichen diese Maßnahmen, welche vor allem gegen die Verringerung des Trainingszustandes gerichtet sind, die Aufrechterhaltung von die tagesperiodischen Abläufe physiologischer Funktionen charakterisierenden Parametern.

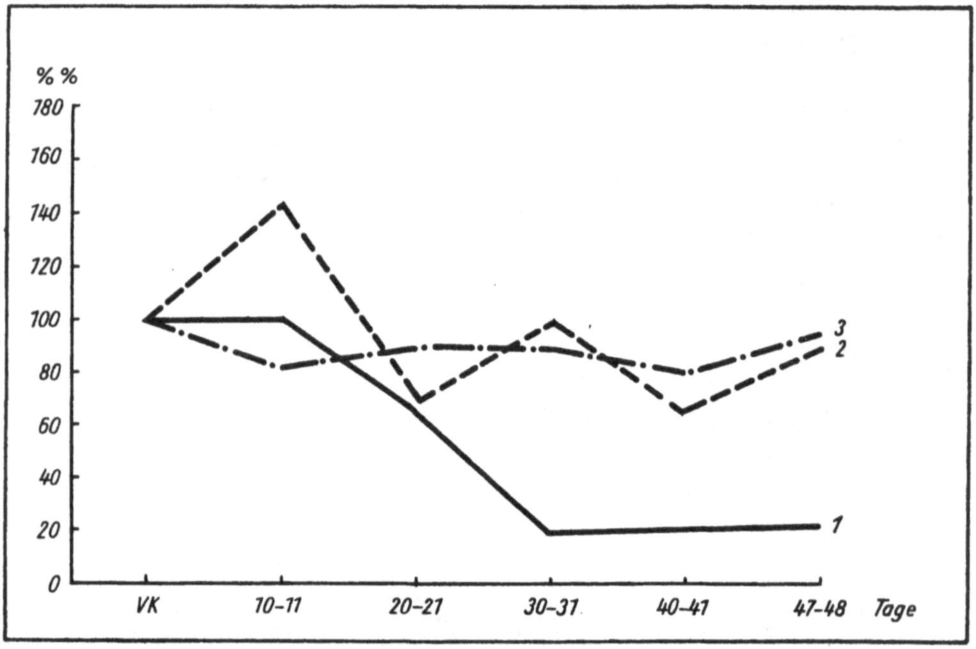

Abb. 2: Dynamik des Ausmaßes der tagesperiodischen Schwankungen der Natriumkonzentration im Speichel bei antiorthostatischer Hypokinese in % zu den Ausgangswerten (VK)
1 - Hypokinese ohne Korrektur
2 - Hypokinese und physische Belastung
3 - Hypokinese und Hypoxie

Weiterhin wurden chronobiologische Untersuchungen in der Antarktis in der Station "Wostok" durchgeführt, welche eigenartige Störungen der äußeren Atmung und des Gasstoffwechsels zeigten (N.A. AGADSHANJAN, G.A. DAVYDOW 1976). Im Prozesse der Akklimatisation wirkte auf die überwinternden Antarktisforscher in der Station vor allem der verrinte Sauerstoffpartialdruck der Atmosphäre über dem antarktischen Plateau. Bekanntlich ist die atmosphärische Schicht in den Polarregionen geringer als in äquatorialen und obwohl sich die Station 3420 m über dem Meeresspiegel befand, entspricht der Verdünnungsgrad der Atmosphäre in diesem Gebiet einer Höhe von 4000 m. Der PO_2 schwankt hier zwischen 95 und 100 mm Hg, d.h. er ist etwa gegenüber Normalwerten auf Meeresspiegelniveau um 40 % verringert. Die Ankunft von Menschen in dieser Höhe ruft tiefgreifende adaptive Verschiebungen von seiten verschiedener funktioneller Systeme des Organismus hervor. Unter den gegebenen Bedingungen kann das Vorhandensein von 3 Atemtypen beim schlafenden Menschen nachgewiesen werden: 1. der gewöhnliche, rhythmische Typ; 2. der Typ der Cheyne-Stokes'schen Atmung; 3. Atmung mit wechselnder Tiefe. Der letzte Typ wiederum trägt in sich die Elemente zweier Atemarten. Er läuft rhythmisch ab, aber die Atemtiefe ändert sich beständig in gesetzmäßiger Weise, in welcher 5 - 6 tiefe Inspirationen von der analogen Anzahl überflächlicher abgewechselt werden. Die Cheyne-Stokes'sche Atmung konnte bei 8 von 12 Antarktis-Überwinterern beobachtet werden. Bekanntlich ist sie charakterisiert von 3 - 5 Inspirationen/Min., die mit einer intensiven ersten Einatmung beginnen. Dann wird die Atmung immer schwächer bis zum Stillstand mit einer Dauer von 13 - 15 sec. und daran schließt sich dann der nächste Zyklus an. Ein solcher Cheyne-Stokes'scher Atemtyp wurde auch schon früher von uns an Probanden von Höhenexpeditionen in 4200 m und höher (N.A. AGADSHANJAN, G.A. DAVYDOW, 1964) registriert. In späteren Untersuchungen konnte festgestellt werden, daß zwischen Atemtyp und motorischer Aktivität des Menschen während des Schlafes engste Zusammenhänge bestehen. Diese Verbindung ist so fest, daß bei einzelnen Untersuchten jeder Cheyne-Stokes'sche Atemzyklus von kurzzeitigen Bewegungen des Kopfes, manchmal auch der Arme, der Beine oder des gesamten Körpers begleitet war.

Im Schlaf kann ein Atemtyp ganz plötzlich auch in einen anderen übergehen. In der Regel ist das von einer Veränderung der Schlafhaltung begleitet. Die periodische Atmung, besonders die von Cheyne-Stokes'schen Typ wird von Menschen, welche sie beobachten, nicht als angenehm empfunden, besonders in der ersten Adaptationsperiode an Höhenbedingungen. Der Eindruck, den sie hinterläßt, ist sehr stark negativ und löst die Angst aus, daß, wenn der andere nicht aufwacht, er nicht mehr weiteratmet und damit ersticken muß.

Wir vermuten, daß die Veränderung der nächtlichen Atemrhythmik mit Veränderungen der Erregbarkeit des Atemzentrums bei Einwirken von verringertem atmosphärischem Druck in Zusammenhang zu bringen ist. Nach einer Reihe forcierter Atemzüge kommt es zu einer genügenden Sauerstoffsättigung des Blutes und zu einem schnellen Abtransport des ohnehin bereits verringerten Kohlendioxyds der Alveolarluft. Deshalb kommt es zu einem kurzzeitigen Atemstillstand, der nach 13 bis 15 sec. durch eine starke Erregbarkeitssteigerung des Atemzentrums vermittels des hypoxaemischen Blutes beendet ist. Da der Atemstillstand in der Expiration eintritt, so korrelliert die Zeit von 13 - 15 Minuten gut mit der Zeit, für welche die Atmung willkürlich angehalten werden kann. In der Antarktisstation entsprach sie etwa 13 - 17 sec. Eine durch längeren vorherigen Atemstillstand verursachte Steigerung der Erregbarkeit des Atemzentrums irradiiert auch auf andere Zentren. Hieraus sind auch der Fakt des plötzlichen Aufwachens des Menschen unter Hypoxiebedingungen und die damit verbundene motorische Aktivierung erklärlich.

Die experimentellen Resultate, die sowohl unter Laborbedingungen als auch im Hochgebirge (Tien-Tschan) und in der Antarktis erzielt wurden zeugen davon, daß die Dynamik rhythmischer Funktionen in biologischen Systemen ein objektives Kriterium zur Untersuchung adaptiver Veränderungen unter Wirkung extremaler Bedingungen darstellt. Die Erforschung der Biorhythmologie eröffnet breite Perspektiven zur tieferen Erkennung physiologischer Mechanismen der Adaptation des Organismus sowie zur Erarbeitung von Richtlinien für die Luftfahrtmedizin und die klinische Praxis.

Das Wesen der biologischen Rhythmen verstehen wollen heißt tiefer als bisher in die Gesetzmäßigkeiten der Natur einzudringen, die Steuerung der vielseitigen Lebensprozesse zu vervollkommnen, sich besser und vollständiger an die immer schneller werdenden Entwicklungstempi der Epoche der wissenschaftlich-technischen Revolution anzupassen.

Zusammenfassung

Es werden die Rolle der russischen Gelehrten I.M. SECHENOW, I.P. PAVLOV, V.M. BEKHTERJOV u.a. bei der wissenschaftlichen Erarbeitung des Problems der Zeitwahrnehmung und moderne Vorstellungen über die Mechanismen der biologischen Rhythmen betrachtet.

In Versuchen an Tieren und Menschen wurde eine klare Abhängigkeit zwischen Tagesänderungen der Höhenresistenz, den Sauerstoff- und CO_2-Partialdrücken in der Alveolarluft, dem Elektrolytgehalt und dem Corticosteroidspiegel im Blut festgestellt.

Es wurde gezeigt, daß die Adaptation an ein verändertes Gasmilieu einen komplizierten dynamischen Prozeß darstellt, der in der Zeit abläuft und die Gesamtheit der Stoffwechsel- und Strukturveränderungen widerspiegelt, die letztlich die zweckmäßigste integrative Regulation der verschiedenen funktionellen Systeme des Organismus realisieren.

Indem man die Zusammensetzung der Atmosphäre in hermetischen Räumen zyklisch ändert und das Gasmilieu in Übereinstimmung mit dem Regime von Arbeit, Erholung und Energieverbrauch des Menschen bringt, kann man die Reaktivität des Organismus zielgerichtet verändern und die Arbeitsfähigkeit auf einem hohen Niveau halten.

Die experimentellen Daten, die in Laborversuchen sowie unter den natürlichen Bedingungen des Hochgebirges Tienschan und der Antarktis erhalten wurden, zeugen davon, daß die Dynamik der rhythmischen Funktionen in biologischen Systemen ein objektives Kriterium für die Untersuchung adaptiver Verschiebungen bei der Einwirkung extremer Faktoren ist. Die Forschungen zur Biorhythmologie eröffnen breite Perspektiven für eine gründlichere Untersuchung physiologischer Mechanismen der Adaptation des Organismus an verschiedenen extremen Faktoren und die Herausgabe von Empfehlungen für die aviakosmische Medizin und die klinische Praxis.

Резюме

Рассматривается роль русских ученых - И.М.Сеченова, И.П.Павлова, В.М.Бехтерева и др. в научной разработке проблемы восприятия времени и современные представления о механизмах биологических ритмов.

В опытах на животных и в исследованиях с участием человека установлена четкая зависимость между суточными изменениями высотной устойчивости, величиной парциального давления кислорода и углекислоты в альвеолярном воздухе, содержанием электролитов и уровнем кортикостероидных гормонов в крови.

Показано, что адаптация к измененной газовой среде представляет собой сложный динамический процесс, протекающий во времени и отражающий совокупность обменных и структурных изменений, осуществляющих в конечном итоге наиболее целесообразную интегративную регуляцию различных функциональных систем организма. Циклически изменяя состав атмосферы в герметических помещениях и приводя газовую среду обитания в соответствие с режимом труда, отдыха и энерготратами человека, можно целенаправлено изменять общую реактивность организма и сохранять работоспособность на высоком уровне.

Экспериментальные данные, полученные в лабораторных опытах и в естественных условиях высокогорья Тянь-Шаня и Антарктиды свидетельствуют о том, что динамика ритмических функций в биологических системах является объективным критерием для изучения адаптивных сдвигов при действии экстремальных факторов. Исследования по биоритмологии открывают широкие перспективы для более глубокого изучения физиологических механизмов адаптации организма к различным экстремальным факторам и выдачи рекомендаций для авиакосмической медицины и клинической практики.

Summary

An account is given of the role played by Russian scholars, such as I.M. Sechenov, I.P. Pavlov, and V.M. Bekhteryov, and their scientific contributions to the problem of time perception as well as to the modern concepts on the mechanisms of biological rhythms.

Experiments applied to both animals and human subjects have revealed the existence of unambiguous interdependencies between diurnal alteration and variation in resistance to altitude, the oxygen, CO_2, and partial pressures in alveolar air, electrolyte content, and corticosteroid levels in the blood.

Evidence was found to the effect that adaptation to change in gas environment was an intricate dynamic process taking place over time and reflecting the totality of metabolic and structural changes which, after all, are the mechanisms to yield the most purposeful integrated regulation of all functional systems in a given organism.

The reactivity of a given organism can be purposefully modified to keep human fitness at a high level by cyclic modification of atmospheric composition in hermetically sealed spaces and by harmonisation of the gas medium with the human regime of work, rest, and energy consumption.

The experimental findings so far obtained from laboratory tests as well as under natural conditions of the Tienshan alpine mountains and of the Antarctic region have shown the dynamics of the rhythmic functions in biological systems to be an objective criterion by which to measure adaptive shifts in an organism which was exposed to extreme conditions. More studies in the context of biorhythmology are likely to provide brighter prospects for more profound elucidation of physiological mechanisms relating to adaptation of the organism to a variety of extreme conditions. This might be a good basis to issue recommendations for aviation and space medicine and for clinical practice.

Akademie der Medizinischen Wissenschaften der UdSSR, Sibirische Filiale
Institut für klinische und experimentelle Medizin, Nowosibirsk

Langfristige (vitale) Rhythmen bei der Adaptation an extreme Bedingungen

W. P. KAZNATSCHEEW, JU. P. SCHORIN

Die Arbeit enthält die Analyse und einige Verallgemeinerungen der langjährigen Untersuchungen über den Charakter der Regulationsumwandlungen und den Gesundheitszustand im adaptiven Zyklus des Menschen unter inadäquaten Lebensbedingungen. Man erkennt 3 Perioden des Zyklus, die durch bestimmte Stadien und ihre Spezifik gekennzeichnet sind. Langfristige adaptive Zyklen werden als vitale Rhythmen betrachtet, denen die Realisation von bestimmten genetischen Programmen zugrunde liegt.

Die meisten Forschungsarbeiten über die Adaptation behandeln in der Regel die Anpassungsmechanismen während der kurzdauernden Wechselwirkung des Organismus mit den inadäquaten Umweltbedingungen. Arbeiten dieser Art widerspiegelten bis vor kurzem die Lebensbedürfnisse der Gesellschaft. Heute jedoch erhebt sich die Frage nach der Erhaltung und Vervollkommnung der Gesundheit der Menschen bei der Bildung von stabilen Populationen in den Gegenden mit extremen Umweltbedingungen. Das bezieht sich sowohl auf geographische als auch auf die technisierte Umwelt. Unter diesen Bedingungen erfaßt der Adaptationsprozeß einen wesentlichen Teil oder den ganzen Zyklus der individuellen Entwicklung des Menschen. Deshalb gewinnen die auf das Studium der Mechanismen der Wechselwirkung der Adaptationsprozesse und der Ontogenese gerichteten Untersuchungen eine besondere Aktualität.

Zur Zeit sind in den Laboratorien unseres Instituts viele Daten vorhanden, die den Charakter der Veränderungen auf biophysischem, biochemischem und physiologischem Niveau der Regulation des menschlichen Organismus in der Dynamik seiner langfristigen Anpassung an die Polarbedingungen beurteilen lassen. Die vorliegende Arbeit enthält die Analyse und einige Verallgemeinerungen einer Reihe komplexer langjähriger Untersuchungen.

Adaptive Änderungen bei der zugereisten Bevölkerung im hohen Norden betreffen viele funktionelle und homöostatische Systeme. In der Frühperiode überwiegen die Erscheinungen der unspezifischen Anspannung mit den typischen Verschiebungen in der neuroendokrinen Regulation, im Kohlenhydrat-, Fett- und Eiweißstoffwechsel /11, 12, 4 u.a./. In der Dynamik der nachfolgenden Wandlungen wurde eine bestimmte Spezifik erzielt. Die Rolle der Lipidoxydation im energetischen Stoffwechsel nimmt zu. Der Gehalt an Lipiden, freien Fettsäuren und die aktive Fetttransportform - Lipoproteide niedriger und sehr niedriger Dichte (LPND und LPSND) - steigen im Blut an. Dieser Anstieg wird von einer ständig zunehmenden Hypovitaminose (C, B_1, B_2, E) begleitet. Als Grund dieser Verschiebungen ergab sich /7,11, 12/ eine Störung der Absorbtionsprozesse und der Assimilation dieser Verbindungen in den Geweben. Nach ca. 6 Monaten nehmen diese Änderungen einen stabilen Charakter an. Sie werden bei allen Menschen - unabhängig von der Dauer des Lebens im Norden - nachgewiesen. (Abb.1)

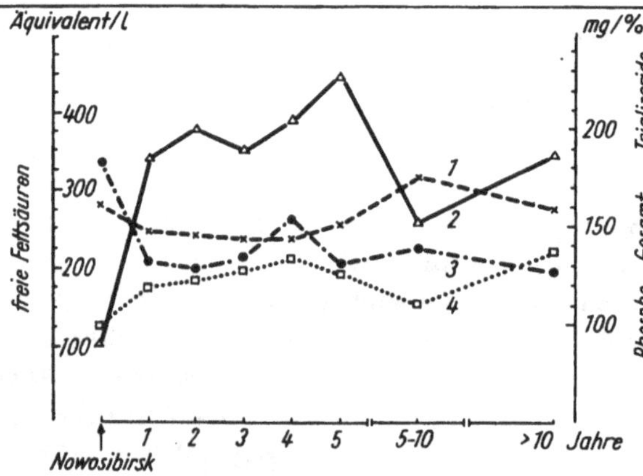

Parameters des Lipidmetabolismus im Blut bei Einwohnern von Norilsk, die unterschiedlich lange am Polarkreis leben.
1- Gesamtcholesterin, 2- freie Fettsäuren, 3- Phospholipide, 4-Triglizeride

Abb. 1: Parameter des Lipidmetabolismus im Blut bei Einwohnern von Novosibirsk, die verschieden lange am Polarkreis lebten.
1. Gesamtcholesterin; 2. Freie Fettsäuren;
3. Phospholipide; 4. Triglyzeride.

Von den Lipidstoffwechseländerungen zeugen auch Verschiebungen der freien Radikale der Lipidoxydation (FRLO). Im Plasma und Lipidextrakt der Erythrocyten läßt sich ein einschneidender Abfall der Antioxydationsaktivität (AOA) in den ersten 5 Jahren des Lebens in Norden nachweisen. Bei den Menschen, die im Norden bereits 10 Jahre gelebt haben, beobachtet man eine Tendenz zur Normalisierung der oben erwähnten Daten mit nachfolgendem Abfall unter die Werte, wie sie für mittlere Breitengrade typisch sind. Zusammen mit der AOA ändern sich auch die Parameter der Peroxid- und in geringerem Maße der Säurehämolyse der Erythrocyten /8/ (Abb.2).

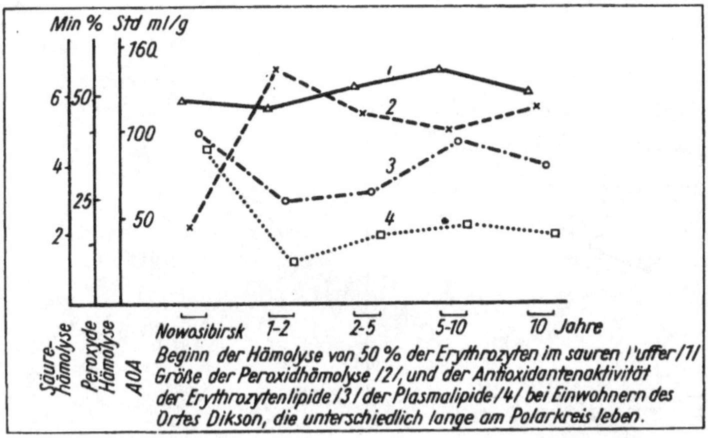

Abb. 2: Beginn der Hämolyse von 50 % der Erythrozyten im sauren Puffer /1/. Größe der Perocidhämolyse /2/ und der Antioxidantenaktivität der Erythrozytenlipide /3/ der Plasmalipide /4/ bei Einwohnern des Ortes Dikson, die verschieden lange am Polarkreis leben.

Die Untersuchungen der pH ergaben einen ständigen Anstieg der metabolischen Azidose im venösen Blut und einen kompensatorischen pH-Abfall im arteriellen Blut. Bei Menschen, die 10-15 Jahre im hohen Norden lebten, beobachtet man einen Anstieg von Heparin und der Heparintoleranz. Diese Tendenz zur Erhöhung der Hämokoagulation stabilisiert sich nach 15-20 Jahren /5/. (Abb.3) Die Änderung der funktionellen Charakteristika des Mikrorayons unter Polarbedingungen zeigt sich in einer Erhöhung der Kapillarenpermeabilität für Flüssigkeit und Eiweiß in den ersten 10-15 Jahren nach der Übersiedlung in den Norden. Diese festgestellten Charakteristika sinken wieder bei den Menschen, die mehr als 15 Jahre im Norden leben /5/.

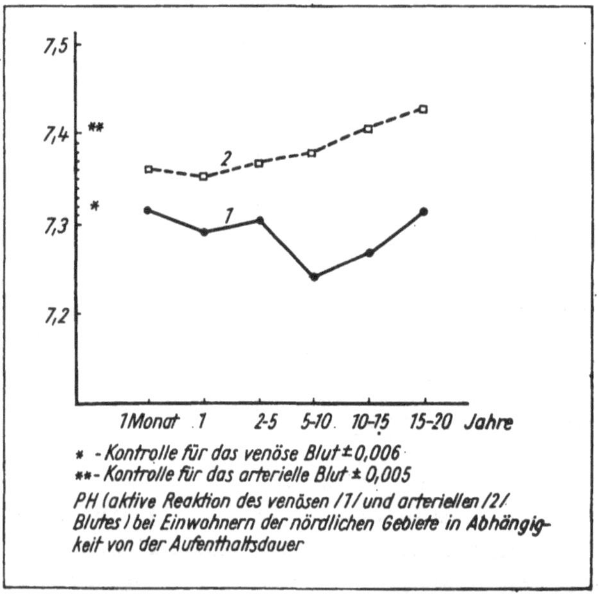

Abb. 3: PH (aktive Reaktion des venösen (1) und arteriellen Blutes) bei Einwohnern der nördlichen Gebiete in Abhängigkeit von der Aufenthaltsdauer.

Eigenartig ist die Andlung der Systeme der natürlichen Resistenz (NR) des Organismus. In der ersten Periode (6-12 Monate nach der Übersiedlung) sinken sowohl Lysozymtiter im Serum und Speichel, als auch Properdin- und Komplimenttiter im Blut, summarisches Absorbtionsvermögen der Blutneutrophile gegenüber weißen Streptokokken, bakterizide Blutaktivität ab. Nach 1,5 - 2 Jahren normalisieren sich die meisten NR-Charakteristika. Der NST-Test zur Feststellung der bakteriziden Funktion der Neutrophile zeigte eine Phasendynamik der Reservefähigkeiten dieser Zeller zu den Bakterienendotoxinen. Je nach der Dauer des Lebens hinter dem Polarkreis (5-10 Jahre und mehr) nehmen die Reservefähigkeiten der phagozytierenden Zellen ab /10/.

Interessante Daten ergaben sich aus der Untersuchung der Titer der Antikörper gegen die allgemeine allergisch-aktive Fraktion der Enterobakterien. Bilden bei den 20-45 Jährigen, die in mittleren Breitengraden leben, die Titer der Antikörper gegen die allgemeinen Antigene eine Kurve der "normalen Verteilung" mit einem Mechanismus im Intervall 1:80 - 1:3200, so ist diese Kurve im Norden bei der zugereisten Bevölkerung desselben Alters in den ersten 5 Jahren deformiert. Die Zahl der Gruppen mit niedrigen und sehr hohen Titern nimmt zu.

Bei den Menschen, die 10-15 Jahre im Norden lebten, zeugt der Anstieg der Fälle mit sehr hohen Titern der Antikörper von der Sensibilisierung des Organismus zur Darmmikroflora /10/.

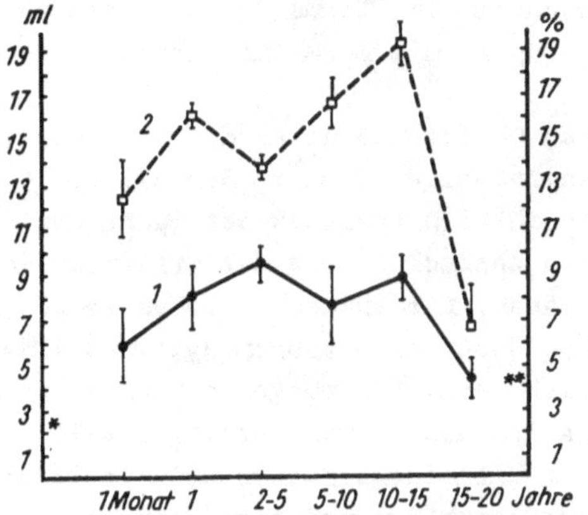

*-Flüssigkeitskontrolle ± 0,3; **-Eiweißkontrolle ± 0,6
Permeabilität der Blutkapillaren für Flüssigkeiten /1/ und Eiweiß /2/ bei Einwohnern der nördlichen Gebiete in Abhängigkeit von der Aufenthaltsdauer

Abb. 4: Permeabilität der Blutkapillaren für Flüssigkeiten /1/ und für Eiweiß /2/ bei Einwohnern der nördlichen Gebiete in Abhängigkeit von der Aufenthaltsdauer.
\+ Flüssigkeitskontrolle ± 0,3;
++ Eiweißkontrolle ± 0,6

Die Untersuchung der Besonderheiten der neuroendokrinen Regulation bei der zugereisten Bevölkerung in hohen Norden ergab, daß sich Cortisolniveau im Plasma und die Tagesexkretion seiner Metabolite bei den meisten gesunden Männern schon in den nächsten Monaten normalisiert. Nur Personen mit der Intrawerttypologie scheiden während des Polartages mehr 17-Ketogensteroide aus. Ein Merkmal der adaptiven Anspannung der endokrinen Funktionen waren Abweichungen im Tagesstereotyp. So beobachtet man in den ersten 1,5-2 Jahren praktisch bei allen Untersuchten Phasenverschiebungen im circadianen Rhythmus der Exkretion von Glykokortikoidemataboliten, Androgenen, Aldosteron, Wasser und Elektrolyten. Diese Änderungen sind deutlicher in den Persioden mit abnormaler Lichtperiodik (Polartag und -nacht) ausgeprägt.

Einige Autoren, die den Zustand des endokrinen Systems bei der zugereisten Bevölkerung des asiatischen Nordens untersuchten, haben die Aktivierung der Nebennierenmark- und -rindefunktionen in den ersten 2-3 Jahren hervor /13,2/. Gleichzeitig weisen Personen, die mehr als 2-3 Jahre im Norden leben, einen Abfall der Schilddrüsen- und Nebennierenrindefunktionen auf /13/. Wichtig ist, daß sowohl zitierte Autoren als auch wir ein verhältnismäßig niedriges Niveau der Hormone in biologischen Flüssigkeiten bei den Ureinwohnern des Nordens feststellten. Nach unseren Angaben betrug die Cortisolkonzentration im Plasma der Nganasan bei der radioimmunen Untersuchung 9,2 ±0,3 µg % (die Norm für mittlere Breitengrade ist 15,8 ±0,5 µg %).

So induziert sich im menschlichen Organismus unter der Wirkung der Polarfaktoren ein eigenartiger langfristiger Prozeß, der ca. 20-25 Jahre dauert. Ihm zugrunde liegen offensichtlich Prozesse der Suche und des Behaltens des Programms der optimalen Wechselwirkung des Organismus mit einem neuen Komplex der Umweltfaktoren. Die erwähnten Daten zeigen, daß sich die adaptive Funktionswandlung durch eine ausgeprägte Spezifik kennzeichnet. Diese Spezifik schließt ein: Änderungen der Lipidzusammensetzung der Membranen, Umschaltung des Kohlenhydratstoffwechseltyps auf den Fettstoffwechseltyp, Abfall der Vitaminabsorbtion und -utilisation, eine typische Änderung der NR-Charakteristika und eine Reihe von anderen Verschiebungen.

Nach dem Charakter der Regulationsumwandlungen und dem Gesundheitszustand in der Dynamik des beobachteten adaptiven Zyklus lassen sich 3 Perioden aussondern. Die erste Periode charakterisiert 2 entgegengesetztgerichtete Regulationsreaktionen. Einerseits strebt der Organismus nach der Erhaltung des ehemaligen stabilen Zustandes der homöostatischen Konstanten des inneren Milieus, indem Reservemöglichkeiten der funktionellen Systeme mobilisiert werden. Allgemeine Gesetzmäßigkeiten dieser Reaktionen sind in Arbeiten beschrieben, die physiologische Mechanismen der kompensatorischen Anpassungsreaktionen bei der Akklimatisation des Menschen analysieren.

Gleichzeitig fordert der lange Aufenthalt unter extremen Bedingungen eine qualitative Wandlung der metabolischen Reaktionen. Die Datenanalyse zeigt, daß sich der Übergang zu einem neuen stabilen Zustand über die Phase der Distabilisation homöostatischer Konstanten vollzieht. Das zeigt sich insbesondere in der Desynchronisation einer Reihe von physiologischen Funktionen, darunter einiger Parameter des neuroendokrinen Systems.

Der Vergleich einer Reihe von Charakteristika auf dem zellulären und molekularen Niveau läßt vermuten, daß der Prozeß der selektiven Depression der Locus des Genoms der somatischen Zellen der langfristigen adaptiven Wandlung zugrunde liegt. Wichtig ist, daß jemehr es Klone der Zellen mit veränderten Eigenschaften gibt, desto ausgeprägter und stabiler die adaptive Wandlung der Funktionen ist. Sowohl die Daten von AWTZIN u. Mitarb. /1/ über strukturelle Änderungen in Lungen und Erytropoese bei den Menschen, die viele Jahre im Norden leben, als auch unsere in der

Hypothese über das Syndrom der Polaranspannung (KAZNATSCHEEW /6/) summierten Daten unterstützen diese Vermutung.

Die erhaltenen Daten zeigen, daß die Destabilisationsperiode im Durchschnitt 6 Monate bis 3 Jahre dauert. Sie ist für die meisten Übersiedler kritisch. Nach den amtlichen Statistiken beträgt die Remigration der Bevölkerung aus den nördlichen Bezirken in den ersten 3 Jahren bis 70 % /9/. Daraus ergibt sich, daß von uns der stabilste Teil der Population untersucht wird, dessen genetische Konstitutionseigenschaften den Nordbedingungen entsprechen. Unseren Angaben nach sind die meisten Remigranten von den Großbauten Sibiriens Personen mit adaptiver "Sprinter"-Typologie. Gleichzeitig ertragen "Stayers", nachdem die erste für sie besonders schwere Periode zu Ende ist, glatt und schmerzlos diese Bedingungen.

Die zweite Periode, die 10-15 Jahre dauert, wird durch die Stabilisierung eines neuen Niveaus des Funktionierens der regulatorisch-homöostatischen Systeme und Normalisierung der Gesundheitscharakteristika gekennzeichnet. Vom allgemeinbiologischen Standpunkt aus kann man diese stabile Adaptationswandlung als langfristige Modifikation qualifizieren. Dieser Adaptationstyp ist stark unter einer Reihe von Spezies der Tier- und Pflanzenwelt vertreten /15,16/.

Man darf vermuten, daß dieser Reaktion des Organismus auf Außenwirkungen tiefe Wandlungen auf dem Niveau genetischer Mechanismen zugrunde liegen. Von der Realität dieser Annahme zeugen unsere Untersuchungen, die zeigten, daß eine stabile Expression bestimmter Locus des Genoms der Zellen der inneren Organe der langfristigen Modifikation der metabolischen Prozesse bei den experimentellen Tieren in dem Kälteimprinting zugrunde liegt. Interessant ist, daß man bei den erwachsenen Tieren eine stabile Wandlung der Enzymaktivität mit einer Embryonalverschiebung in der strukturell-funktionellen Zellendifferenzierung im Hintergrund erreichen kann. Wir haben diese Daten bei der Nebennierenuntersuchungen in der Dynamik der Einführung großer ACTH-Dosen oder bei ihrer Regeneration erhalten.

Da nur ein unbeträchtlicher Teil der Population in den Polarregionen ansässig werden kann, erhebt sich vor der medizinischen Wissenschaft das Problem der Ausarbeitung der Maßnahmen zur Auswahl und Erhaltung der Gesundheit der zureisenden Bevölkerung. Das erklärt auch die Aktualität der Untersuchungen der Mechanismen und der Suche nach neuen Wegen der Steuerung der Adaptationsprozesse. Von unserem Standpunkt aus muß man bei der Planung dieser Untersuchungen auf der Grundlage der Systemvorstellungen auf dem Niveau eines Individuums Besonderheiten der psychophysiologischen Organisation des Menschen berücksichtigen. Anscheinend ist eine qualitative Einschätzung des Biosystems zu einem beliebigen Moment ohne Berücksichtigung der Priorität der Ziele seines Außen- und

Innenverhaltens unmöglich. Diese Forderung ergibt sich aus der Konzeption von P.K. ANOCHIN über eine überholende Gegenwartswiderspiegelung. Offensichtlich sind für den Menschen die höchsten Ziele oder Ziele des ersten Ranges solche, die auf Erfüllung der sozialen Arbeitstätigkeit bei der maximalen Lebensdauer gerichtet sind. Die Arbeiten von N.P. BECHTEREWA und ihrer Mitarbeiter /3/ betonen eine wichtige Rolle des Gehirns bei der Formierung der Matrix eines stabilen Zustands der Systeme der Regulation der visceralen Funktionen /3/. Die dritte Periode des zu betrachtenden adaptiven Zyklus kennzeichnet sich durch Erschöpfung der Reservemöglichkeiten und Entwicklung verschiedener chronischer Erkrankungen. Die Dynamik einiger Parameter des Herz- und Kreislaufsystems - Minutenvolumen des Kreislaufes (MVKL), mittlerer dynamischer Blutdruck (MDB), peripherer Gefäßwiderstand (PGW) (Abb.5) läßt diese Erscheinung deutlich erkennen. Bei der Mehrzahl der untersuchten Bevölkerung beobachtet man in den ersten 4 Jahren eine Tendenz zur Steigerung von MDB und PGW. Besonders deutlich kommen diese Änderungen im 5. bis 10. Jahr des Lebens im Norden zum Ausdruck. Es wurde nachgewiesen, daß sich allmählich qualitative Änderungen - Anstieg des Prozentsatzes der Erkrankungen an ischemischer Herzkrankheit - auf der Basis dieser Wandlungen häufen /14/. Man muß auch hervorheben, daß die Zahl verschiedener psychoneurotischer Verschiebungen zur gleichen Zeit zunimmt: eine erhöhte Streitsucht, Aufdringlichkeit, neurotische Zustände, Neigung zum Alkoholismus. Bei den Frauen überwiegen Störungen des monatlichen Zyklus und Schwangerschaftspathology.

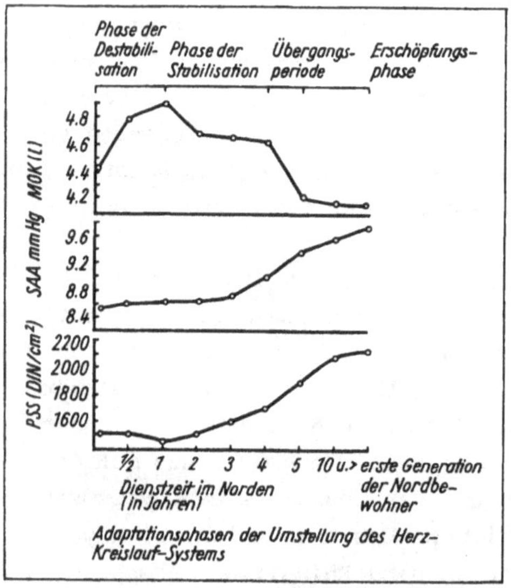

Abb. 5: Adaptationsphasen der Umstellung des Herz-Kreislauf-Systems

Diese Daten im Ganzen zeugen von der Beschleunigung der Prozesse des Alterns. Nach unseren Vorstellungen liegen diesen Prozessen ungenügend tiefe zellulär-genetische Gesundheitsreserven zugrunde. Gleichzeitig findet man solche Personen, die trotz des langjährigen Lebens und der Arbeit unter schweren Bedingungen des hohen Nordens gesund bis ins hohe Alter bleiben. In der Regel sind es Personen mit dem "Stayer"-Typ der Konstitution, die ihrem Beruf und ihrer Arbeit sehr ergeben sind.

Wir haben also eine neue Erscheinung: die Dynamik des vieljährigen Lebens des Menschen unter inadäquaten Bedingungen. Sie charakterisiert sich durch bestimmte Stadien und Spezifika jeder einzelnen Periode. Im Grunde genommen ist es eine längere unter extremen Bedingungen erlebte Periode der Ontogenese des Menschen. Eine analoge Erscheinung wird unter bekannten Zyklen und Biorhythmen nicht betrachtet. Eine prinzipielle Frage besteht darin, daß man herausfindet, ob in diesem Fall die Rede von der Änderung bekannter Mechanismen der Ontogenese sein kann oder ob es eine Interaktion zwischen diesen Mechanismen mit einem anderen evolutionsbedingten diskreten biologischen Programm der Adaptation an einen spezifischen Komplex der Faktoren einer bestimmten Umwelt gibt.

Betrachtet man den ganzen individuellen Zyklus der Entwicklung des Menschen als einen einheitlichen vitalen Prozeß, so kann man langfristige adaptive Zyklen als vitale Rhythmen betrachten. Ihnen zugrunde liegt die Realisation bestimmter genetischer Programme.

Möglich ist, daß sowohl das Verständnis und die Berücksichtigung der Hierarchie der Ziele des Biosystems als auch die Entzifferung physiologischer Destabilitäts- und Stabilitätsmechanismen neue Wege zu einer effektiveren Korrektion langfristiger adaptiver Reaktionen erschließt.

Literatur

1. Avzyn, A.P.; A.G. Maratscheev, L.N. Matejev: Novosibirsk. isd. S.f AMN. SSSR (1978) 11

2. Bersin, F.B.; T.D. Bolschakova. Novosibirsk isd. S.f AMN SSSR (1978) 172

3. Bechtereva, N.P.; D.K. Kambaroba, V.M. Smirnov, I.V. Tschernigowskaja, A.N. Schandurina: Sovremenuje tendenzii v nejrofiziologie. Nauka (1977) 189

4. Gitschev, Ju.P.; M.M. Egunova: Medikobiologitschevskije aspectu prozessov adaptazii. Nauka, Novosibirsk (1975) S. 106

5. Egunova, M.M.: Novosibirsk isd. Sf AMN SSSR (1978) S. 207

6. Kaznatscheev, B.P.: Adaptazija i problemy obtschej. patologii. Novosibirsks 2 (1974) 3

7. Kaznatscheev, B.P.; L.E. Panin: Novosibirsk isd. Cf AMN SSSR (1978) 213

8. Kulikov, V.Ju.; L.J. Kolesnikova, L.V. Moltschanoba. Adaptazija i problemy obschej patologii. Novosibirsk 2 (1972) 62

9. Materialy Konferenzii v Norilske 1976

10. Majanskii, D.N.; V.I. Schepbakov, N.N. Majanskaja: Novosibirsk isd. Cf. AMN SSSR (1978) 41

11. Panin, L.E.: Adaptazija i problemy obschej patologii. Novosibirsk 2 (1974) 155

12. Panin, L.E.: Medikobiologitscheskije aspekty prozessob adaptazii Novosibirsk. Nauka (1975) 34

13. Tkatschev, A.V.; A.A. Argaliev, E.K. Avetisjan. Novosibirsk isd. Sf AMN SSSR (1978) 321

14. Turtschinskij, V.I.; Sch.I. Schurgaja, S.I. Sacharova; E.V. Konschina, V.A. Malko, V.E. Rasin: Medikobiologitscheskije aspekty prozessov adaptazii Novosibirsk. Nauka (1975) 220

15. Schaposchnikov, G.H.: Jurn. abschej biologii 39 (1978) 15

16. Schmalgausen, I.I.: Faktory. Evoluzii M. 1968

Zusammenfassung

Die Erforschung der Mechanismen der Anpassung an die Bedingungen der Gebiete jenseits des Polarkreises ließ die Etappen des zyklischen Prozesses charakterisieren, der im menschlichen Organismus gesetzmäßig verläuft, wenn sich der Mensch unter extremen Bedingungen befindet. Der Vergleich der Veränderungen, die auf verschiedenen Regulationsniveaus im Prozeß der langfristigen Adaptation geschehen, hat gezeigt, daß die Dauer dieses periodischen Prozesses im Laufe von 15 - 20 Jahren schwankt und die Spezifik der Adaptation an die Bedingungen der gegebenen konkreten ökologischen Verhältnisse widerzuspiegeln scheint.

In der Dynamik des adaptiven Zyklus gelingt es, drei Perioden deutlich zu machen, die sowohl durch verschiedene Dauer als auch durch den Gehalt an strukturell-funktionalen und Informationsveränderungen der Selbstregulationsmechanismen charakterisiert sind.

Die erste Periode ist die Periode der Destabilisation zusammen mit der Mobilisation der Kompensations- und Anpassungsreaktionen, die in den Arbeiten zum Thema "Die Akklimatisation des Menschen" ausführlich beschrieben sind. Dieser Periode ist eine Reihe von Änderungen eigen, die wir zum ersten Mal gefunden haben. Das betrifft in erster Linie eine ganze Reihe von funktionalen Veränderungen auf der Grundlage genetischer Mechanismen. Hier werden die Möglichkeiten der selektiven Änderungen der Depressionsprozesse in den somatischen Zellen mit einem Anwachsen dieser Veränderungen entsprechend dem Wechsel der Zellpopulationen in den Organen in Betracht gezogen. Diese Periode dauert 6 Monate bis 2,5 - 3 Jahre.

Die zweite Periode (10 - 15 Jahre) wird durch eine relative Stabilisierung des neuen Funktionsniveaus der regulativ-homöostatischen Systeme charakterisiert, was für die gegebenen ökologischen Bedingungen die optimale Lebenstätigkeit gewährleistet.

In der dritten Periode beendet eine bestimmte Kategorie von Menschen erfolgreich die Adaptationsperiode, für die anderen aber zeigen sich wieder die Destabilisationsmerkmale und die Funktionsschwäche der inneren zellgenetischen Reserven der Gesundheit.

In der dargestellten Rhythmusstruktur spielt die erste Periode eine besonders wichtige Rolle.

Speziell in dieser Etappe formiert sich die Hierarchie der Ziele des Biosystems auf Grund der Wechselwirkung mit der Umwelt. Unter Berücksichtigung der Hierarchie der Ziele wird der Beschluß gefaßt über die Selbstorganisationsmethode, die sich in einem bestimmten Umbau der zentralen, homöostatischen und molekulargenetischen Mechanismen ausdrückt. Als eine gewisse Bestätigung des schon Gesagten können die Angaben über die gerichtete langfristige Änderung der psychosomatischen Funktionen bei Tieren, die verschiedenartigen Einflüssen in der frühen postnatalen Periode ausgesetzt waren, gelten. Die entdeckte gesetzmäßige Prozeßperiodizität gestattet darüber zu sprechen, daß jedem adaptativen Zyklus das evolutionsbedingte biologische Programm zugrunde liegt. Dieses Programm entspricht mehr oder weniger den Bedingungen der konkreten Umwelt. Die Untersuchungen haben gezeigt, daß die Realisierung dieses Programms in bedeutendem Maße durch typologische Eigenschaften des Organismus bestimmt wird.

Während für eine bestimmte Kategorie von Menschen dieser langjährige Prozeß nicht gesundheitsschädlich ist und gegebenenfalls auch der Sanierungseffekt möglich ist, kann sich für eine andere Kategorie die Modifikation der Ontogenese durch die pathologische Beschleunigung der Alterungsprozesse charakterisieren.

Man kann also das gewonnene Phänomen als langjährigen Vitalitätszyklus bestimmen, und das läßt vermuten, daß das tiefe Verständnis seiner Mechanismen große Möglichkeiten für die Steuerung der Ontogenese eröffnet. Die theoretische und experimentelle Erarbeitung dieser Richtung kann die Grundlage für die Ausarbeitung medizinisch-biologischer Empfehlungen zur Formierung von seßhaften Populationen in extremen Gebieten bilden.

Резюме

Исследование механизмов адаптации к условиям Заполярья позволило выделить этапы циклического процесса, закономерно протекающего в организме человека, оказавшегося в экстремальных условиях. Сопоставление изменений, происходящих на различных уровнях регуляции в процессе долговременной адаптации показало, что длительность этого периодического процесса колеблется в пределах 15–20 лет, видимо, отражая специфику адаптации к условиям данной конкретной экологии.

В динамике адаптивного цикла удается выделить 3 периода, характеризующиеся как различной длительностью, так и содержанием структурно-функциональных и информационных перестроек механизмов саморегуляции. Первому периоду или периоду дестабилизации наряду с мобилизацией компенсаторно-приспособительных реакций, подробно описанных в работах по акклиматизации человека, свойственен ряд изменений, выделяемых нами впервые. Это касается прежде всего целого ряда функциональных перестроек на основе генетических механизмов. Имеются в виду возможности селективного изменения процессов дерепрессии в соматических клетках с нарастанием таких изменений по мере смены клеточных популяций в органах. Этот период длится от 6 месяцев до 2,5–3 лет.

Второй период (10–15 лет) характеризуется относительной стабилизацией нового уровня функционирования регуляторно-гомеостатических систем, что обеспечивает оптимальную для данных экологических условий жизнедеятельность.

В третьем периоде определенная категория людей успешно завершает период адаптации, тогда когда для других вновь выявляются признаки дестабилизации и недостаточности глубинных клеточно-генетических резервов здоровья.

В предлагаемой структуре ритма особо важная роль принадлежит первому периоду. Именно на этом этапе на основании взаимодействия с внешней средой формируется иерархия целей биосистемы. С учетом иерархии целей принимается решение о способе самоорганизации, выражающееся в определенной перестройке центральных, гомеостатических и молекулярно-генетических механизмов. Определенным подтверждением сказанного могут быть данные о направленном длительном изменении психо-соматических функций у животных, подвергнутых тому или иному воздействию в ранний постнатальный период.

Выявленная закономерная периодичность процесса позволяет говорить о том, что в основе любого адаптивного цикла лежит эволюционно-обусловленная биологическая программа в той или иной форме соответствующая условиям конкретной среды. Как показали исследования, реализация этой программы в значительной мере определяется типологическими свойствами организма. Если для определенной категории людей этот многолетний циклический процесс не сопровождается нарушениями здоровья, а в ряде случаев, видимо, возможен его санирующий эффект, то для другой категории – такая модификация онтогенеза характеризуется патологическим ускорением процессов старения.

Таким образом, определяя выделенный феномен как многолетний витальный цикл, предполагаем, что глубокое понимание его механизмов открывает возможности для управления онтогенезом. Теоретическая и экспериментальная разработка этого направления может составить основу для выработки медико-биологических рекомендаций по формированию оседлых популяций в экстремальных районах.

Summary

Mechanisms of adaptation to conditions prevailing beyond the Polar Circle were studied. In that context, characterisation was undertaken of the phases of the cyclic process which inevitably takes place in a human organism exposed to extreme conditions. Changes relating to different levels of regulation are likely to take place in the course of long-term adaptation. A comparison between such changes has shown adaptation periodicity to take something between 15 and 20 years and to reflect quite obviously the ecological conditions at which adaptation is aimed.

The dynamics which were found to underly the cycle of adaptation was characterised by three periods which differed from one another by duration as well as by structural, functional, and informational variations in the mechanisms of self-regulation.

The first period is that of destablisation during which compensation and adaptation reactions are mobilised. Those have been described in much greater detail in papers contributed to the subject of "Acclimatisation of Man". This period is characterised by a number of alterations detected by the authors for the first time. There is, above all, a sizeable number of functional changes against the background of genetic mechanisms. Considered in that context were possibilities for selective changes to depression processes in somatic cells together with a growth of such changes along with variation of cell populations in the organs. This period usually lasts between six months and three years.

The second period, which takes something between ten and 15 years, was found to have been characterised by relative stabilisation of functionality gained, in the meantime, by the regulatory-homoeostatic system. This ensured optimum life activity for the given ecological conditions.

The third period marks successful completion of adaptation for a certain category of individuals, whereas others may suffer from recurrence of destabilisation and functional feebleness of cellular genetic reserves of health.

The first period was found to play a very important role in that rhythmic structure. It is the period in which the hierarchy of objectives of the biosystem is built up in interaction with the environment. The hierarchy, once formed, will determine the method of self-organisation which, in turn, will be reflected in a definite pattern of alteration of central, homoeostatic, and molecular-genetic machanisms. Those findings have been confirmed, to some extent, by data on directional long-term alteration in psychosomatic functions of animals which had been exposed to various external effects in early postnatal age. The periodicity of the process is based on lawful regularity, which seems to suggest with greatest probability that any adaptive cycle is based on an evolutionary biological programme. It is a programme which is more or less in key with the conditions of a specific and real environment. Studies have shown the materialisation of that programme to depend greatly on typological properties of the organism concerned.

While such long-time process has proved to be in no way detrimental to the health of many people, it may be harmful to others in whom such modification of ontogenesis may pathologically accelerate the process of ageing.

This phenomenon may thus be defined as a long-time cycle of vitality, and more understanding of its underlying mechanisms may be assumed to open up bright prospects for ontogenetic control. More theoretical and experimental treatment of the problem touched upon in this paper may provide points of departure from which to prepare medico-biological recommendations for settling populations in remote areas of extreme conditions.

Institut für klinische und experimentelle Medizin der Sibirischen Abteilung der Akademie der Wissenschaften der UdSSR, Nowosibirsk

Zirkadianer Rhythmus der Kortikosteroidfunktion bei unterschiedlichen Regimen der motorischen Aktivität

MOSCHKIN, M.P., V.P. SUBANOW, V.A. DJATSCHKOW und V.S. POSNY

Es gilt als bekannt, daß die Phasenstruktur der zirkadianen Rhythmen erheblich die Arbeitsfähigkeit des Organismus beeinflußt /1, 2/, dessen Resistenz gegenüber der Wirkung schädigender Noxen chemischer und physikalischer Natur /3/. Im Hinblick auf die hormonelle Rhythmik können sie einen der Regulationsmechanismen adaptiver Veränderungen des Metabolismus darstellen /6/. Die Phasen der 24-Stunden-Periodizität werden von sehr vielen unterschiedlichen Faktoren beeinflußt. Dabei entwickeln die sog. "Zeitgeber" unterschiedliche Fähigkeiten zur Synchronisation des Rhythmus der einen oder anderen Funktion des Organismus /7/, was durch Variation der äußeren Bedingungen die Möglichkeit ergibt, das Ensembel der Biorhythmen zu steuern.

Die vorgelegten Untersuchungen waren auf die Klärung zweier Fragenkomplexe gerichtet:

1. auf die Erforschung der Rolle der motorischen Aktivität im Synchronisationsprozeß der Biorhythmen der Kortikosteroidfunktion und anderer physiologischer Funktionen.
2. auf die Klärung der Adaptiven Bedeutung der Phasenkoordinierung der Biorhythmen am Beispiel der Entwickling motorischer Qualitäten bei Sportlern.

In der ersten Serie wurden an 5 Probanden (Männer im Alter von 17-19 Jahren) die 24-Stundenrhythmen am 4., 11. und 18. Tag eines täglichen regelmäßigen Trainingsprogramms für Basketball untersucht. Die Untersuchungen fanden zunächst in den frühen Morgenstunden (7,oo - 8,3o) und danach am Ende eines 24-tägigen morgentlichen Rhythmus (19,oo - 20.3o) statt. In den Tagen der Erholung von Training wurden unter stationären Bedingungen alle 4 Stunden (beginnend bei 19,oo) Kreislaufparameter ermittelt und Speichelproben gewonnen.

Nach dem gleichen Schema wurden die 24-Stunden-Rhythmen motorischer und vegetativer Funktionen bei zwei Gruppen von Schwimmern (2.Serie) nach 80 - 100tägigem Training von 7,oo - 9,oo (7 männliche Probanden im Alter von 15 - 17 Jahren) bzw. von 15,oo - 17,oo (9 männliche Probanden im Alter von 15 - 17 Jahren) ermittelt.

Im Speichel wurde durch die fluorimetrische Methode /12/ der Gehalt an 11-Oxykortikosteroiden (11-OXS) sowie der Gehalt an Natrium- und Kaliumionen mit der flammenfotometrischen Methode ermittelt. Der Blutdruck wurde bei allen Untersuchungen gemessen, wie auch die orale Temperatur, die Kraft, Verkürzungsgeschwindigkeit und auch der statische Widerstand der Armbeuger. Desweiteren wurden das Phonokardiogramm, die Sphygmogramme der a. carotis sowie der a. femoralis mit anschließender Auszählung der Phasen des Herzzyklus sowie grundlegende haemodynamische Parameter registriert.

Die Gegenüberstellung der zwei Versuchsserien gestattet die Wiedergabe der Dynamik zirkadianer Rhythmen physiologischer Funktionen im Prozeß der Adaptation an regelmäßige motorische Belastung zu bestimmten Tageszeiten. In den, bis zum Beginn des sportlichen Trainings, durchgeführten Ausgangsuntersuchungen zeigte der 11-OXS-Spiegel im Speichel um 7,oo (Abb. 1) sein Maximum. Vom 11. - 18. Zyklustage des morgendlichen Trainings stellte sich ein zweiphasiger Rhythmus mit Maxima um 03.00 und um 1.00 Uhr ein. In der zweiten Serie konnte bei allen Schwimmern die morgens trainierten, ein deutlicher Anstieg des Gehaltes an 11-OXS im Speichel um 19,00 Uhr beobachtet werden, welcher in 2 Fällen von 7 durch ein zusätzliches Maximum um 7.00 und im 9.00 Uhr gekennzeichnet war. (Abb. 1 und 2)

Ein ein- bis zweistündiger Zeitunterschied in der Weckzeit bei morgendlichem und abendlichem Training kann offensichtlich nicht der Grund für die Unterschiede in den hormonellen Zyklen sein. Es konnte bereits in früheren Untersuchungen von uns gezeigt werden, daß lange Zeitverschiebungen des Schlafes um 2 Stunden sich nicht wesentlich auf die Lage der Akrophase des Tagesrhythmus der Konzentration an 11-OXS im Speichel auswirkt. /8/ Das Vorhandensein eines hormonellen Zyklus, welcher um 5-8 Stunden dem Beginn der motorischen Belastung vorausläuft, ist das verbindende Kennzeichen der Glukokortikoidfunktion der Nebennieren bei morgendlichem und abendlichem Training (Abb. 1 und Abb. 2). Diese vorzeitige Steigerung des Niveaus der biologischen Aktivität der Steroide, das durch den Gehalt an 11-Oxykortikosteroiden im Blut widergespiegelt wird /11/, dient offenbar zur Vorbereitung des Organismus an die motorische Leistungsanforderung. In der Literatur sind eine Vielzahl von Effekten der Glukokortikoide beschrieben, welche ihre Wirkung in einer Latenzzeit von 2-6 Stunden zeigen. Zu ihnen gehören vor allem eine Steigerung der Glukosedurchströmung verschiedener Gewebe /5/, die Aktivierung von Fermenten der Glukoneogenese /9/, Steigerung des Glykogengehaltes im Myocard /4/ und andere. Nach Erreichen des Maximums bleibt der Effekt der Glukokortikoidwirkung noch im Verlaufe einiger Stunden /4, 9/ erhalten, was gut die relative Freiheit der Phasenwinkel zwischen den Rhythmen der motorischen Aktivität und der Konzentration an 11-Oxykortikosteroiden erklärt. (Abb. 1 und Abb. 2).

Die Rhythmusänderung der motorischen Aktivität bei morgendlichem Training ist durch Phasenverschiebungen der Schwankungen verschiedener vegetativer Funktionen innerhalb von 24 Stunden begleitet. Nach dem Maximum der Muskelaktivität synchronisieren sich die zirkadianen Rhythmen der Kraft und des statischen Widerstandes der getesteten Muskeln sowie die Parameter der Herztätigkeit und der Hautdurchblutung (Abb. 2). Gleichzeitig ändern die Maxima der Konzentration von Natrium im Speichel, der Muskeldurchblutung und einiger anderer Funktionen ihre Lage entsprechend dem Schlaf-Wachzyklus nicht. Das Training in der zweiten Tageshälfte spiegelt sich nicht wesentlich im zirkadianen Ensemble der motorischen und vegetativen Funktionen wider.

Zur Beurteilung der Effektivität des motorischen Trainings, welches zu unterschiedlichen Tageszeiten ablief, wurden die Resultate antropromorphischer Messungen sowie der pädagogischen Testung der Schwimmer 3mal im Verlaufe einer Sommersaison herangezogen. Dabei wurde der Zuwachs der Parameter für ein halbes Jahr (September bis Dezember) bestimmt. Dieselben Testpersonen wurden in den verschiedenen Jahren sowohl morgendlichen als auch Tagestrainingsgruppen zugeordnet. Alle untersuchten Merkmale, mit Ausnahme des Körperwachstums, zeigten die größte Steigerung innerhalb eines Halbjahreszyklus bei Training in der zweiten Tageshälfte. (Tabelle 1)

Merkmale	Trainingszeit 07.00 - 09.00	Trainingszeit 15.00 - 17.00	Signifikanz d. Differenzen
1. Gewicht in kg	+ 2,6 ± 0,35	+ 3,7 ± 0,38	p 0,05
2. Vitalkapazität der Lunge (l)	+ 0,23± 0,03	+ 0,32± 0,04	p 0,1
3. Kraft der Handbeuger (kg)	+ 4,4 ± 0,41	+ 6,7 ± 0,85	p 0,05
4. Resultate von Kontrollbewerbern (Ball)	436 ± 7.2	468 ± 6,4	p 0,01

Tabelle 1 Zuwachs der antropomorphischen und sportlichen Merkmale für ein Halbjahr bei Training zu unterschiedlichen Tageszeiten

Die Erklärung für die geringere Effektivität des morgendlichen sportlichen Trainings muß offenbar in den Besonderheiten adaptiver Prozesse gesucht werden, welche auf der Basis einer Rhythmusdesynchronisation ablaufen. Im einzelnen kann auch die geringere Zunahme des Körpergewichtes mit einer Phasenverschiebung des Rhythmus der

Kortikosteroidfunktion verbunden sein. In unseren tierexperimentellen Untersuchungen führte die Applikation von Hydrokortison (500 Mikrogr./ 100 g KG) an adrenalektomierte Ratten um 07.00 Uhr morgens, d.h. in der der Normalphase der sekretorischen Aktivität der Nebennieren entgegengesetzten Zeit, zu einer verringerung des Körpergewichtes um 29,5 ± 7,5 g (p 0,001). Dieselbe Dosis Hydrokortison abends verabreicht, wirkte sich nicht auf das Körpergewicht aus. Eine Steigerung der katabolischen Rätigkeit von Glukokortikoiden bei Verabreichung derselben in der Phase des Minimums des hormonellen Rhythmus konnte auch in den Arbeiten anderer Autoren nachgewiesen werden. /10

So ist die Muskeltätigkeit ein effektiver Synchronisator der zirkadianen Rhythmen physiologischer Funktionen. Eine wesentliche Verschiebung des Maximums der motorischen Aktivität kann zu einer inneren Desynchronisation der Tagesschwankungen der Funktionen des Organismus führen. Dabei wird die Effektivität der Adaptation an die Muskeltätigkeit gesenkt.

Literatur

1. Agadshanjan, N.A.: Biologische Rhythmen. Medizina, Moskau 1967 (russ.)
2. Aljakrinski, V.S.: Grundlagen der wissenschaftlichen Organisation von Arbeit und Erholung bei Kosmonauten. Medizina, Moskau 1975 (russ.)
3. Halberg, F. and M. Suda: Proc. 10 th. Int.Congr.Nutrition, Kyoto 1975, Hyoto (1976) 137
4. Goreljuk, I.P.: Bjull. exp. biol. i. med. 10 (1975) 51
5. Issekutz,B and M. Allan: Metabolism 21 (1972) 48
6. Meier, A.H. and J.T. Burns: Amer. Zool. 16 (1976) 469
7. Philippens, K.M.H., H. von Mayersboch and L.E. Sheving: J. Nutrit. 107 (1077) 176
8. Posny, V.S., N.N. Dygalo, L.I. Davydowa und A.P. Salomatin: in: "Zirkadiane Rhythmen des Menschen und der Tiere". Verlag Ilim, Frunse (1975) 124
9. Protassowa, T.N.: Hormonelle Regulation der Fermentaktivität. Verlag Medizina, Moskau 1975 (russ.)
10. Rosenberg, C.D., F. Halberg, D.J. Simmons, E. Haus, W. Nelson, L.E. Sheving, E. Halbert, D.J. Lakatna, M. Herbst and L.J. Hailund: Chronobiologia 4, (1977) 145
11. Shannon, I.L.: Tex. Repts. Biol. and Med. 25 (1967) 437
12. Schoria, Ju.P.: Renin-Angiotensin-Mechanismen der Regulation der Aldosteronsekretion. Autoref.zur Inaug.-Diss., Nowosibirsk 1968 (russ.)

Zusammenfassung

Eine Gruppe von fünf jungen männlichen Probanden begann nach der Abnahme der Grundwerte (zwei Tagesperioden) das regelmäßige Basketballtraining morgens ab 7.00 Uhr bis 8.30 Uhr. Die circadianen Rhythmen wurden am 4., 11. und am 18. Tag des Trainings studiert. An Untersuchungstagen erfolgten keine Belastungen. Sofort nach Beendigung des Zyklus des Morgentrainings wurde die Zeit der physischen Belastung auf 19.00 Uhr verschoben. Der Umfang und die Intensität des Trainings wowie die Ordnung des biorhythmischen Programms blieben unverändert.

In den Speichelproben (um 11, 15, 19, 23, 3, 7.00 Uhr) wurden die 11-Oxycorticosteroide (11-OCS) durch die fluorometrische Methode und Na und K durch die Methode der Flammenphotometrie bestimmt.

In den Kontrollen wurde ein Maximum des Gehaltes an 11-OCS um 7.00 Uhr festgestellt. Am 11. bis 18. Tag des Regimes mit dem Morgentraining, bekam die Tageskurve der Hormonkonzentration eine zweiphasige Form mit Peaks um 3.00 Uhr und um 7.00 Uhr. Bei dem Übergang vom Morgentraining zum Abendtraining festigte sich schon am 4. Tag der neue Rhythmus der 11-OCS mit einem Maximum um 7.00 Uhr und mit einem zusätzlichen Peak um 19.00 Uhr. In den folgenden Tagen (vom 11. bis zum 18. Tag) bekam der circadiane Rhythmus einen monophasischen Charakter mit dem Maximum um 11.00 Uhr. Die Messungen der oralen Temperatur und Na und K im Speichel zeigten keine wesentlichen Differenzen der täglichen Dynamik der angegebenen Parameter bei verschiedenen Trainingsregimen und bei der Kontrolle.

Резюме

Группа молодых людей (5 человек) после снятия фоновых данных (двукратное исследование суточных ритмов) приступили к регулярным тренировкам по баскетболу в ранние утренние часы - с 07-00 до 08-30 часов. Циркадные ритмы изучались на 4,11 и 18 сутки тренировочного режима. В дни обследований тренировки исключались. Сразу по окончанию цикла утренних тренировок время выполнения физической нагрузки было перенесено на 19-00 часов. Объем и интенсивность занятий, порядок биоритмологических исследований не изменился.

В пробах слюны (в 11, 15, 19, 23, 03 и 07 часов) определяли 11-оксикортикостероиды (11-ОКС) флюорометрическим методом, натрий и калий - методом пламенной фотометрии.

В контрольных исследованиях максимум содержания 11-ОКС отмечался в 07 часов. На 11-18 дни режима с утренними тренировками суточная кривая гормональной концентрации приобретала двухфазную форму с пиками в 03 и 07 часов. При переходе от утренних тренировок к вечерним уже на 4-й день устанавливался новый ритм 11-ОКС с максимумом в 07 и дополнительным пиком в 19 часов. В последующие дни (11-18) циркадный ритм приобретал монофазный характер с максимумом в 11 часов. Измерение оральной температуры, натрия и калия в слюне не выявили существенных различий суточной динамики данных параметров при различных тренировочных режимах и в контроле.

Наличие значительного латентного периода в проявлении метаболических эффектов 11-ОКС (Rathgeb. et al ,1973; Протасова Т.Н.,1975 и др.), хорошо объясняет целесообразность предварительного повышения уровня биологически активных стероидов, содержание которых отражает концентрация 11-ОКС в слюне (Dawes C. et al , 1975).

Summary

A group of five young male probands began regular basket ball practice, between 7.30 and 8.30 in the morning, after their basal values had been taken (for two day periods). The circadian rhythms were studied on the fourth, eleventh, and 18th days of practice. No exposure to exercise was allowed on the days of examination. Exposure to physical exercise was moved to 7 p.m., as soon as the cycle of morning practice was over. The extent and intensity of practice as well as the order of the biorhythmic programme remained unchanged.

Fluorometry was used to determine from salivary samples 11-oxycorticosteroids (11-OCS) at 11 a.m., 3, 7, and 11 p.m., as well as at 3 and 7 a.m.. Sodium and potassium were determined from the same samples by flame photometry.

The maximum amount of 11-OCS was recordable from controls at 7 a.m.. The diurnal curve of the hormone concentration assumed a biphasic shape with peaks at 3 a.m. and 7 a.m. on the eleventh and 18th days of morning practice. When the practice, however, was moved from morning to evening, the new 11-OCS rhythm was stabilised as early as on the fourth day, with a maximum recordable at 7 a.m. and an additional peak at 7 p.m.. The circadian rhythm assumed monophasic nature, between the eleventh and 18th days, with a maximum recordable at 11 a.m.. Oral measurements of temperature as well as of sodium and potassium in the saliva did not reveal significant differences for these parameters between the various regimes of practice and the controls.

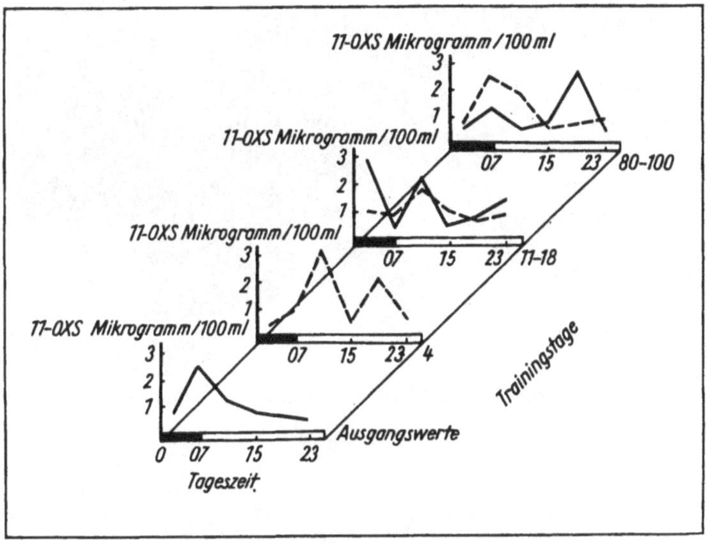

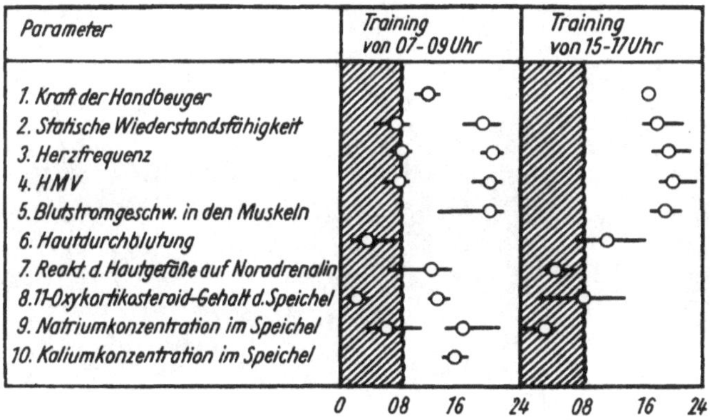

Institut für klinische und experimentelle Medizin der Sibirischen Abteilung der Akademie der Wissenschaften der UdSSR, Nowosivirsk

Zirkadiane Rhythmen der Kortikosteroidfunktion des Menschen unter antarktischen Bedingungen (Station "Molojoshnaja")

POSNY, U.S., M.P. MOSCHKIN, V.A. DJATSCHKOW und V.N. MELNIKOW

Der Tagesrhythmus der Aldosteronexkretion im Harn bei Probanden, die in der Antarktis überwinterten war zu Zeiten der "Polarnacht" und des "Polartages" nicht nachweisbar, trat jedoch unter Bedingungen normaler Beleuchtungsperiodik wieder auf. Diese Veränderung des Aldosteronrhythmus war weder mit dem Diureserhythmus verbunden, welcher in drei Jahreszeiten ebenfalls fehlte, noch mit dem Kortisol-Rhythmus im Blutplasma, der in allen vier Jahreszeiten unverändert blieb. In der vorliegenden Arbeit wird die Rolle der Beleuchtungsperiodik in der Formierung der Tagesschwankungen der Mineralokortikoidfunktion der Nebennierenrinde beim Menschen unter Polarbedingungen besprochen. Das Fehlen signifikanter Schwankungen des Natrium- und des Kaliumspiegels im Blut in allen Untersuchungsetappen wirft die Frage auf über die kompensatorischen Veränderungen auch anderer Komponenten der Regulation der Wasser-Elektrolytbalance, welche auf die Aufrechterhaltung der Beständigkeit des Elektrolytgehaltes des Blutes im Organismus des Menschen unter den extremalen Bedingungen der Antarktis gerichtet sind. In der großen Anzahl von Funktionen, welche über eine Tagesperiodik verfügen, wird den Rhythmen der endokrinen Regulation besondere Aufmerksamkeit gewidmet, da sie die Synchronisation verschiedenster Prozesse auf allen Ebenen des Biosystems gewährleisten /7/. Gegenwärtig fällt eine Prognose über das Verhalten der zeitlichen Struktur der Regulationssysteme des Menschen im Prozeß der Adaptation an die Bedingungen des hohen Nordens bzw. der Antarktis schwer, da die ungewöhnliche Organisation der Rhythmik der äußeren Umwelt in diesen Gebieten (Polartag und Polarnacht) in Kombination mit den im Organismus selbst vorsichgehenden Veränderungen die entsprechenden Störungen des Hormonrhythmus bedingen /5/. Das Verständnis dieser Prozesse ist sowohl für die Beurteilung der pathogenen Rolle der äußeren Umwelt als auch für die Suche nach neuen Mitteln für die Diagnose und Korrektur des Zustandes des Organismus des Menschen im Prozeß der Anpassung an die Bedingungen des hohen Nordens von Wichtigkeit /4/. Die diesbezüglich vorhandenen Fakten sind in ihrer Anzahl gering und zudem widersprüchlich.

In dem komplizierten und vielgliedrigen Regulationssystem, welches die Homöostase des Elektrolythaushaltes des menschlichen Organismus gewährleistet, wurde von uns die 24-Stundenperiodik der Mineralo- und Glucokortikoidfunktion der Nebennierenrinde bei gleichzeitiger Berücksichtigung der Natrium- und Kaliumkonzentration im Blutplasma bei Mitgliedern von Polarexpeditionen zu verschiedenen Jahreszeiten untersucht. Die Experimente wurden in der Station "Molodjoshnaja" während der Arbeiten der 20. sowjetischen Antarktisexpedition durchgeführt. Hierfür erfolgten bei den Versuchspersonen um 11, 15, 19, 23, 03 und 07 Uhr Ortszeit Blut- und Harnprobenentnahmen. Aldosteron wurde mit einer Radioimmunmethode im Harn bestimmt und Kortisol im Blutplasma. Der Elektrolytgehalt wurde mittels Flammenfotometrie bestimmt. Die mathematische Datenbearbeitung erfolgte nach der "Kosinor-Methode" /2/, deren Ergebnisse die Tabelle 1 wiedergibt.

Parameter	Anzahl der Probanden	Mittl.Niveau	Akrophase	Saison
Aldosteron in Mikrogr/4 Std.	16	2,10 ± 0,38	11 Uhr,36 Min.	April
	28	2,12 ± 0,24	kein Rhythmus	Juli
	13	2,54 ± 0,38	05 Uhr,42 Min.	September
	13	1,83 ± 0,39	kein Rhythmus	Dezember
Diurese ml/4Std.	16	247 ± 22,4	kein Rhythmus	April
	28	210 ± 10,3	kein Rhythmus	Juli
	13	252 ± 22,1	21 Uhr,20Min.	September
	13	245 ± 14,4	kein Rhythmus	Dezember
Kortisol Mikrogr/100 ml	6	8,8 ± 1,2	08 Uhr,32 Min.	April
	7	6,8 ± 0,8	08 Uhr,45 Min.	Juli
	7	6,1 ± 0,8	07 Uhr,30 Min.	September
	6	8,4 ± 1,1	09 Uhr,20 Min.	Dezember
Natrium Milliäqu./l	6	126 ± 3,4	kein Rhythmus	April
	7	130 ± 2,0	kein Rhythmus	Juli
	7	136 ± 4,4	kein Rhythmus	September
	6	128 ± 6,2	kein Rhythmus	Dezember
Kalium Milliäqu./l	6	5,0 ± 0,4	kein Rhythmus	April
	7	4,7 ± 0,3	kein Rhythmus	Juli
	7	5,1 ± 0,5	kein Rhythmus	September
	6	4,9 ± 0,4	kein Rhythmus	Dezember

<u>Tabelle 1</u> Zirkadiane Rhythmen des Aldosterongehaltes im Harn und des Gehaltes von Kortisol, Natrium und Kalium im Blutplasma bei Mitgliedern einer Polarexpedition in der Station "Molodjoshnaja".
Das signifikante Intervall ist gleich 95 %

Der Tagesrhythmus der Aldosteronexkretion, welcher im April und September deutlich zu beobachten war, trat mit Beginn der Polarnacht (Juli) und des Polartages (Dezember) nicht mehr auf. Dieser Rhythmus der Aldosteronausscheidung war nicht an den der Ausscheidung von Wasser gebunden, da in drei Jahreszeiten ebenfalls kein Diureserhythmus nachweisbar war, im September jedoch dessen Akrophase in den Abendstunden lag (Tabelle 1). Andererseits änderte sich der zirkadiane Rhythmus der Plasmakonzentration von Kortisol nicht wesentlich in den verschiedenen Jahreszeiten. Der maximale Glukokortikoidspiegel im Plasma wurde stets in den frühen Morgenstunden gemessen. Dies bedeutet also, daß der gegenwärtig vertretene Standpunkt über die wichtige Rolle des ACTH in der Regulation der 24-Stundenperiodik der Mineralokortikoidaktivität der Nebennieren /3/ durch unsere Untersuchungen keine direkte Bestätigung erhielt. Andererseits wird durch das Zusammentreffen der Veränderungen des zirkadianen Rhythmus der Aldosteronexkretion mit den Änderungen der Tagesbeleuchtungsperiodik die Frage nach deren Rolle in der Formierung der 24-Stunden-Periodizität der Mineralokortikoidfunktion der Nebennierenrinde gestellt.

Tatsächlich ist bekannt, daß eine Stimulierung der Fotorezeptoren über die Area praeoptica hypothalami auf die Aktivität sympathischer Neuronen des oberen Halsganglions /8/ wirkt, welches seinerseits mit der Epiphyse in funktioneller Verbindung besteht /11/. Der Einfluß der Epiphyse auf die Mineralokortikoidsekretion wird in den Arbeiten von /1/ diskutiert. RATNER /9/ beschäftigte sich 1953 mit der Bedeutung des sympathischen Anteils des ZNS für die Regulation der Aldosteronabsonderung (durch das Renin-Angiotensin-Aldosteron-System), was von VANDER /10/ bestätigt wurde. In jüngsten Untersuchungen, die zu dieser Problematik in vitro durchgeführt wurden, konnte eine Änderung der Mineralokortikoidproduktion an Nebennierenschnitten bei der Zugabe von Melatonin zum Inkubationsmilieu nachgewiesen werden. Der Melatonineffekt war sichtlich vom Beleuchtungsregime abhängig, in welchem sich die Versuchstiere vor dem Experiment befunden hatten /6/.

Die Beurteilung des Natrium- und Kaliumspiegels zeigt, daß keine signifikanten Tagesschwankungen in den vier Jahreszeiten auftreten, sondern daß sie stets im Normbereich liegen (an deren unterer Grenze, was möglicherweise durch die Benutzung von Schnee-Schmelzwasser zum Trinken verursacht wird). Offensichtlich werden die Änderungen des Rhythmus der Aldosteronexkretion durch Veränderungen anderer Komponenten der Regulation der Elektrolytbalance, welche auf die Aufrechterhaltung der Beständigkeit der Elektrolytzusammensetzung des Blutes des menschlichen Organismus unter Bedingungen des hohen Nordens gerichtet sind, kompensiert.

Literatur

/1/ Farrell, G.L. and A.N. Taylor: Ann. Rev. Physiol. 24 (1962) 471
/2/ Hallberg, F.: Am. Rev. Physiol. 31 (1969) 675
/3/ Hilfenhauz, M.: Int. J. of Chronobiol. 3 (1976) 213
/4/ Kolpakow, M.G.: Westnik Akad.Med.Nauk SSSR. 10 (1975) 36
/5/ Lobban, M.: in:"Biologische Uhr". Verlag "Mir", Moskau (1953) 531
/6/ Mehdi, A.Z. und T. Sandaz: Chronobiologia 4 (1977) 175
/7/ Millis, J.N.: Physiol. rev. 46 (1966) 128
/8/ Nishino, H., K- Koizumi and C.Mac Broors: Brain Res. 112 (1976) 45
/9/ Ratner, M.Ja: Bjull. exp. biol. i med. 9 (1953) 28
/10/ Vander, A.J.: Amer. J. Physiol. 209 (1965) 659
/11/ Wurtman, R.J., J. Axelrod and D.E. Kally: The pineal, N.Y.-London, Acad. Press 1968

Zusammenfassung

Bei einer Gruppe von Polarforschern mit dem standardisierten Regime der Lebenstätigkeit wurde während jeder von vier Saisons sechsmal am Tage eine Urin- und Blutabnahme durchgeführt. Durch Radioimmun-assay wurde Aldosteron im Urin und Cortisol im Blutplasma definiert.

Der Tagesrhythmus von Aldosteron fehlte während der Polarnacht und am Polartag und zeigte sich wieder während der normalen Lichtperiode mit einer maximalen Ausprägung vom 11. bis zum 30. April und vom 5. bis zum 30. September. Dieses Verhalten des Aldosteron-Rhythmus ist weder mit dem Rhythmus der Aktivität des hypophysären-adrenalen Systems verbunden, denn der maximale Gehalt von Cortisol zeigte sich im Blutplasma in allen vier Saisons von 7.00 - 9.00 Uhr Ortszeit, noch mit dem Diureserhythmus, der in drei Saisons fehlte und im September in der Abendzeit lag. Die zu gleichen Zeitpunkten gemessenen Werte von Na- und Ka-Plasmawerten liegen innerhalb der Norm und zeigen nur geringe Schwankungen während aller vier Saisons.

Die Diskrepanz in der circadianen Organisation der corticosteroiden egulation kann aus der Sicht der Lehre über die funktionalen Systeme (P.K.ANOCHIN) als Beispiel der adaptativen Reaktion auf die extremen Wirkungen der Umwelt betrachtet werden, wobei der Organismus, indem er einen Komplex von regulativen Parametern variiert, ein positives Endresultat erreicht. Im angegebenen Fall die Erhaltung der Elektrolytbalance im Blutplasma.

Die Analyse des circadianen Stereotyps aus der Sicht der Lehre über die funktionalen Systeme erweitert und ergänzt unserer Meinung nach

wesentlich das moderne biorhythmische Herangehen an die Beurteilung des Zustandes des menschlichen Organismus (Normen, Präpathologie, Pathologie) unter verschiedenen Existenzbedingungen.

Резюме

У группы полярников со стандартным режимом жизнедеятельности в каждый из 4-х сезонов шесть раз в сутки производился забор мочи и крови. Радиоиммунным методом в моче определяли альдостерон, в плазме крови - кортизол.

Суточный ритм альдостерона в полярную ночь и полярный день отсутствовал и вновь появлялся в периоды нормальной светопериодики с максимумом на 11-30 апреля и 05-30 в сентябре. Такое поведение ритма альдостерона не связано ни с ритмом активности гипофизорно-адреналовой системы, так как максимум содержания кортизола в плазме крови во все четыре сезона приходился на 0 7-09 часов местного времени, ни с ритмом выделения воды, так как в трех сезонах ритм диуреза отсутствовал, а в сентябре приходился на вечернее время. Оценка же натрия и калия в плазме крови, измеренного в те же сроки, показывает, что данные показатели находятся в пределах нормы и испытывают незначительные колебания во все четыре сезона.

Рассогласование в циркадной организации кортикостероидной регуляции с позиций учения о функциональных системах (П.К.Анохин), по-видимому, можно рассматривать как пример адаптивной реакции на экстремальные воздействия внешней среды, при которой организм, варьируя комплексом регуляторных параметров, достигает конечного положительного результата (в данном случае - поддержание электролитного баланса в плазме крови).

Анализ циркадного стериотипа с позиций учения о функциональных системах, на наш взгляд, существенно дополняет современные биоритмологические подходы к оценке состояния организма человека (нормы, предпатологии и патологии) в различных условиях существования.

Summary

Urine and blood was sampled six times a day during all four seasons of the year from a group of Polar explorers under conditions of strictly standardised activity. Urine-borne aldesterone and cortisol in the blood plasma were determined by radio-immune assay.

The diurnal rhythm of aldesterone was absent during the Polar night and Polar day, but it re-appeared under normal light conditions, with maximum levels being recordable between April 11th and 30th as well as between September 5th and 30th. That behaviour of the aldosterone rhythm was in no way related with the activity rhythm of the pituitary-suprarenal system, since the maximum cortisol levels were recordable from the blood plasma between 7 and 9 a.m. local time throughout all four seasons. Nor did it depend on the diuretic rhythm which was absent at all in three seasons and recordable in the evening hours in September. Sodium and potassium plasma levels were measured simultaneously with the above parameters. They were normal with only very slight variation over the four seasons.

Viewed by the tenet of functional systems (P.K. Anochin), the discrepancy in the circadian organisation of corticosteroid regulation may be taken as an example of adaptive reaction to the extreme conditions of the environment, with the organism reaching a positive result by varying a complex of regulatory parameters. The electrolyte balance in the blood plasma is retained in the cases under review.

An analysis of circadian stereotypes, viewed by the tenet of functional systems, is believed to expand and greatly enrich the modern biorhythmic approach to any assessment of the general condition of the human organism (normal, prepathological, pathological) under different conditions of existence.

Institut für Mediko-biologische Probleme des Ministeriums für Gesundheitswesen der UdSSR, Moskau

Grenzen der natürlichen Variation als Bereiche der Veränderung von Systemen des Organismus bei der Einwirkung physikalischer Umweltfaktoren

DRUSHININ, Ju.P.

Sowohl im üblichen Produktionsprozeß als auch bei der Aneignung neuer Lebensbereiche ist der Mensch nicht selten dazu gezwungen, auf die für die jeweiligen Bedingungen kritischen Systeme des Organismus zu achten, um nicht die Grenze zu überschreiten, hinter welcher die Überlebenschance des Organismus stark abnimmt, d.h. also die Grenze der äußersten Verträglichkeit des Organismus. Diese Grenze zu bestimmen, dazu verhilft uns das Wissen über den natürlichen Grenzbereich der Schwingungen eines Kontrollierten Systems im Verlaufe von 24 Stunden bzw. auch im Verlaufe einer Saison. Zu diesen Schlußfolgerungen kamen wir bei der Untersuchung des Einflusses verschiedener physikalischer Faktoren der äußeren Umwelt auf die Empfindlichkeit von Tieren gegenüber radioaktiver Strahlung in einem Dosierungsradius, für welchen das Verhalten des Blutbildungssystems als kritisches Merkmal gelten kann.

Die Literaturanalyse einschlägiger Materialien zeigte, daß die 24-Stunden- und die Saisonvariationen der Empfindlichkeit gegenüber radioaktiver Strahlung einen Bereich einhalten, der mit der Strahlungsempfindlichkeit von Tieren vollkommen übereinstimmt, welche sich unter dem Einfluß aller bisher untersuchten physikalischen Faktoren befanden, deren Charakteristika so gewählt worden waren, daß sie nicht zum Tode eines Teiles der Versuchstiere führten, d.h. die nicht über die Verträglichkeitsgrenze der Population hinausreichten (Tabelle 1). Es entstand dabei die Vermutung, daß die durch die verschiedenen physikalischen Bedingungen induzierten Variationen der Strahlungsempfindlichkeit in demselben Bereich liegen, welcher auch die natürlichen Schwankungen des gewählten Merkmales einhalten.

Umweltfaktor oder physikalische Einwirkung	Veränderung der Effektivität der Wirkung der Radiatoren		
	entspr.d.Überlebensquote in %	entspr.d.Lebensdauer(um wieviel Mal)	entspr.der $LD_{50/30}$ in %
1.Gasmilieu = Adaption an hyoxische Hypoxie	5 - 58	1,5	12
posthypoxische Periode	15 - 78	2 - 3	9
in d.einzelnen Phasen d.Entwicklg. d.Strahlenkrankheit	3 - 77	bis 2,8	11 - 29
2.Physikalische Belastung	6 - 30	bis 2,0	28
3.Hypokinesie	35	-	-
4.best.Magnetfelder	4 - 58	1,2 - 1,4	-
5.Hochfrequente Magnetfelder	30 - 76	1,1 - 1,35	3,5
6.Temperatur	0 - 83	1,3	21,4
7.Überlastungen	8 - 23	bis 1,6	18,2
8.Vibration	6 - 39	1,1 - 1,9	-
9.Rotation	11 - 68	bis 1,6	11
Natürliche Veränderungen der Strahlenempfindlichkeit von Säugern			
nach der Tageszeit	50 - 90	bis 2 - 2,5	13 - 50
nach der Jahreszeit	-	-	8 - 100

Tabelle 1: Einfluß von äußeren Umweltbedingungen auf die Strahlungsempfindlichkeit von Säugern (induzierte Variationen)

Zur Überprüfung der entsprechenden Hypothese konnten wir an Mäuse-Hybriden Abhängigkeiten des "Dosis-Effektes" entsprechend dem Kriterium der Überlebensquote sowohl bei Bestrahlung zu verschiedenen Tageszeiten in unterschiedlichen Jahreszeiten, als auch bei Einwirkung von radioaktiver Strahlung in Kombination mit Überlastungen durch Vibration, durch hohe Umgebungstemperaturen, durch beständige Magnetfelder, durch Hypokinesie sowie bei Adaption der Mäuse an Hypoxie und Readaptation zur Normoxie feststellen. In den Experimenten wurden bis zu 5000 Mäuse mit einem Gewicht von 22 - 25 g. verwendet. Diese wurden nicht weniger als einen Monat lang bei einem Beleuchtungsregime gehalten, in welchem 12 Stunden Licht und 12 Stunden Dunkelheit abgelöst wurden und die Fütterung zu Beginn der Dunkelphase erfolgte. Zur Untersuchung der Tagesschwankungen der Strahlungsempfindlichkeit wurden die einzelnen aus 16 - 25 Mäusen bestehenden Gruppen der Versuchstiere mit Gamma-Strahlen CS^{137} aufeinanderfolgend in jeder 3. Stunde behandelt. Mit dem Ziel der Bestimmung der mittleren Letaldosis (LD 50/30) und der Größen, welche den Grad der Streuung der gegebenen Variationsreihe (LD 16/30 und LD 84/30) charakterisierten, wurden die Tiere einem Strahlungsbereich von 750 - 1050 r unterworfen. Die Resultate wurden statistisch nach LITSCHFIELD-WILKOKSON bearbeitet. In Anlehnung an die jeweilige Jahressaison fanden sich Verträglichkeitsgrenzen der Mäuse gegenüber erhöhter Umgebungstemperatur und gegenüber hypoxischen Bedingungen. Die Beurteilung des Einflusses physikalischer Faktoren auf die Strahlungsempfindlichkeit der entsprechenden Population erfolgte durch:

- tägliche Einwirkung mit einer Beschleunigung von 5 g (mit einer Dauer von 30 Min.) im Verlaufe von 10 Tagen bis zu 30 Tagen nach akuter Bestrahlung;
- gleichzeitig mit der Bestrahlung einsetzende Behandlung mit erhöhter Umgebungstemperatur (40°C im Verlaufe von 30 Min.);
- 6stündige Exposition der Mäuse (7 Tage vor Beginn der Bestrahlung) in ein beständiges Magnetfeld mit einer Spannung von 3500 E;
- 30tägige Haltung der Mäuse in individuellen Hypokinese-Käfigen vor einer akuten Bestrahlung sowie 30 Tage nach derselben;
- 10tägigen Aufenthalt der Mäuse vor Beginn der Bestrahlung sowie 20 Tage danach in einer der Höhe von 5000 m entsprechenden Unterdruckkammer;
- Bestrahlung der Tiere in unterschwelliger akuter Hypoxie (entsprechend der Höhe von 7500 m für die Dauer von 30 Min.) sowohl in der aktiven Dunkelphase als auch in der nichtaktiven Tagesphase der Tiere;
- Einwirkung einer Vibration mit einer Frequenz von 70 Hz im Verlaufe von 30 Minuten 1, 2, 3 und 4 Stunden vor der akuten Bestrahlung.

Die statistisch bearbeiteten Untersuchungsresultate sind in der Abb. 1 wiedergegeben.

Es zeigte sich, daß die errechneten Größen der $LD_{50/30}$ für alle untersuchten Kombinationen (mit Ausnahme der akuten Hypoxie) die Grenze der Tagesschwankungen der jeweils gegebenen Größe bei Kontrolltieren in der betreffenden Jahreszeit nicht signifikant übertrafen. Vibrationen beeinflussen weder die postradiative Überlebensquote noch die Lebensdauer der Mäuse (D 900 r). Folglich untermauern die erzielten Resultate im Grunde genommen unsere Vermutung und der Bereich der induzierten Variationen der Strahlenempfindlichkeit entsprach nach

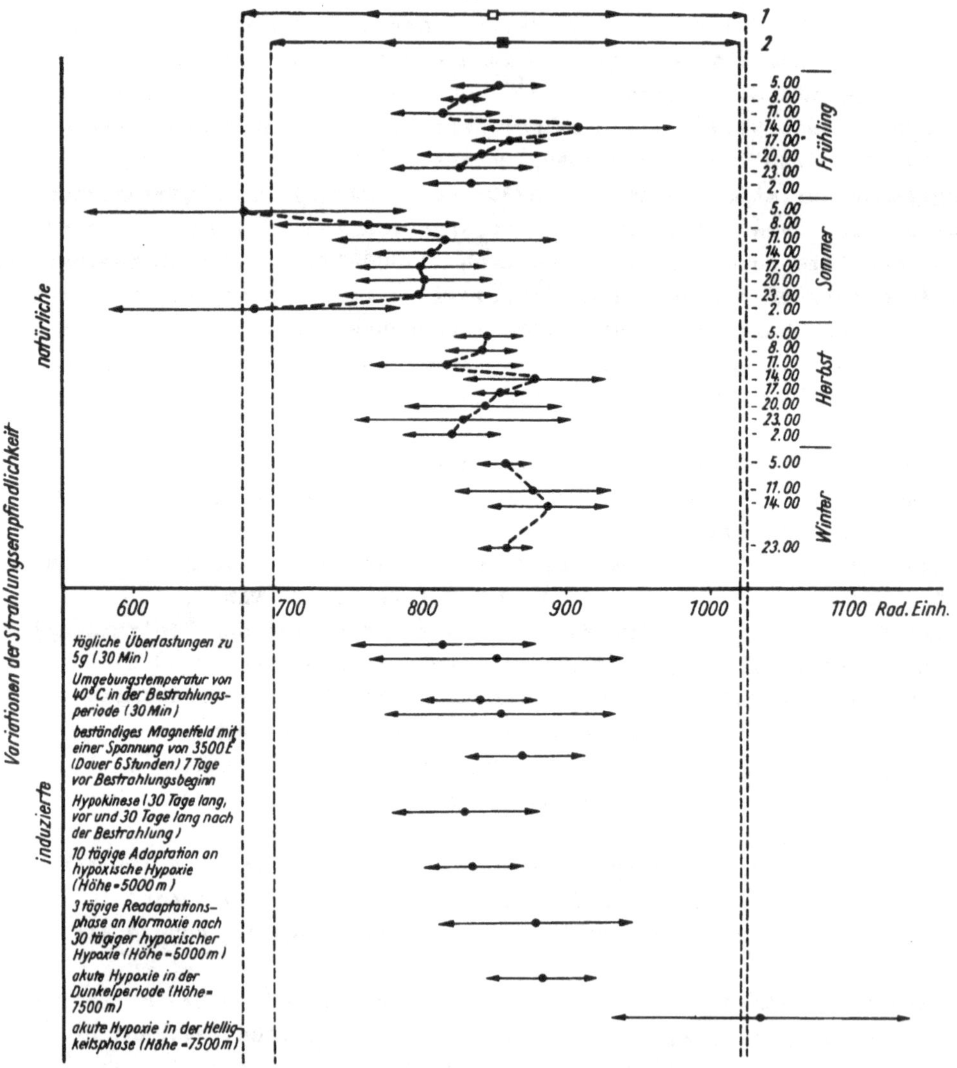

Abb. 1: Natürliche und induzierte Variationen der Strahlungsempfindlichkeit von Mäusemännchenhybriden.
Errechnete Größen der LD 16/30 - $LD_{50/30}$ - $LD_{84/30}$
Errechnete Größen der $LD_{2,5/30}$ - $LD_{16/30}$ - $LD_{50/30}$ - $LD_{84/30}$ - $LD_{97,5/30}$ nach summarischen Daten bei Untersuchug natürlicher Variationen zu verschiedenen Zeiten innerhalb 24 Stunden nach Jahreszeiten (1) und nach summarischen Daten zu verschiedenen Zeiten der Helligkeitsperiode eines Tag-Nacht-Zyklus nach Jahreszeiten (2)

den integralen Mengenkriterien dem Ausmaß der natürlichen Variation. Die einzige Ausnahme zeigte sich in der Schutzwirkung der unterschwelligen Hypoxie in der inaktiven Lichtphase der Versuchstiere, welche die Strahlenempfindlichkeit über das Maß der natürlichen Variationsbreite hinaus steigerte. Diese Tatsache ist wahrscheinlich damit zu erklären, daß eine akute Hypoxie im Unterschied zu den übrigen physikalischen Faktoren auf die physiko-chemische Etappe des Energieumsatzes der ionisierenden Strahlung wirkt. Die Effekte der anderen physikalischen Noxen, inclusive die Effekte der Adaptation an Hypoxie werden auf biochemischem und morphologischem Niveau realisiert, auf denen auch die homöostatischen Mechanismen ablaufen.

Wie aus den von uns summierten Materialien von LAPPENBUSCH und Mitarbeitern /1, 2/ hervorgeht, führt eine unterschwellige Behandlung mit Mikrowellenbestrahlung in der Frequenz von 2450 Hz ebenfalls die Strahlenempfindlichkeit von Hamstern ebenfalls nicht über die Grenzen der natürlichen Tagesschwankungen hinaus. (Abb. 2)

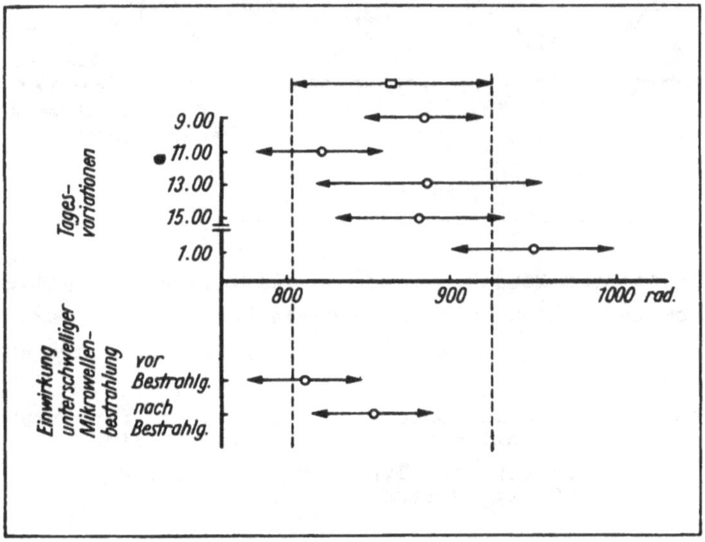

Abb. 2: Errechnete Größen der $LD_{16/30}$ - $LD_{50/30}$ - $LD_{84/30}$ bei chinesischen Hamstern bei Untersuchung ihrer Strahlenempfindlichkeit zu unterschiedlichen Tageszeiten und ebenso unter dem Einfluß unterschwelliger Mikrowellenbestrahlung für die Dauer von 30 Min.

1. - summarische Daten zu unterschiedlichen Zeiten im Verlaufe von 24 Stunden
2. - summarische Daten zu unterschiedlichen Zeiten der Helligkeitsperiode

Analoge Abhängigkeitsverhältnisse wurden bei Untersuchung eines Pools von Stammzellen und eines Pools sich teilender Zellen des Knochenmarkes sowie einer Reihe morphologischer Elemente des peripheren Blutstrombetten intakter Mäuse gefunden, die der Wirkung der verschiedensten unrationalen physikalischen Faktoren unterworfen waren.

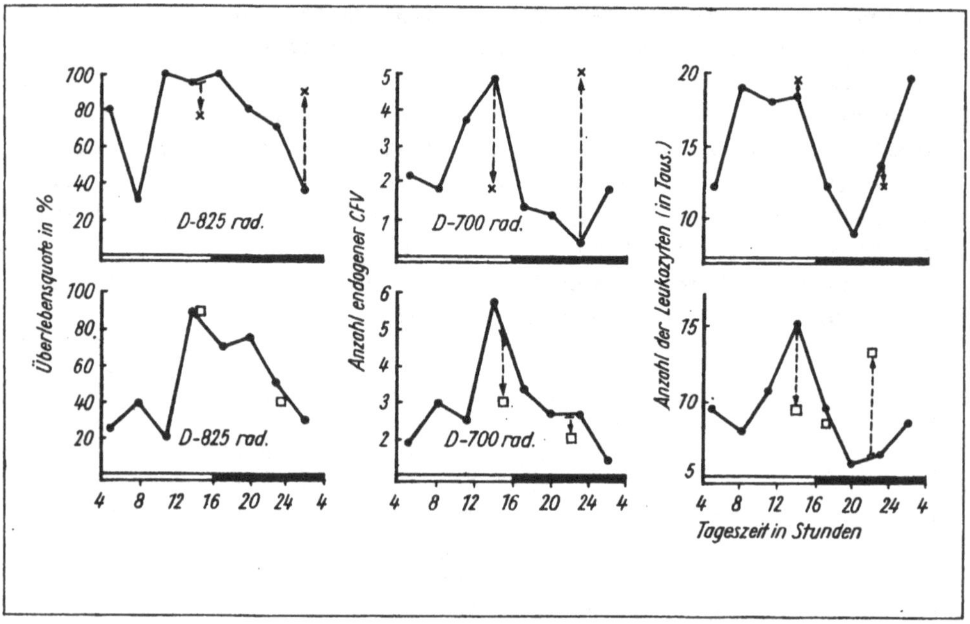

Abb. 3: Überlebensquote von Mäusehybriden und die Bildung von endogenen CFU nach Bestrahlung mit immer derselben Dosis zu verschiedenen Tageszeiten. Leukozytengehalt im peripheren Blut intakter Mäuse

x - die oben erwähnten Merkmale nach zusätzlicher Einwirkung einer Überlastung mit 5 g im Verlaufe von 30 Min.

- dasselbe mit kombinierter Einwirkung erhöhter Umgebungstemperatur (40°C) im Verlaufe von 30 Min.

Es konnte außerdem festgestellt werden, daß die Wirkung ein und desselben Faktors zu unterschiedlichen Zeiten eines Tag-Nachtzyklus zu unterschiedlichen und sogar zu verschieden gerichteten Veränderungen führt, d.h. sie unterwirft sich dem Wilder'schen Ausgangswertgesetz. (Abb. 3)

Literatur

/1/ Lappenbusch, W.L.: Radiat. Res. $50/_3$ (1972) 600
/2/ Lappenbusch, W.L., L.J. Gillespie and W.M. Leach: Radiat. Res. $54/_2$ (1973) 294

Zusammenfassung

Bei der Einschätzung des Einflusses der Umweltbedingungen auf den menschlichen und tierischen Organismus ignoriert die Mehrheit der Forscher die Tatsache der periodischen Änderungen des Zustandes von Kontroll- und Versuchsobjekten. Wie wichtig das ist, zeigen die Angaben zur quantitativen Beurteilung der Radioresistenz von Tieren in dem Dosis-Bereich, in dem der Zustand des Blutbildungssystems kritisch ist. Die Analyse der Literatur zur Änderung der Lebensfähigkeit, Lebensdauer, LD 50/30 nach Bestrahlung bei Einwirkung verschiedener physischer Faktoren zeigte die Vergleichbarkeit der dabei beobachteten Verschiebungen mit den natürlichen Oscillationen der Radioresistenz der Tiere, falls der physische Faktor in seinen Charakteristika die Grenzen der Verträglichkeit der Population nicht überschreitet. Man kann annehmen, daß induzierte Variationen der Radioresistenz, die durch physische Agentien hervorgerufen wurden, in demselben Bereich wie die natürlichen Schwingungen auftreten. Diese Hypothese wurde an Mäusen F1 (CBA-057bl/6) geprüft. Dabei wurde die Dosis-Wirkungs-Beziehung am Kriterium der Überlebensrate sowohl bei der Bestrahlung zu verschiedenen Tages- und Jahreszeiten als auch bei Einwirkung der Strahlung zusammen mit Überlastungen, Vibration, erhöhter Temperaturen, konstanten magnetischen Feldern, bei der Adaptierung der Mäuse an Hypoxie und Readaptierung an Normoxie untersucht. Die erhaltenen Daten bestätigen unsere Annahme. Gleichartige Abhängigkeiten wurden bei der Untersuchung der Stammzellen und der sich teilenden Zellen des Knochenmarkes und einer Reihe morphologischer Merkmale festgestellt.

Weiterhin führt die Einwirkung ein und desselben Faktors zu verschiedenen Tageszeiten, entsprechend des Ausgangswertgesetzes von WILDER, zu verschiedenen Reaktionsantworten.

Резюме

При оценке влияния условий внешней среды на организм человека и животных большинство исследователей игнорирует факт периодического изменения состояния контрольных и опытных объектов. Насколько это важно, показывают данные по количественной оценке радиорезистентности животных в диапазоне доз, где критическим является состояние системы кроветворения. Анализ литературных материалов по изменению пострадиационной выживаемости, продолжительности жизни, величины LД 50/30 при действии различных физических факторов показал сопоставимость наблюдавшихся при этом сдвигов с естественными колебаниями радиорезистентности животных, если физический фактор по своим характеристикам не выходил за границы переносимости популяции. Возникло предположение, что индуцированные вариации радиорезистентности происходят в том же самом диапазоне, что и естественные колебания. Для проверки данной гипотезы на гибридных мышах F_1 (CBA x x C57BL /6) были изучены зависимости "доза-эффект" по критерию выживаемости как при облучении в разное время суток в разные сезоны года, так и при действии радиации в сочетании с перегрузками, вибрацией, повышенной температурой, постоянными магнитными полями, при адаптации мышей к гипоксической гипоксии и реадаптации к нормоксии. Полученные данные подтвердили наше предположение.

Аналогичные зависимости были установлены при исследовании пула стволовых и пула делящихся клеток костного мозга и ряда морфологических показателей. Более того, действие одного и того же фактора в разное время суток приводит к разным или разнонаправленным сдвигам, т.е. подчиняется закону начальных величин Вильдера.

Summary

The periodicity by which change is likely to occur to the condition of control or experimental subjects has been ignored by the majority of examiners involved in studies into the effects of the environment upon human and animal organisms. However, the great importance of that periodicity has been borne out quite clearly by quantitative data on the organic resistance of animals to radiation doses which were critical to the haematopoietic system. An analysis of literature on changes in viability life-span, and $LD_{50/30}$ in response to radiation and to the action of various physical factors has shown that the shifts observed were comparable to natural variation in the radioresistance of animals, provided that the characteristics of the above physical factors did not exceed the limits of tolerability by the population concerned. If physical agents are used to induce variations in resistance to radiation, those induced variations may be assumed to occur at levels identical with those of natural variations. This hypothesis was verified on F_1-mice (CBA-057bl/6). Dosage-action ratios, in that context, were studied against the background of a variety of criteria for survival, such as irradiation at different times of the day and different seasons or irradiation in conjunction with strain and stress, vibration, increased temperatures, constant magnetic fields or adaptation of the mice to hypoxia and re-adaptation to normoxia. The assumption meade earlier was confirmed by the data obtained. Similar interdependencies were established following studies into parent cells and dividing cells of the bone marrow as well as into several morphological characteristics.

The action of one and the same factor, at different times of the day, may give different responses, according to Wilder's reference value rule.

Biosputnik "Kosmos-782": Temperaturhomöostase und Biorhythmen anhand der Ergebnisse von Experimenten mit Ratten

V. Ja. KLIMOVICKIJ, V. V. VERIGO, E. A. IL'IN, V. S. MAGEDOV, V. S. OGANOV, Ju. A. ROSTOPŠIN, S. A. SKURATOVA

Der Umfang der physiologischen Regulierung der Körpertemperatur von Homoiothermen kann als Resultat der Evolution lebender Systeme unter Bedingungen der Erde betrachtet werden. Bleiben das Niveau und die Tagesdynamik dieses Parameters der Lebenstätigkeit von Erdorganismen unter Schwerelosigkeit im Experiment mit Tieren unverändert, wenn dem Effekt des untersuchten Faktors keine speziellen Maßnahmen der Prophylaxe entgegenstehen? Das paradoxe Ergebnis des Orbitalexperimentes mit einem Affen (HAHN u.a. /1/) kann wegen des ungünstigen Allgemeinzustandes des Tieres (MEEHAN /2/) und der kurzen Dauer des Fluges nicht als ausreichende Antwort auf diese Frage angesehen werden.

Beim Experiment im Biosputnik "Kosmos-782" wurden für die Beurteilung des Allgemeinzustandes der Tiere und der Temperaturhomöostase speziell Ergebnisse der Thermometrie in Gegenüberstellung mit Werten der Bewegungsaktivität verwendet. Die erhaltenen Ergebnisse erlaubten, Rückschlüsse auf den Verlauf der Adaptation an die Schwerelosigkeit zu ziehen und einige biorhythmologische Charakteristika dieses Prozesses zu betrachten.

Im Biosputnik befanden sich 25 weibliche Wistarratten SPF, von denen bei 5 Tieren periodisch die Körpertemperatur mit Hilfe von telemetrischen Sendern in der Bauchhöhle gemessen wurde. Bei allen 25 Tieren wurde die Bewegungsaktivität registriert. Analoge Beobachtungen wurden in einem synchronen Experiment auf der Erde durchgeführt. Die Tiere, deren Gewicht zu Beginn des Fluges ungefähr 200 g betrug, wurden in Einzelkäfigen mit einem Volumen von ungefähr 1 l gebracht, in denen automatische Nahrungszuführung alle 6 Stunden (Beginn: 8 Uhr), Wasserzuführung nach Bedarf, Ventilation, Beleuchtung (LD 12:12, L_{an}: 10 Uhr) und Assänisation gegeben waren. Die laufenden Werte der Körpertemperatur wurden alle 2 Stunden an den geraden Tagen des Experimentes registriert, die Bewegungsaktivität als Summenaktogramm mit 2h-Raster an den ungeraden Tagen (technische Bedingungen schlossen die Möglichkeit der Registrierung beider Parameter an ein und denselben Tagen aus).

Die Tagesmitteltemperatur der Tiere der Fluggruppe verringerte sich progressiv im Verlauf der ersten 6 Flugtage und war, beginnend mit dem 4. Tag, bis zum Ende des Experimentes signifikant niedriger ($p \leq 0{,}01$)

als der Ausgangswert und als das analoge Ergebnis der synchronen Kontrolle. Nach der anfänglichen Abnahme schwankte die Körpertemperatur der Ratten im Tageszyklus um einen neuen, im Vergleich zum Ausgangsniveau um 2 bis 1,5° niedrigeren Mittelwert. Zwei Tage nach Beendigung des Fluges unterschied sich die Körpertemperatur der Ratten nicht mehr von den Ausgangswerten und blieb weiterhin normal.

Nach den Ergebnissen der Korrelations- und Spektralanalyse existierten im Thermogramm der Tiere der Fluggruppe Schwingungen mit Periodenlängen von 24 und 6 Stunden ($p \leq 0{,}05$). Das Temperaturmaximum lag am zweiten Tag bei 16 Uhr, im weiteren verschob es sich in die Zeit von 22 - 24 Uhr und verblieb hier bis zum Ende des Experimentes. Die Amplitude der 24stündigen Temperaturschwankungen wuchs zu Beginn des Fluges und erreichte nach 4 - 6 Tagen ein Maximum (0,8 - 0,9°) mit einer anschließenden Verringerung (bis 0,4°) bis zum 10. - 12. Tag. Danach wurde ein neuer Anstieg (bis 0,8°) bis zum 14. - 16. Tag beobachtet.

Die Bewegungsaktivität der Tiere der Fluggruppe war für die Dauer des gesamten Experimentes höher als die der Kontrollgruppe. Im Tagesverlauf liegt das Maximum der Bewegungsaktivität in der Dunkelzeit, jedoch erlaubte die Methode der Registrierung nicht, die Lage dieses Extremums genauer zu bestimmen. Die Tagesmittelwerte der Bewegungsaktivität und der Körpertemperatur, die mit einer Verschiebung um einen Tag gemessen wurden, waren negativ korreliert ($p \leq 0{,}05$).

Die Ratten der Fluggruppe nahmen an Gewicht zu, aber das Tempo dieses Prozesses war geringer als bei der synchronen Kontrolle.

Auf diese Art und Weise kann man zwei wesentliche Effekte der Schwerelosigkeit im vorliegenden Experiment bemerken: 1. Abnahme des mittleren Tagesniveaus der Körpertemperatur beim Flug, 2. negative Korrelation der Tagesmittelwerte von Körpertemperatur und Bewegungsaktivität während des gesamten Experiments unter Beibehaltung der normalen Phasenverteilung der Schwingungen der gleichen Parameter im Tagesverlauf. Im allgemeinen befindet sich das physiologisch regulierbare Niveau der Körpertemperatur in direkter Übereinstimmung mit dem Niveau des Energieverbrauchs. Die Analyse dieser Abhängigkeit aus der Sicht der Thermodynamik der Nichtgleichgewichtssysteme, erlaubt es, die Bedingungen des Defizits der Wärmebildung als solche Bedingungen zu definieren, bei denen die Erhaltung der notwendigen Körpertemperaturen nur auf Kosten des Tempos der Synthese von Strukturen des Organismus möglich ist. Die Möglichkeit dieser Situation wird durch die physische Thermoregulierung verhindert, die bei Ratten hauptsächlich durch Spätkontrolle der Wärmeabgabe vor sich geht (CHASKIN /3/). Gleichzeitig geht eine Verringerung des RQ-Koeffizienten vor sich, die von einer Erhöhung des Sauerstoffverbrauchs begleitet wird. (SKULAČEV /4/).

Diese Gegebenheiten bestimmten auch die Besonderheiten des Verhältnisses der Dynamik der Körpertemperatur und der Bewegungsaktivität im Tagesverlauf sowie während des gesamten Experimentes.

Es ist wahrscheinlich, daß die bedeutende Verringerung der spättonischen Komponente der Bewegungsaktivität der Tiere unter den Bedingungen der Schwerelosigkeit zu einer Abnahme des Energieverbrauches zur Produktion eigentlich nützlicher Arbeit in der Bewegungssphäre führen kann. Es wird angenommen, daß die erhöhte kinetische Aktivität unter den Bedingungen der kräftemäßigen Entlastung der Bewegungen das sich ergebende Defizit der Wärmebildung (verminderte Geschwindigkeit der Gewichtszunahme bei verminderter Körpertemperatur der Tiere) nur zum Teil substituiert (MEEHAN /2/).

Umgekehrt ist, wie festgestellt wurde, eine intensive Bewegung unter den Bedingungen eines Defizits der Wärmebildung keine optimale Form zur Kompensation der Wärmeverluste und wird letztlich bei den Ratten durch eine Spätreaktion ersetzt (CHASKIN /3/). Die wahrscheinliche Erschwerung der Verwirklichung einer kompakten Pose im schwerelosen Raum konnte sich als ein ständig wirkender Faktor der erhöhten Wärmeabgabe bei den Tieren während des Fluges erweisen.

Die wahrscheinlichste Strategie der Adaptation des Organismus an die Schwerelosigkeit stellt im gegebenen Falle die Aufrechterhaltung der Wärmebalance bei niedrigeren Temperaturen dar. Das bedeutet auch eine Umstellung der Temperaturcharakteristika der Fermentsysteme, speziell der Muskel-ATP-ase. Tatsächlich erwiesen sich die langsamen Muskel, die die spätstatische Funktion erfüllen, nach den Daten physiologischer, biochemischer und morphologischer Untersuchungen in einer Reihe von Eigenschaften den schnellen Muskeln als ähnlich (ORGANOV u. POTAPOV /5/; PORTUGALOV u. PETROVA /6/). Die Maxima der Sauerstoffaufnahme liegen bei Muskeln dieses Typs bei niedrigeren Temperaturen (CHASKIN /3/).

Die periodische Erhöhung der Temperatur im Tagesverlauf wurde möglicherweise nicht primär durch eine Erhöhung der äußeren mechanischen und späten Arbeit, sondern durch ein Anwachsen der Energieverluste in den energieproduzierenden Systemen, den Syntheseprozessen und vegetativen Reaktionen inizilert. Die Amplitude der Tagesschwankungen der Körpertemperatur erwies sich der normalen ähnlich, auch die für Ratten übliche Verteilung der Aktivität im Tagesverlauf blieb ohne wesentliche Änderungen der Periodendauer des circadianen Rhythmus erhalten. Das wurde begünstigt durch das Vorhandensein von starken exogenen Zeitgebern, der periodischen Futtergabe und Licht-Dunkel-Wechsel.

Literatur

/1/ HAHN, P. M., M. HOSHIZAKI u. W. R. ADEY: Aerosp. med. 42, 3 (1971) 295

/2/ MEEHAN, Y. P.: Biosatellite 3: A physiological interpretation. In: COSPAR life Sciences and space research IX. Proceedings of the Open Meeting group 5 at the Thirteen plenary Meeting of COSPAR. Leningrad, USSR, 20-29 May 1970. Akademie-Verlag Berlin 1971 S. 83

/3/ CHASKIN, V. V.: Energetika teploobrazovanija i adaptacija k cholodu. Nauka Novosibirsk 1975

/4/ SKULAČEV, V. P.: Akkumuljacija energii v kletke. Nauka Moskva 1969

/5/ OGANOV, V. S. u. A. N. POTAPOV: Life sci. a. space res. Akademie-Verlag Berlin 14 (1976) 137

/6/ PORTUGALOV, V. V. u. N. V. PETROVA: Aviat. Space and Environ. Med. 47, 8 (1976) 834

/7/ BAŽENOV, J. I.: Thermoregulation und Muskeltätigkeit bei der Adaptation an Kälte. In: Obščie voprosy ekologičeskoj fiziologii. Temperatura sredy i energetika organizma v prirode i eksperimente. Tezisy dokladov V. Vsesojuznoj konfer. po ekolog. fiziologii, biochimii i morfologii. Frunze nojabr 1977. Leningrad 1977 S. 52.

Zusammenfassung

Im Laufe des Experimentes an Bord des Biosatelliten "Kosmos-782" und des irdischen Synchron-Experiments wurde bei Ratten die Kerntemperatur mittels eines implantierten telemetrischen Senders und die Bewegungsaktivität registriert.

Folgende Bedingungen waren in den Boxen, in denen die Tiere gehalten wurden, gegeben: Nahrungsgabe aller 6 h, Wasser ad libitum, Ventilation, L : D = 12 : 12, Assenisation und konstante Temperatur (21,5 ± 2,5°C).

Die mittlere Tagestemperatur der Ratten während des Fluges war signifikant niedriger und die Bewegungsaktivität höher als in der Kontrolle. Es wurde eine negative Korrelation der Dynamik dieser Größen während des ganzen Fluges festgestellt.

Nach den Ergebnissen der Korrelations- und Frequenzanalyse waren in den Thermogrammen der Tiere der Fluggruppe Schwingungen mit Perioden von 24, 12 und 16 h vorhanden. Die Ausbildung einer beständigen Phasenverteilung im Tageszyklus prägte sich am 4. bis 5. Flugtag sowohl für die Körpertemperatur als auch für die Bewegungsaktivität voll aus. Die Akrophase der Tagesschwingungen der Körpertemperatur veränderte sich vom 4. Tag bis zum Ende des Fluges praktisch nicht.

Mögliche physiologische Mechanismen der Störung der Korrelation zwischen der Körpertemperatur und der Bewegungsaktivität der Ratten im Flug werden betrachtet.

Резюме

В эксперименте на биоспутнике "Космос-782" и в наземном синхронном эксперименте у крыс регистрировали температуру в брюшной полости при помощи вживленных телеметрических передатчиков и двигательную активность.

В блоках, где содержали животных, были обеспечены следующие условия: подача пищи (каждые 6 часов), воды (по потребности), вентиляция, включение и выключение света (12:12), ассенизация и постоянная температура (21,5±2,5°C).

Средне-суточная температура животных в полете была достоверно ниже, а двигательная активность выше, чем в контроле. Отмечена обратная корреляция динамики этих показателей за период полета в целом.

По данным корреляционного и спектрального анализа, в термограмме животных полетной группы присутствовали колебания с периодами 24, 12 и 6 часов. Формирование постоянного распределения фаз в суточном цикле завершилось к 4-5 суткам полета как по температуре, так и по двигательной активности. Акрофаза суточных колебаний температуры тела с 4 суток и до конца полета практически не изменялась.

Рассматриваются возможные физиологические механизмы нарушения сопряженности уровней температуры тела и двигательной активности у животных в полете.

Summary

Telemetric transmitters were implanted into rats to record nuclear temperature and locomotor activity in an experiment aboard the "Kosmos-782" biosatellite and in a synchronous experiment on the ground.

The animals were kept in boxes under the following conditions: feeding intervals of six hours, water at desire, ventilation, light-darkness ratio of 12 to 12, assenisation and constant temperature of 21.5 ± 2.5 °C.

The mean daytime temperature to which the rats were exposed in flight was significantly below and their locomotor activity in excess to the values of the control group. The dynamics of those variables were negatively correlated throughout the flight.

The thermograms of the animals in flight showed oscillations with periods of 24, twelve, and 16 hours, as established by correlation and frequency analyses. Both body temperature and locomotor activity had a steady phase distribution over one day cycle fully developed on the fourth and fifth days of flying. There was actually no variation at all in the acrophase of daily oscillations of the body temperature between the fourth day and the end of flying.

Some attention was given to possible physiological mechanisms which might impair the correlation between body temperature and locomotor activity of rats in flight.

Humboldt-Universität zu Berlin
Bereich Medizin (Charité), Nervenklinik, Abteilung für Neuropathophysiologie

Zum Biorhythmus in den Neurowissenschaften

K. HECHT und K. SEIDEL

Rhythmische Prozesse des gesunden und erkrankten Gehirns sind in der Geschichte der Medizin häufiger beobachtet und beschrieben worden. So erkannte bereits HIPPOKRATES /1/ Beziehungen zwischen menschlichen Temperamenten und jahreszeitlich abhängigen Gesundheitszuständen. Die Rolle des Wach-Schlafrhythmus in der gesunden Lebensweise wurde von HUFELAND /2/ hervorgehoben. Wechselbeziehungen zwischen Zeitwahrnehmung und rhythmischer Schrittfolge deckte SETSCHENOW /3/ auf. FALRET /4/ und PILCZ /5/ beobachteten periodische Verläufe von Geistesstörungen. Rhythmische Prozesse auf zellulärer Ebene des Neokortex machte PAWLOW /6/ für das Zustandekommen eines bedingten Reflexes auf Zeit verantwortlich. Außerdem beschrieb er das rhythmische Erlöschen des bedingten Nahrungsreflexes. ARNDT /7/ fand einen 24stündigen Wechsel psychischer Erkrankungen und MENNINGER-LERCHENTHAL /8/ Verschiebungen im Tagesrhythmus der Körpertemperatur bei Depressiven. Es liegt also auf der Hand, daß dem Biorhythmus seit jeher in den Neurowissenschaften große Aufmerksamkeit geschenkt worden ist. Unter Neurowissenschaften verstehen wir jene wissenschaftlichen Disziplinen, die das gesunde und erkrankte Nervensystem von Mensch und Tier zum Gegenstand ihrer Untersuchungen haben. Hierzu gehören Neurophysiologie, Neurobiologie, Neurochemie, Neuromorphologie, Neuropathophysiologie, Neuropharmakologie, Psychologie, Neurologie, Psychiatrie und Neurochirurgie.

Die Grundfunktionen des Gehirns verlaufen rhythmisch und in den biorhythmischen Funktionsabläufen sehen wir den Ausdruck der Widerspiegelung raum-zeitlicher Prozesse in der Organismus-Umwelt-Beziehung. Jeder Informationsfluß aus dem äußeren und inneren Milieu eines Organismus erfolgt über die Rezeptoren und afferenten Leitungsbahnen zum Zentralnervensystem in räumlich-zeitlicher Anordnung. Der Transformationsprozeß am Rezeptor ist durch die Kodierung einer Information bei nur einem Freiheitsgrad, das heißt durch die zeitliche Dichte der aufeinanderfolgenden Nervenimpulse gekennzeichnet. Sondierbewegungen des Organismus skandieren gesetzmäßige und zufällige Umwelteinflüsse. Hierbei werden nur bestimmte Sondierbewegungen, welche durch adäquate Signale wiederholt stimuliert werden, zu zielgerichteten kettenartig aufeinanderfolgenden Handlungen oder Tätigkeiten entwickelt. Diese spiegeln sich in raum-zeitlichen Anordnungen, in dynamisch-stereotypen Funktionsabläufen wider und werden im Gehirn auf der Grundlage eines raum-zeitlich organisierten funktionellen Neuronennetzes modelliert /9/. ANOCHIN /10/ vertrat die Auffassung "daß man das Verhältnis des Lebens zur Umwelt als eine stetige Umarbeitung im Cytoplasma oder in den höchsten Entwicklungsstufen des Lebens, im Nervensystem, als eine Bearbeitung des Kontinuums von Einwirkungen, welches keine sprungförmigen Brüche in Raum und Zeit besitzt, verstehen muß".

Die Widerspiegelung der Raum-Zeit-Relation durch das Gehirn ermöglicht es, in einem relativ kleinen Raum unermeßliche Raum-Zeit-Intervalle des Raum-Zeit-Kontinuums der Umwelt zu konzentrieren.

So kann ein Düsenflugzeug, das vor unseren Augen am Himmel dahinzieht, bei der Fortbewegung im Raum in wenigen Minuten 100 Km und mehr zurücklegen. Dennoch sind alle seine Positionen die ein Mensch beobachtet wie in einem Fokus in Mikrointervallen von Raum und Zeit in Form des stetigen Verlaufs neuronaler Vorgänge des Zentralnervensystems reflektiert. Das zeitlich-räumliche Kontinuum des Lebens widerspiegelt das Kontinuum und die Hierarchie unterschiedlich komplizierter, sich ständig ablösender funktioneller Systeme, die rhythmisch arbeiten und durch Kopplungsprozesse die Adaptation eines Organismus gewährleisten.

Die rhythmische Arbeitsweise des Gehirns sichert solche wichtigen Funktionen wie das Lernen und das Gedächtnis, die Zeitwahrnehmung und die Afferenzsynthese, die Emotionen und die zentral-nervale Steuerung vegetativer, endokriner und somatischer Regulationen.

<u>Zeitwahrnehmung, Zeitgeber, Biorhythmus</u>

Neurologische Befunde und psychophysiologische Untersuchungen bestätigen, daß es beim Menschen und beim Tier keine speziellen Analysatoren für die Zeitwahrnehmung und die Zeitregulation gibt. Diese Funktionen sollen durch das Zusammenspiel verschiedener Analysatoren auf der Grundlage rhythmischer Abgemessenheiten funktioneller Vorgänge gewährleistet werden, wobei vor allem dem kinästhetischen Analysator vorrangige Bedeutung zugeschrieben wird.

Beziehungen zwischen Zeitwahrnehmung und kinästhetischen Analysator sind besonders deutlich bei der Wahrnehmung von rhythmischen Stimulierungen zu beobachten /11/. So wurde festgestellt, /12/ daß rhythmische Applikationen von akustischen Stimuli (Metromticken) die Wahrnehmung dieser Umweltrhythmen mit eigenartigen motorischen Begleiterscheinungen in Form von rhythmischen Bewegungen des Kopfes, der Extremitäten, des Rumpfes oder/und des Sprechapparates einhergehen. Hierbei läßt sich eine akzentuierte Bewegungsrhythmik nachweisen, welche der Skandierung der wahrgenommenen Reizreihe entspricht und die gleichzeitig die Adäquatheit der Rhythmusreproduktion verstärkt. Von Bedeutung ist desweiteren, daß diese rhythmische Begleiterscheinung lediglich durch die geistige Vorstellung dieser rhythmischen motorischen Aktivität ausgelöst werden kann, womit sich der Carpenter-Effekt /13/ auch auf die Rhythmik motorischer Funktion ausweist. Erkrankungen des zentralen motorischen Systems, zum Beispiel bei Enzephalitis, gehen nicht nur mit Veränderungen in der Zeitwahrnehmung einher, sondern auch mit dem Zerfall der rhythmisch induzierten motorischen Begleiterscheinungen. Überhaupt zeigt die Zeitwahrnehmung sowohl bei verschiedenen lokalen Ausfallerscheinungen des Gehirns als auch bei generalisierten Funktionsstörungen des Zentralnervensystems (Neurosen, Psychosen, Depressionen usw.) Abweichungen von der Norm. Mit der gestörten Zeitwahrnehmung korrelieren bei diesen Erkrankungen Störungen der Biorhythmik verschiedenster Frequenzbereiche und zwar nicht nur in den Hirnfunktionen, sondern auch in den vom Gehirn kontrollierten vegetativen und endokrinen Systemen. Die physiologische Grundfunktion der Zeitwahrnehmung wird in den sogenannten spontanaktiven Neuronen des Gehirns gesehen. Unter diesen sind verschiedene Typen hinsichtlich ihrer Konstenz und Beeinflußbarkeit zu unterscheiden. Für die inneren Zeitgeberfunktionen werden solche spontanaktiven Neuronen verantwortlich gemacht, welche über eine hohe Konstanz der Impulsintervalle verfügen, wie zum Beispiel Neuronen der Copora mamillaris /14/. Die Impulsintervalle dieser spontanaktiven Neuronen werden mit 60-130 Impulse/Sek. angegeben. Im Septum mediales wurden Neurone gefunden, die bei der Aktivierung des retikularen Hirnstammsystems mit "Burst"entladungen antworteten, die zum regelmäßigen Theta-Rhythmus des Hippocampus, (Wellen von 4-7/Sek.) korreliert sind /15/.

Infolgedessen werden auch Wechselbeziehungen zwischen verschiedenen rhythmisch tätigen Neuronen, das heißt rhythmische Summationseffekte von Neuronengruppen, für die innere Zeitmessung verantwortlich gemacht.

PÖPPEL /16/ fand bei Experimenten mit subjektiv erzeugten Zufallsreihen von Zahlen, bei Menschen Zeiteinheiten von 4-7 Sekunden. Einer der Mechanismen, die im ZNS zum Auftreten anhaltender rhythmischer Entladungstätigkeit von Zellen führen können, ist die Verschaltung von Erregungskreisen, das heißt von funktionellen Neuronennetzen, die immer einen zirkularen Charakter haben.

Von der biochemischen Seite werden die rhythmischen Entladungen von Neuronen als Folge spontaner Transmitterausscheidungen mit Miniaturpotentialbildung gedeutet.

Transmitter scheinen auch bei der Entwicklung der Perioden von Körperfunktionen mit längerer Schwingungsdauer Bedeutung zu haben.

Untersuchungen in unserem Laboratorium ergaben /17/, daß es möglich ist, durch Transmitterverschiebungen im Gehirn von Ratten während der neonatalen Entwicklungsphase, das heißt während der kritischen Phase der Gehirndifferenzierung, in Abhängigkeit von den jeweils im Überschuß vorhandenen Transmittern, bestimmte Frequenzen des Minutenrhythmus bedingt-reflektorischer Prozesse so zu prägen, daß sie im adulten Alter (5 Monate) noch nachweisbar waren. Erhöhung des Acetylcholinspiegels durch Pyridostigmin im Gehirn prägte Schwingungen, deren Periodendauer länger war als die der Kontrollen. Verarmung an Serotonin durch p-Chlorphenylalanin prägte außerordentlich kurze Periodenlängen.

Erlernen von Zeitbegriffen:

Es bestehen folglich Beziehungen zwischen Gedächtnis und Biorhythmen. I.P. PAWLOW /18/ hat das Erlernen von Zeitbegriffen in Form des bedingten Reflexes auf Zeit entdeckt. Später beschrieben FERSTER und SKINNER /19/ das "timing behaviour". Die Unterschiede zwischen beiden Erscheinungen liegen in der Methode begründet. Während der bedingte Reflex auf Zeit die Arbeit mit exakter Vorgabe eines zu erlernenden Zeitbegriffes gestattet, betreibt man mit "timing behaviour" die Analyse zeitlich orientierter Automatismen. Beziehungen zwischen zirkadianen und bedingten Reflex auf Zeit konnten nachgewiesen werden. In Tierexperimenten zeigten TREPTOW und HECHT /20/, daß Störungen des zirkadianen Rhythmus durch chronischen emotionellen Stress das Erlernen von Zeitbegriffen stark einschränkt.

Diese Ergebnisse bestätigen die Hypothese, daß die für die Hierarchie von Zeitbegriffen verantwortlichen Zeitgeber über enge korrelative Beziehungen verfügen und daß infolgedessen die Biorhythmen im Zeitgedächtnis eine hervorragende Rolle spielen.

Biorhythmus und Emotionen

Negative Emotionen, bei denen das ergotrope System überwiegt und die gewöhnlich von Frequenzerhöhungen, zum Beispiel der Herzfrequenz, begleitet sind, bewirken, daß eine reale Zeitdauer verlängert wahrgenommen wird. Bei Arbeiten unter Stress, bei denen Zeiteinheiten einzuhalten sind, hat das Wissen um diese Erscheinungen einen außerordentlichen praktischen Wert.

Positive Emotionen werden gewöhnlich vom trophotropen System bestimmt und vielfach von einer Frequenzverminderung begleitet. Unter diesen Umständen erlebt ein Individuum eine reale Zeitdauer verkürzt. Wir möchten von diesen, durch weitere Experimente zu untermauernden, Erkenntnissen die Hypothese ableiten, daß die zeitliche Wahrnehmung des Menschen durch eine individuell determinierte diskrete Abgriffshäufigkeit in Form von zeitlichen Abgemessenheiten erfolgt. Das heißt, die Zeitwahrnehmung muß an eine bestimmte Folge von Impulsen, die als zeitliches Vergleichsmuster dient, gebunden sein. Erfolgt nun im Zustand negativ emotioneller Erregung, zum Beispiel im Angstzustand, eine Frequenzerhöhung von rhythmischen Funktionen, dann nimmt objektiv auch die Abgriffshäufigkeit am zeitlichen Vergleichobjekt, dem konstanten inneren Zeitgeber, der sich möglicherweise durch die oben erwähnten spontanaktiven Neuronen /15/ repräsentiert, zu. Subjektiv ist aber das innere Modell des Organismus auf die endogene zeitangebende Konstante eingestellt. Hierbei kann das Prinzip der Prognose nach ANOCHIN /21/ eine Rolle spielen. Infolge der Dissoziation in der zeitlichen Objekt-Subjekt-Beziehung wird die astronomische Zeit subjektiv verlängert, als eine Zeitdehnung wahrgenommen. Bei positiv emotionellen Reaktionen, zum Beispiel im Zustand der Fröhlichkeit, wird infolge der damit verbundenen Frequenzverminderung auch die Abgriffshäufigkeit und damit der Vergleich am konstanten Zeitgeber geringer. Die dabei entstandene Dissoziation in der zeitlichen Objekt-Beziehung schlägt nach der anderen Seite aus und es wird subjektiv eine Zeitraffung erlebt.

Diese engen Beziehungen zwischen Zeitwahrnehmung, emotioneller Einflußsphäre und biorhythmischen Prozessen sind nicht nur an zeitweilig auftretende Emotionen gebunden, sondern können auch bei stationär bestehenden emotionsbetonten Krankheitserscheinungen dauerhaft auftreten. So erlebt der manisch-depressive Patient im manischen Stadium die Zeit kürzer, im depressiven dagegen länger als die astronomische Zeit.

<u>Biorhythmen in Lern- und Gedächtnisprozessen</u>

Als Ausdruck eines vollendeten Lernprozesses, zum Beispiel einer bedingten Reaktion, äußern sich rhythmische Erscheinungen im Zentralnervensystem. Diese offensichtlich auf Synchronisation beruhenden Kopplungsvorgänge im Gehirn stellen grundlegende Lernmechanismen dar. Eine Konsolidierung des Lernprozesses ist mit dem Auftreten von Thetarhythmus des EEG im Hippokampus verbunden /22/. Der während des REM-Schlafes erscheinende hippokampale Thetarhythmus wird mit dem Transfer der Informationen vom Kurzzeit- in das Langzeitgedächtnis in Beziehung gebracht. /23/

Bei der Ausbildung von bedingten Nahrungsreflexen an Katzen zeigte sich, daß die zur Ausarbeitung des Lernvorganges applizierten Reize (Ton und Fütterung) zunächst eine Desynchronisation der bioelektrischen Aktivität bewirken.

Im Zustand der völligen Ausbildung des bedingten Nahrungsreflexes haben die bioelektrischen Verläufe von bestimmten, an dem Lernprozeß beteiligten Arealen des Gehirns eine größere Regelmäßigkeit. /24/

Anhand von Periodizitäten der zentralnervalen und motorischen Reaktionszeiten des bedingten lokomotorischen Abwehrreflexes an Ratten konnte die Entwicklung der Synchronisation der am Lernprozeß beteiligten Systeme von HECHT und Mitarbeiter /25/ nachgewiesen werden. Die zentralnervalen Reaktionszeiten als zeitlicher Ausdruck der Afferenzsynthese des ZNS und die motorischen Reaktionszeiten, die den zeitlichen Ablauf des für die Motorik zutreffenden Efferenzintegrals ausweisen, hatten beim ausgebildeten und gefestigten bedingten Reflex einen statistisch gesicherten parallelen Verlauf.

Dieser kommt im Frühstadium des Lernprozesses in einem Kopplungsvorgang zustande, wobei der zeitliche Ausdruck der Afferenzsynthese nach dem Prinzip eines Mitzieheeffektes der motorischen Reaktionsperiodik ihre Frequenz auferlegt.

In der weiteren Entwicklung des Lernprozesses zeigte sich eine Korrelation zwischen Stabilität des Lernprozesses und der Frequenzen des Minutenrhythmus. Dominieren nach 90 bedingten Reizen Schwingungen zwischen 4 und 6 Minuten, so waren nach dem Training mit 152 Reizen Periodenlängen von 7 Minuten dominent und nach dem Training mit 910 bedingten Reizen überwiegend Schwingungen von 7 und 14 Minuten Dauer zu sehen.

Biorhythmus und asymmetrische Funktion des Gehirns

Die Erkenntnisse über die interhemisphärische asymmetrische Funktion des Gehirns geben auch der Chronobiologie und Chronomedizin neue Denkanstöße. Es soll als bewiesen gelten, daß die linke Hemisphäre des menschlichen Gehirns das logisch-abstrakte Denken und den damit verbundenen positiv-emotionellen Tonus repräsentieren. Die rechte Hirnhemisphäre soll dagegen vorwiegend die Basis des konkreten bildhaften Denkens bilden und an der Aufrechterhaltung des negativ emotionellen Tonus beteiligt sein. Untersuchungen von V. AIRAPETJANZ /26/ an Kindern im Vorschulalter ergaben, daß nach verbaler Belastung, welche zu negativ emotionellen Anspannungen führte, alle Kinder in der rechten Hemisphäre eine stärkere Aktivierung des Thetarhythmus im EEG aufzuweisen hatten, als im linken. WEJN el al /27/ sah im EEG von Neurotikern in der rechten Hemisphäre ein relatives Dominieren der Desintegration zwischen den synchronisierenden und desynchronisierenden Funktionen.

Im Tierexperiment konnten POPPEI et al /28/ bei Ausschaltung umschriebener Bezirke des Hippokampus qualitative und quantitative interhemisphäre Unterschiede des Minutenrhythmus bedingt-reflektorischer Prozesse feststellen. Es hat also den Anschein, daß den beiden Hirnhemisphären bei der Rhythmusgenese oder der Rhythmussteuerung arbeitsanteilige Aufgaben zukommen.

Zeitwahrnehmung und Biorhythmus in der Neurologie-Psychiatrie

Die Störung biorhythmischer Prozesse und der Zeitwahrnehmung spiegelt sich in allen neurologisch-psychiatrischen Erkrankungen wider. Einerseits führen Erkrankungen des Gehirns zu Desynchronisationen biorhythmischer Prozesse der Gehirnfunktionen und der Funktion vegetativ-endokriner Systeme sowie zu Dissoziationen in der Zeitwahrnehmung. Andererseits verlaufen viele neurologisch-psychiatrische Erkrankungen rhythmisch bzw. sind durch rhythmische Symptome ausgezeichnet. Es wurden auch Symptome der Nivilierung rhythmischer Prozesse oder Multiplikationen bzw. Demultiplikationen zirkadianer, infradianer und ultradianer Rhythmen, als auch krankhaftes Erleben der Zeitraffung oder Zeitdehnung oder gar das völlige Erlöschen der Zeitwahrnehmung beobachtet. In einer Arbeit von MOCK /29/ werden zum Beispiel Skletiker mit gestörter Zeitwahrnehmung als "bedauernswerte Geschöpfe" als "zeiterloschene Menschen" beschrieben.

Störungen der Zeitwahrnehmung sind auch bei depressiven Patienten, bei progressiver Paralyse, bei schwerer Histerie, bei Korsakowscher Psychose, bei Hemiplegien und bei Kleinhirnerkrankungen nachgewiesen worden /30/. Desgleichen wurden Frequenzveränderungen des zirkadianen Rhythmus bei neuro-psychiatrischen Erkrankungen festgestellt.

RICHTER /31/ stellte Erkrankungsformen des Gehirns zusammen, bei denen die verschiedensten zirkadianen Verläufe, zum Beispiel die Körpertemperatur, in infradiane Rhythmen übergingen. Als Beispiele sollen die zerebrale Arteriosklerose, Gehirnblutungen, Gehirnläsionen, Schock und Stress genannt werden. Wir haben demgegenüber einige Beispiele von Erkrankungen des Zentralnervensystems zusammengestellt, bei denen demultiplikative Erscheinungen von zirkadianen Rhythmen beobachtet wurden:

Autor	Krankheit	zirkadianer Rhythmus
WEJN et al./27/	Neurosen	17-Oxyketosteroide Katecholamine
HECHT et al./32/	exp. Neurose	motorische Aktivität
BIRKEMAYER et al./33,34/	Depression	biogene Amine Tyrosin, Tryptophan
SACHAR /35/	Depression	Cortisol
SCHNEIDER et al./36/	Anenzephalie	Cortisol
ANGELI et al. /37/	Anorexia nervosa	ACTH, Cortisol

Einige Autoren konnten auch Phasenverschiebungen zirkadianer Verläufe, Phasenumkehr und völlige Nivilierung der Tagesrhythmik nachweisen.

Es erhebt sich nunmehr die Frage, warum die Veränderungen der zirkadianen Rhythmik bei den verschiedenen Erkrankungen des Gehirns so vielfältige Charakteristika ausweisen. Selbst bei derselben Krankheit sind derartige Feststellungen zu treffen. Zum Beispiel waren bei der Depression im Tiefpunkt der Erkrankung ein völliges Erlöschen des zirkadianen Rhythmus /38/ zu sehen. Zu anderen Zeiten des Krankheitsverlaufes stellten sich entweder Phasenverschiebungen /39/ oder Inversion der Phasen /40/ oder demultiplikative Tendenzen /41/ ein. Zunächst muß auf die Frage geantwortet werden, warum eine derartige symptomatische Mannigfaltigkeit besteht, daß ein Vergleich der unzähligen vorliegenden Arbeiten schwierig ist, weil unter anderem die Meßzeitpunkte während des 24 Stundenrhythmus sehr unterschiedlich sind. Das Gleich gilt für die verwendeten Parameter. Die untersuchten Patienten sind zum Teil ungenügend in ihrer Symptomatik ausgewiesen.

Diese differenten Erscheinungen aber allein auf methodische Probleme der Untersuchungen zurückzuführen zu wollen, hieße an bestimmten Realitäten vorbeizugehen. SCHUH /42/ hat in seinem Vortrag darauf hingewiesen, daß im Interesse der Stabilität des Organismus bei Zusammenbruch eines Frequenzsystems, des zirkadianen Rhythmus, andere Frequenzsysteme, zum Beispiel ultradiana Rhythmen diese Stabilität gewährleisten, so daß der gesamte Organismus keine wesentliche Einschränkung seiner Adaptationsfähigkeit erfährt. Bei den meisten Untersuchungen des zirkadianen Rhythmus - häufig nur vier Meßpunkte am Tage - werden die Beziehungen zu ultradianen Rhythmen nicht verifiziert. Deshalb sind folgende Ergebnisse von HELLMANN und Mitarbeiter /43/ interessant: Sie haben bei Untersuchungen des Plasma-Cortisols an Gesunden in 20-Minuten-Intervallen 7-9 größere Sekretionsepisoden des Cortisols an das Plasma innerhalb eines Tagesrhythmus gefunden und lockere Assoziationen dieser Sekretionsepisoden mit dem REM-Phasen beobachten können. Diese Ergebnisse lassen darauf schließen, daß die ultradianen Rhythmen eine weitaus größere Rolle in der Organismus-Umweltbeziehung spielen als dies bisher zugegeben wurde. Offensichtlich ist die Frequenzdynamik biorhythmischer Prozesse so eingerichtet, daß bei erhöhten Anforderungen oder Belastungen an den Organismus ein Übergang von längeren zu kürzeren Periodendauern angestrebt wird. Die Stabilität des Systems ist dagegen durch den Übergang von kürzerer zu längerer Periodendauer gekennzeichnet. Damit ist aber noch nicht die Frage beantwortet, warum bei manchen Erkrankungen zirkadiane in infradiane Rhythmen übergehen, das heißt eine Umschaltung auf längere Periodendauer erfolgt. Wir haben bei Untersuchungen des Minutenrhythmus ein derartiges Phänomen, das heißt eine Umschaltung zur Verlängerung der Periodendauer, ein einziges Mal festgestellt. /44, 45/ In diesem Fall ließen wir auf die Versuchstiere mehrere Wochen lang einen zweifachen

Stress (Hypokinese und Lernbelastung) einwirken. Hier war eine Umschaltung der Periodenlänge von 6-7 Minuten bei den Kontrollen auf 14-16 Minuten bei den belasteten Tieren zu sehen. Die chronisch gestressten Tiere hatten zwar Störungen in der zentralnervösen Informationsverarbeitung, aber keine wesentlichen Veränderungen in den vegetativen Funktionen wie Blutzucker- und Blutdruckregulation aufzuweisen. Tiere, bei denen in der gleichen Zeiteinheit nur jeweils einer der beiden Stressoren zur Wirkung kam, hatten bei gestörter Informationsverarbeitung im Zentralnervensystem und bei hyperreaktiven Veränderungen im Bereich des Vegetativums stets Frequenzerhöhung oder -auflösung zur Folge. Die doppelte Belastung führte zu einer stärkeren Hemmung der zentralnervalen Funktionen und infolgedessen zur Stimulierung kompensatorischer Mechanismen. Es muß daher angenommen werden, daß unter pathologischen Bedingungen die Umschaltung von einer kürzeren zu einer längeren Periodendauer auch der Ausdruck einer Kompensation sein kann.

SCHUH /42/ hat der Umschaltung von zirkadiane in ultradiane Rhythmen einem adaptiven Mechanismus zugeschrieben. Offensichtlich versucht ein belasteter oder von einer Krankheit befallener Organismus durch Veränderungen seiner Rhythmen, sei es nun eine Frequenzerhöhung oder -erniedrigung, eine Phasenverschiebung oder eine Inversion der Phasen, die Stabilität des Organismus aufrechtzuerhalten oder wiederherzustellen. Weitere Untersuchungen müßten erbringen, ob die jeweiligen Rhythmusveränderungen mit der Schwere der Krankheit (prämorbides oder Frühstadium, manifestierte Krankheit) korrelieren.

Manisch-depressive Erkrankung und Biorhythmus

Eine Krankheit, bei der die Rhythmik in doppelter Hinsicht eine Rolle spielt, ist die manisch-depressive Erkrankung. Einerseits liegen Störungen zirkadianer Rhythmen und des Schlaf-Wachverhaltens, insbesondere des REM-Schlafes vor. Andererseits verläuft die Krankheit selbst zyklisch.

Periodische Verläufe der manisch-depressiven Erkrankung sind mit unterschiedlicher Dauer und zwar Zyklen von 48 Stunden bis zu 10 Jahren festgestellt worden. Nachfolgend werden einige Beispiele angeführt:

Autoren		Jahr	Zyklusdauer
ARNDT	/7/	1930	48 Stunden
BUNNEY er al.	/46/	1965	48 Stunden
DÖMLING	/48/	1804	3 Tage
RICHTER	/31/	1965	5 Tage
CRAMMER	/47/	1959	6 Tage
KLEIN et al.	/49/	1945	7 Tage

CRAMMER	/47/	1959	6 Wochen
RICE	/50/	1944	7 1/2 Wochen
KRAEPLIN	/51/	1913	1 Jahr
PILCZ	/5 /	1901	1 1/2 Jahr
KRAEPLIN	/51/	1901	2 Jahre
KRAEPLIN	/51/	1901	10 Jahre

In Abhängigkeit von der Zyklendauer konnte folgende Gesetzmäßigkeit abgeleitet werden:
Je kürzer die Periode, desto höher die zeitliche Präzision und desto geringer der Einfluß peristatischer Faktoren /52/. Als wesentliche gemeinsame Charakteristika periodisch verlaufender Psychosen führt RICHTER /30/ folgende an:

1. Plötzlichkeit des Phasenbeginns
2. Zeitliche Präzision des Phasenwechsels
3. Nahezu gleichartige Wiederkehr des psychopathologischen Bildes
4. Resistenz gegenüber äußeren Einflüssen über Jahre
5. Entsprechung der Dauer der gegensätzlichen Phasen

Hierbei zeigen sich aber erhebliche individuelle Unterschiede. Diese bestehen:

1. im Zyklusverlauf (mono- oder bipolar, mit oder ohne Intervall
2. in der Dauer des Zyklus
3. im Zeitpunkt des Phasenwechsels (Häufig während der Nacht und in den frühen Morgenstunden)
4. im Beginn der periodischen Manifestation. Diese tritt oft erst nach längerem aperiodischen Verlauf auf
5. in den psychopathologischen Syndromen

Polygraphische Schlafuntersuchungen zeigen zwischen depressiver und manischer Phase nur geringe Differenzen in den erheblichen Veränderungen biorhythmischer Parameter des Schlafes. Diese sind nach PAPOUSEK /52/ folgende:

1. verminderte Schlafdauer
2. Vermehrtes Wachen und Schläftigkeit, häufiges Erwachen und frühes morgendliches Erwachen
3. Verminderung oder Fehlen des synchronisierten Schlaf-EEG's
4. große Variabilität in der Zahl, Dauer und Latenz der REM-Perioden bis zum völligen Erlöschen des REM-Schlafes.

Trotz nahezu identischer Schlafdaten empfindet der Depressive den Schlaf subjektiv als nicht erholsam, oberflächlich und gestört, der Maniker dagegen als ausgiebig und erfrischend. Wie erwähnt, gibt es auch in der Zeitwahrnehmung Unterschiede zwischen beiden Krankheitsphasen. Von PAPOUSEK /52/ wurde die Arbeitshypothese aufgestellt, "daß die Schlafstörung der Depression auf eine äußere und innere

Desynchronisation mit gleichzeitiger Instabilität des 90-Minutenzyklus" zurückzuführen ist. Hierbei sind Schlaf und Wachen als eine regulatorische Einheit zu betrachten. Der Nachweis des ultradianen Basis-Ruhe-Aktivitäts-Zyklus, der in einer Reihe von Parametern während Schlaf und Wachen durchgehend zu erfassen ist, bestätigt dies. Bei Depressiven ist aber auch eine Veränderung des zirkadianen Rhythmus in einer großen Anzahl von psychometrischen, physiologischen, endokrinen und biochemischen Parametern nachgewiesen worden.

Schließlich bestätigt auch der therapeutische Effekt des Schlafentzuges bei schlafdeprevierten Depressiven die Störung zirkadianer und ultradianer Rhythmen. Dem Schlafentzug wird ein resynchronisierender Einfluß auf die gestörten Rhythmen zugeschrieben /52/. Das heißt, es werden gestörte oder abnorme Verhaltensstereotypen wieder normalisiert.

<u>Wochenrhythmus</u>

Der Wochenrhythmus wird ausschließlich durch soziale Faktoren bestimmt. So wird unter anderem von UNDT /55/ berichtet, daß Selbstmorde, Arbeitsunfälle und Herzinfarkte stets am Montag das Wochenmaximum einnehmen. Als Ursachen werden Entwöhnungen von der Tätigkeit während des Wochenendes und Übermüdungserscheinungen durch falsche Freizeitgestaltung angeführt.

<u>Biorhythmus und Herzkreislauferkrankungen (Modellversuche)</u>

In tierexperimentellen Modellversuchen konnten von uns Beziehungen zwischen der Entwicklung einer neurotischen Hypertonie und Störungen des zirkadianen und Minutenrhythmus nachgewiesen werden. Es zeigte sich, daß nach chronischem Hypokinesestress die Minutenrhythmik bedingt-reflektorischer Prozesse gestört wurde. Die Periodizitäten wurden in der 7., 20. und 26. Belastungswoche geprüft. Veränderungen des Kopplungsgrades der Synchronisation und der Wellenlängen, sowie völlige Eleminierung des Rhythmus waren die Folgen. Die mittleren Blutdruckwerte zeigen parallel dazu einen kontinuierlichen Anstieg, der sich schließlich auf einem mittleren Niveau über 150 Torr einstellt bei Ausgangswerten von 115 Torr. Analog der Entwicklung der neurotischen Hypertonie werden auch der zirkadiane Rhythmus der motorischen Aktivität von Ratten sowie deren Schlafphasen gestört. /56/

Desweiteren prüften wir, wie sich eine chronische Schädigung der linken Koronararterie auf Minuten-periodische Verläufe bedingt-reflektorischer Prozesse auswirkt /57/.

Dieser Eingriff führte nicht zu dem erwarteten Herzinfarkt, sondern zu einem morphologischen reparativen Vorgang an den Koronarien. Biorhythmisch zeigte sich folgendes Bild: Das am Herzen gesetzte Trauma bewirkte zunächst eine völlige Auflösung der periodischen

Verläufe, die sich 2 Wochen danach noch nachweisen läßt. Im Vergleich dazu sehen wir in der oberen Zeile die Kontrollen mit Periodenlängen von ca. 6-7 Minuten. Bereits 4 Wochen nach dem operativen Eingriff wird eine Tendenz zur Normalisierung der periodischen Verläufe deutlich. Die Periodenlängen betragen 3-4 Minuten.

Acht Wochen nach der Koronarverletzung entsprechen die zeitlichen Abläufe wie denen der Kontrollen.

Chronotherapie

Beim Vorliegen einer Desynchronose und wie wir zeigen konnten, tritt sie als Symptom bei fast allen neurologisch-psychiatrischen und psychosomatischen Erkrankungen auf - wird die Forderung an ein Medikament gestellt, die gestörte Rhythmik wieder herzustellen, weil sie ein wesentlicheres Sympton zu sein scheint als die Erhöhung oder Erniedrigung der Werte irgendeines Parameters. Psychopharmaka haben häufig frequenzverändernde Wirkungen. Es zeigte sich sogar, daß einmalige Einnahmen von Psychopharmaka den Tagesrhythmus von Organsystemen oder den des gesamten Organismus verändern können /58/.

HECHT et al. /59/ untersuchten im Tierexperiment den Einfluß einer einmaligen Gabe von Chlorpromazin in Dosen von 0,2 und 0,5 mg/Kg, Äthylcrotylbarbitural (10 mg/Kg) und Koffein (10 mg/Kg). Der Einfluß einer einmaligen Gabe von 0,2 mg/Kg Chlorpromazin auf Periodizitäten bedingt-reflektorischer Prozesse im Minutenbereich hatte zur Folge, daß unmittelbar nach der Injektion die Rhythmik für die Dauer von etwa 30 Minuten vollständig zerstört wird. In der Folgezeit bleibt eine Frequenzbeschleunigung gegenüber der Ausgangssituation bestehen.

Ähnliche Ergebnisse wurden auch mit den angegebenen Dosierungen von Koffein und dem Barbiturat erzielt. Die höhere Chlorpromazindosierung (0,5 mg/Kg) brachte die Rhythmik völlig zum Erliegen.

Wenn bereits einmalige Applikationen derartige Folgen auf die Rhythmik haben, und an normalen Organismen eine Desynchronose bewirken, dann erhebt sich die Frage, welche Folgen Dauerapplikationen von Psychopharmaka bei psychisch Kranken mit gestörter Biorhythmik, die es eigentlich gilt zu beseitigen haben. Es besteht daher die berechtigte Forderung, solche Pharmaka zu entwickeln, die vor allem die gestörte Rhythmik als Krankheitssymptom wieder normalisieren.

POPPEI und Mitarbeiter /56/ untersuchten die Substanz CH100, das Diisopropylaminsalz der p-Chlorphenoxyessigsäure auf die durch 7 Wochen Hypokinesestress verursachten Störungen des Minutenrhythmus und stellten fest, daß die erheblich gestörte Rhythmik bei einmaliger Applikation von CH100 (zwar höher frequenter) wieder hergestellt wurde. Aus der Arbeit von LJOWSCHINA und Mitarbeiter /60/ können wir ersehen, daß körpereigene Wirkstoffe, wie Peptide, ebenfalls über resynchronisierende Eigenschaften verfügen.

Unsere kurzen Darlegungen haben in der Tat gezeigt, daß es wohl kaum ein anderes Spezialgebiet der Biologie und der Medizin gibt, in welchem biorhythmische Prozesse eine so hervorragende Bedeutung für physiologische und pathophysiologische Funktionen haben, wie die Neurowissenschaften.

Literatur

/ 1/ Hippocratis: De aere aquis Locis (Hippokrates: Über die Umwelt) Akademie Verlag Berlin 1970 S. 47

/ 2/ Hufeland, W.: Makrobiotik Berlin 1887 S. 223

/ 3/ Setschenow, I.M.: Ausgewählte Werke Bd. 1. Moskau 1952 S. 188 (russisch)

/ 4/ Falret, I.P.: Bulletins de L'académię de medecine 1854 zit nach /5/

/ 5/ Pilcz, A.: Die periodischen Geistesstörungen. G. Fischer Jena 1901

/ 6/ Pawlow, I.P.: Sämtliche Werke Bd. III und IV. Akademie-Verlag Berlin 1953

/ 7/ Arndt, M.: Allg. Z. Psychiat. 92 (1930) S. 128

/ 8/ Menninger-Lerchenthal, E.: Z. Neurol. 125 (1930) S. 20

/ 9/ Rüdiger, W.: Probleme der Physiologie des Gehirns. VEB Verlag Volk und Gesundheit. Berlin 1965

/10/ Anochin, P.K.: Ideen des exakten Wissens 5/71 S. 314

/11/ Elkin, D.G.: Die Zeitwahrnehmung, in: Ergebnisse der sowjetischen Psychologie. Akademie Verlag Berlin 1967 S. 173

/12/ Teplow, B.M.: Die Psychologie der musikalischen Fähigkeiten (russisch) Isd-Wo APW RSFSR. 1947

/13/ Carpenter, W.B.: zitiert bei W. Hacker: Allgemeine Arbeits- und Ingenieurpsychologie. VEB Deutscher Verlag der Wissenschaften Berlin 1973 S. 340

/14/ Vinogradova, O.S.: Registration of information and the Limbic system, in: Horn, G. and R.A. Hinde (Hrsg): Short-term changes in neuronal activity and behaviour. C.U.P. 1970

/15/ Klingberg, F. und W. Haschke, in: Biesold. D. und H. Mathies (Hrsg): Neurobiologie Gistav Fischer Verlag Jena 1977 S. 244

/16/ Pöppel, E.: Stud. Gen. 24 (1971) S. 83

/17/ Schlegel, Th., K. Hecht, G. Dörner, M. Poppei, G. Hinz: Zum Einfluß von neonatal verabreichten neurotropen Pharmaka auf den Minutenrhythmus bedingt-reflektorischer Prozesse im adulten Alter. Deutsch-sowjetisches Symposium über Chronobiologie und Chronomedizin Halle 1978

/18/ Pawlow, I.P.: Sämtliche Werke Bd. IV. Akademie-Verlag Berlin 1953 S. 35

/19/ Ferster, C.B. and B.F. Skinner: Schedules of Reinforcement. New York. Appleton 1957

/20/ Treptow, K. und K. Hecht: Die Widerspiegelung externer Zeitperioden im Zentralnervensystem, in: R. Glaser, K. Unger und M. Koch: Umweltbiophysik Akademie-Verlag Berlin 1976 S. 281

/21/ Anochin. P.K.: Das funktionelle System als Grundlage der physiologischen Architektur des Verhaltensaktes. VEB G. Fischer Jena 1967 S. 72

/22/ Landfield, P.W., J.L. Mc Gaugh and R.J. Tusa: Science 175 (1970) S. 87

/23/ Pearlman, C.A. and R. Greenberg: Learn. Behav. 1 (1973) S. 49

/24/ Adey W.R. and D.O. Walter: Exp. Neurol 7 (1963) S. 186

/25/ Hecht, K., K. Treptow, S. Choinowski, M. Peschel: Die raum-zeitliche Organisation der Reiz-Reaktions-Beziehungen bedingt-reflektorischer Prozesse. VEB Gustav Fischer Jena 1972 S. 151

/26/ Airapetjanz, V.: Zur asymmetrischen Funktion des kindlichen Gehirns unter emotionellen Spannungszuständen in: Baumann, R. und K. Hecht: Stress, Neurose, Herzkreislauf. VEB Deutscher Verlag der Wiss. Berlin 1977 S. 226

/27/ Wejn, A., I. Rodschat, O. Kolosowa, N. Wlassow, M. Rischman und G. Djukowa: Neurosen und vegetative Störungen. in: Baumann, R. und K. Hecht: Stress, Neurose, Herzkreislauf. VEB Deutscher Verlag der Wissenschaften Berlin 1977 S. 60

/28/ M. Poppei, K. Hecht, T. Schlegel und I.P. Ljowschina: Minutenrhythmus bedingt-reflektorischer Prozesse nach unilateraler Hippokampusläsion. Deutsch-sowjetisches Symposium über Chronobiologie und Chronomedizin. Halle 1978

/29/ Mock, O.: Ther. der Gegenwart 108 (1969) S. 1691

/30/ Elkin, D.G.: Die Zeitwahrnehmung. in: Ergebnisse der sowjetischen Psychologie. Akademie Verlag Berlin 1967 S. 174

/31/ Richter, C.P.: Biological Clocks in Medicine and Psychiatry Thomas, Springfield 1965

/32/ Hecht, K., K. Treptow, M. Poppei, T. Hecht, S. Choinowski und M. Peschel: in: R. Glaser, K. Unger und M. Koch (Hrsg) Umweltbiophysik Akademie-Verlag Berlin (1976)

/33/ Birkemayer, W. und W. Linauer: Arch. Psychial. Nervenkr. 213 (1970) S. 377

/34/ Birkemayer, W. und E. Neumayer: Internat. Symp. Graz. Hollineck Wien 1971 S. 147

/35/ Sachar, E.J.: Arch. gen. Psychiat. 17 (1967) S. 544

/36/ Schneider, L., J. Fevre. H. Hajeri und E. Papiernik-Berkauer. in: G. Lassmann und F. Seitelberger (Hrsg) Rhythmische Funktionen in biologischen Systemen. Facultas-Verlag Wien 1977 S. 44

/37/ Angeli, A., D. Fonzo, R. Frajraria, B. Bertello und F. Cerasa: in: G. Lassmann und F. Seitelberger (Hrsg) Rhythmische Funktionen in biologischen Systemen. Facultas-Verlag Wien 1977 S. 32

/38/ Vogel, G.W., A.C. Traub, P. Ben-Horin, G.M. Meyers: Arch. gen. Psych. 18 (1968) S. 301

/39/ Moody, I.P. and M.N.E. Allsopp: Brit.J.Psychiat. 115 (1969) S.923

/40/ Kempel, K.: Arch. Psychiatr. Nervenkr. 216 (1972) S. 131

/41/ Hellmann, L. et al. zit. nach J. Mendels (Hrsg): Biological Psychiatry. Wiley, New York 1973

/42/ Schuh, J.: Circadiane und ultradiane Rhythmen in ihrem Verhältnis zu Adaptation und Systemstabilität. Deutsch-sowjetisches Symposium über Chronobiologie und Chronomedizin Halle 1978

/43/ Hellmann, L., F. Nakada, J. Curti, E.D. Weitzman, J. Kream, H. Roffwarg, S. Ellman, D.K. Fukushima, T.F. Gallagher: J. clin. Endocr. 30 (1970) S. 411-422

/44/ Hecht, K. T. Hecht, M. Poppei, K. Treptow, W. Hartrodt und S. Choinowski: Acta biol. med. germ. 34 (1975) S. 1453

/45/ Hecht, K. M. Poppei, M. Peschel, K. Treptow und V. Moritz: Acta Biol. Med. Germ. 31 (1973) S. 813

/46/ Bunny, W.E. and E.Hartmann: Arch.gen.Psychiatr. 12 (1965) S. 611

/47/ Crammer, J.L.: Lancet 1 (1959) S. 1122

/48/ Dömling: Arch. Med. Erfahr. 5 (1804) 1

/49/ Klein, R. and R.F. Nunn: J. ment Sci 91 (1945) S. 79

/50/ Rice, K.K.: Arch. Neurol. Psychiat. 51 (1944) S. 478

/51/ Kraeplin, E.: Klinische Psychiatrie. 8.Auflage Barth Leipzig 1913

/52/ Papousek, M.: Fortschr. Neurol. Psychiatr. u. Grenzgebiete 43 (1975) S. 381

/53/ Dietrich, H.: Confin. psychiat. 4 (1961) S. 110

/54/ Schulte, W.: Nervenarzt 22 (1951) S. 140

/55/ Undt, W.: in: G. Hildebrandt (Hrsg): Biologische Rhythmen und Arbeit. Springer Wien - New York 1976 S. 73

/56/ Poppei, M., K. Hecht, T. Schlegel und H. Frömmel: in: J.-H. Scharf (Hrsg): Die Zeit und das Leben. Novo Acta Leopoldina Bd 46 (1977) S. 455

/57/ Hecht, K., T. Schlegel, M. Peschel, K. Treptow, M. Poppei, T. Hecht, S. Choinowski, D. Kunde und R. Meyer: in: J.-H. Scharf (Hrsg): Die Zeit und das Leben. Novo Acta Leopoldina Bd 46 (1977) S. 431

/58/ Rensing, L.: Biologische Rhythmen und Regulation. VEB Gustav Fischer Jena 1973 S. 223

/59/ Hecht, K., K. Treptow und M. Peschel: Act. Nerv. Sup. 13 (1971) S. 92

/60/ Ljowschine, I.P. K. Hecht, Th. Schlegel, P. Oehme, M. Poppei und M.G. Airapetjanz: Minutenrhythmus lärmgestresster Tiere ohne und mit Substanz "P"-Behandlung. Deutsch-sowjetisches Symposium über Chronobiologie und Chronomedizin. Halle 1978

Zusammenfassung

1. Die rhythmische Arbeitsweise des Zentralnervensystems ist Ausdruck seiner räumlich-zeitlichen Organisation.
2. Unter Einbeziehung aller Regulationsebenen gewährleistet das Gehirn auf der Grundlage periodischer Prozesse des gesamten biorhythmischen Frequenzspektrums Informationsverarbeitung und Regulation des Organismus sowie die Zeitwahrnehmung.
3. Es bestehen Beziehungen zwischen Emotionalität und Gedächtnis sowie Rhythmus und Zeitwahrnehmung.
4. Desynchronose ist ein Syndrom, welches bei allen Regulationskrank-

heiten und bei bestimmten psychiatrischen Erkrankungen häufig schon im prämorbiden Stadium zu verifizieren ist. Es bestehen z.B. pathogenetische Zusammenhänge zwischen zirkadianer Synchronisationsstörung und depressionsähnlicher psychopathologischer Manifestation.

5. Die Herbeiführung der Synchronisation biorhythmischer Prozesse z.B. durch Schlafentzug bei Depressiven, erwies sich als eine effekte therapeutische Maßnahme.
6. Psychische Erkrankungen sind häufig durch einen zyklischen Verlauf gekennzeichnet.
7. Neuro-Psychopharmaka bewirken nicht selten eine Desynchronose, so daß die Notwendigkeit besteht, solche Arzneimittel zu entwickeln, welche neben anderen Krankheitssymptomen auch die Desynchronose beseitigen.

Резюме

I. Ритмический принцип работы центральной нервой системы является выражением его пространственно-временной организации.
2. Включая в свою деятельность все уровни регуляции /молекулярно-клеточную, функции систем и функцию всего организма в целом/, мозг обеспечивает на основе периодических процессов общего биоритмического спектра частот обработку информации и регуляцию функций организма, а также восприятие времени в процессе адаптации.
3. Существует взаимосвязь, как между эмоционаьностью и памятью, так и между биоритмикой и восприятием времени.
4. Десинхроноз является синдроном всех регуляторных заболеваний и определённых психиатрических болезней /неврозы, депрессии/, который может быть верифицирован зачастую уже в преморбидной стадии.
   Существует патогенетическая зависимость между циркадианными нарушениями синхронизации и депрессиво-подобными психопатологическими проявлениями.
5. Налаживание синхронизации биоритмических процессов, например, отлучением от сна депрессивных больных, зарекомендовало себя как эффективное терапевтическое мероприятие.
6. Психические заболевания часто характкризуются циклическим протеканием.
7. Нейро-психофармакологические вещества вызывают нередко де-

синхроноз, что требует необходимость создания таких медикаментов, которые бы наряду с другими патологическими проявлениями устраняли бы также и десинхроноз.

Summary

1. The rhythmic functioning of the central nervous system is a manifestation of its space-time organization.
2. Enclosing all the levels of regulation (molecular-cellular, functional system, the entire body) the brain ensures processing of information and the regulation of the organism as well as the perception of time in the processes of adaptation by means of periodic processes in the general biorhythm frequency spectrum.
3. There are relationships between emotionality and memory as well as between rhythm characteristics and perception of time.
4. Desynchronosis is a syndrome of all the regulatory diseases and of specific psychiatric diseases (neurosis, depressions) which can be verificed allready in the premorbid state. There are, for instance, pathogenic correlations between circadianic or ultradianic disturbance of synchronization and depression-like psychopathological manifestations or cardiac infarction.
5. The induction of the synchronization of biorhythmic processes, as for instance by sleep deprivation in depressives, has proven to be an effective therapeutical means.
6. Mental diseases are often charakterized by a cyclic course of disease or by rhythmic symptomatics.
7. Neuropsychopharmaceutical agents not infrequently result in a desynchronosis. Therefore it will be necessary to develop such drugs, which can eliminate the desynchronosis in addition to the other pathological phenomena for instance such drugs, which do not only induce the sleep but also restore the disturbed rhythmic structure of the sleep.

Karl-Marx-Universität Leipzig
Sektion Physik, Fachbereich Geophysik

Geophysikalische Einflüsse auf die Zeitwahrnehmung des Menschen

R. LAUTERBACH

Das Thema mag für einen Geophysiker als Autor etwas ungewöhnlich erscheinen. Wir wurden aber auf die Rolle geophysikalischer Einflüsse bezüglich der Wahrnehmung von Zeit und Raum vor allem durch sowjetische Untersuchungen aus dem Bereich der Raumfahrtmedizin, -biologie und -psychologie aufmerksam. Sie brachten Ergebnisse, die nicht nur die Rolle des Schwerefeldes der Erde, sondern auch des erdmagnetischen Feldes wie geoelektromagnetischer Phänomene und anderer geophysikalischer Parameter auf die Zeitwahrnehmung des Menschen nachwiesen.

Es ist hier nicht der geeignete Ort, um auf die biologisch-medizinische oder psychologische Interpretation dieser im einzelnen sicher verwickelten Zusammenhänge eingehen zu können. Die Zeitwahrnehmung durch den Menschen wird von sehr zahlreichen und recht verschiedenartigen Umständen endogener wie exogener Natur beeinflußt. Ein für uns wichtiges Ergebnis der sowjetischen Arbeiten bestand aber in der Feststellung, daß die endogenen Einflüsse auf die Zeitwahrnehmung des Menschen durch umfangreiches Training sehr weitgehend zu unterdrücken sind und ferner, daß sich durch eine umsichtige Untersuchungsführung unerwünschte exogene Einflüsse nahezu konstant halten oder gar ausschalten lassen.

Kosmonauten erwerben während eines längeren Trainings die Fähigkeit, auch kleine Zeitintervalle exakt zu produzieren oder zu reproduzieren. Auch wir unterzogen uns einem analogen mehrmonatigen Training. Dazu übernahmen wir eine von G.S. TITOW und anderen auch im Weltraum angewandte Methode der vielfachen Abzählung eines Intervalls von 20 Sekunden. Die real verstrichene Zeit wird jedesmal mit der Stoppuhr gemessen. Dieses von LEONOW & LEBEDEW /1/ beschriebene Verfahren führten wir so durch, daß das wiederholte Abzählen des 20-Sekunden-Intervalls durch Aussprechen der Zahlen von 21 bis 40 erfolgte. Diese rund 15 bis 20 Messungen wurden gemittelt und gelten als ein Meßwert. Das Abzählen erfolgte stets bei äußerster Konzentration und geschlossenen Augen, wobei sich der um rund 10 Hz liegende zerebrale α-Rhythmus einstellt. Ohne diese Voraussetzung erhielten wir keine brauchbaren Ergebnisse.

Bereits nach etwa vierwöchigem Training verringerte sich die anfangs recht bedeutende Streuung der an der Stoppuhr abgelesenen Ergebnisse und wurde weiterhin von einer bemerkenswerten Konstanz abgelöst. Es ist selbstverständlich, daß der Proband sich dieser Zählprozedur völlig blind unterzog.

Wir verfolgten ein zweifaches Ziel:

1. In einer vieljährigen Zeitreihe der so beschriebenen Zeitwahrnehmung eines Probanden sollten eventuelle Einflüsse zeitlich variabler geophysikalischer Umweltparameter nach Möglichkeit nachgewiesen werden. Die Messungen erfolgten immer am gleichen Ort.

2. Wir beabsichtigten ferner Einflüsse der Ortsvariation geophysikalischer Felder in Zusammenhang mit bestimmten geologischen Strukturen auf die Zeitwahrnehmung zu untersuchen. Dazu wurde der Proband ebenfalls weitgehend blind längs Profilen über geeignete geologische Strukturen von Meßpunkt zu Meßpunkt im Kraftfahrzeug hinweggefahren. Die Zählprozedur an jedem Meßpunkt ist die gleiche wie oben beschrieben.

Das Jahr 1970 wurde für allgemeine Versuche und Vorstudien sowie für das Training verwendet. Die Reihe der Zeitvariation liegt von 1971 bis zur Gegenwart vor und wird weitergeführt. Das gleiche gilt für die Studien der Ortsvariation, die wir seit 1973 vornehmen.

Hier wird nun ein zweiter Zwischenbericht über unsere bisherigen Ergebnisse vorgelegt. Ein erster Zwischenbericht über den Nachweis eines Tiefenbruches der Erdkruste mittels der Messung der Zeitwahrnehmung wurde durch R.LAUTERBACH & A.REINCKE / 2/ bereits publiziert.

Zu Punkt 1: Tägliche Messung der Zeitwahrnehmung im Rahmen einer vieljährigen Zeitreihe zur Untersuchung etwaiger geophysikalischer Einflüsse. Die Zeitwahrnehmung des Menschen ist nach den Ergebnissen zahlreicher Autoren (z.B./3/) einem ausgeprägten Tagesgang unterworfen. Die Messungen wurden daher täglich zur gleichen Zeit unter konstanten äußeren Bedingungen (gleicher Raum, gleiche Temperatur, gleiche Beleuchtung usw.) in Serie einmal durchgeführt. Wie beschrieben erfolgte das Abzählen der Zahlenfolge von 21 bis 40, wobei nach besten Kräften der Sekundenrhythmus angestrebt wurde. Der Versuchsraum ist akustisch weitgehend abgeschirmt, da insbesondere rhythmische Geräusche störend sind. Gleichzeitig wurde die Herz- und Atemfrequenz gemessen und auch der Wert des Luftdrucks festgehalten.

Die so gewonnenen mehr als 2500 Tageswerte für die Zeit von 1971 bis Frühjahr 1978 wurden nun auf mögliche geophysikalische Einflüsse untersucht.

Wie erwartet zeigte sich, daß die zeitlichen Variationen der Erdschwere an der Erdoberfläche so gering sind, daß ihnen für einen ortsfesten Beobachter keine physiologische Bedeutung zukommt.

Für die Analyse von Zusammenhängen zwischen Zeitwahrnehmung und erdmagnetischem Feld, ausgedrückt durch die erdmagnetischen Charakterzahlen und indirekt auch durch die Sonnenfleckenrelativzahlen ergeben sich Anhaltspunkte für eine Tendenz. Danach scheint die an der Stoppuhr abgelesene Zeit mit zunehmender erdmagnetischer Aktivität anzusteigen. Um diesen Effekt hinreichend sicherstellen zu können, bedarf es aber noch einer Verlängerung unserer mehrjährigen Zeitreihe. Dies liegt vor allem daran, daß dieser schwache Einfluß von einem stärkeren weitgehend verdeckt wird, der mit der Wetterlage parallel geht. Bereits zahlreiche andere Autoren haben gezeigt, daß mit dem physikalischen Zustand der Atmosphäre die elektromagnetische Aktivität derselben Veränderungen unterworfen ist. Hierbei spielt die atmosphärische Impulsstrahlung im Infralangwellengebiet eine besondere Rolle, die eine Überlagerung von Signalen im VLF-Bereich (3-30 kHz) und solchen im ELF-Band (besonders um 10 Hz) darstellt (z.B. SCHUMANN & KÖNIG /4/, REITER /5/).

REITER /5/ machte bereits auf den engen Zusammenhang zwischen Wetterlage und Reaktionszeit des Menschen anhand sehr großer Probanden-Kollektive aufmerksam und zeigte, daß die elektromagnetischen Prozesse der Atmosphäre hierfür wahrscheinlich stärker verantwortlich sind als die Variation der konventionellen meteorologisch-klimatologischen Parameter.

Wir sortierten unsere Tageswerte der Zeitwahrnehmung daher nach Wetterphasen. Unter Wetterphasen verstehen die Meteorologen und Bioklimatologen typische, häufig vorkommende Witterungssituationen. So kennzeichnen die Wetterphasen 1,2 und 3 verschiedene Zustände des Hochdruckwetters, also einer Schönwetterlage. Wetterphase 4 ist der Zustand bei Schlechtwetter mit Durchgang eines Tiefdruckgebietes und seiner Ausläufer (Fronten). Wetterphase 5 und 6 sollen die Verhältnisse nach Abzug des Schlechtwettergebietes wiedergeben, und zwar Wetterphase 5 unmittelbar nach Frontdurchgang, Wetterphase 6 für die anschließende Wetterberuhigung. Diese Wetterphasen sind eng mit einer Variation der elektromagnetischen Aktivität der Atmosphäre gekoppelt und zwar in dem Sinne, daß letztere bei Schönwetter erniedrigt und die Impulsstrahlung bei Schlechtwetter signifikant erhöht ist.

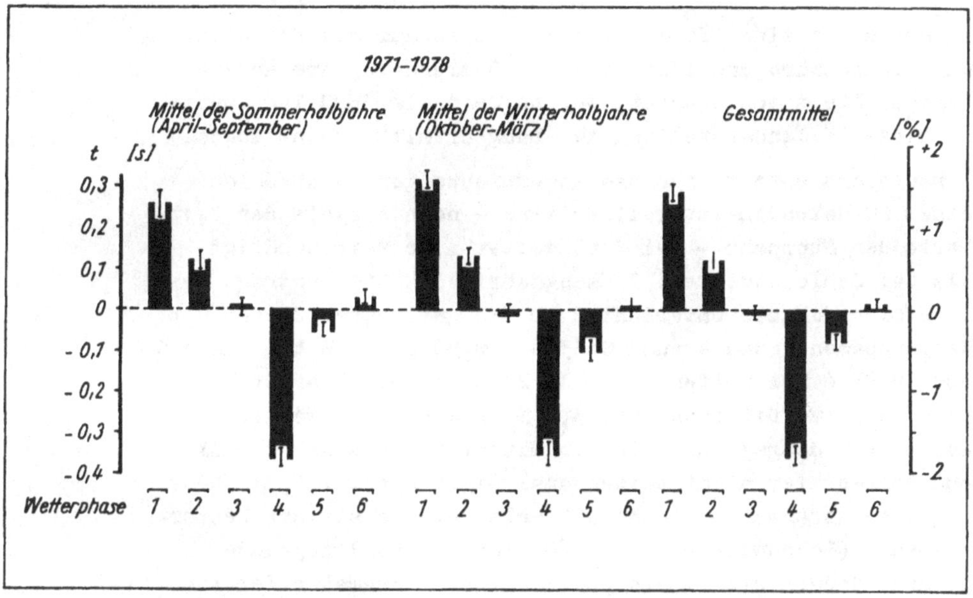

Abbildung 1

Einfluß der Wetterphasen auf die Zeitwahrnehmung (Produktion eines 20 s - Intervalls); von 1971 bis 1978 täglich eine Messung unter gleichartigen Bedingungen. Abweichungen in Zehntelsekunden, links für Sommer- und Winterhalbjahre, rechts Gesamtjahresmittel. Wetterphase 1 = frisches Hochdruckwetter, Wetterphase 4 = = Tiefdruckbereich.

Abbildung 1 zeigt unsere diesbezüglichen Ergebnisse dargestellt als Abweichung vom Gesamtmittel der Zeitwahrnehmung (in Zehntelsekunden bzw. Prozent von den geschätzten 20 Sekunden) aufgeschlüsselt nach den erwähnten Wetterphasen, rechts die entsprechenden Mittelwerte der Abweichung der Zeitwahrnehmung für die Jahre 1971 - 1978 aufgetragen, wobei Wetterphase 1 besonders ausgeprägtes Schönwetter, Wetterphase 4 Schlechtwetter darstellt.

In der Mitte sind für den gleichen Zeitraum die Werte der Winterhalbjahre und links die der Sommerhalbjahre aufgetragen. Wie schon erwähnt, wurden mehr als 2500 Tageswerte in diese Säulendarstellung der Langzeitmittel einbezogen.

Man sieht sofort: für das angestrebte genaue Abzählen eines 20-Sekunden-Intervalles wird - nach Ausweis der Zeitwerte der Stoppuhr - bei Schönwetter mehr Zeit benötigt als bei Schlechtwetter. Im langjährigen Mittel beträgt der hoch signifikante Unterschied in den gestoppten Zeiten von Wetterphasen 1 und 4 rund 0,65 s (20,59 s für Wetterphase 1 und 19,95 s bei Wetterphase 4). Bezogen auf 20 s ist dies eine relative Differenz von 3,2 %. Die übrigen Wetterphasen treten demgegenüber in den Mittelwerten stark zurück und sollen hier nicht weiter analysiert werden.

Bei so unterschiedlichen Wetterlagen, wie sie den Wetterphasen 1 (Schönwetter) und 4 (Schlechtwetter) zugrunde liegen, ändern sich viele physikalische Parameter der Atmosphäre. Da aber die Zeitmessungen im geschlossenen Raum unter Innenklima ausgeführt wurden, bleiben als wirkende Faktoren von physikalischer Seite nur der Luftdruck und die elektromagnetische Aktivität übrig, die in den Innenraum hineinwirken können. Der Einfluß des Luftdruckes auf die Zeitwahrnehmung wurde geprüft. Es ergab sich bislang kein signifikanter Zusammenhang. Daraus muß zwangsläufig in erster Linie auf die physiologische Wirksamkeit der Infralangwellen im ELF- und VLF-Bereich geschlossen werden.

Derartig niedrige Frequenzen sind sehr schwer elektrisch bzw. magnetisch abzuschirmen. Abbildung 2 zeigt aber einen von mehreren Versuchen, die wir unternahmen, um durch einen dickwandigen Eisenbehälter wenigstens eine Schwächung des Feldes zu erzielen. Die Zeiten, zu denen eine einfache Abzählung der Zahlen von 21 bis 40 erfolgte, sind in der Ordinate aufgetragen. Der Proband wurde zweimal einer Abschirmung unterzogen. Man sieht deutlich, daß sehr wahr-

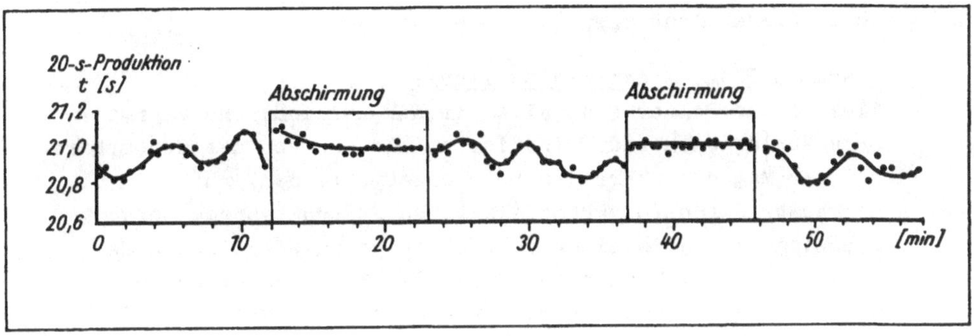

<u>Abbildung 2</u>

Einfluß einer Abschirmung von Kopf und Oberkörper des Probanden auf die Zeitwahrnehmung (20 s - Produktion). Abschirmung durch Eisengefäß weist auf die Rolle der elektromagnetischen Umweltfelder für die Zeitwahrnehmung hin.

scheinlich als Folge der Feldverringerung die Zeitwerte ebenso steigen wie sie es unter Hochdruckeinfluß (Wetterphase 1) tun würden. Außerdem ist die relative Konstanz der Zeitwerte unter der Abschirmung bemerkenswert.

Dieses Experiment (wie weitere Versuche mit Faraday-Käfigen) zeigt, daß es sich um eine Einwirkung elektromagnetischer Felder auf den Organismus handelt und daß deren Frequenz auch niedrig sein kann. Hierauf hat u.a. auch PRESMAN /6/ hingewiesen. Er mißt besonders einem weiteren elektromagnetischen Phänomen unserer Erde besondere Bedeutung zu: der sog. SCHUMANN-Resonanz (z.B. /7/). Im Hohlraumresonator Erde-Ionosphäre entstehen als Ergebnis sehr geringer Dämpfung stehende Wellen mit einer Hauptfrequenz um etwa 10 Hz. PRESMAN glaubt, daß dies phylogenetisch von Bedeutung für die Herausbildung analoger Frequenzen z.B. der zerebralen und Nervenaktion gewesen sein könne (wenn nicht müsse).

Nun zu Punkt 2 der Zielstellung:
Elektrische Felder (vor allem im ELF-Bereich) und magnetische Variationen und Pulsationen, wie sie von der Ionosphäre und der Magnetosphäre der Erde erzeugt werden, rufen in der Erdkruste durch Induktion elektrische Stromsysteme hervor. Sie sind die Basis einer speziellen geophysikalischen Methode, der sog. Magnetotellurik /8/. Nach den bisher erzielten Ergebnissen war es für uns von Interesse, ob die Zeitwahrnehmung des Menschen dort zusätzlich verändert wird, wo niederfrequente elektrische Wechselströme entsprechend der geologischen Struktur die obere Erdkruste durchfließen.

Wir wählten dazu ein geologisch und geophysikalisch besonders sorgfältig untersuchtes Objekt aus, den Tiefenbruch von Rostock-Teterow-Gramzow, der sich quer durch das Gebiet der DDR verfolgen läßt. Hier ist eine elektromagnetische Anomalie bekannt. Außerdem durchsetzt dieser Bruch der Erdkruste in rund 4 km Tiefe salzführenden Zechstein, sodaß hier mit einer sehr guten elektrischen Leitfähigkeit zu rechnen ist. Da die Bruchfläche zugleich auch noch geologische Medien unterschiedlicher elektrischer Leitfähigkeit voneinander trennt (als Folge der Vertikalversetzung von Krustenschollen), ist auch mit Reflexionen von Wellen im ELF-Band zu rechnen, es können sich stehende Wellen ausbilden.

Abbildung 3 zeigt das Ergebnis der Zeitmessungen wieder mittels Stoppuhr nach dem schon geschilderten Verfahren längs dreier Profile von je rund 10 km Länge. Meßpunkte, an denen der Proband seine 20 Messungen zwecks Mittelung ausführte, wurden etwa alle 200 - 300 m angelegt. Um die erforderliche Konzentration des Probanden zu garantieren, wurden die Messungen nachts vorgenommen. Wie erwähnt, er-

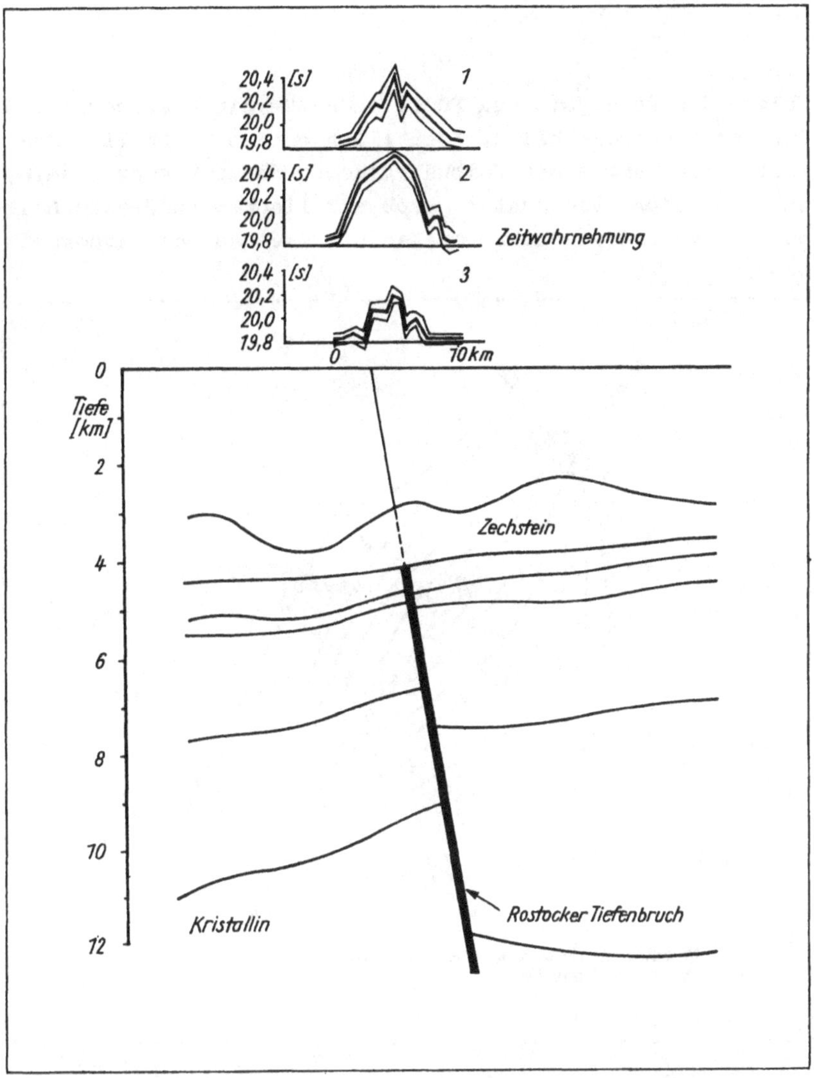

<u>Abbildung 3</u>

Ortsvariation der Zeitwahrnehmung längs dreier untereinander etwa paralleler, mehr als 10 km langer Profile über einem markanten Tiefenbruch, der die Erdkruste durchsetzt und von unten im Zechstein (mit Salzführung) ausklingt. Die Bruchzone ist geologisch- geophysikalisch sehr gut erforscht.

folgte der Transport von Punkt zu Punkt mit Kraftwagen und für den Probanden blind. Zusätzlich wurden Kontrollen des zeitlichen Ganges der Zeitwahrnehmung dadurch vorgenommen, daß nach erprobtem Muster geophysikalischer Feldmeßtechnik bereits gemessene Punkte später ein zweites Mal wiederholt wurden.

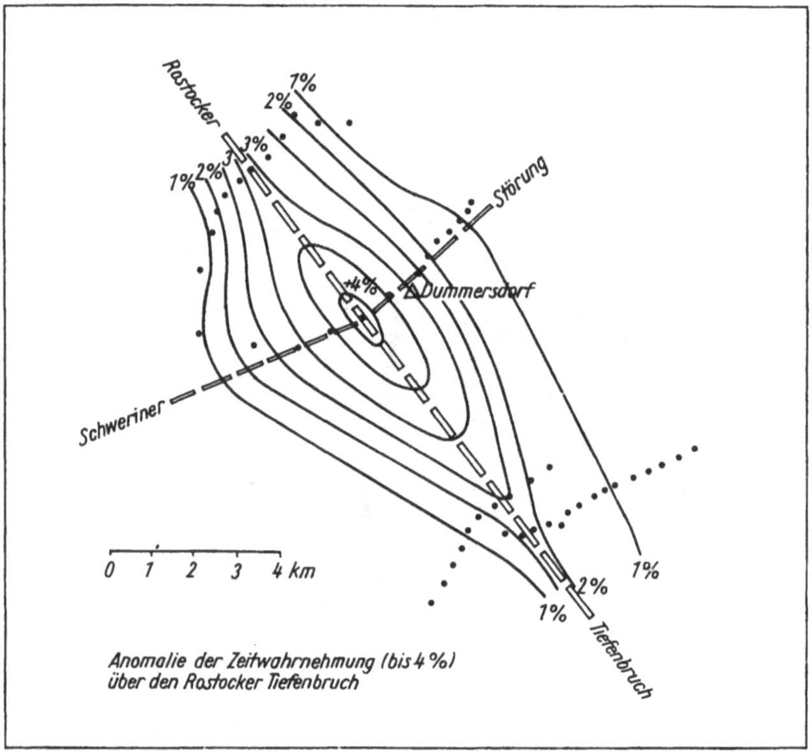

Abbildung 4

Flächenhafte Darstellung der regionalen Anomalie der Zeitwahrnehmung mit Achse parallel zur F 103 bei Dummerstorf. Die beim Abzählen von 20 s gestoppten Zeiten sind im Zentrum der Anomalie um mehr als 4% länger als abseits des Tiefenbruchs. Dieser wird im Kern der Anomalie von einer anderen Bruchzone gekreuzt (Schweriner Störung).

Auf Abbildung 4 ist das Meßergebnis als flächenhaft aufgetragene Anomalie der Zeitwahrnehmung im Gebiet südlich von Rostock wiedergegeben. Hier wird dieser Tiefenbruch, der von links oben nach rechts unten verläuft, von einer schwächeren Bruchzone, der Schweriner Störung gekreuzt. Die Anomalie der Zeitwahrnehmung erreicht hier den Maximalwert von über +4%. Für eine angestrebte Abzählung eines 100-Sekunden-Intervalls also werden tatsächlich 104 s benötigt, ohne daß dies dem Probanden in irgendeiner Weise bewußt wird. Die Linien gleicher Anomalie der Zeitwahrnehmung sind im Abstand von 1% in die Kartenskizze eingetragen. Die Achse dieser Anomalie deckt sich mit dem Verlauf der Schnittzone von der Bruchfläche mit den Zechsteinschichten in rund 4 km Tiefe. Wegen der Beschränkung der Eindringtiefe elektromagnetischer Wellen in die Erdkruste durch den Skin-Effekt können Informationen aus dieser Tiefe nur im (physiologisch so oft als relevant bezeichneten) circa 10 Hz-Bereich zur Oberfläche übertragen werden, nicht durch höhere Frequenzen.

Abbildung 5 gibt das Ergebnis eines analogen Versuches über der Nordrand-Störungszone des Thüringer Waldes bei Friedrichroda wieder. Auch hier ist (oberflächennah) Zechstein vorhanden. Die Reproduzierbarkeit des Effektes ist durch die Hin- und Rückmessung gut zu erkennen. Auch diese Anomalie der Zeitwahrnehmung erreicht den Maximalwert von 4% (Verlängerung der gestoppten Zeit).

Von geophysikalischer Seite soll hier nicht weiter auf die Interpretation dieser Ergebnisse nach der biologisch-medizinischen Seite hin eingegangen werden. Unsere Studien auf diesem Gebiet legen aber nahe, daß die von uns mit dieser Methode aufgezeigten Orts- und Zeitvariationen der Zeitwahrnehmung des Menschen sicher in verschiedener Beziehung von Bedeutung sein können.

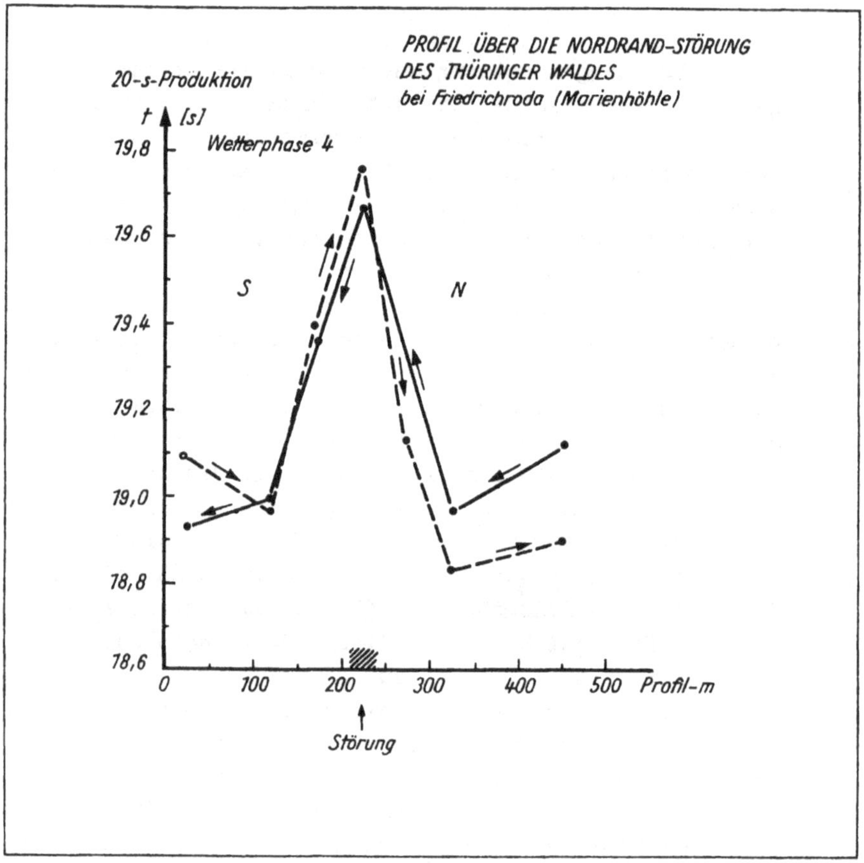

Abbildung 5

Zeitwahrnehmung (mit 20 s -Produktion) über einer Bruchzone des Nordrandes des Thüringer Waldes. Hin- und Rückmessung. Jeder Meßpunkt besteht wie immer aus 20 Einzelmessungen. Die Messungen fanden bei schlechtem Wetter statt (Wetterphase 4). Ortsvariation und witterungsbedingte Zeitvariation überlagern sich. Für die Dauer der Profilmessung war die Zeitvariation vernachlässigbar gering, sodaß auch hier die Ortsvariation dominiert.

Im Zuge unserer Untersuchungen entdeckten wir 1974 durch Zufall eine andere Art der Beeinflussung menschlicher Zeitwahrnehmung, die ebenfalls physikalischer Natur ist und dazu einen gewissen Hinweis auf einen Grundprozeß der Wechselwirkung zwischen Organismus und physikalischen Faktoren geben könnte.

Durch WIESNER /9/ wurde im Rahmen eines medizinischen Versuches dem Probanden eine wiederholte UV-Bestrahlung seines Blutes zuteil, bei der etwa 100g Blut entnommen und unter einer speziellen UV-Lampe sofort reinjiziert wurde. Die medizinischen Untersuchungen haben gezeigt, daß hierdurch die Stoffwechselprozesse beträchtlich und nachhaltig angeregt werden. Abbildung 6 zeigt, wieder nach den sechs Wetterphasen aufgegliedert, im jeweils linken Teil der einzelnen Säulen die Zeitwahrnehmung v o r der UV-Bestrahlung des Blutes und im rechten Teil der Säulen die Mittel nach dieser Prozedur. Wie man sieht, verkürzt sich bei allen Wetterphasen die an der Stoppuhr abgelesene Zeit (für unsere 20-Sekunden-Schätzungen) um rund 2% (ca. 0,4 s). Eine analoge Aufteilung unserer mehrmonatigen Mittel in den Jahren ohne einen derartigen Eingriff mittels UV-Strahlen bringt als Kontrollversuch hierzu nie eine derartige Differenz.

Die Veränderung der real benötigten Zeit für eine 20-Sekunden-Produktion von 2% wird auch bei der elektromagnetischen Aktivierung der Atmosphäre in einem Schlechtwettergebiet bewirkt, wie bereits gezeigt wurde. Damit liegt der Schluß nahe, daß wie bei dieser UV-Bestrahlung auch die geophysikalische Aktivität der Atmosphäre direkt oder indirekt in die Stoffwechselprozesse komplex eingreift. Die UV-Bestrahlung ist (als wesentlich kräftigere Einwirkung) in der Zeitwahrnehmung mit einer erheblichen Nachwirkung über mehrere Wochen verbunden, die eine entsprechend lang anhaltende organismische Reaktion andeutet. -

Bei unseren Arbeiten hatten wir vorwiegend geophysikalische Zielstellungen /10/ im Sinne. Zur biologisch-biophysi-

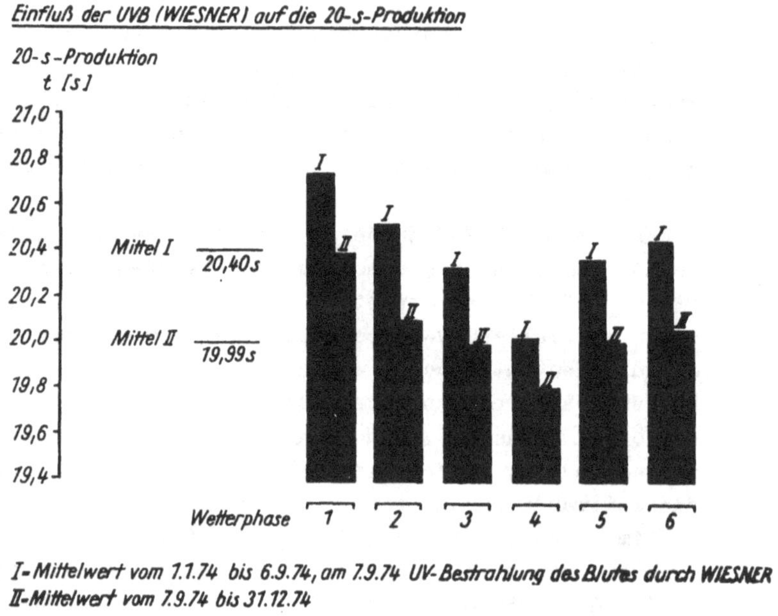

Abbildung 6

Einfluß der UV-Bestrahlung nach WIESNER /9/ auf die Zeitwahrnehmung (20 s - Produktion). Jeweils linker Teil (I) der Säulen v o r der UV-Bestrahlung des Blutes des Probanden, rechter Teil (II) n a c h der Bestrahlung. Die gestoppten Zeitwerte sind wieder nach Wetterphasen aufgeschlüsselt. Durch diese Behandlung wird die Zeitwahrnehmung in allen Wetterphasen beschleunigt (Verkürzung der gestoppten Zeiten). Genauere Nachfolgeuntersuchungen wiesen nach, daß diese Beschleunigung mehrere Monate anhält.

kalischen, zur medizinisch-physiologischen /11/ und zur psychologischen Seite stützten wir uns i.w. auf veröffentlichte Resultate zahlreicher Fachleute. Aus der Fülle der herangezogenen Arbeiten möchten wir nur als Beispiele nennen: CHOLODOW /12/, DUMANSKIJ, SERDJUK & LOS /13/, PRESMAN /6/ oder PERSINGER /14/ und Koautoren (darunter z.B. ALTMANN, KÖNIG oder auch LUDWIG, de LORGE & MARR sowie WEVER). Auf psychologischem Gebiet halfen uns neben zahlreichen anderen Studien vor allem die Arbeiten zur Zeitwahrnehmung von ELKIN /15/, FRAISSE /16/, FRANKENHAEUSER /17/, PÖPPEL & GIEDKE /3/ sowie RUBINSTEIN /18/.

Dank gebührt Herrn Dozent Dr.sc.nat.Dr.med. R.SINZ für Hinweise und die Überlassung seiner Dissertation B mit dem Titel "Chronophysiologische und -psychophysiologische Untersuchungen zur dynamischen multioszillatorischen Funktionsordnung des Organismus" bereits vor deren Veröffentlichung.

Literatur

/1/ LEONOW, A.A., LEBEDEW, W.I.: Die Wahrnehmung von Raum und Zeit im Kosmos (russ.). Moskau 1968

/2/ LAUTERBACH, R., REINCKE, A.: Nachweis des Rostock-Gramzower Tiefenbruches mit Hilfe einer der Kosmosforschung entlehnten biologischen Methode. Geophysik und Geologie (Geophys.Veröff.d.KMU Leipzig) 3.Serie, Bd.I, H.4, S. 143-151, Berlin 1978

/3/ PÖPPEL, E.;GIEDKE, H.: Diurnal Variation of Time Perception. Psychol.Forsch., 34, S.182-198, 1970

/4/ SCHUMANN, W.O., KÖNIG, H.L.: Über Beobachtungen von atmospherics bei geringsten Frequenzen. Naturwiss. 41, 183, 1954

/5/ REITER, R.: Meteorobiologie und Elektrizität der Atmosphäre, Leipzig 1960

/6/ PRESMAN, A.S.: Electromagnetic fields and life. New York, London 1974
Elektromagnetische Signalgebung in der belebten Natur (russ.). Moskau 1974
/7/ KÖNIG, H.L., ANKERMÜLLER, F.: Über den Einfluß besonders niederfrequenter elektrischer Vorgänge in der Atmosphäre auf den Menschen. Naturwiss. S.486-490, 1960
/8/ PORSTENDORFER, G.: Principles of Magneto-Telluric Prospecting. Berlin, Stuttgart 1975
/9/ WIESNER, S.: Die Bedeutung der UV-Behandlung arterieller Durchblutungsstörungen des Menschen. Abh. d. AdW d. DDR, Jahrg. 1974, S.201-204, Berlin 1976
/10/ LAUTERBACH, R.: Biogeophysik. Kapitel 11 in: Physik des Planeten Erde, hrsg.v. R. LAUTERBACH, Berlin 1975
/11/ DRISCHEL, H.: Organismus und geophysikalische Umwelt. Sitz.Ber.Sächs.AdW zu Leipzig, Math.-natw.Klasse, Bd.111, H.2, Berlin 1975
/12/ CHOLODOW, Ju.A.: Reaktionen des Nervensystems auf elektromagnetische Felder (russ.). Moskau 1975
/13/ DUMANSKIJ, Ju.D., SERDJUK, A.M., LOS, I.P.: Einflüsse elektromagnetischer radiofrequenter Felder auf den Menschen (russ.). Kiew 1975.
/14/ PERSINGER, M.A. (ed.): ELF and VLF Electromagnetic Field Effects. New York, London 1974
/15/ ELKIN, D.G.: Die Zeitwahrnehmung. In: Ergebn.d.sowj. Psychologie, hrsg.i.d.Sprache v. H. HIEBSCH u. Mitarb. v. F. KLIX u. M. VORWERG, Berlin 1967
/16/ FRAISSE, P.: Psychologie du temps. Paris 1957
Zeitwahrnehmung und Zeitschätzung. In: Handbuch der Psychologie, hrsg.v. W. METZGER, Bd.1, 1.Halbband, S.656-690, Göttingen 1966
/17/ FRANKENHAEUSER, M.: Estimation of time. Stockholm 1959
/18/ RUBINSTEIN, S.L.: Grundlagen der allgemeinen Psychologie (aus dem Russ.). 6.Aufl., Berlin 1968

Zusammenfassung

Physikalische Einflüsse auf die Wahrnehmung von Raum und Zeit sind insbesondere von sowjetischen Autoren bereits im Zusammenhang mit Problemen der Raumfahrt untersucht worden. An die Ergebnisse dieser Arbeiten über die Zeitwahrnehmung knüpft die hier vorliegende Studie an.
In mehrjähriger Untersuchungsreihe wurde eine Abhängigkeit der menschlichen Zeitwahrnehmung von der jeweiligen Wetterlage signifikant festgestellt. Versuche ergaben, daß dieser Zusammenhang offenbar über die elektromagnetische atmosphärische Strahlung (ELF und VLF) hergestellt wird.
Die geoelektrisch erhöhte Leitfähigkeit über geologisch-geophysikalisch festgestellten Brüchen der Erdkruste löst bemerkenswerterweise ganz analoge Effekte aus.

Резюме

Влияние геофизических явлений на чувство пространства и времени исследовалосъ советскими авторами уже связи с проблемами освоения космоса. Данные исследования являются продолжением результатов зтих работ по чувству времени.
Путём многолетных исследований была установлена значимая зависимостъ человеческого чувства времени от метеорологических условий. Опыт показал, что зта связъ устанавливается, очевидно, по электромагнитному атмосферному излучению (ELF и VLF). Следует отметитъ, что повышение геоэлектрической проводимости над нарушениями Земной коры, установленными геолого-геофизическими работами, вызывает совершенно аналогичные эффекти.

Summary

Physical influences on the perception of space and time have especially explored by sovietic authors in connexion with problems of space research. This paper is based on these results concerning the time perception.

During several years we proved the dependence of the human time perception upon the weather conditions and found it to be significant. This coherence is evidently produced by the atmospheric electromagnetic radiation (ELF and VLF). Analogous effects could be remarkably observed over fracture zones of the earth's crust with a higher geoelectric conductivity.

Humboldt-Universität zu Berlin
Bereich Medizin (Charité), Nervenklinik, Abteilung für Neuropathophysiologie
Akademie der Wissenschaften der UdSSR, Inst. für höhere Nerventätigkeit Moskau

Minutenrhythmus bedingt-reflektorischer Prozesse nach unilateraler Hippocampusläsion

POPPEI, M., K. HECHT, TH. SCHLEGEL und I.P. LJOWSCHINA
unter technischer Mitarbeit von Christel LIPKA

Einleitung

Anormale biorhythmische Erscheinungen beim Menschen wurden sowohl bei Gehirnläsionen, Gefäßschäden des Gehirns, zerebraler Arteriosklerose, Gehirntumoren, Neurosen und Depressionen beobachtet /1-6/ als auch nach Einwirkung emotioneller Stresszustände /7/.
Emotionen werden vor allem im limbischen System repräsentiert, zu dem auch der Hippocampus gehört, der an der intrazentralen Kommunikation /8-9/ des Gehirns maßgeblich beteiligt ist. Neben emotionsrelevanten und Gedächnisfunktionen werden ihm auch solche der Formierung rhythmischer Prozesse zugesprochen.
Der Thetarhythmus (4-7 sec.), der eine Begleiterscheinung zahlreicher Verhaltensreaktionen darstellt /10/, ist eine typische hippocampale Erscheinung.
In vorausgegangenen Untersuchungen /11, 12, 13/ konnten wir ein asymmetrische Funktion nach unilateralen operativen Eingriffen in eng umschriebenen Arealen des Hippocampus der Ratte nachweisen.
Es wurde die Aufgabe gestellt, zu untersuchen, welchen Einfluß unilaterale Läsionen eng umschriebener Hippocampusareale auf den Minutenrhythmus des bedingten lokomotorischen Abwehrreflexe von normalen männlichen Albinoratten haben.
Ziel dieser Untersuchungen war es zu prüfen:

1. Welche Rolle Hippocampusareale an der Formierung des Minutenrhythmus bedingt-reflektorischer Prozesse haben
2. Ob sich asymmetrische Funktionen des Hippocampus von Ratten auch in biorhythmischen Prozessen wiederspiegeln?

Material und Methode

Den Tieren wurde entweder links- oder rechtsseitig bzw. bilateral im Hippocampus ein eng umschriebener (im Mittel 1 mm Durchmesser)

Bezirk koaguliert.
Hirnparameter: anterior: 3,4; lateral: 4,5; vertikal: -1,5 mm
Reizparameter: Über Stahlelektroden von 1 mm unisolierter Spitze wurde ein elektrischer Reiz von 5 mA und 30 Sek. appliziert.
Eine Woche später wurde in einem Lernvorgang der bedingte Reflex ausgebildet und danach die Versuche zur Prüfung des Minutenrhythmus in folgender Weise durchgeführt:
Im einhalbminütigen Intervallen wurde der bedingte Reiz 100 mal ohne jegliche Bekräftigung appliziert /14/. Die statistische Berechnung erfolgte mittels Autokorrelationsfunktion und Powerspektrum /15/.

Ergebnisse

1. Zum allgemeinen Verhalten:
   nach unilateral linksseitiger Läsion traten somnolenzartige Erscheinungen und verminderte motorische Aktivität im Vivarium auf.
   Nach rechtsseitiger Läsion befanden sich die Tiere in einem ausgeprägten Erregungszustand, die motorische Aktivität im Vivarium war verstärkt. Die Mortalitätsrate nach dem operativen Eingriff lag höher als nach der linksseitigen Läsion.
   Die bilaterale Läsion ruft somnolenzartige Erscheinungen und herabgesetzte motorische Aktivität hervor und zwar im stärkeren Maß als nach linksseitigem Eingriff.

2. Zum bedingt-reflektorischen Lernen (Abb. 1):
   Die Aquisition ist nach Läsionen verzögert, besonders stark nach rechtsseitiger und bilateraler Läsion
   Die Retension, besonders nach linksseitigem und beidseitigem Eingriff eingeschränkt.
   Die Korrelation zwischen den beiden ermittelten bedingt-reflektorischen Zeiten, zentralnervaler und motorischer Reaktionszeit, ist gering.
   Die Fähigkeit, Differenzierungsreaktionen auszuführen, ist eingeschränkt, nach rechtsseitigem operativen Eingriff völlig aufgehoben.

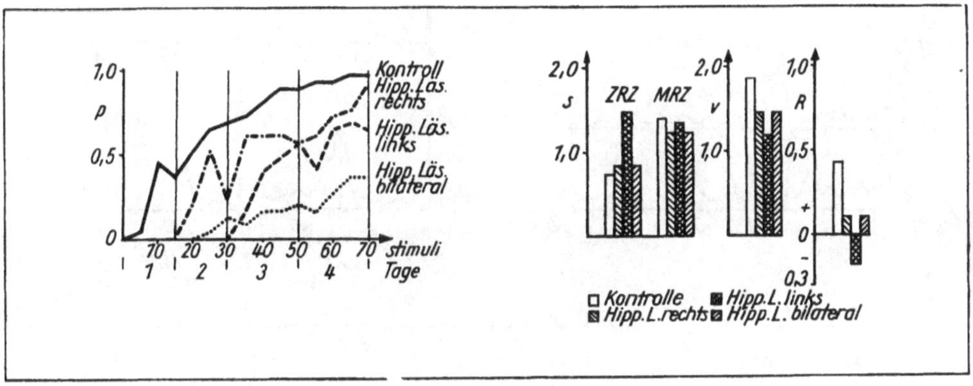

Abb. 1: Parameter des bedingten Reflexes
oben: Lernkurven, p = Erfolgsquote
unten: Mittelwerte der zentralnervalen (ZRZ) und motorischen (MRZ) Reaktionszeiten

$$V = \frac{MRZ}{ZRZ} \qquad R = \text{Korrelationskoeffizient}$$

3. Minutenrhythmus des bedingten Reflexes
Bei Kontrollen ist mittels Autokorrelationsfunktion ein rhythmischer Verlauf der Reaktionszeitlängen zu verifizieren. Die Frequenzen der Periodenlängen beider Reaktionszeiten betragen 5–7 Min. Zwischen den periodischen Verläufen zentralnervaler (ZRZ) und motorischer (MRZ) Reaktionszeiten herrscht eine strenge Synchronisation (Abb. 2).

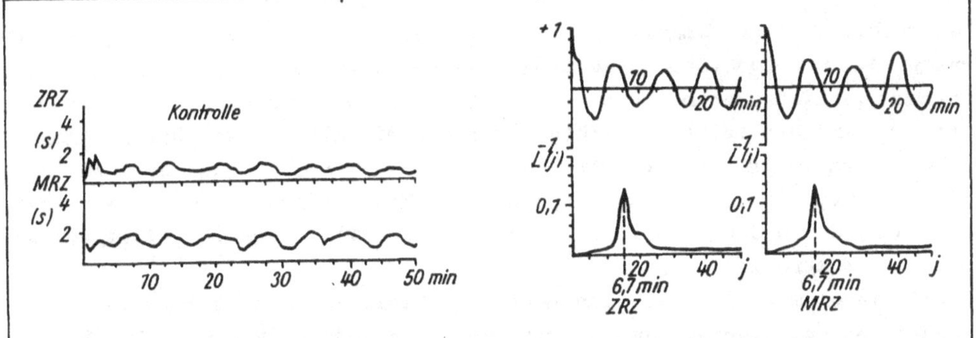

Abb. 2: Verläufe zentralnervaler (ZRZ) und motorischer (MRZ) Reaktionszeiten
Mitte: Autokorrelations
unten: Powerspektren

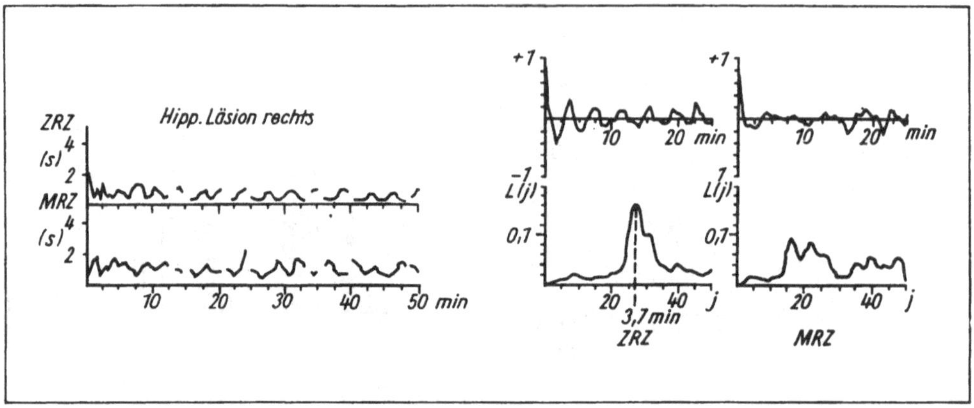

Abb. 3: siehe Abb. 2

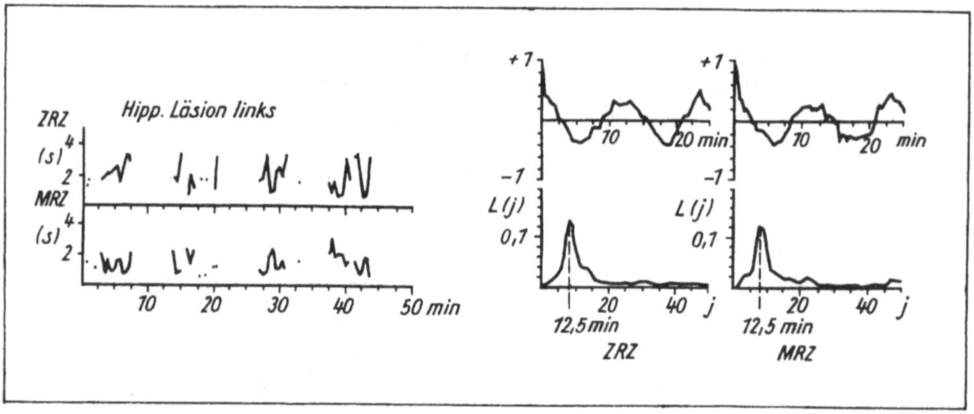

Abb. 4: siehe Abb. 2

Bei rechtsseitiger Koagulation sind die Periodenlängen verkürzt. Sie betragen 3-4 Minuten für die zentralnervalen Reaktionszeiten. Für die periodischen Verläufe der motorischen Reaktionszeiten konnte keine bevorzugte Frequenz mittels Leistungsdichtespektrum ermittelt werden. Die rhythmischen Schwankungen um das mittlere Erregungsniveau, welches dem der Kontrollen entspricht, sind zwischen beiden RZ desynchronisiert. Das drückt sich u.a. durch die niedrigen Korrelationskoeffizienten (-0,12 gegenüber 0,52 bei Kontrolle) aus.

Bei Tieren mit linksseitiger Läsion wechseln im Abstand von 12-15 Mi- Phasen generalisierter Hemmung mit Phasen geringerer Hemmung. Die Erfolgsquote ist durch die generalisierte Hemmung stark herabgesetzt (zu erkennen an den Fehlreaktionen). Die Synchronisation rhythmischer Verläufe von ZRZ und MRZ ist aufgehoben. Der Korrelationskoeffizient beträgt -0,43.

Das mittlere Erregungsniveau ist herabgesetzt, was in den verlängerten Reaktionszeiten deutlich wird.
An Tieren mit beidseiter Läsion konnten wegen der geringen Erfolgsquote des bedingten Reflexes keine Rhythmusuntersuchungen durchgeführt werden.

Diskussion

1. Die intakten hippocampalen Strukturen sind an der Formierung des Minutenrhythmus bedingt-reflektorischer Prozesse beteiligt.
2. Hinsichtlich biorhythmischer Arbeitsweise lassen die Ergebnisse auf eine Asymmetrie im Hippocampus schließen.
3. Durch den operativen Eingriff ist die emotionelle Reaktionslage verändert worden, bei linksseitiger Läsion überwiegen Hemmungsprozesse, bei rechtsseitiger Läsion Erregungsprozesse.

Hypothetisch ist folgende Interpretation möglich:
Beim Menschen schreibt man der rechten Hemisphäre eine konkret-bildhafte Funktion und die Aufrechterhaltung des negativ emotionellen Zustandes zu. Die linke Hemisphäre ist dem logisch-abstrakten Denken und dem damit verbundenen positiv emotionellem Zustand zugeordnet /16/.

Wenn auch der Ratte das logisch-abstrakte Denken fehlt, entsprechend der Evolutionsstufe der Ratte, lassen sich analoge Funktionsunterschiede verifizieren.
Die Störungen im biorhythmischen Geschehen, die nach Läsion im rechten Hippocampus auftreten, entsprechen denen neurotischer Zustände, die mit einer Erhöhung des negativ emotionellen Tonus verbunden sind /17/.

Der im linken Hippocampus nach operativen Eingriff auftretende Hemmungs-Aktivitätszyklus von 12-15 Min. entspricht dem bacis rest-activity cycle der Ratte, der nach Untersuchungen von BERGER /18/, WINECKER und Mitarbeiter /19/ und nach eigenen Ergebnissen eine Dauer von durchschnittlich 15 Min. hat.

Die dargelegten Ergebnisse verweisen darauf, daß man der asymmetrischen Funktion des Gehirns in der Chronobiologie und Chronomedizin mehr Aufmerksamkeit als bisher widmen muß.

Literatur

/1/ Richter, C.P.: Biological Clocks in Medicine and Psychiatry. Thomas Springfield 1965

/2/ Pflug, B.: Untersuchungen über die Tagesperiodik der Körpertemperatur bei Depressionen. in: Lassmann G. u. F. Seitelberger (Hrsg.): Rhythmische Funktionen in biologischen Systemen, II. Teil, Fasultas Verlag Wien 1977, S. 528

/3/ Waldmann, H.: Arch. Psychiatr. Nerv. 213 (1970) 177-190

/4/ Schepelmann, F.: Motorische Rhythmen beim Decerebrationssyndrom des Menschen. in: Lassmann G. u. F. Seitelberger (Hrsg.): Rhythmische Funktionen in biologischen Systemen, Fasultas Verlag, Wien 1977 S. 54

/5/ Lorenz, R.: Blutdruckwellen bei Läsionen des Zentralnervensystems. in: ebenda, S. 72

/6/ Wejn, A., I. Rodschat, O. Kolosowa, N. Wlassow, M. Rischman u. G. Djukowa: Neurosen und vegetative Störungen. in: R. Baumann und K. Hecht: Stress, Neurosen und Herzkreislauf, Berlin 1977 S. 60

/7/ Elkin, D.G.: Die Zeitwahrnehmung. in: Ergebnisse der sowjetischen Psychologie. Berlin 1967 S. 173 ff

/8/ McLean, P.D.: Amer. J. Med. 25 (1958) 611

/9/ Lullies-Trinker: Taschenbuch der Physiologie Bd. III/2, Jena 1977 S. 827

/10/ Biesold, D. u. H. Matthies: Neurobiologie; Fischer Verlag 1977 S. 622

/11/ Ljowschina, I., K. Hecht, Nguyen van Hai und W. Dräger: Zur Bedeutung einer einseitigen und zweiseitigen Hippocampus-Läsion für die Entwicklung einer stressinduzierten neurotischen arteriellen Hypertonie. in: R. Baumann u. K. Hecht: Stress, Neurose und Herz-Kreislauf. Berlin 1977 S. 98

/12/ Hecht, K., I.P. Ljowschina, M. Poppei u. T. Hecht: Asymmetrische Funktion des Hippocampus von normalen und neurotischen Ratten. II. International neurobiological Symposium Magdeburg 1977

/13/ Ljowschina, I.P. u. K. Hecht: Symposium zur Rolle der asymmetrischen Funktion bei der Adaptation des Menschen, Moskau 1977

/14/ Hecht, K., Th. Schlegel, M. Peschel, K. Treptow, M. Poppei, T. Hecht, S. Choinowski, D. Knude u. R. Meyer: Beziehungen zwischen Organismus-Umwelt-Kommunikationsprozeß und Frequenzvariabilität von periodischen Verläufen bedingt-reflektorischer Prozesse mit Wellenlagen im Minutenbereich. in: J.-H. Scharf u. H. v. Mayersbach (Hrsg.): Die Zeit und das Leben. Nova Acta Leopoldina 46 (1977) S. 431

/15/ Schlegel, Th.: Die mathematische Analyse von Minutenrhythmen zentralnervaler informationsverarbeitender Prozesse als Methode zur Beurteilung der Wirkung exogener und endogener Faktoren an der Ratte. Dissertation, Berlin 1977

/16/ rapetjanz, V.: Zur asymmetrischen Funktion des kindlichen Gehirns unter emotionellen Spannungszuständen. in: R. Baumann u. K. Hecht: Stress, Neurose und Herz-Kreislauf, Berlin 1977 S. 226

/17/ Schlegel, Th., K. Hecht, G. Dörner, M. Poppei und G. Hinz: Zum Einfluß von neonatal verabreichten neurotropen Pharmaka auf den Minutenrhythmus bedingt-reflektorischer Prozesse im adulten Alter. Deutsch-Sowjetisches Symposium über Chronobiologie und Chronomedizin, Halle 1978

/18/ Berger, M.: Kontinuierliche Schlaf-Wach-Registrierung bei Ratten mit Hilfe des EEG u. EMG und die Beeinflussung durch niedrige CO-Konzentration. Diss. Hamburg 1967

/19/ Winneke, G., M. Zimmermann, R. Stiller-Winkler u. G.G. Foder: Untersuchungen zum Schlaf-Wach-Verhalten männlicher u. weiblicher Albinoratten. in: Jovanovic, U. J. (Hrsg.): The nature of sleep, Thieme Stuttgart 1973 S. 95

Zusammenfassung

Es wurde an Albinoratten geprüft, ob sich die von K. HECHT et al. und I.P. LJOWSHINA et al. nach Läsion im Hippocampus nacngewiesene asymmetrische Funktion auch im biorhythmischen Geschehen der bedingt-reflektorischen Prozesse widerspiegelt.
Folgende Ergebnisse wurden erzielt:

1. Bilaterale Läsion: starke Hemmung, der bedingte Reflex wird nicht erlernt. Rhythmusuntersuchungen nicht möglich.
2. Linksseitige Läsion: Synchronisation rhythmischer Verläufe von zentralnervalen (CRT) und motorischen Reaktionszeiten (MRZ) ist aufgehoben, das mittlere Erregungsniveau herabgesetzt. Im Abstand von 12-15 Min. (Kontrollen 5-7 Min.) wechseln Phasen generalisierter Hemmung mit Phasen geringerer Hemmung, die Erfolgsquote ist stark vermindert.
3. Rechtsseitige Läsion: normales mittleres Erregungsniveau, verminderte Erfolgsquote, rhythmische Schwankungen um das mittlere Erregungsniveau sind desynchronisiert und die Längen einzelner Perioden variabel. Die Periodenlängen sind verkürzt (3-4 Min.)

Hypothesen zur Erklärung:

1. Komplementärfunktion beider Hemisphären zur Genese des Minutenrhythmus.

2. Linksseitige Läsion hat Erscheinungen zur Folge, die dem "basic rest-activity cycle"(KLEITMANN) entsprechen.

Резюме

Лёвшиной, Гехтом, и сотрудниками была показана ассиметрия функций гиппокампа. Возникает вопрос, проявляется ли эта ассиметрия и в биоритмике условно-рефлекторных процессов ?
У нормальных самцов крыс-альбиносов производили право- и лево сторонную, а также билатеральную коагуляцию в гиппокампе, а затем после выработки условного локомоторного оборонительного рефлекса проверяли биоритмику процессов.
При этом были получены следующие результаты:
I. Билатеральная коагуляция: сильное торможение, невозможность выработки условных рефлексов и поэтому невозможность проведения биоритмического анализа.
2. Левосторонняя коагуляция: исчезновение синхронизации ритмических изменений центрально-нервального времени реакции /ЦВР/ и моторного времени реакции /МВР/, снижение среднего уровня возбуждения, чередование фаз генерализованного и пониженного торможения с интервалом в I2-I5 минут, резкое уменьшение квот успехов условного рефлекса.
3. Правосторонняя коагуляция: нормальный средний уровень возбуждения, уменьшение квот успехов, десинхронизация ритмических колебаний в отношении среднего уровня возбуждения, длительность отдельных периодов вариабильна и укорочева в среднем до 3-4 минут.
Гипотезы для объяснения результатов:
I. Комплементарная функция обоих полушарий в генезе минутных ритмов
2. Левосторонняя коагуляция сопровождается явленями, соответствующими "basic rest-activity cycle" по Клейтманну.

Summary

Experiments on rats have been done to determine whether the assymmetrical function demonstrated by K. HECHT et al. and J.P. LJOWSHINA et al. after lesion in the hippocampus also will be reflected in the biorhythmic characteristics of the conditional

reflex processes.
The following results have been obtained:

1. Bilateral lesion: High inhibition, the conditional reflex is not learned. Rhythm studies are not possible.
2. Left-side Lesion: The synchronization of the rhythmic characteristics central nervous and motor reaction times (CRT and MRT) are cancelled. The mean level of excitation is reduced. Phases of a generalized inhibition and phases of a low inhibitiation alterate in intervals of 12 to 15 minutes (controls: 5 to 7 minutes). The rate of success is highly reduced.
3. Right-side lesion: Normal mean level of excitation, rate of success being reduced, rhythmic variations around the mean level of excitation are desynchronized and the some periods are variabel. The periods are reduced (3 to 4 minutes)

Suggest hypotheses:

1. Complementary function of both hemispheres in respect to minute rhythm genesis.
2. Left-side lesion results in phenomena corresponding to the "basic rest-activity cycle" (KLEITMANN).

Humboldt-Universität zu Berlin
Bereich Medizin (Charité), Nervenklinik, Abteilung für Neuropathophysiologie

Zum Einfluß von neonatal verabreichten neurotropen Pharmaka auf den Minutenrhythmus bedingt-reflektorischer Prozesse im adulten Alter

TH. SCHLEGEL, K. HECHT, G. DÖRNER, M. POPPEI und G. HINZ
unter technischer Mitarbeit von Rosemarie BARNOW

Einleitung

Einflüsse verschiedenster Art vermögen während der neonatalen Differenzierungsphase des Gehirns im Rahmen genetisch fixierter Variationsbreite bestimmte Eigenschaften eines lebenden Organismus dauerhaft beeinflussen /1/. So konnte zum Beispiel gezeigt werden, daß Transmitterverschiebungen im Gehirn durch Applikation von Psychopharmaka in der neonatalen Entwicklungsphase Verhaltensweisen prägen, die auch noch im adulten Alter nachzuweisen sind. Eine Erhöhung des Acetylcholinspiegels im Gehirn neonataler Ratten (durch Pyridostigminapplikation verursacht) verstärkt die Adaptationsfähigkeit, während Veränderungen in Seretoninspiegel (durch Reserpin verursacht) die Adaptationsfähigkeit verminderten /2/. Da der Entwicklung biorhythmischer Prozesse in der postnatalen Ontogenese in letzter Zeit größerer Bedeutung beigemessen wurde, wurde von uns untersucht, inwieweit die Applikation der Psychopharmaka Pyridostigmin und p-Chlorphenylalanin in den ersten 14 Lebenstagen die minutenrhythmischen Phänomene der Reaktionszeiten (RZ) des bedingten lekomotorischen Abwehrreflexes (BLAR) bei adulten Tieren beeinflussen kann.

Material und Methodik

Folgende Substanzen wurden verwendet:

1) Pyridostigmin hemmt die Synthese der Acetylcholinesterase und führt somit zur Erhöhung des Acetylcholins insbesondere im synaptischen Spalt. Eine cholinerge Reaktionslage im Organismus liegt meistens positiven emotionalen Zuständen zugrunde. Sie erhöht außerdem die Fähigkeit des Organismus zur Anpassung.
2) Para-chlorphenylalanin hemmt die Synthese des Seretonins und bewirkt deshalb eine Erniedrigung des Serotoninspiegels und der Tryptophan-Hydrolyse-Aktivität im Rattengehirn. Ein niedriger Serotoninspiegel kann bei Menschen mit Depressionen festgestellt werden.
3) Tween (Polyoxyäthylensorbitanmonoleat) mußte als Lösungsmittel für das

Para-chlorphenylalanin benutzt werden. Über die zentralnervale Wirkung dieser Substanz ist wenig bekannt. Offensichtlich hat es toxische Eigenschaften, denn die Mortalität der Tiere, die Tween zu Kontrollzwecken neonatal appliziert bekamen, war relativ hoch.

4) Physiologische Kochsalzlösung als Kontrollinjektion.

Am Wistarratten sind nach folgenden Schema die Untersuchungen durchgeführt worden:

	1.-4.Tag postnatal	5.-14. Tag postnatal
physiol. Kochsalzlösung	0,1 ml	0,1 ml
Tween	0,1 ml:20% Tween in	physiol. Kochsalzlösg.
Pyridostigmin	2 /ug in 0,1 ml NaCl	1 /ug in 0,1 ml NaCl
p-Chlorphenylalanin	200 /ug in Tween	1000 /ug in Tween

5 Monate nach der Geburt erfolgte die Ausarbeitung des bedingten Reflexes.

Mit dem bedingten lokomotorischen Abwehrreflex (BLAR) können sowohl Lernprozesse als auch rhythmische Phänomene der zentralnervalen Informationsprozesse anhand von Reaktionszeiten studiert werden /3,4/.

Die Minutenrhythmen der Reaktionszeiten (RZ) des BLAR sind nicht an exogene Zeitgeber gebunden. Änderungen im rhythmischen Status sind daher auf Zustandsänderungen des Organismus zurückzuführen. Bedingt-reflektorisches Lernen ist sowohl an Gedächnisprozesse geknüpft als auch von emotionellen Zuständen abhängig.

Da mit dieser Methodik schon eine Vielzahl emotionell belasteter Tiere, deren Belastungsphase im adulten Alter lag, untersucht wurden, bestehen günstige Vergleichsmöglichkeiten zwischen diesen Tieren und neonatal geprägten /5,6/.

(Weitere Hinweise zur Methodik siehe in /3,4,5/).

Die mathematische Analyse der Zeitreihen erfolgte nach dem folgenden Schema /5,7/:

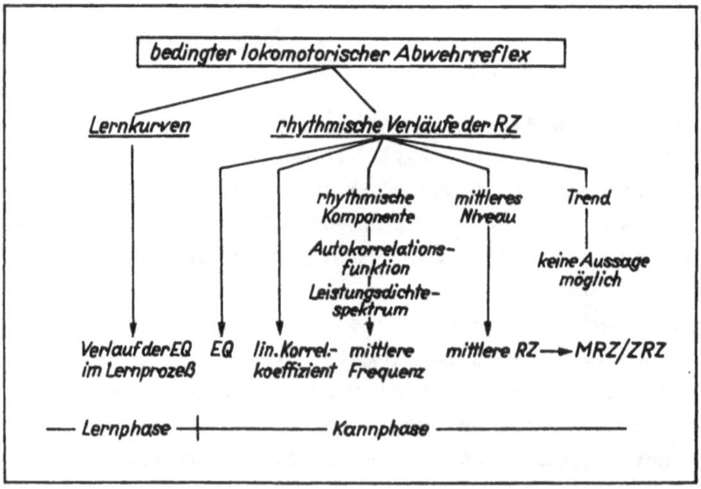

Die für die Interpretation aussagekräftigsten Parameter sind die mittleren RZ (ZRZ, MRZ), ihr Quotient V = MRZ/ZRZ, die Erfolgsquote des BLAR, der lineare Korrelationskoeffizient zwischen beiden rhythmischen Verläufen und die Frequenz.

Zur Bewertung des Zustandes der Tiere wurde in früheren Untersuchungen durch eine Clusteranalyse und durch entsprechenden Vergleich mit äußeren und inneren belastenden Faktoren die in Abb. 2 durch die umrandeten Gebiete dargestellte Klassifikation mit einem relativen Bewertungsmaßstab (Klassennumerierung) gefunden /5,6,7/.

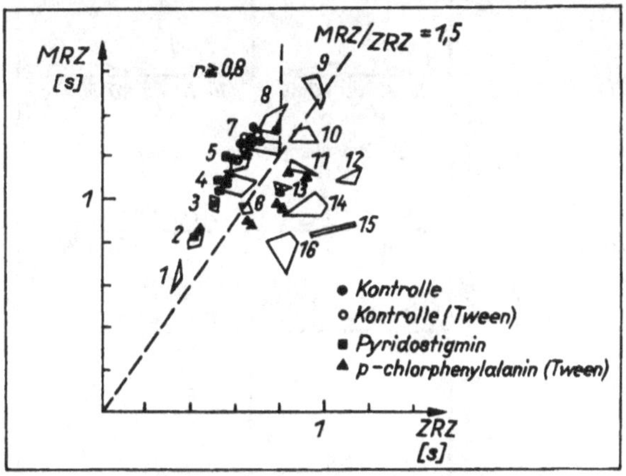

Abb. 2: Korrelogramm der mittleren RZ mit eingezeichneten Klassen

Die Tiere verteilen sich entsprechend den Umweltbedingungen wie folgt auf die einzelnen Klassen:

Klasse	
1-4	bedingt-reflektorisches Training
4-7	Kontrollbedingungen
7-9	leicht belastende äußere und innere Bedingungen
10-16	emotionale Belastung mit zunehmender biologischer Wirksamkeit, neurotische Entgleisung der Tiere
6	z.Z. nicht interpretierbares Übergangsstadium

Ergebnisse

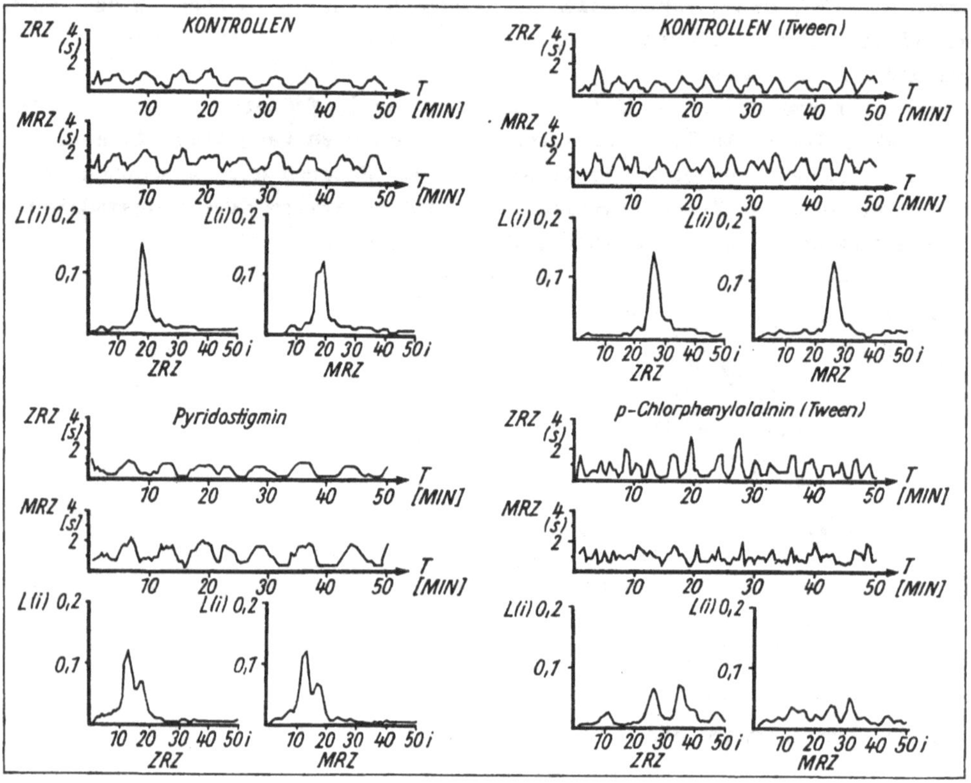

Abb. 3: Beispiele für rhythmische Verläufe der RZ

Die Zusammenfassung der Ergebnisse bringt Tabelle 1.

	ZRZ	MRZ	V	r	EQ	T_{ZRZ}	T_{MRZ}
Kontrolle	0,670	1,236	1,845	0,800	1,00	5,3	5,3
langjährige Kontrolle	0,663	1,226	1,898	0,819	1,00	5,3	5,3
Kontrolle (Tween)	0,734	1,229	1,674	0,693	1,00	4,2	4,2
leichte Belastung	0,892	1,372	1,538	0,646	0,98	4,5	4,5
Pyridostigmin	0,561	1,029	1,835	0,867	1,00	7,1	7,1
bed.-refl. Training	0,564	1,016	1,802	0,854	1,00	6,7	6,7
p-Chlorphenylalanin	0,875	0,991	1,133	0,247	0,99	/	/
emotionelle Belastung	0,844	1,162	1,376	0,311	0,82	/	/

Als Aussagen lassen sich formulieren:

1. Kontrolle: Entsprechend den langjährigen Kontrollen
2. Kontrolle (Tween): Der Vergleich mit den Kontrollen ergibt: verkürzte Periodenlängen, gelockerte Synchronisation und verlängerte Reaktionszeiten. Diese Erscheinungen kommen denen nach chronischer Umweltbe-

lastung geringer Intensität am nächsten und zwar für die Erregungsverteilung (V), die Synchronisation und die Periodenlängen /5/.

3. Pyridostigmin: Der Vergleich mit den Kontrollen ergibt: Periodenlängen vergrößert, straffere Synchronisation zwischen den Verläufen beider RZ und verkürzte Reaktionszeiten. Diese Tiere zeigen somit schon in der Festigungsphase des BLAR alle Anzeichen von Tieren eines längeren beingt-reflektorischen Trainings /5/.

4. p-Chlorphenylalanin: Der Vergleich mit den Kontrollen ergibt: Rhythmik nicht nachweisbar, fehlende Synchronisation zwischen beiden Verläufen, verlängerte zentralnervale Reaktionszeiten und unveränderte motorische Reaktionszeiten. Vergleichbare Erscheinungen sind bei chronischer Hypokinesebelastung nach 20 Wochen in einer sehr ruhigen Umwelt zu beobachten (bei differierender Erfolgsquote) /5/.

Diskussion

Unsere Ergebnisse lassen vermuten, daß durch Pyridostigmin eine dauerhafte Verstellung des cholinergen Systems in Richtung einer cholinergen Reaktionslage, die im allgemeinen mit positiven Emotionen verbunden ist, stattgefunden hat. Dafür sprechen das durch die Analyse nachgewiesene ausgeglichenere und angepaßte Verhalten des Organismus ähnlich wie nach bedingt-reflektorischen Training. In diesem Zusammenhang sei noch erwähnt, daß nach Optimierung der Umwelt im Rattengehirn eine Hemmung der Acetylcholinesteraseaktivität gefunden wurde /8,9/.

Die Wirkung des p-Chlorphenylalanin auf das serotonerge System muß differenziert eingeschätzt werden. Ausgehend von den mittleren RZ, die eine Erregungsverschiebung im ZNS andeuten (S. Korrelogramm Klassen 11, 13, 6) kann eine neurotische Störung der Tiere angenommen werden. Während die vergleichbaren emotionell belasteten Tiere im Zusammenhang damit eine Desynchronose und eine verminderte Leistungsfähigkeit (EQ 0,8) aufweisen, sind die neonatal geprägten Tiere trotz einer nachweisbaren Desynchronose voll leistungsfähig (EQ = 1). Inwieweit es sich hierbei nun einen ontogenetisch bedingten Kompensationseffekt oder um eine spezifische Wirkung des p-Chlorphenylalanins handelt, muß in weiteren Untersuchungen noch gelöst werden.

Es kann resümiert werden, daß neonatal kurzzeitig erzwungene Transmitterverschiebungen chronische zentralnervale Erregungsverschiebungen hervorrufen. Gleichzeitig werden minutenrhythmische Phänomene der RZ des BLAR charakteristisch beeinflußt.

In das Korrelogramm der mittleren Reaktionszeiten früherer Untersuchungen unter verschiedenen Umweltbedingungen lassen sich die durch chronische Wirkungen der spezifischen neonatalen Transmitterverschiebungen veränderten Verhaltensweisen sinnvoll einordnen.

/1/ Dörner, G.: Sexualhormonabhängige Gehirndifferenzierung und Sexualität, Gustav Fischer Verlag, Jena 1972

/2/ Hecht, K. und G. Dörner: Med. und Sport 17 (1977) 205

/3/ Hecht, K. und M. Peschel: 13 (1964) 504

/4/ Hecht, K., K. Treptow, S. Choinowski und M. Peschel: Die raum-zeitliche Organisation der Reiz-Reaktions-Beziehungen bedingt-reflektorischer Prozesse," Gustav Fischer Verlag, Jena 1972

/5/ Schlegel, Th.: Die mathematische Analyse von Minutenrhythmen zentralnervaler informationsverarbeitender Prozesse als Methode zur Beurteilung der Wirkung exogener und endogener Faktoren an der Ratte. Diss. Berlin 1978

/6/ Schlegel, Th. und K. Hecht: Acta biol.med.germ. 35 (1976) 963

/7/ Meyer, W., Th. Schlegel, J. Läuter, S. Bocklisch, B. Straube und W. Seifert: Anwendung frequenzspezifischer Analysemethoden auf Zeitreihen zur Typenbestimmung. Vortrag Deutsch-sowj. Symp. Chronobiol. u. Chronomed., Halle 1978

/8/ Benett, E.L., R. Rosenzweig, M.C. Diamon, H. Marimoto und M. Herbert: Physiol. Behav. 21 (1974) 621

/9/ Kuenzle, C.C. und A. Knüsel: Physiol. Behav. 13 (1974) 205

Zusammenfassung

1. Minutenrhythmen der Reaktionszeiten (RZ) des bedingten lokomotorischen Abwehrreflexes (BLAR) sind nicht an exogene Zeitgeber gebunden, Änderungen im rhythmischen Status sind daher auf Zustandsänderungen des Organismus zurückzuführen.
2. Bedingt-reflektorisches Lernen ist sowohl an Gedächtnisprozesse geknüpft als auch von emotionellen Zuständen abhängig.
3. Provokationen verschiedenster Art vermögen während der neonatalen Differenzierungsphase des Gehirns im Rahmen der genetisch fixierten Variationsbreite bestimmte Eigenschaften eines Lebewesens dauerhaft zu prägen.
4. Es wurde untersucht, inwieweit die Applikation der Psychopharmaka Pyridostigmin, p-Chlorphenylalamin in den ersten 14 Lebenstagen d.h. in der neonatalen Differenzierungsphase des Gehirns die minutenrhythmischen Phänomene der RZ des BLAR beim adulten Tier beeinflussen kann.
5. Die Analyse der Minutenrhythmen der RZ der BLAR von diesen Tieren im adulten Alter erbrachte folgende Ergebnisse:
   a) Pyridostigmin bewirkt den Zustand eines psychonerval gut trainierten Tieres (hohes Erregungsniveau des ZNS, längere Perioden um 7 min, gute Synchronisation)
   b) p-Chlorphenylalamin führt zu einer Desynchronose (niedriges zentralnervales Erregungsniveau, wenig ausgebildeter Rhythmus und fehlende Synchronisation)
6. Mit diesen Versuchen konnte gezeigt werden, daß infolge von Transmitterverschiebungen in der neonatalen Differenzierungsphase des Gehirns biorhythmische Phänomene dauerhaft geprägt werden können.

Резюме

I. Минутные ритмы времени реакции /ВР/ условного локомоторного оборонительного рефлекса /УЛОВ/ не связаны с датчиком времени; поэтому изменения ритмического статуса могут быть обусловлены изменениями состояния организма.
2. Условно-рефлекторное обучение зависит как от процессов памяти, так и от эмоционального состояния.
3. Различного рода провокации в критический период неонатальной дифференцровки мозга способны наложить длительный отпечаток на определённые свойства организма в рамках генетически фиксированного вариационного спектра.

4. Исследовалось действе неонатальных дач психофармакологических веществ /пиридостигмина, пара-хлорфенилаланина/ на минутные ритмы ВР в УЛОР взрослых крыс.
5. Анализ этих ритмов показал, что:
   а/пиридостигмин обуславливает состояние, характерное при хорошей условно-рефлекторной тренированности/ высокий уровень возбудимости центральной нервой системы, удлинённые периоды порядка 7 минут, хорошая синхронизация/;
   б/пара-хлорфенилаланин, растворённый в "твине", приводит к десинхронозу /пониженное состояние возбудимости, мало выраженные ритмы, отсутствие синхронизации/;
   в/"твин"-полиоксиэтилен-сорбитан-моноолиат /см. б/ вызывает состояние незакреплённого условного рефлекса /нормальный уровень возбудимости, укороченные периоды около 4 минут, неполная синхронизация/.
6. Эксперименты показали, что медиаторные сдвиги во время неонатального созревания мозга могут длительно сказываться на биоритмических феноменах.

Summary

1. The minute rhythms of the reaction times (Rt) of avoidance responses (Ar) are not related to exogenic timers. Therefore changes in the rhythmic status can be due to changes in the state of organism.
2. The avoicance Learning is related to the memory processes as well as to the emotional states.
3. Various kinds of provocations may have a lasting effect on certain characteristics of animals during the neonatal phase of differentiation of the brain within the genetically determined variation range.
4. Studies have been made of the effects of the psychopharmacological agent (pyridostigmine and p-chlorophenylalanin) in the first 14 days of life, that is in the neonatal phase of brain differentiation, on the minute rhythms of the Rt of the Ar in the adult animal.
5. The analyses of the minute rhythms of the Rt of Ar of the adult animals gave the following results:
   a) Pyridostigmine results in the state typical of a psychonervously well trained animal (high Level of excitation, of the central nervous system (CNS), increased periods to approximately

7 minuts, good synchronization)

b) p-chlorophenylalanine produces a desynchronosis (lower level of excitability, less pronounced rhythms and lack of synchronization)

6. The experiments have shown, that biorhythmic phenomena may affected for a long time by the transmitter shifts in the neonatal phase of brain differentation.

Karl-Marx-Universität
Anatomisches Institut, Leipzig

Über die Altersabhängigkeit funktioneller Strukturen

G. LEUTERT

Der Gedanke, die Form nicht losgelöst und als Ding an sich, sondern als Teil eines arbeitenden, vielfältige Funktionen erfüllenden Organismus zu betrachten, ist nicht neu. Seit Aristoteles bemühen sich Morphologen, Physiologen, Biochemiker und Biophysiker um den rationalen Zugang zu den Beziehungen zwischen Form und Funktion. Viele Namen wären zu nennen, einige sollen angeführt werden, wie MEYER und CULMANN /1/, die bereits 1867 die Architektur des proximalen Femurendes als spannungstrajektorielle Struktur beschrieben, WOLFF /2/, der diese aus der graphischen Statik stammenden Berechnungen auf pathologisch verformte Knochen übertrug, BENNINGHOFF /3/, der sich um die Darlegung der inneren Struktur des hyalinen Knorpels verdient gemacht hat, PAUWELS /4, 5/, der durch spannungsoptische Untersuchungen die Möglichkeit einer exakten, quantitativen mechanischen Analyse von Knochen und Gelenken eröffnete, und UEHLINGER /6, 7/, der in seine Überlegungen zur funktionellen Struktur des Knochens dessen Stoffwechsel einbezog. Heute sieht man nicht nur in den Bereichen von Morphologie und Physiologie Zusammenhänge zwischen Form und Funktion, man erkennt sie auch, wie die 1970 von der Leopoldina abgehaltene Jahresversammlung eindrucksvoll gezeigt hat, in Mathematik, Genetik, Biochemie und Biophysik. Die Rückschlüsse, die aus den Ergebnissen des Schrifttums und der eigenen Befunde zu ziehen sind, möchte ich auf folgende einfache Formulierung reduzieren: Form und Funktion sind untrennbar verbunden. Es gibt keine Form ohne Funktion und keine Funktion ohne Form. Beide beeinflussen sich gegenseitig, indem bestimmte genetisch determinierte Formen nur bestimmte Funktionen zulassen, die ihrerseits wiederum die innere Struktur beeinflussen. Beide, Form und Funktion, - und damit komme ich zum Anliegen meines Beitrages - hängen ab von der Zeit und stellen somit dynamische Größen dar, da man unter Dynamik die Änderung von Größen in der Zeiteinheit oder, mathematisch ausgedrückt, den Differentialquotienten aus einer Größe nach der Zeit differenziert versteht. Form und Funktion unterliegen von der Befruchtung über die Geburt bis zum Tode gesetzmäßigen Veränderungen, die, von Max Bürger unter dem Begriff Biomorphose vereint, sich in den einzelnen Organen spezifisch und mit unterschiedlicher Geschwindigkeit vollziehen.

Da es keine "nichtfunktionelle Struktur" gibt, könnte ich nun über den Alterswandel eines jeden Organs berichten. Ich möchte jedoch die Beispiele so wählen, daß die Unterschiedlichkeit der Biomorphose zum Ausdruck kommt.

Für den altersabhängigen Wandel der Spongiosaarchitektur ist das proximale Femurende ein eindrucksvolles Beispiel (LEUTERT /8/). Caput, Collum und die Trochanteren bestehen beim Neugeborenen aus Knorpel, dem sich distal wabig angeordnete Knochenbälkchen anschliessen. Unter dem Einfluß der Beanspruchung bilden sich im 1. und 2. Dezennium Züge von Knochenbälkchen heraus, die sich spitzwinklig überkreuzen und vom medialen Abschnitt des Schaftes nach lateral-kranial zum Trochanter major und nach kranial-medial zum oberen Hals- und Kopfgebiet sowie vom lateralen Abschnitt des Schaftes bis in das untere Hals- und Kopfgebiet des Femur reichen. Man unterscheidet das Trajektorium rectum laterale, das Trajektorium rectum mediale und das Trajektorium arcuatum. Gleichzeitig verdickt sich die Kortikalis am unteren Umfang des Collum femoris und im angrenzenden Gebiet des Corpus femoris; es formt sich das Calcar femorale. Bis zum mittleren Lebensalter bestehen zwischen den sich kreuzenden Hauptzügen der Spongiosa noch mannigfache Nebenzüge, wodurch auch Belastungen, die nicht vertikal auf das koxale Femurende wirken, aufgefangen werden können. Durch die mit dem Alter zunehmende einseitige Belastung schwinden diese Nebenbälkchen, die Hauptzüge treten deutlicher hervor, und im unteren Bereich des Schenkelhalses bildet sich zwischen den sich kreuzenden Spongiosazügen das Wardsche Dreieck, in dem die Spongiosa weitgehend geschwunden ist und auf Grund spannungsoptischer Untersuchungen von PAUWELS /4, 5/ ein Spannungsminimum herrscht. Tritt jetzt eine plötzliche Fehlbelastung ein, sind Frakturen meist die Folge.

Untersuchungen zur histologischen Biomorphose des hyalinen Knorpels mit Perichondrium (LEUTERT /9, 10/) haben ergeben, daß Trachea und Schildknorpel einen weitgehend unterschiedlichen Alternswandel zeigen. Wir sind deshalb der Frage nachgegangen, ob sich auch die Strukturen des Gelenkknorpels während des Lebens ungleichmäßig verändern (LEUTERT und JAHN /11/). Als Untersuchungsobjekte wählten wir den Knorpel von Caput femoris und Trochlea tali. Die Ergebnisse: Beim Neugeborenen reagiert die Knorpelgrundsubstanz des Caput femoris basophil bis auf einen schmalen eosinophilen Saum an der Oberfläche. Die Knorpelzellen sind sehr zahlreich und liegen einzeln in der Grundsubstanz. Die Metachromasie nach Färbung mit Thionin nimmt von der Oberfläche nach der Tiefe zu. Mit Alcianblau behandelte Präparate zeigen eine durchgehende positive Reaktion. Zwischen Gelenkknorpel des Caput femoris und der Trochela tali bestehen keine Unterschiede.

Im ersten Lebensjahr vermehrt sich die Knorpelgrundsubstanz beträchtlich. Dadurch treten Chondrone auf, die von metachromatischen Höfen umzogen werden.

Am Ende des 2. Dezenniums gliedert sich der Gelenkknorpel des Caput femoris in einen schmalen eosinroten oberflächlichen Saum mit schlanken Knorpelzellen, darunter in eosinophiler Grundsubstanz, die an Ausdehnung zugenommen hat, Chondrone. Im nach Ritter-Oleson gefärbten Präparat treten als auffälligste Erscheinung dieses Zeitabschnittes landkartenartige Bezirke auf, in denen mehrere Chondrone von einem Hale-positiven Saum zusammengefaßt werden. Nahe dem Knochen reagieren die Knorpelzellhöfe stark PAS-positiv. Mit Alcianblau erhält man nur im lumenwärtigen Gebiet eine positive Reaktion. Am Rande des Gelenkknorpels erscheinen "Riesenchondrone", zusammengerückte Chondrone, die demaskierte kollagene Fasern erkennen lassen.

Im Knorpel der Trochlea tali fehlen zu diesem Zeitpunkt die landkartenartigen Bezirke.

Bis zum 5. Lebensjahrzehnt nehmen im Knorpel des Caput femoris die landkartenartigen Bezirke an Größe zu; die Zellen innerhalb der Hale-positiven Säume sind weitgehend geschwunden. Im Knorpel der Trochlea tali erscheinen jetzt kleine Hale-positiv umgrenzte Bezirke.

Die Zahl der Knorpelzellen hat im Caput femoris und der Trochela tali bis zum 8. Lebensjahrzehnt weiterhin abgenommen. Mit Alcianblau behandelte Präparate zeigen eine positive Reaktion der Knorpelgrundsubstanz nahe der Oberfläche, die im Caput femoris als schmaler Streifen, in der Trochlea tali als breites Band auftritt. Die landkartenartigen Bezirke sind im Bereich des Knorpels der Trochlea tali nach wie vor von geringerer Ausdehnung.

Wir haben uns bemüht, den subjektiven Eindruck der Abnahme der Knorpelzellen zu objektivieren (LEUTERT /12/). Dabei benutzten wir das Trefferverfahren (CHALKLEY /13/), und zwar einmal durch den Gebrauch eines Integrationsokulars und zum zweiten durch Umzeichnung der Präparate mittels eines Zeichenspiegels und Auflegen einer mit Trefferpunkten versehenen Folie.

Die Ergebnisse: Der prozentuale Anteil an Knorpelzellen pro Fläche (Abb. 1) beträgt im Bereich des Caput femoris beim Neugeborenen 10,14 ± 0,61, er sinkt in den folgenden Dezennien, und zwar im 1. Dezennium auf 8,27 ± 3,49, im 2. Dezennium auf 5,15 ± 1,17, im 3. - 6. Dezennium auf 4,94 ± 0,58 und im 8. Dezennium auf 2,36 ± 0,28.

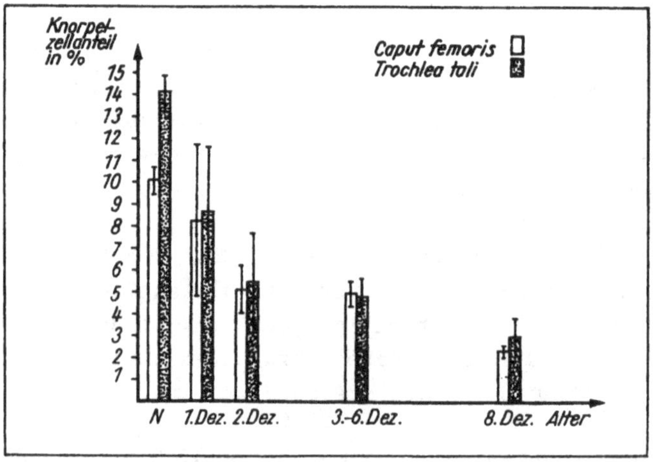

Abb. 1: Prozentualer Anteil der Knorpelzellen in Abhängigkeit vom Lebensalter

Die Unterschiede zwischen den Kollektiven Neugeborene und 3. - 6. Dezennium sowie zwischen 3. - 6. Dezennium und 8. Dezennium sind statistisch signifikant. Im Bereich der Trochlea tali liegen analoge Veränderungen vor. Umrechnungen des prozentualen Anteils der Knorpelzellen auf die reale Knorpelzellfläche führten zwangsläufig zu analogen Befunden (Abb. 2). Die Auszählung der gezeichneten Knorpelzellen pro Gesichtsfeld ergab (Abb. 3): Vom Neugeborenen bis zum 3. Dezennium nimmt die Zahl beträchtlich ab und verändert sich dann wenig, wobei allerdings die Variabilität ansteigt, eine Feststellung, die auch ROTHER /14/ getroffen hat. Der Vergleich der Zellzahl der Kollektive 3. - 6. Dezennium und 8. Dezennium war statistisch nicht signifikant. Aus der realen Fläche der Knorpelzellen und der Knorpelzellzahl kann man die mittlere Schnittfläche der Knorpelzellen errechnen (Abb. 4).

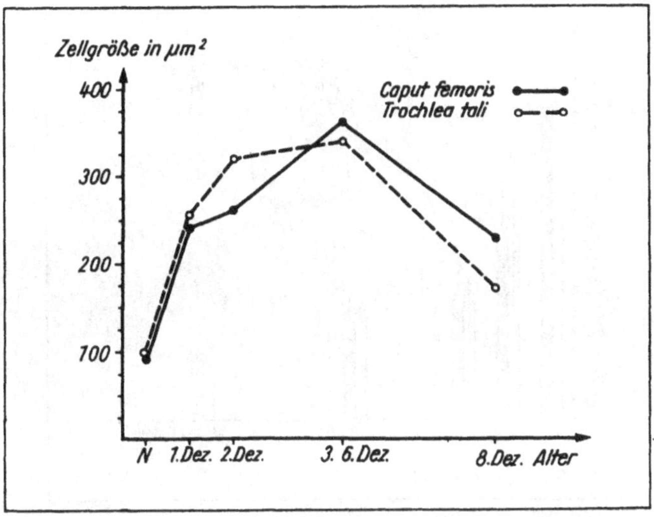

Abb. 2: Größe der Knorpelzellfläche pro mm^2 in Abhängigkeit vom Lebensalter

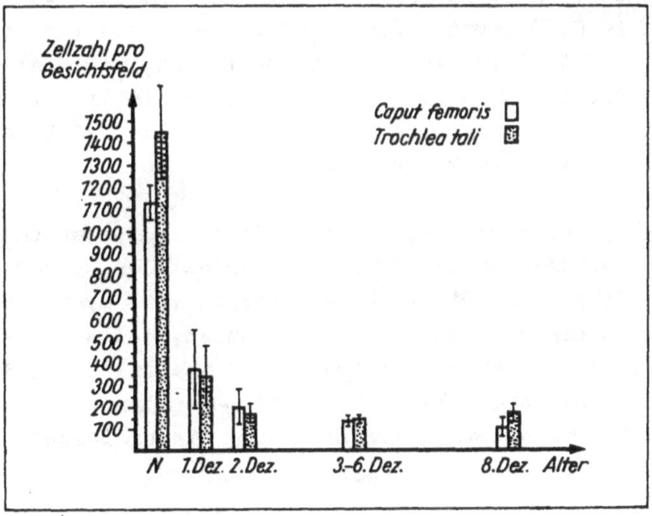

Abb. 3: Zahl der Knorpelzellen pro Gesichtsfeld in Abhängigkeit vom Lebensalter

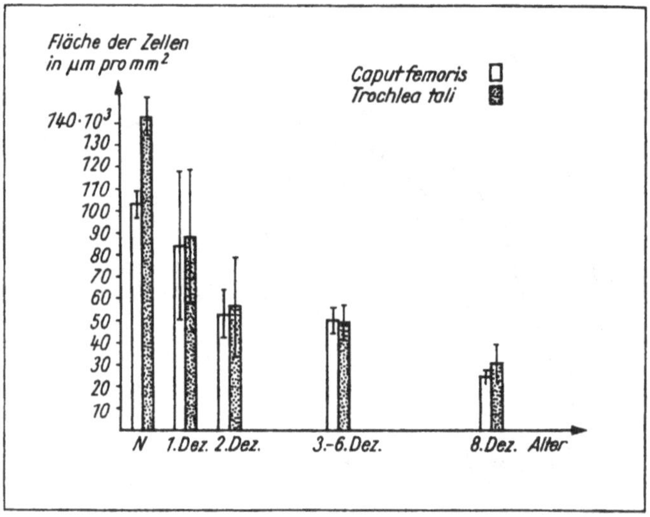

Abb. 4: Größe der Knorpelzellschnittfläche in Abhängigkeit vom Lebensalter

Es zeigt sich, daß sie beim Neugeborenen 91,68 μm^2 beträgt, im 1. Dezennium 244,89 μm^2, im 2. Dezennium 259,52 μm^2, im 3. - 6. Dezennium 366,89 μm^2 und im 8. Dezennium 229,48 μm^2. Damit wird eine von HEIM und Mitarbeitern /15/ formulierte These bestätigt, nach der es während der postnatalen Entwicklung primär zu einer Zellvermehrung und sekundär zu einer Zellvergrößerung kommt. Weiterhin ergibt sich, daß die Knorpelzellen im Alter kleiner werden.

Polarisationsoptische Untersuchungen galten einer eventuellen altersabhängigen Veränderung der durch den Verlauf der kollagenen Fasern bedingten Schichten. Die am Gelenkknorpel von Caput femoris und Trochlea tali erhobenen Befunde ließen erkennen, daß beim Neugeborenen die Tangentialfaserschicht am breitesten ist und diese Schicht in den folgenden Dezennien (hier 2. und 3. Dezennium und 5. und 8. Dezennium) abnimmt. Die quantitative Erfassung dieser Befunde steht noch aus. Sie soll demnächst erfolgen.

Aus den mitgeteilten Befunden ist zu folgern: Es besteht zwischen der histologischen Biomorphose des Knorpels von Caput femoris und Trochlea tali kein prinzipieller, sondern nur ein gradueller Unterschied. Die an b e i d e n Gelenkknorpeln erhobenen morphologischen und histochemischen Befunde lassen erkennen, daß zwar während der postnatalen Entwicklung, die durch Wachstum und Differenzierung gekennzeichnet ist (LINZBACH /16/), der Gehalt an Glykosaminoglykanen und Knorpelzellen am höchsten ist, daß aber auch im hohen Alter die regeneratorische Potenz nicht erlischt, worauf SILBERBERG und SILBERBERG /17/ schon hingewiesen haben. Auch im hohen Alter enthalten die Gelenkknorpel im oberflächennahen Abschnitt Glykosaminoglykane und funktionstüchtige Knorpelzellen sowie Tangentialfasern. Die Gliederung des Gelenkknorpels in Tangentialfaserschicht, Übergangszone und Radiärfaserschicht erfährt ebenfalls nur eine graduelle Veränderung. Die Befunde lassen weiterhin den Schluß zu, daß auch im hohen Alter der Gelenkknorpel normalerweise nicht einer progredienten Rückbildung und einem weitgehenden Abbau unterliegt. Es fehlen sowohl im Knorpel des Caput femoris wie im Knorpel der Trochlea tali bis auf die wenigen, in den Riesenchondronen vorkommenden Asbestfasern morphologisch Hinweise auf eine tiefgreifende Entmischung der Grundsubstanz, die eine weitgehende Umgestaltung des Knorpels einleiten könnte. Der Knorpel von Caput femoris und Trochlea tali ist auch im hohen Alter so aufgebaut, daß er durchaus seiner Funktion gerecht werden kann. Damit verliert das Argument, daß im höheren Alter auftretende Beschwerden "altersbedingt" sind, seinen Boden. Gelenkschmerzen liegt auch im Alter immer ein pathologischer Prozeß zugrunde.

Der Hierarchie der Strukturen im Sinne von SCHARF /18/ folgend, soll nunmehr über den Alterswandel von Organen berichtet werden, deren funktionelle Struktur die Anordnung der kollagenen Fasern bestimmt. Zunächst die Valva bicuspidalis, die Mitralis (LEUTERT /19, 20/). Der Schichtenbau der Segelklappen wird in der Literatur unterschiedlich angegeben. Auf Grund der eigenen Untersuchungen erscheint die nachgenannte Gliederung günstig: Endothel, atriale Fibroelastika, Fibrosa, ventrikuläre Fibroelastika, Endothel, wobei die atriale Fibroelastika umschriebene Bezirke glatter Muskelzellen enthält. Beim Neugeborenen besteht die Valva bicuspidalis vorwiegend aus einer locker gefügten Fibrosa, während atriale und ventrikuläre Fibroelastika gering ausgebildet sind, wobei allerdings die atriale Fibroelastika mehr elastische Fasern als die ventrikuläre enthält. Im ersten Dezennium nehmen alle Schichten an Ausdehnung beträchtlich zu und verringern sich erst nach dem 70. Lebensjahr. Nunmehr treten bandartige Verbreiterung und scholliger Zerfall kollagener wie elastischer Fasern auf, die sich mit Elastikafarbstoffen darstellen. Es handelt sich um Pseudoelastin (HALL /21/), ein Protein, dessen Aminosäureaufbau sowohl dem Kollagen als auch dem Elastin nahe liegt.

Die Mitralis enthält während des 1. Dezenniums in reichem Maße saure Mukopolysaccharide, woraus auf eine intensive Fibrillogenese zu schließen ist. Nach diesem Zeitabschnitt treten in der Fibrosa nur noch umschriebene alcianblaupositive Bezirke von sauren Mukopolysacchariden auf. Dieser Befund ändert sich während des Lebens nicht, d.h., auch im hohen Alter werden - sicher bedingt durch den funktionellen Verschleiß - kollagene Fasern gebildet.

Die Anisotropiestärke kollagener Fasern läßt sich indirekt durch Messung des Gangunterschiedes nach der Formel von Sénarmont $\Gamma = \frac{\delta \cdot \lambda}{180}$ bestimmen, wobei für δ der Kompensatordrehwinkel und für λ die Wellenlänge des verwandten monochromatischen Lichtes einzusetzen ist. Größe des Gangunterschiedes und Größe der Anisotropie sind direkt proportional. Da die lichtoptisch erhobenen Befunde auf eine während der einzelnen Lebensjahrzehnte unterschiedliche Ausprägung der kollagenen Fasern hinwiesen, haben wir in Abhängigkeit vom Alter Messungen durchgeführt. Sie ergaben (Abb. 5), daß der Gangunterschied von 13,0 nm im 1. Dezennium auf 31,8 nm während des 31. bis 50. Lebensjahres ansteigt und danach auf 21,0 nm bei 51 - 70jährigen und auf 16,0 nm bei den über 70jährigen abfällt. Da nach den grundlegenden Untersuchungen von SCHMIDT /22/ die Anisotropie Ausdruck einer submikroskopischen Ordnung ist, muß man schließen, daß im 1. Lebensjahrzehnt der Orientierungsgrad der Polypeptidketten gering ist, dann zunimmt und sich nach dem 50. Lebensjahr wieder verringert, d.h., daß sich zunächst in zunehmendem Maße die Faserproteine parallel ordnen und daß im höheren Alter die kollagenen Fasern eine ultrastrukturelle Umformung erfahren. Es muß weiterhin gefolgert werden, daß die Segelklappen - Untersuchungen der Valva tricuspidalis führten zu analogen Ergebnissen - des alten Menschen weniger fest gefügt und somit weniger widerstandsfähig sind, weshalb plötzliche starke Belastungen zur Insuffizienz führen können.

Auch im Lig. vocale (LEUTERT /23, 24/) prägen die Veränderungen der kollagenen Fasern die histologische Biomorphose des Organs. Polarisationsoptische Untersuchungen des Stimmbandes lassen erkenne, daß beim Neugeborenen im Bereich der ventralen Anheftungen des Stimmbandes die kollagenen Fasern wesentlich weiter differenziert sind als in den sich daran anschließenden rückwärtigen Abschnitten. Auch Frontalschnitte durch das mittlere Gebiet des Labium vocale zeigen einen unterschiedlichen Entwicklungsstand der kollagenen Fasern im Ligamentum vocale und im Conus elasticus. Im Laufe der ersten zwei Dezennien

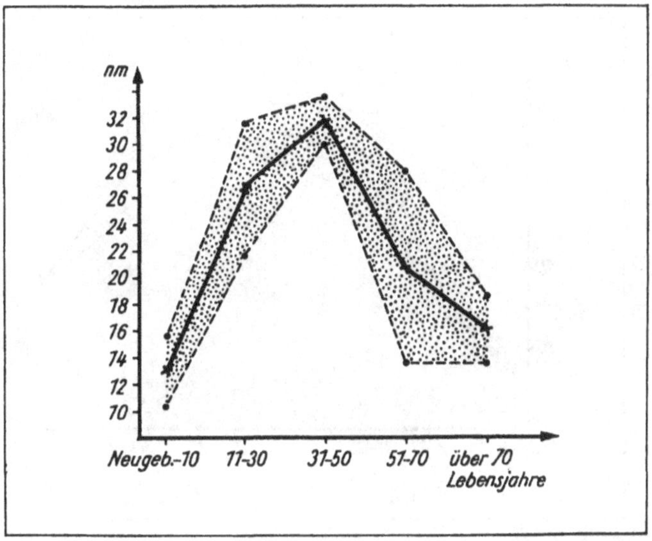

Abb. 5: Gangunterschiede (in nm) kollagener Fasern der Valva bicuspidalis in Abhängigkeit vom Lebensalter

kommt es zu einem Ausgleich des Differenzierungsgrades der kollagenen Fasern. Quantitative polarisationsoptische Untersuchungen ergaben (Abb. 6), daß der Gangunterschied beim Neugeborenen im Bereich des mittleren Abschnittes des Stimmbandes relativ niedrig liegt, danach während der ersten zwei Dezennien steil ansteigt und nach dem 50. Lebensjahr fällt. Anstieg und Abfall sind statistisch nach Prüfungen im F-Test und t-Test signifikant. Mißt man den Gangunterschied im Bereich der vorderen Stimmbandanheftung (Abb. 7), erhält man durchweg höhere Werte. Diese Befunde lassen folgende Schlüsse zu:
1. Auf Grund der schon intrauterin vorhandenen, durch die Kontraktion der am vorderen Teil des Lig. vocale ansetzenden Fasern des M. vocalis bedingten Beanspruchung ist der vordere Abschnitt des Stimmbandes zum Zeitpunkt der Geburt wesentlich weiter differenziert als der rückwärtige Anteil. Im Laufe des Lebens tritt eine gewisse Annäherung ein. 2. Wie in den Segelklappen erfahren die kollagenen Fasern des Lig. vocale während des Lebens eine ultrastrukturelle Umformung. Sie erklärt die geringere Festigkeit der Stimme bei Kleinkindern und bei betagten Menschen. 3. Trotz im Großen und Ganzen gleichbleibender Beanspruchung ändert sich die Form und nachfolgend die Funktion des Stimmbandes.

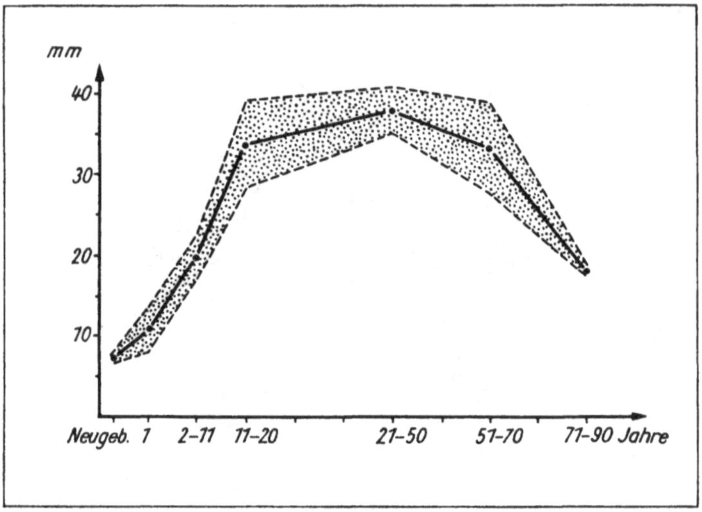

Abb. 6: Gangunterschiede (in nm) der kollagenen Fasern im mittleren Abschnitt des Lig. vocale in Abhängigkeit vom Alter

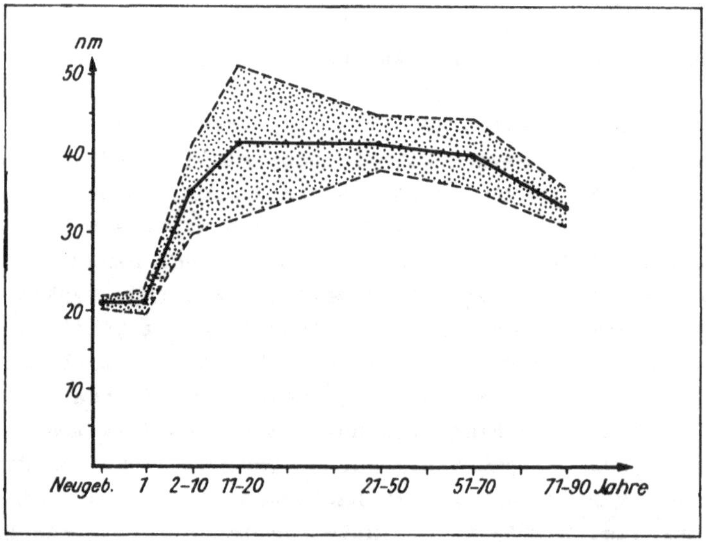

Abb. 7: Gangunterschied (in nm) der kollagenen Fasern im Bereich der ventralen Anheftung des Lig. vocale in Abhängigkeit vom Alter

Als letztes Beispiel für die Altersabhängigkeit der funktionellen Strukturen sollen die Alternsveränderungen der Irisgefäße angeführt werden. Die Irisgefäße sind insofern interessant, als von zahlreichen Autoren (ATTIAS /25/, GINSBERG /26/, RONES /27/, SCHOFFIELD /28/) berichtet wird, daß sie im höheren Alter regelmäßig einer extensiven Sklerosierung unterliegen sollen. Systematische Untersuchungen führten jedoch zu folgenden Ergebnissen (LEUTERT /29/): Beim Neugeborenen bestehen die Gefäße der Iris aus Endothelzellen, Basalmembran, Gitterfasern und ein bis zwei Lagen glatter Muskelzellen. Bereits im 1. Dezennium entwickelt sich als Bildung das Stroma iridis durch die funktionelle Beanspruchung des Blendmechanismus (ROHEN /30/) eine Bindegewebsscheide, die sich aus dichtgefügten kollagenen Fasern und nur wenigen Fibrozyten aufbaut. Mit dem 10. Lebensjahr ist die Gefäßscheide fast so dick wie der Lumendurchmesser. Vom 11. - 20. Jahr nimmt die bindegewebige Gefäßhülle noch etwas an Ausdehnung zu. Während der Zeitspanne vom 21. - 70. Lebensjahr ändert sich der Aufbau der Gefäße nicht wesentlich. In der Gefäßscheide fehlen Kalk- oder Fettablagerung. Im 8. Lebensjahrzehnt wird die Gefäßscheide schmaler. Das PAS-positive Grundhäutchen hat sich in einem Teil der Gefäße verdickt, zwischen den glatten Muskelzellen stellen sich mit Alcianblau amorphe Massen dar. Da die wesentlichen Alternsveränderungen der Irisgefäße in den wechselnden Größen von Lumen und Wandung (einschließlich Gefäßscheide) bestehen, haben wir beide Größen gemessen und durch Division $\frac{\text{Lumen}}{\text{Wandung}}$ den Quotienten Q gebildet. Dieser beträgt (Abb. 8) bei Neugeborenen 3,28 ± 0,33, sinkt im 1. Dezennium auf 1,32 ± 0,3, liegt vom 21. - 70. Lebensjahr bei 0,88 ± 0,08 und steigt im 8. Jahrzehnt auf 1,33 ± 0,21. Die Differenzen der Werte der Kollektive "Neugeborene" und "31 - 40 Jahre" sowie der Kollektive "31 - 40 Jahre" und "über 70 Jahre" sind statistisch signifikant. Eine extensive Sklerosierung der Irisgefäße gibt es somit nicht; vielmehr werden die Irisgefäße bereits im 1. Dezennium von einer aus dicht gefügten kollagenen Fasern bestehenden Scheide umgeben, welche die Sklerosierung vortäuscht.

Abschließend sei folgende Feststellung erlaubt - und die Beispiele ließen es hoffentlich deutlich werden - : Von der Geburt bis zum Tode laufen im menschlichen Organismus gesetzmäßige Veränderungen von Form und Funktion ab, die sich in den einzelnen Organen spezifisch und den unterschiedlichen Beanspruchungen entsprechend vollziehen.

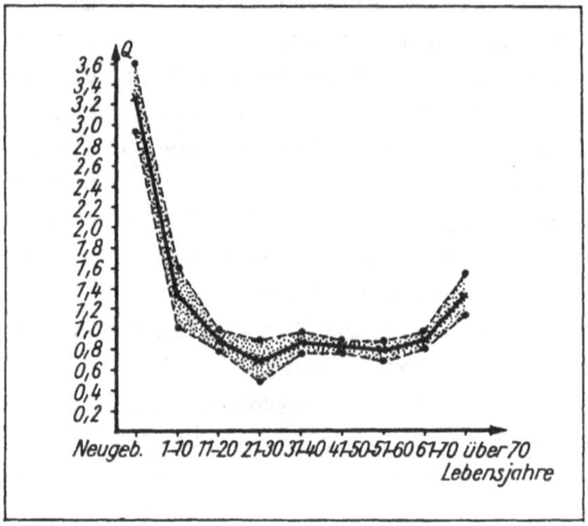

Abb. 8: Altersabhängige Darstellung des Quotienten Q

Die funktionellen Strukturen der Organe und Gewebe altern ungleichmäßig und asynchron. So vielfältig die Beziehungen zwischen Form und Funktion sind, so vielfältig widerspiegeln sie sich in ihrer Abhängigkeit von der Zeit. Das "panta rhei" Heraklits stellt keine monotone Lebensmelodie dar, es ist vielmehr vergleichbar mit einem polyphonen Chorus von Johann Sebastian Bach.

<u>Literatur</u>

/1/ MEYER, H.: Die Statik und Mechanik des menschlichen Knochengerüstes. Verlag Wilhelm Engelmann Leipzig 1873

/2/ WOLFF, J.: Virch.Archiv 50 (1870) 389

/3/ BENNINGHOFF, A.: Verh.Anat.Ges., Erg.-H.z.Anat.Anz. 55 (1922) 250

/4/ PAUWELS, F.: Morph. Jb. 95 (1954) 35

/5/ PAUWELS, F.: Gesammelte Abhandlungen zur funktionellen Anatomie des Bewegungsapparates. Springer Verlag Berlin/Heidelberg/New York 1965

/6/ UEHLINGER, E.: Verh.Dtsch.Des.Path. 47 (1963) 69

/7/ UEHLINGER, E.: Strukturwandel des Skeletes im Ablauf des Lebens, bei Über- und Unterbelastung und bei metabolischen Erkrankungen. in: Struktur und Funktion, Nova Acta Leopoldina 35 (1970) 217

/8/ LEUTERT, G.: Beitr.Orthop. 21 (1974) 457

/9/ LEUTERT, G.: Mikroskopisch-anatomische Alternswandlungen verschiedener Gewebe. in: Biologie der Lebensalter Bd. 2, Theodor Steinkopff Dresden-Leipzig 1963

/10/ LEUTERT, G.: Wiss.Z.Karl-Marx-Univ. Leipzig, Math.-Naturwiss.R. 19. Jg. (1970) 509

/11/ LEUTERT, G., und R. JAHN: Verh.Anat.Ges. 71 (1977) 1405

/12/ LEUTERT, G.: Verh.Anat.Ges. 72 (1978) 113

/13/ CHALKLEY, H.W.: J.Nat.Cancer Inst. 4 (1943) 47

/14/ ROTHER, P.: Die Alternsveränderungen der biologischen Variabilität. Arb.-Tagung d.AG Stereologie d.Ges.f.Topochemie u.Elektronenmikroskopie d. DDR Halle 1977

/15/ HEIM, F., W. SCHWARZLOSE, H. TRUCKENBRODT und P. MITZNEGG: Zschr.f.Geront. 2 (1969) 25

/16/ LINZBACH, A.J.: Quantitative Biologie und Morphologie des Wachstums einschließlich Hypertrophie und Riesenzellen. in: Hdb.d. allg.Path. VI/1, Springer Berlin/Göttingen/Heidelberg 1955

/17/ SILBERBERG, M., und R. SILBERBERG: Ageing Changes in Cartilage and Bone. in: Structural Aspects of Ageing. Pitman Medical Publishing CO. LTD. London 1961

/18/ SCHARF, J.: Round-Table-Gespräch über Struktur und Funktion. in: Struktur und Funktion, Nova Acta Leopoldina 35 (1970) 217

/19/ LEUTERT, G.: Beitrag zum histologischen Alternswandel der Herzklappen. 7.Intern.Kongr.Gerontologie Wien 1966, Proc.Bd.2, 373

/20/ LEUTERT, G.: Zschr.inn.Med. 31 (1976) 98

/21/ HALL, D.: Experientia Suppl. 4 (1956) 19

/22/ SCHMIDT, W.J.: Anwendung der Polarisationsmikroskopie in der Histochemie. in: Hdb.d.Histochemie I/1 Gustav Fischer Verlag Stuttgart 1958, S. 171

/23/ LEUTERT, G.: Gegenb. morph. Jahrb. 106 (1964) 11

/24/ LEUTERT, G.: Wiss.Z.Karl-Marx-Univ.Leipzig, Math.-Naturwiss.R. 19. Jg. (1970) 509

/25/ ATTIAS, G.: V.Graefes Arch.f.Ophthalm. 81 (1912) 405

/26/ GINSBERG, S.: in: Uvea Hdb.spez.path.Anat.u.Histol. XI/1 Springer Verlag Berlin (1928)

/27/ RONES, B.: Amer.Journ.of Ophthalm. 21 (1938) 239

/28/ SCHOFIELD, P.B.: Ageing Changes in the Eye. in: Structural Aspects of Ageing. Pitman Medical Publishing CO. LTD London 1961

/29/ LEUTERT, G.: Zschr.mikrosk.-anat.Forsch. 75 (1966) 224

/30/ ROHEN, J.W.: Das Auge und seine Hilfsorgane. Erg.z.Bd. III/2. in: Hdb.d.mikrosk. Anatomie d.Menschen Springer Verlag Berlin/ Göttingen/Heidelberg/New York 1964

Zusammenfassung

Form und Funktion sind untrennbar verbunden. Es gibt keine Form ohne Funktion und keine Funktion ohne Form. Sie beeinflussen sich gegenseitig, indem bestimmte genetisch determinierte makroskopische Formen nur bestimmte Funktionen zulassen, die ihrerseits wiederum die innere Struktur prägen. Beide, Form und Funktion, hängen ab von der Zeit; sie stellen dynamische Größen dar.

Der Alternswandel funktioneller Strukturen wird am Beispiel des proximalen Femurendes, des Gelenkknorpels, der Herzklappen, der Stimmlippen und der Irisgefäße dargelegt. Dabei ergibt sich, daß von der Ge-

Lurt bis zum Tode gesetzmäßige Veränderungen von Form und Funktion ablaufen, die sich in den einzelnen Organen spezifisch und den unterschiedlichen Beanspruchungen entsprechend vollziehen. Die funktionellen Strukturen der Organe und Gewebe altern somit ungleichmäßig und asynchron.

Резюме

Форма и функция связаны между собой неразделимо. Не существует формы без функции и нет функции без формы. Они друг на друга влияют таким образом, что определенные генетически детерминированные макроскопические формы позволяют только определённые функции, которые со своей стороны определяют внутренную структуру. Обе, форма и функция, зависят от времени; они представляют собой динамические величины.

Возрастное изменение функциональных структур показано на примере проксимального конца бедра, суставного хряща, сердечных клапанов, голосовых связок, Lig. anulare stapedis и сосудов радужной оболочки. При этом получается, что начиная от рождения до смерти протекают закономерные изменения формы и функции, которые происходят в отдельных органах специфически и в соответствии с разными нагрузками. Функциональные структуры органов и тканей стареют таким образом неравномерно и асихронно.

Summary

Form and function are inseparabel. There is no form without function and no function without form. The influence is reciprocal in this sence that genetic determinated macroskopic forms are allowing only decided functions which in their turn determine the inner structure of the organs.

The aging changes of functional structures are demonstrated by the proximal end of femur, the joint cartilage, the heard valves, the vocal cord and the blood vessels of the iris. It is shown that there are taking place from birth to death lawful changes of form and function, which are in the different organs specific and in relation to pretension. The functional structure of the organs and tissues are aging disproportionately and asynchronous.

Moskau UdSSR, 2. Moskauer Medizinisches Institut
"N.I. Pirogov"

DER TAGESRHYTHMUS PHYSIOLOGISCHER PROZESSE UND FRAGEN DER DIAGNOSE UND THERAPIE VON KRANKHEITEN BEI KINDERN

V.A. TABOLIN, V.P. LEBEDJEV. S.V. TSITSILIASHVILI

Eine richtige Charakterisierung der funktionellen Organisation des Organismus kann nur bei Kenntnis der Tagesrhythmen der physiologischen Prozesse erfolgen. Diese Kenntnisse stellen eine empfindliche Größe dar für die Differenzierung von Norm und Pathologie, von vererbten und erworbenen Krankheiten, für die Konkretisierung des Grades der Organ- bzw. Systemschädigung, für die Beurteilung des Zustandes des humoral-endokrinen Systems sowie für die Begründung und Beurteilung der Effektivität der Therapie, die mit dem Rhythmus der Lebenstätigkeit des Organismus korelliert ist.

Bei erworbenen Krankheiten stellen sich die veränderten Tagesrhythmen der Parameter, die die Tätigkeit des geschädigten Organs charakterisieren, mit dem Abklingen des Prozesses wieder um. Bei vererbten Krankheiten (Enzymopathien) normalisieren sich die veränderten Rhythmen der physiologischen Prozesse mit dem Alter nicht. Anhand der Tagesrhythmen kann man die Schwere des Prozesses beurteilen.

So ist bei einer Pneumonie mit einem günstigen Verlauf die Leukozytose und die Verschiebung zu den Stabkernigen in den Nachtstunden ausgeprägter. Bei einer konfluierenden und toxischen Pneumonie ist der Rhythmus, unabhängig von der Ausprägung der Leukozytose, monoton.

Die Rhythmen des hormonalen Systems kann man sowohl anhand der Bestimmung der Hormone, ihrer Vorstufen und der Mediatoren in biologischen Flüssigkeiten ermitteln als auch anhand der circadianen Tätigkeit des kontrollierten Organs oder eines, das ein Zwischenglied in der komplizierten Kette der neuro-hormonalen Regulation darstellt.

Die Effektivität der Therapie erhöht sich wesentlich bei Verordnung von Präparaten, die Analoge von endogenen Stoffen sind, und wenn sie in Übereinstimmung mit ihrem Rhythmus im Organismus oder dem Tagesrhythmus des physiologischen oder pathologischen Prozesses, auf den sie wirken, verabreicht werden.

Резюме

Правильная характеристика функциональной организации организма может быть дана только при знании суточных ритмов физиологических процессов. Эти знания представляют чувствительную основу для дифференцирования нормы и патологии, наследственных и приобретенных заболеваний, уточнение степени поражения органа или системы, для оценки состояния гуморально-эндокринных систем, для обоснования и оценки эффективі ости лечения, коррелированного с ритмом деятельности организма.

При приобретенных заболеваниях из· ненные суточные ритмы показателей, характеризующих деятельность пораженного органа по мере стихания процесса восстанавливаются. При наследственных заболеваниях /энзимопатиях/ измененные ритмы физиологических процессов с возрастом не нормализуются. По суточным ритмам можно судить о тяжести процесса, так при пневмонии с благоприятным течением лейкоцитоз и палочко-ядерный сдвиг более выражен в ночные часы. При сливной и токсической пневмонии, независимо от выраженности лейкоцитоза, ритм монотонный.

Ритмы гуморально-гормональных систем могут быть оценены как по определению в биохимических жидкостях гормонов, их предшественников метаболитов, медиаторов, так и по циркадной деятельности органа, который находится под контролем, или является промежуточным звеном в сложной цепи нейро-гормональной регуляции.

Эффективность терапии значительно повышается при назначении препаратов-аналогов эндогенных веществ в соответствии с их ритмом выработки в организме, или суточного ритма физиологического и патологического процесса, на которые они воздействуют.

Summary

Any correct characterisation of the functional organisation of an organism must necessarily depend on adequate knowledge about the diurnal rhythms of all physiological processes. Such knowledge is essential to any differentiation between normal and pathological conditions, congenital and acquired diseases, damage to organs or systems, effectiveness or failure of therapies, as well as for the assessment of all aspects which are in any way correlated with rhythmicity of organic life.

The diurnal rhythms of those parameters which are associated with the activity of a damaged organ will return to normal along with general improvement and recovery from an acquired disease. Yet, the rhythms of physiological processes changed by congenital disease (enzymopathy) will not normalise along with growing age.

The severity of a process can be judged by diurnal rhythms. Both leucocytosis and stab cell shift are likely to be more strongly pronounced and manifest during the night hours in pneumonia with favourable course. However, in confluent and toxic pneumonia the rhythm will be monotonous, regardless the severity of the accompanying leucocytosis.

The rhythms of the hormonal system can be identified by determination of the hormones as well as their precursors and mediators in biological fluids and also by the circadian activity of the controlled organ or an organ which is a link in the highly intricate chain of neurohormonal regulation.

The effectiveness of any therapy can be sizeably enhanced by prescription of agents which are analogues of endogenous matter and by administration of such agents in congruence with the intraorganic rhythm or with those physiological or pathological processes on which they are intended to act.

Martin-Luther-Universität Halle-Wittenberg
Bereich Medizin, Kinderklinik, Halle

Der Einfluß äußerer Zeitgeber auf das Schlaf-Wach-Verhalten junger Säuglinge

U. SITKA, W. RUMLER und S. BÜTTCHER

Schlafen und Wachen sind Verhaltenszustände des jungen Säuglings. Mit dem Begriff Verhaltenszustand wird ein bestimmtes funktionelles Muster von physiologischen Variablen beschrieben, das relativ stabil ist und sich in unregelmäßigen oder regelmäßigen Abständen wiederholt. Die einzelnen Verhaltenszustände werden außer durch direkte Beobachtung zusätzlich operationell definiert durch Registrierung von Atmung, Herzfrequenz, Elektroencephalogramm, Elektrookulogramm, Motilität, Rheogramm u. a. Wir unterschieden bei unseren Untersuchungen, die zwecks Konstanz der Versuchsbedingungen unter Klimaboxverhältnissen durchgeführt wurden, in Anlehnung an PRECHTL und LENARD /9/, die Stadien NREM-Schlaf, REM-Schlaf, ruhiges Wachsein, aktives Wachsein und Schreien, die durch kontinuierliche Beobachtung, unterstützt durch die operationelle Registrierung von Augenbewegungen, Motilität, Atmung und teilweise Herzfrequenz festgelegt wurden.

Während der Erwachsene durch einen monophasischen Schlaf-Wach-Rhythmus charakterisiert ist, ist das Schlaf-Wach-Verhalten junger Säuglinge ein polyphasisches Geschehen, wobei sich Schlaf-, Wach- und Schreizustände in unregelmäßigen Abständen abwechseln. Tägliche Aufzeichnungen von Schlaf- und Wachperioden über die ersten Lebensmonate zeigten Schlaf- und Wachperioden, die noch relativ gleichmäßig auf die Tages- und Nachtstunden verteilt waren. Zwischen 3. bis 4. Lebensmonat treten die Tagzeit-Schlaf-und-Wachperioden in regelmäßigeren Intervallen auf, und es ist mehr ununterbrochener Schlaf in der Nacht, d. h. die Umwandlung des polyphasischen zum monophasischen Schlaf-Wach-Zyklus beginnt deutlich zu werden /3, 4, 5, 8/. Insgesamt nimmt während der Entwicklung der ersten Lebenswochen die Gesamtschlafdauer kontinuierlich ab, wobei die Zeit, die das Kind in unruhigem Schlaf verbringt, abnimmt, während der Anteil des ruhigen Schlafes zunimmt, d. h. die Epochen von ruhigem Schlaf länger werden (10 u. a.). Die Ausbildung der Perzeptionsorgane macht es verständlich, daß der Säugling seine Umwelt mit zunehmender Wachsamkeit verfolgt und deshalb der Schlafanteil abnimmt.

Der junge Säugling ist durch eine ausgesprochene intra- und interindividuelle Instabilität der einzelnen Verhaltenszustände charakterisiert, d. h. wir können sprunghafte Veränderungen der einzelnen Stadien beobachten. So kann der junge Säugling vom Schreizustand direkt in den NREM-Schlaf fallen und umgekehrt. Dauer und Ablauf der einzelnen Verhaltenszustände sind durch verschiedene externe und interne Stimuli bedingt und können durch diese verändert werden. Unter physiologischen Bedingungen überwiegt dabei beim jungen Säugling der REM-Schlaf. Aber auch innerhalb des Schlafes wechseln REM- und NREM-Perioden in unregelmäßigen Abständen.

Der rasche Wechsel der einzelnen Verhaltensstadien, wie auch das Überwiegen des REM-Schlafes wird als Folge der Unreife des frühkindlichen zentralen Nervensystems angesehen. Die Zunahme von Nervenzellen und die zunehmende Ausbildung von dendritischen Verzweigungen und Synapsenbildungen ermöglichen eine wachsende Suppression externer und interner Stimuli und damit eine zunehmende Konstanz der einzelnen Verhaltensstadien mit zunehmendem Alter. Ein reifes neurohormonales System und funktionierende Wahrnehmungsorgane, über die die mannigfaltigen synchronisierenden Effekte der Zeitgeber vermittelt werden, sind Vorbedingungen für die Ausbildung eines zirkadianen Rhythmus. Demzufolge entwickelt sich die Tag-Nacht-Periodizität bei Frühgeborenen später als bei Reifgeborenen /4/. Ausdruck der Unreife des frühkindlichen Nervensystems sind auch spontane motorische Entladungen in den Schlafstadien in Form von kurzen, generalisierten Bewegungen, sog. Startles. Diese Startles, die in unregelmäßigen Intervallen, manchmal in Doppel- oder Dreifachform auftreten, fanden wir im NREM-Schlaf bei Neugeborenen in Durchschnitt alle 4 Minuten, bei Säuglingen im 2. bis 3. Lebensmonat dagegen nur noch sehr selten. WOLFF /11/ beobachtete sie bei Neugeborenen im NREM-Schlaf durchschnittlich alle 3,5 Minuten.

Wenn man bereits beim jungen Säugling einen primitiven, von der jeweiligen Reifestufe des Gehirns abhängigen Schlaf-Wach-Rhythmus annehmen kann /2, 3, 4, 7, 8/, so unterliegt dieser tagesperiodisch wechselnden Umweltfaktoren, die als Zeitgeber fungieren können. Den Einfluß der Zeitgeber Licht/Dunkel und Fütterung auf das Schlaf-Wach-Verhalten von 3 bis 8 Wochen alten Säuglingen wurde von uns über eine 6-Stunden-Periode von 9 bis 15 Uhr untersucht. Wir wählten zu diesen Versuchen Säuglinge dieses Alters aus, da vorangegangenen Untersuchungen über den Einfluß von Dämmerlicht auf die Motilität Neugeborener und die Applikation hellen Lichtes über die Nacht auf das punktuell bestimmte Schlaf-Wach-Verhalten Neugeborener keinen Einfluß auf die Motilität bzw. das Schlaf-Wach-Verhalten gezeigt hatten. Wir untersuchten weiterhin die Wirkung des Sedativums Phenobarbital auf die Schlafstadien Neugeborener.

Dämmerlichteinfluß

In einer ersten Versuchsserie wurde das Schlaf-Wach-Verhalten von 5 jungen Säuglingen jeweils zunächst unter Tageslicht- und am folgenden Tag unter Dämmerlichtbedingungen registriert. Bei allen 5 Kindern wurde dabei die schon erwähnte individuelle Inkonstanz der einzelnen Verhaltensstadien sowie der unregelmäßige Wechsel der Schlaf-Wach-Phasen erkennbar. Zu verzeichnen war aber auch eine deutliche Zunahme des Schlafstadiums um durchschnittlich 68 Minuten auf Kosten der beiden anderen Verhaltensstadien. Damit verbunden war auch ein häufigeres Auftreten von Schlafzyklen, definiert durch die Zeitspanne vom Beginn einer NREM-Periode bis zum Beginn der folgenden NREM-Periode sowie eine Zunahme der Periodenlänge eines Schlafzyklus. Während wir unter Tageslichtbedingungen bei den 5 Kindern vier Schlafzyklen mit einer durchschnittlichen Dauer von 33 Minuten beobachteten, waren es unter Dämmerlichtbedingungen 10 Schlafzyklen mit einer durchschnittlichen Dauer von 49 Minuten. Diese Beobachtung steht in Einklang mit den Untersuchungen von DITTRICHOVA /2/ sowie ASERINSKY und KLEITMAN /1/, die bei jungen Säuglingen in der Nacht mehr Schlafzyklen fanden als am Tage. Aus unseren Untersuchungen wird der Trend deutlich, daß schon der junge Säugling auf eine Änderung der Licht-Dunkel-Verhältnisse reagiert. Bei Verhaltensstudien unter Tageslicht an aufeinanderfolgenden Tagen wurden bestimmte Trendbewegungen nicht beobachtet.

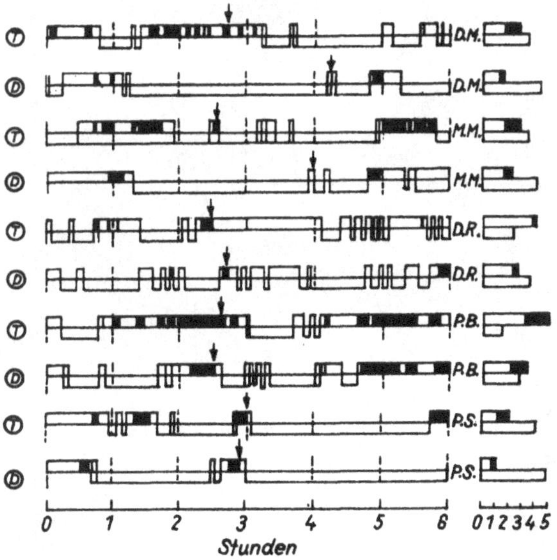

Wachen / Schreien
Schlafen

Abb. 1: Einfluß des Dämmerlichtes auf das Schlaf-Wach-Verhalten von 5 jungen Säuglingen

Fütterung

Bei allen Verhaltensstudien Neugeborener und junger Säuglinge wird die enge Koppelung des Schlaf-Wach-Rhythmus an das Fütterungsregime deutlich. In früheren Untersuchungen über die Motilität Neugeborener konnten wir diese Korrelation nachweisen. Bei der Registrierung der motorischen Aktivität von 108 gesunden Neugeborenen mittels einer elektronischen Einheit über 3 Std. fanden wir einen deutlichen Abfall der Motilität nach der Fütterung und einen Anstieg zum erneuten Fütterungstermin. Dieser Aktivitätsanstieg zur nächsten Mahlzeit hin wird auch als Hungeraktivität bezeichnet. KLEITMAN /6/ glaubte, daß der Schlaf-Wach-Rhythmus des jungen Säuglings ein gastrischer Rhythmus sei, d. h. daß der junge Säugling nur aufwacht, wenn er hungrig ist oder geweckt wird und nach der Fütterung sofort wieder einschlafe, wenn er nicht wachgehalten wird. Neben diesem wakefulness of necessity hält WOLFF /12/ auch ein wakefulness of attention für möglich. Durch unsere Registrierung der Schlaf-Wach-Stadien junger Säuglinge unter kontinuierlicher Ernährung über eine Dauersonde konnten wir dieses wakefulness of attention beweisen. Bei einem vom Kind selbst gewählten Fütterungsintervall am ersten Tag sowie unter kontinuierlicher Ernährung am darauffolgenden Tag zeigte sich, daß es bei allen Kindern gelang, die mittägliche Hungeraktivität, die deutliche interindividuelle Unterschiede zeigte, zu koupieren, daß aber trotz Ausschluß des Hungerzustandes Wach- und Schreiphasen zu verzeichnen waren.

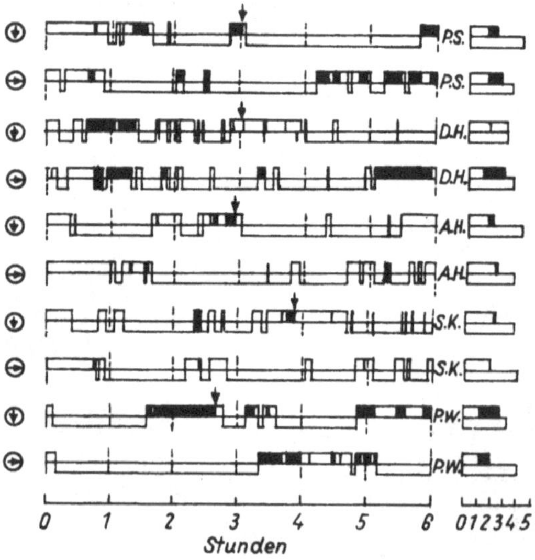

Abb. 2: Schlaf-Wach-Verhalten unter kontinuierlicher Nahrungszufuhr ⊕ per Dauersonde. Über der Trennlinie Wachen (weiß) u. Schreien (schwarz), darunter Schlafen

Phenobarbital und Schlafstadien

Apnoeanfälle werden besonders häufig im REM-Schlaf beobachtet. Unter diesem Gesichtspunkt prüften wir, in welchem Maße bei Neugeborenen durch die Gabe von Phenobarbital eine Änderung der einzelnen Schlafphasen untereinander zu verzeichnen war. Es ergab sich bei einer Dosierung von 10 mg Phenobarbital/kg Kgw. i.m. eine deutliche Verschiebung zugunsten des NREM-Schlafes, eine Koupierung der für das Neugeborene kritischeren REM-Schlafphase gelang aber nicht. Während im allgemeinen innerhalb eines Schlafzyklus beim Neugeborenen der REM-Anteil überwiegt (67 %), kam es nach Gabe von Phenobarbital zu einer stärkeren Betonung des NREM-Anteils (71 %). Abbildung 3 verdeutlicht dies.

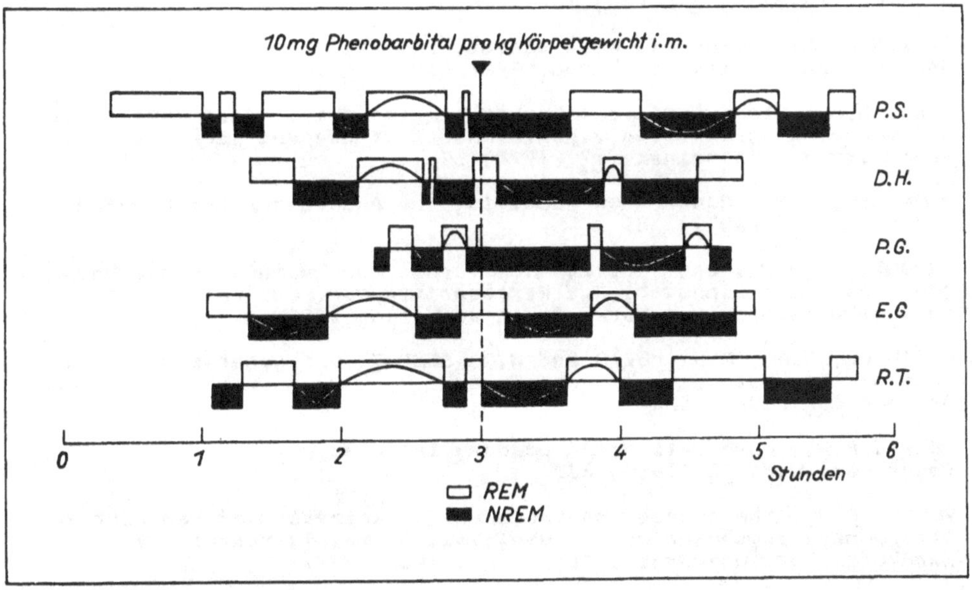

Abb. 3: Verschiebung des REM-NREM-Verhältnisses durch Phenobarbital

Literatur

1. ASERINSKY, E., and N. KLEITMAN: A motility cycle in sleeping infants as manifested by ocular and gross bodily activity. J. Appl. Physiol. 8 (1955) 11

2. DITTRICHOVA, J.: Development of sleep in infancy. J. Appl. Physiol. 21 (1966) 1243

3. HELLBRÜGGE, Th., J. LANGE und J. RUTENFRANZ: Schlafen und Wachen in der kindlichen Entwicklung. Arch. Kinderhk., Beiheft 39 (1959) 1 - 99

4. HELLBRÜGGE, Th.: The development of circadian rhythms in infants. Cold Spr. Harb. Symp. quant. Biol. 25 (1960) 311

5. KLEITMAN, N., and Th. G. ENGELMANN: Sleep characteristics of infants. J. Appl. Physiol. 6 (1953) 269

6. KLEITMAN, N.: Sleep and wakefulness, 2nd ed. Chicago: University of Chicago Press 1963

7. LURE, G.A.: Stanovlenie sutotschnovo ritma dwigatelnoi aktivnosti u noworoschdennich detje v sawisfimosti ot stepeni jich srelosti. Vopr. ochran. materinst. 17 (1972) 53

8. PARMELEE, A.H.: Remarks on receiving the Anderson Aldrich aword. Pediatrics 59 (1977) 389

9. PRECHTL, H.F.R., und H.G. LENARD: Verhaltensphysiologie des Neugeborenen, in: Linneweh, F.: Fortschritte der Pädologie Bd. II Berlin-Heidelberg-New York: Springer-Verlag 1968

10. ROTTWARG, H.P., J.N. MUZIO and W.C. DEMENT: Ontogenetic development of the human sleep-dream-cycle. Science 152 (1966) 604

11. WOLFF, P.H.: Observations on newborn infants. Psychosom. Med. 21 (1959) 110

12. WOLFF, P.H.: The causes, controls and organization of behavior in the neonate psychological issues, Vol. 5, No. 1, Monogr. 17. New York: Int. University Press Inc. 1966

Zusammenfassung

Bei der klinischen und polygraphischen Untersuchung junger Säuglinge ist der jeweilige Verhaltenszustand zu berücksichtigen. Ob die einzelnen Verhaltenszustände durch Änderung der Licht-Dunkel-Verhältnisse und des Ernährungsregimes auch in diesem Alter beeinflußbar sind, sollte geprüft werden.
Die Untersuchungen, die insgesamt an 20 Neugeborenen und jungen Säuglingen vorgenommen wurden, erfolgten unter Inkubatorbedingungen. Durch direkte kontinuierliche Beobachtung der Kinder von 9 bis 15 Uhr, unterstützt durch die operationelle Registrierung

von Augenbewegungen, Motilität, Atmung und teilweise der Herzfrequenz unterschieden wir in Anlehnung an PRECHTL und LENARD die Stadien NREM-Schlaf, REM-Schlaf, ruhiges Wachsein, aktives Wachsein und Schreien.
Bei den von uns untersuchten Neugeborenen und jungen Säuglingen zeigte sich eine ausgesprochene intraindividuelle und interindividuelle Instabilität der einzelnen Verhaltenszustände mit sprunghaften Veränderungen bei einem Überwiegen der REM-Schlafphasen. Innerhalb einer Schlafphase wechseln REM-Schlaf und NREM-Schlaf in unregelmäßigen Abständen. Die Instabilität der Verhaltenszustände wird angesehen als Folge der cerebralen Unreife der Kinder, die sich auch in einem wesentlich häufigeren Vorkommen kurzzeitiger, generalisierter Muskelzuckungen (Startles) im NREM-Schlaf bei Neugeborenen im Verhältnis zu jungen Säuglingen ausdrückt. Unter Dämmerlichtbedingungen zeigte sich eine Zunahme der Schlafstadien und eine Abnahme der Wachstadien sowie der Schreiphase. Die Modifizierung des Ernährungsregimes, d.h. kontinuierliche Nahrungszufuhr über eine Dauersonde, zeigte zwar öfter eine Kupierung der mittäglichen Hungeraktivität, Wachzustände und Schreistadien wurden trotzdem beobachtet, so daß das Schlaf-Wach-Verhalten junger Säuglinge kein einfacher gastrischer Rhythmus ist.

Резюме

При клиническом и полиграфическом обследовании грудных детей малого возраста надо считаться с состоянием поведения детей. Хотелось бы обследовать, как влияют на отдельные состояния поведения в этом возрасте изменения света и режима питания. Обследования, которые проводились у 20 новорожденных и грудных детей, проходили под условиями инкубатора. С помощью непосредственного и непрерывного наблюдения детей с 9 до I5 часов и дополнительной полиграфической регистрации движения глазных яблок, общего движения, дыхания и частично и частоты сердцебиения мы различали следующие стадии (похоже как по Prechtl и Lenard): NREM -сон, REM -сон спокойное бордствование, активное бордствование и крик.
У новорожденных и грудных детей, которые мы обследовали, показалась выраженная интраиндивидуальная и интериндивидуальная инстабильность отдельных состояний поведения со скачкообразными изменениями с преобладанием стадии REM -сна.

Среди одного сонного фаза чередуются REM -сон и NREM -сон с нерегулярными протежутками.
Инстабильность состояния поведения рассматривалось как последствие церебрального недоразвития детей, которое и выражается в гораздо чаще происходящихся коротковременных генерализованных дерчиваний мышц (STARTLES) во время NREM -сна у новорожденных в отношении к грудным детям малого возраста.

Под влиянием темноты показалось увеличение стадии сна и уменьшение стадии бордствования и крика. Модификация режима кормления, т.е. непрерывная дача молока через зонд, показала с одной стороны торможение активности, вызванная вследствие голода во время обеда, но с другой стороны наблюдались не смотря на это и стадии бордствования и крика.
В связи с этом можно заключить, что состояния сна и бордствование у молодых грудных детей не являются простым гастральным ритмом.

Summary

The given behaviour condition should be taken into due consideration in any clinical and polygraphic examination of young infants. An effort should be made to find out whether or not behaviours can be modified even in that young age by variation of light-darkness ratios or of nutritional regimes.

The checks reported in this paper were conducted on 20 newborns and young infants under incubator conditions. The children were kept under observation directly and with high continuity between 9 a.m. and 3 p.m., their eye movement, motility, respiration, and, in some of them, heart rate being operationally recorded. The following phases were differentiated, in accordance with Prechtl and Lenard: NREM sleep, REM sleep, inactive awakeness, active awakeness, and crying.

The probands tested exhibited pronounced intra-individual and inter-individual instability of behaviours with drastic and leapwise changes but with predominance of REM sleep phases. Alteration of REM sleep with NREM sleep with irregular intervals was recordable from one and the same sleep phase. Behaviour instability was attributed to cerebral immaturity, the more as short-time systemic startles during NREM sleep occurred more often to newborns, as compared to young infants. Twilight conditions were characterised by longer sleep and shorter awakeness and crying phases. The nutritional regime was modified, in that food was given with high continuity through an indwelling tube. While noontime hunger activity thus was reduced, awakeness and crying were not eliminated. The sleep-awakeness behaviour of young infants, consequently, cannot be considered simply as a gastric rhythm.

Akademie der Wissenschaften der UdSSR
Institut für Experimentelle Medizin und 20. Städtisches Krankenhaus, Leningrad

Die Bedeutung der Struktur von Biorhythmen für die Diagnostik sowie die Prognose der Erkrankungen

MOISSEJEWA, N.I., L.I. NIKITINA, V.M. SYSSUJEW, E.S. WINTERGALTER und V.V. DENISSOWA

Unter den Maßnahmen, die es gestatten den Grad der Adäquatheit der Reaktionen des Organismus auf äußere Reize und damit im Zusammenhang den Grad der Annäherung des Zustandes an den optimalen zu beurteilen, wird in den letzten Jahren immer größere Aufmerksamkeit der Untersuchung der zirkadianen Rhythmik gewidmet. Störungen von zirkadianen Rhythmen der einen oder anderen Funktion des Organismus erweisen sich manchmal als erstes Symptom, welches auf Funktionsstörungen im einen oder anderen Organsystem hinweist und ebenso im Prozeß der Heilung als letztes Anzeichen der noch nicht vollkommenen Rekonvaleszens gelten kann.

Mit dem Ziel der Aufklärung von Möglichkeiten der Nutzung von Besonderheiten des Verlaufes zirkadianer Rhythmen für die Diagnostik von Krankheitszuständen und für die Prognose des Erkrankungsverlaufes wirden bei 2 Probandengruppen 5mal pro die (um 7,11,15,19 und um 23 Uhr oder um 8,12,16,20 und um 24 Uhr) an drei aufeinanderfolgenden Tagen Messungen des arteriellen Druckes, der Atemfrequenz sowie der Herzfrequenz (Pulszählung bei Gesunden sowie Registrierung des EKG im Verlaufe von 3 Minuten zu den erwähnten Meßzeitpunkten bei Kranken), Messungen der Körpertemperatur axillar sowie die Untersuchung des Zeitgefühlt nach der Methode von HALBERG (gleichmäßiges Zählen von 1 bis 60 im Verlaufe von etwa 1 Minute) vorgenommen.
Die erste Gruppe von Versuchspersonen waren praktisch 16 Gesunde, von denen 10 Personen an einen Situationswechsel bezüglich des Tagesregimes, des Klimas, der Dienstverpflichtungen gut adaptiert waren und die 6 übrigen Probanden schlecht.

Zur zweiten Versuchsgruppe gehörten 14 Kranke, die sich wegen zirkulatorischer Störungen der Hirngefäße verschiedenster Genese in stationärer Behandlung befanden.

Die Patienten wurden zweimal untersucht, nämlich zu Beginn und am Ende der Behandlungszeit (nach 2-4 Wochen bzw. nach 1 1/2 Monaten).

Ein gutartiger Ausgang der Erkrankung ergab sich bei 9 Patienten während bei 5 Patienten die Therapie uneffektiv war. Im Resultat der Analyse der im Verlaufe von 3 Tagen bei Gesunden gemessenen Parametern konnte festgestellt werden, daß in den Mittelwerten große individuelle und Gruppenunterschiede sowie erhebliche Unterschiede auch in den Streuungen und Kurvenabläufen vorlagen. Hingegen war bei gutadaptierten Personen eine Beständigkeit hinsichtlich der Struktur der Kurven nachweisbar, was im relativ gleichzeitigen Auftreten von Maximal- und Minimalwerten der gemessenen Parameter zum Ausdruck kam. Bei nichtadaptierten Personen traten diesbezüglich große Unterschiede in den Kurven auf. So zeigen die Tag-Nachtkurven der Veränderungen von systolischem und diastolischem Blutdruck zweier Probanden in der Abb. 1 die Kurvenübereinstimmung bei einer gut adaptierten und die Nichtübereinstimmung bei einer schlecht adaptierten Person.

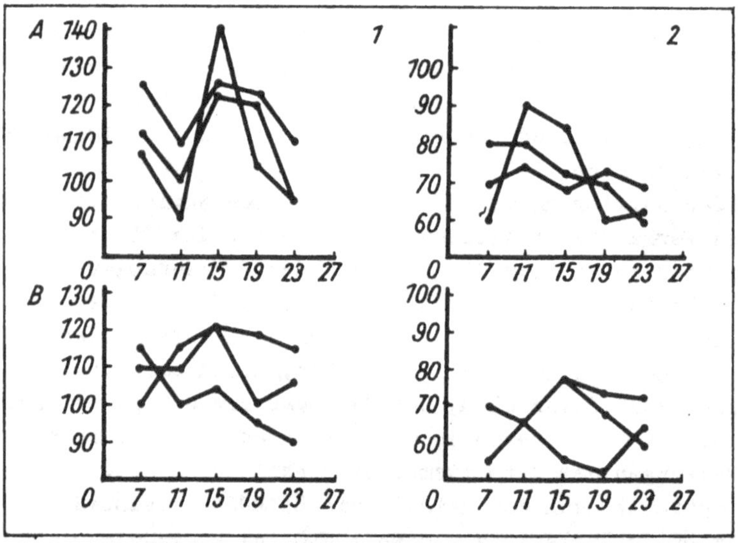

Abb. 1: Tag-Nacht-Kurven der Werte von systolischem (1) und diastolischem (2) Blutdruck bei einem Probanden mit guter (A) und bei einem Probanden mit schlechter (B) Adaptationsfähigkeit

Außerdem ist in der Gruppe gut adaptierter Personen das mittlere Niveau der Parameter sowie die Streuung signifikant höher als in der Gruppe schlecht adaptierter Probanden. Offensichtlich ermöglicht eine große Streuung der Werte der gemessenen Parameter unter gewöhnlichen Lebensbedingungen das notwendige Training funktioneller Systeme, das in Notfallssituationen schnell zum Erreichen der Grenzwerte der verschiedenen Funktionen führt, da solche Werte, wenn auch selten, so doch unter gewöhnlichen Lebensbedingungen gefordert werden. Ein hohes mittleres Niveau von Körperfunktionen ist möglicherweise neben einer bestimmten physiologischen Bedeutung auch in gewissem Maße Voraussetzung für das Auftreten hoher Streuwerte.

In der Patientengruppe lagen die Verhältnisse wesentlich komplizierter. Die zeitliche Struktur der Kurven war unbeständig, sowohl bei Patienten mit effektiver, als auch mit uneffektiver Therapie. Es war zu verzeichnen, daß die Kurven von Patienten mit effektivem Therapieabschluß, die zum Zeitpunkt der Untersuchung bei Versuchsbeginn einen Krankheitszustand mittleren Schweregrades aufwiesen, nicht so unterschiedlich voneinander waren, wie Kurven von Patienten mit uneffektiver Behandlung. Im ersten Falle traten in den 24-Stunden-Verlaufskurven in der Regel ein oder zwei Maxima und Minima, in Einzelfällen drei oder vier von diesen auf. In Fällen mit nicht effektivem therapeutischem Ausgang tragen im Gegensatz dazu, sogar, wenn der Allgemeinzustand gut war, 2-3 Maxima oder Minima in der Regel auf. Die Tag-Nacht-Kurven wurden durch das Auftreten eines "Plateaus" charakterisiert, welches durch Auftreten gleicher Werte in 2-3 aufeinanderfolgenden Messungen zustandekam. So wurden bei einer Patientin im Verlaufe von 24 Stunden stets nur zwei Werte des systolischen arteriellen Druckes gemessen - 90 mm Hg um 8 und um 12 Uhr und 120 mm Hg um 16, 20 und 24 Uhr. Am nächsten Tag war bei derselben Patientin ein Druckmaximum um 24 Uhr mit 130 mm Hg nachweisbar und drei Minima mit 100 mm Hg um 8, 12 und 16 Uhr. (Abb. 2)

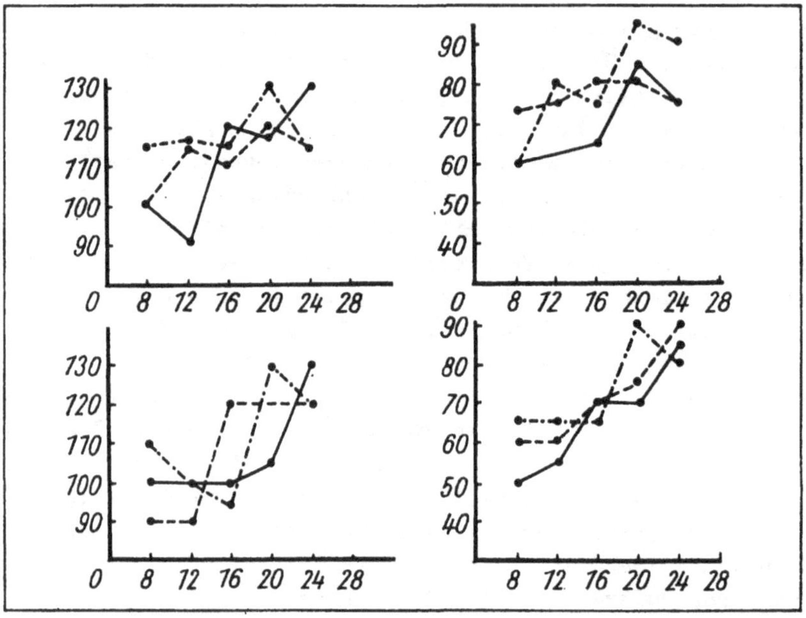

Abb. 2: 24-Stunden-Verlaufskurven des systolischen (1) und des diastolischen (2) arteriellen Druckes bei Patienten mit effektiver Therapie (A) sowie bei Patienten mit nichtbefriedigendem Therapieausgang (B)

Die Mittelwerte und die Streuungen der Werte für die Körpertemperatur, die Atem- und Pulsfrequenz sowie für den diastolischen Druck unterschieden sich bei Patienten mit positivem und mit nichtbefriedigendem Therapieeffekt nicht voneinander.

Für den systolischen Blutdruck waren die Mittelwerte in den erwähnten beiden Gruppen unterschiedlich und betrugen für Patienten mit gutem Therapieausgang 113,2 mm Hg und für solche mit unbefriedigendem Heilungserfolg 120,3 mm Hg.

Signifikante Unterschiede ergaben sich hinsichtlich der geprüften Zeitwahrnehmung. Das Zählen bis 60 entsprach bei Patienten mit positivem Therapieeffekt etwa einem Minuteninterval1 (61,85 sec), während solche mit unbefriedigendem Therapieffekt eine Tendenz zur Störung der Zeitwahrnehmung aufwiesen und die mittlere Zählzeit 53,81 sec. betrug. Die tagesperiodischen Schwankungen waren bei Patienten mit gutem Therapieerfolg deutlicher ausgeprägt. (Abb. 3)

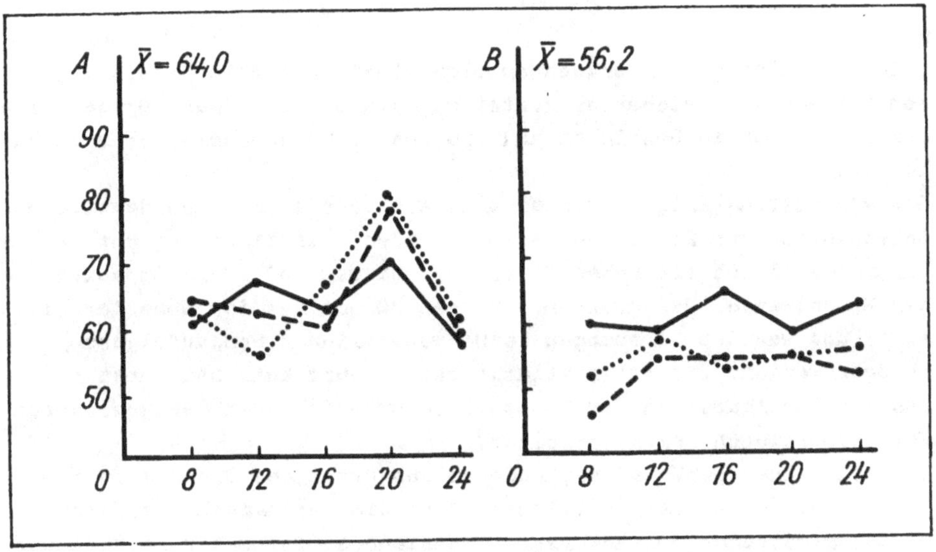

Abb. 3: 24-Stunden-Verlaufskurben der Genauigkeit der Ausführung der Zählprobe (Zählen bis 60 in einer Minute) bei einem Patienten mit gutartigem (A) und bei einem Patienten mit malignem (B) Verlauf der Erkrankung

Da dem Zählen bestimmter Zeitabschnitte Geschwindigkeiten von Stoffwechselprozessen zugrundeliegen sollen, deuten Unterschiede in der Zeitwahrnehmung mit großer Wahrscheinlichkeit auf Disrhythmien in Stoffwechselabläufen hin. Diese Hypothese wird durch die große Streubreite von Körpertemperaturmeßdaten bei Patienten mit unbefriedigendem Therapieverlauf gestützt (0,7 im Vergleich zu 0,52 Normalstreuung). Die gemittelten Körpertemperaturwerte zeigten keine wesentlichen Unterschiede (36,65 u. 36,52 Norm-Mittelwert).

Unter Berücksichtigung dessen, daß zur Anzahl der inneren "Taktgeber" auch der Herzrhythmus zu rechnen ist, wurden mit Hilfe der periodographischen Analyse die rhythmischen Komponenten der aufeinanderfolgenden Intervalle der R-Zacken im EKG von Patienten ermittelt.

Die Zusammenstellung des "Periodogrammes" erfolgte mit Hilfe eines Rechners durch trigonometrische Aproximierung einer Reihe von RR-Intervallen nach der Methode der kleinsten Quadrate.

Es zeigte sich, daß die Struktur des Herzrhythmus sich in zwei Gruppen deutlich voneinander unterschied. Bei Patienten mit gutartigem Krankheitsverlauf war der Mittelwert der langsamwelligen Komponente mit 22,2 gegenüber 27 sec. im Normalfall bedeutend verringert, die allgemeine Anzahl von Komponenten jedoch mit 6 gegenüber 5 etwas vermehrt.

So kann also die Untersuchung biorhythmischer Abläufe als Test genutzt werden, welcher es gestattet, die potentiellen Möglichkeiten der Adaptation zu bestimmen und prognostische Schlußfolgerungen zuzulassen.

Gut adaptationsfähige Personen unterschieden sich durch deutliche Schwankungen der 24-Stundenperiodik jedes beliebigen der untersuchten Parameter, durch ein hohes Mittelwertsniveau und große Streuungen der Einzelwerte. Bei Kranken hingegen können aus der Höhe der Mittelwerte und aus den Streuungen keine wesentlichen Schlußfolgerungen gezogen werden. Die prognostische Beurteilung kann bei ihnen nur aus der Konfiguration der 24-Stunden-Verlaufskurven der gemessenen Körperfunktionen selbst erfolgen.

Im Falle einer genügend vorhandenen Fähigkeit des Organismus zur Selbstregulierung der Funktionen, wird die rhythmische Struktur der tagesperiodischen Schwankungen verschiedener Parameter beibehalten, obwohl sie in veränderter Form auftreten kann.

Als in prognostischer Hinsicht zu verwertende Merkmale gelten:

- die ausgeprägte zeitliche Struktur einer einzelnen 24-Stundenverlaufskurve, d.h. die Festlegung der darin auftretenden Maxima und Minima;
- die relativ beständige Lage von Maxima und Minima in an 3-4 aufeinanderfolgenden Tagen ermittelten Verlaufskurven;
- die große Anzahl von Einzelkomponenten sowie relativ geringe Mittelwerte für den führenden langsamen Bestandteil bei solchen Funktionen, bei welchen man am besten auf detaillierte Zeitstrukturen schließen kann, wie z.B. bei der Untersuchung des Herzrhythmus.

Zusammenfassung

Unter den Verfahren, die es ermöglichen, die Reaktion des Organismus auf äußere Einwirkungen zu beurteilen und im Hinblick darauf, ob sie adäquat verläuft und folglich über die Erreichung des Optimalzustandes Aufschluß geben kann, hat die Untersuchung der circadianen Rhythmik im Laufe der letzten Jahre besondere Beachtung gefunden. Störungen der circadianen Rhythmik der jeweiligen Funktion treten entweder als erstes Symptom auf, das auf eine vorliegende Störung des entsprechenden Systems schließen läßt, oder als letztes Symptom, das auf eine ungenügende Rekonvaleszenz hinweist.

Um die Eigentümlichkeiten der circadianen Rhythmen bei Personen mit guten bzw. schlechten Adaptationsmöglichkeiten festzustellen, wurden an Fällen mit günstigem und ungünstigem Krankheitsverlauf (bei Schädel- und Gehirntrauma und bei Schizophrenie) fünfmal täglich im Laufe von drei Tagen Wertmessungen der Herz- und Kreislauftätigkeit sowie psychologische Tests vorgenommen.

Kennzeichnend für die Biorhythmen von Personen mit hohen Adaptationsmöglichkeiten und günstigem Krankheitsverlauf sind:

1. hohe Durchschnittswerte (die ein hohes Funktionsniveau des Systems gewährleisten)
2. große Streuung der Werthöhen (was die Trainiertheit auf extreme Existenzbedingungen bezeugt)
3. gut ausgeprägte zeitliche Struktur der Tageskurve.

Dementsprechend kann die Biorhythmenstruktur für die Prognose des Krankheitsverlaufs verwendet werden, indem hohe Durchschnittswerte und große Streuung der Werte, verbunden mit einem ausgeprägten doch nicht rigiden Tagesschwankungsbild, als eine günstige Prognose gelten dürfen.

Резюме

Среди примеров, разрешающих судить о степени адекватности реакций организма на внешние воздействия и, соответственно, степени приближения состояния к оптимальному, в последние годы все большее влияние привлекает исследование циркадной ритмики. Нарушения циркадных ритмов тех или иных функций оказывается иногда первым симптомом, указывающим на неблагополучие со стороны той или иной системы, а также (при выздоровлении) - последним признаком неполной реконвалесценции.

С целью выявления особенностей циркадных ритмов у лиц с хорошими и плохими адаптационными возможностями, в том числе у больных с благополучным и неблагополучным течением заболеваний (последствия черепно-мозговой травмы, шизофрения) были исследованы показатели деятельности сердечно-сосудистой системы и некоторые психологические пробы 5 раз в сутки в течение 3 дней подряд. Всего обследовано 42 человека.

Характерными чертами биоритмики лиц, обладающих высокими адаптационными возможностями и благополучно переносящими заболевания, являются: 1. высокие средние значения показателей (что обеспечивает высокий уровень функционирования системы); 2. большой разброс значений показателей (что свидетельствует о тренированности к существованию в граничных условиях); 3. хорошо выраженная временная структура суточной кривой.

Соответственно, структура биоритмов может быть использована для прогнозирования течения заболеваний, причем положительными прогностическими признаками являются высокие средние значения и большой разброс показателей в сочетании с четким, но не ригидным рисунком суточных изменений.

Summary

There have been several methods by which to assess the response of the organism to external effects for its adequacy in terms of optimum conditions. Yet, particular attention has been given to studies into the circadian rhythm in recent years. Disorders in circadian rhythm of a given function may be initial signs and indicate imminent disorders of the system concerned or terminal signs to indicate inadequate convalescence.

Heart rate and circulation were measured five times a day over three days running and accompanied by several psychological tests on cases with favourable and less favourable pathological courses (cranial and cerebral trauma and schizophrenia), with the view to identifying peculiarities of circadian rhythms from individuals with good or poor adaptation.

The following parameters were typical of the biorhythms recorded from probands with good adaptation and favourable courses of the disease:

1. High average values (ensuring high functional efficiency of the system);

2. Large scatter of values (an indicator to good adaptation to extreme conditions);

3. Properly pronounced time structure of diurnal curve.

The biorhythmic structure, therefore, can be used for prognostication of a given disease. High mean values and large scatter, accompanied by properly pronounced but not rigid diurnal variation, may be considered as indicators to favourable prognosis.

Akademie der Wissenschaften der UdSSR
Institut für Physiologie "I.P.Pawlov", Leningrad

Beobachtungen über den Einfluß biologischer Rhythmen auf den Beginn und den Verlauf des Akuten Herzinfarktes

GANELINA, I.E. und S.K. TSCHURINA

Naturwissenschaftler und Kliniker haben schon lange ihre Aufmerksamkeit auf periodische Zustandsänderungen verschiedener Funktionen des lebenden Organismus gelenkt. FLIESS /7/ war einer der ersten, der die Existenz mehrtägiger Rhythmen beim Menschen erkannte. Über diese Rhythmen schrieb im Jahre 1925 der Professor der Philosophie N.J. PERNA der Petersburger Universität /5/.

In der klinischen Literatur gibt es Hinweise über die Bedeutung der mehrtägigen und der 24-Stunden-Periodizität für den Verlauf einiger Krankheiten. Die Erforschung dieser biologischen Rhythmen ist jedoch kompliziert, da die objektive Beurteilung des Zustandes des Organismus zu jedem Zeitpunkt mit Schwierigkeiten verbunden ist.

Die Frage nach der Bedeutung der biologischen Rhythmen für das Entstehen des Herz-Kreislaufversagens wurde in der Literatur fast nicht erörtert, wenn man hierbei die einzelnen Hinweise auf den überwiegenden Beginn des akuten Herzinfarktes in den frühen Morgenstunden nicht einbezieht. Dennoch ist ein Herz-Kreislaufversagen in der Form des akuten Herzinfarktes, der einen klar abgrenzbaren Zustand darstellt und dessen Entstehungszeitpunkt man in der Mehrzahl der Fälle genau bestimmen kann, ein gutes Objekt für Untersuchungen über den möglichen Einfluss biologischer Rhythmen auf eine Erkrankung des Menschen. Für Untersuchungen in dieser Richtung braucht man eine größere Anzahl von Kranken und gleichwertige Bedingungen. Die Patienten einer spezialisierten Infarktabteilung mit einer Intensivüberwachungsstation, die in kurzer Zeit von einer genügend großen Anzahl Patienten durchlaufen wird, ist vom Standpunkt der biologischen Rhythmen ausreichend adäquat. Wir /3, 4/ haben versucht, einen endogenen Rhythmus zu finden, dessen Vorhandensein für die Zeitbestimmung des Beginns eines akuten Herzinfarktes von Bedeutung sein könnte. Die Aufgabe war folgendermaßen formuliert: Gibt es irgendeinen mehrtägigen Rhythmus, der mit einer bestimmten Phase auf den Beginn des akuten Herzinfarktes Einfluß hat?

Zuerst wurden 802 Fälle mit akuten großherdigen Herzinfarkten bei Patienten mit bekannten Geburtsdaten (Männer - 489, Frauen - 313) analysiert. Es wurde ein spezieller Algorhithmus aufgestellt, wobei berücksichtigt wurde, daß die Phase des Biorhythmus, d.h. der Tag des α -24-Stunden-Rhythmus (vom Tag der Geburt aus gezählt), auf den der Beginn der Krankheit fällt, eine periodische Funktion der Zeit ist. Zur Beurteilung der durchschnittlichen Phasen $T_1, \ldots, T_n$ (in Tagen) des α -24-Stunden-Rhythmus wurde bei dieser Patientengruppe die Größe

$$T_{mittl.} = \frac{\alpha}{2\pi} \operatorname{arc\,tg} \frac{\bar{y}}{\bar{x}} \quad \text{bei } \bar{x} > 0 \quad \text{und} \quad T_{mitt.} = \frac{\alpha}{2\pi} \left(\pi + \operatorname{arc\,tg} \frac{\bar{y}}{\bar{x}}\right) \quad \text{bei } \bar{x} < 0.$$

Als Maß für die Beurteilung dieser Phase wurde die Größe $K = n (\bar{X}^2 + \bar{Y}^2)$ benutzt.

Dabei sind: $\bar{X} = \frac{1}{n} (\cos 2 \frac{T_1}{} + \ldots + \cos 2 \frac{Tn}{})$

$\bar{Y} = \frac{1}{n} (\sin 2 \frac{T_1}{} + \ldots + \sin 2 \frac{Tn}{})$

Trägt man die Werte $\frac{T}{\alpha}, \ldots, \frac{Tn}{\alpha}$ als Punkte auf einer Kreislinie auf, dann stellt $T_{mitt.}$ die Phase des Schwerpunktes (mittlerer Vektor) dieser Punkte, die Größe k/ n - den Abstand vom Schwerpunkt zum Mittelpunkt der Kreislinie dar. Es ist ersichtlich, daß bei einer annähernd gleichmäßigen Verteilung der Phasen $T_1, \ldots, T_n$ auf der Kreislinie, d.h. bei einer uncharakteristischen α-24-Stunden Periodizität des Entstehens des Herzinfarktes bei dieser Menschengruppe, die Größe K klein sein muß. Für die Ermittlung eines charakteristischen Biorhythmus wurden mit Hilfe der EDV die Größen K und T bei $\alpha = 6, 7, \ldots,$ 43 Tagen errechnet.

Bei Benutzung des Geburtstages als Ausgangspunkt der Ermittlung wurde für männliche Personen eine 42-tägige Periode festgestellt, auf deren 21. Tag mit hoher Signifikanz die höchste Anzahl von Herzinfarkte fällt (Abb. 1). Beim Zeichnen eines Histogramms stellte sich heraus, daß diese 42-tägige Periode in 2 Phasen geteilt werden kann: 60% der Herzinfarktfälle fallen auf den 3., 4. und 6. Woche und 40% auf die erste und zweite Woche dieses Zyklus. Die maximale Anzahl von Herzinfarkten tritt in der 3./4. Woche (17. - 25. Tag) auf, mit einer durchschnittlichen Herzinfarktzahl von 14,7 täglich und 103 wöchentlich. Das Minimum liegt in der 6. Woche (36. - 42. Tag des Zyklus) mit täglich durchschnittlich 8 Infarkten und wöchentlich 56.

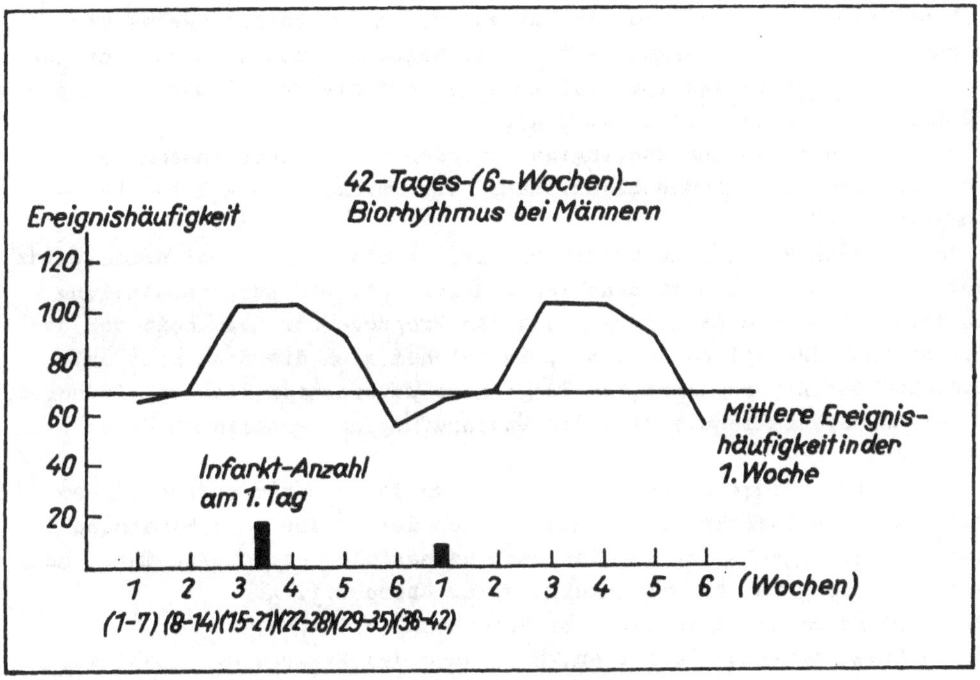

Abb. 1: 42-tägiger (6-wöchiger) Rhythmus der Männer

Es gibt offensichtlich jedoch außer dieser 42-tägigen Periode auch andere endogene individuelle Rhythmen, die bei Männern Einfluß auf den Beginn des Herzinfarktes haben. Diese Rhythmen stehen mit dem Alter in Zusammenhang. So gibt es bei Männern im Alter bis zu 60 Jahren außer dem 42-tägigen Rhythmus eine 20-tägige Periode, an deren 7. Tag die maximale Anzahl von Herzinfarkten auftritt. In der Gruppe mit den älteren Männern (älter als 60 Jahre) wurde außer dem 42-tägigen Zyklus noch ein 29-tägiger mit einer Häufung der Herzinfarktfälle um den 19. Tag herausgefunden.

Bei Frauen ist der Charakter des Zyklus stark vom Alter abhängig- In der Altersgruppe bis zu 60 Jahren wird eine 10-tägige Periode mit einem Maximum der Herzinfarktanzahl am 4.-5. Tag beobachtet. Auf die 5 Tage vom 2.-6. Tag dieses Zyklus fallen 66 Fälle der Krankheit, d.h. fast zweimal mehr als auf die restlichen 5 Tage, an denen 35 Infarkte auftreten. In dieser Altersgruppe wird ebenfalls ein 39-tägiger Rhythmus mit einer Häufung der Herzinfarktfälle um den 9. Tag beobachtet. An den ersten 19 Tagen dieses Zyklus treten 61 Herzinfarktfälle auf, an den nächsten 21 Tagen 38 Fälle der Krankheit.

Für Frauen der höheren Altersgruppe sind zwei Periodizitäten charakteristisch: eine mit dem Zyklus von 27 Tagen und die zweite mit einer Periode von 34 Tagen. Auf die 17 Tage der ersten Hälfte der 34-tägigen Periode fallen 130 (7,6 am Tag), auf die restlichen 17 Tage 82 Herzinfarkte (4,8 Fälle am Tag).

Somit werden von uns mehrtägige Perioden mit solchen Phasen beobachtet, in denen mit großer Signifikanz eine maximale Anzahl von Herzinfarkten auftrat.

Im weiteren Verlauf untersuchten wir, ob die mehrtägige Periodizität auf den Ausgang des Herzinfarktes Einfluß hat. Die Aufgabenstellung lautete: Gibt es eine Abhängigkeit der Prognose der Krankheit von der Periode des 42-tägigen Rhythmus, in welchem sich die Krankheit entwickelt? Der Algorhythmus des Programmes unterschied sich vom früheren, wobei wir ebenfalls als Ziel die Überprüfung der erhaltenen Resultate stellten.

Durch eine andere Mathematikergruppe wurde an einem umfangreichen Material (939 Infarkte bei Männern) nach dem X^2-Test die Hypothese über die stetige Verteilung der nach Reihenfolge geordneten Tage, auf welche der Beginn der Erkrankung fällt, überprüft.
Die Berechnung erfolgte nach der Formel: $X^2 = \frac{T \sum n^2}{N} - N$
N - Gesamtzahl der Patienten; T - Länge des Zyklus; n_i - Zahl der Erkrankten am i-ten Tag des T-24-Stunden-Zyklus.
Es wurden die Werte für T von 10 bis 50 überprüft. Ausgehend von den erhaltenen Ergebnissen wurde die Verteilung der Gesamtmenge der Fälle mit tödlichem Ausgang bei Männern in Abhängigkeit von der Periode der Erkrankung innerhalb des 42-Tage-Zyklus analysiert.

Um die Grundfrage über den Einfluß des Tages des Biorhythmus, an welchem der Herzinfarkt auftrat, auf den Ausgang der Krankheit zu beantworten, wurden die Fälle mit tödlichem Ausgang bei den an verschiedenen Tagen des 42-Tage-Zyklus Erkrankten verglichen. Bei Ausnutzung der genannten Methode wurde eine signifikante Ungleichmäßigkeit der Verteilung der Herzinfarkte bei einem Zyklus von 42 Tagen gezeigt. Wie zu sehen ist, entspricht dies einem der früher für Männer erhaltenen Resultate. Dabei wird diese Ungleichmäßigkeit hauptsächlich in der Altersgruppe bis zu 60 Jahren gefunden. Es ist interessant, daß die größte Zahl der Herzinfarkte auch bei der Berechnung nach dem neuen Programm auf den 16. - 22. Tag des 42-Tage-Zyklus fällt, dies entspricht ebenfalls den früher erwähnten Ergebnissen.

Auf Abb. 2 sind in Prozenten die Letalitätsrate der in verschiedenen (6,7, 14, 21-Tage) Perioden des 42-tägigen individuellen Biorhythmus Erkrankten aufgezeigt. Es wurde eine deutliche Ungleichmäßigkeit der Verteilung der letalen Ausgänge in Abhängigkeit von der Phase der 42-Tage-Periode, in welchem sich der Herzinfarkt entwickelte, herausgestellt. Bei der Gruppenbildung nach Wochen zeigte sich, daß die höchste Anzahl von Fällen mit letalem Ausgang bei Personen, die in der 1. und 4. Woche des Zyklus (entsprechend 13,3 % und 16,8 %) erkrankten, lag. In den restlichen Wochen schwankten sie zwischen 2,5 und 6,5 %. Bei der Bildung von Gruppen zu je 6 Tagen zeigte sich, daß die Letalität in der 4. (19,8 %) und der ersten (14,7 %) Gruppe am größten ist, bei Schwankungen in den restlichen Gruppen von 4,2 bis 8,2 %. Bei Gruppen zu je 14 Tagen ist der Unterschied weniger deutlich. Eine solche Verteilung der Letalität, speziell nach Wochen geordnet, brachte uns auf den Gedanken von der Existenz eines 21-Tage-Zyklus, welcher seinen Einfluß auf den Ausgang der Erkrankung hat. Beim Zeichnen eines Histogrammes der Sterblichkeitsrate innerhalb des 21-Tage-Zyklus zeigte es sich, daß die ungünstige Periode in diesem Zyklus auf die erste Woche fällt (von 197 Erkrankten starben 30, das sind 15,2 %), dies übersteigt die Sterblichkeit in der Mitte des Zyklus um 3,5 mal und fast um das zweieinhalbfache die der 3. Woche.

Somit wurde eine mehrtägige Periodizität beobachtet, welche sowohl auf die Zeit der Entstehung der Krankheit als auch auf den Ausgang des Herzinfarktes Einfluß hat.

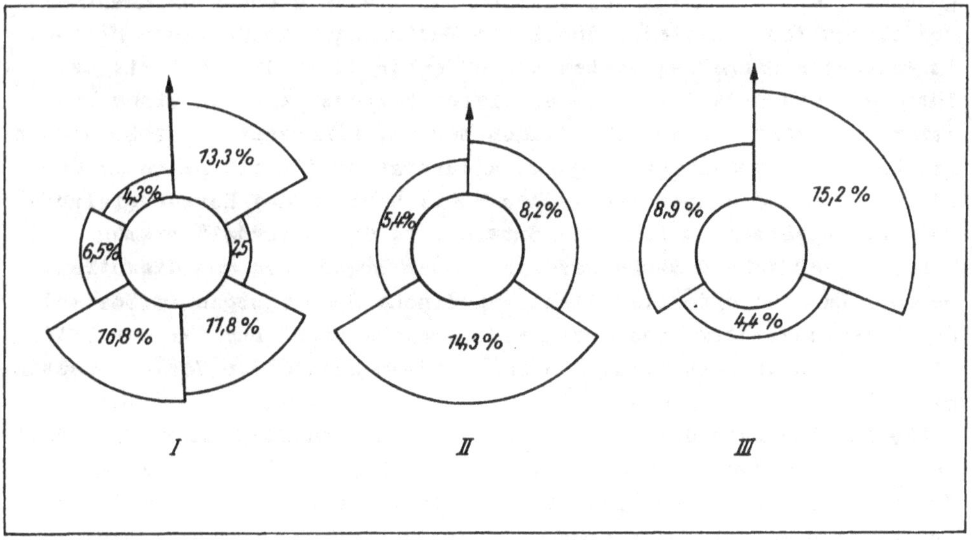

Abb. 2: Sterblichkeitsrate der Männer bis zu 60 Jahren in den 42ätägigen und 21-tägigen Rhytmen
I - 42-tägiger Zyklus (Gruppierung nach Wochen)
II - 42-tägiger Zyklus (Gruppierung nach 14 Tagen)
III - 21-tägiger Zyklus (Gruppierung nach Wochen)

Die Frage nach der Häufigkeit des Entstehens des Herz-Kreislaufversagens, speziell des Herzinfarktes, zu verschiedenen Tageszeiten ist in der Literatur nur ungenügend bearbeitet. Die vorhandenen Resultate sind widersprüchlich. Es gibt Vorstellungen über die Erhöhung der Anzahl des Herz-Kreislaufversagens in der Nacht und in den frühen Morgenstunden /1,4,8/.

Bei der Analyse von 1608 Fällen mit bekannter Uhrzeit des klinischen Beginns des akuten Herzinfarktes fanden wir eine gewisse 24-Stunden-Periodik mit Stunden der maximalen und minimalen Wahrscheinlichkeit seines Entstehens /6 /. Die Wahrscheinlichkeit des Auftretens eines Herzinfarktes ist in Leningrad maximal um 9.00 Uhr, 17.00 - 19.00 Uhr und um 1.00 - 2.00 Uhr, minimal um 13.00 - 14.00 Uhr und in den frühen Morgenstunden, bei unbedeutenden Schwankungen in den einzelnen Alters- und Geschlechtsgruppen. Hinweise auf die Periodizität bleiben zu allen Jahreszeiten erhalten, offensichtlich ist sie von den Lichtverhältnissen unabhängig.

Abschließend muß unterstrichen werden, daß das Entstehen eines Herzinfarktes bei jedem einzelnen Patienten durch das Zusammenwirken vieler Faktoren bedingt ist, vor allem durch den Zustand der Koronargefäße, die Reaktivität der anderen für das Entstehen der Krankheit verantwortlichen Systeme, durch die Bedingungen des äußeren Milieus im weitesten Sinne des Wortes und offenbar durch die rhythmische Tätigkeit des Organismus. Jeder dieser Faktoren kann in einem bestimmten Moment zum entscheidenden werden, einerseits beim Entstehen der Krankheit und ihrem Ausgang, andererseits für die Erhöhung der Adaptativen und kompensatorischen Möglichkeiten des Herz-Kreislauf- und Nervensystems, welche die Entwicklung der Krankheit hemmen.

Der biologische Gedanke der erhaltenen Ergebnisse muß diskutiert werden. Es gibt offensichtlich periodische Schwingungen im Zustand der Funktionssysteme des Organismus, welche nicht nur für das Entstehen der Krankheit wichtig sind, sondern auch deren Verlauf bestimmen.

Für den Nachweis der Existenz mehrtägiger und 24-Stunden-Periodizitäten, welche die für die Entstehung von Herz-Kreislaufversagen "gefährlichsten" Phasen und ihren Verlauf bestimmen, sind weitere Untersuchungen notwendig.

Literatur

/1/ Vorobjov, B.I., Maiorova T.E.; Bilogiceskie ritmy, 1970, Gorki

/2/ Ganelina, I.E., Nasarov, I.A., Tschurina, S.K.: Kardilogia, 18, 1978, Nr. 5

/3/ Ganelina, I.E., S.K. Tschurina, A.L. Fradkov, V.I. Schaposchnikova, B.A. Ryvkin, E.I. Volpert: Kardiologia, 14 (1974) Nr. 1, 35
/4/ Mikuschkin, G.K.: Kosmiceskaja Biologia (1969) Nr. 1, 32
/5/ Perna, N.J.: Ritm shisni i tvorcestva, 1925, Leningrad
/6/ Tschurina, S.K., I.E. Ganelina, E.I. Volpert: Kardiologia, 15, 1975, Nr. 7
/7/ Fliess, W.: Der Ablauf des Lebens (1906), Leipzig
/8/ Zülch, K.J., v. Hossmann: Dtsch med. Wschr., 92 (1967), 567

Zusammenfassung

Es ist anzunehmen, daß dem Menschen mehrtägige Perioden mit einem Phasenwechsel des funktionellen Zustandes des Organismus eigen sind. Diese Annahme wird durch gewisse Beweise bestätigt. In der klinischen Literatur lassen sich Beobachtungen über eine Zyklität von Remissionen finden, die durch die Faktoren der Umweltwirkung nicht beeinflußt werden. Dasselbe gilt für eine 'Anzahl innerer Krankheiten.

Anhand von zwei speziellen Programmen, die für Elektronenrechenmaschinen von verschiedenen Mathematikern zusammengestellt wurden, suchte man nach dem endogenen Rhythmus, dessen Vorhandensein für die Feststellung des Augenblickes der Entwicklung eines akuten Herzinfarktes bei den Männern von großer Bedeutung sein könnte. Man stellte mehrtägige Perioden fest, auf deren bestimmte Phasen mit großer Sicherheit die meisten Fälle der Entwicklung des Herzinfarktes fallen. Als Hauptperiode für die Männer erwies sich die 42-tägige (von der Entstehung an), die im allgemeinen durch die Altersgruppe bis zu 60 Jahren bestimmt wird. Die größte Zahl von Herzinfarkten fällt auf den 16. - 22. Tag der Periode.

Es zeigt sich eine ungleichmäßige Verteilung der Letalitätsziffer. Sie ist von der 42-tägigen Periode abhängig, in welcher der Herzinfarkt stattfindet. Die größte Letalität war unter den Personen festzustellen, die in der ersten und der zweiten Woche des Zyklus erkrankten. Unter ungünstigen Witterungsverhältnissen kann sich die Dauer von Perioden, die die Zeit der Entwicklung des Herzinfarktes beeinflussen, verändern. Es wurde ein Tagesrhythmus für Stunden maximaler und minimaler Wahrscheinlichkeit der Entwicklung des Herzinfarktes festgestellt.

Es werden mögliche Mechanismen der Bedeutung von biologischen Rhythmen für Entwicklung und Verlauf des Herzinfarktes besprochen.

Резюме

Существуют предположения и известные доказательства наличия у человека многодневных периодов с фазовым изменением функционального состояния организма. В клинической литературе имеются наблюдения об определенной цикличности ремиссий и обострений ряда внутренних болезней, не зависящей от влияния факторов внешней среды.

Были предприняты (с помощью двух специальных программ, составленных для ЭВМ различными группами математиков) поиски эндогенного ритма, наличие которого могло бы иметь значение для определения момента развития острого инфаркта миокарда у мужчин. Обнаружены многодневные периоды, на определенные фазы которых с высокой достоверностью падает наибольшее число случаев развития инфаркта миокарда. Доминирующим периодом для мужчин оказался 42-дневный (отсчет от даты рождения), определяемый, в основном, возрастной группой до 60 лет. Наибольшее число случаев инфаркта миокарда приходится на 16–22 день периода.

Выявляется также четкая неравномерность распределения летальности в зависимости от фазы 42-дневного периода, в которую развился инфаркт миокарда. Наибольшей оказалась летальность среди лиц, заболевших в 1-ю и 4-ю недели цикла. При неблагоприятных метеорологических условиях длительность периодов, влияющих на момент развития инфаркта миокарда, изменяется.

Обнаружена суточная периодичность с наличием часов максимальной и минимальной вероятности развития инфаркта миокарда.

Обсуждаются возможные механизмы значения биологических ритмов для развития и течения инфаркта миокарда.

Summary

In recent jears with increased interest in cyclic processes and possibility of mathematical research of their trende data on the presensce of andogenic rhythms have been found. An analysis 1608 case histories was conducted, the hour of the onset of myocardial infarction being known in them. The time of the highest and lowest probability of the onset of this acute disease was established. The time of the development of myocardial infarction is supposed to be connected with the rearrangement of the adaptational systems of the human organism. The existenz of an andogenic biological rhythm of 42-day duration, determining both the moment of development and the outcome of myocardial infarction, is shown. Mortality was highest among persons who had acquired the disease in the first and fourth weeks of this period. This may also testify to the existence of 21-day cycle of periodicity which has an effect on the outcome of the disease. The duration of the period and of this phases depends on sex and age.

Kreispoliklinik Falkensee
Humboldt-Universität Berlin (Charité)
Forschungsverband für Herz-Kreislauf-Krankheiten

Gibt es eine Rangordnung der meteorologischen Einflußgrößen auf die Herzinfarkt-Sterblichkeit?

W. OTTO und W. E. HEMPEL

Über 40 % aller Verstorbenen sind Herzfälle. Coronare Todesfälle (Herzinfarkte, Diagn. Nr. 410-414 WHO) zeigen eine besondere Abhängigkeit von Umweltgrößen und von der Lebensführung, der jeweiligen psychosozialen Situation. All dies trifft vor allem für u n t e r w e g s verstorbene Coronartodesfälle zu. Die umweltsensibelste Gruppe sind die im A r b e i t s p r o z e ß plötzlich verstorbenen Coronarfälle (sogen. U_1-Fälle).

Die wechselseitigen Abhängigkeiten und Bedingtheiten aus dem psychosozialen Milieu und der natürlichen Umwelt (z.B. meteorologische Einflußgrößen) lassen sich an 717 in den Wintermonaten Januar bis März der 5 Jahre 1970 bis 1974 unterwegs Verstorbenen der DDR nachweisen.

Teilt man die ca. 9 500 Gemeinden der DDR ein in
a) Gemeinden mit 10 000 und mehr Einwohnern ("Städter") - ca. 59 % der Bevölkerung - und
b) Gemeinden unter 10 000 Einwohner - ca. 41 % -
so lassen sich aus den unterschiedlichen Verteilungen Rückschlüsse auf erhöhte Sensibilität im Stadtbereich ziehen. Für die 15 Wintermonate (Januar, Februar, März 1970 bis 1974) ergibt sich hierbei folgende Reihe:

	Januar		Februar		März		Summe	
	Stadt/Land		Stadt/Land		Stadt/Land		Stadt/Land	
1970	31	17	26	19	33	28	90	64
1971	36	26	35	16	25	23	96	65
1972	33	24	36	16	22	19	91	59
1973	21	17	22	16	34	19	77	52
1974	28	26	22	14	19	14	69	54
Summe:	149	110	141	81	133	103	423 + 294 = 717	

Verteilung in 6 Pentaden der 15 Monate (vom 1.-5., 6.-10. . .)
Januar bis März 1970 bis 1974 - Stadt/Land:

1. Pent.	2. Pent.	3. Pent.	4. Pent.	5. Pent.	6. Pent.
90/53	72/49	84/57	61/41	61/53	55/41

Das Verhältnis der I. zur II. Monatshälfte beträgt

für Stadt	246/177	
für Land	159/135	Chi-Quadrat = 11,0
	405/312	P $<$ 0,1 %

Die jetzt folgende Analysenmethode könnte man mit den 4 Mikroskopeinstellungen vergleichen:

Jahresvergleiche
Monatsvergleiche
Wochenvergleiche
Vergleiche der einzelnen Tage.

Es bestehen charakteristische Unterschiede an den 5 Arbeitswochentagen (Montag bis Freitag), besonders auch betreffend Stadt/Land. Eine zusammenfassende Betrachtung gibt folgende Tabelle:

Arbeitswochentage, 15 Monate (Jan.-März 1970-74) aufaddiert:

	Mo.	Di.	Mi.	Do.	Fr.	Summe
Stadt	118	79	65	64	65	391
Land	61	45	60	51	55	272
Summe:	179	124	125	115	120	663

Mehrere Trends sind beim Vergleich mit den meteorologischen Daten zu berücksichtigen:

a) Die 5 Winter zeigen erhebliche Unterschiede der mittleren Lufttemperatur: Der Winter 1974 ist mit + 4,2° C wesentlich wärmer als der Winter 1970 (- 1,7° C).

b) Innerhalb der jeweiligen 3 Wintermonate Januar bis März bestehen beträchtliche Differenzen betr. Lufttemperatur, Sonnenscheindauer und den anderen damit im Zusammenhang stehenden meteorologischen Daten wie Luftdruck, Niederschlagsmenge bzw. prozentuale Luftfeuchtigkeit und Windgeschwindigkeit. Tagesmittel des Dampfdruckes folgt ganz streng den Tagesmitteln der Lufttemperatur. Die Korrelationen sind mit rho = 0,98 so ausgeprägt, daß eine gesonderte Betrachtung entfallen kann.
Sämtliche meteorologischen Unterlagen stammen aus dem Meteorologischen Institut Potsdam.

c) Beim Vergleich der täglichen meteorologischen Mittelwerte mit den täglichen U_1-Verstorbenen ergeben sich Schwierigkeiten: Fällt ein extrem kalter Wintertag auf einen Samstag oder Sonntag, resultieren völlig andere Sterbeereignisse während der Arbeit als beim Zusammentreffen mit einem Montag oder Dienstag.

Zur Beurteilung der Abhängigkeiten ist der Vergleich von 61 Wochenwerten (427 Tage) am geeignetsten. Als Hauptsteuergröße von meteorologischer Seite erweist sich - wie nachfolgend gezeigt - die thermische Situation, indiziert in erster Linie durch die Lufttemperatur in Grad C. (Herrn Dozent Dr. Hentschel, Leiter des Institutes für Biometeorologie Berlin-Buch, sei für fachliche Beratung und vielseitige Anregungen besonderer Dank abgestattet.).

Bringt man die jeweils zwei kältesten Wochen in Vergleich mit den Sterbefällen von U_1 (während der Arbeit) im Stadt/Landbereich, so erhält man folgende Werte:

Januar bis März 1970 bis 1974:

Jahr	2 kälteste Wochen Stadt	2 kälteste Wochen Land	2 wärmste Wochen Stadt	2 wärmste Wochen Land
1970	4	3	8	6
	7	6	6	6
1971	14	6	1	3
	10	8	3	5
1972	9	7	1	2
	14	2	3	4
1973	7	5	6	5
	3	3	6	2
1974	8	3	6	4
	5	4	3	5
Summe:	81	47	43	42
	128		85	

Wir stellen also fest, daß in den kältesten Wochen vermehrte Sterbeziffern bei den Städtern auftreten, während in den wärmsten Wochen keinerlei Stadt/Land-Unterschiede bestehen. Der "Städter" ist also weitaus kälteempfindlicher, was sich insbesondere an F r o s t t a g e n nachweisen läßt.

Noch deutlicher sind die Unterschiede, wenn man die Fragestellung umkehrt: Die jeweils 10 höchstbesetzten Sterbewochen haben einen mittleren Tages-Temperaturwert von -2,47° C, während die 10 niedrigsten Wochenwerte der Sterbeziffern eine Tagesmitteltemperatur von +3,3° C aufweisen. Insgesamt besteht für alle Einzeltage innerhalb der 15 Monate ein mittleres Rangkorrelationsergebnis von rho = - 0,35. Die 5 Februare sind im Korrelationsergebnis deutlich schwächer. Schon jetzt sei auf die besondere Rolle der M o n t a g s - Werte hingewiesen.

Die größte Aussagekraft hat die Korrelationstabelle: Zusammenhang von Tagesmittel der Lufttemperatur und Sterbeereignis (mit 0 bis 7 Fällen (Maximum) besetzte Einzeltage). Für die 3 Monate wurden Temperaturbegrenzungen - kalt, normal, warm - ermittelt und den Sterbeereignissen gegenübergestellt. Es ergibt sich ein Verhältnis von mit 3-7 Fällen besetzten Arbeitswochentagen (Montag bis Freitag) zu den mit 0-2 Fällen besetzten Tagen. Die Relation ist für den

	Kältebereich	Wärmebereich	
hochbesetzte Tage (3-7 Fälle)	39	6	
niedrig besetzte Tage (0-2 Fälle)	32	45	Chi-Quadrat $F_1 = 23,3$

Das bedeutet ausmultipliziert mit der Zahl der pro Tag Verstorbenen eine wesentlich erhöhte Fallzahl unter zu kalten Bedingungen:

	Kältebereich	Wärmebereich	
3-7 Fälle pro Tag	156	24	180 Fälle
0-2 Fälle pro Tag	41	58	99 Fälle

Chi-Quadrat
$F_1 = 61,5$

Die Zahl der Montage in den thermischen Extrembereichen als Ausdruck der Sensibilität ist besonders hoch. Die Reaktionen erstrecken sich am Wochenanfang sowohl auf den Kälte- als auch auf den Wärmebereich. Diese Aussagen gelten in erster Linie für die Stadtbevölkerung.

Vergleiche der U_1-Fälle mit Temperatur, Dampfdruck, Niederschlagsmenge bzw. relativer Luftfeuchtigkeit, Sonnenscheindauer und Windgeschwindigkeit weisen vielseitige Autokorrelationsergebnisse der meteorologischen Werte untereinander auf. Der einzige straffe Zusammenhang mit dem Sterbevorgang ergibt sich immer wieder nur mit der Lufttemperatur.

Zusammenfassung

Die während der Arbeit und auf dem Wege zur Arbeit plötzlich verstorbenen Herzinfarktfälle (Diagn.Nr. 410-414 WHO) stellen eine besonders umweltsensible epidemiologische Gruppe dar.

Unsere Beobachtungen erstrecken sich auf 717 Fälle der gesamten DDR - 70-Jährige und jüngere - I. Quartale 1970 bis 1974. Die Geschlechterrelation ist hierbei männlich:weiblich 15:1. Ca. 40 % der Fälle sind seziert worden.

Es bestehen deutliche Stadt/Land-Differenzen, bezogen auf die Einwohnerzahl (Großstädte zu Landgemeinden 2,5:1); keine signifikanten Altersunterschiede. Es liegen die Befunde von über 9 000 Gemeinden der 15 Bezirke der DDR vor.

Bei unserer Analyse handelt es sich um die Festlegung stochastischer, miteinander verkoppelter Zeitvorgänge auf dem Hintergrund der vorwiegend sozialen Zeitgeber: Saisonrhythmik mit Wintergipfel, 24-Stundenperiodik mit Tagesaktivität, Wochenrhythmik der Arbeitswochentage mit Montagsspitze.

Die primäre Steuergröße ist die Lufttemperatur: Insbesondere an Frosttagen signifikante Erhöhung der plötzlichen Coronar-Todesfälle im Zusammenhang mit dem Arbeitsprozeß. Bei den übrigen meteorologischen Daten besteht eine unterschiedliche Temperaturabhängigkeit.

Aus der Beobachtung, wie sich soziale Zeitgeber und meteorologische Einflußgrößen in den regionalen Bereichen kombinieren, lassen sich Rückschlüsse ziehen auf zeitlich-örtliche

Schwerpunkte der Gefährdungen. Gezielte praeventive Maßnahmen im Rahmen des Herzinfarkt-Bekämpfungsprogrammes der DDR sind daraus abzuleiten.

Резюме

Одну из наиболее чувствительных к окружающей среде эпидемиологических групп представляют собой неожиданно умершие от инфаркта миокарда во время работы или в пути на работу (номер диагностики 4I0-4I4 ВОЗ).
В наши наблюдения вошли 7I7 случаев на всей территории ГДР - 70-летние и моложе во время первого квартала I970-- I974 гг. При этом половое соотношение на I5 мужчин I женщина. Примерно 40% случаев было вскрыто.

Существуют существенные различия между городом и деревней относительно количества жителей (в крупных городах по отношению к сельской общине 2,5:I); нет установленных возрастных различий. Имеются данные 9 тыс. общин и I5 округов ГДР.

В наших анализах речь идёт об установлении стохастических, связанных между собой процессах, протекающих в определенное время, на фоне преимущественно социально установленного времени: сезонная ритмика с особой зимней нагрузкой, 24-часовая периодика с ежедневной активностью, еженедельная ритмика рабочих дней с особой нагрузкой по понедельникам.

Первичная величина управления - температура воздуха: особенно в морозные дни типичное повышение внезапной смерти от инфаркта миокарда в связи с трудовым процессом. При остальных метеорологических данных существует различная зависимость от температуры.

Из наблюдения сочетания социально обусловленного времени метеорологического влияния в региональных областях можно установить центры тяжести угрожения в зависимости от времени и места нахождения. В результате полученных данных необходимо прийти к целенаправленным профилактическим мероприятиям в рамках программы борьбы с инфарктом миокарда.

Summary

People who died of myocardial infarction suddenly at work or on a home-job journey (WHO Diagnosis No. 410-414) make up an epidemiological group with high sensibility to the environment.

The authors observed and followed up 717 cases, aged 70 and less, throughout the GDR between the first quarters of 1970 and 1974. The male-female ratio was 15 to 1. Some 40 per cent of all cases were exposed to histological post-mortems.

There was no significant age difference, but an unambiguous difference between urban dwellers, on the one hand, and country people, on the other, the latter value being measured by population. (The ratio between big cities and villages was 2.5 to 1.) Findings were obtained from more than 9,000 localities of 15 regions of the GDR.

The authors' analysis covered stochastic and interconnected time processes, primarily against the background of social timers, such as seasonal rhythmicity with winter peak, 24-hour periodicity with daily activity, and weekly rhythm of workdays with Monday peak.

Air temperature was the primary control variable. Sudden coronary deaths in conjunction with job-related activity went up with significance on frost days. Temperature dependence was differentiated for all other meteorological data.

Conclusions as to temporal and local priorities of endangerment may be drawn from combination of social timers with meteorological variables in certain regions. Decisions on systematic preventive action may be derived from the above findings for the myocardial infarction control programme of the GDR.

Humboldt-Universität zu Berlin
Sektion Psychologie, Gruppe Psychophysiologie

Chronopsychophysiologische Schichtanalysen bei industriellen und experimentell simulierten Überwachungstätigkeiten

Rudolf Schmitt und Rainer Sinz

1. Problemstellung

In einer Untersuchung an Anlagenfahrern in einem bedeutenden Chemiekombinat der DDR wurde das Ziel verfolgt, Beanspruchungswirkungen in ihrem zeitlichen Verlauf mittels physiologischer und Parameter des Befindens bei unterschiedlichen Anforderungen vom Typ der Störungsidentifikation nachzuweisen. Die typische Überwachungstätigkeit wird in der Schaltwarte des Chemiekombinats im Dreischichtrhythmus durchgeführt.

Die Untersuchungen zum Einfluß des Schichtverlaufes über jeweils acht Stunden und des Schichttyps (Früh-Spät-Nachtschicht) auf die Beanspruchungswirkungen im Sinne einer Über- oder Unterforderung mußten rückwirkungsfrei, d. h. ohne Störung der laufenden Produktion im Sinne einer passiven Modellbildung durchgeführt werden.

Zum Testen der Möglichkeiten, Beanspruchungswirkungen speziell Unterforderung, die für Überwachungstätigkeiten typisch sind, zu beseitigen, führten wir ein sechswöchiges Simulationsexperiment durch. Dabei wurde unter anderem die Frage nach der optimalen Pausen- bzw. Nebentätigkeit untersucht. Als Optimierungskriterium wird die zeitliche Maximierung der individuellen Leistungsvoraussetzungen herangezogen.

2. Methodik

Die Felduntersuchung wurde Mitte 1977 in einer modernen Meßwarte durchgeführt. Dabei wurden in allen drei Schichten an 14 männlichen Arbeitskräften (Meßwartenfahrern und Leitern) Befindensdaten, tätigkeitsanalytische Daten erfaßt und die Herzfrequenz bzw. tätigkeitsspezifische Herzperiodendauern telemetrisch gemessen.

Für das Simulationsexperiment wurde aus einer Grundgesamtheit von 22 Studenten eine Stichprobe von 6 weiblichen Studenten ausgewählt. Ein Probant übte die simulierte Überwachungstätigkeit, d. h. das Diagnostizieren von Anlagenzuständen nach der Informationsdarbietung auf

Felduntersuchung - passive Modellbildung	
<u>Eingangsvariable</u>	<u>Ausgangsvariable</u>
- Art der Tätigkeit (3 Stufen) Regeln, Kontrolle, Bereitschaft - Art der Schicht (3 Stufen) - zircadian sich verändernde Leistungsvoraussetzung	Befindensdaten Herzfrequenz, Herzperiodendauer
Simulationsexperiment - aktive Modellbildung	
<u>Eingangsvariable</u>	<u>Ausgangsvariable</u>
- Kognitive Anforderung der Haupttätigkeit (3 Stufen) Informationsangebot in konstanten, variablen Intervallen mit und ohne Lärmeinfluß - Pausentätigkeit (2 Stufen) motivierend, nichtmotivierend - zircadian sich verändernde Leistungsvoraussetzungen	- Reaktionszeit, Fehlerhäufigkeit, Kurzspeicherleistung - Herzperiodendauer, Atemfrequenz Lidschlaghäufigkeit, Augenbewegung Elektromyogramm - Befindensdaten
<u>Störgrößen für beide Experimente</u> - interindividuelle Unterschiede, die nach Homogenisierung verbleiben - Umweltbelastung (Temperatur, Raumfeuchte) - Lerneinfluß	

Tabelle 1 Übersicht
Eingangs-/ Ausgangsvariable

Display jeweils eine Woche über 8 Stunden aus. Dabei wurden die Leistungsparameter

Reaktionszeit, Fehlerhäufigkeit,

die physiologischen Parameter

Herzperiodendauer, Atemfrequenz, Lidschlag, Augenbewegung, Elektromyogramm

gemessen und Daten der subjektiven Befindenseinschätzung nach sinnvollen Zeitintervallen erfragt.

Tabelle 1 zeigt eine Zusammenstellung der Eingangs- und Ausgangsvariablen für Feld- und Simulationsuntersuchung. Während die Felduntersuchung rückwirkungsfrei, d. h. bei ungestörten Produktionsprozeß durchgeführt werden mußte, wurden im Simulationsexperiment die Haupt- und Nebentätigkeiten in jeweils drei bzw. zwei Stufen versuchsplangestützt variiert.

3. Anwendung eines numerischen Verfahrens zur Parameterbestimmung dynamischer Modelle (Methode der Momente, STROBEL /1/)

Ausgehend von der Identifikationsanforderung im Simulationsexperiment erhält man auf die hinsichtlich der Form nicht exakt definierte rechteckähnliche Eingangsfunktion einen im allgemeinen typischen phasischen Verlauf der Herzperiodendauerwerte.

Abbildung 1 zeigt die durch Atmung und andere stochastische Störeinflüsse gestörte Systemantwort. Abbildung 1b stellt den idealisierten und Abbildung 1a den gemessenen Verlauf dar.

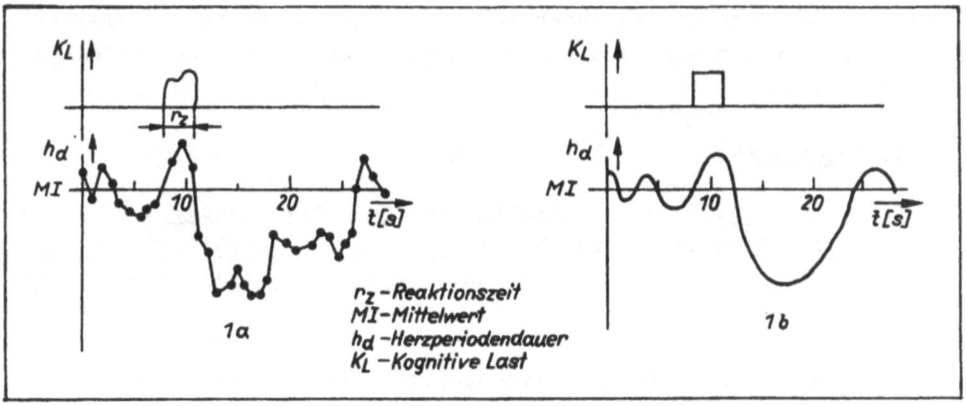

Abb. 1 Herzperiodendauerverlauf bei rechteckförmiger kognitiver Last

Die Approximation soll durch den linearen dynamischen Ansatz

$$F(p) = \frac{b_0 + b_1 p + b_2 p^2 + \ldots + b_m p^m}{1 + a_1 p + a_2 p^2 + \ldots + a_n p^n} \qquad (1)$$

mit den konstanten Koeffizienten a_i, b_j und p Laplaceoperator erfolgen. In Gl. (1) stellt F(p) die Übertragungsfunktion des phasischen Verlaufes der Herzperiodendauerwerte zur rechteckähnlichen geistigen Belastung dar.

Unter der Voraussetzung, daß die Momente der Gewichtsfunktion

$$M_{ig} = \int_0^\infty t^i g(t)\, dt \quad , i = 0,1,2 \ldots K \qquad (2)$$

ermittelt werden können, d. h. daß das Integral existiert, läßt sich die Übertragungsfunktion F(p) durch

$$F(p) = \sum_{i=0}^{K} (-1)^i \frac{M_{ig}}{i!} p^i \qquad (3)$$

darstellen. Die Werte für a_i, b_j werden durch anschließenden Koeffizientenvergleich ermittelt. Entsprechend des typischen Verlaufes der Herzperiodendauerwerte von Punkt B bis D in Abb. 1b ist der Modellansatz

$$F(p) = \frac{b_0 + b_1 p}{1 + a_1 p + a_2 p^2} \qquad (4)$$

(auch mit PDT_2 Übertragungsfunktion bezeichnet) ausreichend. Damit kann man sich auf die numerische Ermittlung von 4 Parametern beschränken. Die numerische Integration zur Errechnung der Momente der Ausgangsfunktion erfolgt über die Grenzen der Punkte der Kurve nach Abb. 1b von B nach D mittels eines Verfahrens nach GREVILLE /2/. Da die Stützstellen der zu integrierenden Funktion nicht äquidistant sind, ist der Integration eine Interpolation mittels Splinefunktionen vorgelagert.

4. Ergebnisse

4.1 Differenzierung des Einflusses von motivierender und nichtmotivierender Pausentätigkeit durch Sinusarrhythmie, Herzfrequenz, Lidschlagfrequenz, Kurzspeicherleistung und Reaktionszeit

Mittels der Verläufe der psychophysiologischen Parameter und der Leistung soll der Einfluß der motivierenden Pausentätigkeit diskutiert werden. Als Versuchspersonen wurden Studenten ausgewählt, die sich in der Vorphase der Prüfungsvorbereitungszeit befanden. Dementsprechend wurden statt der monotonen Additionsaufgaben in der jeweiligen

Pause Prüfungsfragen mit Antworten zur Bearbeitung vorgelegt. Von dieser Pausentätigkeit wurde ein auf die Leistung motivierender Einfluß angenommen.

Die Sinusarrhythmie wurde nach

$$s_n = \frac{1}{n} \sum_{i=1}^{n} | x_i - x_{i+1} | \qquad (5)$$

mit n+1 Herzperiodendauerwerten berechnet.

Bei Überwachungstätigkeiten kann im Verlauf der achtstündigen Arbeit mit dem Auftreten von Unterforderungssymptomen gerechnet werden. Unterforderungswirkungen sind mit einem Leistungsabfall verbunden.

Dem Vergleich der Zeitverläufe war zu entnehmen, daß in den letzten Stunden der Tätigkeit mit motivierenden Pausen und vor der Mittagsruhe die Sinusarrythmie fällt, die Herzfrequenz und die Lidschlagfrequenz steigt. Dies läßt auf eine Verringerung der physiologischen Leistungsfähigkeit schließen. Da die Indikatoren auf der Leistungsebene: geringe Reaktionszeit, höhere Kurzspeicherleistung, eine steigende Tendenz aufweisen, muß die Leistungsbereitschaft durch erhöhte Motivation und damit insgesamt die persönlichen Leistungsvoraussetzungen gestiegen sein. Schlußfolgernd aus diesem Vergleich müssen zwei Forderungen an eine optimale Nebentätigkeit gestellt werden:

1) Die persönlichen Leistungsvoraussetzungen sollen trotz zircadianer Schwankungen der physiologischen Leistungsfähigkeit durch motivational gesteigerter Leistungsbereitschaft über acht Stunden möglichst konstant gehalten werden.

2) Da eine Nebentätigkeit immer mit einer Inanspruchnahme physiologischer Leistungsvoraussetzungen verbunden ist, gilt es, eine Nebentätigkeit zu finden, die bei geringsten Leistungsfähigkeitsabfall eine maximale Steigerung der Leistungsbereitschaft besonders in kritischen Arbeitsphasen garantiert.

4.2. Variation der Zeitkonstanten der Übertragungsfunktion phasische Herzperiodendauer zur kognitiven Belastung im Tagesverlauf

Die individuellen Leistungsvoraussetzungen l_v setzen sich aus der physiologischen Leistungsfähigkeit l_f und der Leistungsbereitschaft l_b zusammen.

Die Leistung L(t) wird durch die Reaktionszeit r_z (t) bei der entsprechenden kognitiven Last definiert mit

$$L(t) = \frac{k_l(t)}{r_z(t)} ,$$

wobei

$$L(t) = f(l_f(t), l_b(t), t) \qquad (6)$$

ist.

Zur Untersuchung des Einflusses von motivierenden Tätigkeiten ist es erforderlich, für l_b (t) einen geeigneten Parameter zu finden.

Zur Anwendung der Methode von Abschnitt 3 wird die funktionelle Abhängigkeit der Herzperiodendauer h_d (t), mit

$$h_d(t) = f^*(k_l(t), l_f(t), l_b(t), t), \qquad (7)$$

stückweise durch die Lösung einer für den jeweiligen einstündigen Zeitraum des achtstündigen Arbeitstages gültige Differentialgleichung 2. Ordnung approximiert. Aus der Transformation der Differentialgleichung in den Laplacebereich und der Division der transformierten Signale folgt die Übertragungsfunktion

$$\frac{\mathcal{L}\{h_d\}}{\mathcal{L}\{k_l\}} = \frac{b_{0,n} + b_{1,n}\,p}{1 + a_{1,n}\,p + a_{2,n}\,p^2}, \text{ mit } n = 1,2,..8 \qquad (8)$$

und nach Umformung

$$F(p) = \frac{b_{0,n}(1 + T_{D1,n}\,p)}{1 + 2T_{0,n} D_n\,p + T_{0,n}^2\,p^2}, \text{ mit } n = 1,2,...8.$$

Die Parameter werden mittels der Methode der Momente bestimmt. In Abbildung 2 ist der typische Verlauf l_f(t) mit dem Abfall am Ende des Arbeitstages eingetragen.

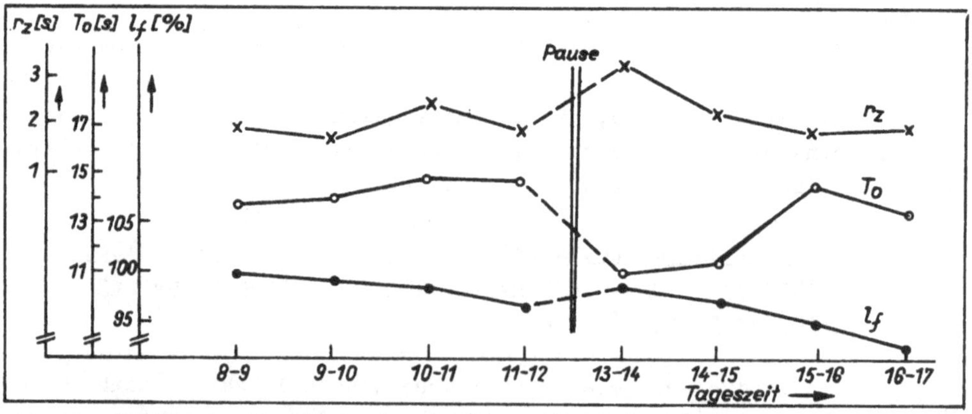

Abb. 2 Zeitliche Verläufe der Leistungsfähigkeit l_f, der Zeitkonstante T_0 und der Reaktionszeit r_z
L_f entspricht einem Ausschnitt des Tagesganges der körperlichen Leistungsfähigkeit nach VOIGT /5/

Die Reaktionszeit zeigt deutliche Leistungsverbesserungen vor der Mittagspause und gegen Ende der Tätigkeit (16^{00} Uhr) an. Die l_f Abfälle in diesen Zeiträumen werden offensichtlich durch gestiegene l_b kompensiert, l_v wird sogar noch verbessert. Der Leistungsabfall nach der Pause trotz erhöhter Leistungsfähigkeit resultiert aus der geringen Leistungsbereitschaft.

Da der Verlauf von T_{on} $\forall$ n dieser Tendenz entspricht, soll T_{on} als Indikator für l_{bn} angesehen werden.

Außerdem kann als gesichert gelten, daß bei höherer kognitiver Belastung die Anstiege der phasischen Herzperiodendauerwerte geringere Werte annehmen (BARTSCH, RICHTER /4/). Die Folgerung, größere kognitive Last größere Zeitkonstanten läßt den Schluß zu, daß die Versuchspersonen bei geminderter l_f die besseren oder gleichen Leistungen durch Steigerung von l_b, d. h. durch die Bereitschaft, eine größere kognitive Last zu bewältigen, erreicht haben. Der Verlauf von $T_o(t)$ unterstreicht diese Annahme.

4.3. Schichtvergleich mittels Sinusarrythmie im Tagesverlauf

Die Auswertung der zu Beginn der jeweiligen Schicht und alle nachfolgenden zwei Stunden abgefragten Befindensdaten während der Felduntersuchung ergab eine deutliche Beeinträchtigung der subjektiv eingeschätzten Leistungsfähigkeit, obwohl eine im Durchschnitt geringe Inanspruchnahme von Leistungsvoraussetzungen besonders in der Nachtschicht zu ermitteln war. Dies weist auf eine Zunahme von Unterforderungssymptomen hin.

Abbildung 3 zeigt die Arrhythmieverläufe nach Gl. (5).

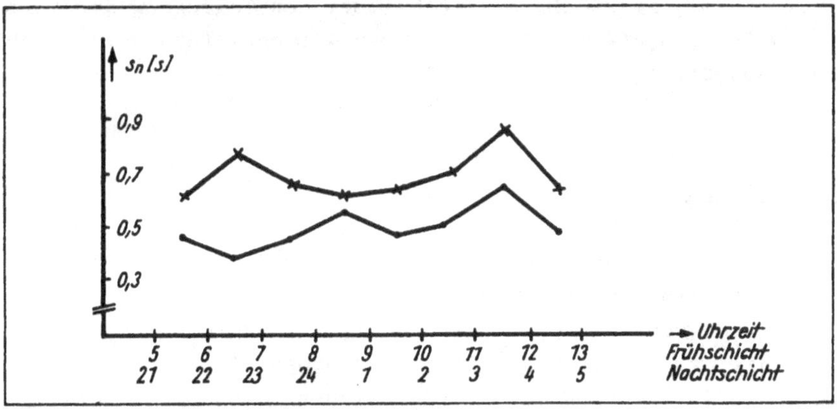

Abb. 3 Arrythmieverläufe in den Bereitschaftsphasen der Früh- und der Nachtschicht

Diese unterscheiden sich in Abhängigkeit der Schichtlage, wobei die Frühschicht die größten Werte aufweist. Die Anlagenfahrer verfügen in der Frühschicht über ein generell höheres Niveau von Leistungsvoraussetzungen. Die Arrhythmieverläufe der Schichten zeigen die circadian sich verändernden Leistungsvoraussetzungen. Das niedrige Niveau der Arrhythmie in der Nachtschicht resultiert trotz geringerer Leistungsbereitschaft auch aus der Zunahme von Unterforderungswirkungen.

5. Literatur

/1/ H. Strobel: Experimentelle Systemanalyse. Akademie-Verlag, Berlin 1975

/2/ A. GREVILLE in A. Ralston, H. S. Wilf: Mathematische Methoden für Digitalrechner. II, R. Oldenburg Verlag, München Wien 1969

/3/ R. BITTNER, C. MEYER: Zur polysymptomatischen Indikation von Beanspruchungsverläufen bei der Störungsdiagnose über längere Zeiträume. Diplomarbeit Sektion Psychologie der Humboldt-Univ., Berlin 1978

/4/ BARTSCH, RICHTER, PLATH: Experimentelle Untersuchung phasischer Veränderungen der Herzschlagfrequenz bei kognitiven Tätigkeiten unterschiedlichen Schwierigkeitsgrades. Unveröff. Forschungsbericht der TU Dresden 1976

/5/ VOIGT, E. D., P. ENGEL, H. KLEIN: Über den Tagesgang der körperlichen Leistungsfähigkeit. Int. Zschr. angew. Physiol. einschl. Arbeitsphysiolog. 25 (1968) 1-12

Zusammenfassung

Die dargelegte Felduntersuchung wurde durch das Simulationsexperiment in dem Sinne der aktiven Modellbildung, d. h. durch die sinnvolle Variation von Haupt- und Nebentätigkeit ergänzt.

Während die Ergebnisse der Felduntersuchung auf der Befindens- und der physiologischen Ebene die Ausbildung von Unterforderungssymptomen erkennen lassen, konnte im Simulationsexperiment durch Steigerung der Leistungsbereitschaft die circadianen Schwankungen der Leistungsfähigkeit kompensiert werden. Durch die zeitabhängige Darstellung der Zeitkonstante des Verzögerungsgliedes 2. Ordnung der Übertragungsfunktion Herzperiodendauer zu kognitiver Last bietet sich ein möglicher Parameter für die zeitliche Veränderung der Leistungsbereitschaft an.

Der Schichtvergleich für die Felduntersuchung hat gezeigt, daß sich Belastungswirkungen in der Nachtschicht im Vergleich zur Frühschicht stärker ausbilden.

Eine Ursache stellt die endogene circadiane Periodik dar, die bei einem wöchentlichen Schichtrhythmus auf Grund der dominanten sozialen Zeitgeber auch in den Nachtschichten beibehalten wird. Es kommt zum Schlafdefizit, das durch häufigeren Schichtwechsel abgebaut werden kann.

Резюме

По психофизиологическим измерениям в реальных промышленных условиях исследуется временная зависимость образования действия нагрузки. При этом исследовалось у трёхсменных рабочих, наблюдающих за химическими устройствами, телеметрически частота сердцебиения и специфичная для данной работы длительность сердечных периодов. Для корреляции определяли данные субъективных ощущений. В симуляционных экспериментах определяли дополнительно частоту дыхания, мигание и движение глаз. Данные высчитали off-line Существенные проблемы, как образование действия нагрузки в зависимости от данной смены, протекания смены и от типа познавательной деятельности исследовали следующим образом. Во временной области - с помощью подсчёта мер аритмичности, в частотной области - с помощью гармоничного анализа и в последовательной области - с помощью быстрой трансформации по Уолшу.
С применением данных методов получили результаты, зависящие от степени нагрузки и от длительности работы. Достоверность результатов определяли статистическими методами и использовали полученные результаты для организации работы.

Summary

This paper examines the results of two experiments. The first experiment was done under field conditions in the control centre of an important chemical plant in the GDR. The main object was to measure effects of mental underload concerning to the type of work and the time the operator had to observe, to measure, to compare the actual value with the set point and to control.

It was possible to show the different effects during and after work at night in comparison with work at day by means of heart rate, heart rate variability and data of individual estimation concerning stress, personal ability to work a. s. o. In the second experiment six students had to find out the state of the simulated chemical plant by means of informations appearing on a screen. The variation of the most important input variables were statistically planed for instance the level of motivation by means of two different kinds of tasks.

The output vector consists of R-R interval times in the ECG, the frequency of respiration, EOG, EMG, data of performance and individual estimations concerning personal ability and capacity to work. It is shown that the time constant of the second-order system in the transfer function - cognitive load to heart rate - may be interpreted in relation to the human capacity to work. Second the circadian deviations of the human ability to work can be compensated by raising the capacity to work by means of special pause task.

Abteilung für Psychophysiologie der Sektion
Psychologie an der Humboldt-Universität Berlin

Der minutenrhythmische Kopplungsgrad als psychophysiologischer Indikator harmonischer Musikwirkungen

R. SINZ

Einleitung

In den letzten Jahren wurde die Chronobiologie durch zwei fundamentale Erkenntnisse bereichert:

1. Biorhythmen erweisen sich als Ausdruck kooperativer und oszillatorischer Eigenschaften dissipativer Strukturen (PRIGOGINE 1976), wobei die über Instabilitäten angefachten Fluktuationen zu Zuständen höherer Ordnung führen und die sequentielle und simultane zeitliche und räumliche Funktionsabstimmung von Lebensprozessen ermöglichen - von der Energiegewinnung in der Zelle, über den Zellteilungszyklus bis hin zu zentralnervösen koordinierten autorhythmischen Prozessen. Dabei erweist sich die klassische Thermodynamik, wie sie für die Beschreibung geschlossener Systeme vom Typ eines Kristalls anwendbar ist, als Grenzfall einer allgemeinen, vor allem irreversible Prozesse einschließenden Thermodynamik (PRIGOGINE 1967).
2. Die funktionsimmanenten Zeitstrukturen dissipativer Prozesse auf verschiedenen organismischen Organisationsebenen tendieren über Frequenzhierarchien zu einer multioszillatorischen Funktionsordnung (SINZ 1978). Dabei haben sich die selbsterregten Schwingungen und Frequenzbeziehungen im Organismus evolutiv als system- und arterhaltend erwiesen; sie stehen im ganzzahligen Verhältnis zu prominenten geophysikalischen Zyklen. Neben der Systemstabilisierung ermöglicht diese Organismus-Umwelt-Abstimmung auch die diskrete Zeitdauer- und Zeitpunktbestimmung ("innere Uhr") sowie zahlreiche Orientierungsleistungen über die Zuordnung von Ereignisfolgen externer und innerorganismischer Prozesse.
   Erste Ergebnisse einer Beschreibung dissipativer Strukturen auf verschiedenen Systemebenen durch mindestens zwei nichtlineare Differentialgleichungen 1. Ordnung stimmen optimistisch, auch das Verhalten

hierarchischer organismischer Systeme mit streng naturwissenschaftlichen Mitteln in den Griff zu bekommen (PRIGOGINE 1976, SINZ 1979).

In diesem Sinne wollen wir hier eine koordinationsanalytische psychophysiologische Annäherung an das Problem der mit affektiv-ästhetischem Musikerleben einhergehenden emotionalen Wirkungen versuchen.

Um das Verständnis für diese Fragestellung zu gewährleisten, sollen zunächst einige Aspekte der multioszillatorischen Funktionsordnung einführend erwähnt werden. Sie gehören zum Kontext der nachfolgend beschriebenen experimentellen Untersuchung.

Auf Rhythmusgestalten und Synchronisation im Resultat nichtlinearer Wechselwirkungen von selbsterregten neuronalen Schwingern hat v.HOLST (1948) in seiner Abhandlung "Von der Mathematik der nervösen Ordnungsleistungen" und in zahlreichen Arbeiten zur zentralnervösen relativen Koordination hingewiesen (v.HOLST 1939).
Einen Begriff von der Ordnungsleistung bzw. Stabilisierung harmonischer Frequenzbeziehungen kann man sich machen, wenn man mit beiden Händen einmal im Gleichtakt, das andere Mal in abgestuft komplizierteren harmonischen oder gar nichtharmonischen Verhältnissen zu schlagen versucht. Bestimmte endogen determinierte Frequenzbeziehungen sind typisch für neurovegetativ-motorische Koordinationen, z.B. zwischen Herzfrequenz und Armbewegungen beim Geigenspiel, zwischen Herz- und Atemfrequenz zu frei gewählter Klopf- oder Schrittfrequenz und für die gut untersuchte relative Koordination von Atem- und Saugbewegungen und periodisch auftretendem Singultus beim Säugling. Jedoch Rhythmus- und Tempus-Aspekte sind nicht die einzigen dieser Frequenzabstimmungen. Exogene Rhythmen können frequenzabhängig erregende oder beruhigende Wirkungen ausüben. Das gilt z.B. für mechanische Vibrationen, wie sie das Autofahren begleiten. In einem niederen Frequenzbereich (des Herz- und Atemrhythmus) führen auch harmonische Frequenzverhältnisse zwischen Schaukelbewegungen der Wiege und neurovegetativen Rhythmen zur Beruhigung des Kleinkindes. Eine weitere Relaxationsverstärkung ermöglichen Wiegenlieder, die nach KNEUTGEN (1970) förmlich mitgeatmet werden, wobei sich konstante Phasenbeziehungen zwischen Taktbeginn und Ex- bzw. Inspirationsbeginn einstellen können. Beruhigender als Wiegenlieder und Metronomtakt einer Frequenz von 72 min^{-1} erweist sich bei Säuglingen der vom Tonband gespielte Herzschlag der Mutter. Eine herzschlaganaloge und synchronisierende Wirkung geht wahrscheinlich von rhythmusbetonter Musik wie Beat (the beat, engl.: das Schlagen, Klopfen, Pochen) und Rock (to rock, engl.: wiegen, sinngemäß im Tanze wiegen) aus. Offensichtlich spielen hier auch hedonistische Valenzen eine Rolle,

die seit WUNDT mit "angenehm" und "unangenehm", "Lust" und "Unlust" umschrieben werden.

In der nachfolgend dargestellten Untersuchung war festzustellen, ob rhythmisch betonte harmonische und sinfonische Musikwerke die interne zentralnervöse Koordination verbessern. Dabei kann das Modell einer akustischen Harmonieempfindung auf der Basis von Koinzidenzen (Frequenzsynchronisationen) zwischen exogen frequenzuntersetzt angeregten Neuronenfeldern der Hörbahn und endogenen Pacemakerneuronen (KEIDEL 1971) auf eine Koordinationsbeeinflussung nichtauditorischer zentralnervöser rhythmogener Strukturen erweitert werden.

Entsprechend früheren Erfahrungen über die koordinationsfördernde Wirkung von exogener Triggerung und Tranquillizereinfluß (SINZ 1978) kann davon ausgegangen werden, daß auch andere Merkmale eines Musikwerkes als Rhythmus und Takt - vor allem semantische Aspekte - abhängig von Musikerfahrung und Zustandsbedingungen des Rezipienten die multioszillatorische Funktionsordnung des Organismus beeinflussen. Es ist klar, daß sich solche komplexen Systemveränderungen im internen funktionellen Synchronisationsstatus nicht durch einen einzelnen Funktionsrhythmus, z.B. der Herzfrequenzmodulation, hinreichend darstellen lassen, sondern daß hier eine Parameterverknüpfung bzw. Systemrepräsentation gefordert ist, wie sie der von uns beschriebene Kopplungsgrad (SINZ 1978) in erster Näherung ermöglicht. Als ein Maß der Koordinationsgüte sollte er mit jener Dimension im affektiv-ästhetischen Erleben korrelieren, die der hedonistischen Bewertungsskala (zwischen Bevorzugung und Ablehnung) entspricht.
Wir stellten also die Frage, ob über eine Analyse von Koordinationsbeziehungen zwischen circaminutenrhythmischen Modulationen der Herz- und Atemfrequenz sowie der Häufigkeit sakkadischer Augenbewegungen das affektiv-ästhetische Musikerleben objektiviert werden kann. Hierzu werden mit Hilfe eines bipolaren Fragebogens nach ERTEL (1965) Polaritätsprofile über drei Dimensionen (Potenz, Valenz, Erregung) ermittelt und die subjektiven Urteile mit den objektiven Daten korreliert. Drei Musikstücke, die Jupitersinfonie von Mozart (2. und 3. Satz), der Bolero von Ravel und das Oratorium Dies Irae von Penderečki wurden mit Ruhephasen in einem ausbalancierten Versuchsplan verglichen.

Folgende Hypothesen sind zu prüfen:

1. Unter Darbietung der C-dur-Sinfonie und des Bolero wird eine Verstärkung von internen Kopplungswirkungen erwartet. Das Gegenteil sollte eintreten, wenn das Musikstück affektiv abgelehnt wird. Dies war bei unseren Probanden, Medizinstudenten, die weder aktive noch passive geschulte Musikbeziehungen hatten, für Dies Irae zu erwarten.

2. Zwischen Synchronisationsstatus und Valenzdimension im Polaritätsprofil (hedonistische Empfindungsausprägung) darf mit einer positiven Korrelation gerechnet werden. Eine Differenzierung über die eindimensionale Skalierung hinaus wird durch eine funktionale Beziehung von Synchronisationsstatus (Kopplungsgrad) und Erregungsniveau (Herzfrequenz) angestrebt.

Methodik

Die Untersuchungen wurden an 10 Medizinstudenten über 1 1/2 Stunden mit drei Musikstücken und während Ruhepausen mit ausbalanciert wechselnder Reihenfolge durchgeführt.

In Ruhelage wurden EEG, Respirogramm und EOG registriert, wobei die sakkadischen Augenbewegungen lediglich zur Ermittlung von Modulationsschwingungen ausgewertet wurden. Die Diskretisierung der Zahl schneller horizontaler Augenbewegungen sowie der Herz- und Atemfrequenz erfolgte durch lückenlose Integration in 10-s-Intervallen. Die Zeitreihen wurden einer Autokorrelations- und Spektralanalyse zur Ermittlung von Frequenzen des Circaminutenrhythmus im Bereich von 0,38 min^{-1} bis 3 min^{-1} unterzogen. Bei Gleichbewertung von 1:1- und höheren Frequenzverhältnissen und unter Berücksichtigung von jeweils nur einer Frequenzsynchronisation pro Parameterbeziehung wurde der minutenrhythmische Kopplungsgrad (KG) als Bruchteil realisierter Frequenzsynchronisationen bzw. in Prozent berechnet (nähere Ausführungen vgl. SINZ, 1978).

Ergebnisse

Gemäß Hypothese (1) liegt der minutenrhythmische KG bei Darbietung des Bolero (B) und der C-dur-Sinfonie von Mozart (M) signifikant über dem KG der Ruhephase (R) und über dem KG während der Darbietung des Oratoriums von Penderečki (P) (Abb.1). Die Veränderungen des KG beruhen im wesentlichen auf der Dynamik schwächer gekoppelter höherer Frequenzverhältnisse (1:3, 1:4, 3:4 usw.).

In der Häufigkeitsverteilung aller errechneten Perioden der circaminutenrhythmischen Modulationsschwankungen der Herz- und Atemfrequenz und Sakkadenhäufigkeit war ein Maximum bei der zur Ostinato-Zyklusdauer des Bolero frequenzsynchronisierten 45-s-Periode zu beobachten. Offensichtlich zeigt sich hier ein Mitnahmeeffekt durch diese Rhythmik der Musikfigur (Ostinato).

Eine eindimensionale Skalierung des Synchronisationsstatus stellt damit ein objektives Korrelat für die hedonistische Bewertungsskala zwischen den Polaritäten "Lust" und "Unlust" dar. Um jedoch eine weitgehende Differenzierung zu erreichen, haben wir den Kopplungsgrad der Funktionsrhythmen zur Herzfrequenz in Beziehung gesetzt. Eine entsprechende Clusteranalyse aller Einzeldaten gestattet eine Trennung der psychophysischen Musikwirkungen; sie sind in Abb. 2 als Mittelwerte in verschiedenen Quadranten dargestellt.

Jupitersinfonie und Bolero, beide mit hohem KG, unterscheiden sich durch das Erregungsniveau, wie es die Herzfrequenz repräsentiert, während mit der relativ niedrigen Herzfrequenz bei Darbietung von Dies Irae ein geringerer KG beobachtet werden kann. Die KG-Valenz-Korrelation ergibt einen hochsignifikanten Korrelationskoeffizienten von 0,77.

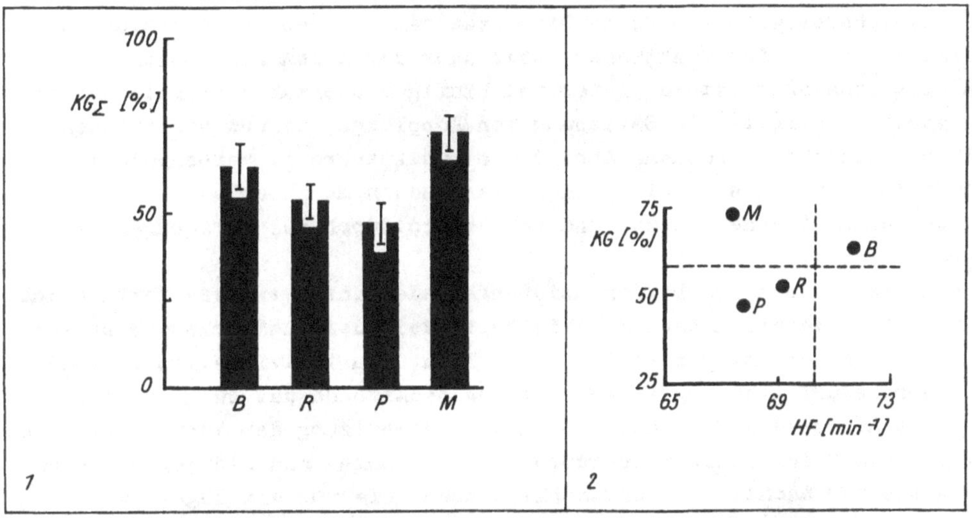

Abb.1: Circaminutenrhythmischer KG für Ruhe(R)- und Musikintervalle
B=Bolero, M=Jupitersinfonie, P=Dies Irae

Abb.2: Der KG als Funktion der Herzfrequenz; Mittelwerte aller für die Clusteranalyse genutzten Einzelwerte

Diskussion

Die Koordinationsanalyse stellt den Versuch dar, die hedonistische Bewertungsskala durch Ermittlung des Polaritätsprofils von Erlebensdaten mit objektiven Befunden zum Koordinationsverhalten neurovegetativer und sensomotorischer Funktionsrhythmen zu korrelieren.

Lassen sich unsere Gefühlsurteile, so lautet die Frage, mit objektiven physiologischen Systemveränderungen in Beziehung setzen?

Musikempfindungen entstehen unter Beteiligung des retikulären Aktivierungssystems und bewertender neokortiko-limbischer Strukturen unter Einbeziehung von Gedächtnisinformation (Musikerfahrung).
Eine Beurteilung des Kopplungsverhaltens von Funktionsrhythmen des emotional-neurovegetativen Systems erweist sich nach den dargestellten Befunden als eine Möglichkeit, objektive Systemgrößen mit ästhetisch-affektiven Urteilen zu korrelieren. Eine nähere Differenzierung erlaubt dabei offensichtlich die funktionale Verknüpfung dieser Systemgröße des Synchronisationsstatus mit Variablen des Erregungsniveaus, z.B. der Herzfrequenz. In dieser bilden sich aber nicht nur eindimensionale Erregungsvorgänge ab, sondern auch Merkmale der Informationsverarbeitung in Form von spezifisch erregenden und hemmenden Einflüssen. So ist die niedrige Herzfrequenz während Dies Irae bei unseren Probanden durch aversive (hemmende) Reaktionen, aber auch durch den Perzeptionstyp der Informationsverarbeitung (Detektion häufiger unerwarteter Reizwechsel, Aleatorik) bedingt. Die Beziehung von Kopplungsgrad und Herzfrequenz differenziert entsprechend Abb. 2 die Musikstücke in verschiedene Quadranten, wobei sich die beiden klassischen Musikwerke von Dies Irae durch den KG trennen lassen und der Bolero durch das Erregungsniveau separiert ist.

Mit dem Erhöhen des Differenzierungsgrades durch weitere Verknüpfung von Systemparametern kann der Vielfältigkeit des Musikerlebens besser entsprochen werden. Nur so ist es möglich, den individuellen mehr oder weniger bewußt gesteuerten Musikdialog bedarfsadäquat zu gestalten.
Es gibt Hinweise dafür, daß die Auseinandersetzung der konfliktbesetzten "Psyche" mit der Musik vorbewußte Verarbeitungs- und Klärungsprozesse im Sinne der nächtlichen REM-Schlafphasen, die für die kognitive Informationsverarbeitung und Gedächtnisorganisation eine wichtige Rolle spielen, einschließen kann. Hierauf begründet sich auch ihr therapeutischer Wert.

Literatur

ERTEL,S.: Z.exp.angew.Psychol. 12 (1965) 22

HOLST,E.v.: Ergebn.Physiol. 42 (1939) 228

HOLST,E.v.: Experientia 4 (1948) 374

KEIDEL,W.D.: Naturw.Rdsch. 24 (1971) 461

KNEUTGEN,J.: Z.exp.angew.Psychol. 17 (1970) 245

PRIGOGINE,I.: In: JANTSCH,E. und C.H.WADDINGTON (Hrsg.): Evolution and Consciousness. Addison-Wesley Publishing Comp., London 1976, S.93

SINZ,R.: Zeitstrukturen und organismische Regulation. Akademie-Verlag, Berlin 1978

SINZ,R.: Chronopsychophysiologie. WTB-Reihe. Akademie-Verlag, Berlin 1979

Zusammenfassung

Für eine chronopsychophysiologische Systemrepräsentation des komplexen Musikerlebens wird der bei SINZ (1978) beschriebene Kopplungsgrad (KG) zwischen circaminutenrhythmischen Modulationsschwingungen vegetativer (Herz- und Atemfrequenz) und sensorischer Funktionen (Augenbewegungsfrequenz) nach polygraphischer Registrierung zeitreihenanalytisch ermittelt und zu Dimensionen des subjektiven Erlebens in Beziehung gesetzt. Gemäß der Hypothese über eine synchronisierende (harmonische) Wirkung der C-dur-Sinfonie von Mozart und des Bolero von Ravel ist der interne Koordinationsstatus (KG) signifikant gegenüber dem KG während der Ruhephase und im Vergleich zum KG während der Darbietung des Oratoriums Dies Irae von Penderecki erhöht. Der KG korreliert signifikant mit der Valenzdimension im Polaritätenprofil (r=0,77). Beim Bolero ist ein Mitnahmeeffekt des Ostinato-Zyklus einer Periode von ca. 45 s auf Modulationsrhythmen in diesem Periodenbereich feststellbar.

Summary

Psychophysiologic effects of music on the synchronization status were diagnosed by means of different coordination analyses in significant correlation with subjective judgments to aesthetic-emotional experience of various music genres.

By Ravel`s Bolero and Mozart`s Symphony in C major the minute-rhythmic coupling degree (fraction of the frequency synchronizations of the modulating oscillations of neurovegetative functions in a definite frequency range), which was calculated by means of autocorrelation, is increased significantly to silents intervals and decreased by the oratorium Dies Irae of Penderečki. As a first step towards multidimensional scaling of the synchronization status the coupling degree was put in relation to the heart rate. In this way the level of excitation while listening to Ravel`s Bolero could be differentiated from the coupling degree obtained when the subjects were exposed to Mozart`s Symphony in C major that acts parasympathically.

So in the fronto-cortico limbic emotion system music experience correlates with functional changes of the neurophysiologic state and measured consecutive variations in neurovegetative dynamic of coordination.

Martin-Luther-Universität Halle-Wittenberg
Lehrstuhl für Arbeitshygiene, Halle

Untersuchung der Motorialaktivität der Ratte bei Tag- und Nachtbelärmung

W. HENKEL und H.G. MLETZKO

Zum Problem

Die Chronobiologie dient u.a. der Erforschung von Zeitstrukturen biologischer Systeme unter verschiedenen Umweltbedingungen. Das Verhalten lebender Organismen unterliegt beispielsweise bestimmten tages- und jahreszeitlichen Rhythmen. Wird diese Rhythmik durch Reize aus der Umwelt gestört, so muß sich der Organismus entweder den veränderten Bedingungen anpassen, oder er unterliegt im Kampf ums Dasein (ASCHOFF /1/).

Im Ökosystem stellt die Noxe Lärm einen nicht zu unterschätzenden Umweltfaktor dar. Bereits SHIRLEY /2/ hat auf die Bedeutung der nächtlichen Geräusche als störender Einfluß auf die normale Aktivitätsperiodik von Ratten hingewiesen. Genauere Untersuchungen des Zusammenhangs von motorischer Aktivität und Lärm sind jedoch wenig bekannt geworden (WAGNER et al./3/, MLETZKO /4/).

In diesem Beitrag soll über eine Untersuchung der Motorialaktivität von Ratten bei Tag-, Nacht- und Dauerbelärmung berichtet werden.

Material und Methode

Für die Versuche wurden männliche Albinoratten (Alter: 80 bis 100 Tage) eines hauseigenen Kolonie-Auszuchtstammes (Wistar) benutzt. Es waren jeweils 3 Tiere in Käfigen untergebracht (MLETZKO /4/). Wasser und Standardfutter standen den Tieren ad libitum zur Verfügung.

Als Aktivitätsmeßgerät diente ein Akti-Gerät (RUMLER et al./5/). Nachfolgend war ein Meßwertdrucksystem angeschlossen. Die Aktivitätserfassung der Tiere erfolgte berührungslos und rückwirkungsfrei. Der Versuchsraum wurde künstlich beleuchtet mit einem Hell-Dunkel-Rhythmus von 12 Stunden (L:D = 12:12). Die Umschaltung der Beleuchtung erfolgte jeweils 6.00 Uhr und 18.00 Uhr. Die Lufttemperatur des Raumes lag bei $(24 \pm 1)^{\circ}C$, die relative Feuchte betrug 50 bis 60 %.

Die Belärmung der Tiere mit einem breitbandigen konstanten Geräusch von 80 dB (lin) erfolgte mittels einer Lautsprechersäule. Die Tiere befanden sich dabei im diffusen Schallfeld. Es wurden 3 verschiedene Varianten des Beschallungsregimes gewählt: Tag-, Nacht- und Dauerbelärmung. Lärmbeginn und -ende lagen jeweils synchron zur Beleuchtung, d.h. entweder zu Beginn der Hellphase 6.00 Uhr oder zu Beginn der Dunkelphase 18.00 Uhr.

Nach der Adaptation der Tiere im Versuchsraum wurde die Motorialaktivität über einen Zeitraum von 4 Tagen registriert. Dabei war der 1. Tag ohne Lärm, an den 3 folgenden Tagen wurde die Belärmung durchgeführt. Beginn und Ende eines Versuchstages lagen jeweils zu Beginn der Dunkelphase. Für die Versuche wurden insgesamt 45 Tiere eingesetzt.

Ergebnisse und Diskussion

In der Abbildung sind die Motorialaktivitäten (MLETZKO et al./6/) - getrennt für die α- und ρ-Phase - bei Dauerbelärmung (a) sowie bei Tag- (b) und Nachtbelärmung (c) dargestellt. Die diurnale Aktivität des Ruhetages vor der Belärmung wurde für jede Versuchsserie gleich 100 % gesetzt, wobei im Durchschnitt auf die α-Phase 73 % und auf die ρ-Phase 27 % der Aktivität dieses Tages entfallen.

Unter Dauerbelärmung steigt die Aktivität in der α-Phase an und erreicht am 3. Lärmtag einen Maximalwert. In der ρ-Phase ist dagegen ein Aktivitätsabfall zu verzeichnen, der an allen 3 Lärmtagen annähernd gleich ist.

Bei Tagbelärmung ist der Aktivitätsverlauf analog der Veränderung bei Dauerbelärmung, d.h., es ergibt sich an den Lärmtagen eine Aktivitätserhöhung in der α-Phase und eine -verminderung in der ρ-Phase.

Bei Nachtbelärmung ist die Aktivitätszunahme in der α-Phase sehr gering und in der ρ-Phase bleibt die Aktivität annähernd konstant.

Die Untersuchungen der Motorialaktivität von Ratten haben ergeben, daß bei Dauerbelärmung die größten Aktivitätsänderungen stattfinden. Die Aktivitätsverläufe der Tag- und der Dauerbelärmung sind sowohl in der α-Phase als auch in der ρ-Phase analog.

Bemerkenswert ist, daß bei Tagbelärmung erstens in der belärmten ρ-Phase eine Abnahme der Aktivität und zweitens in der lärmfreien α-Phase eine Zunahme der Aktivität gefunden wurde. Dies bedeutet, daß eine Lärmbelastung in der ρ-Phase eine Nachwirkung in der belastungsfreien α-Phase hat.

Bei Nachtbelärmung ergab sich nur eine Aktivitätsänderung in der belärmten α-Phase.

In der nachfolgenden Tabelle sind die Werte der Aktivitätsänderung bei Lärmbelastung für die 3 Belärmungsvarianten zusammengestellt. Zusätzlich ist die Summe der Aktivitätsänderungen von Tag- und Nachtbelärmung angegeben. Analog zu der Abbildung wurde die diurnale Aktivität des Ruhetages jeder Versuchsserie gleich 100 % gesetzt.

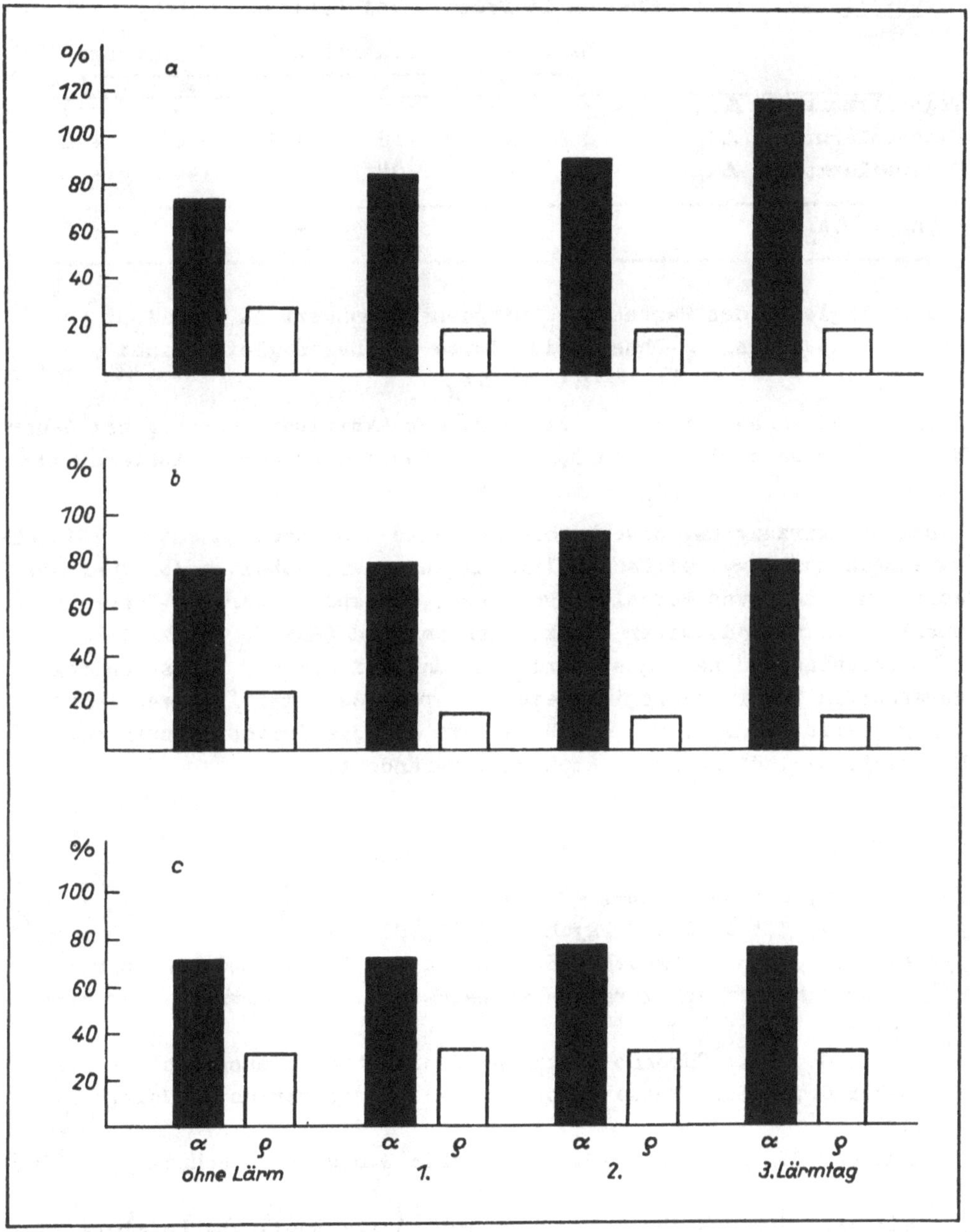

Abbildung: Motorialaktivität bei Lärmbelastung (a = Dauerbelärmung, b = Tagbelärmung, c = Nachtbelärmung)

Tabelle: Aktivitätsänderung in Prozent bei Belärmung

		1.Lärmtag		2.Lärmtag		3.Lärmtag	
		α	ϱ	α	ϱ	α	ϱ
Tagbelärmung:	ΔA_T	+ 3	-9	+16	-11	+ 4	-10
Nachtbelärmung:	ΔA_N	0	+3	+ 6	+ 2	+ 6	+ 2
Dauerbelärmung:	ΔA_D	+11	-9	+38	- 9	+44	- 8
$\Delta A_T + \Delta A_N$		+ 3	-6	+22	- 9	+10	- 8

Ein Vergleich des Wertes ΔA_D mit dem Summenwert $\Delta A_T + \Delta A_N$ ergibt, daß in der ϱ-Phase beide Werte annähernd gleich sind:

$$\Delta A_D \approx \Delta A_T + \Delta A_N$$

In der α-Phase ist jedoch der Wert der Aktivitätsänderung bei Dauerbelärmung größer als der entsprechende Summenwert der Teilbelärmung:

$$\Delta A_D > \Delta A_T + \Delta A_N$$

Die Lärmwirkung bei Dauerbelärmung setzt sich demnach aus den Einzelwirkungen der Tag- und Nachtbelärmung zusammen, wobei in der ϱ-Phase annähernd additives Verhalten vorliegt, während in der α-Phase vermutlich ein überadditiver Effekt wirksam wird (HENKEL und MLETZKO /7/).

Zusammenfassend kann gesagt werden, daß bei allen 3 Varianten des verwendeten Belärmungsregimes eine Änderung des Aktivitätsverlaufes festgestellt wurde, d.h., die Noxe Lärm hat die Zeitstrukturen der Motorialaktivität in ihrer Amplitude verändert.

Literatur

/1/ Aschoff, J.: Naturwiss. 42 (1955) 569

/2/ Shirley, M.: J. Comp. Psychol. 8 (1928) 159

/3/ Wagner, G., H.G. Mletzko, E. Franzen, W. Henkel und A.Werner: Untersuchungen zu extraauralen Lärmwirkungen. Vortrag, Bratislava 1975

/4/ Mletzko, H.G.: Chronobiologische Oscillationen ausgewählter Parameter der weißen Ratte (Biorhythmik). Dissertation B, Univ.Halle 1977

/5/ Rumler, W., K.H. Rische und U. Sitka: Z.med.Labortechnik 17 (1976) 15

/6/ Mletzko, H.G., W. Henkel und M. Tolksdorf: Zool. Jb. Physiol. 79 (1975) 213

/7/ Henkel, W. und G. Mletzko: Z.ges.Hyg. 20 (1974) 401

Zusammenfassung

Es wurde die motorische Aktivität von Ratten sowohl bei Tag- als auch bei Nachtbelärmung mit einem Schallpegel von 80 dB untersucht. Die Lärmbelastung der Tiere erfolgte über einen Zeitraum von 3 Tagen. Bei Nachtbelärmung steigen die Aktivitätswerte in der α-Phase gering an, während sie in der ρ-Phase annähernd konstant bleiben. Bei Tagbelärmung tritt ebenfalls eine Erhöhung der Aktivität in der α-Phase auf; auffallend ist jedoch der Aktivitätsabfall in der ρ-Phase. Die Ergebnisse der Tag- und Nachtbelärmung werden mit denen der Dauerbelärmung verglichen und diskutiert.

Резюме

Исследована Motorialaktivität крыс при ночном и дневном шуме при звуковом футштоке 80 dB . Нагрузка шумом животных продолжалась три дня . При ночном шуме незначительно повысились данные активности в фазе α , и в фазе ρ они появились неизменными.
При дневном шуме также появится повышение активности в фазе α ; поразительно снижение активности в фазе ρ . Результаты нагрузки дневным и ночным шумом сравниваются с результатами постоянной нагрузки шумом и обсуждаются.

Summary

Reported in this paper are studies conducted into the locomotor activity of rats in response to noise of 80 dB on daytime and at night. The animals were kept exposed to the above noise level over three days. In night exposure the activity values in the α-phase went up slightly, but they remained almost constant in the ρ-phase. Daytime exposure caused increase of activity in the α-phase, but conspicuous decline in the ρ-phase. The results obtained from separate daytime and night exposures to noise are compared with those recorded from uninterrupted exposure and discussed.

Martin-Luther-Universität Halle-Wittenberg
I. Medizinische Universitätsklinik

Zur Biorhythmik der endokrinen Kalzium-Feedbacks und deren klinischer Bedeutung

W. KAISER und E. MAMPEL

Die Regularität der Kalzämie mit ihrer Bedeutung für intra- und extrazelluläre biochemische Reaktionsabläufe, für das Elektropotential an Zellmembranen und für die Eutrophie der Gewebe ektodermaler Herkunft wird unter physiologischen Bedingungen durch das Wechselspiel des Nebenschilddrüsenhormons (NSH) und des in den C-Zellen der Schilddrüse gebildeten Kalzitonins gesichert. Zusatzfaktor von Hormoncharakter ist das in Leber und Niere aus dem Vitamin D_3 metabolisierte 1,25-Dihydroxycholekalziferol /1,2/. Die für den regulären Ablauf biologischer Prozesse notwendige Größenordnung der Kalzämie wird aber zunächst durch ein physiko-chemisches Basisgleichgewicht hergestellt, dem zwischen labilem Knochenkalzium und Körperflüssigkeiten ablaufenden und parathyreoidal nicht gesteigerten "Calcium ion exchange". Auf diesen Austauschvorgang pfropft sich der Kalzium-Feedback der Nebenschilddrüsen (NSD) auf, der gemeinsam mit dem entgegengerichteten Kalzitonin-Feedback /3,4/ das Kalzämie-Optimum bestimmt. Basisgleichgewicht und Feedbacks sorgen für den unter physiologischen Gegebenheiten bei 600-800 mg/die liegenden "Calcium internal exchange". Bei Versagen der glandulären Funktionen sinkt die Kalzämie auf die Größenordnung des Basisgleichgewichtes ab. Bei drohender NSD-Überforderung (histologisches Phänomen: stark gehäuftes Auftreten wasserheller Hauptzellen) ist aber zumindest temporär eine gewisse Kompensation durch Steigerung des bei etwa 200-300 mg/die liegenden "Calcium external exchange" erreichbar. Im klinischen Fall - beispielsweise während der stets von einer gewissen kalziummetabolischen Belastung begleiteten Schwangerschaft - würde das eine erforderlich werdende Erhöhung der alimentären Kalziumzufuhr bedeuten. Aus dieser Erkenntnis heraus resultieren präzise Empfehlungen der WHO zur dosierten additiven Kalziumgabe in Gravidität und Laktationsperiode.

Im Rahmen der glandulären Biorhythmik verhält sich der Funktionsgrad integrer NSD umgekehrt proportional zur Höhe der Kalzämie /5/. Deren Oszillationen lösen die NSD-Sekretionsrhythmik aus und verhindern auf diese Weise klinisch registrierbare Undulationen, sofern es sich nicht um eine automatisierte NSH-Produktion (z.B. bei primärem oder tertiärem Hyperparathyreoidismus) handelt /6/. Von der am parathyreopriven Versuchstier zur Aufrechterhaltung der Normokalzämie erforderlichen NSH-Menge hat man annähernde Vorstellungen. Sie liegt bei 0,1 IE/Kg/h, was den Verhältnissen im menschlichen Organismus entsprechen dürfte /7/. Die kalziumdepressorische Effektivität von Kalzitonin /8-11/ mitigiert sich in Relation zu einem abgesunkenen Kalziumspiegel /12/.

Läßt man die nur unter pathologischen Bedingungen wirksam werdenden und im Detail noch abzuklärenden Faktoren anderer Serummineralien außer Betracht, dann bleibt für physiologische Verhältnisse die Größenordnung der Kalzämie entscheidend für die biorhythmische Aktivität der genannten Feedback-Mechanismen. Aus ihr resultiert das Feinspiel zwischen regulärer, gesteigerter und gedrosselter NSD-Aktivität und Kalzitonin-Sekretion. Diese Vorgänge sind im Tierexperiment und im In-vitro-Versuch genau verfolgbar: am isolierten Thyreoidea-Parathyreoidea-Präparat tritt bei Durchströmung mit kalziumarmen eine verstärkte und mit kalziumreichen Perfundaten eine reduzierte NSH-Abgabe ein /13,14/. Das Wachstum von NSD-Gewebe wird in vitro durch ein kalziumreiches Inkubationsmedium gehemmt und durch Milieubedingungen mit niedrigem Kalziumgehalt stimuliert /15/. Unter analogen Voraussetzungen kommt es bei kalzipriver Flüssigkeit außerdem in der NSD-Zelle zu vermehrter Aminosäureaufnahme, zu gesteigerter Nukleinsäure- und Proteinsynthese sowie zur Vermehrung der Sekretgranula /16/. Kalzitonin-Freisetzung läßt sich in vitro durch ein kalziumgesättigtes Inkubationsmedium stimulieren /17/.

Für das Wechselspiel der physiologischen NSD-Biorhythmik in Abhängigkeit von der aktuellen Größenordnung der Kalzämie ergab sich zwanglos die Definition des in der französischen Literatur üblichen und dabei sehr anschaulichen Begriffs einer Euparathyreoidie. Er charakterisiert die Fähigkeit regelrecht funktionierender NSD, die Kalzämie unter üblichen metabolischen Be- und Entlastungen innerhalb bestimmter Grenzen relativ konstant zu halten. Eine derartige physiologische Schwankungsbreite des Gesamtkalziums wurde von der halleschen Schule zwischen 5,5 mval/l und 4,7 mval/l angesetzt. Dabei weist das Einzelindividuum über Jahre einen bei Kontrollen immer wieder identischen und nicht undulierenden Wert auf, der erst in Seneszenz und Senium etwas abfällt. Euparathyreoidie bedeutet außerdem: bei stärkeren, temporär zur Hypokalzämie führenden Vorgängen (experimentell: z.B. durch Infusion des Chelatbildners EDTA) sind die NSD ausreichend adaptiv, um die Norm der Kalzämie in definierter Zeit zurückzugewinnen; auf Entlastungsphasen (experimentell: Applikation von Kalziumsalzen) reagieren sie mit Aktivitätsminderung, ohne daß es zur Leistungseinschränkung auf Dauer kommt.

In Abbildung 1 ist diese Euparathyreoidie schematisch dargestellt. Ausgehend von Normokalzämie mit regelrechter NSH-Sekretion (Abbildungsmitte) ist die NSD-Funktionsrhythmik in Phasen von Be- und Entlastung des Kalziummetabolismus aufgezeigt, die jeweils das Verbleiben der Kalzämie in den Grenzen der Norm garantiert (obere und untere Kolumne). Entsprechend den Modalitäten des Feedback tritt auf zusätzliche Belastung des Kalziumstoffwechsels eine verstärkte funktionelle NSD-Aktivität ein; Entlastungsperioden führen zu einer Drosselung, die auch im histologischen Bild eindeutig nachweisbar ist.

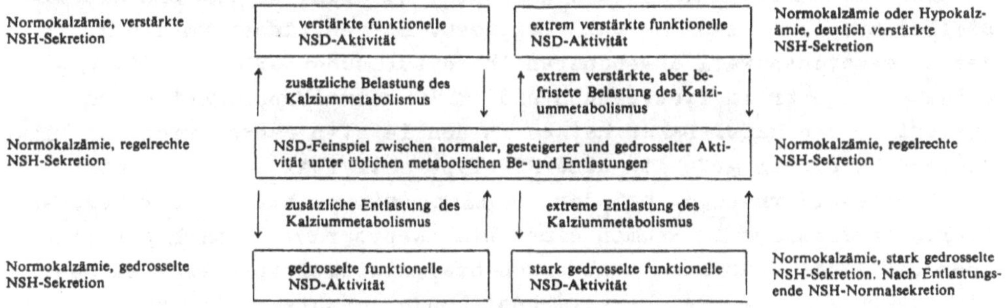

Abb. 1: Schematische Darstellung der Euparathyreoidie (Erläuterungen siehe Text)

Die Frage, wann und warum eine Euparathyreoidie (d.h. die regelrechte NSD-Biorhythmik) entgleisen kann, gehört zu den interessanten, im Detail aber noch ungeklärten Problemen der experimentellen und der klinischen Endokrinologie. Die Entgleisung kann in zwei Richtungen erfolgen: zur Nebenschilddrüseninsuffiziens (NSI) mit totaler glandulärer Funktionstüchtigkeit und zur autonomisierten NSD-Überfunktion. Tierversuche und nosologische Gegebenheiten haben bislang nicht mehr als nur einige wenige Anhaltspunkte liefern können. Offenbar ist die Überforderung der NSD-Adaptivität in einer Form möglich, daß der Umschlag in eine Autonomisierung des Zellsystems gleichsam das Resultat dieser Überstrapazierung der Leistungsbreite bildet. Die autonomisierte Zellfunktion durchbricht die Grenzen des Reglerkreises und mündet in Hyperkalzämie mit deren klinischen Folgen aus. Bei gleicher Ausgangslage kann es aber auch zum Erlöschen der überforderten NSD-Leistung und damit zur NSI kommen. Beide Reaktionen sind aus der klinischen Endokrinologie als belastungsbedingte Phänomene bekannt (Abb. 2).

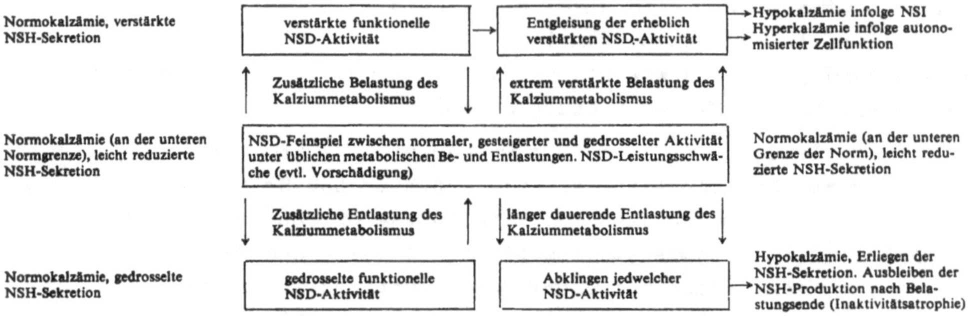

Abb. 2: Entgleisung der Euparathyreoidie (Erläuterungen siehe Text)

Scheint damit die klinische Möglichkeit des Durchbrechens der regulären NSD-Sekretionsrhythmik gesichert zu sein, so ist ein artefizieller Stop zunehmend aktuell geworden. Es geht dabei um die Frage des im gegebenen Fall anwendbaren therapeutischen NSD-Inhibitionseffektes, wie er im Tierversuch und im In-vitro-Experiment demonstriert werden kann. Daher hat es in den letzten Jahren nicht an klinischen Versuchen gefehlt, eine NSD-Hyperaktivität bei bestimmten Krankheitsbildern (z.B. bei der renalen Osteopathie der chronischen Niereninsuffizienz im Rahmen eines Dialyseprogramms) durch pharmakotherapeutische Maßnahmen zu bremsen bzw. die Skeletprozesse zu beeinflussen /18-20/. Bei bereits bestehender massiver NSD-Hyperfunktion renalen Ursprungs - ausgelöst via Feedback bei starken Kalziumverlusten durch die Niere, "Calcium losing kidney" /21/ - ist ein medikamentöser NSD-Bremseffekt allerdings kaum noch zu erwarten. Eine NSD-Funktionsbremse ist aber kalkulierbar, wenn der pharmakotherapeutische Drosselungsversuch zu einem Zeitpunkt erfolgt, wo das Grundleiden die Auslösung einer zusätzlichen NSD-Hyperfunktion befürchten lassen muß, diese aber noch nicht eingetreten ist /22,23/. In einem derartigen Falle wäre die artefizielle Durchbrechung der noch normalen, aber von Entgleisung bedrohten NSD-Biorhythmik gleichsam ein prophylaktisch-kurativer Vorgang.

Für eine derartige Zielstellung bietet sich derzeit das Dihydrotachysterin (DHT) zwanglos an. Sowohl bei NSI als auch im nebenschilddrüsengesunden Organismus führt dieses Präparat (Tachystin liquidum, Tachystin forte) zur dosisabhängigen Kalziummobilisation vorwiegend aus dem Skelet: integre (oder n o c h integre) NSD werden zur Leistungsminderung und - bei längerer DHT-Applikation zur Inaktivitätsatrophie gebracht, weil das zugeführte Präparat sie der kalzämisierenden Aufgabenstellung enthebt. Derartige endokrine Präparateffektivitäten sind auch bei anderen Hormonsystemen (ACTH-

Nebennierenrinde) bekannt und dort meist äußerst unerwünschte Realität. Mit einer DHT-Bremswirkung muß der Kliniker vor allem dann rechnen, wenn nebenschilddrüsengesunde Patienten fälschlich längere Zeit mit dieser Spezialität behandelt wurden, die üblicherweise der NSI-Substitutionstherapie vorbehalten ist. Setzt man in derartigen Fällen das DHT ab, muß nicht selten mit einer inzwischen zur Ausbildung gelangten NSI gerechnet werden, weil die artefiziell inaktivierten NSD nicht mehr zu ihrer früheren Leistungsbreite zurückfinden. Die unter falschen Voraussetzungen begonnene DHT-Medikation muß dann auf Lebenszeit fortgesetzt werden.

Im Gegensatz zum letztgenannten Geschehen wäre die durch DHT provozierte NSD-Aktivitätsminderung bei chronischer Niereninsuffiziens aber eine - im Hinblick auf die bei vielen Kranken einzukalkulierende glanduläre Belastung und die hieraus drohende NSD-Entgleisung - durchaus sinnvolle prophylaktische Maßnahme. Die Effektivität von DHT ist zudem im Gegensatz zum Vitamin D nicht an die Integrität bestimmter Nierenleistungen gebunden.

Ist die Unterbrechung eines biorhythmischen Reglerkreises im allgemeinen als Ausdruck eines nosologischen Reaktionsablaufes zu verstehen, so zeigt unser Beispiel, daß sie in der klinisch-endokrinologischen Praxis durchaus sinnvoll sein kann. Die medikamentöse Blockade des Kalzium-Feedback ist unter gegebener Voraussetzung eine wichtige prophylaktische Maßnahme, deren pathophysiologische Basis hier zur Darstellung kommen sollte.

Literatur

/1/ FRASER, D.R., und E. KODICEK: Nature, New Biol. (London) 288 (1970) 764
/2/ SCHAEFER, K., D. v. HERRATH und D. KRAFT: Dt. med. Wschr. 98 (1973) 1338.
/3/ ARGENI, A., und A. SCHIANO: Rev. franc. Endocrinol. clin. Nutrit. Metabol. (Paris) 16 (1975) 63
/4/ SEGRE, J.V., J.F. HABENER, D. POWELL, G.W. TREGEAR und J.T. POTTS jr.: J. clin. Invest. (New York) 51 (1972) 3163
/5/ SCHWARZ, G.: Internist 5 (1964) 187
/6/ FOURMAN, P., M.J. LEVELL und D.B. MORGAN: Verh. dt. Gesellsch. Endokrinol. 14 (1968) 1
/7/ COPP, D.H., und A.G.F. DAVIDSON: Proc. Soc. exper. Biol. & Med. 107 (1961) 342
/8/ BIJOVET, O.L.M., S. VEER und J. VAN DER JANSEN: Lancet (London) I (1968) 876
/9/ COPP, D.H.: Amer. J. Med. (New York) 22 (1957) 275
/10/ FORSTER, G.V., G.F. GOPLIN, L. MAC INTYRE, K.E.M. MELVIN und R.. SLACK: Lancet (London) I (1966) 107
/11/ HAAS, H.G., und M.A. DAMBACHER: Helvet. med. Acta (Basel) 34 (1968) 327
/12/ HAAS, H.G., J. OLAH und M. DAMBACHER: Dt. med. Wschr. 93 (1968) 1383
/13/ CARNES, W.H., A.M. PAPPENHEIMER und H. STOERCK: Proc. Soc. exper. Biol. & Med. (New York) 51 (1942) 314
/14/ PATT, H.M., und A.M. LUCKHARDT: Endocrinology (Springfield) 31 (1942) 384
/15/ RAISZ, L.G.: Nature, New Biol. (London) 197 (1963) 1115
/16/ SHERWOOD, L.M., J. HERRMANN und C.A.L. BASSETT: Nature, New Biol. (London) 225 (1970) 1056
/17/ BELL, N.H., und S. QUEENER: Nature, New Biol. (London) 248 (1974) 343
/18/ DAMBACHER, M.A., J. GIRARD und H.G. HAAS: Internist 13 (1972) 125
/19/ KAYE, M., G. CHATTERJEE, G.F. COHEN und S. SAGAR: Ann. internal Med. (Philadelphia) 73 (1970) 225
/20/ KAYE, M., und S. SAGAR: Clin. Res. 19 (1971) 809
/21/ HARTMANN, F., und H. LEHMANN: Med. Klinik 70 (1975) 904
/22/ KAISER, W., und E. MAMPEL: Z. ges. inn. Med. 32 (1977) 254
/23/ KAISER, W., und G. A. SCHMIDT: Z. ges. inn. Med. 33 (1978) 377

Zusammenfassung

Die Biorhythmik der Kalzium-Feedback-Mechanismen wird durch die metabolischen Milieubedingungen bestimmt. Im Tierexperiment ist bei Durchströmung des isolierten Thyreoidea-Parathyreoidea-Präparats mit kalziumarmen Lösungen ein verstärkter und unter kalziumreichem Perfundat ein reduzierter Aktivitätszustand der Nebenschilddrüsen nachweisbar. Das Wachstum von Parathyreoidea-Gewebe wird in vitro durch ein kalziumarmes Inkubationsmedium gefördert. Ebenfalls in vitro läßt sich eine Kalzitonin-Freisetzung mittels kalziumgesättigter Inkubationsmedien stimulieren.

Für die klinisch-endokrinologische Praxis ist der im Tierexperiment und in vitro demonstrierbare Inhibitionseffekt auf die biorhythmische Aktvität der Nebenschilddrüsen von zunehmender Aktualität geworden. Das gilt speziell für Zustände, bei denen auf Grund eines nosologischen Vorganges konsekutiv mit einer Steigerung der parathyreoidalen Sekretion gerechnet werden muß. Diese führt dann zur Hyperkalzämie und deren Folgeerscheinungen. Mittels medikamentöser Maßnahmen ist es aber möglich, den biorhythmischen Funktionskreis der kalziummetabolischen Regulationen zu durchbrechen und artefiziell einen Drosselungszustand der Nebenschilddrüsen zu provozieren. Eigene Erhebungen lassen den Schluß zu, daß auf diese Weise eine Art Prophylaxe gegenüber drohenden parathyreoidalen Überfunktionszuständen bzw. Entgleisungen der Normalfunktion möglich ist. Das gilt besonders für Krankheitsbilder wie die renale Osteopathie bzw. für die im Rahmen eines Dialyseprogramms behandelte chronische Niereninsuffizienz.

Резюме

Биологическая ритмика механизмов кальциевой обратной связи определяется метаболическими условиями среды. В опытах с животными наблюдается при промывании изолированного препарата щитовидной-паращитовидной желез различная активности паращитовидной железы в зависимости от количества кальция в промывном растворе. Так, при промывании бедными кальцием растворами наблюдается пониженная активность, а в условиях промывания богатыми кальцием растворами повышенная активность паращитовидной железы. Рост ткани паращитовидной железы in vitro стимулируется средой инкубации с небольшим содержанием кальция, а угнетается высоким содержанием кальция. Также в условиях in vitro с помощью насыщенных кальцием питательных растворов можно стимулировать секрецию кальцитонина.
Для клинико-эндокринологической практики всё большую актуальность приобретает, доказанный животными экспериментами, ингибирующий эффект на биоритмическую активность паращитовидной железы. Это особенно действительно для тех состояний, у которых вследствие нозологического процесса наблюдается повышение секреции паращитовидной железы. Это ведёт к гиперкальцемии со всеми последующими явлениями. С помощью медикаментов возможно угнетать биоритмический функциональный круг кальциевой метаболической регуляции и тем самым достигать угнетённое состояние паращитовидной железы.
По собственным данным можно сделать вывод о том, что таким образом достигается профилактика к грозающим состояниям повышенной функции паращитовидной железы или к изменениям нормальной функции данной железы. Это особенно важно для таких болезней, как ренальная остеопатия или для лечения в рамке диализной программы хронической недофункции почек.

Summary

The biorhythmicity of calcium feedback mechanisms depends on the given metabolic environment. In animal experiments, low-calcium solutions and high-calcium solutions were allowed to flow through isolated thyroid and parathyroid specimens. Activity conditions recordable from parathyroids were high in response to the low-calcium solutions and reduced in response to the high-calcium variant. The growth in vitro of parathyroid tissue may be stimulated by a low-calcium incubation medium and suppressed in a medium with high calcium level. Calcitonin release in vitro may be stimulated by means of calcium-saturated incubation media. The inhibitory effect demonstrated in vitro and in animal experiments on the biorhythmic activity of the parathyroid has been assuming growing importance to clinico-endocrinological practice. This applies particularly to those conditions in which a rise in parathyroidal secretion has to be expected following nosological processes. Such rise will eventually lead to hypercalcaemia and its sequels. The biorhythmic-functional circuit of calcium metabolism and its regulations, however, may be overcome by medication, and parathyroid activity may be reduced artificially. The authors' own experiments are likely to support the conclusion that some sort of prophylaxis can thus be achieved against imminent parathyrotoxicosis or derailment of normal function. That would be of particular relevance to renal osteopathy or to chronic renal insufficiency which is treated on the basis of a dialysis programme.

Zentralinstitut für Diabetes "Gerhardt Katsch" Karlsburg, DDR

ZIRKADIANE RHYTHMEN VON PLASMAGLUKOSE UND - INSULIN BEI DIABETISCHEN HUNDEN UNTER DEM EINFLUSS EINER KONTINUIERLICHEN MESSWERTABHÄNGIGEN INSULININFUSION

FISCHER, U., G.ALBRECHT, E.JUTZI, GERLINDE BECKER, E.-J. FREYSE, W.UNGER, M.HEIL und W.BESCH

Einleitung

Zirkadiane Rhythmen verschiedener Funktionsgrößen des Kohlenhydratstoffwechsels (Blutglukose,Plasmainsulin, Glukosetoleranz, Insulinwirkung) sind für viele Spezies bekannt /1/. Entsprechend der dominierenden Rolle der Glukose als insulinogener Reiz werden diese Rhythmen von einer übersichtlichen Beziehung zwischen Glukose und Insulin geprägt, die zumindest bei den sich vorwiegend von Kohlenhydraten ernährenden Spezies parallel verläuft /2/. Reproduzierbare Phasenbeziehungen gelten darüberhinaus für viele Regelsysteme als Ausdruck einer normalen Funktion. Sie können sowohl durch mannigfache Umwelteinflüsse /3/, als auch endogen /4/ gestört sein. Im letzteren Falle gewinnt die Störung Bedeutung als pathognomonisches Zeichen.Der Diabetes mellitus ist nicht nur durch die Hyperglykämie gekennzeichnet, sondern es sind auch die normalen Phasenbeziehungen zwischen Glukose und Insulin aufgehoben ; dies gilt auch für Früh- und Vorstadien der Erkrankung (meist noch ohne absoluten Insulinmangel) und für traditionell (d.h. mit subkutanen Einzelinjektionen) behandelte Patienten oder Versuchstiere /2/.

Ein Teil der Bemühungen um die Therapieoptimierung des insulinpflichtigen Diabetes gilt der sog. künstlichen B-Zelle, einer computergesteuerten Infusionsapparatur, die quasi-kontinuierlich und aktuell blutglukoseabhängig Insulin infundiert /5/. Mit den bisher verfügbaren Prototypen der künstlichen B-Zelle gelingt es schon sicher, akute Abweichungen der Blutglukose zu beherrschen und solche anderer Stoffwechselgrößen (Laktat, Pyruvat, freie Fettsäuren, Alanin) zu beeinflussen /6/. Mit Hinblick auf den langfristigen Einsatz einer solchen Apparatur und unter Berücksichtigung der Hauptaufgabe, nämlich der Prävention der diabetesspezifischen Spätkomplikationen /7/, ist u.a. zu klären, inwieweit auch die normalen Rhythmen des Kohlenhydratstoffwechsels restauriert werden. - Hier wurde diese Frage an Hunden untersucht ; dabei waren zunächst eventuelle physiologische Zirkadianperioden von Glukose und Insulin bei dieser Spezies nachzuweisen.

Material und Methoden

Wir untersuchten 9 reinrassige Schäferhunde beiderlei Geschlechts im Alter von 2 bis 4 Jahren vor und bis zu 8 Monaten nach Erzeugung eines experimentellen Diabetes (Teilpankreatektomie und Streptozotozinverabfolgung). Die Tiere lebten in Einzelboxen eines Gemeinschafts - stalles unter einem 12/12 h L/D-Regime (Licht an 6.oo) und wurden um 11.oo Uhr gefüttert (Rindfleisch und Haferflocken in einer für die individuelle Gewichtsbilanz angepaßten Menge). Sie trugen einen Verweilkatheter in einer V. jugularis ext. Aus dem peripheren Venenblut wurden über Perioden von 24 bis 72 h in Abständen von 20 oder 60 Minuten die Konzentrationen von Plasmaglukose (PG) und immunreaktiver Insulinaktivität (IRI) unter den folgenden Bedingungen ermittelt :

- vor Diabetesmanifestation ;
- nach Diabetesmanifestation ohne Therapie, ohne oder mit Verabfolgung von Mahlzeiten ;
- nach Diabetesmanifestation unter der Behandlung mit 3 Injektionen Alt-Insulin oder 1 Injektion Depotinsulin täglich ;
- nach Diabetesmanifestation während einer konstant dosierten intravenösen Insulindauerinfusion (Dosis aus dem mittleren individuellen Bedarf kalkuliert) ;
- nach Diabetesmanifestation während einer kontinuierlichen intravenösen PG-abhängigen Insulininfusion (GCII ; Modell für eine künstliche B-Zelle).

Als Insulinpräparat wurde ausschließlich nicht immunogenes Monocomponent-Insulin verwendet. Alle Insulininfusionen fanden im Laboratorium unter Umständen statt, an die die Tiere durch ein mehrmonatiges Training gewöhnt waren. Haltungsbedingungen, Betreuung der diabetischen Tiere, Analysenmethoden und Infusionstechnik einschließlich der individuellen Ermittlung des Algorithmus für die Insulininfusionen sind a.a.O. beschrieben /8/. Die Auswertung der Primärdatenzeitserien erfolgte am Cellatron 8205 Z mit einer Weiterentwicklung der von BÖRNERT et al. /9/ angegebenen Methodik : Autokorrelation, Leistungsdichtespektrum, Sinus-Kreuzkorrelation, Amplitudenanalyse und Resynthese der Kurven. In dieser Mitteilung sind nur Oszillationen von zirkadianer Periodendauer berücksichtigt.

Ergebnisse

Die Zirkadianperioden von PG und IRI gesunder Hunde (Tab. 1) sind durch sehr niedrige Amplituden gekennzeichnet ; die Akrophasen beider Meßgrößen sind etwa um π gegeneinander verschoben : während das PG-

Tabelle 1 : Parameter der Zirkadianperioden von Plasmaglukose und -insulin bei Hunden vor und nach Manifestation eines experimentellen Diabetes und unter verschiedenen Therapieregimes. $\bar{x} \pm$ SEM (wenn $n > 3$) ; a = Mesor (Tagesmittelwert); a_1 = Amplituden des zirkadianen Rhythmus ; T = Periodenlänge ; $t + \varphi$ = Akrophase (Uhrzeit), b: n = 2 ; c : Amplituden der injektionsbedingten Oszillationen 44 ± 9 mg/dl und 16 ± 1 µE/ml.

		Plasmaglukose				IRI			
		[mg/dl]		[h]		[µE/ml]		[h]	
Versuchsgruppe	n	a_o	a_1	T	$t+\varphi$	a_o	a_1	T	$t+\varphi$
Gesunde Kontrollen	9	96±4	7±1	24 ± 1	10^{00}±2	29±4	8±1	23±1	24^{00}±1
Diabetische Tiere									
ohne Therapie	2	272	20	25	17^{00}	2	0	0	-
ohne Therapie, Fasten	1	383	0	0	-	6	0	0	-
s.c. Insulintherapie									
Alt-Insulin 3 Inj./d	4	188±33	$60^{b,c}$	25^{b}	1^{00} b	22±5	0^{c}	0	-
Depot-Insulin 1 Inj./d	2	224	128	29	0^{00}	31	21	28	8^{00}
Kontinuierliche i.v. Insulininfusion, konstante Dosis	2	110	0	0	-	7	0	0	-
GCII	9	127±4	20±3	22 ± 2	20^{00}±1	27±3	10±1	22±2	21^{00}± 1

Maximum vormittags z.Z. der Mahlzeit oder davor liegt, finden sich die höchsten Insulinspiegel am späten Abend bzw. in der ersten Nachthälfte, nachdem Fleischverdauung und Aminosäureresorption ihr Maximum erreicht haben (eigene unpublizierte Befunde).

Ein unbehandelter Diabetes stört diese Beziehungen deutlich : bei (mitunter nicht meßbar) niedrigen IRI-Werten ohne nachweisbare Os - zillationen verschiebt sich das PG-Maximum in die zweite Tageshälfte; die Einzelbeobachtung im totalen Fasten weist überdies gar keinen Zirkadianrhythmus mehr aus. Eine gestörte Periodik findet sich auch unter dem Einfluß der üblichen subkutanen Insulintherapie. Zwar werden die Tagesmittelwerte von PG deutlich verbessert, die von IRI sogar normalisiert, aber die chronobiologische Analyse ergibt hier erwartungsgemäß ein Überwiegen der injektionsbedingten, also kürzerperiodischen, Schwankungen.

Die GCII (Tab. 1) normalisiert die Tagesmittelwerte beider Meßgrößen fast völlig, und Zirkadianperioden werden wieder übersichtlich nachweisbar (für die PG mit stark vergrößerter Amplitude). Dabei verlaufen entsprechend dem Infusionsmechanismus allerdings beide Kurven parallel, und ihre Akrophasen liegen in den Abendstunden. Die Zirk - adianperioden sind während der Insulininfusion nicht nachweisbar, wenn das Hormon -zwar in ausreichender Gesamtmenge- meßwertunabhängig (konstant dosiert) verabfolgt wird, also nicht auf aktuelle PG - Änderungen reagieren kann. Doch auch bei diesem Vorgehen stellen sich fast normale Tagesmittelwerte der PG ein.

Diskussion

In einem Kontrollexperiment verhielten sich die PG- und IRI-Profile eines gesunden Tieres unter GCII-Bedingungen (0,9 %ige NaCl-Infusion) ebenso wie unter den hier gewählten Versuchsumständen. Insofern wird die Vergleichbarkeit der Experimente ohne und mit Insulininfusion durch die in einigen Details differierenden Versuchsumstände (andere Räumlichkeit, verändertes Auslaufregime, zusätzliche Kanüle für Infusionen) nicht wesentlich eingeschränkt. Die gleichzeitig nachgewiesenen infradianen Rhythmen (Perioden zwischen 4 und 18 h), deren Bedeutung noch offen ist /10/, erlauben auch hier noch keine ergänzenden Schlüsse ; ihre Amplituden sind mit einer Ausnahme immer kleiner als 20 % derjenigen des Zirkadianrhythmus. Diese Ausnahme betrifft die Situation unter subkutaner Therapie mit Alt-Insulin und ist vorder - gründig auf den durch die Injektion geprägten Rhythmus zurückzufüh - ren.

Das spätabendliche Maximum der Insulinkonzentration ist im Rahmen der physiologischen oder der durch die "Maschine" imitierten Regelvorgänge zu erklären. Es kann sowohl auf einer direkten Abhängigkeit von den Mahlzeiten als auch auf zirkadianen Variationen der Insulinansprechbarkeit bzw. der kontrainsulinären Hormone beruhen. Gegen eine primäre Bedeutung der Periodik des endokrinen Pankreas, wie sie mehrfach mit morphologischer Methodik wahrscheinlich gemacht wurde /11, 12/, spricht hier das gleichartige Verhalten von normalen und diabetischen Tieren. Für letztere war von uns in mehreren Anordnungen der absolute Insulinmangel nachgewiesen worden.

Während für den Menschen die strenge Parallelität von PG und IRI gilt, scheinen beim gesunden Hund beide Perioden in Antiphase zu verlaufen. Die Mahlzeiten kommen hier als entscheidender Zeitgeber infrage /13/. Sowohl der Diabetes als auch die konventionelle subkutane Insulintherapie stören die physiologischen Phasenbeziehungen auf das schwerste. Da die künstliche B-Zelle aber nur aktuell glukoseabhängig funktionieren kann, vermag sie nicht, die für den gesunden Hund typischen Phasenbeziehungen zu restaurieren. Es bleibt zu untersuchen, inwieweit durch eine künstliche B-Zelle beim Menschen die normalen Rhythmen dieser Meßgrößen einschließlich ihrer Phasenbeziehungen restauriert werden.

Literatur

/ 1/ WOJTCZAK-JAROSZOWA, J. : Chronobiologia 4 (1977) 363

/ 2/ PFEIFFER, E.F. : Development and future aspects of an artificial beta-cell system. in : Renold,A., W.Creutzfeldt und E.F.Pfeiffer (Hrsg.): Diabetes research today, Capri-Symposium, Schattauer-Verlag Stuttgart, New York 1976 S. 259

/ 3/ v.MAYERSBACH,H.: Nova Acta Leopoldina 46 (1977) 115

/ 4/ MILIS,J.N.,R.MORGAN, D.S.MINORS und J.M. WATERHOUSE : Chronobiologia 4 (1977) 353

/ 5/ ALBISSER, A.M., B.S.LEIBEL, T.G.EWART, Z.DAVIDOVAC, C.K.BOTZ und W.ZINGG : Diabetes 23 (1974) 389 und 397

/ 6/ ALBISSER, A.M., B.S.LEIBEL, B.ZINMAN, F.T.MURRAY, W.ZINGG, C.K.BOTZ, A.DENOGA und E.B.MARLISS : Arch.Int.Med. 137 (1977) 639

/ 7/ PFEIFFER, E.F., C.THUM und A.H.CLEMENS : Horm.Metab.Res. 6 (1974) 339

/ 8/ FISCHER,U., E.JUTZI, E.-J.FREYSE und E.SALZSIEDER : Endokrinologie 71 (1978) 65

/ 9/ BÖRNERT, D., J.SCHUH und G.TOMASELLI : Biol.Zbl. 94 (1975) 3

/10/ HAUS,E.: Nova Acta Leopoldina 46 (1977) 233

/11/ POLAK, J.M., A.G.E.PEARSE, M.van MOURIK und H. v.MAYERSBACH: Acta hepato-gastroent. 22 (1975) 118

/12/ HELLMAN,B. und C.HELLERSTRÖM: Acta endocr. 31(1959) 267

/13/ FREINKEL,N.,M.MAGER und L.VINNICK: J.Lab.clin.Med. 71(1968) 171

Zusammenfassung

Es sollte geprüft werden, ob bei experimentell diabetischen Hunden während kontinuierlicher, glukoseabhängiger, intravenöser Insulininfusion (vergleichbar einer künstlichen B-Zelle) normale Phasenbeziehungen der zirkadianen Rhythmen von Plasmaglukose (PG) und -insulin (IRI) bestehen. - Dazu wurden Primärdatenzeitserien einer Auswertung mittels Autokorrelation, power-Spektrum, Sinus-Kreuzkorrelation und Amplitudenanalyse unterzogen. Während bei gesunden Tieren die Akrophasen beider Meßgrößen etwa in Antiphase liegen (IRI-Maximum bis zu 12 h nach der Vormittagsmahlzeit), verlaufen bei den diabetischen, Insulin-infundierten Tieren entsprechend dem Infusionsschema beide Kurven parallel mit Maxima in den späten Abendstunden. Die Tagesmittelwerte werden durch die Insulininfusion nahezu normalisiert, die Amplituden sind allerdings für PG 2- bis 3mal so groß, für IRI unterscheiden sie sich nicht. Signifikante Nebenrhythmen kürzerer Periodendauer treten bei beiden Tiergruppen gleich häufig auf. Diabetische Tiere ohne Therapie oder mit einer konstanten Insulininfusion (also nicht glukoseabhängig dosiert) haben ebenfalls in den Abendstunden eine PG-Akrophase bei stark bzw. mittelgradig erhöhtem Mesor und ohne IRI-Tagesrhythmus. Bei Tieren unter Therapie mit 3 subkutanen Insulininjektionen täglich ist nur in Einzelfällen neben den direkt injektionsbedingten Schwankungen der PG ein Tagesrhythmus erkennbar, dieses nicht bei IRI. - Streßeinflüsse auf die erhobenen Befunde sind nicht sicher auszuschließen. Doch zeigte sich, daß eine künstliche B-Zelle zwar nahezu normale Einzel- und Mittelwerte, nicht aber physiologische Regel- und Phasenbeziehungen zu restaurieren vermag.

Резюме

Целью исследования было проверить, существкют ли у собак с экспериментальным диабетом нормальные соотношения фаз циркадианных ритмов глюкозы и инсулина во время непрерывной внутривенной инфузии инсулина, дозированного в зависимости от уровня глюкозы (т.е. в условиях, сравнимых с искуственной Бета-клеткой). Для этого мы исследовали серии первигных данных с помощью аутокорреляции, методом пауэрспектра, синус-кросс-корреляции и анализи амплитуд. У здоровых животных акрофазы обеих величин лежат приблизительно в антифазе (максимум инсулина до I2 часов после утреннего кормления); у диабетических животных, которым инфундировали инсулин по определённой схеме, обе кравые проходят параллельно с максимумом в поздние вечерние часы. Средние дневные величины почти нормализуются под действием инсулина, но амплитуды глюкозы в 2 - 3 раза выше; для инсулина они не отличаются. Статистически достоверные побочные ритмы с более коротким периодом наступают одинаково часто у животных обеих групп. Диабетические животные без лечения или с инфузией инсулина в постоянной дозировке (т. е. не зависящей от уровня глюкозы) имеют также акрофазу глюкозы при сильно повышенном мезоре; дневной ритм инсулина отсутствует. У животных леченных тремя подкотными инъекциями инсулина только в отдельных случаях отмечается дневной ритм (при колебаний непосредственно под действием инъекций); дневной ритм инсулина отсуствует. Влияние стресса на полученные данные польностью не исключается. Было показано что искуственная Бета-клетка не может реставрировать физиологические соотношения фаз, хотя и достигаются почти нормальные отдельные и средные величины.

Summary

The phase relations of the circadian rhythms of glucose and of insulin in diabetic dogs on a glucose-controlled insulin infusion should be compared with those in normal animals. For the estimation autocorrelation, power spectra, cross-correlation and amplitude analyses were used. Before induction of diabetes, the acrophases of both parameters are in antiphase (insulin maximum up to 12 hours after the meat meal which was in the morning). In diabetics with the insulin infusion schedule, both curves are parallel and peak late in the evening; the means are nearly normal, but the glycemic amplitudes are enlarged threefold and those of insulin are normal. When the diabetic animals are treated with subcutaneous injections of insulin, beside the injection-related oscillations there are no circadian rhythms of insulin, and plasma glucose shows these rhythms only in a part of the observations. Thus in the carnivore dog, an artificial pancreatic B-cell may ameliorate the glycemic level but it cannot restore the normal circadian phase relations in the insulin-glucose system.

Augenklinik der Martin-Luther-Universität Halle-Wittenberg
Halle

Zum Verhalten des Augeninnendruckes beim Glaucoma chronicum simplex - Eine chronobiologische Studie

J. HERDE

Augendrucktagesschwankungen, 1904 von MASLENIKOW /20/ erstmalig beschrieben, geben wegen der aus Tagesdruckkurven ablesbaren Schwankungsgrößen und -bereichen Möglichkeiten, prognostische Einschätzungen und therapeutische Erwägungen abzuleiten. Individuelle normative Druckwerte aufzustellen, gelang bisher nicht. Um so mehr interessiert die chronobiologische Verteilung der Druckmaxima und -minima, auch wenn Druckschwankungen innerhalb 1 Minute von 8 mm Hg möglich sind (LEYDHECKER /17/) und jedem Probanden ein individueller Druckverlauf zuzuschreiben ist (HAGER /6/, HARMS /8/). Der klassischen Auffassung, der intraokulare Druck steige nachts an und erreiche in den frühen Morgenstunden die Höchstwerte (KÖLLNER /14/, THIEL /26/, LÖHLEIN /18/, GÜNTHER /5/, HUERKAMP und POHLE /11/) wurde durch die Erhebung von Tagesdruckkurven mit stündlichen Augendruckmessungen die Annahme entgegengestellt, daß am häufigsten in den frühen Morgenstunden Druckminima, und im Tagesverlauf zwischen 10 und 18 Uhr Druckmaxima vorherrschen (KITAZAWA und HORIE /13/). HAGER /6/ teilte die Glaukome nach Auftreten von Tensionsmaxima und -minima in einen Nachttyp (9,7%), Tagtyp (49,3%), Flachtyp (27,9%), variierenden Typ (19,3%) und Spitzentyp (3,4%) und - nach dem Druckniveau - in niedere, mittlere und hohe Drucklage ein. Ein hoher Prozentsatz der Glaukomaugen hat über lange Zeit eine Rhythmuskonstanz aufzuweisen, die sich auch nach erfolgter Miotikaeinstellung und auch nach Glaukomoperationen wieder einfindet. Der sich daraus ergebenden Notwendigkeit der Tagesdruckkurvenerhebung wird in den Kliniken Genüge getan, wenn auch die Häufigkeit der Messungen variiert. Die Messungen von Tagesdruckkurven möglichst unter Bedingungen der täglichen Belastungen durchzuführen, bleibt nach wie vor anzustreben, da die Patienten während des Klinikaufenthaltes Aufregungen verschiedener Art, schwerer Arbeit und Streßsituationen entzogen sind. Den Tagesschwankungen des Augendruckes liegen multifaktorielle Prozesse zu Grunde, ohne jedoch zu dieser Zeit mit Sicherheit eine relevante Beweisführung vornehmen zu können. COLOMBO /1/, KÖLLNER /14/, MASLENIKOW /20/, THIEL /26/ und WESSELY /28/ erklärten die Tagesschwankungen mit dem Wechsel der Blutverteilung, mit täglichen Blutdruckschwankungen und mit vasomotorischen Änderungen, FEIGENBAUM /3/ hingegen mit dem Lichteinfluß auf die Kapillaren des Auges. Mechanische Faktoren wie Fehlen der pumpenden Wirkung der inneren Augenmuskeln während der Nacht (VAIDYA /27/), rhythmische Augendruckschwankungen infolge der Funktion der äußeren Augenmuskeln (SALLMANN und DEUTSCH /23/) sowie Größe und Bewegung der Pupillen (GRÜNHOLM /4/, SERR /25/, SEIDEL /24/ u. a.) wurden ebenso wie die von HERTEL /10/ und MEESMANN /21/ angeführten osmotischen bzw. kolloidosmotischen Veränderungen im Blut während der Arbeit und nach der Nahrungsaufnahme als wesentliche Faktoren angesehen. Einer grundlegenden Umstellung der Lebensgewohnheiten wurde von RAEDER /22/ die Möglichkeit einer Invertierung der Augendruckschwankungen zuerkannt. LEYDHECKER /16/ wollte vorwiegend oder ausschließlich die Tagesschwankungen durch Sekretionsschwankungen des Kammerwasserminutenvolumens erklärt wissen. Neben den angeführten Faktoren komme einer zentralen Steuerung Bedeutung zu (MAGITOT /19/, DUKE-ELDER /2/, THIEL /26/ u. a.).

Methodik

Für diese Arbeit wurden 100 Tagesdruckkurven von 50 Männern (94 Augen) und von 50 Frauen (99 Augen) mit Glaucoma chronicum simplex, die 1977 in die Universitäts-Augenklinik Halle wegen unzureichender Druckregulierung eingewiesen wurden, ausgewertet. Die Druckmessungen erfolgten mit dem Schiötz-Tonometer mit dem 5,5 g Gewicht um 6, 8, 12, 16 und 22 Uhr, bei den Männern wurde die 12-Uhr-Messung unterlassen. Das Alter der Männer lag zwischen 44 und 87 Jahren, das der Frauen zwischen 41 und 80 Jahren. Das Durchschnittsalter bei den Männern betrug 67,2, bei den Frauen 63,4 Jahre. Die Dauer des Glaukoms belief sich auf wenige Wochen bis zu 38 Jahren. Die Druckmessungen wurden stets im Liegen vorgenommen. Alle Patienten standen unter Miotikatherapie, bei 7 Männern und 1 Frau war die zusätzliche Diuramidverabfolgung erforderlich. Die Durchschnittsdruckwerte zu den einzelnen Meßzeiten von allen Patienten (Frauen und Männer getrennt) lagen bei den Frauen und Männern um 6 Uhr am höchsten, bei den Frauen um 16 Uhr und bei den Männern um 22 Uhr am niedrigsten (s. Abb. 1 u. Tab. 1). Dementsprechend ließen sich auch die häufigsten Druckwerte über 20,5 mm Hg bei Männern und Frauen um 6 Uhr vor dem Aufstehen ermitteln, wobei die meisten Werte noch in dem Grenzbereich zwischen 21 und 23 mm Hg lagen (Abb. 4).

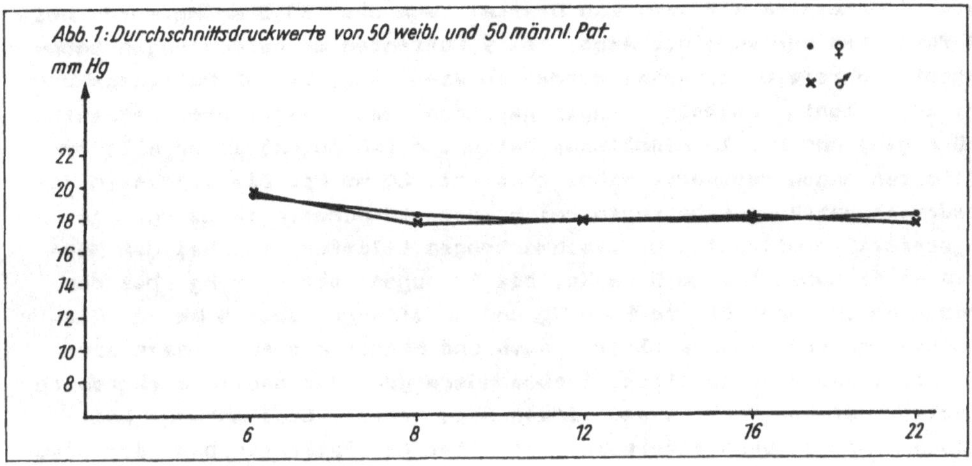

Abb. 1: Durchschnittsdruckwerte von 50 weibl. und 50 männl. Pat.

Tab. 1: Durchschnittsdruckwerte aller Pat. in mm Hg

	n	6^{00}	8^{00}	12^{00}	16^{00}	22^{00}
Frauen	50 = 99 Augen	19, 34	18, 38	18, 14	18, 03	18, 40
Männer	50 = 94 Augen	19, 67	17, 77		18, 42	17, 74

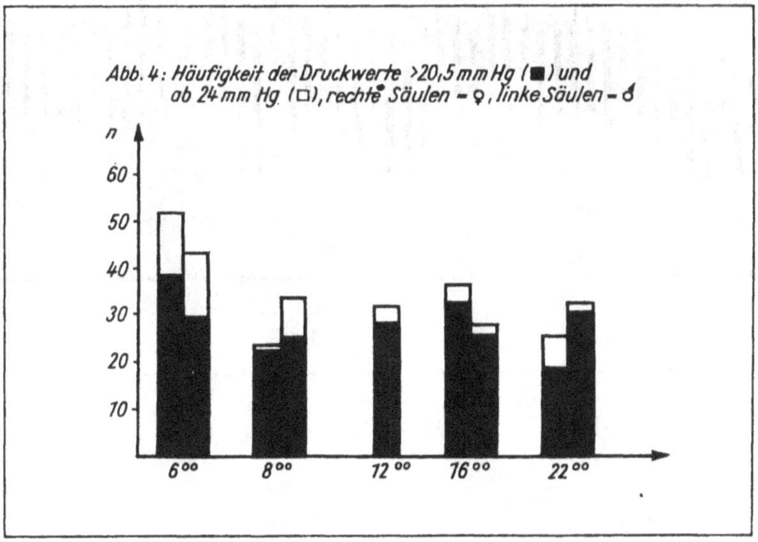

Abb. 4: Häufigkeit der Druckwerte >20,5 mm Hg (■) und ab 24 mm Hg (□), rechte Säulen – ♀, linke Säulen – ♂

Dabei gehen die bei vielen Patienten zu mehreren Meßzeiten beobachteten Druckmaxima mit ein. Ein Druckmaximum über 20,5 mm Hg wurde bei 34 Patienten nur an einem Auge, bei 9 Patienten an beiden Augen beobachtet. Mehrere Druckmaxima wurden an einem Auge bei 32 Patienten und bei 29 Patienten an beiden Augen gefunden. Bei 9 weiblichen Patienten (18 Augen) und bei 10 männlichen Patienten (18 Augen) lagen alle ermittelten Augendruckwerte nicht höher als 20 mm Hg. Die stärksten Tagesdruckschwankungen betrugen bei Frauen und Männern 12 mm Hg. Die im Tagesprofil ermittelten Druckschwankungen beliefen sich bei den Männern an 55 Augen bis zu 5 mm Hg, bei 39 Augen über 5 mm Hg, bei den Frauen an 65 Augen bis zu 5 mm Hg und an 34 Augen über 5 mm Hg. Die Druckmaxima und -minima aller Frauen und Männer als Augenpaare sind in Abb. 2 und 3 ersichtlich, insbesondere geht der häufig diskordante Druckverlauf von rechtem und linken Auge hervor. Eine Abhängigkeit zwischen Druckniveau einerseits und Alter der Patienten bzw. der Glaukomdauer ließ sich nicht ermitteln.

Abb. 2: Augendruckmaxima und minima von 50 weibl. Pat. (rechtes u. linkes Auge)

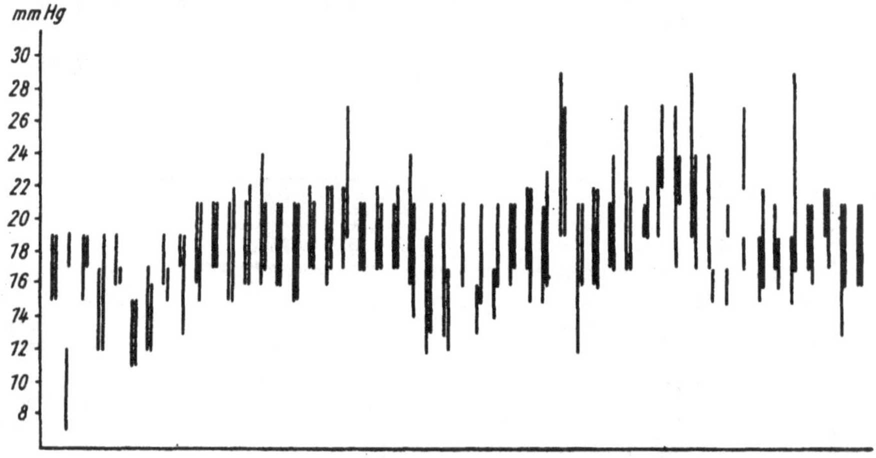

Abb. 3: Augendruckmaxima und minima von 50 männl. Pat. (rechtes u. linkes Auge)

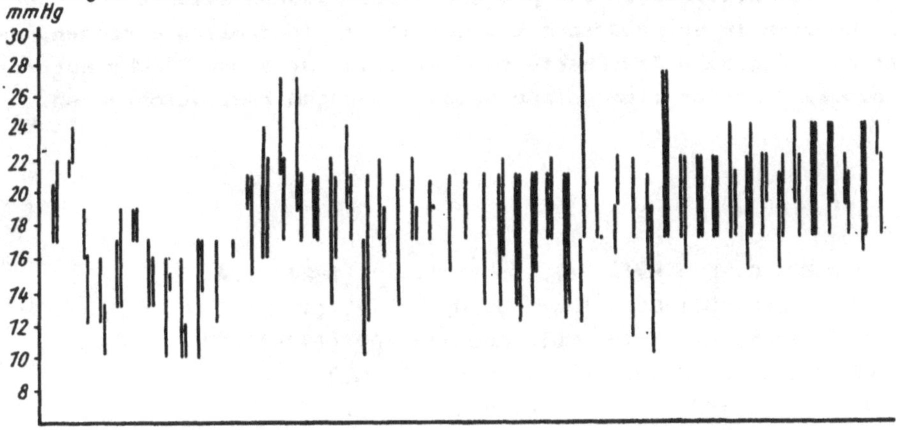

<u>Diskussion</u>

Die Analyse der im klinischen Routinebetrieb ermittelten Tagesdruckkurven ließen nur bei 19 von 100 Patienten die von LEYDHECKER /15/ geforderte Druckregulierung maximal bis 20,5 mm Hg erkennen. In Abhängigkeit von Funktionen, Papillenbefunden, Alter der Patienten und nicht zuletzt von der Häufigkeit der Drucksteigerungen nicht nur bei einem Tagesprofil, sondern über mehrere Tage, wurde entweder die konservative Therapie erhöht oder eine Glaukomoperation vorgenommen. Die bei den Druckkurven ermittelten häufigsten Druckmaxima um 6 Uhr - vor dem Aufstehen - lassen sich mit dem langen therapiefreien Intervall über Nacht erklären, da die letzte Miotikaverabfolgung nach der 22-Uhr-Messung und die erste nach der 6-Uhr-Messung erfolgte. Diese Ergebnisse stimmen mit den von HAGER und REMISCHOVSKY /7/ erhobenen überein, jedoch nicht mit den von KITAZAWA und HORIE /13/ sowie HENKIND, LEITMANN und WEITZMANN /9/. Letztere Autoren beobachteten die stärksten Drucksteigerungen zwischen 10 und 18 Uhr, allerdings an noch unbehandelten Augen. Das gelegentlich zu verfolgende dyssynchrone Druckverhalten beider Augen war z. T. durch bereits vorausgegangene Glaukomoperationen eines Auges, z. T. durch lokale Unterschiede zwischen rechtem und linken Auge bedingt. HUERKAMP /12/ nahm bei konjugiertem Druckverlauf eines Augenpaares zentrale Ursachen (psychische, hormonelle, meteorologische und nutritive Einflüsse), bei nicht konjugiertem Druckverhalten lokale Faktoren an. Auch die unterschiedlich schnelle Entwicklung des Glaukoms in einem Augenpaar sollte mit in Betracht gezogen werden. Die ermittelten Druckwerte lassen die Notwendigkeit einer stationären Oberprüfung aller Glaukompatienten mit Augendruckwerten im Grenzbereich bei ambulanten Kontrollen erkennen, da sicher pathologische Druckwerte am häufigsten um 6 und 22 Uhr auftreten. Ambulant lassen sich gerade diese Messungen kaum durchführen.

Literatur

/ 1/ COLOMBO, G. L.: Ref. Zbl. Ophthal. 12 (1924) 134

/ 2/ DUKE-ELDER, Sir St.: Amer. J. Ophth. 35 (1952) 1

/ 3/ FEIGENBAUM, A.: Klin. Mbl. Augenhk. 80 (1928) 577

/ 4/ GRÖNHOLM, V.: Graef. Arch. 49 (1900) 620

/ 5/ GÜNTHER, G.: Klin. Mbl. Augenhk. 112 (1947) 124

/ 6/ HAGER, H.: Die Behandlung des Glaukoms mit Miotika. Bücherei des Augenarztes 29 (1958) 5

/ 7/ HAGER, H. u. J. REMISCHOVSKY: Klin. Mbl. Augenhk. 140 (1962) 545

/ 8/ HARMS, H.: Glaukom. Bücherei des Augenarztes 21 (1952) 67

/ 9/ HENKIND, P., LEITMANN, M. and WEITZMANN, E.: Invest. Ophthalmol. 12 (1973) 705

/10/ HERTEL, E.: Graef. Arch. 78 (1911) 197

/11/ HUERKAMP, B. u. H. POHLE: Klin. Mbl. Augenhk. 124 (1954) 296

/12/ HUERKAMP, B.: Klin. Mbl. Augenhk. 129 (1956) 114

/13/ KITAZAWA, Y. and T. HORIE: Amer. J. Ophth. 79 No. 4 (1975) 557

/14/ KÖLLNER, H.: Arch. Augenhk. 81 (1916) 120

/15/ LEYDHECKER, W.: Glaukom. Ein Handbuch. Springer, 1960, 391

/16/ LEYDHECKER, W.: Klin. Mbl. Augenhk. 139 (1961) 617

/17/ LEYDHECKER, W.: Klin. Mbl. Augenhk. 170 (1977) 679

/18/ LÖHLEIN, W.: Klin. Mbl. Augenhk. 77 (Beilageheft 1926)

/19/ MAGITOT, A.: Annales d' ocul. 166 (1929) 356

/20/ MASLENIKOW, A.: Z. Augenheilkd. 11 (1904) 564

/21/ MEESMANN, A.: DOG Heidelberg 45 (1925)

/22/ RAEDER, J. G.: Klin. Mbl. Augenhk. 74 (1925) 424

/23/ SALLMANN, L. v. u. A. DEUTSCH: Graef. Arch. 124 (1930) 624

/24/ SEIDEL, E.: Graef. Arch. 102 (1920) 415

/25/ SERR, H.: DOG Heidelberg 45 (1925) 22 u. 225

/26/ THIEL, R.: Arch. Augenhk. 96 (1925) 331

/27/ VAIDYA, J. H.: Brit. J. Ophth. 5 (1921) 172

/28/ WESSELY, K.: Zbl. Ophth. 37 (1913) 303

Zusammenfassung

Das erste meßbare Symptom eines Glaukoms stellt die Erhöhung des Augeninnendruckes dar. Die von MASLENIKOW 1904 zuerst beschriebenen Tagesschwankungen des Augeninnendruckes gaben u. a. Anlaß zu zahlreichen Untersuchungen, den Chronobiorhythmus des Augeninnendruckes hinsichtlich der Ursachen und des Wesens zu erforschen. Instabilität in der Blutverteilung und im Gefäßsystem sowie Blutdruckschwankungen, nutritive, psychische, hormonelle, zentralregulatorische, meteorologische und die Lebensgewohnheiten beeinflussende Faktoren, Funktionszustand der äußeren und inneren Augenmuskeln, kolloid-osmotische Variabilität im Blut während der Arbeit und nach der Nahrungsaufnahme, die Kammerwasserproduktion beeinträchtigende und andere intraokuläre Faktoren sowie pulsatorische, respiratorische und TRAUBE-HERING'SCHE vasomotorische Änderungen wurden z. T. als Einzel-, z. T. als Komplexpathomechanismus für die Tagesschwankungen angeführt.

Von den 1977 in der Universitäts-Augenklinik stationär behandelten Patienten mit einem Glaucoma chronicum simplex wurden 100 Tagesdruckkurven (50 Frauen, 50 Männer) ausgewertet. Besondere Berücksichtigung fanden dabei die trotz optimaler Therapie nicht bei allen durchgeführten Messungen auf normale Augeninnendruckwerte einzuregulierende Augen.

Резюме

Первым измеримым симптомом глаукомы является повышение внутриглазного давления. Впервые в 1904 г. описанные Масленниковым ежедневные колебания внутриглазного давления послужили между прочим причиной многочисленных исследований хронобиоритма внутриглазного давления относительно причин и характера. Неустойчивость распределения крови в сосудистой системе, а также колебания давления крови, питательные, психические, гормональные, центрально управляемые, метеорологические, влияющие на образ жизни факторы, функциональное состояние внешних и внутренних глазных мышц, коллоидно-осмотическая изменчивость в крови во время работы и при приёме пищи, производство влаги, препятствующие и другие внутриглазные факторы, а также пульзаторные, дыхательные и вазомоторные изменения по Траубе-Херинг приводятся частично в качестве отдельных или комплексных патомеханизмов.

В результате стационарно лечившихся в 1977 г. в Университетской глазной клинике больных простой хронической глаукомой было использовано 100 кривых суточного давления (50 мужчин, 50 женщин). Особое внимание было уделено урегулированию на нормальный внутриглазной уровень глазам, которым не удалялось особого внимания несмотря на оптимальную терапию при всех проведённых измерениях.

Summary

Increase in intra-ocular pressure is the initial measurable symptom of glaucoma. Diurnal variation of intra-ocular pressure was first described by Maslenikov, 1904, and caused more recent examiners to undertake numerous studies into the causes and the nature of intra-ocular pressure and its chronobiorhythm. Instabilities in both blood distribution and in the vascular system, variation in blood pressure, nutritional, psychic, hormonal, centro-regulatory, meteorological factors, aspects with impact on life habits, the functional condition of the external and internal optic muscles, colloid-osmotic variability in the blood during exercise and after food intake, factors which impede aqueous humour production and other intra-ocular factors, as well as pulsatory, respiratory, and Traube-Hering's vasomotor variations so far have been among the single or complex mechanisms quoted as being responsible for pathological variation in diurnal rhythm.

A hundred day-pressure curves, 50 each of females and males, were evaluated from Glaucoma chronicum simplex patients hospitalised in the Ophthalmological Department of Martin-Luther-Universität, in 1977. Particular attention was given, in that context, to eyes which could not be adjusted to normal intra-ocular pressure for measurement despite optimum therapy.

Akademie der Wissenschaften der UdSSR
Institut für höhere Nerventätigkeit und Neurophysiologie Moskau
Humboldt-Universität zu Berlin
Bereich Medizin (Charité) Nervenklinik, Abteilung für Neuropathophysiologie

Modulatorfunktion von Substanz P bei Desynchronose

I.P. LJOWSCHINA, K. HECHT, I.A. KOLEMETSEWA, P. OEHME, Th. SCHLEGEL, M. POPPEI, M.G. AIRAPETJANZ, J. WACHTEL

Die Desynchronose ist ein Syndrom zahlreicher neuropsychiatrischer und psychosomatischer Erkrankungen. Alle gebräuchlichen Pharmaka für die Behandlung dieser Krankheiten sind in erster Linie darauf gerichtet, die hyper- oder hypofunktionellen Veränderungen, die gewöhnlich als die wichtigsten Symptome einer Erkrankung betrachtet werden, zu senken bzw. zu erhöhen. So wird bei der medikamentösen Therapie der arteriellen Hypertonie die Blutdrucksenkung und bei neurotisch bedingten Schlafstörungen das Ein- oder Durchschlafen als Kriterium erfolgreicher Behandlung gewertet. Es zeichnet sich in den letzten Jahren immer mehr ab, daß in der Pathogenese und im Bild derartiger Krankheiten, z.B. bei der Depression, gestörte biorhythmische Prozesse eine dominierende Rolle spielen /1/. So besteht die dringende Forderung, solche Neuro-Psychopharmaka zu entwickeln, die die gestörte Biorhythmik wieder herzustellen vermögen. Die meisten dieser gebräuchlichen Pharmaka bewirken das Gegenteil; sie zerstören sogar biorhythmische Vorgänge von gesunden Individuen /2, 3/. Es gibt auch noch kein Schlafmittel, welches die abgebaute Struktur des Schlafes (Deltaschlaf, REM-Schlaf) bei Neurotikern und anderen psychisch Erkrankten wieder aufbaut. Andererseits gibt es erste Hinweise dafür, daß es mit bestimmten Medikamenten möglich ist, eine durch chronischen Streßeinfluß zerstörte Minutenrhythmik wiederherzustellen /4/. Die Suche nach solchen Medikamenten, welche eine Desynchronose beseitigen, wird daher zu einem dringenden Bedürfnis. Vorteilhafte Eigenschaften, insbesondere wegen ihrer Modulatorfunktion /5/ bietet die Substanz P (SP): Arg-Pro-Lys-Pro-Gln-Gln-Phe-Phe-Gly-Leu-MetNH_2.

Methodik

Wir untersuchten den Einfluß dieses Peptides auf die Wiederherstellung des durch chronischen Lärmstress gestörten Minutenrhythmus des bedingten lokomotorischen Abwehrreflex (BLAR) /6, 7/ und durch Hypokinesestress gestörten Schlaf von adulten männlichen Wistarratten. Das Peptid wurde in einer Dosis von 250 μg/Kg intraperitoneal verabreicht. Das Schlaf-EEG wurde über eingeheilte Elektroden von Arealen des optischen Neokortex und des Hippokampus zum Zeitpunkt des Minimums des zirkadianen Verlaufs der motorischen Spontakaktivität von Ratten, die unter natürlichen Licht-Dunkelbedingungen lebten, abgeleitet. Die Untersuchungen erfolgten an vier aufeinanderfolgenden Tagen.

Ergebnisse

Wie aus folgender Tabelle sowie aus den Abbildungen 1 - 4 zu ersehen ist, wird der Minutenrhythmus des BLAR unter einem vierwöchigen Lärmstress völlig zerstört, so daß keine Frequenzen mehr nachzuweisen sind. Die Applikation einer einmaligen Dosis Substanz P stellt die Rhythmik in einem bestimmten Maße wieder her. Dieser Zustand läßt sich, wenn auch schon abgeschwächter, 48 Stunden nach der Applikation noch erkennen. Die nach dem chronischen Lärmstress hyperreaktiv ausgewiesenen vegetativen Parameter (Blutdruck, Herzfrequenz, Atmung u.a.) blieben durch die einmalige Gabe von Substanz P unbeeinflußt.

Parameter des Minutenrhythmus	Kontrollen	Lärm	Lärm + SP	Lärm + SP(48 h)
Frequenz	6,7 min	-	4,2 min	3,4 min
Synchronisation (Korrelationskoeffizient)	0,691	0,099	0,676	0,311
mittleres Erregungsniveau	0,68	0,81	0,66	0,81
Erfolgsquote	0,99	0,27	0,71	0,70

Die Schlaf-Wachstadien wurden wie folgt definiert:

Wach-Schlafstadien		Verhalten	EEG
I.	Aktiver Wachzustand	motorische Aktivität	Desynchronisation
II.	Passiver Wachzustand	keine motorische Aktivität	Desynchronisation
III.	Oberflächlicher langsamer Schlaf	Schlaf; vegetative Hyporeaktion	Synchronisation Alpha Theta Delta-Rhythmus
IV.	Tiefer langsamer Schlaf	Schlaf; vegetative Hyporeaktion	Delta-Rhythmus
V.	REM-Schlaf	Schlaf; vegetative Hyperreaktion	Desynchronisation Theta-Rhythmus

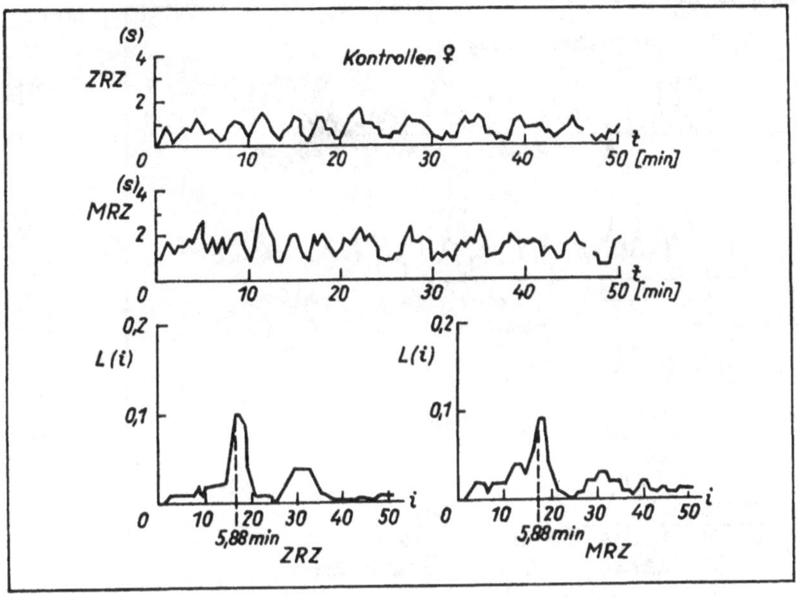

Abb. 1: Minutenrhythmus des BLAR von Kontrollen mit Powerspektrum

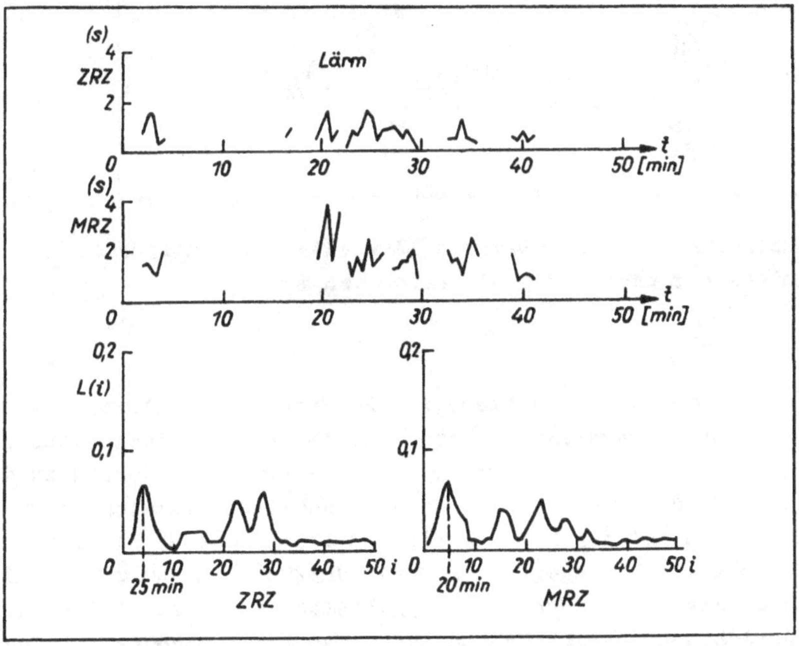

Abb. 2: Zerstörter Minutenrhythmus des BLAR nach 4wöchigem Lärmstress mit Powerspektrum

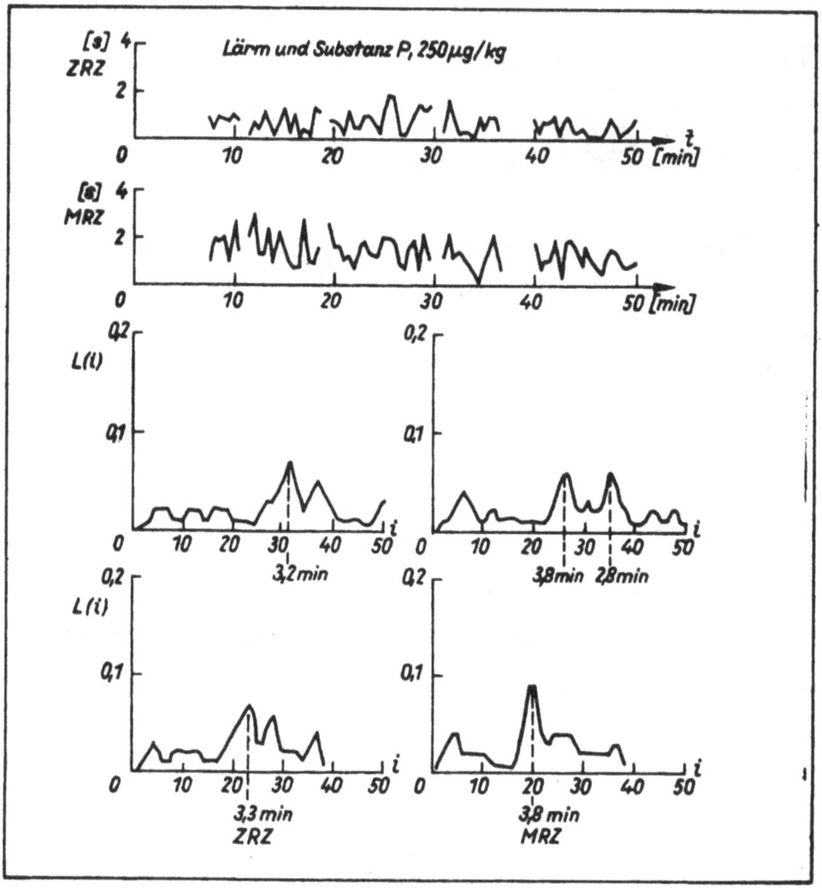

Abb. 3: Minutenrhythmus des BLAR von lärmgestressten Tieren unmittelbar nach der Applikation von SP

Normale Tiere waren für die Dauer von 20 Minuten im aktiven und danach 10 Minuten im passiven Wachzustand. Im Anschluß daran gingen sie in das Stadium III für die Dauer von 30 Minuten und danach in den tiefen Schlaf für die Dauer von 50 Minuten über. Das Stadium IV wurde in der Regel 2 - 4 mal durch 2 - 5 Minuten andauernde Episoden des REM-Schlafes mit stark ausgeprägtem Theta-Rhythmus im Neokortex und Hippokampus unterbrochen. Chronisch Hypokinese-gestresste Tiere waren durch die Ausdehnung des aktiven und passiven Wachzustandes auf jeweils 30 Minuten gekennzeichnet, welche vor allem zu ungunsten des Stadiums IV und V gingen. Beide Stadien wurden um die Hälfte ihrer Dauer gegenüber der von Normaltieren reduziert.

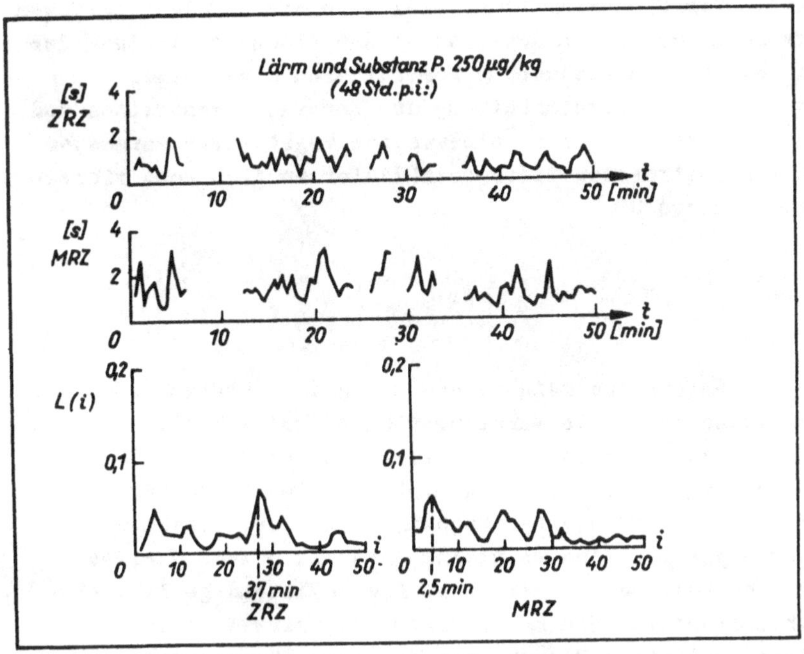

Abb. 4: Minutenrhythmus des BLAR von lärmgestressten Tieren 48 Stunden nach der Applikation von Substanz P

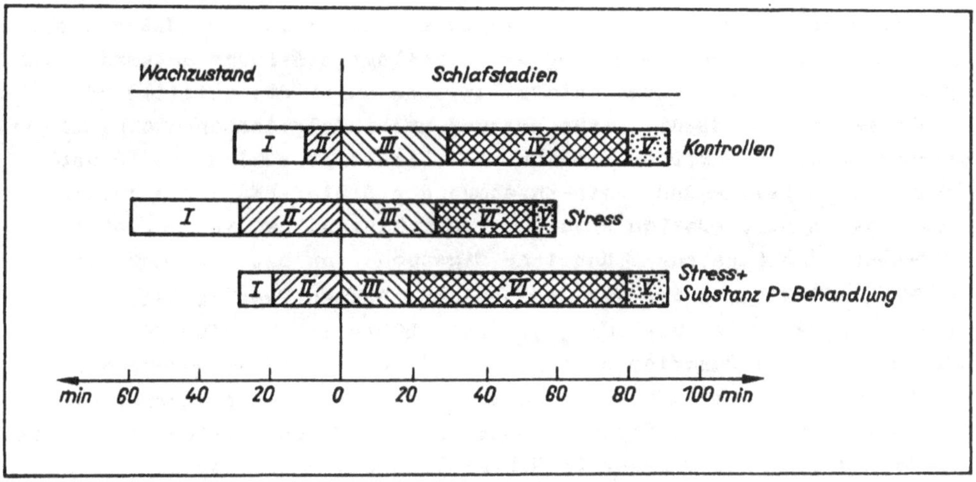

Abb. 5: Zeitlicher Anteil der EEG-Schlafstadien des Wach-Schlafzyklus von Kontrollen von gestressten Tieren und mit SP behandelten Stresstieren

Die Applikation von 250 μg/Kg SP an vier aufeinanderfolgenden Tagen führte bereits nach der ersten Applikation zur Wiederherstellung der Schlafstadien, wie sie in Annäherung Normaltieren eigen sind.

Die gestörte Informationsverarbeitung des Zentralnervensystems und die hyperreaktive Abweichung der untersuchten vegetativen Parameter der chronisch lärmgestressten Tiere normalisierten sich nach viermaliger Verabreichung von SP.

Diskussion

Die dargelegten Ergebnisse zeigen, daß durch die Substanz P sowohl der durch Lärmstress zerstörte Minutenrhythmus des BLAR als auch die durch Hypokinesestress abgebaute rhythmische Schlafstruktur in den Normalzustand zurückgeführt werden kann. Dieses Peptid verfügt daher nicht nur über Eigenschaften einer hochwirksamen Funktionssubstanz des Zentralnervensystems, sondern stellt auch ein Mittel dar, welches eine Desynchronose beseitigen kann. Die vollständige Eliminierung der Desynchronose im Wach-Schlafzyklus hypokinesegestresster Tiere geht einher mit einer Senkung der hyperton ausgelenkten vegetativen Parameter und der Normalisierung der Informationsverarbeitung des Zentralnervensystems. Eine einmalige Gabe von Substanz P kann den gestörten Minutenrhythmus des BLAR noch nicht vollständig wiederherstellen. Infolgedessen sind offensichtlich auch die vegetativen Parameter unbeeinflußt geblieben. Obgleich noch Untersuchungen zur weiteren Untermauerung der dargelegten Befunde notwendig sind, möchten wir die Hypothese aufstellen, daß durch die modulierende Funktion /5/ von SP die Desynchronose und infolgedessen die pathologischen hyperreaktiven Abweichungen beseitigt werden. Da SP den reduzierten Delta- und Theta-Rhythmus des Schlaf-EEG von chronisch gestressten Wistarratten wieder zu vervollständigen vermag, wird offenbar, daß Substanz P ähnliche Eigenschaften hat, wie das von MONNIER und Mitarbeiter /8/ beschriebene "Sleep Peptide Delta".

In gleicher Weise wie $ACTH_{4-10}$ (nach URBAN und De WIED /9/) hat SP modulierende Funktionen in Lern- und Gedächtnisprozessen, die offensichtlich während des gesamten Wach-Schlafzyklus wirksam sind. Der ausgeprägte Theta-Rhythmus unserer mit SP behandelten Stresstiere sowie die Steigerung ihrer Gedächtnisleistung unter der SP-Behandlung sprechen dafür.

Literatur

/1/ Papousek, M.: Fortschritte der Neurologie Psychiatr. und Grenzgeb. 43 (1975) 381

/2/ Hecht, K. und K. Treptow: Activ-nervos.sup. 13 (1971) 92

/3/ Rensing, L.: Biologische Rhythmen und Regulation. VEB Gustav Fischer Verlag Jena 1973 S. 223

/4/ Poppei, M., K. Hecht, Th. Schlegel und H. Frömmel: Zur Beeinflussung stressinduzierter periodischer Verläufe bedingt-reflektorischer Prozesse (Desynchronisation) durch Pharmaka in: J.-H. Scharf (Hrsg): Die Zeit und das Leben. Novo Acta Leopoldina 46 (1977) 455

/5/ Barker, I.L.: Physiol. Rev. 56 (1976) 435

/6/ Hecht, K., K. Treptow, S. Choinowski und M. Peschel: Die raumzeitliche Organisation der Reiz-Reaktions-Beziehungen bedingtreflektorischer Prozesse. VEB G. Fischer Verlag Jena 1972

/7/ Schlegel, Th., K. Hecht, G. Dörner, M. Poppei und G. Hinz: Zum Einfluß von neonatal verabreichten neurotropen Pharmaka auf den Minutenrhythmus bedingt-reflektorischer Prozesse von Ratten im adulten Alter. Deutsch-sowjetisches Symposium über Chronobiologie und Chronomedizin Halle 1978

/8/ Monnier, M., G.A. Schoenenberger, L. Dudler and B. Herkert: Production, Isolation and further Characterization of the "Sleep Peptide Delta". in: P. Levin and W.P. Loella (Eds): Sleep 1974, 2nd Europ. Congr. Sleep Res. Rome 1974, Karger Basel 1975 S. 41

/9/ Urban, I. and D.De Wied: Pharmacology Biochemistry and Behaviour 8 (1978) 51

Zusammenfassung

Desynchronose ist ein Syndrom zahlreicher Erkrankungen. Es besteht daher die dringende Notwendigkeit, Medikamente zu entwickeln, welche diese Desynchronose beseitigen. Vorteilhafte Eigenschaften bieten in dieser Hinsicht körpereigene Wirkstoffe, z.B. Verhaltens- und hirnaktive Peptide mit Modulatorfunktion.

Wir untersuchten das in vielen Arealen des Nervensystems nachweisbare Undekapeptid "Substanz P" in seiner Wirkung auf eine durch chronischen Lärmstress ausgelöste Desynchronose.
Hierbei konnten folgende Resultate gewonnen werden:

1. Nach 4-wöchigem Lärmeinfluß ist die Minutenperiodik der Reaktionszeiten des bedingten lokomotorischen Abwehrreflexes gestört und die Synchronisation aufgehoben.
2. Eine einmalige Applikation von 250 µg/kg Substanz P stellt nach 15 Minuten Wirkungsdauer die Periodik wieder her, wobei die mittlere Frequenz 5 Minuten (Kontrollen 5-7 Minuten) und der Korrelationskoeffizient als Kriterium für die Synchronisation r = 0,7 (Kontrollen r = 0,7) beträgt.
3. Substanz P vermag reduzierte Delta- und Theta-Aktivität des Schlaf-EEG von chronisch gestressten Ratten wieder zu vervollständigen bzw. zu verstärken.

Diese Ergebnisse zeigen, daß die Modulatorfunktion der Substanz P Desynchronose zu beseitigen vermag.

Резюме

Десинхроноз является синдромом многочисленных заболеваний, таких, как неврозы, депрессии, психосоматические расстройства. В связи с этим перед терапией ставится задача - восстановить физиологический статус нарушенной ритмики.
Большинство применяемых в настоящее время психофармакологических веществ вносит нарушения в биоритмический профиль и обуславливает появление десинхроноза. Поэтому необходимо срочно создать такие медикаменты, которые бы исключали десинхроноз.
Благоприятными свойствами в этом отношении обладают вещества, имеющиеся в организме, как, например, биологически активные пептиды с модуляторной функцией.
Исследовалось действие обнаруживаемого во многих участках нервной системы адекапептида - субстанции "Р" на развитие под

воздействием хронических шумовых стрессовых нагрузок десинхроноза.

В исследованиях были получены следующие результаты:

I. В результате 4-недельного шумового воздействия нарушается минутная периодика условно-рефлекторных процессов в исчезает синхронизация.

2. Одноразовая аппликация 250 мкг/кг субстанции "P" восстанавливает через I5 минут нарушенную периодику, средняя длительность периодов при этом составляет 5 минут / в контроле 5-7 минут/ с коэффициентом корреляции 0,7 / в контроле 0,7/ в качестве критерия синхронизации.

Эти резултаты показывают, что благодаря модуляторной функции субстанции "P" устраняются явления десинхроноза.

Summary

Desynchronosis is a syndrome of numerous diseases. It is necessary, therefore, to develop drugs to eliminate desynchronosis. Hormones of the body, such as behaviour- and brain active peptides with modulator function, will offer advantages in this respect. The study has been made of the effect of the undecapeptide "substance P" (which was found in different parts of the nervous system) respectly desynchronosis induced by chronic noise stress.

The following results have been obtained:

1. After 4 weeks of noise stress the minute rhythms of reaction time of avoidance responses are disturbed and the synchronization is cancelled.

2. A single injection of 250 µg/kg substance P restores the periodic pattern after an effective time of 15 minutes, when the mean frequency is 5 Minutes (controls: 5 to 7 minutes) and the correlation coefficient as a criterion for the synchronization is r = 0,7 (controls: r = 0,7)

3. The substance P can restore or enhance the reduced delta and theta activities of the sleeping EEG chronicall stressed rats.

The results show that the modulator function of the substance P may be able to eliminate desynchronosis.

Martin-Luther-Universität Halle-Wittenberg
Sektion Pharmazie, Wissenschaftsbereich Pharmakologie

Beitrag zum tagesrhythmischen Verhalten elektroencephalographischer Parameter ohne und nach Gabe von Chlorpromazin, Clozapin, Haloperidol oder Tetrabenazin

M. SCHLEGEL und H. BEKEMEIER

Einleitung

Bekanntlich unterliegt der corticale Aktivierungszustand bei Tier und Mensch rhythmischen Schwankungen. So wechseln im Verlauf des Tages Schlafphasen mit Wachphasen ab, und innerhalb dieser Phasen sind darüber hinaus ultradiane Rhythmen abzutrennen [1, 2, 3]. Wir haben im Rahmen von Neuroleptika-Siebtestungen über einen Zeitraum von 10 Stunden eine Reihe elektroencephalographischer und verhaltensmäßiger Parameter registriert. Dies geschah im Zusammenhang mit der Entwicklung und Erprobung einer elektroencephalographischen Siebtestmethode für Neuroleptika, d. h. die Versuchsplanung und -durchführung erfolgte primär nicht zum Zwecke der Ermittlung einer zirkadianen oder ultradianen Rhythmik. Wir haben aber die ermittelten Daten hinsichtlich der Fragestellung analysiert, ob rhythmische Schwankungen zu erkennen sind, weil eine Rhythmik für die Versuchsanlage und die Beurteilung von Substanzeffekten wichtig sein kann. Über die Ergebnisse soll hier berichtet werden, obwohl sie unter chronobiologischen Aspekten nur fragmenthaft sind.

Material und Methode

Acht bis 9 Monate alte, in Koloniezucht gezogene, ab Operation einzeln gehaltene männliche Wistar-Ratten wurden verwendet. Zwei Reizelektroden mit den Koordinaten -3,5/2 und 3 im linken N. caudatus und zwei Ableitelektroden in den rechten N. caudatus wurden in Pentobarbitalnarkose [6, 7, 8] implantiert. Das corticale EEG wurde mit Oberflächenelektroden der Koordinaten -1/1 und +7/2 abgeleitet; sie repräsentieren den motorischen Cortex bipolar und den visuellen Cortex unipolar.

Für die indifferente Elektrode erwiesen sich die Koordinaten -2/0 /4/ besser als -10/0 /5/, weil Störeinflüsse durch die Atmung wesentlich reduziert waren. Der histologische Nachweis des Elektrodensitzes wurde erbracht, indem nach Anodenläsion /9/ mit Abscheidung von Eisenionen der Stahlelektroden ins Hirngewebe die Anfärbung der Elektrodenlokalisationen mittels Berliner-Blau-Reaktion erfolgte.

Die im Faraday-Käfig freibeweglich gehaltenen Ratten erhielten Futter und Wasser ad libitum.

Die Versuchsdurchführung umfaßt insgesamt 4 Versuchsreihen:

1. Ableitung der EEGs und Beobachtung der Tiere ohne Caudatum-Reizung
2. Kontrollversuche nach Gabe von 0,5 ml Natriumchlorid (0,9 %)-Lösung mit Reizung des Nucleus caudatus
3. Vorversuche mit verschiedenen Dosierungen der zu untersuchenden Substanzen zur Ermittlung der optimalen Dosierung
4. 10 Hauptversuche zu jeder Substanz mit der im Vorversuch ermittelten Dosierung

Jede Substanztestung umfaßte bei Verwendung von in der Regel 3 bis 4 Tieren insgesamt 22 bis 24 Versuche über jeweils 10 Stunden. Die Konzeption eines einzelnen Versuches war jeweils gleich. Vor Substanz- bzw. Kochsalzgabe wurde ein Leerwert angefertigt, wobei das Tier mit aufsteigender Spannung von 1 bis 9 Volt jeweils 6 mal im Abstand von 10 s mit einem Einzelimpuls von 0,05 ms Impulsbreite gereizt wurde. Das Reizschema wurde in Anlehnung an STILLE /5/ aufgestellt. Um 9 Uhr erfolgte die Substanz- bzw. Kochsalzapplikation, und stündlich wurde das eben erläuterte Reizschema in gleicher Weise wiederholt.

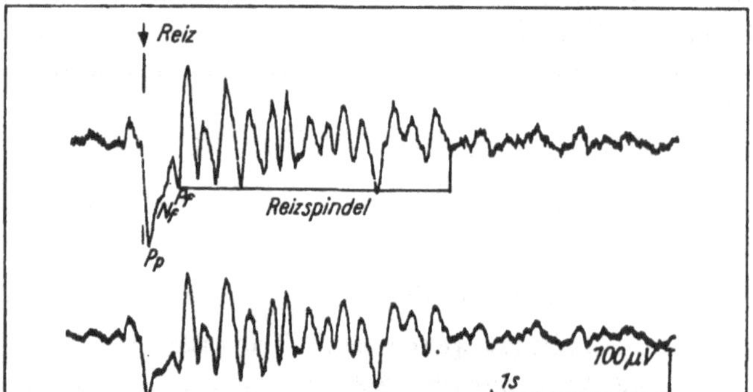

Abb. 1: Reizspindel, abgeleitet aus dem rechten N. caudatus

Testparameter waren:

1. subcorticale Reizantwort
1.1. Reizspindel
   a) Spindelhäufigkeit   b) Spindeldauer
   c) max. Spindelamplitude   d) durchschnittliche Spindelfrequenz
1.2. Spontanspindelhäufigkeit
2. corticale Klassifizierung des EEGs
2.1. aktiviertes Bild
2.2. sediertes Bild   2.3. Schlaf-Bild
3. Verhaltensanalyse des Tieres
4. Katalepsietest nach WIRTH [14] modifiziert nach STILLE [15]

Ergebnisse und Diskussion

Entsprechend Abb. 2 läßt der zeitliche Verlauf der Spindelhäufigkeit

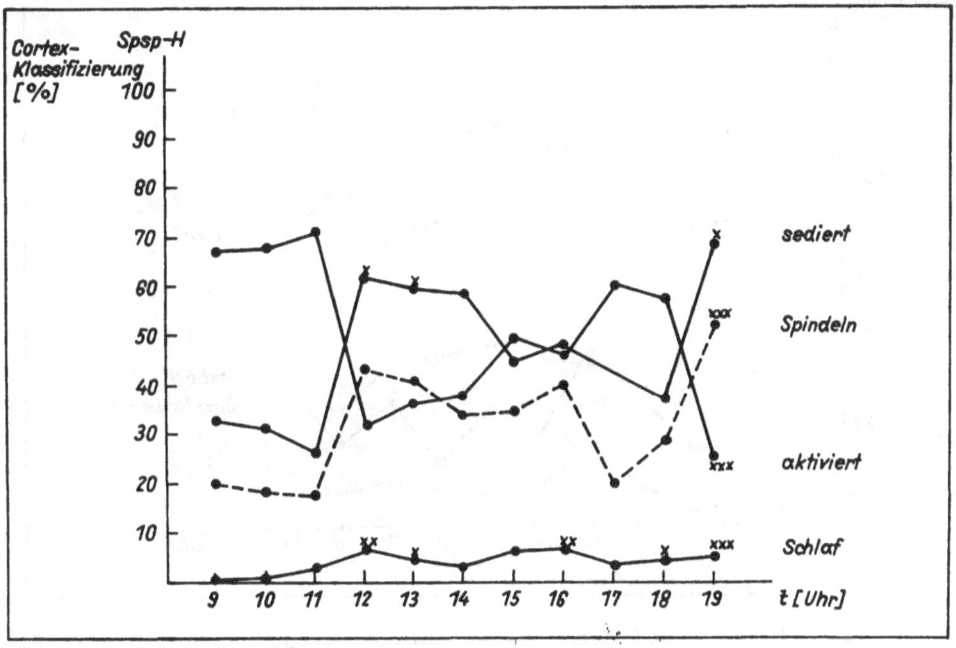

Abb. 2: Zeitlicher Verlauf der Spindelhäufigkeit und der Cortex-Aktivierungszustände im Kontrollversuch ohne Reizung und ohne Substanzgabe
x = p <0,05; xx = p <0,02; xxx = p <0,01; n = 5; 1 Tier

und der corticalen Aktivierungszustände im Kontrollversuch ohne Reizung von 9-11 Uhr ein deutliches Maximum des aktivierten corticalen Bildes erkennen. Es folgt ein Minimum von 12-14 Uhr und eine erneute Erhöhung mit maximalen Werten von 15-18 Uhr. Gegen 19 Uhr fällt die Aktivität stark ab. Das sedierte Cortex-EEG verhält sich gegenläufig zum aktivierten Bild ($r = -0,859$, $p < 0,01$). Zwischen dem sedierten corticalen Bild und der subcorticalen Spindelhäufigkeit herrscht eine positive Korrelation ($r = 0,527$, $p < 0,01$). Insgesamt ergibt sich aus den Kurvenverläufen ein tagesrhythmisches Verhalten der EEG-Aktivität, die zwar mittels einiger Signifikanzen, jedoch nicht mittels Autokorrelation statistisch gesichert werden konnte. Ursache dafür könnte einerseits die zu kurze Testzeit von 10 Stunden sein, um eine zirkadiane Periodik, die eine Vielzahl beobachteter 24-Stunden Rhythmen steuert, wie z. B. von WEVER [1] beschrieben, zu erkennen. Andererseits könnte

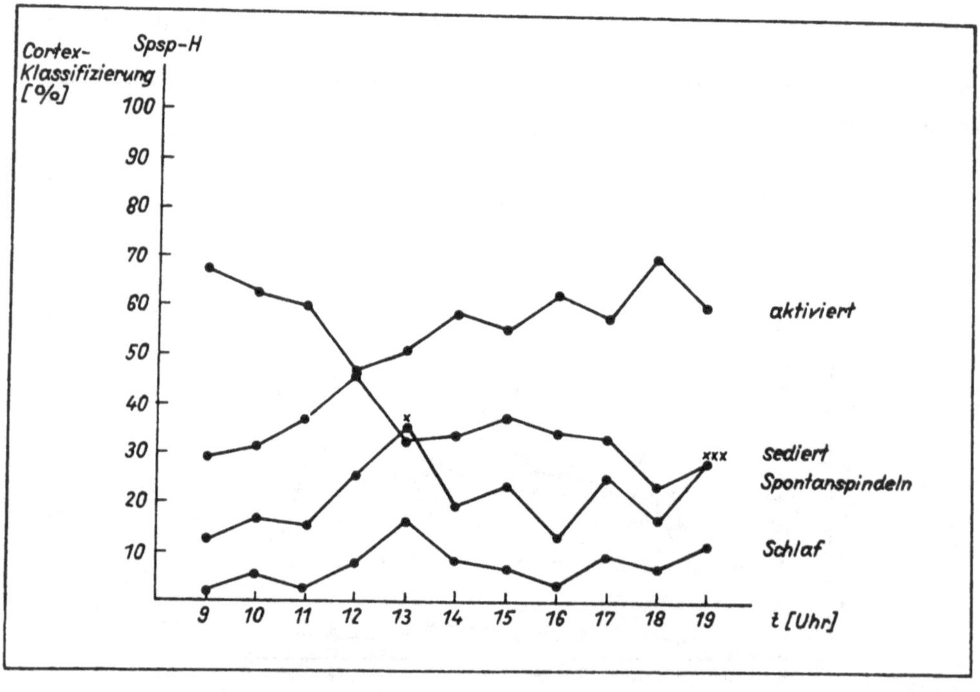

Abb. 3: Zeitlicher Verlauf der Spindelhäufigkeit und der Cortex-Aktivierungszustände (Anteil in %) im Kontrollversuch vor Beginn der Substanztestung
x = $p < 0,05$; xxx = $p < 0,01$; n = 12; 10 Tiere

infolge der zu großen Testabstände von einer Stunde ein ultradianer Rhythmus, wie die Alternation von NREM-Schlaf und REM-Schlaf, der tagsüber zwar maskiert, aber doch existent ist und vermutlich endogen gesteuert wird [2], mit der Autokorrelationsanalyse nicht deutlich erfaßt werden. Das von uns gefundene EEG-Bild korrespondiert teilweise nicht mit den Befunden einiger anderer Autoren [vgl. 13], nach denen Nager morgens um 8 Uhr geringe motorische Aktivität und gegen 20 Uhr hohe Aktivität zeigen. Hierfür dürfte die zeitliche Versuchsanlage verantwortlich sein.

Entsprechend Abb. 3 reduzieren sich die im Kontrollversuch ohne elektrische Reizung beobachteten Schwankungen der Parameter bei Reizung des N. caudatus, einem extrapyramidalen Hemmzentrum der Basalganglien, das als ein wesentlicher Angriffspunkt der Neuroleptika beschrieben wird, deutlich. Nach Gabe von Clozapin, Chlorpromazin, Haloperidol und Tetrabenazin bei Reizung des N. caudatus blieben die rhythmischen Schwankungen abgeschwächt. Sichtbar wird dies an der Spontanspindelhäufigkeit (Abb. 4), der Reizspindelhäufigkeit und der Reizspindeldauer (Abb. 5). Das corticale Aktivitätsniveau war teilweise in Abhängigkeit von der sedierenden Wirkkomponente der Substanzen deutlich herabgesetzt (Abb. 6); entsprechend stieg der Anteil an sediertem Cortex-Bild bzw. corticalem Schlafbild an. Die Substanzen bewirkten eine unterschiedlich starke Senkung des motorischen Aktivitätsniveaus infolge der sedierenden Wirkkomponente bei Chlorpromazin und Clozapin bzw.

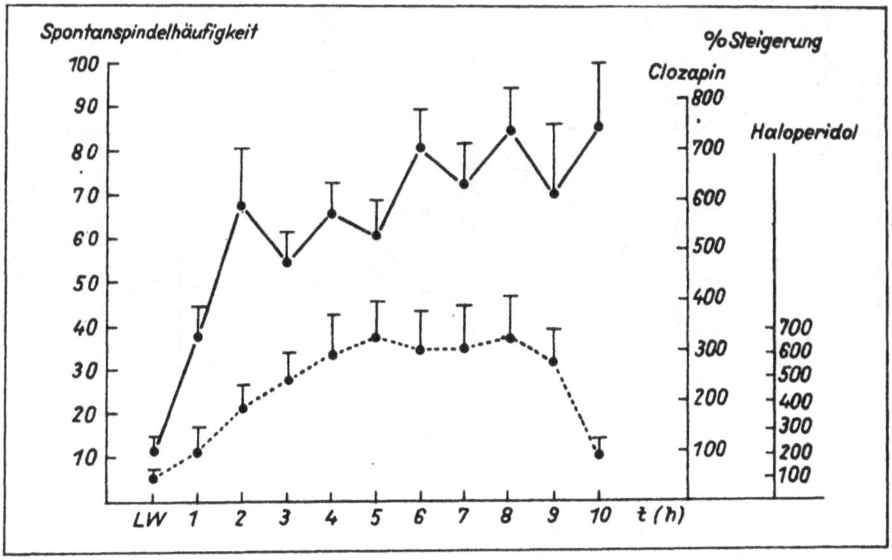

Abb. 4: Spontanspindelhäufigkeit ($\bar{x} \pm s_{\bar{x}}$) nach Gabe von 20 mg/kg Clozapin (—) und 0,3 mg/kg Haloperidol (....); n = 10

der kataleptogenen bei Haloperidol und Tetrabenazin. Anhand der Katalepsie nach Gabe von Tetrabenazin bzw. Haloperidol deutete sich dagegen eine gewisse Rhythmisierung an (Abb.7)

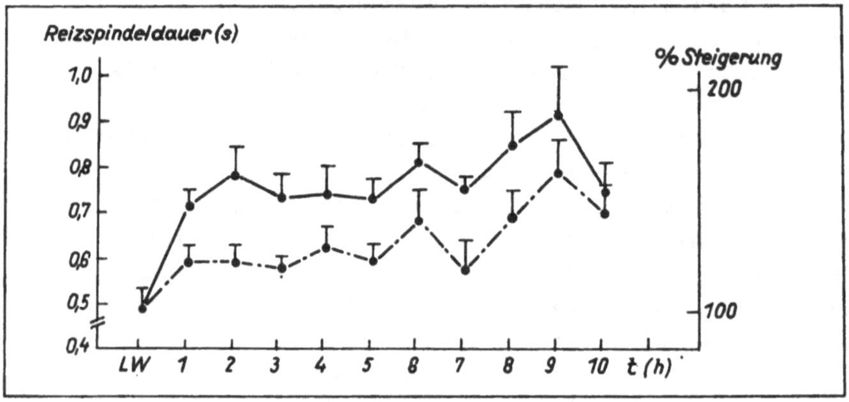

Abb. 5: Reizspindeldauer ($\bar{x} \pm s_{\bar{x}}$) nach Gabe von 20 mg/kg Clozapin (—) und 11 mg/kg Tetrabenazin (-.-.); n = 10

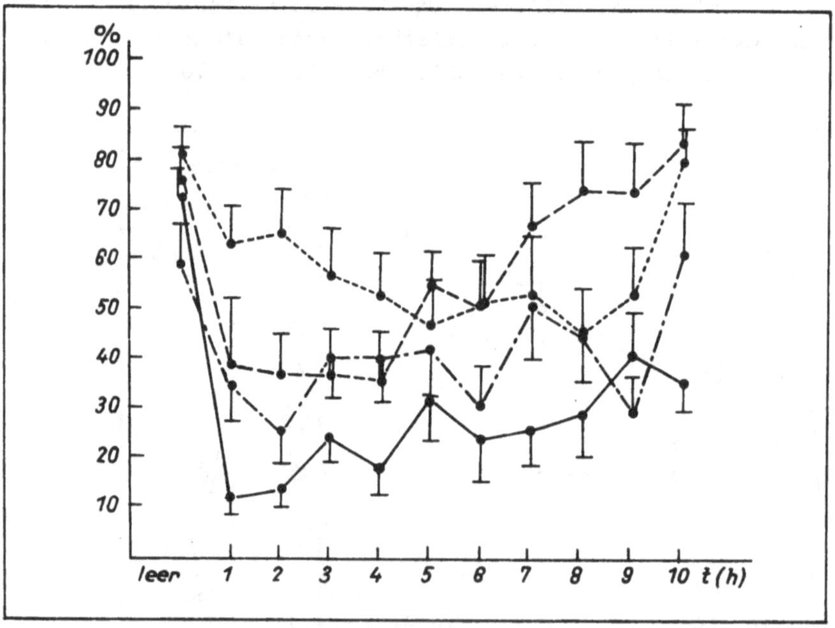

Abb. 6: Aktiviertes Cortex-EEG ($\bar{x} \pm s_{\bar{x}}$) nach Gabe von Chlorpromazin ---; Clozapin —; Haloperidol...; Tetrabenazin -.-.; n = 10

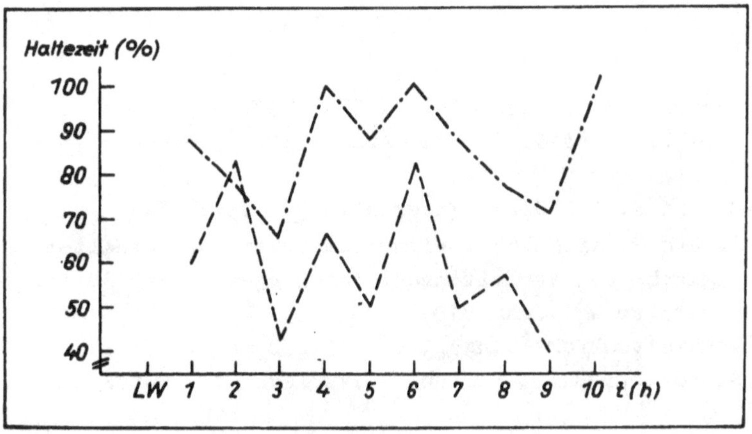

Abb. 7: Katalepsietest nach WIRTH et al. [14] modifiziert nach STILLE [15]; %-Haltezeit (=10 s) auf einer 7 cm hohen Säule; -.-.- Tetrabenazin, ... Haloperidol; Clozapin und Chlorpromazin waren in diesem Versuch unwirksam

Hauptergebnis ist, daß der im corticalen und subcorticalen EEG zu beobachtende Rhythmus durch elektrische Caudatumreizung reduziert und daß dieser Effekt der elektrischen Reizung durch die Neuroleptika nicht aufgehoben wird, obwohl die Neuroleptika teilweise die Dopaminrezeptoren blockieren, also dieser bei der elektrischen Reizung freigesetzte Transmitter seinen Rezeptor nicht mehr in vollem Maße erreichen kann. Mit diesem Mechanismus hängt der Rhythmus und seine Beeinflussung offenbar nicht zusammen, denn er wird durch alle vier Neuroleptika unabhängig von ihren diesbezüglich unterschiedlichen Wirkmechanismen nivelliert. Die Reduzierung der Schwankungen wird durch die Neuroleptika anscheinend sogar verstärkt. Es ist anzunehmen, daß diese Reduzierung als Ergebnis der sedierenden, vermutlich in das serotoninerge System eingreifenden Wirkkomponente der Neuroleptika [10, 11] aufzufassen ist.

Das ist möglicherweise dadurch erklärbar, daß die elektrische Reizung sich auf das Caudatum erstreckt, die Neuroleptikawirkung aber auch die Formatio reticularis beeinflußt.

Nach Literaturbefunden [12] soll Serotonin auf die reticuläre Formation und einige andere kleinere Zellgruppen erregend, aber sonst ganz überwiegend, so auch auf das Caudatum, hemmend wirken. Unsere Befunde befinden sich in Übereinstimmung mit Beobachtungen anderer Autoren, wonach viele Pharmaka rhythmische Vorgänge im ZNS hemmen.

Literatur

/1/ WEVER, R.: Arzneimittelforschung 26 (1976) 1050

/2/ SCHULZ, H., G. DIRLICH und J. ZULLEY: Arzneimittelforschung 26 (1976) 1056

/3/ GAILLARD, J.-M. und F. TUGLULAR: Experentia 32 (1976) 718

/4/ PICKENHAIN, L. und F. KLINGBERG: Hirnmechanismen und Verhalten. Elektrophysiologische und Verhaltensuntersuchungen an der Ratte, VEB Gustav Fischer Verlag, Jena (1969) 20

/5/ STILLE, G.: Arzneimittelforschung 21 (1971) 252

/6/ KRIEG, W. J. S.: Quart. Bull. northw. Univ. med. Sch. Chicago 20 (1946) 199

/7/ SAYERS, A. und G. STILLE: Electroencephalogr. & clin. Neurophysiol. 27 (1969) 87

/8/ STILLE, G. und A. SAYERS: Experienta 23 (1967) 1028

/9/ KLEMM, W. R.: Animal Electroencephalography, Academic Press, New York and London (1969) 66

/10/ BURKI, H. R., RUCH, W. und H. ASPER: Psychopharmacologia 41 (1975) 27

/11/ RUCH, W., ASPER, M. und H. R. BURKI: Psychopharmacologia 46 (1976) 103

/12/ LULLIES, H. und D. TRINCKER: Taschenbuch der Physiologie, Bd. III /1, Gustav Fischer Verlag, Stuttgart (1974) 64 -67

/13/ MOORE EDE, M. C.: Clin. Pharmacol. Ther. 14, (1974) 925

/14/ WIRTH, W., GOSSWALD, R., MÖRLEIN, U., RISSE, K. H. und M. KREISKOTT: Arch. internat. Pharmacodyn. 115 (1958) 1

/15/ STILLE, G.: Arzneimittelforschung 21 (1971) 528

Zusammenfassung

Ratten zeigten anhand von EEG-Parametern (corticale Aktivierungszustände, Spontanspindeln im Nucleus caudatus) und Verhaltensparametern (nichtautomatisierte und automatisierte Bewegungen, Ruhezustände, bei Arzneimittelgabe Katatonie) von 9 - 11 Uhr hohe motorische Aktivität bei entsprechendem elektroencephalographischen Korrelat. Sie lag von 12 - 16 Uhr vergleichsweise niedrig, stieg von 17 - 18 Uhr an, um gegen 19 Uhr stark abzufallen. Die Tagesrhythmik war bei den einzelnen Parametern unterschiedlich ausgeprägt, z.B. war sie bei der Spontanspindelhäufigkeit deutlich, bei der Reizspindeldauer überhaupt nicht sichtbar. Die Schlafphasen waren durch die bekannte Rhythmik von orthodoxem und paradoxem Schlaf mit ihren Ubergangen charakterisiert.

Bei elektrischer Reizung des Nucleus caudatus wurden die tagesrhythmischen Schwankungen deutlich reduziert, und sie blieben auch nach Gabe von Chlorpromazin, Haloperidol, Clozapin und Tetrabenazin abgeschwächt. Die Substanzen bewirkten eine unterschiedlich starke Senkung des Aktivitätsniveaus, vermutlich in Abhängigkeit von ihrer sedativen Wirkkomponente. Abhängigkeiten der Parameter von äußeren Einflüssen sowie von den durch die elektrische Reizung induzierten biochemischen Veränderungen im Gehirn werden diskutiert.

Резюме

Крыси показали на ЭЭГ-параметров / corticale состояния активности, самопроизвольные веретёна в nucleus caudatus / и параметров ведения / неавтоматические и автоматические движения, состояния покоя, кататония при подаче лекарственных веществ / от 9-II часов высокую моторную активность при соответственным электроэнцефалографическим коррелятом. Она была с I2-I6 часов сравнительно низка, повышалась с I7-I8 часов, и к I9 часам сильно снижалась. Ритм дня у отдельных параметров был различно выражен, например при накоплении самопроизвольных веретен резко, но при продолжительности веретен раздражения вообще не виден. Фазы сна были характеризованы известными ритмами ортодоксального с парадоксальным сном со своими переходами.
При электрическом раздражении nucleus caudatus дневные ритмические колебания были резко понижены, и они тоже остались ослабленными после дачи хлорпромацина, галоперидола, хлорцапина и тетрабенацина. Вещества вызывали различно сильное снижение уровня активности, наверно в зависимости от своего седативно действующего компонента. Зависимости параметров от внешных влияний, а также от индуцированных биохемических изменений в мозге электрическим раздражением были обсуждены.

Summary

By EEG parameters (cortical activity, spontaneous spindles of the caudate nucleus) as well as by behavioural parameters (automatized and nonautomatized movements, resting positions, in case of drug administration catatonia) high movement activity was found from 9 - 11 a. m. By way of comparison movement activity was relatively low between 0 - 4 p. m., it rose at 5 - 6 p. m. and decreased sharply against 7 p. m. The clearness of the diurnal biorhythm showed itself very differently in the various parameters. For instance, clearness of the diurnal biorhythm was high by following the frequency of spontaneous spindles, but was found to be practically abolished by following the duration of electrically evoked spindles. The sleeping phases were characterized by the well-known rhythm of orthodox and paradox sleep connected by their stages of transition.

The biorhythm was significantly reduced during electrical stimulation of the caudate nucleus. The reduction of the biorhythm was maintained also after administration of chlorpromazine, haloperidol, clozapine and tetrabenazine. Apparently in dependence on their sedation potency, the substances produced a differently strong reduction of the activity level. The relationship of the parameters with external influences as well as with biochemical changes in the brain induced by the electrical stimulation are discussed.

Bereich Medizin (Charité) der Humboldt-Universität
Poliklinik für Physiotherapie, Berlin

Änderung des Tagesganges der Reaktion auf einen lokalen, standardisierten Kältereiz während einer Serie von 10 Saunabädern in wöchentlichen Abständen

H. HOFFMANN und E. CONRADI

Einleitung

Der Tagesgang der Temperaturregulation des Menschen bedingt in der ersten Tageshälfte - der sogenannten Aufheizphase - eine relativ träge Arteriolenreaktion in der Wiedererwärmungsphase auf Kaltreize, während sich in der zweiten Tageshälfte die Tendenz zur schnellen Wärmeabgabe in Form verkürzter Reizbeantwortung durchsetzt (Abb. 1). Im Zusammenhang mit dem Problem der thermischen Adaptation sollte geprüft werden, ob und in welcher Weise sich die Tagesperiodik der Reizbeantwortung durch ein regelmäßiges Saunabaden verändert.

Methodik

Während einer Serie von 10 Saunabädern in wöchentlichen Abständen wurde bei 40 Personen, die bisher keine Erfahrung mit Saunabaden hatten, die Sublingualtemperatur, die akrale Hauttemperatur und die Wiedererwärmungsreaktion auf einen standardisierten Kaltreiz viermal am Tag und zwar um 8, 11, 14 und 17 Uhr bestimmt. Die Messungen erfolgten am Tag vor der 1. und 6. sowie nach der 10. Sauna, so daß eine unmittelbare Nachwirkung durch die jeweils vorausgegangene Sauna ausgeschlossen war.

Die Wiedererwärmungsreaktion wurde in Anlehnung an MEFFERT /4/ nach einem Eiswasserbad von einer Minute des 2. Fingers der linken Hand bestimmt. Es wurde in Abständen von 15 Sekunden die Infrarotabstrahlung mittels einer Thermomeßsonde nach Kortum berührungsfrei bis zur Beendigung der Wiedererwärmungsreaktion gemessen. Die Werte wurden in Skalenteilen bestimmt (2 Skt entspricht ca. 1°C). Aus den sich dabei ergebenden charakteristischen Temperatur-Zeitverläufen werden unter Bildung einer Ersatzübergangsfunktion verschiedene Bewertungsparameter abgeleitet (Abb. 2) /2/3/.

Ergebnisse

- Die Sublingualtemperatur zeigt in ihrem Tagesgang im Verlauf der 10 Wochen ein signifikantes Absinken um 0,1°C. Die Periodik bleibt erhalten.
- Der Ausgangswert der akralen Hauttemperatur steigt um ca. 1°C an.
- Der Tagesverlauf der Ausgleichszeit t_G zeigt im Verlauf der 10 Wochen eine zunehmende, signifikante Verkürzung ($\alpha = 1$ %); dabei werden besonders die Werte in den Morgenstunden stärker beeinflußt. Auffällig ist eine deutliche Abnahme der Streuung (Abb. 3).
- Die Ersatztotzeit t TE reduziert sich ebenfalls signifikant ($\alpha = 1$ %).
- Der Tagesgang der Temperaturänderungsgeschwindigkeit ϑ ($\frac{\Delta T}{t_G}$) zeigt eine signifikante Zunahme ($\alpha = 1$ %).

Diskussion

Die Ergebnisse stellen das typische Muster einer künstlichen Wärmeakklimatisation dar, wie sie u.a. von ASCHOFF /1/ beschrieben wurde. Dabei bleibt das Tagesprofil erhalten, läuft jedoch auf einem anderen Niveau ab. Offenbar reicht die kurzzeitige intensive Veränderung der Körperkerntemperatur zur Ausbildung adaptiver Phänomene aus.

Die Beantwortung eines Kältereizes wird im Zuge der thermischen Anpassung durch Sauna schneller. Die besonders am Morgen relativ hohen Werte der Ausgleichszeit zeigen eine stärkere Beeinflußbarkeit. Dies wird darauf zurückgeführt, daß Probanden mit Extremwerten besonders intensiv an dem Prozeß der Akklimatisation teilnehmen, was auch an der Reduzierung der Standardabweichung in den Morgenstunden sichtbar wird.

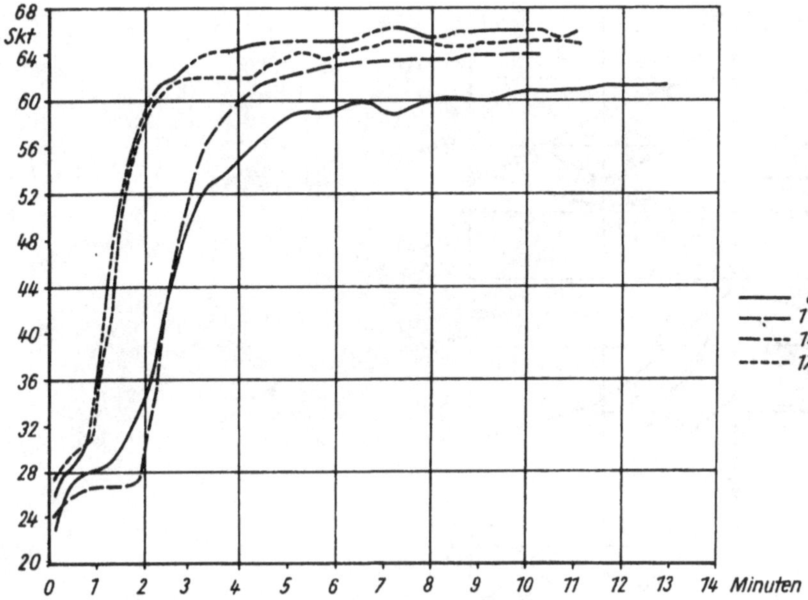

Abb. 1: Wiedererwärmungskurven eines Probanden im Tagesverlauf

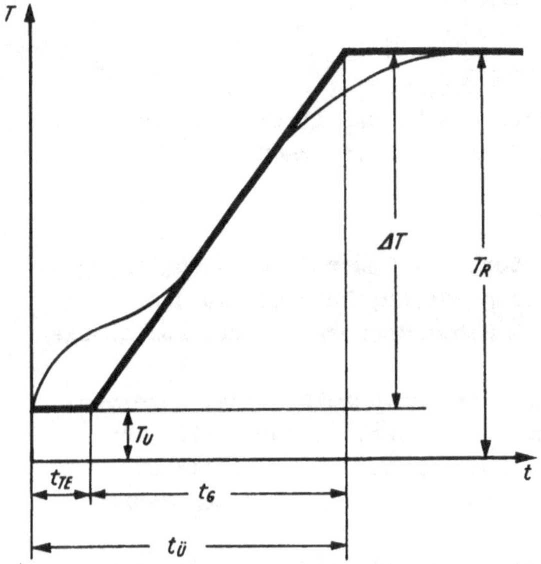

Abb. 2: Temperatur-Zeit-Verlauf mit Ersatzübergangsfunktion und Darstellung der Bewertungsparameter. T_U: Tiefste Temperatur bei Abkühlung; T_R: Beharrungstemperatur; ΔT: Temperaturdifferenz; t_{TE}: Ersatztotzeit; t_G: Ausgleichszeit; $t_Ü$: Übergangszeit; ϑ: $\frac{\Delta T}{t_G}$: Temperaturänderungsgeschwindigkeit

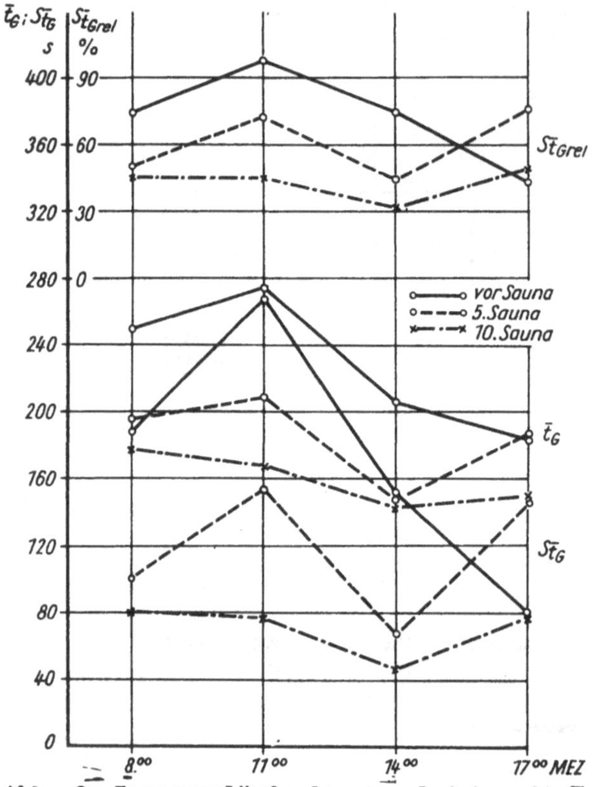

Abb. 3: Tagesverläufe der Ausgleichszeit $\bar{t}_G$ und ihrer Standardabweichung im Verlauf einer Saunaserie für n=40

Literatur

/1/ ASCHOFF, J.: Temperaturregulation. in: Gauer-Kramer-Jung (Hrsg): Energiehaushalt und Temperaturregulation, Physiologie des Menschen. Bd. 2. Verlag Urban & Schwarzenberg München-Berlin-Wien 1971

/2/ HOFFMANN, H.: Die Beeinflussung der Hautdurchblutung, gemessen mittels der akralen Wiedererwärmungsreaktion, durch eine Serie von Saunabädern unter Berücksichtigung des tageszeitlichen Verhaltens. Diss. Humboldt-Universität Berlin, Bereich Medizin (Charité) 1978

/3/ KINDLER, H.: Der Regelkreis. Wissenschaftliche Taschenbücher Mathematik/Physik. Akademie Verlag Berlin/Pergamon Press Oxfort/Vieweg & Sohn Braunschweig 1972

/4/ RIETSCHEL, L., H. MEFFERT und N. SÖNNICHSEN: Zur Messung der Hauttemperatur mit dem Infrarotstrahlungsmeßgerät nach Kortum. Derm. Mschr. 155 (1969) 802

Zusammenfassung

Im Zusammenhang mit dem Problem der thermischen Adaptation sollte die Frage geklärt werden, ob der Tagesgang der Beantwortung eines Kaltreizes eine typische Beeinflussung erfährt. Zu diesem Zweck wurde während einer Serie von 10 Saunabädern in wöchentlichen Abständen bei 40 Personen viermal am Tag die Wiedererwärmungsreaktion nach einem standardisierten Kaltreiz bestimmt. Die Messungen erfolgten einen Tag vor der 1., 6. und 10. Sauna. Es ließ sich zeigen, daß die Sublingualtemperatur um 0,1°C absinkt und die akrale Hauttemperatur um ca. 1,0°C im Tagesprofil ansteigt. Weiterhin verkürzt sich die Ausgleichszeit, das ist die Zeitspanne vom Ende der Ersatztotzeit bis zur vollständigen Ausbildung der Arteriolenreaktion nach der Abkühlung. Dabei nimmt im Verlauf der 10 Wochen die am Morgen relativ lange Reaktionszeit besonders stark ab. Dies wird auf eine besondere Einflußnahme auf Probanden mit Extremwerten zurückgeführt, so daß man als wesentlichen Effekt der thermischen Adaptierung die zunehmende Optimierung der peripheren Kreislaufregelung ansehen kann.

Резюме

В связи с проблемой термической адаптации предстояло выяснить вопрос о том, оказывается ли типичное влияние на ход дневной реакции на раздражение холодом. В этих целях во время серии из IO финских бань, принимаемых в недельном интервале, у сорока человек четыре раза в день определялась реакция повторного восстановления тепла после стандартизированного раздражения холодом. Измерения производились перед I, 5 и IO принятием финской бани. Выяснилось, что в течение дня подъязычная температура снижается на 0,I°C, температура кожи повышается на I,0°C. Кроме того сокращается время уравнивания, то есть период до полного формирования реакции артериол после охлаждения. При чём в течение IO недель особенно сильно сократилось время реакции, относительно продолжительное по утрам. Это объясняется особым влиянием экстремных величин на испытуемых, таким образом в качестве важного эффекта термической адаптации можно рассматривать растущее улучшение периферийной регуляции кровообращения.

Summary

The question studied in connection with the problem of thermal adaptation was whether a typical influence could be established in the daily pattern of response to a cold stimulus. For this purpose the response after a standardized cold stimulus was determined four times daily during a series of 10 sauna baths on 40 subjects at weekly intervals. Measurements were made on the days preceding the first, 6th and 10th sauna baths. Sublingual temperature was shown to drop by 0.1 °C and acral skin temperature to rise by c. 1.0 °C on a daily average. There was a reduction in compensation time, i.e. the time lag between the end of substitute dead time and full arteriolar response after cooling off. It was noted that in the course of the 10 weeks the relatively long time of response in the morning showed a particularly marked decrease. This is attributed to an especial influence on subjects with extreme values, which suggests that the principal effect of thermal adaptation is to optimize the peripheral circulation.

Martin-Luther-Universität Halle-Wittenberg
Sektion Pharmazie, Wissenschaftsbereich Pharmakologie

Einfluß von Jahreszeit und Klimafaktoren auf die N-Demethylierung und Toxizität von Aminophenazon an Ratten bzw. Mäusen

E. KRAUSE

Einleitung

Wie aus der Literatur hervorgeht, kann im allgemeinen die metabolische Aktivität mischfunktioneller Oxygenasen, z. B. der Aminophenazon-N-Demethylase, je nach Tages- und auch Jahreszeit beträchtliche quantitative Unterschiede aufweisen /4, 12, 13, 23, 24, 28/.

Solche Ergebnisse wurden in erster Linie anhand von in-vitro-Versuchen mit Mikrosomenfraktionen erhalten.

Wir ermittelten jedoch in vivo an der Ratte jahreszeitliche Schwankungen bei der Aminophenazon-Biotransformation. Seit einer Reihe von Jahren führen wir pharmakologische Untersuchungen zur N-Demethylierung von Aminophenazon durch, indem wir eine Stunde nach Arzneistoffgabe den Serumspiegel des Metaboliten 4-Aminoantipyrin bestimmten. Ist die Konzentration zu diesem Zeitpunkt erhöht, dann deutet das zu einem beträchtlichen Teil auf eine verstärkte Aktivität der Aminophenazon-N-Demethylase hin, wenn man zur Vereinfachung einmal unberücksichtigt läßt, daß auch eine Reihe anderer Prozesse, wie Resorption, Verteilung und Ausscheidung Einfluß nimmt.

Die Aminophenazon-Versuche wurden kontinuierlich unter konstanten Bedingungen durchgeführt und monatsweise ausgewertet. Die für uns einheitlichen Bedingungen entsprachen vom Standpunkt des Chronobiologen aus gesehen wohl nicht allen Anforderungen. Die Versuche waren ursprünglich nicht für Rhythmusuntersuchungen geplant, sondern wurden im Nachhinein entsprechend ausgewertet. Es erschien uns dennoch gerechtfertigt, Aussagen zu jahreszeitlichen Differenzen bei der N-Demethylierung von Aminophenazon an der Ratte zu machen /17/.

Nachdem wir erste Ergebnisse aus den Jahren 1972 bis Anfang 1976 bereits früher vorgestellt haben /17/, läßt sich nun das Resultat durch die jeweiligen Monatswerte aus den Jahren 1976 bis 1978 bestätigen und erweitern. Außerdem sind wir der Frage nachgegangen, ob und in welchem

Umfang Beziehungen zwischen meteorologischen Faktoren und den jahreszeitlichen Schwankungen der Aminophenazon-N-Demethylierung zu erkennen sind.

Angaben zur Methodik sind bereits in der früheren Arbeit zu finden /17/.

Ergebnisse und Diskussion

Der Gehalt des Aminophenazon-Metaboliten 4-Aminoantipyrin im Rattenserum eine Stunde nach Arzneistoffgabe zeigte im Verlaufe eines Jahres beträchtliche Unterschiede, wie wir bereits früher mitteilten /16, 17/. Faßt man die Ergebnisse monatsweise zusammen, dann werden, wie es in Abb. 1 besonders für die Jahre 1976 bis 1977 vollständig dargestellt ist, die Differenzen deutlich sichtbar. Auch aus den zusammengefaßten Werten der davorliegenden Jahre ergibt sich ein entsprechendes Bild. Es läßt sich erkennen, daß zu Beginn und in der Mitte eines jeden Jahres besonders hohe 4-Aminoantipyrin-Serumspiegel auftreten und daß jeweils nach diesen Höhepunkten die Konzentrationen auf signifikant niedrigere Werte abfallen ($p < 0{,}001$). Das Minimum des Metabolitengehaltes liegt dann in der Regel im Frühjahr (April - Mai) und im Herbst (September - Oktober).

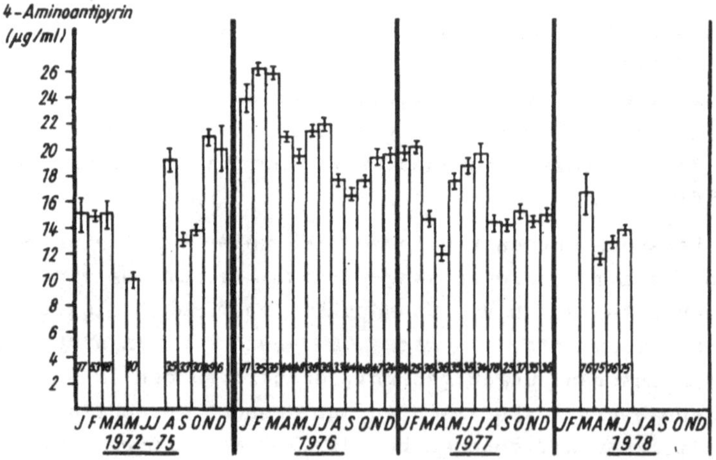

Abb. 1: 4-Aminoantipyrin-Serumkonzentration (µg/ml $\pm s_{\bar{x}}$) 1 h nach Aminophenazongabe (100 mg/kg i.p.) zu verschiedenen Monaten der Jahre 1972 - 1978

Nach der Fourier-Analyse, die für die Jahre 1976 - 77 durchgeführt wurde, ermittelten wir für die erste Partialschwingung eine Periodenlänge von 360 Tagen, also 1 Jahr und für eine zweite Partialschwingung eine Periodenlänge von 180 Tagen, also 1/2 Jahr, mit dem ersten Maximum zu Beginn des Jahres.

Über solche jahreszeitlichen Differenzen wird auch bei in-vitro-Versuchen in der Literatur berichtet. So stellte z. B. KLINGER /14/ für den ersten Demethylierungsschritt von Aminophenazon im Verlaufe von 8 Monaten im August die höchste und im Oktober die niedrigste Aktivität fest.

Auch die Hexobarbitaloxidation ist von der Jahreszeit abhängig /4/.

Auf Grund früherer Untersuchungen /17/, bei denen nicht von allen Monaten Werte zur Verfügung standen, ließ sich zunächst vermuten, daß im allgemeinen das Aktivitätsmaximum der Aminophenazon-N-Demethylase in der lichtschwachen und das Minimum in der lichtstarken Zeit liegt. Dieses Ergebnis ließ sich auch insofern gut in die in der Literatur beschriebenen Befunde über tageszeitliche Schwankungen einfügen, als in den Dunkelstunden die Aktivität mikrosomaler Leberenzyme ansteigt und im Hellen wieder abfällt /12, 13, 21, 24, 26/. Jedoch zeigten unsere letzten Ergebnisse von 1976 bis 1978, daß auch in den lichtstarken Monaten Juni, Juli und mitunter auch im Mai oder August Maximalwerte auftreten (Abb. 2). Zu den Höhepunkten sowohl der Hell- als auch der Dunkelzeiten wurden die höchsten Metabolitenwerte im Serum gemessen, die niedrigsten Konzentrationen lagen jeweils an den Wendepunkten der Lichtkurve.

Wir stellten uns nun die Frage, ob und inwieweit andere meteorologische Faktoren den Metabolitenspiegel beeinflussen.

Die periodischen Prozesse des Organismus sind im allgemeinen keine passive Reaktion des Körpers auf solche Faktoren, wie Temperaturschwankungen, den Hell-Dunkel-Wechsel, vielmehr handelt es sich bei der Rhythmik um endogene Vorgänge mit den Eigenschaften einer selbsterregenden Schwingung /1/. Jedoch können sich darüber hinaus klimabedingte Umweltfaktoren auf die Arzneimittelelimination und -wirkung mehr oder weniger stark auswirken /8, 10, 27/. Die Annahme, daß für die von uns ermittelten hohen Metabolitenwerte im Sommer ein extremer Temperaturanstieg, der auch in unseren Laborräumen nicht zu umgehen war, mit in Betracht zu ziehen ist, ließ sich nicht bestätigen. In dem extrem heißen Juli 1976 wurden nur mäßig erhöhte 4-Aminoantipyrinwerte gefunden. Auch 1977 deckte sich das Sommermaximum im Metabolitengehalt nicht genau mit den heißen Tagen.

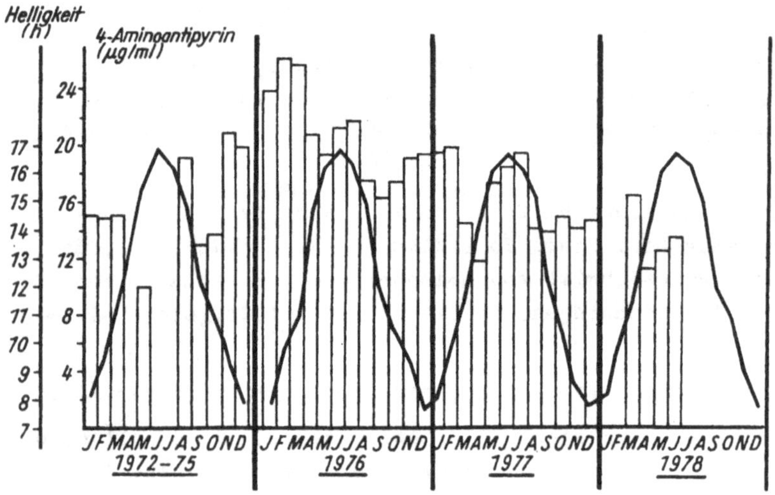

Abb. 2: 4-Aminoantipyrin-Serumkonzentration 1 h nach i.p. Gabe von 100 mg/kg Aminophenazon (Säulen) im Vergleich mit den durchschnittlichen Helligkeitsstunden (Kurve) zu verschiedenen Monaten der Jahre 1972 - 78

Wetterbedingte Luftdruckunterschiede stellen nicht nur für den Menschen eine psychologische Belastung dar, sondern sind im allgemeinen auch von Einfluß auf Versuchstiere. Besonders bei extrem niedrigen Luftdruckwerten können, möglicherweise durch geringere Sauerstoffaufnahme, Störungen auftreten /27/.

Die an den Versuchstagen der vergangenen Jahre gemessenen Luftdrucktagesmittelwerte bewegten sich zwischen 984 und 1018 mb. Wir konnten keine Beziehungen zwischen Luftdruckschwankungen und unseren Metabolitenkonzentrationen feststellen. Vermutlich besteht kein Zusammenhang oder die Druckdifferenzen waren in unserem Klimabereich zu gering.

Als optimale Luftfeuchtigkeit für Tierversuche werden zwischen 54 und 70 % empfohlen. Wir ermittelten Werte im Durchschnitt zwischen 65 und 90 %.

Eine Beziehung zwischen der relativen Luftfeuchtigkeit und dem 4-Aminoantipyringehalt ließ sich unter unseren Bedingungen nicht finden, z. B. schwankte der Spiegel trotz relativ einheitlicher Feuchtewerte im Sommer 1976 beträchtlich, oder es wurden bei trockener Luft gelegentlich maximale Metabolitenwerte gemessen (Juli 1976 und Mai 1977), zum anderen aber auch ein Minimalwert im April 1976.

Aus all diesen Beobachtungen wird deutlich, daß zwischen den betrachteten physikalischen Umwelteinflüssen, d. h. den Lichtverhältnissen und den Differenzen in Temperatur, Luftdruck und relativer Luftfeuchtigkeit in unserem geographischen Sektor kein direkter Zusammenhang mit den jahreszeitlichen Schwankungen bei der Aminophenazon-Elimination besteht. Auch in der Literatur findet man Hinweise, in denen beispielsweise eine Abhängigkeit der Arzneimittelwirkung von einigen meteorologischen Faktoren nicht bewiesen wurde /3, 8, 9, 15/. Um die monatlichen Unterschiede im Metabolitengehalt erklären zu können, müßten also weitere Einflußfaktoren untersucht werden, z. B. Wetterphasen, Änderungen in der atmosphärischen elektrischen Aktivität, magnetische Feldänderungen und Sonnenfleckenzahlen /18/.

Möglicherweise könnten bei den jahreszeitlichen Differenzen im 4-Aminoantipyringehalt auch eine Reihe biochemischer Vorgänge im Organismus, für die rhythmische Veränderungen bekannt sind, eine Rolle spielen. Es gibt z. B. bekanntlicherweise Beziehungen zwischen den Schwankungen im Corticosterol-Plasmaspiegel und dem Ausmaß und der Geschwindigkeit der Arzneistoffmetabolisierung /13, 20/. Erhöhte Corticosterol-Plasmaspiegel wurden für den Menschen sowohl im Juli/August als auch im Januar/Februar gefunden /22/. Über solche jahreszeitlichen Differenzen im biochemischen Geschehen der Nebennierenrinde und der Hypophyse wird in der Literatur oft berichtet /2, 7, 20, 25/.

Für die Untersuchungen der jahreszeitlichen Abhängigkeit der N-Demethylierung von Aminophenazon legten wir nur die Ergebnisse der Ratten im Alter von 9 bis 18 Wochen und einem Gewicht von 150 bis 300 g zugrunde. Wir hatten über die zwei Jahre 1976/77 hinweg beobachtet, daß die jahreszeitlichen Schwankungen der 4-Aminoantipyrin-Serumkonzentrationen für diese Altersgruppen relativ gleichsinnig ausfielen, bei älteren Tieren dagegen nicht mehr so deutlich ausgeprägt waren. Bei alten Ratten ist im allgemeinen die metabolische Aktivität der Leberenzyme gesunken, die Streuung war in einigen Monaten wider Erwarten groß und gelegentlich traten unerklärliche extreme Werte auf.

Auf Grund der jahreszeitlichen Schwankungen der Aminophenazon-Elimination lassen sich auch entsprechende Differenzen für Aminophenazon-LD_{50}-Werte im Verlaufe eines Jahres vermuten. Aus der Literatur sind z. B. zirkadiane Rhythmen von Toxizitätsergebnissen bekannt /5, 7, 19/. Da wir seit 1972 zu Demonstrationszwecken die Aminophenazon-Toxizität bestimmten, lag es nahe, alle bisher ermittelten Ergebnisse einmal in dieser Hinsicht zu betrachten. Abb. 3 gibt einen Überblick über die Toxizität an männlichen jungen, 20 g schweren Mäusen im Alter von ungefähr 8 Wochen und älteren Mäusen, die über 4 Monate alt waren und ein Gewicht von 30 g hatten. Da die Elimination von

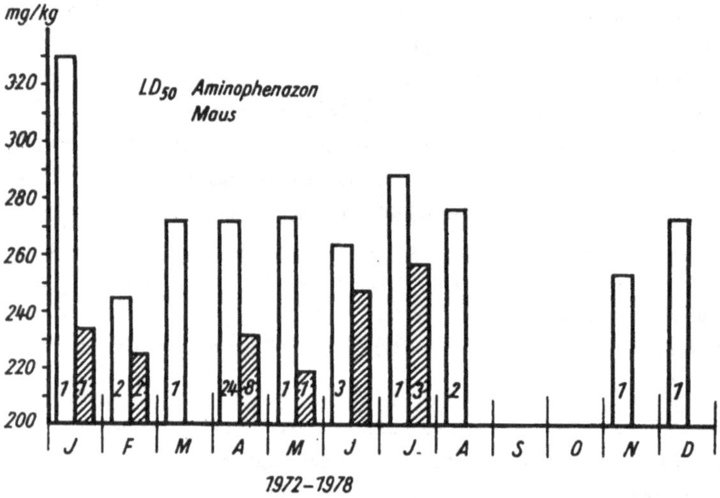

Abb. 3: LD_{50} von Aminophenazon an männlichen Mäusen im Gewicht von ca. 20 g ☐ im Vergleich mit ca. 30 g schweren Tieren ▨ zu verschiedenen Monaten der Jahre 1972 – 78

älteren Tieren im allgemeinen verlangsamt ist, zeigten diese eine höhere Empfindlichkeit auch gegenüber Aminophenazon, d. h. die toxischen Dosen lagen niedriger als bei jüngeren Tieren.

Verminderte LD_{50}-Werte im Frühjahr und Herbst, bzw. Maxima im Januar und eventuell Juli sind andeutungsweise besonders für die jungen Mäuse zu erkennen. Sie sind jedoch bei der geringen Zahl der Stichproben nicht signifikant unterschiedlich, so daß sich erst durch weitere Daten erweisen muß, ob wirklich jahreszeitliche Schwankungen vorliegen oder nicht.

Literatur

/1/ ASCHOFF, J.: Dtsch. Med. Wschr. 88 (1963) 1930

/2/ BAUMANN, P., M. PEREY, J.M. GAILLARD: Arzneimittel-Forsch. 26 (1976) 1083

/3/ BEKEMEIER, H., R. HIRSCHELMANN: in J. SCHUH (Eds.), Chronobiologie '76, Wissenschaftliche Beiträge der Martin-Luther-Universität Halle-Wittenberg 1977/40 (P6), S. 194

/4/ BEUTHIN, P.K., W. F. BOUSQUET: Biochem. Pharmacol. 19 (1970) 620

/5/ CARLSON, A., F. SERIN: Acta Pharmacol. Toxic. 6 (1950), 181 und 187

/6/ DAVIES, W.H.: Experientia 18 (1962) 235

/7/ EDE, M. C. M.: Clin. Pharmacol. Ther. 14 (1973) 925
/8/ GARRATINI, S., A. JORI, D. BERNARDI, C. CARRARA, P. SEGRE, D. SEGRE in S. GARRATINI, M. N. G. DUKES (Eds.) Non-Steroidal Anti-Inflammatory Drugs, Exc. Med. Found. Amsterdam 1965 Bd. II, S. 151
/9/ GOLIKOV, P. P.: Farmakol. i. Toksikol. 31 (1968) 712
/10/ GREEN, A. Y., D. GREEN, P. A. MARRAY, A. B. WILSON: Brit. J. Pharmacol. 41 (1971) 132
/11/ HABERLAND, G. L.: Naunyn-Schmiedeberg's Arch. Pharmakol. u. exper. Path. 241 (1961) 160
/12/ JORI, A., S. CACCIA, E. DI SALLE: Eur. J. Pharmacol. 21 (1973) 37
/13/ JORI, A., E. DI SALLE, V. SANTINI: Biochem. Pharmacol. 20 (1971) 2965
/14/ KLINGER, W.: Z. Versuchstierk. 13 (1971) 308
/15/ KLINGER, W., E. KARGE: Z. Versuchstierk. 17 (1975) 300
/16/ KRAUSE, E.: Dissertation an der Sektion Pharmazie der Martin-Luther-Universität Halle-Wittenberg 1973
/17/ KRAUSE, E.: in J. SCHUH (Eds.). Chronobiologie '76, Wissenschaftliche Beiträge der Martin-Luther-Universität Halle-Wittenberg 1977/40 (P6), S. 231
/18/ LAUTERBACH, R.: Abhandlungen der Akademie der Wissenschaften der der DDR (1974) 205
/19/ MEERLOO, J. A. M.: Organorama 9 (1973) 25
/20/ MEIER, A. H.: in L. E. SCHEVING, F. HALBERG, J. E. PAULY (Eds.), Chronobiologie, Stuttgart 1974 S. 647
/21/ NAIR, V., R. CASPER: Life Sci. 8 (1969) 1291
/22/ PHILIP, B. A., K. H. HANSON: in L. E. SCHEVING, F. HALBERG, J. E. PAULY (Eds.), Chronobiology, Stuttgart 1974, S. 647
/23/ RADZIALOWSKI, F. M., W. F. BOUSQUET: Life Sci. 6 (1976) 2545
/24/ RADZIALOWSKI, F. M., W. F. BOUSQUET: J. Pharmacol. exp. Ther. 163 (1968) 229
/25/ RANDALL, W., V. PARSON: in L. E. SCHEVING, F. HALBERG, J. E. PAULY (Eds.), Chronobiology, Stuttgart 1974, S. 647
/26/ ROBERTS P., M. J. TURNBULLS, A. WINTERBURN: Eur. J. Pharmacol. 12 (1970) 375
/27/ SPIEGEL, A.: Versuchstiere, VEB Gustav-Fischer-Verlag Jena 1975, S. 9
/28/ SZEBERENYI, S., K. S. SZALY, S. GARRATINI: Biochem. Pharmacol. 18 (1969) 2767

Zusammenfassung

An 9 bis 18 Wochen alten männlichen Ratten wurde im Verlaufe von über 6 Jahren der 4-Aminoantipyrin-Serumspiegel 1 Stunde nach Aminophenazongabe ermittelt. Dabei zeigten sich zu Beginn und in der Mitte eines Jahres signifikant höhere Metabolitenwerte als im Frühjahr und Herbst. Nach der Fourier-Analyse wurden für die Schwingungen Periodenlängen von ca. 4, 6 und 12 Monaten ermittelt. Diese jahreszeitlichen Schwankungen stimmen z. T. mit dem Wechsel von lichtschwacher und lichtstarker Zeit überein, indem die höchsten Metabolitenwerte mit den Lichtextremwerten und die Konzentrationsminima mit den Wendepunkten der Lichtkurve zusammenfallen. Ein Einfluß besonders hoher Temperaturen im Sommer konnte nicht regelmäßig festgestellt werden. Beziehungen zu Luftdruck und relativer Luftfeuchtigkeit bestanden offenbar nicht.

Auch nach ersten Überprüfungen der Toxizität von Aminophenazon an Mäusen lassen sich im Verlaufe eines Jahres rhythmische Schwankungen vermuten. Dabei zeigten ältere Mäuse entsprechend niedrigere LD_{50}-Werte als jüngere.

РЕЗЮМЕ

Активность микросомальных энзимов печени в общем подвергается дневным и сезонным колебаниям. При исследованиях N-деметилирования аминофенацона у крыс, которые мы в последных годах постояно проводили, показались различные высокие концентрации.

4-аминоантипирина в сыворотке в зависимости от времени года. Эти фармакологические эксперименты проводили в неизменённых условиях опыта и месячно подвели итоги.

Хотя они в начале не были планированы для хронобиологических исследований и мы по-позже обработали результаты оказалось нам оправдено, сделать выводы о сезонных различиях N-деметилирования аминофенацона у крыс.

Дальше поставили вопрос о том есть связь между сезонным колебанием концентрации 4-аминоантипирина в сыворотке и экзогенными факторами, как температура, давление воздуха, относительная влажность воздуха и световые условия.

Summary

In male rats aged 9 - 18 weeks serum level of 4-aminoantipyrine was determind monthly 1 hour after administration of amidopyrine during several years. Higher levels were found at the beginning and in the middle of the year than in spring and autumn. By means of Fourier analysis lengths of oscillation periods of 4, 6, and 12 months were found. Partly the seasonal variations correspond to the change of light intensity. The highest levels of the metabolite coincide with light extrema and the lowest levels with the inflexion point of the light curve. Apparently, extremly high climatic temperature peaks in summer were without any influence. Evidently, no relationship exists between atmospheric pressure and relative atmospheric humidity.

According to LD_{50} values, determind monthly in male mice during one year, rhythmic variation of toxicity can be supposed, too.

Humboldt-Universität zu Berlin, Bereich Medizin (Charite)
Institut für Pharmakologie und Toxikologie
Direktor: Prof.Dr.sc.med. W.Oelßner

Notwendigkeit biorhythmischer Betrachtungen bei toxikologischen Untersuchungen an der Ratte

R. REX, C. SPRANG, D. KÄSTNER und R. SCHADE

Einleitung

Ernstzunehmende toxikologische Studien lassen sich gegenwärtig nicht mehr betreiben, ohne dabei chronobiologische Aspekte in Betracht zu ziehen, da eine Vielzahl von Lebensprozessen ausgeprägten Biorhythmen unterliegt. Die Untersuchungen von von MAYERSBACH (1), SCHEVING (2), SCHEVING et.al. (3) und STUPFEL (4,5) zeigen, daß man bei Nichtbeachtung dieser Gegebenheiten zu falschen Aussagen kommen kann, wenn bei toxikologischen Testungen Kontrollen und Versuchsansätze um nur einige Stunden differieren. Wir haben im Rahmen von chronischen Toxizitätsuntersuchungen an der Ratte über einen Zeitraum von 24 Monaten eine Reihe von Parametern auf rhythmische Veränderungen hin überprüft, um Hinweise zur Optimierung von Langzeitversuchen zu erhalten.

Gegenwärtig findet man zu Fragen der circadianen Rhythmik eine umfangreiche Literatur unterschiedlicher Zusammenhänge (siehe 6,7), jedoch werden Untersuchungen, die sich mit saisonbedingten Schwankungen bzw. circannualen Zyklen befassen (8,9,10) weniger häufig publiziert. Daher sind derartige Experimente, gerade wenn sie sich über mehrere Jahre erstrecken, von besonderem Wert, auch wenn die Tierhaltungsbedingungen dabei noch nicht den im Sinne einer modernen Versuchstierhaltung zu stellenden Anforderungen entsprechen.

In der vorliegenden Arbeit werden sowohl Untersuchungen zu circadianen Rhythmen als auch zu saisonbedingten Schwankungen biologischer Meßgrößen der Ratte vorgestellt.

Material und Methoden

Die Untersuchungen führten wir an männlichen Wistarratten (Zucht Falcke) durch. Die Tiere waren zu je sechs in PVC-Schalen mit verzinktem Drahtaufsatz in einem Tierstall mit natürlichem Hell-Dunkel Wechsel untergebracht. Die Ratten erhielten eine Standarddiät (Rehbrücker Rezeptur) sowie Wasser ad libitum. Das Alter der Versuchstiere betrug bei Versuchsbeginn drei Monate.

Die Bestimmungen erfolgten jeweils zur gleichen Tageszeit unter Anwendung folgender Methoden:
Serumeiweiß, Serumelektrophorese und GPT (UV-Besteck Fermognost) nach DAB 7 (11), Aminophenazondemethylierung in vitro nach BRODIE und AXELROD (12), Anilinhydroxylierung in vitro nach KATO und GILETTE (13) und Gehalt an Cytochrom P 450 nach OMURA und SATO (14).
Die für die immunelektrophoretischen Untersuchungen benötigten Serumproben wurden von männlichen Ratten im Alter von 15 Wochen gewonnen. Die Tiere (je sechs pro Käfig) konnten sich vier Wochen lang an die herrschenden Haltungsbedingungen gewöhnen, Am Versuchstag wurden alle 2 Stunden je sechs Tiere entblutet und anschließend das Serum gewonnen. Die Serumproben untersuchten wir mittels der Rocket - Immunelektrophorese (15) in einem selbstgefertigten Elektrophoresegerät mit Wasserkühlung auf den Gehalt an alpha-1-Lipoprotein und alpha-1 und alpha-2-Makroglobulin. Als Antisera dienten ein polyspezifisches Anti-Rattenserum und ein monospezifisches Anti-alpha 2 Makroglobulinserum nach GANROT (16). Die Proteinfärbung erfolgte mit Coomassie Brillant Blue und Azokarmin/Sudanschwarz als Simultanfärbung (17). Gemessen wurde die Höhe der Präzipitatpeaks als Maß für die Antigenkonzentration.

Ergebnisse

Abb.1 zeigt den circadianen Rhythmus für alpha-1-Lipoprotein, der auch für die beiden anderen Serumproteine in dieser Form typisch ist. Die Werte sinken im Laufe des Tages ab und erreichen gegen Mitternacht ein Minimum, um dann wieder anzusteigen (alpha-1-Makroglobulin). Für das Lipoprotein lassen sich je ein ausgeprägtes Maximum gegen 14 Uhr und 6 Uhr beobachten.

Das im Rahmen des Langzeitexperimentes untersuchte Gesamtserumprotein zeigt ein Maximum im März, danach sinken die Werte bis Jahresende stetig ab. Im zweiten Versuchsjahr ergab sich ein ähnliches Bild. Einzelne Proteinfraktionen (nach elektrophoretischer Auftrennung) verhalten sich parallel, dargestellt am Beispiel des Albumins (Abb.2). In Abb.3 werden die saisonalen Schwankungen der Werte für die mikrosomalen Monooxydasen (am Beispiel der Aminophenazondemethylierung und der Anilinhydroxylierung) zusammengefaßt. Es lassen sich zwei bis drei Schwingungen im Jahr beobachten, die im zweiten Versuchsjahr durch einen altersbedingten Aktivitätsabfall überlagert werden. Cytochrom P 450 zeigt in seinem Gehalt zunächst einen Anstieg, erreicht ein Maximum im 9. bis 15. Lebensmonat und fällt dann bis zum Lebensende stetig ab. Die jahreszeitlichen Veränderungen der GPT-Aktivität sind in Tabelle 1 zusammengestellt. Es zeigt sich ein Maximum in den Sommermonaten, das sich im zweiten Versuchsjahr nicht wiederholt.

Tabelle 1 Saisonbedingte Veränderungen der GPT-Aktivität

Zeitpunkt der Abnahme		GPT (IE/l ± SE), je Wert n=10
	Dez.	24,4 ± 2,8
	Febr.	24,6 ± 9,5
1. Versuchsjahr	März	25,8 ± 2,6
	Juni	28,0 ± 3,4
	Sept.	26,7 ± 8,7
	Dez.	17,8 ± 3,6
2. Versuchsjahr	Juni	16,5 ± 5,3
	Dez.	14,7 ± 1,5

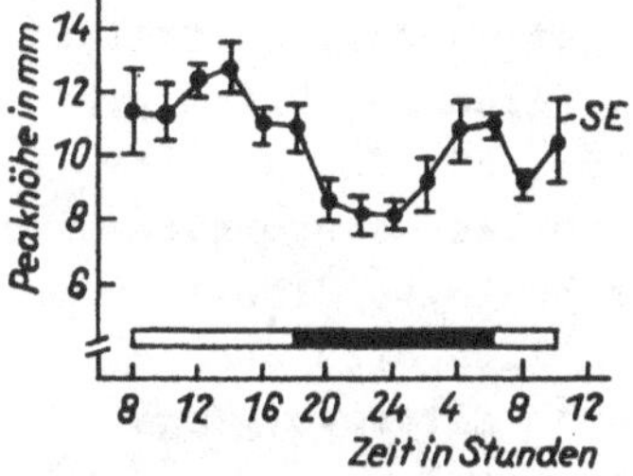

Abb.1: Tagesgang des alpha-1-Lipoproteingehaltes Aufgetragen sind die Mittelwerte von n=6 Tieren ± SE.

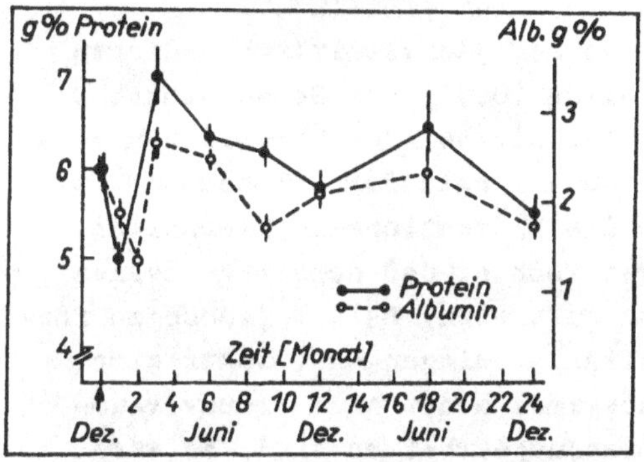

Abb.2: Dargestellt sind die saisonbedingten Schwankungen im Gehalt von Plasmaalbumin und im Plasmaeiweißgehalt.
Aufgetragen sind die Mittelwerte von n=10 Tieren ± SE.

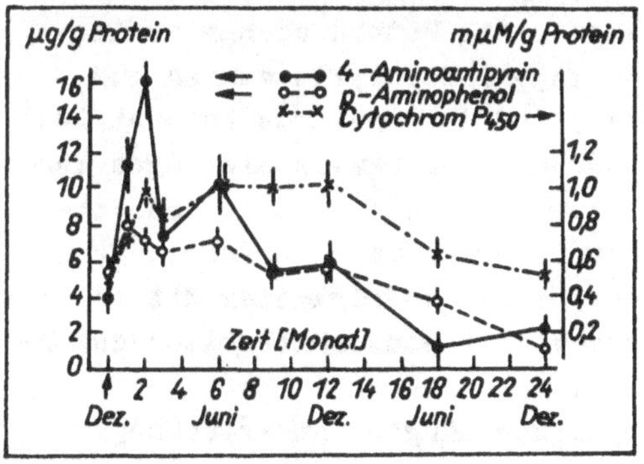

Abb.3: Dargestellt sind die saisonbedingten Schwankungen in der Aktivität der Aminophenazondemethylierung und der Anilinhydroxylierung sowie Veränderungen im Cytochrom P 450 Gehalt.
Aufgetragen sind die Mittelwerte von n=10 Tieren ± SE.

Diskussion

Ein Vergleich der Kurvenverläufe für die untersuchten Serumproteine ergibt jeweils ein Minimum gegen 0 Uhr und gleicht somit dem motorischen Aktivitätsmuster der Ratte (18). Ähnliche circadiane Rhythmen gelten auch für andere biologische Parameter (Leberglykogengehalt, 1; Ascorbinsäuregehalt, 6; Teilungsaktivität des Corneaepithels der Ratte 1), so daß dieses Rhythmusmuster wahrscheinlich auf eine Reihe von biologischen Meßgrößen zutrifft, die für toxikologische Untersuchungen herangezogen werden.

Schwieriger zu beurteilen sind die ermittelten saisonbedingten Schwankungen, da sich hier mit Sicherheit altersbedingte Erscheinungen und jahreszeitliche Zyklen überlagern, wobei verschiedene Parameter offensichtlich unterschiedlich stark beeinträchtigt werden. Auffallend sind Anstiege in den Kurvenverläufen im Frühjahr (Albumin, Gesamtprotein, Aktivität der mikrosomalen Leberenzyme, GPT). Für das zweite Versuchsjahr trifft dieser Befund für die mikrosomalen Leberenzyme nicht mehr zu, da sich in zunehmendem Maße altersbedingte Effekte überlagern. Nach unseren Ergebnissen findet offensichtlich eine sehr differenzierte Beeinflussung einzelner Parameter durch Altersvorgänge statt (weniger auffällig bei Albumin und Gesamtprotein).

In der Literatur finden sich Hinweise auf jahreszeitlich bedingte Veränderungen z.B. des Gesamtcholesterins (8,9), des Gesamtproteins (10) und der Glucose (10, siehe auch 1). Die bei den chronischen Versuchen auftretenden saisonbedingten Schwankungen der erhobenen Meßwerte sind nicht, oder nicht nur, durch die konventionelle Tierhaltung bedingt, da von MAYERSBACH (19) zeigen konnte, daß derartige Zyklen auch bei standardisierter Tierhaltung auftreten. Es ist jedoch zu fordern, daß solche standardisierten Haltungsbedingungen (Lichtregime, Temperatur, Feuchtigkeit, Fütterungsregime) heute eine Grundvoraussetzung für exakte toxikologische Forschungsarbeiten sind. Es wäre künftig günstig, bei chronischen Versuchen die Untersuchungstermine ausgewählter biologischer Größen so zu legen, daß Zyklusmaxima und -minima getroffen werden (vorausgesetzt, daß der Rhythmus bekannt ist). Auf diese Weise lassen sich pharmakabedingte Phasenverschiebungen kontrollieren. Außerdem ist die Vergleichbarkeit von Kontrolle und Versuchsgruppen günstiger als zu Zeiten größerer Rhythmusveränderungen.

Zusätzlich muß bei der Bestimmung der einzelnen Parameter die Tages-Rhythmik beachtet werden, die zu unterschiedlichen Jahreszeiten durchaus unterschiedlich verlaufen kann (10).

Bei der Auswertung von aus toxikologischen Langzeituntersuchungen resultierenden Meßgrößen sollten in Zukunft frequenzanalytische Betrachtungen einbezogen werden. Die häufig in der Literatur anzutreffende Verwendung sogenannter Normalwerte (erhoben zu unterschiedlichen Zeiten an unterschiedlichem Tiermaterial) halten wir entsprechend dem jetzigen Kenntnisstand der Chronobiologie für nicht vertretbar. Ebenso sind pauschale Mittelwertangaben in den Grenzen von bis als Normalgrößen für männlich und weiblich nach unserer Auffassung nicht korrekt, wenn nicht eine Klassifizierung nach Altersgruppen und Jahreszeiten erfolgt.

Literatur

(1) MAYERSBACH,H.v.: Arch. Toxicol. 36 (1976) 185

(2) SCHEVING,L.E.: Endevour 35 (1976) 66

(3) SCHEVING,L.E., H.v.MAYERSBACH und J.E.PAULY: Journal Europeen de Toxicologie, Juillet - Aout 7 (1974) 203

(4) STUPFEL,M.: Biomedicine 22 (1975) 18

(5) STUPFEL,M.: Biomedicine 22 (1975) 105

(6) MLETZKO,H.-G. und I.MLETZKO: Biorhythmik. A.Ziemsen Verlag, Wittenberg-Lutherstadt 1977

(7) RENSING,L.: Biologische Rhythmen und Regulation, VEB Gustav Fischer Verlag Jena 1973

(8) METZ,A.,P.DONATSCH und M.MADÖRIN: Z.Klin.Chem.Klin.Biochem. 12 (1974) 303

(9) METZ,A., M.MADÖRIN und H.DEYSSENROTH: Z.Versuchstierk.19(1977)290

(10) MIKESKA,J. und R.PETRASEK: Physiol. bohemoslov. 26 (1977) 379

(11) Deutsches Arzneibuch,7.Ausgabe (DAB 7): Diagnostische Laboratoriumsmethoden. Akademie Verlag Berlin 1968

(12) BRODIE,B.,und J.AXELROD: J. Pharmacol.exp.therap. 94 (1948) 22

(13) KATO,R. und J.R.GILETTE: J. Pharmacol.exp.therap. 150 (1965) 279

(14) OMURO,T. und D.SATO: J. Biol. Chem. 239 (1964) 2370

(15) FRIEMEL,H.(Hrsg): Immunologische Arbeitsmethoden. VEB Gustav Fischer Verlag Jena 1976

(16) GANROT,K.: Biochim.Biophys.Acta 295 (1973) 245

(17) WEEKE,B.: Scand.J.Immunol., Suppl. 1 (1973) 15

(18) CALHOUN,J.B.: The ecology and sociology of the Norway rat. U.S. Department of Health, Education and Welfare, Public Health Service 1962

(19) MAYERSBACH,H.v.: J.Interdiscipl.Cycle Res. 8 (1977) 385

Zusammenfassung

Untersucht wurden einige biologische Parameter der Laborratte auf circadiane Rhythmen (alpha-1-Lipoprotein, alpha-1 und alpha-2-Makroglobulin) bzw. saisonbedingte Veränderungen (Gesamtprotein, Albumin, Aminophenazondemethylierung, Anilinhydroxylierung, Cytochrom P 450 und GPT). Das Lipoprotein und die Makroglobuline zeigen eine circadiane Rhythmik, die der motorischen Aktivitätsrhythmik der Ratte vergleichbar ist, mit einem Minimum gegen 0 Uhr und Maxima gegen 14 und 6 Uhr. Bei den saisonbedingten Veränderungen zeigen sich sowohl Rhythmen, die sich auch im 2. Versuchsjahr wieder andeuten, als auch Zyklen, die von altersbedingten Vorgängen überlagert werden. Die verschiedenen biologischen Meßgrößen werden nach unseren Ergebnissen im Laufe der Versuchszeit sehr differenziert von Altersprozessen überlagert. Chronobiologische Aspekte sind bei toxikologischen Untersuchungen, insbesondere bei Langzeittesten unbedingt zu berücksichtigen.

Резюме

В рамках хронических исследований контролировали большое число параметров, таких как активность различных микросомальных оксигеназ, белки сыворотки крови в целом и как в отдельные фракции, электролиты сыворотки крови, лейкоциты и тромбоциты у мужских и женских Wistar -крыс при конвенциональных условиях их содержания в течении 22 месяцев. При использовании иммунологических методов (метод по Манцини и Лауреллу) был исследован циркадианный ритм альфа I- и альфа 2 - макроглобулинов, альфа I - липопротеинов, трансферрина и IgG (2a) у мужских Wistar- крыс в возрасте приблизительно 20 недель.

Исследования показывают, что наступают колебания физиологических и функциональных параметров, зависящие от времени года, которые во втором году исследования частично перекрываются изменениями, обусловленными возрастом (например, изменения микросомальных оксигеназ печени). Альфа I - Липопротеин и макроглобулины показывают количественные колебания, которые подобны протеканию бифазного двигательного ритма крыс. Максимальные значения наблюдаются между I2 ч. и I6 ч. и приблизительно в 6 часов. Минимальные значения достигаются к полуночи. Иммуноглобулин G не показывает ясного ритма.

Результаты для трансферрина указывают на инфрадианный ритм. Результаты указывают на то, что при острых и хронических случаях исследования значений дневных и годовых колебаний имеет большое значение для сравнимости результатов и их правильной интерпретации. Кроме того, эти данные показывают необходимость аккуратного планирования опыта при включении времени дня и времени года.
Результаты показывают для различных параметров разные кривые в циркадианной и в цирканнуальной областях, а также половые различия.

Summary

Several biological parameters of the laboratory rat were examined with respect to circadian rhythms (alpha-1-lipoprotein, alpha-1 and alpha-2 macroglobulin) and seasonal alterations (total protein, albumin, amidopyrine demethylation, aniline hydroxylation, cytochrom P 450, GPT) respectively. The lipoprotein and the macroglobulins exhibit a circadian rhythm which is well correlated to the motoric activity of the rat. The circadian rhythm reaches a minimum at about 12 p.m. and maxima at about 2 p.m. and 6 a.m. The seasonal alterations were partly repeated in the second year of examination and a are partly modulated by alterations connected with age. Obviously the rhythms of the examined parameters are influenced by processes of ageing. The different circadian rhythms themselves can be changed during the seasons. Chronobiological aspects are discussed with respect to their importance for toxicological short- and particularly long time examinations.

Humboldt-Universität
Sektion Marxistisch-leninistische Philosophie, Berlin

H. LEY

Abbildung und Entwurf

Methodologisch und weltanschaulich bleibt Chronobiologie eingespannt in die wesentlichen Charakteristika naturwissenschaftlicher Forschung. Bei dem gegenwärtigen Entwicklungsstand betonte Franz HALBERG /1/ den Vorrang quantativen Vorgehens für das Studium von Rhythmus für die vielen Formen vorwiegend zellulären Lebens von Pflanzen und Tieren bis zum Menschen, unter Berücksichtigung von Zyklen, die um den vierundzwanzig-Stunden-Tag pendeln, Jahreszyklen einbeziehen, Umwelteinflüsse ebenso berücksichtigen wie die Modifikation von Kurzzeitzyklen. Der Vorrang quantitativer Untersuchungen verweist auf das Befragen der Natur, das Erzeugen von zuverlässigen Meßwerten, das Aufstellen und Testen von Hypothesen hinsichtlich der Zyklen, ihres Zusammenhangs, der Abhängigkeit und Unabhängigkeit von Variablen. Aus dem jeweiligen Kenntnisstand ergeben sich Hypothesen für den weiteren Fortgang der Forschung, das quantifizierende Behandeln objektiver Naturprozesse approximiert an Zyklen und bildet sie dementsprechend angenähert ab. Welche Funktion die Zeit in der Chronobiologie spielt, bleibt dabei quantitativ zu bestimmen. Die Zeit gehört zu den zu eruierenden Parametern. Ob sie als Konstante oder Variable zu bezeichnen ist, ergibt sich aus dem Maß der Abweichung vom Mittel. In dem Begriff der Chronobiologie ist nicht ausdrücklich festgehalten, daß sie sich mit Zyklen befaßt. Der Schwerpunkt erscheint definitionsgemäß vorgegeben. Philosophisch läßt sich dazu sagen, daß das Berücksichtigen der Zeit eine wichtige Eigenschaft der objektiven Realität bedeutet. Sie resultiert als kennzeichnender Begriff für den Ablauf natürlicher Ereignisse. Sie bezeichnet Ereignis<u>folgen</u>. Als Maß der Zeit dient der Vergleich zyklischer Bewegungen objektiver Naturprozesse und bringt Zyklen auch dann in die Beschreibung hinein, wenn auch nicht auf dem Gewinnen von Zyklen insistiert wird. Erkenntnistheoretisch handelt es sich um das Berücksichtigen der Einheit von synchronischen und diachronischen Strukturen. Synchronische Schemata ergeben sich in den Merkmalsmustern, die den physiologischen Typus biotischer Organismen qualitativ und quantitativ unterscheiden lassen, auch Folgen und Zyklen etwa von metabolischen und anabolischen zur Charakterisierung verwenden.

Das Interesse der Chronobiologie liegt vorwiegend, wie sich aus der Literatur ergibt, in der quantitativen Veränderung eines typischen und charakterisierenden Ablaufs des Stoffwechsels über einen Tag hinweg oder längere Zeiträume. Werden Abbildung und hypothetisch verfahrender Entwurf als gemeinsame Approximation an objektive Strukturen verstanden, was einer naturwissenschaftlich materialistisch verfahrenden, Dialektik implizierenden Position entspricht, so hängt es von den Intentionen ab, wie sich und ob sich das wissenschaftliche Interesse dem Aufdecken des Zeitfaktors zuwendet. Zeit besitzt unter dem Aspekt von Abbildung und Entwurf eine doppelte Eigenschaft. Ohne Rücksicht auf den inzwischen gelungenen physikalischen Nachweis der Irreversibilität der Zeit sind diachronische Strukturen nach dem Maß des gerichteten Zeitpfeils gemeint. Das Beschreiben von Arten und ihrer innerindividuellen Mechanismen gehört zur synchronischen Struktur. Evolution verweist auf die zeitliche Aufeinanderfolge von Arten und ihrer physiologischen Mechanismen wie innerartlicher anatomischer Strukturen. Der synchronische Aspekt wird nicht ausgelöscht, wenn die zeitliche Abfolge berücksichtigt wird. Durch das Beachten der genetischen Strukturen von DNS und RNS ist es gelungen, innerhalb des Genoms den inneren Zusammenhang der diachronisch aufeinanderfolgenden Manifestationen der Artspezifität nachzuweisen. Entwicklung wirft unter dem zeitlichen Aspekt nicht bloß die hinreichend belegte Tatsache der Veränderung auf, sondern ebenso das sich als viel komplizierter herausstellende Problem der die Evolution begleitenden Konstanz einmal erworbener Mechanismen, die erst in der zur Verfügung stehenden Zeit den konkret nachweisbaren Prozeß der Evolution und das Entstehen neuer Mechanismen und Arten ermöglichen. Konstanz und Evolution unter den Bedingungen der Konservierung des genetischen Schicksals im Genom und der selektierten Mutationsfrequenz erfordern gleicherweise ihre Beschreibung und Explanation der Funktion. Unter dem Berücksichtigen des Zeitfaktors erweist sich die <u>Dauer</u> von Prozessen, in der sie sich in der phylogenetischen und ontogenetischen Evolution erhalten, ebenso wesentlich wie die qualitative Veränderung und der in ihnen nachzuweisende quantitative Betrag. Ob die ontogenetische Entwicklung auf den circadianen Zyklus eingeengt wird oder die Dauer von Mechanismen auf die biotische Phase der Existenz des Planeten ausgedehnt ist, beseitigt nicht den relevanten Sachverhalt, der seine Beachtung durchsetzte: Mit der zeitlichen Kategorie der Dauer wird sowohl das konsequente und unveränderliche Durchhalten der leistungsfähigen DNS-Kodierung beschrieben als auch die zeitliche zu messende geringere Dauer von Zyklen im organischen Individuum, bei dem die Spezifität der Art sich bis zur Spezifität des einzelnen Exemplars der untersuchten Spezies verschärft. Therapeutisch wird die Individualität der individuellen Abweichung von den statistisch erkannten Mittelwerten sigifikant, obgleich - dem der Philisophie Beflissenen sei es gestattet so zu formulieren, keine statistische Signifikanz vorliegt /2/. Der Nachweis des das eine Individuum betreffenden Zyklus ist für die zyklische Anwendung von Pharmaka zwecks therapeutischer Nutzung unter Umständen wesentlich. Die annähernde Konstanz von Zyklen gestattet, sie innerhalb menschlichen Handelns in den therapeutischen Entwurf einzubeziehen. Da es sich philosophisch stets um die mögliche Einheit von diachronischem und synchronischem Aspekt handelt, ist es bloß eine Frage des theoretischen und praktischen Nutzens, dem einen oder anderen Bestandteil des Prozesses mehr Aufmerksamkeit zuzuwenden. Das Untersuchen diachronischer Struktur gibt nicht den Inhalt vor, der zu erwarten ist, sondern nur die hypothetische Erwartungswahrscheinlichkeit. Da es sich stets um Strukturen handelt, die in Beobachtung und Datengewinnung wie Informationsverarbeitung resultieren, wird implizite von der Voraussetzung ausgegangen, daß Strukturen zeitlichen Aspekt besitzen. Die Voraussetzungen wird quasiapriorisch angenommen. Es gilt dafür das Gleiche wie es in der Bemerkung von Joachim-Hermann SCHARF ausgedrückt ist: "... denn wirklich a priori - etwa im Sinne Kants - ist kein sinnvolles Modell konstruierbar" /3/. Das Erarbeiten und Testen von Modellen gehört in die Kategorie des Entwurfs und der Aufstellung von Hypothesen. Zu den quasiapriorischen Voraussetzungen, die hinreichend getestet sind, gehört die Erwartung von Regelmäßigkeiten. Philosophisch der Kategorie der Gesetzmäßigkeiten zugeordnet, bietet die Vermutung auf Regelmäßigkeiten unmittelbar den Zugang zu mathematischer Darstellung, wenn es sich zum Zyklen oder Wachstum, die Häufigkeit von Mutationen und die Periodizität der Verzweigungen des Entwicklungsbusches handelt. Stochastische Folgen und Übergangswahrscheinlichkeiten verweisen auf Regelmäßigkeiten. Sie sind Mittel der Darstellung von Ereignissen, deren objektive Struktur damit zur Approximation kommt. Der chronologische Aspekt knüpft dabei stets an das synchronische Schema an und beschreibt sowohl das Verharren wie den zaklischen Verlauf und die qualitativen Veränderungen in der Zeit. Sowie die Kategorie Zeit angewendet werden kann, ist damit auf eine Realität verwiesen, die durch ihre unveränderte oder sich in irgendwie beschreibbare variable Existenz selbst das, was wir Zeit nennen, setzt. Zeit realisiert sich für die Deskription von Vorgängen ausschließlich durch Vergleich mit Bewegungen, die sich nur dann dafür eignen, als Zeitmesser benutzt zu werden, wenn sie relativ zyklisch sind. Die Güte des Zeitmessers hängt von der relativen Konstanz der zum Vergleich benutzten Frequenz ab. Die Zeitmesser sind zugehörig zu der Realität, die sie unter Benutzung des notwendigen und ausreichenden mathematischen Apparates darstellen. Wird allein auf den synchronischen Aspekt der Struktur intendiert, dann gehört der Zeitfaktor unter die in wissenschaftlicher Darstellung immer legitime Weise des Weglassens von Merkmalen, die als nicht relevant erachtet werden. Das Berücksichtigen von Zeit bedeutet das Orientieren auf Prozesse, bei denen sich niemals indes die synchronische Struktur vernachlässigen läßt. Sie repräsentiert das Sosein der objektiven Realität. Weggelassen wird je nach dem benötigten und vom Gegenstand auf einer bestimmten Erkenntnisstufe vorgeschriebenen und erforderten Feinheitsgrad. Bei der Abbildung eines Makromoleküls von DNS oder etwa t-RNS werden Elektronendichten etwa bei Röntgendiffraktionsanalyse errechnet, nicht versucht, auf die Bewegungen der beteiligten Atomkerne zu reflektieren. Auf die Bedeutung des Weglassens verwies Scharf mit einem Bezug auf den bedeutenden Impressionisten Max LIEBERMANN /4/. Tatsächlich impliziert wissenschaftliche Modellbildung und Darstellung objektiver Realität Kunst und damit auch die nicht notwendig bedingte Kunst des Weglassens. Das will besagen: Es gibt keine vollständige Abbildung der Natur. Welche Merkmale für eines der aus eine Hypothesenschar gleichsam ausgesuchten weggelassenen Modelle entgallen, erscheint nicht algorithmisch vorgeschrieben. Erst die Testung am Objekt entscheidet über die Notwendigkeit, bestimmte Merkmalsgruppen heranzuziehen oder sie als vernachlässigbar zu betrachten. Wieweit und ob Reduktion erlaubt und durchzuführen ist, besitzt eine zeitlich langwährende, bis in die Gegenwart reichende Tradition. Die neuere Debatte beginnt Kant in seiner "Kritik der reinen Vernunft". Naturwissenschaftlich orientiert, fördert KANT den naturwissenschaftlichen Empirismus. Im Prinzip auf eine vollständige Darstellung der Naturobjekte spekulierend, nimmt er die Strukturen von Raum und Zeit aus dem empirischen Analyse aus, durchbricht damit das Prinzip vollständiger Beschreibung der Naturobjekte, die er auch dann nicht für erforderlich hielt, wenn er aus wenigen Tatsachen der Beobachtung auf diachronische Strukturen der Natur schloß. Sie betrafen in der vorkritischen Zeit die Naturgeschichte des Himmels in der kritischen Periode der "Kritik der Urteilskraft" die biologische Evolution.

HEGEL folgerte daraus, das Prinzip der Vollständigkeit erweise sich angesichts der Entwicklung von Naturwissenschaft und Gesellschaftstheorie als verfehlt, als ob Wissenschaft sich nicht gerade durch das Weglassen von Mannigfaltigkeit auszeichne. In diesem Zusammenhang verwendet Lenin den Begriff Reduktion für das wissenschaftliche Verfahren und legitimisiert es in jener Gestalt für die marxistische Philosophie. In der Debatte von Karl R. POPPER und John ECCLES über "The Brain and its Self" kritisiert POPPER zutreffend die verschiedenen im angloamerikanischen Sprachraum vorkommenden Formen des Physikalismus als der Behauptung, letztlich müsse jedes Geschehen bis auf Teilchen und Felder reduziert werden. ECCLES hingegen bringt eine physiologisch-anatomisch vorgehende Ableitung des natürlichen Vorgangs der Abstraktion. Er belegt empirisch bekräftigt, wie von den Sinnesrezeptoren über die verschiedenen Strata des Neocortex bis in die im Synapsengeflecht sich ausbildenden Erregungsmuster Reizreduktion stattfindet. Sie bietet das Material dar, aus dem das "Selbst" oder das individuelle Bewußtsein unter gesellschaftlichen Bedingungen Begriffe bildet. Sie besitzen wie die Sinnesempfindungen eine Unbestimmtheit, die allein durch Experiment und Beobachtung zu sichern sind. Trifft bei der Kritik an dem Ideal der Vollständigkeit zu, so bleibt nur einzuwenden, daß POPPER und ECCLES einige Schwierigkeiten haben, das in der Evolution entstehende Neue zu akzeptieren. POPPER meint wie in der "Logic of Scientific Discobery" nach verborgenen Parametern suchen zu müssen, wenn eine Darstellung genuiner Wahrscheinlichkeit erfolgt, bedingter Zufall oder bedingte Wahrscheinlichkeit das Neue produziert wie die DNS mit dem anscheinend simplen Mechanismus restierender Kopierfehler. POPPER meint im Gegensatz zu EIGEN und SCHUSTER, die Wahrscheinlichkeit und die zur Verfügung stehende Zeit reiche nicht aus, um das Entstehen der Arten zu erklären. ECCLES traut im Grunde der Natur mehr zu, wenn er den Übergang zum menschlichen Selbst aus einer schlichten Vermehrung der Anzahl der Neuronen und Synapsen begründet, der von Katze und Hund zu dem Selbst des Menschen führe. Andere Parameter, auf die POPPER und ECCLES rekurrieren, sind außerhalb der Natur angesiedelt und Glaubenssache. Im Vergleich zu POPPER akzeptiert aber ECCLES Exaktheit und Unbestimmtheit der natürlichen Vorgänge, bei deren synchronischer Darstellung die Präzision zu steigern ist, die Unbestimmtheit der Funktionsweise ebenfalls exakt und ständig weiter approximiert abzubilden ist, den diachronischen Aspekt aber sich nicht entgehen läßt.

Was sich aber bei legitimer Reduktion wegzulassen gebiet und was als relativ Wesentliches in einem bestimmten Forschungsintervall dominiert, ergibt sich aus dem Vergleich der Leistungsfähigkeit mehrerer Modelle und der Bewährung der Resultate in der versuchten Anwendung. Wie die Komplikationen des Herausschneidens von Zyklen aus dem biologischen Rauschen belegt, pflegeh eine Vielzahl biologischer Zyklen die Komplexität der organischen Funktion als einem Ganzen zusammenzusetzen. Die Ergebnisse der modernen Genetik geben die objektiven Bedingungen von Stabilität und Instabilität zu erkennen, die dem Organismus und nicht der Umwelt eigen sind. Wie weit außerhalb des Organismus vorhandene Umwelt und ihre Objekte einwirken und welche Intensität sie besitzen, beantwortet entsprechende naturwissenschaftliche Forschung. Von J. ASCHOFF und H. POHL liegt eine Untersuchung über Phasenbeziehungen zwischen circadianem Rhythmus und Zeitgeber im Mitnahmebereich /5/ vor. An Hand von Daten über verschiedene Spezies von Mammalia bis zu Insekten, Pflanzen und Einzellern wird nahgelegt anzunehmen, daß die äußeren Zeitgeber von den Säugetieren bis zu den Einzellern zunehmend entsprechend einer hyperbolischen Funktion den Eigenzyklus modifizieren oder bestimmen. Vollständige und begrenzte Mitnahme durch die natürlichen Zeitgeber, vornehmlich den Hell/Dunkel Einfluß, charakterisieren unterschiedliche genetische Eigenschaften. Wahrscheinlich selektierte sich Konstanz und Variabilität der inneren Uhr einschließlich ihrer Reaktionsfähigkeit auf äußere Zeitgeber, so daß Vertebraten und Insekten sich in dem Bereich der Mitnahme durch den Zeitgeber wesentlich unterscheiden. Experiment, Datengewinnung und Informationsverarbeitung geben die Antwort auf die Hypothesen über die wechselseitige Abhängigkeit der inneren Zyklen verschiedener Arten von äußeren Zeitgebern. Differentialdiagnostisch ist zu unterscheiden zwischen der Festigkeit des circadianen Zyklus und der Festigkeit der Abhängigkeit von dem äußeren Zeitgeber, eine Unterscheidung, die ausschließlich durch das Experiment zu entscheiden ist. Da aber eine große Anzahl von Zyklen sich überlagern, ist anscheinend zwischen dem Grad der Abhängigkeit bei ein und derselben Art, der Modifikationsbreite im Mittel und der individuellen Modifikationsfähigkeit zu unterscheiden. Wie weit das menschliche Selbst unter dem Einfluß der Bedingungen und des Willens seine Modifikationsbreite im Unterschied zu sonstigen Lebewesen zu beeinflussen vermag, ist ebenfalls eine Angelegenheit der experimentellen Beobachtung und der gesellschaftlichen Praxis. Die Dominanz der äußeren Zeitgeber im Hinblick auf die Selektion der genetisch angebotenen, genetisch fixierten Möglichkeiten scheint gesichert zu sein, wie die Peristenz des Mondzyklus über den Sonnenzyklus bei verschiedenen zyklischen Erscheinungen belegt. Das Messen unterschiedlicher Tageslänge und Jahreslänge an Korallen und die Rekonstruktion der Temperaturbewegungen in vergangenen Jahrhunderten an den Wachstumsringen von Bäumen /6/ bekräftigen die Objektivität des Zusammenhangs zwischen relativer Wachstumsmasse und absoluter Ausdehnung des Tages- und Jahreszyklus sowie der Temperatur des Jahresmittels und der jahreszeitlichen Variationen.

Über den Begriff der Erklärung in Physik und Biologie liegt von H. MOHR neuerdings eine Abhandlung über den Begriff der Erklärung in Physik und Biologie vor /7/. Nach dem Schema des Hempel-Oppenheim Modells (1948) wird auf dessen Leistungsfähigkeit verwiesen. Bezogen auf die logische Struktur der wissenschaftlichen Erklärung gestattet die Kenntnis von Gesetzen und der Rand- und /oder Anfangsbedingungen Erklärung und Voraussage. VOGEL demonstriert die Gültigkeit des Modells am Beispiel der Plasmolyse /8/, funktionale und teleologische Erklärung sind demgegenübergestellt /9/. Letzteren kommt nach VOGEL praktische Bedeutung zu, obwohl sich eine streng kausale Erklärung im Effekt als leistungsfähiger erweise als eine andere, die Schöpfung, Entelechie, Lebenskraft und élan vital /10/ einzubeziehen gestatten. Implizit liegt eine Polemik gegen POPPER vor, der in der Debatte mit ECCLES auf LAMARCK und BERGSON zurückkam, Teleologie und élan vital wieder zum Leben zu erwecken suchte, ein Verfahren, in dem ECCLES seinem Kontrahenten nicht folgte, auch die von POPPER vorgeschlagene Annahme einer Wahlfähigkeit organischen Substrats, das sich für die eine oder andere Selektionsmöglichkeit entscheide, ablehnte. VOGEL plädiert für das HEMPEL/OPPENHEIM Modell als einer strikt innerweltlichen theoretischen Forschungsmethode, mit der sowohl die durch das Experiment gewonnenen Daten wie ihre Struktur oder die sich ergebenden Kenntnislücken objektiv zu beurteilen seien. Wichtiger als der methodologisch vorgeschlagene korrekte Vollzug erscheint die Subsumtion von generellen Sätzen oder Gesetzen (L_1 - L_n) und Bedingungen (C_1 - C_m) unter die Prämissen, die Erklärung und Voraussage im Einzelfall begründen. Ein derartiges Verfahren nutzt der Selbstverständigung über Grundlagen von Experimenten, ersetzt aber nicht den zu findenden Inhalt und die andere erkenntnistheoretische Voraussetzung, Hypothesen nicht nach ihrer anscheinend ihnen innewohnenden Logik zu beurteilen, sondern durch Beobachtung Daten zu gewinnen und Kurven a posteriori diesen anzupassen. Insofern verweisen Gesetze und Bedingungen auf das von MOHR vorgebrachte weltanschauliche Moment. Die Evolutionstheorie ist als "nahezu selbstverständliches Paradima akzeptiert" /11/. Fehlen kausaler Erklärung gilt nicht als Grund, zu funktionalen oder teleologischen Annahmen seine Zuflucht zu nehmen. /12/ Homologie gilt indes als gesetzesartige Aussage und bewahrt die funktional begründete Bekräftigung /13/, ohne die Zuflucht wie POPPER zu einer neuen Art von Psychomonismus zu nehmen. Die von MOHR der Überzeugungskraft der Evolutionstheorie zugeschriebene Rolle belegt im gegenwärtigen Zusammenhang: Die logische Struktur von Erklärung erleichtert naturwissenschaftliches Vorgehen, gründet sich jedoch nicht bloß auf bereits gefundene wesentliche Verhältnisbestimmungen oder Gesetze und gesetzesartige Aussagen. Vielmehr begründet die Evolutionstheorie eine umfangreiche Klasse von Erkenntnissen, die über eine besondere Eigenschaft verfügt. Die Entwicklung von Leben verweist auf das Entstehen von Strukturen, die auf der Grundlage physikalischer und chemischer Gesetzmäßigkeit für replikationsfähige organische Makromoleküle gelten, in ständigem Austausch mit der Umwelt stehen und sich <u>mit</u> ihr und <u>gegen</u> sie durchzusetzen vermögen. Sie vermögen auf Grund des genetischen Mechanismus die Existenz jener replikationsfähigen zu erhalten, wenn die Bedingungen ungünstig geworden sind. Aus der Darstellung von MOHR geht hervor, daß an die Stelle bekräftigter Gesetze Allaussagen zu treten vermögen, die den Charakter einer Hypothese schlechthin besitzen können, wobei ihr Bekräftigungsgrad den Grad der Unbestimmtheit für die Qualität der Schlußfolgerung bedeutet. Die jeweilige Hypothese geht aus der in der Evolutionstheorie ebenfalls wichtigen bekräftigten Voraussetzung aus, daß ein genetisch fixierter ontogenetischer Entwicklungsplan vorhanden sei. /14/ in Analogie zu den Sachverhalten, die in den von der Chronobiologie untersuchten Zyklen untersucht werden, resultiert auch für diese die Relevanz der Evolutionstheorie. Wie die Resultate bei beliebigen Arten untereinander als Modell fungieren können, so verweist die Chronobiologie auf die Funktion des zeitlichen Ablaufs, ob er sich als zyklisch erweist oder nicht. Die circadianen Zyklen erwiesen sich als eigenständiges Forschungsgebiet, das allgemeine Berücksichtigen zeitlicher Abläufe dehnt sich auf spezielle Fragen der Wachstumsprozesse aus und suggeriert so etwas wie relativistische Biologie, wie SCHARF es bezeichnet. Der Terminus Chronobiologie behält damit eine übergeordnete Bedeutung und kennzeichnet eine Entwicklungsstufe, die durch die praktische Bedeutung der Zyklusforschung und ihren Zusammenhang mit dem Alter der betreffenden Individuen einer speziellen Art die Verbindung mit allgemeinen Wachstumsvorgängen herstellt.

Es fragt sich, ob Erklärung auf jeder Stufe der Erkenntnis als theoretisches Ziel der Untersuchung angesehen werden muß. Als Hypothese ist dem entgegenzuhalten, daß der Sachverhalt der Deskription voruaszugehen hat, um das Material für eventuelle spätere Erklärung zu erhalten. Es hat den Anschein, daß auf der Grundlage von Gesetzmäßigkeit und Bedingung der Funktion der Hypothese erstrangige Bedeutung besitzt. Die Hypothese erweist sich als Voraussetzung für das Gewinnen von Daten und Datengruppen, die den Kenntnisbestand über physiologische Abläufe wesentlich bereichern. Interessant scheint, daß ohne Rücksicht auf die Gründe, die zur Ausbildung von circadianen Zyklen Anlaß sind, allein schon deren Beschreibung die Erkenntnis bereichernd wirkt, die HALBERG 1971 prognostisch ankündigte /15/. Die Kenntnis der circadianen Zyklen erscheint dann als phänomenologische Beschreibung von Sachverhalten, die ein wesentliches Bezugsgefüge darstellen und Ausdehnung auf andere Beziehungsgefüge ermöglichen. Wie kompliziert indes von mathematischen Gesichtspunkten aus das Darstellen der Phänomene sich erweist, bezugen die Arbeiten an circadianen Zyklen und Wachstumsprozessen. Das Beschreiben von Phänomenen setzt das Vorhandensein von Kausalität voraus, ohne kausale Relationen direkt abbilden zu müssen. Hatte Kant die Kausalität unter den dem Bewußtsein vorgegebenen Kategorien und versicherte Jacques MONOD, das Kausalitätsbedürfnis sei angeboren /16/, so ergibt sich inzwischen im Vergleich zu POPPER und MOHR die Bedeutung des wissenschaftlichen Fortschritts als Moment der Überzeugungsfähigkeit des Übergangs von der Evolutionshypothese zur Evolutionstheorie, Phänomene sind keine bloßen Oberflächenerscheinungen, sondern stets Ausdruck des inneren Beziehungsgefüges der intendierten Objekte. Da Kausalität nicht mehr als vorwiegend mechanistisch aufgefaßt wird, sondern genuine Wahrscheinlichkeit in den Konzext der Regelmäßigkeiten einbezieht, vermögen die Deskriptionen von Zeitserien außerdem den Typus der vorliegenden Regelmäßigkeit unmittelbar auszuweisen. Sie sind der früheren Ausschließlichkeit von mechanistischer Kausalität mindestens gleichgestellt. Es gibt hinreichend Grund zu der Annahme, daß in den Naturwissenschaften und damit der Naturwirklichkeit ein strenger Funktionalzusammenhang oder mechanistische Kausalität bloß eine Approximation an Strukturen bedeutet, synchronische oder diachronische, die bedingte Wahrscheinlichkeit zu ihrer Voraussetzung haben. Die Vorstellung, damit verliere Erkenntnis an Genauigkeit, erscheint längst ad absurdum geführt. Genuine Wahrscheinlichkeit erweist sich in der Regel als genauere Approximation in Ereignisfolgen und ihren Verknüpfungen im Naturprozeß, die in der Naturwissenschaft unbedingt im Experiment und im Handeln getestet werden. Der frühere erkenntnistheoretische Einwand gegen das Orientieren auf Phänomene, es ergebe sich damit ein Verzicht auf fortschreitende Erkenntnis oder agnostizistische Folgerungen würden damit herausgefordert, ist inzwischen gegenstandslos geworden. Im Vergleich zu POPPER zeigt sich im Gegenteil, daß ein Vernachlässigen der Deskription wesentliche Momente moderner Naturwissenschaft und anderer Anwendungen erschwert, und den kaum noch erst genommenen Neolamarckismus wieder belebt. Das unterscheidende Merkmal zwischen agnostizistischer Deskription und einer davon freien Beschreibung von Ereignisfolgen scheint in Folgendem zu liegen: Erstere bedeutet Verzicht auf Erklärung und ein Vernachlässigen der Voraussagefähigkeit von Ereignisfeldern. Letztere benutzt die Beschreibung als Mittel des Testens von Hypothesen, ohne in irgendeiner Weise innerweltliche weitere Explanation auszuschließen.

Literatur

/1/ Chronobiologie, ed. SCHEWING, L.E., HALBERG, F., PAULY, J.E., Tokyo und Stuttgart 1974 / Sigel: C, V.

/2/ C 372 ff.

/3/ SCHARF, J.-H., Wachstum. In: Verhandlungen der anatomischen Gesellschaft 71, 29-58 (1977) 45.

/4/ S. 38

/5/ Die Naturwissenschaften (65) 2. 1978, 80-84

/6/ Vgl. FRITTS, H.C., Die Jahresringe der Bäume, eine Aufzeichnung der jahreszeitlichen Schwankungen des vergangenen Klimas. In: Naturwissenschaften (65) 1. 1978, 48-56.

/7/ Die Naturwissenschaften (65) 1. 1978, 1-6/M.

/8/ M 4

/9/ M 5

/10/ M 5

/11/ M 5

/12/ M 5

/13/ M 6

/14/ M 6

/15/ C V f.

/16/ MONOD, J., Le hasard et la nécessitée, Paris 1970

Zusammenfassung

Spezielle erkenntnistheoretische Reflexion begleitet Forschung mehr oder weniger spektakulär, unauffällig oder bleibt unbenötigt, wenn die Anforderungen der Methodologie zur Selbstverständlichkeit geworden sind. Franz HALBERG begleitete die Materialien des großen Symposiums von 1971 mit der Bemerkung, die meisten Beiträge befaßten sich mit quantitativem Herangehen an das Studium cyklischen Verhaltens bei Organismen einschließlich des Menschen. Man begrüße auch naturalistische Beobachtungen und Kommentare (Chronobiology, ed. L.E. SCHEWING, F. HALBERG, J.E. PAULY, Tokyo und Stuttgart 1974/C, Preface). Das Arbeitsfeld erweist sich als weit gespannt. Erkenntnistheoretisch ist damit ausgedrückt, daß theoretisches Denken einfache Beobachtung, diszipliniert durchgeführtes Experiment und exakte Aufbereitung von Daten, Darstellung der vorgefundenen Prozesse in mathematischen Strukturen und ihre Kommentierung einbezieht. Unreflektierte Spekulation über Biorhythmen gingen ihrer wissenschaftlichen Darstellung voraus. Das Aufstellen von Hypothesen und ihre Bekräftigung durch das Experiment kennzeichnen das gegenwärtige und weitere Vorgehen. Da die Exploration seit ihren Anfängen in den zwanziger und dreißiger Jahren in engstem Kontakt mit kausaler Therapie in der Medizin blieb und die Kontakte sich verdichteten, kontrolliert Anwendung zugleich Gültigkeit und Relevanz des chronobiologischen Unternehmens.

Abbildung resultiert aus Entwurf und Beobachtung. Das Finden von Daten setzt in der Regel den hypothetischen Entwurf von Mustern und Modellen voraus. Unreflektierte Merkmalsbestimmung veranlaßte Spekulation unter der Begleiterscheinung von Phantastik. Scharen von Hypothesen vermögen an dem intendierten Sachverhalt vorbeizugehen, sind aber durch das disziplinierte Gewinnen von Daten grundsätzlich überlegen. Das geeignete Approximieren eines Rhythmus erfordert das Beseitigen von biologischem Rauschen, das Anwenden von Fourier Analyse und harmonischer Analyse. Das Finden der Zeitstruktur dient als Ordnungsfaktor für die einzelnen Erscheinungen des Lebensprozesses, für das Auffinden wechselseitiger Abhängigkeiten, ihre relative Unabhängigkeit und das circadiane wie ultradiane zyklische Geschehen. Jedenfalls resultiert aus der Suche nach hypothetisch vermuteten Zyklen eine approximierte Beschreibung zyklischer Abläufe innerhalb der ontogenetischen Entwicklung der untersuchten Species und ihrer Individuen. Aus dem Ablauf der Chemismen des Metabolismus ergibt sich eine Ordnung auch nach der Zeit. Bemerkenswert für das Vorgehen chronobiologischer Art ist der häufige Ausgang von Kenntnis synchronischer Prozesse. Sie sind oft die Voraussetzung für das Einbeziehen des Ordnungsfaktors Zeit. Um aber den zeitlichen Ablauf beschreiben oder abbilden zu können, zwei Termini für den gleichen Vorgang, sind theoretische und hypothetische Vorstellungen vorgängig nötig. Der Unterschied von Realweltprozeß und, allgemein gesprochen, theoretischer Darstellung verweist auf die Differenz von intendierter Sache und Begriff. Soweit die medizinische Therapie aus der Kenntnis der individuellen Cyklen Nutzen zieht, gelingt es, zwischen der bis zum Quantitativen vorgedrungenen begrifflichen Darstellung und dem physiologischen wie pathologischen Geschehen zu vermitteln. Das Beschreiben der metabolischen Chemismen gestattet bereits quantitative und qualitative Aussagen. Die quantitative Darstellung der zyklischen Vorgänge, die die Chronologie beschreibt, gibt mit der zeitlichen Ordnung wissenschaftlich reflektierte Qualität der Prozesse wieder. Sind die im Bewußtsein entworfenen Modelle zugleich hypothetisch, so behalten die bekräftigten Hypothesen infolge ihres approximativen Charakters die Eigenschaften von Modellen, was aber der Möglichkeit von Anwendung keinen Abbruch tut. Kurz: Methodologische Reflexion kann zur Selbstverständigung über wissenschaftliches Vorgehen dienen.

Резюме

Специальная познавательно-теоретическая рефлексия сопровождает исследование более или менее спекулятивно, незаметно или остаётся ненужной, если требования методологии становятся само собой разумеющимися. Франц Гальберг высказал относительно материалов большого симпозиума 1971 года замечание, что большинство докладов посвящено количественному подходу к изучению циклического поведения организмов, включая человека. Приветствуются также натуралистические наблюдения и комментарии (Chronobiology, ed. L.E. Schewing, F. Halberg, J.E. Pauly, Tokyo und Stuttgart 1974/C, Preface).

В связи с этим поле деятельности определено широко. Познавательно-теоретически этим выражается, что теоретическое мышление включает в себя простое наблюдение, организованно проведённый эксперимент и точную подготовку данных, представление выявленных процессов в математической форме и их объяснение. Так как эти исследования с самого их начала в двадцатых и тридцатых годах находились в тесном контакте с каузальной терапией в медицине, и этот контакт усиливался, применение сразу контролировала годность и релевантность хронобиологических исследований.

Отражение есть результат наблюдения и (мысленного) наброска. Нахождение числовых данных предполагает, как правило, гипотетический набросок образцов и моделей. Нерефлектирующее определение признаков даёт повод для спекуляций, соединённых с фантастикой. Множество гипотез, в состоянии приблизить к пониманию интересующего положения дел, однако, этот способ существенно уступает организованному процессу получения числовых данных. Для подходящей аппроксимации некоторого ритма требуется устранение биологических шумов, применение анализа Фурье и гармонического анализа. Нахождение временной структуры служит упорядочивающим фактором для отдельных явлений жизненного процесса , для выявления взаимосвязей, их относительной независимости и дневных, а также сверхдневных циклических событий. Во всяком случае, из поисков гипотетически предполагаемых циклов результируется некоторое аппроксимирующее описание циклических процессов внутри онтогенетического развития вида и отдельных его индивидуумов. Из протекания химических процессов метаболизма выявляется также упорядоченность во времени. Примечательным для хронобиологического подхода является то, что здесь часто исходят из знания синхронных процессов. Они часто являются предпосылкой для привлечения упорядочивающего фактора времени. Но, чтобы быть в состоянии отобразить или описать (два термина для обозначения одного и того же процесса) протекание процесса во времени, необходимы предварительные теоретические и гипотетические представления. Разница между объективно-реальным процессом и его теоретическим представлением указывает на различие между интересующим положением дел и понятием. Но раз медицинская терапия получает пользу из знания индивидуальных циклов, значит, удаётся согласовать достигшее количественного уровня понятийное представление с физиологическими, так и с патологическими явлениями. Описание метаболического химизма позволяет уже делать количественные и качественные высказывания. Количественное изображение циклических процессов, которое описывает хронологию, воспроизводит вместе с временной упорядоченностью научно рефлектируемое качество процессов. Если набросанные в сознании модели являются в то же время гипотетическими, то подтверждаемые гипотезы обладают вследствие их аппроксимативного характера, свойствами моделей, что однако не влияет на возможность их применения. Коротко: методологическая рефлексия способствует самопониманию научного поиска.

Summary

Research may be accompanied by specialised cognitive reflection in a more or less spectacular or inconspicuous way, but such reflection might just as well remain unnecessary, if the methodological demands have become something quite natural. Franz Halberg commented on the material of the big symposium in 1971 by suggesting that most of the contributions were quantitative approaches to studies into cyclic behaviour of organisms, including man. They appreciated also naturalistic observations and comments (Chronobiology, ed. L.E. Schewing, F. Halberg, J.E. Pauly, Tokyo and Stuttgart 1974/C, Preface). The scope of activity has proved to be wide. The cognitive notion implied is that most various aspects are included in theoretical thinking, simple observation, disciplined experimentation, high-accuracy preparation of data, presentation in mathematical structure of processes detected, and commenting on such findings. The scientific presentation of biorhythms was preceded by unreflected speculation. The present approach and its continuation were characterised by the construction of hypotheses and their confirmation by experimentation. From its very beginnings in the twenties and thirties exploration had been in closest contact with causative therapy in medicine, and the contact has become more consolidated in the course of time. Application, therefore, is the criterion by which to assess the validity and relevance of the chronobiological venture.

Imagery results from design and observation. The finding of data usually presupposes a hypothetic design of patterns and models. Unreflected definition paved the road for speculation along with fantasy. While there may be scores of hypotheses which simply bypass an intended subject, they, basically, retain their superiority on account of the disciplined approach to data collection. Appropriate approximation of a rhythm calls for elimination of biological noise as well as for the application of Fourier's analysis and harmonic analysis. An adequate time structure has to be found as a systematic factor by which to put into right order the many phenomena of the process of life and by which to identify interdependencies or relative independencies as well as circadian and ultradian cycles. Resulting from any search for hypothetically assumed cycles will be, in any case, an approximated description of cyclic processes relating to the ontogenetic evolution of species and individuals studied. The sequence of chemical reactions in a given metabolism may provide a clue to an order by time. Knowledge about synchronic processes is, remarkably, a common point of departure for approaches to chronobiological problems. Such synchronic processes often are the prerequisite for involving time as an order factor. Yet, theoretical and hypothetic ideas are necessary for the capability of describing or representing the time process, with description and representation being two terms for one and the same activity. The difference between the process of reality and, generally spoken, theoretical presentation points at the difference between intended cause and definition. A link between verbal definition, up to quantitative understanding, and the physiologico-pathological process can be established to the extent to which medical therapy takes advantage of knowledge about individual cycles. Both quantitative and qualitative information can be derived even from mere description of chemical reactions in metabolism. The quantitative representation of cyclic processes, as described in chronology, establishes an order of time by which the scientifically reflected quality of the processes is reproduced. If the models designed in one's consciousness are of hypothetic nature, those confirmed hypotheses will retain the properties of models on account of their approximative nature, which, however, does not impede the possibility of application. In a nutshell: Methodological reflection can be instrumental in individual decision-making on a scientific approach.

Humboldt-Universität zu Berlin
Sektion Marxistisch-leninistische Philosophie
Bereich Philosophie/Wissenschaften

Einige weltanschaulich-philosophische Fragen in der Geschichte der Chronobiologie

M. WAßERMANN

Als experimentell fundierte naturwissenschaftliche Forschungsrichtung existiert die Chronobiologie erst seit rund 50 Jahren.

Dagegen gehört jedoch die Beobachtung und Beschreibung rhythmischer Phänomene in der Umwelt des Menschen, seinem eigenen Verhalten und seiner Leistungsfähigkeit zu den ältesten Erkenntnisgegenständen überhaupt.

Es läßt sich zeigen, daß der Weg von der intuitiven, mythischen Weltbetrachtung, vom magischen Beschwören feindlicher oder freundlicher Mächte zur wissenschaftlichen Erforschung der Natur, zu ihrer technischen Verwertung begleitet ist, mit der Auseinandersetzung und Darlegung rhythmischer Vorgänge als Vorgänge der Wiederholung, Wiederkehr von Gleichem oder Ähnlichem.

Für den Babylonier Berossos war Rhythmus eine voraussagbare, vielfältig auf das Geschehen in der Welt einflußnehmende Größe. Nach ihm ist in zahlreichen Formen die Astrologie in der Geschichte, aber auch in der Gegenwart der Rhythmusforschung anzutreffen.

Heraklit gab dem Rhythmus im Verhältnis zum Logos eine grundlegende Bedeutung, die erst in unserer Zeit, wie NORDEN (1) meint, von den Naturwissenschaftlern richtig zum Verständnis gebracht werden kann. Versuche, zahlreiche rhythmische Erscheinungen in die Gesamtheit des Geschehens einzuordnen, sich also wesentlich älter, als die heute mögliche experimentelle Untersuchung.

An der Erforschung rhythmischer Phänomene beteiligten sich nahezu alle anderen Wissenschaften.

Es ist daher nicht verwunderlich, daß zur selben Zeit, als sich die moderne naturwissenschaftlich fundierte Rhythmusforschung zu entwickeln begann, viele Arbeiten von Philosophen, Biologen, Medizinern, aber auch wissenschaftlicher Außenseiter veröffentlicht wurden, die von den verschiedensten weltanschaulichen und erkenntnistheoretischen Positionen ausgingen.

Dies muß beachtet werden, wenn wir Beispiele diskutieren, die uns gegenwärtig darauf hinweisen, daß es immer noch besonderer Anstrengungen bedarf, um chronobiologische Erkenntnisse anzuwenden.

Der Wert historischer und philosophischer Untersuchungen scheint z. Z. daher besonders darin zu liegen, die Wurzeln und aktuellen Erscheinungsformen von Hypothesen und Theorien aufzuzeigen, die zu Vorurteilen und Fehlinterpretationen gegenüber der Chronobiologie führen.

Eine von vielen Rhythmuslehren ist die auf den Arzt W. FLIESS zurückzuführende Biorhythmik. Dessen schon 1906 veröffentlichte Arbeit "Der Ablauf des Lebens - Grundlage zur Exakten Biologie" (2) wird noch heute als Grundlegung für die "Biorhythmik", als die Lehre von den Ursachen rhythmischer, biologischer Erscheinungen gesehen.

Der Hals-Nasen-Ohrenarzt FLIESS betrachtete Beziehungen zwischen Nase und Geschlechtsorgangen, und gewann den Eindruck rhythmischer Phänomene mit Perioden von 23 bzw. 28 Tagen. Die erste Periode bezeichnete er als männlich, die andere als weiblich. Sie sollten den Auf- und Abbau von Substanzen in diesen Zeiteinheiten widerspiegeln. Alle Ereignisse im Leben eines Individuums seinen durch algebraische Summen mit den Faktoren 23 und 28 auszudrücken. Als Beleg für die Existenz solcher Lebenszeiten von nicht näher charakterisierten Substanzeinheiten (später wurden dafür häufig die Begriffe Blutrhythmus oder -takt benutzt) dienten u. a. die Lebensdauer berühmter Wissenschaftler, Künstler oder Politiker, oder wurden bestimmte Ergebnisse aus medizinischen Statistiken herangezogen.

Da z. B. Kant 1041 und Goethe 1087 mal 28 Tage lebten, wurde darin ein Beweis für die Existenz einer 28 Tage umfassenden Periodik gesehen.

FLIESS und seine Nachfolger trugen eine große medizinische Kasuistik und Analysen von Statistiken zusammen. Als Ursachen für die Erscheinungen solcher Perioden sahen sie kosmische Strahlungen und solare Einflüsse an, die endogene Substanzen steuern.

Allerdings brachten sie keinen einzigen Nachweis für so determinierte Perioden von genau 23 oder 28 Tagen. (3)

In der weiteren Entwicklung der "Fließ'schen Periodenlehre" wurde angenommen, daß die 23- und 28tägigen Perioden mit der Geburt eines Individuums einsetzen.

"Diese beiden Zahlen mit ihren Potenzen bilden zusammen mit dem Jahrestakt (= Geburtsabstände von Geschwistern und hohen Blutsverwandten) das Gewebe, an dessen Knotenpunkten alle Ereignisse im Leben eines Menschen stehen, sei es Geburt, oder Tod, Krankheit oder Gesundung, Zeugung oder Vererbung".(4)

WALDECK (5) kritisiert an dieser Auffassung, daß sie "noch ganz in den Denkformen einer materialistisch orientierten Biologie befangen sei."

Dieser Zustand wurde, so erklärte er weiter, 1928 von TELTSCHER durch Aufspüren eines 33-Tage-Rhythmus, des Intellektrhythmus, überwunden. "Der dritte biologische Grundrhythmus war gefunden. Aus der materialistisch-orientierten Periodenlehre wurde die moderne Biorhythmik, die unserer Weltanschauung von der göttlichen Dreieinheit entspricht". Denn, so charakterisiert er weiter, und macht damit zugleich die weltanschauliche Grundlage dieser Biorhythmiker noch deutlicher, "unser Lebensraum ist dreidimensional und jeder Mensch wird von einer dreifachen Rhythmik bewegt; der körperlichen, der seelischen und der geistigen. Dieser Dreiklang ergibt die Persönlichkeit". (5)

Zwischen den beiden Weltkriegen und in den fünfziger Jahren existierte die "Fließ'sche Periodenlehre" ..."in den Randgebieten der Medizin in Europa, vor allem in Östereich und der Schweiz". (6)

THUMSHIRN (6) stellt aber fest, daß im gegenwärtig existierenden "Biorhythmus-Rausch", die "Biorhythmik gleichsam eine zweite Geburt erfuhr". Das geht soweit, daß behauptet wird, FLIESS sei der "geistige Vater der Lehre von der inneren Uhr", obwohl diese Biorhythmik, ... "dieses merkwürdige Phänomen einer alten schon fast vergessenen und jetzt wiederbelebten Theorie über die Wirkungen einer inneren Uhr auf unser gesammtes Leben ... im Sprachschatz der Chronobiologen überhaupt nicht vorzukommen scheint ..." (6). THUMSHIRN beschreibt diese Biorhythmik als "bisher einzige Theorie über eine innere Uhr", die "Massenbewegung ausgelöst" hat und "den Weg in die Alltagspraxis gefunden habe". (7)

Im Zusammenhang mit einer bestimmt noch intensiver werdenden Forschung, Lehre, Anwendung und Popularisierung chronobiologischer Erkenntnisse gilt es also, genau zu trennen zwischen diesen "Fließ'schen Periodenlehre" und den Erkenntnissen, die in den modernen Labors von Biologen, Medizinern, Psychologen u. a. erarbeitet werden. Es gibt viele Begründungen für diese Forderung. Gegenwärtig ist z. B. zu verzeichnen, daß elektronische Taschenrechner - "Bioanalysatoren" - in die ärztliche Praxis gelangen, die den Patienten befähigen sollen, - nicht auf der Grundlage physiologischer Parameter -, sondern dieser "Fließ'schen Perioden", "kritische Tage" vorauszuberechnen.

HECKERT schlug auf dem 7. Kongreß der "Internationalen Gesellschaft für biologische Rhythmusforschung" erneut vor, die Begriffe "biorhythmisch", "Biorhythmus" zu vermeiden. "Es sollte sich keine Gelegenheit bieten, in gleichlautenden Ausdrücken fälschlich eine Identität der biologischen Rhythmusforschung und der Biorhythmuslehre zu erblicken." (3)

Nun wird sich dies nicht durch ein "Dekret" durchsetzen. Folglich stehen wir daher vor der Situation, bei weltanschaulichen Diskussionen immer zunächst zu ermitteln, worüber gesprochen wird. Die Diskussionen über Für und Wider der "Fließ'schen Periodenlehre" werden sehr heftig und oft sehr "emotionsvoll" geführt. (6)

Es ist daher angebracht, folgendes zu sagen. "Die Entwicklungsform der Naturwissenschaft, soweit sie denkt, ist die Hypothese." (8) In der Regel ist es so, daß zur Überprüfung gestellter naturwissenschaftlicher Fragen stets mehrere Hypothesen aufgestellt werden. So ist es gegenwärtig auch in der Chronobiologie. Hier werden verschiedene Hypothesen über den Mechanismus der "biologischen Uhr" (9) oder auch über das Vorkommen zahlreicher Mikro- und Makrorhythmen bearbeitet.

Diese Hypothesen entsprechen einem historisch bedingten Erkenntnisstand. Fortschritte in der experimentellen Technik, und viele andere Faktoren, führen in unterschiedlichen Zeiträumen immer zu Antworten und präzisierten neuen Fragestellungen.

Wenn keine "vis vitalis" und andere, dem Erkenntnisprozeß angeblich nicht zugängliche Faktoren in einer dieser Hypothesen angenommen werden, dann unterliegen diese keiner philosophischen Bewertung. (10)

Im Zusammenhang mit der Diskussion um die "Fließ'sche Periodenlehre" bedeutet dies, daß hier zwei Sachverhalte <u>nicht verwechselt</u> werden dürfen. Die Kritik an dieser Theorie richtet sich gegen deren fehlende experimentelle Fundierung, dagegen, daß "Spekulationen ... als naturgesetzlich oder mathematisch bzw. wissenschaftlich exakt bezeichnet werden." (3) Weiterhin muß deutlich gemacht werden, daß vorgesehene (und teilweise versuchte) Anwendungen - z. B. im Arbeitsschutz, in der Chirurgie und zur Persönlichkeitsbeurteilung (4) nicht zum Gegenstand wissenschaftlicher Erwägungen zu rechnen sind.

Davon zu trennen sind allerdings Untersuchungen über möglicherweise in der Natur vorkommende Rhythmen, deren Periodendauer mehrere Tage umfassen können.

Dies zu beurteilen ist nicht Gegenstand philosophischer Tätigkeit. Die Philosophie kann einen Beitrag zur Entwicklung der Chronobiologie leisten, wenn sie mit ihren spezifischen Mitteln der historischen Untersuchung, der Begriffsanalyse und der Aufstellung philosophischer Hypothesen erkenntnisfördernd an der Diskussion teilnimmt. (11)

Die "Fließ'sche Periodenlehre" ist nur einer von vielen, nicht naturwissenschaftlich fundierten, Versuchen zur Erklärung rhythmischer Erscheinungen. Genannt seien noch die Anthroposophie von R. Steiner und eine besondere Art von "Kosmobiologie", die sich deutlich ausgesprochen, als Astrologie verstehen will. (12)

Neben der Auseinandersetzung mit solchen Auffassungen wird es in Zukunft aber auch darauf ankommen, sich spezifischen Fragen zuzuwenden. Dazu gehört auch die Analyse des Problems des Rhythmus bei der Untersuchung von Entwicklungsgesetzmäßigkeiten.

"Der Begriff Rhythmus verbindet die Begriffe Entwicklung und Wiederholbarkeit, Symmetrie und Asymmetrie, Kontinuität und Diskontinuität, Stabilität, Ganzheit (und Zeit- M. W.) usw." (13) Es ist davon auszugehen, daß die Lebensvorgänge nicht nur eine bestimmte Raumstruktur voraussetzen, sondern auch an bestimmte zeitliche Strukturen gebunden sind. Der morphologischen Strukturforschung läßt sich eine biologische Zeitstrukturforschung - in der die Untersuchung periodischer, rhythmischer Vorgänge einen wichtigen Platz einnehmen - als gleichwertiger Aspekt an die Seite stellen. Die oben genannten vielfältigen Beziehungen philosophischer Begriffe mit dem Begriff Rhythmus, und die Notwendigkeit, chronobiologische Erkenntnisse in Natur-, Technik-, Landwirtschaftswissenschaften usw. jeweils spezifisch anzuwenden, erfordern auch die Zusammenarbeit von Philosophen und Einzelwissenschaftlern auf diesem Gebiet.

Literatur

(1) Norden, E.: Logos und Rhythmus. Berlin 1928, S. 25

(2) Fließ, W.: Der Ablauf des Lebens.- Grundlegung zur exakten Biologie. Leipzig. Wien 1906

(3) Heckert, H.: Entwicklung, Grundlagen und Aussagewert der Lehre einer endogenen, sogenannten "Biorhythmik". in: Atti della VII Conferenza internazionale della societa per lo studio dei ritmi biologici inclusa la basimetia. Torino 1962

(4) Gross, H. M.: Hoch und Tief unserer Lebensenergie. Aalen 1954,S.14

(5) Waldeck, H.: Der Rhythmus deines Blutes. Büdingen-Gettenbach 1953, S. 13

(6) Thumshirn, W.: Unsere innere Uhr. Zürich 1975, S. 285

(7) Ebenda S. 286

(8) Engels, F.: Dialektik der Natur. In: Marx, K., Engels, F. Werke Bd. 20, Berlin 1969, S. 507

(9) vgl. Rensing, L.: Biologische Rhythmen und Regulation. Stuttgart 1973

(10) Ley, H.: Abbild und Entwurf in den Naturwissenschaften, speziell in der Biologie. (in Druck)

(11) Hörz, H.: Marxistische Philosophie und Naturwissenschaften. Berlin 1974, S. 115

(12) Ebertin, R.: Kosmobiologisches Jahrbuch. Aalen 1956

(13) Karpinskaja, R. S.: Philosophie und Molekularbiologie. Berlin 1974, S. 167.

Zusammenfassung

Zur Erklärung rhythmischer Erscheinungen gibt es seit dem Altertum zahlreiche Versuche.

Gegenwärtig werden einige längst vergessene Theorien wieder verstärkt diskutiert. Dazu gehört auch die "Biorhythmik" von FLIESS.

Zur Entwicklung der Chronobiologie ist es notwendig, deutlich zwischen Inhalt und Aussagewert dieser Theorie und möglicherweise existierenden verschiedenen Makrorhythmen zu unterscheiden.

Die Chronobiologie ist mit der "Fließ'schen Periodenlehre" nicht vereinbar.

Резюме

С древности существуют многочисленные попытки объяснения ритмических явлений. В настоящее время обсуждаются некоторые давно забытые теории. К ним относится и "биоритмика" Флиса. Для развития хронобиологии необходимо чётко различать между содержанием и познавательным значением этой теории и возможно существующими природными ритмами. Хронобиология не совместима с "учением о периодах Флиса".

Summary

There are numerous trials for the explanation of rhythmic phenomena since the antiquity.

At present some theories, who are forgotten, since a long time are strengthly discussed again. To these belongs too the "Biorhythm" by FLIESS. For the development of the Chronobiology it is necessary, clearly to discern between contents and affirmative value of this theory and the possibly existed, variously Macrorhythmus.

The Chronobiology is incompatible with the "Periodic doctrine" of FLIESS.

Anatomisches Institut der Martin-Luther-Universität
Halle-Wittenberg

Langzeitchronobiologie: Populationsdynamik in Alt-Eurasiosaharanien im Spiegel der Sprache

Joachim-Hermann SCHARF

Alle Naturerscheinungen laufen in der Zeit ab, also auch das Leben. Jedes Leben beginnt mit der Geburt des Individuums (wenn wir uns auf vivipare Species beschränken), durchläuft eine Wachstums- und Reifungszeit, um mit dem natürlichen oder dem gewaltsamen Tode zu enden. Es darf angenommen werden, daß so bemerkenswerte Ereignisse wie Geburt, Wachstum und Tod die Menschen schon vor sehr langer Zeit veranlaßten, darüber nachzudenken. Daß dies zutrifft, weisen die alten Mythen nach, die in allen Völkern und Kulturen - leider in den Hochkulturen oft sekundär entstellt - zu finden sind. Um über "etwas" nachzudenken, bedarf es eines Begriffes, der das "Etwas" mit einem Namen belegt, denn Denken ohne Begriffe ist schlechterdings unmöglich, und um über dieses "Etwas" einem anderen Menschen "etwas" mitteilen zu können, bedarf es der Sprache im menschlichen Sinne, also der Begriffssprache.

Auskünfte über das frühe Begriffsrepertoire der Menschen kann heute die vergleichende Linguistik liefern. Betrachten wir einmal Abb. 1: "*Geburt*" und "*gebären*" sind in einigen indogermanischen Sprachen in Wörtern nachweisbar, die auf eine Rekonstruktion *per- "gebären, hervorbringen" führen, also eine Wurzel mit stimmloser Labialis im Anlaut (die Liste ist unvollständig; weitere Belege z. B. bei POKORNY [1959]). Man nimmt heute an, daß die indogermanischen Völker vor etwa 4000 Jahren bereits *eigene* Sprachen hatten, es also keine indogermanische "Ursprache" mehr gab, aber etwa noch ein Arisch, ein Urslavisch, ein Germanisch, ein Italisch usw. Mittels inner-indogermanischer Sprachvergleichung kommt man also nicht viel weiter zurück als bis zum ausgehenden Neolithicum. Nun hat aber bereits der geniale dänische Linguist PEDERSEN (1903) festgestellt, daß die rekonstruierte indogermanische "Ursprache" zahlreiche Wortwurzeln aufweist, die ganz ähnlich in der ebenfalls rekonstruierten semitohamitischen und der rekonstruierten ural-altaischen "Ursprache" nachweisbar sind. Er nahm eine Urverwandtschaft dieser 3 "Ursprachen" an, die er als "nostratische" Sprachen zusammenfaßte. In der Folgezeit haben sich zahlreiche Forscher um die Problematik bemüht, von denen hier nur

Geburt, gebären

indogermanisch	*per-	⇒ lat.	párere (pario, peperi, partus) "gebären"
			partus "Geburt"
			parens (♂;♀) "Elter"
			(altlat. auch "erzeugen")
		⇒ griech.	πορις "Kalb, Färse"
		⇒ deutsch	fársi (♀) ⇒ Färse
			farro (♂) ⇒ Farre
		⇒ altslav.	пръткъ ⇒ čech. s-pratek "Frühgeburt (Kalb)"
			⇒ ukrain. ви-порток "Frühgeburt"
nostratisch (neolithisch; mesolithisch?)	*pera	⇒ idg.	per- "zeugen, gebären"
		⇒ altaisch	pᶜörä, pᶜürä "Nachkommenschaft"
		⇒ uralisch	perʌ- "Verwandtschaft, Familie"
		⇒ dravid.	per- "gebären, erzeugen"
		⇒ semitohamit.	par "Frucht, Nachkommenschaft"
	*Külä	⇒ idg.	kᵘel- "Geschlecht, Geburt, Same"
		⇒ altaisch	külä "Haus, Clan"
		⇒ uralisch	külä "Dorf, Haus, Clan"
		⇒ dravid.	kuḷ "Same, Haufen"
		⇒ semitohamit.	q(w)l "Geschlecht, Stamm, Rasse"
mesolithisch	*kpela	⇒ nostrat.	pera
			Küla
		⇒ kwa	ẹ̀gbẹ́(l) [Yoruby] "Gesellschaft, Clan"
paläolithisch	ǂkaube	"gebären" (Buschmann, S_1)	
	ǁ'ora	"gebären" (Buschmann, N_1)	

Abb. 1: Schematische Darstellung der Evolution (von unten nach oben) des Begriffsfeldes "Geburt, gebären" seit dem Jungpalaeolithicum. Die Rekonstruktion (von oben nach unten) muß bei den am gründlichsten bearbeiteten Sprachsippen (Indogermanisch, Semitisch) beginnen. Weitere Erklärungen in Legende zu Abb. 2 und im Text.

MØLLER (1909), v. d. VELDEN (1912) und KOPPELMANN (1933) erwähnt seien. Einen wesentlichen Fortschritt erbrachten die profunden Forschungen von ILLIČ-SVITYČ (1971), der systematisch die Verwandtschaft auch der rekonstruierten "Ursprachen" Dravidisch und Kharthwelisch zum Nostratischen zeigte. Da ILLIČ-SVITYČ (1971) Altaisch und Uralisch getrennt behandelte, gehören also nach seiner Definition die 6 Sprachgruppen Altaisch, Dravidisch, Indogermanisch, Kharthwelisch, Semitohamitisch und Uralisch als "nostratische" zusammen. DOLGOPOLSKI (1973) ging dann noch einen Schritt weiter, indem er noch andere Sprachen hinzunahm und als "boreische Sprachen" (Nordsprachen) zusammenfaßte, worauf hier nicht weiter eingegangen werden kann. Es gibt einige Wortwurzeln, die in allen 6 Sprachgruppen vorhanden sind, manchmal aber nur in 5 oder weniger.

Auffälligerweise lassen sich nun in den nostratischen Sprachen *zwei* oppositionell anlautende Wurzelgruppen finden, die semantisch etwas mit der organismischen Reproduktion zu tun haben: Die beim Indogermanischen schon erwähnte *p-Gruppe und eine *Ḳ-Gruppe, also Labialis- und Velaris- bzw. Gutturalis-Gruppe. Beide sind im Bedeutungsumfang nicht sicher zu trennen: "*gebären*" und "*erzeugen*" sind aber auch noch im Altlateinischen durch das Verbum *parere* abgedeckt, also in einer Schriftsprache.

pater infantem parit "Vater zeugt ein Kind"
mater infantem parit "Mutter gebiert ein Kind"
parentes infantes pariunt "Die Eltern zeugen Kinder"

Setzt man voraus, daß die nostratische Hypothese einen hohen Wahrheitsgehalt hat und die nostratischen Rekonstruktionen zu einem großen Prozentsatz richtig sind, kommt man damit bis ins frühe Neolithicum zurück, vielleicht sogar bis ins Mesolithicum.

Nun wurde mehrfach angenommen, daß derartige k-/p-Oppositionen auf eine ältere Lautstufe zurückführen, auf der solche semantisch gleiche oder ähnliche Wörter noch durch einen einheitlichen Wortstamm mit einem unisegmentalen (also synchron gesprochenen) kp-Anlaut repräsentiert wurden. Solche Anlaute - kp- im stimmlosen, gb- im stimmhaften Fall - nennt man Disiectivae; sie sind für Nichtmuttersprachler schwer zu erlernen, finden sich aber heute noch regelmäßig in den westafrikanischen Kwa-Sprachen (Yoruba, Ewe, Igbo usw.; dazu siehe u. a. STOPA [1972, 1977], SCHARF [1975]). Nun findet man z. B. rezent in

Yoruba	bi	"gebären, erzeugen, sich fortpflanzen"
	bibi	"geboren, erzeugt"
Ewe	fu	"fetus"
	vi	"Kind"
Gã	bi	"Kind",

alle mit Labialis im Anlaut, und im Yoruba hat das Verbum dieselbe Dop-

Tod, töten, sterben

indogermanisch	*u̯el$_8$-	⇒ german.	wlete "Wunde" ⇒ ver-let-zen
			wal "Kampf" ⇒ Walstatt
			valkyri̯a "Walküre"
		⇒ lat.	volnus ⇒ vulnus "Wunde"
		⇒ griech.	ἀνα-ϝαλίσκειν = ἀνα-λίσκειν "töten"
		⇒ altslav.	вáлка "Krieg"
	*kel$_3$-	⇒ deutsch	holz ⇒ Holz
			helza "Schwertgriff"
		⇒ lat.	calamitas "Schaden"
			clādēs "Unheil, Verletzung
		⇒ griech.	κολος "verstümmelt"
		⇒ altslav.	колóтъ "schlagen, schlachten, opfern"

nostratisch

(neolithisch; mesolithisch?)

*k̥ala- "sterben" *wʌla- "töten"

altaisch	uralisch	dravisisch	indogermanisch	khartwelisch	semitohamitisch
k̥al- "sterben"	kōle "sterben"	kol- "töten"	kel$_3$- "schlagen, töten"	q̥wil- "töten"	q(t)l ⇒ qåtål "töten"
(b)ölʌ- "sterben, töten"	welä- "töten"	vel- "töten, siegen"	u̯el$_8$ "töten, kämpfen"		(')bl "verwelken, erschlaffen"

mesolithisch

kpa [Yoruba] "töten"
kú [Yoruba] "sterben"

paläolithisch

ǁk'ai [Buschmann,] S_5 } "töten"
ǁkwā [Buschmann,] N_2 }
ǁke [Buschmann,] N_1 "sterben"

Abb. 2: Schema der Evolution des Begriffsfeldes "töten, sterben, Tod" seit dem Jungpalaeolithicum (von unten nach oben). Rekonstruktion geht von oben nach unten vom Indogermanischen aus. Soweit rechts vom Pfeil nicht Einzelsprachen angegeben sind, sondern Namen für Sprachsippen stehen, sind die Wurzeln rekonstruiert, ausgenommen Semitisch (Verbstämme [Qal]) und Dravidisch, wo älteres Tamil die vermutlichen Urformen hat. Λ = unbestimmter Vokal, Großbuchstaben zeigen, daß die genaue Artikulationsart unbekannt ist. ъ steht für den reduzierten Vokal des Altslavischen.

pelbedeutung, wie sie oben im Indogermanischen und dann im Nostratischen hervortrat. Nun sind die Kwa-Sprachen Tonsprachen (wie z. B. auch das Chinesische), wo im Yoruba ein 3-Tonsystem vorliegt, im Ewe aber 5 Töne beobachtet werden. Es ist anzunehmen, daß dieses Tonsystem nicht primär ist, sondern (wie im Chinesischen oder im Tibetischen) durch Auslautverfall entstand. Ein etwas mühsames Puzzle-Spiel (Einzelheiten können aus Platzgründen nicht gebracht werden) läßt mich vermuten, daß Yoruba ẹgbẹ "Gesellschaft, Clan" ursprünglich in die obige Wortsippe gehört und durch das vokalische Praefix den ursprünglichen Anlaut bewahrt, den sonantischen Auslaut aber verloren hat. Ob es ein -r, -l oder -n gewesen ist, vermag ich nicht sicher zu entscheiden. Das Vorstehende behaupte ich nicht, sondern vermute es. Sicher paßt aber das angegebene Wortpaar aus dem Buschmännischen, der altertümlichsten lebenden Sprache. Im Dialekt S_1 (/χam) finden wir den alveolaren Click (ǂ) mit -k- zu einem Clickblock vereint im Anlaut, in N_1 (//kau//en) den lateralen Click (//) mit dem Kehlkopfknacklaut (ʼ) ebenfalls zu einem Block zusammengefügt. Da S_1 sehr altertümlich ist, dürfte der //k-Anlaut eine ältere Lautstruktur repräsentieren als //ʼ- in N_1. So kommt man bis ins Palaeolithicum.

Wesentlich sicherer sind die Aussagen zum Begriffsfeld "Tod, töten, sterben" (Abb. 2), weil hier einige Kwa-Sprachen den disjectiven Anlaut bewahrt haben, in anderen ist die Dualisierung in 2 Anlaute abgelaufen:

Yoruba	kpa "töten" kú "sterben"	Unterscheidung durch partielle Dualisierung
Efik	kpa "sterben"	(gegenüber Yoruba intransitive Bedeutung)
Ewe	ku "sterben" wu "töten"	Unterscheidung durch Dualisierung
Dahome	ku "sterben" wu, wi (:= *wue) "töten"	
Gã	gbe "töten" gbo (:= *gbeo) "sterben"	Unterscheidung durch Vokalsuffix

Im Dahome kann übrigens die Abschwächung von kp- zu kw- direkt beobachtet werden (WESTERMANN 1907), ähnlich im Tši, allerdings müßten dafür Beispiele gebracht werden, die nicht zum Thema gehören. Dieser Kwa-interne Lautwandel kp- → kw- wird für die Entstehung der indogermanischen Labiovelaris ku̯- (usw.) im frühen Neolithicum angenommen. Wie die kurze Zusammenstellung zeigt, können die Bedeutungen "sterben":"töten" in bezug auf den Anlaut ebenso durcheinandergehen wie in den nostratischen Sprachen. Bei Betrachtung der Buschmannsprache kann man auch hier bis in das Palaeolithicum zurückblicken, da sich die Dialekte hinsichtlich der Clickblöcke im Anlaut erstaunlich einheitlich verhalten, trotz einer großen geographischen Distanz zwischen Nord- und Süddialekten von fast 2000 km.

<u>wachsen, vermehren, zunehmen, viel (sein/werden)</u>

<u>indogermanisch</u> * au̯eg-, u̯ōg-, aug-, ug-
*au̯ek-s-, auk-s-, u̯ek-s-, uk-s-

⇒	german.	wahsan ⇒ wachsen aukan (got.) "mehren"
⇒	lat.	augerē "wachsen" augmentum "Zuwachs"
⇒	griech.	ἀϝέξειν ⇒ αὔξειν "wachsen"
⇒	tochar.	oks- "wachsen" [Dial. A] okšu "alt" [Dial. B] aukšu "alt"
⇒	balt.	ūgis (lit.) "Wuchs" aũgt (lett.) "wachsen"
⇒	altind.	वक्ष् [vakṣ-] "wachsen"
⇒	altiran.	vaxš- (avest.) "wachsen lassen"

bhel$_4$, bhlē-, bhlō-

⇒	german.	bluomo ⇒ Blume blouwen ⇒ blühen blat ⇒ Blatt
⇒	lat.	flos "Blume", folium "Blatt"
⇒	griech.	φύλλον "Blatt"
⇒	tochar. (A)	pält "Blatt"
⇒	altirisch	bile "Blatt; Baum" bláth "Blüte, Blume"

<u>nostratisch</u> *wʌqʌ, Hʌqʌ "zunehmen, wachsen" *bolʔi "wachsen, blühen"

(neolithisch; mesolithisch?)

altaisch	uralisch	dravidisch	indogermanisch	khartwelisch	semitohamitisch
(h)aq-, oq-, öṅ-, öṅ- "hoch, zunehmen; wachsen"	vaka; ōka "Kraft; viel"	vīkku, vīṅku ōkku, ōṅku "wachsen, zunehmen; Mut"	au̯eg-, u̯og-, aug-, ug- "wachsen, zunehmen; Kraft"	akhw- "wachsen"	u̯ǵ' "hervorkommen; aufgehen" ḥqw "emporragen, hoch sein"
bolḥa- "wachsen, reifen, Pflanze"	polā "viel sein/werden; wachsen"	poli "wachsen, blühen"	bhel-, bhlē-, bhlö- "blühen, Blatt"	bala "Blatt; Baum"	'bl "Blatt, wachsen"

<u>mesolithisch</u>	hù	[Yoruba] "wachsen"
	gbó; àgbà	[Yoruba] "erwachsen; reif; alt" [a- "Konkretpräfix" + gbà "bewahren"]
	*qaq	[Eskimo] "hoch"
<u>paläolithisch</u>	!kú; !khú	[Buschmann S$_1$] "wachsen"

Abb. 3: Schema der Evolution des Begriffsfeldes "wachsen" seit dem Jungpalaeolithicum (von unten nach oben). Zur Rekonstruktion siehe Abb. 1 und 2 sowie im Text. 7 ist der stimmlose Kehlkopfknacklaut ähnlich dem deutschen Laut in Post7amt.

Weil bei Abb. 1 das Prinzip der Vergleichung erläutert wurde, soll hier auf weitere Einzelheiten verzichtet werden.

Abb. 3 zeigt analoge Untersuchungen zum Begriffsfeld "wachsen": Auch hier findet man ein Wortpaar in den nostratischen Sprachen, dessen Bedeutungen sich überschneiden. Für sehr konservativ gilt auch das Eskimo, dessen Wurzel *qoq "hoch" sich passend neben die Wörter der Kwa-Sprachen stellen läßt. Der älteste Lautbestand dürfte im Buschmännischen erhalten sein: !k-, !kh- ist der Clickblock mit dem praepalatalen Schnalzlaut (!).

Es zeigt sich also, daß "Geburt" als der Beginn, "Wachstum" als auffälliges Geschehen während Kindheit und Adolescenz und "Tod" als das Ende eines individuellen Lebens mit uralten Wörtern benannt werden, die offenbar schon im Palaeolithicum in ihrer Urgestalt vorhanden waren.

Die Chronobiologie untersucht die Zeitstrukturen biologischer Prozesse, die zum Teil periodisch, zum anderen Teil aber aperiodisch (phasisch) sind. Fragen wir nun einmal, wann die Menschen aus dem *Nacheinander* der Phänomene die Konsequenz gezogen haben, einen Begriff "Zeit" im allgemeinen Sinne zu schaffen, dann stellen wir fest, daß dies erst etwa vor 3500 bis 4000 Jahren geschehen ist. Spezielle Wörter für "Tag", "Monat" und "Jahr" sind erstaunlich alt, aber der Oberbegriff "Zeit" entstand erst spät. In Abb. 4 sind einige Wörter für "Zeit" zusammengestellt, und dabei zeigt sich, daß selbst die indogermanischen Sprachen kein gemeinsames Wort dafür kennen. Der Begriff kann also erst nach der Aufspaltung der Indogermanen in die archaischen Völker aufgekommen sein (Einzelheiten s. SCHARF [1977]). Dieser Vielfalt der "Definitionen" (Benennungen) der Zeit in der menschlichen Sprache, die sich uns als eine kaum genau übersehbare Mannigfaltigkeit von Einzelsprachen darbietet, entspricht die nichtabzählbar unendliche Menge möglicher mathematischer Definitionen der Zeit, die man erhält, wenn man die allgemeinen Integrale aller Differentialgleichungen, die zeitabhängige Prozesse beschreiben, nach der Zeit auflöst. Abb. 5 soll einen kleinen Überblick geben. Ich beschränke mich auf einige Wachstumsdifferentialgleichungen und deren wichtigste allgemeine Integrale. Für biomathematisch nicht versierte Leser möchte ich dazu bemerken, daß eine Differentialgleichung (DGl) mindestens ein allgemeines Integral (eine allgemeine Lösung) hat, einige der in Abb. 5 gezeigten nichtlinearen DGln haben aber mehrere. Da die Konstanten in den speziellen Lösungen alle möglichen Werte annehmen können, gibt es unendlich viele solcher speziellen Lösungen. Bedenkt man aber, daß in der sehr einfachen VERHULSTschen DGl

$$\ddot{y} + \gamma\dot{y} = 0$$

(die außerhalb der Biologie z. B. in der Physik ebenfalls auftritt; dann heißt sie aber nicht VERHULSTsche DGl) bei Beschränkung auf $0 \leq \gamma \leq 1$ die-

	Sprache	Wort für "Zeit"	Stamm	Stammbedeutung	Stammverwandte Wörter	"Mond" heißt	Dagegen heißt "Hund"
	Indogermanisch	nicht vorhanden	-	-	-	*mêns	k̂úu̯ōn
A. kentum-Gruppe	Hethitisch	meḫur	mē̆	"messen"	Ai: मास [mâs] "Mond, Monat" Got: mel "Zeit" menoths "Monat" Gr: μην [mên] "Mond" L: mensis "Monat"	arma-	suwana- suwana- } [s; ś := k]
	Griechisch	χρόνος [chrónos]	kel-	"treiben"	Gr: κελεύειν [keleúein] "treiben" Alb: qil "bringen" L: celer "rasch"	μήν [mên]	κύων [kýôn]
	Lateinisch	tempus	temp-	"dehnen"	L: templum "umspannter heiliger Bezirk" tendo "Sehne" Gr: τείνειν [teinein] "spannen" D: dehnen	luna	canis := kvan-is (Altitalisch)
	Deutsch	Zeit Tide (Nd) } germanisch -tī "schneiden"	dī-	"schneiden"	Gr: δῆμος [dêmos] "Volk" Het: damalš "Fremder" Air: dām "Abteilung" Ad: zīla "Zelle"	Mond	Hund [h := k]
	Englisch	time tide				moon	hound [h := k]
	Tocharisch Ost ("A")	nur überliefert tāpärk := tam-pärk [jetzt]	perk̂- prek̂-	"fragen, bitten"	Toch A: prak-; pärk- Toch B: prek-; pärk- } "bitten, fragen" L: precari "bitten; beten" Ad: fraga ⇒ "Frage" Ai: प्रश्न [praśna] "Frage"	mañ	ku
	West ("B")	preke	perg	"fürchten"	Toch A: pärsk- "fürchten" Toch B: prask- "fürchten" Ad: forant ⇒ "Furcht"	meñe; meṃ	
B. satem-Gruppe	Altindisch	काल: [kâlah]	krīn-	"schneiden"	Gr: κρίσις [krísis] "Entscheidung" καιρός [kairós] "Zeitpunkt" Got: hrains "rein" D: rein L: cribrum "Sieb"	मास [mâs]	श्वन् [śvan-] [ś := k]
	Altslavisch	врѣмѧ [vrêmę]	u̯ert-	"wenden ≙ drehen"	R: верста [verstá] "Werst" Got: wairðan "werden" D: werden Ai: वरिमन् [variman-] "Weite" L: vertere "wenden"	луна [luná]	собака [sobáka] [s := k; b := w]
	Russisch	время [vrĕmya]					
	Litauisch	laikas	leiku̯	"übriglassen"	Asl: лихъ [likchь] "böse" Gr: λείπειν [leípein] "lassen" Got: leihvan "Lehen"	mēnuo	szuo [sz = ś := k; u = w]
Semitisch	Hebräisch Phönikisch Sabäisch	עת ['at] עת ['ēṯh]	יעד [jå'ăð] oder ענה ['ånåh]	"bestimmen" "antworten"	Ak: ittu "Zeichen; Zeitpunkt" Aas: enu, ettu "Zeit" Ba: enû "wechseln" Äg: 'nw "wiederholen"	ירח [iårēḥå]	כלב [kåelaeb] Ass: kalbum Ät: ከልብ [kalĕb]
Sinotibetisch	Altchinesisch [T'ang Zeit]	次 [ts'i]	?	"Ordnung; Aufeinanderfolge; drehen"	Tb: [illegible] [ts'e] "Zeit; Leben"	月 [ngi̯ʷót]	犬 [k'iʷĕn] → pek: [k'üän]; kant: [hŭn]
		[illegible] oder [illegible] [d'źī]	[illegible] ? [t'śī]	"Stunde; immer; Jahreszeit"	? Tb: [illegible] [ts'e] "Zeit; Leben"		
	Tibetisch	[illegible] [ts'e]	?	"Leben"	Ch: 次 [ts'i] "Zeit; Ordnung"	[illegible] [zla]	[illegible] [k'yi]
Archaisch	Buschmännisch	nicht vorhanden	-	-	-	[Naron-Dialekt]: ‖nweba	S_1: !kwin S_2: !kwiṅ S_3: ‖kwi S_6: ǂhuni

Ad	Althochdeutsch	Ai	Altindisch (mit Sanskrt)	Ass	Assyrisch	Got	Gotisch	L	Lateinisch	S;	Buschmann, südliche Dialekte
Äg	Ägyptisch	Air	Altirisch	Ba	Babylonisch	Gr	Griechisch	Nd	Niederdeutsch	Tb	Tibetisch
At	Äthiopisch	Alb	Albanisch	Ch	Chinesisch	Het	Hethitisch	pek	Peking-Dialekt	Toch	Tocharisch
Ak	Akkadisch	Asl	Altslavisch	D	Deutsch	kant	Kanton-Dialekt	R	Russisch		

Abb. 4: Die Grundbedeutung (Etymologie) der Wörter für "Zeit" in einigen Sprachen der Alten Welt: Selbst die indogermanischen Sprachen haben kein gemeinsames Wort. Demgegenüber sind in den indogermanischen Sprachen die Wörter für "Mond" mit Ausnahme des Hethitischen entweder von idg. *mēns "Mond" oder - Lateinisch und Russisch - von idg. *leuk- "leuchten" ableitbar. Das Wort für "Hund" als ältestes Haustier ist in allen angezogenen Sprachen lautgeschichtlich einheitlich. Die "Zeit" wurde im allgemeinen Sinne erst im ausgehenden Neolithicum mit dem Aufblühen der Megalith-Astronomie entdeckt und benannt, als die Indogermanen schon in Völker zersplittert waren. Aus SCHARF (1977).

←

Wachstums-Differentialgleichungen	Allgemeines Integral	Umkehrung des Integrals
VERHULST (1838) - BRODY (1945): $\ddot{y} + \gamma\dot{y} = 0$	$y(t) = A_o + A_1 e^{-\gamma t}$	$t = -\frac{1}{\gamma} \ln \left\| \frac{y - A_o}{A_1} \right\|$
VERHULST (1838): $\dot{y} + ay = by^2$	$y(t) = \frac{1}{ba^{-1} + Ce^{-at}}$	$t = -\frac{1}{a} \ln \left\| \frac{1}{C}\left(\frac{1}{y} - \frac{b}{a}\right) \right\|$
GOMBERTZ (1825): $\dot{y}/y - \ddot{y}/\dot{y} = c$	$y(t) = A_1 e^{-e^{(b-ct)}}$	$t = \frac{1}{c}\left(\ln \left\| -\ln \left\| \frac{y}{A_1} \right\| \right\|\right) - b$
Wachstum mit Involution: $\dot{y}^2 = a(y-A_o)^2 - b(y-A_o)^4$	$y(t) = A_o + A_1 \operatorname{sech} c\,(t-\tau)$	$t = \frac{1}{c} \operatorname{arsech}\left(\frac{y - A_o}{A_1}\right) + \tau$
Zellmassen-Wachstum Permeationskinetik als Ursache $\ddot{M} = a\dot{M} - b \frac{M\dot{M}^2}{M_o^2 - M_o M_1}$	$M(t) = M_o + M_a \tanh e^{a(t+\tau)}$	$t = \frac{1}{a} \ln \left\| \operatorname{artanh}\left(\frac{M(t) - M_o}{M_o}\right) \right\| - \tau$
Masse eines Zellverbandes mit Mitose: $\ddot{M}M - \dot{M}^2 = -\sqrt{c^2\dot{M}^2M^2 - 4b^{-2}\dot{M}^4}$	$M(t) = A_o + A_1 \exp(b \arctan e^{c(t+\tau)}$	$t = \tau + \frac{1}{c}\left[\ln\left\|\tan\left(\frac{a}{b} \ln \left\| \frac{M(t) - A_o}{A_1} \right\|\right)\right\|\right]$
Masse eines Menschenembryos: $\dot{M}(M_E - M_t) = \dot{M}(M_t - M_o) + \frac{(M_E - M_o)^2}{4\max\{\dot{M}\}} \ddot{M}$	$M(t) = \frac{M_E + M_o}{2} + \frac{M_E - M_o}{2} \tanh \frac{2\max\{\dot{M}\}}{M_E - M_o}(t+\tau)$	$t = \frac{M_E - M_o}{2\max\{\dot{M}\}} \operatorname{artanh}\left(\frac{2M(t)}{M_E - M_o} - \frac{M_E + M_o}{M_E - M_o}\right) - \tau$
Länge eines Menschenembryos: $\dot{L}^2 = \dot{L}\max\{\dot{L}\} + \ddot{L}(t-\tau)\left(\frac{\max\{\dot{L}\}}{2}\right); [\tau = H\{t\}]$	$L(t) = H\,L + \frac{2(H\{L\} - \inf\{L\})}{\pi} \arctan\left(\frac{\pi}{2} \frac{\max\{\dot{L}\}}{H\{L\} - \inf\{L\}}\right)(t - H\{t\})$	$t = H\{t\} + \frac{2}{\pi} \frac{H\{L\} - \inf\{L\}}{\max\{\dot{L}\}} \tan\left(\frac{\pi}{2} \frac{L(t) - H\{L\}}{H\{L\} - \inf\{L\}}\right)$

Abb. 5: Die biophysikalische Zeit des Wachstums als *unscharfe Menge*: Für jede Differentialgleichung ist das allgemeine Integral angeschrieben, bei nichtlinearen Differentialgleichungen mit mehreren Lösungen nur das biophysikalisch sinnvolle. Löst man die allgemeinen Integrale nach der Zeit auf, erhält man jedesmal eine andere Zeitdefinition. Einzelheiten im Text.

ses γ für jede reelle Zahl in [0, 1] stehen kann, gibt es schon nicht abzählbar unendlich viele DGln dieses Typs, denn die Menge der reellen Zahlen in [0, 1] ist dem CANTORschen Kontinuum äquivalent, und für jedes γ gibt es ein allgemeines Integral, d. h. die Menge der allgemeinen Integrale ist der Menge der DGln äquivalent und ebenfalls nicht abzählbar. Im allgemeinen Integral (für *ein* festes γ, d. h. γ = const) können die

Integrationskonstanten A_0 und A_1 wieder beliebige Werte annehmen. Selbstverständlich ist zu vermuten, daß nicht jedes γ, das der Bedingung $0 \leq \gamma \leq 1$ genügt, biologisch sinnvoll ist, aber für das Wachstum kann man annehmen, daß jeder Art etwa im Mittel *ein* γ zuzuordnen ist. Wichtiger aber ist, daß jedes allgemeine Integral - und hier sind nur 8 DGln angeschrieben - bei Umkehrung auf eine formelmäßig andere Definition der Zeit führt. Aus der Sicht der Mathematik ist die Zeit also eine unscharfe Menge (fuzzy set), ein Begriff, den ZADEH (1965) in die Nach-CANTORsche Mengentheorie einführte.

Wir halten die Vagheit der mathematischen Zeitdefinition im gezeigten Sinne fest und erinnern uns der Vielfalt der Namen, die für "Zeit" in den verschiedenen Sprachen entstanden sind. Wenn wir nun Abb. 6 betrachten, können wir kaum unsere Überraschung darüber unterdrücken, daß in einigen geographisch und genetisch weit von einander entfernten Sprachen dem jeweiligen Namen für "Zeit" dasselbe Denkmodell, dieselbe Vorstellung zugrunde liegt: "schneiden, teilen", vermutlich von "Lebensabschnitt" als Grundvorstellung hergeleitet.

In Abb. 6 fällt im *oberen Teil* auf, daß die germanischen Sprachen und das Armenische auf der indogermanischen (idg.) Seite, das Türkische (in einigen altertümlichen Dialekten) auf der altaischen und das Koreanische als paraltaische Sprache nicht nur dieselbe Grundbedeutung, sondern sogar die phonetisch gleiche Wurzel benutzen. Hier könnte man an Zufall denken, hätten nicht KOPPELMANN (1933), ILLIČ-SVITYČ (1971) u. a. hunderte solcher Übereinstimmungen aufgezeigt und lautgeschichtlich abgesichert. Eine andere Gruppe von Sprachen (Abb. 6 *Mitte*) bildet das Wort für Zeit von einer ebenfalls mit Dentalis anlautenden, aber durch -q geschlossenen Wurzel gleicher Bedeutung. Dabei handelt es sich um altaische Sprachen, das paraltaische Japanisch und Lappisch als eine uralische Sprache. Der Wortstamm ist im Idg. ebenfalls vorhanden, wird aber nicht zur Bildung von Wörtern für "Zeit" gebraucht. Hier ist aber bemerkenswert, daß sich im Stammesnamen "Sachsen" das für die altsächsischen Krieger charakteristische Kurzschwert in seinem neolithischen materialbedingten Namen über 4 Jahrtausende erhalten hat. Im *unteren Teil* von Abb. 6 finden wir wiederum eine Auswahl altaischer und uralischer Sprachen, die in auffälliger Weise mit dem griechischen καιρός "rechte Zeit, günstiger Termin" zusammenstimmen. An Zufall zu denken, verbietet sich, nachdem v. d. VELDEN (1912) eine umfangreiche Liste griechisch-altaischer und griechisch-uralischer Übereinstimmungen vorlegte und die Nostratik die gemeinsame Wurzel rekonstruieren konnte. In der Tabelle sind einige Belege angeführt, mehr zu bringen, verbietet der Platzmangel. Die Belege aus den japhetitischen Sprachen (MARR 1923) führen hier sogar aus der nostratischen Sprachfamilie heraus und zeigen, warum DOLGOPOLSKI (1973) eine größere boreische Verwandtschaft postuliert.

"Zeit" von "schneiden, (Lebens-)Abschnitt" hergeleitet

gemeinsam: Germanisch, Griechisch, Armenisch, (Altindisch), Uralaltaisch

---

deutsch Zeit, Tide
englisch time, tide
altnordisch tími, tīð
} := germanisch *tī- "schneiden", *tīþ- "Zeit"
armenisch ti "Zeit = Alter, Jahre"
} := idg. *di- "schneiden", *di-t- "Abschnitt" (*dā- ohne Ablaut "schneiden")

[vgl. gotisch ai-l-s "Tei-l"]

koreanisch tye "Zeitpunkt"
Türkdialekte tus, tuš, "Zeit"
} := altaisch *tir, *til, *tos (usw.) "zerstückeln"

[vgl. mongolisch sejlkü ⇒ neumongolisch сийлэх "schnitzen, einschneiden";
idg. *dî-s- du-s- ⇒ mittelniederdeutsch tôsen "zerreisen"]

---

japanisch toki
lappisch tohe
altosmanisch ṭaq
mongolisch ṭak ⇒ neumongolisch цар [ṭag]
Türkdialekte čak, sak, šak, ǰak
} "Wetter, Jahreszeit; ⇒ Zeit" (⇒ z. T. "Uhr") := altaisch *taq-, *toq- "schneiden"

[vgl. indogermanisch *sěk$_{\bar{z}}$ "schneiden" ⇒ lateinisch secare "schneiden", saxum "Fels"
⇒ altisländisch sax
⇒ angelsächsisch seax
⇒ althochdeutsch sahs
} "Langmesser, Kurzschwert"
⇒ neuhochdeutsch Säge, Sachsen]

---

tungusisch kira
japanisch koro
} "Lebenszeit; ⇒ Zeit"
mongolisch γoro-m "kurze Zeitspanne" [⇒ neumongol хурд {χurd} "Geschwindigkeit"]
osmanisch kar-t-lık "Alter, Lebensalter"
} := altaisch *qira, *k'ira "schneiden"

tschere-missisch kurum
wogulisch khor
madyar kor
} "Lebenszeit, ⇒ Zeit" } := uralisch *k'ora "schneiden"

griechisch καιρός "rechte Zeit" (= "rechter Lebensabschnitt") := *ker$_{z}$ "schneiden"

[vgl. lappisch kor "Messer", koreanisch karö-ta "trennen", japanisch kiri "schneiden"
semitisch *q̄r- "kratzen, schaben, schneiden"
dravidisch *kirʌ "schaben"
japhetitisch *a-skerʌ "schneiden" [baskisch aškora "Schlächterbeil", burŕśaski -askerš "schneiden"]

indogermanisch *ker$_{z}$, *s-ker$_{z}$ "schneiden, trennen"
⇒ deutsch scarf ⇒ scharf; scara ⇒ Schere
⇒ avestisch kara-nō "endlich (von der Zeit)"
⇒ saṁskṛt kal-pa "Weltzeitalter [l=r]]

nostratisch *(s)kera, (s)kora "schneiden"

Abb. 6: Zusammenstellung der Sprachen Europas und Asiens, in denen das oder ein Wort für "Zeit" auf die Grundbedeutung "schneiden" zurückgeführt werden kann. Während die nostratische Wurzelverwandtschaft hier nur eine untergeordnete Rolle spielt, da die untereinander viel enger verwandten indogermanischen Sprachen kein einheitliches Wort kennen, darf angenommen werden, daß die Ausbreitung der Megalithastronomie zu Bedeutungslehnwortbildung führte, denen ein gemeinsames Denkmodell zu Grunde liegt. Dabei wurden in längst weit divergierenden Sprachen Wortwurzeln benutzt, die Jahrtausende vorher in der nostratischen "Ursprache" allen gemein waren.

Nun soll Abb. 6 aber nicht suggerieren, der Zeitbegriff sei alt und schon auf der Stufe nostratischer Ahnen geprägt worden, weil das Gegenteil richtig ist, wie in Abb. 4 gezeigt wurde. Die Parallelen in Abb. 6 legen vielmehr nahe, eine späte, wahrscheinlich spätneolithische Kulturverwandtschaft anzunehmen. Dabei ist bemerkenswert, daß hier Armenisch und Griechisch nicht dieselbe Wortwurzel für die Bildung des "Zeit" bedeutenden Wortes benutzen, während sonst beide Sprachen oft ganz enge Übereinstimmung zeigen. Hier sei angemerkt, daß die Etymologie von καιρός noch immer nicht befriedigend geklärt ist (vgl. Abb. 6 unten mit Abb. 4 "Altindisch", Spalte 5).

Sprachen können miteinander verwandt sein, weil sie

a. *genetisch verwandt* sind, z. B. die indogermanischen untereinander oder die semitischen untereinander; die Rekonstruktion einer "Ursprache" - Indogermanisch bzw. Gemeinsemitisch - ist möglich;

b. *substrat-verwandt* sind; die von einer numerisch großen Erobererschicht gesprochene Sprache setzt sich überwiegend durch, doch werden aus der Sprache der Unterworfenen wesentliche Teile der Lexik und einzelne grammatikalische Bildungselemente übernommen, z. B. ist das Altgriechische eine idg. Sprache mit einem auffällig großen Reichtum an nicht-indogermanischen Wörtern und einzelnen Suffixen der Sprache der "ägäischen" Alteinwohner; dadurch ist das Griechische mit nicht-idg. Sprachen verwandt;

c. *superstrat-verwandt* sind, wenn eine dünne Erobererschicht ihre Sprache nur teilweise durchsetzen kann, etwa in wesentlichen Teilen der Morphologie, die Sprache der Alteinwohner hingegen die Überhand behält; so ist z. B. das Hethitische nur zu einem geringen Teil der Lexik idg., aber in der Flexion überwiegend idg.; das meiste Wortgut und einige Flexionselemente sind autochthon nicht-indogermanisch; man rechnet trotz der spärlichen Übereinstimmungen das Hethitische zu den idg. Sprachen;

d. *adstrat-* oder *constrat-verwandt* sind; d. h. 2 oder mehr Sprachen verschmelzen so innig miteinander, daß die Verwandtschaft zu mehreren - bisweilen weit entfernten - Sprachen deutlich ist und die Einordnung schwierig wird. So hat z. B. das Japanische manche enge Beziehungen zum Altaischen, aber ebenso viele zum Malaiopolynesischen. Man bezeichnet das Japanische daher oft als paraltaische Sprache.

Betrachten wir nun einmal das Deutsche unter diesen Gesichtspunkten. Nach einer Abschätzung von FEIST (1924) sind 30 % aller in der deutschen Gegenwartssprache lebendigen Lexeme nicht-indogermanisch, ohne daß man sie als Fremd- oder Lehnwörter aus bekannten Sprachen identifizieren könnte. Sie sind größtenteils im Alt- oder Mittelhochdeutschen belegt. Hinzu kommen Wörter, die in den Wörterbüchern des Idg. aufgeführt sind, aber nur noch im Keltischen oder im Baltoslavischen Belege haben, womit ihre idg. Abstammung zweifelhaft ist. Die Frage, woher dieses Wortgut stammt, ist nicht neu: v.d.VELDEN (1912), BRAUN (1922), PAUDLER (1924) und GÜNTERT (1934) waren nicht die ersten, die sich diese Frage vorlegten, wohl aber die Untersucher, die sich am gründlichsten mit ihr beschäftigten. Dieses nicht oder nicht sicher idg. etymologisierbare Wortgut betrifft auffälligerweise sehr zahlreiche Begriffe der Seefahrt, der Fischerei, viele Fischnamen, aber auch Wörter der "Küchennomenklatur" wie Krug, Kuchen u. a. PAUDLER (1924) hat nun als erster diese 30 % aus dem Idg. nicht herleitbarer deutscher (oder z. T. gemeingermanischer) Wörter mit der Sprache der alteuropäischen Bauernbevölkerung der Megalithkultur in Verbindung gebracht, die er nach seinen umfangreichen anthropologischen Untersuchungen mit den Cromagniden identifizierte. GÜNTERT (1934) folgte ihm hierin als Indogermanist, ohne eine sichere Anknüpfung an einen lebenden Sprachstamm zu finden, lediglich die auffälligen Wortgleichungen KOPPELMANNs (1933) zum Koreanischen erkannte er an und fügte weitere hinzu. Da PAUDLER während der nationalsozialistischen Terrorherrschaft seine These vom ursprünglich nichtarischen Europa und vom nichtarisch-indogermanischen Mischcharakter der germanischen Sprachen nicht zu widerrufen bereit war, mußte er sein Eintreten für Freiheit und Ehrlichkeit in der Wissenschaft im KZ mit dem Tode bezahlen.

Wer waren die Cromagniden? Der später in Leipzig wirkende Anatom, Embryologe und Anthropologe Wilhelm HIS (1831 ... 1904) hatte während seiner Tätigkeit in Basel zum ersten Male versucht, eine diachronische anthropologische Landesaufnahme durchzuführen, wozu sich seine Heimat, die Schweiz, als kleines Land anbot. RÜTIMEYER und HIS (1864) legten einen großzügigen Atlas über ihre Untersuchungen vor, in dem gezeigt wurde, daß sich - vor allem im Wallis - ein langschädeliger, "quadratgesichtiger" Menschentyp mindestens vom Neolithicum bis in die Neuzeit nachweisen läßt. Nach dem französischen Namen der Kantonatshauptstadt *Sitten* wurde diese Population als *Sion*-Typus bezeichnet. Später konnte v.d.VELDEN (1912) zeigen, daß sowohl der schweizerdeutsche Dialekt als auch das französische Patois des Wallis besonders reich an Wörtern sind, die im Idg. sonst nicht existieren, woraus er schloß, sie seien Relikt der vorindogermanischen Alpensprache. Leider wurden die Befunde von RÜTIMEYER und HIS (1864) damals nicht genügend bekannt, so daß sich mit den spektakulären Funden von *Crô-Magnon* in der Dordogne von 1868 der französische Fundort entgegen allen Nomenklaturregeln durchsetzte. Nachdem dann die schwedischen Anatomen - die insbesondere als Neurohistologen bekannt sind - RETZIUS und FÜRST (1902) Untersuchungen an mehreren Jahrgängen schwedischer Rekruten publizierten, kam noch ein drittes Synonym hinzu: *Dal*-Typ, weil in der Provinz Dalarna dieser Menschenschlag noch heute besonders rein vorherrscht. Leider breitete sich im deutschen Schrifttum ein vierter Name aus: *Fälischer* Typ, nach Westfalen und Ostfalen (Altmark). Der genialste Cromagnide der Moderne ist Ludwig VAN BEETHOVEN gewesen, dessen von Ferdinand SCHIMON (1818) gemaltes Portrait sogar den Epikanthus deutlich zeigt. Erst PAUDLER (1924) konnte klarstellen, daß diese 4 Namen dasselbe bezeichnen und der Crô-Magnon-Typ rezent von den Kanarischen Inseln aufs Festland Afrikas (Atlasgebirge) und Europas bis zur Wolga und zum Finnischen Meerbusen siedelt. Der geplante Offset-Druck verbietet hier die Beigabe von Beleg-Abbildungen.

Wir wissen heute, daß der europäische Mittel-Altsteinzeitmensch, *Homo neanderthalensis*, das Neolithicum nicht mehr erlebte: Er wurde von *Homo sapiens* ausgerottet. Auch der Grimaldi-Mensch starb in Europa aus, wahrscheinlich lebt er als altertümlicher, kleinwüchsiger *Homo sapiens antiquus* in den Buschmännern Südafrikas weiter. Der neue Herr Europas war der Crô-Magnon-Mensch, und erst im ausgehenden Neolithicum wird ihm seine Rolle streitig gemacht, als von Osten her langschädelige, aber schmalgesichtige Menschen eindringen, die überlegene Waffen - vor allem die Streitaxt - führen und als Steppennomaden Viehherden mit sich treiben, nachdem sie von den Sumerern die Rinderzucht einschließlich des Namens "Kuh" := ahdtsch. *chuo* := idg. *g̑ou- "Rind" := sumer. *gu* := altsumer. *gud* "Rind" übernommen hatten. Traditionsgemäß waren sie wie die altaischen Steppenvölker Asiens Pferdezüchter, und mit dem Pferd überrannten sie Vorderasien und Europa. Es gibt zahlreiche Indizien dafür, daß die Streitaxtleute Indogermanen waren, direkte Belege aus den Keilschriftfunden Mesopotamiens, wo sie als Räuber und Mordbrenner einfielen. Vor ihrem Auftreten gab es in Mesopotamien das Pferd nicht, und die Sumerer mußten für das ihnen bis dahin unbekannte und wohl auch etwas unheimliche Tier einen neuen Namen erfinden: anšu-kúr-ra "Esel der Berge" (anše "Esel"), weil die reitenden Barbaren über die Berge kamen. Einige Gruppen der Eindringlinge hatten die gefürchteten Streitwagen als "Panzer des Neolithicum". Bezeugt sind die Wagen aus der Metallzeit für Hethiter, Iranier, Kelten und - etwas früher - für die Marianni, jene dünne indoarische Kriegerschicht, die das Reich von Ḫurri eroberte und schließlich in den Ḫurritern aufging. Von Süden - über Südspanien, ursprünglich aber über Nordafrika ebenfalls aus dem Osten - drang eine rundköpfige Population nach Europa vor, die Glockenbecherleute, die anthropologisch im alten Orient, im Kaukasus und als eine Schicht der alten Induskultur nachweisbar sind.

Einige der großen Wanderungen lassen sich anthropologisch und archäologisch nachweisen (Abb. 7). Nach v.HEINE-GELDERN nennt man die vorgeschichtliche West-Ost-Bewegung pontische Wanderung. Sie löste mindestens die letzte große Populationsverschiebung aus Altasien nach Amerika über die Bering-Straße aus. Linguistisch versuchte schon CRUEL (1883) mit unzureichenden Mitteln, die Verbindung von Alteuropa über Asien nach Amerika zu schlagen, aber erst jetzt beginnen derartige Untersuchungen auf sicherer Basis möglich zu werden. Abb. 8 zeigt nach Zusammenstellungen u.a.

von POKORNY (1938), HONORÉ ([1961]: der Autor bezog die Untersuchungen v.HEINE-GELDERNs ein) und SCHLETTE (1972, 1976) die bis heute faßbaren Bewegungen in Europa. Dabei kommt etwas heraus, das man im Deutschen "Nudeltopf" nennt. Es ist aber zu bedenken, daß die Wanderungen nicht völlig gleichzeitig abliefen, sondern aus vorgeschichtlichen Zeiten (Glockenbecher-Leute, Illyrer) bis in die Zeit der Völkerwanderung reichen.

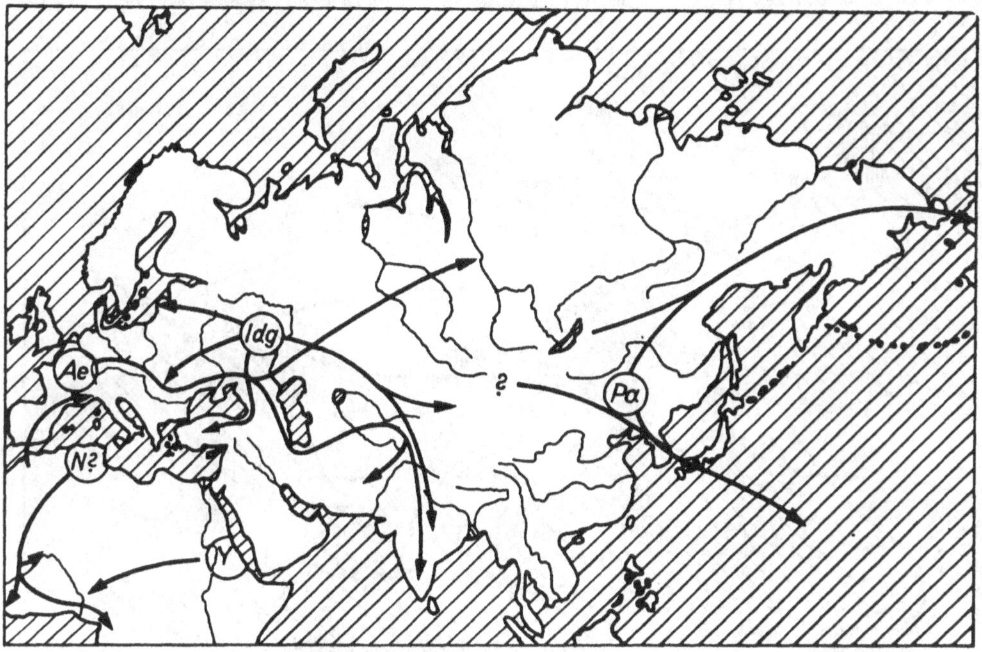

Abb. 7: Die letzten großen praehistorischen Wanderungen Alt-Eurasiosaharaniens. Die Indogermanen (Idg) sind von Südrußland aus zu verfolgen, offenbar hat ihr Drang nach dem Westen die Alteuropiden (Ae) in Bewegung gesetzt. Es gibt einige Indizien dafür, daß diese Altbevölkerung vorwiegend cromagnid war und eine Sprache sprach, die dem Protomongolischen (Abb. 11)oder dem Protodravidischen (SCHOENER 1927) sehr ähnlich war, was auf das "Nostratische" hinausläuft. Einige der Wanderwege sind durch die Ausbreitung mehrköpfiger Gottheiten verfolgbar, so die Ausbreitung des Janus (der schon vor den Römern verehrt wurde) vom Mittelmeer nach Westafrika durch die Nubier [(?); (N?)]. Die Palaeoasiaten (Pa) wurden auf die Inseln des Pazifik (Polynesier) und über die Bering-Straße nach Amerika abgedrängt. Hier handelt es sich wohl um eine der letzten vorgeschichtlichen Wellen von Asien nach Amerika. Für die gesamte Besiedlung Amerikas werden etwa 15000 Jahre angesetzt. Die Yoruba (Y) sind von Oberägypten nach Westafrika gewandert, wobei mündliche Tradition der Yoruba und ethnographische sowie archaeologische Befunde auffällig übereinstimmen. Verändert nach SCHARF (1969).

Die merkwürdige Übereinstimmung im "Denkmodell" für Zeit (Abb. 6) zwischen den germanischen und den altaischen Sprachen sowie weitere von v.d.VELDEN (1912, 1919/20), KOPPELMANN (1933), GÜNTERT (1934), WÖLFEL (1955) und MUKAROVSKY (1959) gefundene Wortgleichungen zwischen Germanisch und Altaisch bzw. Germanisch-Keltisch und afrikanischen Sprachen sowie Baskisch hatten mich neugierig gemacht. Betrachtet man die Geschlossenheit des Gebietes, in dem altaische und uralische Sprachen im Zeitalter

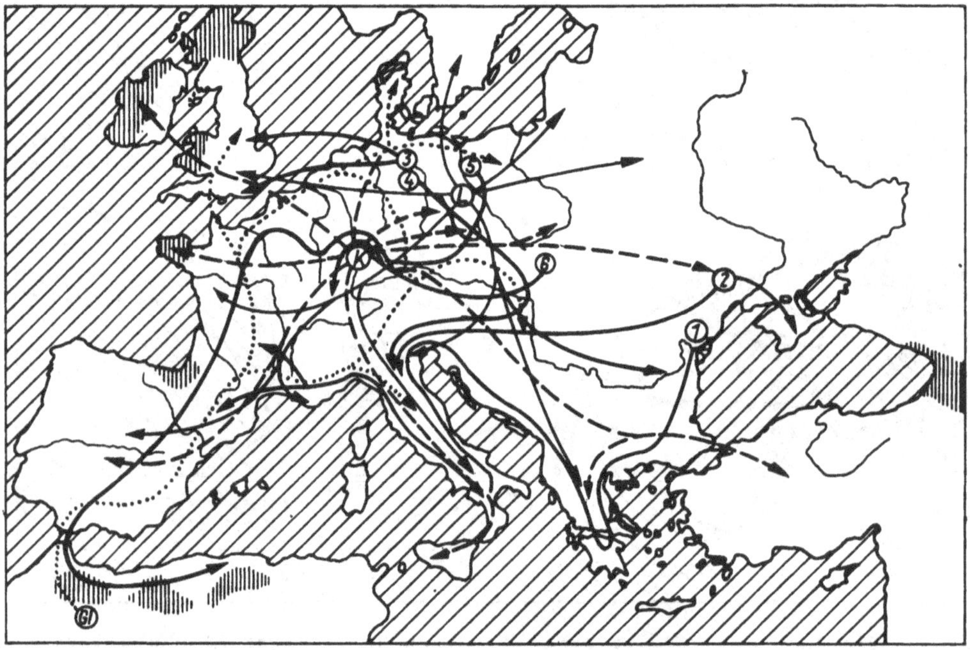

Abb. 8: Wanderungen in Eurosaharanien vom Neolithicum bis zur Völkerwanderungszeit. *L* Lausitzer Kultur (Illyrer), *G* Glockenbecher-Kultur (Berber; berberisches Substrat im Keltischen), *K* Kelten; Germanen: *1* Westgoten, *2* Ostgoten, *3* Sachsen, *4* Langobarden, *5* Burgunder, *6* Wandalen. Einzelheiten und Quellen im Text. (Abb. 7 und 8: Graphische Gestaltung Dr. R. BLUME, Anat. Inst. Halle).

der Entdeckungen gesprochen wurden (Abb. 9), mit der heutigen Sprachenkarte (Abb. 10), dann ist festzustellen, daß durch das Vordringen ostslavischer und iranischer Sprachen nach Osten das ursprünglich so geschlossene Ausbreitungsgebiet des Uralaltaischen in ein nördliches und ein südliches Territorium gespalten wurde, die in sich zusätzlich stark zerklüftet sind.

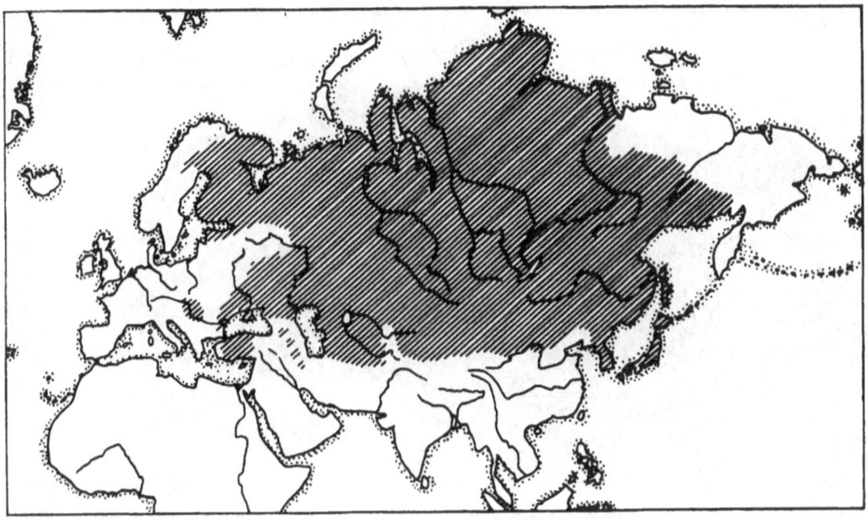

Abb. 9: Verteilung der uralisch und altaisch sprechenden Völker in Asien und Europa im Zeitalter der Entdeckungen (schraffiert). Es wird nicht zwischen Uralern, Altaiern und Paraltaiern (Japanern, Koreanern) unterschieden. Kleine altaische Sprachinseln im slavischen und iranischen bzw. armenischen Sprachgebiet (Kumanen, Kipčaken) unberücksichtigt, da unter Zeichengenauigkeit. Nicht eingezeichnet sind die Protoaltaier in Westeurafrika und auf den Mittelmeerinseln, weil diese im Zeitalter der Entdekkungen nicht mehr als Sprachgruppen existierten oder nicht als solche erkannt wurden (Kanarier) und weil ihre einstige Existenz erst seit CRUEL (1883) allmählich aus Sprachresten (Substratsprachenrelikten) in den überlieferten antiken und den lebenden Sprachen erschlossen wurde. Im Nordosten Sibiriens gab es noch im 17. Jahrhundert ein relativ großes Gebiet, in dem palaeoasiatische Sprachen dominierten. Aus SCHARF (1978).

Ich setzte ein strömungsdynamisches Modell an, bei dem die Turbulenzen aus Abb. 7 und 8 in den Ansatz genommen wurden. Die Ränder wurden als relativ turbulenzenfrei angenommen. Singuläre Stellen ergaben sich im Pamir-Karakorum-Knoten, wo das dort isolierte Burušaski als altertümliche Sprache überlebt, westlich der Bering-Straße in Sibirien, wo sich - durch das Vordringen der Tungusen auf engem Raum zusammengepfercht - noch palaeoasiatische Sprachen erhalten konnten, im Kaukasus, an der Biskaya, an den Westrändern der britischen Inseln und - völlig unerwartet - an der Westküste Marokkos und Mauretaniens. Mit tatkräftiger Hilfe von Frau G. GOESEKE, Leiterin der Bibliothek der Deutschen Morgenländischen Gesellschaft zu Halle, versuchte ich, in Mauretanien und Marokko eine archaische Sprache nachzuweisen, die nicht zum Berberischen gehört, sondern

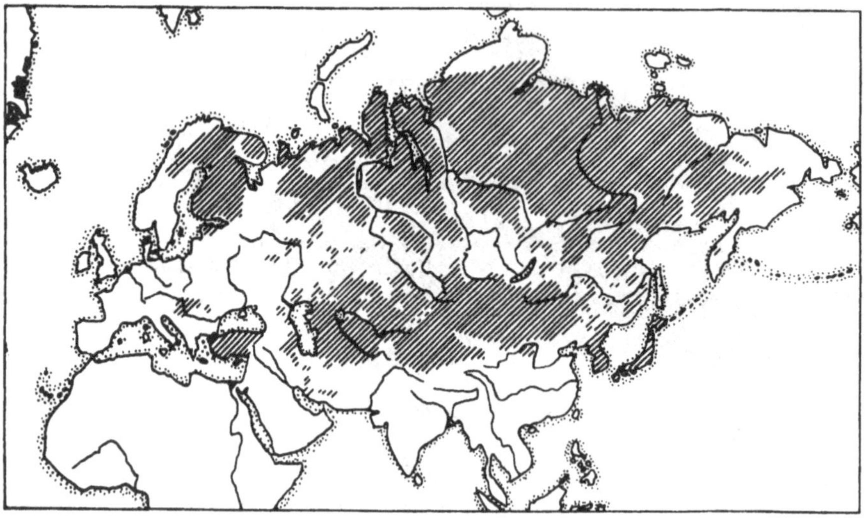

Abb. 10: Verbreitung uralischer, altaischer und paraltaischer Völker um 1970. Erklärungen wie in Abb. 9. Man sieht deutlich, wie durch das Eindringen von Ostslaven und Iraniern das einstmals geschlossene Sprachgebiet in nicht mehr zusammenhängende Teilgebiete gespalten wurde und die Uralaltaier an Boden verloren haben. Lediglich im Nordosten Sibiriens haben sich die Tungusen ausgebreitet und die Palaeoasiaten weiter eingeengt. Abb. 9 und 10 in winkeltreuer MERCATOR-Projektion, Entwurf und Ausführung Dr. R. BLUME, Anat. Inst. Halle. Aus SCHARF (1978).

zum Uralischen oder Altaischen. Im Modell war die Vermutung eingearbeitet worden, diese Sprachen hätten sich im Neolithicum weit nach Westeuropa und Nordafrika ausgedehnt. Damals war mir noch unbekannt, daß schon CRUEL (1883) diese Hypothese aufgestellt hat. Zunächst war ich enttäuscht, weil ich nichts fand, und ich wollte die Untersuchungen abbrechen. Doch da machte mich Frau GOESEKE auf die Arbeit von ZYHLARZ (1950) aufmerksam, in der das Altkanarische neu bearbeitet worden war. Der Titel der Arbeit war nicht attraktiv, denn das Kanarische als berberischer Dialekt versprach kaum eine Sensation. Ich las den Text - gewissermaßen, "um nichts unversucht zu lassen" - und war überrascht: 2 altkanarische "Endechas" (*chansons tristes*), von TORRIANI (1590), dem Festungsingenieur PHILIPPs II., überliefert und von WÖLFEL (1940) aus der Handschrift ediert, waren für mich zu etwa 60 % unmittelbar verständlich, obwohl WÖLFEL (1940, 1965) und ZYHLARZ (1950) TORRIANIs Übersetzung vom berberologischen Standpunkt aus für falsch erklärt hatten. Ich verstand die Liedtexte aber vom Altaischen her! Eine *endecha* zeigt Abb. 11. Außerdem hat WÖLFEL (1965) aus alten Handschriften einige Eidesformeln des altkanarischen

Aicà	maragà,	aititù	aguahae
siate	ben uenuto,	ammazzarono	nostra madre,
Seid	willkommen,	sie töteten	unsere Mutter,
aχui	amarak-ka	eţös-ţā	akųa-χa-ï
(das) Sein	Freund-schaft,	Vernichtung-wurde	Mutter-wir-die
Es sei	Freundschaft!	Ermordet wurde	unsere Mutter,
быть	друг-ство	уничтожение-стало	мать-мы-эта
пусть будет	дружба!	была убита	наша мать

Maicà	guere;	demacihani
questa gente	forastiera;	ma gia che stiamo insieme
die Leute	fremden;	da wir aber schon beisammen sind
maį-k'a	gara	dem-aç-i-χa-ni
Menschen-was-für	fremd	versammelt-einander-weil-sind-wir
was für Menschen	fremde,	weil wir beieinander sind
люди-что-за	чужой	собрались-друг друга-так как-есть-мы
какие люди	чужие,	так как мы друг у друга

Neigà	haruuici	alemalai.
fratello	me uoglio maritare	poiche siamo persi.
Bruder	will ich mich verheiraten	da wir verloren sind.
nüg-ga	χur-u-biši	alı-ma-laį.
Freund-mit (dem)	heiraten-werden	sein-nicht-müssen.
mit dem Freund	werde ich heiraten	sonst muß (alles) vorbeisein.
друг-с(этим)	замуж-делаться	быть-не-должно.
с другом	я выйду замуж	иначе (всё) должно кончиться (пройти).

Abb. 11: Endecchia Canaria [span. endecha], einer der wertvollsten altkanarischen Texte, von TORRIANI (1590) im Urtext und mit (renaissance-)italienischer Interlinearübersetzung überliefert, von WÖLFEL (1940) wieder aufgefunden und ediert. Es handelt sich um einen alliterierenden Dreizeiler, der nach Art mongolischer und japanischer Kunstdichtung am Zeilenanfang reimt. In der Abb. ist jeweils zeilenweise *1.* der *altkanarische* Wortlaut, *2.* die *italienische Interlinearübersetzung* von TORRIANI, *3.* die *deutsche* Übersetzung von (*2.*) durch WÖLFEL, *4.* der Versuch einer *Abbildung* von (*1.*) Wort für Wort, Formativ für Formativ, auf bekannte *altaische* Sprachen, *5.* neue *deutsche Interlinearübersetzung* (SCHARF 1977), *6. geglätteter deutscher* Text, *7. russische Interlinearübersetzung*, *8. geglätteter russischer* Text. - WÖLFEL (1940) und ZYHLARZ (1950) hielten TORRIANIs Übersetzung für falsch, weil sie den Urtext als mehr oder weniger entstelltes Berberisch auffaßten. Unter der Annahme, das Altkanarische (vor der berberischen Überfremdung in der römischen Kaiserzeit) sei ein protoaltaischer Dialekt gewesen, der sich stellenweise - z.B. in unwegsamen Gebirgsgegenden - bis zur Conquista erhalten habe, muß TORRIANIs Übersetzung als interlinear korrekt angesehen werden. Für die Hilfe bei der Herstellung der russischen Fassung sei Frau Swetlana REHER, WB Slavistik der Univ. Halle, herzlichst gedankt. Sonst aus SCHARF (1977), dort auch Kommentar.

Inthronisationsrituals ermittelt. Ich habe dann die einschlägige Literatur gesucht und aufgearbeitet, und nun zweifle ich nicht mehr daran, daß CRUEL (1883), v.d.VELDEN (1912, 1919/20) und GÜNTERT (1934) auf dem richtigen Wege waren. Wegen der geographischen Verbreitung fossiler und rezenter Cromagniden kommt als Träger dieser dem Altaischen nahestehenden Altsprache nur dieser Menschentypus in Frage, während die Glockenbecherleute dafür verantwortlich sein dürften, daß afrikanisches Sprachgut nach Europa kam, vor allem ins Keltische (POKORNY 1938).

Bislang habe ich hier nur von Wanderungen der Populationen berichtet, die man aus archaeologischen, anthropologischen und linguistischen Fakten erschließen kann. Um mich nun nicht dem Vorwurf auszusetzen, ich redete am Thema Populations*dynamik* vorbei über "Populations*kinematik*", möchte ich noch etwas über mutmaßliche numerische Verhältnisse und Siedlungsdichten anmerken. Wie allgemein bekannt, konnte man "*das* Indogermanische" rekonstruieren. Freilich glaubt heute niemand mehr wie noch SCHLEICHER (1868), dieses Idiom sei wirklich so gesprochen worden. Das *Reconstructum* ist wohl vielmehr der "Mittelwert" aus vielen Dialekten. Jeder Thüringer hört, ob sein Gesprächspartner aus der Gegend von Eisenach, aus der Goldenen Aue oder aus dem Altenburgischen stammt, ja in der Goldenen Aue kann man seinem unbekannten Gegenüber ziemlich sicher sein Heimatdorf vom Munde abhören. Derartige Lokalvarianten hat es sicher vor 4000 Jahren auch gegeben, bei Nomaden entsprechende Hordendialekte.

Wenn nun das Litauische nach Rückgängigmachung der inzwischen abgelaufenen Lautverschiebung ziemlich direkt auf "Indogermanisch" führt, weil das Litauische extrem konservativ ist (vor allem in der Morphologie), darf geschlossen werden, daß die idg. Eindringlinge im Baltikum nur auf eine dünne Besiedlung stießen, so daß ihre Sprechgewohnheiten dominierten. Stärker verändert gegenüber dem "idg. Standard" sind Latein (mit seinen Schwestersprachen) und Griechisch: Die Eroberer stießen in dichtbesiedelte Gebiete vor und eroberten Hochkulturen. Von den Kulturträgern übernahmen sie den Wortschatz derjenigen "Dinge", die für sie bis dahin unbekannt waren. Die Steppennomaden wurden Seefahrer, woraus verständlich wird, daß im Griechischen z.B. navigatorische Ausdrücke nicht-idg. sind, sogar der Name für das Meer θάλασσα bzw. θάλαττα selbst. Die Eindringlinge waren aber numerisch sehr mächtig, denn sie setzten ihre Sprache weitestgehend durch. Die Eroberer Zentraleuropas konnten die schwerfällige cromagnide Bauernbevölkerung dank besserer Waffen und Taktik überrumpeln, aber diese blieb in der Überzahl, so daß die eroberten Gebiete zwar indogermanisiert wurden, aber um den Preis einer radikalen Änderung der Erobererssprache: Die Germanen sprachen weder so wie die Alteinwohner, noch so wie die Eroberer, sondern eine "Kompromißsprache" bei gegenseitiger Anpassung. Ich bin versucht, das Germanische als das Produkt zweier Constratsprachen bei nur geringem Überwiegen des idg. Anteils zu sehen, eine Meinung, die nahe der von GÜNTERT (1934) kommt. Noch komplizierter liegen die Dinge beim Keltischen: Hier eroberten Indogermanen Gebiete, die relativ dicht besiedelt waren, und die unterworfenen Alteinwohner waren Alteuropäer, über die vorher schon mindestens eine Erobererwelle aus Afrika gegangen war: Ein alteuropäisches Sub-Substrat, überlagert von einem berberischen Superstrat, wurde zum Substrat der indogermanischen Überlagerung, und da die Erobererschicht sehr dünn war, weichen die keltischen Dialekte extrem stark vom "idg. Standard" ab. Das Keltische wurde wegen seiner Fremdartigkeit auch erst spät von den Indogermanisten als "dazugehörig" anerkannt. Noch dünner war die Erobererschicht, die das Ḫattili sprechende Gebiet am Halysbogen einnahm: Sie konnten ihre angestammte Sprache nur zu einem geringen Anteil durchsetzen. Sie siegten zwar, aber sie verloren dabei fast ihre nationale Identität, ein Schicksal, dem die siegreichen Marianni erlagen: Bis auf die "Pferde- und Reitnomenklatur" konnten sie im eroberten Land sprachlich nichts durchsetzen, sondern sie sprachen nach wenigen Generationen Ḫurritisch, vergleichbar den Mandschu, die 1644 China eroberten, um innerhalb von 3 Jahrhunderten selbst Chinesen zu werden.

Auch wenn absolute Anzahlen für die vorgeschichtliche Populationsdynamik nicht angebbar sind, sondern allenfalls grob geschätzt werden können, ist es möglich, die Proportionen zwischen den vermischten Populationen auf Grund linguistischer Untersuchungen recht gut zu ermitteln. Zwar stehen wir hier noch am Anfang, aber immerhin: Hätte der Berliner Sinologe und Linguist Georg v.d.GABELENTZ (1901) nicht gesagt, die Anthropologen werden den Neanderthal-Schädel nicht zum Reden bringen, sondern dies vom Schädel des "Alten von Crô-Magnon" behauptet, dann wären wir jetzt nahe daran, v.d.GABELENTZ zu widerlegen. Es zeigt sich, daß neben den stummen Knochen, die Anthropologen und Anatomen bearbeiten können, und den Kulturrelikten, die von den Archaeologen zu einem kunstvollen Indizienmosaik zusammengefügt wurden, vor allem Substratsprachenreste in lebenden und bekannten toten Sprachen Auskunft über die Bevölkerungsdynamik vergangener Zeiten geben können. Die Menschheit war offenbar ebenso viel auf dem Wege wie seßhaft, und die zurückgelegten Wege sind erstaunlich groß. Daß die Menschen dabei immer wieder durcheinander gewirbelt wurden und sich vermischten, zeigen schon die stummen Knochen, an denen sich die Vermischungen ablesen lassen. Und so sind wohl alle Menschen Brüder, denn auf irgendeinem Zeitniveau haben sich ihre Wege gekreuzt, was immer wieder und wieder zur biologischen Vermischung führte.

Literatur[1)]

BRAUN, F.: Die Urbevölkerung Europas und die Herkunft der Germanen. Berlin-Stuttgart-Leipzig: W. Kohlhammer 1922

CRUEL, R.: Die Sprachen und Völker Europas vor der arischen Einwanderung. Streifzüge auf turanischem Sprachgebiete. Detmold: Meyer'sche Hofbuchhandlung 1883

DOLGOPOLSKI, A.: Boreisch - Ursprache Eurasiens. Bild d. Wiss. *10*, 1140-1146 (1973)

- : Boreisch - Ursprache Eurasiens? Ideen d. exakt. Wissens *1973*, H. 1, 19-30 (1973)

FEIST, S.: Indogermanen und Germanen. Ein Beitrag zur Europäischen Urgeschichtsforschung. 3. Aufl. Halle: Niemeyer 1924

v.d.GABELENTZ, G.: Die Sprachwissenschaft, ihre Aufgaben, Methoden und bisherigen Ergebnisse. 2. Aufl. Leipzig: C. H. Tauchnitz 1901

GÜNTERT, H.: Der Ursprung der Germanen. Heidelberg: C. Winter 1934

HONORÉ, P.: Ich fand den weißen Gott. Frankfurt (Main): H. Scheffler 1961

ИЛЛИЧ-СВИТЫЧ, В. М.: Опыт сравнения ностратических языков (семитохамитский, картвельский, индоевропейский, уральский, дравидийский, алтайский). Введение. Сравнительный словарь (b - Ḳ). Москва: Издательство "Наука" 1971

KOPPELMANN, H.: Die Eurasische Sprachfamilie. Indogermanisch, Koreanisch und Verwandtes. Heidelberg: C. Winter 1933

MARR, N.: Der japhetitische Kaukasus und das dritte ethnische Element im Bildungsprozeß der mittelländischen Kultur. Berlin-Stuttgart-Leipzig: W. Kohlhammer 1923

MØLLER, H.: Indoeuropæisk-Semitisk sammenlignende glossarium. Kjøbenhavn: Hagerup 1909

MUKAROVSKY, H. G.: Altmediterranes Wortgut in Westafrika. Wien. Z. Kde. Morgenland. *55*, 1-48 (1959)

PAUDLER, F.: Die hellfarbigen Rassen und ihre Sprachstämme, Kulturen und Urheimaten. Ein neues Bild vom heutigen und urzeitlichen Europa. Heidelberg: C. Winter 1924

PEDERSEN, H.: Türkische Lautgesetze. Z. dtsch. morgenländ. Ges. *57*, 535-561 (1903)

1) Aus Platzgründen muß das Literaturverzeichnis sehr kurz gehalten werden. Ausführliche Literatur bei SCHARF (1977, 1978).

POKORNY, J.: Zur Urgeschichte der Kelten und Illyrier. Mit einem Beitrag von R. PITTIONI: Die Urnenfelderkulturen und ihre Bedeutung für die europäische Kulturentwicklung. Halle: Niemeyer 1938

- : Indogermanisches Wörterbuch. 2 Bde. Bern-München: Francke 1959-1969

RETZIUS, G., und FÜRST, C. M.: Anthropologia suecica. Beiträge zur Anthropologie der Schweden. Nach den auf Veranstaltungen der schwed. Gesellsch. f. Anthropologie und Geographie in den J. 1897 und 1898 ausgeführten Erhebungen ausgearb. u. zusammengestellt. Stockholm 1902

RÜTIMEYER, L., und HIS, W.: Crania helvetica. Sammlung schweizerischer Schädelformen. Basel-Genf: Georg 1864

SCHARF, J. H.: Zur Kulturgeschichte der menschlichen Mißbildungen. Leopoldina (R. 3) *14*, 71-79 (1969)

- : Gibt es eine Labiovelarklasse der Nichtwiederholungen? Nova acta Leopold. NF *42*, Nr. 218, 557-580 (1975)

- : Wachstum. Verh. anat. Ges. *71*, 29-58 (1977)

- : Das Zeitproblem in der Biologie. Nova acta Leopold. NF *46*, Nr. 225, 11-70 (1977)

- : Dialektik der Zeit. Wiss. Beitr. Univ. Halle, Kongr. u. Tagg.ber. *40*[*P6*], 5-27 (1977)

- : Sprachen die Crô-Magnon-Megalithiker Protomongolisch? Biol. Rdsch. *15*, 382-385 (1977)

- : GOETHEs Morphologie-Definition und das Problem des Verhältnisses der Cromagniden zu den "Urgermanen". Morph. Jb. *124*, 139-190 (1978)

SCHLEICHER, A.: Compendium der vergleichenden Grammatik der indogermanischen Sprachen. Weimar: H. Böhlau 1861

SCHLEICHER, A.: Eine fabel in indogermanischer ursprache. Beitr. vergl. Sprachforsch. *5*, 206-208 (1868)

SCHLETTE, F.: Germanen zwischen Thorsberg und Ravenna. Leipzig-Jena-Berlin: Urania-Verlag 1972

- : Kelten zwischen Alesia und Pergamon. Leipzig-Jena-Berlin: Urania-Verlag 1976

SCHOENER, A. C.: Altdravidisches. Eine namenskundliche Untersuchung. Erlangen: Selbstverlag 1927

STOPA, R.: Structure of Bushman and its traces in Indo-European. Kraków: Polska Akademia Nauk 1972

- : The evolution of click sounds in West-Sudanic. In: BENZING, B. et al.(Eds.), Wort und Wirklichkeit. Studien zur Afrikanistik und Orientalistik. Teil II: Linguistik und Kulturwissenschaft, pp. 65-88. Meisenheim: Anton Hain 1977

TORRIANI, L.: Descrittione et historia del regno de l'isole canarie gia dette le fortunate con il parere delle loro fortificationi. (1590) [siehe D. J. WÖLFEL. Leipzig: K. F. Koehler 1940]

VELDEN, F.v.d.: Über Ursprung und Herkunft der indogermanischen Sprachen und anarische Sprachreste in Westeuropa. Bonn: C. Georgi 1912

- : Der Ursprung der nichtgemein-indogermanischen Bestandteile der germanischen Sprachen. Anthropos *14/15*, 788-792 (1919/20)

WESTERMANN, D.: Grammatik der Ewe-Sprache. Berlin: D. Reimer 1907

WÖLFEL, D. J.: Leonardo Torriani, Die Kanarischen Inseln und ihre Urbewohner. Eine unbekannte Bilderhandschrift vom Jahre 1590. (Im italienischen Urtext und in deutscher Übersetzung usw. herausg.) Leipzig: K. F. Koehler 1940

- : Eurafrikanische Wortschichten als Kulturschichten. Acta Salmanticensia, Fil. y let. *9*, 1-189 (1955)

- : Monumenta linguae Canariae. Die Kanarischen Sprachdenkmäler. Eine Studie zur Vor- und Frühgeschichte Weißafrikas. Graz: Akademische Druck- u. Verlagsanstalt 1965

ZADEH, L. A.: Fuzzy sets. Inform. Control *8*, 338-353 (1965)

- : Quantitative fuzzy semantics. Inform. Sci. *3*, 159-176 (1971)

- : A fuzzy-set-theoretic interpretation of linguistic hedges. J. Cybernetics *2*, 4-34 (1972)

ZYHLARZ, E.: Das kanarische Berberisch in seinem sprachgeschichtlichen Milieu. Z. dtsch. morgenl. Ges. *100* (NF *25*), 403-460 (1950)

Zusammenfassung

Der Begriff "Eurasiosaharanien" ist eine Erweiterung des von MUKAROVSKY (1969) - Berberologe und Ägyptologe in Wien - geprägten Begriffes "Eurosaharanien", der Europa und Nordafrika als eng zusammengehöriges Siedlungsgebiet auffaßte. Aber bereits Ende des vorigen Jahrhunderts gab es genügend Hinweise dafür, daß Europa eigentlich nur eine "Halbinsel" am riesigen asiatischen Kontinent ist. Die Anthropologie kennt die wichtigsten Menschentypen dieses Großraumes: *Homo neanderthalensis* (ausgestorben und im folgenden nicht berücksichtigt), danach *Homo sapiens cromagnensis*, *H.s.aurignacensis*, *H.s.palaeoasiaticus* u.a. (existent seit 40000 Jahren). Die Archäologie kennt die für einzelne Gruppen charakteristischen Grabbeigaben, so etwa Streitaxt und Schnurkeramik für die vermutlich indogermanisch sprechenden dolichokephalen, schmalgesichtigen Menschen, die aus Osteuropa (Südrußland) nach Westen vordrangen, andererseits Glockenbecher und steinerne Gelenkschutzplatte für die von Nordafrika über Südspanien vordringenden Brachykephalen, wie man sie sonst in Vorderasien findet, und schließlich die Megalithkultur der dolichokephalen, breitgesichtigen Cromagniden ("BEETHOVEN-Typ") als Autochthone Alteuropas, um einige Typen bei Beschränkung auf das Spätneolithicum herauszugreifen. CRUEL (1883) war wohl der erste Linguist, der Baskisch mit den altaischen *und* den hyperboreischen Sprachen verglich und auch Anklänge nach Nordamerika fand. Obwohl verlacht, folgten andere ihm nach (v.d.VELDEN, KOPPELMANN u.a.). MARR, der große Leningrader Linguist, konnte ein drittes ethnisches Element isolieren, von dem Baskisch, Khartwelisch und Burúšaski im Pamir rezente sprachliche Reste repräsentieren. Der Prager Anthropologe PAUDLER starb im Nazi-KZ, weil er wahrheitsgemäß eine "nichtarische Cromagnon-Besiedlung Alteuropas" postulierte. Fast alle lebenden Sprachen Europas enthalten Wörter und grammatische Rektionen, die aus der Altsprache stammen; so sind 30 % aller angestammten deutschen Lexeme nichtindogermanisch. Um diese seit fast 100 Jahren schwelende Streitfrage zu klären, wurde ein strömungsdynamisches Modell mit turbulenzenfreien Rändern konstruiert. Als Singularitäten waren die Rückzugsgebiete (Alpen, Kaukasus, Pamir-Hindukusch) eingetragen. Die archäologisch nachweisbaren - meist neolithischen - Wanderungen bildeten Wirbel. Es ergab sich, daß ein turbulenzenfreier Rand an der Westküste Mauretaniens und Marokkos sein mußte, wo eine archaische Sprache zu suchen war. Diese wurde schließlich *vor* der Nordwestküste Afrikas auf den Canarischen Inseln gefunden, einem typischen Rückzugsgebiet. WÖLFEL (1940) hatte in Portugal eine Bilderhandschrift des Ingenieurs TORRIANI (1590) entdeckt, die außer wertvollen Zeichnungen der "weißen Papuas" auch zwei Gedichte in deren Sprache enthielt, die weder WÖLFEL noch ZYHLARZ identifizieren konnten, weil sie nicht Berberisch, sondern Protomongolisch ist. So ergibt sich als Lösung: Die Megalithkultur Nordafrikas, der Canaren und Europas war das Werk der protomongolisch-sprachigen Cromagniden, die durch Glockenbecherleute (Berber, ursprünglich aus Vorderasien) und Streitaxtleute (Indogermanen aus Osteuropa und Zentralasien) unterworfen wurden, beiden aber die Hochkultur vermittelten. Die Cromagniden müssen andererseits weite Teile Nord- und Ostasiens erobert haben, und ihre Sprache vermischte sich mit dem Hyperboreischen zu den historischen altaischen Sprachen, wie wir sie kennen (POUCHA 1969).

Резюме

Понятие "Евразиисахария" представляет собой расширение понятия Евросахарии, сделанное в 1969 году берберологом и египтологом Мукаровским в Вене, который считал Европу и Северную Африку тесно связанным районом поселения. Однако уже в конце прошлого века довольно часто ссылались на то, что Европа является, собственно говоря, лишь "полуостровом" на огромном азиатском континенте. В антропологии известны важнейшие типы людей этого континента: Homo neanderthalensis (вымерли и в дальнейшем не учитываются), затем Homo sapiens cromagnensis Homo sapiens aurignacensis, Homo sapiens palaeoasiaticus и другие существуют (уже около 40 000 лет).
В археологии известны характерные для отдельных групп предметы, которые клали в могилу, такие как секира и декоративная керамика с орнаментом в виде тесьмы для, вероятно, говорящих на индоевропейских языках долихокефальцев, узколицых людей, пришедших из Восточной Европы (Южной России) на Запад; с другой стороны, - колоколообразные бокалы и каменные защитные пластины для суставов для пришедших из Северной Африки через Южную Испанию брахикефальцев, которые обычно находятся в передней Азии, и наконец, мегалиткультура долихокефальцев, широколицых кромагнидов ("тип Бетховена") как автохтонов древней Европы, это лишь некоторые типы людей с ограничением позднего неолитикума.

Круел (CRUEL, 1883 г.) был, вероятно, первым лингвистом, сравнившим язык басков с алтайскими и гиперборейскими языками и нашедшим успех в Северной Америке. Некоторые последовали за ним (ФОН ДЕН ФЕЛЬДЕН, Коппельман (v.d. VELDEN, KOPPELMANN) и др.), хотя и были высмеяны.
Марр (MARR), известный ленинградский лингвист, смог выделить третий этнический элемент, из которого баскский, картвельский и бурушаский представляют остатки современного языка в Памире.
Пражский антрополог Паудлер (PAUDLER) умер в концлагере, т.к. он правдиво исходил из "неарийского поселения кроманьонов Древней Европы".
Почти все живые языки Европы содержат слова и грамматические управления, происходящие из древнего языка, так 30% всех лексем немецкого происхождения являются неиндогерманскими.
Чтобы решить этот, уже почти 100 лет актуальный спорный вопрос, была сконструирована аэродинамическая модель со свободными от турбулентности краями. В качестве сингулярностей были нанесены районы отступления (Альпы, Кавказ, Памир-Гиндукуш).
Доказуемые археологические, в основном неолитические перемещения (передвижения, походы) образовывали вихри. Оказалось, что свободный от турбулентности край должен быть на западном побережье Мавретании и Марокко, где и следует искать архаичный, древний язык. Наконец, он был найден перед северозападным побережьем Африки на Канарских островах, в типичном районе отступления.
Вёльфель (WÖLFEL, 1940 г.) нашёл в Португалии иероглифическое письмо инженера Торриани (1590 г.), в котором, кроме ценных рисунков "белых папуасов" имелось также два стихотворения на их языке, который не смогли определить ни Вёльфель, ни Цыларц (ZYHLARZ), т.к. этот язык не берберский, а протомонгольский. Отсюда следует решение вопроса: культура мегалитов Северной Африки, Канарских островов и Европы является творением говорящих на протомонгольском языке кромагнидов, которые порабощались людьми с колоколообразными бокалами (берберы, первоначально из передней Азии) и людьми с секирами (индоевропейцы из Восточной Европы и Центральной Азии), но которые принесли высокую культуру этим людям.
С другой стороны, кромагниды завоевали большую часть Северной и Восточной Азии, и их язык перемешался с гиперборейским, до исторических алтайских языков, как мы его знаем. (POUCHA 1969 г).

Summary

The expression Eurasiosaharania is an extension of the term Eurosaharania created by the Egyptologist MUKAROVSKY (1969) who understands Europe and the northern part of Africa as an unity. Already at the end of XIXth century, there was circumstantial evidence enough that Europe is a peninsula only of the gigantic continent of Asia. The anthropologists are conversant with the most important types of Man in this large territory nowadays and in olden times. *Homo neanderthalensis* was the first type who expanded in a wide space, but after his extinction, *Homo sapiens cromagnensis* spreaded out between 40000 and 3000 B.C. whilst *Homo s. aurignacensis* and *H. s. palaeoasiaticus* etc. had only a more local significance.

The present writer gives a short survey of the possibilities to discover some facts of the migrations and population dynamics of earlier mankind when one combines the methods of anthropology, archeology, and linguistics. Most Indo-European languages are mixed with Proto-Indo-European ones. So the early HOMERic Greek and the HESYCHIOS' glosses as well as the language of the classical authors contain many words and some suffixes taken over from the so-called Ægean which is extincted already in the antique. Latin used many words of Etruscan origin and from the olden Mediterranean language. Teutonic languages have a very substratum of Non-Indoeuropean so German about one third of its stock of words, and in English, e.g. *to beg* and *beggar* are of Saharanic etymology as well as *black* (old English *blaec*), and the etymology of *dog* is dubious. Celtic can be found even more foreignized because the western most Indoeuropeans superstratified an olden European language which has been super-stratified itself formerly by the language of Pot Beaker Culture's Men who had come from Africa.

Because some authors found parallels or equations between many heterogenous words of Teutonic, Celtic, Italic, and Greek on the one hand and Altaic (i.e. Tungus, earlier Mongolian, old Turkish) on the other, an aerohydrodynamic model was constructed which made allowance for the migrations as turbulences and the boundaries as stationary. In the solution, the well known singularities were represented as Caucasus, Pamir, Alps, Basque territory, Scotland, western Ireland, and Atlas but furthermore a singularity at the Atlantic coast of Marocco and Mauretania. The searched olden language was found about 150 km in front of the coast on the Canary Islands spoken there until Spanish Conquest. There is some evidence that the old population of Canary Islands anthropologically always being Crômagnon has spoken a Proto-Altaic language.

Ministerium für Gesundheitswesen der UdSSR
Institut für medikobiologische Probleme, Moskau

Über weltanschauliche und biologische Aspekte der Adaptation des Menschen in der neuen Umwelt des Weltraumes

N.A. AGADSHANJAN

In der Geschichte unseres Planeten gingen vom Augenblick seiner Formierung bis zum gegenwärtigen Zeitpunkt grandiose Prozesse planetaren Maßstabes vor sich, welche das Antlitz unserer Erde unablässig gestalteten. Auch heute noch formen diese Prozesse unsere Erde. Die Entstehung und die Entwicklung des ökologischen Systemes und des Lebens auf der Erde sind das Ergebnis eines langdauernden, vielschichtigen und unentwegten Prozesses der Entwicklung der Materie, dessen Wesen in der Vervollkommnung, der progressiven Differenzierung und Integration der Formen ihrer Bewegung bestand.

Gegenüber den gegenwärtig existierenden und die Ansichten der Menschen beherrschenden Evolutionstheorien, die begründet sind in den Vorstellungen über die Entwicklung vom Einfachen zum Komplizierten, häufen sich gegenwärtig immer mehr widersprüchliche Argumente an. Gleichzeitig entwickelt sich ein grundsätzlich neues Herangehen an diese Problematik, welches darin begründet ist, daß das Leben auf der Erde als Bestandteil des einheitlichen Planetensystems entstand. Deshalb sollten die Quellen unseren Lebens auch nicht auf unserem Planeten allein gesucht werden. Entsprechend der Vorstellungen von VERNAOLSKI ist die Biosphäre insgesamt als Träger der vorwärtsbewegenden Kräfte und der adaptiven Formen der evolutionären Prozesse zu betrachten. Die Biosphäre "sortiert" und wählt die vollkommensten unter den Biogeozenosen aus. Nur in diesem Falle besitzt die natürliche Auswahl echte Anpassungsbedeutung und Funktion.

Im Verlaufe der gesamten historischen Zeit vollzog sich die Evolution lebender Wesen in gigantischen Wellen und in der letzten Etappe unter Einbeziehung des allermächtigsten vorwärtsweisenden Faktors, des menschlichen Verstandes. Es begann damit eine qualitativ neue Etappe in der Entwicklung der organismischen Welt. Dank des umfassenden Charakters der Wechselbeziehungen des Menschen mit seiner äußeren Umwelt, wird er zum erstenmal auch zu einer umwälzenden geologischen Kraft. Der entscheidende Unterschied des Menschen von den Tieren besteht im ausgeprägter sozialen Charakter seiner Evolution. "Zusammen mit dem Menschen" schreibt Engels, "treten wir in das Gebiet der Geschichte ein. Auch die Tiere haben eine Geschichte, eben die Geschichte ihrer Herkunft und allmählichen Entwicklung bis zum gegenwärtigen Evolutionszustand. Sie sind jedoch passives Objekt dieser Geschichte. Da sie jedoch selbst an der geschichtlichen Entwicklung Teilhaber sind, geschieht dies jedoch ohne ihre Führung und ohne ihren Willen. Umgekehrt ist es mit den Menschen. Je mehr sie sich von den Tieren entfernen, um so mehr gestalten sie bewußt auch ihre Geschichte selbst und um so geringer wird der Einfluß unvorhergesehener Folgen und Ereignisse auf diese Entwicklung. ..." Mit anderen Worten, der Mensch ist einerseits das Produkt der Entwicklungsgeschichte der Natur, andererseits ist er jedoch auch als ihr Schöpfer zu betrachten. Im gesamten Verlauf seiner produktiven Tätigkeit bestimmt der Mensch in dem einen oder anderen Maße die Entwicklungsrichtung der Biosphäre, der eigenen biologischen Evolution.

Bei der Erforschung der Wechselbeziehungen zwischen dem Menschen und der ihn umgebenden Umwelt kristallisiert sich mit vollkommener Deutlichkeit die soziale Determiniertheit des wissenschaftlich-technischen Fortschrittes heraus, seine enge Verbindung zu konkreten Bedingungen der entsprechenden gesellschaftlich-ökonomischen Formation. Gerade das soziale Milieu im Endergebnis ist als die unmittelbare Quelle anzusehen, aus welcher der Mensch nicht nur sein Wissen, sondern auch die Ziele und Motive seiner Handlungen entnimmt. Doch eine bestimmte Motivation hängt ihrerseits auch von den biologischen Möglichkeiten des jeweiligen Individuums und von den es umgebenden konkreten sozialen Bedingungen ab. Deshalb ist die Erforschung der Biosphäre und die Bestimmung des Stellenwertes, den der Mensch darin einnimmt, ohne breite sozial-philosophische Auslegung des Wissens, welches vermittels der Natur- und Gesellschaftswissenschaften bisher geschöpft werden konnte, unmöglich. Es muß ein bewußter Gleichklang der Menschen mit dem physischen Milieu ihrer Umwelt erzielt werden, damit sich eben die Wechselbeziehungen zwischen Mensch und Umwelt "adäquat der menschlichen Natur" gestalten. Bei der Lösung dieser fundamentalen Aufgabe kommt die Biologie als die Hauptrolle zu.

Die Betrachtung der Probleme der physiologischen Adaptation und Desadaptation wird gewöhnlich durch rein biologische Aspekte begrenzt, während in Wahrheit als Problem die "Adaptation des Menschen" ohne Berücksichtigung und Klarstellung ihrer komplizierten Spezifik und sozialen Determiniertheit nicht mit der allgemeinbiologischen Anpassung gleichgesetzt werden darf. Bereits 1962 schrieb I.V. DAWYDOWSKI: "Die Erziehung neuer Formen der Anpassungsregulationen, welche neuen ökologischen Faktoren entsprechen, das ist die Aufgabe der gegenwärtig lebenden Menschheit, die an der Entwicklung, an der

Vervollkommnung der biologischen Grundlagen ihrer Lebenstätigkeit interessiert ist." Die richtige Lösung dieses Problems und besonders die Anpassung des Menschen selbst sind nur möglich auf der Basis einer komplexen, synthetisierenden Nutzung neuester Resultate vieler Wissenschaften und ihrer philosophischen Vereinigung.

Das Bedürfnis der Menschen "ihre Lebenstätigkeit zum Gegenstand des eigenen Willens und der eigenen Vernunft zu machen" ist gegenwärtig im Anwachsen begriffen. Für das normale Leben des Organismus sind Kenntnisse relativ beständiger Konstanten des Zustandes der Lebenssphäre Voraussetzung. In Anwendung auf den Menschen heißt dies nicht nur Gestaltung und Konstanthaltung mikroklimatischer und geophysikalischer Parameter, sondern auch der sozial-biologischen Bedingungen.

In der gegenwärtigen Epoche der wissenschaftlich-technischen Revolution scheint es so, als ob die Evolution in umgekehrter Richtung verläuft. Die Biosphäre verwandelt sich buchstäblich in die Sphäre der Vernunft - die Noosphäre. In der jetzigen Entwicklungsepoche besteht die Evolution nicht darin, daß der Mensch sich verändern, sondern darin, daß er, all seine grundlegenden biologischen Charakteristika behaltend, in globalem Maßstab seine Wohnbedingungen verändert und damit zu einer der mächtigsten geologischen Kräfte wird. Mit anderen Worten, jetzt wird der Mensch selbst langsam zur Triebkraft für die Evolution des umgebenden Milieus und verursachte weitreichende Veränderungen desselben, welche Generationen betreffen. Wir wissen, daß der Mensch hierbei weitaus nicht immer "vernünftig" wirkt und durchaus nicht selten die Umwelt zu eigenen Ungunsten verändert. "In der geologischen Geschichte der Biosphäre", schrieb V.I. VERNADSKI, "eröffnet sich dem Menschen die unermeßliche Zukunft, wenn er dies richtig versteht und seine Vernunft und seine Arbeit nicht zur Selbstvernichtung anwendet". Unsere Zukunft ist also in unseren Händen.

Es muß berücksichtigt werden, daß die Natur und die biologischen Eigenschaften des Menschen, die sich im Verlaufe von Jahrhunderten entwickelten, sich nicht in den Tempi verändern können, in welchen sich die wissenschaftlich-technische Revolution vollzog. Die Nicht-Übereinstimmung zwischen diesen Prozessen kann zu einem markanten funktionellen Umbau, möglicherweise auch zur "Zerstörung" des Organismus, zum Konflikt zwischen der biologischen Natur des Menschen und ihrer umgebenden ökologischen Sphäre führen.

Ja, es kann gesagt werden, daß die wissenschaftlich-technische Revolution der Menschheit unermeßliches Wohl gebracht hat. Aber darüber dürfen wir auch nicht den Preis vergessen, den wir für dieses Wohl bezahlen. Gegenwärtig ändern sich die traditionellen Methoden der Adaptation des Menschen und das ist verständlich, da die Änderungen der Lebensbedingungen zur Zeit an die äußerste Grenze seiner physischen und psychischen Möglichkeiten heranreichen. Deshalb kann auch nicht ausschließlich die Rede von der äußeren Umwelt des Menschen sein, sondern von seiner Ökologie, von seinem Ökosystem, von der Harmonie der Anpassung zwischen Biosphäre und Gesellschaft. Dies ist eine neue, spezifische und möglicherweise die komplizierteste Form der Anpassung. Das Ökosystem prägt seinen Stempel auf die Lebenstätigkeit aller seiner Bewohner.

In den verschiedensten Etappen der Evolution des Menschen hat sich der Mensch immer höher auf der hierarchischen Treppe der Natur hinaufgearbeitet. Im Verlaufe der Entwicklung und der Vervollkommnung seines Gehirnes sowie seines Intellektes hat der Mensch jedoch seine motorische Initiative eingebüßt. Die Automatisierung der Produktion, welche die physische Arbeit erheblich erleichterte, schaffte jedoch einen Komfort, der den Menschen gleichzeitig der notwendigen motorischen Aktivität enthob. Außerdem erzeugt sie erhebliche nerval-psychische Anspannungen.

Eine intensive und nicht vernünftige Einmischung in das Gleichgewicht der uns umgebenden Welt kann sich auch für die Gesundheit des Menschen als schädlich erweisen, da auch ohne dies die ökologische Zone der optimalen Lebenstätigkeit des Menschen äußerst begrenzt ist, der lebende Organismus demgegenüber eine gewisse Konservativität seiner Strukturen und Funktionen besitzt. Sogar in den ökologischen Randzonen die bewohnt sind, in den verschiedensten Regionen der Erdoberfläche ist der Umfang der Unterschiede der äußeren Umwelt recht eng, während er vor allem im kosmischen Raum viel breiter ist. Je schroffer nun die Übergänge der einen Lebensbedingungen zu den anderen sind, je mehr werden die Grenzen der Lebensfähigkeit eingeengt und um so mehr Zeit wird für die Adaptation des Organismus benötigt. Bei grundlegenden Umformungen der Wohnbedingungen kann es zu einem Rückstand der adaptiven Reservemöglichkeiten des Organismus von den Veränderungen seiner verschiedenen lebenswichtigen Charakteristika kommen. Deshalb ist die Erarbeitung der theoretischen Grundlagen und die Erforschung physiologischer Mechanismen der Anpassung des Menschen an die komplexe Wirkung verschiedener ökologischer Faktoren der Umwelt gegenwärtig von außerordentlicher Wichtigkeit.

In der Erkenntnisgewinnung dieser Problematik sind in der heutigen Zeit bereits große Fortschritte erreicht worden. Den Fragen der Anpassung an Hochgebirgsbedingungen, an Kälte und Hitze, an verringerten Partialdruck des Sauerstoffes in der Atemluft und an andere Einwirkungen auf den Organismus ist heute bereits eine ganze Sammlung von monographischen u.a. Publikationen gewidmet. Jeglicher neue Lebensumstand, jeder einwirkende Faktor besitzen ihre spezifischen Besonderheiten nicht nur in bezug auf ihre physikalische Natur, sondern auch hinsichtlich der Spezifik ihrer physiologischen Einwirkungen auf bestimmte funktionelle Systeme des Organismus. Trotz allem ergeben sich die Fragen, was sie alle an Gemeinsamem besitzen und ob es Wechselbeziehungen zwischen dem Charakter des einwirkenden Faktors, den Besonderheiten der Lebenssphähre und Modifikationsunterschiede der sich im Organismus entwickelnden Anpassungsreaktionen gibt. Ebenso bleibt unklar, ob ein und dasselbe adaptive System, ein und dasselbe Organ sich bei unterschiedlichen Einwirkungen auf differenzierte Art und Weise anpassen. Obwohl unter den verschiedensten Gesichtspunkten zu den adaptiven Reaktionen des Organismus in der Norm und in der Pathologie grundlegende Untersuchungen vorliegen, wurden jedoch praktisch noch keine speziellen, zielgerichteten Versuche zur allseitigen Erforschung eines so fundamentalen Problems unternommen wie es die physiologische Adaptation ist.

Die in neuen Umweltbedingungen zu beobachtenden kompensatorisch-adaptiven Veränderungen sind in der Regel von einer Verstärkung der Funktion bestimmter Systeme des Organismus begleitet. Diese Funktionssteigerung gewährleistet einen neuen, zuverlässigen Zustand, der den konkreten Bedingungen, in welchen sich der Organismus befindet, adäquat ist. Dabei müssen auch die Rückwirkungen des Organismus für die Formierung der Umwelt und deren Anpassung an den Organismus in Rechnung gestellt werden. Dies zeigt sich besonders deutlich bei langzeitigem Aufenthalt des Menschen in hermetisch abgeschlossenen Räumen mit geringem Volumen, z.B. in Wohnkabinen von Flugkörpern. Folglich ist die Adaptation eine Eigenschaft und eine aktive Form der Verbindung funktioneller Systeme des Organismus und konkreter Ökosysteme. Im sich anpassenden Organismus wird das allgemeine Resultat der integrativen Tätigkeit kontrolliert durch spezialisierte Systeme, da die Adaptation als Vorgang ebenfalls integrativen Systemcharakter besitzt.

Es erhebt sich nun die Frage, gibt es für jeden einwirkenden Faktor seinen speziellen Anlasser? Vom Standpunkt der Ökonomik, der biologischen Nützlichkeit sowie der Gesetze der Bioenergetik wäre wohl ein einheitliches universelles Prinzip der Adaptation an die vielschichtigsten Veränderungen des äußeren und inneren Milieus des Organismus am effektivsten. Jedoch besteht auch in dieser Frage noch keine Klarheit, so daß noch neue Mediatoren gefunden werden müssen, neue Überträger, neue Agentien, die als Anlassermechanismen bei der Einwirkung verschiedener extremaler Bedingungen infrage kommen.

Dazu schreibt F. BARNET über die Veränderung physiologischer Mechanismen in einer neuen Lebensumwelt:"Wenn sich ein beliebiger Mechanismus formiert hat, um das Überleben des Organismus zu garantieren, so wird er nur in der typischen Situation seine Funktion zufriedenstellend ausführen, die ihn auch hervorgebracht hat. Aber einmal entstanden wird dieser Mechanismus auch in anderen mehr oder weniger dringenden Situationen ingangesetzt und Resultate ergeben, die nicht effektiv, ja sogar deutlich schädlich in einer neuen, ungewöhnlichen Situation sein können." Man muß berücksichtigen, daß die physiologischen Eigenschaften des Menschen, die sich im Verlaufe der jahrhundertealten Menschheitsgeschichte entwickelt haben, sich nicht in solcher Geschwindigkeit verändern können, in der sich die wissenschaftlich-technische Revolution durchsetzte. Im Resultat der unterschiedlichen Tempi kann es zu Konflikten zwischen der biologischen Natur des Menschen und der ihn umgebenden ökologischen Welt kommen. In der heutigen Welt hat nicht eine einzige Veränderung eine so grandiose Bedeutung für die Entwicklung der Wissenschaften und das Verständnis des Menschen für sich selbst bessen, als die Revolution unseres Wissens vom Kosmos, von Raum und Zeit. Die Eroberung des Weltraumes eröffnete eine ganz neue Vorstellungswelt für den Menschen, für die Lösung grundlegender biologischer Probleme. Bereits heute können wir auf solche Fragen antworten wie: "Welche strukturell-funktionellen adaptiven Veränderungen können in der neuen kosmischen Lebenssphäre vorsichgehen?" und "Worin wird das Aussehen, die Struktur und die Funktion des Menschen der Zukunft bestehen?"

N. WIENER versicherte:"Der größte Fehler der Prophezeiung besteht in der zu engen Projektion der heutigen Möglichkeiten der Wissenschaft in die Zukunft." Dies ist auch verständlich, da in jeder historischen Epoche die Anschauung einer beliebigen Kardinalfrage mit dem Zustand und dem Niveau der Entwicklung der Naturwissenschaften übereinstimmen muß.

In einer Reihe von Arbeiten werden Hinweise über die evolutionär-biologischen Umformungen sowie über die strukturellen und funktionellen Veränderungen, welche auf den Planeten vorsichgehen bzw. in künstlichen Anlagen, die verschiedene physikalische Charakteristika besitzen. Der Astronom und Schriftsteller Karl SAGAN und der Genetiker STENFORDSKI von der Josua-Lederberg-Universität bemühen sich zu zeigen, daß in der kalten und trockenen Atmosphäre des Mars sich trotz allem große Organismen entwickeln konnten, welche interessiert waren an der Erhaltung von Wasser und Wärme. Diese Forscher gehen davon aus, daß große lebende Wesen im Verhältnis zum Körpervolumen eine größere Körperoberfläche haben als kleinere. Gerade von der Körperoberfläche verlieren die Organismen Wärme und Feuchtigkeit. Nach Meinung von SAGEN und STENFORDSKI könnten sich auf dem Mars "Petrophagen"

(Steinfresser) entwickeln, welche sowohl Wasser, als auch die entsprechende Menge an Mineralien aus Felsenbrocken erhalten. Es könnten auch sog. "Kristophagen" (Eisfresser) entstehen, welche sich von den ständig vereisten unteren Bodenschichten ernährten, ebenso auch Wesen mit speziellem Panzer gegen die mächtigen ultravioletten Strahlen der Sonne.

Nach Meinung von S. DOUL würden auf Planeten, auf denen eine Beschleunigung der Anziehungskräfte von etwa 1,5 g herrscht, die Menschen nach einigen Generationen "wahrscheinlich kürzere Arme und Beine haben, der Körperbau wäre insgesamt kompakter, die Knochen schwerer, als bei den Bewohnern der Erde. Als Folge der beständigen Belastung durch die Anziehung müßte bei solchen Menschen eine Tendenz zur besseren Entwicklung der Muskulatur und zur Zurückbildung des Unterhautfettgewebes vorhanden sein. Was aber wird mit den Mitgliedern von Wohnkolonien auf künstlichen kosmischen Anlagen bzw. auf der Oberfläche von Planeten werden, die unter Bedingungen relativ geringer Beschleunigung der Anziehungskräfte im Vergleich zur Erde von ca. 0,75 g leben? In diesem Falle empfänden die Menschen weniger Anspannung und Schwere. Auf hypothetisch anzunehmenden Planeten könnte unter diesen Bedingungen auch der Sauerstoffpartialdruck in der Atmosphäre verringert sein. "In diesem Falle", so schreibt DOUL, "könnte sich die natürliche Auswahl als sehr angenehm für Individuen mit einem effektiveren Atemsystem erweisen, welche über einen Brustkorb mit großem Volumen und ebenso über Lungen mit einer größeren Vitalkapazität verfügen."

Wir haben die Vorstellung, daß eine solche Prognosierung evolutionär-biologischer Umformung in der neuen kosmischen Lebenssphäre nur einseitigen Charakter besitzen kann und die aktive Rolle der Menschen selbst bei der Umgestaltung der Umwelt nicht mitberücksichtigt. Die Vorstellungen der Autoren über die Veränderung der Atemfunktion in Abhängigkeit von der Gravitation sind nicht richtig. Ein effektiveres und progressiveres Atemsystem ist für den Menschen in jeder beliebigen, besonders in extremalen Situationen von Nutzen und nicht nur in einer Sphäre verringerter Beschleunigung. Zur Prophylaxe der Detrainierung, der Erweiterung der Reservemöglichkeiten des Organismus und zur Herstellung einer Lebenssphäre, welche dem gewöhnlichen Arbeits-Ruhe-Rhythmus entspricht, ebenso wie mit der Steigerung der Energieabgabe in künstlichen kosmischen Anlagen wird es nützlich sein, eine dynamische Gassphäre aufrechtzuhalten mit verringertem Sauerstoffgehalt, der einer Höhe über dem Meeresspiegel von ca. 2000-3500 m entspricht, sowie eine dynamische Gravitation in Grenzen von 0,1-0,5 g.

Naiv und als nicht wissenschaftlich begründet erscheint das Bestreben in der neuen kosmischen Lebensumwelt die Erdhomöostase, die sich im Verlaufe der jahrhundertealten Evolution auf unserem Planeten entwickelt hat, aufrechterhalten zu wollen.

Weiterhin kann kaum erwartet werden, daß sich der Mensch in ein allgegenwärtiges biologisches Chamäleon verwandelt, welches die Fähigkeiten besitzt, sich beliebigen Lebensformen ohne Umgestaltung seiner eigenen Natur anzupassen. Es gibt Grund zur Annahme, daß der Mensch für das Leben im Weltraum zielgerichtet eine neue Homöostase entwickelt und formiert, die den Bedingungen im Kosmos harmonisch angepaßt ist. In Austausch zur langzeitigen und passiven natürlichen Auswahl tritt zu einem bestimmten Zeitpunkt eine Art bewußte, aktive künstliche Auswahl durch zielgerichtete Änderungen des genetischen Kodes. Da wir dabei mit dem Menschen zu tun haben und außerdem neue biologische Forschungsergebnisse nutzen, dürfen die rechtlichen, moralisch-ethischen und ästhetischen Seiten der zwischenmenschlichen Beziehungen nicht außer Acht gelassen werden.

Diesbezüglich wurden von dem in wissenschaftlichen Kreisen wenig bekannten originellen und eigenartigen Wissenschaftler N.F. FJODOROW interessante Ideen geäußert. Erst in der letzten Zeit erinnerte man sich in einschlägigen Werken wieder an ihn, als einen der ersten Vertreter des philosophischen Kosmismus. Man nennt ihn heute völlig zu Recht als den unmittelbaren Vorgänger der kosmischen Ideen ZIOLKOWSKIs. Schon vor letzterem nahm FJODOROW an, daß die Menschen ihren Lebensraum nicht in den Grenzen der Erde halten werden und unabänderlich auch den Kosmos besiedeln werden. So schrieb er:"Die menschliche Arbeit kann sich im Erdrahmen allein nicht begrenzen, umsomehr als ein solcher Rahmen, solche Grenzen gar nicht existieren. Man kann sagen, daß die Erde nach allen Seiten hin offen ist, die Mittel der Fortbewegung und die Lebensmöglichkeiten in verschiedenen Milieus aber können nicht nur, sondern müssen der Veränderung unterliegen."
"Der von der bisher existierenden Erde hervorgebrachte Beschauer des unendlichen Raumes, der Beschauer aller Welten dieses Raumes, muß in Zukunft zum Bewohner und Gestalter derselben werden."

Die Projekte von FJODOROW über die Regulierung und Umbildung der Natur setzen durch ihre exakte wissenschaftliche Voraussicht in Erstaunen. Er schreibt über die Auffindung neuer Energiequellen, über die Beherrschung der Sonnenenergie. Das Eindringen des Menschen in den Kosmos ist seiner Meinung nach mit Projekten des Menschen über die Regulierung der Natur verbunden. Er unterstreicht von Anbeginn die Untrennbarkeit zwischen Erde und Kosmos, die enge Verbindung zwischen den irdischen Erscheinungen und den Prozessen, die sich in der Unend-

lichkeit des Weltraumes abspielen. "Die Einheit der metereologischen...und der kosmischen Prozesse ergibt die Grundlage für die Erweiterung der regulierenden Maßnahmen auf das Sonnen- und andere Sternensysteme zu ihrer Erneuerung, zu ihrer vernunftmäßigen Steuerung." Wenn die Evolution ein nicht vom Willen beeinflußter Prozeß ist, dann muß die Regulation nach Meinung von FJODOROW eine bewußt gewollte umgestaltende Handlung sein, welche von "bewußten, vernunftbegabten, moralisch positiven Wesen, welche sich insgesamt um eine gemeinsame Sache mühen, ausgeführt werden."
"Die Menschheit," so unterstreicht FJODOROW, "darf nicht ein müßiger Passagier sein, sondern der unbedingt unserem Erdenschiff Ergebene...".

Bereits Ende des XIX. Jahrhunderts sah dieser Autor in der Erschließung und Nutzbarmachung des Weltraumes, in der Erforschung neuer Lebenssphären den einzigen Ausweg für den Menschen, der Erschöpfung der irdischen Reserven bei der weiteren rasanten Steigerung der Anzahl der Bevölkerung unseres Planeten entgegenzuwirken. Er unterstrich, daß nur ein so unendliches Gebiet wie die Beherrschung des Weltraumes als "Heldentat größten Ausmaßes", alle Kräfte der Menschheit, ihre gesamte geistige Energie bindet, welche zur Zeit für Hader und Zwistigkeiten oder Banalitäten angewendet werden. Die aeronautischen Mittel, mit Hilfe derer sich der Mensch im Kosmos fortbewegen wird, werden sich schließlich in körperhafte Flügel verwandeln. Diese originellen Gedanken und Ideen wurden von dem russischen Denker FJODOROW bereits im vorigen Jahrhundert geäußert. Er erfühlte und bestimmte die Richtungen der zukünftigen Transformation der physischen Zusammensetzung sogar des menschlichen Organismus.

Indem er über Apparaturen und Einrichtungen sprach, die unsere Möglichkeiten allgemein steigern, sprach FJODOROW über die direkte Abhängigkeit der Umformung des menschlichen Organismus in Abhängigkeit von der ihn umgebenden Umwelt und zeichnete ein verallgemeinerndes Schema des zukünftigen Menschen, welcher in der Lage sein wird, unentwegt schöpferisch tätig zu sein. In der bis heute erhaltengebliebenen einzigen Arbeit "Die Philosophie des Allgemeinwerkes" (erschienen 1906 in der heutigen Stadt Alma-Ata) schreibt er zu dieser Frage folgendes:"Der Mensch wird alle Himmelsräume beherrschen, alle unendlichen Welten in dem Augenblick, wenn er sich selbst neu aus den allerursprünglichsten Elementen neue schafft, aus Atomen, Molekülen, weil er nur dann fähig sein wird, in allen Medien zu leben und alle möglichen Formen anzunehmen." Worin besteht nun seiner Meinung nach das Wesen eines solchen Organismus, der sich selbst schaffen muß? "Dieser Organismus ist die Einheit von Wissen und Handeln. Die Ernährung des Organismus ist ein bewußt-schöpferischer Prozeß der Verarbeitung von elementaren, kosmischen Substanzen in minerale, dann in pflanzliche und endlich in lebende Gewebe durch den Menschen. Die Organe dieses Organismus werden die Werkzeuge sein, mit Hilfe derer der Mensch auf die Bedingungen einwirkt, von denen sein Leben abhängt. Seine hauptsächlichste Hoffnung für die Regulierung der zukünftigen Umwelt legte FJODOROW auf die Wissenschaft und äußerte erstmals die Idee der Vereinigung aller Wissenschaften, besonders auf die Idee der Kosmisierung der Wissenschaft.

Später geäußerte Ideen über die physische Umformung haben auch andere hervorragende Denker geäußert. In der Broschüre "Tiere im Kosmos" unterstrich K.E. ZIOLKOWSKI, daß viele Organe höherer Tiere und des Menschen wesentlich vervollkommnet werden können "auf natürlichem oder künstlichem Wege, wenn der Mensch schöpferisch an der Umgestaltung seines gesamten Körpers selbst arbeiten wird." J. CHOLOEIN schreibt dazu: "Ich nehme an, daß unsere Nachfahren durch eine auf sich selbst gerichtete Evolution hindurchgehen werden müssen um ihren Körper vollständig zu erkennen und ihn zu steuern."

Gerade heute erleben wir eine solche Epoche des Umbaues, die sich auf der Basis tiefgehenden Wissens des Menschen über die Reserven seines Körpers vollzieht. Akademiemitglied V.I. WERNADSKI hat diesem Problem 1940 seine sehr interessante Publikation "Die Autotrophie des Menschen" gewidmet. Der hervorragende Gelehrte betrachtet in dieser Arbeit die Möglichkeiten des Menschen, der z.Zt. als heterotrophes Wesen aufzufassen ist, die Sonnenenergie zu beherrschen sowie die "unmittelbare Nahrungssynthese ohne Vermittlung organisierter Wesen", d.h. die Fähigkeit seinen Organismus neu zu formen; etwa so, wie dies bei autotrophen Gewächsen vorsichgeht."Die Folgen einer solchen Erscheinung im Mechanismus der Biosphäre", schreibt er, "wären kolossal. Das heißt, daß das einheitliche Ganze, das Leben, sich erneut teilen würde, daß ein dritter, unabhängiger Seitenzweig desselben entstehen würde. Der menschliche Verstand würde hiermit nicht nur Neues schaffen, große soziale Errungenschaften erreichen, sondern würde in den Mechanismus der Biosphäre auch neue, geologische Erscheinungen einführen... . Endlich muß man sagen, daß zum großen Glück die Zukunft vom Menschen selbst gestaltet wird. Die Schaffung eines neuen autotrophen Wesens gibt ihm die Saat für neue, bisher nicht vorhandene Möglichkeiten in die Hand, von deren Nutzung der Mensch jahrhundertelang nur träumen konnte...".

Nach der Meinung des Professors der Londoner Universität D. HOLL ist es bereits heute möglich, durch genetische Manipulationen die Effektivität der Fotosynthese zu steigern, was der Menschheit sehr viel Nutzen bringt. Der heute lebende Astrophysiker I.S.SCHKLOWSKI prognosiert die Zukunft des Menschen 1973 mit den Worten:"Die bewundernswerten Erfolge der Molekularbiologie und der Kybernetik führen allmählich zu tiefgreifenden Veränderungen der biologischen Charakteristik vernunftbegabter Wesen durch zielgerichtete Synthese "natürlicher" und "künstlicher" Organismen und ihrer Teilstrukturen. Ähnlich den künstlichen Prothesen, derer wir uns heute in breitem Maßstab bedienen, indem wir sie von unserer "Ichvorstellung" nicht trennen, können zukünftige Vernunftwesen in bedeutend höherem Maße als bisher, wenn nicht sogar vollständig, aus solchen künstlichen Elementen bestehen."

FJODOROW hat weise vorhergesehen, daß eben die russische Weite als "Übergang in den Weltenraum, das neue Arbeitsfeld für zukünftige Heldentaten dienen wird." Die Idee der Erringung und Regulierung des gesamten Kosmos verbreitend, verlegt er seine ganze Hoffnung auf den Menschen, auf die titanische Anspannung aller seiner Fähigkeiten. Auch die gesamte Lehre von FJODOROW basiert auf der Voraussetzung der universellen Bedeutung der Erde und des Menschen, nach seinen Worten dem einzigen denkenden kosmischen Wesen, dem die Rolle des Hausherrn und des Reformators des Alls zukomme. Der Grundkern der von FJODOROW geäußerten Gedanken erhält in unseren Tagen eine reale Basis, sind wir doch heute nicht nur Zeugen der wissenschaftlich-technischen Revolution sondern auch der gegenwärtigen wissenschaftlich-biologischen Revolution, der neuen Revolution der Biosphäre.

Eines der wichtigsten mediko-biologischen Probleme unserer Epoche ist die Erforschung und Auffindung von Mitteln der zielgerichteten Steuerung und Regulierung des Prozesses der Anpassung und Umformung der menschlichen Natur.

Die mediko-biologischen Untersuchungen müssen nicht nur darauf gerichtet sein,große Entdeckungen zu ermöglichen und die Fähigkeiten des Menschen für eine optimale Adaptation gegenüber verschiedenen Umweltbedingungen "zu wecken", sondern auch darauf, die Lebenskräfte zu erweitern und zu mehren sowie die Reserven des Organismus zur Steigerung der Abwehrkraft des Organismus gegenüber der Einwirkung extremaler Faktoren zu steigern.

Die ungewöhnliche Schwierigkeit und Vielschichtigkeit des Problems der Adaptation des Menschen macht es erforderlich, die entsprechenden Forschungen auf der Basis der marxistisch-leninistischen Methodologie und der komplexen Anwendung der Errungenschaften verschiedener Wissenschaftszweige zu führen.

Kolibri 360 GmbH
Ferdinand-Jühlke-Straße 7
99095 Erfurt, Deutschland
produktsicherheit@kolibri360.de